D1641473

Dieter Radaj

Ermüdungsfestigkeit

Springer
Berlin
Heidelberg
New York
Hongkong
London
Mailand
Paris
Tokio

Dieter Radaj

Ermüdungsfestigkeit

Grundlagen für Leichtbau, Maschinen- und Stahlbau

Zweite, neubearbeitete und erweiterte Auflage
mit 379 Abbildungen

Professor Dr.-Ing. habil. Dieter Radaj
DaimlerChrysler AG, Stuttgart

Bibliografische Information der Deutschen Bibliothek
Die Deutsche Bibliothek verzeichnet diese Publikation in der Deutschen Nationalbibliografie; detaillierte bibliografische Daten sind im Internet über <http://dnb.ddb.de> abrufbar.

ISBN 3-540-44063-1 Springer-Verlag Berlin Heidelberg New York

Springer-Verlag Berlin Heidelberg New York
ein Unternehmen der BertelsmannSpringer Science + Business Media GmbH

http://www.springer.de

Einband-Entwurf: medio Technologies AG, Berlin
Satz: medio Technologies AG, Berlin
Gedruckt auf säurefreiem Papier 62/3020Rw – 5 4 3 2 1 0

Vorwort

Das vorliegende Fachbuch, das sich als Handbuch und Nachschlagewerk an Entwicklungs-, Berechnungs- und Versuchsingenieure sowie an Forscher, Hochschullehrer und Promotionsaspiranten wendet, behandelt die theoretischen und praktischen Grundlagen der Dimensionierung, Gestaltung und Optimierung ermüdungsfester Bauteile. Die dabei eingesetzten rechnerischen und experimentellen Verfahren der Lebensdauerprognose werden erläutert. Nennspannungs-, Strukturspannungs- und Kerbbeanspruchungskonzepte kommen ebenso wie schädigungs- und bruchmechanische Ansätze zur Sprache. Erstmals wird das Gebiet der Kurzrißbruchmechanik geschlossen dargestellt. Der Leser erhält einen umfassenden Einblick in die Abhängigkeit von Schädigung, Rißeinleitung und Rißfortschritt von den anwendungstechnisch bedeutsamen Einflußgrößen auf die Ermüdungsfestigkeit: Werkstoff (Art, Legierung, Mikrostruktur), Bauteilgeometrie (Form, Größe), Bauteiloberfläche (Rauhigkeit, Härte, Eigenspannungen), Umgebungsbedingungen (Temperatur, Korrosion), Beanspruchungsart (Mittelspannung, Mehrachsigkeit) und Beanspruchungsablauf (Amplitudenfolge, Mittelspannungsänderung, Reihenfolgeeffekte). Die zukünftig maßgebende Richtlinie „Rechnerischer Festigkeitsnachweis für Maschinenbauteile" des Forschungskuratoriums Maschinenbau (FKM-Richtlinie) wird wiederholt angesprochen und in den Grundzügen erläutert.

Diese zugleich einführende, integrierende und vertiefende Darstellung der Grundlagen für Leichtbau, Maschinen- und Stahlbau (zahlreiche weitere Sparten bleiben ungenannt) kommt einem spürbaren Bedarf in Forschung und Lehre sowie in Industrie- und Dienstleistungsunternehmen nach. Die inhaltliche und strukturelle Komplexität des angesprochenen Wissensgebietes erfordert Einstiegshilfen für neu eintretende Fachleute. Selbst ausgewiesene Experten benötigen die aktualisierte Zusammenfassung des in Breite und Tiefe rasch anwachsenden Wissens. Das betrifft den Wissenschaftler, der Forschungsprojekte definiert und Lehrveranstaltungen vorbereitet, ebenso wie den Entwicklungsingenieur, der das vorhandene Wissen in innovative Produkte umsetzen will, oder den Verantwortlichen für Berechnungs- und Prüfvorschriften, der den jeweils neuesten Wissensstand in die laufende Überarbeitung einzubringen versucht.

Die 1995 erschienene Erstauflage des Buches ist seit vielen Jahren vergriffen. Die Neuauflage wurde gründlich überarbeitet, wobei durch Ausweitung des Umfangs den erheblichen Fortschritten in der Analyse der Ermüdungsphänomene Rechnung getragen wurde. Die Fortschritte betreffen insbesondere den Mehrachsigkeitseinfluß auf Schwingfestigkeit und Rißfortschritt, die Schädigungshypothesen und Schädigungsparameter sowie die bereits erwähnte FKM-Richtlinie. Die zahlreichen, zum Teil neu erfaßten Fachaufsätze (knapp 1400 Literaturzitate) zeugen von der ungebrochenen Vielseitigkeit und Lebendigkeit des angesprochenen Fachgebietes.

Das vorliegende Werk erhebt den Anspruch, umfassender zu sein als thematisch vergleichbare Publikationen. Das betrifft die erfaßte Breite des Fachgebiets ebenso wie die Integration der unterschiedlichen Ansätze und „Schulen", wobei Vollständigkeit bei der Fülle des Stoffes (derzeit über 1000 Fachaufsätze pro Jahr, Tendenz steigend) ein unerreichbares Ziel bleibt. Eine umfassende Darstellung ist erwünscht, um die Einheit der Wissenschaft im angesprochenen Bereich zu wahren. Insbesondere jüngere, weniger erfahrene Fachkollegen sollen durch die Zusammenfassung in die Lage versetzt werden, sich am wissenschaftlichen Diskurs zu beteiligen, fundierte Urteile abzugeben und die Forschungsergebnisse in der Praxis umzusetzen.

Die Anwendung des in diesem Buch vermittelten Grundlagenwissens auf den industriell besonders bedeutsamen Bereich der Schweißverbindungen wird in einem parallel publizierten Fachbuch dargestellt (D. Radaj u. C. M. Sonsino: „Fatigue assessment of welded joints by local approaches", Woodhead Publishing, Cambridge 1998), von dem eine deutschsprachige Kurzfassung vorliegt (erschienen 2000 im DVS-Verlag).

Bei der Abfassung des Manuskripts war mir mein Fachkollege Cetin Morris Sonsino ein freundschaftlich-kritischer Begleiter in vielen Detailfragen. Aber auch andere Fachkollegen haben mich auf Anfrage in uneigennütziger Weise mit Informationen versorgt, so Bernd Hänel, Paolo Lazzarin (Vicenza), Jiping Liu, Günter Schott, Karl-Heinz Schwalbe, Timm Seeger, David Taylor (Dublin), Michael Vormwald und Harald Zenner. Ihnen allen sage ich ein herzliches Dankeschön.

Die Neubearbeitung des vorliegenden Fachbuches erfolgte mit Förderung durch die DaimlerChrysler AG Stuttgart, das Unternehmen, in dem ich bis vor kurzem beruflich tätig war. Mein besonderer Dank gilt Werner Pollmann und Klaus-Dieter Vöhringer, die mir den Zugang zu den in Vorbereitung der Publikation erforderlichen Dienstleistungen (Textverarbeitung und Bilderstellung) auch noch nach meinem Ausscheiden offengehalten haben.

Die Textverarbeitung erfolgte durch Ute Keller, deren Sorgfalt und Zuverlässigkeit mir die Arbeit sehr erleichterte. Die Grafiken wurden von Helga Schmidt in hervorragender Qualität gezeichnet und von Roland Dierolf mittels Computer beschriftet und weiterverarbeitet. Die Lektorierung des Umbruchs besorgte Beate Herud. Ich bin den genannten Personen für ihre Mitwirkung überaus dankbar. Sie haben zum Gelingen des Werkes entscheidend beigetragen.

Den Mitarbeitern des Springer-Verlages und der medio Technologies AG, die das Buchprojekt verwirklicht haben, danke ich für die stets konstruktive und angenehme Zusammenarbeit.

Stuttgart, im Oktober 2002 Dieter Radaj

Inhaltsverzeichnis

Liste der Formelzeichen

Die Liste der wichtigsten Formelzeichen in den Gleichungen, im Text und in den Abbildungen folgt erst dem lateinischen, dann dem griechischen Alphabet. Innerhalb der einzelnen Buchstabengruppen wird zuerst die Großschreibung, dann die Kleinschreibung aufgelistet.

Spannungen werden mit σ bzw. τ, Dehnungen mit ε bzw. γ bezeichnet. Beanspruchungskennwerte tragen im allgemeinen kleine Indizes, Festigkeitskennwerte große Indizes. Die historisch ältere Schreibweise σ_F, $\sigma_{0,1}$, $\sigma_{0,2}$ und σ_Z wird anstelle der neueren Schreibweise R_e, $R_{p\,0,1}$, $R_{p\,0,2}$ und R_m beibehalten, weil sie mit der Spannungsbezeichnung übereinstimmt und die Verwechslung mit dem Spannungsverhältnis R oder der Rauhtiefe R_t bzw. R_m ausgeschlossen wird. Nennspannungen und Nenndehnungen werden entgegen der angelsächsischen Konvention (S und e) in herkömmlicher Weise sinnfällig durch den Index n am Spannungs- bzw. Dehnungszeichen ausgedrückt (σ_n und ε_n). Die Exponentialfunktion e^x wird $\exp(x)$ geschrieben.

Die Liste kann hinsichtlich der möglichen Kombinationen von Hauptbuchstabe und Indizes nur ein unvollständiges Orientierungsraster bieten. Weitere Zeichen sind durch Analogieschluß rekonstruierbar. Die doppelte oder gar mehrfache Bedeutung einzelner Zeichen war nicht zu vermeiden, denn von der Schreibweise in den maßgebenden Originalveröffentlichungen sollte möglichst nicht abgewichen werden.

A_0	Ausgangsquerschnitt
A_Z	Bruchquerschnitt
A^*	Projektionsfläche
a	Rißlänge, Rißtiefe, Rißradius
a_0, a_0^*	Anfangsrißlänge
a_0	Vergleichsrißlänge, Grenzrißlänge
a_0^{**}	Grenzrißlänge nach Lukáš
Δa	Rißlängenänderung
Δa^*	Übergangslänge bei Rißverzögerung
a_o	Oberflächenrißlänge
a_c	kritische Rißtiefe
$a, \bar{a}$	Ellipsenhalbachse
Δa	rißwirksamer Teil der Ellipsenhalbachse
a	halbe Breite bzw. Radius des Kerbquerschnitts
a	halbe Länge des Rechtecks
a^*, a^{**}	Längenparameter für Kurzrißverhalten nach El Hadad *et al.*
a^*, a^{**}	Längenparameter für Mikrostützwirkung nach Peterson bzw. Heywood
a_s	Ausdehnung der Schädigungszone an der Rißspitze
b	Schwingfestigkeitsexponent
b	Radius des Brutto- bzw. Nettokerbquerschnitts
b	halbe Stabbreite bzw. Rechteckbreite
b	Randabstand
$b, \bar{b}$	Ellipsenhalbachse
C	Kohlenstoffgehalt
$C, C', C_\varepsilon, C_\gamma$	Werkstoffkonstante zum zyklischen Rißfortschritt
C_{scc}	Werkstoffkonstante zur Spannungsrißkorrosion
c	zyklischer Duktilitätsexponent
c	Ellipsenhalbachse
c	halbe Oberflächenrißlänge
D, D_j	Schädigung, Teilschädigung
D	Stabdurchmesser
d_g	Grübchendurchmesser
d_h	mikrostruktureller Hindernisabstand
d_k	Korndurchmesser
d^*	Längenparameter für Kurzrißverhalten nach Sähn

E	Elastizitätsmodul
E_s	Sekantenmodul
$F, F_a, \Delta F$	Kraft, Kraftamplitude, zyklische Kraft
F_o, F_q, F_g	Oberlast, Querkraft, Grenzlast
$\bar{F}_a$	Größtwert der Lastamplitude im Lastkollektiv
$\bar{F}_m$	Mittellast des Lastkollektivs
f	Frequenz
G_{Ic}, G_c	kritische Rißerweiterungskraft
H_i	Häufigkeit
$\bar{H}$	Häufigkeit des Kollektivmittelwerts
H, H_0, H_V	Härte, Bezugshärte, Vickers-Härte
H	Verfestigungsmodul
h	Probendicke, halbe Streifenbreite
i_0	Regelmäßigkeitsfaktor der Schwingung
J	J-Integral
$\Delta J, \Delta J_{eff}$	zyklisches (effektives) J-Integral
$\Delta J_{el}, \Delta J_{pl}$	elastischer bzw. plastischer Anteil des ΔJ-Integrals
j_σ, j_N	Sicherheitszahl für Spannung bzw. Schwingspielzahl
K, K_I, K_{II}, K_{III}	Spannungsintensitätsfaktor
K_1, K_2	Eckspannungsintensitätsfaktor
$K_{I\,max}, K_{max}$	Größtwert der Spannungsintensität
$K_{I\,min}, K_{min}$	Kleinstwert der Spannungsintensität
K_o, K_u, K_m	Ober-, Unter- und Mittelwert der Spannungsintensität
K_{cl}, K_{op}	Spannungsintensität beim Rißschließen bzw. Rißöffnen
K_{Ic}, K_c	kritischer Spannungsintensitätsfaktor
K_0	Schwellenwert der Spannungsintensität
K_{a0}, K^*_{a0}	Schwellenwert der (Kurzriß-) Spannungsintensitätsamplitude
K_{Iscc}	Schwellenspannungsintensität bei Spannungsrißkorrosion
$\Delta K, \Delta K_{eff}$	zyklische (effektive) Spannungsintensität
$\Delta K_0, \Delta K_{0\,eff}$	Schwellenwert der zyklischen (effektiven) Spannungsintensität
$\Delta K_\varepsilon, \Delta K_{\varepsilon\,eff}$	dehnungsbasierte zyklische (effektive) Spannungsintensität
ΔK^*_0	Schwellenwert der zyklischen Spannungsintensität beim Abknickriß bzw. Kurzriß
$k, \bar{k}$	Neigungskennzahl der Wöhler- bzw. Lebensdauerlinie
k_ν	Kerbeinflußfaktor
l	Stablänge
M, M_b	Moment, Biegemoment
M	Mittelspannungsempfindlichkeit
M_E	Eigenspannungsempfindlichkeit
M_k	Kerbmittelspannungsempfindlichkeit
m, m'	zyklischer Rißfortschrittsexponent
N, N_B, N_A	Schwingspielzahl, diese bis Bruch bzw. Anriß
N_D, N^*_D	(Ersatz-)Grenzschwingspielzahl zur Dauerfestigkeit
$N_{0,1}, N_{0,9}$	Schwingspielzahl bei $P_ü = 10\%$ bzw. 90%
N_T	Übergangsschwingspielzahl (transition life)
N_i	Überschreitungszahl
$\bar{N}$	Mittelwertüberschreitungszahl, Kollektivumfang
$\bar{N}_G$	Mittelwertüberschreitungszahl für Gauß-Normalkollektiv
$N_{äq}$	äquivalente Schwingspielzahl
ΔN	Schwingspielzahl im Block
N_0, N_{sp}	Nulldurchgangszahl, Spitzenwertzahl
N_R	Restlebensdauer
ΔN^*	Lebensdauergewinn durch Rißverzögerung
$\bar{N}, \bar{N}^*$	Mittelwert bzw. Medianwert der Schwingspielzahlen
n, n'	zyklischer Verfestigungsexponent
n_χ	Stützziffer aus Spannungsgradient
$n_{pl}, n_{0,1}$	Stützziffer aus plastische Verformung
n_1, n_2, n_3	Schwingspielzahl im Block
$P_a, P_ü, P_e$	Ausfall-, Überlebens- bzw. Eintretenswahrscheinlichkeit
$P_ü$	Überschreitungshäufigkeit
P, P_B	Bruchwahrscheinlichkeit
P	Schädigungsparameter

P_{SWT}	Schädigungsparameter nach Smith, Watson u. Topper
P_{HL}	Schädigungsparameter nach Haibach u. Lehrke
P_{DQ}	Schädigungsparameter nach DuQuesney *et al.*
P_{KBM}	Schädigungsparamter nach Kandil, Brown u. Miller
P_J	Schädigungsparameter nach Vormwald u. Seeger
P_J^*, P_{J0}	dauerfest ertragbarer Schädigungsparameter P_J
p	Kollektivbeiwert
p	Größenfaktor
$p(x)$	Wahrscheinlichkeitsfunktion
Q	Konstante zur Schädigungsparameter-Wöhler-Linie
q	Kollektivbeiwert
R	Spannungsverhältnis, Spannungsintensitätsverhältnis
R_{max}	Spannungsintensitätsverhältnis bei Spitzenlast
$\bar{R}$	Last- bzw. Spannungsverhältnis im Kollektiv
R	Lochradius, Rundstabradius
R_t, R_m	maximale bzw. mittlere Rauhtiefe
R_0	Schwellenwert der Rauhtiefe
r	radialer Rißspitzenabstand
Δr	kleiner Rißspitzenabstand
r_{pl}	halbe Ausdehnung der plastischen Zone an der Rißspitze
r	Kerbradius am Rechteck
S_{max}	Spannungsintensitätsverhältnis bei Spitzenlast
s	Standardabweichung, Varianz der Streuung
s	Mikrostützwirkungsfaktor nach Neuber
s_g	Gleitschichtdicke
T, T_0	Temperatur, Umgebungstemperatur
T_N, T_σ	Streuspanne der Schwingspielzahl bzw. Spannung
$t, \Delta t$	Zeit, Zeitspanne
t, t_{eff}	Kerbtiefe, wirksame Kerbtiefe
t	Tiefe unter der Oberfläche
t	Plattendicke
U, U_0	Rißöffnungsverhältnis bzw. dessen Sättigungswert
W_{el}, W_{pl}	elastische bzw. plastische Formänderungsenergiedichte
x, x_i	Merkmalsgröße, Stichprobenwert
$\bar{x}$	Erwartungswert des Mittelwerts
Y, Y^*, Y_o, Y_k	Geometriefaktor zur Spannungsintensität
Z	zyklisches J-Integral nach Wüthrich
Z_d	Schädigungsparameter nach Neumann *et al.*
$\alpha_k, \alpha_{k\tau}$	elastische Kerbformzahl, diese bei Schubbeanspruchung
$\alpha_k^*, \alpha_{k\varepsilon}^*$	rißwirksame Kerbformzahl
$\alpha_\sigma, \alpha_\varepsilon$	elastisch-plastische Spannungs- bzw. Dehnungsformzahl
α_{pl}	Grenzlastformzahl
α	Neigungswinkel
β, β_k	Kerbwirkungszahl
β, β^*	Neigungswinkel
$\gamma, \gamma_{el}, \gamma_{pl}$	Scherdehnung, elastischer bzw. plastischer Anteil
γ_{xy}	Scherdehnungskomponente
γ_r	Abminderungsfaktor bei Oberflächenrauhigkeit
γ	Entlastungszahl bei Kerbreihe
δ	Phasenwinkel
$\delta_0, \delta_{0\,eff}$	Schwellenwert der (effektiven) Rißöffnungsverschiebung
$\Delta\delta, \Delta\delta_{eff}$	zyklische (effektive) Rißöffnungsverschiebung
$\varepsilon, \varepsilon_n$	Dehnung, Nenndehnung
$\varepsilon_x, \varepsilon_y$	Normaldehnungskomponente
$\varepsilon_a, \varepsilon_{a\,el}, \varepsilon_{a\,pl}$	Dehnungsamplitude, elastischer bzw. plastischer Anteil
ε_A	ertragbare Dehnungsamplitute
$\varepsilon_m, \varepsilon_v$	Mitteldehnung, Vergleichsdehnung
$\varepsilon_1, \varepsilon_2$	Hauptdehnung
ε_k	Kerbdehnung
$\varepsilon_{k\,max}, \varepsilon_{max}$	Höchstwert der Kerbdehnung
$\varepsilon_{cl}, \varepsilon_{op}$	Dehnung beim Rißschließen bzw. Rißöffnen
$\Delta\varepsilon_{el}, \Delta\varepsilon_{pl}$	elastischer bzw. plastischer Anteil der zyklischen Dehnung
$\Delta\varepsilon, \Delta\varepsilon_{ges}$	zyklische Dehnung bzw. Gesamtdehnung

$\Delta\varepsilon_D$	dauerfest ertragbare zyklische Dehnung
ε'_Z	zyklischer Duktilitätskoeffizient
ε_Z	wahre Bruchdehnung
η_k, η_k^*	Kerbempfindlichkeit
κ	Mehrachsigkeitsfaktor der Rißspitzenbeanspruchung
λ	Mehrachsigkeitszahl der Grundbeanspruchung
λ_ν	Abmessungsverhältnis
ν	Querkontraktionszahl
ρ	Kerbradius, Kerbkrümmungsradius
ρ_0	Grenzkerbradius für Schädigung
ρ_f	fiktiver Kerbradius nach Neuber
ρ^*	Ersatzstrukturlänge nach Neuber
ρ^{**}	Ersatzkerbradius nach Petersen
ρ	Dichte
σ, σ_n	Spannung, Nennspannung
σ_a, σ_m	Spannungsamplitude, Mittelspannung
σ_o, σ_u	Oberspannung, Unterspannung
σ_v, σ_c	Vergleichsspannung, kritische Spannung
σ_∞	Spannung am unendlich fernen Rand
σ_x, σ_y	Normalspannungskomponente
σ_1, σ_2	Hauptspannung
σ_E, σ_L	Eigenspannung, Lastspannung
σ_k	Kerbspannung
$\sigma_{k\,max}, \sigma_{max}$	Höchstwert der Kerbspannung
$\bar{\sigma}_{k\,max}$	festigkeitswirksamer Kerbspannungshöchstwert
$\sigma_{a\,äq}$	äquivalente Spannungsamplitude
σ_{cl}, σ_{op}	Spannung beim Rißschließen bzw. Rißöffnen
$\Delta\sigma, \Delta\sigma_{eff}$	zyklische (effektive) Spannung
$\Delta\bar{\sigma}$	gemittelte zyklische Spannung
$\bar{\sigma}_a$	höchste Amplitude des Spannungskollektivs
$\bar{\sigma}_m$	Mittelspannung des Spannungskollektivs
$\bar{\sigma}$	Erwartungswert der Mittelspannung
σ_0	Spannung auf Horizont 0
σ_0, σ_{n0}	Schwellenwert der Spannung bzw. Nennspannung
σ_{a0}	Schwellenwert der Spannungsamplitude
$\Delta\sigma_0, \Delta\sigma_{n0}$	Schwellenwert der zyklischen Spannung bzw. Nennspannung
σ_A, σ_{nA}	ertragbare Spannungs- bzw. Nennspannungsamplitude
σ_{AD}	dauerfest ertragbare Spannungsamplitude
σ_O, σ_{nO}	ertragbare Oberspannung bzw. Obernennspannung
σ_U, σ_{nU}	ertragbare Unterspannung bzw. Unternennspannung
σ_{AT}	ertragbare Spannungsamplitude bei N_T
$\bar{\sigma}_A$	ertragbare Höchstamplitude des Spannungskollektivs
σ_D	Dauerfestigkeit
σ_W, σ_{Sch}	Wechselfestigkeit, Schwellfestigkeit
$\sigma_{bW}, \sigma_{zdW}$	Biegewechselfestigkeit, Zug-Druck-Wechselfestigkeit
$\Delta\sigma_D, \Delta\sigma_{nD}$	dauerfest ertragbare zyklische Spannung bzw. Nennspannung
$\Delta\sigma_F$	Schwingbreite zwischen Zug- und Druckfließgrenze
σ_F, σ_{Fd}	Fließgrenze, Druckfließgrenze
σ_Z, σ_T	Zugfestigkeit, Trennfestigkeit
$\bar{\sigma}_F$	Ersatzfließspannung
$\sigma'_{0,2}$	zyklische Fließgrenze
σ'_Z	zyklischer Schwingfestigkeitskoeffizient
$\sigma_F^*, \sigma_{0,2}^*$	Formdehngrenze
σ_V	ertragbare Vergleichsspannung
τ, τ_{xy}	Schubspannung
τ_1	Hauptschubspannung
τ_a	Schubspannungsamplitude
τ_A	ertragbare Schubspannungsamplitude
τ_W	Schubwechselfestigkeit
φ_0	Hauptrichtungswinkel des Spannungszustands
χ, χ_0	bezogener Spannungsgradient
ψ	Brucheinschnürung
ω	Kerböffnungswinkel
ω_{pl}, ω_0	Ausdehnung der plastischen Zone an der Rißspitze

1 Einführung

1.1 Problem des Ermüdungsschadens

Schäden durch Materialermüdung

Unter Materialermüdung wird die Schädigung oder das Versagen von Werkstoff und Bauteil unter zeitlich veränderlicher, häufig wiederholter Beanspruchung verstanden. Es bilden sich bevorzugt an Fehlstellen, Kerben und Querschnittsübergängen nach kleinerer oder größerer Schwingspielzahl Anrisse. Die Risse vergrößern sich mit den weiteren Schwingspielen, schließlich tritt der Restbruch ein. Dies geschieht bei einer Beanspruchungshöhe, die weit unterhalb der statischen Festigkeit liegen kann. Je höher die Beanspruchung, desto kürzer die Lebensdauer.

Die Gefahr des Ermüdungsschadens ist bei allen häufig wiederholt belasteten Bauteilen gegeben. In den Schadensfallstatistiken von Unternehmen, die Maschinen, Fahrzeuge, Anlagen oder Bauwerke herstellen, betreiben oder versichern, bildet der Ermüdungsschaden eine größere Gruppe neben den Schäden durch Gewaltbruch, Sprödbruch und Instabilität sowie durch Korrosion und Verschleiß [7, 8]. Außerdem werden Sprödbrüche vielfach durch Ermüdungsanrisse eingeleitet, und auch bei Korrosion und Verschleiß kann Ermüdung eine mitbestimmende Rolle spielen. Der nicht unerhebliche Anteil von Ermüdung und Korrosion an den Schadensursachen bei Flugzeugen sowie Chemie- und Offshoreanlagen wird auch von Lancaster [6] festgestellt und mit Zahlen belegt.

Katastrophale Schadensfälle

Die folgenden Schadensereignisse werden als Beispiele gebracht, weil sie wegen ihres katastrophalen Ausmaßes breite Beachtung in der Öffentlichkeit fanden.

Im Jahr 1954 stürzten zwei Flugzeuge des Typs De-Havilland Comet, des ersten Verkehrsflugzeuges mit Strahlturbinenantrieb, mit Passagieren an Bord aus 9000 m Höhe ab, weil ein von den Fensteröffnungen ausgehender Ermüdungsriß den Druckrumpf schon nach kurzer Betriebszeit des Flugzeuges explosionsartig aufriß. Als Ursache wurden nachträglich Auslegungs- und Konstruktionsfehler ausgemacht [11]: Zu hohe Beanspruchung im Rumpf beim Höhenflug und einteilige statt zweiteilige Rumpfspante. Die Gefährdung war während des

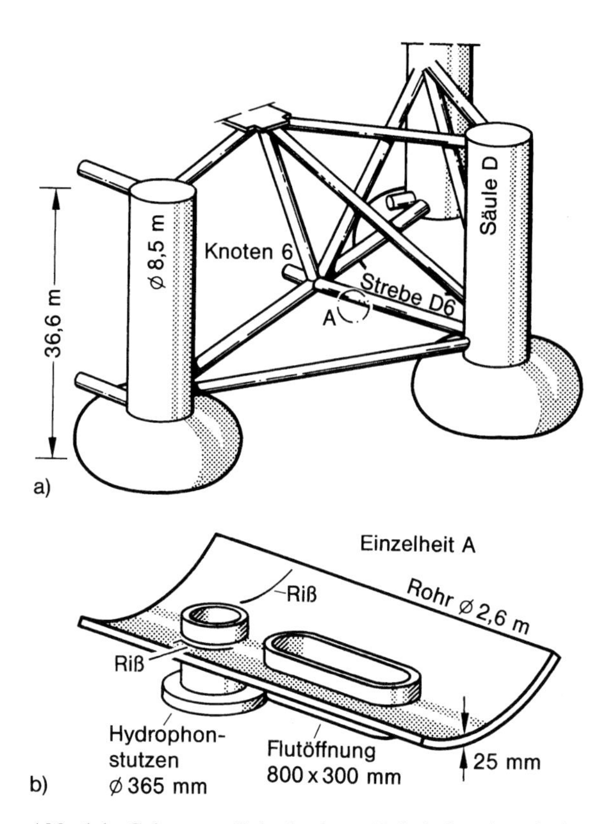

Abb. 1.1: Gekenterte Bohrplattform; Rohrfachwerk zwischen den Pontonsäulen (a), Strebenausschnitt mit Ermüdungsbruch am Hydrophonstutzen (b); nach Hobbacher [4]

Innendruckschwingversuches am Boden nicht erkannt worden, weil unzulässigerweise ein im Abnahmeversuch durch Innendruck statisch überlasteter Rumpf (mit günstigen Eigenspannungen an den Fensteröffnungen) verwendet worden war. Die Weiterentwicklung des Flugzeuges mußte zunächst eingestellt werden. Die Herstellerfirma ging in den Konkurs.

Im Jahr 1980 verloren 123 Menschen ihr Leben, als die halbtauchende Bohrplattform Alexander L. Kielland durch Ermüdungsbruch in einer der Rohrstreben zwischen den im Fünfeck angeordneten Pontonsäulen kenterte und unterging, Abb. 1.1. Der Ermüdungsbruch ging von den Nahtübergangskerben an einem eingeschweißten Stutzen aus [4, 6] und mündete in einen Sprödbruch ein. Durch den Bruch der Zugstrebe D6 drehte die Säule D nach außen und riß sich von der Plattform los, die dadurch ihr Gleichgewicht verlor.

Im Jahr 1988 riß das vordere Rumpfoberteil eines Verkehrsflugzeuges des Typs Boeing 737 von Aloha Airlines während des Fluges in 7300 m Höhe bei Hawaii ab [10]. Die Ursache war Mehrfachrißbildung (multiple site damage) durch Ermüdung und Vereinigung der von benachbarten Nietlöchern in einem längsgerichteten Überlappstoß des Rumpfes ausgehenden Anrisse. Die zusätzliche Kaltklebung des Stoßes hatte sich vorher gelöst. Der Schaden ereignete sich nach

90.000 Flügen bei einer Auslegung für etwa 50.000 Flüge und ist ein typisches Problem von im Betrieb überalternden Flugzeugen (ageing aircrafts). Das Spektakuläre am vorliegenden Fall war, daß das Flugzeug mit im Freien sitzenden Passagieren sicher gelandet wurde.

Im Jahr 1992 raste ein Großraumfrachtflugzeug des Typs Boeing 747-200 (EL AL, Flight 1862) kurz nach dem Start in Amsterdam vollgetankt in einen Wohnblock [9]. Durch Ermüdungsbruch eines Bolzens der Triebwerksaufhängung waren zwei Triebwerke abgerissen. Der zugehörige Flügel wurde dabei beschädigt. Die Flugfähigkeit und Steuerbarkeit des Flugzeugs ging verloren [5]. Wahrscheinlich war ein Ermüdungsriß von 3,5 mm Tiefe am Umfang des Bolzens bei der letzten Inspektion übersehen worden. Neben der Besatzung des Flugzeuges verloren 43 Bewohner des Wohnblocks ihr Leben.

Im Jahr 1998 verunglückte ein Hochgeschwindigkeitszug des Typs Intercity-Express ICE der Deutschen Bahn vor Eschede zwischen Hannover und Hamburg infolge eines durch Materialermüdung gebrochenen Radreifens [1]. Die anstelle der herkömmlichen Monoblockräder zur Verbesserung der Laufruhe eingesetzten Verbundräder des Zuges wiesen einen Radreifen aus gewalztem und vergütetem Kohlenstoffstahl auf, der über eine Gummimanschette mit der Radscheibe verbunden war. Durch die Vertikalkraft im Radaufstandspunkt wird der Radreifen örtlich nach innen gebogen, wodurch an seiner Innenseite Zugbiegespannungen in Umfangsrichtung hervorgerufen werden. Bei jeder Radumdrehung erfolgt ein Beanspruchungswechsel von Druck nach Zug und wieder zurück nach Druck [2, 3]. Die Schwingbreite der Beanspruchung war durch Verschleiß und Unrundheit des Reifens zusätzlich erhöht. Der Ermüdungsbruch des unzutreffenderweise als dauerfest gelieferten Rades trat nach einer Laufstrecke von 1,8 x 10^6 km entsprechend 6,2 x 10^8 Schwingspielen der Beanspruchung auf. Der gebrochene und aufgebogene Reifen verkeilte sich im Radlenker. Durch die so ausgelösten Gewaltbrüche wurde das defekte und das gegenüberliegende intakte Rad von den Schienen gedrückt. Das intakte Rad prallte auf eine gerade passierte Weiche und verstellte diese. Die nachfolgenden Waggons entgleisten. Ein Brückenpfeiler wird eingerissen. Die einstürzende Brücke begräbt einen Waggon unter sich. Die restlichen Waggons werden durch den schweren hinteren Triebwerkskopf aufgeschoben. Das Zugunglück forderte 101 Tote und über 100 Verletzte.

Weitere katastrophale Schadensfälle an Chemie- und Offshoreanlagen, bei denen die Materialermüdung den Ausschlag gab, werden von Lancaster [6] beschrieben.

Abschätzung der Lebensdauer

Dem Ingenieur ist die Aufgabe gestellt, derartige katastrophale Schadensfälle während der Betriebsdauer der Konstruktion zu vermeiden (safe life). Soweit Anrisse nicht vermeidbar sind, muß durch Inspektionsmaßnahmen sichergestellt werden, daß der Anriß nicht zum katastrophalen Bruch führt. Letzteres kann durch Austausch oder Reparatur des geschädigten Teils oder über ein günstiges Rißauffang- oder Lastumlagerungsverhalten geschehen (fail safe).

In all diesen Fällen ist die Frage nach der sicheren Lebensdauer der Konstruktion gestellt. Eigentliche und betriebliche Lebensdauer werden als endlich projektiert. Im Gefolge davon ist gefragt, welche Lebensdaueränderung durch abweichende Betriebsbelastung auftritt oder auch, ob und wie sich die Lebensdauer von Altkonstruktionen verlängern läßt.

Auslegung und Optimierung hinsichtlich Leichtbau

Die Konstruktion ist betriebssicher auszulegen und zu dimensionieren. Dabei sind globale und lokale Beanspruchungsgrößen mit entsprechenden Grenzwerten zu vergleichen. Dafür werden Ermüdungsfestigkeitskennwerte unterschiedlichster Art benötigt.

Eine andere Aufgabe des Ingenieurs in Verbindung mit der Ermüdungsproblematik ist die Konstruktionsoptimierung hinsichtlich Leichtbau. Das Funktionsziel soll mit kleinstmöglichem Materialaufwand erreicht werden. Neben Auslegung und Dimensionierung sind dafür Formgestaltung und Oberflächenbehandlung ausschlaggebend.

Anstrengungen zur Bewältigung der Ermüdungsproblematik

Die Problematik der Materialermüdung bzw. die Aufgabe der Bemessung auf Ermüdungsfestigkeit und Lebensdauer zusätzlich zur Bemessung auf statische Festigkeit ist für alle Bauteile und Konstruktionen aktuell, die zeitlich oder örtlich veränderlichen Lasten ausgesetzt sind. Es sind dies nicht nur die Leichtbaukonstruktionen im Flugzeug-, Fahrzeug- und Landmaschinenbau, sondern ebenso *schwere* Konstruktionen wie Brücken, Behälter, Schwermaschinen, Krane und Bagger. Ein kurzer historischer Abriß der Beschäftigung mit der Ermüdungsproblematik mag dies verdeutlichen.

Das um 1830 erkannte Ermüdungsproblem bei eisernen Förderketten im Bergbau wurde durch die Erfindung des Drahtseils umgangen. Dagegen führten die sich häufenden Ermüdungsbrüche an den Achsen von Postkutschen und Eisenbahnwagen ab 1840 zur Entwicklung der im wesentlichen auch heute noch gültigen Ermüdungsprüftechnik. Beim Bau von Eisenbahnbrücken (zunächst aus Gußeisen) wurde das Ermüdungsproblem seit 1850 berücksichtigt. Ermüdungsfest auszulegende Maschinenelemente (u. a. Absätze, Nute und Bohrungen an Wellen, Schrauben, Wälzlager), Motor- und Getriebeteile (u. a. Zahnräder, Pleuel, Kurbelwellen), Kraftfahrzeugteile (u. a. Achsschenkel, Federn, Radfelgen) und Landmaschinenteile (u. a. Kurbeln, Rahmen) standen in den Jahren 1920 bis 1940 im Vordergrund des Interesses. Im Flugzeugbau erhielt die Ermüdungsproblematik ab 1930 Gewicht. Der Aufschwung der Forschung zur Ermüdungsfestigkeit seit 1940 wurde von den rasch steigenden Leistungsanforderungen an Flugzeuge und Automobile getragen. Der Behälterbau entwickelte gleichzeitig ein einfaches eigenes Bemessungskonzept. Seit 1970 schenkten auch Kranbau, Baggerbau, Hüttenwerksanlagenbau, Schiffbau und Offshore-Technik der ermüdungsfesten Auslegung der Konstruktion verstärkt Beachtung und nutzten das Wissen der zuerst genannten Bereiche.

Trotz der großen Anstrengungen, die Materialermüdung im Bauteil zu beherrschen, sind nach wie vor wichtige Detailfragen unzureichend geklärt. Bei der Entwicklung ermüdungsfester Bauteile und Konstruktionen kann zwar auf ein umfangreiches theoretisches und empirisches Wissen zurückgegriffen werden, und es stehen vielfältige rechnerische und experimentelle Verfahren zur Absicherung des Entwicklungsergebnisses zur Verfügung, dennoch können in diesem Technikbereich die Unwägbarkeiten nicht ganz ausgeschaltet werden. Die ermüdungsfeste Konstruktion ist eine besondere Herausforderung für den Ingenieur geblieben.

1.2 Phänomen der Materialermüdung

Makrophänomen

Bei zeitlich veränderlicher, häufig wiederholter (schwingender) Beanspruchung werden in den Mikro- und Makrobereichen von Proben oder Bauteilen zyklische plastische Verformungen ausgelöst, welche die weitere Beanspruchbarkeit herabsetzen, erst im Mikrobereich, dann im Makrobereich Risse einleiten und stabil vergrößern und schließlich zu einem instabilen Restbruch führen. Je nach Beanspruchungshöhe, Kerbzustand und Belastungsart bilden sich die Anteile von feinstrukturierter Schwingbruchfläche (mit Rastlinien) und grobstukturierter Restbruchfläche unterschiedlich aus, Abb. 1.2. Ermüdung umfaßt daher Rißeinleitung, Rißfortschritt und Restbruch, wobei, nach Schwingspielen gezählt, die Phase stabilen Rißfortschritts einen wesentlichen Teil der Gesamtlebensdauer umfassen kann. Die Mikro- und Makrokerben mit ihren örtlichen Kerbspannungsspitzen sowie die Formunstetigkeiten mit ihren großräumigen Strukturspannungserhöhungen sind dabei ausschlaggebend. Oberflächen und Umgebungseinflüsse (Rauhigkeit, Korrosion, Temperatur) haben außerdem starken Einfluß. Eine große Zahl weiterer konstruktions-, werkstoff- und fertigungsbedingter Parameter bestimmt zusätzlich in vielfältiger Koppelung den Ermüdungsvorgang. Die Wirkung einzelner entkoppelter Einflußparameter auf die Schwingfestigkeit bzw. Lebensdauer von Proben im Wöhler-Versuch ist in Abb. 1.3 schematisch dargestellt.

Ermüdung als eigentlich nicht entkoppelbares Vielparameterproblem hat nicht nur die bekannte große Streuung der Festigkeitswerte innerhalb einer Versuchsreihe und zwischen unterschiedlichen Laboratorien zur Folge, sie behindert auch die angestrebte quantitative Vorhersage der Phänomene. Ermüdungsprognosen in der technischen Praxis (Betriebsfestigkeit), abgeleitet aus dem allgemeinen Kenntnisstand und Theoriebestand ohne unmittelbare Betriebsfestigkeitsversuche oder dem gleichwertigen Erfahrungswissen, sind kaum zuverlässiger als die bekanntermaßen problematischen mittelfristigen Wetter- oder Wirtschaftsprognosen. Im Unterschied zur Wetter- oder Wirtschaftsprognose kann die Betriebsfestigkeitsvorhersage im konkreten Einzelfall durch verfeinerte und durchdachte

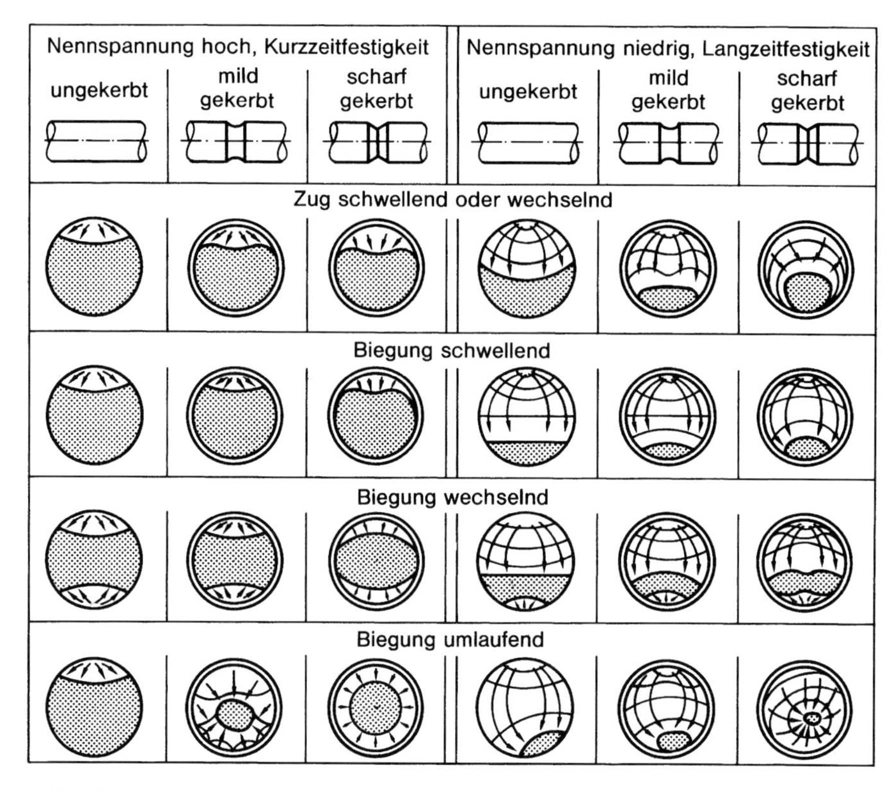

Abb. 1.2: Ermüdungsbruchbilder: Rundproben unter Zug- und Biegebelastung, unterschiedliche Lasthöhe und Kerbwirkung, feinkörnige Schwingbruchfläche (weiß) und grobkörnige Restbruchfläche (grau); nach Jacoby [5]

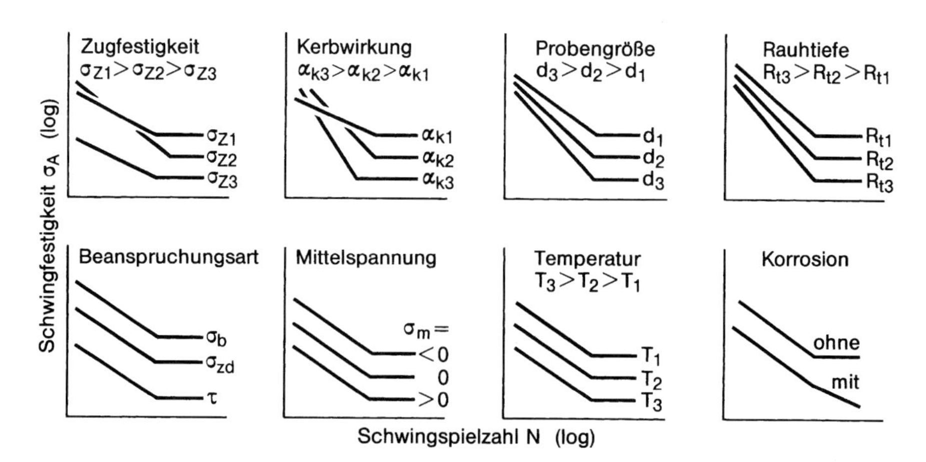

Abb. 1.3: Einflußparameter zur Schwingfestigkeit von Proben oder Bauteilen im Wöhler-Versuch; schematische Darstellung nach Gudehus u. Zenner [27]

Versuchstechnik am konkreten Objekt unter Hinzunahme des Erfahrungswissens mit der in den Naturwissenschaften üblichen Exaktheit verbessert werden. Nachfolgend werden die mit der erwähnten quantitativen Unsicherheit verallgemeinerungsfähigen Aussagen im Sinne einer Lehre für technisches Handeln bei Dimensionierung, Gestaltung, Fertigung und Betrieb metallischer Bauteile gebracht.

Mikrophänomen

Aus metallphysikalischer Sicht stellt sich das Ermüdungsphänomen als äußerst verwickelt dar. Die Wirkung aufgestauter Versetzungsgruppen, die das statische Festigkeitsverhalten duktiler Metalle bestimmt, erklärt nicht den Ermüdungsbruch, der weit unterhalb der Zugfestigkeit auftritt. Für den Ermüdungsbruch ist das Bilden und Wandern von Versetzungen wesentlich, denn die ersten (Mikro-) Anrisse werden an der Oberfläche von Gleitbändern beobachtet, und durch wiederholtes Abätzen der angerissenen Gleitbänder läßt sich die Ermüdungsfestigkeit wesentlich erhöhen. Auch ist die Änderung der Oberflächenrauhigkeit ein Maß für die eingetretene Schädigung. Andererseits vereinigen sich die Mikrorisse bei fortgesetzter Beanspruchung zum Makroanriß. Der weitere, zunächst stabile Rißfortschritt wird durch Gleitvorgänge an der Rißspitze beschrieben, die bei Be- und Entlastung in unterschiedlichen Gleitebenen erfolgen.

1.3 Strukturierungen zur Ermüdungsfestigkeit

Schwingfestigkeit, Betriebsfestigkeit, Gestaltfestigkeit

Ermüdungsfestigkeit wird als Oberbegriff zu Schwingfestigkeit und Betriebsfestigkeit verwendet. Schwingfestigkeit bezeichnet die Ermüdungsfestigkeit bei periodisch wiederholten Belastungen, insbesondere bei sinusähnlichem Lastablauf. Betriebsfestigkeit umfaßt die Ermüdungsfestigkeit bei zufallsartig oder auch aperiodisch deterministischem Lastablauf. Während bei Betrachtungen der Schwingfestigkeit eine Entkopplung der Einflußgrößen in gewissem Maße möglich ist, ist die Kopplung der Parameter bei Fragen der Betriebsfestigkeit vielfach nicht aufhebbar. Die Verallgemeinerung der im Einzelfall gewonnenen Erkenntnisse ist dadurch erschwert.

Der Begriff Betriebsfestigkeit steht heute nach den grundlegenden Arbeiten von Gaßner [668] und den Buchpublikationen von Buxbaum [15] und Haibach [29, 30] für die lebensdauerorientierte Auslegung und Optimierung von Bauteilen und Konstruktionen, ausgehend von den wirklichen Betriebsbeanspruchungen, Umgebungsbedingungen, Konstruktionsdetails, Werkstoffverhältnissen und Fertigungsgegebenheiten. Betriebsfestigkeit ersetzt daher durch den engeren Anwendungsbezug vielfach die Ermüdungsfestigkeit als Oberbegriff. Der Begriff Schwingfestigkeit wird ebenfalls gelegentlich alternativ für Ermüdungsfestigkeit verwendet und schließt dann die Betriebsfestigkeit ein.

Ein wichtiger Teilbereich der Ermüdungsfestigkeit wird durch die Gestaltfestigkeit abgedeckt. Dieser von Thum [54, 68] eingeführte Begriff hebt hervor, daß (örtliche) Ermüdungsfestigkeit keine reine Werkstoffeigenschaft ist, sondern zusätzlich von Bauteilform, Bauteilgröße und Bauteilbelastungsart abhängt. Der Werkstoff besitzt in anderer Gestalt eine andere Festigkeit.

Ermüdungsfestigkeit von Werkstoff, Probe und Bauteil

Zum besseren Verständnis der Strukturierung des nachfolgenden Textes zur Ermüdungsfestigkeit von Werkstoff, Probe und Bauteil wird Abb. 1.4 vorangestellt. Sie wurde von Haibach [29, 30] eingeführt, um die möglichen Wege zur Gewinnung der ertragbaren Beanspruchungen im Bauteil aufzuzeigen. Einige der darin verwendeten Begriffe werden erst später genauer erläutert.

Die Basis für die Beschreibung der Ermüdungsfestigkeit bildet die Wöhler-Linie für die ungekerbte Probe (a). Über Formzahl und Kerbradius ergibt sich daraus die Wöhler-Linie der gekerbten Probe (b) und schließlich unter Hinzunahme von Größen- und Oberflächeneinfluß (einschließlich Eigenspannungen) die Bauteil-Wöhler-Linie (c). Diese Übertragung (a-b-c oder auch e-f-g) ist mit der Problematik der Gestaltfestigkeit verbunden. Von der Wöhler-Linie bei konstanter Beanspruchungsamplitude kann andererseits mittels einer Hypothese für die Schadensakkumulation auf die Lebensdauerlinie bei veränderlicher Beanspruchungsamplitude, also von der Schwingfestigkeit auf die Betriebsfestigkeit geschlossen werden (a-e, b-f oder c-g). Die Aufnahme der Lebensdauerlinie der

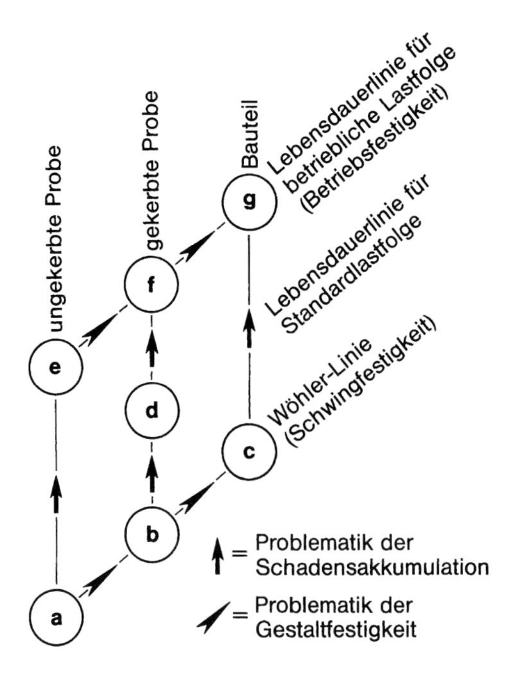

Abb. 1.4: Problemfeld der Ermüdungsfestigkeit, Strukturierung hinsichtlich ertragbarer Beanspruchungen; nach Haibach [29, 30]

gekerbten Probe unter Standardlastfolgen kann die Problematik der Schadensakkumulation wesentlich mildern (d-f-g statt c-g).

Das Verhalten von Proben und einfachen Bauteilen aus makroskopisch homogenem Werkstoff ist Thema des vorliegenden Grundlagenfachbuches. Der ungekerbte Stab im Wöhler-Versuch wird in Kap. 2 und 3 betrachtet. Der gekerbte Stab im Wöhler-Versuch wird in Kap. 4 und schließlich der ungekerbte und gekerbte Stab im Betriebsfestigkeitsversuch in Kap. 5 behandelt. Es folgt das Verhalten des ungekerbten und gekerbten Stabes mit langem bzw. kurzem Anriß nach bruchmechanischer Betrachtung in Kap. 6 und 7. Die Übertragung der dargestellten Grundlagen der Ermüdungsfestigkeit auf geschweißte Proben und Bauteile (komplexe Geometrie, inhomogener Werkstoff, hohe Eigenspannungen) erfolgt in den Fachbüchern [65, 66].

Globale und lokale Beschreibung der Festigkeit

Die Ermüdungsfestigkeit von Bauteilen und Proben läßt sich ausgehend von globalen oder lokalen Phänomenen und Größen beschreiben. Ein globales Phänomen ist der vollständige Bruch, dem die lokalen Phänomene vorausgegangen sind. Lokale Phänomene sind die Bildung des Anrisses und der anschließende stabile Rißfortschritt bis zum instabilen Restbruch. Je nach Umständen ist das eine oder andere Phänomen als Versagenskriterium besser geeignet. Die wichtigsten globalen und lokalen Größen sind in Abb. 1.5 zusammen mit den zugehörigen Schwingfestigkeitsdiagrammen dargestellt. Es ist erkenntlich, daß sich die lokalen Größen (rechts im Bild) aus den globalen Größen (links im Bild) durch fortschreitende Hinzunahme lokaler Gegebenheiten bestimmen lassen. Folgende Schwingfestigkeitsdiagramme sind den Größen zugeordnet (von links nach

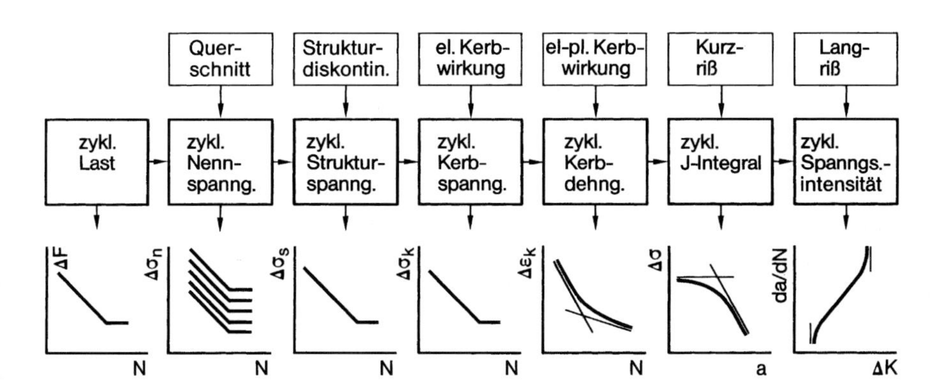

Abb. 1.5: Globale und lokale Konzepte zur Abschätzung der Schwingfestigkeit, zyklische Parameter und Festigkeitsdiagramme, Kurven in doppeltlogarithmischer Auftragung; mit el. für elastisch und el-pl. für elastisch-plastisch; mit zyklischer Last ΔF, zyklischer Nennspannung $\Delta\sigma_n$, zyklischer Strukturspannung $\Delta\sigma_s$, zyklischer Kerbspannung $\Delta\sigma_k$, zyklischer Kerbdehnung $\Delta\varepsilon_k$, zyklischer Spannung $\Delta\sigma$ am Rißort, Rißfortschrittsrate da/dN, Schwingspielzahl N bis zum Versagen (Rißeinleitung oder Bruch) und zyklischem Spannungsintensitätsfaktor ΔK

rechts): Last-Wöhler-Linie eines Bauteils, Nennspannungs-Wöhler-Linien von Bauteilen mit unterschiedlicher Kerbwirkung, Strukturspannungs-Wöhler-Linie von Bauteilen, Kerbspannungs- und Kerbdehnungs-Wöhler-Linie (nur noch werkstoffabhängig), Kitagawa-Diagramm der ungekerbten Probe mit kurzem Riß und Rißfortschrittsrate des langen Risses. Die nähere Erklärung bleibt den späteren Ausführungen vorbehalten. Die Betrachtung läßt sich sinngemäß auf Betriebsfestigkeit und Lebensdauer übertragen.

Die technischen Festigkeitsnachweise werden auf der Basis der erwähnten globalen und lokalen Größen geführt. Über einige grundsätzliche Angaben in diesem Buch hinaus, sind die unterschiedlichen Nachweise ein Schwerpunkt des Fachbuches [65, 66] zur Ermüdungsfestigkeit von Schweißverbindungen.

1.4 Einschlägige Buchpublikationen

Es gibt eine große Zahl älterer und neuerer Buchpublikationen zum Thema der Ermüdungs-, Betriebs- oder Schwingfestigkeit von Werkstoff und Konstruktion, die benachbarten Gebiete eingeschlossen. Das angesprochene Wissensgebiet ist groß (u. a. Werkstoffverhalten, Formeinfluß, Betriebslastläufe, Fertigungsmaßnahmen, Umgebungseinfluß). Die wissenschaftlichen und ingenieurmäßigen Methoden der Erfassung des Wissens sind vielfältig (u. a. Wöhler- und Betriebsfestigkeitsversuche, Beanspruchungsanalysen, statistische Verfahren, globale und lokale Konzepte, Schadensakkumulation und Bruchmechanik), und die Zielsetzungen der zugehörigen Publikationen sind unterschiedlich (u. a. Grundlagenklärung, Bemessungsunterlagen, Lehrbücher, Tagungsberichte, spezielle Anwendungsgebiete, Übersichten zum aktuellen Forschungsstand, Datensammlungen). Auch die Nähe des jeweiligen Autors zu einer der maßgebenden Traditionen (oder seine Unabhängigkeit davon) spielt bei der Auswahl des Stoffes und der Art seiner Präsentation eine gewisse Rolle, wobei außerdem die nationale Zuordnung des Autors nicht zu vernachlässigen ist.

Ermüdungsfestigkeit, Schwingfestigkeit und Betriebsfestigkeit werden zusammenfassend in den Publikationen [12-56] behandelt. Die Ermüdungsfestigkeit von Schweißverbindungen ist in den Fachbüchern [57-68] angesprochen. Der umfassendere Rahmen der Festigkeitslehre und Festigkeitsberechnung wird in den Büchern [69-91] geboten. Über aktuelle Grundlagenthemen informieren die Tagungsbände [92-100]. Hinweise zu Buchpublikationen über Teilgebiete wie beispielsweise Kerbspannungslehre oder Schwingriß-Bruchmechanik sind in den entsprechenden Kapiteln des vorliegenden Buches zu finden.

2 Schwingfestigkeit

2.1 Begriffe und Bezeichnungen

Ausgangspunkt der Darstellung

Ausgangspunkt der Darstellung ist die Schwingfestigkeit, d. h. die Ermüdungsfestigkeit der ungekerbten und polierten (glatten) Werkstoffprobe bei annähernd sinusförmig veränderlicher Beanspruchung. Ausgehend von der Schwingfestigkeit der ungekerbten Probe wird später auf die Betriebsfestigkeit der gekerbten Probe und des Bauteils bei beliebigem, regelhaftem oder regellosem Beanspruchungsablauf geschlossen.

Normung der Begriffe

Die wichtigsten Begriffe und Bezeichnungen zur Beschreibung der Ermüdungsfestigkeit sind nach DIN 50100 [110] genormt. Diese ältere Norm entspricht jedoch nur noch bedingt dem heutigen Stand von Forschung und Anwendung. Der Norm wird daher nur teilweise gefolgt. Die grundlegenden Begriffe und Bezeichnungen werden in der genannten Norm ausgehend von der Spannungs-Wöhler-Linie gebracht. Sie sind auf die Dehnungs-Wöhler-Linie sowie auf Problemstellungen der Betriebsfestigkeit oder des Rißfortschritts (Bruchmechanik) sinngemäß übertragbar. Notwendige Erweiterungen werden später eingeführt.

Ermüdungsfestigkeit und Beanspruchungsablauf

Unter Ermüdung wird Werkstoffschädigung, Rißeinleitung und Rißfortschritt unter zeitlich veränderlicher, häufig wiederholter Beanspruchung verstanden. Der Beanspruchungsablauf kann determiniert erfolgen (periodisch oder aperiodisch), er kann aber auch mehr oder weniger regellos (stochastisch) sein. Verallgemeinernd wird auch von schwingender Beanspruchung gesprochen. Die schwingende Beanspruchung kann relativ zu einer ruhenden oder veränderlichen Mittelbeanspruchung auftreten. Ermüdungsfestigkeit ist die gemäß Versagenskriterium (Rißeinleitung oder Bruch) bei begrenzter oder unbegrenzter Schwingspielzahl ertragbare Beanspruchungsamplitude.

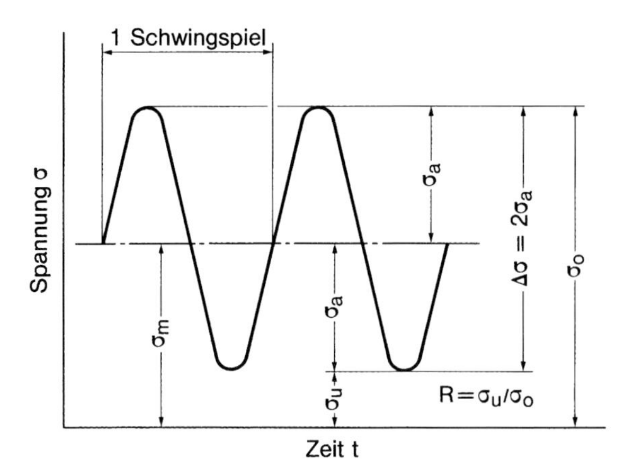

Abb. 2.1: Beanspruchungskennwerte im Dauerschwingversuch

Beanspruchungskennwerte

Die Beanspruchung wird nachfolgend durch die Spannung in ungekerbter oder die Nennspannung in gekerbter Probe gekennzeichnet, ist also mit der Probenbelastung verbunden. Neben der Spannungsamplitude σ_a (auch Spannungsausschlag) und der Mittelspannung σ_m werden weitere Größen zur Kennzeichnung des periodischen (hier sinusförmig dargestellten) Beanspruchungsablaufs verwendet, Abb. 2.1: die Oberspannung σ_o, die Unterspannung σ_u, die Spannungsschwingbreite $\Delta\sigma$ (auch zyklische Spannung) und das Spannungsverhältnis $R = \sigma_u/\sigma_o$ (im Druckbereich manchmal auch $R_d = \sigma_o/\sigma_u$). Nur je zwei der angegebenen sechs Größen sind voneinander unabhängig, die weiteren Größen sind jeweils abhängig. Die Ableitung entsprechender Formeln ist problemlos möglich. Einige häufig verwendete Beziehungen lauten:

$$\sigma_a = \frac{1}{2}(\sigma_o - \sigma_u) = \frac{1}{2}\sigma_o(1-R) = \sigma_m \frac{1-R}{1+R} \tag{2.1}$$

$$\sigma_m = \frac{1}{2}(\sigma_o + \sigma_u) = \frac{1}{2}\sigma_o(1+R) = \sigma_a \frac{1+R}{1-R} \tag{2.2}$$

$$\sigma_o = \sigma_m + \sigma_a = \frac{2\sigma_a}{1-R} = \frac{2\sigma_m}{1+R} \tag{2.3}$$

$$\sigma_u = \sigma_m - \sigma_a = \frac{2\sigma_a R}{1-R} = \frac{2\sigma_m R}{1+R} \tag{2.4}$$

$$\Delta\sigma = \sigma_o - \sigma_u = 2\sigma_a \tag{2.5}$$

$$R = \frac{\sigma_u}{\sigma_o} \tag{2.6}$$

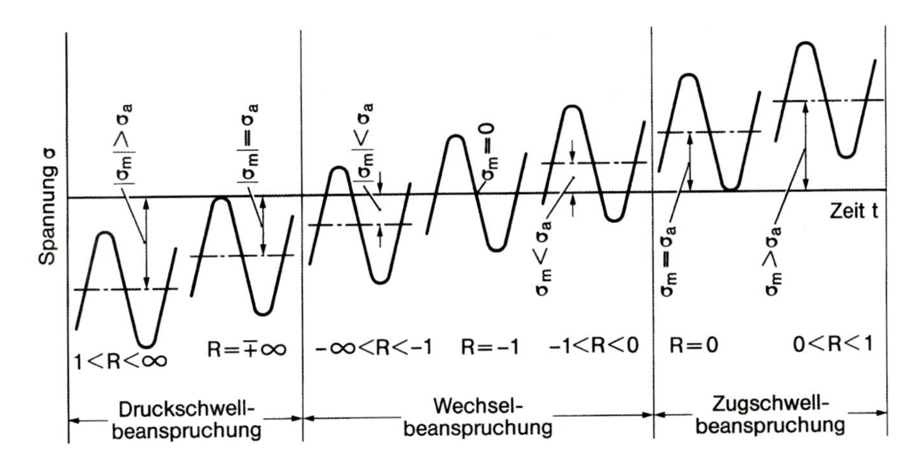

Abb. 2.2: Beanspruchungsbereiche im Dauerschwingversuch

Diese Bezeichnungsweise läßt sich auf die Höchstwerte von Beanspruchungskollektiven sinngemäß übertragen, die zur Kennzeichnung aperiodischer oder auch regelloser Beanspruchungsabläufe verwendet werden (s. Kap. 5.2).

Es wird bei periodischer Beanspruchung zwischen den Bereichen der Zugschwell-, Wechsel- und Druckschwellbeanspruchung unterschieden, Abb. 2.2. Hervorgehoben wird die reine Wechselbeanspruchung mit $R = -1$, die reine Zugschwellbeanspruchung mit $R = 0$, die reine Druckschwellbeanspruchung mit $R = \pm\infty$ und die statische Zug- oder Druckbeanspruchung mit $R = 1$.

Festigkeitskennwerte

Die im Dauerschwingversuch mit periodischer, amplitudenkonstanter Beanspruchung ermittelten ertragbaren Beanspruchungen oder Festigkeitskennwerte (sie tragen Indizes in Großbuchstaben im Unterschied zu den einfachen Beanspruchungen mit Indizes in Kleinbuchstaben) werden folgendermaßen bezeichnet:

Dauerschwingfestigkeit (kurz Dauerfestigkeit) ist die beliebig häufig (oder häufiger als eine technisch sinnvoll gewählte, relativ große Grenzschwingspielzahl) ertragbare Spannungsamplitude σ_A oder die entsprechende ertragbare Oberspannung σ_O. Zeitschwingfestigkeit (kurz Zeitfestigkeit) ist der (höhere) ertragbare Wert bei endlicher (also niedrigerer) Schwingspielzahl. Die Dauerfestigkeit im Unterschied zur Zeitfestigkeit kann durch den Zusatzindex D gekennzeichnet sein. Zur Mittelspannung $\sigma_m = 0$ gehört die Wechselfestigkeit σ_W, zur Mittelspannung $\sigma_m = \sigma_a$ (bzw. zur Unterspannung $\sigma_u = 0$) die Schwellfestigkeit σ_{Sch}. Die ertragbare Spannungsamplitude σ_A könnte Amplituden- oder Ausschlagfestigkeit genannt werden, um auch diesem besonders wichtigen Festigkeitskennwert einen eigenen Namen zu geben. Die nach DIN 50 100 [110] der Dauerfestigkeit vorbehaltenen Werte werden nachfolgend auch im Zeitfestigkeitsbereich verwendet.

Arten des Schwingfestigkeitsversuchs

Beim Schwingfestigkeitsversuch wird zwischen Einstufen-, Mehrstufen- und Betriebsfestigkeitsversuch unterschieden. Im Einstufenversuch ist die Beanspruchungsamplitude konstant, im Mehrstufenversuch ändert sie sich nach einer vorgegebenen Stufenfolge, im Betriebsfestigkeitsversuch folgt sie einem betriebsähnlichen Ablauf, der zwischen regelhaft und regellos liegen kann. Auch der programmgesteuerte Mehrstufenversuch ist als Betriebsfestigkeitsversuch einzustufen. Die im Betriebsfestigkeitsversuch ermittelte Ermüdungsfestigkeit wird Betriebsschwingfestigkeit (kurz Betriebsfestigkeit) genannt. Die Versuche zur Betriebsfestigkeit werden in Kap. 5.3 beschrieben.

Statistische Auswertung

Bei der statistischen Erfassung der streuenden Ergebnisse aus Schwingfestigkeitsversuchen werden die komplementären Begriffe Ausfallwahrscheinlichkeit P_a (oder Bruchwahrscheinlichkeit P) und Überlebenswahrscheinlichkeit $P_ü$ verwendet, deren Zahlenwerte sich zu 1,0 ergänzen ($P_a = 1 - P_ü$). Weitere Angaben werden in Kap. 2.5 gemacht.

2.2 Wöhler-Versuch und Wöhler-Linie

Wöhler-Versuch

Der grundlegende technische Ermüdungsfestigkeitsversuch ist der auf Wöhler [107-109] zurückgehende und nach ihm benannte Schwingfestigkeitsversuch, bei dem ungekerbte und polierte oder gekerbte Probestäbe (gelegentlich auch Bauteile) einer periodisch wiederholten, meist annähernd sinusförmigen Lastamplitude konstanter Größe (Zug-Druck-, Biege- oder Torsionsbelastung) bei gleichbleibender ruhender Mittellast unterworfen werden. Die bis zum vollständigen Bruch der Proben aufgenommenen Schwingspielzahlen N werden zu den mit unterschiedlichen Höhen (oder Horizonten) gewählten Last- bzw. (Nenn-)Spannungsamplituden horizontal aufgetragen (Wöhler-Linie), Abb. 2.3 und 2.4. Da die Versuchsergebnisse im Wöhler-Versuch stark streuen, ist Planung und Auswertung nach statistischen Verfahren unabdingbar [111, 197, 198] (s. Kap. 2.5).

Die Ordinatenbezeichnung bedarf einer Erläuterung. Von der Versuchsauswertung her betrachtet ist die Wöhler-Linie die Grenzlinie der Schwingspielzahlen bis zum Bruch als Funktion der Spannungsamplitude, also eine $N_B\sigma_a$-Linie, allerdings in mathematisch ungewohnt horizontaler Auftragung. Diese Darstellung als Lebensdauerschaubild ist allgemein üblich. Aus Sicht der Anwendung in der Konstruktion (Festigkeitsnachweis) ist dagegen die Wöhler-Linie die Grenzlinie der Spannungsamplitude (also die zyklische Festigkeit) als Funktion der Schwingspielzahl, also eine $\sigma_A N$-Linie in der mathematisch gewohnten vertikalen Auftragung. Die Darstellung als Festigkeitsschaubild unterscheidet eindeutiger zwischen der Beanspruchung und dem Grenzwert der Beanspruchung, also der Festigkeit. Au-

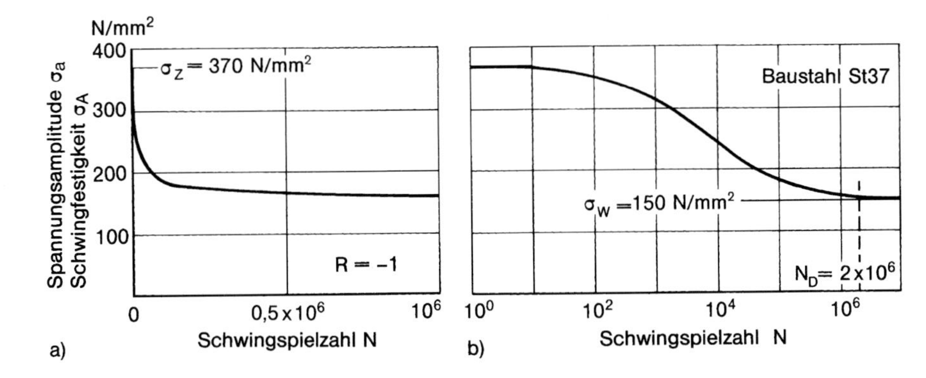

Abb. 2.3: Wöhler-Linie für Baustahl in ungekerbter Probe, rechnerische Näherung auf Basis von Versuchsergebnissen; nach Stüssi [51]

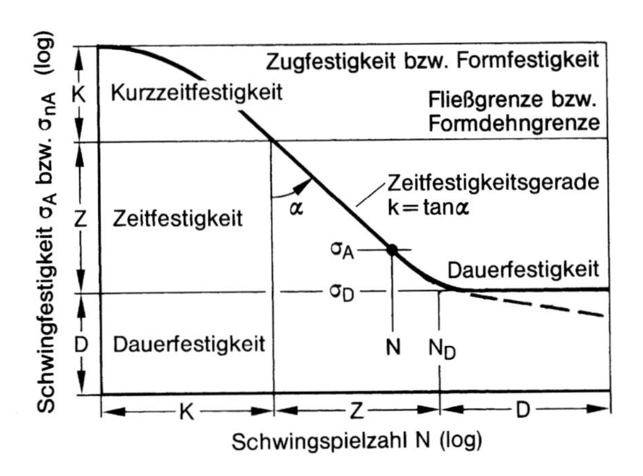

Abb. 2.4: Kennwerte der Wöhler-Linie und Abgrenzung der Bereiche der Dauerfestigkeit (D), der Zeitfestigkeit (Z) und der Kurzzeitfestigkeit (K), ungekerbte Proben (σ_A) und gekerbte Proben (σ_{nA}); nach Haibach [29]

ßerdem wird Übereinstimmung mit den Zeit- und Dauerfestigkeitsschaubildern erzielt. Die $N_B\sigma_a$-Darstellung wird dann gewählt, wenn die Versuchsauswertung im Vordergrund steht. Anstelle von N_B wird meist nur N geschrieben.

Wöhler-Versuch und Wöhler-Diagramm lassen sich verallgemeinern. Anstelle des Probenbruchs kann ein anderes Versagenskriterium gewählt werden, etwa ein Anriß bestimmter Größe. Die Beanspruchungsamplitude kann als globale Nennspannung oder lokale Kerbspannung eingeführt werden. Anstelle der Spannungen können Dehnungen treten.

Dauerschwingfestigkeit

Das für unlegierte Stähle typische horizontale Auslaufen der Wöhler-Linie bei sehr hoher Schwingspielzahl kennzeichnet die eigentliche Dauerfestigkeit. Oberhalb einer Grenzschwingspielzahl tritt bei beliebig langer Fortsetzung des Versuchs kein Bruch auf. In der Praxis wird als Ersatzwert die technische Dauerfestigkeit bei der technischen Grenzschwingspielzahl $N_\mathrm{D} = 2 \times 10^6$ oder höher bis $N_\mathrm{D} = 1 \times 10^7$, gelegentlich auch niedriger bestimmt, vor allem um die Versuchsdauer zu begrenzen.

Das horizontale Auslaufen tritt nur bei unlegierten Stählen und Titanlegierungen auf (kubisch-raumzentrierte Gitter mit Kohlenstoff- oder Stickstoffatomen auf Zwischengitterplätzen, die das Abgleiten zunächst blockieren), während bei legierten Stählen, Aluminium- und Kupferlegierungen (kubisch-flächenzentrierte Gitter) oberhalb der Ersatzgrenzschwingspielzahl $N_\mathrm{D}^* = 2 \times 10^6$ oder höher bis $N_\mathrm{D}^* = 1 \times 10^9$ ein weiterer stetiger Festigkeitsabfall zu beobachten ist (s. Abb. 2.31). Der weitere stetige Abfall tritt auch bei Baustählen und Titanlegierungen ein, wenn regelmäßige Überlastungen, korrosive Einflüsse oder erhöhte Temperaturen den Ermüdungsvorgang mitbestimmen.

Zeitschwingfestigkeit

Oberhalb der Dauerfestigkeit tritt bei $N \leq N_\mathrm{D}$ ein steiler Anstieg der Schwingfestigkeit auf (Zeitfestigkeit), der sich bei kleinen Schwingspielzahlen der Zugfestigkeit oder statischen Formfestigkeit (bei einmaliger Belastung) nähert (Kurzzeitfestigkeit). Der Übergang von der steiler verlaufenden Zeitfestigkeitslinie in die flacher verlaufende Kurzzeitfestigkeitslinie erfolgt im Bereich von $N = 10^2$ - 10^4 Schwingspielen (abhängig von Kerbzustand, Mittelspannung und weiteren Einflußgrößen) oder, alternativ ausgedrückt, im Bereich der Fließgrenze oder statischen Formdehngrenze.

Mittellasteinfluß

Je nach Höhe der ruhenden Mittellast ergeben sich unterschiedliche Wöhler-Linien, hervorgehoben die Wechselfestigkeit bei Schwingbelastung um die Mittellast Null und die (Zug-)Schwellfestigkeit bei Schwingbelastung zwischen der Unterlast Null und der Oberlast (dargestellt im Zeit- und Dauerfestigkeitsschaubild, s. Kap. 2.3).

Frequenzeinfluß

Der Einfluß der Schwingfrequenz auf die Schwingfestigkeit im Wöhler-Versuch ist vielfach untersucht worden [32, 113-118]. Die Schwingfrequenz f ist bei Stahl im Bereich $1 \leq f \leq 10^3$ Hz von nur geringem Einfluß auf die Schwingfestigkeit, vorausgesetzt Korrosion, erhöhte Temperatur und Annäherung an die Fließgrenze werden vermieden. Bei Leichtmetallegierungen wird dagegen zum Teil ein erheblicher Einfluß festgestellt, Abb. 2.5. Der Anstieg der Schwingfestigkeit mit der Frequenz erklärt sich aus dem zunehmenden Widerstand gegen Versetzungsbewegung. Wenn sich die Probe infolge dieser Bewegung, welche die plastische Formänderung ausmacht, erwärmt, wird der Anstieg abgeschwächt oder durch einen Abfall ersetzt.

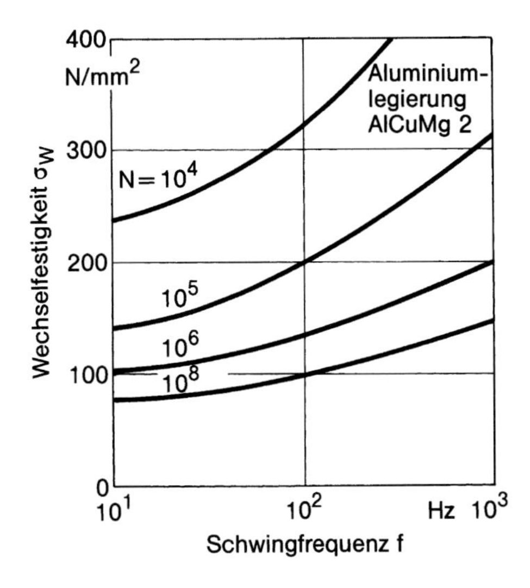

Abb. 2.5: Einfluß der Schwingfrequenz auf die Wechselfestigkeit bei einer Aluminiumlegierung; nach Harris [32]

Dehnungs-Wöhler-Linie

Im Kurzzeitfestigkeitsbereich hat es sich in vielen Fällen bewährt, anstelle der last- bzw. spannungsgeregelten Versuche solche mit geregelter Verformung bzw. Dehnung durchzuführen und die Schwingspielzahl bis Anriß auszuwerten (Dehnungs-Wöhler-Linie, s. Kap. 2.4).

Anriß-Wöhler-Linie

Anriß-Wöhler-Linien, häufig auf die örtliche Spannung oder Dehnung am Anrißort bezogen, lassen sich in herkömmlicher Auftragung der (Nenn-)Spannungen darstellen. Ihre Lage, links von der Bruch-Wöhler-Linie und in die Dauerfestigkeitshorizontale einlaufend (bei sehr kleinem angehaltenem Anriß auch tiefer liegend), hängt besonders von der Kerbschärfe der Probe und der ausgewerteten Anrißgröße ab. Je schärfer die Kerbe, um so früher die Rißeinleitung. Genügend kurze Anrisse werden dauerfest ertragen.

Gleichungen der Wöhler-Linie

Formelmäßig wird die Wöhler-Linie am einfachsten als Gerade in doppellogarithmischer Auftragung (nach Basquin [101]) dargestellt, wobei in diesem Fall nur der Zeitfestigkeitsbereich erfaßt wird, nach unten durch die Dauerfestigkeit begrenzt (Knickpunkt bei (σ_D, N_D)), nach oben durch die Fließgrenze oder Formdehngrenze:

$$\sigma_A = \left(\frac{N_D}{N}\right)^{1/k} \sigma_D \tag{2.7}$$

Die Größe k im Exponenten kennzeichnet die Neigung der Wöhler-Linie, $k = \Delta(\log N)/\Delta(\log \sigma_A) = \tan \alpha$, wobei der Neigungswinkel von der Senkrechten aus gemessen wird (gleiche Teilung beider Achsen wird vorausgesetzt). Die Neigungskennzahl k hängt vom Werkstoff und von der Kerbschärfe der Probe ab, wobei $R =$ konst. vorausgesetzt ist. Beispielsweise wurde für ungekerbte Proben aus Stahl $k = 15$, für solche mit milder Kerbe $k = 5$ und für solche mit sehr scharfer Kerbe oder Anriß $k = 3$ ermittelt [29]. Bei Schweißverbindungen haben sich Werte $k = 3$-4 bewährt. Die Werte bei Schubbeanspruchung liegen allgemein höher als bei Normalbeanspruchung. In allen Fällen bewirken relativ kleine Änderungen der Spannungsamplitude relativ große Änderungen der Schwingspielzahl, jedoch am ausgeprägtesten beim ungekerbten Stab.

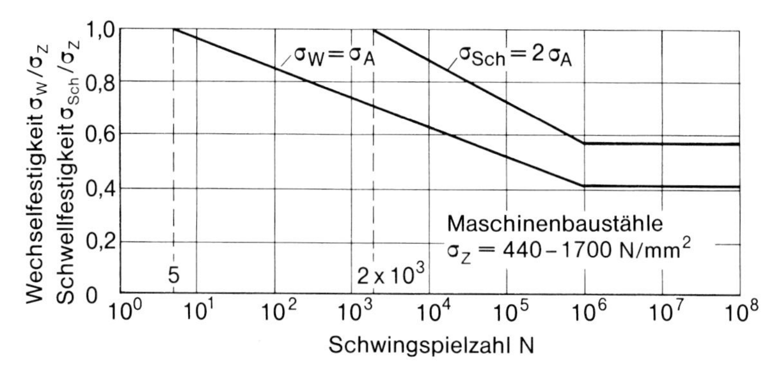

Abb. 2.6: Wöhler-Linien für Maschinenbaustähle, linearisierte untere Streubandgrenzen für die konstruktive Auslegung; nach Lang [837]

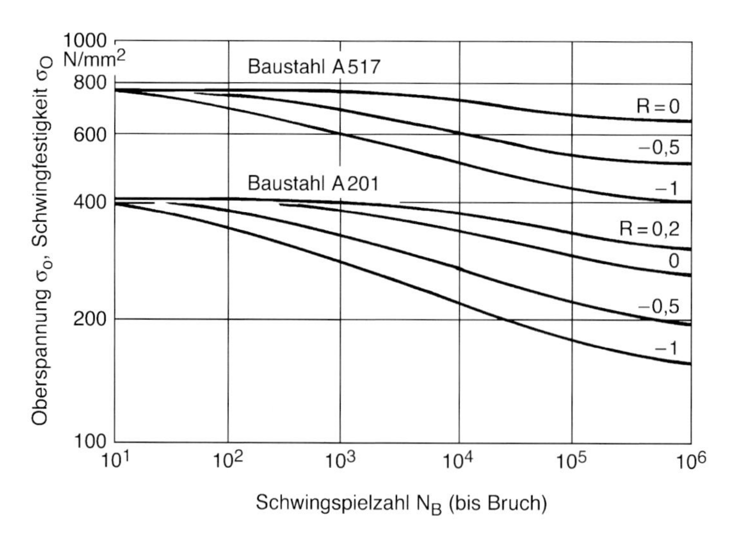

Abb. 2.7: Wöhler-Linien für zwei Baustähle bei unterschiedlichen Spannungsverhältnissen R, berechnet nach der Kontinuumstheorie der Schädigung und übereinstimmend mit Versuchsergebnissen; nach Chaboche u. Lesne [795]

Anstelle von (σ_D, N_D) kann jedes andere Wertepaar auf der Zeitfestigkeitsgeraden als Bezugsgröße in Gleichung (2.7) verwendet werden (s. Abb. 2.4).

Wesentlich genauer ist die polygonale Darstellung der Wöhler-Linie: steiler Abfall bis $N \approx 5 \times 10^6$, flacherer weiterer Abfall bis $N \approx 10^8$ und horizontaler Auslauf daran anschließend im Falle von unlegiertem Stahl. Ein stetiger weiterer Abfall über $N \approx 10^8$ hinaus ist für Aluminiumlegierungen kennzeichnend.

Die auf Wöhler zurückgehende Darstellung der Wöhler-Linie als Gerade im halblogarithmischen Netz wird ebenfalls gelegentlich verwendet, etwa bei den Entwurfsspannungen nach Lang [837], Abb. 2.6. Komplexere Gleichungen, die den gesamten geschwungenen Verlauf der Wöhler-Linie erfassen, sind von anderer Seite vorgeschlagen worden. Beispielsweise entspricht der Kurvenverlauf in Abb. 2.3 einem Ansatz von Stüssi [51].

Die unterschiedlichen Gleichungen der Wöhler-Linie (in Klammern das Publikationsjahr) nach Wöhler (1870), Basquin (1910), Stromeyer (1914), Palmgren (1924), Weibull (1949), Stüssi (1955) und Bastenaire (1963) werden von Haibach [29] zusammenfassend diskutiert.

Wöhler-Linien, die ausgehend von der Kontinuumstheorie der Ermüdungsschädigung berechnet wurden (s. (5.21) in Kap. 5.4), sind in Abb. 2.7 dargestellt. Der Einfluß der Mittelspannung ist über das Spannungsverhältnis R erfaßt.

Normierte Wöhler-Linie mit Streuband

Bei Auftragung der streuenden Zeitfestigkeitsergebnisse des Wöhler-Versuchs bezogen auf die Dauerfestigkeit (beispielsweise bei $N_D = 10^6$ und $P_ü = 50\%$), in beiden Fällen wird die Schwingfestigkeit σ_A bei gleichem Spannungsverhältnis betrachtet, ergibt sich für unterschiedliche Stähle und unterschiedliche Spannungsverhältnisse ein nach Neigung, Breite und Abknickpunkt einheitliches Streuband. Dieses ursprünglich für Schweißverbindungen und später für Kerbstäbe entwickelte Konzept der normierten Wöhler-Linie nach Haibach *et al.* [102-104, 106] wird für die ungekerbte Probe in Abb. 2.8 dargestellt. Kennzeichnend ist der relativ flache Verlauf der Wöhler-Linie im Zeitfestigkeitsbereich

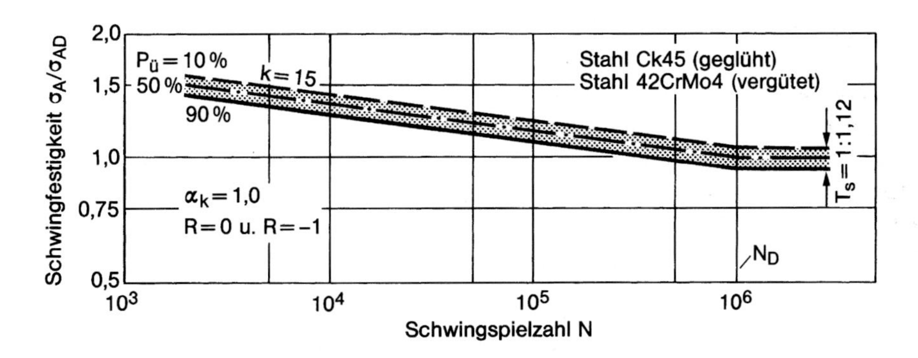

Abb. 2.8: Normierte Wöhler-Linie für ungekerbte Flachstäbe aus weichgeglühtem und vergütetem Stahl; Streuspanne $T_s = T_\sigma$; nach Haibach [29]

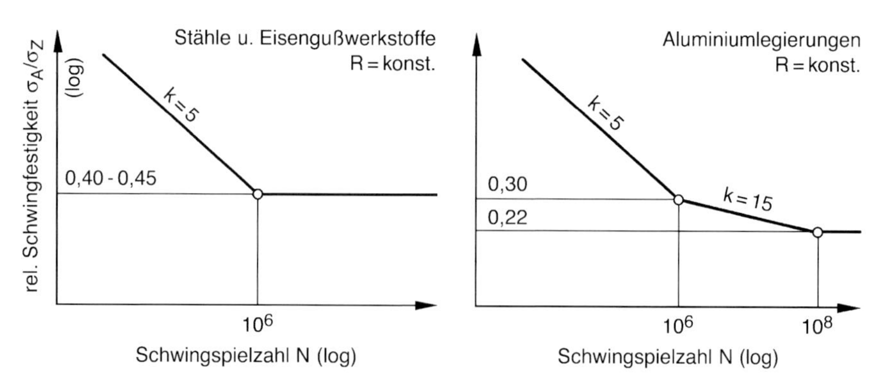

Abb. 2.9: Einheitliche Wöhler-Linien von Stählen, Eisengußwerkstoffen und Aluminiumlegierungen für die Bauteilauslegung; mit Neigungskennzahl k; nach FKM-Richtlinie [886]

($k = 15$). Die dargestellte Normierung unterdrückt etwaige Unterschiede in den Wöhler-Linien, ist jedoch für die Festlegung von zulässigen Spannungen für die Bauteilauslegung gut geeignet.

Einheitliche Wöhlerlinie nach FKM-Richtlinie

Unter Beachtung der vorstehenden Ausführungen ist in der FKM-Richtlinie [885, 887] je eine einheitliche Wöhler-Linie für die Auslegung von Bauteilen aus Stahl oder Eisengußwerkstoff sowie aus Aluminiumlegierung angegeben, Abb. 2.9. Die Diagramme gelten mit Ausnahme der Zahlenwerte an der Ordinate auch hinsichtlich der Bauteilnennspannungen. Allerdings werden für geschweißte Bauteile andere Neigungskennzahlen empfohlen. Auch bei Schubbeanspruchung ändert sich die Neigung der Wöhler-Linien. Bei Stählen und Eisengußwerkstoffen ist die Wöhler-Linie zweifach linear in doppeltlogarithmischer Auftragung mit Knickpunkt bei $N_D = 10^6$. Bei Aluminiumlegierungen ist sie dreifach linear mit Knickpunkten bei $N_D = 10^6$ und $N_D = 10^8$.

Werkstoffkennwerte zur Schwingfestigkeit

Die Angaben zur Schwingfestigkeit der Werkstoffe, vor allem zu ihrer Zeit- und Dauerfestigkeit und dem Einfluß der Mittelspannung, sind im Fachschrifttum weit gestreut. Es kann insbesondere auf die Sammelwerke [216, 228-230], die Fachbücher [77, 85, 91] und die Normen und Richtlinien [886, 887, 891-904] zurückgegriffen werden. Besser dokumentiert sind die Schwingfestigkeitswerte zu Schweißverbindungen aus Stahl (Hinweise in [65]). Die Richtlinie [58] ist maßgebend. Eine erste Schätzung der Dauerfestigkeit des Werkstoffs kann nach Kap. 3.1 aufgrund der statischen Festigkeitswerte erfolgen. Wöhler-Linien und Zeit- und Dauerfestigkeitsschaubilder lassen sich davon ausgehend überschlägig festlegen, beispielsweise unter Verwendung der Gleichungen (2.7) bis (2.10). Genauer sind die synthetischen Wöhler-Linien, die sich für Stahl, Stahlguß und

Gußeisen nach einem von Hück *et al.* [105] angegebenen Verfahren aus Grunddaten wie Zugfestigkeit, Spannungsverhältnis und Kerbformzahl berechnen lassen. Es ergibt sich die aufgrund der publizierten Wöhler-Versuchsergebnisse wahrscheinlichste Wöhler-Linie.

2.3 Zeit- und Dauerfestigkeitsschaubild

Arten von Schaubildern

Der Zusammenhang zwischen ertragbarer Spannungsamplitude und Mittelspannung bzw. Spannungsverhältnis wird in Zeit- und Dauerfestigkeitsschaubildern dargestellt [119-130].

In der heute bevorzugten Darstellungsweise nach Haigh wird die ertragbare Spannungsamplitude als primär festigkeitsrelevante Beanspruchungsgröße über der Mittelspannung aufgetragen, Abb. 2.10. In der Darstellungsweise nach Smith erscheinen ertragbare Ober- und Unterspannung über der Mittelspannung, Abb. 2.11, und nach Gerber, Goodman, Kommerell, Roš und Launhardt-Weyrauch die ertragbare Oberspannung über der Unterspannung (Spannungshäuschen), Abb. 2.12. Schließlich wird die ertragbare Oberspannung nach Moore, Kommers, Jasper und Pohl über dem Spannungsverhältnis aufgetragen, Abb. 2.13. Ein in der Berechnungspraxis vereinfachtes Dauerfestigkeitsschaubild nach Smith für verschiedene Stähle (linearisiert und durch die Fließgrenze begrenzt) zeigt Abb. 2.14.

Die gewählte Ordinatenbezeichnung bedarf wie beim Wöhler-Diagramm (s. Kap. 2.2) einer Erläuterung. In der üblichen Darstellungsweise werden anstelle der ertragbaren Spannungen die einfachen Spannungen aufgetragen, denen wiederum Bruchschwingspielzahlen zugeordnet werden, also Grenzlinien N_B in einem (z. B.) $\sigma_a\sigma_m$-Diagramm. Vorstehend und nachfolgend betrachtet werden jedoch ertragbare Spannungen (oder Festigkeitswerte), die von der Schwingspielzahl abhängen, also Grenzlinien σ_A über σ_m für unterschiedliche N (in Übereinstimmung mit der Bezeichnungsweise in einem Festigkeitsschaubild).

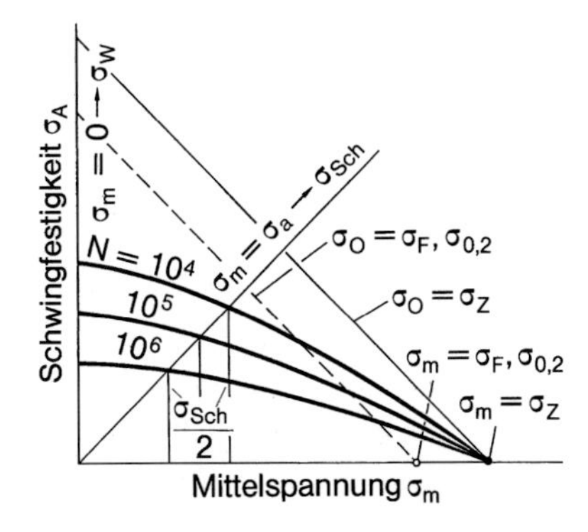

Abb. 2.10: Zeit- und Dauerfestigkeitsschaubild nach Haigh [121]

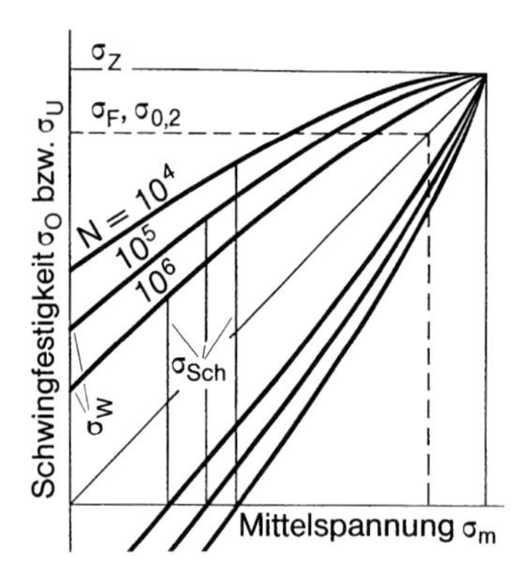

Abb. 2.11: Zeit- und Dauerfestigkeitsschaubild nach Smith [127]

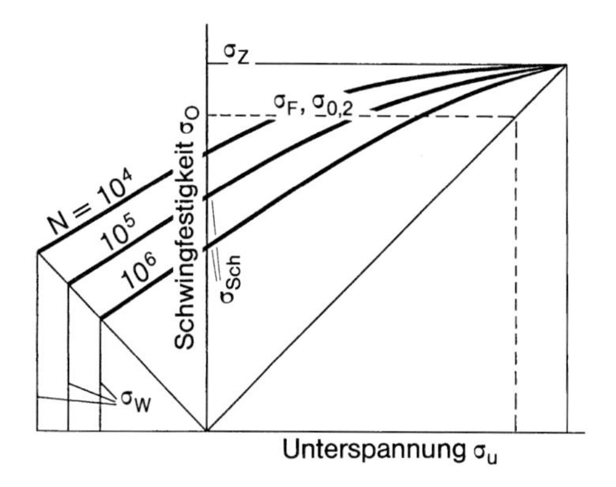

Abb. 2.12: Zeit- und Dauerfestigkeitsschaubild nach Gerber, Goodman, Kommerell, Roš u. Launhardt-Weyrauch [119, 120, 122]

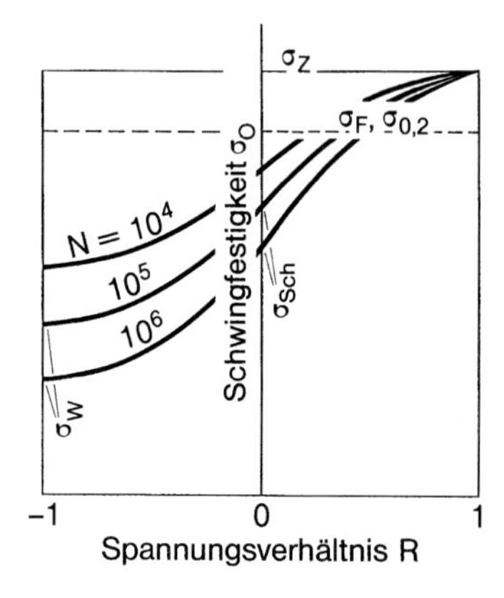

Abb. 2.13: Zeit- und Dauerfestigkeitsschaubild nach Moore, Kommers, Jasper u. Pohl [123, 124]

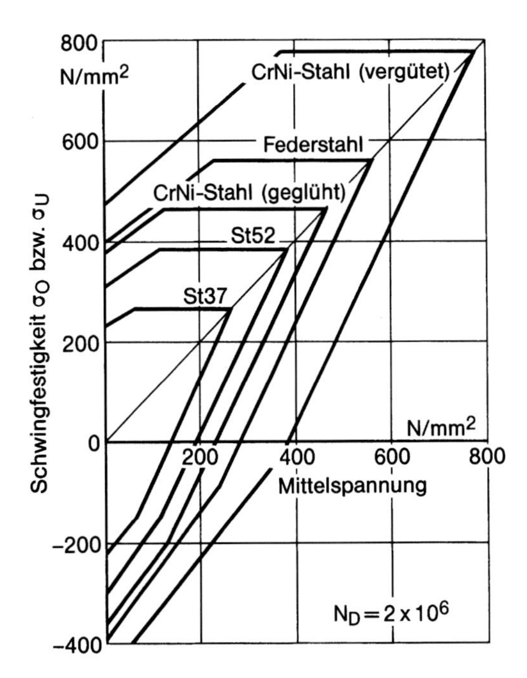

Abb. 2.14: Dauerfestigkeitsschaubild nach Smith für unterschiedliche Stähle, linearisierte und durch Fließspannung begrenzte Auftragung für die konstruktive Auslegung; nach Pomp u. Hempel [126]

Zug- und Druckbereich

Alle vorstehend gezeigten Diagramme erfassen nur den Bereich positiver Mittelspannungen ($\sigma_m \geq 0$ bzw. $-1 \leq R < 1$), also den Zugbereich, der in der Praxis besonders wichtig und hinsichtlich der Festigkeit kritischer als der Druckbereich ($\sigma_m < 0$) ist. In den Druckbereich erweitert, zeigen die Diagramme zunächst eine weitere Erhöhung der ertragbaren Spannungsamplitude (verursacht durch günstige Rißschließeffekte), die allerdings anschließend, bis hin zur statischen Druckfestigkeit, auf Null absinkt. Dieser Sachverhalt ist in Abb. 2.15 durch sich überschneidende gegenläufige, ansonsten ähnlich geformte Kurven im Haigh-Diagramm dargestellt, die von der unterschiedlichen Größe der statischen Zug- und Druckfestigkeit ausgehen. Eine in der Auslegungsberechnung gelegentlich verwendete, extrem konservative, linearisierte Vereinfachung des Diagramms mit horizontaler Kurvenverlängerung in den Druckbereich und mit der Fließgrenze als Grenzwert für die Oberspannung zeigt Abb. 2.16. Besonders ausgeprägt ist der Unterschied zwischen Zug- und Druckfestigkeitswerten bei relativ spröden metallischen Werkstoffen wie Gußeisen, Abb. 2.17. Das bei der konstruktiven Auslegung von hochbeanspruchten Maschinenteilen bewährte Haigh-Diagramm nach Abb. 2.18 zeigt einen linearen Kurvenanstieg vom Zug- in den Druckbereich hinein. Die Linien sind im höheren Zug- bzw. Druckbereich durch die jeweilige Fließgrenze als Oberspannung zu ersetzen.

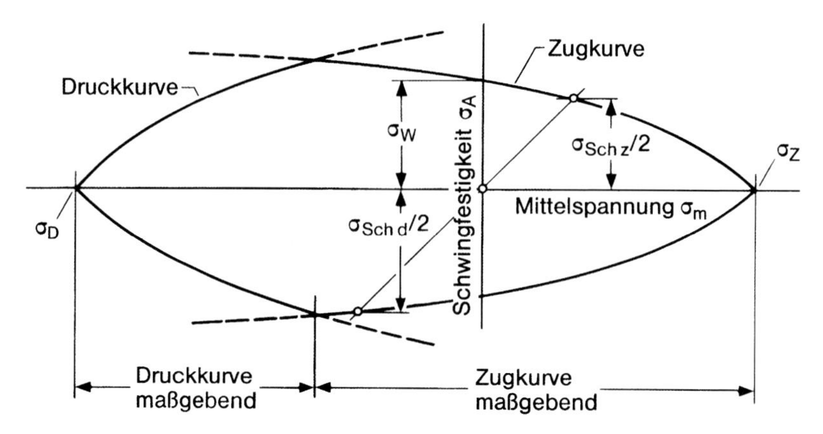

Abb. 2.15: Dauerfestigkeitsschaubild nach Haigh mit Zug- und Druckbereich der Mittelspannung, typisch für Baustähle und Aluminiumlegierungen; nach Stüssi [51]

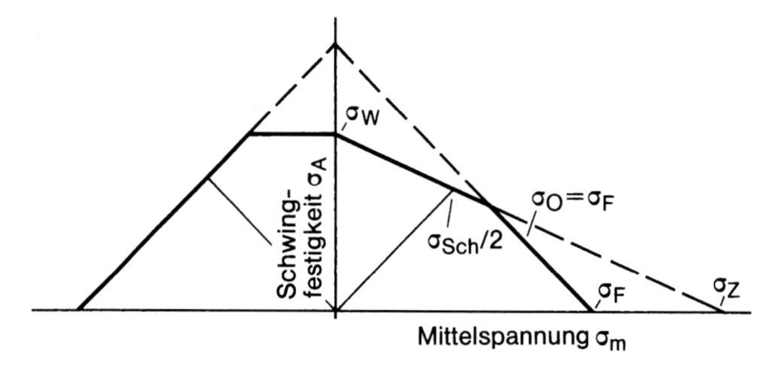

Abb. 2.16: Dauerfestigkeitsschaubild nach Haigh mit Zug- und Druckbereich der Mittelspannung, typisch für Baustähle und Aluminiumlegierungen, extrem konservativ vereinfacht

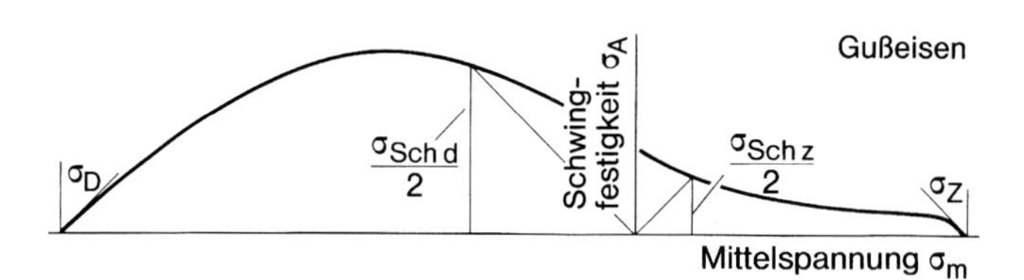

Abb. 2.17: Dauerfestigkeitsschaubild nach Haigh mit Zug- und Druckbereich, typisch für Gußeisen

Näherungsformeln zum Mittelspannungseinfluß

Formelmäßig werden die Grenzwerte der Spannungsamplituden im Zeit- und Dauerfestigkeitsschaubild ausgehend von der Wechselfestigkeit σ_W durch folgende Gleichungen dargestellt ((2.8) nach Goodman [120], (2.9) nach Gerber

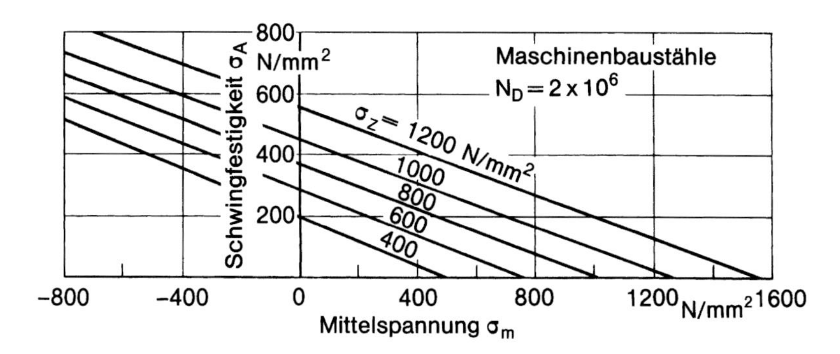

Abb. 2.18: Dauerfestigkeitsschaubild nach Haigh für Maschinenbaustähle, linearisierte untere Streubandgrenzen für die konstruktive Auslegung (ohne die jeweilige Fließgrenze); nach Lang [837]

[119] und (2.10) nach Smith [127], allgemeinere Gleichungen bei Troost und El-Magd [129]), Abb. 2.19:

$$\sigma_{\mathrm{A}} = \sigma_{\mathrm{W}} \left(1 - \frac{\sigma_{\mathrm{m}}}{\sigma_{\mathrm{Z}}}\right) \tag{2.8}$$

$$\sigma_{\mathrm{A}} = \sigma_{\mathrm{W}} \left[1 - \left(\frac{\sigma_{\mathrm{m}}}{\sigma_{\mathrm{Z}}}\right)^2\right] \tag{2.9}$$

$$\sigma_{\mathrm{A}} = \sigma_{\mathrm{W}} \frac{\sigma_{\mathrm{Z}} - \sigma_{\mathrm{m}}}{\sigma_{\mathrm{Z}} + \sigma_{\mathrm{m}}} \tag{2.10}$$

Eine Variante von (2.8) nach Soderberg [128] setzt an die Stelle der Zugfestigkeit σ_{Z} die Fließgrenze σ_{F} und bleibt damit weit auf der sicheren Seite. Eine Variante von (2.8) nach Morrow beinhaltet an Stelle der konventionellen Zugfestigkeit σ_{Z} die wahre Zug- oder Trennfestigkeit σ_{T} (auch von Troost u. El-Magd [129] diskutiert). Duktile Werkstoffe erweisen sich damit als weniger mittelspannungsempfindlich. Die Versuchsergebnisse für Stähle und Aluminiumlegierungen bei Zugmittelspannung liegen meist im Bereich zwischen (2.8) und (2.9), zum Teil auch oberhalb von (2.9). Der lineare Abfall von σ_{A} über σ_{m} nach (2.8) ist in Abb. 2.18 verwirklicht, der parabelförmige Abfall nach (2.9) in Abb. 2.10 (der Abfall für $\sigma_{\mathrm{m}} < 0$ nach (2.9) ist allerdings unrealistisch).

Die vorstehenden Beziehungen zum Mittelspannungseinfluß lassen sich auf gekerbte Proben und Bauteile anwenden, wenn Nennspannungen eingeführt und anstelle der Zugfestigkeit die jeweilige statische Formfestigkeit (Formdehngrenze bzw. Zeitdehngrenze) gesetzt wird. Es ist möglich, den Zusammenhang mit der statischen Festigkeit ganz aufzugeben und die Gleichungen bzw. Dauerfestigkeitslinie ausgehend von den Wechsel- und Schwellfestigkeitswerten festzulegen, Abb. 2.20.

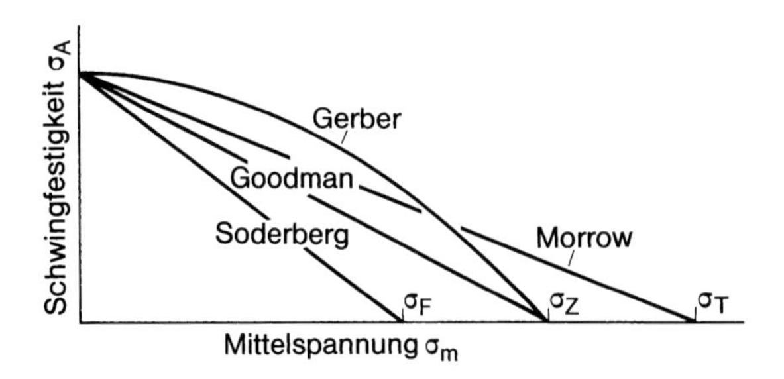

Abb. 2.19: Dauerfestigkeitslinien nach Gerber [119], Goodman [120], Soderberg [128] und Morrow (Quelle unbekannt) im Haigh-Diagramm

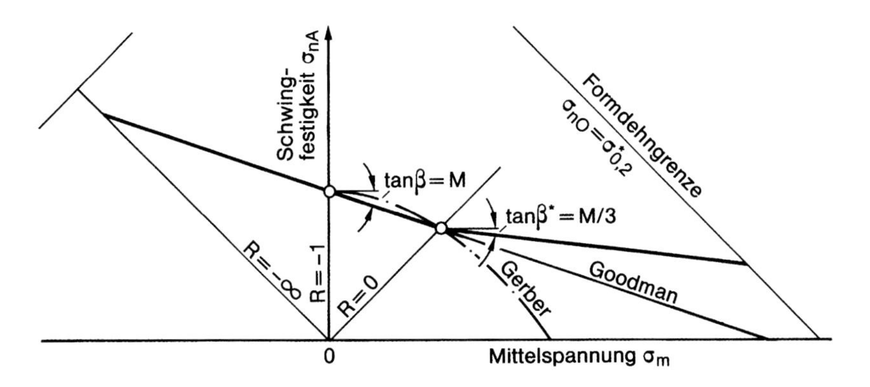

Abb. 2.20: Dauerfestigkeitslinie im Haigh-Diagramm nach Haibach [29], vergleichsweise Linien nach Gerber und Goodman bei Annahme identischer Wechsel- und Schwellfestigkeitswerte, Darstellung von ertragbaren Nennspannungen

Mittelspannungseinfluß nach FKM-Richtlinie

Dem vorstehenden Ansatz entspricht auch das Dauerfestigkeitsschaubild der FKM-Richtlinie [886] mit der Mittelspannungsempfindlichkeit M im Bereich $R = \infty$ bis $R = 0$ bzw. $M/3$ im Bereich $R = 0$ bis $R = 0{,}5$ sowie $M_0 = 0$ außerhalb dieser Bereiche, Abb. 2.21. Das Diagramm gilt unverändert für die Bauteilnennspannungen. Nach dem Diagramm werden die Mittelspannungsfaktoren für den Ermüdungsfestigkeitsnachweis bestimmt. Es wird zwischen vier Überlastungsfällen unterschieden: Überlastung bei konstanter Mittelspannung, Überlastung bei konstantem Spannungsverhältnis, Überlastung bei konstanter Unterspannung und Überlastung bei konstanter Oberspannung. Nur die ersten beiden Fälle lassen sich als Grenzwert für Spannungsamplitude σ_a und Mittelspannung σ_m im Diagramm darstellen (Kurvenpunkte F_1 und F_2).

Die vorstehenden Angaben zur Mittelspannungsempfindlichkeit gelten für Zug-Druck- und Biegebeanspruchung, also für Normalspannungen. Bei Schub-

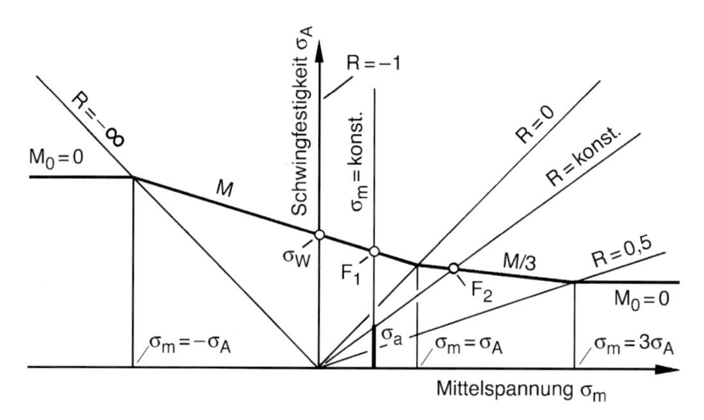

Abb. 2.21: Einheitliche Dauerfestigkeit σ_A als Funktion der Mittelspannung σ_m mit zugehörigen Spannungsverhältnissen R für die Bauteilauslegung; mit Wechselfestigkeit σ_W, Mittelspannungsempfindlichkeit M bzw. M_0 sowie Überlastkurvenpunkten $\mathrm{F_1}$ und $\mathrm{F_2}$; nach FKM-Richtlinie [886]

beanspruchung kann laut Richtlinie eine etwas niedrigere Mittelspannungsempfindlichkeit gewählt werden.

Mittelspannungsempfindlichkeit

Zur Kennzeichnung des Einflusses der Mittelspannung σ_m bzw. des Spannungsverhältnisses R auf die ertragbare Spannungsamplitude durch einen einzigen Zahlenwert wird die Mittelspannungsempfindlichkeit M (nach Schütz [680]) eingeführt:

$$M = \frac{\sigma_\mathrm{A}(R=-1) - \sigma_\mathrm{A}(R=0)}{\sigma_\mathrm{m}(R=0)} = \frac{\sigma_\mathrm{A}(R=-1)}{\sigma_\mathrm{A}(R=0)} - 1 \tag{2.11}$$

Die Mittelspannungsempfindlichkeit bezeichnet im Haigh-Diagramm die Neigung der Zeit- oder Dauerfestigkeitslinie (N konstant) zwischen Wechsel- und Schwellfestigkeit, $R = -1$ und $R = 0$, $M = \tan\beta$, wobei der Neigungswinkel β von der Horizontalen aus gemessen wird. Im Grenzfall $M = 0$ verläuft die Linie horizontal, die ertragbare Spannungsamplitude ist von der Mittelspannung unabhängig. Im Grenzfall $M = 1$ ist die Linie unter 45° geneigt, Mittelspannung und Spannungsamplitude teilen sich den Bereich einer konstanten ertragbaren Oberspannung, verhalten sich daher gegenläufig. Inwieweit die Extrapolation der betrachteten Linie nach $R < -1$ und $R > 0$ zulässig ist, bleibt zunächst offen. Haibach [29, 30] schlägt vor, die Zeit- oder Dauerfestigkeitslinie mit M im Bereich $-\infty < R \leq 0$ zu verwenden und für Werte $R > 0$ mit der flacheren Neigung $\tan\beta^* = M/3$ bis zum Erreichen der Fließgrenze durch die Oberspannung fortzusetzen, Abb. 2.20. Die flachere Neigung entspricht einzelnen experimentellen Befunden. Eine Erklärungsmöglichkeit liegt im elastisch-plastischen Kerbverhalten. Macherauch und Wohlfahrt [409, 414] verringern die Neigung der Dauerfestigkeitslinie erst ab der zyklischen Fließgrenze (s. Abb. 3.27 u. 3.28).

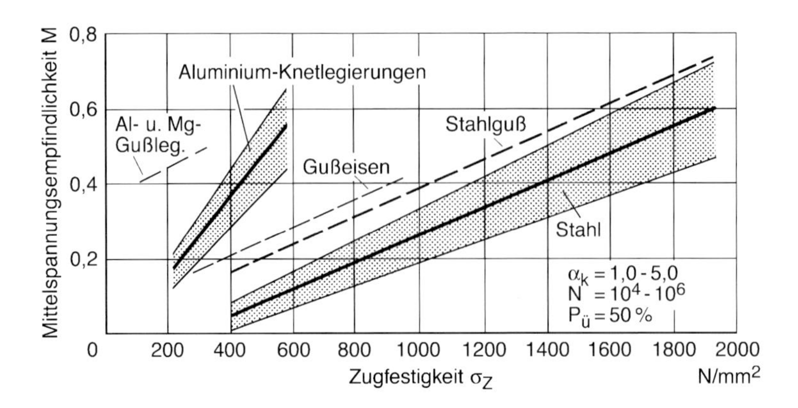

Abb. 2.22: Mittelspannungsempfindlichkeit von Metallegierungen, ungekerbte und gekerbte Proben; nach Schütz [680] (vereinfacht und erweitert)

Für den Zusammenhang zwischen Schwell- und Wechselfestigkeit folgt aus (2.11) mit $\sigma_{\text{Sch}} = 2\sigma_{\text{A}}(R = 0)$ und $\sigma_{\text{W}} = \sigma_{\text{A}}(R = -1)$:

$$\sigma_{\text{Sch}} = \frac{2}{1 + M}\sigma_{\text{W}} \tag{2.12}$$

Ebenso ergibt sich aus (2.11) mit von Null verschiedenem Spannungsverhältnis R (statt $R = 0$) eine wichtige Formel für den Mittelspannungseinfluß auf die Schwingfestigkeit σ_{A}:

$$\sigma_{\text{A}} = \sigma_{\text{W}} - M\sigma_{\text{m}} \tag{2.13}$$

Die Mittelspannungsempfindlichkeit gibt demnach an, in welchem Maße die Mittelspannung die Wechselfestigkeit abmindert.

Die Mittelspannungsempfindlichkeit für Stähle, Stahlguß, Gußeisen, Aluminium- und Magnesiumlegierungen in ungekerbten und gekerbten Proben steigt mit der Zugfestigkeit der betrachteten Legierung, Abb. 2.22 (bei gekerbten Proben mit Nennspannungen in (2.11)). Der Anstieg wird mit der abnehmenden zyklischen Relaxations- bzw. Kriechfähigkeit bei höherfestem Werkstoff erklärt. Dieser Effekt kommt in (2.8) nicht zum Ausdruck, denn hier ist $M = \sigma_{\text{W}}/\sigma_{\text{Z}}$ und damit (s. Kap. 3.1) annähernd konstant. Auf Basis der tatsächlichen Abhängigkeit der Mittelspannungsempfindlichkeit wurden von Hück *et al.* [105] verfeinerte Näherungsformeln für die Dauerfestigkeitslinien im Haigh-Diagramm entwickelt, deren (mittlere) Steigung von der Zugfestigkeit abhängt.

2.4 Dehnungs-Wöhler-Linie

Dehnungsamplitude statt Spannungsamplitude

Während bei Beanspruchung nahe der Dauerfestigkeit ($N \geq 5 \times 10^5$) in kritischen Bauteilbereichen oder an Kerben ein weitgehend linearer Zusammenhang zwischen örtlicher Spannung und örtlicher Dehnung (sowie äußerer Belastung) besteht und der örtliche Beanspruchungsablauf sowohl durch kraftgeregelte als auch durch dehnungsgeregelte Wöhler-Versuche an ungekerbten Proben bis zur Entstehung des technischen Anrisses simuliert werden kann, ist dies bei höherer Beanspruchung ($N \leq 5 \times 10^5$) nicht mehr der Fall. Im kritischen Bauteilbereich bzw. an der Kerbe treten bei duktilen Metallegierungen elastisch-plastische Verformungen auf, deren Größe (unterhalb der Formdehngrenze) durch die Stützwirkung der elastischen Umgebung auf die Größenordnung der elastischen Verformung begrenzt bleibt. Das gilt auch dann noch, wenn sich die ersten Anrisse bilden. Nur der dehnungsgeregelte Wöhler-Versuch an der ungekerbten Vergleichsprobe wird diesem Sachverhalt hinreichend gerecht. Es werden daher Wöhler-Versuche mit konstant gehaltener (Gesamt-)Dehnungsamplitude durchgeführt und die Versuchsergebnisse als ertragbare (Gesamt-)Dehnungsamplitude über der Schwingspielzahl bis Anriß dargestellt. Das Versagenskriterium am Bauteil oder an der Kerbe ist der technisch erfaßbare Oberflächenanriß von etwa 0,5 mm Tiefe und 2 mm Oberflächenlänge (abhängig vom Erkennungsverfahren). Dem entspricht in der ungekerbten Vergleichsprobe näherungsweise der vollständige Bruch. Im Bauteil oder auch in der gekerbten Probe folgt dem Anriß eine getrennt zu erfassende stabile Rißfortschrittsphase.

Der dehnungsgeregelte Versuch an der ungekerbten Vergleichsprobe entspricht also den Verhältnissen bei der Rißeinleitung im Kerbgrund besser als der spannungsgeregelte Versuch, weil das elastische Umfeld der Kerbe gleichbleibende elastisch-plastische Dehnungen im Kerbgrund erzwingt, auch dann noch, wenn die ersten Anrisse auftreten. Ein weiterer Grund für die Bevorzugung des dehnungsgeregelten Versuchs liegt vor, wenn die Beanspruchung im Bauteil bei vorgegebener Verformung anstelle von vorgegebener Kraft auftritt. Auch die Temperaturwechselbeanspruchung erzeugt vorgegebene Dehnungen.

Zur Dehnungs-Wöhler-Linie sind die Publikationen [131-150] grundlegend. Bei der Durchführung des dehnungsgeregelten Kurzzeitschwingfestigkeitsversuchs sind die Hinweise in der ASTM-Norm [151] zu beachten.

Spannungs-Dehnungs-Hystereseschleife

Der bei elastisch-plastischer Beanspruchung im Wöhler-Versuch mit ungekerbten Proben aus duktilen Metallegierungen auftretende nichtlineare Zusammenhang zwischen Spannung und Dehnung äußert sich in einer Hystereseschleife, in Abb. 2.23 für den allgemeinen Fall einer von Null verschiedenen statischen Mitteldehnung ε_{m} und Mittelspannung σ_{m} dargestellt. Spannungs- und (Gesamt-)Dehnungsamplituden σ_{a} bzw. ε_{a}, entsprechende Schwingbreiten $\Delta\sigma$ bzw. $\Delta\varepsilon$ sowie

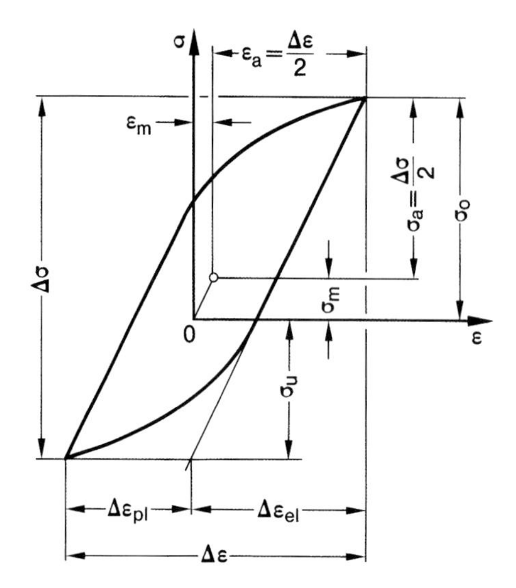

Abb. 2.23: Hystereseschleife der Spannungen und Dehnungen bei zyklischer Beanspruchung, zugehörige Kenngrößen

die Aufteilung der Dehnungsschwingbreiten in einen elastischen und plastischen Anteil, $\Delta\varepsilon_{\mathrm{el}}$ und $\Delta\varepsilon_{\mathrm{pl}}$, sind ersichtlich. Die elastische Dehnung folgt gemäß Hookeschem Gesetz (2.15) linear der elastischen Spannung (Elastizitätsmodul E), und die plastische Dehnung ist nach (2.16) nichtlinear von ihr abhängig:

$$\varepsilon_{\mathrm{a}} = \varepsilon_{\mathrm{a\,el}} + \varepsilon_{\mathrm{a\,pl}} \tag{2.14}$$

$$\varepsilon_{\mathrm{a\,el}} = \frac{\sigma_{\mathrm{a}}}{E} \tag{2.15}$$

Zyklische Spannungs-Dehnungs-Kurve

Die Gesamtdehnungsschwingbreite $\Delta\varepsilon$ bzw. die entsprechende Dehnungsamplitude ε_{a} ist über die Spannungs-Dehnungs-Kurve mit der Spannungsschwingbreite $\Delta\sigma$ bzw. mit der Spannungsamplitude σ_{a} verbunden, jedoch nicht über die aus dem statischen Zugversuch bekannte zügige Kurve, sondern über die im stabilisierten Schwingversuch ermittelte zyklische Kurve (genauer: Kurve bei einmaliger bzw. zyklischer Beanspruchung). Die zyklische Spannungs-Dehnungs-Kurve ergibt sich als Verbindungslinie der Extremwerte der Hystereseschleifen, Abb. 2.24. Gegenüber der zügigen Kurve der Einmal- bzw. Erstbelastung kann zyklische Verfestigung oder zyklische Entfestigung vorliegen. Die Gleichung der zyklischen Kurve lautet mit Elastizitätsmodul E, zyklischem Verfestigungskoeffizienten K' und zyklischem Verfestigungsexponenten n' (Dreiparameteransatz nach Ramberg u. Osgood [149]):

$$\varepsilon_{\mathrm{a}} = \frac{\sigma_{\mathrm{a}}}{E} + \left(\frac{\sigma_{\mathrm{a}}}{K'}\right)^{1/n'} \tag{2.16}$$

Der plastische Anteil von (2.16) ist als Potenzgesetz zwischen Spannungs- und Dehnungsamplitude bekannt:

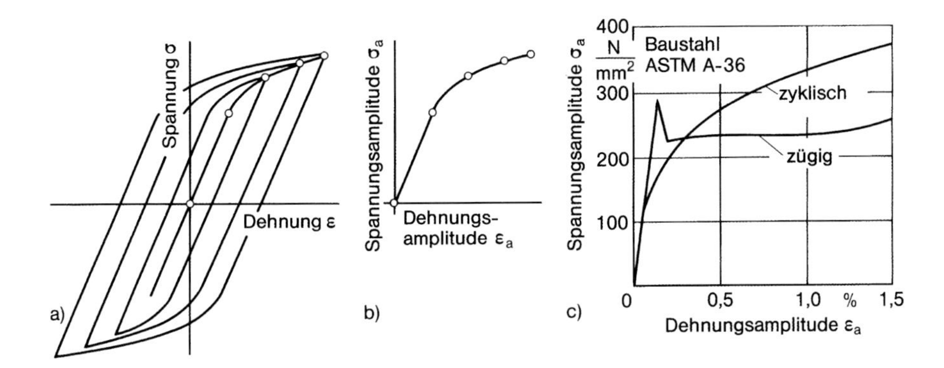

Abb. 2.24: Zyklischer Beanspruchungsablauf: Hystereseschleifen (a), zyklische Spannungs-Dehnungs-Kurve (b) und Vergleich mit zügiger Kurve (c)

$$\sigma_a = K'(\varepsilon_{a\,pl})^{n'} \tag{2.17}$$

Aus (2.17) folgt der Zusammenhang zwischen zyklischer Fließgrenze $\sigma'_{0,2}$, zyklischem Verfestigungskoeffizienten K' und zyklischem Verfestigungsexponenten n':

$$\sigma'_{0,2} = K' 0{,}002^{n'} \tag{2.18}$$

Die Werkstoffkennwerte werden über eine Regressionsanalyse der im zyklischen Spannungs-Dehnungs-Versuch gemessenen Daten ermittelt.

Stabilisierung der Spannungs-Dehnungs-Kurve

Die zyklische Spannungs-Dehnungs-Kurve wird an ungekerbten Proben im dehnungsgeregelten Schwingversuch bei rein wechselnder Zug-Druck-Beanspruchung ($R = -1$) ermittelt. Die zyklische Verfestigung oder Entfestigung tritt innerhalb der ersten 10 bis 1000 Schwingspiele auf und stabilisiert sich danach, Abb. 2.25. Weichgeglühte Metallegierungen neigen zur zyklischen Verfestigung, kaltverfestigte Metallegierungen zur zyklischen Entfestigung. Es tritt auch gemischtes Verhalten auf, beispielsweise zyklische Entfestigung bei kleinen Dehnungsamplituden und zyklische Verfestigung bei großen Dehnungsamplituden (s. Abb. 2.24).

Die Bestimmung der stabilisierten Spannungs-Dehnungs-Kurve in Einstufenschwingfestigkeitsversuchen mit je einer Probe bei unterschiedlichen Dehnungsamplituden [781] ist sehr aufwendig. Als Abkürzungsverfahren ist der Incremental-Step-Test [137] mit nur einer Probe im Gebrauch. Die zyklische Beanspruchung wird in Blöcken zu etwa 40 Schwingspielen mit zu- und abnehmender Schwingbreite der Dehnung (Auswickeln und Einwickeln) aufgebracht, Abb. 2.26. Verbreitet ist jene Variante, bei der zuerst die zügige Kurve aufgenommen wird, gefolgt von erst abnehmender und dann wieder zunehmender Schwingbreite. Die der stabilisierten Linie hinreichend nahe kommende Linie stellt sich

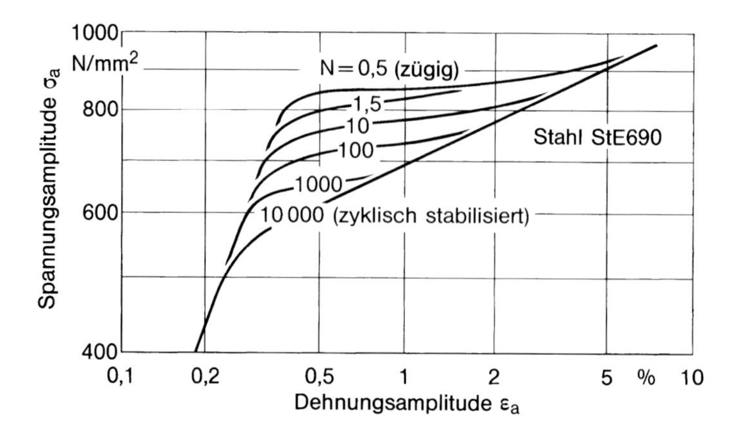

Abb. 2.25: Zyklische Stabilisierung der Spannungs-Dehnungs-Linie, Diagrammausschnitt; nach Bergmann *et al.* [131]

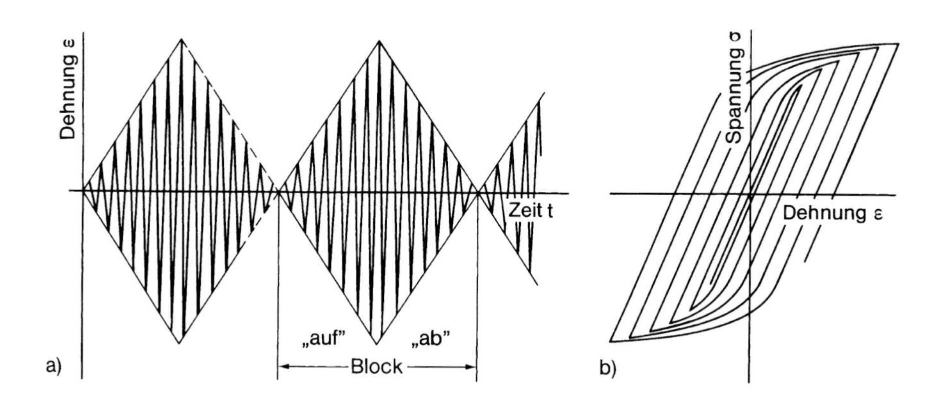

Abb. 2.26: Incremental-Step-Test zur Ermittlung der zyklischen Spannungs-Dehnungs-Kurve im abgekürzten Verfahren, Dehnungsschwingspiele (a) und Hystereseschleifen (b)

nach wenigen Beanspruchungsblöcken ein. Nach etwa 20 Blöcken muß mit einem Bruch der Probe gerechnet werden. Die Anrißschwingspielzahl im Incremental-Step-Test kann zur Abschätzung der Dehnungs-Wöhler-Linie verwendet werden [150].

Eine erneute Destabilisierung der Hystereseschleifen stellt sich anläßlich der Rißbildung ein. Im dehnungsgeregelten Versuch bricht die Zugseite der Schleife durch Rißöffnung mehr und mehr zusammen, während die Druckseite infolge Rißschließens erhalten bleibt.

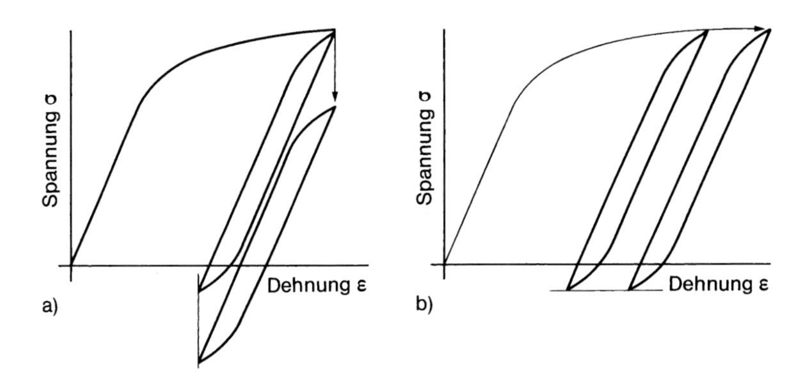

Abb. 2.27: Zyklische Mittelspannungsrelaxation (a) und zyklisches Kriechen (b)

Zyklische Relaxation und zyklisches Kriechen

Die Form der zyklischen Spannungs-Dehnungs-Kurve wird als weitgehend unabhängig von Mittelspannung und Mitteldehnung angesehen, jedoch kann im dehnungsgeregelten Schwingversuch zyklische Mittelspannungsrelaxation, im spannungsgeregelten Schwingversuch zyklisches Mitteldehnungskriechen (cyclic ratchetting) auftreten, besonders bei erhöhter Temperatur oder längerer Haltezeit [131, 140, 144, 147], Abb. 2.27. Dabei wird im allgemeinen eine stabilisierte Kombination von Mittelspannung und Mitteldehnung erreicht. Im spannungsgeregelten Versuch ist aber auch instabiles Kriechen möglich. Die Stabilisierung von Mittelspannung und Mitteldehnung ist von der zyklischen Stabilisierung zu unterscheiden. Zyklisch stabilisierte Proben können durchaus noch relaxieren oder kriechen.

Masing-Modell der Hystereseschleife

Ausgehend von einem Punkt der zyklischen Spannungs-Dehnungs-Kurve läßt sich die zugehörige Hystereseschleife in guter Näherung dadurch gewinnen, daß geometrisch ähnliche Schleifenäste, beginnend mit linearer Entlastung bzw. Belastung gezeichnet werden, die sich aus der zyklischen Kurve durch Verdoppeln der Parameterwerte σ und ε ergeben (Masing-Modell [146]), Abb. 2.28. Die Gleichung des vom Punkt $(\varepsilon_\mathrm{a}, \sigma_\mathrm{a})$ ansteigenden bzw. abfallenden Schleifenastes folgt ausgehend von (2.16):

$$\varepsilon = \varepsilon_\mathrm{a} + \frac{\sigma_\mathrm{a} - \sigma}{E} + 2\left(\frac{\sigma_\mathrm{a} - \sigma}{2K'}\right)^{1/n'} \tag{2.19}$$

Das Verfahren versagt bei Werkstoffen mit unsymmetrischem („bimodularem“) Verhalten der zyklischen Kurve im Zug- und Druckbereich (z. B. Gußeisen).

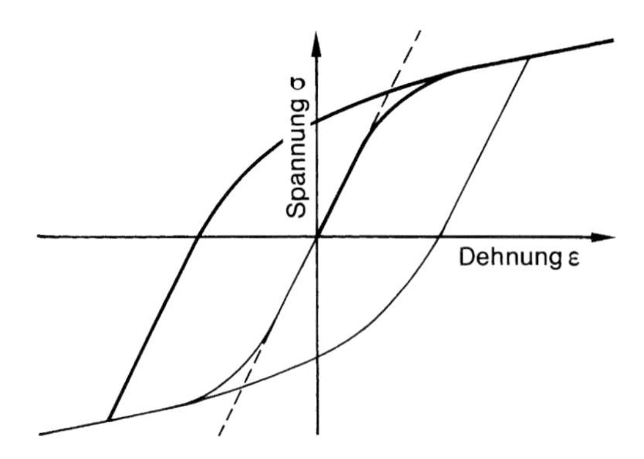

Abb. 2.28: Masing-Hypothese, Äste der Hystereseschleife durch Verdoppeln der Parameterwerte der zyklischen Spannungs-Dehnungs-Linie; nach Masing [146]

Vierparameteransatz zur Dehnungs-Wöhler-Linie

Als Dehnungs-Wöhler-Linie werden die zu unterschiedlichen stabilisierten zyklischen Gesamtdehnungsamplituden gehörenden, bis zu einem technischen Anriß ertragenen Schwingspielzahlen (horizontal) aufgetragen. Die Schwingspielzahl bis Anriß kommt nur bei axialbelasteten ungekerbten Proben der Schwingspielzahl bis Bruch nahe ($N_\mathrm{A} \approx 0{,}95\, N_\mathrm{B}$).

Anstelle der stabilisierten Spannungen und Dehnungen werden insbesondere bei unzureichend stabilisierenden Werkstoffen die Spannungen und Dehnungen bei halber Anrißschwingspielzahl verwendet. Die Dehnungs-Wöhler-Linie läßt sich durch Überlagerung der elastischen und plastischen Dehnungsanteile darstellen, die im doppeltlogarithmischen Maßstab in guter Näherung als Geraden erscheinen, Abb. 2.29. Daraus leitet sich der Vierparameteransatz (vier Parameter mit σ'_Z/E als Einzelparameter) der ertragbaren Dehnungsamplituden nach Coffin [133], Morrow [147, 148] und Manson [141-145] ab:

$$\varepsilon_\mathrm{A} = \varepsilon_\mathrm{A\,el} + \varepsilon_\mathrm{A\,pl} = \frac{\sigma'_\mathrm{Z}}{E}(2N)^b + \varepsilon'_\mathrm{Z}(2N)^c \qquad (2.20)$$

Es bedeuten: σ'_Z Schwingfestigkeitskoeffizient, ε'_Z Duktilitätskoeffizient (zyklisch), b Schwingfestigkeitsexponent, c Duktilitätsexponent (zyklisch), E Elastizitätsmodul, N Schwingspielzahl bis Anriß. Die Verwendung der Zahl ($2N$) von Schwingumkehrungen (reversals to failure) in (2.20) ist dadurch bedingt, daß bei $N = 1/2$ (oder $2N = 1$) aus dem Schnittpunkt der elastischen bzw. plastischen Dehnungs-Wöhler-Linie mit der Vertikalen die Werte σ'_Z/E und ε'_Z abgelesen werden können. Der Zusammenhang

$$N \text{ Schwingspiele} = 2N \text{ Schwingumkehrungen}$$

ist zu beachten, wobei Zahlenwert und Einheit untrennbar zusammengehören, in der Formel ebenso wie im Wöhler-Diagramm. Der Schwingfestigkeitsexponent wird für metallische Werkstoffe mit $b = -0{,}05$ bis $-0{,}12$ angegeben, der Dukti-

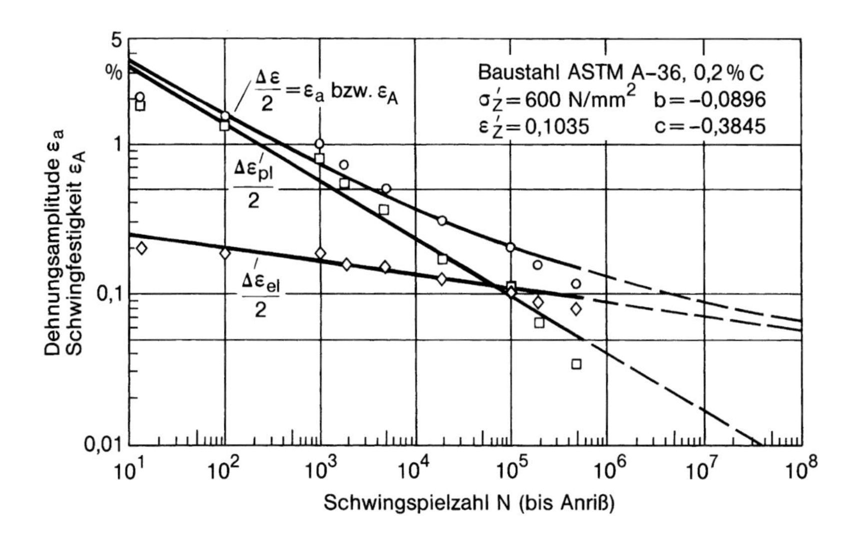

Abb. 2.29: Dehnungs-Wöhler-Linie eines Baustahls mit elastischem und plastischem Anteil der Gesamtdehnung; nach Higashida in [213]

litätsexponent mit $c = -0{,}5$ bis $-0{,}7$. Die zyklischen Werkstoffkennwerte gelten für reine Wechselbeanspruchung ($R = -1$) mit konstanter Dehnungsamplitude. Sie werden im dehnungsgeregelten Schwingversuch mit Abbruch des Versuchs beim Auftreten des Anrisses, also aus den Versuchsdaten zur Dehnung-Wöhler-Linie über eine Regressionsanalyse unter Beachtung des Zusammenhangs nach (2.23) und (2.24), ermittelt.

Die von Manson [141] ursprünglich vorgeschlagene Beziehung (universal slopes method) beinhaltet einheitliche Neigung der Linien und Anbindung an die Spannungs- und Dehnungskennwerte des statischen Zugversuchs, (wahre) Zugfestigkeit σ_Z und (wahre) Bruchdehnung ε_Z, wobei letztere durch das Verhältnis von Ausgangsquerschnitt A_0 zu Bruchquerschnitt A_Z, ausgedrückt durch die Brucheinschnürung $\psi = 1 - A_Z/A_0$, ersetzt werden kann:

$$\Delta\varepsilon = 3{,}5\frac{\sigma_Z}{E}N^{-0{,}12} + \varepsilon_Z^{0{,}6}N^{-0{,}6} \tag{2.21}$$

$$\varepsilon_Z = \ln\frac{A_0}{A_Z} = \ln\frac{1}{1-\psi} \tag{2.22}$$

Die Gleichsetzung von σ'_Z und ε'_Z mit den Kennwerten σ_Z und ε_Z des statischen Zugversuchs ($N = 1/2$) ist bei höheren Genauigkeitsansprüchen unzulässig, denn es handelt sich bei σ'_Z und ε'_Z um Extrapolationswerte bei $N = 1/2$ von statistisch gemittelten Versuchsergebnissen, nicht um tatsächliche Versuchswerte bei einmaliger Belastung.

Die zyklische Spannungs-Dehnungs-Kurve nach (2.16) und die Dehnungs-Wöhler-Linie nach (2.20) sind insofern nicht unabhängig voneinander, als das Verhältnis von elastischem und plastischem Dehnungsanteil im Gesamtbereich der Dehnung identisch sein muß. Die Gleichsetzung der Dehnungsanteile nach (2.16) und (2.20) ist nur möglich, wenn folgende Kompatibilitätsbedingungen erfüllt sind:

$$n' = \frac{b}{c} \tag{2.23}$$

$$K' = \frac{\sigma'_Z}{(\varepsilon'_Z)^{n'}} \tag{2.24}$$

Durch Einführen des Schnittpunkts der Wöhler-Linien für elastischen und plastischen Dehnungsanteil, $\varepsilon_{A\,el} = \varepsilon_{A\,pl} = \varepsilon_{A\,T}$, zugeordnet Schwingumkehrungen $2N_T$ (transition life), und Übertragung auf σ_{AT} mittels (2.16), läßt sich die praktische Ausführung der Berechnung durch Parameterreduktion vereinfachen (nach Landgraf [139], s. a. [29]). Bei den Stählen verschiebt sich $2N_T$ mit abnehmender Duktilität zu niedrigeren Schwingspielzahlen.

Die Dehnungs-Wöhler-Linie nach Abb. 2.29 gibt keine Dauerfestigkeit wieder (kein horizontaler Kurvenauslauf). Sie kann daher in diesem Bereich unzureichend sein, außer es wird zugestanden, daß der Anriß in diesem Bereich nicht zum Bruch führt.

Kurzzeitschwingfestigkeitsgesetz

Der erste Term von (2.20) bzw. (2.21) entspricht der (Spannungs-)Wöhler-Linien-Darstellung nach Basquin, die bereits in (2.7) verwendet wurde, der zweite Term dem nach Manson und Coffin benannten Kurzzeitschwingfestigkeitsgesetz (nachfolgend die Fassung von Manson, ausgewertet 29 Werkstoffe mit ε_Z bei $N = 1/4$):

$$\Delta\varepsilon_{pl}\, N^{0,6} = \left(\ln \frac{1}{1-\psi}\right)^{0,6} \qquad \left(N \leq 10^5\right) \tag{2.25}$$

Es sind auch Fassungen mit Exponenten $c = -0{,}3$ bis $-1{,}0$ im Gebrauch. Statt $\Delta\varepsilon_{pl}$ wird gelegentlich $\Delta\varepsilon$ oder $\Delta\varepsilon_{el}$ eingeführt. Die rechte Seite von (2.25) kann eine von ψ unabhängige Konstante sein (Aurich [69]).

Langzeitschwingfestigkeitsgesetz

Im Bereich der Langzeitschwingfestigkeit ist der zweite Term von (2.20) durch Einführung eines werkstoffabhängigen Dehnungskennwertes ε_L zu modifizieren (Klee [136]):

$$\varepsilon_{A\,pl} = \varepsilon'_Z (2N)^c + \varepsilon_L \qquad \left(N > 10^4\right) \tag{2.26}$$

Positive Werte von ε_L bewirken ein Abbiegen der plastischen Dehnungs-Wöhler-Linie zu höheren Schwingspielzahlen, negative Werte das Gegenteil, Abb. 2.30. Nur im ersteren Fall wird eine Dauerschwingfestigkeit angenähert.

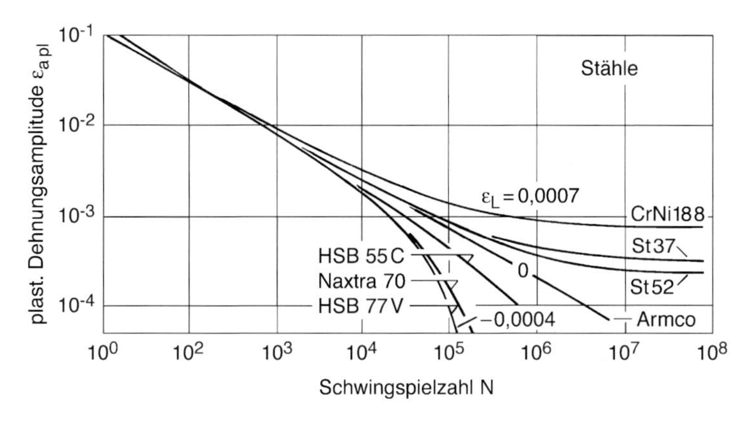

Abb. 2.30: Plastische Dehnungs-Wöhler-Linien für unlegierte und legierte Stähle im Langzeitfestigkeitsbereich; nach Klee [136]

Mittelspannungseinfluß

Während der Einfluß der Mitteldehnung auf die Schwingfestigkeit zumindest im Bereich der Kurzzeitschwingfestigkeit weitgehend vernachlässigbar ist, trifft das auf den Einfluß der Mittelspannung nicht zu. Der Einfluß der Mittelspannung ist im Bereich der Langzeitfestigkeit besonders stark, wobei Druckmittelspannungen festigkeitserhöhend, Zugmittelspannungen festigkeitsmindernd wirken. Der Einfluß verschwindet im Kurzzeitfestigkeitsbereich bedingt durch die hier verstärkt auftretende Mittelspannungsrelaxation.

Der Mittelspannungseinfluß wird nach Morrow [147] durch Modifikation des elastischen Gliedes der Dehnungs-Wöhler-Linie in (2.20) erfaßt:

$$\varepsilon_a = \frac{\sigma'_Z - \sigma_m}{E}(2N)^b + \varepsilon'_Z(2N)^c \tag{2.27}$$

Versuchsergebnisse belegen die Richtigkeit des vorstehenden Ansatzes.

2.5 Statistische Auswertung von Schwingfestigkeitsversuchen

Mittelwert und Streuung

Schwingfestigkeitsversuche werden aus Zeit- und Kostengründen mit relativ kleiner Zahl von Proben durchgeführt. Andererseits muß mit relativ großer Streuung der Versuchsergebnisse gerechnet werden. Ursache der Streuungen sind die Werkstoffinhomogenitäten im mikrostrukturellen Bereich, die Schwankungen in Werkstoffzusammensetzung und Fertigungsprozessen sowie Abweichungen in der Versuchsdurchführung. Die Streuung wird als zufallsbedingt eingeführt und nach statistischen Verfahren erfaßt, um aus den Versuchsergebnissen zuverlässige Aussagen abzuleiten [152-163].

Das bei konstant gehaltenen Versuchsbedingungen streuende Versuchsergebnis, beispielsweise die Bruchschwingspielzahl bei vorgegebener Beanspruchungsschwingbreite, wird als diskrete Zufallsvariable x eingeführt. Die (relativ kleine) endliche Zahl von Versuchswerten stellt einen Ausschnitt, genannt Stichprobe, aus der größeren Grundgesamtheit dar. Nur wenn die Stichprobe repräsentativ für die Grundgesamtheit ist, kann von der Verteilung der Werte in der Stichprobe auf die Verteilung in der Grundgesamtheit geschlossen werden. Dafür ist Voraussetzung, daß der Stichprobenumfang genügend groß ist.

Aus n Stichprobenwerten x_i $(i = 1, 2, \cdots, n)$ der Zufallsvariablen (oder des Merkmals) lassen sich der Stichprobenmittelwert $\bar{x}$ (sample mean) und die Stichprobenstreuung s^2 (sample variance), das Quadrat der Standardabweichung s in der Stichprobe (sample standard deviation), ermitteln:

$$\bar{x} = \frac{1}{n}\sum_{i=1}^{n} x_\mathrm{i} \tag{2.28}$$

$$s^2 = \frac{1}{n-1}\sum_{i=1}^{n}(x_\mathrm{i} - \bar{x})^2 \tag{2.29}$$

Die genannten Stichprobengrößen sind auch als Schätzwerte der eigentlichen Größen der Grundgesamtheit bekannt.

Durch Rechnersimulation wurde gezeigt, daß nach (2.29) die Streuung der Grundgesamtheit bei den in der Schwingfestigkeitsprüfung üblichen Stichprobenumfängen erheblich unterschätzt wird (Hück [179]). Ein zuverlässigerer Wert ergibt sich aus:

$$s^2 = \frac{n - 0{,}41}{(n-1)^2}\sum_{i=1}^{n}(x_\mathrm{i} - \bar{x})^2 \tag{2.30}$$

Vertrauensgrenzen für Mittelwert und Streuung

Mittelwert und Streuung der Grundgesamtheit werden über einen begrenzten Stichprobenumfang mit gewissen Vertrauensgrenzen bestimmt. Die Vertrauensgrenzen sind abhängig von der Streuung der Grundgesamtheit, dem Stichprobenumfang und der Irrtumswahrscheinlichkeit α bzw. der Vertrauenswahrscheinlichkeit $(1 - \alpha)$. Die der Irrtumswahrscheinlichkeit α zugehörige Merkmalsgröße (Quantile) hängt von der maßgebenden Verteilungsfunktion ab (s. Tabellenwerke zur Statistik).

Häufigkeitsverteilung

Zur Kennzeichnung der Verteilung der Zufallsvariablen innerhalb des Streubereichs wird dieser in Klassen unterteilt. Aus der Klassenzugehörigkeit der Einzelwerte ergibt sich deren Häufigkeit. Dies ist nur bei großem Stichprobenumfang (z. B. $n > 50$) praktikabel (s. Kap. 5.2).

Bei dem meist kleinen Stichprobenumfang aus Schwingversuchen ($n < 50$) wird die Häufigkeitsverteilung aus den Stichprobenwerten direkt bestimmt (Schätzformeln (2.31) bis (2.35)). Die wichtigsten Verteilungsfunktionen sind am Ende dieses Unterkapitels dargestellt. Die Gleichungen (2.28) und (2.29) für Mittelwert und Streuung gelten unabhängig von der Verteilungsfunktion.

Streuung im Wöhler-Versuch

Ein Charakteristikum von Wöhler-Versuchen (und Betriebsfestigkeitsversuchen) ist die relativ kleine Probenzahl und die relativ starke Streuung der Versuchsergebnisse. Eine Mindestzahl von Proben sowie Planung und Auswertung der Versuche nach statistischen Verfahren sind unabdingbar (dennoch müssen viele Untersuchungen aus Zeit- und Kostengründen ohne statistische Absicherung durchgeführt werden). In der Praxis werden bis zu 5 Beanspruchungshorizonte im Zeit- und Dauerfestigkeitsbereich gewählt, auf denen je 6-10 identische Proben bis zum Bruch (oder bis zu einem Anriß definierter Größe) geprüft werden. An die Stelle der Wöhler-Linie tritt ein Streuband von Versuchsergebnissen, aus dem jedoch Wöhler-Linien bestimmter Überlebenswahrscheinlichkeit nach statistischen Verfahren [55, 164-211] ableitbar sind.

Streuband der Wöhler-Linie

Das Streuband der Bruchereignisse ist in Abb. 2.31 für Werkstoffe mit und ohne ausgeprägte Dauerfestigkeit (s. Kap. 2.2, Abschnitt *Dauerschwingfestigkeit*) dargestellt. Das als Übergangsgebiet gekennzeichnete Streuband grenzt den tieferliegenden Bereich vollkommener Festigkeit vom höherliegenden Bereich ausgeschlossener Festigkeit ab. Inwieweit eine 0 %- bzw. 100 %-Bruchwahrscheinlichkeit realistisch ist, muß im Einzelfall geklärt werden. Bei Annahme der Gauß-Normalverteilung im Streuband werden diese Grenzwerte erst im Unendlichen erreicht.

Für die statistische Auswertung der Bruchschwingspielzahlen auf den unterschiedlichen Beanspruchungshorizonten kann im Zeitfestigkeitsbereich eine Gauß-Normalverteilung der logarithmisch aufgetragenen, ertragenen Schwingspielzahlen zugrunde gelegt werden (sprachlich unschön auch „logistische Verteilung" genannt). Nur die logarithmische Auftragung der Merkmalsgröße ergibt näherungsweise die Normalverteilung, Abb. 2.32. In einem entsprechenden Wahrscheinlichkeitsnetz der Überschreitungshäufigkeiten (Schätzwerte nach (2.31) bis (2.35)) lassen sich die Ergebnispunkte gemittelten Geraden zuordnen (soweit die Gauß-Normalverteilung zutrifft) und von dort in das Streuband des Wöhler-Diagramms übertragen, Abb. 2.33.

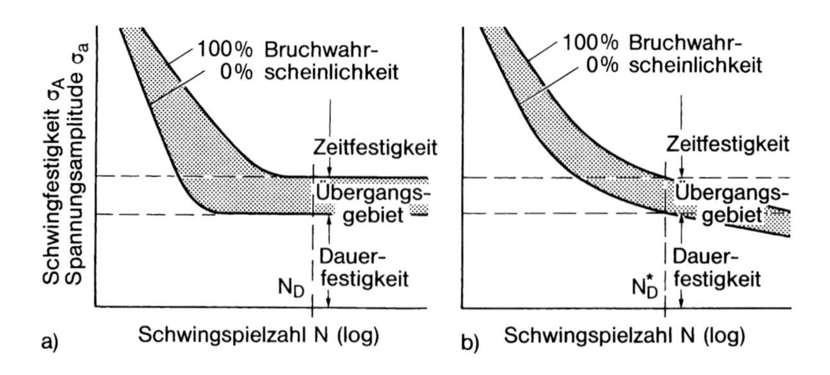

Abb. 2.31: Wöhler-Diagramme mit Streuband der Versuchsergebnisse: mit ausgeprägter Dauerfestigkeit (a) und ohne ausgeprägte Dauerfestigkeit (b); nach Maennig [210]

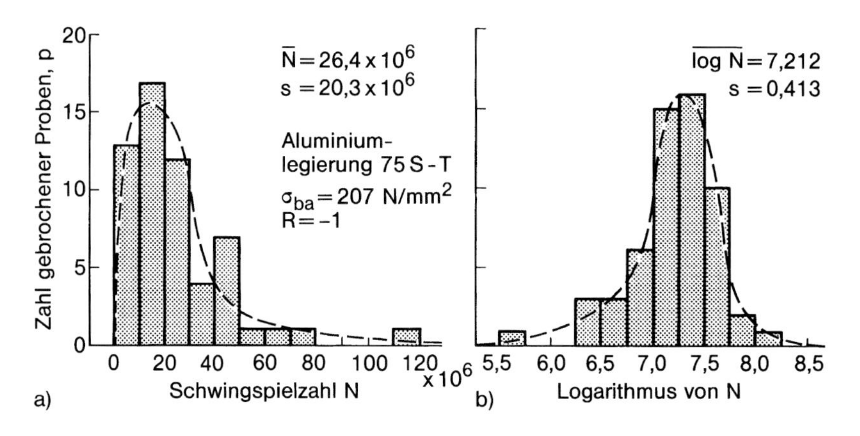

Abb. 2.32: Häufigkeitsverteilung der Schwingspielzahlen bis Bruch von 57 Proben aus einer Aluminiumlegierung im Wechselbiegeversuch (Mittelwert $\bar{N}$ bzw. $\overline{\log N}$, Standardabweichung s), Balkendiagramm oder Histogramm; nach Sinclair u. Dolan in [77]

Die Wöhler-Streubandlinien sind im vorliegenden Fall nach Augenmaß gezeichnet. Höhere Genauigkeit wird erzielt, wenn die auf den unterschiedlichen Beanspruchungshorizonten ermittelten Wöhler-Linienpunkte gleicher Überschreitungshäufigkeit (d. h. Überlebenswahrscheinlichkeit) mittels Ausgleichsrechnung einer der bewährten Wöhler-Linien-Funktionen (etwa der Zeitfestigkeitsgeraden in doppeltlogarithmischer Auftragung) zugeordnet werden.

Überschreitungshäufigkeit

Schätzwerte der Überschreitungshäufigkeit $P_ü$ werden durch lineare Regression der Versuchsergebnisse im Wahrscheinlichkeitsnetz gewonnen. Zur Auftragung

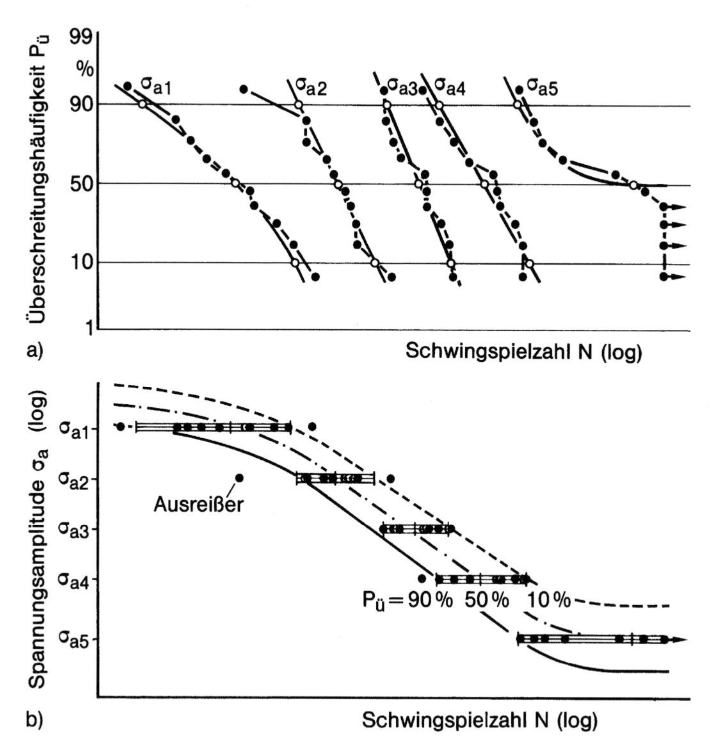

Abb. 2.33: Statistische Auswertung der Schwingspielzahlen bis Bruch im Wahrscheinlichkeitsnetz (a) und Übertragung in das Streuband der Versuchsergebnisse im Wöhler-Diagramm (b); nach Haibach [29]

im Wahrscheinlichkeitsnetz werden die bis Bruch ertragenen Schwingspielzahlen der durchgeführten n Versuche (pro Beanspruchungshorizont) beim Größtwert beginnend mit der Ordnungszahl $j = 1, \cdots, n$ versehen. Die der jeweiligen ertragenen Schwingspielzahl zuzuordnende Überschreitungshäufigkeit $P_ü$ ergibt sich nach Rossow [188] aus:

$$P_ü = \frac{3j - 1}{3n + 1} \tag{2.31}$$

Damit wird der wahrscheinlichste $P_ü$-Wert bestimmt, während die ältere Formel nach Weibull [55, 195] und Gumbel [176] den mittleren $P_ü$-Wert ergibt:

$$P_ü = \frac{j}{n + 1} \tag{2.32}$$

Weitere, in Einzelfällen genauere Schätzformeln gehen zurück auf Bliss [165] und Schmidt [190],

$$P_ü = \frac{j - 0{,}5}{n} \tag{2.33}$$

auf Weibull [55,195] und Blom [167],

$$P_{ü} = \frac{j - 0{,}375}{n + 0{,}25} \tag{2.34}$$

sowie auf Hück [179],

$$P_{ü} = \frac{j - 0{,}535}{n - 0{,}07} \tag{2.35}$$

Abweichungen von der Linearverteilung der logarithmierten Schwingspielzahlen treten bei Beanspruchungshorizonten an den Übergängen zur Dauerfestigkeit und zur Kurzzeitfestigkeit auf. In Höhe der Dauerfestigkeit ($N \geq 10^6$) verläuft die Wöhler-Linie flacher oder horizontal. Hier sind daher Sonderverfahren der statistischen Auswertung angebracht. Auch mit der Möglichkeit einzelner ungleichwertiger Versuchsergebnisse (Ausreißer) muß gerechnet werden. Letztere werden gesondert bewertet.

Untere und obere Streubandgrenze

Aus den Streuungsgeraden im Wahrscheinlichkeitsnetz lassen sich die ertragbaren Schwingspielzahlen für vorgegebene Werte der Überlebenswahrscheinlichkeit $P_{ü}$ abgreifen und in das Wöhler-Diagramm übertragen. Für eine untere Streubandgrenze bei $P_{ü} = 90\,\%$ und eine obere Streubandgrenze bei $P_{ü} = 10\,\%$ ergeben sich folgende Zusammenhänge zwischen der Standardabweichung s der logarithmierten Schwingspielzahlen und der Streuspanne $T_{N} = N_{0,9}/N_{0,1}$ der nicht logarithmierten Schwingspielzahlen bei vorstehenden $P_{ü}$-Werten:

$$s = \frac{1}{2{,}56} \log \frac{1}{T_{N}} \tag{2.36}$$

Diese Beziehung gilt sinngemäß für die Streuspanne $T_{\sigma} = \sigma_{A0,9}/\sigma_{A0,1}$ der ertragbaren Spannungsamplituden. Im Dauerfestigkeitsbereich ist nur die Streuspanne T_{σ} definierbar. Die Streuspannen werden als die Basis der Sicherheitsbeiwerte bei der konstruktiven Auslegung benötigt. Erfahrungswerte zu den Streuspannen werden von Haibach [29] (*ibid.* S. 330) für spanabhebend bearbeitete, geschmiedete und geschweißte Proben und Bauteile angegeben ($1/T_{N} = 2{,}5$-$5{,}0$, $1/T_{\sigma} = 1{,}2$-$1{,}5$).

Wenn sich im Gauß-Wahrscheinlichkeitsnetz keine Gerade ergibt, trifft die Gauß-Normalverteilung nicht zu, und es darf daher nicht auf Extremwerte der Überlebenswahrscheinlichkeit linear extrapoliert werden. In diesem Fall bietet es sich an, die Weibull-Verteilung zugrunde zu legen oder eine arcsin-Transformation vorzunehmen (siehe die Abschnitte *Sonderverfahren für Dauerschwingfestigkeit* und *Verteilungsfunktionen*).

Signifikanztests

Die streuenden Ergebnisse von Schwingfestigkeitsversuchen werden vielfach miteinander verglichen, um Aussagen über bestimmte Einflußgrößen auf die Schwingfestigkeit zu machen. Es stellt sich die Frage, ob die festgestellten Unterschiede zweier Streuverteilungen (Mittelwert und Standardabweichung) zufälliger oder ursächlicher Art sind. Im letzteren Fall wird von signifikanten Unterschieden gesprochen. Die Frage hat bei Schwingfestigkeitsauswertungen besondere Bedeutung, weil der Stichprobenumfang normalerweise klein ist, so daß Mittelwert und Standardabweichungen nur unsicher ermittelt werden. Zur Entscheidung der Frage stehen Signifikanztests zur Verfügung, sofern eine Gauß-Normalverteilung zugrunde gelegt wird (t-Test nach Student oder F-Test nach Fisher, siehe Buxbaum [15]). Das Ergebnis des Signifikanztests zeigt an, mit welcher Wahrscheinlichkeit die verglichenen Stichprobenumfänge verschiedenen Grundgesamtheiten zuzuordnen sind. Durch Konvention ist festgelegt, daß mit $\geq 95\,\%$ Wahrscheinlichkeit ein signifikanter Unterschied nachgewiesen ist.

Sonderverfahren zur Dauerschwingfestigkeit

Die statistische Belegung des Dauerschwingfestigkeitswertes (sofern nicht vereinfachend durch Extrapolation von Zeitschwingfestigkeitswerten bestimmt) erfolgt nach Verfahren, bei denen mehrere Beanspruchungshorizonte im Bereich der Dauerschwingfestigkeit gewählt werden und auf jedem Horizont festgestellt wird, wieviele Proben die gewählte Grenzschwingspielzahl N_D erreichen und wieviele vorzeitig brechen [199-211]. Nachfolgend werden das Treppenstufen-, das PROBIT-, das Abgrenzungs- und das arcsin-Verfahren erläutert. Außerdem werden das Prot- und das Locati-Verfahren dargestellt, die beide nicht zu den statistisch abgesicherten Verfahren gehören. Abschließend wird die statistisch begründete Freigabeprüfung erläutert.

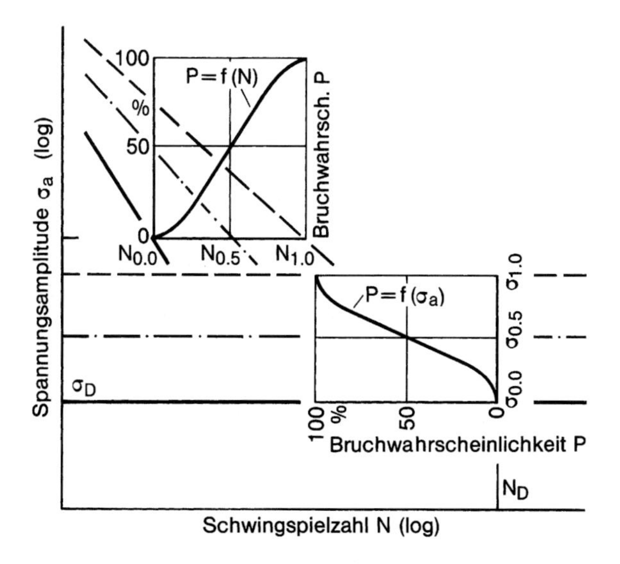

Abb. 2.34: Bruchwahrscheinlichkeitsfunktionen $P = f(N)$ im Zeitfestigkeitsbereich (bei Beanspruchungshöhe σ_a) und $P = f(\sigma_a)$ im Dauerfestigkeitsbereich (bei Grenzschwingspielzahl N_D); nach Dengel [169]

Die vorstehend eingeführten Wahrscheinlichkeitsgrößen beziehen sich im Bereich der Dauerfestigkeit auf das Merkmal Spannungsamplitude (anstelle von Schwingspielzahl). In der Praxis werden die Streubandlinien des Zeitfestigkeitsbereichs mit den Streubandlinien des Dauerfestigkeitsbereichs (z. B. ermittelt nach dem arcsin-Verfahren) verbunden, Abb. 2.34.

Treppenstufenverfahren

Im Treppenstufenverfahren [199, 203, 208] nach Dixon und Mood wird die mittlere Schwingfestigkeit ($P_{\ddot{\mathrm{u}}} = 50\,\%$) und deren Standardabweichung bei vorgegebener Grenzschwingspielzahl bestimmt. Zunächst wird die kritische Spannungsamplitude geschätzt. Die erste Probe wird mit dieser Amplitude beansprucht. Bricht sie vor Erreichen der genannten Schwingspielzahl, wird die Amplitude bei der zweiten Probe herabgesetzt, bricht sie nicht, wird die Amplitude heraufgesetzt. Die Spannungsamplitude der nachfolgenden Probe richtet sich immer nach dem Prüfergebnis der vorhergehenden Probe.

Zur systematischen Vorgehensweise werden äquidistante Spannungshorizonte ausgehend von einer ersten Spannungsschätzung vorgegeben, nach denen die Probenbeanspruchung gewählt wird. Ist die Stufung hinreichend fein vorgegeben, so streuen die Versuchsergebnisse um einen Mittelwert. Der Erwartungswert $\bar{\sigma}$ dieses Mittelwertes und die zugehörige Standardabweichung s ergeben sich aus der Spannung σ_0 des untersten Horizonts $i = 0$, der Spannungsstufenhöhe $\Delta\sigma$ (nicht zu verwechseln mit der Spannungsschwingbreite $\Delta\sigma$) und der Häufigkeit H_i der nicht gebrochenen Proben auf den Spannungshorizonten $i = 0, 1, 2, \cdots, n$ (Gurney [57]):

$$\bar{\sigma} = \sigma_0 + \Delta\sigma\left(\frac{\sum iH_i}{\sum H_i} + \frac{1}{2}\right) \tag{2.37}$$

$$s = 1{,}62\Delta\sigma\left[\frac{\sum H_\mathrm{i} \sum i^2 H_i - (\sum iH_i)^2}{(\sum H_\mathrm{i})^2} + 0{,}029\right] \tag{2.38}$$

Ein Auswerteergebnis ist in Tabelle 2.1 dargestellt, wobei sich nach Einsetzen der angegebenen Werte in (2.37) und (2.38) das Ergebnis $\bar{\sigma} = 138\,\mathrm{N/mm^2}$ errechnet (nach [57]). Verfahrensverbesserungen wurden von Deubelbeiss [202] und Hück [206] angegeben.

Der Vorteil des Treppenstufenverfahrens ist, daß sich der Versuch selbsttätig auf den Mittelwert (bzw. Medianwert bei unsymmetrischer Verteilung) einpendelt. Nachteilig ist neben der zeitintensiven sequentiellen Versuchsdurchführung die relativ große Zahl von Proben (40-50 nach [208]), die zur Ermittlung eines Ergebnispunktes mit Streuung benötigt werden. Die Information, die in den Durchläuferproben enthalten ist, bleibt ungenutzt. Mit relativ geringem Mehraufwand könnten die Versuche bis zum Bruch fortgesetzt werden, sofern dieser in Nähe der vorgegebenen Grenzschwingspielzahl auftritt.

Tabelle 2.1: Auswertebeispiel zum Treppenstufenverfahren, nach Gurney [57]

Spannungs-horizont i	Spannung N/mm² σ	Folge und Ergebnis der Versuche: $\times$ = gebrochen bei $N < 2 \times 10^6$ $\bigcirc$ = nicht gebrochen bei $N = 2 \times 10^6$														
3	165		×													
2	150	○		×				×		×				×		
1	135				×		○		○		×		○		×	
0	120					○						○				○

Spannungs-horizont i	Aufsummierung: gebrochen	nicht gebrochen	Häufigkeit der nicht gebrochenen Proben: H_i	iH_i	i^2H_i
3	1	0	0	0	0
2	4	1	1	2	4
1	3	3	3	3	3
0	0	3	3	0	0
Summen	8	7	$\sum H_i = 7$	$\sum iH_i = 5$	$\sum i^2H_i = 7$

PROBIT-Verfahren

Das PROBIT-Verfahren nach Finney [204] ist ein Vorläufer des Treppenstufenverfahrens. Etwas oberhalb und etwas unterhalb der geschätzten Dauerfestigkeit werden mehrere Lasthorizonte gewählt, auf denen insgesamt etwa 50 Proben bis zur gewählten Grenzschwingspielzahl beansprucht werden. Die Auswertung hinsichtlich Mittelwert und Streuung der Dauerfestigkeit erfolgt in einem Wahrscheinlichkeitsnetz mit logarithmischer Merkmalsteilung für die Beanspruchung.

Das PROBIT-Verfahren mit Gewichtung wurde von Nishijima [186] zur Bestimmung der gesamten Wöhler-Linie weiterentwickelt. Neben einem Verfahren für große Probenzahl (ca. 100) wird ein solches für kleine Probenzahl (ca. 10) angegeben. Das Verfahren setzt keine bestimmte funktionale Form der Wöhler-Linie voraus, wird aber schließlich auf eine bilineare sowie auf eine hyperbolische Form in doppeltlogarithmischer Auftragung angewendet (Kennwerte: Dauerfestigkeit, Neigungskennzahl, Grenzschwingspielzahl, Übergangsrundung und Varianz).

Abgrenzungsverfahren

Das Abgrenzungsverfahren nach Maennig [209, 210] hat seinen Namen von der Abgrenzung des Streubands der Brüche im Wöhler-Diagramm gegenüber dem tieferliegenden Bereich vollkommener Festigkeit und dem höherliegenden Bereich ausgeschlossener Festigkeit (s. Abb. 2.31). Die Besonderheit des Abgrenzungsverfahrens besteht darin, daß die Versuche nahe der Streubandgrenzen durchgeführt werden, wodurch nach Angabe des Verfahrensentwicklers größtmögliche Genauigkeit der statistischen Kennwerte bei vorgegebener Probenzahl erzielt wird.

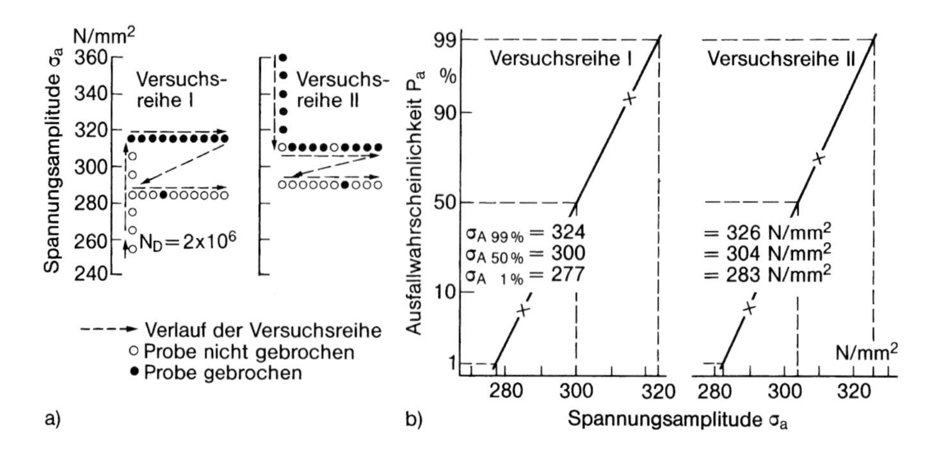

Abb. 2.35: Abgrenzungsverfahren zur Bestimmung der Dauerfestigkeit; zwei Versuchsreihen mit unterschiedlicher Ausgangsspannung (a) und Ergebnisauftragung im Wahrscheinlichkeitsnetz (b); nach Maennig [210]

Der Schwingversuch wird für die vorgegebene Schwingspielzahl auf zwei Beanspruchungshorizonten nahe der oberen und unteren Streubandgrenze mit je zehn Proben durchgeführt. Weitere Proben werden zum Anfahren des Ausgangshorizonts der Beanspruchung benötigt. Das Verfahren ist in Abb. 2.35 für die beiden möglichen Fälle dargestellt. Die Probe läuft im ersten Versuch durch (Versuchsreihe I), oder sie bricht im ersten Versuch (Versuchsreihe II). Die Beanspruchung wird im darauf folgenden Versuch stufenweise erhöht (Versuchsreihe I) oder abgemindert (Versuchsreihe II), und zwar solange, bis der Bruch erstmals eintritt (Versuchsreihe I) oder erstmals ein Durchläufer auftritt (Versuchsreihe II). Der untere Beanspruchungshorizont wird ausgehend von den Versuchsergebnissen des oberen Horizonts aufgrund von Erfahrung geschätzt. Die Auftragung der Ausfallwahrscheinlichkeit P_a für die beiden Beanspruchungshorizonte, ausgehend von je zwei Erwartungswerten $P_a = (3r - 1)/(3n + 1)$ mit Gesamtprobenzahl n und Probenbruchzahl r, ergibt den Mittelwert und die Streuung.

arcsin-Verfahren

Das auf Fisher [201, 205] zurückgehende arcsin-Verfahren ähnelt in der Versuchsdurchführung dem Abgrenzungsverfahren. Jedoch wird auf mehr als zwei Spannungshorizonten geprüft. Die Ergebnisse werden einer arcsin $\sqrt{P}$-Transformation (mit Versagenswahrscheinlichkeit $P = r/n$, Zahl der gebrochenen Proben r, Gesamtzahl der Proben n) unterzogen, bevor sie im Gauß-Wahrscheinlichkeitsnetz aufgetragen werden. Der Vorteil der Transformation besteht darin, daß die Varianz der Transformationsgröße ab 5-7 Stichproben einen konstanten Wert erreicht. Die Transformationsfunktion hat nur eine empirische Basis.

Prot-Verfahren

Nach dem Prot-Verfahren [200, 211] wird die Dauerfestigkeit über 3 Proben bestimmt, die mit unterschiedlich schnell ansteigender Beanspruchungsamplitude bis Bruch belastet werden. Die ertragenen Beanspruchungsamplituden werden über der Quadratwurzel der Steigerungsrate (Amplitudenzunahme pro Schwingspiel) aufgetragen und linear auf die Steigerungsrate Null extrapoliert.

Locati-Verfahren

Nach dem Locati-Verfahren [207] wird die Dauerfestigkeit mit einer einzigen (Bauteil-)Probe abgeschätzt, Abb. 2.36. Es wird eine Wöhler-Linie mit zwei dem Streuband entsprechenden Parallellinien realistisch angenommen. Der Einzelprobe wird ein ansteigend geblocktes Belastungsprogramm aufgeprägt, bis der Bruch eintritt. Die Belastung beginnt etwas unterhalb der gesuchten Dauerfestigkeit und erhöht sich stufenweise, wobei die Schwingspielzahl pro Block konstant gewählt wird. Aus Blockprogramm und jeweiliger Wöhler-Linie wird die (lineare) Schadenssumme berechnet (s. Kap. 5.4). Als zutreffend wird die Wöhler-Linie ange-

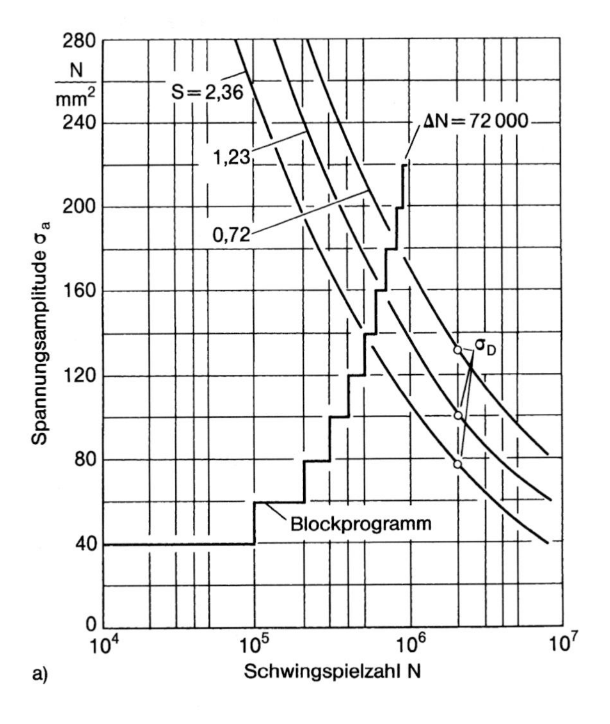

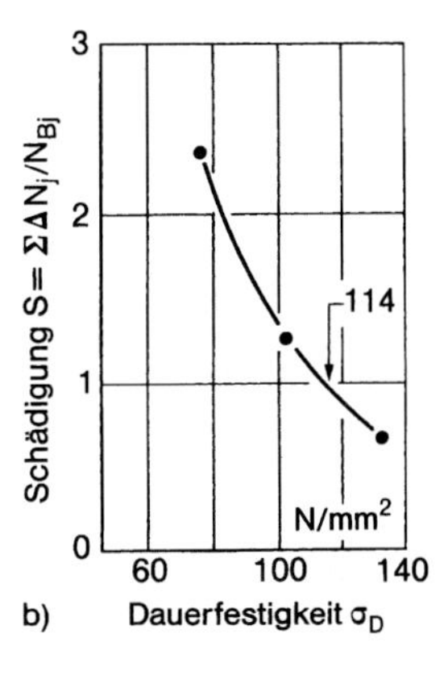

Abb. 2.36: Locati-Verfahren zur Abschätzung der Dauerfestigkeit mit nur einer Probe: Blockprogramm der Belastung und hypothetische Wöhler-Linien (a), Interpolation der Schadenssummen zur Bestimmung der Dauerfestigkeit (b); nach Gurney [57]

sehen, für welche sich die Schadenssumme 1,0 ergibt. Sie läßt sich durch Interpolation der drei Schädigungssummen bestimmen.

Die Treffsicherheit des Locati-Verfahrens, sofern mit nur einer Probe durchgeführt, ist gering. Die Neigung der Wöhler-Linie muß bekannt sein, die lineare Schadensakkumulation muß zutreffen, und die Streuung der Dauerfestigkeit muß gering sein, wenn das Ergebnis zutreffen soll. Diese Voraussetzungen sind in der Wirklichkeit kaum gegeben.

Interaktives Verfahren nach Block und Dreier

Ein interaktives Verfahren zur zuverlässigen Ermittlung der Zeit- und Dauerfestigkeit mit nur wenigen Proben (besonders auch im Übergangsbereich) wurde von Block und Dreier [166] entwickelt. Grundlage ist eine im Gesamtbereich anpassungsfähige Näherungsfunktion der Wöhler-Linie mit drei freien Parametern, die mittels Regressionsanalyse nach der Fehlerquadratmethode fortlaufend und zunehmend stabilisiert bestimmt werden. Die ersten vier Versuche erfolgen bei Schwingbreiten zwischen Elastizitätsgrenze und (zunächst geschätzter) Dauerfestigkeit. Nach dem Ergebnis dieser Versuche werden die ähnlich gestaffelten Schwingbreiten der nächsten vier Versuche festgelegt, und so geht es weiter. Eine Gesamtzahl von 24 Proben pro Wöhler-Linie mit Mittelwert und Streuband wird als ausreichend angesehen, aber auch schon eine kleinere Zahl erlaubt stabilisierte Ergebnisse.

Statistisch begründete Freigabeprüfung

In der Praxis ist häufig die Aufgabe gestellt, mit nur wenigen Bauteilproben die Lieferfreigabe hinsichtlich Dauerschwingfestigkeit zu begründen. Es wird gefor-

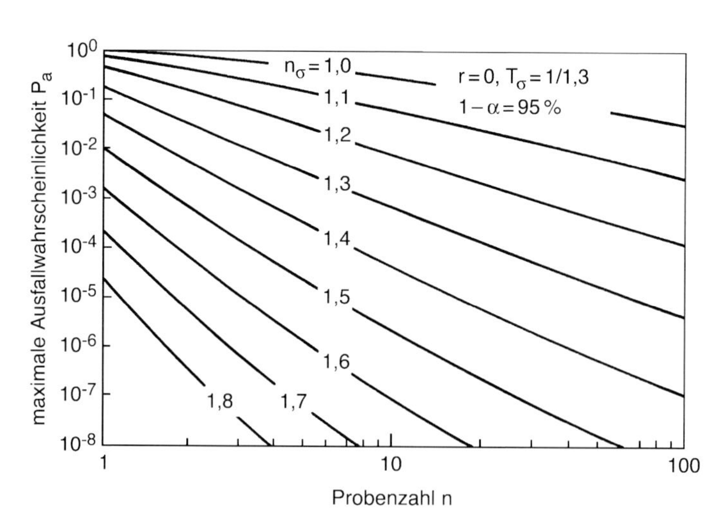

Abb. 2.37: Ausfallwahrscheinlichkeit von Serienteilen aufgrund des Ergebnisses der Freigabeprüfung; nach Liu [39]

dert, daß bei kleiner Anzahl von Prüfproben unter erhöhter Beanspruchung (Faktor $n_\sigma \approx 1{,}5$ gegenüber der Betriebsbeanspruchung) Ausfälle sehr selten oder gar nicht auftreten. Zu dieser Prüftechnik läßt sich die maximale Ausfallwahrscheinlichkeit der Serienteile nach Verfahren der Statistik berechnen (Liu [39]). Ein Berechnungsergebnis zeigt Abb. 2.37. Die Logarithmen der ertragenen Spannungsamplituden werden als normalverteilt mit bestimmter Streuspanne T_σ angenommen. Die Vertrauenswahrscheinlichkeit $(1 - \alpha)$ betrage 95%. Variiert werden Probenzahl n und Erhöhungsfaktor n_σ. Bei der Prüfung falle keine Probe aus, $\gamma = 0$. Derartige Diagramme ermöglichen die Festlegung der Prüfanforderungen (n, n_σ, γ) bei begrenzter Ausfallwahrscheinlichkeit der Serienteile.

Verteilungsfunktionen

Häufigkeitsverteilungen werden in der angewandten Statistik [152-163] durch Verteilungsfunktionen beschrieben, mit deren Hilfe auch Inter- und Extrapolationen über den erfaßten Bereich hinaus möglich werden. Sie beziehen sich zunächst auf die Grundgesamtheit.

Bei der Auswertung und Darstellung der Ergebnisse von Schwingfestigkeitsversuchen (oder von Betriebslastabläufen, s. Kap. 5.1) spielt die Wahl einer geeigneten Verteilungsfunktion eine wichtige Rolle. Die Eignung ist am Verhalten von Funktion und wirklichem Ablauf im mittleren Bereich häufiger Ereignisse ebenso wie im Randbereich sehr seltener Ereignisse zu diskutieren. Die Verteilungsfunktion beschreibt die Auftretenshäufigkeit als Funktion der Zufallsvariablen x, auch Merkmalsgröße genannt (z. B. Schwingspielzahl bis Bruch oder Logarithmus der Schwingspielzahl bis Bruch). Ausgangsbasis ist ein Balkendiagramm oder Histogramm (s. Abb. 2.32), in dem die Balkenhöhe die Auftretenszahl selbst (d. h. die absolute Auftretenshäufigkeit) oder aber die Auftretenszahl in der jeweiligen Klasse bezogen auf die Gesamtzahl (d. h. relative Auftretenshäufigkeit) kennzeichnet, während die Balkenbreite der Klassenbreite der Merkmalsgröße zugeordnet ist.

Im mathematischen Grenzfall der unendlich großen Grundgesamtheit bei unendlich kleiner Klassenbreite ergibt sich anstelle des gestuften Histogramms eine stetige Verteilungskurve. Bei hinreichend großer, aber endlicher Auswertemenge in der Stichprobe ist die Verbindungslinie der Balkenhöhen eine Näherung dieser Verteilungskurve. Durch Bezug der relativen Auftretenshäufigkeit (oder Auftretenswahrscheinlichkeit) auf die Klassenbreite ergibt sich die Wahrscheinlichkeitsdichte p. Eine dimensionslose Darstellung wird gewonnen, wenn letztere mit der Standardabweichung s multipliziert und die Merkmalsgröße gleichzeitig auf deren Standardabweichung bezogen wird.

Es ist zwischen der Klassenhäufigkeit selbst und deren Summenhäufigkeit zu unterscheiden. Die Klassenhäufigkeit ist der Klassenmitte zugeordnet, die Summenhäufigkeit dagegen der unteren bzw. oberen oder auch rechten bzw. linken Klassengrenze. Unter absoluter Häufigkeit H_j wird die Auftretenszahl selbst in der jeweiligen Klasse verstanden, unter relativer Häufigkeit $h_\mathrm{j} = H_\mathrm{j}/n$ dagegen die auf die Gesamtzahl n in der Stichprobe bezogene Auftretenszahl (mit Klassennumerierung $j = 1, 2, \cdots, k$). Die nachfolgend erläuterten Verteilungsfunktionen der Auftretenshäufigkeit (oder Auftretenswahrscheinlichkeit) bezeichnen jeweils die Klassenhäufigkeit.

Der einfachen Klassenhäufigkeit ist die Wahrscheinlichkeitsdichtefunktion $p(x)$ der Merkmalsgröße x zugeordnet, der Summenhäufigkeit die Verteilungsfunktion $P(x)$, wobei sich letztere aus ersterer durch Integration von $-\infty$ bis x ergibt. Als Merkmalsgröße tritt bei Schwingfestigkeitsversuchen die ertragene Schwingspielzahl N (im Bereich der Zeit- und Betriebsfestigkeit) oder die Spannungsamplitude σ_a (im Bereich der Dauerfestigkeit) in logarithmischer Form auf.

Binomialverteilung und Poisson-Verteilung

Die Binomialverteilung und die Poisson-Verteilung kennzeichnen in unterschiedlicher Weise die Auftretenswahrscheinlichkeit $p(x)$ einer diskreten (z. B. ganzzahligen) Merkmalsgröße x, Abb. 2.38. Die Wahrscheinlichkeitsfunktion folgt den Gliedern der Binomialreihe (mit $0 < q < 1{,}0$)

$$p(x) = \binom{n}{x} q^x (1-q)^{n-x} \qquad (x = 0, 1, 2, \cdots, n) \tag{2.39}$$

oder den Gliedern der Poisson-Reihe (gültig bei kleiner Zahl $\lambda = nq$)

$$p(x) = \frac{\lambda^x}{x!} e^{-\lambda} \qquad (x = 0, 1, 2, \cdots, \infty) \tag{2.40}$$

Verteilungen nach Gauß und Rayleigh

Die nach Gauß oder auch Laplace benannte Normalverteilung der Wahrscheinlichkeitsdichte $p(x)$ einer stetigen Merkmalsgröße folgt der Exponentialfunktion

$$p(x) = \frac{1}{\sqrt{2\pi s^2}} \exp\left(-\frac{(x-\bar{x})^2}{2s^2}\right) \qquad (-\infty < x < \infty) \tag{2.41}$$

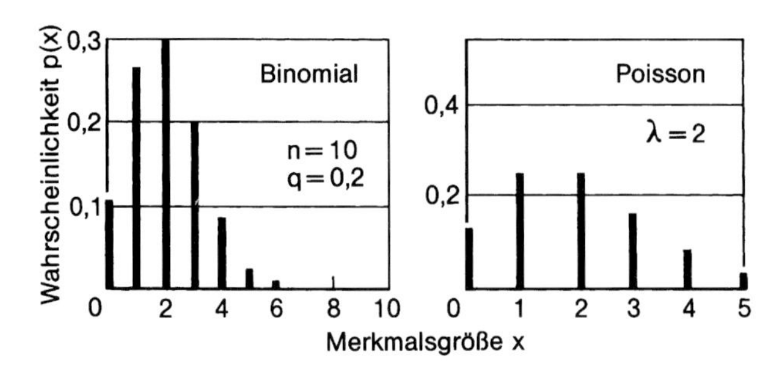

Abb. 2.38: Binomialverteilung (a) und Poisson-Verteilung (b) der Häufigkeit oder Wahrscheinlichkeit p des Auftretens der diskreten Merkmalsgröße x

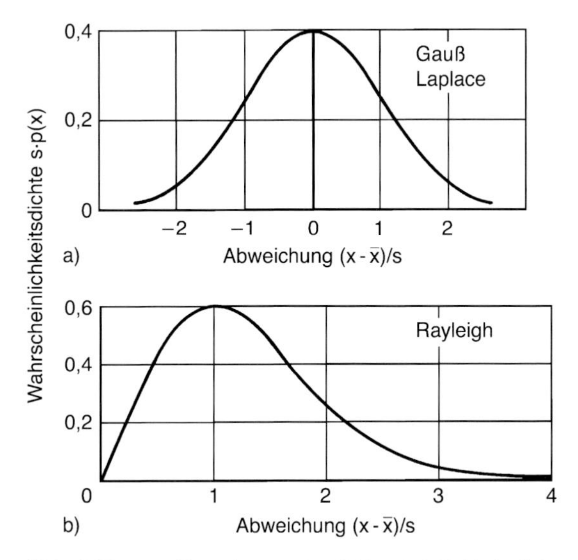

Abb. 2.39: Verteilungskurven der Wahrscheinlichkeitsdichte nach Gauß und Laplace (a) sowie nach Rayleigh (b), aufgetragen über der Abweichung der Merkmalsgröße x

mit Merkmalsgröße x, Merkmalsmittelwert $\bar{x}$ und Standardabweichung s bzw. Varianz s^2. Sie kann sich auch auf den Logarithmus der Merkmalsgröße beziehen.

Die nach Rayleigh benannte (lineare) Exponentialverteilung folgt dem Ansatz:

$$p(x) = \frac{x - \bar{x}}{s^2} \exp\left(-\frac{(x - \bar{x})^2}{2s^2}\right) \qquad (-\infty < x < \infty) \tag{2.42}$$

Die beiden Verteilungen sind in Abb. 2.39 veranschaulicht. Sie sind durch zwei Parameter, Mittelwert und Streuung, eindeutig gekennzeichnet. Die Gauß-Normalverteilung erlaubt rechentechnisch einfache Lösungen einschließlich statistischer Signifikanztests (Konfidenzintervall bei Rückschluß von einer Stichprobe auf die Grundgesamtheit). Nachteilig ist die unsichere Extrapolation auf sehr kleine Wahrscheinlichkeiten ($\leq 1\,\%$), da die Kurve erst im Unendlichen den Wert Null erreicht. Gerade die kleinen Wahrscheinlichkeiten sind jedoch sicherheitstechnisch relevant.

Verteilungen nach Weibull und Gumbel

Die nach Weibull [55, 194, 195] benannte und bei genaueren Lebensdauerauswertungen verwendete (dreiparametrige) Exponentialverteilung folgt dem Ansatz

$$p(x) = \kappa \frac{(x - x_{\min})^{\kappa-1}}{x_0^{\kappa}} \exp\left(-\frac{(x - x_{\min})^{\kappa}}{x_0^{\kappa}}\right) \qquad (x \geq x_{\min}) \tag{2.43}$$

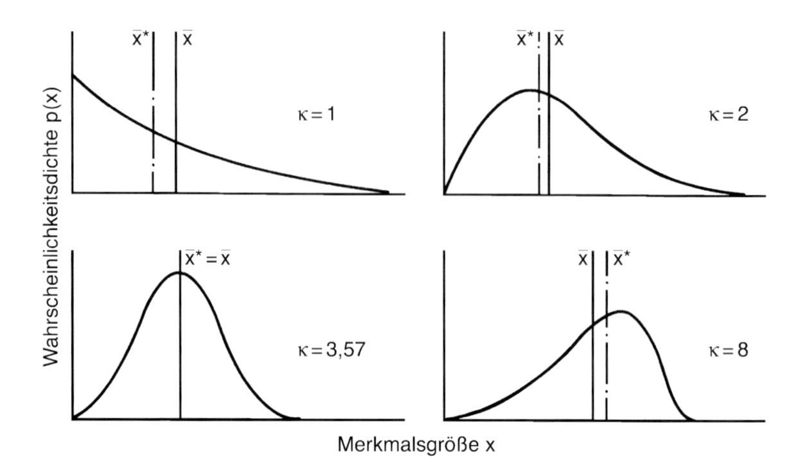

Abb. 2.40: Verteilungskurven der Wahrscheinlichkeit nach Weibull mit unterschiedlichem Formfaktor κ, Unterscheidung zwischen Mittelwert $\bar{x}$ und Medianwert $\bar{x}^*$; nach Juvinall [77]

mit Merkmalsgröße x, minimaler Merkmalsgröße x_{min} (Lageparameter), charakteristischer Merkmalsgröße x_0 (Maßstabfaktor) und Weibull-Gradienten κ (Formfaktor). Diese dreiparametrige Darstellung bietet einerseits mehr Anpassungsspielraum, ist andererseits allerdings mathematisch verwickelter. Vier typische Verteilungsfunktionen sind in Abb. 2.40 veranschaulicht, wobei zwischen Mittelwert $\bar{x}$ (Durchschnittswert der Gesamtheit) und Medianwert $\bar{x}^*$ (Wert bei halber Grundgesamtheit) unterschieden wird. Die Gumbel-Extremalwertverteilung [153, 176] kann als eine Verallgemeinerung der Weibull-Verteilung aufgefaßt werden.

3 Weitere Einflußgrößen zur Schwingfestigkeit

3.1 Einfluß des Werkstoffs

Variationsbreite der Dauerfestigkeit

Die Dauerfestigkeit einer Probe oder eines Bauteils hat eine überaus große Variationsbreite. Sie ist abhängig von der Werkstoffart und dem Werkstoffzustand, der Oberflächengüte, der Proben- oder Bauteilgröße, der Belastungsart, der Temperatur, dem Korrosionseinfluß, der Mittelspannung und Eigenspannung sowie der Spannungskonzentration. Die Variationsbreite beträgt etwa 1-70 % der Zugfestigkeit [23]. Nur 1 % der Zugfestigkeit werden beispielsweise von einer scharf gekerbten Probe aus hochfestem Stahl in korrosiver Umgebung bei Wechselbeanspruchung erreicht. Andererseits können 70 % der Zugfestigkeit bei einer mild gekerbten Probe aus niedrigfestem Stahl in inerter Atmosphäre auftreten, sofern die Druckeigenspannungen in der Oberfläche genügend hoch sind. Der eigentliche Werkstoffkennwert Dauerfestigkeit bezieht sich auf kleine ungekerbte und polierte Proben bei 10^6-10^8 Schwingspielen unter Laborbedingungen. Die nachfolgenden Angaben in Kap. 3 betreffen überwiegend diesen Fall, während in Kap. 4 die Kerbwirkung und in Kap. 5 die Betriebsfestigkeit folgt.

Abhängigkeit der Dauerfestigkeit von der Zugfestigkeit

Schwingfestigkeitskennwerte von metallischen Werkstoffen sind u. a. in den Übersichten [212-214, 216, 227-230] zusammengestellt. Die Dauerfestigkeit des Werkstoffs in der ungekerbten und polierten Probe hängt primär von dessen Zugfestigkeit ab, wobei letztere zur Härte in einem festen Verhältnis steht [23, 218]. Warum die Zugfestigkeit und nicht, wie eher zu erwarten, die Fließgrenze der primäre Bezugsparameter ist, muß als ungeklärt gelten. Die zu betrachtende Größe ist demnach das Verhältnis von Wechselfestigkeit zu Zugfestigkeit. Um die Eignung der Werkstoffe für den Leichtbau zu kennzeichnen, werden Wechsel- und Zugfestigkeit auf die Dichte des jeweiligen Werkstoffs bezogen.

Zusätzlich zur Zugfestigkeit bestimmt aber auch die Fließgrenze (σ_F bzw. $\sigma_{0,2}$) die Dauerfestigkeit. Dies geht u. a. aus einigen der vorgeschlagenen Näherungsformeln für den Zusammenhang zwischen Dauerfestigkeit und statischer Festig-

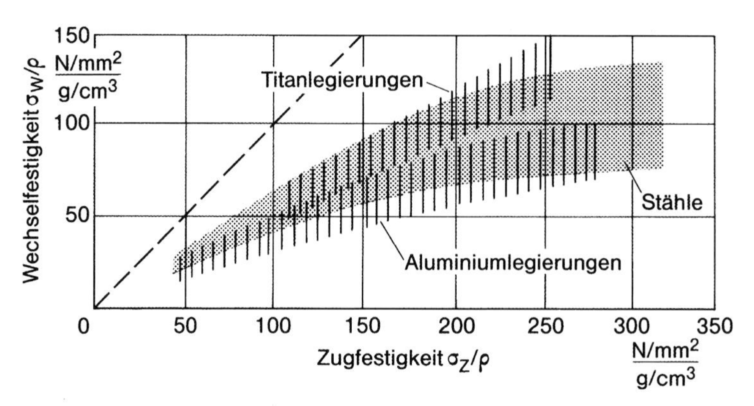

Abb. 3.1: Dauerfestigkeit unterschiedlicher metallischer Werkstoffe als Funktion der Zugfestigkeit unter Leichtbaugesichtspunkten; nach Hempel [218]

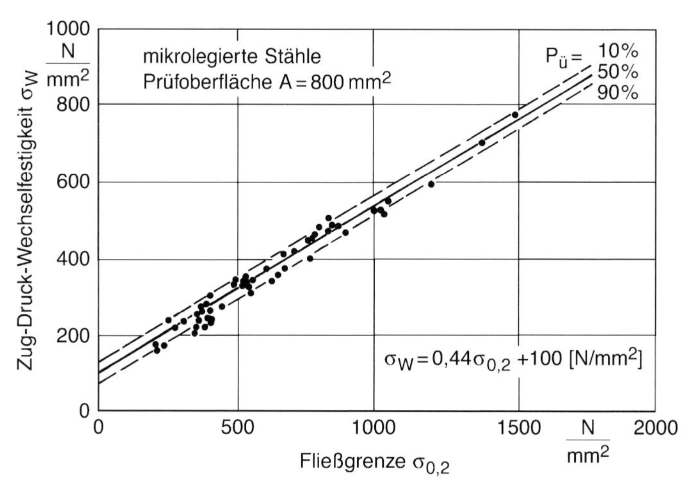

Abb. 3.2: Wechselfestigkeit von mikrolegierten Stählen unterschiedlicher Korngröße als Funktion von deren Fließgrenze; nach Hück u. Bergmann [219]

keit hervor, von denen es eine größere Zahl gibt (siehe Rühl [84]). Es spricht daher vieles dafür, den Mittelwert $(\sigma_F + \sigma_Z)/2$ als Bezugswert zu verwenden.

Die Wechselfestigkeit ist deutlich kleiner als die Zugfestigkeit. Sie steigt innerhalb einer Werkstoffgruppe zunächst proportional mit der Zugfestigkeit, später bei hochfestem Werkstoff unterproportional mit Abflachung in die Horizontale. Vor allem der Oberflächenzustand entscheidet darüber, wann die Abflachung einsetzt. Die Abflachung wird bei den Stählen aus der Mikrokerbwirkung von Karbideinschlüssen erklärt, die beim Anlassen von Martensit entstehen.

Einen Überblick zur Wechselfestigkeit ($N_D = 2 \times 10^6$) von Stählen, Aluminium- und Titanlegierungen bei Axial- und Biegebelastung unter dem Gesichtspunkt des Werkstoffleichtbaus vermittelt Abb. 3.1. Die Titanlegierungen liegen deutlich über den Aluminiumlegierungen, die Stähle überdecken beide Bereiche mit Ausnahme der Spitzenwerte bei Titanlegierungen.

Da sowohl die Dauerfestigkeit als auch die Fließgrenze polykristalliner Werkstoffe von deren Korngröße abhängen (linear ansteigend mit der Wurzel über dem Kehrwert der Korngröße), kann auf eine lineare Beziehung zwischen Wechselfestigkeit und Fließgrenze geschlossen werden (Liu [39]). Eine solche Näherungsbeziehung für mikrolegierte Stähle ist auch tatsächlich aus einer Datensammlung von Hück und Bergmann [219] ableitbar, Abb. 3.2:

$$\sigma_W = 0{,}44\,\sigma_{0,2} + 100\ [\mathrm{N/mm^2}] \tag{3.1}$$

Bei gewalztem Werkstoff tritt bei Beanspruchung quer zur Walzrichtung eine Festigkeitsminderung auf, die beispielsweise in der FKM-Richtlinie [884-887] durch einen Anisotropiefaktor berücksichtigt wird (Faktor 0,8-0,9 bei Stahl bzw. Faktor 0,9-1,0 bei Aluminium, abfallend mit steigender Werkstoffestigkeit).

Näherungsformeln für Stähle

Für unlegierte und legierte Stähle gilt näherungsweise [23]:

$$\sigma_W \approx 0{,}5\,\sigma_Z \qquad (\sigma_Z \leq 1400\ \mathrm{N/mm^2}) \tag{3.2}$$

$$\sigma_W \approx 700\ \mathrm{N/mm^2} \qquad (\sigma_Z \geq 1400\ \mathrm{N/mm^2}) \tag{3.3}$$

Die Streuung um $\sigma_W \approx 0{,}5\,\sigma_Z$ ist zu beachten, $\sigma_W = (0{,}35\text{-}0{,}65)\sigma_Z$ bei $N_D = 10^7\text{-}10^8$. In der FKM-Richtlinie [885] werden niedrigere Werte empfohlen, $\sigma_W = (0{,}40\text{-}0{,}45)\sigma_Z$ bei $N_D = 10^6$.

Eine neuere umfassende Auswertung ergab als Mittelwert [105]:

$$\sigma_W = 0{,}385\,\sigma_Z + 30\ \mathrm{N/mm^2} \qquad (\text{Streubreite } \pm 15\,\%) \tag{3.4}$$

Eine Zusammenstellung weiterer Näherungsformeln, die teilweise zusätzlich zur Zugfestigkeit die Fließgrenze, Bruchdehnung und Brucheinschnürung enthalten, bietet Lang [837]. Aufgrund der Proportionalität zwischen Zugfestigkeit σ_Z und Härte H läßt sich die Wechselfestigkeit σ_W auch abhängig von der Härte angeben. Eine Näherungsformel lautet mit σ_Z in $\mathrm{N/mm^2}$ und H in HV bzw. HB:

$$\sigma_Z = (3{,}4 - 3{,}6)H \tag{3.5}$$

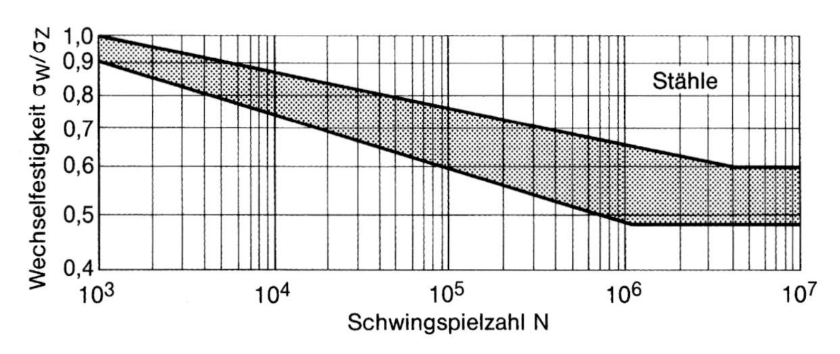

Abb. 3.3: Streuband der Wechselfestigkeit von Stählen bezogen auf deren Zugfestigkeit; nach Lipson u. Juvinall [80]

Ein Streuband von Versuchsergebnissen zur Wechselfestigkeit von Stählen im Zeit- und Dauerfestigkeitsbereich zeigt Abb. 3.3.

Für Eisengußwerkstoffe gilt näherungsweise [23]:

$$\sigma_W \approx 0{,}4\,\sigma_Z \qquad (\sigma_Z \leq 500\ \mathrm{N/mm^2}) \tag{3.6}$$

In der FKM-Richtlinie [885] werden niedrigere Werte empfohlen, $\sigma_W = (0{,}30\text{-}0{,}34)\,\sigma_Z$ bei $N_D = 10^6$.

Näherungsformeln für Aluminium- und Magnesiumlegierungen

Für Aluminiumlegierungen gilt näherungsweise [23, 77]:

$$\sigma_W \approx 0{,}4\,\sigma_Z \qquad (\sigma_Z \leq 325\ \mathrm{N/mm^2}) \tag{3.7}$$

$$\sigma_W \approx 130\ \mathrm{N/mm^2} \qquad (\sigma_Z \geq 325\ \mathrm{N/mm^2}) \tag{3.8}$$

Die Streuung um $\sigma_W \approx 0{,}4\,\sigma_Z$ ist zu beachten, $\sigma_W = (0{,}35\text{-}0{,}5)\sigma_Z$ bei $N_D = 10^8$. In der FKM-Richtlinie [885] werden für Aluminiumknetlegierungen und Aluminiumgußlegierungen niedrigere Werte empfohlen, $\sigma_W \approx 0{,}3\,\sigma_Z$ bei $N_D = 10^6$ bzw. $\sigma_W \approx 0{,}22\,\sigma_Z$ bei $N_D = 10^8$.

Magnesiumlegierungen sind mit $\sigma_W \approx 0{,}35\,\sigma_Z$ ähnlich zu bewerten. Zugfestigkeit und Dichte von Magnesiumlegierungen liegen niedriger als die entsprechenden Werte von Aluminiumlegierungen.

Streubänder von Versuchsergebnissen zur Wechselfestigkeit von Aluminium- und Magnesiumlegierungen im Zeit- und Dauerfestigkeitsbereich zeigen Abb. 3.4 und Abb. 3.5. Neuere Untersuchungsergebnisse von Sonsino *et al.* [223, 226] für drei im Automobilbau eingesetzte Magnesiumdruckgußlegierungen liegen im gezeigten Streuband der Sandgußlegierungen.

Näherungsformeln für Titanlegierungen

Für Titanlegierungen gilt näherungsweise [77]:

$$\sigma_W \approx 0{,}55\,\sigma_Z \qquad (\sigma_Z \leq 1130\ \mathrm{N/mm^2}) \tag{3.9}$$

$$\sigma_W \approx 620\,\mathrm{N/mm^2} \qquad (\sigma_Z \geq 1130\ \mathrm{N/mm^2}) \tag{3.10}$$

Die Streuung um $\sigma_W \approx 0{,}55\,\sigma_Z$ ist zu beachten, $\sigma_W = (0{,}45\text{-}0{,}65)\sigma_Z$ bei $N_D = 10^6\text{-}10^7$.

Näherungsformeln für Kupfer- und Nickellegierungen

Für Kupferlegierungen gilt näherungsweise [23, 77]:

$$\sigma_W \approx 0{,}4\,\sigma_Z \qquad (\sigma_Z \leq 750\ \mathrm{N/mm^2}) \tag{3.11}$$

$$\sigma_W \approx 300\ \mathrm{N/mm^2} \qquad (\sigma_Z \geq 750\ \mathrm{N/mm^2}) \tag{3.12}$$

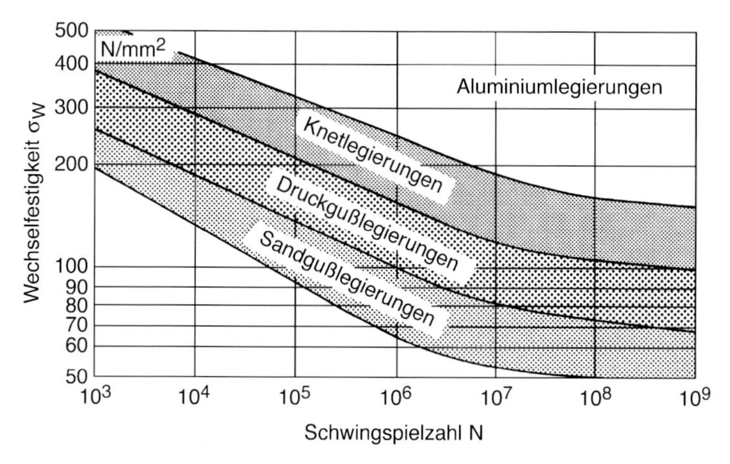

Abb. 3.4: Streubänder der Wechselfestigkeit von Aluminiumlegierungen; nach Juvinall [77]

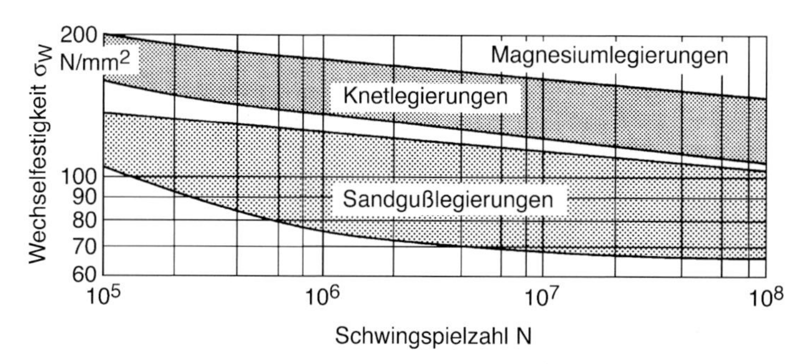

Abb. 3.5: Streubänder der Wechselfestigkeit von Magnesiumlegierungen; nach Juvinall [77]

Die Streuung um $\sigma_W \approx 0{,}4\,\sigma_Z$ ist zu beachten, $\sigma_W = (0{,}3\text{-}0{,}5)\sigma_Z$ bei $N_D = 10^8$. Nickellegierungen sind ähnlich zu bewerten.

Die Erweiterung der vorstehenden Angaben zur Wechselfestigkeit der Werkstoffe im Hinblick auf den Mittelspannungseinfluß ist gemäß der Näherungsformeln (2.8) bis (2.10) möglich.

Dauerfestigkeitserhöhung durch Anhebung der Zugfestigkeit

Nach den vorstehenden Näherungsformeln kann die Dauerfestigkeit der ungekerbten und polierten Werkstoffprobe bis zu einer bestimmten Obergrenze erhöht werden, indem Zugfestigkeit und Fließgrenze angehoben werden. Dieses kann durch folgende Maßnahmen geschehen, die einzeln oder in Kombination anwendbar sind (nach Dahl [70]):

- Kornverfeinerung: Mit abnehmender Korngröße erhöht sich die Fließgrenze, gleichzeitig verbessert sich die Duktilität. Bei den alternativen Maßnahmen ist letzteres nicht der Fall.

- Mischkristallbildung: Durch Legierungsmaßnahmen wird die Mikrostruktur dahingehend verändert, daß Zugfestigkeit und/oder Fließgrenze angehoben werden.
- Ausscheidungshärtung: Durch fein verteilte harte Teilchen einer zweiten Phase können Zugfestigkeit und Fließgrenze gesteigert werden. Diese zunächst bei Nichteisenmetallen (Aluminium- und Nickellegierungen) verbreitete Maßnahme spielt heute auch bei Stählen eine wichtige Rolle (z. B. mikrolegierte Stähle).
- Verformungsverfestigung: Durch Kaltverformen verfestigt der Werkstoff, verliert aber gleichzeitig an verbleibender Duktilität. Die Verfestigung ist nutzbar, soweit Beanspruchungsrichtung, Beanspruchungsgeschwindigkeit und Temperatur beibehalten werden.

Bei Bauteilen steht aber nicht die Dauerfestigkeit der ungekerbten und polierten Probe im Vordergrund des Interesses, sondern die Zeit- und Betriebsfestigkeit unter Einschluß von Kerbwirkung und Rißfortschritt. Hierzu ist ausreichende Duktilität ein wichtigerer Gesichtspunkt als sehr hohe Zugfestigkeit oder Fließgrenze.

Besonders die als Kaltverfestigung bekannte Verformungsverfestigung unter Versprödung ist hinsichtlich der Schwingfestigkeit eine fragwürdige Maßnahme. Die Wöhler-Linie nach Kaltverfestigung verläuft flacher, die Dauerfestigkeit ist erhöht (sofern Korrosion ausgeschlossen werden kann), die Kurzzeitfestigkeit vermindert. Der plastische Anteil an der ertragbaren zyklischen Dehnung ist stark herabgesetzt (Buxbaum [15], Sonsino [220]).

Eine hinsichtlich der Auswirkung auf die Schwingfestigkeit ähnliche unvorteilhafte Versprödung tritt nach Neutronenbestrahlung auf (Buxbaum [15]).

Schwingfestigkeit von Sinterstahl und keramischen Werkstoffen

Die unter dem Gesichtspunkt des Werkstoff- und Energieeinsatzes günstig zu beurteilenden Sinterstähle und keramischen Werkstoffe sind relativ spröde, jedoch hinsichtlich ihrer Dauerfestigkeit, besonders im ungekerbten oder schwach gekerbten Zustand, den Baustählen und Vergütungsstählen gleichwertig. Die Kerbempfindlichkeit und die Mittelspannungsempfindlichkeit sind extrem hoch [215, 224]. Eine Besonderheit der Al_2O_3- und Si_3N_4-Keramiken ist der fast horizontale Verlauf der Wöhler-Linie [221, 222, 225].

Wöhler-Versuchsergebnisse zur Si_3N_4-Keramik, die bei thermisch und mechanisch hochbeanspruchten Triebwerksteilen eingesetzt wird, zeigt Abb. 3.6. Den Versuchsergebnissen bei unterschiedlichen Prüftemperaturen ist das Streuband einer normierten Wöhler-Linie überlagert. Kennzeichnend für keramische Werkstoffe ist die geringe Neigung der Wöhler-Linie und die geringe Temperaturabhängigkeit der Schwingfestigkeit. Erst für $T > 1000$ °C ist eine Erweichung des Werkstoffs zu beobachten.

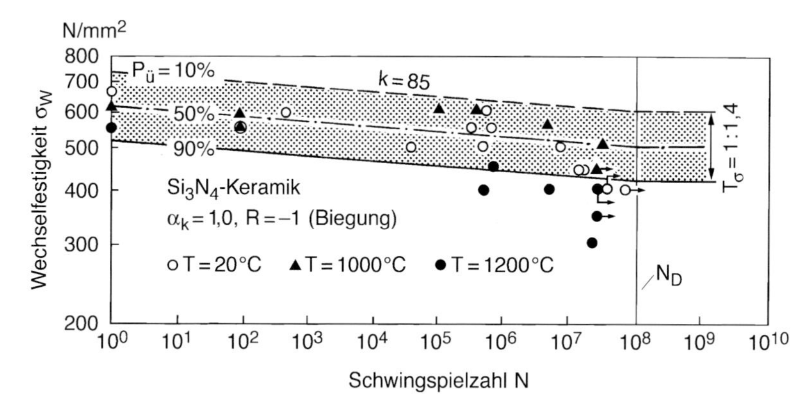

Abb. 3.6: Wechselfestigkeit von Si_3N_4-Keramik mit Streuband einer normierten Wöhler-Linie; nach Sonsino [221]

Zyklische Werkstoffkennwerte zur Dehnungs-Wöhler-Linie

Umfassende Sammlungen von zyklischen Werkstoffkennwerten insbesondere zur zyklischen Spannungs-Dehnungs-Kurve und Dehnungs-Wöhler-Linie von technisch bedeutsamen Metallegierungen sind von Boller und Seeger [213], Bäumel und Seeger [212], Boyer [214] sowie Conle *et al.* [216] vorgelegt worden. Die zyklischen Werkstoffkennwerte lassen sich ausgehend von den Kennwerten des statischen Werkstoffverhaltens abschätzen, „einheitliches Werkstoffgesetz" nach Bäumel und Seeger [48, 212], Tabelle 3.1.

Tabelle 3.1. Schätzwerte zu den zyklischen Werkstoffkennwerten von Metallegierungen ausgehend von den statischen Werkstoffkennwerten; nach Bäumel u. Seeger [48, 212]

zyklische Werkstoff-kennwerte	Stähle, unlegiert und niedriglegiert	Aluminium- und Titan-legierungen	
σ_f'	$1{,}50\sigma_Z$	$1{,}67\sigma_Z$	
b	–0,087	–0,095	
ε_f'	$0{,}59\psi$	0,35	$\psi = 1{,}0$
c	–0,58	–0,69	für $\sigma_Z/E \leq 3 \times 10^{-3}$
σ_D	$0{,}45\sigma_Z$	$0{,}42\sigma_Z$	
ε_D	$0{,}45\sigma_Z/E + 1{,}95 \times 10^{-4}\psi$	$0{,}45\sigma_Z/E$	$\psi = (1{,}375 - 125\sigma_Z/E) \leq 0$
N_D	5×10^5	1×10^6	für $\sigma_Z/E > 3 \times 10^{-3}$
K'	$1{,}65\sigma_Z$	$1{,}61\sigma_Z$	
n'	0,15	0,11	

σ_Z: Zugfestigkeit, $\sigma_Z = R_m$
σ_D, ε_D: technische Dauerfestigkeit als Spannung und Dehnung

3.2 Einfluß der Belastungsart

Biegebelastung gegenüber Zug-Druck-Belastung

Die vorstehenden Schwingfestigkeitsangaben beruhen überwiegend auf Umlaufbiegeversuchen. Die Schwingfestigkeit bei Zug-Druck-Belastung ist kleiner (Faktor 0,8 - 0,9) und liegt, soweit miterfaßt, am unteren Rand der Streubänder. Die differierenden Festigkeitswerte werden durch die unterschiedliche Spannungsverteilung im Probenquerschnitt verursacht. Bei der Umlaufbiegebelastung von Rundproben oder bei der einfachen Biegebelastung von Flachproben ist die Spannungsverteilung inhomogen: verschwindende Spannungen in der Probenachse, Höchstspannungen am Außenrand und dazwischen ein linearer Anstieg. Die zunächst niedrig beanspruchten Bereiche im Innern der Biegeproben wirken auf Rißeinleitung und Rißvergrößerung hemmend, so daß die Festigkeit erhöht wird (s. Kap. 3.4 u. 4.4). Bei der Zug-Druck-Belastung entfällt die Stützwirkung der Innenbereiche, der gesamte Querschnitt ist von Anfang an hoch beansprucht.

Torsionsbelastung gegenüber Biegebelastung

Im Torsionsversuch zur Schwingfestigkeit liegt anstelle der einachsigen eine zweiachsige Beanspruchung vor. Die Festigkeit folgt daher einer der Festigkeitshypothesen bei mehrachsiger Beanspruchung. Dabei wird im Hinblick auf die inhomogene Spannungsverteilung von der Umlaufbiegefestigkeit ausgegangen. Bei duktilen Werkstoffen gilt die Gestaltänderungsenergiehypothese ($\tau_W = 0{,}58\,\sigma_W$) mit schmalem Streuband der Versuchsergebnisse:

$$\tau_W = (0{,}55\text{-}0{,}61)\sigma_W \qquad (3.13)$$

Bei spröden Werkstoffen (z. B. Gußeisen) gilt dagegen die Normalspannungshypothese ($\tau_W = \sigma_W$) mit Streuung der Versuchsergebnisse zu etwas tieferen Werten:

$$\tau_W = (0{,}8\text{-}1{,}0)\sigma_W \qquad (3.14)$$

3.3 Einfluß der Beanspruchungsmehrachsigkeit

Hypothesen bei proportionaler Wechsel- und Schwellbeanspruchung

Die Schwingfestigkeit bei mehrachsiger Beanspruchung (im Sinne von mehrachsiger Spannung) läßt sich mit der Festigkeit bei einachsiger Beanspruchung (im Sinne von einachsiger Spannung) über eine Festigkeitshypothese verbinden. Die Festigkeitshypothese ordnet jedem mehrachsigen Spannungszustand einen festigkeitsmäßig gleichwertigen einachsigen Spannungszustand zu. Die so gewonnene Vergleichsspannung σ_v (auch Anstrengung genannt) ist dem Festigkeitskriterium bei einachsiger Prüfbeanspruchung gegenüberzustellen. Die herkömmlichen Festigkeitshypothesen für die Schwingfestigkeit setzen die Hauptspannungsrichtung als körperfest voraus. Die Spannungskomponenten schwingen synchron. Die Amplituden und Mittelwerte der Komponenten sind zueinander identisch-proportional. Das ist insbesondere bei reiner Wechsel- oder Schwellbeanspruchung der Fall, allerdings nur bei eigenspannungsfreien Proben. Die Hypothesen sind im Zeit- und Dauerfestigkeitsbereich anwendbar. Sie können sich auf Versagen durch Anriß oder Bruch beziehen.

Die mathematische Struktur der Zuordnung hängt davon ab, welche physikalische Größe als maßgebend für den Bruch oder die Rißeinleitung angesehen wird. Aufgrund der Vorgänge im Bereich der Mikrostruktur ist für die Einleitung des Ermüdungsrisses primär eine Kombination aus (zyklischer) Hauptschubspannung und (zyklischer) Hauptnormalspannung maßgebend. Die Schubspannung erzeugt die Gleitbänder. Die (Zug-)Normalspannung öffnet und vergrößert die entstehenden Risse. Im Rahmen der makroskopischen Betrachtungsweise wird zwischen duktilen Werkstoffen mit Tendenz zum Gleitbruch und spröden Werkstoffen mit Tendenz zum Trennbruch unterschieden.

Die Festigkeitshypothesen beziehen sich auf homogene oder linear-inhomogene Spannungszustände in ungekerbten Proben. Sie lassen sich auf die örtlichen Verhältnisse in Kerben unter Beachtung weiterer Einflußgrößen des inhomogenen Beanspruchungsfeldes übertragen. Die Hypothesen werden nachfolgend für den zweiachsigen Spannungszustand an der Oberfläche angegeben, von der die Ermüdungsrisse im allgemeinen ausgehen. Die Spannungskomponenten in (3.15) bis (3.22) sind als Spannungsamplituden zu interpretieren. Zu den Grundlagen der angegebenen Gleichungen werden die Fachbücher [76, 85, 91] empfohlen.

Gestaltänderungsenergie- und Schubspannungshypothese, duktile Werkstoffe

Bei proportionaler mehrachsiger Beanspruchung duktiler Werkstoffe hat sich bei und nahe der Dauerfestigkeit die Hypothese der Gestaltänderungsenergie nach Maxwell, Huber, von Mises und Hencky bewährt, die mit der Hypothese der Oktaederschubspannung nach Nadai identisch ist und nach Novozhilov auch als quadratischer Mittelwert der Schubspannungen sämtlicher Schnittebenen interpretiert werden kann. Die einachsige Vergleichsspannung σ_v des zweiachsigen Spannungszustands mit den Hauptspannungen σ_1 und σ_2 lautet:

$$\sigma_v = \frac{1}{\sqrt{2}} \left[\sigma_1^2 + \sigma_2^2 + (\sigma_1 - \sigma_2)^2 \right]^{1/2} \tag{3.15}$$

Für den zweiachsigen Spannungszustand, gekennzeichnet durch σ_x, σ_y und τ_{xy}, folgt:

$$\sigma_v = (\sigma_x^2 + \sigma_y^2 - \sigma_x \sigma_y + 3\tau_{xy}^2)^{1/2} \tag{3.16}$$

Für die Überlagerung von Normalspannung σ und Schubspannung τ (z. B. infolge von Biege- und Torsionsbelastung) ergibt sich:

$$\sigma_V = (\sigma^2 + 3\tau^2)^{1/2} \tag{3.17}$$

Für die reine Schubbeanspruchung ergibt sich:

$$\sigma_V = \sqrt{3}\tau = 1{,}73\tau \tag{3.18}$$

Die auf duktile Werkstoffe ebenfalls anwendbare Hypothese der größten Schubspannung nach Mohr, Guest und Tresca weicht um maximal 15 % von den Werten nach (3.15) bis (3.18) ab.

Normalspannungshypothese, spröde Werkstoffe

Bei proportionaler mehrachsiger Beanspruchung spröder Werkstoffe hat sich bei und nahe der Dauerfestigkeit die Hypothese der größten Normalspannung nach Rankine bewährt:

$$\sigma_V = \sigma_1 \tag{3.19}$$

Für den zweiachsigen Spannungszustand, gekennzeichnet durch σ_x, σ_y und τ_{xy}, folgt:

$$\sigma_V = \frac{\sigma_x + \sigma_y}{2} + \left[\left(\frac{\sigma_x - \sigma_y}{2}\right)^2 + \tau_{xy}^2\right]^{1/2} \tag{3.20}$$

Für die Überlagerung von Normal- und Schubspannung ergibt sich:

$$\sigma_V = \frac{\sigma}{2} + \left[\left(\frac{\sigma}{2}\right)^2 + \tau^2\right]^{1/2} \tag{3.21}$$

Für die reine Schubbeanspruchung ergibt sich:

$$\sigma_V = \tau \tag{3.22}$$

Grafischer Vergleich der Hypothesen

Die Hypothesen der Gestaltänderungsenergie sowie der größten Schub- und Normalspannung beim ebenen Spannungszustand ($\sigma_3 = 0$) sind in Abb. 3.7 gegenübergestellt. Sofern ein kritischer Wert der einachsigen Vergleichsspannung σ_V eingeführt wird, kennzeichnen die Kurven die Festigkeitsgrenze bei unterschiedlichen Kombinationen der Hauptspannungen σ_1 und σ_2 bzw. der Normalspannung σ und Schubspannung τ.

Im Hinblick auf die angesprochene (Dauer-)Schwingfestigkeit sind in (3.15) bis (3.22) die Spannungsamplituden einzuführen. Die Formeln gelten für die proportionale Wechsel- oder Schwellbeanspruchung, also für entsprechende zyklische mehrachsige Beanspruchung ohne Phasenverschiebung der Spannungskomponenten. Als kritische Vergleichsspannung ist die Wechsel- bzw. Schwellfestigkeit einzusetzen.

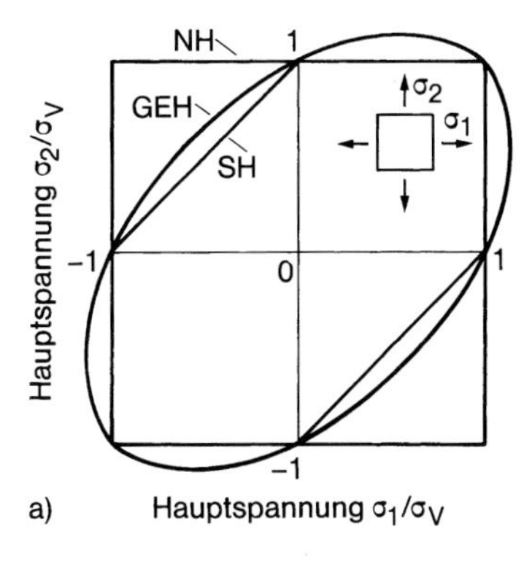

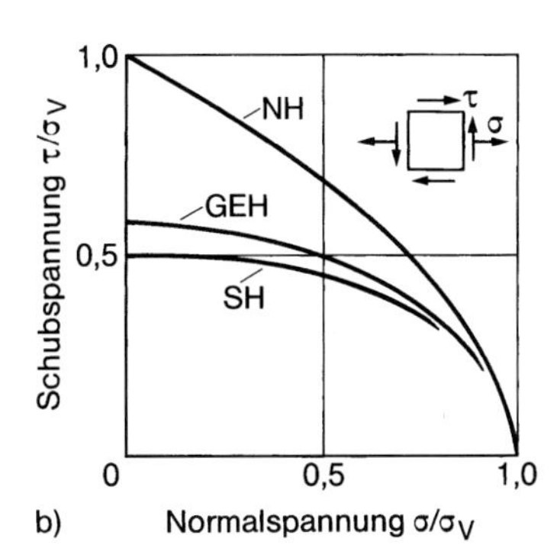

Abb. 3.7: Festigkeitsgrenze mit kritischer Vergleichsspannung σ_V beim ebenen Spannungszustand ($\sigma_3 = 0$), Hauptspannungen σ_1 und σ_2 (a), Normal- und Schubspannung σ und τ (b), Gestaltänderungsenergiehypothese (GEH), Schubspannungshypothese (SH) und Normalspannungshypothese (NH)

Hypothesen bei phasenverschobener Wechselbeanspruchung

Die dargestellten herkömmlichen Festigkeitshypothesen lassen sich formal problemlos auf die mehrachsige gleichfrequente aber phasenverschobene reine Wechselbeanspruchung anwenden, indem der Maximalwert der jeweiligen zeitlich veränderlichen Vergleichsspannung rechnerisch bestimmt wird. Dies wird am Sonderfall der phasenverschoben wirkenden Normalspannungsamplituden σ_a und Schubspannungsamplituden τ_a (z. B. aus überlagerter Biege- und Torsionsbelastung einer Rundstabprobe) gezeigt.

Die für spröde Werkstoffe nach der Hypothese der größten Normalspannung und für duktile Werkstoffe nach der Hypothese der Gestaltänderungsenergie für unterschiedliche Phasenwinkel δ sich ergebenden Grenzkurven der Beanspruchung (bezogen auf die Wechselfestigkeit bei einachsiger Beanspruchung) sind in Abb. 3.8 dargestellt.

Nach der Normalspannungshypothese ergibt sich für $\delta = 0^\circ$ (bzw. 180°) der bei synchroner Beanspruchung gültige Parabelbogen als ungünstigster Fall. Bei zunehmendem Phasenwinkel vergrößern sich die ertragbaren Spannungsamplituden. Sie erreichen für $\delta = 90^\circ$ ihre Höchstwerte. Dieses Verhalten wird bei spröden Werkstoffen experimentell bestätigt.

Nach der Hypothese der Gestaltänderungsenergie (oder Hypothese der Oktaederschubspannung) ergibt sich für $\delta = 0^\circ$ der bei synchroner Beanspruchung gültige Ellipsenbogen als ungünstigster Fall. Auch hier vergrößern sich die ertragbaren Spannungsamplituden mit zunehmendem Phasenwinkel und erreichen für $\delta = 90^\circ$ Höchstwerte. Dieses Verhalten wird bei duktilen Werkstoffen experimentell nicht bestätigt [271, 322]. Die ertragbaren Amplituden liegen bei phasenverschobener Beanspruchung zum Teil wesentlich niedriger.

Von Sonsino [319] wird bei überlagerter Zug- und Schubbeanspruchung im spannungsgeregelten Versuch eine Erhöhung der Anrißfestigkeit für $\delta = 90^\circ$ festgestellt, während im dehnungsgeregelten Versuch (typisch für Kerbbeanspru-

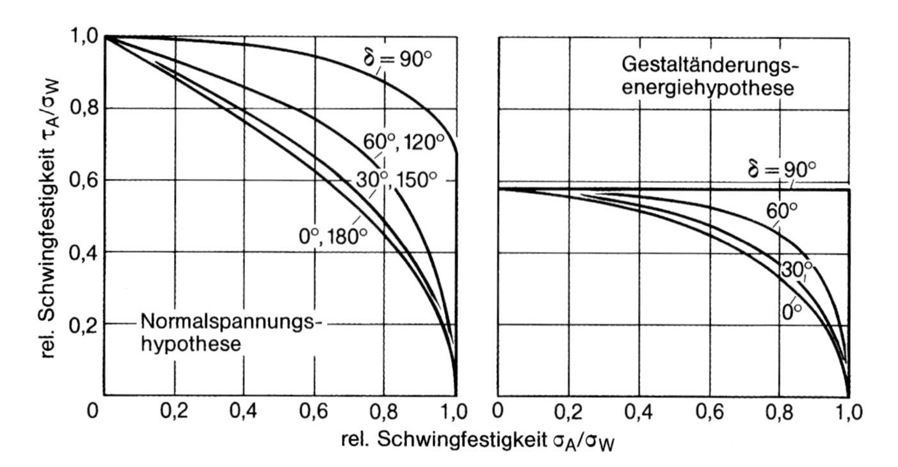

Abb. 3.8: Grenzwerte der Spannungsamplituden τ_A und σ_A nach der Normalspannungshypothese (a) und Gestaltänderungsenergiehypothese (b) für phasenverschoben überlagerte (mit Phasenwinkel δ), gleichfrequente Zug-Druck- und Schubbeanspruchung ($R = -1$), z. B. aus Biege- und Torsionsbelastung; nach Wellinger u. Dietmann [91]

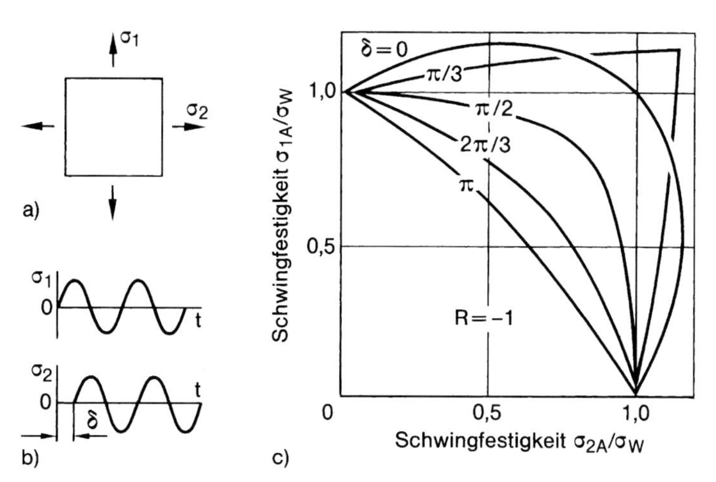

Abb. 3.9: Grenzwerte der Spannungsamplituden σ_{1A} und σ_{2A} nach der Oktaederschubspannungshypothese für phasenverschoben überlagerte (mit Phasenwinkel δ) gleichfrequente zweiachsige Normalspannungsbeanspruchung ($R = -1$); nach Issler [274, 275]

chung) die erwähnte Abminderung eintritt. Der Effekt erklärt sich aus unterschiedlichem zyklischem Stabilisierungsverhalten des Werkstoffs.

Ein weiterer Sonderfall mehrachsiger gleichfrequenter aber phasenverschobener reiner Wechselbeanspruchung stellt die Belastung durch die körperfesten phasenverschobenen Hauptspannungsamplituden σ_{1a} und σ_{2a} dar. Nach der Hypothese der größten Normalspannung gilt unabhängig vom Phasenwinkel die einachsige Wechselfestigkeit als Grenzwert für jede der beiden Hauptspannungsamplituden (also die Quadratkurve nach Abb. 3.7 (a)). Dieses Verhalten wird experimentell bestätigt. Nach der Hypothese der Gestaltänderungsenergie (oder auch Hypothese der Oktaederschubspannung) ergeben sich für unterschiedliche Phasenwinkel die in Abb. 3.9 dargestellten Grenzkurven. Die niedrigsten Amplitudengrenzwerte werden für $\delta = 180°$ ermittelt (der zugehörige Ellipsenbogen kann als die Fortsetzung des Ellipsenbogens für $\delta = 0°$ in die benachbarten Quadranten, gespiegelt an den Koordinatenachsen, aufgefaßt werden). Die höchsten Amplitudengrenzwerte (höher als die einachsige Wechselfestigkeit) werden für $\delta = 0°$ bis etwa $\delta = 60°$ ausgewiesen. Dieses Verhalten wird ebenfalls experimentell bestätigt (im Unterschied zur phasenverschobenen Überlagerung von Normalspannungs- und Schubspannungsamplituden, bei der die Hauptrichtung veränderlich ist).

Proportionale und nichtproportionale Schwingbeanspruchung

Bisher sind Sonderfälle mehrachsiger zyklischer Beanspruchung (vereinfacht als anrißwirksame zweiachsige Oberflächenspannungen) behandelt worden, die synchrone Wechsel- und Schwellbeanspruchung und die phasenverschobene (also asynchrone) Wechselbeanspruchung. Beide Beanspruchungen lassen sich in unterschiedlicher Weise als proportional klassifizieren (s. die folgenden zwei Abschnitte). Nunmehr ist proportionale und nichtproportionale Beanspruchung in allgemeinerer Form zu definieren und zu untergliedern. Die Veranschaulichung geschieht in Abb. 3.10 am Beispiel von Oberflächenspannungen σ_x und σ_y bei $\tau_{xy} = 0$, also $\sigma_x = \sigma_1$ und $\sigma_y = \sigma_2$ (mit den Koordinatenspannungen σ_x, σ_y, τ_{xy} und den Hauptspannungen σ_1, σ_2).

Als proportional gelten mehrachsige Beanspruchungs-Zeit-Abläufe, deren Quotienten in jedem Zeitpunkt denselben Wert aufweisen. Im betrachteten Fall

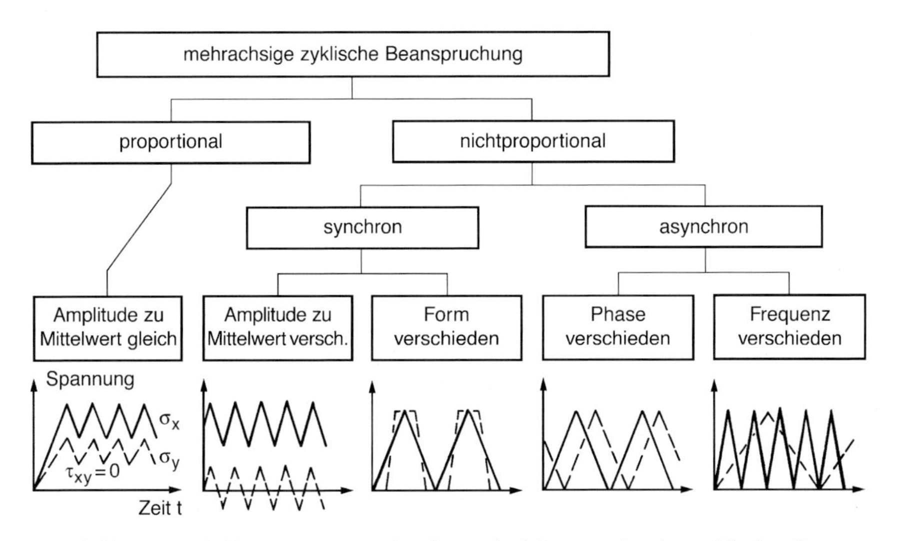

Abb. 3.10: Unterscheidung von proportionaler und nichtproportionaler zyklischer Beanspruchung und deren weitere Untergliederung mit Veranschaulichung der Schwingungsabläufe; Grafik ausgehend von Angaben bei Zacher *et al.* [337] und Seeger [48]

einstufig-zyklischer synchroner Beanspruchung genügt dafür ein identischer Quotient von Amplitude zu Mittelwert. Der nichtproportionalen Beanspruchung sind vier Grundformen mehrachsiger zyklischer Beanspruchung zuzuordnen, bei denen der genannte Quotient sich von Zeitpunkt zu Zeitpunkt ändert: Beanspruchungs-Zeit-Abläufe mit unterschiedlichem Quotienten von Amplitude zu Mittelwert, mit unterschiedlicher Schwingungsform, mit unterschiedlicher Phase oder mit unterschiedlicher Frequenz. Die vorstehende Klassifizierung nichtproportionaler Beanspruchung erweitert sich bei Betrachtung allgemeinerer deterministischer oder stochastischer Beanspruchungs-Zeit-Abläufe.

Vielfach wird von proportionaler (mehrachsiger) Beanspruchung auch dann gesprochen, wenn bei phasenverschobener Schwingung der Quotient von Amplitude zu Mittelwert unabhängig von der Phasenlage gleich ist (proportionale asynchrone Beanspruchung). Die eingangs erfolgte Festlegung eines identischen Quotienten in jedem Zeitpunkt (proportionale synchrone Beanspruchung) wird dadurch jedoch nicht erfüllt.

Der Zusammenhang zwischen den Koordinatenspannungen und den Hauptspannungen (einschließlich Hauptrichtung) bei proportionaler und nichtproportionaler Beanspruchung (nichtproportional im ursprünglichen Sinn) wird am Beispiel zweiachsiger Oberflächenspannungen veranschaulicht, Abb. 3.11. Bei proportionalen Koordinatenspannungen sind auch die Hauptspannungen bei konstanter Hauptrichtung proportional. Bei nichtproportionalen Koordinatenspannungen sind die Hauptspannungen ebenfalls nichtproportional, wobei die Hauptrichtung variabel oder konstant sein kann. Im ersteren Fall dreht, springt oder pendelt die Hauptrichtung.

Der dargestellte Zusammenhang läßt sich mathematisch weiter erhellen. Die einstufig-periodischen Spannungsabläufe $\sigma_x(t)$, $\sigma_y(t)$ und $\tau_{xy}(t)$ lassen sich durch Amplitude (Index *a*) und Mittelwert (Index *m*) in Verbindung mit der Zeitfunktion $f(t)$, im einfachsten Fall eine Sinusfunktion, wie folgt beschreiben:

$$\sigma_x(t) = \sigma_{xm} + \sigma_{xa} f(t) \tag{3.23}$$

$$\sigma_y(t) = \sigma_{ym} + \sigma_{ya} f(t) \tag{3.24}$$

$$\tau_{xy}(t) = \tau_{xym} + \tau_{xya} f(t) \tag{3.25}$$

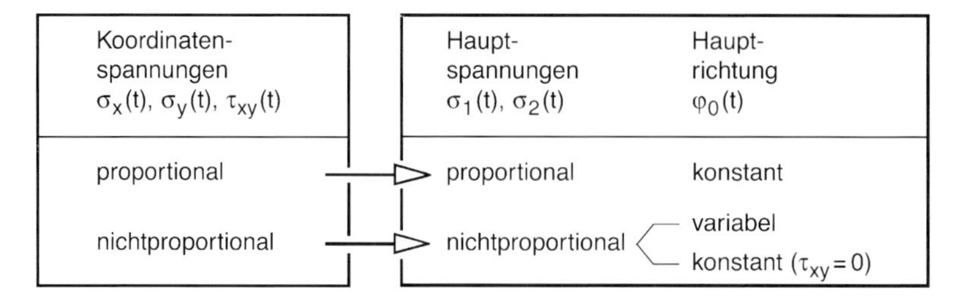

Abb. 3.11: Zusammenhang zwischen proportionalen und nichtproportionalen Koordinatenspannungen und Hauptspannungen, Grafik gemäß Angaben von Seeger [48]

Für die Hauptspannungsrichtung $\varphi_0(t)$ relativ zur x-Achse gilt:

$$\varphi_0(t) = \frac{1}{2}\arctan\frac{2\tau_{xy}(t)}{\sigma_x(t) - \sigma_y(t)} \tag{3.26}$$

Die Bedingung konstanter Hauptrichtung $\varphi_0(t) = \text{konst.}$ wird erfüllt, wenn der Quotient von Amplitude zu Mittelwert in (3.23) bis (3.25) gleich ist (proportionale synchrone Beanspruchung), beispielsweise bei synchroner Wechsel- oder Schwellbeanspruchung. Sie wird auch für $\tau_{xy}(t) = 0$ bei nichtproportionaler Beanspruchung erfüllt.

Bei proportionaler synchroner Beanspruchung werden in jedem Schwingspiel dieselben Gleitebenen aktiviert, bei proportionaler asynchroner sowie bei nichtproportionaler Beanspruchung müssen ständig neue Ebenen aktiviert werden. Hinsichtlich der Ermüdungsfestigkeit ist zusätzlich zu bedenken, daß ein komplexes Zusammenspiel von Hauptschubspannung in der Gleitebene und Hauptnormalspannung am selben Ort für die Rißeinleitung maßgebend ist. Die Lebensdauer kann relativ zur proportionalen synchronen Beanspruchung verkürzt oder verlängert sein. Bei duktilen Werkstoffen wird eine Verkürzung beobachtet, bei spröden Werkstoffen eine Verlängerung (dehnungsgeregelte Versuchsdurchführung vorausgesetzt).

Grafische Darstellung der nichtproportionalen Schwingbeanspruchung

Die Schwingfestigkeitsuntersuchungen bei mehrachsiger Beanspruchung werden durch die grafische Darstellung der veränderlichen Beanspruchungsgrößen erleichtert. Die Darstellung geschieht zunächst für den relativ einfachen aber häufig untersuchten Fall der phasenverschobenen Überlagerung von Axial- und Torsionsbeanspruchung in einer Rundstabprobe, Abb. 3.12. Die auftretenden Kombinationen von Torsions- und Axialbeanspruchung sind in einem Beanspruchungsschaubild erfaßt. Der zeitliche Verlauf wird durch Beanspruchungs-Zeit-Funktionen dargestellt. Die Änderung des vollständigen Spannungszustandes geht schließlich aus Mohrschen Spannungskreisen hervor, von denen nur die ersten fünf (in den Punkten A bis E) gezeichnet sind. Im dargestellten Bereich vergrößern sich die Hauptnormalspannungen bis auf den 1,62fachen Wert der aufgebrachten Axialnormalspannung, während die Hauptschubspannung den Wert der aufgebrachten Torsionsschubspannung um den Faktor 1,12 übersteigen kann und die Hauptrichtung sich um bis zu 90° dreht.

Eine andere Darstellungsweise verfolgt die Spannungsamplituden und Spannungsmittelwerte in unterschiedlich geneigten Schnittebenen unabhängig von der jeweiligen Hauptspannungsrichtung. Diese „Beanspruchungscharakteristik“ $\sigma_a = f(\sigma_m)$ kann der Werkstoffcharakteristik $\sigma_A = F(\sigma_m)$ im Haigh-Diagramm gegenübergestellt werden, um eine Aussage über die Schwingfestigkeit bei nichtproportionaler phasenverschobener Schwingbeanspruchung zu machen (s. Abb. 3.13).

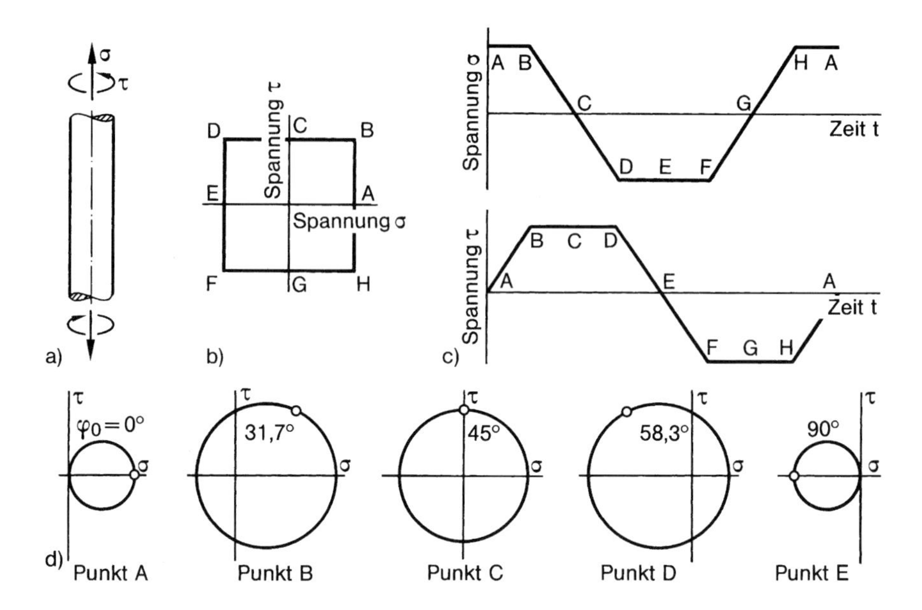

Abb. 3.12: Phasenverschobene Überlagerung von Axial- und Torsionsbeanspruchung in einer Rundstabprobe (a), Beanspruchungsschaubild (b), Beanspruchungs-Zeit-Funktionen (c) und Mohrsche Spannungskreise (d); in Anlehnung an Bannantine *et al.* [12]

Hypothesen bei nichtproportionaler phasenverschobener Schwingbeanspruchung

Auf die Schwingfestigkeit im Bereich der Dauerfestigkeit bei Überlagerung unterschiedlicher statischer und veränderlicher Spannungskomponenten mit konstanter Hauptrichtung (insbesondere aus Biegung und Torsion sowie Eigenspannungen) sind unterschiedliche Hypothesen anwendbar. Nach Kiocecioglu *et al.* [279] werden Mittelspannung und Spannungsamplitude nach der Gestaltänderungsenergiehypothese berechnet und ertragbaren Werten in einem Haigh-Diagramm gegenübergestellt. Nach Sines [312, 313] hängt die ertragbare Vergleichsspannungsamplitude nach der Gestaltänderungsenergiehypothese linear von der mittleren hydrostatischen Spannung ab:

$$\sigma_{\mathrm{Va}} + \alpha\sigma_{\mathrm{hm}} = \beta \qquad 3.27)$$

Crossland [250] ersetzt in seiner Hypothese den Mittelwert der hydrostatischen Spannung durch den Maximalwert:

$$\sigma_{\mathrm{Va}} + \alpha\sigma_{\mathrm{hmax}} = \beta \qquad (3.28)$$

Nach Findley [266] sowie Matake und Imai [288, 289] ist die ertragbare Hauptschubspannungsamplitude von der Normalspannung in der zugehörigen Schnittebene linear abhängig:

$$\tau_{\mathrm{Ia}} + \alpha\sigma_{\perp} = \beta \qquad (3.29)$$

Schließlich ist nach der Hypothese von Dang Van *et al.* [251-253] in der auf makroskopische Beanspruchung mit konstanter Hauptrichtung vereinfachten Form die Hauptschubspannungsamplitude eine lineare Funktion des Maximalwerts der hydrostatischen Spannung:

$$\tau_{1a} + \alpha\sigma_{hmax} = \beta \tag{3.30}$$

Die Hypothese von Sines wurde von Fuchs und Stephens [23] auf Spannungszustände mit veränderlicher Hauptspannungsrichtung erweitert. Eine Lösung für zweiachsige phasenverschobene Schwingbeanspruchung mit statischer Grundbeanspruchung wurde von Mertens und Hahn [294, 295] auf der Basis herkömmlicher Vergleichsspannungen sowie weiterer Invarianten des Spannungstensors entwickelt.

Zu den Hypothesen, die phasenverschoben wirkende gleichfrequente Beanspruchungen allgemeinerer Art hinsichtlich Schwingfestigkeit bei und nahe der Dauerfestigkeit berücksichtigen, gehören die Hypothesen der Schubspannungsintensität oder integralen Anstrengung nach Simbürger und Grubisic [311, 271, 272] bzw. Zenner *et al.* [338-342] mit Erweiterung durch Liu und Zenner [39, 282-284] sowie die Versagenshypothesen der kritischen Schnittebene nach Troost und El-Magd [330-333], El Magd *et al.* [259-261], Issler [274, 275], Häfele und Dietmann [273], Sonsino und Gubisic [321-324], Bhongbhibhat [235], Carpinteri [242, 244, 245], Fatemi *et al.* [263-265], McDiarmid [290-292], Nøkleby [301], Papadopoulos [302-304]. Die Hypothese der Schubspannungsintensität oder integralen Anstrengung berücksichtigt den arithmetischen oder quadratischen Mittelwert der Schubspannungen sämtlicher Schnittebenen (teilweise eingeschränkt auf Schnittebenen senkrecht zur Oberfläche) in der Versagensbedingung (integral approach), während die Versagenshypothese der kritischen Schnittebene die Versagensbedingung einer einzigen kritischen Ebene zuordnet (critical plane approach). Teilweise sind für spröde, semiduktile und duktile Werkstoffe ausgehend von der Hypothese der größten Normal- oder Schubspannung unterschiedliche Umrechnungen vorgesehen.

Bei der Überlagerung zweier phasenverschoben wirkender gleichfrequenter Normalspannungen (Hauptspannungen σ_1 und σ_2) kann die Vergleichsspannung nach vorstehenden Hypothesen gegenüber synchroner Beanspruchung bis auf den zweifachen Wert ansteigen, die Festigkeit also dementsprechend abfallen. Dagegen ist eine Phasenverschiebung zwischen Normal- und Schubspannung von geringerem Einfluß auf die Vergleichsspannung.

Die kritische Schnittebene und die Versagensgrenze bei Überlagerung von phasenverschoben wirkender ($\delta = \pi/2$) gleichfrequenter, schwellend aufgebrachter ($R = 0$) und körperfest gerichteter Zug- und Schubbeanspruchung (σ_{na}, τ_{na}) ergeben sich aus der Beanspruchungscharakteristik $\sigma_a = f(\sigma_m)$ durch Vergleich mit der Werkstoffcharakteristik $\sigma_A = F(\sigma_m)$ im Haigh-Diagramm, Abb. 3.13. Bei dem relativ spröden Gußeisen mit Kugelgraphit, ebenso wie bei Sinterstählen und Aluminium-Gußlegierungen [321, 324], werden die Normalspannungen in der jeweiligen Schnittebene als maßgebend für das Versagen angesehen. Der Punkt der Beanspruchungscharakteristik mit dem geringsten (radialen) Abstand zur Zeit- oder Dauerfestigkeitsgrenzlinie kennzeichnet die kritische Schnittebe-

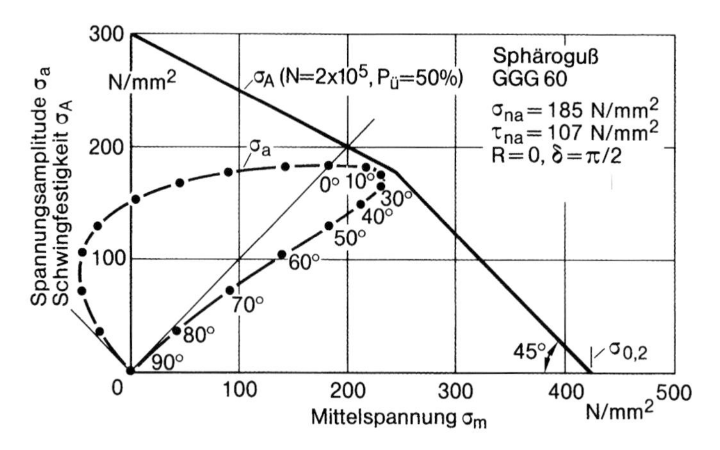

Abb. 3.13: Beanspruchungscharakteristik (σ_a über σ_m) im Haigh-Diagramm (σ_A über σ_m) für phasenverschoben überlagerte gleichfrequente Zug- und Schubschwellbeanspruchung (Phasenwinkel δ, $R = 0$), Normalspannungsamplitude σ_a in Schnittebenen mit Neigungswinkel 0 – 180° relativ zur körperfesten Zugrichtung, geringster radialer Abstand zur Schwingfestigkeitsgrenzlinie bei 20°; nach Buxbaum [15]

ne. Der Abstand ist ein Maß für den etwa noch vorhandenen Beanspruchungsspielraum. Bei duktilem Werkstoff sind anstelle der Normalspannungen die Schubspannungen in die beiden Charakteristiken einzuführen. Als Ergebnis der Untersuchungen ist festzuhalten, daß die Phasenverschiebung zwischen der örtlichen Zug- und Schubbeanspruchung die Schwingfestigkeit bei spröden Werkstoffen erhöht, bei duktilen Werkstoffen erniedrigt (die Schwingfestigkeit ausgedrückt durch die ertragbare Zugspannungsamplitude).

Eine weitere Hypothese mit dem Anspruch, bei nichtproportionaler phasenverschobener mehrachsiger zyklischer Beanspruchung gültig zu sein, wurde von Dang Van [251-253] entwickelt. Die Hypothese geht von einem stabilisierten mikrostrukturellen Zustand im Bereich der Dauerfestigkeit aus. Sie bezieht sich auf den mikroskopischen Spannungszustand in einzelnen kritisch ausgerichteten Kristalliten, wird aber mangels mikrostruktureller Daten meist mit den lokalen makroskopischen Spannungen angewendet. Die Hypothese in allgemeiner Form besagt, daß die zyklisch ertragbare Hauptschubspannung τ_1 linear vom hydrostatischen Spannungsanteil σ_h abhängt:

$$\tau_1 \pm \alpha\sigma_h = \pm\beta \tag{3.31}$$

In einem entsprechenden Diagramm werden durch (3.31) keilförmige Grenzlinien beschrieben, bei deren zyklisch wiederholter Tangierung oder Überschreitung durch den Beanspruchungspfad der Anriß eingeleitet bzw. die Schädigung ausgelöst wird, Abb. 3.14. Im Sonderfall der einstufigen Schwingbeanspruchung mit Mittelspannung und Spannungsamplitude ergibt sich die Gleichung (3.30).

Von den mikrostrukturellen Gegebenheiten (speziell im Einkristall) gehen auch die Untersuchungen zum Mehrachsigkeitsfluß von Papadopoulos [303] sowie von Susmel und Lazzarin [327] aus.

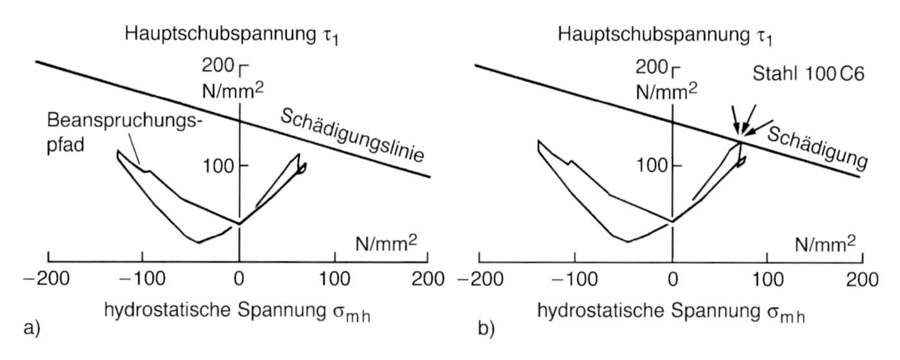

Abb. 3.14: Schädigungsgrenze für den Stahl 100 C6 (geglüht) und örtlicher zyklischer Beanspruchungspfad in einem Wälzlagerring ohne Schädigung (a) und mit Schädigung (b); nach Dang Van *et al.* [253]

Zur Erfassung mehrachsiger Zufallsbeanspruchungen in der Festigkeitshypothese liegen erste Untersuchungen von Carpinteri *et al.* [241, 243] vor. Die zu erwartende kritische Rißebene wird nach diesem Ansatz über eine Mittelung der drei gewichteten Euler-Winkel der momentanen Hauptspannungen gewonnen. Der Gewichtsfaktor ergibt sich entsprechend der unter der momentanen ersten Hauptspannung zu erwartenden Schädigung, die wiederum ausgehend von einer Wöhler-Linie mit erniedrigter Dauerfestigkeit abgeschätzt wird. Der Ansatz wurde über Versuchsergebnisse bei überlagerter zyklischer Biege- und Torsionsbelastung von Rundstabproben verifiziert.

Einheitliche Theorie der mehrachsigen Dauerfestigkeit

Nach den vorangegangenen Ausführungen gibt es hinsichtlich der Auswirkung nichtproportionaler Beanspruchung eine ganze Reihe von unterschiedlichen Festigkeitshypothesen. Die Hypothesen ohne empirisch zu bestimmende Koeffizienten lassen sich den zwei Gruppen des integralen Ansatzes und des Ansatzes der kritischen Schnittebene zuordnen. Beide Gruppen lassen sich zusammen mit den herkömmlichen Hypothesen als Sonderfälle einer einheitlichen Theorie der mehrachsigen Dauerfestigkeit herleiten (Liu [39, 282] sowie Batdorf *et al.* [232-234] und Evans [262]). Die Ausgangsbasis ist die Weibull-Theorie des schwächsten Gliedes (weakest link theory) für die Versagenswahrscheinlichkeit eines Werkstoffvolumens (alternativ einer Werkstoffoberfläche) mit statistisch verteilten Fehlstellen unter Normalbeanspruchung bei sprödem Werkstoff oder mit statistisch verteilter Orientierung der Gleitsysteme (bestehend aus Gleitebene und Gleitrichtung in dieser Ebene) unter Schubbeanspruchung bei duktilem Werkstoff. Es läßt sich zeigen, daß die Hauptnormalspannungshypothese für spröde Werkstoffe mit einem Weibull-Formfaktor $\kappa = \infty$ folgt, während die Gestaltänderungsenergie- und Hauptschubspannungshypothese für duktile Werkstoffe mit $\kappa = 2$ bzw. $\kappa = \infty$ verbunden ist. Die herkömmlichen Festigkeitshypothesen sind daher als Sonderfälle des vorgestellten allgemeinen Ansatzes darstellbar. Beliebige weitere Hypothesen sind ableitbar.

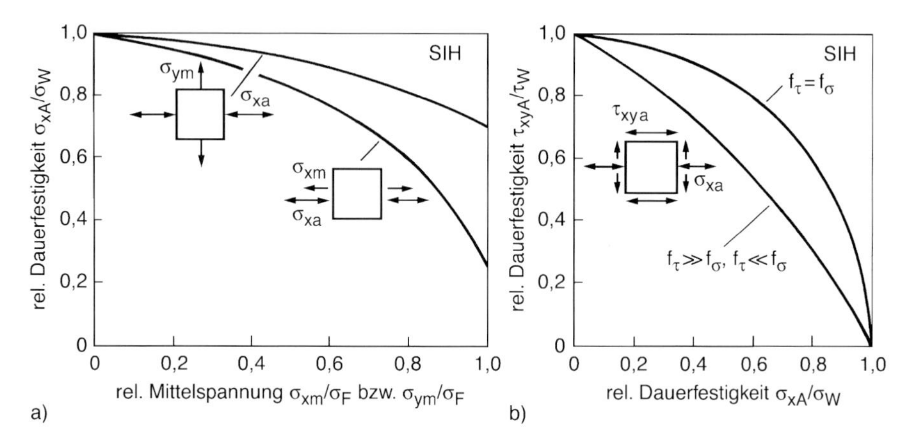

Abb. 3.15: Dauerfestigkeit abhängig von der Mittelspannung in Quer- und Längsrichtung (a) sowie abhängig von der Überlagerung von Zug- und Schubbeanspruchung mit gleichen und unterschiedlichen Frequenzen f_σ und f_τ der Beanspruchungskomponenten (b); verbesserte Schubspannungsintensitätshypothese (SIH); nach Liu [39]

Der eigentliche Wert des allgemeinen Ansatzes besteht darin, daß er ohne empirische Zusatzinformation auf beliebige nichtproportionale Beanspruchungen übertragbar ist. Insbesondere die Schubspannungsintensitätshypothese (SIH) konnte so verbessert werden. Das wurde von Liu dargestellt für den Einfluß unterschiedlich gerichteter Mittelspannungen auf die Dauerfestigkeit sowie für den Einfluß von Phasenverschiebungen, von Frequenzunterschieden und von Unterschieden der Schwingungsform. Beispielhaft zeigt Abb. 3.15 (a) die Dauerfestigkeit als Funktion der Mittelspannung in Quer- oder Längsrichtung der zyklischen Beanspruchung (letzteres erweist sich als ungünstiger) und Bild 3.15 (b) die Dauerfestigkeit bei überlagerter zyklischer Schub- und Zugbeanspruchung (aus Torsions- und Biegebelastung einer Rundstabprobe) für übereinstimmende Frequenzen $(f_\tau = f_\sigma)$ und für stark unterschiedliche Frequenzen.

Hypothesen im Zeit- und Kurzzeitfestigkeitsbereich

Die Zeit- und Kurzzeitfestigkeit im dehnungsgeregelten Wöhler-Versuch (vergleichbar der Kerbgrundbeanspruchung) bei mehrachsiger proportionaler Beanspruchung sowie körperfester Hauptbeanspruchungsrichtung wird bei duktilen Werkstoffen durch die elastisch-plastische Vergleichsdehnung nach der Hypothese der Gestaltänderungsenergie (gleichbedeutend Oktaederscherdehnung) mit gewissen Korrekturen zutreffend beschrieben [322]. Bei spröden Werkstoffen bleibt die Hypothese der größten Normalspannung gültig [324], d. h. die Umschreibung auf Vergleichsdehnungen erübrigt sich.

Die Vergleichsdehnung ε_v (bei einachsiger Spannung) nach der Oktaederscherdehnungshypothese ausgedrückt durch die elastisch-plastischen Gesamtdehnungen ε_x, ε_y, ε_z und γ_{xy} lautet bei Beschränkung auf den dreiachsigen Dehnungszustand an freier Oberfläche (zugehörig ein zweiachsiger Spannungszustand):

$$\varepsilon_\mathrm{v} = \frac{1}{\sqrt{2}(1+\nu)}\left[\left(\varepsilon_\mathrm{x}-\varepsilon_\mathrm{y}\right)^2+\left(\varepsilon_\mathrm{y}-\varepsilon_\mathrm{z}\right)^2+\left(\varepsilon_\mathrm{z}-\varepsilon_\mathrm{x}\right)^2+\frac{3}{2}\gamma_\mathrm{xy}^2\right]^{1/2} \qquad (3.32)$$

$$\varepsilon_\mathrm{z} = \frac{\nu}{1-\nu}\left(\varepsilon_\mathrm{x}+\varepsilon_\mathrm{y}\right) \qquad (3.33)$$

Mit den Hauptdehnungen ε_1 und ε_2 ergibt sich (Sonsino und Grubisic [322]):

$$\varepsilon_\mathrm{v} = \frac{\varepsilon_1}{1-\nu^2}\left\{\left(1-\nu+\nu^2\right)\left[1+\left(\frac{\varepsilon_2}{\varepsilon_1}\right)^2\right]-\frac{\varepsilon_2}{\varepsilon_1}\left(1-4\,\nu+\nu^2\right)\right\}^{1/2} \qquad (3.34)$$

Die resultierende Querkontraktionszahl ν läßt sich aus der elastischen Querkontraktionszahl ν_el, der plastischen Querkontraktionszahl ν_pl ($\nu_\mathrm{pl} \approx 0{,}5$), dem Elastizitätsmodul E und dem Sekantenmodul E_s des betrachteten Zustands auf der zyklischen Spannungs-Dehnungs-Kurve bestimmen (Gonyea [820]):

$$\nu = \nu_\mathrm{pl} - \left(\nu_\mathrm{pl}-\nu_\mathrm{el}\right)\frac{E_\mathrm{s}}{E} \qquad (3.35)$$

Alternativ kann nach Bannantine *et al.* [12] folgende Näherung verwendet werden:

$$\nu = \frac{\nu_\mathrm{el}\varepsilon_\mathrm{el}+\nu_\mathrm{pl}\varepsilon_\mathrm{pl}}{\varepsilon_\mathrm{el}+\varepsilon_\mathrm{pl}} \qquad (3.36)$$

Für die Überlagerung von Dehnungen aus einachsiger Spannung ($\varepsilon = \varepsilon_\mathrm{x}$, $\varepsilon_\mathrm{y} = -\nu\varepsilon_\mathrm{x}$, $\varepsilon_\mathrm{z} = -\nu\varepsilon_\mathrm{x}$) und Scherdehnung $\gamma = \gamma_\mathrm{xy}$ aus Schubbeanspruchung (beispielsweise bei Überlagerung von Zug-Druck- und Torsionsbelastung) ergibt sich aus (3.34):

$$\varepsilon_\mathrm{v} = \left[\varepsilon^2+\frac{3}{4(1+\nu)^2}\gamma^2\right]^{1/2} \qquad (3.37)$$

Für die reine Schubbeanspruchung folgt daraus:

$$\varepsilon_\mathrm{v} = \frac{\sqrt{3}\,\gamma}{2(1+\nu)} \qquad (3.38)$$

Für den ebenen Dehnungszustand ($\varepsilon_2 = 0$) am Grund von scharfen Kerben folgt mit $\varepsilon = \varepsilon_1$ aus (3.34):

$$\varepsilon_\mathrm{v} = \frac{\left(1-\nu+\nu^2\right)^{1/2}}{1-\nu^2}\varepsilon \qquad (3.39)$$

Bei mehrachsiger proportionaler oder nichtproportionaler Beanspruchung duktiler Werkstoffe mit veränderlicher Hauptbeanspruchungsrichtung erweist sich der arithmetische Mittelwert der Scherdehnungsamplituden in den möglichen Schnittrichtungen φ in der Oberfläche als maßgebend für die Schwingfestigkeit, die wirksame Scherdehnung [323] (in Analogie zur Mittelung der Schubspannungsamplituden nach Simbürger [311] im spannungsgeregelten Versuch):

$$\overline{\gamma} = \frac{1}{\pi} \int_{0}^{\pi} \gamma(\varphi) d\varphi \tag{3.40}$$

Für überlagerte Zug-Druck- und Torsionsbelastung von Rundhohlstabproben wird nachgewiesen, daß Phasenverschiebung die Lebensdauer bis Anriß im dehnungsgeregelten Wöhler-Versuch vermindert, sowohl bei zyklisch verfestigenden als auch bei zyklisch entfestigenden Stählen [311, 317, 318, 323].

In Fortführung des Rechengangs läßt sich auf Basis der Gestaltänderungsenergiehypothese eine Vergleichsdehnung ohne Phasenverschiebung aus den Dehnungskomponenten mit Phasenverschiebung bestimmen [317-319].

Der vorstehend beschriebene Ansatz wurde auch auf mehrachsig proportional und nichtproportional beanspruchte Schweißverbindungen übertragen (Sonsino [318, 320]). Ebenso wird für mehrachsige, nichtproportional überlagerte Betriebsbeanspruchungsfolgen ein ingenieurmäßiger Lösungsansatz geboten (Sonsino u. Pfohl [326], Sonsino u. Küppers [325]) (s. a. Kap. 5.5).

Weitere Festigkeitshypothesen für mehrachsige nichtproportionale Beanspruchung im Zeit- und Kurzzeitfestigkeitsbereich beinhalten einerseits die Beschreibung der anisotropen zyklischen Verformungsverfestigung (Ansätze nach Chu [246, 247], Garud [268, 269], McDowell [293], Mróz [299, 300]) und andererseits die Bedingung für das Eintreten des Schadens, d. h. eines technischen Anrisses definierter Größe. Die Grenzbedingung für den Anriß folgt dem Konzept der kritischen Schnittebene. Die eine Gruppe von Ansätzen sieht die Ebene größter Scherdehnung als kritisch an und darin eine bestimmte Kombination von Scherdehnungs- und Normaldehnungsamplitude unter Hinzunahme einer Mittelspannungskorrektur (Ansätze nach Bannantine u. Socie [231], Findley [266], Kandil, Brown u. Miller [237, 238, 278], Lohr u. Ellison [285], Socie *et al.* [314-316]). Die andere Gruppe von Ansätzen kombiniert die Dehnungen und Spannungen in der kritischen Ebene als Formänderungsenergieausdrücke (Ansätze nach Chu *et al.* [248], Fatemi u. Kurath [264], Smith *et al.* [781], Wang u. Brown [334-336]).

Dehnungshypothese nach Brown und Miller

Die Dehnungshypothese von Brown und Miller [237] wird wegen ihrer bruchphysikalischen Fundierung und ihrer Bewährung bei proportionaler und nichtproportionaler Beanspruchung duktiler Werkstoffe hervorgehoben. Die Dehnungen werden statt der Spannungen bevorzugt, weil sich die kurzen Ermüdungsanrisse insbesondere an Kerben in einem dehnungskontrollierten Beanspruchungsfeld vergrößern. Im Rißstadium I des sehr kurzen Risses (s. Kap. 7.1) ist die größte Scherdehnung für die Rißvergrößerung in der zugehörigen Scherebene maßgebend. Im Rißstadium II des längeren Risses bleiben die Scherdehnungen, nunmehr an der Rißspitze im Verbund mit den Zugdehnungen senkrecht zu den Scherebenen, bestimmend für den Rißfortschritt senkrecht zur größten Dehnung.

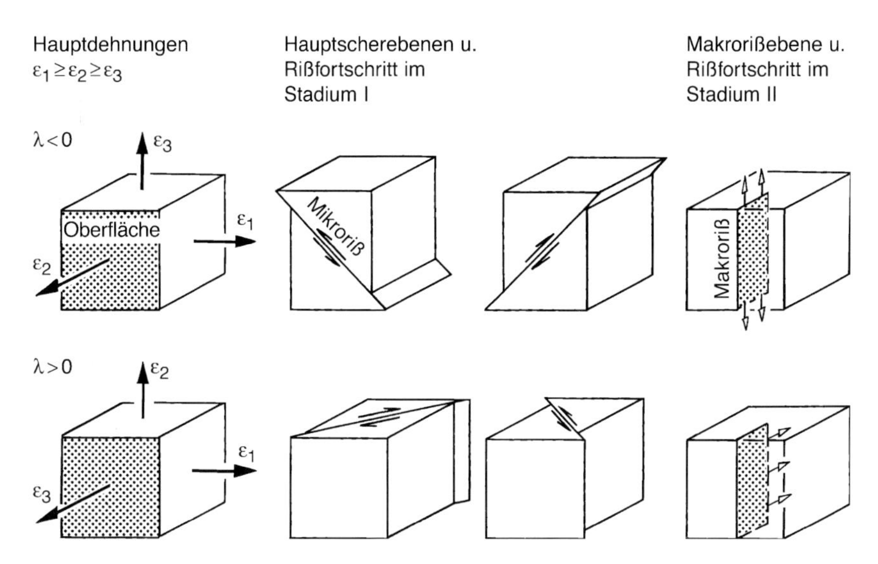

Abb. 3.16: Hauptdehnungen bei zweiachsigem Spannungszustand an der Bauteiloberfläche (σ_1, $\sigma_2 = \lambda\sigma_1$), Rißfortschritt im Stadium I und II; nach Brown u. Miller [237]

Dabei sind an der zweiachsig beanspruchten Bauteiloberfläche (Mehrachsigkeitsgrad $\lambda = \sigma_2/\sigma_1$) zwei unterschiedliche Bruchmechanismen möglich, Abb. 3.16, die mit unterschiedlicher Lebensdauer verbunden sind. Bei negativen λ-Werten werden Scherebenen senkrecht zur Oberfläche betätigt mit bevorzugtem Rißfortschritt entlang der Oberfläche. Bei positiven λ-Werten werden Scherebenen unter 45° zur Oberfläche aktiviert, und der Riß setzt sich überwiegend senkrecht zur Oberfläche fort. Letzteres ist auch der Fall, wenn die größte positive Dehnung senkrecht zur Oberfläche auftritt ($0 > \sigma_1 > \sigma_2$).

Nach vorstehender Hypothese sollten sich Linien konstanter Lebensdauer (d. h. Grenzlinien der Zeitfestigkeit) in der Form

$$\frac{\varepsilon_1 - \varepsilon_3}{2} = f\left(\frac{\varepsilon_1 + \varepsilon_3}{2}\right) \qquad (\varepsilon_1 \geq \varepsilon_2 \geq \varepsilon_3) \tag{3.41}$$

darstellen lassen, mit der Hauptscherdehnung ($\varepsilon_1 - \varepsilon_3$) und der Normaldehnung $\varepsilon_n = (\varepsilon_1 + \varepsilon_3)/2$ senkrecht zur Hauptscherebene. Wiederum sind mit ε die Dehnungsamplituden bezeichnet.

Die Grenzzustände der Lebensdauer sind in einem Diagramm darstellbar, in dem die Scherdehnungsamplitude horizontal über der Normaldehnungsamplitude aufgetragen wird, Abb. 3.17. Die möglichen Dehnungszustände liegen in einem keilförmigen Bereich, dem sowohl positive als auch negative Mehrachsigkeitsgrade zugeordnet werden können ($0 \leq \lambda \leq 1{,}0$ und $0 \geq \lambda \geq -\infty$). Dem entsprechen die beiden unterschiedlichen Rißfortschrittsmechanismen. Ausgehend von einem bestimmten Festigkeitswert bei einachsiger Beanspruchung sind Grenzlinien nach unterschiedlichen herkömmlichen Festigkeitshypothesen gezeichnet (mit Querkontraktionszahl $\nu = 0{,}5$, was das Auftragen der rein plastischen Deh-

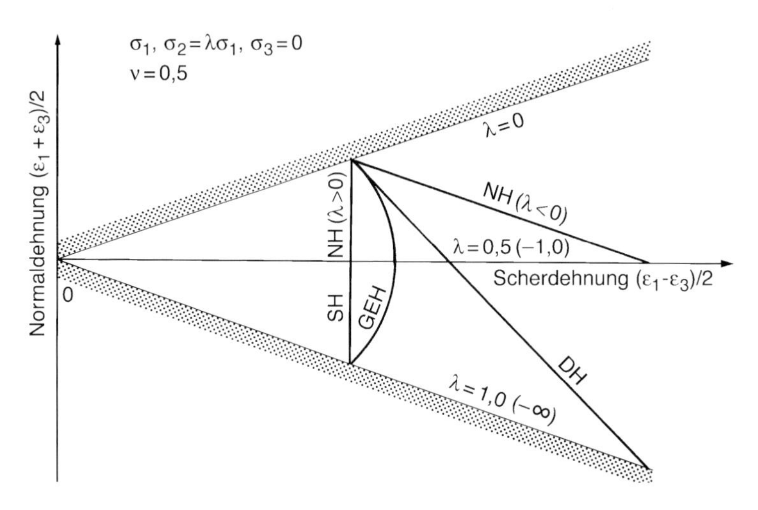

Abb. 3.17: Herkömmliche Festigkeitshypothesen im Dehnungsdiagramm nach Brown u. Miller [237]; mit Normalspannungshypothese NH, Schubspannungshypothese SH, Gestaltänderungsenergiehypothese GEH und (Haupt-)Dehnungshypothese DH

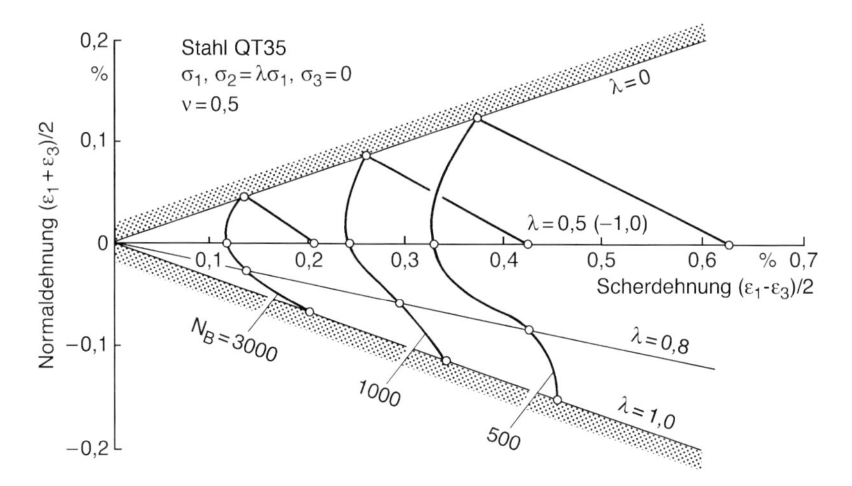

Abb. 3.18: Grenzlinien der Lebensdauer N_B (bis Bruch) für den Stahl QT35 bei unterschiedlichem Mehrachsigkeitsgrad λ der Oberflächenspannungen, dargestellt im Dehnungsdiagramm nach Brown u. Miller [237]

nungen voraussetzt), die mit Ausnahme der Normalspannungshypothese bei positiven und negativen λ-Werten zusammenfallen. Auch erzeugen die Hypothesen der Gestaltänderungsenergie, der Gesamtenergie, der Oktaederschubspannung und der Oktaederscherdehnung dieselbe Linie.

Ein typisches Versuchsergebnis für Stahl nach Parsons [306] im Bereich der Kurzzeitfestigkeit ist in Abb. 3.18 dargestellt. Es zeigt sich, daß bei positiven und negativen λ-Werten, zugehörig unterschiedliche Rißvergrößerungsmechanismen, deutlich unterschiedliche Scherdehnungen bei vorgegebener Lebensdauer ertragen werden. Durch die Gestaltänderungsenergiehypothese läßt sich das Versuchsergebnis offenbar nicht zutreffend beschreiben.

Der vorstehende allgemeine Ansatz führte später zu den spezielleren Hypothesen und Schädigungsparametern von Kandil *et al.* [237, 238, 278] sowie Socie *et al.* [314, 315] (s. Kap. 5.4).

Hypothesen im ASME-Code

Die Hypothesen für mehrachsige proportionale und nichtproportionale Beanspruchung im Kurz- und Langfestigkeitsbereich der Schwingfestigkeit gemäß ASME-Code [343] dokumentieren den bei nichtproportionaler Beanspruchung unzureichenden Stand der Anwendung.

Im Bereich der Langzeitfestigkeit wird der Größtwert der Schwingbreiten der drei zeitlich veränderlichen Hauptspannungsdifferenzen (also der drei Hauptschubspannungen) als maßgebend für die Schwingfestigkeit angesehen. Wie zu Beginn des Kapitels hinsichtlich der Dauerfestigkeit dargestellt, prognostiziert die Hypothese bei phasenverschobener Zug-Druck- und Torsionsbelastung eine Erhöhung der Schwingfestigkeit, was bei duktilen Werkstoffen nicht bestätigt wird (Simbürger [311], Sonsino [317, 318, 323]).

Im Bereich der Kurzzeitfestigkeit werden in der vorstehend beschriebenen Festigkeitshypothese die Hauptspannungen durch die Hauptdehnungen ersetzt (ältere Ausgabe des ASME-Codes). Auch in diesem Fall liegt die Festigkeitsprognose bei unterschiedlich gewählten zyklischen Dehnungspfaden auf der unsicheren Seite (Itoh *et al.* [277]). Zuverlässigere Ergebnisse werden erhalten, wenn die in der Festigkeitshypothese auftretenden Dehnungsschwingbreiten um zwei Faktoren vergrößert werden. Der eine Faktor kennzeichnet die Stärke der Nichtproportionalität des zyklischen Dehnungspfades, der andere Faktor das zyklische Verfestigungsvermögen (groß bei nichtrostendem austenitischem Stahl des Typs 304, klein bei der Aluminiumlegierung AA 6061).

In einer neueren Ausgabe des ASME-Codes wird dagegen im Bereich der Kurzzeitfestigkeit der Größtwert der Vergleichsdehnungsamplitude nach der Gestaltänderungsenergiehypothese als maßgebend empfohlen. Empfehlenswerte Modifikationen der Hypothese wurden vorstehend erläutert (Sonsino [323], s. (3.40)). Ein weiteres Problem ist darin zu sehen, daß die Mitteldehnung bzw. Mittelspannung unberücksichtigt bleibt, also die unterschiedliche Wirkung von identischen Vergleichsdehnungsamplituden im Zug- und Druckbereich nicht erfaßt wird.

Zusammenfassung

Bei proportionaler mehrachsiger Beanspruchung sind die bekannten herkömmlichen Festigkeitshypothesen anwendbar, die Gestaltänderungsenergie- oder Schubspannungshypothese bei duktilen Werkstoffen sowie die Normalspannungshypothese bei spröden Werkstoffen.

Für nichtproportionale mehrachsige Beanspruchung, untersucht vor allem am Beispiel der phasenverschobenen gleichfrequenten Zug-Druck- und Torsionsbelastung von Rundproben, gibt es zahlreiche Hypothesen, die sich der Gruppe der Hypothesen der kritischen Schnittebene oder der Gruppe der Hypothesen der integralen Anstrengung zuordnen lassen. Im Langzeit- und Dauerfestigkeitsbereich sind Spannungen maßgebend, im Zeit- und Kurzzeitfestigkeitsbereich dagegen Dehnungen, zumindest bei duktilen Werkstoffen. Bei den duktilen Werkstoffen sind die Schubspannungen oder Scherdehnungen ausschlaggebend, bei den spröden Werkstoffen die Normalspannungen oder Normaldehnungen.

Diese Hypothesen gelten bei konstanten ebenso wie bei veränderlichen Beanspruchungsamplituden. Sie sind auf ungeschweißte und geschweißte Proben und Bauteile anwendbar. Stets sind die örtlichen Verhältnisse zu betrachten.

Es gibt demnach keine allgemeingültige Festigkeitshypothese zum Mehrachsigkeitseinfluß. Art und Mikrostruktur des Werkstoffs beeinflussen das Ermüdungsverhalten ebenso wie die Eigenarten des zyklischen Spannungs-Dehnungs-Pfades und der Spannungs- und Dehnungskonzentration. Nur hinsichtlich der Dauerfestigkeit ist eine einheitliche theoretische Beschreibung des Mehrachsigkeitseinflusses erreicht worden, wobei die Vielfalt der Hypothesen bestehen bleibt. Die bekannten herkömmlichen Hypothesen gelten nur bei proportionaler Beanspruchung. Die komplexeren Hypothesen für nichtproportionale Beanspruchung sind je nach Werkstoff, Geometrie und Beanspruchungsfall unterschiedlich realitätsnah. Alle Hypothesen bedürfen der experimentellen Verifikation im jeweiligen Anwendungsfall.

Mit der vorstehenden Übersicht wird die Vielfalt der Hypothesen und Untersuchungen zur Ermüdungsfestigkeit bei nichtproportionaler mehrachsiger Beanspruchung [231-343] nur unzureichend dargestellt. Die wissenschaftliche Entwicklung des Gebiets ist derzeit noch zu vielfältig und zu unabgeschlossen. Eine befriedigende Systematik der Darstellung des Gesamtgebietes ist noch nicht gefunden. Detailliertere Angaben würden den Rahmen des vorliegenden Buches sprengen. Eine anspruchsvollere Präsentation muß zukünftigen Autoren überlassen bleiben.

3.4 Einfluß der Probengröße

Arten von Größeneinfluß

Die (Dauer-)Schwingfestigkeitswerte bei Biege- und Torsionsbeanspruchung von ungekerbten Proben mit kleinem und mit großem Durchmesser sind unterschiedlich groß. Dünne Drähte zeigen höhere Festigkeit als Proben mit gängigem Durchmesser (etwa 10 mm). Bei noch größerem Durchmesser tritt ein weiterer Abfall um 10-20 % auf.

Es wird zwischen spannungsmechanischem (oder geometrischem), technologischem, oberflächentechnischem und statistischem Größeneinfluß unterschieden [91, 344-347]. Ausgeschlossen sind zunächst die gekerbten Proben, an denen bei geometrischer Ähnlichkeit (und demnach identischer Kerbformzahl) der spannungsmechanische Größeneffekt beobachtet wird (s. Kap. 4.5). In der praxisnahen Berechnung werden Verfahren bevorzugt, die den kerbbedingten Größeneffekt einschließen. Auch in die nachfolgende Darstellung des statistischen Größeneinflusses wird der Kerbeffekt einbezogen.

Spannungsmechanischer Größeneinfluß

Der spannungsmechanische oder geometrische Größeneinfluß beruht auf unterschiedlicher Stützwirkung bei unterschiedlichem Spannungsgradienten. Bei Axialbeanspruchung tritt im ungekerbten Stab keine Stützwirkung auf. Die Stützwirkung bei Biege- und Torsionsbeanspruchung ist um so ausgeprägter, je steiler der Spannungsgradient über dem Durchmesser d ist. Der Gradient ergibt sich bei Biege- und Torsionsbeanspruchung zu $\chi_0 = -2/d$ (s. Kap. 4.1). Der spannungsmechanische Größeneinfluß ist daher bei kleinem Probendurchmesser besonders ausgeprägt, während bei größerem Probendurchmesser (ab etwa 50 mm) kaum noch ein Einfluß festzustellen ist.

Quantitativ lassen sich die Festigkeitsverhältnisse ähnlich wie bei Kerben erfassen (s. Kap. 4.5). Nachfolgend wird der Spannungsabstandsansatz von Peterson (s. Kap. 4.8) bevorzugt. In einer Oberflächenschicht von werkstoffabhängiger kleiner Dicke a^* darf der Wert der Zug-Druck-Wechselfestigkeit σ_{zdW} bis zur Biegewechselfestigkeit σ_{bW} überstiegen werden:

$$\sigma_{\mathrm{bW}} = \frac{\sigma_{\mathrm{zdW}}}{1 - 2a^*/d} \tag{3.42}$$

Bei großem Durchmesser ($d \gg a^*$) ist $\sigma_{\mathrm{bW}} \approx \sigma_{\mathrm{zdW}}$, d. h. die Zug-Druck-Wechselfestigkeit wird nicht überschritten. Gegenüber der üblichen Biegeprobe mit etwa 10 mm Durchmesser bedeutet das einen Abfall um maximal 10-20 %.

Technologischer und oberflächentechnischer Größeneinfluß

Der technologische Größeneinfluß umfaßt die Wirkung unterschiedlichen Gefüges im großen Bauteil gegenüber der kleinen Probe, hervorgerufen durch unterschiedliche mechanische und thermische Herstellungsverfahren. Besonders zu beachten sind dabei Größe, Form und Verteilung der nichtmetallischen Einschlüsse. Entsprechend unterschiedlich stellt sich die Schwingfestigkeit dar.

In der FKM-Richtlinie [885, 886] wird der technologische Größeneinfluß in der Zugfestigkeit berücksichtigt, von der sich die Schwingfestigkeit ableitet. Der Durchmesser der Referenzprobe ist $d_0 = 7{,}5$ mm. Für den betrachteten Bauteilausschnitt ergibt sich der zu vergleichende wirksame Durchmesser als Quotient von Volumen und Oberfläche, $d_{\mathrm{eff}} = 4V/A$. Die Festigkeitsminderung beginnt je nach Stahlsorte ab $d_{\mathrm{eff}} = 11$-250 mm. Ähnliche Angaben gelten für Eisengußwerkstoffe. Bei den Aluminiumknetwerkstoffen ist der technologische Größeneinfluß gegenüber dem Einfluß des Werkstoffzustandes vernachlässigbar. Bei den Aluminumgußwerkstoffen ist dagegen der erstere Einfluß zu berücksichtigen.

Eng verbunden mit dem technologischen Größeneinfluß ist der oberflächentechnische Größeneinfluß. Er beruht auf der unterschiedlichen relativen Tiefenwirkung der Verfahren zur Oberflächenverfestigung bei unterschiedlicher Querschnittsgröße (s. Kap. 3.5).

Statistischer Größeneinfluß

Der statistische Größeneinfluß ist darin begründet, daß die Wahrscheinlichkeit des Auftretens einer zu einem Abriß führenden mikrostrukturellen Schwachstelle (einer Fehlstelle) in der Oberflächenschicht oder auch im Innern einer großen Probe größer ist als in der geometrisch kleineren Probe. Der Einfluß ist bei überwiegend elastischer Beanspruchung dominant, also bei relativ spröden Werkstoffen (z. B. hochfeste oder gehärtete Metallegierungen sowie Sinterwerkstoffe) oder bei duktileren Werkstoffen bei Annäherung an die Dauerschwingfestigkeit.

Der experimentelle Nachweis für die Existenz einer größenabhängigen Wahrscheinlichkeit für das Auftreten entscheidender Fehlstellen wurde von Köhler [354] erbracht, der die unterschiedliche Bruchwahrscheinlichkeit kurzer und langer ungekerbter Proben gegenüberstellte, Abb. 3.19. Ein statistisches Fehlstellenmodell für die Sprödbruchfestigkeit wurde von Weibull [369] entwickelt und später von Kogaev und Serensen (s. [568, 569]) sowie Heckel und Mitarbeitern [344, 349, 350, 354, 355, 366, 373, 374] auf Fragen der Ermüdungsfestigkeit übertragen.

Das Fehlstellenmodell beruht auf folgenden Annahmen: Rißbildungskeime mit statistisch (nach Weibull) verteilter Größe sind gleichmäßig über das Werkstoffvolumen oder die Werkstoffoberfläche (bei Anrißbildung nur an der Oberfläche) gestreut. Der Anriß erscheint, wenn die örtliche Beanspruchung die Festigkeit

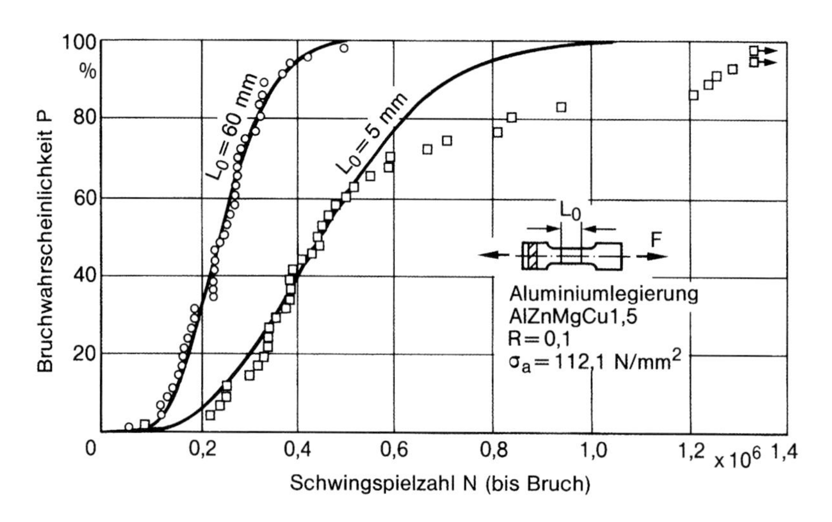

Abb. 3.19: Bruchwahrscheinlichkeit bei langer und kurzer Probe im Wöhler-Versuch, statistischer Größeneinfluß; nach Köhler [354]

des größten Rißkeims im betrachteten lokalen Bereich erreicht (weakest link concept). Der weitere Rißfortschritt wird rißbruchmechanisch beschrieben. Bei gekerbten Proben ist neben der Spannung der Spannungsgradient bedeutsam. Die rechnerische Vorgehensweise läßt sich folgendermaßen zusammenfassen.

Maßgebend für die Anrißlebensdauer ist das Spannungsintegral I über das betrachtete Volumen V oder über die betrachtete Oberfläche A (Böhm u. Heckel [344]):

$$I = \int_V \left[\frac{\sigma(x,y,z)}{\sigma_{\mathrm{max}}}\right]^{\kappa} \mathrm{d}V \tag{3.43}$$

$$I = \int_A \left[\frac{\sigma(x,y)}{\sigma_{\mathrm{max}}}\right]^{\kappa} \mathrm{d}A \tag{3.44}$$

Dabei wird der Weibull-Formfaktor κ der Anrißwahrscheinlichkeitsverteilung über der Spannungsamplitude bei gegebener Schwingspielzahl verwendet. Diese Verteilung wird unter der Annahme gewählt, daß die größte Fehlstelle in einem gegebenen Volumen kleiner als ein bestimmtes Maß ist und daß zwischen Fehlstellengröße und ertragbarer Spannungsamplitude ein vereinfachter, rißbruchmechanisch begründeter Zusammenhang besteht (Scholz [364]).

Wenn die (Anriß-)Wechselfestigkeit σ_{W0} einer ungekerbten Referenzprobe mit Spannungsintegral I_0 bekannt ist, kann die örtliche (Anriß-)Wechselfestigkeit σ_{Wk} einer gekerbten Probe mit Spannungsintegral I_{k} (über den Kerbbereich) bestimmt werden:

$$\sigma_{\mathrm{Wk}} = \sigma_{\mathrm{W0}} \left(\frac{I_0}{I_{\mathrm{k}}}\right)^{1/\kappa} \tag{3.45}$$

Als zyklische Stützziffer folgt:

$$n = \frac{\sigma_{\mathrm{Wk}}}{\sigma_{\mathrm{W0}}} = \left(\frac{I_0}{I_{\mathrm{k}}}\right)^{1/\kappa} \tag{3.46}$$

Den statistischen Größeneinfluß an gekerbten Proben zeigt Abb. 3.20. Die unter Gauß-Random-Belastung bis Bruch ertragene Schwingspielzahl sinkt mit der Zahl gleichartig beanspruchter Lochkerben bzw. mit der Größe der hochbeanspruchten Kerboberfläche (der Entlastungseffekt der Mehrfachanordnung ist vernachlässigbar, der Spannungsgradient ist an allen Kerben gleich groß). Ausgehend von einer Weibull-Verteilung der größten Fehlstellen bzw. der fiktiven Anfangsrisse im Werkstoffvolumen oder an der Werkstoffoberfläche (nur die Größtwerte sind für die Ermüdungsfestigkeit maßgebend) ist eine Vorhersage des Verhaltens der mehrfach gelochten Probe auf der Basis der einfach gelochten Probe möglich.

Die Anwendung des statistisch begründeten Fehlstellenmodells auf die Dauerschwingfestigkeit (örtliche Wechselfestigkeit) ungekerbter und gekerbter Proben aus hochfestem (und hochreinem) Wälzlagerstahl 100Cr6 im bainitischen Zu-

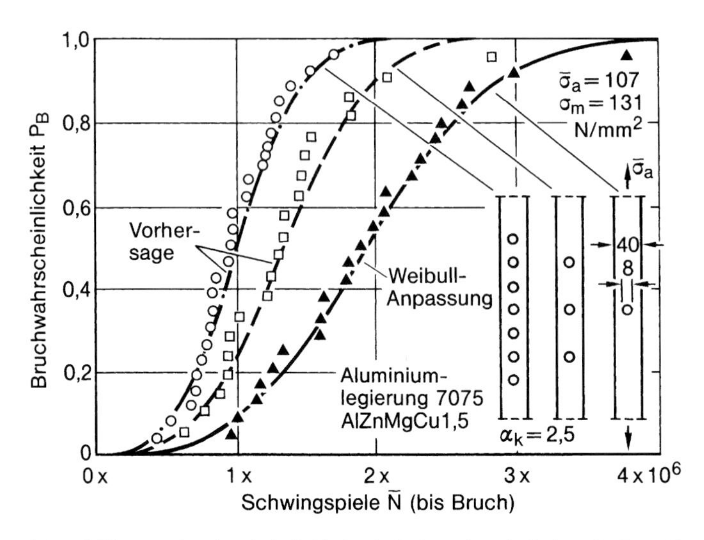

Abb. 3.20: Bruchwahrscheinlichkeit einfach und mehrfach gelochter Zugstäbe im Gauß-Random-Versuch, statistischer Größeneinfluß der hochbeanspruchten Kerboberfläche; nach Schweiger [366]

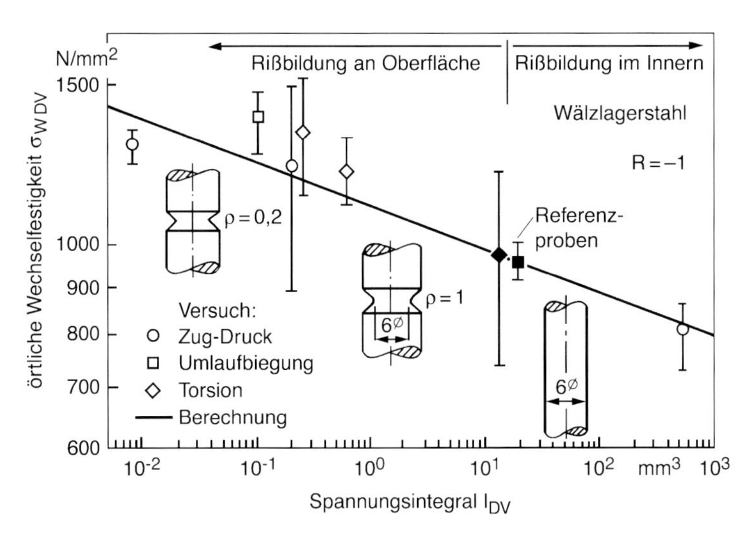

Abb. 3.21: Örtliche (Anriß-)Wechselfestigkeit ungekerbter und gekerbter Proben bei unterschiedlicher Belastung abhängig vom Spannungsintegral; rechnerische Grenzlinie für Dauerfestigkeit und Versuchsergebnisse; Mehrachsigkeitshypothese nach Dang Van (DV); nach Linkewitz *et al.* [356]

stand hatte das in Abb. 3.21 dargestellte Ergebnis. Die rechnerische Grenzlinie zwischen Dauerfestigkeit (unterhalb) und Zeitfestigkeit (oberhalb) wurde ausgehend von den Versuchsergebnissen für die ungekerbten Referenzproben bei Umlaufbiegung einerseits und bei Torsion andererseits bestimmt. Dabei wurden Ver-

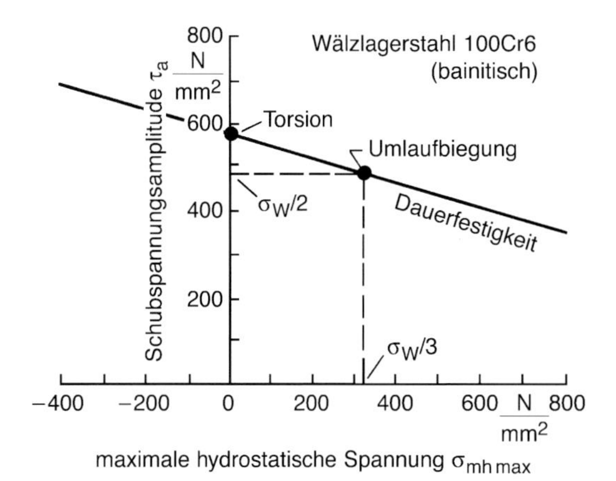

Abb. 3.22: Grenzlinie der Dauerfestigkeit für den Wälzlagerstahl 100Cr6 (bainitisch) auf Basis der Versuchsergebnisse mit zwei Referenzproben (Torsion und Umlaufbiegung bei $R = -1$) im Dang-Van-Diagramm; nach Linkewitz *et al.* [356]

gleichsspannungen nach der Festigkeitshypothese bei mehrachsiger Beanspruchung von Dang Van *et al.* [251-253] (siehe Kapitel 3.3) verwendet (Index DV). Die Versuchsergebnisse für die gekerbten Proben sowie für die ungekerbte Probe bei Zug-Druck-Belastung sind hinsichtlich Mittelwert und Streuung der rechnerischen Linie gegenübergestellt und zeigen ausreichende Übereinstimmung. Ergänzend ist in Abb. 3.22 die rechnerische Dauerfestigkeitslinie als Ergebnis der Referenzprobenversuche gezeigt. Als Abszissengröße ist die maximale hydrostatische Spannung aufgetragen, wie sie sich bei Anwendung der Hypothese von Dang Van auf proportionale zyklische Beanspruchung ergibt. Bei $R = -1$ ist der Maximalwert mit dem Amplitudenwert identisch.

Die getrennte Erfassung des spannungsmechanischen und des statistischen Größeneinflusses auf der Basis des Kurzrißverhaltens wird von Vormwald *et al.* [1379] gezeigt (s. Kap. 7.5). Spannungsmechanischer und statistischer Größeneinfluß lassen sich in einem Werkstoffvolumenansatz ingenieurmäßig zusammenfassen (s. Kap. 4.9).

3.5 Einfluß der Oberflächenverfestigung

Arten des Oberflächeneinflusses

Der Zustand der Proben- oder Bauteiloberfläche hat starken Einfluß auf die Schwingfestigkeit, da sich Ermüdungsrisse vorzugsweise an der Oberfläche bilden. Die Werkstoffkennwerte werden meist an der eigenspannungsfreien, hinsichtlich des Gefüges homogenen und polierten Probe ermittelt. In der Praxis können ganz andere Oberflächenzustände vorliegen, die die Schwingfestigkeit in unbeabsichtigter (meist negativer) oder beabsichtigter (meist positiver) Weise beeinflussen. Zur ersten Gruppe gehören geschmiedete, gegossene oder spanabhebend bearbeitete Oberflächen (sofern Zugeigenspannungen vorliegen), zur zweiten Gruppe einsatzgehärtete oder kugelgestrahlte Oberflächen (mit Druckeigenspannungen).

Der Einfluß der Oberfläche auf die Schwingfestigkeit läßt sich bei Anrißbildung an der Oberfläche nach folgenden Phänomenen ordnen:

- Oberflächenrauhigkeit mit Spannungserhöhungen im Mikrobereich (festigkeitsmindernd).
- Mechanische Veränderung der Oberflächenschicht durch Kaltverfestigung, damit verbunden Ausheilen von Mikrofehlern (festigkeitssteigernd).
- Metallurgische Veränderung der Oberflächenschicht durch chemische Veränderung und thermische Beeinflussung, z. B. Entkohlung (festigkeitsmindernd infolge Härteabnahme) oder Aufkohlung, Nitridbildung, Auflegieren (festigkeitssteigernd infolge Härtezunahme).
- Eigenspannungen in der Oberflächenschicht, z. B. Zugeigenspannungen durch Schleifen (festigkeitsmindernd) oder Druckeigenspannungen durch Kugelstrahlen (festigkeitssteigernd).
- Korrosiver Angriff, Beschichten oder Plattieren der Oberfläche als Korrosionsschutz (festigkeitssteigernd).

Nachfolgend werden die beabsichtigten verfestigenden Wirkungen von metallurgischen Veränderungen und Eigenspannungen an der Oberfläche dargestellt, auf denen die Fertigungsverfahren zur Verbesserung der Oberfläche hinsichtlich Schwingfestigkeit beruhen [375-405]. Oberflächenrauhigkeit, Beschichtung und Korrosion werden in Kap. 3.7 bis 3.9 behandelt. Der Oberflächeneinfluß bei gekerbten Proben wird in Kap. 4.12 beschrieben. Weitere quantitative Angaben zum Einfluß der Eigenspannungen auf die Schwingfestigkeit werden in Kap. 3.6 gebracht.

In der Praxis ist Ermüdung ein nur unzureichend entkoppelbares Vielparameterproblem. Insbesondere wird bei praxisrelevanten Untersuchungsergebnissen selten zwischen den Einflüssen von Rauhigkeitsänderung, Werkstoffverfestigung und Eigenspannungsbildung an der Oberfläche unterschieden. Die vorstehend dargestellte Aufteilung des Oberflächeneinflusses ist daher nur unzureichend praktisch anwendbar.

Kaltverfestigen der Oberfläche

Die Kaltverfestigungsverfahren beruhen darauf, die Oberflächenschicht unter Querdruck plastisch zu weiten (d. h. auseinanderzudrücken), so daß bei elastisch verbleibendem Innenbereich Druckeigenspannungen in der Oberflächenschicht entstehen. Gleichzeitig verfestigt sich der Werkstoff. Für die Schwingfestigkeitsverbesserung ist vor allem der Eigenspannungseinfluß ausschlaggebend. Die Wechsel- und Zugschwellfestigkeit können wesentlich gesteigert werden, während bei Druckschwellbeanspruchung die Druckfließgrenze vorzeitig erreicht wird, wodurch die Druckeigenspannungen abgebaut werden. Anrisse können je nach Festigkeits- und Beanspruchungsverteilung im Querschnitt an der Oberfläche oder im Innern der Probe entstehen (s. Kap. 4.12). Die verbreitetsten Varianten des Verfahrens sind das Festwalzen, Hämmern und Kugelstrahlen sowie bei Lochkerbstäben das Aufdornen und Querdrücken oder Coinen.

Kugelstrahlen der Oberfläche

Das Kugelstrahlen ist ein besonders vielseitiges Kaltverfestigungsverfahren, anwendbar bei den meisten Werkstoffen (bewährt bei Stählen, Aluminiumlegierungen, Gußeisen) und bei beliebiger Oberflächenform. Die Oberfläche wird mit Stahl-, Keramik- oder Glaskugeln (Durchmesser 0,2 - 4 mm) beaufschlagt (Aufprallgeschwindigkeit etwa 50 m/s), die aus rotierenden Düsen geschleudert werden. Die Kugeln müssen härter als die Oberfläche sein. Diese ist danach mit kleinen Dellen übersät, deren Tiefe (relativ zum Kugeldurchmesser) jedoch gering ist. Sie wird also geometrisch nur wenig verändert. Die erzielte Druckeigenspannungsschicht ist je nach verwendeter Kugelgröße 0,02 - 0,2 mm tief. Der Druckeigenspannungshöchstwert tritt dicht unter der Oberfläche auf und erreicht etwa die Hälfte der Fließgrenze des Werkstoffs, nur in besonderen Fällen auch mehr. Höherfeste Werkstoffe sind für das Verfahren besonders geeignet, weil hohe Eigenspannungen erzielt und diese relativ gut gehalten werden können. Bei weicheren Werkstoffen tritt dagegen die erzielte Härtesteigerung in den Vordergrund. Durch optimiertes Kugelstrahlen lassen sich Steigerungen der Dauerfestigkeit auf den 1,1-2,0fachen Wert erzielen [77, 380, 381, 405]. Im Zeitfestigkeitsbereich ist die Schwingfestigkeitssteigerung mit einer Abflachung der Wöhler-Linie verbunden, weil die Dauerfestigkeit angehoben wird. Kugelstrahlen wird bei Federn, Zahnrädern, Wellen, Pleueln und anderen hochbeanspruchten Bauteilen eingesetzt.

Das dem Kugelstrahlen ähnliche Reinigungsstrahlen, auch mit nicht kugelförmigen und nicht metallischen Partikeln (z. B. Sandstrahlen), oder das Reinigungsbürsten erhöht ebenfalls die Schwingfestigkeit, jedoch der geringeren Strahlintensität entsprechend weniger stark. Bei derart entzunderten Schmiedestücken kann günstigstenfalls die alternativ durch Schleifen erzielbare Festigkeitssteigerung erreicht werden.

Festwalzen der Oberfläche

Das Festwalzen der Oberfläche wird vorzugsweise bei rotierbaren Bauteilen aus hinreichend verformungsfähigem Werkstoff angewendet. Eine harte Rolle drückt mit angepaßter Querschnittskontur in das rotierende Werkstück. Es sind hohe Druckeigenspannungen erzielbar. Oberflächenrauhigkeiten werden eingeebnet, Poren zugedrückt und oberflächennahe Werkstoffbereiche kaltverfestigt. Die Schwingfestigkeitssteigerung durch Festwalzen hängt von der Werkstoffestigkeit und von der Höhe der Walzkraft ab, die im Einzelfall optimal abzustimmen ist [376]. Die Dauerfestigkeit des gekerbten Stabes (bezogen auf die Nennspannung im Nettoquerschnitt) kann nach der Optimierung sogar höher als die des ungekerbten Stabes liegen, weil in der Kerbe besonders hohe Druckeigenspannungen aufgebaut werden können, Abb. 3.23. Diese Aussage wird durch eine weitere

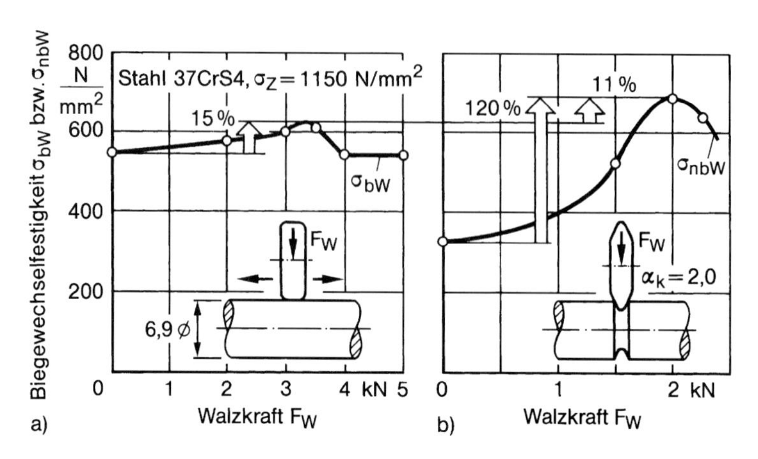

Abb. 3.23: Dauerfestigkeitssteigerung durch Festwalzen bei ungekerbter (a) und gekerbter (b) Probe als Funktion der Walzkraft, Biegenennspannung auf Nettoquerschnitt bezogen; nach Kloos *et al.* [390]

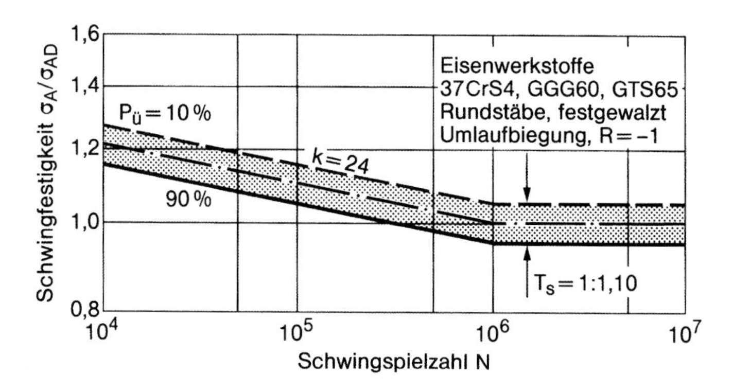

Abb. 3.24: Normierte Wöhler-Linie für festgewalzte ungekerbte Proben aus Vergütungsstahl 37CrS4, Temperguß GTS65 und Gußeisen mit Kugelgraphit GGG60; nach Kloos *et al.* [390]

Untersuchung von Kloos *et al.* [394] an festgewalzten Wellenabsätzen aus Vergütungsstahl 42CrMo4 sowie Gußeisen mit Kugelgraphit GGG60 bestätigt. Die optimale Festwalzkraft folgt dem Nettodurchmesser mit Exponent 1,45. An Proben mit Hohlkehle und an glatten Wellen mit Preßsitz wurden Dauerfestigkeitssteigerungen auf den 1,3-2,5fachen Wert erzielt [23]. Die Neigung der Wöhler-Linie optimal festgewalzter Proben im Zeitfestigkeitsbereich ist wegen der Erhöhung der Dauerfestigkeit entsprechend flach, Abb. 3.24. Das Festwalzen ist ein kostengünstiges Verfahren zur Schwingfestigkeitssteigerung gekerbter Bauteile (s. Kap. 4.12). Die Hohlkehlen der Kurbelwellen von Pkw-Motoren werden festgewalzt. Die Dauerfestigkeitssteigerung durch Festwalzen wird bei den modernen Kaltformverfahren für Keilwellen, Zahnräder oder Schraubengewinde als vorteilhafte Nebenwirkung genützt. Ähnlich vorteilhaft wie das Festwalzen wirkt das Hämmern der Bauteiloberfläche.

Härten der Oberfläche, Induktions- und Flammhärten

Das Härten der Oberfläche (normalerweise auf 650-1000 HV), das ursprünglich zur Verschleißminderung entwickelt wurde, kann die Schwingfestigkeit wesentlich steigern. Es beruht auf der Austenit-Martensit-Umwandlung bei schneller Abkühlung (genauer: ein Abschrecken mit anschließendem Anlassen) und ausreichend hohem Kohlenstoffgehalt $C \geq 0{,}3\,\%$, Vergütungsstähle). Alternativ kann Nitridbildung zur Härtung ausgenützt werden. Die Martensitbildung ist mit einer Volumenzunahme des Materials von 3-4 % verbunden. Je nach Zusammensetzung des Stahls und Martensitanteil werden tatsächlich nur 1-2 % wirksam. Wird das Erhitzen und Abkühlen auf die Oberflächenschicht beschränkt, wie beim Induktions- und Flammhärten, so entstehen in der gehärteten Oberfläche hohe Druckeigenspannungen, die sich gegen Zugeigenspannungen im ungehärteten Innern elastisch abstützen. Anrisse können sich ebenso wie bei den kaltverfestigten Proben an der Oberfläche oder im Innern bilden. Aufhärtung und Druckeigenspannungen steigern die Dauerfestigkeit ungekerbter Proben bis auf den 2fachen Wert (mehr noch die gekerbter Proben, s. Kap. 4.12). Das Ergebnis ist vom Werkstoff, von der Geometrie, von der Beanspruchungsart, von der Einhärtetiefe, von der erzielten Höhe der Druckeigenspannungen bzw. von den Aufheiz- und Abkühlbedingungen abhängig [377, 379, 387, 400, 403].

Aufkohlen der Oberfläche, Einsatzhärten

Härtbar sind zunächst nur Stähle mit höherem Kohlenstoffgehalt ($C \geq 0{,}3\,\%$). Wenn der Stahl weniger Kohlenstoff enthält, kann die Oberfläche durch längerzeitige Glühbehandlung in kohlenstoffreicher Umgebung aufgekohlt werden, Eindringtiefe 0,7-2,5 mm, Aufkohlung bis $C \approx 0{,}9\,\%$. Die Oberflächenschicht ist danach härtbar (Einsatzhärten). Die Dauerfestigkeitssteigerung hängt bei vorgegebener Härte von der Härtetiefe und der erzielten Höhe der Druckeigenspannungen ab. Eine Steigerung bis auf den 2fachen Wert bei einer Tiefe von 0,5 mm ist erreichbar [14] (mehr noch bei gekerbten Proben, s. Kap. 4.12).

Nitrieren der Oberfläche, Nitrierhärten

Für das Härten durch Nitridbildung eignen sich besondere legierte Stähle. Die sehr harten Nitride bilden sich mit Legierungselementen wie Titan, Aluminium, Magnesium, Chrom, Molybdän, Vanadium und Wolfram. Dazu wird die Oberfläche über einen längeren Zeitraum (1-100 h) bei Glühtemperatur (550-600 °C) einer nitridbildenden Umgebung ausgesetzt (Nitrierhärten), wobei Gasatmosphäre (Ammoniak) oder Salzbad (Cyansalz) Anwendung finden. Die sich bildende Härteschicht ist sehr dünn ($\leq$ 0,6 mm). Das Anlassen auf höhere Temperatur entfällt in vielen Fällen. Ein Anlassen auf 180 °C wird zur Vermeidung von Rißbildung durchgeführt. Die Schicht weist hohe Druckeigenspannungen auf. Die Dauerfestigkeitssteigerung im Umlaufbiegeversuch nimmt mit der Nitriertiefe und der erzielten Höhe der Druckeigenspannungen zu. Eine Steigerung bis auf den 2,5fachen Wert ist bei einer Tiefe von 0,5 mm erreichbar [14] (mehr noch bei gekerbten

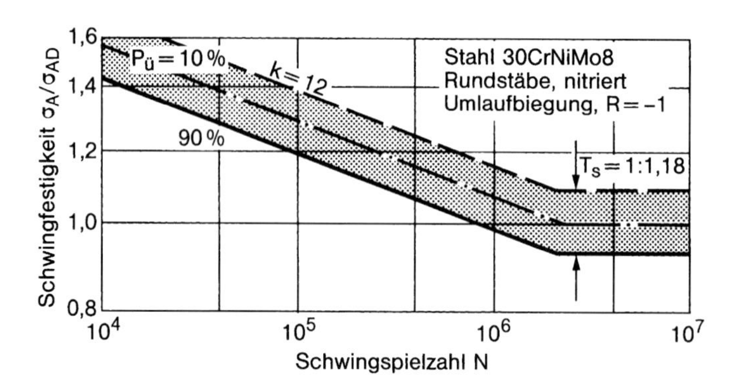

Abb. 3.25: Normierte Wöhler-Linie für nitriergehärtete ungekerbte Proben aus Vergütungsstahl 30CrNiMo8; nach Kloos *et al.* [390, 391]

Proben, s. Kap. 4.12). Eine normierte Wöhler-Linie für ungekerbte nitriergehärtete Proben mit Anrißbildung unter der Oberfläche zeigt Abb. 3.25. Auf die normierte Wöhler-Linie für entsprechende gekerbte Proben mit Anrißbildung an der Oberfläche sei ergänzend hingewiesen, ebenso auf Lebensdauerwerte aus Betriebsfestigkeitsversuchen [390, 391].

Randschichtfaktoren nach FKM-Richtlinie

Die FKM-Richtlinie [885] bietet eine umfassende Zusammenstellung empfohlener Randschichtfaktoren für Stähle und Eisengußwerkstoffe. Der Randschichtfaktor ist das Verhältnis der Wechselfestigkeiten des Bauteils mit und ohne Randschichtverfestigung. Er wird für gekerbte Bauteile höher als für ungekerbte Bauteile angegeben. Zu den aufgeführten herkömmlichen mechanischen, thermischen und chemisch-thermischen Verfahren der Randschichtverfestigung werden auch Angaben über erreichbare Härte und Härtetiefe gemacht.

Bei Aluminiumlegierungen mit mechanischer Randschichtverfestigung (Kugelstrahlen, Festwalzen) werden ähnliche Randschichtfaktoren wie bei Stahl empfohlen [887]. Das axiale Drücken von Augenstabbohrungen (Coinen) ermöglicht Faktoren um 1,5. Genauere Angaben zur Randschichtverfestigung bei Aluminiumlegierungen sind bei Hertel [33] zu finden.

Oberflächenbehandlung mit hochenergetischen Strahlverfahren

Mit hochenergetischen Strahlverfahren (Plasmastrahl, Elektronenstrahl, Laserstrahl, Ionenstrahl) lassen sich unterschiedliche Oberflächenbehandlungen mit dem Ziel einer Steigerung von Korrosions-, Verschleiß- und Schwingfestigkeit durchführen [397, 399]. Die Erhöhung der Verschleißfestigkeit sowie die Verbesserung der tribologischen Oberflächeneigenschaften steht im Vordergrund des Interesses.

Beim Strahlhärten der Oberfläche wird die Randschicht (Tiefe ≤ 3 mm) durch den auftreffenden Strahl kurzfristig auf Temperaturen knapp unterhalb der Schmelztemperatur erhitzt und anschließend durch die rasche Wärmeableitung „selbstabgeschreckt“. Stahl und Gußeisen mit Kohlenstoffgehalt $C \geq 0{,}1\,\%$ sind so durch Martensitbildung umwandlungshärtbar.

Beim Strahlumschmelzen der Oberfläche wird die Randschicht kurzzeitig bis knapp über die Schmelztemperatur erhitzt und kristallisiert anschließend neu aus. Dadurch werden die Feinkörnigkeit erhöht und Entmischungsvorgänge behindert, die Oberflächeneigenschaften folglich verbessert.

Beim Strahlschmelzlegieren werden der Randschmelzschicht Fremdelemente zugeführt (bei Stählen insbesondere Stickstoff oder Kohlenstoff), wodurch diese auflegiert wird. Besondere Erfolge verspricht man sich von der hochenergetischen Ionenimplantation.

Beim Strahlbeschichten verschweißt ein Beschichtungswerkstoff mit der Oberfläche, ohne sich in größerem Umfang zu vermischen.

Schwingfestigkeitswerte zu den vorstehend genannten Verfahren sind bisher nicht bekannt geworden. Die Werte von herkömmlichen Verfahren sind nur bei vergleichbarer Aufhärtung, Druckeigenspannungshöhe und Tiefenwirkung näherungsweise übertragbar.

Oberflächenbehandlung durch Plasmadiffusion

Eine in der Praxis bewährte Variante des Plasmaverfahrens ohne Strahlbündelung ist die plasmathermochemische Diffusionsbehandlung. Die gesamte Oberfläche des zu behandelnden Teils wird in einer Vakuumkammer einer Glimmentladung ausgesetzt, die den Molekültransport zur Oberfläche hin bewirkt und die Oberfläche erwärmt (zusätzlich kann fremderwärmt werden). Stähle werden plasmanitriert, plasmacarburiert oder plasmanitrocarburiert. Unter einer dünnen Verbundschicht von Eisennitriden (Schichtdicke bis 25 μm) bildet sich eine Diffusionsschicht, deren Tiefe von Einwirkdauer und Temperatur abhängt (Beispiel: 0,3 mm, 10 h, 500 °C). Schwingfestigkeitsuntersuchungen sind verschiedentlich durchgeführt worden, [384, 395, 397, 399]. Der erste Anriß bildet sich bei ausreichender Oberflächenverfestigung unterhalb der Oberfläche am Übergang von der Diffusionsschicht zum Kernbereich. Die Biegewechselfestigkeit wird bei hinreichender Diffusionsschichtdicke gegenüber der unbehandelten (und ungekerbten) Probe um den Faktor 1,5 angehoben. Die normierte Wöhler-Linie in Abb. 3.25 umfaßt auch plasmanitrierte Proben.

3.6 Einfluß der Eigenspannungen

Phänomen Eigenspannung

Eigenspannungen sind innere Kräfte ohne Wirkung äußerer Kräfte. Sie stehen innerhalb des Bauteils mit sich selbst (Zwängungsspannungen) oder an Lagerstellen mit Reaktionskräften (Reaktionsspannungen) im Gleichgewicht. Die Lastspannungen überlagern sich den Eigenspannungen.

Es wird zwischen Eigenspannungen erster, zweiter und dritter Art unterschieden, die über makroskopische Bereiche, über mehrere Kristallite oder innerhalb eines Kristallits wirken. Bedeutsam hinsichtlich der Schwingfestigkeit ist in erster Linie der Einfluß der makroskopischen Eigenspannungen.

Eigenspannungen entstehen durch ungleichmäßige bleibende Formänderung, die am Werkstoffelement in Volumenänderung durch Wärmedehnung, chemische Umsetzung, Gefügeumwandlung oder Zustandsänderung und in Gestaltänderung durch plastische oder viskoplastische Formänderung unterteilbar ist.

Eigenspannungen entstehen während der Herstellung der Probe oder des Bauteils insbesondere durch Gießen, Schmieden, Walzen, Schweißen, Löten, Beschichten, Oberflächenbehandeln, Härten und Vergüten. Auch bei der Montage können Eigenspannungen erzeugt werden. Eigenspannungen werden im Betrieb des Bauteils durch Überschreiten der Fließgrenze verändert, erhöht oder vermindert. Durch Schwingbeanspruchung kann ein teilweiser Abbau erfolgen.

Größe und Verteilung der Eigenspannungen sind nur näherungsweise bekannt. Kleine Änderungen im Herstellprozeß oder Betriebsablauf können große Änderungen der Eigenspannungen zur Folge haben.

Die Verfahren zur Messung und Berechnung der Eigenspannungen sind hoch entwickelt, jedoch aufwendig und führen nicht immer zu einem aussagefähigen Ergebnis. Sie sind in der Praxis wenig verbreitet.

Hinsichtlich weiterer Einzelheiten zu den Eigenspannungen, insbesondere zu den Schweißeigenspannungen, wird auf das Fachbuch [412] verwiesen.

Wirkung auf die Schwingfestigkeit

Da Ermüdungsrisse meist an der Proben- oder Bauteiloberfläche eingeleitet werden, wirkt sich vor allem die Oberflächeneigenspannung auf die Schwingfestigkeit aus. Der Einfluß hält über eine Tiefe an, die der (technischen) Anrißphase entspricht (etwa 0,5 mm). Es gibt jedoch auch Fälle, in denen sich der Anriß im Innern, unterhalb der Oberfläche bildet. Dazu gehört die Rißentstehung unter Hertzscher Wälzpressung und die Rißbildung in oberflächenbehandelten Teilen unter bestimmten Bedingungen hinsichtlich des Spannungsgradienten. In diesen Fällen sind Werkstoffzustand und Eigenspannung am tieferliegenden Rißentstehungsort für die Festigkeit maßgebend. Die Eigenspannung in tieferliegenden Schichten ist unabhängig vom Rißentstehungsort im Kurzzeit- und Betriebsfestigkeitsbereich von Bedeutung (Lowak [407]).

Die Wirkung der Eigenspannung auf die Schwingfestigkeit ist der Wirkung einer entsprechenden Mittelspannung aus äußerer Last, abzulesen am Dauerfestigkeitsschaubild, vergleichbar. Der Einfluß ist demnach sehr ausgeprägt. Im Unterschied zur Lastmittelspannung kann sich die Eigenspannung jedoch durch die Schwingbeanspruchung selbst verändern, vielfach im Sinne eines Eigenspannungsabbaus, bedingt durch Fließgrenzenüberschreitung, zyklische Relaxation und zyklisches Kriechen sowie durch die Rißeinleitung. Eigenspannungen sind auch vielfach besonders unregelmäßig über den Querschnitt verteilt, häufig mit

Extremwerten an der Oberfläche. Während Lastspannungen im Versuch reproduzierbar und genau eingestellt werden können, macht dies bei Eigenspannungen Schwierigkeiten.

Die Ergebnisse von Untersuchungen zum Einfluß der Eigenspannungen auf die Schwingfestigkeit [406, 408, 409, 413, 414] geben daher ein komplexes und uneinheitliches Bild, abgesehen von der allgemeingültigen Feststellung, daß der Einfluß bei hochfesten Werkstoffen besonders ausgeprägt ist. Nachfolgend werden die Grundzüge einer einheitlichen quantitativen Beschreibung zunächst für ungekerbte Stäbe dargestellt.

Die Wirkung der Eigenspannung σ_E auf die Schwingfestigkeit σ_A in ungekerbter Probe für den Fall $\sigma_m = 0$ läßt sich nach Macherauch und Wohlfahrt [409, 414] analog zu (2.13) ausdrücken:

$$\sigma_A = \sigma_W - M_E \sigma_E \qquad (\sigma_m = 0) \tag{3.47}$$

Die Eigenspannungsempfindlichkeit M_E ist ebenso wie die Mittelspannungsempfindlichkeit M von der Zugfestigkeit des Werkstoffs abhängig, jedoch bei gleicher Zugfestigkeit etwas kleiner als diese, Abb. 3.26. Dabei ist zu beachten, daß auch die Wechselfestigkeit σ_W von der Zugfestigkeit abhängt. Der Grund für das Anwachsen der Eigenspannungsempfindlichkeit mit der Zugfestigkeit ist der erschwerte Eigenspannungsabbau im höherfesten Werkstoff. Die Abminderung von M_E gegenüber M kann tendenziell aus der ungleichförmigen Eigenspannungsverteilung über den Querschnitt erklärt werden. Die besonders starke Abminderung für den hochfesten Stahl bleibt dennoch ungeklärt.

Die vorstehende Gleichung (3.47) für den Eigenspannungseinfluß stellt sich im Haigh-Diagramm über den Eigenspannungen σ_E als schräg verlaufende (Neigung $\tan \beta_E = M_E$), von der Wechselfestigket σ_W ausgehende Gerade für die Schwingfestigkeit σ_A über der Eigenspannung σ_E dar, Abb. 3.27. Sobald die Oberspannung $\sigma_O = \sigma_A + \sigma_E$ die zyklische Fließgrenze σ'_F überschreitet, werden die Eigenspannungen teilweise abgebaut, wodurch σ_A von der Geraden nach

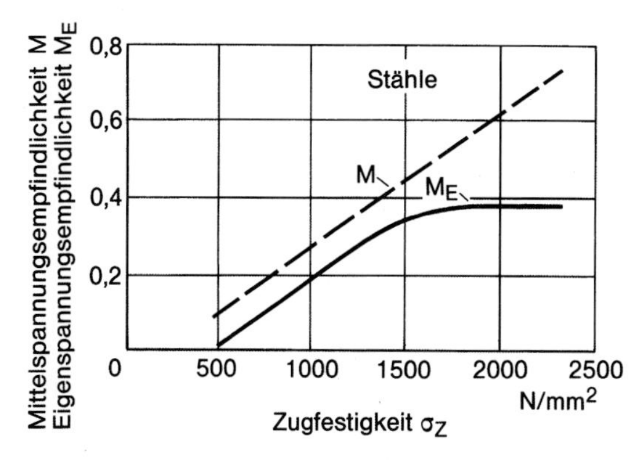

Abb. 3.26: Eigenspannungsempfindlichkeit M_E und Mittelspannungsempfindlichkeit M für Stähle als Funktion der Zugfestigkeit, Mittelwerte von Streubändern; nach Macherauch u. Wohlfahrt [409, 414]

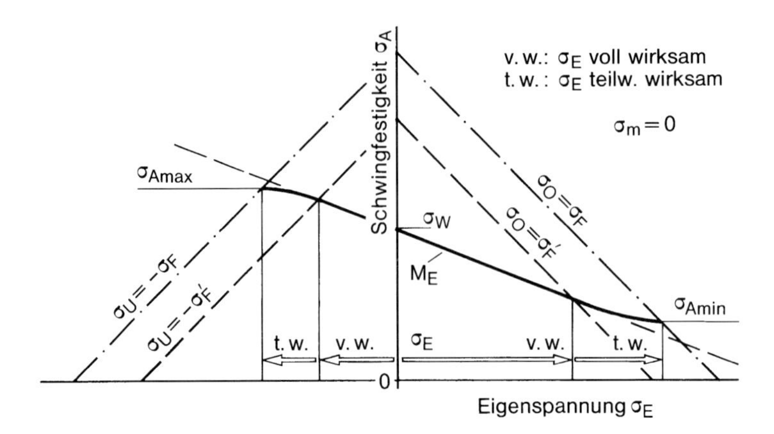

Abb. 3.27: Dauerfestigkeitsschaubild nach Haigh mit dem Einfluß der Eigenspannung σ_E auf die Schwingfestigkeit σ_A von ungekerbten Proben bei der Mittelspannung $\sigma_m = 0$; nach Macherauch u. Wohlfahrt [409, 414]

(3.47) nach oben abweicht, um nach Erreichen der statischen Fließgrenze σ_F horizontal auszulaufen (duktiler Werkstoff, Verfestigung über σ_F hinaus vernachlässigt). Ein analoges Verhalten gilt bei Druckeigenspannungen hinsichtlich Unterspannung und Druckfließgrenze.

Das Zusammenwirken von Lastmittelspannung σ_m und Eigenspannung σ_E hinsichtlich der Schwingfestigkeit σ_A läßt sich in Erweiterung von (3.47) darstellen:

$$\sigma_A = \sigma_W - M\sigma_m - M_E\sigma_E \tag{3.48}$$

Im Haigh-Diagramm über den Eigenspannungen σ_E bei vorgegebener Mittelspannung σ_m wird zunächst, ausgehend von der Wechselfestigkeit σ_W bei der Mittelspannung $\sigma_m = 0$, die Schwingfestigkeit σ_{Am} bei der Mittelspannung σ_m gewonnen (Neigung $\tan\beta = M$), Abb. 3.28. Durch den Wert σ_{Am} wird die weiter oben erläuterte Gerade gelegt (Neigung $\tan\beta_E = M_E$). Die Eigenspannungen werden bei einer Mittelspannung gleichen Vorzeichens um so stärker abgebaut, je größer die Mittelspannung ist. Demnach sind sie in geringerem Maße schwingfestigkeitswirksam.

Diese mehr abschätzenden als quantitativ genauen Betrachtungen wurden von Haibach [29] im Hinblick auf die zugehörigen Wöhler-Linien weiter ausgebaut, allerdings mit der Vereinfachung einer einzigen Fließgrenze σ_F im Dauerfestigkeitsschaubild (elastisch-idealplastischer Werkstoff), Abb. 3.29.

Aus vorstehendem Haigh-Diagramm lassen sich die Wöhler-Linien bei unterschiedlichen Eigenspannungszuständen gewinnen, Abb. 3.30. Im Wöhler-Diagramm für $\sigma_m = 0$ bzw. $R = -1$ werden zunächst die Dauerfestigkeiten für $\sigma_E = -\sigma_F$, $\sigma_E = 0$ und $\sigma_E = \sigma_F$ eingetragen (Punkte A, B, C des Haigh-Diagramms). Die Zeitfestigkeitslinie für $\sigma_E = 0$ wird mit der Neigungskennzahl $k = 5$ der normierten Wöhler-Linie gezeichnet und ergibt den Schnittpunkt D mit der Fließgrenze (Beginn der Kurzzeitfestigkeit, identisch mit Punkt D im

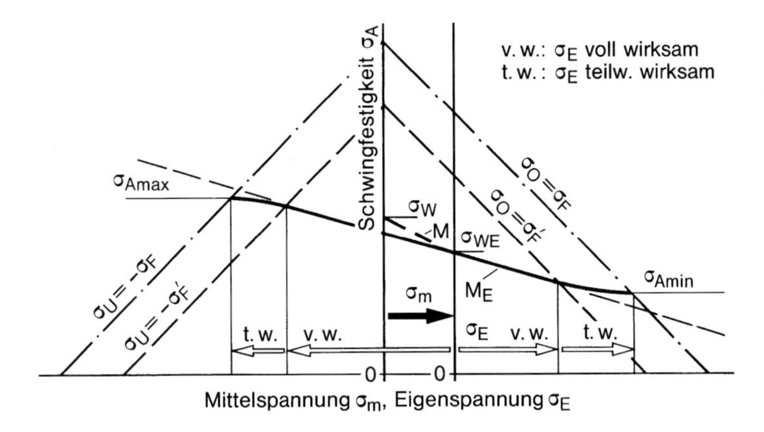

Abb. 3.28: Dauerfestigkeitsschaubild nach Haigh mit dem Einfluß der Eigenspannung σ_E auf die Schwingfestigkeit σ_A von ungekerbten Proben bei vorgegebener Mittelspannung σ_m; nach Macherauch u. Wohlfahrt [409, 414]

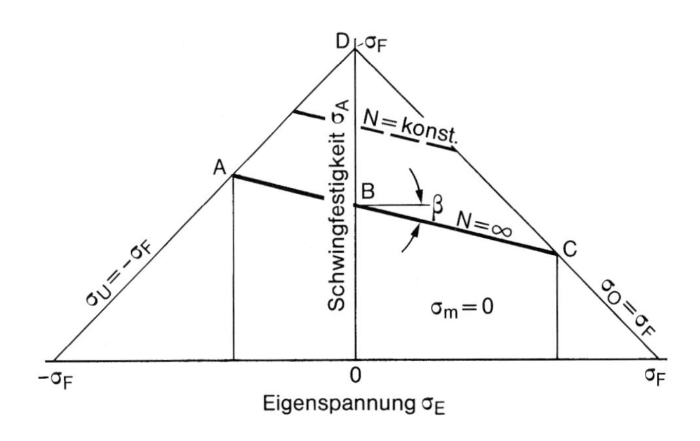

Abb. 3.29: Schwingfestigkeit σ_A ungekerbter Proben bei unterschiedlicher Eigenspannung σ_E und gleichbleibender Mittelspannung $\sigma_m = 0$ (also Wechselfestigkeit); nach Haibach [29]

Dauerfestigkeitsschaubild). Aus der Schar der Linien mit konstantem N oberhalb der Linie $N = \infty$ im Dauerfestigkeitsschaubild lassen sich schließlich die Zeitfestigkeitswerte für die Wöhler-Linien mit Extremwerten der Eigenspannungen gewinnen.

Die Wöhler-Linien für $\sigma_E \neq 0$ und $\sigma_m \neq 0$ liegen zwischen den Linien für $\sigma_E = \pm\sigma_F$. Sie haben im Zeitfestigkeitsbereich bei konstantem R die gleiche Neigung wie die Linie für $\sigma_E = 0$. Ihre genaue Lage läßt sich, wie Haibach [29] gezeigt hat, ebenfalls aus dem Haigh-Diagramm ableiten. Bei gekerbten Proben sind die Zusammenhänge komplexer (s. Kap. 4.11 u. 4.13).

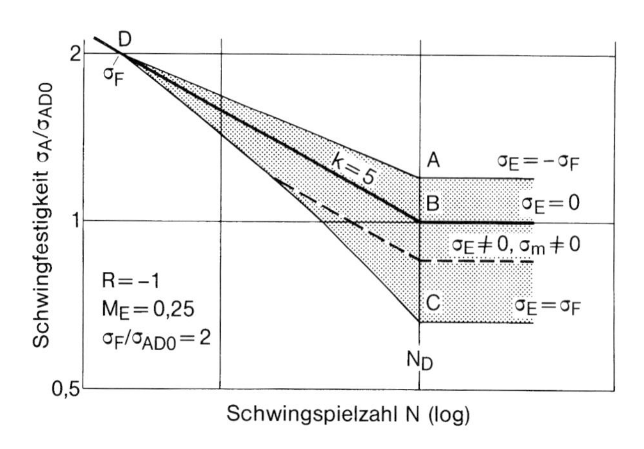

Abb. 3.30: Wöhler-Linien ungekerbter Proben ohne und mit Eigenspannungen, abgeleitet aus dem Dauerfestigkeitsschaubild in Abb. 3.29, Bandbreite möglicher Lagen; nach Haibach [29]

3.7 Einfluß der Oberflächenrauhigkeit

Rauhigkeit, Oberflächenschicht und Mikrostruktur

Der Einfluß der Rauhigkeit technischer Oberflächen auf die Dauerfestigkeit [415-428] ist überwiegend ein Einfluß der durch das geometrische Oberflächenprofil verursachten Spannungserhöhung (mehr oder weniger regellos verteilte Mikrokerben, Entlastungseffekt durch Mehrfachkerbwirkung) verglichen mit der weitgehend kerbfreien polierten Probe. Würde sich der Werkstoff auch im Mikrobereich elastisch, homogen und isotrop verhalten, müßte die Dauerfestigkeitsminderung allein vom Rauhigkeitsprofil abhängen. Dies ist aber nicht der Fall.

Die realen technischen Werkstoffe weisen bereits in der polierten Oberfläche eine durch Mikrostruktur (Körnung, Mikroeinschlüsse, Mikroporen) bedingte innere Kerbwirkung auf (s. Kap. 4.5), der sich die äußere Kerbwirkung der Rauhigkeit überlagert. Das Ausmaß der Dauerfestigkeitsminderung bei vorgegebener Rauhigkeit hängt daher von der mikrostrukturellen Homogenität der Werkstoffoberfläche ab. Eine starke Minderung tritt bei den relativ homogenen feinkörnigen Werkstoffen auf, während die Minderung bei den relativ inhomogenen grobkörnigen Werkstoffen gering ist.

Die Rauhigkeit selbst kann sich infolge der Schwingbeanspruchung ändern. So ist die Gleitlinienbildung auf polierter Oberfläche mit einer Rauhigkeitszunahme verbunden, die interferenzoptisch nachweisbar ist [417]. Die Rauhigkeitszunahme korreliert mit der plastischen Dehnungsamplitude.

Der Einfluß der Oberflächenrauhigkeit ist in der Praxis vom Einfluß der Eigenspannungen und der Ver- oder Entfestigung in einer dünnen Oberflächenschicht nicht zu trennen. Bei gleichem Oberflächenprofil und Werkstoff sind demnach unterschiedliche Schwingfestigkeitswerte möglich. Die nachfolgenden quantitativen Angaben sind daher nur grob näherungsweise auf konkrete Praxisfälle übertragbar, zumal die zugrunde liegenden Versuchsergebnisse im Kernbestand relativ alt sind.

In den nachfolgenden Diagrammen wird die Rauhtiefe mit bestimmten spanabhebenden Bearbeitungsverfahren in Verbindung gebracht. Das Zerspanen beruht auf Werkstofftrennung und Werkstoffquetschung. Im Gefolge von Quetschungen treten meist Druckeigenspannungen in der Oberfläche auf, im Gefolge von Trennungen dagegen Zugeigenspannungen. Die beiden Vorgänge werden von der Wärmewirkung des Zerspanens überlagert, die insgesamt Zugeigenspannungen begünstigt. Die durch Zerspanen hervorgerufenen Eigenspannungen (es werden sowohl Zug- als auch Druckeigenspannungen beobachtet) erfassen eine Oberflächenschicht von etwa 0,015 mm. Sie können durch zyklische Beanspruchung abgebaut werden.

Abminderungsfaktor bei Stahl

Der Einfluß der Oberflächenrauhigkeit und der mit ihr untrennbar verbundenen weiteren Oberflächeneinflüsse auf die Dauerfestigkeit wird als Abminderungsfaktor dargestellt. Der Abminderungsfaktor γ_r ist das Verhältnis der Dauerfestigkeit σ_{Dr} des Werkstoffs mit vorgegebener Oberflächenrauhigkeit (bzw. vorgegebenem Fertigungszustand der Oberfläche) zur Dauerfestigkeit σ_D des Werkstoffs mit polierter Oberfläche (zunächst werden nur ungekerbte Proben betrachtet):

$$\gamma_r = \frac{\sigma_{Dr}}{\sigma_D} \tag{3.49}$$

Der Abminderungsfaktor hängt nach älteren Untersuchungen von der maximalen oder gemittelten Rauhtiefe, R_t oder R_m (Maßzahlen nach DIN 4768 [428]), vom Werkstoff und von der Zugfestigkeit bzw. Härte des Werkstoffs in der Oberflächenschicht ab. Dies wird durch ältere Versuchsergebnisse für Stähle und Aluminiumlegierungen belegt [416, 421], von denen das Diagramm nach Abb. 3.31 abgeleitet ist. Die überholte VDI-Richtlinie [903] empfiehlt auf Basis dieser und weiterer Versuche das Diagramm nach Abb. 3.32 (s. a. Hertel [33]). Für die heutige Berechnungspraxis ist das entsprechende Diagramm der FKM-Richtlinie [885] nach Abb. 3.33 maßgebend, in dem auch die Eisengußwerkstoffe erfaßt sind. Offensichtlich sind die Abminderungsfaktoren für Stähle in Abb. 3.31 gegenüber den Angaben in Abb. 3.32 und 3.33 zum Teil weit auf der sicheren Seite. Nach Meinung der Bearbeiter der FKM-Richtlinie liegen den Versuchen von Siebel und Gaier [416, 421] (Abb. 3.31) extreme Fertigungsbedingungen zugrunde, so daß die Versuchsergebnisse nicht verallgemeinerbar sind [886]. Näherungsgleichungen für den Rauhigkeitseinfluß auf die Dauerfestigkeit sind gelegentlich anzutreffen [27, 893]. Die Abminderung ist für höherfeste Stähle bei größerer Rauhtiefe besonders ausgeprägt. Sie läßt sich nur teilweise aus der Kerbwirkung des Rauhigkeitsprofils erklären. Das Ergebnis einer zusammenfassenden Auswertung für Stähle aus amerikanischen Quellen ist in Abb. 3.34 dargestellt, wobei der Korrosionseinfluß von Leitungs- und Salzwasser mit erfaßt

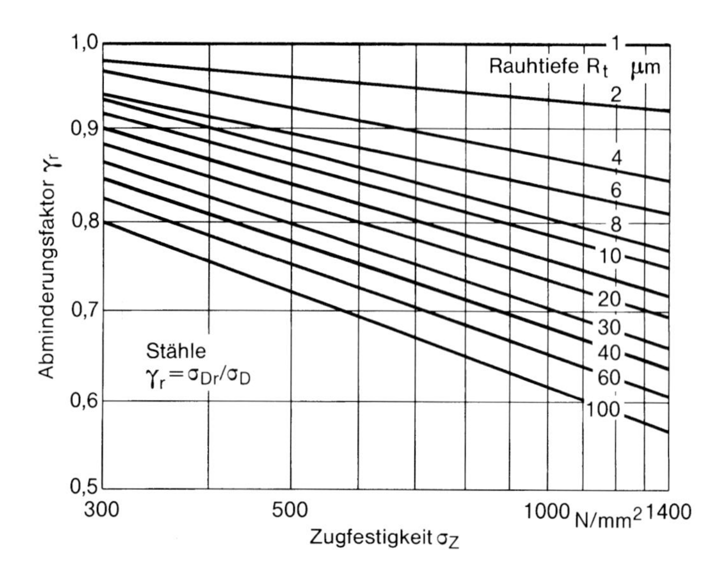

Abb. 3.31: Abminderungsfaktor der Dauerfestigkeit von Stählen als Funktion der Zugfestigkeit für unterschiedliche Rauhtiefe; auf Basis von Siebel u. Gaier [416, 421] in Gudehus u. Zenner [27] (2. Aufl.)

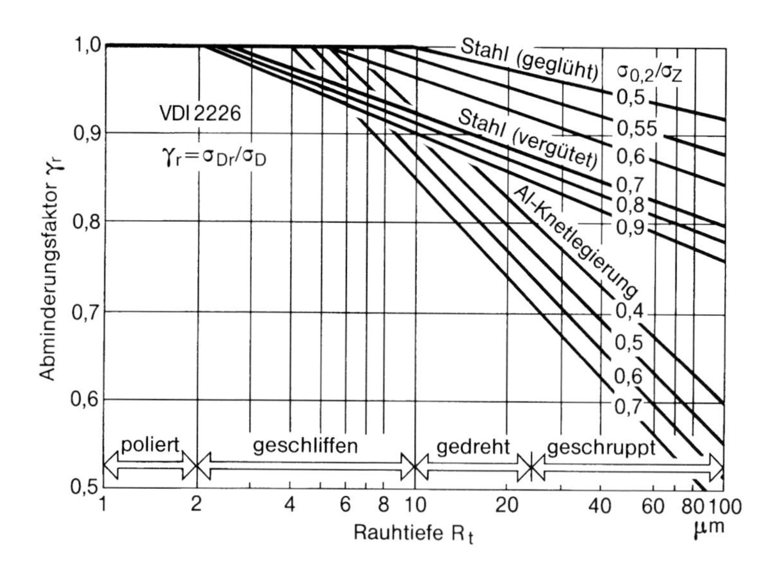

Abb. 3.32: Abminderungsfaktor der Dauerfestigkeit von Stählen und Aluminiumlegierungen als Funktion der Rauhtiefe bzw. des Bearbeitungsgrades; auf Basis von Siebel u. Gaier [416, 421] in der VDI-Richtlinie 2226 [903]

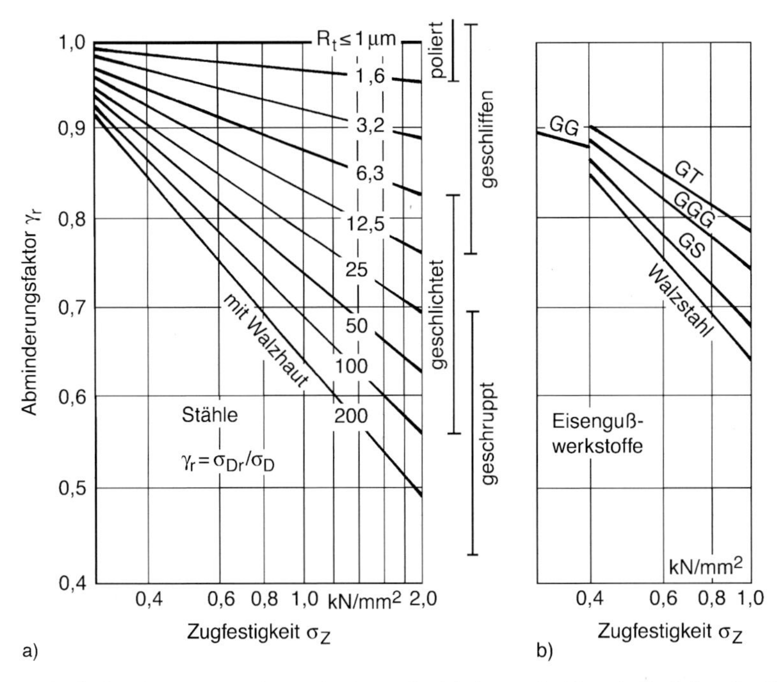

Abb. 3.33: Abminderungsfaktor der Dauerfestigkeit von Stählen als Funktion der Zugfestigkeit für unterschiedliche Rauhtiefe (a) und von Eisengußwerkstoffen (GG: Gußeisen mit Lamellengraphit, GGG: Gußeisen mit Kugelgraphit, GT: Temperguß, GS: Stahlguß) als Funktion der Zugfestigkeit (b); nach FKM-Richtlinie [885] (umgezeichnet)

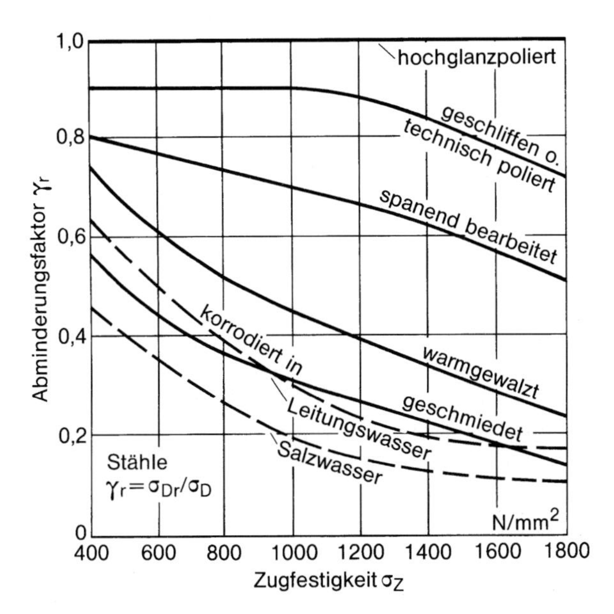

Abb. 3.34: Abminderungsfaktor der Dauerfestigkeit von Stählen als Funktion der Zugfestigkeit für unterschiedliche Oberflächenzustände; nach Juvinall [77]

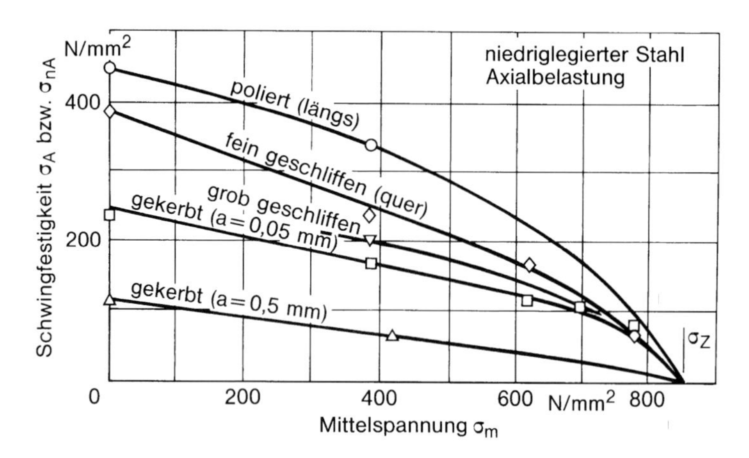

Abb. 3.35: Einfluß der Mittelspannung auf die Dauerfestigkeit von Proben mit unterschiedlicher Oberflächenrauhigkeit nach spanabhebender Bearbeitung und darauffolgendem Warmentspannen; nach Suhr [424]

ist. Die gezeigten Diagramme erlauben lediglich eine grobe Abschätzung der zu erwartenden Abminderung.

Bei der gewalzten und geschmiedeten Oberfläche ist dem Rauhigkeitseinfluß (Rauhigkeit einschließlich Riefen, Narben, Poren) ein Einfluß der Entkohlung bzw. Oxidation überlagert. Sofern die Riefen der Oberflächenrauhigkeit in Richtung der Beanspruchung liegen, ist der Abminderungsfaktor gegenüber den angegebenen Linien erhöht.

Der Einfluß der Oberflächenrauhigkeit verschwindet im Kurzzeitfestigkeitsbereich ($N \leq 10^3$). Die Zeitfestigkeit kann durch eine Gerade zwischen jeweiliger Dauerfestigkeit und einheitlicher Kurzzeitfestigkeit im doppeltlogarithmischen Wöhler-Diagramm angenähert werden, sofern nicht die normierte Darstellung mit einheitlicher Steigung der Wöhler-Linie bevorzugt wird. Demnach ist die Abminderung der Schwingfestigkeit infolge der Oberflächenrauhigkeit im Bereich der Zeit- und Kurzzeitfestigkeit weitaus geringer als im Bereich der Dauerfestigkeit.

Der Einfluß der Oberflächenrauhigkeit bei unterschiedlicher Mittelspannung ist aus dem Haigh-Diagramm nach Abb. 3.35 ersichtlich. Der Abminderungsfaktor ist demnach von der Mittelspannung weitgehend unabhängig.

In einer Untersuchung von Gaier [416] wird nachgewiesen, daß der Schwingfestigkeitsabfall durch Oberflächenrauhigkeit erst ab einem Schwellenwert der Rauhtiefe, $R_0 = 1\text{-}6\ \mu\text{m}$, eintritt (der niedrigere Wert gültig für feinkörnigen Stahl, der höhere für grobkörnigen Stahl). Dieses Verhalten wird durch neuere Untersuchungen nach der Kurzrißbruchmechanik bestätigt (s. Kap. 7.2).

Abminderungsfaktor bei Aluminiumlegierungen

Der Abminderungsfaktor bei Aluminiumlegierungen unterscheidet sich nur unwesentlich von dem für Stähle, soweit der Einfluß der spanabhebenden Bearbeitung betrachtet wird [33] (entgegen den Angaben in Abb. 3.32). Andererseits ist der abmindernde Einfluß der Walzhaut oder Oxidhaut wesentlich schwächer als bei Stahl. Chemisches Abtragen von Werkstoff (Tiefätzen) anstelle der mechanischen Bearbeitung verursacht einen zusätzlichen Schwingfestigkeitsabfall, der auf das Fehlen günstiger Eigenspannungen in der Oberflächenschicht und auf die Aufrauhung der Oberfläche durch das Ätzen zurückgeführt wird [32].

Kerbmechanische Betrachtung

Eine kerbmechanische Betrachtung zum Einfluß der Oberflächenrauhigkeit auf die Dauerfestigkeit wurde von Liu [39] vorgelegt. Dieser Ansatz umfaßt folgende Modelle, deren Aussagekraft kritisch bewertet wird.

Die die Oberflächenrauhigkeit ausmachenden Oberflächenriefen der spanenden Bearbeitung werden als Mehrfachoberflächenkerbe nach Abb. 3.36 (a) elastizitätstheoretisch analysiert (Boundary-Elemente-Methode). Die Oberflächenkerbformzahl α_{ko} ergibt sich abhängig vom Kerbtiefe-Kerbradius-Verhältnis R_t/ρ sowie vom Kerbbreite-Kerbabstand-Verhältnis b/B (Entlastungseffekt der Mehrfachanordnung). Die Kerbformzahlen liegen bei realistischer Wahl der genannten Abmessungsverhältnisse zwischen 1,2 und 2,4 bei Zugbeanspruchung quer zu den Riefen bzw. zwischen 1,1 und 1,7 bei Schubbeanspruchung. Somit wird die Oberflächenkerbformzahl nicht allein von der Kerb- bzw. Rauhtiefe bestimmt, sondern bei vorgegebener Rauhtiefe auch von der „Schärfe" der Oberflächentopografie, was durch Versuchsergebnisse bestätigt wird [422, 425].

Die Dauerfestigkeit der polierten Proben läßt sich rißbruchmechanisch so interpretieren, daß kurze Oberflächenrisse nach Abb. 3.36 (b) sich nicht vergrößern, sofern der werkstoffspezifische Schwellenwert ΔK_0 des zyklischen Spannungsintensitätsfaktors nicht überschritten wird. Dabei wird die dauerfest ertragbare fiktive Eigenrißlänge a^* nach El Haddad *et al.* [1215], Gleichung (7.17), als Mikrostrukturlänge eingeführt.

Der Spannungsintensitätsfaktor eines Anrisses der (fiktiven) Länge a^* am Grund der halbelliptischen Mehrfachoberflächenkerbe mit Kerb- bzw. Rauhtiefe R_t nach Abb. 3.36 (c) ergibt sich nach Neuber [467] als Funktion der Oberflächenkerbformzahl α_{ko} und des Verhältnissen R_t/a^*. Die (theoretische) Dauerfestigkeit der Probe mit Oberflächenrauhigkeit bzw. der Abminderungsfaktor γ_r gegenüber der polierten Probe ist nach vorstehendem Ansatz in Abb. 3.37 aufge-

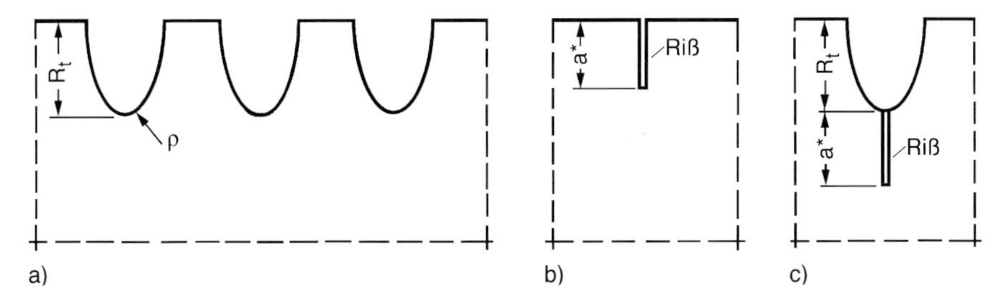

Abb. 3.36: Halbelliptische Mehrfachoberflächenkerbe (a), Riß senkrecht zum geraden Rand (b) und halbelliptische Oberflächenkerbe mit Riß senkrecht zum Kerbgrund (c); nach Neuber [467]

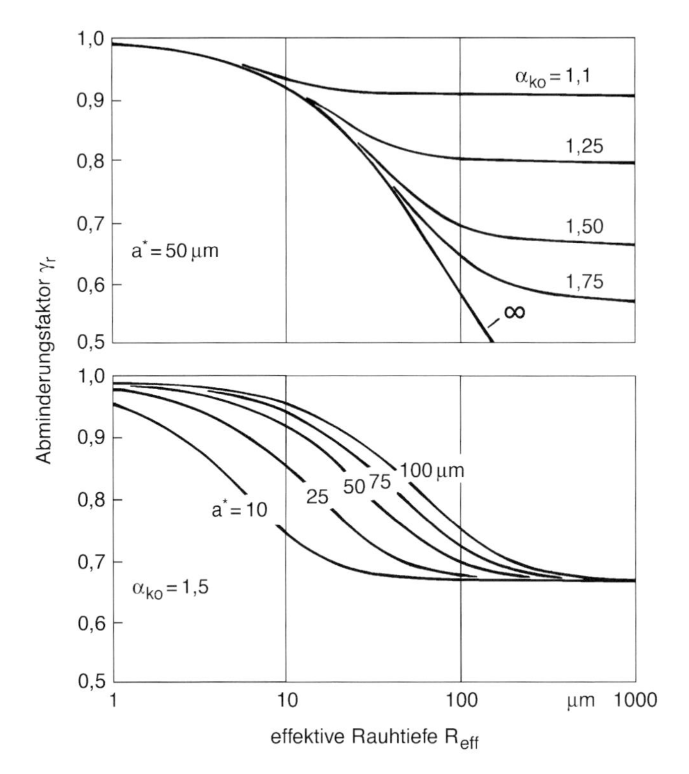

Abb. 3.37: Theoretischer Abminderungsfaktor der Dauerfestigkeit als Funktion der effektiven Rauhtiefe für unterschiedliche Oberflächenkerbformzahlen α_{ko} bei vorgegebener Mikrostrukturlänge a^* (oben) und für unterschiedliche Mikrostrukturlängen a^* bei vorgegebener Oberflächenkerbformzahl α_{ko} (unten); nach Liu [39]

tragen. Dabei ist die Rauhtiefe R_t durch die effektive Rauhtiefe R_{eff} ersetzt, wodurch Streueinflüsse berücksichtigt werden.

Bei begründeter Wahl der Parameter R_{eff}, a^* und α_{ko} werden die Versuchsergebnisse von Gaier [416] und Syren [425] mit hinreichender Genauigkeit reproduziert. Es ist jedoch anzumerken, daß der Anpassungsspielraum für die genannten Parameter groß und die physikalische Interpretation von a^* mangelhaft ist.

3.8 Einfluß der Oberflächenbeschichtung

Elektroplattieren von Stahl

Metallische Bauteile werden aus verschiedenen Gründen beschichtet, vielfach durch elektrolytische Verfahren (Elektroplattieren): als Korrosionsschutz, zur Verbesserung des Aussehens, zum Aufbau abgetragener oder unterdimensionierter Oberflächen, zur Reduzierung von Reibung oder zur Schaffung einer ver-

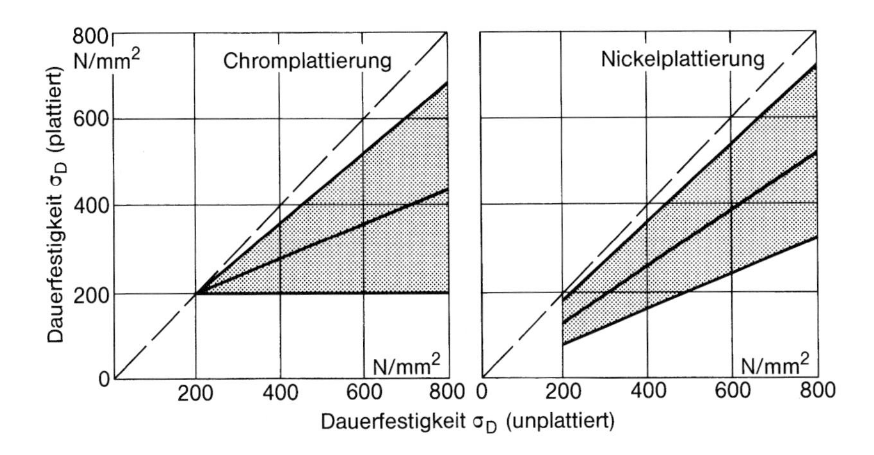

Abb. 3.38: Abminderung der Dauerfestigkeit von Stählen durch Chrom- oder Nickelplattierung, Streuband der Versuchsergebnisse; nach Juvinall [77]

schleißfesten Oberfläche. Das Elektroplattieren von Stahl mit duktilen Metallen wie Kupfer, Kadmium, Zink, Blei oder Zinn verursacht keine Minderung der ohne Korrosion hohen Dauerfestigkeit, steigert also die mit Korrosion niedrige Dauerfestigkeit erheblich. Andererseits verursacht das Elektroplattieren von Stahl mit harten Metallen wie Chrom oder Nickel eine Minderung der Dauerfestigkeit auf weniger als die Hälfte [77, 429-432]. Neben der Duktilität bzw. Härte spielt das Verhältnis der Elastizitätsmodulen von Deckschicht und Grundwerkstoff eine Rolle.

Als Ursache der starken Dauerfestigkeitsminderung gelten primär Eigenspannungen und sekundär freier Wasserstoff [77, 432]. In der harten Chrom- oder Nickelschicht können sich hohe Zugeigenspannungen aufbauen, die eine entsprechend niedrige Schwingfestigkeit zur Folge haben. Die Zugeigenspannungen werden durch niedrige Stromstärke beim Elektroplattieren, durch nachfolgendes Kugelstrahlen oder durch Nachwärmen (bei etwa 400 °C) reduziert. Niedrige Stromstärke und Nachwärmen reduzieren auch den freien Wasserstoff. Die publizierten Versuchsergebnisse zu Chrom- und Nickelplattierungen sind in Abb. 3.38 als Streubänder zusammengefaßt.

Elektroplattieren von Aluminiumlegierungen

Bei Chrom- oder Nickelplattierung auf Aluminiumlegierungen werden teils positive, teils negative Wirkungen auf die Schwingfestigkeit festgestellt. Reinaluminiumplattierung auf Aluminiumlegierungen („Alclad") vermindert die Schwingfestigkeit, während die Korrosionsfestigkeit erhöht wird.

Die als Korrosionsschutz bei Aluminiumlegierungen eingesetzte anodische Oxidation vermindert die Dauerfestigkeit (Faktor 0,5-1,0). Die Abminderung nimmt mit der Schichtdicke zu.

Spritzbeschichten von Stahl

Verschleißfeste Metall- und Keramiküberzüge, die durch thermisches Spritzen aufgebracht werden, sollen vor allem die Schwingfestigkeit unter Korrosion heraufsetzen. Die Untersuchungsergebnisse zur Wirksamkeit der Maßnahme sind uneinheitlich.

3.9 Einfluß der Korrosion

Phänomen Korrosion

Korrosion [438, 440, 446 - 448] ist die unerwünschte chemische oder elektrochemische Reaktion der Werkstoffoberfläche mit dem umgebenden Medium (unter Wasserstoffentwicklung oder Sauerstoffverbrauch), die zur Abtragung, Grübchen- oder Rißbildung führt (s. Begriffsnormung nach DIN 50 900 [450]). Sie tritt bevorzugt an Metallen auf, weil nur hier die hohe elektrische Leitfähigkeit eine ausreichende Reaktionsgeschwindigkeit der elektrochemischen Vorgänge ermöglicht. Der Oberflächenzustand hat ausschlaggebende Bedeutung. Das umgebende Medium kann gasförmig (z. B. schwefelsaure Luft), flüssig (z. B. Salzwasser) oder fest (z. B. Ruß) sein.

Metallkorrosion wird durch galvanische Elementbildung wesentlich beschleunigt, die immer dann auftritt, wenn unterschiedliche Metalle einem gemeinsamen Elektrolyten ausgesetzt sind. Das als Anode wirkende weniger edle Metall korrodiert. Die Stärke des elektrolytischen Angriffs auf die jeweilige Werkstoffpaarung hängt von der (elektrochemischen) Potentialdifferenz der beteiligten Metalle oder Metallegierungen im jeweiligen Elektrolyten bei der betreffenden Temperatur ab. Demzufolge lassen sich die Metalle und Metallegierungen in eine Reihenfolge zwischen edelstem Werkstoff (Gold, Platin) und unedelstem Werkstoff (Magnesium) bringen, wobei die Legierungszusammensetzung eine Rolle spielt. Daraus folgt wiederum die Kompatibilität (hinsichtlich Korrosion) unterschiedlicher Metallpaarungen (für Luft- und Raumfahrtwerkstoffe in feuchter Luft bei Juvinall [77] dargestellt). Auch die formbedingte Potentialkonzentration beeinflußt den Korrosionsvorgang.

Korrosion wird vielfach selbsttätig durch die Bildung schützender Oberflächenfilme aus den Korrosionsprodukten begrenzt (Passivierung: Rost auf Stahl, Aluminiumoxid auf Aluminium). Gelegentlich werden künstliche Schutzschichten durch chemische Zusätze im elektrolytisch wirksamen Medium gebildet (Korrosionsschutzmittel).

Allgemein fördert plastische Formänderung den korrosiven Angriff durch das mit ihr verbundene Aufreißen des Schutzfilms. Die Korrosionsprodukte wiederum begünstigen das Rißschließen.

Erscheinungsformen

Die Erscheinungsformen elektrochemischer Korrosion sind in Abb. 3.39 zusammengefaßt [438]. Es wird zwischen gleichmäßigem und ungleichmäßigem Korrosionsangriff unterschieden. Der ungleichmäßige Angriff kann unabhängig oder gebunden an mechanische Beanspruchung auftreten.

Spaltkorrosion ist durch das erhöhte elektrochemische Potential in Spalten und Schlitzen und die dort zurückgehaltene Feuchtigkeit bedingt. Kontaktkorrosion bezeichnet die Abtragung des unedleren von zwei sich berührenden Metallen. Selektive Korrosion betrifft nur die Kristallite einer Werkstoffphase. Lochfraß- oder Grübchenkorrosion geht von Kristallitbaufehlern aus. Interkristalline Korrosion erfaßt nur die Korngrenzen.

Spannungsrißkorrosion [443] ist die durch hohe Zugspannungen in der Oberfläche (meist Eigenspannungen) geförderte Korrosion. Schwingrißkorrosion (oder Korrosionsermüdung) bezeichnet die Ermüdungsrißbildung unter Mitwir-

Angriffsform	Bezeichnung	Schema
gleichmäßig	Korrosion	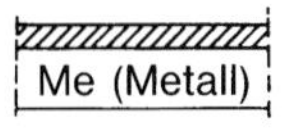 Me (Metall)
ungleichmäßig	Spaltkorrosion	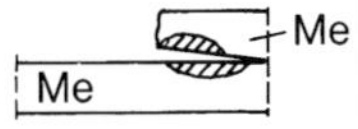 Me, Me
	Kontaktkorrosion	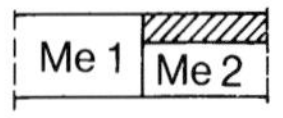 Me 1, Me 2; Me 2 unedler als Me 1
	selektive Korrosion	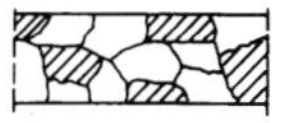 heterogenes Gefüge
	Lochfraßkorrosion	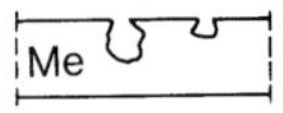 Me
	interkristalline Korrosion	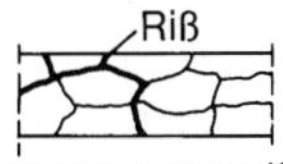 Riß; Korngrenzenangriff
ungleichmäßig, an mechanische Beanspruchung gebunden	Spannungsriß-korrosion	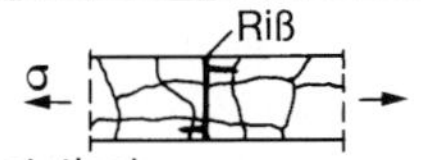 σ, Riß; statisch
	Schwingriß-korrosion	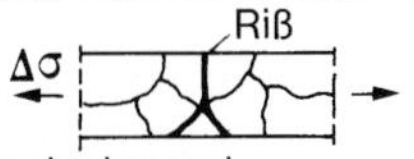 $\Delta\sigma$, Riß; schwingend

Abb. 3.39: Erscheinungsformen der elektrochemischen Korrosion; nach Kloos *et al.* [438]

kung von Korrosion. Reibkorrosion ist durch das Zusammenwirken von Korrosion und Verschleiß gekennzeichnet.

Eine Reihe weiterer ähnlicher Vorgänge ist nicht der Korrosion zuzuordnen, weil das Merkmal der Elektrolytbildung fehlt.

Wasserstoffversprödung mit Bildung von Flocken oder Fischaugen ist nicht Korrosion. Bei diesem Vorgang diffundiert atomarer Wasserstoff in äußere oder innere Oberflächen des Werkstoffs. Spannungsrißkorrosion kann allerdings hiervon ausgehen.

Das Verzundern von Stahl und seine schwächere Anfangsform, das Anlaufen, beinhalten Oxidbildung mit Luftsauerstoff bei erhöhter Temperatur und sind nicht Korrosion. Gleiches gilt von der Oxidhautbildung bei Aluminium.

Die rißbildende Reaktion von oberflächenaktiven Metallschmelzen bei Zugeigenspannungen in der Werkstoffoberfläche (Lötbruch) ist nicht Korrosion.

Reibkorrosion ist entgegen der Namensgebung kein elektrochemischer Vorgang, sondern eher ein Verschleißvorgang.

Korrosionsschutz

Zur Herabsetzung bzw. Vermeidung von Korrosion wird aktiver und passiver Korrosionsschutz betrieben [434, 442, 448, 449]. Aktiver Korrosionsschutz umfaßt Maßnahmen, die die Korrosivität des angreifenden Mediums mildern oder sein örtliches Festsetzen verhindern. Passiver Korrosionsschutz beinhaltet den Schutz des angegriffenen Werkstoffs.

Die folgenden werkstoffschützenden Maßnahmen sind zu empfehlen [434, 449]:

- Bevorzugung von Werkstoffen, Werkstoffzuständen und Werkstoffkombinationen mit geringer Korrosionsgefährdung (z. B. wetterfeste kupferlegierte Baustähle oder nichtrostende chromlegierte Sonderstähle, austenitisches oder martensitisches Gefüge).
- Abdecken gegenüber dem korrodierenden Medium: Ölfilm, Farbanstrich oder Kunststoffschicht, Walz- oder Sprengplattieren, Auftragschweißen oder Metallspritzen, anodisches Oxidieren (Eloxieren), elektrolytisches Plattieren (Verchromen, Vernickeln, Verzinken) oder Feuerverzinken. Der Untergrund der Abdeckung muß frei von Zunder, Rost und Verunreinigungen sein. Das kann durch Sandstrahlen oder Beizen erreicht werden.
- Oberflächenbehandlung mit Strahlbearbeitungsverfahren, insbesondere das Strahlschmelzlegieren.
- Kathodischer Korrosionsschutz: Das als Opferelektrode angeschlossene unedlere Metall löst sich anstelle des zu schützenden Bauteils auf (z. B. Zink oder Magnesium an Stahl).
- Vermeiden von einseitig offenen Schlitzen oder Spalten durch entsprechende konstruktive Gestaltung oder Auffüllen derselben mit Klebstoff.
- Herabsetzen hoher Zugeigenspannungen bzw. Erzeugen von Druckeigenspannungen in der Oberfläche.

Korrosionsermüdung oder Schwingrißkorrosion

Die Überlagerung von Korrosions- und Schwingbeanspruchung erzeugt den Bruch schneller, als aufgrund getrennter Betrachtung der beiden Vorgänge zu erwarten ist (Korrosionsermüdung oder Schwingrißkorrosion [33, 442, 444]). Der Rißfortschritt durch zyklische Beanspruchung bricht den sich bildenden Schutzfilm gegen Korrosion immer wieder auf, so daß der Korrosionsangriff beschleunigt wird. Die Korrosion erhöht andererseits die Oberflächenrauhigkeit, so daß dadurch die Ermüdungsrißbildung begünstigt wird.

Bereits trockene Umgebungsluft vermindert die Dauerfestigkeit mancher Metalle gegenüber dem Vakuum um nennenswerte Beträge. Der Effekt verstärkt sich, wenn die Luft feucht ist und korrosive Komponenten aufweist. Eine weitere Minderung der Dauerfestigkeit tritt auf, wenn die in korrosivem Medium ausgelagerte Probe anschließend in Luft schwinggeprüft wird. Die eigentlichen Korrosionsermüdungsversuche mit besonders starker Schwingfestigkeitsminderung werden in anwendungsnah gewählten Korrosionsmedien, beispielsweise in Salzwasser, durchgeführt.

Durch das Hinzutreten der Korrosion ist eine ganze Reihe weiterer Einflußgrößen zu beachten, die sich einerseits auf das korrosive Medium beziehen (chemische Zusammensetzung, Bewegungszustand, Temperatur), andererseits auf die Versuchsdauer (Schwingfrequenz, Ruhepausen). Eine Dauerfestigkeit im eigentlichen Sinn, also das horizontale Auslaufen der Wöhler-Linie, tritt nicht mehr auf. Die technische Dauerfestigkeit mit Korrosion wird im allgemeinen für 10^7-10^8 Schwingspiele angegeben.

Einen Orientierungswert für die Minderung der Dauerfestigkeit von Baustählen durch Korrosion in Leitungs- und Salzwasser geben die entsprechenden Kurven in Abb. 3.34. Bei überlagerter Korrosion weisen höherfeste Stähle kaum höhere Schwingfestigkeit auf als niedrigfeste Stähle, außer die Legierung ist auf Korrosionswiderstand ausgelegt (chromlegierte Stähle). Genauere Angaben zu Stählen und anderen Metallegierungen wurden von Juvinall [77] zusammengetragen.

Berechnung gemäß FKM-Richtlinie

Formalisierte Angaben zur Festigkeitsberechnung bei Schwingrißkorrosion von Stählen und Eigengußwerkstoffen in feuchter bzw. wäßriger Umgebung enthält der Kommentar zur FKM-Richtlinie [886]. Die Korrosion bewirkt einerseits eine Abnahme der Wechselfestigkeit, die um so stärker ist, je höher die statische Festigkeit des Werkstoffs, Abb. 3.40 (a). Der statisch höherfeste Werkstoff bietet also bei Korrosionsermüdung kaum einen Vorteil. Mit σ_{Z0} wird die minimale Zugfestigkeit innerhalb der Werkstoffgruppe (hier der Walzstähle) bezeichnet.

Die Korrosion hat andererseits einen weiteren Abfall der Wöhler-Linie ausgehend von der (technischen) Dauerfestigkeit bei $N_D = 10^6$ zur Folge, Abb. 3.40 (b). Die Neigungskennzahlen k im Dauerfestigkeitsbereich werden über eine Näherungsformel ermittelt, die auch schon bei trockener Luft eine schwache Neigung anstelle des horizontalen Auslaufs ergibt. Die Neigungskennzahl

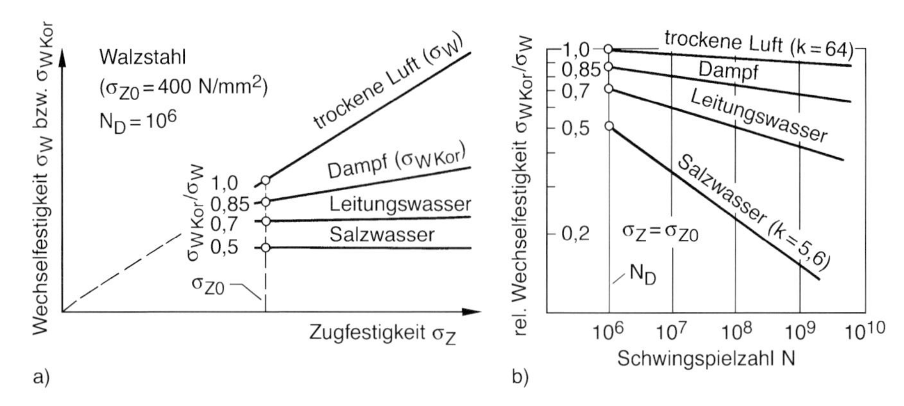

Abb. 3.40: Dauerfestigkeitsminderung durch Korrosion bei Walzstahl in feuchter oder wäßriger Umgebung als Funktion der Zugfestigkeit; mit minimaler Zugfestigkeit σ_{Z0} innerhalb der Werkstoffgruppe „Walzstähle" und Neigungskennzahl k der Wöhler-Linie im Dauerfestigkeitsbereich; formalisierte Festigkeitsberechnung nach FKM-Richtlinie (Kommentar) [886]

$k = 5{,}6$ im Dauerfestigkeitsbereich für Salzwasser ist mit der gemäß FKM-Richtlinie [885, 887] vorgesehenen Neigungskennzahl $k = 5{,}0$ im Zeitfestigkeitsbereich nahezu identisch. Vereinfachend kann daher die Zeitfestigkeitslinie in den Dauerfestigkeitsbereich hinein verlängert werden.

Entsprechende Diagramme lassen sich für Stahlguß (GS), Gußeisen mit Kugelgraphit (GGG), Temperguß (GT) und Gußeisen mit Lamellengraphit (GG) ableiten. Dabei stellt sich heraus, daß die Dauerfestigkeitsminderung durch Korrosion in der vorstehenden Reihenfolge der Werkstoffe abnimmt. Gußeisen mit Lamellengraphit ist relativ korrosionsunempfindlich.

Reibkorrosion

Reibkorrosion [33, 77, 433, 435-437, 445] kann auftreten, wenn hochbeanspruchte Preßflächen kleinen wiederholten Relativbewegungen unterworfen werden, wie sie bei schwingender elastischer Beanspruchung sich berührender Teile auftreten. Derartige Vorgänge werden an Preßfügungen, an Schraub- und Nietverbindungen, an Einspannbacken und an nicht rotierenden Wälzlagern beobachtet.

Die der Reibkorrosion zugrunde liegenden Mechanismen sind nur unzureichend geklärt. Offenbar werden auf den Rauhigkeitserhebungen der Oberfläche Oxidfilme wiederholt gebildet und abgerieben. Außerdem werden Metallpartikelchen aus der Oberfläche herausgelöst (Abrieb) und anschließend oxidiert (brauner Oxidstaub bei Stahl, schwarzer Oxidstaub bei Aluminium und Magnesium).

Die durch Reibkorrosion geschädigte Oberfläche begünstigt die anschließende Einleitung und Vergrößerung von Ermüdungsrissen (Reibkorrosionsermüdung). Derartige Risse werden vorzugsweise am Rand der Berührungsfläche eingeleitet, bedingt durch die dortige (Kerb-)Spannungserhöhung.

Folgende Abhängigkeiten zum Einfluß der Reibkorrosionsermüdung sind festzustellen [77, 435]:

- Das Ausmaß der Reibkorrosion hängt stark von den in der Paarung verwendeten Werkstoffen ab.
- Die Ermüdungsschädigung nimmt mit dem Preßdruck in der Berührungsfläche zu.
- Die Ermüdungsschädigung ist bei Zugschwellbeanspruchung im Bereich der Zeitfestigkeit nahe der Dauerfestigkeit besonders ausgeprägt, wobei ein stetiger weiterer Abfall der Dauerfestigkeit auch noch oberhalb von 10^7-10^8 Schwingspielen beobachtet wird.
- Bei Druckschwellbeanspruchung wirkt Reibkorrosion hinsichtlich der Ermüdungsfestigkeit kaum schädigend.
- Druckeigenspannungen in der Oberfläche durch besondere thermische oder mechanische Behandlung wirken der Schädigung durch Ermüdung nachhaltig entgegen.
- Bestimmte Schmiermittel und Oberflächenfilme können die Reibkorrosion stark herabsetzen.

3.10 Einfluß der Temperatur

Phänomenbeschreibung

Bei gegenüber Raumtemperatur erniedrigter oder erhöhter Temperatur folgt das Schwingfestigkeitsverhalten dem der statischen Festigkeitswerte (Zugfestigkeit und Fließgrenze), wobei im ersteren Fall der Sprödbruch, im letzteren Fall der Verformungsbruch (allerdings nicht immer) begünstigt wird. Bei stark erhöhter Temperatur treten dagegen das Kriechen des Werkstoffs und der weniger duktile Kriechbruch, d. h. die Zeitstandfestigkeit oder Zeitdehngrenze, in den Vordergrund. Ermüdungs- und Kriechschädigung überlagern sich. Dauerfestigkeit, Zeitfestigkeit, Zeitstandfestigkeit und Zeitdehngrenze unter thermischer Beanspruchung sind ein anwendungstechnisch bedeutsames und wissenschaftlich breit angelegtes Wissensgebiet [451-461], das nachfolgend nur kurz umrissen werden kann. In neuerer Zeit wird über die Methoden der Schädigungsmechanik (s. Kap. 5.4) ein einheitlicher Zugang gesucht.

Mikrostrukturelle Merkmale des Schwingbruchs bei tiefer Temperatur sind die verminderten Gleitspuren, die Zwillingsbildung, der frühe Restbruch. Die entsprechenden Merkmale des Schwingkriechbruchs bei erhöhter Temperatur sind die Neigung zur Korngrenzenoxidation und der Übergang vom duktileren transkristallinen zum spröderen interkristallinen Bruch.

Dauerfestigkeit bei tiefer Temperatur

Die Dauerfestigkeit bei tiefer Temperatur [453] nimmt dem Verlauf der Zugfestigkeit entsprechend mehr oder weniger stark zu, Abb. 3.41. Bei gekerbten Pro-

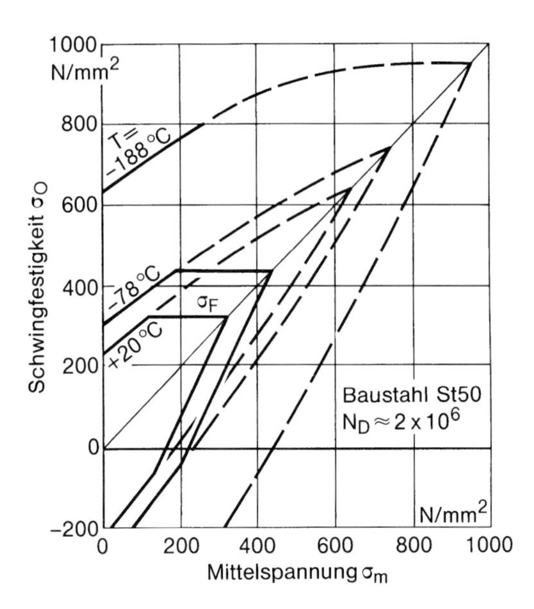

Abb. 3.41: Dauerfestigkeitsschaubild für ungekerbte Proben aus Baustahl St50 bei tiefer Temperatur; nach Hempel u. Luce [453] in [91]

ben ist jedoch die Bruchgefährdung durch wachsende Kerbempfindlichkeit zu beachten (s. Kap. 4.15).

Dauerfestigkeit und Zeitfestigkeit bei hoher Temperatur

Die Dauerfestigkeit ($N_D \approx 10^7$) bei hoher Temperatur nimmt dem Verlauf der Zugfestigkeit entsprechend mehr oder weniger stark ab, Abb. 3.42. Der Abfall über der Temperatur tritt bei Leichtmetallegierungen früher, bei Stählen und Nickellegierungen später auf. Maßgebend ist die Rekristallisationstemperatur des jeweiligen Werkstoffs. Bei niedrigfesten Stählen wird zunächst (bis etwa 400 °C) ein leichter Anstieg der Dauerfestigkeit beobachtet (Bereich der Blausprödigkeit).

Für Temperaturen über 600 °C sind austenitische Stähle den gängigen Baustählen hinsichtlich Schwingfestigkeit, Korrosions- und Oxidationsbeständigkeit deutlich überlegen. Bei noch höherer Temperatur werden Legierungen auf Nickel- und Kobaltbasis eingesetzt.

Bei hoher Temperatur tritt an die Stelle der eigentlichen Dauerfestigkeit ein stetiger weiterer Schwingfestigkeitsabfall im Bereich sehr hoher Schwingspielzahlen ($N > 10^7$). Die Neigung der Zeitfestigkeitslinie zeigt stärkere Abweichungen vom Verhalten bei Raumtemperatur. Auch der Einfluß der Beanspruchungsfrequenz macht sich stärker bemerkbar.

Für die konstruktive Auslegung geeignete Dehnungs-Wöhler-Linien von Baustählen bei erhöhter Temperatur zeigt Abb. 3.43. Nach Manson [457] sind der-

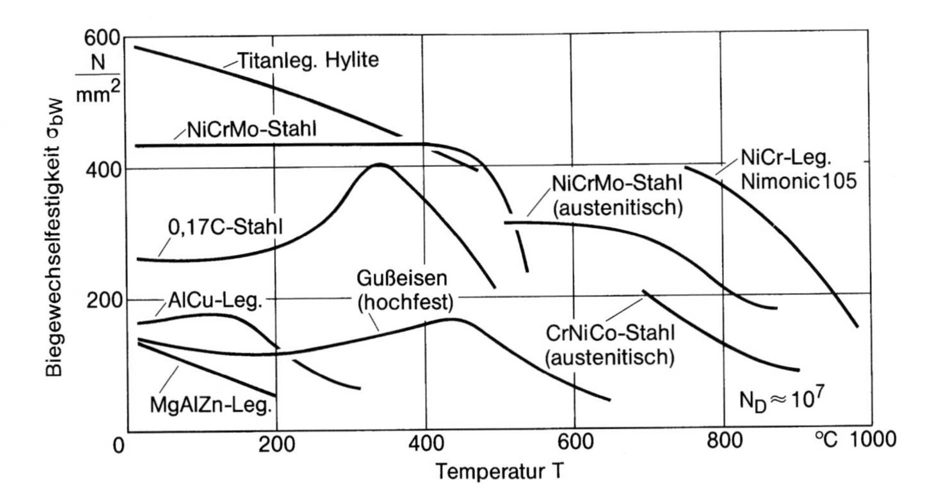

Abb. 3.42: Dauerfestigkeit von Stahl, Aluminium-, Titan- und Sonderlegierungen als Funktion der Temperatur; nach Allen u. Forrest in [23]

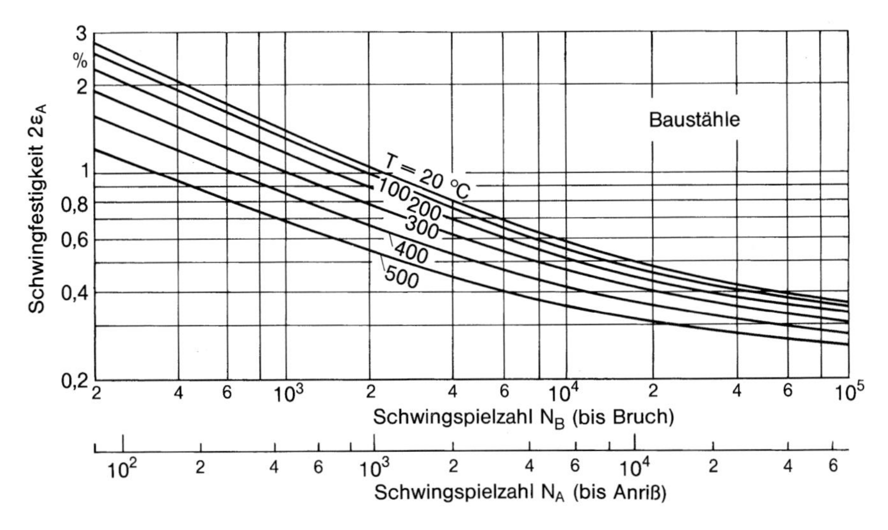

Abb. 3.43: Dehnungs-Wöhler-Linien von Baustählen bei hoher Temperatur, vereinfachtes Auslegungsdiagramm im Behälterbau; nach Schwaigerer [87]

artige Linien ausgehend von den Kennwerten des Warmzugversuchs darstellbar (universal slopes method nach Manson [141]; das Konzept der Dehnungs-Wöhler-Linie wurde von Manson [141-145] und Coffin [133, 451] im Hinblick auf zyklische thermische Beanspruchung entwickelt). Allerdings sollten sicherheitshalber nur 10 % der so bestimmten Schwingspielzahlen bis Anriß in Anspruch genommen werden. Sofern Zughaltezeiten bei hoher Temperatur auftreten, wird besonders im Schwingfestigkeitsbereich nahe der Grenzschwingspielzahl N_D die

Schwingspielzahl bis Anriß zusätzlich reduziert. Bei entsprechend langer Haltezeit ist die Höhenlage der Linien schließlich durch die zugehörige Dauerstandfestigkeit gegeben.

Festigkeit bei hoher Temperatur nach FKM-Richtlinie

In der FKM-Richtlinie [885-887] werden Werkstoffkennwerte für Ermüdungsfestigkeit (Zug-Druck-Wechselfestigkeit) zusammen mit solchen für statische Festigkeit (Fließ- bzw. Dehngrenze, Zeitstandfestigkeit und Zeitdehngrenze, letztere für 10^5 Stunden) temperaturabhängig für die rechnerische Auslegung von Bauteilen aus unlegiertem Stahl, Gußeisen und Aluminiumlegierungen angegeben, Abb. 3.44 und 3.45 (etwas abweichende Kurvenlage bei Feinkornstahl und Vergütungsstahl [885]). Die Kennwerte sind auf die Zugfestigkeit σ_{Z0} bei Raumtemperatur bezogen und enthalten bereits angemessene Sicherheitsfaktoren (in den Abbildungen spezifiziert). Bei unlegiertem Stahl und Gußeisen beginnt der Festigkeitsabfall bei etwa 100 °C. Ab etwa 400-500 °C begrenzt die Zeitstandfestigkeit bzw. die Zeitdehngrenze die langzeitig wirkende Beanspruchung. Bei Aluminiumlegierungen ist hinsichtlich der statischen Festigkeit zwischen den (kalt oder warm) aushärtbaren und den nicht aushärtbaren Legierungen zu unter-

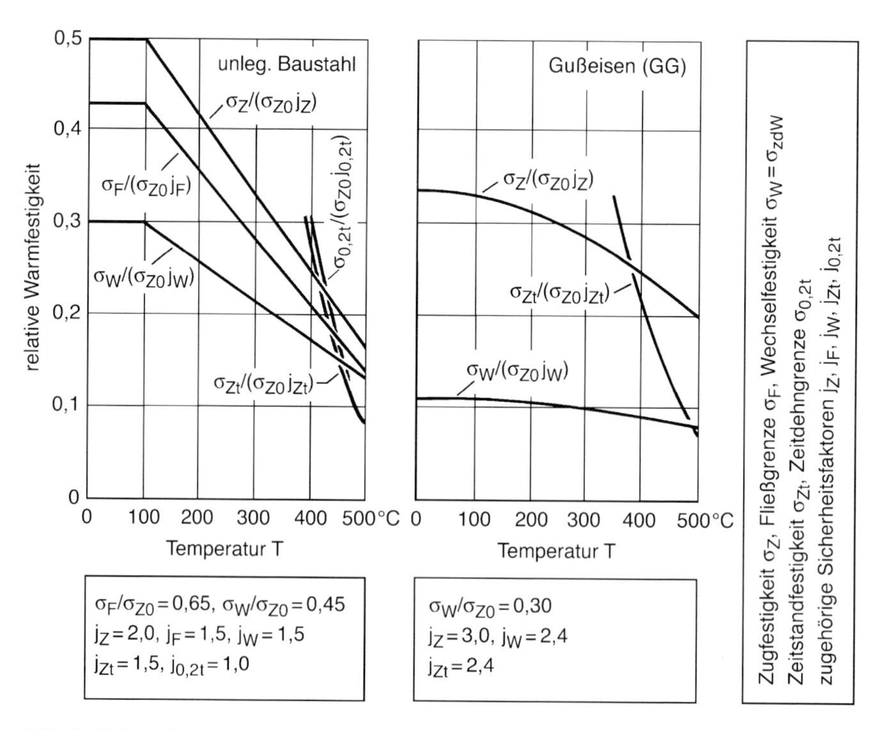

Abb. 3.44: Relative Warmfestigkeitskennwerte von unlegierten Baustählen und Gußeisen (GG) unter Berücksichtigung angemessener Sicherheitsfaktoren; nach FKM-Richtlinie [885] (umgezeichnet)

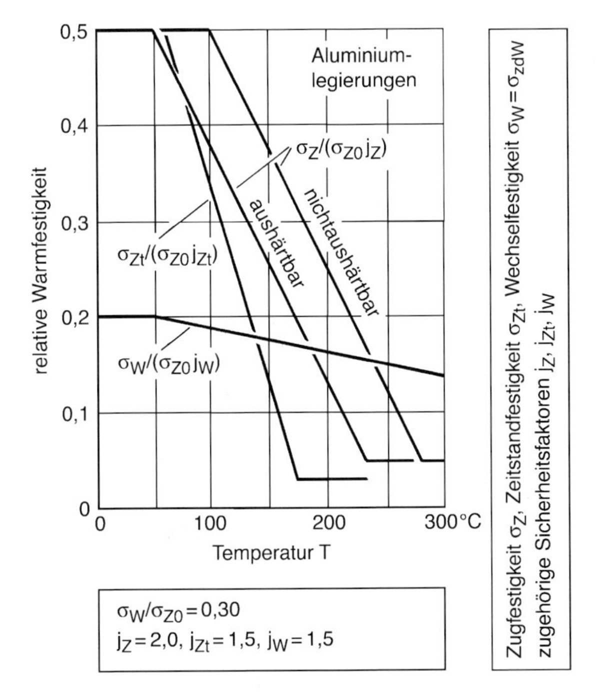

Abb. 3.45: Relative Warmfestigkeitskennwerte von Aluminium(knet)legierungen unter Berücksichtigung angemessener Sicherheitsfaktoren; nach FKM-Richtlinie [887] (umgezeichnet)

scheiden. Erstere verlieren ihre statische Festigkeit früher (ab 50 °C) als letztere (ab 100 °C). Die Zeitstandfestigkeit begrenzt den zulässigen Bereich bei langzeitiger Beanspruchung noch enger. Die Wechselfestigkeit zeigt dagegen einen nur mäßigen Abfall.

Überlagerung von Schwing- und Kriechbeanspruchung

Die Überlagerung von Schwing- und Kriechbeanspruchung bedingt kritische Zustände, die sich vereinfachend in einem entsprechend modifizierten Dauerfestigkeitsschaubild darstellen lassen (Kriechdauerfestigkeitsschaubild). Die Schwingfestigkeit σ_A wird über der Mittelspannung σ_m aufgetragen. Die Grenzkurve schmiegt sich nunmehr im Bereich hoher Mittelspannung nicht der Zugfestigkeit an, sondern einer das Kriechen begrenzenden statischen Spannung. Als solche bietet sich die Spannung an, die nach vorgegebener Zeitspanne zum Kriechbruch oder zu einer Kriechverformung von beispielsweise 0,5 % führt. Die Grenzkurve beinhaltet unter der angegebenen Zeitspanne t auch die Zahl der Schwingspiele N (Umrechnung über die Schwingfrequenz f: $N = t \times f$). Das Versuchsergebnis für einen austenitischen Stahl in ungekerbter Probe ist in Abb. 3.46 dargestellt.

Hinsichtlich der Überlagerung von Ermüdungs- und Kriechschädigung bis Ermüdungs- bzw. Kriechbruch ist die lineare Hypothese nach (5.27) und (5.28) anwendbar, von der das wirkliche Verhalten aber erheblich abweichen kann.

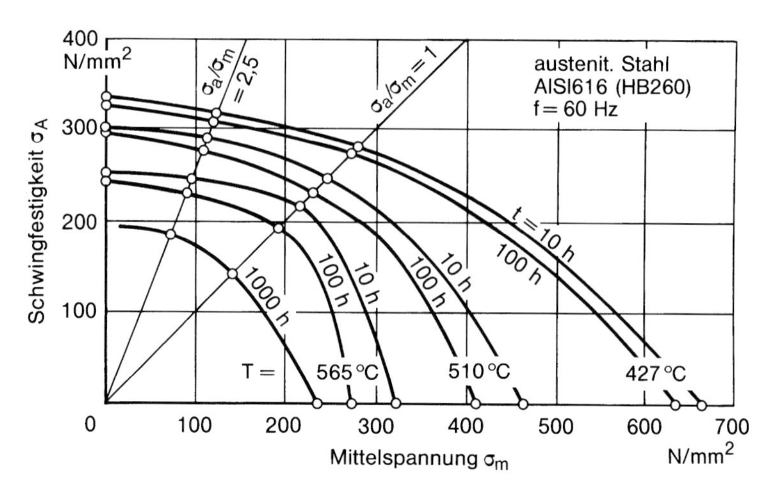

Abb. 3.46: Kriechdauerfestigkeitsschaubild für ungekerbte Proben aus austenitischem Stahl; Schwingfrequenz $f = 60$ Hz (10 h gleichbedeutend $N = 2{,}16 \times 10^6$); nach Matters u. Blatherwick [458]

Temperaturwechselbeanspruchung und thermische Ermüdung

Inhomogene Temperaturverteilungen bedingen beanspruchungsseitig Wärmespannungen. Bei (ganz oder teilweise) behinderter Wärmedehnung geraten Bereiche hoher Temperatur unter Druckspannungen und solche niedriger Temperatur unter Zugspannungen. Die Höhe dieser Wärmespannungen ist eine Funktion der Temperaturerhöhung, der Wärmeausdehnungszahl, des Elastizitätsmoduls, der (Warm-)Fließgrenze, der geometrischen Parameter und des Grades der Verformungsbehinderung.

Wechselnde Temperaturen erzeugen eine Temperaturwechselbeanspruchung, die wiederum zu thermischer Ermüdung führen kann. Wird die Temperatur plötzlich geändert, spricht man von Thermoschock, Thermoschockbeanspruchung und Thermoschockermüdung. Thermische Ermüdung spielt beispielsweise im Motoren- und Turbinenbau (Ventile, Schaufeln, Brennkammern) oder bei der Warmformgebung (Kokillen) eine Rolle.

Zur Nachbildung der thermischen Ermüdung dienen spannungs- oder dehnungsgeregelte Wöhler-Versuche, die je nach darzustellendem Temperaturablauf (stetige Erwärmung und Abkühlung oder Haltezeiten) mit dreieck- oder rechteckförmiger Last-Zeit-Funktion gefahren werden. Vielfach werden nur die Zughaltezeiten im Versuch berücksichtigt, weil die Druckhaltezeiten nicht schädigend wirken. Diese Versuche werden im allgemeinen bei konstanter Temperatur durchgeführt. Als solche wird die Höchsttemperatur des abgebildeten Vorgangs verwendet. Es gibt aber auch temperaturgeregelte Wöhler-Versuche, z. B. mit fest eingespannter Hohlzylinderprobe, die abwechselnd innen gekühlt und außen erwärmt wird.

4 Kerbwirkung

4.1 Erscheinungsformen der Kerbwirkung

Bedeutung der Kerbwirkung

Die Kerbwirkung, aufgefaßt zunächst als örtliche Beanspruchungserhöhung durch Kerben, ist für die Schwingfestigkeit von ausschlaggebender Bedeutung. Neben der Werkstoffestigkeit interessiert daher die Gestaltfestigkeit (zum Begriff s. Kap. 1.3). Dies gilt insbesondere für die Dauerfestigkeit bei nicht zu hoher Mittelspannung. Sie wird durch Kerben im Ausmaß von deren Spannungserhöhung (allerdings unterproportional je nach Kerbempfindlichkeit) herabgesetzt. Dies ist darin begründet, daß die Rißeinleitung bei Ermüdung ein äußerst lokaler Vorgang ist, bei dem die Gegebenheiten in der Umgebung der Kerbe nur sekundäre Bedeutung haben, im Gegensatz zur anschließenden Makrorißvergrößerung.

Wesentlich andere Vorgänge kommen im Bereich der Kurzzeitfestigkeit oder bei hoher Mittelspannung zum Tragen, nämlich die des statischen Bruchverhaltens. Bei duktilem Werkstoff dominiert die plastische Formänderung. Sie führt an gekerbten Rundstabproben zu einer Steigerung der Tragfähigkeit, höher als die Fließgrenze, sofern deren Nettoquerschnitt dem Querschnitt der ungekerbten Probe gleichgesetzt wird. Die Brucheinschnürung des ungekerbten Stabes wird im gekerbten Stab unterdrückt. Bei sprödem Werkstoff können dagegen im gekerbten Stab Sprödbrüche unterhalb der Fließgrenze auftreten (Niederspannungsbrüche).

Kerbspannungslehre

Mit der Kerbwirkung im Sinne von örtlicher Beanspruchungserhöhung befaßt sich die Kerbspannungslehre, die von Neuber [466-468] begründet und in gewisser Hinsicht auch vollendet wurde. Daneben sind die Autoren Sawin [475, 476] und Radaj [472, 474] zu nennen, welche die von Mußchelischwili [492] entwickelten mathematischen Verfahren auf breiter Basis anwendeten. Das praxisnahe Werk von Peterson [470] ist außerdem hervorzuheben. Auch der kürzere Beitrag von Thum, Petersen und Svenson [478] verdient Beachtung. In japanischer Sprache liegt die zusammenfassende Buchpublikation von Nishida [469] vor.

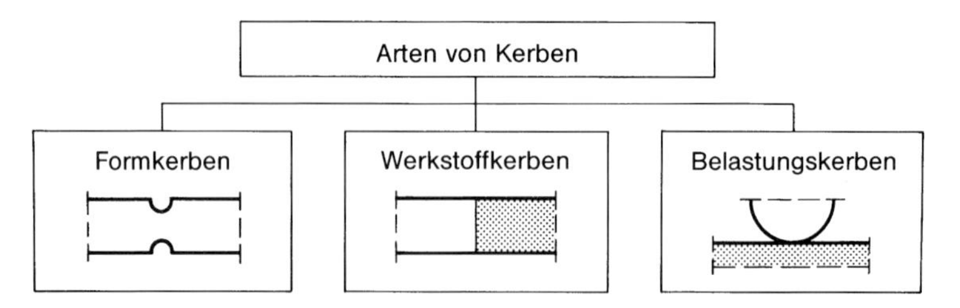

Abb. 4.1: Arten von Kerben

Arten von Kerben

Kerbwirkung entsteht durch Unstetigkeit der Form (Formkerben), des Werkstoffs (Werkstoffkerben) oder der Belastung (Belastungskerben), Abb. 4.1. Sie kann durch eine einzige Kerbart oder durch mehrere Kerbarten in Überlagerung verursacht sein. Den drei Kerbarten gemeinsam ist die örtliche Beanspruchungserhöhung (Spannung, Dehnung, Formänderungsenergie).

Formkerben sind durch starke Oberflächenkrümmung bei hinreichend großem Oberflächenversatz gekennzeichnet. Man unterscheidet milde und scharfe, flache und tiefe sowie äußere und innere Kerben. Risse, Schlitze und einspringende Ekken sind Grenzfälle von Formkerben, gekennzeichnet durch gegen Null gehenden Kerbradius. Zu den konstruktiv bedingten Formkerben gehören die Rillen, Nuten, Schlitze, Absätze und Bohrungen ebenso wie die Querschnittsübergänge, Öffnungen und Ausschnitte.

Werkstoffkerben sind abgegrenzte Bereiche erniedrigter oder erhöhter Steifigkeit, Elastizität oder Fließgrenze im ansonsten homogenen Werkstoff (Einschluß, Kern oder Schicht). Anstelle der freien Kerboberfläche tritt die durch den Werkstoffübergang gebildete Grenzfläche als gebundene Kerboberfläche. Starrer Einschluß und freie Öffnung sind Grenzfälle derartiger Werkstoffkerben. Konstruktive Versteifungen sind zum Teil auf elastische Einschlußmodelle zurückführbar (z. B. Innenrandversteifungen und Laschen). Die Schichtung der Wärmeeinflußzone einer Schweißverbindung stellt hinsichtlich der inhomogenen Fließgrenze eine Werkstoffkerbe dar.

Belastungskerben sind Bereiche örtlich konzentrierter Krafteinleitung oder Hertzscher Pressung. Die Bezeichnung ist ungewohnt, jedoch im Sinne der Untergliederung konsequent. Die Werkstoffermüdung unter örtlichem Roll- und Gleitkontakt ist ein bedeutsames Sondergebiet, das in diesem Buch nicht erfaßt ist.

Rechen- und Meßverfahren zur Kerbbeanspruchung

Das Kerbbeanspruchungsproblem wird überwiegend unter der vereinfachenden Annahme linearelastischen Werkstoffverhaltens, also auf Basis der Elastizitätstheorie rechnerisch gelöst. Daneben gibt es eine gut ausgebaute Theorie der elastisch-plastischen Kerbbeanspruchung. Es wird zwischen funktionsanalytischen und numerischen Lösungsverfahren unterschieden [494].

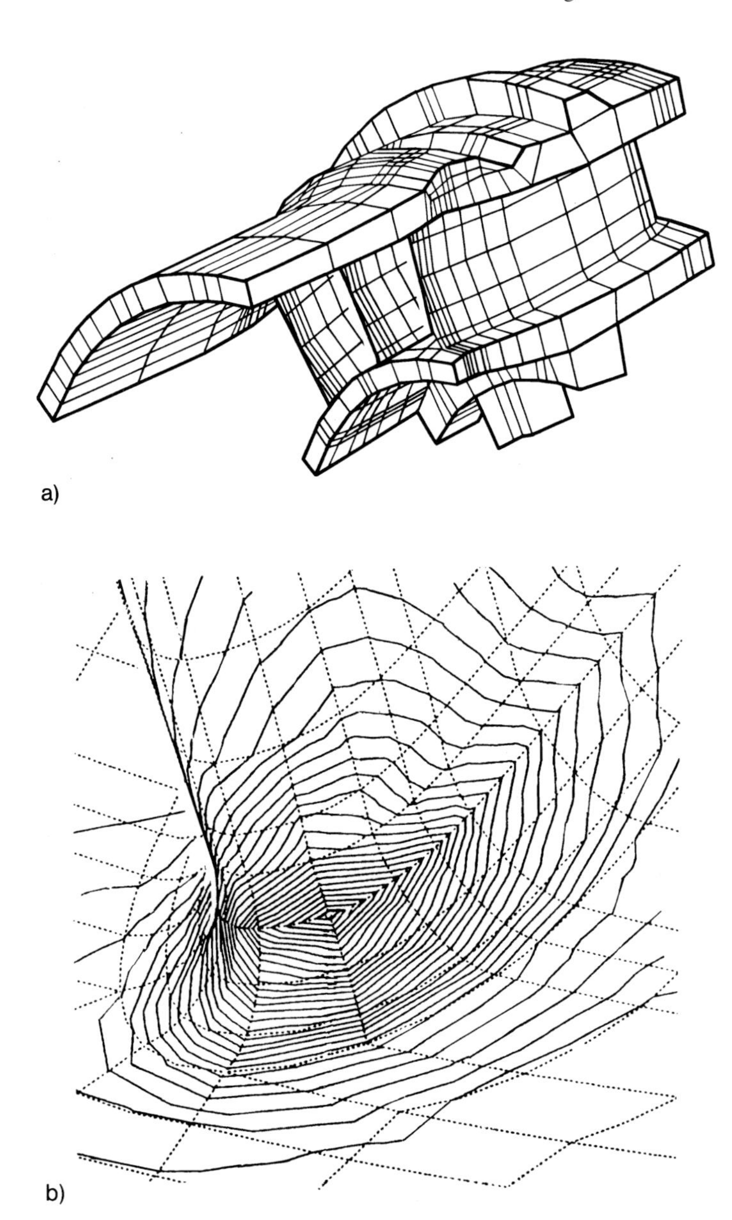

Abb. 4.2: Finite-Elemente-Modell für die Kerbspannungsberechnung am Leitschaufelfuß einer Fahrzeuggasturbine; gröberes Netz für Leitkranzsegment (a), feineres Netz für Schaufelfuß mit Höhenlinien der Kerbtemperaturspannungen (b); nach Hempel in [494]

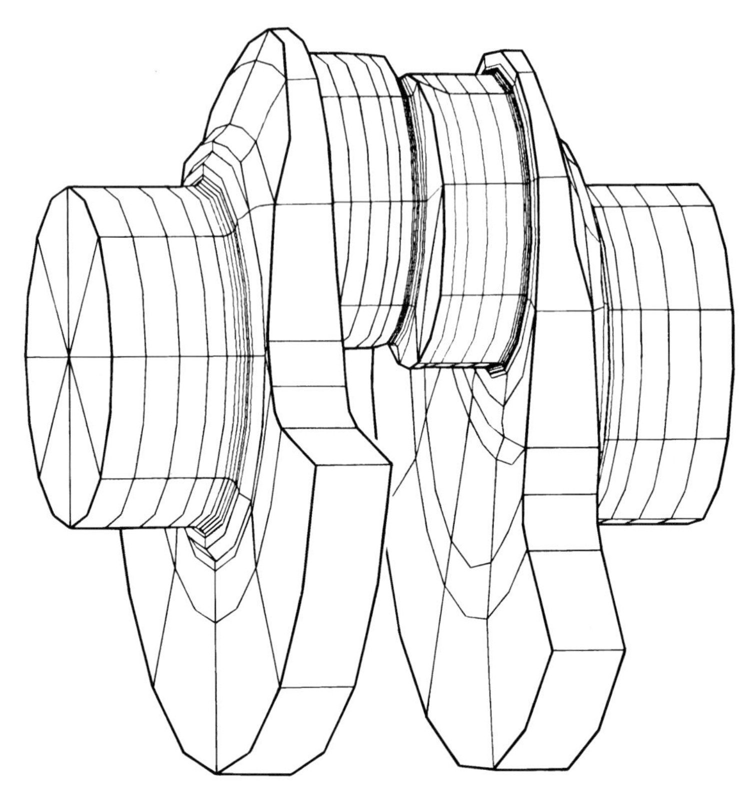

Abb. 4.3: Boundary-Elemente-Modell für die Kerbspannungsberechnung an der um 30° verschränkten Kröpfung einer Kurbelwelle unter Querkraftbiegebelastung; nach Möhrmann in [494]

Die funktionsanalytischen Verfahren erzielen die Lösung auf funktionsanalytischer Basis in weitgehend geschlossener Form. Zu diesen Verfahren gehören der „Dreifunktionenansatz" nach Neuber [467] (triharmonische Funktionen in krummlinigen Koordinaten) und das Verfahren der komplexen analytischen Spannungsfunktionen nach Kolosov und Mußchelischwili [492], das mit konformer Abbildung und Integralgleichungsformulierung verbunden wird. Funktionsanalytische Verfahren eignen sich vor allem zur Klärung der grundsätzlichen Parameterabhängigkeiten des jeweiligen Kerbproblems. Sie bilden die Grundlage der Übersichten in Kap. 4.2 und 4.3.

Die numerischen Verfahren gehen von einem diskretisierten Kontinuum mit vereinfachten lokalen Elementansätzen aus, deren freie Parameter durch Lösen algebraischer Gleichungssysteme bestimmt werden. Zu den numerischen Verfahren gehören das Finite-Elemente-Verfahren [479-481, 484-487, 495, 497-499] und das Boundary-Elemente-Verfahren [482, 483]. Diese Verfahren verlangen an den Kerbstellen wegen der dort herrschenden Ungleichmäßigkeit der Beanspruchungen relativ feine Netzteilung. Bei vergleichbarer Feinheit der Netzteilung erfordert das Boundary-Elemente-Verfahren weniger Aufwand und führt zu genaueren Ergebnissen. Der Aufwand ist dadurch vermindert, daß bei räumlichen Problemen nur die Oberfläche, bei ebenen Problemen nur der Rand diskretisiert werden muß. Numerische Verfahren eignen sich vor allem zur Lösung des konkreten Einzelfalls in der Praxis einschließlich der Optimierung im Hinblick auf niedrige Kerbspannungen. Beispielhaft ist das grobe und feine Finite-Elemente-Modell für die Kerbtemperaturspannungsberechnung am Leitschaufelfuß einer Fahrzeuggasturbine dargestellt, Abb. 4.2. Ebenso ist das Boundary-Elemente-Modell für die Kerbspannungsberechnung an der verschränkten Kröpfung einer Kurbelwelle gezeigt, Abb. 4.3. Zur Berechnung inelastischer Strukturen unter variablen Lasten wird auf Mróz *et al.* [491] verwiesen.

Zu den für die Erfassung der Kerbbeanspruchung bei Problemstellungen der Praxis geeigneten Meßverfahren gehören u. a. das spannungsoptische Modellverfahren, die Dehnungsmeßstreifentechnik, verschiedene Oberflächenschichtverfahren und die thermoelastische Spannungsmessung [488, 489, 493, 496].

Das Ergebnis von Rechnung oder Messung wird in Diagrammen sowie Näherungsformeln für Kerbformzahlen zusammengefaßt, die dem Anwender den Einfluß der unterschiedlichen Abmessungs-, Belastungs- und Lagerungsparameter aufzeigen [84, 85, 462-477]. Die Kerbformzahlen von Schweißverbindungen sind bei Radaj und Sonsino [65, 66] zu finden.

Definition der Kerbformzahl

Unter Kerbformzahl (kurz Formzahl, auch nach Neuber [466]) oder Kerbfaktor α_k wird das Verhältnis von Kerbspannungshöchstwert $\sigma_\mathrm{k\,max}$ zur Nennspannung σ_n bei linearelastischem Werkstoff verstanden:

$$\alpha_\mathrm{k} = \frac{\sigma_\mathrm{k\,max}}{\sigma_\mathrm{n}} \tag{4.1}$$

Der Kerbspannungshöchstwert, der am Kerbgrund auftritt, ist an den freien Rändern scheibenartiger Modelle die Tangentialspannung $\sigma_\mathrm{t\,max}$, an gebundenen Rändern die erste Hauptspannung $\sigma_\mathrm{1\,max}$. Bei räumlichen Modellen und wirklichen Kerben mit einer Kerbgrundfläche wird meistens die erste Hauptspannung ausgewertet. Die Nennspannung kann sich auf den Ausgangsquerschnitt ohne Kerbe (ungeschwächter Querschnitt, Bruttoquerschnitt) oder bei freien Kerbrändern auf den bruchgefährdeten Restquerschnitt mit Kerbe (geschwächter Querschnitt, Nettoquerschnitt) beziehen. Entsprechend unterschiedlich ergeben sich Größe und Abhängigkeit der Formzahl.

Bei Längsschubbelastung prismatischer Körper (nichtebene Schubbeanspruchung) gilt sinngemäß:

$$\alpha_{\mathrm{k}\tau} = \frac{\tau_\mathrm{k\,max}}{\tau_\mathrm{n}} \tag{4.2}$$

Bei inelastischem Werkstoff wird neben der inelastischen Spannungsformzahl α_σ (oder α_τ) die inelastische Dehnungsformzahl α_ε (oder α_γ) verwendet, das Verhältnis von Kerbdehnungshöchstwert $\varepsilon_\mathrm{k\,max}$ zur Nenndehnung ε_n:

$$\alpha_\varepsilon = \frac{\varepsilon_{\text{k max}}}{\varepsilon_{\text{n}}} \tag{4.3}$$

Die Nenndehnung ist bei hinreichend niedriger Beanspruchung über den Kehrwert des Elastizitätsmoduls der Nennspannung proportional.

Da der Beanspruchungszustand am Kerbgrund mehrachsig ist (zweiachsig an der Kerbgrundoberfläche, dreiachsig an der Grenzfläche von Einschlüssen), wird anstelle von Kerbspannung (oder Kerbdehnung) auch die Kerbvergleichsspannung $\sigma_{\text{kv max}}$ (oder Kerbvergleichsdehnung) verwendet, die nach unterschiedlichen Festigkeitshypothesen aus den Komponenten des mehrachsigen Zustands bestimmbar ist:

$$\alpha_{\text{kv}} = \frac{\sigma_{\text{kv max}}}{\sigma_{\text{nv}}} \tag{4.4}$$

Da sich die Kerbspannung oder Kerbdehnung auf Basis der Nennspannung oder Nenndehnung ausbildet, haben die letzteren Größen den Charakter einer Grundbeanspruchung. Dieser Ausdruck wird auch im Zusammenhang mit Rißmodellen verwendet (s. Kap. 6 u. 7).

Abhängigkeit der Kerbformzahl

Die Kerbformzahlen bei elastischem Werkstoff hängen von den (voneinander unabhängigen) Abmessungsverhältnissen des betrachteten Kerbproblems, nicht von den Absolutwerten der Abmessungen ab. Sie sind vom Elastizitätsmodul unabhängig und von der Querkontraktionszahl im betrachteten Bereich metallischer Werkstoffe ($\nu = 0{,}28\text{-}0{,}33$) nur geringfügig beeinflußt. Einige grundlegende Formzahlabhängigkeiten sind in Kap. 4.2 und 4.3 zusammengefaßt.

Die Kerbformzahlen hängen außerdem von der Belastungsart ab. Bei gleicher Probengeometrie ist die Formzahl bei Axialbelastung größer als die Formzahl bei Biegebelastung. Letztere ist wiederum größer als die Formzahl bei Torsionsbelastung (s. a. Abb. 4.7).

Die Kerbformzahlen nach Überschreiten der Fließgrenze im Kerbgrund hängen schließlich von der Belastungshöhe und vom Verlauf der Spannungs-Dehnungs-Kurve ab.

Kerbspannungsgradient

Neben dem Kerbspannungshöchstwert, ausgedrückt durch die Kerbformzahl, interessiert der Spannungsgradient senkrecht zur Kerboberfläche am Ort des Spannungshöchstwerts. Der Gradient wird direkt oder indirekt benötigt, wenn Stützwirkungseffekte in der Oberflächenschicht zu erfassen sind (s. die Ansätze zur Kerbwirkungszahl) oder wenn bei oberflächenverfestigten Bauteilen die Festigkeit unter der Oberfläche schneller als die Spannung abnimmt, so daß die Rißeinleitung nicht mehr an der Oberfläche, sondern im Innern des gekerbten Körpers erfolgt.

Der bezogene Spannungsgradient χ (auch bezogenes Spannungsgefälle, Dimension 1/mm) ist folgendermaßen definiert (mit Koordinate n senkrecht zum Kerbgrund):

$$\chi = \frac{1}{\sigma_{\mathrm{k\,max}}} \frac{\mathrm{d}\sigma_{\mathrm{k}}}{\mathrm{d}n} \tag{4.5}$$

Ist die Kerbgrundnormale n in die Kerbtiefe gerichtet, dann ergibt sich χ negativ, weil σ_{k} mit n abnimmt. Bei entgegengesetzter Normalenrichtung erscheint χ positiv. Nachfolgend wird χ unabhängig von der Normalenrichtung als positiv betrachtet.

Die Tiefe t_0, in der die linearisierte Kerbspannung den Wert Null erreicht, ergibt sich aus:

$$t_0 = \frac{1}{\chi} \tag{4.6}$$

Gradientenabhängigkeit

Der Kerbspannungsgradient hängt hauptsächlich vom Kerbradius, von der Probengröße und von der Belastungsart ab (aber nicht von der Kerbformzahl) [91, 477, 572]. Für das Kreisloch in der Zugscheibe ist $\chi = 7/(3\rho) = 2{,}33/\rho$, wobei ρ den Lochradius bezeichnet. Als Näherungswert für zugbelastete Kerben mit Kerbradius ρ wird $\chi = 2/\rho$ verwendet (s. a. Abb. 4.27). Dieser Wert gilt auch für biegebelastete Kerben, während bei torsionsbelasteten Kerben (gleichbedeutend mit nichtebener Schubbeanspruchung) $\chi = 1/\rho$ zu setzen ist. In beiden Fällen ist der Gradient χ_0 der Grundbeanspruchung (im Fall von Biege- oder Torsionsbelastung) additiv zu überlagern.

Für den Gradienten χ_0 der Biege- bzw. Torsionsgrundbeanspruchung von ungekerbten Proben mit Breite bzw. Durchmesser d ergibt sich $\chi_0 = 2/d$. Kerbradius ρ bei Zug, Biegung oder Torsion gekerbter Proben und Probenbreite oder Probendurchmesser d bei Biegung oder Torsion ungekerbter Proben sind demnach hinsichtlich des Spannungsgradienten annähernd gleichwertig.

Die in Handbüchern (siehe z. B. [91]) tabellarisch angegebenen Näherungswerte für unterschiedlich gekerbte Stäbe unter Zug-, Biege- und Torsionsbelastung leiten sich von den vorstehenden, bereits vollständigen Angaben ab. Als Beispiel sind in Tabelle 4.1 die Spannungsgradienten für die Rundstabprobe mit Umfangskerbe angegeben.

Tabelle 4.1: Spannungsgradient χ_{ges} für Rundstabprobe mit Umfangskerbe bei unterschiedlicher Belastung abhängig von Probendurchmesser (χ_0) und Kerbradius (χ)

Probengeometrie	Belastung	χ_0	χ	χ_{ges}
	Zug-Druck	0	$2/\rho$	$2/\rho$
	Biegung	$2/d$	$2/\rho$	$2/d + 2/\rho$
	Torsion	$2/d$	$1/\rho$	$2/d + 1/\rho$

Hertzsche Pressung als Belastungskerbe

Belastungskerben in Form der Einzelkrafteinleitung in elastische Körper sind mit unendlich hohen Spannungen, also mit einer Spannungssingularität im Krafteinleitungspunkt verbunden. Spannungssingularitäten treten nur im Modell, nicht in der Wirklichkeit auf. Auch am Rand der Druckfläche eines starren Stempels tritt im Modell die Spannungssingularität auf. Wenn dagegen realistischerweise zwei elastische Körper mit relativ zueinander gekrümmter Oberfläche aufeinanderpressen, bleiben die Spannungen in der Berührungsfläche endlich. Zur Feststellung von Form und Abmessungen der Berührungsfläche müssen abweichend von der linearen Elastizitätstheorie die großen elastischen Formänderungen berücksichtigt werden, durch welche die Berührungsfläche erst gebildet wird. Die größte Pressung tritt im Zentrum der Berührungsfläche auf und ist außer von der Preßkraft (unterproportionale Abhängigkeit) von den Hauptkrümmungsradien der sich berührenden Körper abhängig [500-504]. Die größte Schubspannung tritt nicht in der Berührungsfläche selbst, sondern etwas unterhalb dieser Fläche im Innern der beiden Körper auf. Der Einfluß von Oberflächenwelligkeit und Schmierfilm auf die Spannungsverteilung läßt sich errechnen (mit Anwendung auf Wälzlager [505]).

4.2 Kerbbeanspruchung an eigentlichen Formkerben

Abgrenzung und Übersicht

Zu den eigentlichen Formkerben (im Unterschied zu den anschließend behandelten Öffnungen und Einschlüssen) werden die in der Praxis auftretenden Rillen, Nuten, Absätze und Bohrungen in stabartigen Körpern gerechnet. Sie sind durch die geometrischen Größen Kerbkrümmungsradius, Kerbtiefe, Kerbquerschnittsbreite (oder Kerbquerschnittsdurchmesser) und gegebenenfalls Kerböffnungswinkel gekennzeichnet.

Mit den eigentlichen Formkerben befaßt sich vor allem die Neubersche Kerbspannungslehre [467, 468], die hinsichtlich der Lösungsmethodik auf dem Dreifunktionenansatz aufbaut. Die Kerbspannungslehre umfaßt die Grundgesetze der Kerbbeanspruchung und bietet Lösungen für die Formzahlen von Außen- und Innenkerben in Scheiben, Platten, Prismen und Drehkörpern unter Zug-, Querkraft-, Biege- und Torsionsbelastung, Abb. 4.4. Nur die anwendungstechnisch wichtigsten Kerbfälle mit Lösung nach Neuber sind dargestellt. Die Neubersche Kerbspannungslehre umfaßt außerdem Lösungen für Rißprobleme sowie für weitere grundlegende Festigkeitsfragen.

Erhöhungs- und Abklinggesetz der Kerbwirkung

Die Kerbspannungserhöhung ist um so größer, je kleiner der Kerbkrümmungsradius am Ort der Erhöhung relativ zur Kerbtiefe oder relativ zur kennzeichnenden

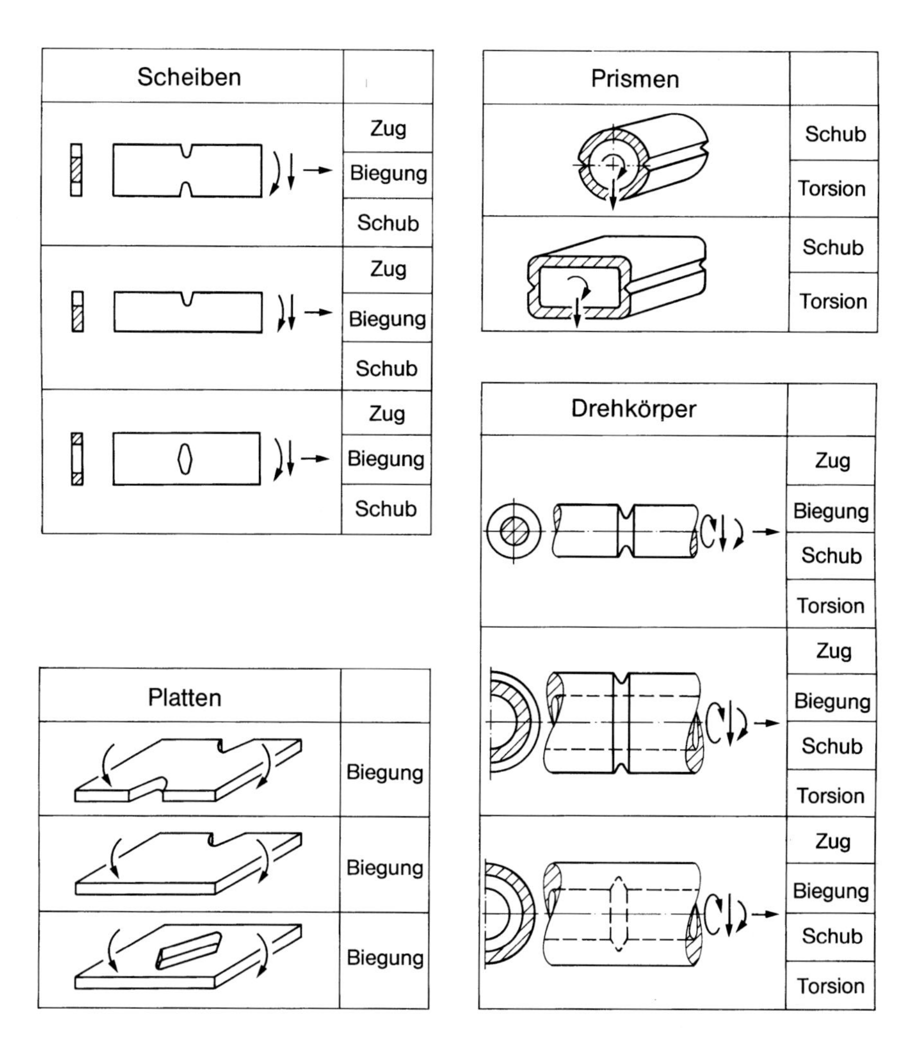

Abb. 4.4: Funktionsanalytische Lösungen für Kerbprobleme; nach Neuber [467]

Kerbquerschnittsgröße ist. Die geometrischen Gegebenheiten in größerer Entfernung vom Spannungshöchstwert haben nur geringen Einfluß. Der Spannungsabfall in Umgebung von Kerben ist um so ausgeprägter, je größer die Spannungserhöhung an der Kerbe ist.

Überlagerungs- und Entlastungsgesetz der Kerbwirkung

Die zweifache Spannungserhöhung an einer Kerbe mit kleinem Krümmungsradius im Kerbgrund einer Kerbe mit großem Krümmungsradius ergibt sich näherungsweise durch multiplikative Überlagerung der beiden Einzelkerbwirkungen, ausgedrückt durch deren Formzahlen. Die Spannungserhöhung von in Kraftflußrichtung benachbarten Kerben ist andererseits gegenüber der Einzelkerbwirkung herabgesetzt (Anwendung bei Entlastungskerben [470]).

Mikro- und Makrostützwirkung an Kerben

Scharfe tiefe Kerben mit ausgeprägter Spannungserhöhung wirken stark schwingfestigkeitsmindernd, dies jedoch nicht in dem Maße, wie es die Spannungserhöhung ausweist. Milde flache Kerben mit weniger ausgeprägter Spannungserhöhung zeigen einen gleichartigen Stützeffekt, wenn die Kerbabmessungen insgesamt sehr klein sind (z. B. feine Bohrungen oder Oberflächenrauhigkeit). Die bei Dauerschwingfestigkeit auftretende, weitgehend elastische Mikrostützwirkung kann aus der Kristallitstruktur und der Fehlstellenpopulation erklärt werden. Die bei Zeit- und Kurzzeitschwingfestigkeit wesentliche elastisch-plastische Makrostützwirkung beruht dagegen auf dem Kerbspannungsabbau durch lokales Fließen. Die Mikrostützwirkung wird in Kap. 4.5 und Kap. 4.7 ausführlicher behandelt, die Makrostützwirkung dagegen in Kap. 4.4.

Flache Kerben

Flache Kerben (das sind Kerben, deren Tiefe relativ zur Restquerschnittsabmessung klein ist) weisen eine Formzahl auf, die überwiegend vom Kennwert $\sqrt{t/\rho}$ mit Kerbtiefe t und Kerbkrümmungsradius ρ abhängt; weitere Abmessungsparameter haben untergeordnete Bedeutung. Ein typisches Beispiel ist die elliptische Innenkerbe (oder auch halbelliptische Randkerbe) in einer Scheibe unter Zugbeanspruchung oder in einem prismatischen Körper unter nichtebener Schubbeanspruchung.

Für die Kerbformzahlen ergibt sich:

$$\alpha_{\mathrm{k}} = 1 + 2\sqrt{\frac{t}{\rho}} \tag{4.7}$$

$$\alpha_{\mathrm{k}\tau} = 1 + \sqrt{\frac{t}{\rho}} \tag{4.8}$$

Aus (4.7) und (4.8) folgt:

$$\alpha_{\mathrm{k}\tau} = \frac{1}{2}(\alpha_{\mathrm{k}} + 1) \tag{4.9}$$

Bei Beschränkung auf scharfe Kerben ($t/\rho \gg 1$) gilt:

$$\alpha_{\mathrm{k}} = 2\sqrt{\frac{t}{\rho}} \tag{4.10}$$

$$\alpha_{\mathrm{k}\tau} = \sqrt{\frac{t}{\rho}} \tag{4.11}$$

Aus (4.10) und (4.11) folgt:

$$\alpha_{k\tau} = \frac{1}{2}\alpha_k \tag{4.12}$$

Die Kerbspannungserhöhung folgt der Kerbschärfe $\sqrt{t/\rho}$. Die Kerbspannungen werden bei gegen Null gehendem Kerbkrümmungsradius, also an der zum Riß entarteten Ellipse, unendlich groß. Die Gleichungen (4.7) bis (4.12) gelten exakt für die flache elliptische Innenkerbe in der unendlichen Scheibe. Die Anwendung auf die flache Außenkerbe in der halbunendlichen Scheibe ist bereits eine (allerdings recht genaue) Näherung.

Tiefe Kerben

Tiefe Kerben (das sind Kerben, deren Tiefe relativ zur Restquerschnittsabmessung groß ist) weisen eine Formzahl auf, die überwiegend vom Kennwert $\sqrt{a/\rho}$ mit Kerbquerschnittsbreite $2a$ (oder Kerbquerschnittsradius a) und Kerbkrümmungsradius ρ abhängt; weitere Abmessungsparameter haben untergeordnete Bedeutung. Ein typisches Beispiel ist die beidseitige hyperbelförmige Außenkerbe in einer Scheibe unter Zugbeanspruchung oder in einem prismatischen Körper unter nichtebener Schubbeanspruchung.

Für die Kerbformzahlen ergibt sich:

$$\alpha_k = \frac{2(a/\rho + 1)\sqrt{a/\rho}}{(a/\rho + 1)\arctan\sqrt{a/\rho} + \sqrt{a/\rho}} \tag{4.13}$$

$$\alpha_{k\tau} = \frac{\sqrt{a/\rho}}{\arctan\sqrt{a/\rho}} \tag{4.14}$$

Bei Beschränkung auf scharfe Kerben ($a/\rho \gg 1$) gilt:

$$\alpha_k = \frac{4}{\pi}\sqrt{\frac{a}{\rho}} \tag{4.15}$$

$$\alpha_{k\tau} = \frac{2}{\pi}\sqrt{\frac{a}{\rho}} \tag{4.16}$$

Die Kerbspannungserhöhung folgt der Kerbschärfe $\sqrt{a/\rho}$. Auch hier werden die Kerbspannungen bei gegen Null gehendem Kerbkrümmungsradius unendlich groß. Die Beziehung (4.9) bleibt näherungsweise gültig. Die Beziehung (4.12) gilt exakt.

Mitteltiefe Kerben

Kerben mittlerer Tiefe weisen eine Formzahl auf, die von den Kennwerten $\sqrt{t/\rho}$ und $\sqrt{a/\rho}$ gleichermaßen abhängt. Die Formzahlkurve liegt etwas unterhalb der

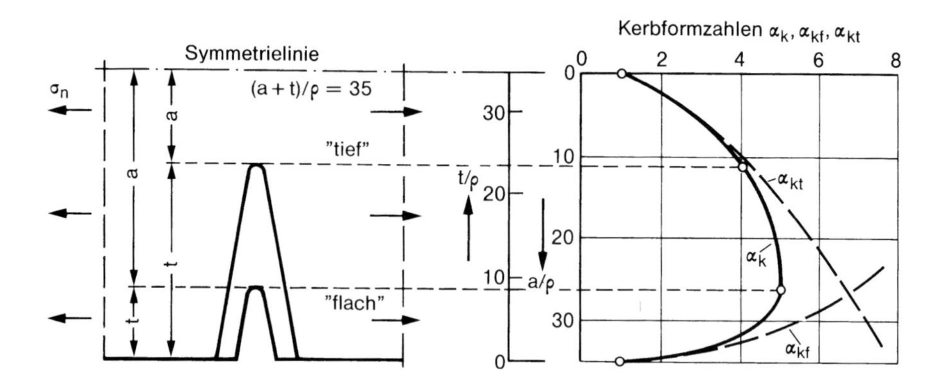

Abb. 4.5: Formzahlnäherung bei mitteltiefer Kerbe; nach Neuber [466, 467]

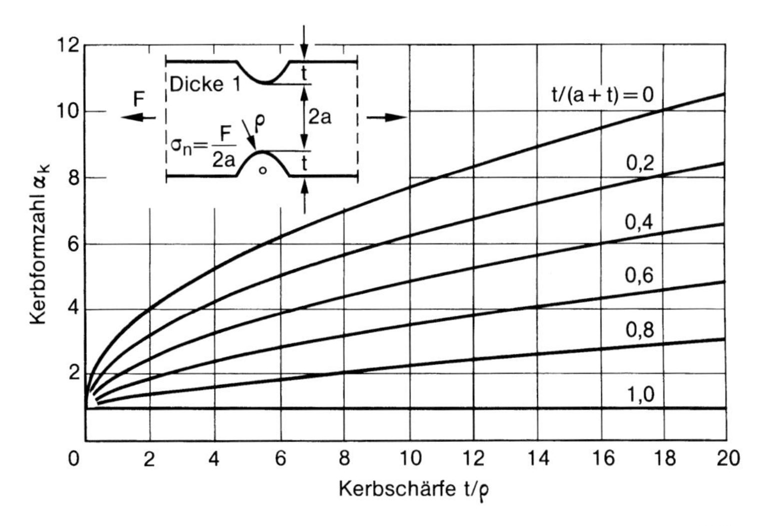

Abb. 4.6: Kerbformzahl als Funktion der Kerbschärfe t/ρ (anstelle von $\sqrt{t/\rho}$) für unterschiedliche relative Kerbtiefen; beidseitig gekerbter Flachstab unter Zugbelastung; nach Neuber [535]

gegenläufigen Lösungen für flache und tiefe Kerben, Abb. 4.5. Die Mittelungsfunktion nach Neuber [467] lautet:

$$\frac{1}{(\alpha_k - 1)^2} = \frac{1}{(\alpha_{kf} - 1)^2} + \frac{1}{(\alpha_{kt} - 1)^2} \tag{4.17}$$

Hierbei sind α_{kf} bzw. α_{kt} die Formzahlen, die sich bei der Berechnung als flache bzw. tiefe Kerbe ergeben. Eine auf der Basis von (4.17) bestimmte zweiparametrige Formzahlabhängigkeit für den Flachstab mit beidseitiger Außenkerbe unter Zugbelastung ist in Abb. 4.6 dargestellt. Ein Großteil der in der Ingenieurpraxis verwendeten Formzahldiagramme (u. a. in [84, 85, 470, 474]) für gekerbte

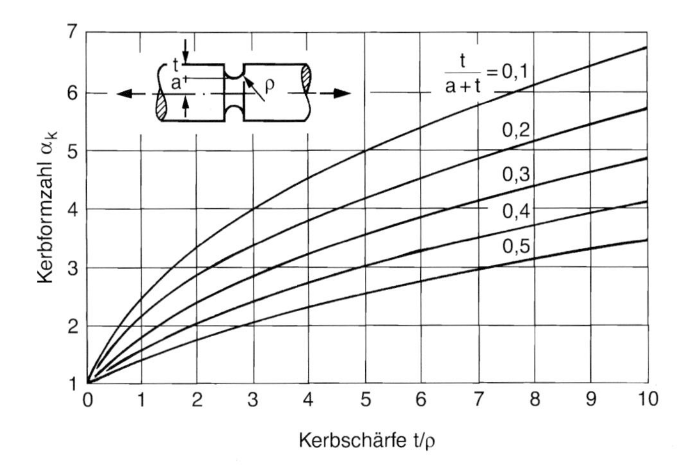

Abb. 4.7: Kerbformzahl als Funktion der Kerbschärfe t/ρ (anstelle von $\sqrt{t/\rho}$) für unterschiedliche relative Kerbtiefen; Rundstab mit Umfangskerbe unter Zugbelastung; nach Mayr u. Drexler [464]

Flachstäbe und Rundstäbe (Wellen), vornehmlich unter Zug-, Biege- und Torsionsbelastung, basiert auf der Näherung (4.17), bei den abgesetzten Kerbstäben durch Messung korrigiert [493] (zum Querkrafteinfluß s. a. [473]). Zu den Diagrammen sind Näherungsformeln verfügbar, die den Einfluß der Abmessungsverhältnisse auf die Formzahl direkt wiedergeben (u. a. in [29, 84, 85, 893]). Die Formzahldiagramme bei Peterson [470] sind dagegen aus Messungen an spannungsoptischen Modellen gewonnen.

Im Vergleich zum gekerbten Flachstab wird der praktisch bedeutsamere Rundstab mit Umfangskerbe in Abb. 4.7 hinsichtlich der Kerbformzahlen erfaßt. Die U-förmige Kerbrille hat eine Halbkreiskontur. Die Kerbspannungen wurden nach der Boundary-Elemente-Methode berechnet. Sie sind erwartungsgemäß bei der räumlichen Kerbe etwas kleiner als bei der ebenen Kerbe.

Kerbbelastungsart

Mit den Lösungen von Neuber für flache und tiefe Kerben läßt sich die Abhängigkeit der Formzahl von der Kerbbelastungsart belegen, die in Kap. 4.1 angesprochen wurde: Kerbwirkung bei Zug größer als bei Biegung sowie bei Biegung größer als bei Torsion. Bei vorgegebener Kerbschärfe werden unter Biegebeanspruchung und nichtebener Schubbeanspruchung deutlich niedrigere Formzahlen ermittelt als unter Zugbeanspruchung, Abb. 4.8. Als flache Kerben sind die elliptische Innenkerbe und die muldenförmige Außenkerbe erfaßt. Die Formzahlen bei Zug sind fast doppelt so groß wie bei Schub (in Übereinstimmung mit (4.9)) oder Biegung. Als tiefe Kerben werden beidseitige hyperbelförmige Außenkerben betrachtet. Das eben erwähnte Verhältnis von Zug- zu Schubformzahl tritt auch hier auf, während die Biegeformzahl zwischen Zug- und Schubformzahl

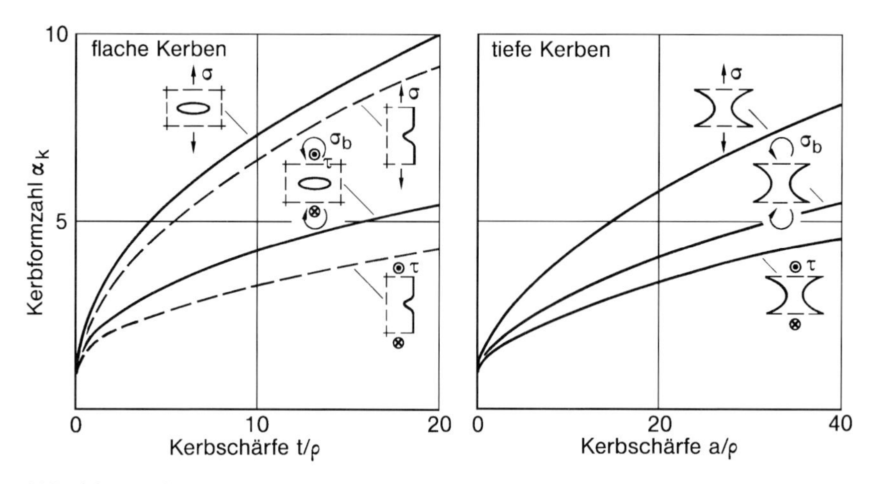

Abb. 4.8: Kerbformzahlen für flache und tiefe ebene Kerben als Funktion der Kerbschärfe für Zugbeanspruchung, Biegebeanspruchung und nichtebene Schubbeanspruchung, ausgewertet Lösungen von Neuber [467] (3. Aufl., *ibid.* Gln. 3.9/8, 3.10/7, 3.21/7, 4.3.1/22, 4.3.2/32, 4.5.1/14, 4.5.2/25, 4.6/15)

liegt. Der relativ zur Kerbtiefenrichtung entgegengesetzte Biegespannungsgradient bei flacher Innenkerbe und tiefer Außenkerbe ist zu beachten. Die Angabe von Neuber [467], bei der flachen Außenkerbe ergebe sich für Biegebeanspruchung die gleiche Formzahl wie für Zugbeanspruchung, gilt nur bei vernachlässigbarem Biegespannungsgradient, also doch nur bei Zugbeanspruchung der Kerbe. Die in vorstehender Betrachtung nicht erfaßte Biegeschubbeanspruchung ist mit gegenüber homogener Schubbeanspruchung verkleinerten Formzahlen verbunden.

Kerböffnungswinkel

Kerben mit abgeschrägten Kerbrändern weisen eine Formzahl auf, die außer von den genannten Kennwerten $\sqrt{t/\rho}$ und $\sqrt{a/\rho}$ vom Kerböffnungswinkel ω abhängt. Große Kerböffnungswinkel bewirken eine starke Abminderung der Formzahl, Abb. 4.9.

Kerbreihe

Benachbart angeordnete Kerben (Kerbreihe) vermindern wechselseitig die zugehörigen Formzahlen. Die Formzahl der im Abstand b periodisch wiederholten flachen Randkerbe kann nach (4.7) oder (4.8) berechnet werden, wenn statt der Tiefe t die wirksame Tiefe $t_{\mathrm{eff}} = \gamma t$ mit der Entlastungszahl γ als Funktion der Kerbnähe b/t nach Abb. 4.10 eingeführt wird.

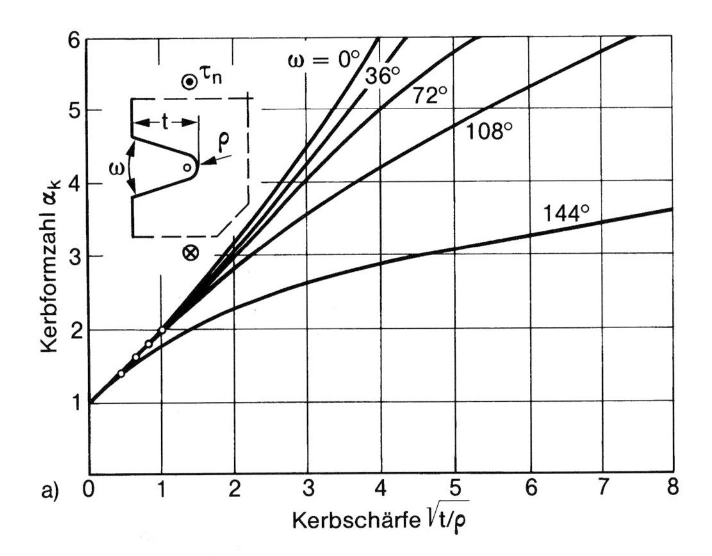

Abb. 4.9: Kerbformzahl der flachen Kerbe unter nichtebener Schubbeanspruchung als Funktion der Kerbschärfe für unterschiedliche Kerböffnungswinkel; nach Neuber [467]

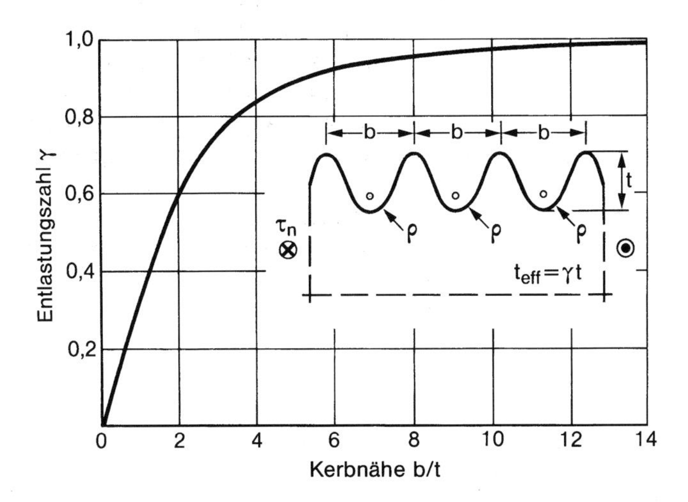

Abb. 4.10: Entlastungszahl bei benachbarten Kerben (Kerbreihe) als Funktion der Kerbnähe, Lösung für nichtebene Schubbeanspruchung; nach Neuber [467]

Schrägkerbe

An Kerbrillen, die schräg zur zweiachsigen Grundbeanspruchung ($\sigma_2 = \lambda\sigma_1$) liegen, überlagern sich Querzug, Längszug und Längsschub. Die Formzahl hängt außer von den bereits genannten Größen von der Mehrachsigkeitszahl λ und dem Schrägwinkel ψ (zwischen Kerbrichtung und Hauptrichtung der Grundbeanspruchung) ab. Die Formzahl der Schrägkerbe kann durch Überlagerung der Kerbspannungen aus Querzug und Längsschub unter Beachtung des Längszuges gebildet werden [65].

Räumliche Kerbe

Räumliche Kerbwirkung liegt z. B. bei äußeren und inneren Rotationskerben unter Zug-, Biege-, Schub- und Torsionsbeanspruchung vor. Die Formzahlen ergeben sich nach Neuber kleiner oder höchstens gleich der Formzahl des vergleichbaren ebenen Kerbproblems. Außerdem tritt ein geringer Einfluß der Querkontraktionszahl auf.

Optimales Kerbprofil

Ein Kerbprofil ist dann optimal geformt, wenn an ihm keine oder eine nur geringe Kerbspannungserhöhung auftritt (vielfach identisch mit konstanter Randspannung). Eine umfassende Literaturübersicht zu den experimentellen, funktionsanalytischen und numerischen Verfahren der Formoptimierung (s. u. a. [506-509, 512, 513, 515]) bieten Waldman *et al.* [514]. Als Optimalprofil am abgesetzten Zugstab mit parallel verlaufenden Rändern wird von Baud [506] und Neuber [467] die Stromlinie ermittelt. Die Finite-Elemente-Lösung nach Schnack [512] zeigt Abb. 4.11. An der Zugstabeinmündung in die halbunendliche Scheibe ist nach Neuber [467, 508, 509] die Exponentialfunktion optimal, bei der beidseitigen tiefen Außenkerbe die Kettenlinie. In der Praxis werden weniger optimale aber geometrisch einfachere Randkurven zur Verbesserung der Profilform bevorzugt, beispielsweise der elliptische oder parabelförmige Querschnittsübergang. Am Übergang von der Geraden in die gekrümmte Kurve des Profils tritt jeweils eine geringe Spannungserhöhung auf.

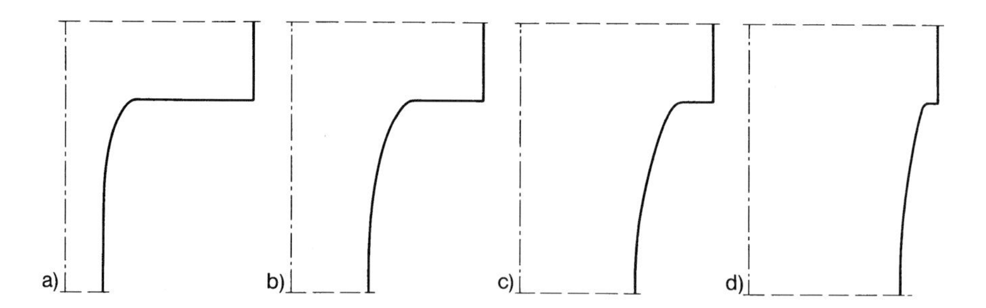

Abb. 4.11: Formoptimierter Querschnittsübergang für abgesetzten Zugstab mit unterschiedlicher Absatzhöhe, Berechnungsergebnis mit Finite-Elemente-Methode; nach Schnack [512]

4.3 Kerbbeanspruchung an Öffnungen und Einschlüssen

Abgrenzung und Übersicht

Zu den Öffnungen gehören Ausschnitte und Löcher unterschiedlicher Randform in Scheiben, Platten und Schalen sowie Hohlräume in Körpern. Wird der Innenbereich der Öffnung durch Werkstoff höherer oder auch niedrigerer Steifigkeit aufgefüllt und mit den Rändern der Öffnung fest verbunden, so ist damit der Einschluß gekennzeichnet. Öffnung und Einschluß sind als Makrophänomene konstruktiv begründet, als Mikrophänomene dagegen werkstoffstrukturell (Poren, Lunker, Fremdpartikel). Sie sind durch die geometrischen Größen Eckrundungsradius, Breite, Länge und weitere Formparameter gekennzeichnet. Die Abgrenzung zu den eigentlichen Kerben ist unscharf, denn Innenkerben sind mit Sonderfällen der Öffnung identisch.

Öffnungen und Einschlüsse werden bei zweidimensionaler Aufgabenstellung (Scheiben, Platten, Rotationskörper) besonders vorteilhaft nach dem Verfahren

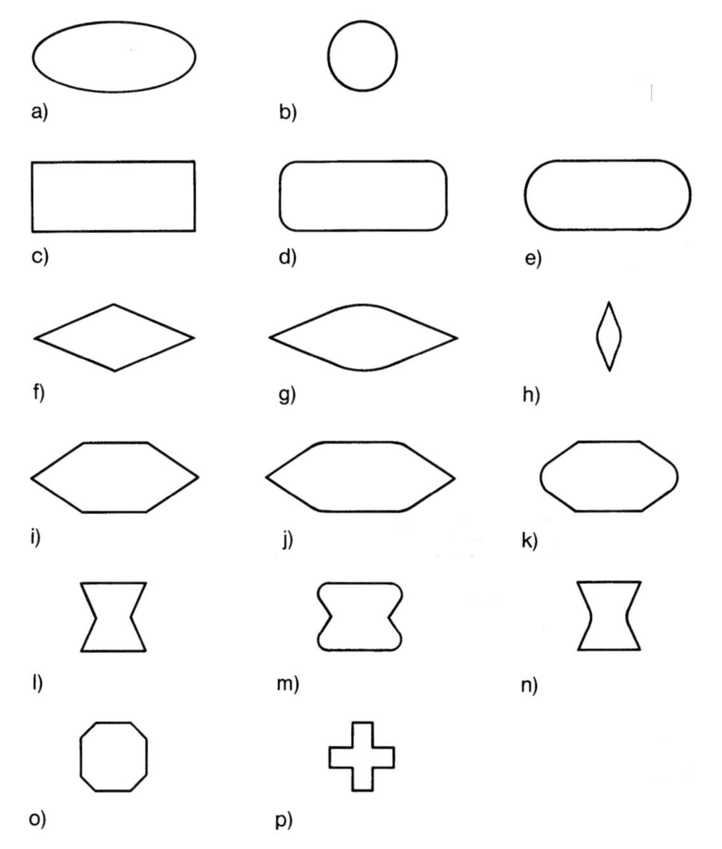

Abb. 4.12: Randkurven von Öffnungen und Einschlüssen, zusammengesetzt aus Geraden und Kreisbögen; Kerbproblemlösungen nach Radaj [472, 474]

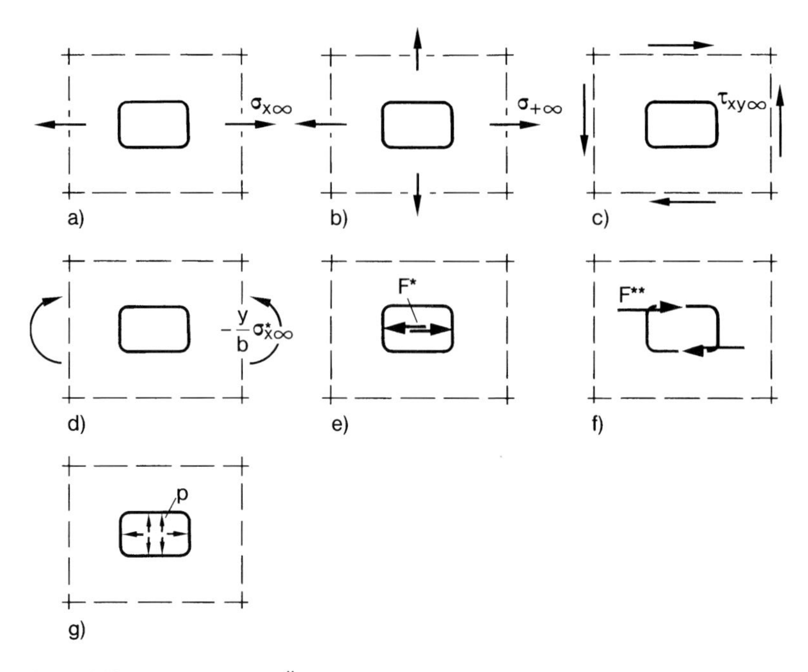

Abb. 4.13: Lastfälle an der Öffnung, Rechteck stellvertretend für Randkurven nach Abb. 4.12; Kerbproblemlösungen nach Radaj [472, 474]

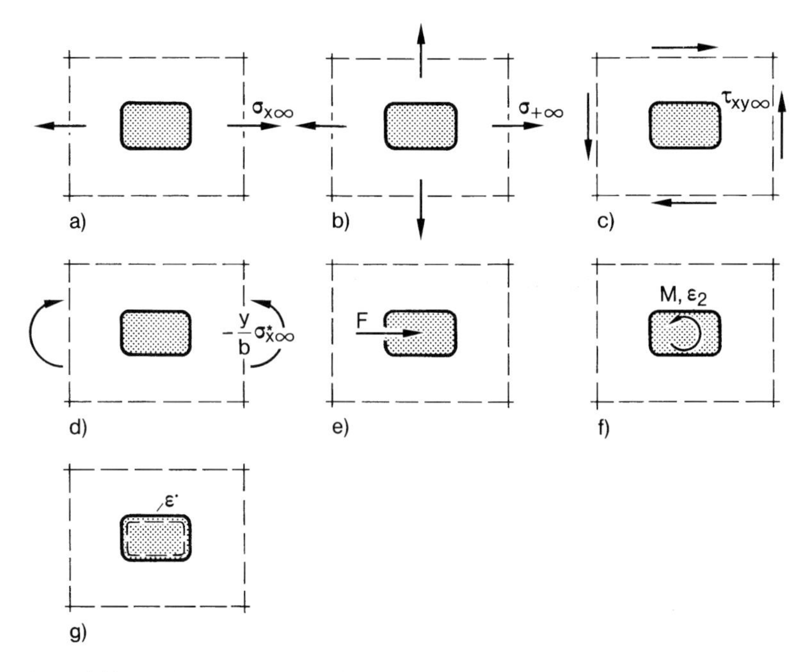

Abb. 4.14: Lastfälle am Einschluß, Rechteck stellvertretend für Randkurven nach Abb. 4.12; Kerbproblemlösungen nach Radaj [472, 474]

der komplexen Spannungsfunktionen, verbunden mit konformer Abbildung und Integralgleichungsansatz nach Mußchelischwili [492], gelöst. Die wichtigsten Anwendungen wurden von Sawin [476] zusammengefaßt. Die Lösungen wurden von Radaj [472, 474] auf Basis eines besonderen Verfahrens der konformen Abbildung wesentlich ausgeweitet. Sie umfassen die in Abb. 4.12 dargestellten Randformen (bestehend aus Geraden und Kreisbögen, mit Ausnahme der Ellipse) und die aus den Abb. 4.13 und 4.14 ersichtlichen Lastfälle an der Öffnung bzw. am Einschluß.

Öffnung und starrer Einschluß in Ellipsenform

Relativ einfache Formeln ergeben sich für die Öffnung und den starren Einschluß in Form einer Ellipse. Die Formzahl wächst mit dem Kennwert $\sqrt{b/\rho}$ bei der Öffnung (bereits aus (4.7) bis (4.11) bekannt, dort mit $t = b$) bzw. mit dem Kennwert $\sqrt{a/\rho}$ beim Einschluß (Breite $2b$ quer zur Zugrichtung, Länge $2a$ in Zugrichtung, Krümmungsradius ρ im Scheitelpunkt in Quer- bzw. Längsrichtung). Für die Kreisöffnung bzw. den Kreiseinschluß ($b/\rho = a/\rho = 1{,}0$) ergeben sich einfache Zahlenwerte, höhere Werte bei der Kreisöffnung, niedrigere Werte beim Kreiseinschluß.

Öffnung und Einschluß in Rechteck-, Rauten- und komplexerer Polygonform

Die Formzahlen für die aufgezeigten Randformen und Lastfälle sind in [474] für Öffnung und starren Einschluß abhängig von den Abmessungsverhältnissen dokumentiert. Beim Rechteck mit gerundeten Ecken beispielsweise lassen sich drei Abmessungsverhältnisse bilden, von denen zwei voneinander unabhängig sind. Daraus folgt eine zweiparametrige Formzahlabhängigkeit, die in Abb. 4.15 für die Öffnung unter einachsiger Zugbeanspruchung dargestellt ist.

Verallgemeinerte Formzahlabhängigkeit, Formzahloptimierung

Die mehrparametrige Formzahlabhängigkeit läßt sich in begrenzten Bereichen der jeweils relevanten n voneinander unabhängigen Abmessungsverhältnisse λ_ν auf folgende multiplikative Form bringen, die als Näherung gültig ist [510, 511]:

$$\alpha_{\mathrm{k}} = k \prod_{\nu=1}^{n} \lambda_\nu^{p_\nu} \qquad (\nu = 1, 2, \cdots, n) \tag{4.18}$$

Die Größen k und p_ν sind kerbfallspezifische Konstante $(-1 \leq p_\nu \leq +1)$. Im einfachen einparametrigen Fall von (4.10) ist $k = 2$, $n = 1$, $\lambda_1 = t/\rho$ und $p_1 = 0{,}5$. Auf der Grundlage von (4.18) kann die Kerbe bei mehrparametriger Abhängigkeit der Formzahl durch geeignete Veränderung der Abmessungsverhältnisse auf niedrige Kerbspannungen optimiert werden.

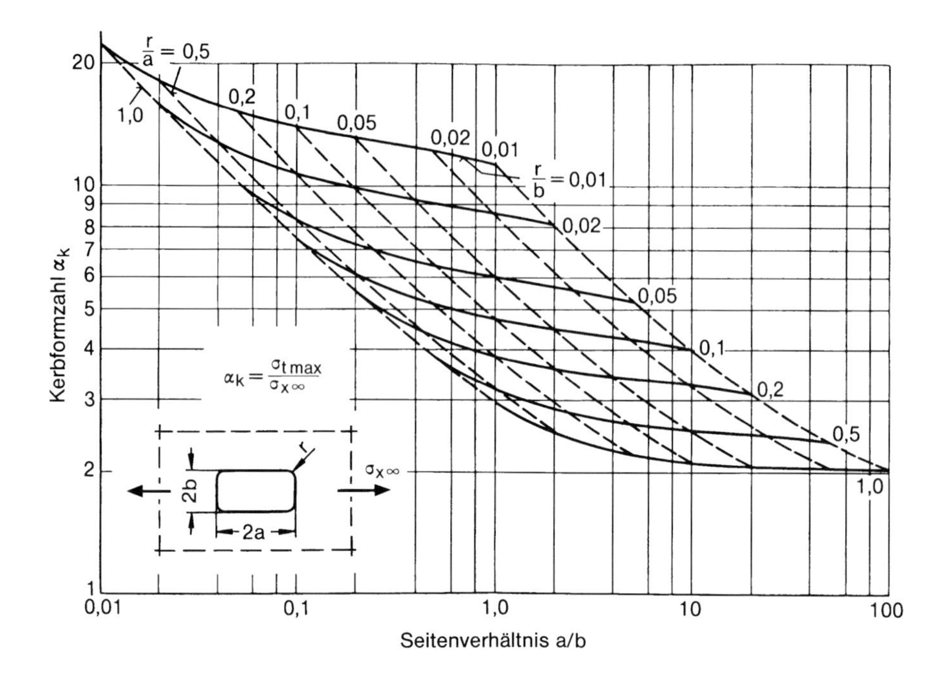

Abb. 4.15: Kerbformzahl der Rechtecköffnung (Ecken gerundet) in der zugbeanspruchten Scheibe als Funktion der Abmessungsverhältnisse; nach Radaj [472, 474]

Lösung der Übertragungsaufgabe

Die vorstehend genannten Lösungen von Kerbspannungsproblemen gelten für stark vereinfachte Modelle einer wesentlich komplexeren Wirklichkeit. Es besteht daher die Aufgabe, die Formzahl des vereinfachten Modells näherungsweise auf die komplexere Wirklichkeit zu übertragen. Dabei geht es im allgemeinen um die zusätzliche Wirkung mehrerer Einflußgrößen.

Die Übertragungsaufgabe wird formal so gelöst, daß die Formzahl α_{k0} des vereinfachten Modells über Kerbeinflußfaktoren k_ν auf die Formzahl α_k der komplexeren Wirklichkeit mit n zusätzlichen Einflußgrößen umgerechnet wird [474]:

$$\alpha_k = \alpha_{k0} \prod_{\nu=1}^{n} k_\nu \qquad (\nu = 1, 2, \cdots, n) \tag{4.19}$$

Die Kerbeinflußfaktoren k_ν werden näherungsweise dem Verhältnis der Formzahl α_k des den jeweiligen Einzeleinfluß repräsentierenden Modells zur Formzahl α_{k0} des vereinfachten Modells gleichgesetzt:

$$k_\nu = \frac{\alpha_k}{\alpha_{k0}} \tag{4.20}$$

Die Näherung (bei Wirkung mehrerer Einflußgrößen) besteht darin, daß immer wieder neu auf α_{k0} Bezug genommen wird, statt eine Folge schrittweise modifizierter Modelle zu betrachten und die neue Formzahl jeweils auf die vorhergehende zu beziehen. Das Berechnungsergebnis nach (4.19) und (4.20) ist daher nur bei Werten von k_ν nahe 1,0 eine brauchbare Näherung. Bei größeren Werten von k_ν wird lediglich eine obere Grenze für die zu erwartende Formzahl ermittelt.

Gerade Scheibenränder

Die Vielfalt der in der Wirklichkeit auftretenden Scheibenbegrenzungen wird nachfolgend auf die Wirkung gerader Quer- und Längsränder reduziert. Das Formzahlverhältnis der als Beispiel gewählten Kreis- und Langlochöffnung im zugbeanspruchten Scheibenstreifen einschließlich der Quadratscheibe ist über dem Verhältnis von Öffnungsbreite $2b$ zu Streifenbreite $2B$ aufgetragen, Abb. 4.16. Die Nennspannung in der Formzahl ist dem ungeschwächten Streifenquerschnitt zugeordnet. Wäre dagegen die Nennspannung dem geschwächten Querschnitt zugeordnet, dann würden die Formzahlkurven nicht ansteigen, sondern leicht abfallen. Die Formzahlverläufe beim Einschluß sind in allen betrachteten Fällen gegenläufig [474].

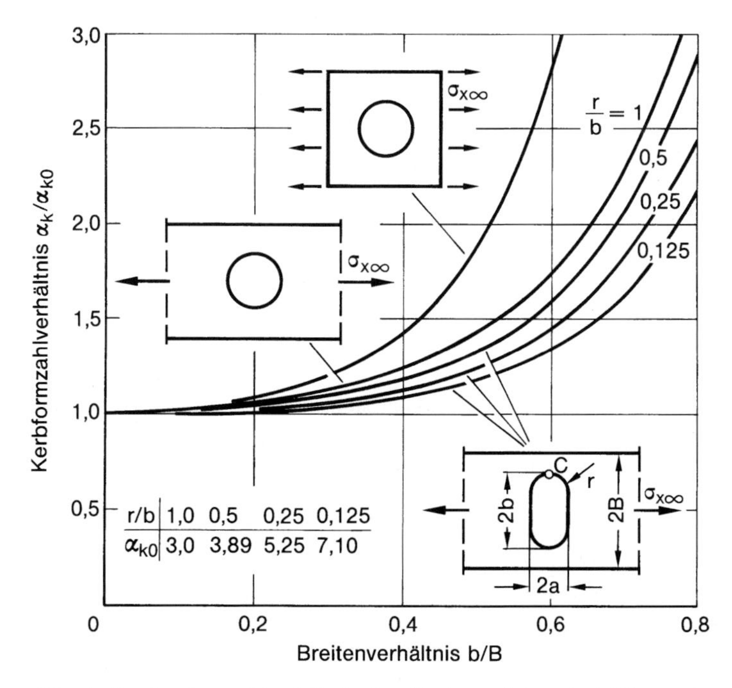

Abb. 4.16: Kerbformzahlverhältnis der Kreis- und Langlochöffnung im zugbeanspruchten Scheibenstreifen als Funktion des Breitenverhältnisses; Auswertung nach Radaj u. Schilberth [474]

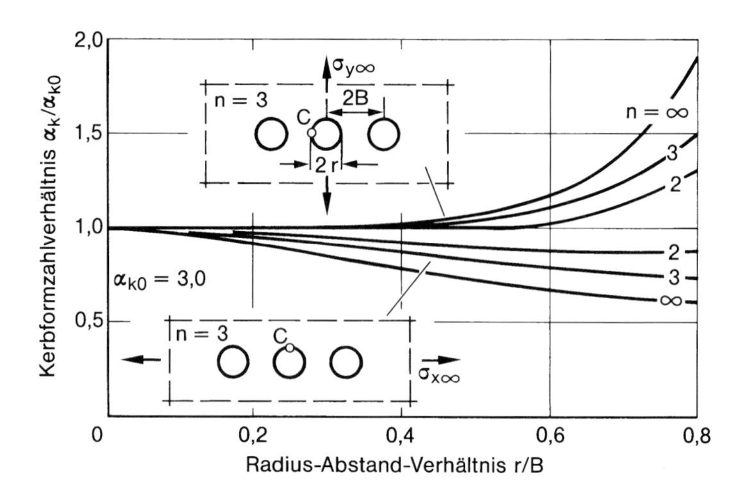

Abb. 4.17: Kerbformzahlverhältnis der Kreisöffnungsreihe längs und quer zur Zugbeanspruchung der Scheibe als Funktion des Radius-Abstand-Verhältnisses; Auswertung nach Radaj u. Schilberth [474]

Mehrfachanordnung von Öffnung und Einschluß

Die Mehrfachanordnung von Öffnung und Einschluß ist vorzugsweise für Kreis und Ellipse untersucht worden. Das Formzahlverhältnis der als Beispiel gewählten Kreisöffnungsreihe längs und quer zur Zugbeanspruchung der Scheibe wird über dem Verhältnis von Radius r zu halbem Abstand B aufgetragen, Abb. 4.17. Die Auswirkung der Queranordnung ist der von Längsrändern ähnlich. Die Längsanordnung zeigt den nach Kap. 4.2 für die Kerbreihe zu erwartenden Kerbentlastungseffekt. Die Verhältnisse beim Einschluß sind gegenläufig [474].

Randversteifung der Öffnung

Die hohen Kerbspannungen der Öffnung lassen sich durch eine Randversteifung abmindern. Formzahlen werden vorzugsweise in Abhängigkeit des Verhältnisses von Versteifungs- zu Öffnungsvolumen angegeben. Das Formzahlverhältnis der Kerbvergleichsspannungen (Gestaltänderungsenergiehypothese) für die als Beispiel gewählte breite Kreisöffnungsversteifung wird in Abb. 4.18 dargestellt.

Der Formzahlabminderung in D folgt bei zu starker Versteifung ein Wiederanstieg der Formzahl in C (Einschlußwirkung). Zur optimalen Gestaltung einer versteiften Öffnung gehört eine günstige Randform (vom Lastfall abhängig), ein günstiger Randversteifungsquerschnitt (Form, Abmessungen, Verteilung am Rand) und eine günstige Kraftflußführung (Entlastungslöcher, Versteifungsrippen). Bei Kombination der Maßnahmen sind „neutrale“ Öffnungen möglich, d. h. Öffnungen ohne Kerbspannungserhöhung [474].

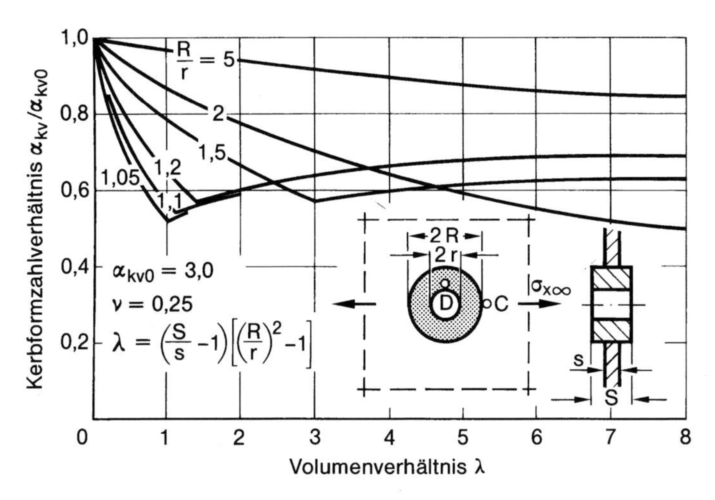

Abb. 4.18: Kerbformzahlverhältnis der breiten Kreisöffnungsversteifung in der zugbelasteten Scheibe als Funktion des Volumenverhältnisses; Auswertung nach Radaj u. Schilberth [474]

Öffnung und Einschluß in Platten

Platten sind ebene Flächentragwerke, die im Unterschied zur Scheibe durch Biegemomente und Querkräfte beansprucht werden. Bei dünnen Platten wird die Kirchhoffsche Plattentheorie angewendet (Schubdeformation vernachlässigt), nach der sich die Formzahlen unabhängig von der Plattendicke ergeben. Bei dikken Platten trifft die Reissnersche Plattentheorie zu (Schubdeformation berücksichtigt), nach der die Formzahlen dickenabhängig ermittelt werden.

Die Formzahlen der Öffnung in dünnen Platten sind kleiner, höchstens gleich der Formzahl der Scheibenöffnung im entsprechenden Beanspruchungsfall (z. B. einachsige Biegung statt einachsigem Zug). Die Formzahlen des Einschlusses in dünnen Platten sind größer, allenfalls gleich der Formzahl des Scheibeneinschlusses im entsprechenden Beanspruchungsfall. Bei sehr dicken Platten nähern sich die Formzahlen der Platte denen der Scheibe [474].

Öffnung und Einschluß in Schalen

Schalen sind gekrümmte Flächentragwerke, die Membran- und Biegespannungen aufweisen. Die Kerbspannungen in Schalen sind gegenüber den Kerbspannungen in vergleichbaren Scheiben- und Plattenproblemen erhöht, weil Membran- und Biegespannungen gekoppelt auftreten. Das ansteigende Formzahlverhältnis für die als Beispiel gewählte elliptische Öffnung in der durch Axialzug beanspruchten Kreiszylinderschale als Funktion der Schalenkrümmungszahl ist in Abb. 4.19 dargestellt. Der Kerbspannungshöchstwert tritt im Scheitelpunkt C auf der Schaleninnenseite auf. Der Anstieg des Formzahlverhältnisses ist beim Einschluß im allgemeinen weniger ausgeprägt [474].

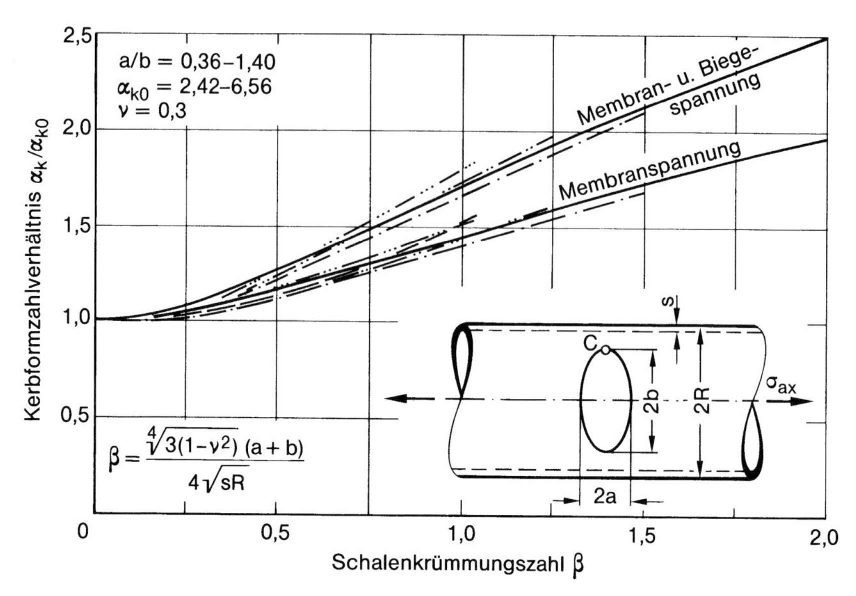

Abb. 4.19: Kerbformzahlverhältnis der elliptischen Öffnung in der Kreiszylinderschale unter Axialzug als Funktion der Schalenkrümmungszahl; Auswertung nach Radaj u. Schilberth [474]

Räumliche Kerbwirkung, Hohlraum und Einschluß

Der rotationssymmetrische Hohlraum im unendlichen Körper weist gegenüber der Öffnung in der unendlichen Scheibe erniedrigte Formzahlen auf. Der Einschluß verhält sich gegenläufig, es treten erhöhte Formzahlen auf. Die Kerbspannung in Scheiben endlicher Dicke ist in der Scheibenmittelfläche gegenüber der Scheibenoberfläche infolge der Querdehnungsbehinderung etwas erhöht. Das Ausmaß der Erhöhung hängt von den Kerbabmessungen relativ zur Scheibendicke ab [474].

Schwingende und schlagartige Belastung

Auf die schwingende Belastung sind die statisch ermittelten Formzahlen übertragbar, wenn die Schwingungsfrequenz deutlich unterhalb der ersten Eigenfrequenz des Bauteils bleibt. Sie sind ebenfalls übertragbar, wenn die betrachtete Kerbe klein gegenüber der Wellenlänge der bei Schwingbeanspruchung sich ausbildenden stehenden Wellen ist und als Nennspannung in der Formzahl die örtliche, zyklisch veränderliche Grundbeanspruchung verwendet wird. Kerben in Schwingungsknoten weisen demnach geringe, Kerben in einem Schwingungsbauch dagegen hohe Nenn- und Kerbspannungen auf.

Hinsichtlich der Formzahl bei schlagartigen Vorgängen ist ein wenig bekanntes Dynamik-Theorem von Love [490] aussagefähig. Eine schlagartig aufgebrachte Last verdoppelt alle Spannungen gegenüber dem statischen Fall, eine schlagartig umgekehrte Last verdreifacht sie. Die statischen Formzahlen sind auf schlagartig erfolgende Beanspruchungsvorgänge übertragbar, wobei aber die angesprochene Erhöhung der Bezugsspannungen zu beachten ist.

4.4 Elastisch-plastische Kerbbeanspruchung

Makrostützwirkungsformel nach Neuber

Wenn die Fließgrenze im Kerbgrund lokal überschritten wird, steigen die Kerbspannungen unterproportional und die Kerbdehnungen überproportional (Makrostützwirkung). Der Zusammenhang zwischen inelastischer Spannungs- und Dehnungsformzahl, α_σ und α_ε, und elastischer Formzahl α_{k} bei starker bzw. geringer Kerbwirkung ist nach Neuber [467, 535] durch einfache Beziehungen gegeben:

$$\alpha_\sigma \alpha_\varepsilon = \alpha_{\mathrm{k}}^2 \tag{4.21}$$

$$\alpha_\sigma(\alpha_\varepsilon - 1) = \alpha_{\mathrm{k}}(\alpha_{\mathrm{k}} - 1) \tag{4.22}$$

Ausgedrückt durch die Kerbhöchstspannungen σ_{k} und Kerbhöchstdehnungen ε_{k} sowie die Nennspannungen σ_{n} und Nenndehnungen ε_{n} (im elastischen Bereich) lauten diese Gleichungen:

$$\sigma_{\mathrm{k}}\varepsilon_{\mathrm{k}} = \sigma_{\mathrm{n}}\varepsilon_{\mathrm{n}}\alpha_{\mathrm{k}}^2 = \frac{\sigma_{\mathrm{n}}^2}{E}\alpha_{\mathrm{k}}^2 \tag{4.23}$$

$$\sigma_{\mathrm{k}}(\varepsilon_{\mathrm{k}} - \varepsilon_{\mathrm{n}}) = \sigma_{\mathrm{n}}\varepsilon_{\mathrm{n}}\alpha_{\mathrm{k}}(\alpha_{\mathrm{k}} - 1) = \frac{\sigma_{\mathrm{n}}^2}{E}\alpha_{\mathrm{k}}(\alpha_{\mathrm{k}} - 1) \tag{4.24}$$

Bei scharfen Kerben ist nach (4.21) das Produkt aus elastisch-plastischer Spannungs- und Dehnungsformzahl $\alpha_\sigma\alpha_\varepsilon$ gleich dem Quadrat der elastischen Formzahl α_{k}^2. Der Zusammenhang zwischen den zugehörigen Spannungen und Dehnungen ist in Abb. 4.20(a) veranschaulicht (mit $\alpha_{\mathrm{H}} = \alpha_{\mathrm{k}}$). Hyperbelbögen ver-

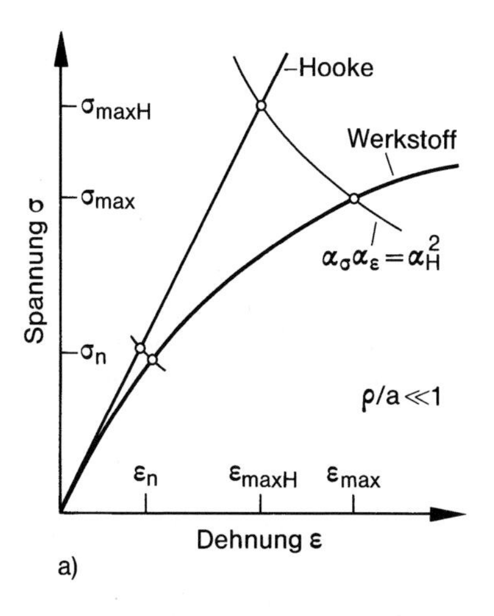

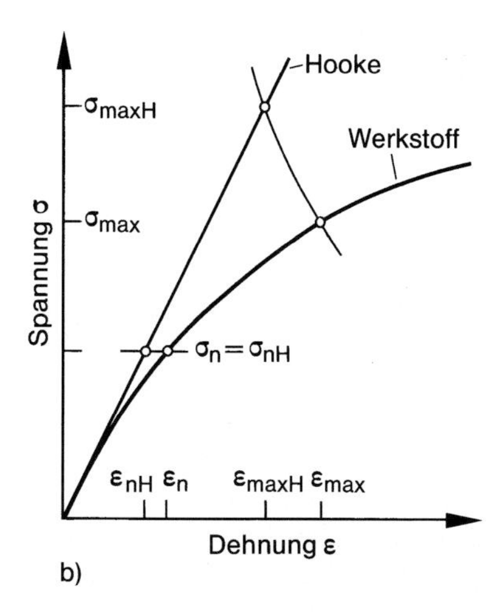

Abb. 4.20: Veranschaulichung der Berechnung der elastisch-plastischen Beanspruchung im Kerbgrund (Makrostützwirkung) bei scharfen Kerben (a) und milden Kerben (b) mit den Kerbhöchstspannungen σ_{max} und den Kerbhöchstdehnungen $\varepsilon_{\mathrm{max}}$ sowie den Nennspannungen σ_{n} und den Nenndehnungen ε_{n}; nach Neuber [467]

mitteln zwischen den fiktiven Größen auf der Hookeschen Geraden und den realen Größen auf der Spannungs-Dehnungs-Kurve. Als solche wird i. a. die Beziehung (2.16) nach Ramberg und Osgood oder elastisch-idealplastisches Werkstoffverhalten eingeführt. Der erkennbare Unterschied zwischen σ_n und σ_{nH} bzw. ε_n und ε_{nH} auf realer und Hookescher Kurve ist vernachlässigbar, soweit die Nennspannung bei den vorausgesetzten scharfen Kerben hinreichend klein und damit elastisch bleibt. Ist das nicht der Fall, dann ist die Neuber-Formel (4.21) gemäß (4.22) zu modifizieren.

Bei milden Kerben verläuft der von der Hookeschen Geraden ausgehende Kurvenbogen nach (4.22) steiler als obiger Hyperbelbogen, so daß die realen Beanspruchungen in Richtung Koordinatenursprung verschoben, also merklich verkleinert sind, Abb. 4.20 (b). Es ist $\sigma_n = \sigma_{nH}$, bei etwas unterschiedlichen Dehnungen ε_n und ε_{nH}, zu setzen. Sofern jedoch die einfachere Gleichung (4.21) auch auf milde Kerben angewendet wird, empfiehlt es sich nach Sonsino [220], die nach (4.23) sich ergebende Gesamtdehnung ε_k im Kerbgrund um die Hälfte des plastischen Dehnungsanteils $\varepsilon_{k\,pl}$ zu verkleinern (mit $\varepsilon_k = \varepsilon_{k\,el} + \varepsilon_{k\,pl}$), um die wirkliche Kerbhöchstdehnung ε_k^* zu erhalten:

$$\varepsilon_k^* = \frac{1}{2}(\varepsilon_k + \varepsilon_{kel}) \tag{4.25}$$

Den Gleichungen (4.21) und (4.22) bzw. (4.23) und (4.24) liegt ein durch stetige Verfestigung gekennzeichnetes nichtlineares Werkstoffverhalten an nichteben schubbeanspruchter Kerbe zugrunde. Die Gleichungen gelten in abweichenden Beanspruchungsfällen nur näherungsweise. Sie gelten nicht allein für die durch Formzahlen ausgedrückten Maximalwerte der Beanspruchung, sondern näherungsweise auch für die übrigen Beanspruchungswerte im nichteben schubbeanspruchten Kerbquerschnitt.

Die Neuberschen Beziehungen (4.21) und (4.22) beschreiben die wirkliche elastisch-plastische Kerbwirkung vielfach nur unzureichend. Differenzen treten auf, wenn Kerbgeometrie, Probenbelastung oder Werkstoffkennlinie von den erwähnten Annahmen der Ableitung abweichen. Ein solches Abweichen ist bereits die mit (4.21) und (4.22) vollzogene Übertragung von der Schubbeanspruchung auf die Zugbeanspruchung und weiterhin die häufig anzutreffende Anwendung von (4.21) in Verbindung mit elastisch-idealplastischem Werkstoff. Des weiteren ist bei Anpassung der Spannungs-Dehnungs-Kurve an die Fließspannung $\sigma_{0,2}$ der weitere Verfestigungsverlauf vieler Werkstoffe nicht genügend genau erfaßt. Der weitere örtliche Beanspruchungsverlauf nach Vollplastifizierung des Querschnitts bleibt unbestimmt.

In derartigen Fällen bieten sich genauere Näherungsformeln an, deren Grundstruktur theoretisch begründet ist, die jedoch über zunächst offene Parameter Spielraum für die Anpassung an die Gegebenheiten des Einzelfalls bieten. Die dabei wichtigste Bezugsgröße ist die Grenzlastformzahl (auch Traglastformzahl) α_{pl}, das Verhältnis der Nennspannung $\sigma_{n\,pl}$ bei voller Plastifizierung des Nettoquerschnitts unter Annahme elastisch-idealplastischen Werkstoffs zur Nennspannung $\sigma_{nF} = \sigma_F/\alpha_k$ bei lokalem Fließbeginn nach Saal [537]:

$$\alpha_{\mathrm{pl}} = \frac{\sigma_{\mathrm{n\,pl}}}{\sigma_{\mathrm{nF}}} \tag{4.26}$$

Die Näherungsformeln nach [522, 524, 537, 541, 547] (s. a. [220, 519, 523, 531, 549]) sind von Seeger und Beste [540] einem einheitlichen Herleitungsschema zugeordnet worden. Auf Basis der Grenzlastformzahl kann auch die Neuber-Gleichung (4.21) in modifizierter Form angegeben werden, die insbesondere den Übergang in den vollplastischen Zustand zutreffend erfaßt [542]. Eine weitere Möglichkeit der Bestimmung der elastisch-plastischen Kerbbeanspruchung in unübersichtlichen Fällen ist durch die Finite-Elemente-Methode gegeben [533].

Neuber-Formeln mit Eigenspannungen

Um die elastisch-plastische Kerbbeanspruchung nach der Neuber-Formel auch dann annähern zu können, wenn anfängliche Kerbeigenspannungen σ_{kE} bzw. Kerbeigendehnungen $\varepsilon_{\mathrm{kE}}$ vorliegen, wurden von Lawrence *et al.* [532], Reemsnyder [536] und Seeger *et al.* [520, 543] folgende Modifizierungen der Neuber-Formel (4.21) vorgenommen (in der Reihenfolge der genannten Autoren):

$$\sigma_{\mathrm{k}}\varepsilon_{\mathrm{k}} = \frac{1}{E}(\sigma_{\mathrm{n}}\alpha_{\mathrm{k}} + \sigma_{\mathrm{kE}})^2 \tag{4.27}$$

$$\sigma_{\mathrm{k}}\varepsilon_{\mathrm{k}} = \frac{1}{E}\left(\frac{\sigma_{\mathrm{n}}\alpha_{\mathrm{k}}}{1 - \sigma_{\mathrm{kE}}/\sigma_{\mathrm{k}}}\right)^2 \tag{4.28}$$

$$\sigma_{\mathrm{k}}(\varepsilon_{\mathrm{k}} - \varepsilon_{\mathrm{kE}}) = \frac{1}{E}(\sigma_{\mathrm{n}}\alpha_{\mathrm{k}})^2 \tag{4.29}$$

Die elastisch-plastischen Kerbspannungen und Kerbdehnungen in den Gleichungen (4.27) bis (4.29) werden einschließlich der Kerbeigenspannungen und Kerbeigendehnungen gemessen. Also gilt bei gleichsinnig-monotoner Zugbelastung $\sigma_{\mathrm{k}} > \sigma_{\mathrm{kE}}$ und $\varepsilon_{\mathrm{k}} > |\varepsilon_{\mathrm{kE}}|$. Zu einer positiven Eigenspannung σ_{k} gehört eine negative Eigendehnung $\varepsilon_{\mathrm{kE}}$. Erst das Rückgängigmachen der Eigendehnung erzeugt die Eigenspannung. Die (elastische) Nennspannung σ_{n}, die die äußere Belastung kennzeichnet, ist dagegen unabhängig von Eigenspannung und Eigendehnung.

Nach den Formeln von Lawrence (4.27) und von Reemsnyder (4.28) werden die Kerbeigenspannungen als monotone Vorbelastung aufgefaßt, was allenfalls nur teilweise zutrifft. Diese Vorbelastung wird von Lawrence in den Nennspannungen und nach Reemsnyder in den Kerbspannungen berücksichtigt.

Der Formel (4.29) von Seeger liegt eine andere Modellvorstellung zugrunde. Es wird die Kerbe mit dünner Randschicht betrachtet, Abb. 4.21 (a). In der Randschicht herrschen die Eigenspannungen σ_{E}, während die mit σ_{E} im Gleichgewicht stehenden Eigenspannungen im Kernwerkstoff vernachlässigbar klein sind. Die Kerbdehnungen des Kernwerkstoffs werden der Randschicht ohne Abstriche aufgezwungen, ähnlich der Situation bei einem Dehnungsmeßstreifen [48]. Die örtliche Dehnung ε der Kerbe im Kernwerkstoff ist deshalb in der

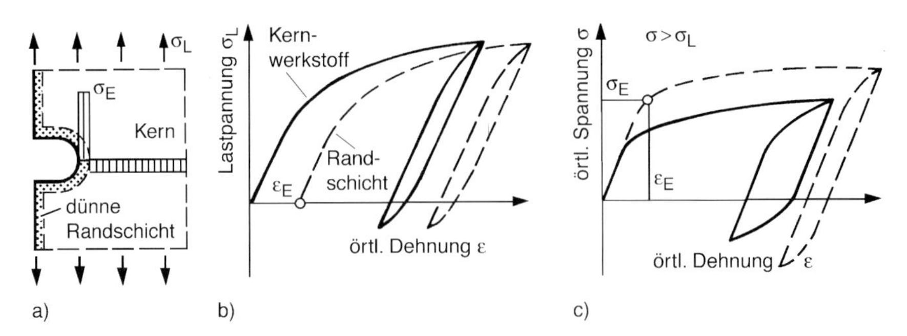

Abb. 4.21: Modell der Kerbe mit dünner Randschicht und Eigenspannung σ_{E} unter Zugbelastung σ_{L} (a), Last-Dehnungs-Pfade (b) und örtliche Beanspruchungspfade (c); nach Seeger [48]

Randschicht der unter Eigenspannungsaufbau rückgängig gemachten Eigendehnung ε_{E} aufzusetzen, woraus (4.29) folgt. Bei zyklischer Belastung verlaufen die Last-Dehnungs-Pfade nach Abb. 4.21 (b) und die örtlichen Beanspruchungspfade nach Abb. 4.21 (c) um den Betrag der Eigendehnung gegeneinander versetzt. Die örtlichen Spannungen und Dehnungen im Diagramm sind den Kerbspannungen und Kerbdehnungen gleichzusetzen. Die Lastspannung σ_{L} entspricht der Nennspannung σ_{n}. Randschicht und Kernwerkstoff haben im Diagramm unterschiedliche Fließ- und Verfestigungskennwerte bei identischem Elastizitätsmodul. Hinsichtlich der Vorgehensweise bei dicker Randschicht nach Bäumel und Seeger [518] wird auf Kap. 4.12 verwiesen.

Kerbspannungsformel nach Glinka

Alternativ zum Neuberschen Ansatz wird von Glinka [523] ein Ansatz auf Basis der Formänderungsenergiedichte gewählt, um die elastisch-plastische Kerbbeanspruchung zu bestimmen. Die Annahme wird eingeführt, daß die Formänderungsenergiedichte in der elastisch gestützten plastischen Zone der Kerbe (small scale yielding) dem Wert der rein elastischen Lösung gleich bleibt. Diese Annahme liegt nahe, da sich Spannungen und Dehnungen nach Überschreiten der Fließgrenze gegenläufig verhalten, während die Hauptrichtungen des Spannungszustands beibehalten werden. Daß der Ansatz eine höhere Lösungsgenauigkeit bietet als die einfache Neuber-Formel nach (4.21), wurde über eine größere Zahl von Versuchsergebnissen nachgewiesen.

Die nichtlineare Spannungs-Dehnungs-Beziehung (2.16) nach Ramberg und Osgood wird den Ableitungen zugrunde gelegt. Nachfolgend wird der einfachere Fall betrachtet, daß die Nennspannungen im elastischen Bereich bleiben. Die Ausweitung auf elastisch-plastische Nennspannungen ist problemlos möglich. Zunächst wird die Kerbe unter ebenem Spannungszustand untersucht. Die linear ansteigende elastische Formänderungsenergiedichte wird der nichtlinear ansteigenden elastisch-plastischen Formänderungsenergiedichte gleichgesetzt:

$$\alpha_{\mathrm{k}}^2 \frac{\sigma_{\mathrm{n}}^2}{2E} = \frac{\sigma_{\mathrm{k}}^2}{2E} + \frac{\sigma_{\mathrm{k}}}{n+1} \left(\frac{\sigma_{\mathrm{k}}}{K} \right)^{1/n} \tag{4.30}$$

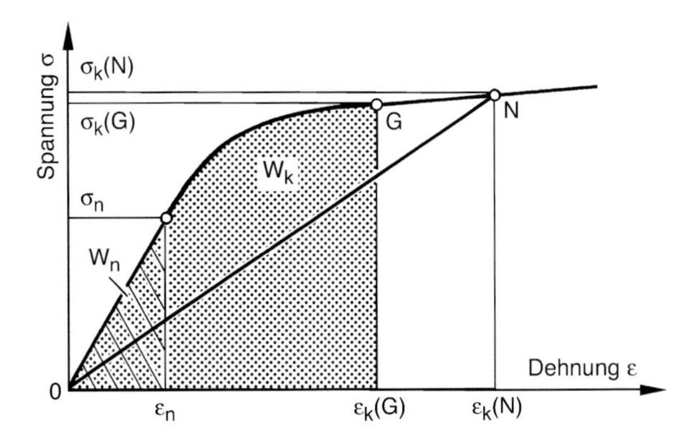

Abb. 4.22: Veranschaulichung der Kerbbeanspruchungslösungen von Glinka (Punkt G) und Neuber (Punkt N); erstere Lösung auf Basis der Formänderungsenergiedichten W_k (elastisch-plastische Kerbbeanspruchung) und W_n (elastische Nennspannung); nach Glinka [523]

Es bedeuten: α_k elastische Formzahl, σ_n elastische Nennspannung, σ_k elastisch-plastische Kerbhöchstspannung, E Elastizitätsmodul, K Verfestigungskoeffizient, n Verfestigungsexponent.

Vorstehende Gleichung (4.30) kann auf den ebenen Dehnungszustand umgerechnet werden. Es ergibt sich derselbe Gleichungsaufbau, wobei die Größen E, K und n zu modifizieren sind.

Es interessiert der Vergleich von (4.30) mit der einfachen Neuber-Gleichung (4.21). Dafür wird letztere mit (2.16) umgeformt:

$$\alpha_k^2 \frac{\sigma_n^2}{2E} = \frac{\sigma_k}{2}\left[\frac{\sigma_k}{E} + \left(\frac{\sigma_k}{K}\right)^{1/n}\right] \tag{4.31}$$

Die Lösungen nach Glinka (Kurvenpunkt G) und Neuber (Kurvenpunkt N) sind in Abb. 4.22 gegenübergestellt. Die Formänderungsenergiedichte W_n der Nennspannung erscheint als schraffierte Dreiecksfläche. Die entsprechende Energiedichte W_k der Kerbbeanspruchung ist gerastert veranschaulicht. Der Neuber-Lösung entspricht die hervorgehobene Dreieckshypothenuse. Die Kerbdehnungen nach Neuber sind deutlich größer als die nach Glinka, wobei Versuchsergebnisse die Lösung von Glinka bestätigen. Dabei ist anzumerken, daß auch Neubers modifizierte Gleichung (4.22) die Verkleinerung der Kerbdehnung ausweist.

Modell der anisotropen Verfestigung nach Mróz

Zur Veranschaulichung des Verfestigungsmodells dient der zweiachsige Spannungszustand (Hauptspannungen σ_1 und σ_2) im Kerbgrund. Der Grenzzustand des Fließens wird durch eine Fließkurve im $\sigma_1\sigma_2$-Diagramm gekennzeichnet, beispielsweise durch eine diagonal ausgerichtete Ellipse bei Gültigkeit der Gestaltänderungsenergiehypothese. Bei isotroper Verfestigung weitet sich die Fließkurve in allen Richtungen entsprechend dem Anstieg der einachsigen Vergleichsspannung. Bei anisotroper Verfestigung wird die Fließkurve entsprechend diesem

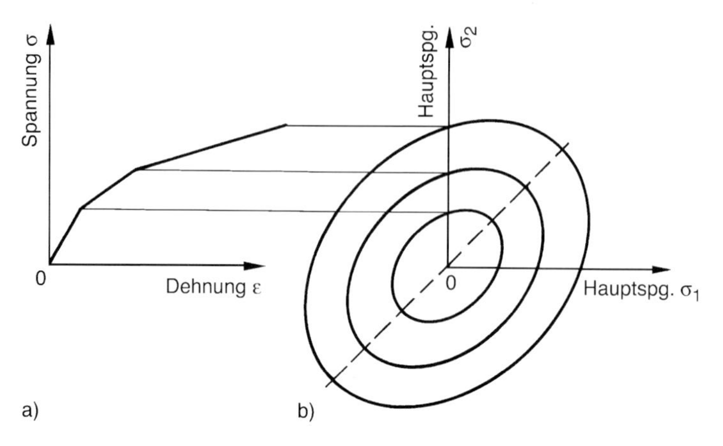

Abb. 4.23: Inkrementell linearisierte Spannungs-Dehnungs-Kurve (a) und elliptische Fließkurve (b) zum anisotropen Verfestigungsmodell von Mróz [299, 300]

Anstieg translatorisch verschoben (kinematische Verfestigung nach Prager und Ziegler). Nach dem Modell von Mróz [299, 300] werden Aufweitung und translatorische Verschiebung in bestimmter Weise verknüpft. Die Spannungs-Dehnungs-Kurve des einachsigen Vergleichsversuchs wird inkrementell linearisiert, und den Übergangspunkten zwischen den linearisierten Kurvenabschnitten werden elliptische Fließkurven zugeordnet, Abb. 4.23.

Im Zuge eines beliebigen Beanspruchungspfades werden die Ellipsen als starre Gebilde bewegt, zuerst die kleinste Ellipse innerhalb der mittleren Ellipse, ab der Kontaktierung auch die mittlere Ellipse innerhalb der großen Ellipse und schließlich die große Ellipse selbst. Um ein tangentiales Berühren der Ellipsen ohne Überschneidung zu sichern, wurde das Verfahren von Garud [269] modifiziert. Weitere Verfahrensvorschläge stammen von McDowell [293] und Chu [246, 247]. Die vorstehende grafische Veranschaulichung macht deutlich, daß der Verfestigungszustand i. a. nicht allein von einer Vergleichsspannung abhängt, sondern vom gesamten Beanspruchungspfad. Das beschriebene Verfestigungsmodell wird in Kombination mit den Ansätzen von Neuber und Glinka für elastisch-plastische Kerbbeanspruchung eingesetzt (Singh *et al.* [546]).

Last-Kerbdehnungs-Kurven nach Seeger

In der Praxis wird der Zusammenhang zwischen den äußeren Lasten und den örtlichen Spannungen und Dehnungen nach Überschreiten der Fließgrenze benötigt (Bauteilfließkurve). Die örtlichen Beanspruchungen werden nachfolgend als Kerbbeanspruchungen aufgefaßt (Kerbfließkurve). Die vorstehenden Angaben zur elastisch-plastischen Kerbwirkung eröffnen die Möglichkeit der näherungsweisen Berechnung der Kerbfließkurve ausgehend von elastischer Formzahl und Spannungs-Dehnungs-Kurve (Seeger und Mitarbeiter [516, 525-530, 540-542]).

Im Hinblick auf zyklische Beanspruchungen ist dabei die Schwierigkeit zu überwinden, daß elastisch-plastische Nenndehnungen vorliegen, etwa bei hohen

Mittelspannungen, bei Beanspruchung im Kurzzeitfestigkeitsbereich oder bei einer Spannungs-Dehnungs-Kurve, die sich frühzeitig von der elastischen Geraden ablöst.

Die elastisch-plastische Kerbbeanspruchung nach teilweiser oder vollständiger Plastifizierung des Nettoquerschnitts läßt sich nach Seeger und Heuler [542] über folgende Modifikation der Neuber-Gleichung (4.21) bestimmen:

$$\alpha_\sigma \alpha_\varepsilon = \alpha_\mathrm{k} \frac{\varepsilon_\mathrm{n}^* E}{\sigma_\mathrm{n}^*} = \alpha_\mathrm{k} \frac{E}{E^*} \tag{4.32}$$

$$\sigma_\mathrm{n}^* = \sigma_\mathrm{n} \frac{\alpha_\mathrm{k}}{\alpha_\mathrm{pl}} \tag{4.33}$$

Dabei werden die traglastbezogene Nennspannung σ_n^* zusammen mit der gemäß Spannungs-Dehnungs-Kurve des Werkstoffs modifizierten Nenndehnung $\varepsilon_\mathrm{n}^* = f(\sigma_\mathrm{n}^*)$ sowie der elastisch-plastische Sekantenmodul $E^* = \sigma_\mathrm{n}^*/\varepsilon_\mathrm{n}^*$ und die Traglastformzahl α_pl nach (4.26) eingeführt. Eine kurzgefaßte Diskussion der vorstehenden Gleichungen im Falle von elastisch-idealplastischem oder stetig verfestigendem Werkstoff ohne oder mit Überschreitung der Fließgrenze im Nettoquerschnitt ist im Anhang von [527] nachzulesen.

Es ist i. a. ausreichend, die in (4.33) benötigte Traglastformzahl α_pl aus den Traglastnennspannungen $\sigma_\mathrm{n\,pl}$ (bei elastisch-idealplastischem Werkstoff) gemäß elementaren Gleichgewichtsbetrachtungen unter Vernachlässigung innerer Mehrachsigkeit zu bestimmen [529, 530]. In Abb. 4.24 ist dies für die Biege- und Torsionsbelastung eines gekerbten Rundstabes veranschaulicht. Bei ausgeprägter innerer Mehrachsigkeit ist auch ein genaueres Näherungsverfahren verfügbar [525].

Die mit dem modifizierten Neuber-Ansatz berechneten Kerbfließkurven für die Kreislochkerbe in einer Zugscheibe (weit, aber nicht unendlich ausgedehnt, wie an $\alpha_\mathrm{k} < 3{,}0$ erkenntlich) bei unterschiedlich verfestigendem Werkstoff sind in Abb. 4.25 den genaueren Ergebnissen nach der Finite-Elemente-Methode gegenübergestellt [516]. Die Ordinate ist identisch mit dem Nennspannungsverhältnis $\sigma_\mathrm{n}/\sigma_\mathrm{nF}$ bzw. mit dem entsprechenden Lastverhältnis.

Der modifizierte Neuber-Ansatz wurde von der einachsigen auf die mehrachsige elastisch-plastische Kerbbeanspruchung ausgedehnt [516, 528]. Dabei kann die Plastizitätstheorie mit dem vereinfachten Fließgesetz von Hencky angewendet werden, weil im elastisch-plastischen Kerbbereich annähernd gleichbleiben-

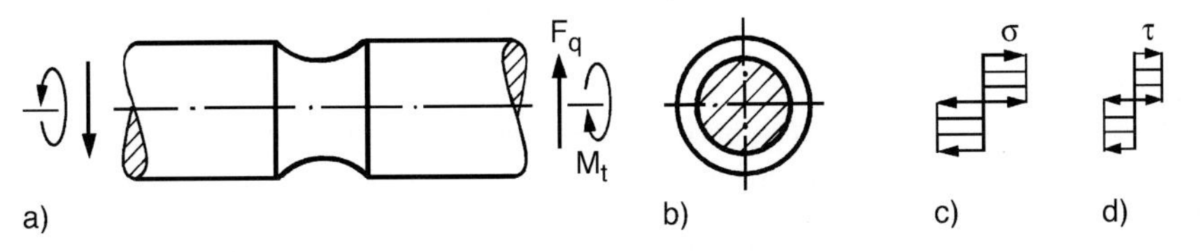

Abb. 4.24: Traglastnennspannungen aus elementaren Gleichgewichtsbetrachtungen für einen gekerbten Rundstab unter Querkraftbiegung und Torsion (Querschubspannungen vernachlässigt); nach Hoffmann u. Seeger [529, 530] (Belastung modifiziert)

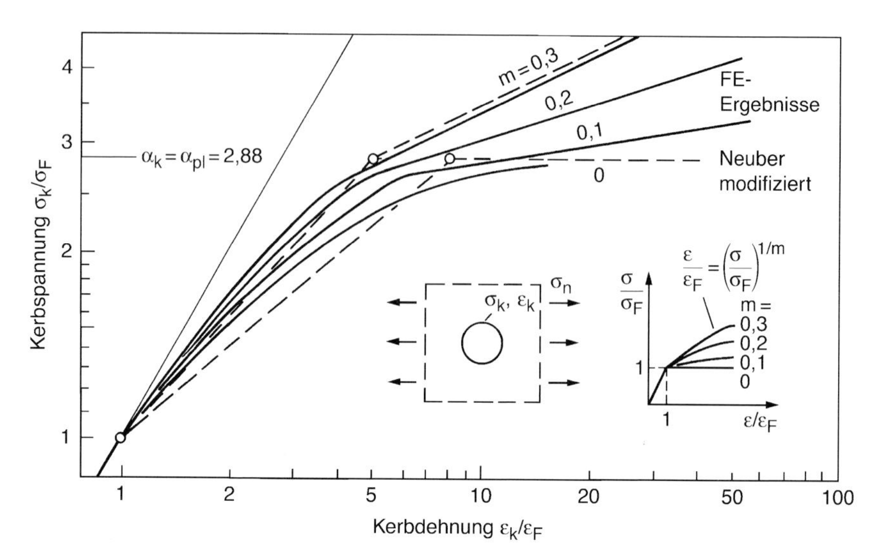

Abb. 4.25: Kerbfließkurven für die Kreislochkerbe in einer Zugscheibe bei unterschiedlich verfestigendem Werkstoff; modifizierte Neuber-Gleichung (gestrichelte Linien) und Finite-Elemente-Ergebnisse (durchgehende Linien); nach Amstutz u. Seeger [516]

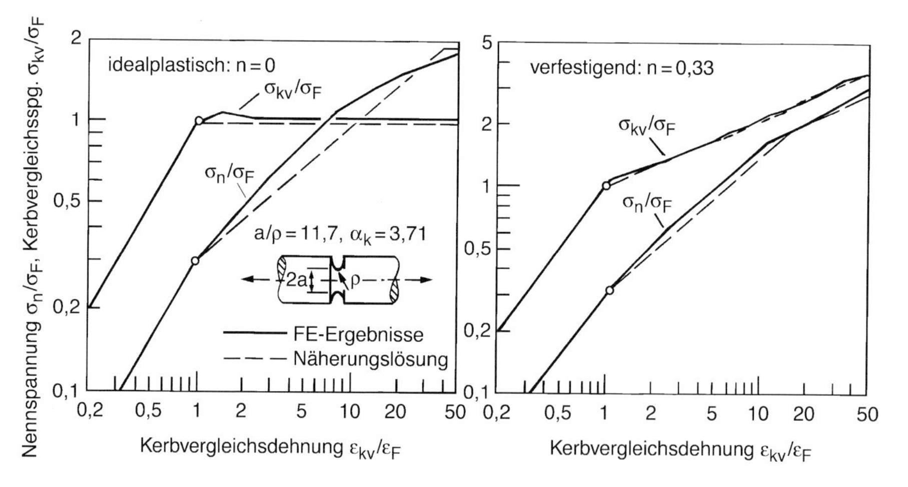

Abb. 4.26: Kerbfließkurven für den gekerbten Rundstab unter Zugbelastung bei unterschiedlich verfestigendem Werkstoff; modifizierte Neuber-Gleichung (gestrichelte Linien) und Finite-Elemente-Ergebnisse (durchgehende Linien); nach Hoffmann u. Seeger [527, 528]

de Dehnungsverhältnisse $\varepsilon_2/\varepsilon_1$ und $\varepsilon_3/\varepsilon_1$ (ausgehend vom rein elastischen Zustand) bei unveränderten Hauptrichtungen herrschen. In den Gleichungsformalismus sind die Vergleichsspannungen und Vergleichsdehnungen anstelle der einachsigen Spannungen und Dehnungen einzuführen. Das Ergebnis einer vergleichenden Berechnung für den gekerbten Rundstab unter Zugbelastung ist in Abb. 4.26 dargestellt.

Schließlich wurde der modifizierte Neuber-Ansatz auch auf die mehrachsige Kerbbeanspruchung bei proportional zusammengesetzter Belastung ausgedehnt und am Beispiel der überlagerten Biege- und Torsionsbelastung einer gekerbten Rundstabprobe demonstriert [529, 530]. Ebenso konnte für die nichtproportional zusammengesetzte Belastung ein Näherungsverfahren angegeben werden (Hoffmann *et al.* [526]).

Bei nichtproportionaler zyklischer Belastung (vorstehend war monotone Belastung betrachtet) komplizieren sich die Verhältnisse. Die nichtproportionale Kombination von Axial- und Torsionsbelastung an einem Kerbrundstab (statische Axiallast kombiniert mit zyklischer Torsionslast sowie synchrone Axial- und Torsionslast kombiniert) wurde auf Basis der von-Mises-Fließbedingung und der kinematischen Verfestigungshypothese nach der Finite-Elemente-Methode untersucht (Savaidis *et al.* [538, 539]). Die numerischen Ergebnisse zeigen die Hysterischleifen der örtlichen (Kerb-)Beanspruchung, deren Lage und Größe im Spannungs-Dehnungs-Diagramm der Axial- bzw. Schubbeanspruchung von Mittelwert und Amplitude der kombinierten Belastung abhängen. Das Memory- und Masing-Verhalten ist örtlich nachweisbar.

Formdehngrenze nach Siebel

Zum lokalen Fließvorgang bei inhomogener Beanspruchung (Kerbstäbe, aber auch ungekerbte Stäbe oder Bauteile unter Biege- oder Torsionsbelastung) sind im Hinblick auf die Festigkeitsbewertung bei statischer Last in einem frühen Stadium der Entwicklung einfache Ingenieursformeln entwickelt worden (Siebel *et al.* [544, 545], Wellinger u. Dietmann [550]). Der örtliche Fließbeginn wird durch die Formdehngrenze gekennzeichnet, das ist die fiktive örtliche Spannung, die sich bei linearelastischem Werkstoff an der höchstbeanspruchten Stelle unter der Last einstellen würde, unter der in Wirklichkeit eine plastische Dehnung bestimmter Größe auftritt, beispielsweise $\varepsilon_{\mathrm{pl}} = 0{,}2\%$ oder der vollplastische Zustand.

Die Formdehngrenze σ_{F}^* ist um die plastische Stützziffer n_{pl} größer als die Fließgrenze σ_{F} [544, 550]:

$$\sigma_{\mathrm{F}}^* = n_{\mathrm{pl}}\sigma_{\mathrm{F}} \tag{4.34}$$

Die plastische Stützwirkung bezeichnet das Verhältnis der Last im teil- oder vollplastischen Zustand zur Last bei Fließbeginn. Die genannten Größen σ_{F}^* und n_{pl} hängen von der Fließgrenze und vom Verfestigungsverhalten des Werkstoffs, von der Querschnittsform und von der Kerbgeometrie sowie von der betrachteten Größe der plastischen Dehnung ab.

Die in (4.34) zum Ausdruck kommende plastische Stützwirkung tritt bereits beim ungekerbten Stab auf, wenn dieser inhomogen beansprucht wird. Dies ist bei Biege- und Torsionsbelastung der Fall. Beim Hinzutreten einer Kerbe verstärkt sich die Inhomogenität. Die Kerbe bewirkt bereits bei Zug- oder Druckbelastung die inhomogene Beanspruchung im Stabquerschnitt. In allen genannten Fällen ist die Formdehngrenze ein für die Bauteildimensionierung maßgebender Festigkeitskennwert.

4.5 Kerbwirkung bei Dauerfestigkeit

Kerbwirkungszahl

Unter Kerbwirkung wird nachfolgend nicht nur die Beanspruchungserhöhung an Kerben verstanden (wie bei den bisherigen Ausführungen), sondern auch deren Auswirkung auf die Schwingfestigkeit. Die Kerbwirkungszahl β_k bezeichnet das Verhältnis der Dauerfestigkeit ($N_D = 10^6$-10^7) der ungekerbten polierten Probe zu jener der gekerbten Probe oder des entsprechenden Bauteils, ausgedrückt durch die Nennspannung zunächst bei der Mittelspannung Null (Wechselfestigkeit), ist jedoch auch auf die Zeit- und Kurzzeitfestigkeit und auf Mittelspannungen ungleich Null übertragbar, wobei sich die Zahlenwerte ändern. Die engere Festlegung lautet also:

$$\beta_k = \frac{\sigma_{AD}(\alpha_k = 1)}{\sigma_{nAD}(\alpha_k > 1)} \qquad (R = -1) \tag{4.35}$$

Die Kerbwirkungszahl hängt von der relativen und absoluten Kerbschärfe (gleichbedeutend Kerbradius relativ zur Probengröße und Kerbradius absolut), von der Belastungsart (Zug-Druck, Biegung, Torsion) und vom Werkstoff ab [552-579]. Sie hängt auch von der Proben- oder Bauteilgröße ab, die über den Kerbradius als spannungsmechanischer Größeneinfluß zum Tragen kommt, während technologischer oder oberflächentechnischer und statistischer Größeneinfluß (vielfach unberechtigterweise) unberücksichtigt bleiben. Ausnahmen bilden der Ansatz von Sähn [1257, 1258], nach dem die herkömmliche spannungsmechanisch begründete Kerbwirkungszahl durch einen den statistischen Größeneffekt beinhaltenden Faktor modifiziert wird, sowie der Werkstoffvolumenansatz nach Kuguel [556] und Sonsino [866].

Die Kerbwirkungszahl wird vielfach zur Formzahl in Beziehung gesetzt. Für ein dauerfestes Bauteil kann zunächst angenommen werden, daß plastische Verformungen im Kerbgrund von nur untergeordneter Bedeutung sind. Würden sie in größerem Umfang auftreten, wären Rißeinleitung und Rißfortschritt die Folge und das Bauteil wäre nicht mehr dauerfest. Kerbwirkungszahl und Formzahl müßten übereinstimmen. Dies ist aber bei duktilem Werkstoff nicht der Fall. Insbesondere für scharfe Kerben mit hoher Formzahl ist die Kerbwirkungszahl wesentlich kleiner als die (hohe) Formzahl. Im Grenzfall verschwindender Kerbrundung ist die Formzahl unendlich groß, während die Kerbwirkungszahl endlich bleibt. Technische Kerbwirkungszahlen ($N_D \approx 10^6$) übersteigen kaum den Wert $\beta_k \approx 6$.

Mikrostützwirkung

Kerben wirken stark dauerfestigkeitsmindernd, besonders bei duktilem Werkstoff aber doch nicht so stark, wie aufgrund der elastischen Formzahl zu erwarten wäre. Man erklärt diese Tatsache pauschal aus der Mikrostützwirkung:

- Die den Formzahlen zugrunde liegende Elastizitätstheorie verliert im Bereich der Kristallitabmessungen, insbesondere im Kerbgrund von scharfen Kerben, ihre Gültigkeit. Die Annahme des relativ zu den maßgebenden Abmessungen homogenen und isotropen elastischen Kontinuums trifft hier nicht zu. Kristallite mit unterschiedlich gerichteter anisotroper Elastizität bestimmen das Geschehen. In den Kristalliten tritt außerdem Mikrofließen auf.
- An scharfen Kerben können die (Makro-)Fließgrenze überschritten und sogar (Mikro-)Risse eingeleitet werden, ohne daß es bei weiterer Schwingbelastung zum Ermüdungsbruch kommt. Das örtliche Fließen ist mit einer Abflachung der Spannungserhöhung verbunden.
- Von technischer Rißeinleitung kann erst gesprochen werden, wenn mindestens ein Kristallit vom Riß erfaßt ist. Damit wird die über mindestens eine Kristallitgröße gemittelte Spannung maßgebend, die kleiner ist als der Kerbspannungshöchstwert. Mikrorisse treten im Kerbgrund in größerer Zahl auf, bevor sie sich zum Makroriß vereinigen.

Dem Konzept der Mikrostützwirkung liegt daher die Vorstellung zugrunde, daß nicht die Kerbhöchstspannung die Dauerfestigkeit bestimmt, sondern eine über ein kleines Werkstoffvolumen im Kerbgrund gemittelte Spannung oder auch die örtliche Spannung unterhalb dieses Kerbgrundvolumens. Die kennzeichnende Länge dieses Volumens ist größer als die Abmessung eines Kristallits (daher „Ersatzstrukturlänge“ nach Kap. 4.7). Zu den zugrunde liegenden Vorgängen der Rißeinleitung und des Verhaltens kurzer Risse werden in Kap. 7.1 nähere Angaben gemacht.

Die Kerbwirkungszahl β_k als Mittelwert eines Streubandes ist aufgrund der Mikrostützwirkung kleiner als die elastische Kerbformzahl α_k. Das Ausmaß der Abminderung von α_k auf β_k hängt vom Kerbradius (bzw. von der Probengröße), vom Werkstoff und von der Beanspruchungsart ab. Streuungsbedingt kann zwar im Einzelfall auch $\beta_k > \alpha_k$ auftreten. Alle nachfolgenden Angaben beziehen sich jedoch auf den Mittelwert $\beta_k < \alpha_k$.

Scharfe Kerben mit hoher Formzahl weisen einen besonders großen Unterschied zwischen α_k und β_k auf. Unter geometrisch ähnlichen, gekerbten Proben mit gleicher Formzahl hat die große Probe mit großem Kerbradius die höhere Kerbwirkungszahl. Dies macht einen wesentlichen Teil des Größeneffekts der Dauerfestigkeit gekerbter Proben aus. Bei Biege- und Torsionsbeanspruchung ist der Unterschied größer als bei Zug-Druck-Beanspruchung. Kerbempfindliche Werkstoffe sind durch einen nur geringen Unterschied zwischen α_k und β_k gekennzeichnet.

Auch bei milden Kerben führt die Mikrostützwirkung zu einer wesentlichen Abminderung der Kerbwirkung, wenn die Kerbabmessungen sehr klein sind. So verschwindet die Kerbwirkung einer Bohrung mehr und mehr, wenn sich der Bohrungsradius der Ersatzstrukturlänge nähert. Genügend feine Bohrungen verursachen keine Abminderung der Dauerfestigkeit. In gleicher Weise nimmt der Kerbeffekt der Oberflächenrauhigkeit ab.

Das Konzept der Mikrostützwirkung reicht allerdings nicht aus, die Kerbwirkungsminderung oberhalb der technischen Dauerfestigkeit ($N \leq 10^6$) zu begründen. Hier sind plastische Verformung und Rißeinleitung erklärend hinzuzuziehen. Da an scharfen Kerben Risse frühzeitig eingeleitet werden und folglich ein wesentlicher Teil der Lebensdauer Rißfortschritt beinhaltet, ist die Kerbschärfe im Ausgangszustand ebenso wie im plastisch gemilderten Zustand in diesem Fall von nur zweitrangiger Bedeutung für die Abschätzung der Gesamtlebensdauer scharf gekerbter Proben.

Kerbempfindlichkeit

Das Verhältnis von Kerbwirkungszahlüberhöhung zu Formzahlüberhöhung ist nach Thum [54, 577] die nur werkstoffabhängige Kerbempfindlichkeit:

$$\eta_\text{k} = \frac{\beta_\text{k} - 1}{\alpha_\text{k} - 1} \tag{4.36}$$

Der voll kerbempfindliche Werkstoff ist durch $\eta_\text{k} = 1$ (also $\beta_\text{k} = \alpha_\text{k}$) gekennzeichnet, der völlig kerbunempfindliche Werkstoff durch $\eta_\text{k} = 0$ (also $\beta_\text{k} = 1$). Die Kerbempfindlichkeit ist experimentell oder nach unterschiedlichen Ansätzen rechnerisch zu ermitteln (s. a. Abb. 4.35 u. 4.36). Tatsächlich ist sie keine Werkstoffkonstante, sondern außer vom Werkstoff vom Kerbradius und von der Beanspruchungsart abhängig. Die Abhängigkeit vom Absolutwert des Kerbradius entspricht der Erfahrung, daß die Kerbempfindlichkeit mit der Probengröße steigt, geometrische Ähnlichkeit vorausgesetzt. Der genaue Zusammenhang der Kerbempfindlichkeit mit den grundlegenden statischen Werkstoffkennwerten ist unzureichend geklärt. Tendenzmäßig sind höherfeste (oder härtere) Werkstoffe (bei gleichem Kerbradius) kerbempfindlicher als niedrigfeste (oder weichere) Werkstoffe. Feinkörnige Werkstoffe sind kerbempfindlicher als grobkörnige Werkstoffe. Bei sehr kleinem Kerbradius tendiert die Kerbempfindlichkeit gegen Null, bei sehr großem Kerbradius gegen eins.

Gelegentlich wird als Kerbempfindlichkeit auch das Verhältnis von Kerbwirkungszahl zu Formzahl verwendet, der Kehrwert der Stützziffer nach (4.38):

$$\eta_\text{k}^* = \frac{\beta_\text{k}}{\alpha_\text{k}} \tag{4.37}$$

Innere Kerbwirkung des Werkstoffs

Die unterschiedliche Kerbempfindlichkeit der Werkstoffe wird mit deren „innerer Kerbwirkung“ in Verbindung gebracht. Die innere Kerbwirkung umfaßt die Inhomogenität der Mikrostruktur (einschließlich Mikroeigenspannungen). Werkstoffe mit hoher innerer Kerbwirkung, z. B. Gußeisen mit Graphiteinschlüssen in Form von Graphitplättchen, weisen bereits im glatten Stab eine relativ niedrige Dauerfestigkeit auf. Diese wird durch zusätzliche äußere Kerbwirkung nur noch wenig herabgesetzt (kerbunempfindlicher Werkstoff). Äußere Kerben, die „kleiner“ als die inneren Kerben sind, lassen die Dauerfestigkeit unbeeinflußt. Die Kerbempfindlichkeit verringert sich demnach mit der inneren Kerbwirkung des Werkstoffs.

4.6 Spannungsgradientenansatz

Stützziffer und Spannungsgradient

Nach dem Ansatz von Siebel *et al.* [570 - 572, 575], der in die deutschen Richtlinien [885, 893, 903, 904] aufgenommen wurde, wird die Kerbwirkungszahl abhängig von Formzahl und Stützziffer dargestellt:

$$\beta_\mathrm{k} = \frac{\alpha_\mathrm{k}}{n_\chi} \tag{4.38}$$

Die (spannungsmechanische) Stützziffer n_χ hängt von Werkstoffart und Werkstoffestigkeit sowie vom bezogenen Spannungsgradienten χ am Ort der Höchstspannung (nach (4.5)) ab, Abb. 4.27 bis 4.30. Der Spannungsgradient bestimmt die Fortschrittsrate des eingeleiteten Kurzrisses. Je größer der Gradient (also je steiler der Spannungsabfall), desto wirksamer die Rißfortschrittsverzögerung und daher desto stärker die Abminderung der Formzahl zur Kerbwirkungszahl.

Niedrigfeste Stähle stützen mehr als hochfeste. Die besonders hohe Stützziffer von Gußeisen und Stahlguß erklärt sich aus der durch Graphiteinschlüsse verursachten hohen inneren Kerbwirkung, die bei ungekerbten und gekerbten Proben gleichermaßen das Bruchgeschehen unter Schwingbeanspruchung bestimmt (nicht so unter statischer Beanspruchung). Die teilweise gewählte Darstellung in Abhängigkeit der Fließgrenze anstelle der Zugfestigkeit ist allerdings umstritten.

Über den Spannungsgradienten gehen (absoluter) Kerbradius, Probengröße und Beanspruchungsart in die Kerbwirkungszahl ein, während über die Formzahl

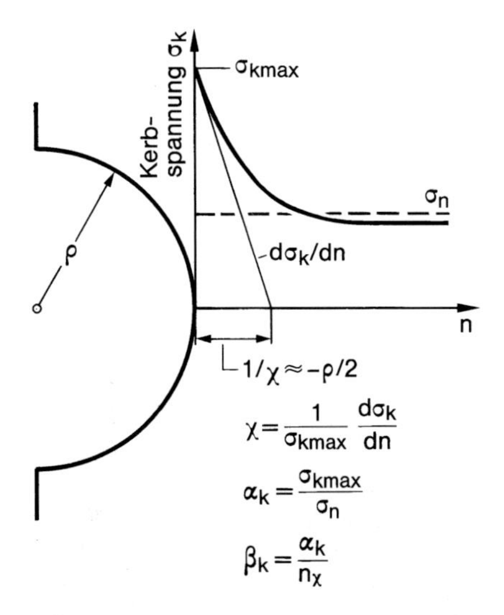

Abb. 4.27: Bezogener Kerbspannungsgradient χ, Stützziffer n_χ, Formzahl α_k und Kerbwirkungszahl β_k an Halbkreiskerbe, $1/\chi \approx -\rho/2$ bei Zugbelastung (zum Minuszeichen s. (4.5)); in Anlehnung an Haibach [29]

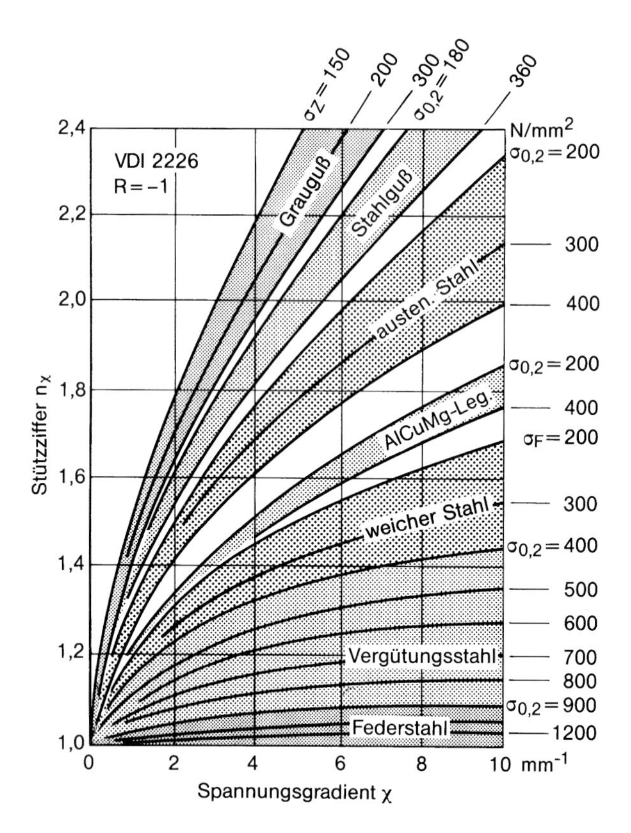

Abb. 4.28: Stützziffer und Festigkeitskennwerte unterschiedlicher Werkstoffe (Grauguß = Gußeisen) als Funktion des (bezogenen) Spannungsgradienten; nach VDI-Richtlinie 2226 [903] in Anlehnung an Siebel u. Stieler [572]

der relative Kerbradius erfaßt wird. Der Ansatz ist auf scharfwinklige Kerben und Rißspitzen nicht anwendbar (α_k unendlich, χ unbestimmt). Er ist andererseits bei milden Kerben und bei biege- oder torsionsbelasteten ungekerbten Stäben besonders aussagefähig, weil durch zahlreiche Versuchsergebnisse belegt.

Eine empirische Näherungsformel für die in Abb. 4.28 dargestellte Abhängigkeit der Stützziffer lautet:

$$n_\chi = 1 + \sqrt{s_g \chi} \tag{4.39}$$

Die Größe s_g, die vom Werkstoff und dessen Festigkeit (σ_Z, σ_F bzw. $\sigma_{0,2}$) abhängt, wird Gleitschichtdicke genannt. Dahinter steht die Vorstellung, daß ein Abgleiten der Kristallite in dünner Oberflächenschicht unter gemittelter Kerbspannung Voraussetzung für Rißeinleitung ist. Die Gleitschichtdicke wird daher mit der Kristallitgröße in Beziehung gebracht. Sie ist für einige Werkstoffe in Tabelle 4.2 angegeben und mit dem mittleren Korndurchmesser d_k verglichen. Die relativ gute Übereinstimmung von s_g und d_k darf nicht verallgemeinert wer-

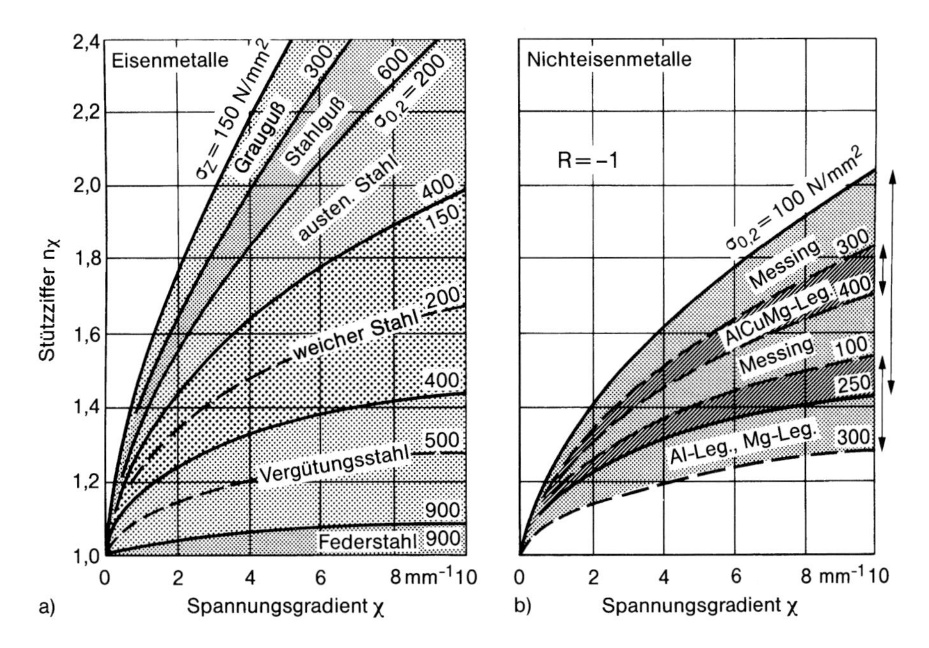

Abb. 4.29: Stützziffer und Festigkeitskennwerte unterschiedlicher Werkstoffe (Grauguß = Gußeisen) als Funktion des (bezogenen) Spannungsgradienten; nach Siebel u. Stieler [572]

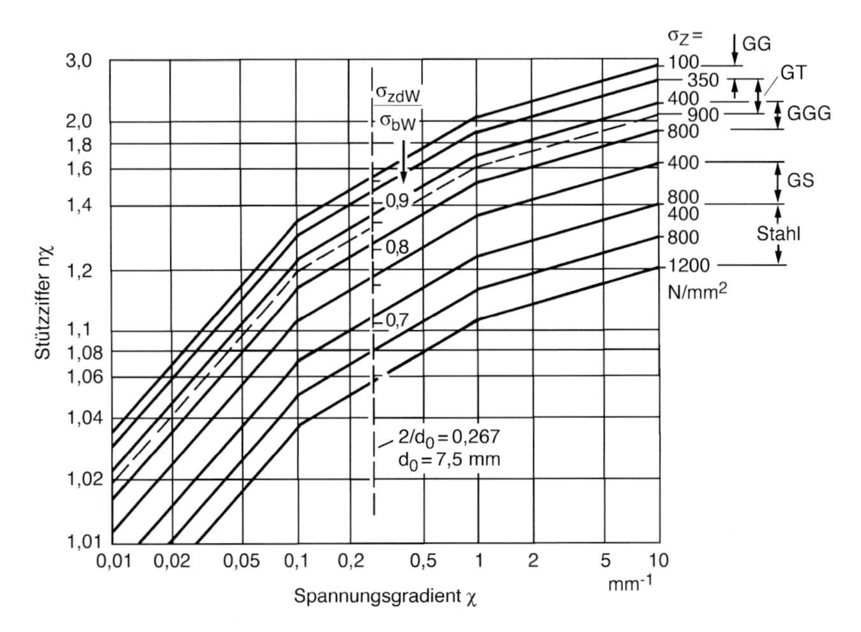

Abb. 4.30: Stützziffer und Festigkeitskennwerte von Eisenwerkstoffen als Funktion des (bezogenen) Spannungsgradienten; Stahl und Gußeisen (GG Gußeisen mit Lamellengraphit, GGG Gußeisen mit Kugelgraphit, GT Temperguß, GS Stahlguß); mit dem Wechselfestigkeitsverhältnis σ_{zdW}/σ_{bW} für Probendurchmesser d_0 = 7,5mm; nach FKM-Richtlinie [885] (umgezeichnet)

Tabelle 4.2: Gleitschichtdicke s_g und mittlerer Korndurchmesser d_k für unterschiedliche Werkstoffe; nach Siebel u. Stieler [572]

Werkstoff	Behandlung	d_k in mm	s_g in mm
Reineisen (Armco)	normalisiert	0,14	0,15
Vergütungsstahl (C45)	normalisiert	0,03	0,05
Vergütungsstahl (C45)	vergütet	0,01	0,01
Legierter Stahl (für Federn)	vergütet	$< 0{,}003$	$< 0{,}001$
Aluminiumlegierung (Dural)	ausgehärtet	0,10	0,075

den. Sie ist z. B. nicht mehr bei Gußlegierungen auf Nickelbasis vorhanden, die eine Korngröße von 5 - 10 mm aufweisen.

Eine kerbmechanisch befriedigendere Festlegung der Schichtdicke aufgrund der Versuchsergebnisse von Siebel und Stieler erfolgt im Rahmen des Spannungsmittelungsansatzes von Neuber.

Spezielle Näherung

Die Näherung nach (4.39) wurde von Dietmann [553] auf eine zweiparametrige Form gebracht, die höhere Genauigkeit bietet (K in N/mm^2, ρ in mm):

$$n_\chi = 1 + \left(\frac{c_1}{K}\right)^m \sqrt{\frac{c_2}{\rho}} \tag{4.40}$$

Die Größe K stellt den statischen Festigkeitskennwert des Werkstoffs dar, also σ_F, $\sigma_{0,2}$ oder σ_Z. Als zusätzlicher Werkstoffkennwert ist der Exponent m eingeführt. Er wird zusammen mit der Konstanten c_1 in Tabelle 4.3 dargestellt. Die Konstante c_2 hat den Wert 2 bei Zug-Druck- und Biegebeanspruchung und den Wert 1 bei Schub- und Torsionsbeanspruchung (von $\chi = 2/\rho$ bzw. $1/\rho$ herrührend).

Für ferritische Stähle (Kohlenstoff-, Vergütungs- und Federstähle) wird in [553] auch folgende Formel empfohlen (σ_F in N/mm^2, ρ in mm):

$$n_\chi = 1 + \frac{55}{\sigma_F} \sqrt{\frac{c_2}{\rho}} \tag{4.41}$$

Tabelle 4.3: Werte der Parameter c_1 und m für unterschiedliche Werkstoffe nach Dietmann [553] auf der Basis von Siebel u. Stieler [572]

Werkstoff	c_1	m
Ferritische Stähle	127,0	1,16
Austenitische Stähle	28,3	0,45
Gußeisen, Stahlguß	12,5	0,21
Al- und Mg-Legierungen	5,5	0,59
Messing	23,5	0,80
AlCuMg-Legierungen	14,5	0,45

Zug-Druck- und Biegebeanspruchung

Die Kerbwirkungszahl nach (4.35) läßt offen, ob die Wechselfestigkeit am ungekerbten Stab unter Zug-Druck- oder Biegebeanspruchung ermittelt wird. Die zugehörigen Wechselfestigkeitswerte σ_{zdW} und σ_{bW} unterscheiden sich etwas. Die Dauerfestigkeit bei Biegebeanspruchung ist bedingt durch Spannungsgradienten und Stützwirkung etwas höher. Dieser Sachverhalt wird mit (4.38) und (4.39) richtig wiedergegeben, denn für den ungekerbten Stab ($\alpha_{\mathrm{k}} = 1$) unter Biegebeanspruchung ergibt sich unter Beachtung des Biegespannungsgradienten χ_0 das Wechselfestigkeitsverhältnis:

$$\frac{\sigma_{\mathrm{zdW}}}{\sigma_{\mathrm{bW}}} = \frac{1}{1 + \sqrt{s_{\mathrm{g}}\chi_0}} \tag{4.42}$$

Die Kombination von (4.38) mit (4.39) trifft zu, wenn in (4.35) $\sigma_{\mathrm{W}} = \sigma_{\mathrm{zdW}}$ gesetzt wird. Wird dagegen $\sigma_{\mathrm{W}} = \sigma_{\mathrm{bW}}$ eingeführt, dann gilt (4.38) mit folgendem Ausdruck für n_χ, in dem auf den Gradienten χ_0 der verwendeten ungekerbten Biegeprobe Bezug genommen wird:

$$n_\chi = \frac{1 + \sqrt{s_{\mathrm{g}}\chi}}{1 + \sqrt{s_{\mathrm{g}}\chi_0}} \tag{4.43}$$

Eine alternative Vorgehensweise nach Roš und Eichinger [83] kommt dadurch zu einheitlichen Kerbwirkungszahlen bei Zug-Druck- und Biegebeanspruchung, daß als Bezugsspannung zu $\sigma_{\mathrm{k\,max}}$ in der Formzahl bei Biegebeanspruchung nicht der lineare Spannungsanstieg, sondern die konstanten Spannungen im Zug- und Druckbereich mit gleichem Biegemoment eingeführt werden, vergleichbar mit der Spannungsverteilung im vollplastischen Zustand ohne Verfestigung.

Ersatzkerbe

Nach dem Ansatz von Petersen [563] (nicht zu verwechseln mit Peterson [470]) wird zur Beschreibung der Mikrostützwirkung eine Ersatzkerbe mit werkstoffspezifischem Rundungsradius ρ^{**} eingeführt. Sie soll die durch Werkstoffinhomogenität (Kristallitstruktur, Fehlstellen) verursachten Spannungserhöhungen im Mikrobereich kennzeichnen und nur in Verbindung mit dem Spannungsgradienten χ der Formkerbe wirksam werden:

$$n_\chi = 1 + \sqrt{\rho^{**}\chi} \tag{4.44}$$

Der Vergleich mit (4.39) zeigt $\rho^{**} = s_{\mathrm{g}}$, der Vergleich mit (4.54) unter Beachtung von (4.37) und (4.38) für $\pi/(\pi - \omega) = 1$, $\alpha_{\mathrm{k}} \gg 1$, $n_\chi = 1/\eta_{\mathrm{k}}$ und $\chi \approx 2/\rho$ ergibt $\rho^{**} = \rho^*$. Demnach wäre die Vorstellung einer Ersatzkerbe mit Krümmungsradius ρ^{**} unzutreffend, wohl aber durch die Hypothese der Gleitschichtdicke s_{g} oder der Ersatzstrukturlänge ρ^* ersetzbar.

Die Größe ρ^{**} wird für Stähle von deren Härte (und damit von deren Zugfestigkeit) abhängig angegeben:

$$\rho^{**} = \left(\frac{H_0}{H}\right)^2 \tag{4.45}$$

Die Härte H wird im Vickers- oder Brinellmaß eingesetzt, $H_0 = 40$ HV ist der bei Stählen übliche Bezugswert.

Näherung nach Hück, Thrainer und Schütz

Nach einer von Hück *et al.* [105] vorgenommenen Analyse einer Vielzahl von publizierten Ergebnissen zu Wöhler-Versuchen mit wechselbeanspruchten (Zug-Druck und Biegung) gekerbten Proben aus Eisenwerkstoffen unterschiedlicher Zugfestigkeit ergeben sich folgende Abhängigkeiten der Stützziffer allein vom Spannungsgradienten, Abb. 4.31 (Mittelwerte von Streubändern, χ in mm^{-1}):

$$n_\chi = 1 + 0{,}45\chi^{0{,}30} \qquad (\text{Stahl}, 250 \leq \sigma_Z \leq 1200\ \mathrm{N/mm^2}) \tag{4.46}$$

$$n_\chi = 1 + 0{,}33\chi^{0{,}65} \qquad (\text{Stahlguß}, 250 \leq \sigma_Z \leq 800\ \mathrm{N/mm^2}) \tag{4.47}$$

$$n_\chi = 1 + 0{,}43\chi^{0{,}68} \qquad (\text{Gußeisen}, 150 \leq \sigma_Z \leq 350\ \mathrm{N/mm^2}) \tag{4.48}$$

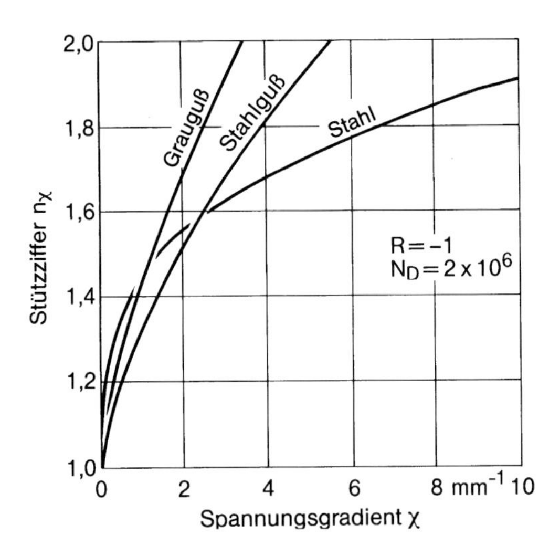

Abb. 4.31: Stützziffer von Eisenwerkstoffen (Grauguß identisch mit Gußeisen) als Funktion des (bezogenen) Spannungsgradienten, Mittelwerte von Streubändern; nach Hück *et al.* [105]

4.7 Spannungsmittelungsansatz

Ersatzstrukturlänge

Nach dem Ansatz von Neuber [467, 535] bestimmt nicht die Kerbhöchstspannung, sondern die über ein kleines Werkstoffvolumen am Ort der Höchstspannung gemittelte Kerbspannung die Rißeinleitung (Mikrostützwirkung). Die maßgebende Größe des kleinen Werkstoffvolumens ist die als Werkstoffkenngröße eingeführte Ersatzstrukturlänge ρ^*. Über diese Länge senkrecht zum Kerbgrund werden die rißeinleitenden Kerbspannungen rechnerisch gemittelt.

Die Ersatzstrukturlänge ρ^*, von Neuber [535] zurückgerechnet aus den Ergebnissen der Wöhler-Versuche von Siebel und Stieler [572] für unterschiedlich stark gekerbte Proben aus der geringfügig geänderten Auftragung gemäß VDI-Richtlinie 2226 [903] (s. Abb. 4.28), ist in Abb. 4.32 gezeigt. Die Darstellung in Abhängigkeit der Fließgrenze anstelle der Zugfestigkeit ist anfechtbar. Kuhn *et al.* [557-560] stellen die Ersatzstrukturlänge aufgrund eigener Versuche über der Zugfestigkeit dar, Abb. 4.33. Die Angaben nach Neuber und Kuhn unterscheiden sich zum Teil erheblich. Die steilen Anstiege bei niedriger Zugfestigkeit sind wohl zumindest teilweise aus örtlicher plastischer Formänderung zu erklären (Makrostützwirkung). Die Unabhängigkeit der Ersatzstrukturlänge von Probenform und Probengröße wird von Teubl [576] bestätigt. Werner *et al.* [579] ermittelten für die Aluminiumlegierung AlMg 4,5Mn (AA5083) die Ersatzstrukturlänge $\rho^* = 0{,}11$ mm.

Die relativ umfangreichen Versuchsergebnisse von Kuhn *et al.* [559, 560] zur Ersatzstrukturlänge von Schmiedestählen und Aluminiumknetlegierungen wurden an mild und scharf gekerbten Proben über die Auswertung von (4.53) ge-

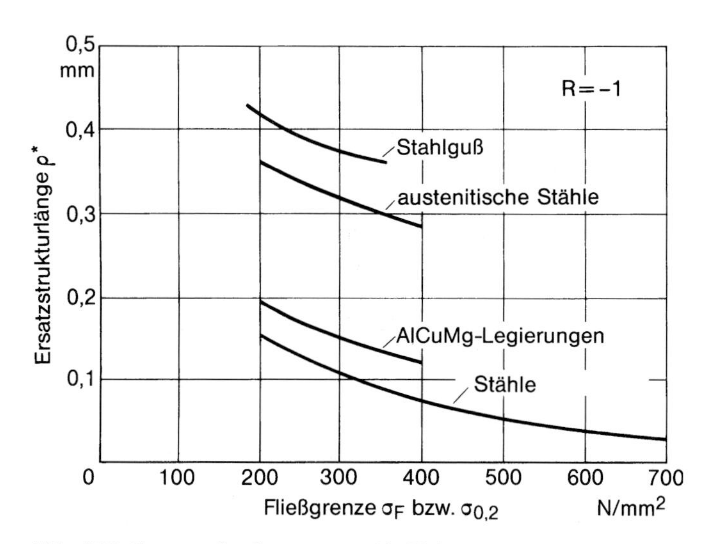

Abb. 4.32: Ersatzstrukturlänge unterschiedlicher Werkstoffe als Funktion der Fließgrenze; nach Neuber [535] auf Basis der VDI-Richtlinie 2226 [903]

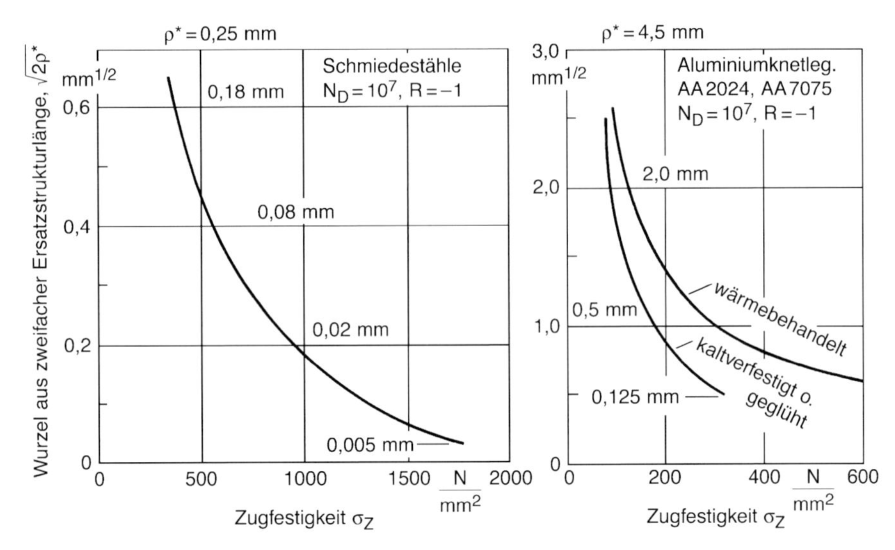

Abb. 4.33: Ersatzstrukturlänge von Schmiedestählen und Aluminiumknetlegierungen als Funktion der Zugfestigkeit; nach Kuhn *et al.* [558-560]

wonnen. Als Ordinate ist in Abb. 4.33 die Wurzel aus dem zweifachen Wert der Ersatzstrukturlänge aufgetragen, während in den Originalpublikationen die Wurzel aus einer Neuber-Konstanten aufgetragen ist, die nach beigegebenem Text mit dem halben Wert der Ersatzstrukturlänge identisch sein soll. Letzteres entspricht nicht dem Inhalt der ausgewerteten Formeln und würde zu unrealistisch hohen Werten der Ersatzstrukturlänge führen (Faktor 4 gegenüber den Angaben in Abb. 4.33). Leider sind auch die Angaben von Neuber [467] (3. Aufl., *ibid.* S. 17-19 u. 103-105) nicht immer eindeutig. Während bei den funktionsanalytischen Lösungen exakt über die Länge des (fiktiven) Gefügeteilchens gemittelt wird, wird beim rißbruchmechanischen Ansatz die ungemittelte Spannung ausgewertet (3. Aufl., *ibid.* Gl. (21) auf S. 104).

Festigkeitswirksame Kerbhöchstspannung, fiktive Kerbrundung

Für den ingenieurmäßigen Gebrauch kann der rechentechnisch aufwendige Mittelungsprozeß nach Neuber [535] dadurch vermieden werden, daß das betrachtete Kerbspannungsproblem mit in bestimmter Weise fiktiv vergrößertem Kerbradius gelöst und die sich daraus ergebende Höchstspannung $\bar{\sigma}_{\mathrm{k\,max}}$ als festigkeitswirksam eingeführt wird, Abb. 4.34:

$$\beta_{\mathrm{k}} = \frac{\bar{\sigma}_{\mathrm{k\,max}}}{\sigma_{\mathrm{n}}} \tag{4.49}$$

Die Spannungen in (4.49) bezeichnen zunächst Dauerfestigkeitswerte. Sie sind jedoch in der vorstehenden Schreibweise ohne Dauerfestigkeitsindex formal auf Zeitfestigkeitswerte übertragbar. Aus dem Festigkeitskennwert β_{k} wird damit ein Beanspruchungskennwert unter Einschluß des Grenzzustandes der Festigkeit.

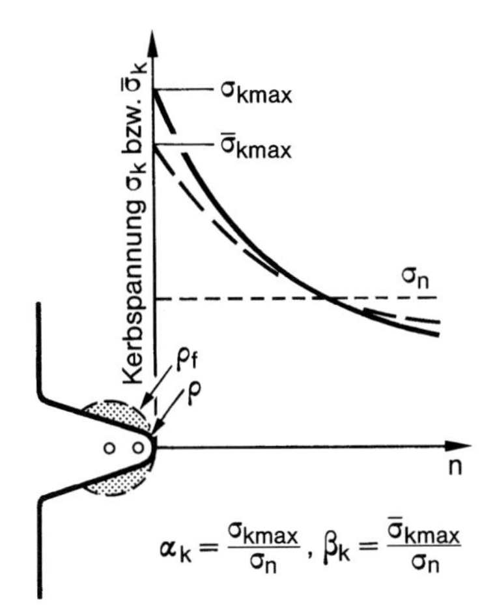

Abb. 4.34: Reale und fiktive Kerbspannung an scharfer Kerbe ohne und mit fiktiver Kerbrundung, Kerbformzahl α_k und Kerbwirkungszahl β_k

Tabelle 4.4: Faktor s der Mikrostützwirkung an Kerben für unterschiedliche Mehrachsigkeitsgrade und Festigkeitshypothesen (mit Querkontraktionszahl ν); in Anlehnung an Neuber [467, 535], mit Korrektur nach Radaj u. Zhang [566]

Festigkeitshypothese	Mehrachsigkeitsgrad		
	ESZ Flachstab unter Zug-Druck oder Biegung Faktor s	EDZ Rundstab unter Zug-Druck oder Biegung Faktor s	NES Rundstab unter Torsion Faktor $s^{*)}$
Normalspannungshypothese	2	2	0,5 bzw. 1,0
Schubspannungshypothese	2	$\frac{2-\nu}{1-\nu}$	0,5 bzw. 1,0
Oktaederschubspannungs- u. Gestaltänderungsenergiehypothese	2,5	$\frac{5-2\nu+2\nu^2}{2-2\nu+2\nu^2}$	0,5 bzw. 1,0
Dehnungshypothese	$2+\nu$	$\frac{2-\nu}{1-\nu}$	0,5 bzw. 1,0
Formänderungsenergiehypothese	$2+\nu$	$\frac{2-\nu}{1-\nu}$	0,5 bzw. 1,0

ESZ: ebener Spannungszustand, EDZ: ebener Dehnungszustand, NES: nichtebene Schubbeanspruchung

*) $s = 0{,}5$ nach Neuber [467] und Radaj u. Zhang [566] für rißartige Kerben,
$s = 1{,}0$ nach Neuber [467] für milde Kerben, Differenz ungeklärt

Das Ausmaß der fiktiven Radiusvergrößerung (Ausgangsradius ρ, fiktiv vergrößerter Radius ρ_f) ergibt sich aus der funktionsanalytischen Darstellung der Kerbspannungen und der Ersatzstrukturlänge ρ^* je nach Beanspruchungsfall (ebener Spannungszustand, ebener Dehnungszustand, nichtebener Schub) und gültiger Festigkeitshypothese unterschiedlich mit dem Faktor s nach Tabelle 4.4:

$$\rho_f = \rho + s\rho^* \tag{4.50}$$

Formeln für Kerbwirkung

Aufgrund von (4.50) in Verbindung mit (4.7) und (4.8) ergibt sich die Kerbwirkungszahl aus:

$$\beta_k = 1 + \frac{\alpha_k - 1}{\sqrt{1 + s\rho^*/\rho}} \tag{4.51}$$

Die Kerbempfindlichkeit folgt aus:

$$\eta_k = \frac{1}{\sqrt{1 + s\rho^*/\rho}} \tag{4.52}$$

Die ältere Formel von Neuber [467] (1. Aufl.) berücksichtigt den Öffnungswinkel ω der Kerbflanken:

$$\beta_k = 1 + \frac{\alpha_k - 1}{1 + [\pi/(\pi - \omega)]\sqrt{2\rho^*/\rho}} \tag{4.53}$$

Demnach folgt:

$$\eta_k = \frac{1}{1 + [\pi/(\pi - \omega)]\sqrt{2\rho^*/\rho}} \tag{4.54}$$

Das führt in vergleichbaren Fällen zu abweichenden Ergebnissen. Nach Heywood [34] liegt das an einer zweifachen Berücksichtigung des Flankenwinkeleinflusses in (4.53) bzw. (4.54). Somit ist $\pi/(\pi - \omega) = 1$ zu setzen. Auch hinsichtlich $2\rho^*$ bestehen Unklarheiten, denn in den Originalformeln wird diese Größe als „halbe Blocklänge A" eingeführt.

Die Kerbempfindlichkeit nach (4.54) von Stählen unterschiedlicher Zugfestigkeit läßt sich über dem Kerbradius auftragen, Abb. 4.35 (nach Peterson [565] mit

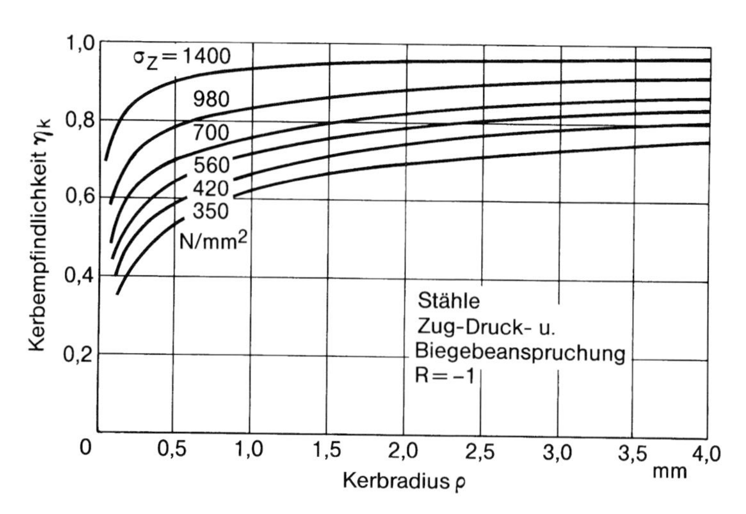

Abb. 4.35: Kerbempfindlichkeit von Stählen unterschiedlicher Festigkeit als Funktion des Kerbradius bei Zug-Druck- und Biegebeanspruchung, η_k nach (4.54) mit ρ^* gemäß Abb. 4.33; nach Peterson [565] auf Basis von Neuber [468]

ρ^* nach Abb. 4.33). Die Kerbempfindlichkeit wächst mit dem Kerbradius und der Zugfestigkeit. Dennoch ist die Wechselfestigkeit, ausgedrückt durch die Nennspannung, bei großem Kerbradius und hoher Zugfestigkeit besonders hoch.

Der Vorteil der Vorgehensweise nach Neuber gegenüber jener von Siebel und Stieler ist neben der größeren Anschaulichkeit und Einfachheit die formale Miterfassung des Kerbradius Null und die Berücksichtigung unterschiedlicher Mehrachsigkeitsgrade und Festigkeitshypothesen.

Variante nach Sähn

Der Spannungsmittelungsansatz wurde von Sähn [85, 1257, 1258] ausgebaut und insbesondere auf Risse und rißartige Kerben angewendet (s. Kap. 7.2). Der Kerbspannungszustand im Nahfeld um rißartige Kerben (oder stumpfe Risse) kann ausgehend von der schlanken Ellipsenöffnung durch die Spannungsintensitätsfaktoren näherungsweise beschrieben werden (Lösung nach Creager [920]). Mit der bruchmechanisch festgelegten Mikrostrukturlänge d^* des Werkstoffs ergibt sich bei Querzugbeanspruchung rißartiger Kerben folgender Zusammenhang zwischen Formzahl und Kerbwirkungszahl:

$$\beta_{\mathrm{k}} = \frac{\alpha_{\mathrm{k}}}{\sqrt{1 + 2d^*/\rho}} \tag{4.55}$$

4.8 Spannungsabstandsansatz

Formeln für Kerbwirkung

Nach dem überwiegend empirischen Ansatz von Peterson [470, 564, 565] wird bei Kerben ein vom Werkstoff abhängiger kritischer Abstand a^* eingeführt (critical distance approach). Das ist die Tiefe unter der Kerboberfläche, in der die Kerbspannung der Dauerfestigkeit gleichzusetzen ist. Sie wird später von Buch [14, 552] als Schichtdicke interpretiert, in der die elastische Kerbspannung die Dauerfestigkeit übersteigt (letzteres wird infolge der Stützwirkung tiefer liegenden Werkstoffs zugelassen). Für die Kerbwirkungszahl ergibt sich unter Annahme eines linearen Kerbspannungsabfalls unter der Kerboberfläche:

$$\beta_{\mathrm{k}} = 1 + \frac{\alpha_{\mathrm{k}} - 1}{1 + a^*/\rho} \tag{4.56}$$

Die Größe a^* ist von der Zugfestigkeit abhängig, Tabelle 4.5. Eine von Lawrence *et al.* [838-840] unter Bezug auf Peterson angegebene Näherung lautet (mit a^* in mm und σ_{Z} in $\mathrm{N/mm^2}$):

$$a^* = 0{,}025 \left(\frac{2068}{\sigma_{\mathrm{Z}}} \right)^{1{,}8} \approx \frac{10870}{\sigma_{\mathrm{Z}}^2} \tag{4.57}$$

Tabelle 4.5: Kritischer Abstand a^* bei Biegebeanspruchung gekerbter Stäbe für Stähle unterschiedlicher Festigkeit; nach Peterson [470]

Zugfestigkeit σ_Z in N/mm^2	345	518	690	863	1035	1380	1725
Kritische Tiefe a^* in mm	0,38	0,25	0,18	0,13	0,089	0,051	0,033

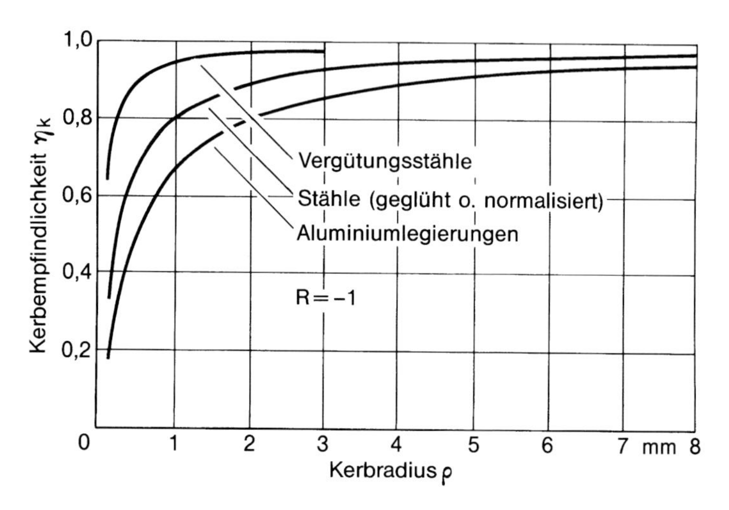

Abb. 4.36: Kerbempfindlichkeit von Stählen und Aluminiumlegierungen als Funktion des Kerbradius; nach Peterson [565]

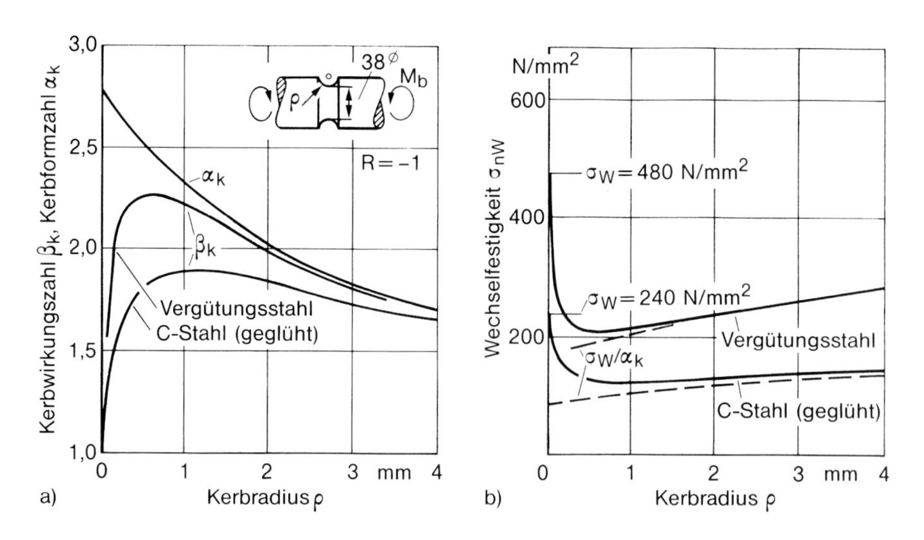

Abb. 4.37: Kerbwirkungszahl und Kerbformzahl von zwei Stählen als Funktion des Kerbradius für Rundproben unter Umlaufbiegung (a) sowie zugehörige Wechselfestigkeit (b) (Nennspannung auf Nettoquerschnitt bezogen); nach Peterson [564]

Die Kerbempfindlichkeit folgt aus (4.36) und (4.56):

$$\eta_k = \frac{1}{1 + a^*/\rho} \tag{4.58}$$

Die mittlere Kerbempfindlichkeit von Vergütungsstählen (HB $\approx$ 360, $a^* =$ 0,0635 mm), weichgeglühten Stählen (HB $\approx$ 170, $a^* = 0{,}254$ mm) und Aluminiumlegierungen ($a^* = 0{,}635$ mm) ist in Abb. 4.36 aufgetragen (nicht gültig für tiefe Kerben, $t/\rho > 4$). Die vorstehenden Angaben treffen nur auf die Biegebeanspruchung gekerbter Stäbe zu. Bei Torsionsbeanspruchung ist näherungsweise der Faktor 0,6 vor a^* in (4.57) und (4.58) einzuführen. Peterson hat aber auch mit (4.54) anstelle von (4.58) gearbeitet (s. Abb. 4.35).

Die Kurven der Kerbwirkungszahlen nach (4.56) weisen ein Maximum bei kleinem Kerbradius auf, Abb. 4.37 (a), die Kurven der Wechselfestigkeit der gekerbten Probe ein entsprechendes Minimum, Abb. 4.37 (b). Kerben mit noch kleinerem Rundungsradius (z. B. sehr kleine Löcher oder Oberflächenkratzer) wirken kaum noch festigkeitsmindernd.

Mehrparametrige Erweiterung

Der Ansatz von Peterson wurde von Buch [14, 552] erweitert. Als weiterer werkstoffabhängiger Parameter wird der Faktor eingeführt, der die Erhöhung der Dauerfestigkeit in der „Gleitschicht" kennzeichnet (interpretiert als zyklische Verfestigung). Der erweiterte Ansatz läßt eine genauere Anpassung an Versuchsergebnisse zu. Zwischen Wechsel- und Schwellfestigkeit kann außerdem durch die Zuordnung unterschiedlicher Erhöhungsfaktoren differenziert werden.

Metallphysikalische Begründung

Der Spannungsabstandsansatz läßt sich folgendermaßen metallphysikalisch begründen: An der Werkstoffoberfläche ist die Fließspannung aus kristallografischen Gründen erniedrigt. Sie steigt im Werkstoffinnern senkrecht zur Oberfläche durch zyklische Verfestigung an (nur bei verfestigenden Werkstoffen möglich). Ein Maximum wird in der Tiefe a^* erreicht. In dieser Tiefe erfolgt der Übergang vom Mikrorißfortschritt (Mehrfachrisse) zur Makrorißeinleitung (Einzelriß), verbunden mit einem plötzlichen Anstieg der Rißfortschrittsrate (Ansatz von Panasyuk *et al.* [562]).

4.9 Weitere Ansätze und Vergleich

Verformungsgradientenansatz

Nach dem Ansatz von Bollenrath und Troost [519] wird der Kerbspannungshöchstwert durch plastische Mikroverformungen abgebaut, wodurch die Dauerfestigkeit der gekerbten Probe ansteigt. Als maßgebend für den Anstieg wird der

Verformungsgradient angesehen. Die Bestimmungsgleichung für die Kerbwirkungszahl lautet (mit Zugfestigkeit σ_Z in N/mm^2 und Kerbradius ρ in mm):

$$\beta_k = \left[1 - \frac{145/\sigma_Z}{1/(1+\sigma_Z/1370) + 0{,}1\rho}\right]\alpha_k \tag{4.59}$$

Werkstoffvolumenansatz

Anstelle des Spannungsgradienten-, Spannungsmittelungs-, Spannungsabstands- oder Verformungsgradientenansatzes wird auch ein Werkstoffvolumenansatz verwendet (Kuguel [556], Sonsino [866]). Dieser besagt, daß die (Dauer-)Schwingfestigkeit bis Anriß um so größer ist, je kleiner das höchstbeanspruchte Werkstoffvolumen. Das ist in Abb. 4.38 für den höherfesten Baustahl St52-3 und in Abb. 4.39 für den niedriglegierten Vergütungsstahl 37Cr4V aufgrund von Auswertungen der lokalen Dauerfestigkeit gekerbter und vergleichsweise ungekerbter Proben dargestellt (weitere Diagramme für den Vergütungsstahl Ck45 und den Sinterstahl Fe-1,5%Cu in [644]). Das höchstbeanspruchte Volumen ist als der Bereich definiert, in dem 90 % der tatsächlichen örtlichen Höchstbeanspruchung überschritten werden. Dieses Volumen steht mit dem Beanspruchungsgradienten in einem festen Zusammenhang. Die Tiefe $t_{0,9}$, in der 90 % der Höchstspannung überschritten werden, folgt nach (4.6) aus:

$$t_{0,9} = \frac{0{,}1}{\chi} \tag{4.60}$$

Dieses Volumen hängt außerdem von der Ausdehnung des höchstbeanspruchten Bereichs in den beiden anderen Raumrichtungen ab. Die Einbeziehung der beiden anderen Raumrichtungen bedeutet, daß spannungsmechanischer und statisti-

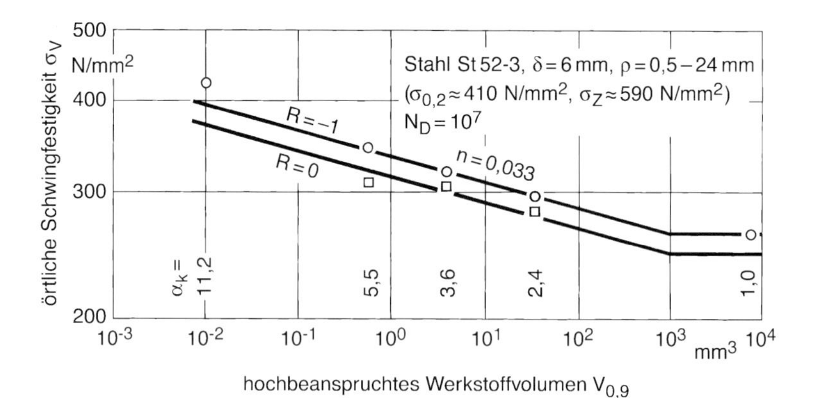

Abb. 4.38: Örtliche (Dauer-)Schwingfestigkeit (Vergleichsspannungsamplitude nach der Gestaltänderungsenergiehypothese) als Funktion des hochbeanspruchten Werkstoffvolumens für den höherfesten Baustahl St 52-3 bei unterschiedlicher Kerbschärfe; nach Sonsino u. Werner [574] mit Versuchsergebnissen von Saal [567]

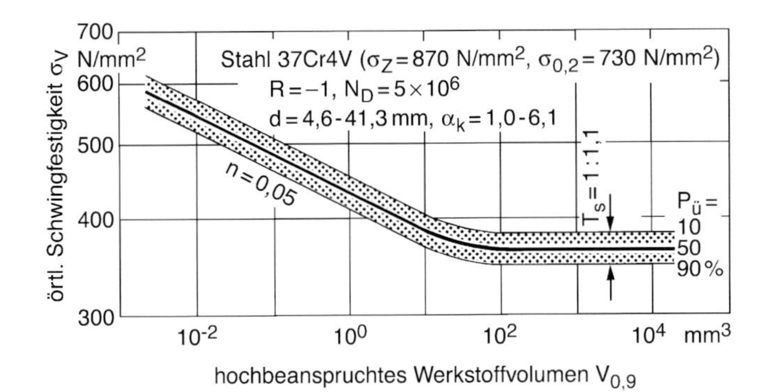

Abb. 4.39: Örtliche (Dauer-)Schwingfestigkeit (Vergleichsspannungsamplitude nach Gestaltänderungsenergiehypothese) als Funktion des hochbeanspruchten Werkstoffvolumens für den niedriglegierten Vergütungsstahl 37Cr4V bei unterschiedlicher Kerbschärfe; nach Sonsino *et al.* [573]

scher Größeneffekt zusammengefaßt werden. Dies kann anwendungstechnisch ein Vorteil sein, ist jedoch nur dann zulässig, wenn sich die beiden bruchmechanisch ganz unterschiedlich begründeten Effekte ähnlich stark auf die ertragene Schwingspielzahl auswirken.

Anrißstreckenansatz

Die Kombination von spannungsmechanischem und statistischem Größeneffekt in der Kerbwirkungszahl wird auch mit dem Anrißstreckenansatz von Kogaev *et al.* [568, 569] vollzogen. Die Kerbempfindlichkeit η_k^* nach (4.37), hier genauer die Kombination von Kerb- und Größenempfindlichkeit, wird als Funktion der Verhältniszahl L/χ bezogen auf L_0/χ_0 (dadurch dimensionslos) für unterschiedliche statische Festigkeit des betrachteten Walzstahls dargestellt:

$$\eta_k^* = \frac{\beta_k}{\alpha_k} = \frac{2}{1 + [(L/\chi)/(L_0/\chi_0)]^{-\nu}} \tag{4.61}$$

$$\nu = \kappa(0{,}2 - 0{,}0001\sigma_Z) \tag{4.62}$$

Die Anrißstreckenlänge L bzw. L_0 bezeichnet die Linie möglicher Anrißorte im Kerbgrund unter Einschluß der nur schwach gekerbten „glatten“ Proben (Umfang der Rundprobe unter Umlaufbiegung, doppelte Dicke der Probe mit Rechteckquerschnitt unter körperfester Biegung). Sie wird ins Verhältnis gesetzt zum bezogenen Spannungsgradienten χ bzw. χ_0. Die Größen mit Index 0 bezeichnen die schwach gekerbte Referenzprobe, für die $\eta_k^* = 1{,}0$, also $\beta_k = \alpha_k$ ist. Für die Rundprobe mit $d_0 = 7{,}5$ mm, also $L_0 = \pi d_0$ und $\chi_0 = 2/d_0$, folgt $L_0/\chi_0 = \pi d_0^2/2 = 88{,}3\ \text{mm}^2$. Die Kerbempfindlichkeit hängt außerdem über den Exponenten ν nach (4.62) von der Zugfestigkeit σ_Z ab, die in N/mm^2 einzusetzen ist. Bei Zug- und Biegebeanspruchung ist $\kappa = 1{,}0$. Bei Schubbeanspruchung (Torsion von Rundproben) gilt $\kappa = 1{,}5$.

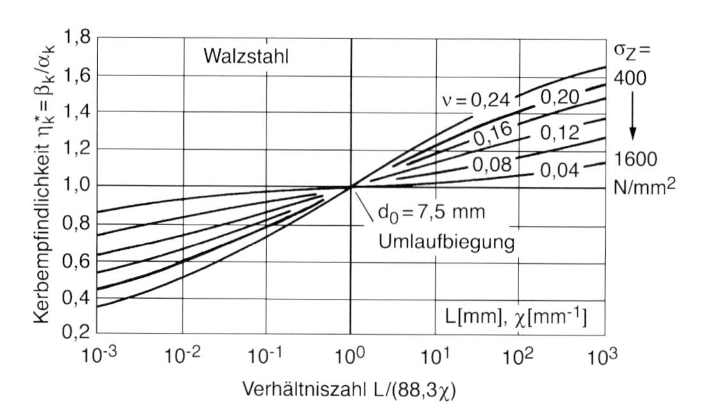

Abb. 4.40: Kerbempfindlichkeit von Walzstahl unterschiedlicher statischer Festigkeit als Funktion des Verhältnisses von Anrißstreckenlänge L [mm] zu bezogenem Spannungsgradienten χ [mm^{-1}] nach Kogaev *et al.* [568, 569] gemäß Kommentar zur FKM-Richtlinie [886]

Das Gleichsetzen der Wirkungen von veränderter Spannungsmechanik und Fehlstellenstatistik, wie es in der Verhältniszahl L/χ zum Ausdruck kommt, muß jedoch als hinterfragungsbedürftig angesehen werden.

Die Auswertung von (4.61) und (4.62) mit $d_0 = 7{,}5$ mm (Umlaufbiegung) zeigt Abb. 4.40. Aus dem Diagramm ist ersichtlich, daß die (Biege-)Kerbwirkungszahl bei großen Bauteilen größer als die Formzahl sein kann. Daß dieser Effekt bei niedrigfestem Stahl besonders stark ist, erklärt sich aus dem stärkeren Wegfall von Stützwirkung, während für extrem hochfeste Stähle unabhängig von der Proben- oder Bauteilgröße $\beta_\mathrm{k} \approx \alpha_\mathrm{k}$ gilt.

Der für den Vergleich von Versuchsergebnissen an gekerbten Rund- und Rechteckproben geeignete Ansatz stößt bei komplexen Bauteilen auf Schwierigkeiten. Die Linien möglicher Anrißorte sind hier weniger offenkundig.

Empirische Ansätze

Die Darstellung nach Heywood [34, 555] faßt eine Fülle von Versuchsergebnissen in folgender Näherungsformel zusammen:

$$\beta_\mathrm{k} = \frac{\alpha_\mathrm{k}}{1 + 2(1 - 1/\alpha_\mathrm{k})\sqrt{a^{**}/\rho}} \tag{4.63}$$

Die Werkstoffkonstante a^{**}, die die Länge eines äquivalenten Werkstoffehlers kennzeichnen soll, ist für unterschiedliche Werkstoffe in Tabelle 4.6 angegeben.

Tabelle 4.6: Äquivalente Fehlerlänge a^{**} für unterschiedliche Werkstoffe (σ_Z in N/mm^2, GS: Stahlguß, GG: Gußeisen mit Lamellengraphit, GGG: Gußeisen mit Kugelgraphit); nach Heywood [34, 555]

Werkstoff	GS	GG	GGG	Al-Leg.	Mg-Leg.
Fehlerlänge a^{**} in mm	0,047	0,37	$(174/\sigma_\mathrm{Z})^2$	$(166/\sigma_\mathrm{Z})^6$	0,0057

Der empirische Ansatz nach Rühl [84] unterscheidet sich von den vorstehenden Ansätzen dadurch, daß kein Versuch einer hypothetischen Begründung gemacht wird, sondern die seinerzeit vorliegenden Versuchsergebnisse in Form von Kerbwirkungszahlkurven über der Formzahl (unterschiedlich für Zug-Druck- und Biegewechselbeanspruchung) für unterschiedliche Zugfestigkeiten grafisch aufgetragen werden.

Vergleich der Ansätze

Über die Brauchbarkeit der verschiedenen Ansätze entscheidet der Vergleich mit den vorliegenden experimentellen Ergebnissen, die jedoch recht unterschiedlich sind und darüber hinaus stark streuen. Solche Vergleiche sind bei Wellinger und Dietmann [91] sowie bei Buch [14] zu finden. Im technisch besonders wichtigen Bereich mittlerer Formzahlen (α_k = 1,0-3,0) treten einerseits größere Abweichungen zwischen den Kerbwirkungszahlen auf, andererseits stimmt jedes der Verfahren nur mit einem Teil der Versuchsergebnisse ausreichend überein. Die Ersatzstrukturlänge ρ^* nach Neuber sollte nach den Ableitungen von Taylor [1365] (s. Kap. 7.2) etwa um den Faktor 4 größer als der kritische Abstand a^* nach Peterson sein, was nicht der Fall ist. Einzelne Hinweise auf die jeweiligen Stärken und Schwächen der Ansätze wurden vorstehend bereits gegeben. Verständlicherweise bieten die zweiparametrigen Darstellungen mehr Anpassungsspielraum als einparametrige Ansätze. Der Werkstoffvolumenansatz besitzt den Vorteil der Einbeziehung des statistischen Größeneinflusses. Die Wahl des Ansatzes richtet sich nach dem jeweiligen Anwendungsfall, nach der verfügbaren experimentellen Basis und nach dem tragbaren rechnerischen Aufwand [554].

Weitere Ansätze zur Kerbwirkungszahl sind auf Basis des Kurzrißverhaltens entwickelt worden (s. Kap. 7.5). Eine weitere Stützwirkungsformel (3.46) folgt aus dem statistischen Fehlstellenmodell für spröde Werkstoffe. Liu und Zenner [561] kombinieren diese statistische Stützziffer multiplikativ mit der spannungsmechanischen Stützziffer.

4.10 Kerbwirkung abhängig von der Mittelspannung

Dauerfestigkeitsschaubild für Kerbstäbe

Die Wirkung von Kerben auf die Dauerfestigkeit hängt von der Mittelspannung ab, Abb. 4.41. Die Schwingfestigkeit über der Mittelspannung für den ungekerbten Stab ($\beta_k = \alpha_k = 1{,}0$) folgt näherungsweise einer Geraden durch die Wechselfestigkeit ($\sigma_m = 0$) und die Zugfestigkeit ($\sigma_m = \sigma_Z$), auch noch zu Beginn des Druckbereichs ($\sigma_m < 0$). Die Schwingfestigkeit für den gekerbten Stab (hier $\beta_k = 2{,}9$ für $\sigma_m = 0$) verläuft ganz anders. Bei höherer Zugmittelspannung gibt es eine niedrige, über der Mittelspannung konstante Dauerfestigkeit, die mit dem Schwellenwert der Spannungsintensitätsamplitude überschlägig in Verbindung

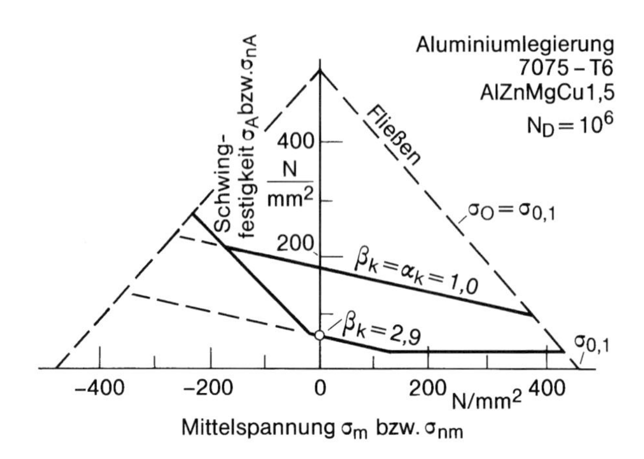

Abb. 4.41: Dauerfestigkeit von ungekerbten und gekerbten Proben aus einer Aluminiumlegierung als Funktion der Mittelspannung (σ_A, σ_m bei ungekerbter Probe; σ_{nA}, σ_{nm} bei gekerbter Probe; an die Stelle der Fließgrenze $\sigma_{0,1}$ im ungekerbten Stab tritt im gekerbten Stab die Formdehnungsgrenze $\sigma^*_{0,1}$); nach Fuchs u. Stephens [23]

gebracht werden kann (der Schwellenwert nimmt allerdings mit der Mittelspannung ab). Bei Mittelspannungen näher bei Null steigt die Kurve parallel zur Linie des ungekerbten Stabes (identische Mittelspannungsempfindlichkeit). Im Druckbereich tritt schließlich ein steiler Anstieg auf, wobei im vorliegenden Fall die Linie des ungekerbten Stabes überschritten wird. Der steile Anstieg über die gestrichelte Fortsetzung hinaus begrenzt jenen Bereich, in dem die im Kerbgrund eingeleiteten Risse sich infolge der Druckmittelspannung nicht vergrößern. Dies gilt im oberen Teil auch für den ungekerbten Stab.

Kerbwirkungszahl abhängig von der Mittelspannung

Folgende Kerbwirkungszahlen lassen sich aus Abb. 4.41 ableiten, wenn unter Kerbwirkungszahl das Verhältnis der Schwingfestigkeiten des ungekerbten und gekerbten Stabes bei gleicher Mittelspannung verstanden wird. Bei der Mittelspannung Null ist die (eigentliche) Kerbwirkungszahl $\beta_k = 2{,}9$. Bei der Mittelspannung $\sigma_m = 110\ \mathrm{N/mm^2}$ ist $\beta_k = 4{,}8$, also größer als die elastische Formzahl (zu erklären aus überproportional ansteigenden plastischen Kerbdehnungen, die den Bruch auslösen). Bei der Druckmittelspannung $\sigma_m = -165\ \mathrm{N/mm^2}$ ist $\beta_k = 1{,}0$ und bei noch kleinerer Mittelspannung $\beta_k < 1{,}0$. Aus dieser Betrachtung geht hervor, daß es keine einfache allgemeine Abhängigkeit der Kerbwirkungszahl von Formzahl und Mittelspannung gibt.

Analog zum Mittelspannungseinfluß nach (2.13) bei ungekerbten Proben gilt bei gekerbten Proben:

$$\sigma_{kA} = \sigma_{kW} - M_k \sigma_{km} \qquad (4.64)$$

Die Kerbmittelspannungsempfindlichkeit M_k wächst ähnlich wie die Mittelspannungsempfindlichkeit M mit der Zugfestigkeit σ_Z (tatsächlich umfassen die Streubänder in Abb. 2.22 auch gekerbte Proben). Tendenziell ist bei duktilen Werkstoffen $M_k < M$, weil die Fließgrenze σ_F im Kerbgrund früher als in der ungekerbten Probe erreicht wird. Die Dauerfestigkeitslinie im Haigh-Diagramm wird bereits ab der Oberspannung $\sigma_F^*/\alpha_k < \sigma_F$ abgeflacht (mit der Formdehngrenze σ_F^* nach (4.34)).

Kerbwirkungszahl abhängig vom Spannungsverhältnis

Zur Abhängigkeit der Kerbwirkungszahl vom Spannungsverhältnis, $R = 0$ gegenüber $R = -1$, liegen experimentelle Ergebnisse für hochfeste Aluminiumlegierungen vor [14, 552]. Unter Kerbwirkungszahl wird in diesem Fall das Verhältnis der Schwingfestigkeiten des ungekerbten und gekerbten Stabes bei gleichem Spannungsverhältnis verstanden. Die Abminderung der Kerbwirkungszahl für $R = 0$ gegenüber $R = -1$ beträgt in den ausgewerteten Fällen zwischen 0 % und 20 %. Der Fall besonders großer Abweichung ist in Abb. 4.42 nach dem zweiparametrigen Ansatz von Buch [14] erfaßt. Aus der Darstellung ist ersichtlich, daß die einparametrige Näherungsformel (4.56) nach Peterson auf der sicheren Seite liegt.

Die Tatsache, daß der gekerbte Stab bei Zugschwellbeanspruchung ($R = 0$) kerbunempfindlicher reagiert als bei Wechselbeanspruchung ($R = -1$), erklärt sich aus der plastischen Formänderung im Kerbgrund bei der Erstbelastung. Letztere hat bei $R = 0$ Druckeigenspannungen im Kerbgrund zur Folge, die (bei Dauerfestigkeit) eine weiterhin elastische Schwingbreite im Kerbgrund ermögli-

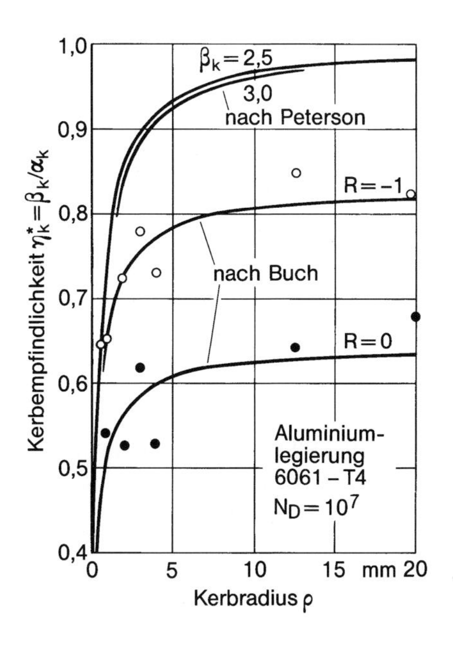

Abb. 4.42: Kerbempfindlichkeit einer hochfesten Aluminiumlegierung als Funktion des Kerbradius bei Wechsel- und Schwellbeanspruchung, Zweiparameteransatz nach Buch und Einparameteransatz nach Peterson, Vergleich mit Versuchsergebnissen; nach Buch [14, 552]

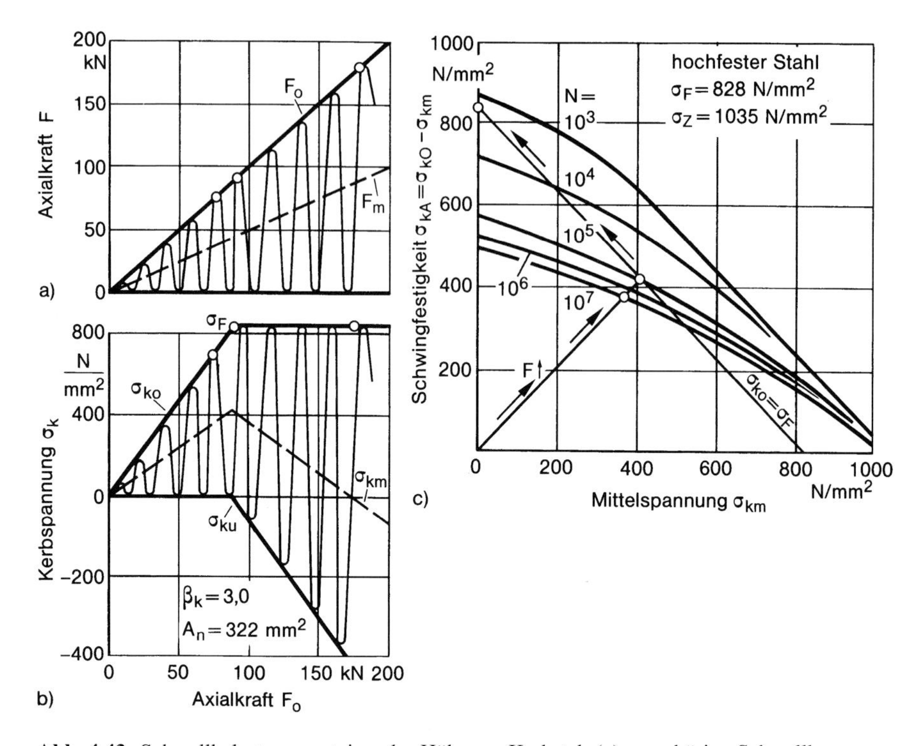

Abb. 4.43: Schwellbelastung ansteigender Höhe am Kerbstab (a), zugehörige Schwellbeanspruchung im Kerbgrund begrenzt durch Fließgrenze (b) und Abbildung im Dauerfestigkeitsschaubild über der Kerbmittelspannung (c); hochfester Stahl, Kerbwirkungszahl β_k, Kerbquerschnittsfläche A_n; nach Juvinall [77]

chen, wobei die örtliche Schwingfestigkeit σ_{kA} infolge der örtlichen Mittelspannungsminderung durch örtliche Druckeigenspannungen ansteigt, Abb. 4.43.

Die verschiedenen Möglichkeiten der rechnerischen Vorausbestimmung der Dauerfestigkeit gekerbter Stäbe werden von Juvinall [77] und Buch [14] gegenübergestellt.

4.11 Kerbwirkung abhängig von Eigenspannungen

Eigenspannungen an Kerben

Globale Eigenspannungen in Proben oder Bauteilen bilden an Kerben lokale Eigenspannungserhöhungen. Es überlagern sich lokale Eigenspannungen, hervorgerufen durch Oberflächenverfestigung des Kerbgrundes (s. Kap. 4.12). Diese Kerbeigenspannungen werden durch überlagerte (Kerb-)Lastspannungen verändert, sobald die Fließgrenze örtlich überschritten wird, was bei hohen Kerbeigenspannungen schon bei geringer Last der Fall ist.

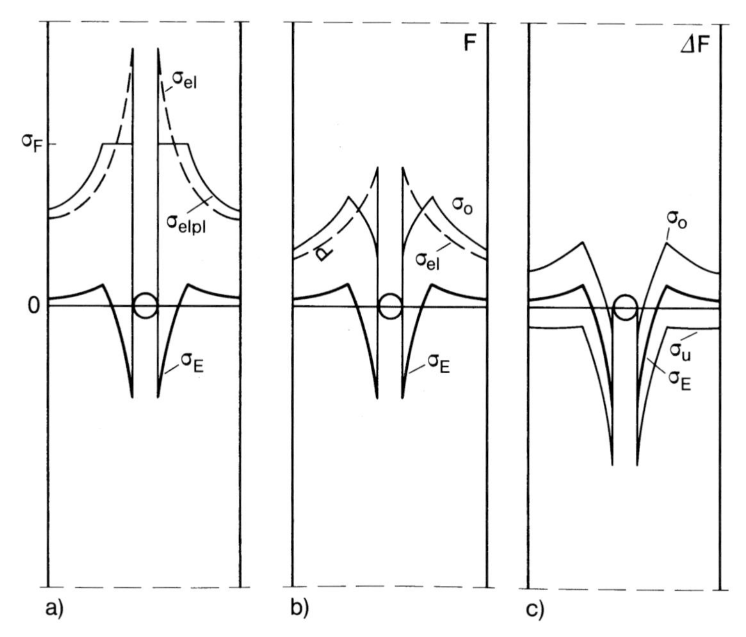

Abb. 4.44: Aufbau von Eigenspannungen σ_E in einem Lochstab durch Überlasten mit darauffolgendem Entlasten (a), verringerte (Zug-)Lastspannungen (σ_{el} auf σ_o) an der Kerbe bei erneuter Belastung (b) und bei Schwingbelastung (c); nach Gurney [57]

Der Kerbeigenspannungsaufbau durch äußere Belastung ist in Abb. 4.44 am Beispiel des gelochten Zugstabes dargestellt. Die elastische Spannungsverteilung σ_{el} über dem Querschnitt mit Spannungshöchstwert am Lochrand wird durch das Überschreiten der Fließgrenze σ_F abgeflacht, $\sigma_{el\,pl}$. Nach elastischer Entlastung verbleiben die Eigenspannungen σ_E. Erneute elastische Belastung F erzeugt die Oberspannungen σ_o. Schwingbelastung ΔF hat das Schwingen zwischen Oberspannung σ_o und Unterspannung σ_u zur Folge, wobei der anrißkritische Kerbbereich unter (günstiger) Druckbeanspruchung verbleibt. Der Effekt wird für die Steigerung der Wechselfestigkeit durch Überlasten genutzt.

Der Kerbeigenspannungsabbau durch äußere Belastung läßt sich ebenfalls am betrachteten gelochten Zugstab mit aufgebrachter Eigenspannung veranschaulichen. Eine Belastung in den Druckbereich ist aufgrund der Druckkerbeigenspannung mit einem vorzeitigen Überschreiten der Druckfließgrenze σ_{Fd} verbunden. Wird die Last entsprechend dem örtlichen Erreichen der Fließgrenze im eigenspannungsfreien Lochstab gewählt, so wird die Kerbeigenspannung vollständig abgebaut (vorausgesetzt: $\sigma_{Fd} = -\sigma_F$).

Kerbwirkung unter Eigenspannungen

Auch für gekerbte Stäbe (und Bauteile) gilt, daß hochfeste Werkstoffe einen besonders ausgeprägten Eigenspannungseinfluß zeigen. Dies folgt aus den höheren

Eigenspannungen in hochfesten Werkstoffen und aus dem Anwachsen von M_k in (4.64) mit der Zugfestigkeit, auch wenn die Mittel- und Eigenspannungsempfindlichkeit gekerbter Stäbe nicht gleich gesetzt werden darf (aus $M_E < M$ kann auf $M_{kE} < M_k$ geschlossen werden).

Die von Haibach [29] für ungekerbte Stäbe entwickelte Modellvorstellung (s. Kap. 3.6) läßt sich nur mit Einschränkung auf gekerbte Stäbe übertragen. Der Grund dafür ist die Tatsache, daß der Eigenspannungsabbau an Kerben anders als im ungekerbten Stab erfolgt. Die Fließspannung im Kerbgrund wird schon bei relativ niedriger (gleichgerichteter) Mittelspannung erreicht. Andererseits ist die Makrostützwirkung der Kerbe zu berücksichtigen.

Eine kerbmechanische Beantwortung der Fragestellung (analog zur kerbmechanischen Wöhler-Linie, s. Kap. 4.13) ist von Lawrence und Mazumdar [838] vorgelegt worden. Für einen Schweißstoß mit Stumpfnaht wird nachgewiesen, daß der Eigenspannungseinfluß auf die Schwingfestigkeit beim höherfesten Werkstoff besonders ausgeprägt ist.

Durch eine experimentelle Untersuchung an Flachstäben mit aufgeweitetem Kreisloch hat Lowak [407] gezeigt, daß die Lebensdauersteigerung bis Anriß durch tangentiale Druckeigenspannungen im Kerbgrund um so ausgeprägter auftritt, je größer die Differenz zwischen kerbmechanisch berechneter Kerbhöchstspannung und (höherer) Druckeigenspannung ist.

In der Rißfortschrittsphase ergaben sich weitere Lebensdauererhöhungen, die auf das Rißschließen durch Druckeigenspannungen zurückzuführen sind. Ein Teilergebnis der Untersuchung, nämlich Wöhler-Linien und Lebensdauerlinien ohne und mit Druckeigenspannungen im Kerbgrund, ist in Kap. 4.12 dargestellt. Die lebensdauererhöhende Wirkung des Lochquerdrückens (Coinen), das ebenfalls tangentiale Druckeigenspannungen am Lochrand hervorruft, wurde von Ogeman [848] und Josefson *et al.* [1171] nach der Finite-Elemente-Methode kerb- und rißbruchmechanisch untersucht.

4.12 Kerbwirkung abhängig vom Oberflächenzustand

Oberflächenrauhigkeit

Die Kerbwirkungszahl ist je nach örtlichem Oberflächenzustand zu modifizieren. Das betrifft zunächst die Oberflächenrauhigkeit, die am ungekerbten Stab durch den Abminderungsfaktor γ_r relativ zum polierten Stab erfaßt wird (s. Kap. 3.7). Bei Werten $\gamma_r \ll 1{,}0$ kann beim gekerbten Stab die Multiplikation mit $1/\gamma_r$ zu konservativ sein. Der Einfluß der Oberflächenrauhigkeit ist im Kerbgrund geringer als im ungekerbten Stab. In Wirklichkeit vermindern innere Kerbwirkung (ausgedrückt durch die Kerbempfindlichkeit) und Oberflächenrauhigkeit (ausgedrückt durch den Abminderungsfaktor) die Dauerfestigkeit in konkurrierender Weise. Die Modifikation der Kerbwirkungszahl läßt sich daher ausgehend von (4.36) durch folgenden Ansatz verbessern:

$$\beta_k = 1 + (\alpha_k - 1)\eta_k/\gamma_r \qquad (\gamma_r \ll 1{,}0,\ \alpha_k \gg 1{,}0) \qquad (4.65)$$

Zu beachten ist, daß im Abminderungsfaktor γ_r teilweise auch der festigkeitsmindernde Einfluß einer Randschichtentkohlung erfaßt ist (bei geschmiedeter oder gewalzter Oberfläche von Stahl), während im Kerbgrund in vielen Fällen nur der Rauhigkeitseinfluß auftritt.

Oberflächenverfestigung

Die am ungekerbten Stab möglichen thermischen, thermochemischen und mechanischen Verfahren der Oberflächenverbesserung hinsichtlich Dauerfestigkeit (Induktions- und Flammhärten, Einsatzhärten und Nitrieren, Rollen, Hämmern und Kugelstrahlen, moderne Strahl- und Plasmaverfahren, s. Kap. 3.5) haben bei gekerbten Stäben besondere Bedeutung. Zum einen wird angestrebt, die örtliche Kerbspannungserhöhung durch örtliche Kerbverfestigung zu neutralisieren. Zum anderen sind die Verfestigungsverfahren lokal besonders wirkungsvoll einsetzbar. Insbesondere gilt das für den Druckeigenspannungsaufbau durch Festwalzen, Drücken, Hämmern, Kugelstrahlen oder Aufdornen. Die Dauerfestigkeitsverbesserung des Kerbstabes beruht einerseits auf der örtlichen Anhebung der Werkstoffestigkeit, andererseits auf hohen Druckeigenspannungen im Kerbgrund. Daneben kann die Verbesserung von Kerbform und Kerboberfläche eine Rolle spielen. Bei korrosiver Umgebung hat außerdem das Beschichten und Elektroplattieren praktische Bedeutung.

Mit den genannten Verfahren ist es möglich, die Dauerfestigkeit von Kerbstäben (ausgedrückt durch Nennspannungen) auf den zwei- bis dreifachen Wert der Ausgangsfestigkeit anzuheben und dadurch die Festigkeit des ungekerbten, aber

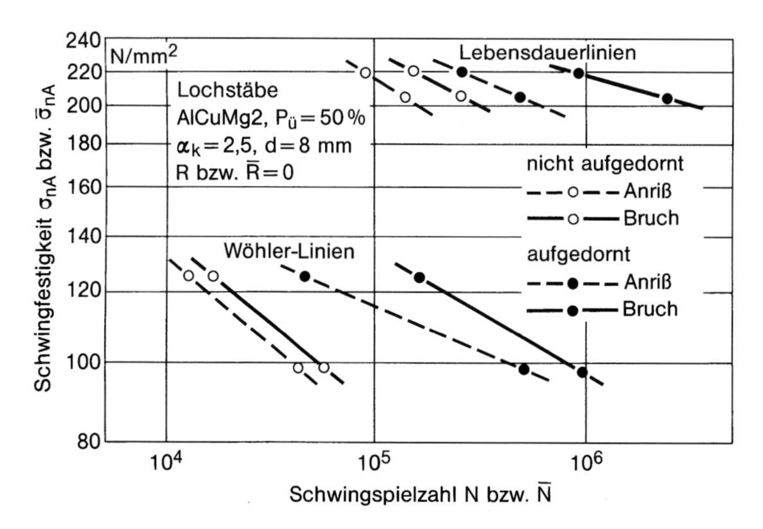

Abb. 4.45: Schwingfestigkeitssteigerung durch Aufdornen; Wöhler-Linien und Lebensdauerlinien (Random-Versuch); Flachstäbe mit Kreisloch aus einer Aluminiumlegierung; nach Lowak [407]

unbehandelten Stabes zu übertreffen. Das setzt bei den meisten Verfahren voraus, daß die verfestigte Oberflächenschicht dicker als die vorliegende Kerbtiefe ist, wobei die Kerbe vor oder nach der Oberflächenbehandlung eingebracht sein kann.

Beim Aufdornen wird ein schlanker Konus oder eine Kugel in Übergröße durch ein Kreisloch gepreßt. Dadurch werden Kaltverfestigung und Druckeigenspannungen im Kerbgrund erzeugt. Schwingfestigkeitssteigerungen auf etwa den 1,5fachen Wert des unbehandelten Lochkerbstabs sind möglich, Abb. 4.45. Mit ähnlicher Wirkung wird beim Coinen der Kreislochrand unter Axialdruck gestaucht.

Die vorstehend genannten Verfahren der Oberflächenverfestigung sind im Bereich der Dauerfestigkeit besonders effektiv. Ihre Wirksamkeit nimmt im Bereich der Zeit-, Kurzzeit- und Betriebsfestigkeit wegen des durch die höhere Belastung verursachten Abbaus der Druckeigenspannungen ab.

Kerbmechanische Beschreibung der Oberflächenverfestigung

Die genauere Analyse oberflächenverfestigter Kerbstäbe (auch im Vergleich zu ungekerbten Stäben) hinsichtlich der Dauerfestigkeit stellt die lokale Beanspruchung (bei Umlaufbiegung ist das der zyklische Biegespannungs- und Kerbspan-

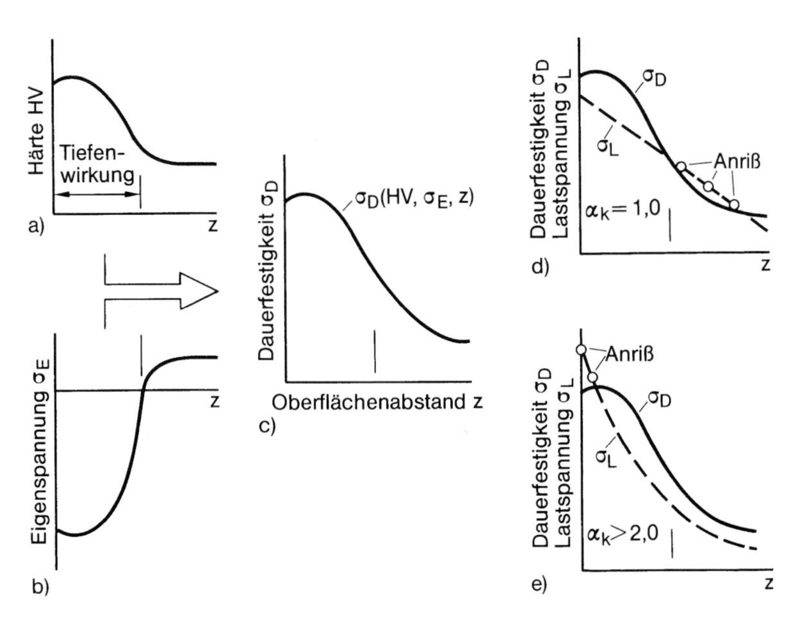

Abb. 4.46: Anrißbildung und Dauerfestigkeit von oberflächenverfestigten Proben: Härteverlauf (a) und Eigenspannungsverteilung (b), daraus resultierender Dauerfestigkeitsverlauf (c), Gegenüberstellung der Lastspannung aus Umlaufbiegung ($R = -1$) in ungekerbter Probe (d) und gekerbter Probe (e); nach Kloos *et al.* [390, 391]

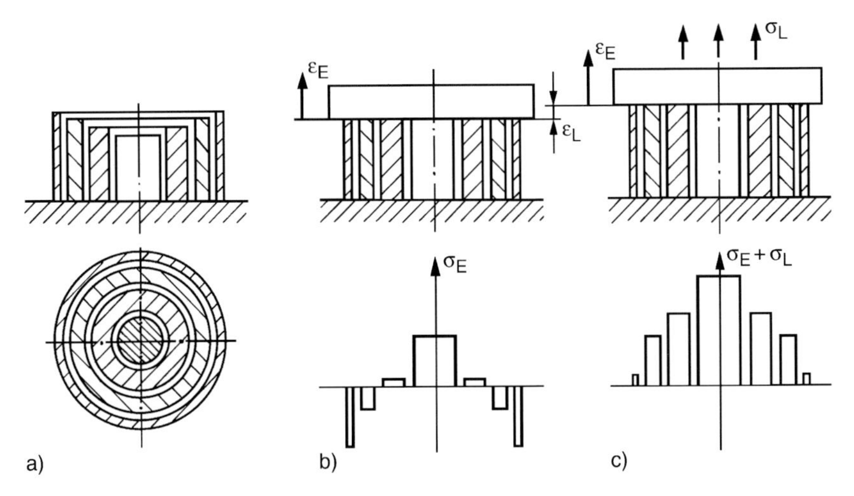

Abb. 4.47: Mehrschichtmodell für Rundprobe mit dicker Randschicht (a), dazu Eigenspannungen σ_E infolge von Anfangsdehnungen ε_E relativ zu starrer Abschlußplatte (b) und Überlagerung von Last- und Eigenspannungen (c); nach Bäumel u. Seeger [518]

nungsanstieg) dem Profil der lokalen Dauerfestigkeit (bestimmt aus Härte- und Eigenspannungsverteilung) gegenüber, Abb. 4.46 (Konzept der örtlichen Dauerfestigkeit bei oberflächenverfestigten Proben nach Kloos *et al.* [390, 391]). Im betrachteten Fall ist der Anriß im ungekerbten Stab unterhalb der oberflächenverfestigten Schicht bei relativ hoher Nennspannung zu erwarten, während er im gekerbten Stab an der Kerbgrundoberfläche bei relativ niedriger Nennspannung auftritt (allerdings möglicherweise in der oberflächenverfestigten Schicht stehen bleibt). Im Zeitfestigkeitsbereich muß dagegen zyklisch elastisch-plastisches Werkstoffverhalten zugrunde gelegt und der Rißfortschritt berücksichtigt werden.

Zur Analyse der Rißeinleitungsphase sind von Seeger *et al.* [518, 520, 543] einfache Modelle entwickelt worden. Im Grenzfall einer dünnen Randschicht mit Eigenspannung und Verfestigung werden die örtlichen Beanspruchungszyklen nach einem in Kap. 4.4 angegebenen Verfahren bestimmt [520, 543]. Bei entsprechender dicker Randschicht ist ein Mehrschichtmodell anwendbar [518, 520], bestehend aus konzentrischen Hohlzylindern um einen Vollzylinder im Kern, Abb. 4.47 (a). Den Zylindern sind unterschiedliche Eigendehnungen ε_E in Axialrichtung zugeordnet, welche nach Anschluß der starren Abschlußplatten die Eigenspannungen σ_E hervorrufen, Abb. 4.47 (b). Jedem der Zylinder ist eine eigene zyklische Spannungs-Dehnungs-Kurve zugeordnet. Die äußere Belastung (Lastspannung σ_L) wird über die Abschlußplatte aufgebracht, Abb. 4.47 (c). Die Zulässigkeit der Betrachtung nur der axialen Beanspruchungen unter Vernachlässigung der radialen und tangentialen Effekte bedarf der Begründung im Einzelfall.

Die Rißeinleitungs- und Rißfortschrittsphase an Kreislöchern nach dem Coinen wurde, wie bereits erwähnt, von Ogeman [848] und Josefson *et al.* [1171] nach der Finite-Elemente-Methode kerb- und rißbruchmechanisch analysiert.

Die Dauerfestigkeit der gekerbten Probe (ausgedrückt durch die Nennspannungen im Nettoquerschnitt) kann höher liegen als die der ungekerbten Probe (Abb. 3.23). Die normierte Wöhler-Linie der ungekerbten Probe (Abb. 3.25) bleibt anwendbar, soweit die Anrißstelle sich nicht an die Oberfläche verlagert. Tritt die Verlagerung ein, so ist die normierte Wöhler-Linie der gekerbten Proben anzuwenden.

Bei vorgegebener Verfestigung, Druckeigenspannungshöhe und Oberflächenschichtdicke ist die an Proben und Bauteilen erzielbare Belastbarkeitssteigerung um so größer, je steiler der Spannungsgradient senkrecht zur Oberfläche ist. Die Belastbarkeitssteigerung ist demnach bei scharfen Kerben und kleinen Durchmessern von Biege- und Torsionsstäben besonders groß.

Zu beachten ist, daß die vorstehenden Angaben vor allem für die Zugschwellbeanspruchung im Dauerfestigkeitsbereich gelten. Bei Druckschwellbeanspruchung sind Druckeigenspannungen kein Vorteil. Hier muß in erster Linie auf die örtliche Anhebung der Werkstoffestigkeit gesetzt werden. Im Bereich der Zeitfestigkeit werden die Eigenspannungen durch äußere Belastung mehr oder weniger abgebaut. Ebenso wie bei der Dauerfestigkeit stellt sich die Frage, inwieweit die Eigenspannungen zyklisch relaxieren. Erfahrungsgemäß werden die Eigenspannungen im hochfesten Werkstoff besser als im niedrigfesten Werkstoff gehalten.

Zur unterschiedlichen Stabilität der Eigenspannungen in niedrig- und hochfestem Werkstoff stellt Haibach [29] folgende Überlegung an: Um eine Eigenspannung in Höhe der Fließgrenze ($\sigma_E = \sigma_F$) zu beseitigen, ist die plastische Dehnung $\varepsilon_{pl} = \sigma_F/E$ erforderlich. Bei niedrigfestem Stahl ist $\varepsilon_{pl} \approx 0{,}1\,\%$, bei hochfestem Stahl dagegen $\varepsilon_{pl} = 0{,}4\text{-}0{,}8\,\%$. Nur die kleinere plastische Dehnung ist problemlos örtlich aufbringbar (etwa durch Überlasten).

4.13 Kerbwirkung bei Zeit- und Kurzzeitfestigkeit

Kerbstab-Wöhler-Linien

Die bisherigen Angaben zur Kerbwirkung bezogen sich hauptsächlich auf die Dauerfestigkeit ($N = 10^6\text{-}10^7$), also auf den Zustand der Vermeidung von Makrorißeinleitung. Die Kerbwirkung ändert sich beim Übergang in den Zeitfestigkeitsbereich, in welchem die plastische Formänderung im Kerbgrund zunimmt und der Rißfortschritt einen immer größeren Anteil an der Gesamtlebensdauer ausmacht.

Für die Darstellung der Wöhler-Linie gekerbter Proben im Zeitfestigkeitsbereich sind zwei unterschiedliche Schemata anzutreffen, Abb. 4.48. In dem einen Fall wird die Dauerfestigkeit bei $N = 10^6$ (ausgedrückt durch die ertragbare Nennspannungsamplitude) mit dem Zugfestigkeitswert σ_Z, aufgetragen bei $N = 10^1\text{-}10^3$, oder auch mit der höheren wahren Zugfestigkeit oder Trennfestig-

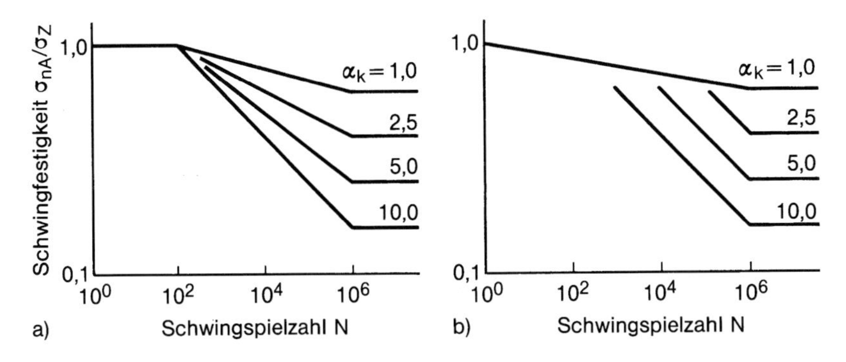

Abb. 4.48: Wöhler-Linien für Kerbstäbe mit unterschiedlicher Kerbschärfe: Schematisierung mit gemeinsamem Fluchtpunkt in Höhe der Zugfestigkeit σ_Z, aufgetragen bei $N = 10^1$-10^3 (a) und Schematisierung mit identischer Neigung (b)

keit σ_T, aufgetragen bei $N = 0,5$ oder 1,0, im doppeltlogarithmischen Maßstab linear verbunden (fluchtende Wöhler-Linien). In dem anderen Fall wird allen Wöhler-Linien der Kerbstäbe dieselbe Neigung zugeordnet, nach oben durch die flachere Wöhler-Linie des ungekerbten Stabes begrenzt (oder auch über diese Linie hinaus fortgeführt). Beide Schemata gehen von der Tatsache aus, daß die Bruchfestigkeit σ_{nZ} des gekerbten Stabes bei duktilem Werkstoff deutlich über der Zugfestigkeit σ_Z des ungekerbten Stabes liegt (somit ist σ_Z eine sichere Grenze für σ_{nA}) und im Kurzzeitfestigkeitsbereich zunächst nur wenig mit wachsender Schwingspielzahl abfällt.

Kerbwirkungszahl im Zeitfestigkeitsbereich

Ermittelt man die den dargestellten Linienscharen zugehörigen Kerbwirkungszahlen auch im Zeitfestigkeitsbereich (durch Bezug der Schwingfestigkeit σ_A des ungekerbten Stabes auf die Schwingfestigkeit σ_{nA} des gekerbten Stabes), so stellt man einen Abfall der Kerbwirkungszahl bei geringerer ertragener Schwingspielzahl fest.

Ein nicht schematisiertes experimentelles Ergebnis dazu zeigt Abb. 4.49. Es sind Stähle sowie Aluminium- und Magnesiumlegierungen erfaßt. Der Abfall der Kerbwirkungszahl ist nach Heywood [34, 555] von der Zugfestigkeit des Werkstoffs abhängig, Abb. 4.50. Der Abfall von der Kerbwirkungszahl β_k bei Dauerfestigkeit (zugehörig die ertragene Schwingspielzahl $N_D = 10^6$) auf die Kerbwirkungszahl β_k^* bei Zeitfestigkeit (zugehörig die ertragene Schwingspielzahl $N = 10^3$) ist für niedrigfeste (oder weiche) Werkstoffe stärker als für hochfeste (oder harte) Werkstoffe. Bei Überschneidung der Wöhler-Linien von gekerbter und ungekerbter Probe im Zeitfestigkeitsbereich treten im Kurzzeitfestigkeitsbereich Kerbwirkungszahlen $\beta_k^* < 1,0$ auf.

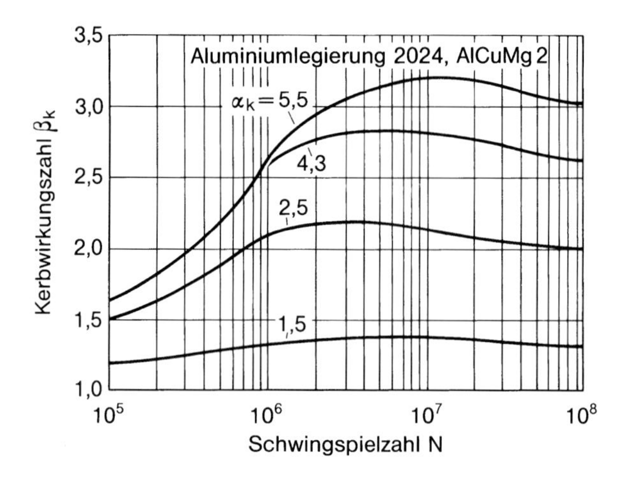

Abb. 4.49: Kerbwirkungszahl als Funktion der ertragenen Schwingspielzahl für eine Aluminiumlegierung; nach Mann [41]

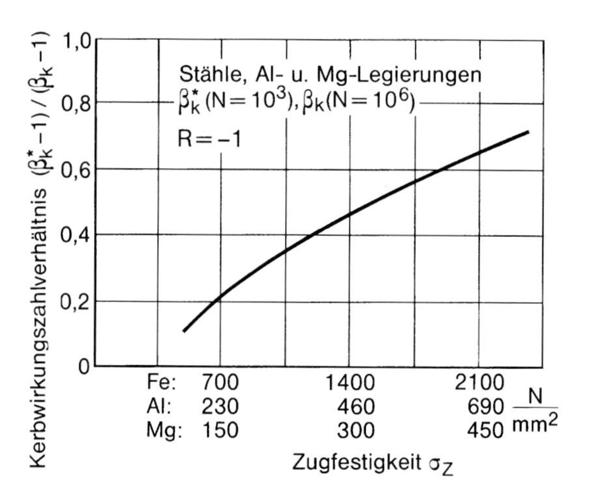

Abb. 4.50: Kerbwirkungszahlverhältnis als Funktion der Zugfestigkeit bei Stählen, Aluminium- und Magnesiumlegierungen; nach Heywood [34]

Fluchtende Kerbstab-Wöhler-Linien

Das Schema der fluchtenden Wöhler-Linien für Kerbstäbe ergibt sich bei Anwendung der Abhängigkeit $\beta_k^* = f(\beta_k, \sigma_Z)$ nach Heywood [555] auf einen hochfesten Stahl, Abb. 4.51. Die Wöhler-Linie des ungekerbten Stabes wird nach (2.7) und die Wechselfestigkeit nach (3.2) angenähert. Davon ausgehend ergeben sich die Wöhler-Linien der Kerbstäbe (durchgehende Linien). Gegenübergestellt ist die Auslegungsempfehlung nach Peterson (gestrichelte Linien). Ein ähnliches, im Behälterbau eingeführtes Diagramm (halblogarithmischer Maßstab, ungewöhnlich früher Dauerfestigkeitsübergang) zeigt Abb. 4.52.

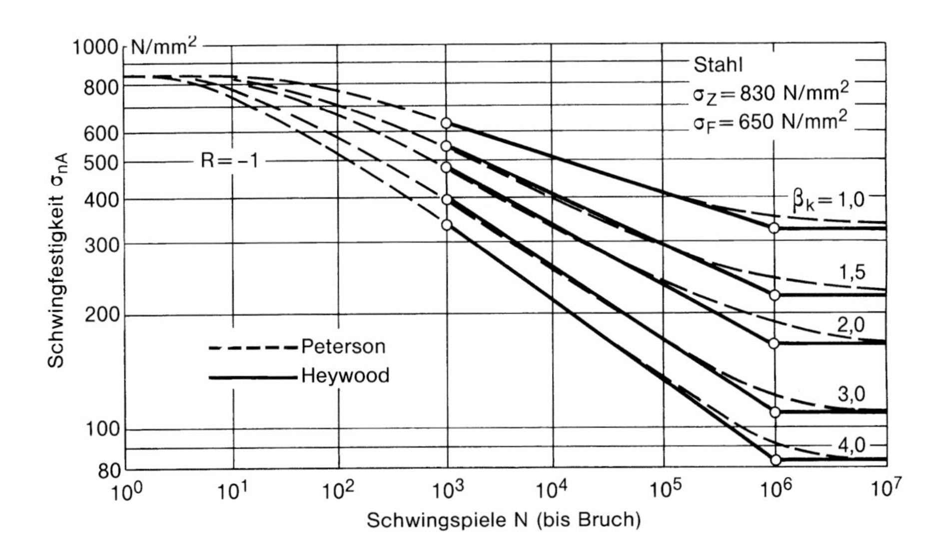

Abb. 4.51: Fluchtende Wöhler-Linien von ungekerbten und gekerbten Proben aus höherfestem Stahl; Näherung nach Heywood [34, 555] (durchgehende Linien) und Auslegungsempfehlung nach Peterson (gestrichelte Linien); nach Juvinall [77]

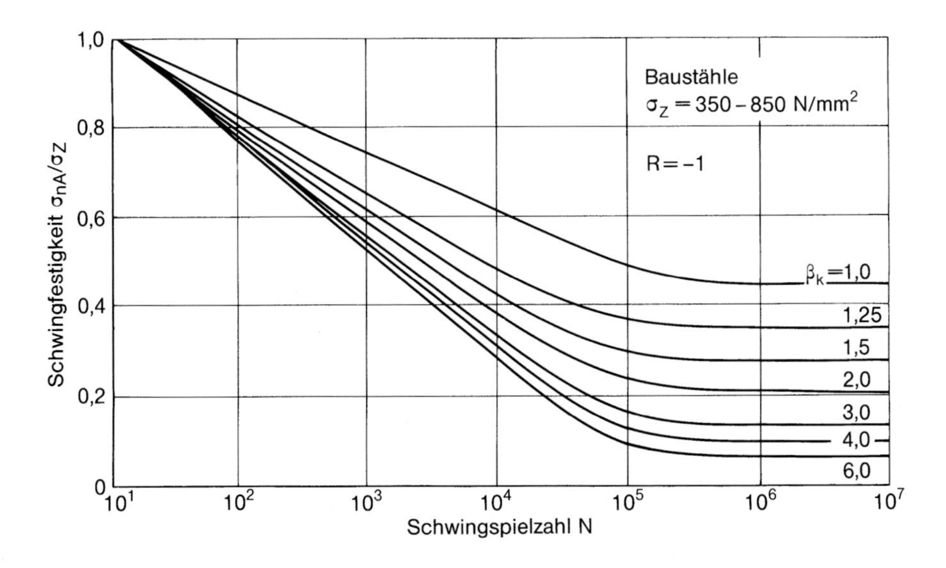

Abb. 4.52: Fluchtende Wöhler-Linien von ungekerbten und gekerbten Proben aus Baustählen; Diagramm für die konstruktive Auslegung nach Liebrich in [87]

Normierte Kerbstab-Wöhler-Linie

Das Schema der parallelen Wöhler-Linien für Kerbstäbe liegt dem Konzept der normierten Wöhler-Linie nach Haibach [29, 30, 104, 106] zugrunde (ursprünglich für Schweißverbindungen entwickelt). Das Konzept besagt, daß bei Auftragung der Zeitfestigkeitsergebnisse des Wöhler-Versuchs mit Kerbstäben bezogen auf deren Dauerfestigkeit ($P_ü = 50\,\%$) sich im doppeltlogarithmischen Maßstab ein einheitliches Streuband ergibt (einheitlich hinsichtlich Breite und Neigung). Einbezogen sind unterschiedliche Kerbschärfe, unterschiedliche Werkstoffe innerhalb einer Gruppe (z. B. Gruppe der Baustähle oder Gruppe der Aluminiumlegierungen), unterschiedliche Belastung (z. B. Zug-Druck, Biegung und Torsion) sowie unterschiedliche Spannungsverhältnisse (insbesondere $R = -1$ und $R = 0$). Voraussetzung für die Vereinheitlichung sind Wöhler-Linien bei konstantem Spannungsverhältnis. Wöhler-Linien bei konstanter Mittelspannung lassen sich so nicht vereinheitlichen. Sofern der Abknickpunkt zur Dauerfestigkeit ($N_D \approx 10^6$) unterschiedlich liegt, muß zusätzlich die Schwingspielzahl auf das jeweilige N_D normiert werden, um die Streubänder bei identischer Neigungskennzahl zusammenfallen zu lassen [29]. Die Neigungskennzahl $k = 5$ gekerbter Proben aus Stahl ist wesentlich kleiner als die Neigungskennzahl $k = 15$ ungekerbter Proben, Abb. 4.53 (vgl. Abb. 2.8). Der in seiner Formzahlabhängigkeit unstetige Übergang von $k = 5$ auf $k = 15$ kann kerbmechanisch erklärt werden. Demnach weist die Wöhler-Linie des ungekerbten Stabes keinen steilen Zeitfestigkeitsverlauf auf, sondern nur den flacheren Kurzzeitfestigkeitsverlauf, der sich in diesem Fall bis zur Dauerfestigkeit erstreckt [29].

Eine umfassende Schrifttumsauswertung für Stähle nach Hück *et al.* [105] ergibt im Mittel einen stetigen Abfall der Neigungskennzahl von $k = 12{,}5$ für $\alpha_k = 1{,}0$ auf $k = 4$ für $\alpha_k = 8{,}0$ bei großer Streuung. Ebenso wird ein Anstieg

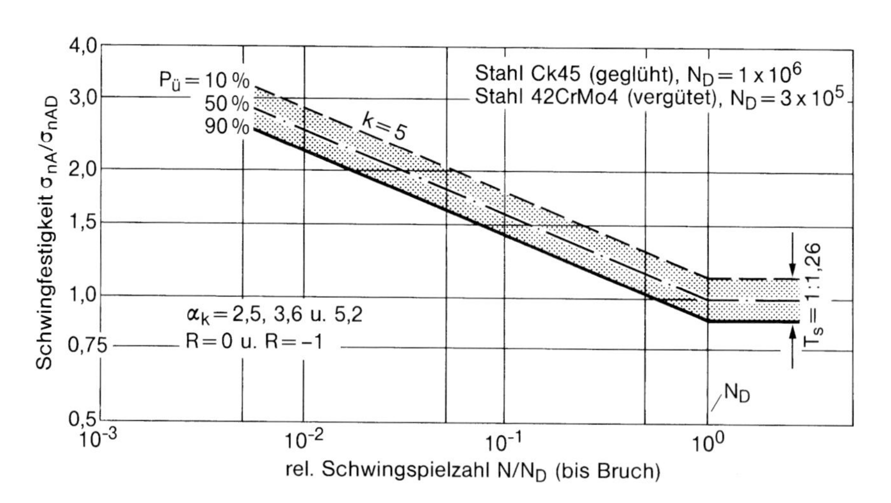

Abb. 4.53: Normierte Wöhler-Linie von gekerbten Proben aus geglühtem Stahl; nach Haibach [29]

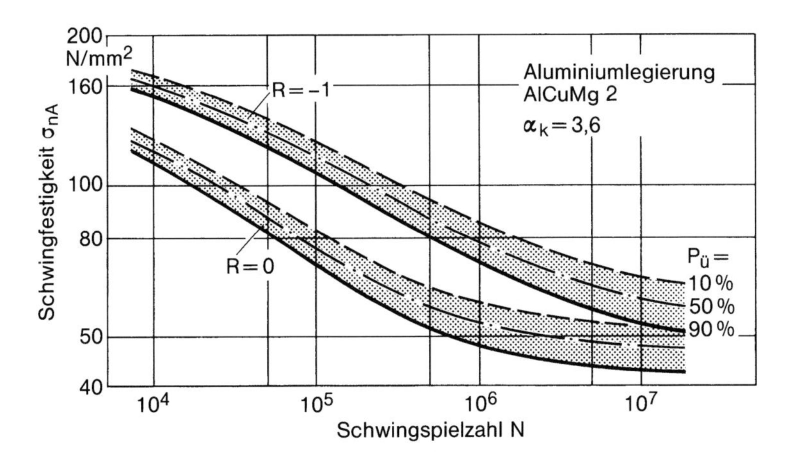

Abb. 4.54: Wöhler-Linien von gekerbten Proben aus einer Aluminiumlegierung; nach Ostermann in [29]

der Schwingspielzahl im Abknickpunkt der Wöhler-Linie von $N_D = 4 \times 10^5$ für $k = 3$ auf $N_D = 2 \times 10^6$ für $k = 23$ bei ebenfalls großer Streuung ermittelt.

Die Möglichkeit der Normierung der Wöhler-Linie auf die Einheitsform ist bei Aluminiumlegierungen auf die Zeitfestigkeit $N \leq 10^6$ mit einem Bezugswert der Dauerfestigkeit bei $N = 10^6$ beschränkt. Im Dauerfestigkeitsbereich mit $N \geq 10^6$ tritt besonders bei Wechselbeanspruchung, weniger bei Schwellbeanspruchung, ein weiterer Abfall der Schwingfestigkeit auf. Die ertragbaren Spannungsamplituden für $R = -1$ und $R = 0$ gleichen sich im Dauerfestigkeitsbereich an, Abb. 4.54.

Engeres Kerbgrundkonzept

Das engere Kerbgrundkonzept umfaßt die Analyse der Beanspruchung und Anrißbildung im Kerbgrund bei einachsiger Kerbbeanspruchung (einachsige Spannung oder Dehnung) und einstufiger Schwingbelastung. Es ist nochmals nach elastischer Kerbbeanspruchung (anwendbar auf die Dauerfestigkeit) und elastisch-plastischer Kerbbeanspruchung (anwendbar auf die Zeit- und Kurzzeitfestigkeit) unterteilbar. Dem engeren Kerbgrundkonzept steht das erweiterte Kerbgrundkonzept gegenüber, welches zusätzlich die mehrachsige Kerbbeanspruchung sowie die Mehrstufen- und Random-Belastung umfaßt (s. Kap. 5.5). Die bruchmechanische Analyse des der Anrißbildung folgenden (Makro-)Rißfortschritts wird nicht dem Kerbgrundkonzept zugerechnet.

Anstelle der Bezeichnungsweise „Kerbgrundkonzept" wird bei Schweißverbindungen vom „Kerbspannungskonzept" bei elastischer Kerbbeanspruchung und vom „Kerbdehnungskonzept" bei elastisch-plastischer Kerbbeanspruchung gesprochen. Das Kerbspannungskonzept liegt in Versionen von Radaj, von Seeger und von Sonsino vor, das Kerbdehnungskonzept in Versionen von Lawrence, von Seeger und von Sonsino. Die Versionen werden in [65, 66] genauer beschrieben.

Von Seeger [48] wird anstelle von „Kerbgrundkonzept“ die Bezeichnungsweise „örtliches Konzept“ bevorzugt, weil nicht allein die Kerbwirkung angesprochen ist, sondern jede örtliche Bauteilbeanspruchung.

Das Kerbgrundkonzept wurde in den 70er Jahren ausgehend von der Neuber-Formel (4.21) von amerikanischen Forschern entwickelt [815-818, 820, 831, 836, 838-842, 844, 865, 867, 869, 871, 872]. Es wurde von deutschen Forschern aufgegriffen und unabhängig weiterentwickelt [807, 808, 812, 814, 819, 822, 826, 829, 846, 847, 850, 851, 860, 861, 863]. Um die anschließende Ausgestaltung und Anwendung haben sich Seeger und Mitarbeiter [48] besonders verdient gemacht. Die Kerbgrundkonzepte zur Dauerfestigkeit wurden von Taylor und Wang [868] validiert.

Grundsätzliche Vorgehensweise des Kerbgrundkonzepts

Die Wöhler-Linie von gekerbten Proben oder Bauteilen läßt sich durch kerbmechanische Analyse, eingeschränkt zunächst auf das Anrißverhalten (d. h. ohne Rißfortschritt), rechnerisch bestimmen. Es wird von der Annahme ausgegangen, daß sich der Werkstoff im Kerbgrund hinsichtlich Verformung und Anriß ähnlich verhält wie eine dort gedachte (oder auch tatsächlich herausgelöste und geprüfte) ungekerbte axialbelastete Vergleichsprobe hinsichtlich Verformung und Bruch („engeres Kerbgrundkonzept“), Abb. 4.55. Die zu lösende Aufgabe besteht darin, die Kerbgrundbeanspruchung nach elastischem und plastischem Anteil zu berechnen (oder zu messen) und die zugehörige Schwingfestigkeit der Dehnungs-Wöhler-Linie der ungekerbten Probe zu entnehmen. Über besondere Verfahrensschritte können auch Eigenspannungs-, Mehrachsigkeits- und Größeneffekte berücksichtigt werden. Eine Rißfortschrittsberechnung nach Kap. 6.5 kann sich anschließen, um neben der Anriß-Wöhler-Linie auch die Bruch-Wöhler-

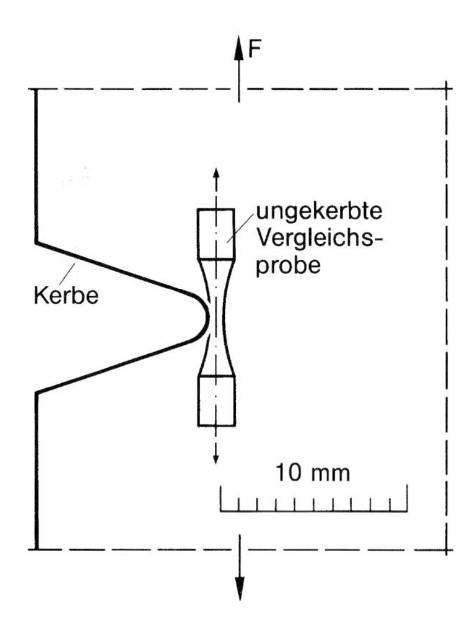

Abb. 4.55: Ungekerbte Vergleichsprobe im Kerbgrund zur Simulation des Verformungs- und Anrißverhaltens

Linie zu erhalten. Die Erweiterung des kerbmechanischen Ansatzes auf die Lebensdauerlinie (erweitertes Kerbgrundkonzept) erfolgt in Kap. 5.5.

Das engere Kerbgrundkonzept in seiner einfachsten (elastischen) Form beschränkt sich auf die Ermittlung der Dauerfestigkeit des Kerbstabs oder Bauteils. Ausgehend von der Kerbformzahl wird die Kerbwirkungszahl nach einem der in Kap. 4.6 bis 4.9 beschriebenen Verfahren ermittelt. Die aus der Kerbwirkungszahl bei vorgegebener Nennspannung ableitbare dauerfestigkeitswirksame Kerbhöchstspannung muß kleiner als die Dauerfestigkeit der Vergleichsprobe bleiben. Mittelspannungs-, Eigenspannungs- und Oberflächeneinflüsse werden nach Kap. 4.10 bis 4.12 überschlägig berücksichtigt. Das Verfahren ist auch ohne Bezug auf Nennspannungen, also ohne Einführung von Formzahlen und Kerbwirkungszahlen, durchführbar. Es hat sich bei dauerfest auszulegenden Maschinenteilen wie Kurbelwellen, Pleuel oder Zahnrädern bewährt [837] und wird bei Schweißverbindungen erfolgreich angewendet [65, 66, 840, 849, 851-854].

Das engere Kerbgrundkonzept in umfassenderer (elastisch-plastischer) Form schließt neben der Dauerfestigkeit die Zeit- und Kurzzeitfestigkeit bis Anriß bei Einstufenbelastung ein. Dabei wird vom elastisch-plastischen Werkstoffverhalten im Kerbgrund ausgegangen (s. Kap. 4.4).

Das bekannteste Verfahren zur Ermittlung der elastisch-plastischen Beanspruchung im Kerbgrund ist die Makrostützwirkungsformel (4.21) bzw. (4.22) nach Neuber (statt (4.22) auch (4.25) nach Sonsino) sowie ihre nach Seeger und Heuler unter Verwendung der Grenzlastformzahl modifizierte Form (4.32) und (4.33). Als Spannungs-Dehnungs-Kurve ist die zyklische Kurve (meist nach (2.16)) einzuführen. Die rechnerische Vorgehensweise bei zyklischer Belastung ist in Abb. 4.56 veranschaulicht. Die Beanspruchung folgt der zyklischen Spannungs-Dehnungs-Kurve bis zur Neuber-Hyperbel $\sigma\varepsilon = (\alpha_k \sigma_n)^2/E$. Die Belastungsumkehr wird durch den Ast der Hystereseschleife bis zur Neuber-Hyperbel $\Delta\sigma\Delta\varepsilon = (\alpha_k \Delta\sigma_n)^2/E$ beschrieben. Wenn das Zeitfestigkeitsverhalten ausge-

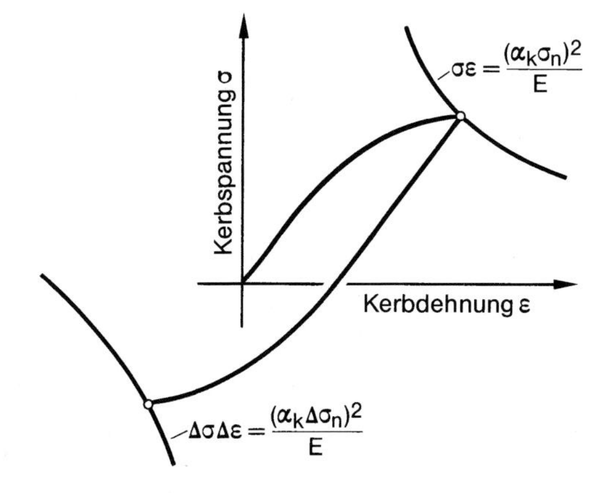

Abb. 4.56: Erstbelastung auf zyklischer Spannuns-Dehnungs-Kurve und Belastungsumkehr auf einem Ast der Hystereseschleife jeweils bis zur Neuber-Hyperbel für Spannungen und Dehnungen im Kerbgrund

hend von der Kerbwirkungszahl β_{kD} für Dauerfestigkeit bestimmt wird, empfiehlt es sich, anstelle der elastischen Formzahl α_k die Kerbwirkungszahl β_{kD} in die kerbmechanische Betrachtung einzuführen. Die Wöhler-Linie des gekerbten Stabes kann somit aus der Wöhler-Linie des ungekerbten Stabes (jeweils im Zeitfestigkeitsbereich) gemäß

$$\Delta\sigma_n = \frac{\sqrt{\Delta\sigma\Delta\varepsilon E}}{\beta_{kD}} \tag{4.66}$$

gewonnen werden, sofern die Nennspannung im elastischen Bereich verbleibt.

Die realen Verhältnisse weichen vom Neuberschen Makrostützwirkungsansatz dann ab, wenn hinsichtlich Kerbgeometrie, Probenbelastung oder Werkstoffkennlinie die Voraussetzungen des Ansatzes nur unzureichend erfüllt werden. Ein derartiger Fall ist die Einführung elastisch-idealplastischen Werkstoffs anstelle des stetig verfestigenden Werkstoffs. Mit der Größtspannung $\sigma_{max} = \sigma_F$ folgt aus (4.21) der Größtwert der Gesamtdehnung im Kerbgrund:

$$\varepsilon_{max} = \frac{(\sigma_n\alpha_k)^2}{E\sigma_F} \tag{4.67}$$

Abweichungen sind auch dann zu erwarten, wenn sich im Kerbquerschnitt hohe dreiachsige Zug- oder Druckspannungen aufbauen, z. B. bei Axialbelastung scharf gekerbter Rundproben.

Praktisch bedeutsam sind vor allem Abweichungen durch elastisch-plastisches Verhalten der Nennspannungen im Nettoquerschnitt bedingt durch niedrige Fließgrenze, hohe Mittelspannung oder hohe zyklische Beanspruchung im Kurzzeitfestigkeitsbereich. In diesen Fällen ist die nach Seeger und Heuler modifizierte Version (4.32) und (4.33) der Neuber-Formel zu verwenden. Genauer läßt sich die elastisch-plastische Kerbbeanspruchung nach Finite-Element-Verfahren ermitteln.

Durch die Kombination der im Kerbgrund errechneten elastisch-plastischen Beanspruchung mit der ertragbaren Beanspruchung der ungekerbten Vergleichsprobe gemäß Vier-Parameter-Ansatz (2.20) bzw. (2.27) für die Dehnungs-Wöhler-Linie ergibt sich schließlich die (Nennspannungs-)Anriß-Wöhler-Linie des Kerbstabes.

Die nach dem engeren Kerbgrundkonzept von Seeger und Führing [48, 862] berechneten Anriß-Wöhler-Linien für Lochscheiben aus Baustahl StE690 zeigt Abb. 4.57. Die Übereinstimmung mit Versuchsergebnissen ist sehr befriedigend. Ähnlich gute Übereinstimmung wurde in Untersuchungen von Saal [567] an Kerbstäben aus Baustahl St52 mit unterschiedlichen Formzahlen sowie von Seeger und Zacher [864] an ausgeklinkten Biegeträgern aus gleichem Werkstoff erzielt.

Eine weitere Wöhler-Linien-Berechnung nach dem engeren Kerbgrundkonzept für Kerbstäbe aus Stahl mit unterschiedlichen Formzahlen wurde von Haibach [29] vorgelegt, Abb. 4.58. Die als Bezugsgrößen gewählten Werte σ_T^* und N_T^* entsprechen der Transition-Life-Bedingung gleich großer elastischer und plastischer Dehnungsamplituden im Kerbgrund. Durch den Bezug wird die Berech-

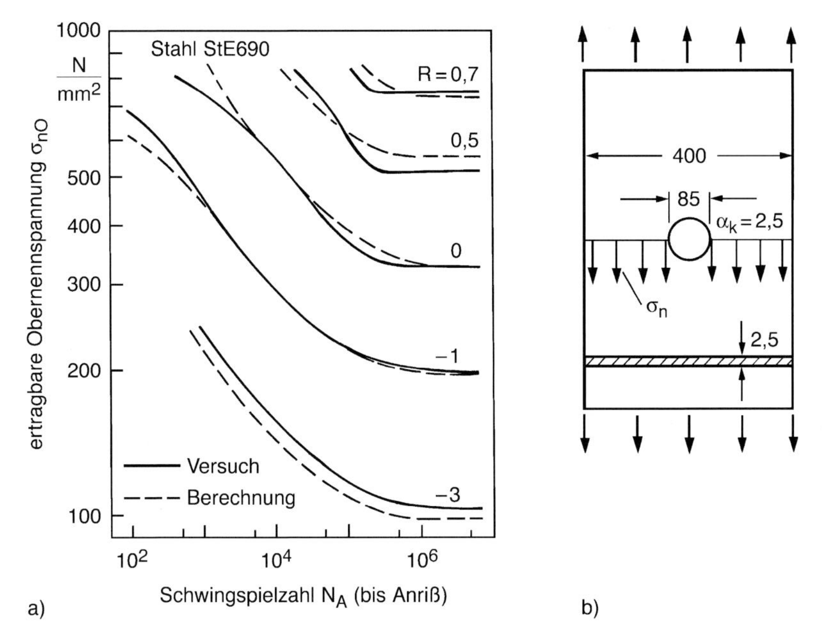

Abb. 4.57: Anriß-Wöhler-Linien für Lochscheiben aus Baustahl StE690, Berechnung nach dem Kerbgrundkonzept und Versuchsergebnisse; nach Seeger u. Führing [48, 862]

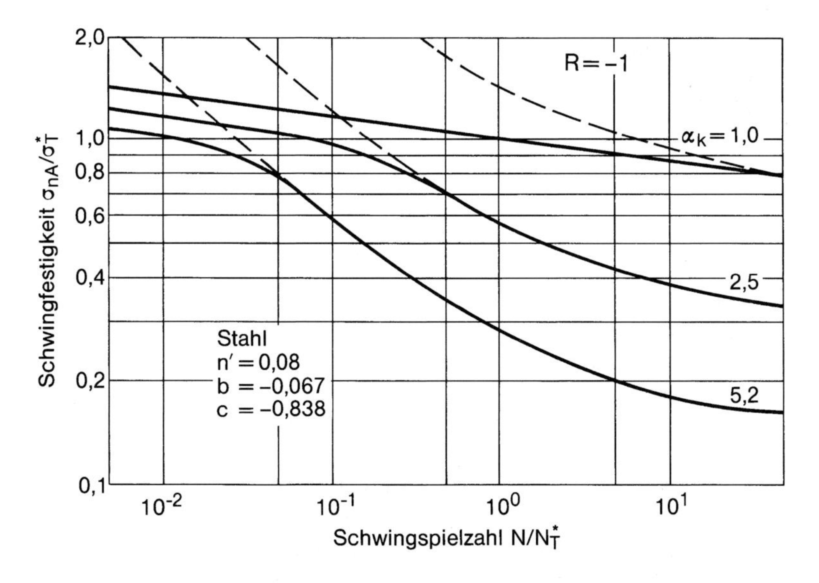

Abb. 4.58: Nennspannungs-Wöhler-Linien von gekerbten Proben aus Stahl, berechnet für unterschiedliche Formzahlen nach dem Kerbgrundkonzept unter Verwendung des Neuber-Ansatzes mit elastischer Nennspannung (gestrichelte Linien) oder elastisch-plastischer Nennspannung (durchgehende Linien); nach Haibach [29]

nung nach (2.16) und (2.20) bzw. (2.27) wesentlich vereinfacht. Die gestrichelten Kurven ergeben sich bei Annahme rein elastischer Nennspannungen, während die durchgehenden Kurven den wahren Verhältnissen mit elastisch-plastischen Nennspannungen entsprechen.

Die Veränderung von Eigenspannungen im Kerbgrund durch Fließgrenzenüberschreitung bei Beginn der Schwingbeanspruchung läßt sich nach dem kerbmechanischen Ansatz ohne besondere Schwierigkeit verfolgen (s. Kap. 5.5). Die Umsetzung in Dauerfestigkeitsschaubilder und Wöhler-Linien (bis Anriß) ist noch nicht erfolgt.

Ausgehend von der kerbmechanisch bestimmten Anriß-Wöhler-Linie von gekerbter Probe oder Bauteil kann die Bruch-Wöhler-Linie auf Basis einer nachgeschalteten Rißfortschrittsberechnung bestimmt werden (s. Kap. 6.4).

4.14 Kerbwirkung bei zusammengesetzter Belastung

Komplizierung der Kerbproblematik

Den bisherigen Betrachtungen zur Kerbwirkung liegen Einzelbelastungen zugrunde, deren zeitlicher Ablauf über die elastische Kerbformzahl auf die überwiegend einachsig wirkende Kerbgrundbeanspruchung übertragen wird.

Die Verhältnisse komplizieren sich erheblich, wenn mehrere Einzellasten am Bauteil wirken (zusammengesetzte Belastung) und mehrachsige örtliche Beanspruchungen (zweiachsig im Kerbgrund) zu berücksichtigen sind. Die Rückrechnung von den Lasten auf die anrißwirksamen Kerbbeanspruchungen setzt voraus, daß der Anrißort bekannt ist. Letzterer ist i. a. abhängig vom zeitlichen Ablauf der Einzellasten und von der gültigen Festigkeitshypothese.

Bei der zusammengesetzten Belastung wird zwischen proportionaler und nichtproportionaler Belastung unterschieden. Bei proportional zusammengesetzter Belastung ist das Verhältnis der Einzellastwerte zu jedem Zeitpunkt gleich, bei nichtproportional zusammengesetzter Belastung ist das nicht der Fall. Zur nichtproportionalen Belastung gehören einstufig-zyklische Belastungs-Zeit-Abläufe mit unterschiedlichem Quotienten von Amplitude zu Mittelwert, mit unterschiedlicher Schwingungsform, mit unterschiedlicher Phase und mit unterschiedlicher Frequenz. Die nichtproportionalen Belastungsarten erweitern sich bei Betrachtung allgemeinerer deterministischer oder stochastischer Belastungs-Zeit-Abläufe.

Während bei (relativ zum Bauteil) richtungskonstanten und ortsfesten Lasten die Auswirkung auf die örtlichen Beanspruchungen durch allein ortsabhängige Übertragungsfaktoren erfolgt, ist das bei richtungsveränderlichen und/oder ortsbeweglichen Lasten nicht der Fall. Die Übertragungsfaktoren sind im letzteren Fall außerdem zeitabhängig.

Last-Beanspruchungs-Gruppen

Der Aufwand bei der Lösung von Problemen der Betriebsfestigkeit nach dem lokalen Konzept hängt in hohem Maße von der angesprochenen Komplizierung der Kerbproblematik ab. Es lohnt sich daher, hinsichtlich des Zusammenhanges zwischen äußerer Belastung und örtlicher Beanspruchung zwischen einfacheren und komplexeren Aufgabenstellungen zu unterscheiden. Dafür wird von Seeger [48] folgende Unterteilung in Last-Beanspruchungs-Gruppen vorgeschlagen, Abb. 4.59.

Die äußere Belastung wird nach einzeln und zusammengesetzt unterschieden, die zusammengesetzte Belastung wiederum nach proportional und nichtproportional. Die Lastabläufe an den betrachteten gekerbten Bauteilen sind grafisch veranschaulicht. Als örtliche Beanspruchung sind die einachsige Kerbspannung am Rand eines Kreisloches in einem Doppel-T-Träger und die zweiachsige Kerbspannung im Kerbgrund einer Umfangsrille an einem Rundstab grafisch dargestellt, beide Bauteile unter der zusammengesetzten Belastung von Zugkraft und Querkraft. Die Bezeichnung „zweiachsig“ meint die Hauptspannungen, denen drei Koordinatenspannungen zugeordnet sind.

Grundlegend für die Betrachtungen von Seeger ist die Proportionalität zwischen orts- und zeitabhängiger (elastischer) örtlicher (Kerb-)Spannung $\sigma_k(s,t)$ und zeitabhängiger äußerer Last $F(t)$, vermittelt über den i. a. nur ortsabhängigen Übertragungsfaktor $c(s)$ wobei $s = x, y, z$. Der Übertragungsfaktor kann in diesem Fall aus einer einmaligen elastischen Beanspruchungsanalyse unter Annahme einer Einheitslast ermittelt werden. Bei richtungs- und/oder ortsveränderlichen äußeren Lasten tritt allerdings die Zeitabhängigkeit hinzu, $c(s, t)$.

Die Last-Beanspruchungs-Gruppe EE (einzeln und einachsig) ist der Standardfall des örtlichen Konzepts. Die einachsigen Kerbspannungen $\sigma_k(t)$ ergeben sich

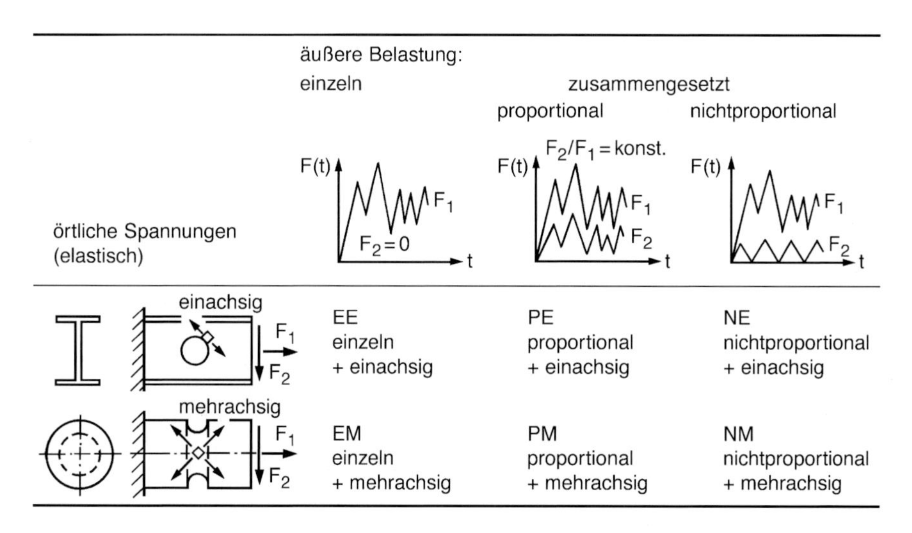

Abb. 4.59: Last-Beanspruchungs-Gruppen bei der Lösung von Problemstellungen der Betriebsfestigkeit nach dem örtlichen Konzept; in Anlehnung an Seeger [48]

aus der äußeren Last $F_1(t)$ multipliziert mit dem ortsabhängigen Übertragungsfaktor $c(s)$. Der Anriß wird am Ort mit größtem Übertragungsfaktor eingeleitet. Die Beanspruchungsanalyse ist dafür ausreichend.

In der Last-Beanspruchungs-Gruppe PE (proportional und einachsig) wird gegenüber dem vorhergehenden Fall eine zweite äußere Last proportional wirksam, $F_2(t)/F_1(t) = \text{konst.}$ Die einachsigen Kerbspannungen $\sigma_k(t)$ ergeben sich durch Überlagerung der Wirkungen der äußeren Lasten, $c_1(s)F_1(t)$ und $c_2(s)F_2(t)$, was aufgrund der vorstehenden Proportionalität zu $c_{12}(s)F_1(t)$ umgeformt werden kann. Der Anriß wird am Ort mit größtem kombiniertem Übertragungsfaktor eingeleitet. Die Beanspruchungsanalyse ist dafür ausreichend. Dieser Ort ist i. a. mit den Anrißstellen der Einzelbelastungen nicht identisch.

Bei der Last-Beanspruchungs-Gruppe NE (nichtproportional und einachsig) ist vorstehende Kombination der Übertragungsfaktoren nicht möglich, weil die äußeren Lasten $F_1(t)$ und $F_2(t)$ nichtproportional wirken. Der Anrißort ist nicht mehr allein aufgrund einer Beanspruchungsanalyse bestimmbar. Es müssen vollständige Lebensdauerberechnungen für potentielle Anrißorte durchgeführt und die Ergebnisse verglichen werden. Beanspruchungsanalysen allein reichen i. a. nicht aus.

In der Last-Beanspruchungs-Gruppe EM (einzeln und mehrachsig) sind die Kerbspannungen im Kerbgrund zweiachsig. Jede der beiden Spannungskomponenten ist über einen eigenen Übertragungsfaktor mit der äußeren Last verbunden. Ihre Größtwerte erscheinen i. a. an unterschiedlichen Orten. Der Anrißort ist aus dem Größtwert des gemäß gültiger Festigkeitshypothese resultierenden Übertragungsfaktors bestimmbar. Die Beanspruchungsanalyse ist dafür ausreichend. Die Abhängigkeit des Anrißorts von der Hypothesenart ist allerdings gering, wenn eine der beiden Spannungskomponenten dominiert.

In der Last-Beanspruchungs-Gruppe PM (proportional und mehrachsig) sind ebenso wie in PE aufgrund der Proportionalität $F_1(t)/F_2(t) = \text{konst.}$ kombinierte Übertragungsfaktoren bestimmbar. Die gemäß gültiger Festigkeitshypothese zu einem resultierenden Faktor verbunden kombinierten Faktoren legen den Anrißort fest. Beanspruchungsanalysen sind dafür ausreichend.

In der Last-Beanspruchungs-Gruppe NM (nichtproportional und mehrachsig) ist ebenso wie in NE die Kombination der Übertragungsfaktoren nicht mehr möglich. Der tatsächliche Anrißort kann nur über vollständige Lebensdauerberechnungen für potentielle Anrißorte gefunden werden, wobei die gültige Festigkeitshypothese einzubeziehen ist. Beanspruchungsanalysen allein reichen nicht aus.

Bisher war unausgesprochen vorausgesetzt, daß die zeitveränderlichen Lasten ortsfest und richtungskonstant wirken, Abb. 4.60 (a). Ist das nicht der Fall, wie in Abb. 4.60 (b, c), dann sind die Übertragungsfaktoren über die Lastorte und Lastrichtungen auch zeitabhängig. Der Anrißort muß über vollständige Lebensdauerberechnungen bestimmt werden.

Sofern anstelle des elastischen Verhaltens örtlich elastisch-plastisches Verhalten tritt, verändern sich die Übertragungsfaktoren lasthöhenabhängig, was auch den Anrißort beeinflussen kann.

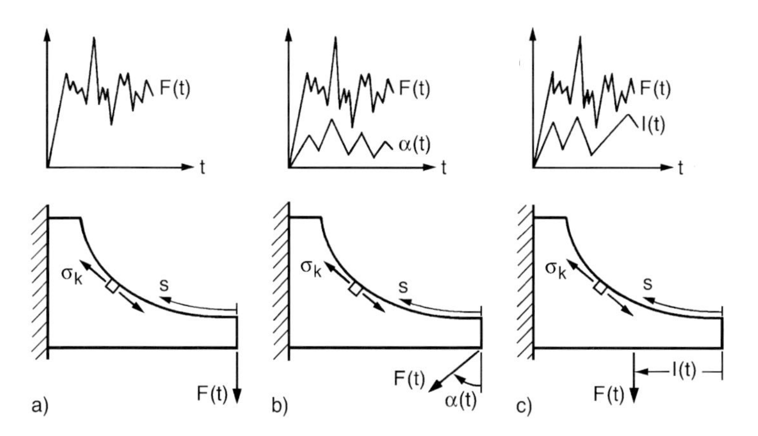

Abb. 4.60: Last-Beanspruchungs-Fälle mit zeitkonstantem (a) und zeitvariablem (b, c) Übertragungsfaktor bei orts- und richtungskonstanter Last (a), ortskonstanter und richtungsvariabler Last (b) sowie ortsvariabler und richtungskonstanter Last (c); nach Seeger [48]

Kerbmechanische Analyse zur zusammengesetzten Belastung

Die zusammengesetzte Belastung hat im Kerbgrund zweiachsige Beanspruchung zur Folge, z. B. entsprechen der Biege- und Torsionsbelastung einer Probe Normal- und Schubspannungen, die ebenfalls „zusammengesetzt", also proportional oder nichtproportional überlagert auftreten. Die Angaben in Kap. 3.3 zur Dauerfestigkeit ungekerbter Proben bei mehrachsiger Beanspruchung lassen sich auf das Anrißverhalten im Kerbgrund übertragen. Tatsächlich bezieht sich ein Teil der in Kap. 3.3 referierten Untersuchungsergebnisse auf gekerbte Proben.

Die Wirkung der zusammengesetzten Belastung auf die örtlichen Beanspruchungen und die Anrißbildung im Kerbgrund läßt sich auf Basis der linear-elastischen oder elastisch-plastischen Kerbmechanik (je nachdem, ob der Dauerfestigkeitsbereich oder der Zeit- und Kurzzeitfestigkeitsbereich angesprochen ist) rechnerisch analysieren. Die kritische Stelle des Kerbrandes (Rand bei ebenem Kerbmodell) folgt aus der vergleichenden Betrachtung des Beanspruchungs- und Schädigungszustandes aller Randpunkte. In Sonderfällen kann die kritische Stelle jedoch allein aufgrund der Kerbspannungsanalyse bestimmt werden, so im Fall der gelochten Quadratscheibe unter zweiachsiger, mit Phasenverschiebung δ auftretender Grundbeanspruchungen σ_1 und σ_2, Abb. 4.61. Der betrachtete Fall einer proportionalen asynchronen Belastung (proportional nur hinsichtlich Amplitude und Mittelwert) ist insofern besonders einfach, als der örtliche Kerbspannungszustand einachsig bei konstanter Hauptrichtung der zusammengesetzten Belastung wirkt. Die gezackte anstelle der sinusförmigen Last-Zeit-Funktion wurde gewählt, um den Rechenaufwand bei nur geringen Abweichungen in den Ergebnissen wesentlich zu verringern.

Kritisch hinsichtlich der Rißeinleitung sind die Scheitelpunkte des Kreislochs, in denen die Spannungserhöhung gemäß Formzahl $\alpha_k \approx 3{,}0$ (nur bei unendlich ausgedehnter Scheibe genau 3,0) der einen Grundbeanspruchungskomponente

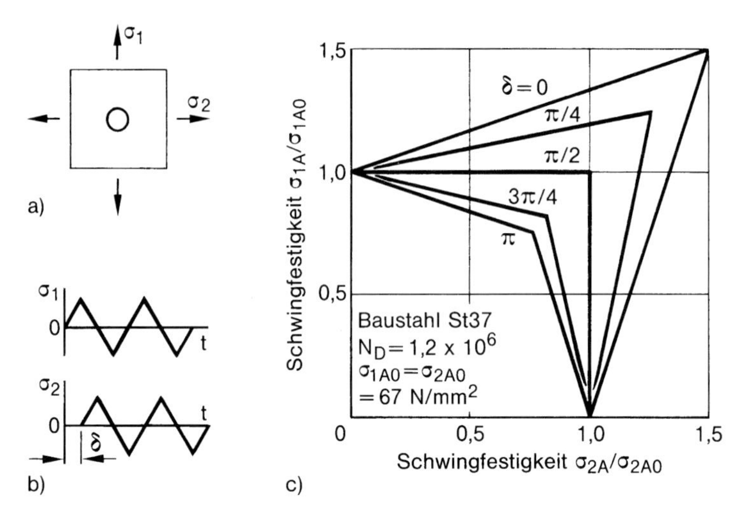

Abb. 4.61: Quadratscheibe mit Kreislochkerbe unter phasenverschobener, gleichfrequenter, zweiachsiger Schwingbelastung (a, b) und zugehörige kerbmechanisch berechnete Schwingfestigkeit (Interaktionslinien) (c), σ_1 und σ_2 Grundbeanspruchungen oder Nennspannungen; nach Zacher *et al.* [873]

mit der Spannungsverminderung gemäß Formzahl $\alpha_k \approx 1{,}0$ der anderen, senkrecht zur ersten wirkenden Grundbeanspruchungskomponente zu überlagern ist.

Die Verhältnisse werden zunächst für zwei phasenverschobene gleichfrequente Lastabläufe gleicher Amplitude aufgezeigt. Im festigkeitsmäßig günstigsten Fall zweiachsiger Zugbeanspruchung, nämlich bei der Phasenverschiebung $\delta = 0$, ergibt sich die resultierende Formzahl $\alpha_k = 2{,}0$, so daß gegenüber einachsigem Zug ($\alpha_k = 3{,}0$) eine Schwingfestigkeitserhöhung mit dem Faktor 1,5 auftritt. Umgekehrt ergibt sich im festigkeitsmäßig ungünstigsten Fall mit der Phasenverschiebung $\delta = \pi$ die resultierende Formzahl $\alpha_k = 4{,}0$, so daß eine Schwingfestigkeitsminderung mit dem Faktor 0,75 ermittelt wird.

Die genauere kerbmechanische Berechnung von elastisch-plastischer Beanspruchung und Schädigung ergibt die Festigkeitsgrenze bei zusammengesetzter Belastung als „Interaktionslinie". Das Verhältnis der Schwingfestigkeiten σ_{1A}/σ_{1A0} und σ_{2A}/σ_{2A0} in den beiden Koordinatenrichtungen bei zwei- und einachsiger Belastung wird voneinander abhängig aufgetragen. Es werden die aufgrund der Belastungskomponenten sich einstellenden ertragbaren Nennspannungen σ_{1A} und σ_{2A} betrachtet. Im vorliegenden Fall ergeben sich je nach Phasenverschiebung der Lastkomponenten unterschiedliche Interaktionslinien. Sie fallen für die Schwingspielzahlen $N = 10^5$ und $N = 1,2 \times 10^6$ innerhalb der Zeichengenauigkeit zusammen, weil die Schwingfestigkeit im betrachteten Bereich annähernd umgekehrt proportional zur elastischen Formzahl auftritt.

Die kerbmechanische Beanspruchungs- und Schädigungsrechnung am ebenen Kerbmodell läßt sich nach [873] auch in komplexeren Belastungsfällen anwenden, z.B. bei unterschiedlichen Amplituden, Mittelwerten oder Frequenzen der Belastungskomponenten, bei Überlagerung von Normalspannungsbelastung und

Schubspannungsbelastung, bei deterministischen oder stochastischen Betriebslastabläufen. Die Interaktionslinien verlaufen je nach betrachtetem Fall etwas unterschiedlich, verbleiben jedoch im wesentlichen in dem durch die frequenzgleiche Einstufenbelastung aufgezeigten Bereich.

Eine wesentliche Komplizierung des kerbmechanischen Ansatzes tritt auf, wenn anstelle des ebenen Kerbmodells mit einachsiger Kerbhöchstspannung ein solches räumlicher Art mit zweiachsiger Kerbhöchstspannung betrachtet wird, an dem die zusammengesetzte Belastung eine nichtproportionale Überlagerung der Beanspruchungskomponenten im Kerbgrund mit i. a. veränderlicher Hauptbeanspruchungsrichtung erzeugt (s. Kap. 3.3). In diesem Fall wird zunächst eine Verfestigungshypothese für anisotrope zyklische Verformungsverfestigung benötigt, die bei einachsiger Beanspruchung mit dem Masing- und Werkstoffgedächtnismodell im Einklang steht. Die Hypothesen nach Mróz [299, 300], McDowell [293] und Chu [246, 247] werden dieser Anforderung gerecht [526]. Des weiteren werden Festigkeitshypothesen für diese Art von elastisch-plastischer (im Grenzfall der Dauerfestigkeit auch rein elastischer) Beanspruchung benötigt, wie sie in Kap. 3.3 angegeben werden, darunter die Hypothesen auf Basis der örtlichen Dehnungen. Ein bekanntes Anwendungsbeispiel für derartige Kerbbeanspruchung ist der SAE-Achsschenkel, der bei überlagerter Biege- und Torsionsbelastung mehrfach untersucht worden ist [248].

Näherungsformel in Nennspannungen

Bei proportional überlagerter äußerer Belastung und ebensolcher örtlicher Beanspruchung im Kerbgrund sind gemäß Regelwerk, je nach Duktilität des Werkstoffs, die herkömmlichen Hypothesen der Gestaltänderungsenergie, der größten Schubspannung oder der größten Normalspannung anzuwenden. Die zugehörigen Gleichungen werden in Nennspannungen angeschrieben. Da den unterschiedlichen Nennspannungskomponenten im allgemeinen unterschiedliche Kerbwirkungen (im Sinne von Spannungserhöhung) bzw. Schwingfestigkeiten zuzuordnen sind, werden die Hypothesen für „anisotrope Festigkeit“ benötigt. Beispielsweise liegt bei Nahtschweißverbindungen eine orthogonal ausgerichtete Nahtgeometrie vor, aus der die orthogonale Anisotropie der ertragbaren Normal- und Schubnennspannungsamplituden $(\sigma_{A\perp}, \sigma_{A||}, \tau_A)$ senkrecht und parallel zur Naht folgt (Gestaltänderungsenergiehypothese im Behälterbau nach Roš und Eichinger [83]):

$$\left(\frac{\sigma_{A\perp}}{\sigma_{A\perp 0}}\right)^2 + \left(\frac{\sigma_{A||}}{\sigma_{A||0}}\right)^2 - \left(\frac{\sigma_{A\perp}}{\sigma_{A\perp 0}}\right)\left(\frac{\sigma_{A||}}{\sigma_{A||0}}\right) + \left(\frac{\tau_A}{\tau_{A0}}\right)^2 = 1 \tag{4.68}$$

Die mit dem Index 0 versehenen Größen stellen die ertragbaren Werte im jeweils reinen (also nicht zusammengesetzten) Beanspruchungsfall dar. Die Gleichung (4.68) ist formal identisch mit der für die gelochte Quadratscheibe unter proportionaler Belastung ableitbaren Form. Sie ist auch als Auslegungsformel im Kran- und Brückenbau anzutreffen:

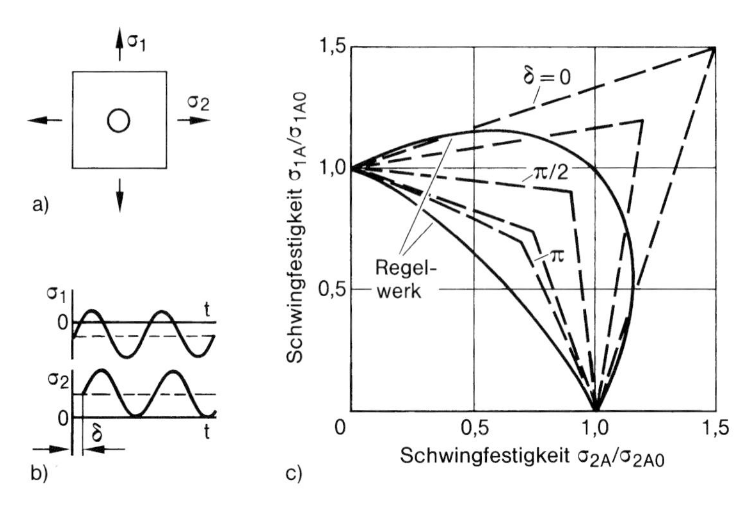

Abb. 4.62: Quadratscheibe mit Kreislochkerbe unter phasenverschobener, gleichfrequenter, zweiachsiger Schwingbelastung (a, b), zugehörige gestrichelte Interaktionslinien und durchgehende Grenzlinien nach Regelwerk (mit Plus- und Minuszeichen des gemischten Gliedes in (4.69)) (c), mit Grundbeanspruchungen oder Nennspannungen σ_1 und σ_2; nach Zacher *et al.* [873]

$$\left(\frac{\sigma_{1A}}{\sigma_{1A0}}\right)^2 + \left(\frac{\sigma_{2A}}{\sigma_{2A0}}\right)^2 \mp \left(\frac{\sigma_{1A}}{\sigma_{1A0}}\right)\left(\frac{\sigma_{2A}}{\sigma_{2A0}}\right) + \left(\frac{\tau_{A}}{\tau_{A0}}\right)^2 = 1 \tag{4.69}$$

Die Grenzlinien nach (4.69) ohne Schubanteil sind in Abb. 4.62 dem Feld der Interaktionslinien in einem speziellen Fall nichtproportionaler Belastung gegenübergestellt. Durch das in (4.69) gegenüber (4.68) hinzugefügte Pluszeichen wird der Verlauf der Grenzkurven unabhängig vom Vorzeichen von σ_{1A} und σ_{2A} in einem einzigen Quadranten erfaßt. Das gegenübergestellte Feld der Interaktionslinien ist nicht nur für die betrachtete Einstufenbelastung bei bestimmten Mittelspannungen an der Quadratscheibe mit Kreisloch repräsentativ, sondern in erster Näherung auch für allgemeinere Betriebsbelastungen, abweichende Mittelspannungen und andersartige Kerbfälle. Aus der Gegenüberstellung geht hervor, daß die Auslegungsformel brauchbare Ergebnisse erwarten läßt. Dies gilt auch bei Einbeziehung der Belastung durch Schubspannungen.

4.15 Kerbwirkung abhängig von der Temperatur

Kerbwirkung und statische Kerbzähigkeit

Die Kerbwirkung auf die Ermüdungsfestigkeit hängt von der Temperatur ab, insbesondere dann, wenn die statische Kerbzähigkeit ausgeprägt temperaturabhängig ist. Ein plötzlicher Abfall der Kerbzähigkeit bei erniedrigter Temperatur

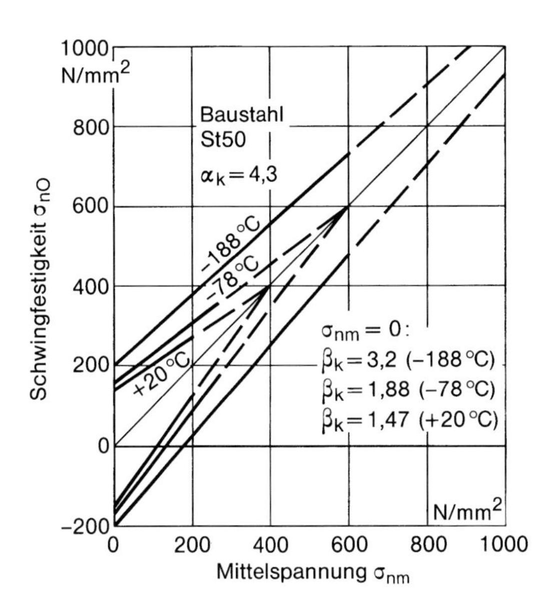

Abb. 4.63: Dauerfestigkeitsschaubild von gekerbten Proben aus Baustahl bei tiefer Temperatur; nach Hempel u. Luce [453] in [91]

(verbunden mit einem Sprödbruch) tritt bei Metallen mit kubisch-raumzentriertem Gitter (ferritische Stähle, Titanlegierungen) oder auch hexagonalem Gitter (Magnesiumlegierungen) auf. Er wird durch schlagartige Beanspruchung zusätzlich begünstigt. Der plötzliche Abfall fehlt bei Metallen mit kubisch-flächenzentriertem Gitter (austenitische Stähle, Aluminiumlegierungen).

Aus dem Dauerfestigkeitsschaubild für gekerbte Proben aus Baustahl St50 bei erniedrigter Temperatur, Abb. 4.63, verglichen mit dem entsprechenden Schaubild für ungekerbte Proben, Abb. 3.41, ist die Zunahme der Kerbwirkungszahl bei tiefer Temperatur ersichtlich (von $\beta_k = 1{,}47$ bei Raumtemperatur auf $\beta_k = 3{,}2$ bei tiefer Temperatur (–188 °C) für die Formzahl $\alpha_k = 4{,}3$). Sie steht mit der erläuterten Versprödung als Grenzbedingung für den Restbruch im Zusammenhang.

Überlagerung von Schwing- und Kriechbeanspruchung

Die für ungekerbte Proben gebräuchlichen Kriechdauerfestigkeitsschaubilder lassen sich auch für gekerbte Proben aufstellen. Die Wechselfestigkeit der gekerbten Probe wird über die Kerbwirkungszahl gewonnen. Die Grenzkurve schmiegt sich der Kriechbruchfestigkeit der gekerbten Probe an (oder einer entsprechenden Kriechdehngrenze). Ein solches Diagramm ist in Abb. 4.64 gezeigt (Versuchsergebnisse für einen austenitischen Stahl, Formzahl $\alpha_k = 2{,}4$). Der Vergleich mit den Versuchsergebnissen für die ungekerbte Probe, Abb. 3.46, zeigt eine verän-

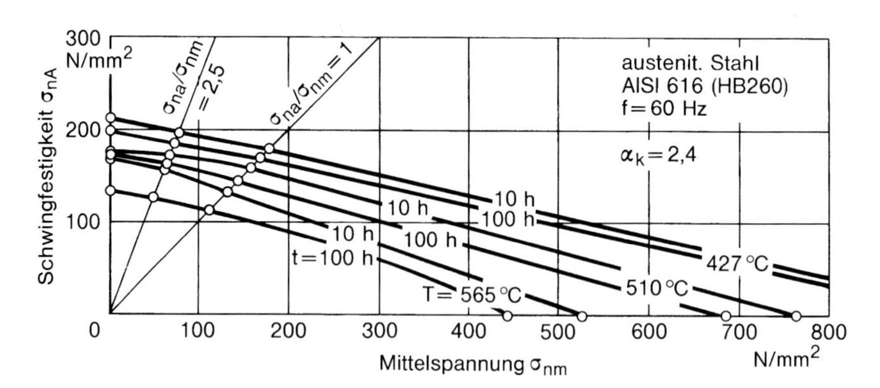

Abb. 4.64: Kriechdauerfestigkeitsschaubild für gekerbte Proben aus austenitischem Stahl; Schwingfrequenz $f = 60\,\text{Hz}$ (10 h gleichbedeutend $N = 2{,}16 \times 10^6$); nach Matters u. Blatherwick [458]

derte, im rechten Teil nicht durch Versuchspunkte belegte, fast geradlinige Kurvenform mit deutlich erhöhter Kriechbruchfestigkeit. Die gekerbte Probe ist bei hohen Mittelspannungen der ungekerbten überlegen. Mit mehr Versuchspunkten im rechten Teil hätten sich wohl nach oben gewölbte Kurven ergeben.

5 Betriebsfestigkeit

5.1 Beanspruchungs-Zeit-Funktion

Beanspruchungsablauf und Betriebsfestigkeit

Der Beanspruchungsablauf, ausgedrückt durch eine Beanspruchungs-Zeit-Funktion, insbesondere aber die Beanspruchungsamplitudenfolge ist für die Ermüdungsfestigkeit und Lebensdauer von ausschlaggebender Bedeutung. Neben der Schwingfestigkeit bei zeitlich konstanter Beanspruchungsamplitude, dargestellt im Wöhler-Versuch, interessiert daher die Schwingfestigkeit bei zeitlich veränderlicher Beanspruchungsamplitude, dargestellt im Betriebsfestigkeitsversuch. Die Lebensdauer im Betriebsfestigkeitsversuch kann die Lebensdauer im Wöhler-Versuch bei gleicher maximaler Beanspruchungsamplitude um mehrere Zehnerpotenzen übersteigen. Die bei gleicher Schwingspielzahl ertragbare maximale Beanspruchungsamplitude kann auf ein Mehrfaches erhöht sein.

Betriebsfestigkeit ist nach vorstehender Einteilung der Beanspruchungsabläufe die Schwingfestigkeit unter zeitlich veränderlichen Beanspruchungsamplituden, zugehörig der Betriebsfestigkeitsversuch [666, 681]. Im Bereich des Automobilbaus wird Betriebsfestigkeit heute allgemeiner gefaßt, nämlich unter Einschluß von statischer Festigkeit, Schlagfestigkeit, Kriechfestigkeit und Korrosionsfestigkeit neben der Schwingfestigkeit bei konstanten und veränderlichen Amplituden.

Typische Betriebsbeanspruchungen

Die zeitlich veränderliche Betriebsbeanspruchung eines Bauteils wird als Beanspruchungs-Zeit-Funktion meist durch Messung bestimmt, Abb. 5.1. Für Betriebsfestigkeitsaussagen sind Langzeitmessungen erforderlich, wobei die typischen Betriebsbedingungen im repräsentativen zeitlichen Verhältnis zu erfassen sind. Die Abbildung beschränkt sich auf einparametrig darstellbare Vorgänge. In der Praxis spielen auch zusammengesetzte Beanspruchungen eine wichtige Rolle, die durch mehrere Parameter gekennzeichnet sind.

Einteilung nach Grund- und Zusatzbeanspruchung

Bei der Beanspruchungs-Zeit-Funktion wird zwischen Grund- und Zusatzbeanspruchung unterschieden [15, 584], Abb. 5.2. Die Grundbeanspruchung kann

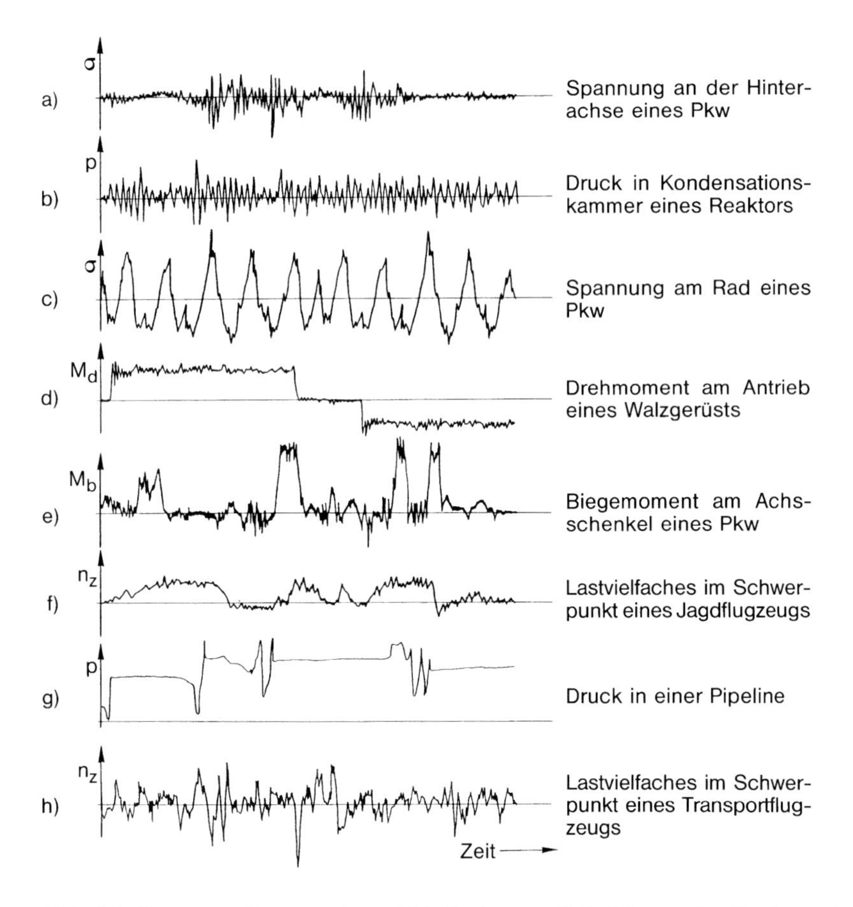

Abb. 5.1: Gemessene Beanspruchungs-Zeit-Funktionen, Beispiele aus der Praxis; nach Buxbaum [15]

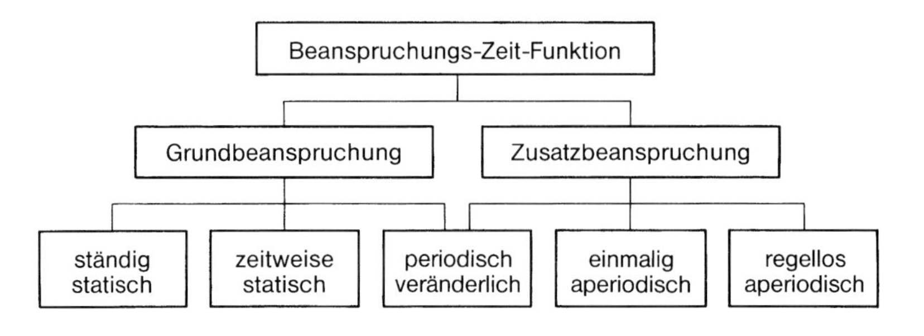

Abb. 5.2: Unterscheidung zwischen Grund- und Zusatzbeanspruchung bei der Beanspruchungs-Zeit-Funktion, in Anlehnung an Buxbaum [15]

ständig statisch, zeitweise statisch (quasistatisch) oder periodisch veränderlich wirken (Beispiele in der Reihenfolge der Wirkarten: Eigengewicht, Zuladung, Kurbelkraft). Die Zusatzbeanspruchung kann periodisch veränderlich (Schwingungserregung), einmalig aperiodisch (Einzelereignisse, Stoßerregung) oder regellos aperiodisch (Umwelteinflüsse) auftreten.

Als Bemessungs- und Versuchsgrundlage wird vielfach die Trennung gemessener Beanspruchungs-Zeit-Funktionen nach ihrer Ursache gewünscht. Trennungskriterien können z. B. Frequenzbereiche, Kurvenformen oder Amplitudenbereiche sein. Die Trennung nach Verfahren der Frequenz- oder Schwingungsfilterung wird in [15, 592, 594] erläutert.

Einteilung nach dem Grad der Regellosigkeit

Bei den Beanspruchungs-Zeit-Funktionen wird zwischen deterministischen (d. h. ursächlich bedingten) und stochastischen (d. h. zufallsbedingten, auch regellos genannten) Vorgängen unterschieden, Abb. 5.3. Die deterministischen Vorgänge unterteilen sich in periodische und aperiodische, die periodischen Vorgänge in sinusförmige und nichtsinusförmige, die stochastischen Vorgänge in stationäre und instationäre, die stationären wiederum in ergodische und nichtergodische.

Deterministische Vorgänge sind eindeutig beschreibbar und streng vorhersagbar. Stochastische Vorgänge lassen sich nur statistisch beschreiben, dann allerdings mit bestimmter Wahrscheinlichkeit voraussagen. Bei stationären Vorgängen sind die statistischen Kennwerte zeitlich konstant, bei instationären Vorgängen zeitlich veränderlich. Nur die ergodischen stationären Vorgänge sind einer einfachen mathematischen Analyse zugängig. Ergodisch ist ein Vorgang dann, wenn die statistischen Kennwerte, die aus der Momentanbeobachtung einer Vielzahl gleichwertiger Vorgänge gewonnen werden, identisch sind mit jenen, die aus der längerzeitigen Beobachtung eines einzigen dieser Vorgänge resultieren.

Zu den deterministischen Vorgängen gehören vorzugsweise die Arbeitsvorgänge, also das Steuern, Regeln, Manövrieren, Fertigen und Transportieren, zu den

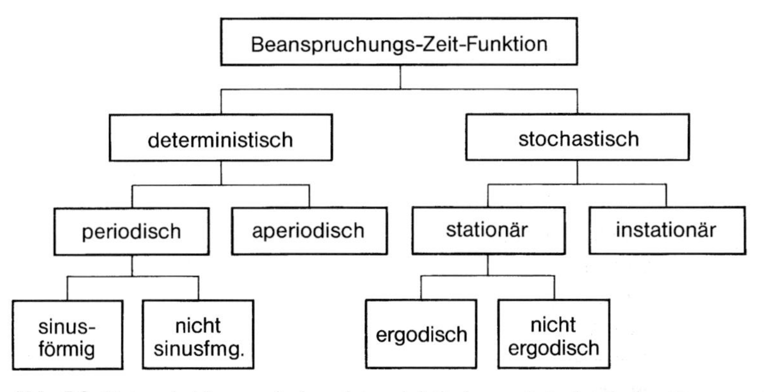

Abb. 5.3: Unterscheidung zwischen deterministischer und stochastischer Beanspruchungs-Zeit-Funktion, in Anlehnung an Buxbaum u. Svenson [611]

stochastischen Vorgängen vorzugsweise die Umgebungseinflüsse, also Böen, Seegang, Bodenunebenheiten und Beschallung. Die technischen Beanspruchungs-Zeit-Funktionen stellen meist eine Überlagerung von deterministischen und stochastischen Anteilen dar. Solche überlagerte Vorgänge werden ebenfalls dem Formalismus einer quasistatistischen Analyse unterworfen. Das vereinfacht die Anwendung, schließt aber auch grundsätzliche Schwierigkeiten ein.

Standardisierte Lastfolgen

Um bei Betriebsfestigkeitsuntersuchungen von unterschiedlichen Bauteilen, Werkstoffen oder Fertigungen vergleichbare Ergebnisse zu gewinnen und um Hinweise für die Lebensdauerabschätzung während der Vorentwicklung einer Konstruktion zu erhalten, werden konstruktions- und betriebstypische Standardlastfolgen festgelegt. Neben der Häufigkeit ist in ihnen die Aufeinanderfolge der unterschiedlichen Lastamplituden festgelegt (ein Vorteil gegenüber den mit ähnlicher Zielsetzung standardisierten Lastkollektiven, die keine Information über die Art der Aufeinanderfolge enthalten). Standardlastfolgen sind derzeit aber nur vereinzelt verfügbar, im Flugzeugbau (Flügel-Rumpf-Anschluß), im Helikopterbau (Rotoranschluß) und im Automobilbau (Radaufhängung).

5.2 Lastkollektiv

Begriff Lastkollektiv

Die im Hinblick auf die Ermüdungsfestigkeit wichtigste Kenngröße einer allgemeinen Beanspruchungs-Zeit-Funktion ist deren Amplitudengehalt. Aus der Beanspruchungs-Zeit-Funktion wird nach statistischen Zählverfahren (Klassierverfahren) der Amplitudengehalt als Beanspruchungskollektiv gewonnen. Als Beanspruchungskollektiv bezeichnet man die nach Größe und Häufigkeit statistisch erfaßten Beanspruchungsamplituden, also deren Häufigkeitsverteilung. Das Beanspruchungskollektiv wird der historischen Entwicklung und ihrer Bedeutung für die konstruktive Auslegung entsprechend nachfolgend zunächst als Lastkollektiv eingeführt, obwohl die Lastamplituden aus gemessenen Beanspruchungsamplituden gewonnen werden, demnach also abgeleitete Größen darstellen.

Bei der Hervorhebung des Amplitudengehalts ist zunächst nicht festgelegt, von welchem Mittelwert aus die jeweilige Amplitude bestimmt wird (der Mittelwert kann zeitlich konstant, zeitlich veränderlich oder sogar in jedem Schwingspiel neu gewählt sein). Auch der wichtige Einfluß der Amplitudenfolge auf die Ermüdungsfestigkeit bleibt ebenso wie der gewisse Einfluß von Kurvenform und Zeitdauer eines Schwingspiels (Frequenzeinfluß) bei dieser Vorgehensweise unberücksichtigt.

Statistische Basis

Das Lastkollektiv wird nach Verfahren der angewandten Statistik [152, 153, 581, 601, 602] erfaßt, auch wenn es sich nicht oder nur teilweise um regellose Vorgänge handelt. Die Grundbegriffe zu diesen Verfahren sind in Kap. 2.5 im Zusammenhang mit der Auswertung von Schwingversuchen dargestellt:

- die Unterscheidung zwischen Stichprobe und Grundgesamtheit,
- die Klassenzuordnung der Stichprobenwerte,
- die Verteilungsfunktionen für absolute und relative Häufigkeit,
- die Unterscheidung zwischen Klassenhäufigkeit und Summenhäufigkeit,
- die Bestimmung von Mittelwert und Streuung sowie weiterer Kenngrößen.

Diese Begriffe und Verfahren werden nunmehr auf die Amplituden der Beanspruchungsabläufe als Stichprobenwerte angewendet, wobei die Formalismen der Zielsetzung der Lebensdauervorhersage angepaßt sind [15, 583, 593, 603, 604, 606].

Historie der Lastkollektivermittlung

Lastkollektive wurden erstmals in den Jahren 1931/32 von Kloth und Stroppel [614] an Landmaschinen ermittelt und ab 1940 auf breiterer Basis von Gaßner [666, 667] im Flugzeug- und Fahrzeugbau eingeführt. Bis dahin wurden statisch beanspruchte Bauteile ausgehend von der Fließgrenze, ermüdungsbeanspruchte Bauteile ausgehend von der Dauerfestigkeit dimensioniert. Der unter Umständen große Bereich zwischen den beiden Auslegungsweisen konnte nicht genutzt werden. Das stand dem vielfach geforderten Leichtbau entgegen. Mit der Einführung von Lastkollektiven und zugehöriger Betriebsfestigkeit konnte die Forderung nach Leichtbau erfüllt werden.

Prinzipielle Vorgehensweise

Die frühen Untersuchungen von Kloth und Stroppel [614] sind besonders geeignet, das Prinzip der Vorgehensweise bei der Lastkollektivermittlung verständlich zu machen (weitere Ausführungen in [610-618]). Bei dem in Abb. 5.4 dargestellten klassenweisen Auszählen der (positiven und negativen) Amplitudenspitzenwerte sowie (alternativ) der Momentanwerte in gleichen kleinen Zeitabständen ergeben sich Häufigkeitskurven, die bei der Spitzenwertzählung der Gauß-Normalverteilung (Glockenkurve) nahekommen. Es handelt sich um einen ausgeprägt periodischen Vorgang mit streuenden Spitzenwerten. Ein Vorgang mit gleichbleibender Grundbeanspruchung, jedoch relativ regellos veränderlicher Zusatzbeanspruchung ist in Abb. 5.5 gezeigt. Die Momentanwerte der Zusatzbeanspruchung entsprechen näherungsweise der Gauß-Normalverteilung (Balkendiagramm gegenüber durchgehender Kurve). Die Abweichungen bestehen darin, daß der häufigste mittlere Wert häufiger als nach Gauß auftritt und daß es einen Kleinst- und Höchstwert endlicher Größe gibt, während die Kurve der Gauß-Normalverteilung erst im Unendlichen gegen Null geht.

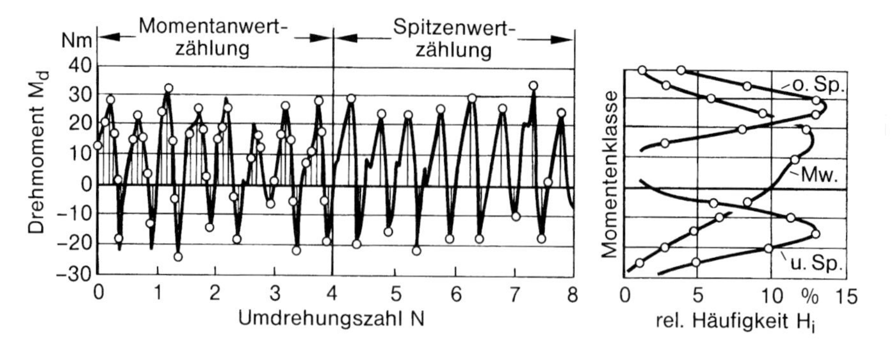

Abb. 5.4: Häufigkeit der oberen und unteren Spitzendrehmomente (o. Sp., u. Sp.) und der Momentanwertdrehmomente (Mw.) an der Messerkurbelwelle einer Mähmaschine (5 Umdrehungen pro Sekunde); nach Kloth u. Stroppel [614]

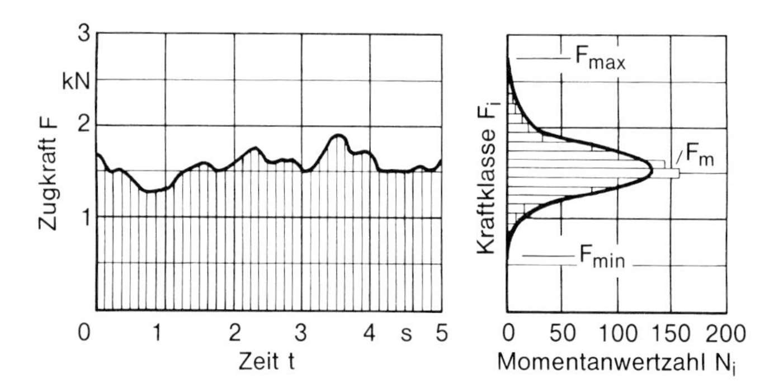

Abb. 5.5: Häufigkeit der Momentanwerte der Zugkraft in gleichen kleinen Zeitabständen an der Kupplung eines Bindemähers; nach Kloth u. Stroppel [614]

Gauß-Summenkurve

Die heute übliche Darstellung des Lastkollektivs entspricht nicht der Glockenkurve nach Gauß, sondern der zugehörigen (halblogarithmischen) Summenhäufigkeitskurve im Bereich bis 50 % Summenhäufigkeit, Abb. 5.6. Die Summe der positiven Spitzenwerte (Maxima), von oben kommend, bzw. die Summe der negativen Spitzenwerte (Minima), von unten kommend, ist gleich der Zahl der Überschreitungen bzw. Unterschreitungen der unteren bzw. oberen Lastklassengrenzen durch die Last-Zeit-Funktion. Dabei wird zunächst vereinfachend angenommen, daß die Spitzenwerte nach Gauß normalverteilt sind und auf jeden positiven Spitzenwert oberhalb der Mittellast $\bar{F}_m$ immer ein negativer Spitzenwert unterhalb dieser Last folgt und umgekehrt, so daß die Zahl der positiven bzw. negativen Spitzenwerte gleich der Zahl der Überschreitungen bzw. Unterschreitungen der für alle Ausschläge gleichbleibenden Mittellast ist (Regelmäßigkeitsfaktor nach (5.3): $i_0 = 1{,}0$). Sofern sich die Ausschlagsmittellast (ggf. stochastisch) ändert ($i_0 < 1{,}0$), sind bei gleichem $\bar{F}_a$ die Kurvenäste etwas ver-

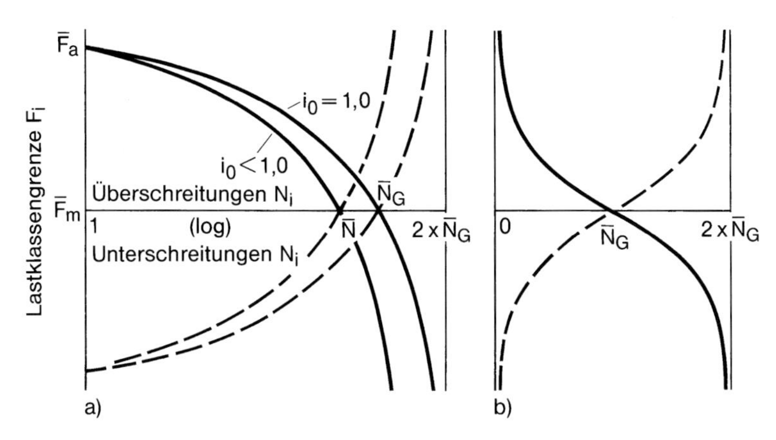

Abb. 5.6: Summenkurven für Gauß-Normalverteilung der Spitzenwerte, Zahl der positiven bzw. negativen Spitzenwerte gleich Über- bzw. Unterschreitungszahl der Mittellast ($i_0 = 1{,}0$) sowie Abweichungen davon ($i_0 < 1{,}0$), übliche halblogarithmische Auftragung (a) und vergleichsweise lineare Auftragung (b) (schematisch)

schoben, $\bar{N} < \bar{N}_G$. Vergleichsweise sind die Gauß-Summenkurven auch in linearer Auftragung dargestellt.

Zählung der Überschreitungen von Klassengrenzen

Zur Bestimmung des Lastkollektivs aus der Last-Zeit-Funktion wird im didaktisch einfachsten Fall (weitere Zählverfahren später) der zu erfassende Amplitudenbereich ausgehend von der Mittellast $\bar{F}_m$ (hier aufgefaßt als das am häufigsten erreichte Lastniveau) nach oben und unten in gleich große Lastklassenintervalle ΔF unterteilt. Die Lastklassen $i = \pm 1, \pm 2, \cdots, \pm n$ sind durch ihre jeweilige Lastklassengrenze F_i gekennzeichnet, die Obergrenze oberhalb der Mittellast $\bar{F}_m$ und die Untergrenze unterhalb von $\bar{F}_m$. Es werden die Überschreitungen N_i der Obergrenzen F_i oberhalb von $\bar{F}_m$ ausgezählt und ebenso die Unterschreitungen N_i der Untergrenzen F_i unterhalb von $\bar{F}_m$. In Höhe der Mittellast $\bar{F}_m$ selbst werden Überschreitungen oder Unterschreitungen gezählt. Die Über- bzw. Unterschreitungszahlen N_i werden horizontal „über" den Lastklassengrenzen F_i im halblogarithmischen Maßstab aufgetragen, Abb. 5.7. Die Kurvenäste $\log N_i = f(F_i)$, aufgefaßt als $F_i = f^*(\log N_i)$, stellen das gängige Lastkollektiv dar. Hier liegt die schon von der Wöhler-Linie her bekannte ungewohnte horizontale Funktionsauftragung vor, die alternativ als gewohnte vertikale Funktionsauftragung interpretiert werden kann. Die beiden Kurvenäste verlaufen in vielen Fällen symmetrisch zur Mittellast, so daß die Angabe des oberen Astes zur Kennzeichnung des Lastkollektivs ausreicht. Unsymmetrische Kollektive lassen sich formal symmetrisieren, indem aus den Mittelwerten F_{mi} von F_{oi} und F_{ui} (obere und untere Kurve) eine gemittelte Mittellast $\bar{F}_m$ gebildet wird und die Lastamplituden $F_{ai} = (F_{oi} + F_{ui})/2$ darüber (und darunter) aufgetragen werden.

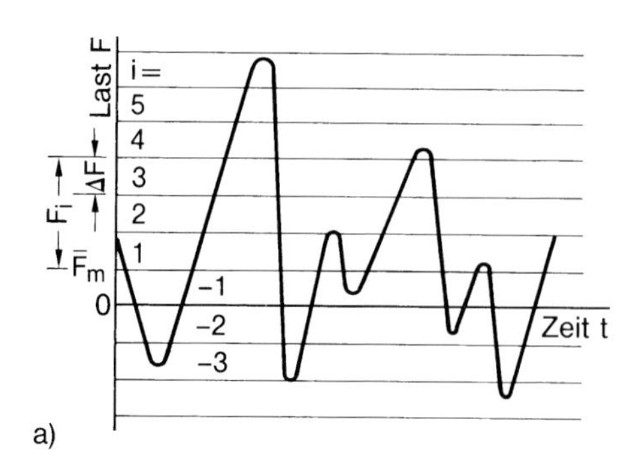

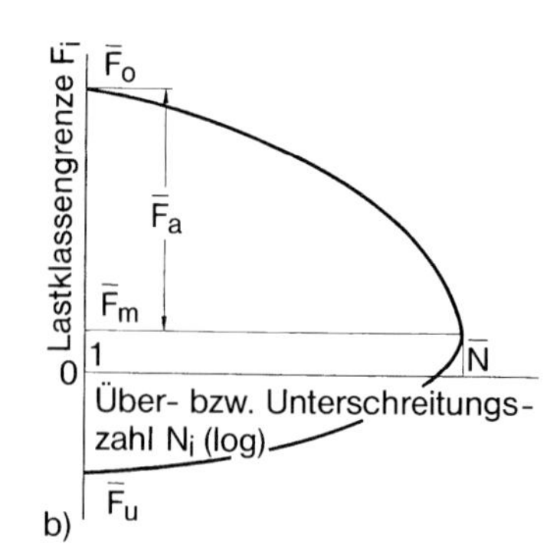

Abb. 5.7: Überschreitungs- bzw. Unterschreitungszählung zur Last-Zeit-Funktion (a) und resultierendes Lastkollektiv (b)

Über die physikalische Zulässigkeit einer derartigen Symmetrisierung muß im Einzelfall entschieden werden.

Kenngrößen des Lastkollektivs

Das Lastkollektiv wird durch die folgenden vier Größen eindeutig gekennzeichnet, die zur Unterscheidung von entsprechenden Größen im Wöhler-Versuch einen Querstrich tragen:

- die Mittellast $\bar{F}_m$ bzw. das Lastverhältnis $\bar{R} = \bar{F}_u/\bar{F}_o$,
- die Mittellastüberschreitungszahl $\bar{N}$ (der Kollektivumfang),
- die maximale Lastamplitude $\bar{F}_a = \bar{F}_o - \bar{F}_m$ bei $N_i = 1$, der Kollektivhöchstwert (bei unsymmetrischem Kollektiv zusätzlich $\bar{F}_a^* = \bar{F}_u - \bar{F}_m$),
- die Kollektivform $F_{ai} = f^*(\log N_i)$ (bei unsymmetrischem Kollektiv zusätzlich die Funktion des unteren Kurvenastes).

Die Mittellastüberschreitungszahl (nach Gaßner [668] „Zahl der einsinnigen Mittellastdurchgänge") entspricht der Gesamtzahl aller großen und kleinen Lastausschläge. Die Kollektivform gibt den relativen Anteil der großen und kleinen Lastausschläge an.

Zur Vereinheitlichung der Darstellung werden Lastkollektive in bezogenen Größen folgendermaßen angegeben: $F_{ai}/\bar{F}_a = f(N/\bar{N})$ für $\bar{N} = 10^6$. Lastkollektive werden vielfach aus Aufnahmen mit $N < 10^6$ durch Extrapolation auf $N = 10^6$ gewonnen. Aus dem vereinheitlichten Kollektiv wird auf die im Einzelfall tatsächlich vorliegenden Werte zurückgerechnet.

Die Über- bzw. Unterschreitungszahl N_i ist mit der absoluten Über- bzw. Unterschreitungshäufigkeit H_i identisch. Das Verhältnis der Über- bzw. Unterschreitungszahlen $N_i/\bar{N}$ entspricht der relativen Über- bzw. Unterschreitungshäufigkeit $h_i = H_i/\bar{H}$. Die Überschreitungshäufigkeit (oberhalb $\bar{F}_m$) bzw. Unterschreitungshäufigkeit (unterhalb $\bar{F}_m$) wiederum ist mit der Summenhäufigkeit der Lastspitzenwerte (Summenbildung von oben bzw. unten kommend) identisch. In der Fachliteratur wird an der Abszissenachse des Lastkollektivdiagramms im allgemeinen die relative Überschreitungs- oder Summenhäufigkeit angegeben.

Lastkollektivform

Die Form der Lastkollektivkurve kann sehr unterschiedlich sein, Abb. 5.8. Grundformen sind die Gauß-Normalverteilung (d) und die Einstufenverteilung (a), also der rein zufallsbedingte und der streng deterministische Prozeß. Dem stationären Gauß-Prozeß kommt die 1948 von Gaßner verwendete Binomialverteilung (s. Kap. 2.5) der Lastamplituden nahe, die seitdem von zahlreichen Laboratorien als Einheitskollektiv übernommen wurde. Die für Berechnungen im Kran- und Brückenbau vorgeschlagenen Kurven (b, c) stellen Mischkollektive dar, in denen sich Gauß-Normalverteilung und Einstufenverteilung überlagern. Die für den Fahrzeugbau bzw. für Bodenunebenheiten, Seegang oder Böenbelastung typischen Kurven (e, f) wiederum stellen Mischkollektive dar, die sich als Überlagerung (in horizontaler Richtung) der Überschreitungszahlen mehrerer Gauß-Normalverteilungen mit Kollektivhöchstwerten und Kollektivumfängen deuten lassen, deren Größe gegenläufig gewählt ist, Abb. 5.9. Die überlagerten Prozesse können gleichzeitig oder nacheinander auftreten. Sonderfälle sind die (halblogarithmische) Geradlinienverteilung (e), auch als (lineare) Exponentialverteilung bekannt, und die logarithmische Normalverteilung (f). Die unterschiedlichen Kollektivkurven in Abb. 5.8 lassen sich nach Hanke [613] durch folgende Gleichung annähern:

$$\log \frac{N_{\mathrm{i}}}{\bar{N}} = -6 \left(\frac{F_{\mathrm{ai}}}{\bar{F}_{\mathrm{a}}} \right)^{n} \tag{5.1}$$

Der Exponent n hat je nach Kurvenform unterschiedliche Größe (s. a. Abb. 5.35): $n = \infty$ bei der Einstufenverteilung (a), $n = 2$ bei der Gauß-Normalverteilung (d)

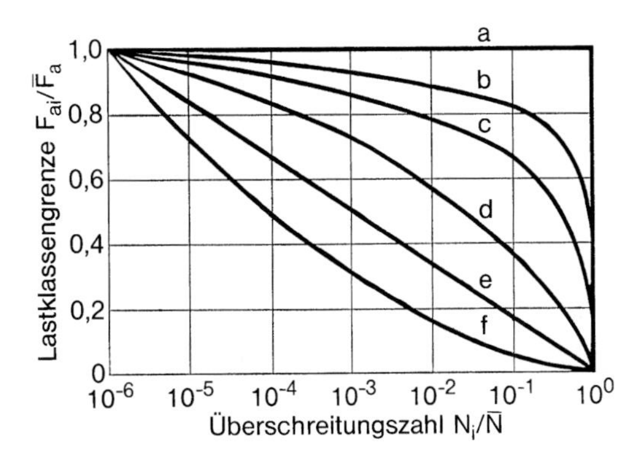

Abb. 5.8: Lastkollektivformen in bezogener Darstellung: Einstufenverteilung (a), Mischverteilungen (b, c), Gauß-Normalverteilung (d), Mischverteilungen (e, f), unter ihnen die Geradlinienverteilung (e) und die logarithmische Normalverteilung (f); nach Gaßner *et al.* [671]

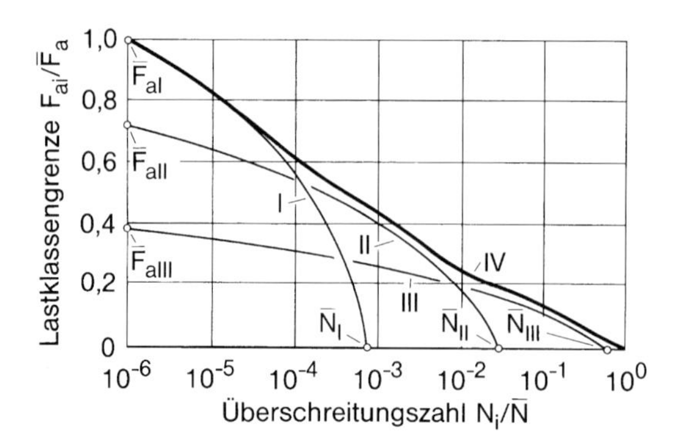

Abb. 5.9: Mischkollektiv (IV) in bezogener Darstellung gewonnen durch Überlagerung mehrerer Normalverteilungen (I, II, III) mit gegenläufigen Werten ($\bar{F}_{aI}$, $\bar{F}_{aII}$, $\bar{F}_{aIII}$) und ($\bar{N}_I$, $\bar{N}_{II}$, $\bar{N}_{III}$); nach Ostermann [678]

und $n = 1$ bei der Geradlinienverteilung (e). Zu den Kurven (b, c) gehört $n > 2$, zur Kurve (f) $n < 1$. Der Faktor -6 entspricht der Festlegung $\bar{N} = 10^6$.

Werden die Kollektivkurven über N_i für $1 \leq N_i \leq \bar{N}$ in logarithmischer Auftragung betrachtet (anstelle der identisch verlaufenden Kollektivkurven über $N_i/\bar{N}$ für $10^{-6} \leq N_i/\bar{N} \leq 10^0$ in logarithmischer Auftragung, s. Abb. 5.35), dann lautet die (5.1) entsprechende Bestimmungsgleichung:

$$N_i = \bar{N}^{\left[1-(F_{ai}/\bar{F}_a)^n\right]} \tag{5.2}$$

Standardisierte Mischkollektive

Zum Zwecke von Berechnungsvorschriften und einheitlicher Versuchsdurchführung werden die oberhalb des Normalkollektivs liegenden Mischkollektive als Überlagerung eines Einstufenkollektivs mit einem Normalkollektiv im oberen Amplitudenbereich bzw. im oberen Überschreitungszahlbereich einheitlich festgelegt, Abb. 5.10. Im ersten Fall, der durch streuende Spitzenwerte gekennzeichnet ist, wird der Kollektivbeiwert p eingeführt, der dem Verhältnis der $\bar{N} = 10^6$ mal auftretenden kleinsten Lastamplitude zur $N_i = 1$ mal auftretenden größten Lastamplitude entspricht. Im zweiten Fall, der durch gleichbleibende größte Spitzenwerte gekennzeichnet ist, wird der Kollektivbeiwert q eingeführt, der dem Verhältnis der Zahl der größten Spitzenwerte zum Kollektivumfang (in logarithmischem Maßstab) entspricht. Die p-Werte treten auch kombiniert mit (halblogarithmisch) geradlinigen Kollektivkurven auf.

Ermittlung der Lastkollektive

Lastkollektive werden aus gemessenen Last-Zeit-Funktionen bestimmt. Die Extrapolation von kurzzeitig gemessenen Kollektiven auf solche des Langzeitverhaltens erfolgt unter Berücksichtigung von Gesichtspunkten deterministischer

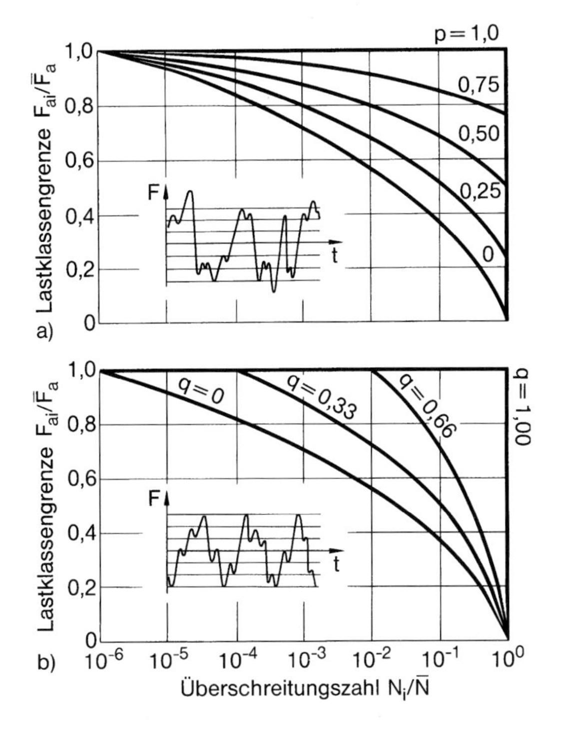

Abb. 5.10: Standardisierte Mischkollektivein bezogener Darstellung: p-Wert-Kollektive (a) und q-Wert-Kollektive (b)

und stochastischer Art. Im Sonderfall genau bekannter Belastungsfolgen (aus Betriebs-, Beladungs- oder Fahrplänen) können Lastkollektive hinsichtlich der Grundbeanspruchung auch rechnerisch ermittelt werden (z. B. bei Druckbehältern, Kranbrücken und Eisenbahnbrücken). Meßtechnisch wird so vorgegangen, daß eine örtliche Dehnung mit Dehnungsmeßstreifen erfaßt, gespeichert und schließlich digitalisiert und klassiert wird. Der örtlichen Dehnung ist im elastischen Bereich eine örtliche Spannung proportional. Letztere wird unter Beachtung möglicher Bauteilschwingungen auf die äußere Belastung umgerechnet. Vielfach wird der Dehnungsmeßstreifen auch direkt auf äußere Lasten kalibriert. Bei der Umrechnung bzw. Kalibrierung ist sicherzustellen, daß das Meßsignal allein von der gesuchten Lastkomponente herrührt. Massenkraftkollektive lassen sich auch über Beschleunigungsgeber messen (z. B. Lastvielfache im Flugzeugbau), Innendrücke über Druckgeber. Lastkollektive wurden an Landmaschinen [632, 637], Flugzeugen [624, 625, 634, 644, 648], Straßenfahrzeugen [619, 622, 629, 630, 633, 638, 641-643], Schienenfahrzeugen [627], Schiffen [628], Luftseilbahnen [623], Krananlagen [621, 647], Brücken [631, 645], Pipelines [626] und Hüttenwerksanlagen [620, 635, 636, 639] ermittelt und haben in zugehörigen Auslegungsregeln [649-653] Eingang gefunden.

Wahrscheinlichkeitsverteilung der Kollektivhöchstwerte

Häufig wird von kurzzeitig aufgenommenen Abläufen auf die langzeitigen Verhältnisse extrapoliert. In diesem Fall muß sichergestellt werden, daß die Kurzzeitaufnahme repräsentativ ist und die Art der Extrapolation den physikalischen Gegebenheiten nicht widerspricht. Die Forderung sowohl nach einer zuverlässigen Extrapolation einer gemessenen Häufigkeitsverteilung als auch nach der Angabe einer Wahrscheinlichkeitsfunktion für die Kollektivhöchstwerte, die dann sinngemäß für das gesamte Kollektiv gilt, lassen sich nach Buxbaum [15, 610] unter bestimmten Voraussetzungen nach einem Verfahren erfüllen, das auf der Theorie der Extremwertverteilungen von Gumbel [153] beruht.

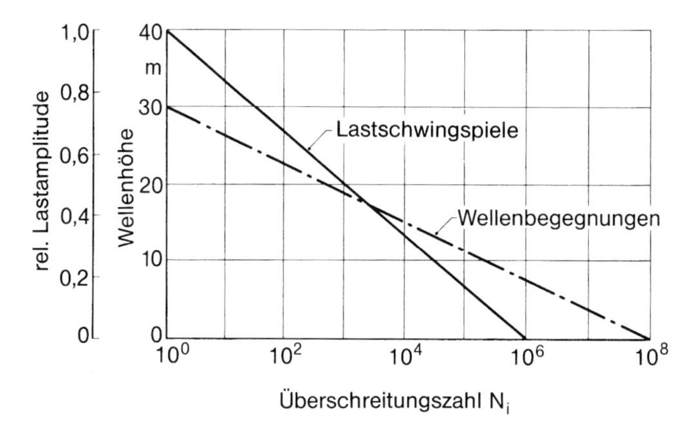

Abb. 5.11: Bemessungslastkollektiv (bei einzelfallbezogener Festlegung des Kollektivhöchstwerts) für Schiffe und Bohrinseln; nach Germanischer Lloyd [653]

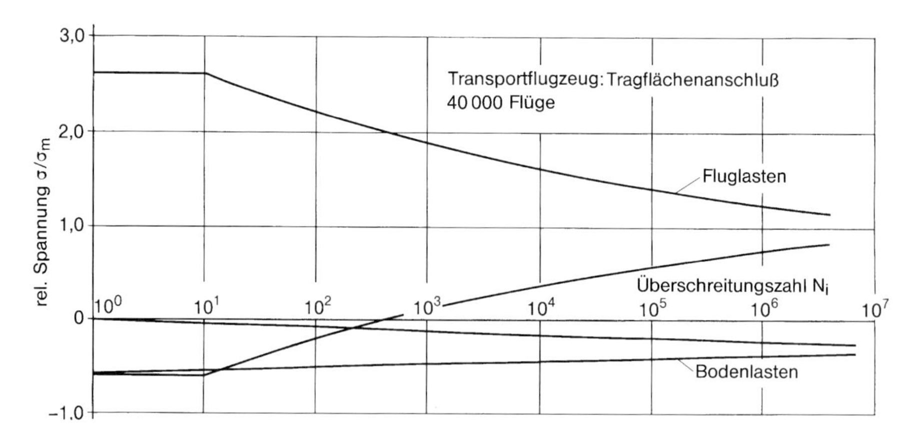

Abb. 5.12: Bemessungsspannungskollektiv (bei einzelfallbezogener Festlegung des Kollektivhöchstwerts) für Transportflugzeuge; nach Luftfahrttechnisches Handbuch Strukturberechnung [649]

Mit derartigen Extremwertverteilungen wird heute in vielen Bereichen der Technik bei der Erfassung insbesondere der Zusatzbeanspruchungen gearbeitet (z. B. Verteilung der Meereswellenhöhen oder der Böenbelastungen). Sie bilden die Grundlage für die konstruktive Bemessung und die experimentelle Lebensdauerprüfung. Bemessungskollektive für den Schiff- und Bohrinselbau sowie für den Transportflugzeugbau zeigen die Abb. 5.11 und 5.12. Im Kranbau werden Betriebsschwere und Betriebshäufigkeit den standardisierten Kollektiven mit unterschiedlichem Kollektivbeiwert p zugeordnet [651].

Für sorgfältige Einzelfallanalysen sind die genannten Bemessungskollektive nicht ausreichend. Auch im Schiffbau sind hinsichtlich der Belastung durch Wellengang differenziertere statistische Betrachtungen möglich [640, 646]. Der Wellengang bei ruhiger See wird als stationärer Zufallsprozeß erfaßt, der dazwischen auftretende Wellengang bei stürmischer See dagegen als instationärer Zufallsprozeß mit erst ansteigenden, dann wieder abfallenden Amplituden. Die Belastung des Schiffes folgt aus einem Wellenbegegnungsmodell mit statistischer Verteilung des Wellenbegegnungswinkels.

Einparametrige Klassierverfahren

Das Auszählen von Überschreitungen (oder Unterschreitungen) von Klassengrenzen ist nur eines von mehreren bewährten Zählverfahren (oder „Klassierverfahren“) zur Registrierung von Betriebslastamplituden (oder entsprechenden Beanspruchungen) hinsichtlich der Ermüdungsfestigkeit. Die folgenden weiteren einparametrigen Zählverfahren, deren Entwicklung zunächst auf spezielle Zählgeräte abgestellt war, sind bekannt:

- Spitzenwertzählung (peak counting), klassenweises Auszählen der Lastspitzen (Oberwerte bzw. Unterwerte); Variante mit Zählung nur der jeweils höchsten Spitze zwischen zwei Mittellastdurchgängen (mean crossing peak counting).
- Bereichszählung (range counting), auch Spannenzählung, Auszählen der Klassenübergänge der ansteigenden bzw. abfallenden Lastausschläge unabhängig von ihrem jeweiligen Ausgangs- bzw. Mittelwert; Bereichspaarzählung (range pair counting), auch Spannenpaarzählung, Auszählen der Klassenübergänge erst dann, wenn zu einem ansteigenden Lastausschlag sich der entsprechende gleich weit abfallende Ast eingestellt hat (volles Schwingspiel).
- Momentanwertzählung (level distribution counting), klassenweises Auszählen der momentanen Lasthöhen in konstanten kleinen Zeitabständen; Variante als Verweildauerzählung.

Das Prinzip dieser einparametrigen Zählverfahren ist in Abb. 5.13 veranschaulicht. Hinsichtlich weiterer Details wird auf das FVA-Merkblatt [607] verwiesen. Auch die Norm DIN 45667 [609] zu den Klassierverfahren für regellose Schwingungen kann herangezogen werden. Allerdings ist sie nicht auf Betriebsfestigkeitsfragen abgestellt. Eine ausführliche Darstellung der wissenschaftlichen Grundlagen und der Anwendungsmöglichkeiten der Klassierverfahren ist bei Buxbaum [15] und Haibach [29] zu finden.

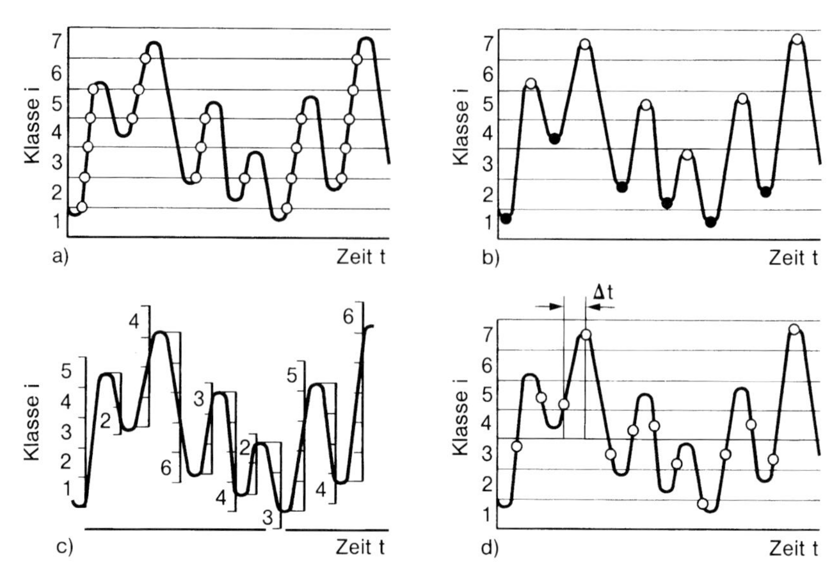

Abb. 5.13: Einparametrige Klassierverfahren: Überschreitungszählung (a), Spitzenwertzählung (b), Bereichszählung (c) und Momentanwertzählung (d); in Anlehnung an Buxbaum [15]

Die unterschiedlichen einparametrigen Zählverfahren führen bei den technischen Last-Zeit-Funktionen, die weder stochastisch noch mittellastkonstant sind, zu unterschiedlichen Zählergebnissen, insbesondere zu unterschiedlichen Kollektivformen. Das Zählverfahren ist daher auf den jeweiligen Anwendungsfall abzustimmen. Die damit gewonnenen Aussagen sind auf vergleichbare Fälle zu beschränken. Klassengrenzenüberschreitungszählung und Bereichszählung werden häufig parallel eingesetzt, um aus der Gegenüberstellung der unterschiedlich ermittelten Kollektive Rückschlüsse auf die Mittelwertschwankungen zu ziehen [598].

Ein weiteres Problem stellt, von Sonderfällen abgesehen, die Rücktransformation der einparametrigen Zählergebnisse (d. h. der Kollektive) in vollständige Schwingspiele unterschiedlicher Amplitude zum Zwecke der versuchs- und rechentechnischen Weiterverarbeitung dar. Es gibt dafür mehrere Möglichkeiten. Die hinsichtlich der Ermüdungsfestigkeit besonders schädigende Kombination von Zählergebnissen (oberer und unterer Kollektivkurvenast: Überschreitungen bzw. Unterschreitungen, obere bzw. untere Spitzenwerte oder auch Momentanwerte) besteht darin, zuerst das Schwingspiel mit größtmöglicher Amplitude zu bilden, dann das mit zweitgrößter Amplitude usw., Abb. 5.14. Das entspricht einer Beanspruchungs-Zeit-Funktion ohne Mittelwertänderung (Regelmäßigkeitsfaktor $i_0 = 1{,}0$ nach (5.3)), so wie es bei der Erklärung der Gauß-Summenkurve bereits vorausgesetzt wurde. Das Ergebnis der Rücktransformation hängt dabei von der Interpretation des Ausgangskollektivs ab.

Abbildung 5.15 zeigt, daß selbst unter der Bedingung $i_0 = 1{,}0$ für zwei unterschiedliche Beanspruchungs-Zeit-Funktionen (mit und ohne Mittelwertänderung) identische Ergebnisse bei Zählung der Überschreitungen und Unterschreitungen

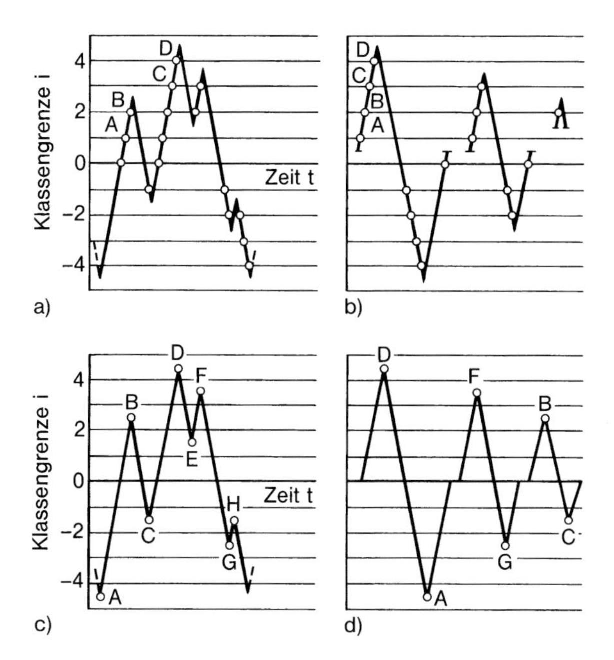

Abb. 5.14: Rücktransformation des Ergebnisses einer Zählung der Überschreitungen bzw. Unterschreitungen von Klassengrenzen (a) und einer Zählung der oberen bzw. unteren Spitzenwerte je Klasse (c) auf volle Schwingspiele (b, d) beginnend mit der größtmöglichen Amplitude; nach Bannantine *et al.* [12]

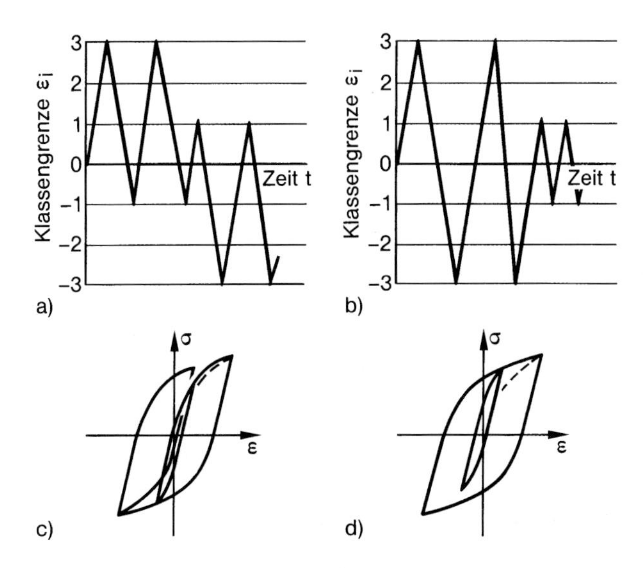

Abb. 5.15: Unterschiedliche Dehnungsabläufe mit identischem Zählergebnis nach Klassengrenzenüberschreitungen (a, b) und zugehörige zyklische Spannungs-Dehnungs-Diagramme (c, d); nach Bannantine *et al.* [12]

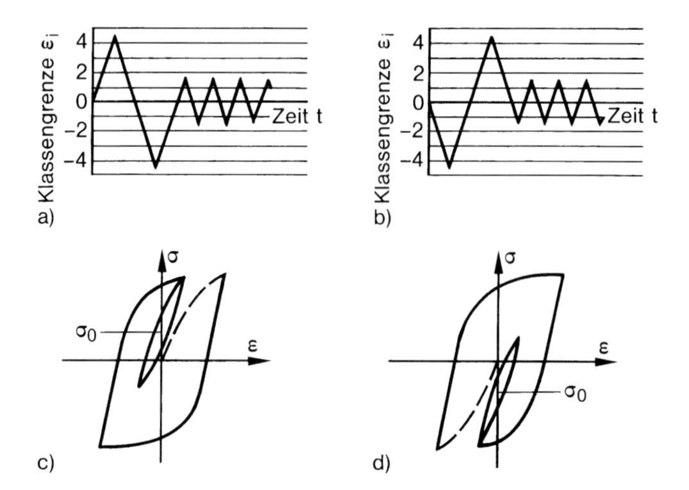

Abb. 5.16: Unterschiedliche Reihenfolge einer vorangestellten Über- und Unterbeanspruchung mit identischem Zählergebnis nach Klassengrenzenüberschreitungen (a, b) und zugehörige zyklische Spannungs-Dehnungs-Diagramme (c, d); nach Bannantine *et al.* [12]

oder der oberen und unteren Spitzenwerte auftreten können. Die dargestellten unterschiedlichen Dehnungsabläufe sind mit unterschiedlichen Zustandsfolgen im Spannungs-Dehnungs-Diagramm verbunden, wodurch die Ermüdungsfestigkeit wesentlich beeinflußt wird. Das Ergebnis der Rücktransformation ist wiederum nicht eindeutig.

Die festigkeitsrelevanten Reihenfolgeeffekte werden von den einparametrigen (ebenso wie von den zweiparametrigen) Zählverfahren nicht erfaßt, wie mit Abb. 5.16 gezeigt wird. Die gegenübergestellten zwei Dehnungsabläufe unterscheiden sich bei identischem Zählergebnis in der Aufeinanderfolge von Über- und Unterbeanspruchung am Beginn des ersten Schwingspiels. Wie aus den zugehörigen zyklischen Spannungs-Dehnungs-Diagrammen ersichtlich ist, erfolgt der darauffolgende Schwingvorgang im ersten Fall unter Zugmittelspannung, im zweiten Fall unter Druckmittelspannung. Entsprechend unterschiedlich ist die Auswirkung auf die Ermüdungsfestigkeit.

Zweiparametrige Klassierverfahren, Rainflow-Zählung

Die zweiparametrigen Zählverfahren können als Erweiterung der einparametrigen Verfahren aufgefaßt werden und umgekehrt die einparametrigen Verfahren als Sonderfälle der zweiparametrigen. Sie erlauben eine eindeutige Rücktransformation hinsichtlich Amplituden und Mittelwerten. Der Reihenfolgeeffekt und der Frequenzeinfluß sind jedoch wiederum nicht erfaßt.

In der einfachsten und historisch frühesten Verfahrensform nach Teichmann [681] werden zusätzlich zu den Lastamplituden die Mittellasthöhen der ansteigenden und abfallenden Kurvenzüge klassenweise ausgezählt. Die Häufigkeit der Lastamplituden wird über der Häufigkeit der Mittellasten in einer Matrix aufge-

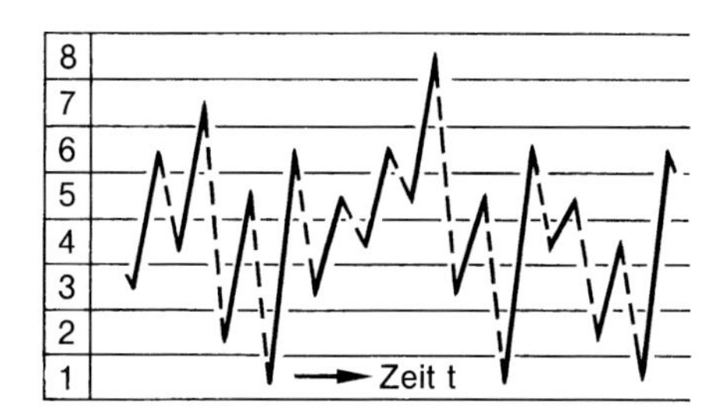

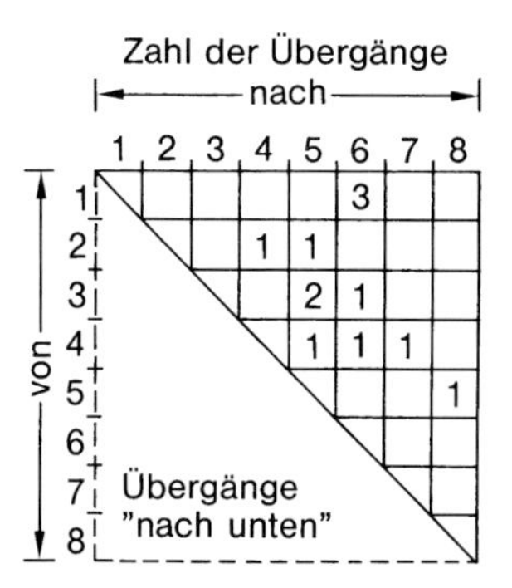

Abb. 5.17: Zweiparametriges Klassierverfahren, Zuordnung der Umkehrpunkte der Last-Zeit-Funktion zu Ausgangs- und Zielklassen, Zählung der Übergangshäufigkeiten und Darstellung in einer Matrix; nach Haibach [29]

tragen. Diese Verfahrensform hat sich nicht durchgesetzt, weil trotz höheren Klassieraufwandes keine Verbesserung der Lebensdauervorhersage erzielt wurde.

Das erfolgreiche neuere Matrix-Verfahren [589-591, 595] ordnet die Umkehrpunkte der Last-Zeit-Funktion (die Spitzenwerte) den Ausgangs- und Zielklassen einer Übergangsmatrix zu, Abb. 5.17. Soweit es sich um regellose Vorgänge handelt, wird angenommen, daß der jeweils nächste Umkehrpunkt in eine Klasse fällt, die von der Klasse des vorausgehenden Umkehrpunkts stochastisch abhängig ist (Markovsche Abhängigkeit erster Ordnung). Dieses Matrix-Verfahren wurde entwickelt, um eine dem stationären Gauß-Prozeß gleichwertige Standard-Zufallsfolge für den Betriebsfestigkeitsversuch zu definieren. Neben den Amplituden und Mittelwerten ist durch die Übergangsmatrix auch der Regelmäßigkeitsfaktor i_0 festgelegt.

Das zugehörige eigentliche Zählverfahren, genannt „Rainflow-Zählung“, wurde von Matsuishi und Endo [599] und (unabhängig) von de Jonge [586] entwikkelt, offenbar aber auch schon von Burns [582] angegeben (siehe auch [585, 587, 588, 596, 597, 600]). Es wertet die vertikal gestellte Dehnungs-Zeit-Funktion in grafischer Analogie zum (in Japan geläufigen) „Regenwasserfluß von Pagodendach zu Pagodendach“ aus. Dadurch werden die im zyklischen Spannungs-Dehnungs-Diagramm durchlaufenen Hystereseschleifen erfaßt, Abb. 5.18.

Die Zählweise wird nach Maddox [59] anhand von Abb. 5.19 näher erläutert: „Regenwasserflüsse“ beginnen an jeder positiven oder negativen Spitze der Beanspruchungs-Zeit-Funktion (der Kurvenbeginn im Diagrammursprung ist einer negativen Spitze gleichzusetzen). Sie bewegen sich schräg abfallend in negativer bzw. positiver Richtung, bis die entgegengerichtete Spitze erreicht wird, um von hier senkrecht auf das darunterliegende „Dach“ zu fallen und dann weiterzulaufen. Der Regenwasserfluß endet, sobald eine der folgenden Bedingungen eintritt:

- Regenwasserfluß entlang des Dachs (nach rechts oder links gerichtet) trifft auf Regenwasserfall von einem höheren Dach (z. B. E–G endet in F oder C–E endet in D).

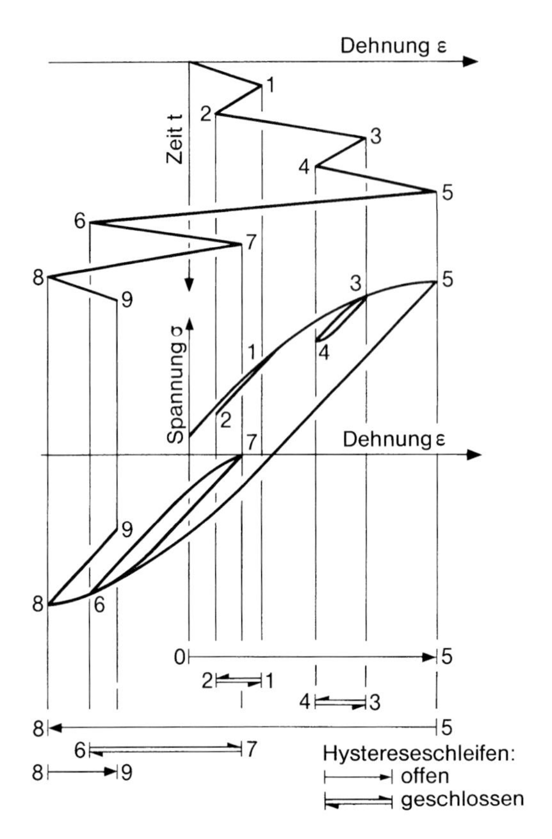

Abb. 5.18: Zweiparametriges Klassierverfahren Rainflow-Zählung, Beziehung zwischen Dehnungs-Zeit-Funktion, zyklischem Werkstoffverhalten und gezählten Hystereseschleifen; nach Steinhilber u. Schütz [616]

- Regenwasserfall erfolgt horizontal gegenüber einer Spitze, die weiter links (bei nach rechts gerichtetem Fluß) oder weiter rechts (bei nach links gerichtetem Fluß) liegt als die Ausgangsspitze des betrachteten Flusses (z. B. 0–A–F–G endet gegenüber H oder A–B–D–E endet gegenüber G).
- Regenwasserfall trifft auf kein weiteres Dach (Pfeile unterhalb von L, V und T).

Jeder Regenwasserfluß vom Anfangs- bis zum Endpunkt wird als Halbzyklus gewertet. Halbzyklen gleicher Größe, aber entgegengesetzter Richtung ergeben einen vollen Zyklus. Jeder volle Zyklus entspricht einer geschlossenen Hystereseschleife. Die in Pfeilspitzen endenden Regenwasserflüsse am unteren Diagrammrand entsprechen offenbleibenden Halbschleifen. Alternativ zur Rainflow-Zählung kann die weniger bekannte „Reservoir-Zählung" angewendet werden [59].

Die zwischen Ausgangs- und Zielklasse geschlossenen Schleifen werden in der Übergangsmatrix dokumentiert. Aus ihr lassen sich die herkömmlichen Kollektive der Klassengrenzenüberschreitungen und Bereichspaare gewinnen, Abb. 5.20. Der umgekehrte Weg bleibt versperrt. Die nicht geschlossenen Schleifen

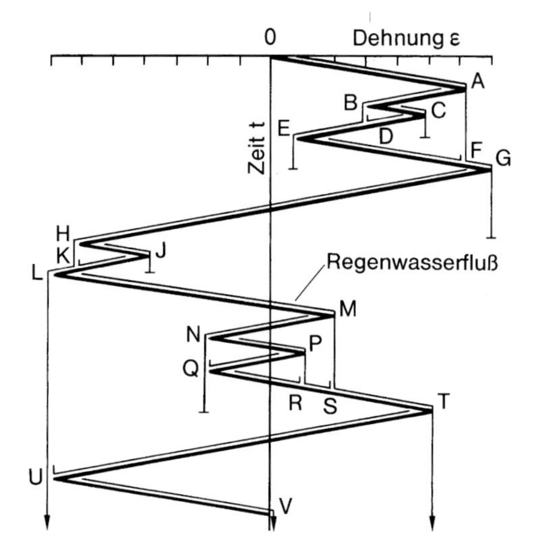

Abb. 5.19: Rainflow-Zählung, Regenwasserflüsse zwischen Ausgangs- und Endpunkt; nach Maddox [59]

bilden das Residuum. Das Residuum verschwindet, wenn die Zählung beim betragsmäßig größten Dehnungswert beginnt und endet. Bei nicht verschwindendem Residuum werden die offenen Schleifen zum Zwecke der Weiterverarbeitung künstlich geschlossen und der Übergangsmatrix zugeschlagen.

Aus der Übergangsmatrix läßt sich die der Ingenieursanschauung geläufigere Amplituden-Mittelwert-Matrix der Hystereseschleifen gewinnen, die in einer Schadensakkumulationsrechnung nach der Miner-Regel weiterverarbeitet werden kann. Dabei wird so vorgegangen, daß zunächst unter Verwendung des Haigh-Diagramms der Einfluß der Mittelspannung auf die jeweils ertragbare Spannungsamplitude kompensiert wird (Amplitudentransformation auf $R = -1$). Die transformierten Spannungsamplituden werden der Wöhler-Linie (für $R = -1$) gegenübergestellt, um die Teilschädigungen gemäß Miner-Regel zu bestimmen. Aus den Teilschädigungen folgt durch Aufsummieren die Gesamtschädigung. Derartige Rainflow-Matrizen zeigt Abb. 5.21. Ebenso können über einen Schädigungsparameter, der auf geschlossenen Hystereseschleifen beruht (z. B. P_{SWT} nach (5.32), P_{HL} nach (5.34), Z_d nach (7.78) oder P_J nach (7.79)), die Teilschädigungen berechnet werden.

Die Matrizen aufeinanderfolgender Beanspruchungsabläufe lassen sich addieren. Die Extrapolation der Matrix aus relativ kurzzeitiger Messung auf längere Einsatzzeiten über statistisch und physikalisch begründete Schätzroutinen [596] kann nicht allgemein empfohlen werden. Zuverlässiger sind Verfahren, die von der unklassierten Beanspruchungs-Zeit-Funktion in ursächlich begründeten Beanspruchungsabschnitten ausgehen.

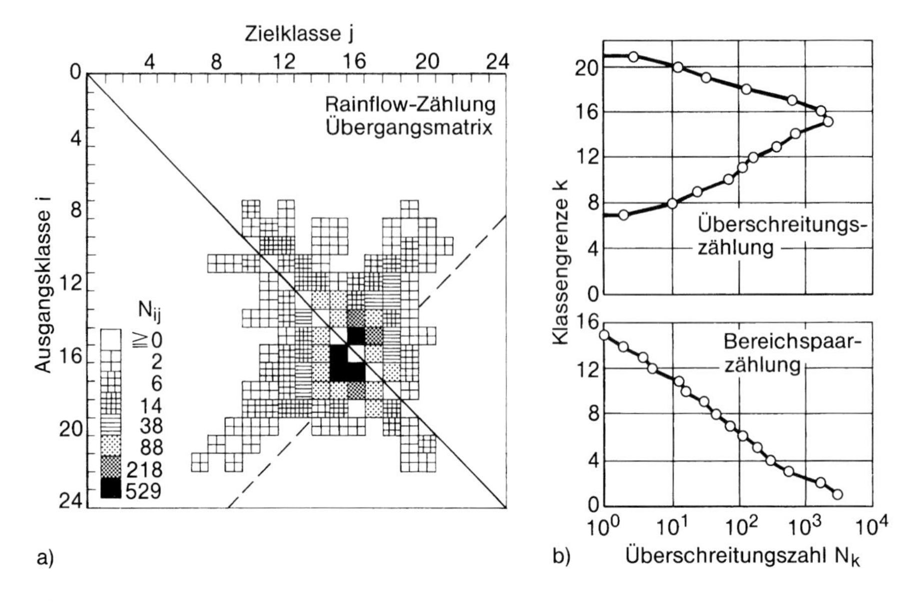

Abb. 5.20: Rainflow-Übergangsmatrix (a) und zugehörige Überschreitungs- und Bereichspaarkollektive (b); nach Krüger u. Petersen [596]

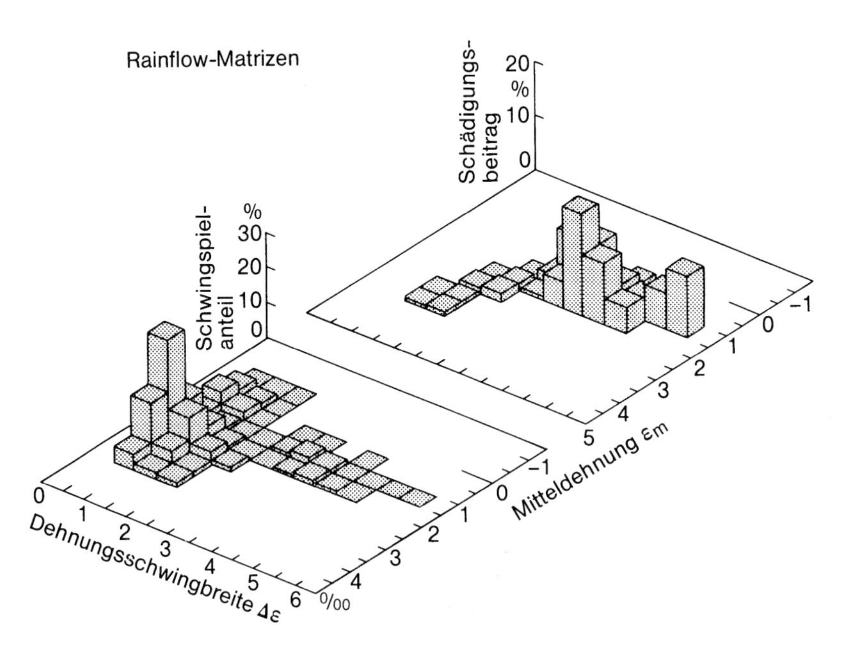

Abb. 5.21: Rainflow-Matrizen von Dehnungsschwingbreite und Mitteldehnung mit Schwingspielanteilen und Schädigungsbeiträgen; nach Haibach [29]

Überlegenheit der Rainflow-Zählung

Die Überlegenheit der Rainflow-Zählung gegenüber den herkömmlichen einparametrigen Zählverfahren hinsichtlich der Rücktransformation in einen Schwingversuch wird an einem im Sinne der herkömmlichen Zählverfahren „bösartigen" Beanspruchungsablauf demonstriert, Bild 5.22. Einer Grundschwingung mit großer Amplitude σ_{a1} und niedriger Frequenz f_1 ist eine Oberschwingung mit kleiner Amplitude σ_{a2} und hoher Frequenz f_2 überlagert, $f_1/f_2 = 1/100$, Bild 5.22 (a). Reihenfolgeeffekte seien vernachlässigbar.

Das Klassierergebnis nach 100 Grundschwingungen, gewonnen nach drei unterschiedlichen Klassierverfahren, zeigt Bild 5.22 (b). Das niedrige und lange Rechteckkollektiv der Amplitudenzählung ohne Beachtung des Mittelwerts (entspricht range pair counting) verläuft in Höhe σ_{a2} und endet bei $\bar{N} = 10^4$. Die Summenhäufigkeitskurve der Spitzenwertzählung beginnt in Höhe $(\sigma_{a1} + \sigma_{a2})$ und endet bei $\bar{N} = 0{,}5 \times 10^4$ (Faktor 0,5, weil nur die Hälfte der Spannungsspitzen oberhalb der Nullinie auftreten). Schließlich ist das Ergebnis einer Rainflow-Zählung durch das hohe und kurze Rechteckkollektiv der Grundschwingung mit Höhe $(\sigma_{a1} + \sigma_{a2})$, senkrecht abfallend bei $\bar{N}_1 = 10^2$ und sich fortsetzend in das Rechteckkollektiv der Amplitudenzählung erfaßt. Eine solche

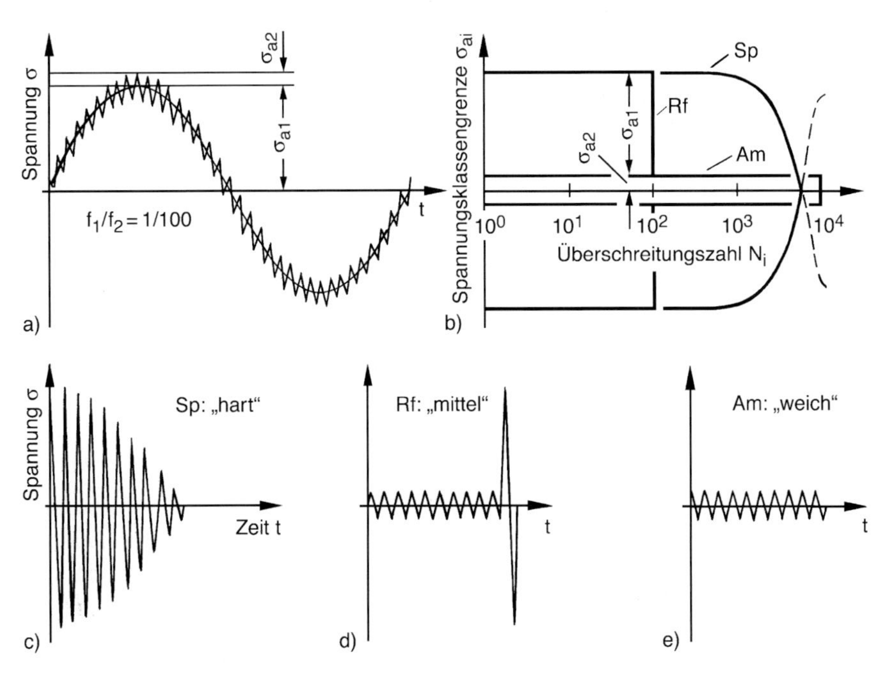

Abb. 5.22: Klassierungen eines „bösartigen" Beanspruchungsprozesses (a) zu Kollektiven (b) sowie Ersatzprozesse unterschiedlicher „Härte" (c, d, e); Amplituden σ_{a1} und σ_{a2} sowie Frequenzen f_1 und f_2; Spitzenwertklassierung (Sp), einparametrige Rainflow-Klassierung (Rf mit Fortsetzung in Am) und Amplitudenklassierung (Am); dementsprechende Ersatzprozesse unterschiedlicher Härte; nach FKM-Richtlinie (Kommentar) [886]

grafische Darstellung des Rainflow-Zählergebnisses ist möglich, wenn die zugehörigen Mittelspannungen unbeachtet bleiben (einparametrige Darstellung).

Die Rücktransformation der drei Klassierergebnisse in die Ersatzprozesse eines Betriebsfestigkeitsversuchs oder einer entsprechenden rechnerischen Analyse ist mit Abb. 5.22 (c, d) veranschaulicht. Die Spitzenwertzählung ergibt einen zu „harten" Ersatzprozeß, die Amplitudenzählung einen zu „weichen" Ersatzprozeß. Die Rainflow-Zählung begründet einen „mittleren" Prozeß, der brauchbare Anhaltswerte der Lebensdauer erwarten läßt.

Rainflow-Zählung hinsichtlich Schädigungsrechnung

Der Zweck der Rainflow-Zählung hinsichtlich der Schädigungsrechnung ist die Feststellung der Schädigungsereignisse bei Schwingbeanspruchung mit variablen Amplituden. Registriert werden geschlossene Spannungs-Dehnungs-Zyklen. Die Schädigung eines jeden Zyklus wird ausgehend von der Wöhler-Linie quantifiziert, die den Einfluß der Mittelspannung einschließt. Schädigung aufgefaßt als Ermüdungsrißfortschritt hängt dabei von der effektiven Spannungs- oder Dehnungsschwingbreite ab, während der der Riß geöffnet bleibt. Die Spannung oder Dehnung bei Rißöffnung wiederum hängt von der Beanspruchungsvorgeschichte ab, die nach einer gewöhnlichen Rainflow-Zählung nicht rekonstruierbar ist. Letztere bringt daher noch keine durchgreifende Verbesserung der Treffsicherheit der Lebensdauervorhersage.

Die Verbesserung der Lebensdauervorhersage ist jedoch möglich, wenn die Information über die Aufeinanderfolge der Spannungs-Dehnungs-Zyklen anläßlich der Rainflow-Zählung mitgeführt wird, was über die Markov-Matrix der Umkehrpunkte geschehen kann. Eine Schwäche des Verfahrens bleibt dennoch, da nur geschlossene Zyklen gezählt werden, während auch nichtgeschlossene Zyklen einen Einfluß auf nachfolgende Unterzyklen nehmen. Die Schwäche ist behebbar, indem bereits Halbzyklen als Schädigungsereignisse erfaßt werden (Anthes [580]). Ausgehend vom Ergebnis einer derart modifizierten Rainflow-Zählung sind die Beanspruchungen im Kerbgrund und das Kurzrißverhalten wirklichkeitsnah modellierbar.

Regelmäßigkeitsfaktor

Beim Ersatz der Last-Zeit-Funktion durch das Lastkollektiv wird nur der Amplitudengehalt, ggf. mit den zugehörigen Mittellasten, bewahrt. Die Informationen über den zeitlichen Ablauf gehen verloren: Reihenfolge der Lastamplituden, Geschwindigkeit der Lastanstiege, Frequenzgehalt der Last-Zeit-Funktion. Diese Informationen werden aber bei genaueren Lebensdauervorhersagen benötigt.

Zur vereinfachten Kennzeichnung des relativen Frequenzgehalts bzw. der relativen Mittellastschwankungen stochastischer Last-Zeit-Funktionen dient der Regelmäßigkeitsfaktor i_0 (Bezeichnung nach [15]), im Gebrauch auch „Unregelmäßigkeitsfaktor" [658], das Verhältnis von Mittellastüberschreitungszahl N_0 zur Lastspitzenzahl N_{Sp} (Lastmaxima oder Lastminima):

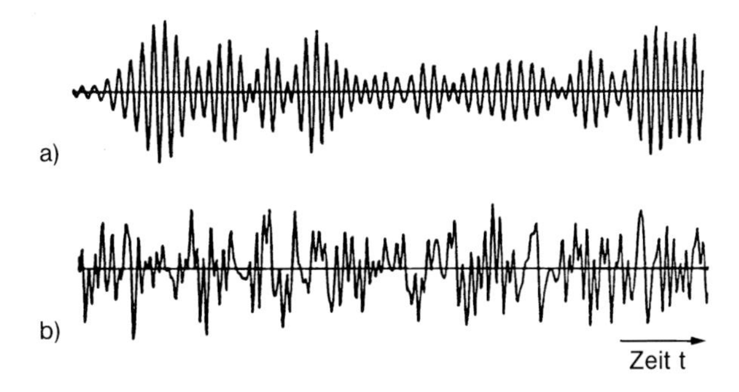

Abb. 5.23: Schmalbandige (a) und breitbandige (b) Schwingungserregung; nach Hesselmann [659]

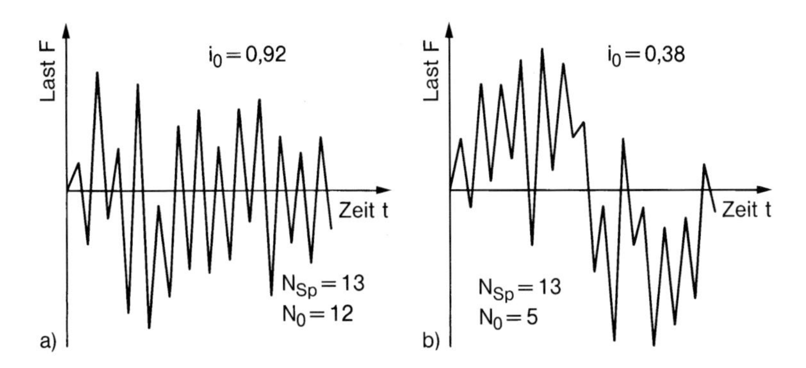

Abb. 5.24: Regelmäßigkeitsfaktor i_0, beispielhaft für schmalbandige (a) und breitbandige (b) Schwingungserregung

$$i_0 = \frac{N_0}{N_{\mathrm{Sp}}} \tag{5.3}$$

Die schmalbandige Erregung des Bauteils in Nähe einer isolierten Eigenfrequenz, die vielfach für Versuchsbelastungen typisch ist, ist durch Werte $i_0 \approx 1{,}0$ gekennzeichnet. Andererseits tritt im praktischen Einsatzfall von Bauteilen vielfach breitbandige Erregung unter Mitwirkung mehrerer Eigenfrequenzen auf, was zu Werten $i_0 \ll 1{,}0$ führt. Sofern Eigenschwingungen keine Rolle spielen, können stark unterschiedliche Regelmäßigkeitsfaktoren sogar innerhalb derselben Baugruppe auftreten. So kann dem Achsschenkel mit $i_0 \ll 1{,}0$ eine Nabe mit $i_0 \approx 1{,}0$ zugeordnet sein.

Schmalbandige und breitbandige Erregung sind in Abb. 5.23 einander gegenübergestellt. Eine konkrete Zählung ist in Abb. 5.24 veranschaulicht. Bei schmalbandiger Erregung liegt zwischen Lastmaximum und Lastminimum meist ein Mittellastdurchgang. Bei breitbandiger Erregung tritt der Mittellastdurchgang nur gelegentlich auf.

Frequenz- und Leistungsspektrum

Für die vollständige Erfassung der Amplituden- und Frequenzinformation bietet die Schwingungslehre die formalen Elemente [654, 657, 659, 661, 662]. Diese Darstellung ist insbesondere dann zu bevorzugen, wenn nicht nur eine direkte Betriebsfestigkeitsbewertung ansteht, sondern mit den erfaßten Größen (Amplituden und Frequenzen) schwingungsfähige Systeme erregt werden. Beispielsweise genügt es nicht, das Unebenheitskollektiv der Fahrbahn zu kennen, um aus ihm und dem Schwingungsersatzsystem des Fahrzeugs das Radlastkollektiv zu bestimmen. Es wird die vollständige Unebenheitsfunktion über der Zeit benötigt, die sich aus dem Unebenheitsprofil der Fahrbahn und der Fahrgeschwindigkeit unter Berücksichtigung des Radabrollens ergibt [660].

Als Alternative zur vorstehenden Darstellung der Amplituden über der Zeit bietet sich deren Auftragung über der Frequenz an (Frequenzspektrum). Das Frequenzspektrum kennzeichnet die Amplituden-Zeit-Funktion vollständig. Die Sinusschwingung wird durch eine einzige Linie im Spektrum dargestellt. Periodische Vorgänge werden der Fourier-Analyse entsprechend als Linienspektrum erfaßt, dessen einzelne Linien ganzzahlige Vielfache der Grundfrequenz repräsentieren (harmonisches Linienspektrum). Nichtperiodische Vorgänge ergeben dem Fourier-Integral entsprechend ein kontinuierliches Spektrum. Weist das kon-

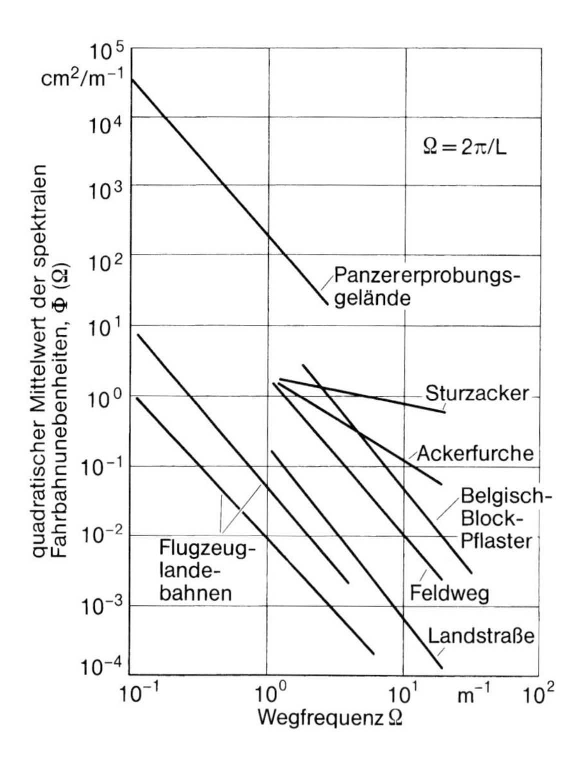

Abb. 5.25: Leistungsspektrum der Unebenheiten unterschiedlicher Fahrbahnen, Mittelwerte in linearisierter Darstellung; nach Wendeborn [664]

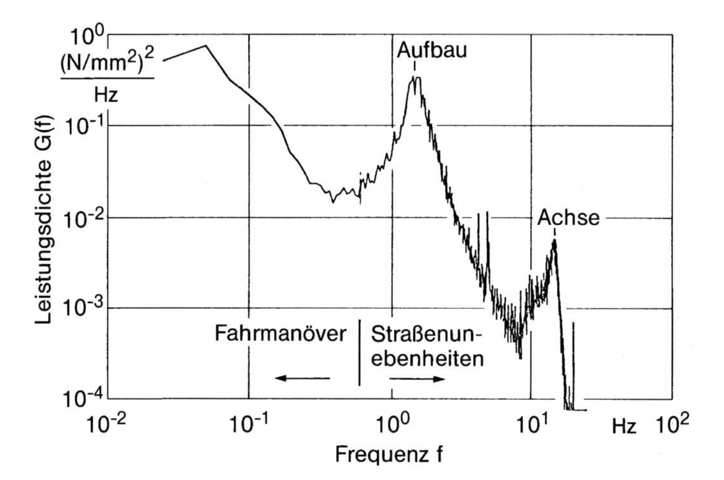

Abb. 5.26: Leistungsspektrum der an der Hinterachse eines Pkw gemessenen Beanspruchungs-Zeit-Funktion; nach Buxbaum [656]

tinuierliche Spektrum nur einzelne schmale Spitzen auf (nichtharmonisch verteilt), so entspricht dies einem quasiperiodischen Vorgang.

Stochastische Vorgänge lassen sich ebenfalls über der Frequenz statt über der Zeit darstellen, wobei sich gleichfalls kontinuierliche Spektren ergeben. Als Ordinate werden jedoch nicht frequenzzugehörige Amplituden aufgetragen, sondern eine zeitlich gemittelte Leistungsdichte (z. B. der quadratische Zeitmittelwert) in einem engen Frequenzintervall zentrisch zur jeweiligen Frequenz (Leistungsspektrum). Die Leistungsdichte ergibt sich über eine Fourier-Transformation des Vorgangs. Das Leistungsspektrum stationärer Vorgänge ist zeitlich konstant, das instationärer Vorgänge zeitlich veränderlich.

Als Beispiel ist in Abb. 5.25 das auf Wegfrequenzen bezogene Leistungsspektrum der Fahrbahnunebenheiten, d. h. die spektrale Unebenheitsdichte, für unterschiedliche Fahrbahnen (Flugzeuglandebahn bis Panzererprobungsgelände) dargestellt, so wie es für Fahrzeugentwurf und Fahrzeugerprobung Anwendung finden kann (siehe auch [660]). Die Größe der Unebenheitsdichte nimmt im Mittel der vermessenen Bahnen mit wachsender Wegfrequenz Ω bzw. kleiner werdender Wellenlänge L der Unebenheiten ab, d. h. lange Wellenlängen treten mit großer, kurze mit kleiner Spektraldichte auf. Das auf Zeitfrequenzen bezogene Leistungsspektrum der an einer Pkw-Hinterachse gemessenen Spannungen ist in Abb. 5.26 gezeigt. Aufbau- und Achseigenfrequenz prägen sich als Höchstwerte aus.

Die Frequenz- und Leistungsspektren haben für die rechnerische Darstellung schwingungsfähiger Systeme große Bedeutung. Es lassen sich auf diesem Wege auch Last- bzw. Beanspruchungskollektive für die Baugruppen dieser Systeme gewinnen. Der anschließende Teil der Betriebsfestigkeits- und Lebensdauervorhersage wird aber durch die Zusatzinformation zu den Frequenzen i. a. nicht verbessert (Ausnahme: Korrosions- und Hochtemperaturermüdung).

5.3 Betriebsfestigkeitsversuch und Lebensdauerlinie

Beanspruchungskollektiv

Um Aussagen über Betriebsfestigkeit und Lebensdauer unter veränderlichen Beanspruchungsamplituden zu gewinnen, müssen die den Lastkollektiven zugeordneten Beanspruchungskollektive bekannt sein. Nur die Nennspannungskollektive können den Lastkollektiven direkt proportional gesetzt werden. Für Betriebsfestigkeit und Lebensdauer von Bauteilen sind jedoch die örtlichen Beanspruchungen ausschlaggebend.

Die Last-Zeit-Funktion erzeugt im Bauteil eine meist von Ort zu Ort unterschiedliche Beanspruchungs-Zeit-Funktion. Bei kompakten Bauteilen hoher Steifigkeit ist bei nicht zu hoher Belastung das elastische Beanspruchungsfeld maßgebend, dessen Ortsabhängigkeit von der statischen Belastung her bekannt ist. Die örtlichen Beanspruchungen sind der äußeren Last proportional. Bei zusammengesetzter Belastung, also mehreren gleichzeitig wirkenden Lasten, kommt es auch örtlich zu einer zusammengesetzten Beanspruchung. Diese ist mehrachsig, an der Oberfläche zweiachsig. Bei phasenverschoben wirkenden äußeren Lasten und bei Kombinationen voneinander unabhängiger Lastabläufe (beschrieben durch Mittellast und Lastamplitude) ergeben sich nichtproportional zusammengesetzte Beanspruchungsabläufe mit veränderlicher Hauptbeanspruchungsrichtung (s. Kap. 4.14). An Stellen besonders hoher Beanspruchung wird bei zunehmender Lasthöhe die Fließgrenze örtlich überschritten, wodurch eine weitere Nichtlinearität in der Beziehung zwischen äußerer Last und örtlicher Beanspruchung entsteht.

Der Zusammenhang zwischen Last und Beanspruchung kompliziert sich bei Bauteilen geringerer Steifigkeit zusätzlich dadurch, daß Trägheitskräfte den Beanspruchungszustand mitbestimmen. Dies trifft insbesondere auf die Erregung in Höhe der Eigenfrequenzen der Struktur zu. Hier bilden sich die Eigenformen der Bauteilschwingung mit den bekannten „Bäuchen“ und „Knoten“ der Verformung (und damit der Beanspruchung) aus. Je nach Amplituden- und Frequenzgehalt der Last-Zeit-Funktionen entstehen unterschiedliche „erzwungene“ Schwingungs- und Beanspruchungszustände. Der Zusammenhang zwischen Belastung und Beanspruchung läßt sich in einfachen (linearelastischen) Fällen durch Übertragungsfunktionen darstellen. Die Zuordnung ist bereits in diesem Stadium nicht mehr proportional. Die bereits erwähnten weiteren nichtlinearen Effekte schließen sich an.

Der Zusammenhang zwischen Last-Zeit-Funktion und Beanspruchungs-Zeit-Funktion und damit auch zwischen Lastkollektiv und Beanspruchungskollektiv ist demnach sehr verwickelt. Nur in Sonderfällen, etwa bei wohldurchdachten Meßaufbauten zur Bestimmung von Lastkollektiven aus örtlich gemessenen Beanspruchungen, ist ein annähernd proportionaler Zusammenhang sichergestellt.

Analog zum Lastkollektiv wird das Spannungskollektiv (oder sinngemäß das Dehnungskollektiv) durch folgende Größen gekennzeichnet: Kollektivhöchstwert $\bar{\sigma}_{\mathrm{a}}$, Kollektivumfang $\bar{N}$, Mittelspannung $\bar{\sigma}_{\mathrm{m}}$ und Kollektivform $\sigma_{\mathrm{ai}} = f^*(\log N_{\mathrm{i}})$. Vereinheitlichungen und Standardisierungen sind sinngemäß möglich.

Die Frage nach dem ertragbaren Wert von $\bar{\sigma}_a$ bei vorgegebenem $\bar{N}$ oder umgekehrt die Frage nach dem ertragbaren Wert von $\bar{N}$ bei vorgegebenem $\bar{\sigma}_a$ einschließlich des Einflusses von Kollektivform und Mittelspannung wird im Betriebsfestigkeitsversuch beantwortet, dem Schwingfestigkeitsversuch mit veränderlichen Last- bzw. Beanspruchungsamplituden (im Unterschied zum Wöhler-Versuch mit konstanten Amplituden).

Blockprogrammversuch

Der Blockprogrammversuch nach Gaßner [666, 667] und Teichmann [681, 682] ist der historisch erste Schwingfestigkeitsversuch mit stufenweise veränderlichen Lastamplituden (daher auch Mehrstufenschwingfestigkeitsversuch oder genauer Achtstufenschwingfestigkeitsversuch genannt). Er entstand unter den seinerzeit (um 1940) gegebenen technischen Möglichkeiten, Schwingprüfmaschinen damaliger Bauart (Resonanzpulser bzw. Exzenterprüfmaschinen) mit nur geringen apparativen Ergänzungen einzusetzen. Derartige Prüfmaschinen besitzen zwei Antriebssysteme, von denen das eine die hohen Lastamplituden im Langsamantrieb erzeugt, das andere die niedrigen Lastamplituden im Schnellantrieb. Die Veränderung der Amplituden ist nur stufenweise möglich.

Auch heute noch ist der Blockprogrammversuch [665-682] eine kostengünstige Methode der Betriebsfestigkeitsprüfung, [29], durchgeführt mit Resonanz- oder Hydraulikpulsern. Den moderneren Zugang zur Lösung von Betriebsfestigkeitsfragen ermöglichen die vielseitiger einsetzbaren servohydraulischen Prüfmaschinen.

Das im Versuch nachzuvollziehende, stetig verlaufende Spannungskollektiv wird zunächst durch ein treppenartig gestuftes Kollektiv ersetzt, Abb. 5.27. Die dargestellte obere Kollektivhälfte ist nach unten symmetrisch oder unsymme-

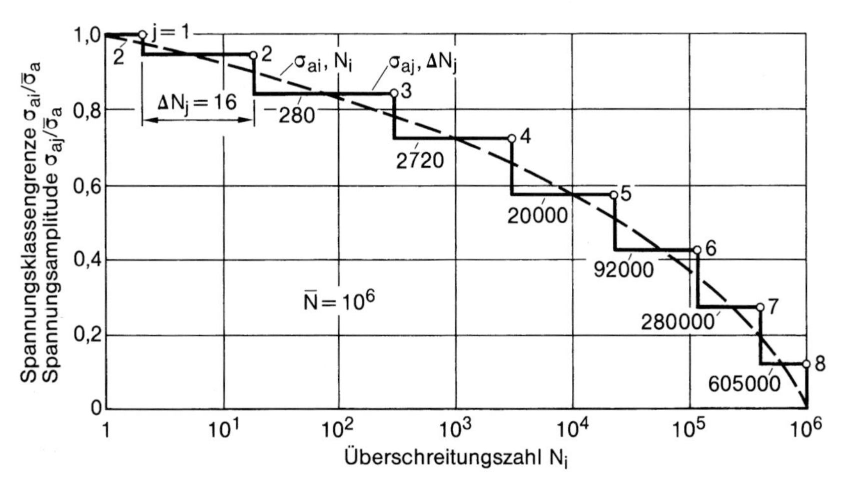

Abb. 5.27: Treppenkollektiv der Spannungsamplituden, abgeleitet aus einer Normalverteilung (gestrichelte Linie), Stufen $j = 1, 2, \cdots, 8$; nach Gaßner [666, 668]

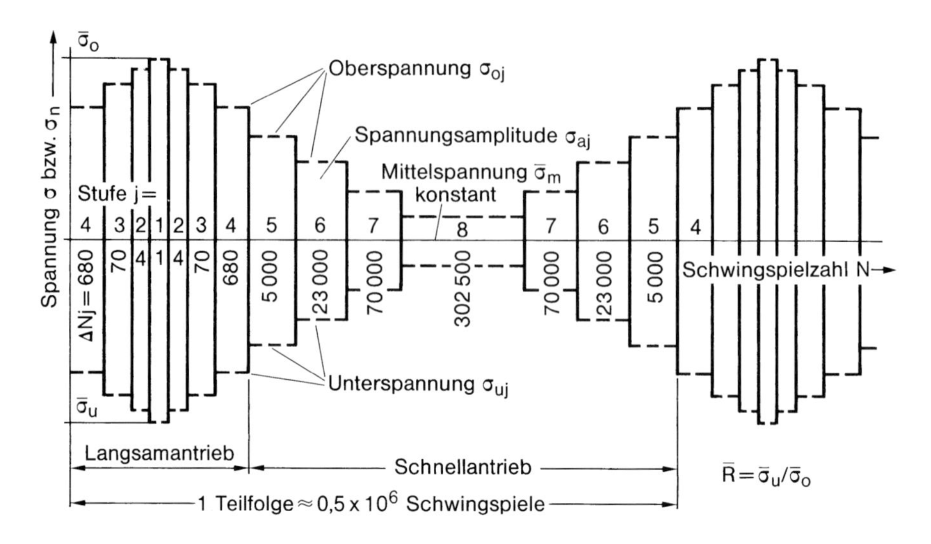

Abb. 5.28: Blockprogrammversuch, achtstufige Folge der Spannungsamplituden; nach Gaßner [666, 668]

trisch zu ergänzen. Im so vervollständigten Treppenkollektiv werden die oberen Kollektivstufen mit den jeweils gegenüberliegenden unteren Kollektivstufen durch Schwingbreiten $\Delta\sigma_j = 2\sigma_{aj}$ konstanter Größe mit zugehöriger Teilschwingspielzahl ΔN_j verbunden (streng richtig nur zur Abbildung stochastischer Prozesse mit $i_0 = 1{,}0$).

Die Spannungsschwingbreiten des Treppenkollektivs werden in periodisch wiederholten Teilfolgen der zu prüfenden Probe (bzw. dem Bauteil) aufgeprägt, Abb. 5.28. Jede Teilfolge besteht aus acht Blöcken unterschiedlicher Schwingbreite mit bestimmter, zu ΔN_j proportionaler Zahl von Schwingspielen, die programmgesteuert ablaufen. Im vorliegenden Fall einer nachvollzogenen Normalverteilung (die der Gauß-Normalverteilung ähnliche Binomialverteilung) wird mit einem Block mittlerer Schwingbreite begonnen, es folgen die höheren Schwingbreiten bis zum Höchstwert und schließlich ein Abfall bis zum Kleinstwert mit anschließendem Wiederanstieg. Die Mittelspannung $\bar{\sigma}_m$ ist während des Versuchs konstant (und damit $R_j = \sigma_{uj}/\sigma_{oj}$ stufenweise veränderlich, sofern $\bar{\sigma}_m \neq 0$). Es gibt auch die Versuchsdurchführung mit konstantem R bzw. konstantem σ_u [29].

Der Teilfolgenumfang ist so zu wählen, daß mehrere Teilfolgen bis zum Bruch durchlaufen werden. Dies soll sicherstellen, daß eine wirklichkeitsnahe Durchmischung hoher und niedriger Schwingbreiten stattfindet. Der Versuchsbeginn auf mittlerer Stufe soll eine mögliche Anfangsschädigung durch die Höchstlast ausschließen. Der Teilfolgenumfang wird bei der Ermittlung von Lebensdauerlinien auf allen Lasthorizonten gleich gewählt.

In Wirklichkeit kann auf eine Spannungsspitze der oberen Kollektivkurve (aufgefaßt als Überschreitungszählung fester Klassengrenzen) eine beliebige der unteren Kurve folgen (bei stochastischen Prozessen mit $i_0 < 1{,}0$), so daß obige

Vorgehensweise hinsichtlich der Schwingbreiten unzureichend begründet wäre. Tatsächlich läßt sich das Spannungskollektiv auch so interpretieren, daß es die Amplituden bzw. Schwingbreiten unabhängig vom jeweiligen Mittelwert wiedergibt (Bereichszählung). Die (vielfach vertretbare) Näherung besteht also darin, daß der Einfluß der Mittelspannung vernachlässigt und weniger regellose Vorgänge wie regellose behandelt werden.

Zufallslastenversuch

Im Zufallslastenversuch (oder Random-Versuch) [29, 683-695] werden anstelle von stufenweise konstanten Lastamplituden solche in regelloser Größe aufgebracht. Dazu dienen die historisch jüngeren servohydraulisch gesteuerten Schwingprüfmaschinen. Die Zufallsfolge der Lastamplituden kann digital nach dem Matrix-Verfahren (s. Kap. 5.2) oder analog mit einem Rauschgenerator erzeugt werden.

Die spektrale Zusammensetzung der so erzeugten Beanspruchungsfolge hat Einfluß auf das Prüfergebnis. Es wird zwischen schmal- und breitbandigem Beanspruchungsablauf unterschieden. In der Prüfpraxis überwiegt der schmalbandige Zufallslastenversuch mit definiertem Regelmäßigkeisfaktor i_0 bzw. definierter Spektraldichteverteilung.

Aus meß- und versuchstechnischen Gründen werden auch im Zufallslastenversuch Lastfolgen wiederholt. Das Gesamtlastkollektiv wirkt bei vorgegebener Höchstamplitude um so „härter", je kleiner der wiederholte Teilfolgenumfang ist. Bei kleinerem Teilfolgenumfang tritt die Höchstamplitude insgesamt häufiger auf.

Nachfahrversuch, Einzelfolgenversuch, standardisierte Einzelfolgen

Beim Nachfahrversuch [29, 696-698] wird die im realen Betrieb aufgenommene Last-Zeit-Funktion der servohydraulischen Prüfmaschine als Steuersignal übergeben. Um die Versuchszeit zu kürzen, werden dabei Beanspruchungspausen und kleine Amplituden soweit vertretbar weggelassen. Die Erprobung eines Bauteils kann somit in das Prüflabor verlegt werden.

Beim Einzelfolgenversuch [29, 699-708] werden bestimmte, immer wiederkehrende Lastfolgen als wiederholte Einzelfolgen in der servohydraulischen Prüfmaschine verwirklicht. Die Einzelfolgen werden dabei teils als deterministischer Ablauf, teils als Zufallsfolge rechnerisch generiert.

Als Beispiel wird die standardisierte Fluglasteinzelfolge für Transport- und Militärflugzeuge genannt. Es kommt für eine zutreffende Lebensdauerermittlung entscheidend darauf an, daß nach jedem Einzelflug ein Landeschwingspiel ausgeführt wird. Diese wirklichkeitsnahe Berücksichtigung der Belastungsreihenfolge ist besonders dann notwendig, wenn sich dabei die Mittellast stark ändert. Das ist an der Flügelunterseite von Flugzeugen der Fall (s. Abb. 5.56). Am Boden wird die Flügelunterseite durch Druck beansprucht (Flügelbiegung unter dem Eigengewicht nach unten), im Flug dagegen durch Zug (Flügelbiegung unter den Auftriebskräften nach oben). Die Beanspruchungen im Flug und am Boden bilden je ein Kollektiv zusätzlich zum Start-Lande-Kollektiv. Das Bodenkollektiv um eine Druckmittelspannung ist so schmal, daß es sich auf ein einziges Landeschwingspiel reduzieren läßt. Das Flugkollektiv (Manöver- und Böenbelastung) um eine Zugmittelspannung ist dagegen ausladend. Es hängt nach Umfang und Form von den Flugbedingungen, also von der Länge und Härte des Einsatzes ab.

Ähnliche standardisierte Lasteinzelfolgen sind für Hubschrauber- und Windkraftrotoren, Flugturbinenscheiben, Offshoregerüste, Walzwerksantriebe sowie für die Radlagerung und Antriebswelle im Automobilbau bekannt (Heuler u. Schütz [699]).

Kürzen der Versuchsdauer

Eigentlich müßte im Betriebsfestigkeitsversuch die Gesamtlebensdauer eines Bauteils nachvollzogen werden, um im Einklang mit der Wirklichkeit zu bleiben. Eine derart lange Versuchsdauer verbietet sich jedoch aus wirtschaftlichen Gründen. Für das Kürzen der Versuchsdauer ohne wesentliche Beeinträchtigung des Versuchsergebnisses gibt es folgende Möglichkeiten:

- Wegfall der Beanspruchungspausen, deren Einfluß auf die Betriebsfestigkeit vernachlässigbar ist.
- Erhöhung der Beanspruchungsfrequenz, soweit diese nur geringen Einfluß auf die Betriebsfestigkeit hat.
- Wegfall der Schwingspiele mit hinreichend kleiner Amplitude (omission), kleiner als etwa die Hälfte der Dauerfestigkeit, sofern erhöhte Temperatur, überlagerte Korrosion und relativ hohe Mittelspannungen ausgeschlossen oder anderweitig berücksichtigt werden können.
- Vergrößerung der Beanspruchungsamplituden, soweit nicht die Kollektivhöchstwerte durch im Betrieb nicht auftretende plastische Verformungen das Schwingfestigkeitsverhalten verfälschen und einen vorzeitigen statischen Bruch oder einen Kurzzeitschwingbruch hervorrufen. Als Gegenmaßnahme kann die Abflachung des Kollektivs (truncation) in Betracht gezogen werden.
- Erhöhung der Völligkeit des Kollektivs, um einen mit dem Betriebslastablauf schädigungsgleichen, verkürzten Versuchsablauf zu erzielen. Dies erfolgt auf der Basis einer als gültig angesehenen Schadensakkumulationshypothese.

Die genannten Modifikationen können nach unterschiedlichen Verfahren teils bei der Aufnahme der Beanspruchungen, teils bei deren Reproduktion verwirklicht werden. Moderne Abkürzverfahren modifizieren die Rainflow-Matrix in entsprechender Weise.

Ein bekanntes älteres Verfahren zum Ausscheiden der kleinen und höherfrequenten Ausschläge ist die „Rennkursmethode" (race track method). Die Ausgangsfunktion wird durch vertikales Verschieben zu einem Band erweitert. Im Band stellt man sich einen Rennfahrer vor, der einen möglichst „glatten" Kurs verfolgt. Nur noch die Umkehrpunkte des geglätteten Kurses werden weiter verwendet, Abb. 5.29. Das Verfahren führt insbesondere dann zu falschen Aus-

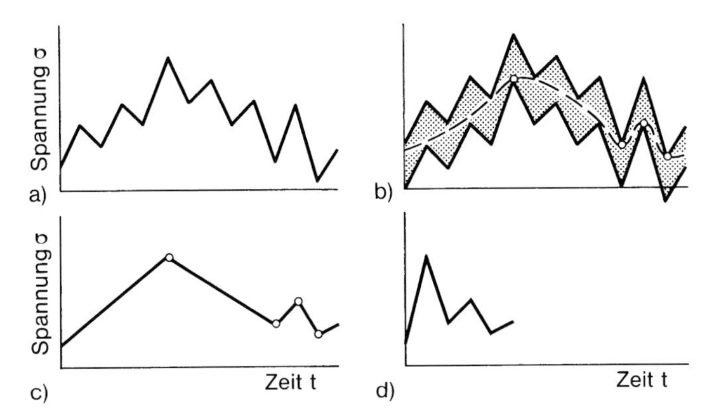

Abb. 5.29: Beanspruchungs-Zeit-Funktion (a) mit bandförmiger Erweiterung (b) (Kurs des Rennfahrers gestrichelt) und kondensiertem Ablauf ohne und mit Zeitverkürzung (c, d)

sagen, wenn hohe Mittelspannungen auftreten, deren überlagerte kleine Amplituden relativ hohe Schädigungen hervorrufen.

Lebensdauerlinie

Durch Auftragen der bis zum Versagen (Bruch, Anriß oder eine Verformung infolge des Anrisses) ertragenen Schwingspielzahlen $\bar{N}$ (Kollektivumfang) horizontal „über" den Spannungsamplituden $\bar{\sigma}_a$ (Kollektivhöchstwert) ergibt sich die Lebensdauerlinie (auf Vorschlag von Haibach [30] auch Gaßner-Linie genannt), Abb. 5.30. Die Linie ist andererseits als Festigkeitslinie interpretierbar. Sie gibt an, welche Schwingfestigkeit $\bar{\sigma}_A$ (ausgedrückt durch den Kollektivhöchstwert) bei vorgegebenem Kollektivumfang $\bar{N}$ (und vorgegebener Kollektivform) erwartet werden kann.

Die Lebensdauerlinie wird ebenso wie die Wöhler-Linie durch Versuche auf unterschiedlichen Horizonten der Spannungsamplitude ermittelt. Auf allen Horizonten ist der mehrfach wiederholte Teilfolgenumfang des gewählten Kollektivs derselbe. Variiert werden dagegen der Kollektivhöchstwert und proportional dazu alle übrigen Amplituden des Kollektivs.

Da die Versuchsergebnisse im Betriebsfestigkeitsversuch ähnlich wie im Wöhler-Versuch streuen (die Streuung ist im allgemeinen geringer), liegt zunächst ein Streuband von Versuchsergebnissen vor, zu dem sich einzelne Linien mit bestimmter Überlebenswahrscheinlichkeit $P_{ü}$ festlegen lassen, Abb. 5.31.

Es ist heute üblich, bei den Versuchen zur Lebensdauerlinie das Spannungsverhältnis $\bar{R} = \bar{\sigma}_u/\bar{\sigma}_o$ konstant zu halten. Das bedingt eine mit der Spannungsamplitude σ_a ansteigende Mittelspannung $\bar{\sigma}_m$. Grundsätzlich ist auch die Versuchsdurchführung bei gleichbleibender Mittelspannung $\bar{\sigma}_m$ möglich.

Anstelle des Kollektivhöchstwerts $\bar{\sigma}_a$ kann der quadratische Mittelwert der Spannungsamplituden zur Auftragung der Lebensdauerlinie verwendet werden. In Sonderfällen sind damit brauchbare Korrelationen zwischen den Lebensdauerwerten bei konstanter und veränderlicher Amplitude hergestellt worden. Diese

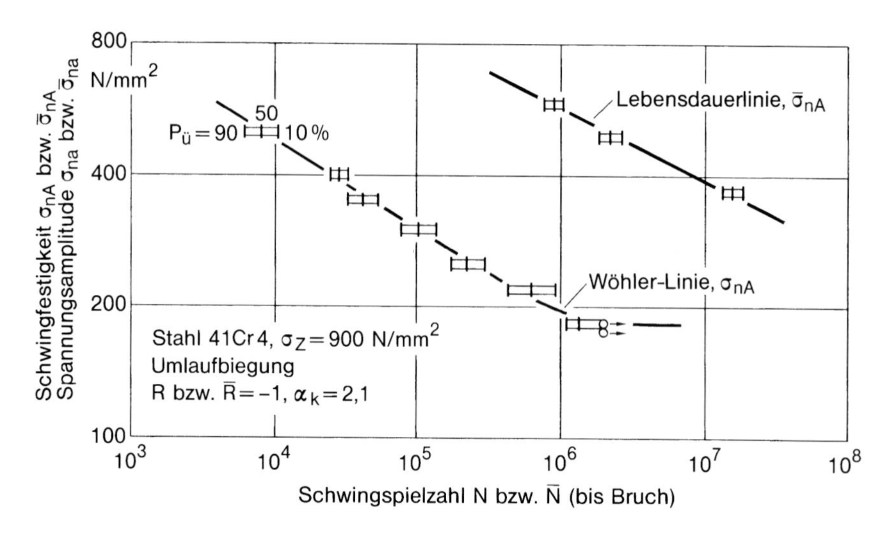

Abb. 5.30: Statistisch ausgewertete Versuchsergebnisse des Wöhler-Versuchs und des Blockprogrammversuchs (Normalkollektiv); nach Ostermann [679]

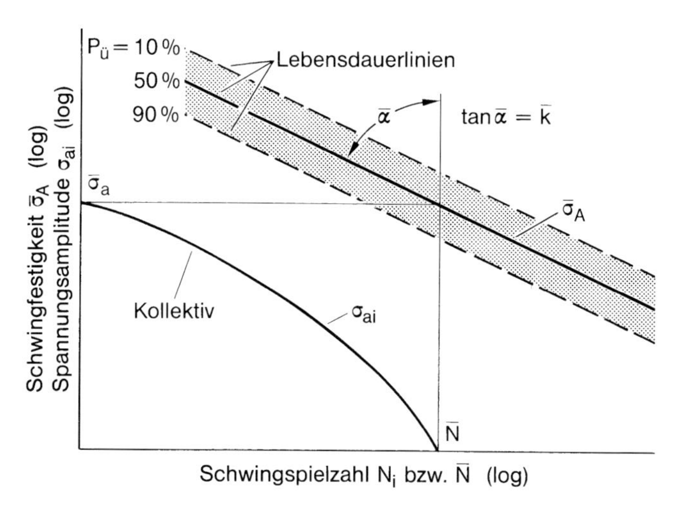

Abb. 5.31: Zusammenhang zwischen Beanspruchungskollektiv und Lebensdauerlinie, Neigungskennzahl $\bar{k} = \Delta(\log \bar{N})/\Delta(\log \bar{\sigma}_\mathrm{A})$

Vorgehensweise ist keineswegs allgemein zu empfehlen (Sonsino [693]): Der Bezug zur statischen Festigkeit als oberem Grenzwert und zur Dauerfestigkeit als unterem Grenzwert der ertragbaren Beanspruchung ist nicht mehr augenfällig. Auch wird der starke Einfluß der Kollektivform auf die Lebensdauer verwischt.

Gleichung der Lebensdauerlinie

Die Lebensdauerlinie ist eine abfallende Kurve, die im Bereich $N = 10^6$-10^8 in doppeltlogarithmischer Auftragung als Gerade angenähert wird. Mindestens auf zwei Spannungshorizonten müssen die Lebensdauerwerte vorliegen, um die Lage und Neigung der Geraden zu bestimmen. Die Lebensdauerlinie liegt deutlich über bzw. rechts neben der Wöhler-Linie, wenn die Auftragung der Lebensdauer wie üblich zu den Kollektivhöchstwerten erfolgt. Der Unterschied ist dadurch bedingt, daß im Wöhler-Versuch alle Schwingspiele N mit der vollen Spannungsamplitude σ_a aufgebracht werden, während im Betriebsfestigkeitsversuch die Spannungsamplitude $\bar{\sigma}_a$ nur einmal pro Teilfolge auftritt und allen weiteren Schwingspielen in $\bar{N}$ eine niedrigere Spannung σ_{ai} (gemäß Spannungskollektiv) zugeordnet ist.

Der genaue Verlauf der Lebensdauerlinie, insbesondere bei sehr hohen Schwingspielzahlen $\bar{N}$, hängt von der Form des Spannungskollektivs und vom Verlauf der Wöhler-Linie ab. Nur bei Kollektiven mit horizontalem Kurvenauslauf bei $N_i = 1$ kann auch die Lebensdauerlinie horizontal auslaufen (dann, wenn die Wöhler-Linie horizontal ausläuft und der Kollektivhöchstwert häufiger als die Grenzschwingspielzahl aufgetreten ist).

Der als abfallende Gerade angenäherte Teil der Lebensdauerlinie läßt sich ausgehend von einem beliebigen bekannten Punkt $(\bar{\sigma}_A^*, \bar{N}^*)$ der Linie und ihrer Neigung $\bar{k} = \Delta(\log \bar{N})/\Delta(\log \bar{\sigma}_A) = \tan \bar{\alpha}$ (mit Winkel $\bar{\alpha}$ gegenüber der Senkrechten, gleiche Teilung beider Achsen vorausgesetzt) in Analogie zu (2.7) darstellen:

$$\bar{\sigma}_A = \left(\frac{\bar{N}^*}{\bar{N}}\right)^{1/\bar{k}} \bar{\sigma}_A^* \tag{5.4}$$

Die Neigungskennzahl $\bar{k}$ liegt für ungekerbte und gekerbte Proben aus Stahl im Bereich $\bar{k} = 4$-10 (nach Haibach [29]), wobei $\bar{k} \geq k$ zu erwarten ist, die Lebensdauerlinie also flacher als die Wöhler-Linie verläuft. Relativ kleine Änderungen der Spannungsamplitude bewirken ebenso wie bei der Wöhler-Linie relativ große Änderungen der Schwingspielzahl bis zum Bruch bzw. Anriß.

Normierte Lebensdauerlinie

Lebensdauerlinien lassen sich durch zweifache Normierung vereinheitlichen, allerdings nicht in dem bei Wöhler-Linien möglichen Maße, sofern unterschiedliche Beanspruchungs-Zeit-Funktionen betrachtet werden. Dabei sind die Spannungsamplituden $\bar{\sigma}_A$ und σ_{AD} sowie die Schwingspielzahlen $\bar{N}$ und N_D aufeinander zu beziehen, Abb. 5.32. Dem dargestellten Streuband der Lebensdauerlinie liegt das Wöhler-Versuchsergebnis nach Abb. 4.53, umgerechnet nach der modifizierten Hypothese der Schadensakkumulation, zugrunde. Die Ergebnisse des Betriebsfestigkeitsversuchs fallen weitgehend in das Streuband.

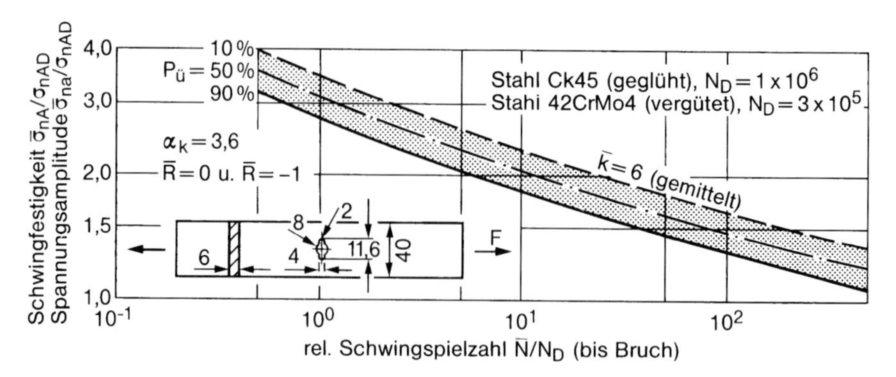

Abb. 5.32: Zweifach normierte Auftragung der Lebensdauerlinien aus Blockprogrammversuchen mit Normalkollektiv für Kerbstäbe aus geglühtem und aus vergütetem Stahl; nach Haibach [29]

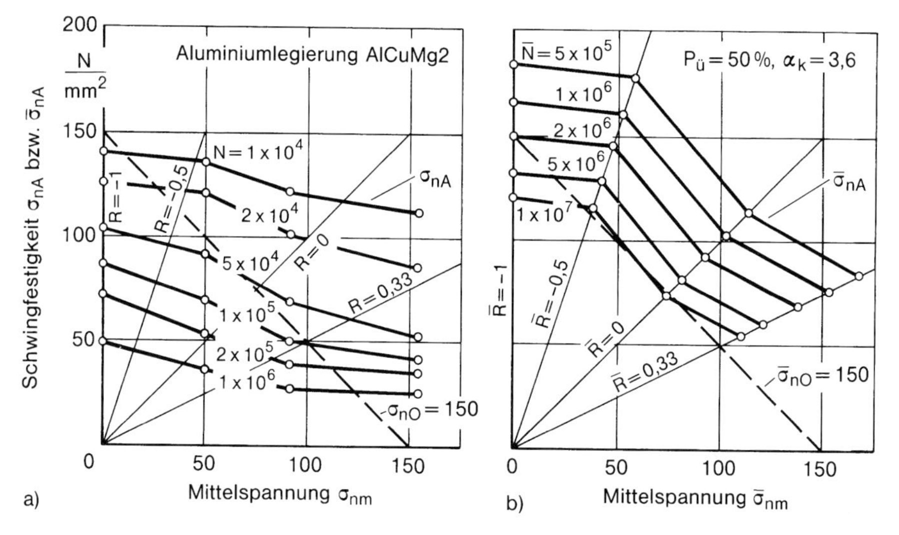

Abb. 5.33: Zeit- und Dauerfestigkeitsschaubild (a) sowie Betriebsfestigkeitsschaubild (b), Darstellung des Mittelspannungseinflusses auf die (Einstufen-)Schwingfestigkeit und Betriebsfestigkeit; nach Gaßner u. Schütz in [29]

Betriebsfestigkeitsschaubild

Der Einfluß unterschiedlicher (konstanter) Mittelspannung $\bar{\sigma}_{\mathrm{m}}$ auf die ertragbare Spannungsamplitude $\bar{\sigma}_{\mathrm{A}}$ wird in einem Betriebsfestigkeitsschaubild dargestellt, das dem Zeit- und Dauerfestigkeitsschaubild beim Wöhler-Versuch entspricht, Abb. 5.33. Die Mittelspannungsempfindlichkeit M in den beiden Versuchsarten ist offensichtlich stark unterschiedlich. Der Unterschied kann aus dem Kerb- und Rißeigenspannungsaufbau durch die seltenen hohen Lastamplituden im Betriebsfestigkeitsversuch und aus der überwiegenden Schädigung durch die häufigeren mittleren Lastamplituden in diesem Versuch erklärt werden [29].

Einfluß der Kollektivform

Die Kollektivform hat überaus großen Einfluß auf die Lebensdauer, wie aus den Lebensdauerlinien bei unterschiedlicher Kollektivform für einen Kerbstab aus Aluminiumlegierung hervorgeht, Abb. 5.34 (Faktor 10^4 zwischen den Lebensdauerwerten bei Einstufenbelastung und bei Belastung gemäß logarithmischer Normalverteilung). Ähnliche Verhältnisse ergeben sich aus einer Schadensakkumulationsrechnung, die einfachheitshalber nach der elementaren Miner-Regel durchgeführt wurde, Abb. 5.35.

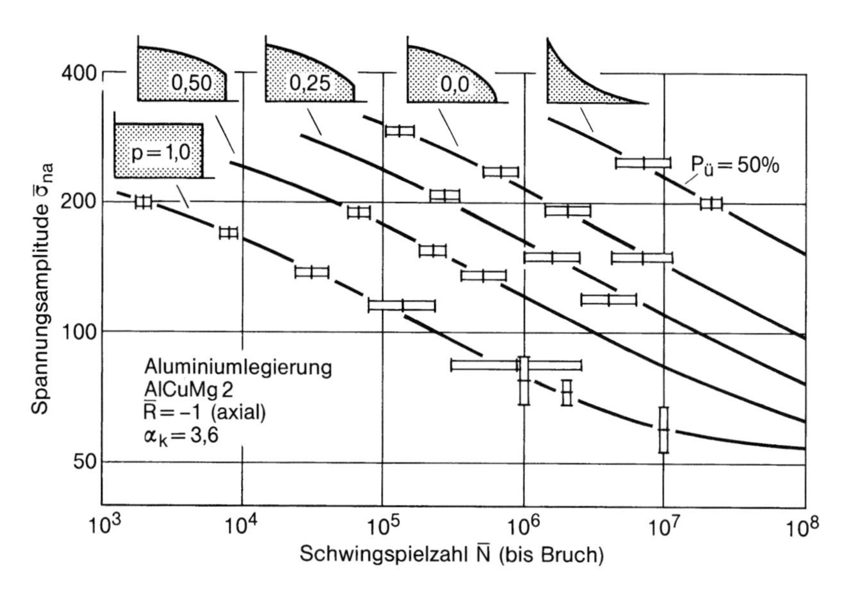

Abb. 5.34: Lebensdauerlinien für unterschiedliche Kollektivformen (Einstufenverteilung mit $p = 1{,}0$, Gauß-Normalverteilung mit $p = 0$ und logarithmische Normalverteilung), Aluminiumlegierung, gekerbte Proben; nach Ostermann [678]

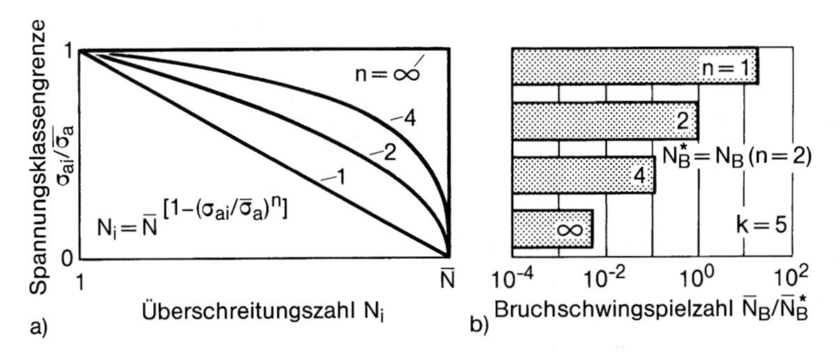

Abb. 5.35: Berechnungsbeispiel zum Einfluß der halblogarithmisch aufgetragenen Kollektivform (a) auf die Lebensdauer (b), mit Neigungskennzahl k der Wöhler-Linie; nach Zenner, Einführung zu DVM-Bericht *Bauteillebensdauer: Rechnung und Versuch*, Arbeitskreis Betriebsfestigkeit. DVM, Berlin 1993

Reihenfolgeeinfluß und Interaktionswirkung

Bei der Reduktion der Last-Zeit-Funktion auf das Lastkollektiv geht neben der Frequenzinformation auch die Information über die Reihenfolge der Lastamplituden verloren. Während die Beanspruchungsfrequenz die Schwingfestigkeit nur wenig beeinflußt, sofern Korrosion, erhöhte Temperatur und elastisch-plastische Verformung ausgeschlossen werden, kann die Reihenfolge und Interaktion kleiner und großer Beanspruchungsamplituden die Betriebsfestigkeit bzw. Lebensdauer stark beeinflussen.

Die höchsten Beanspruchungen ganz am Anfang mögen schon nach wenigen Schwingspielen zum Versagen führen, während durch Anordnung am Ende die Lebensdauer nahezu beliebig verlängert werden kann (Reihenfolgeeinfluß). Andererseits wirkt sich der plötzliche Übergang von hoher auf niedrigere Beanspruchungsamplitude vielfach günstig auf die Lebensdauer aus, während der plötzliche Übergang von niedriger auf höhere Beanspruchungsamplitude sich entgegengesetzt auswirkt (Interaktionswirkung). Einzelne hohe Beanspruchungen, in eine Einstufenbeanspruchung eingestreut, können die Lebensdauer gegenüber der Einstufenbeanspruchung ohne Einstreuung erhöhen. Das ist dann der Fall, wenn durch die Überlastung an Kerben und eingeleiteten Rissen ein günstiger Eigenspannungs-, Rißschließ- und Verfestigungszustand erzeugt wird, der die weitere Schädigung bzw. den Rißfortschritt bei kleineren Beanspruchungsamplituden zunächst stark reduziert. Ebenso können Beanspruchungsamplituden knapp unterhalb der Dauerfestigkeit die Lebensdauer erhöhen (Trainierwirkung). Die Unterschiede der Lebensdauer in Blockprogramm- und Zufallslastenversuchen sind auf den Reihenfolgeeinfluß und auf Interaktionswirkungen zurückzuführen.

Die Reihenfolge niedriger und hoher Beanspruchungsamplituden im Versuch sollte der Beanspruchungs-Zeit-Funktion in der Wirklichkeit möglichst weitgehend entsprechen. Die Teilfolgen sollten mehrfach wiederholt werden, um eine ausreichende Durchmischung der Amplituden zu erzielen.

Sonderereignisse

Seltene überhöhte Beanspruchungen durch Sonderereignisse wie Bedienungsfehler oder unvorhergesehene Vorkommnisse beeinflussen die Betriebsfestigkeit in schwer überschaubarer Form. Eigenspannungen werden verändert oder neu aufgebaut, Kaltverfestigung ebenso wie Rißeinleitung und Rißfortschritt bis hin zum vollständigen Bruch sind möglich.

Lebensdauervergleich für Blockprogramm- und Zufallslastenversuch

Da der Blockprogrammversuch bis zum Aufkommen der servohydraulischen Prüfeinrichtungen die einzige Möglichkeit war, die Lebensdauer unter veränderlichen Lastamplituden, darunter auch die Zufallslastfolgen, zu bestimmen und da diese Versuchsart noch heute den geringeren Aufwand erfordert, wurden große Anstrengungen unternommen, die Größe der Abweichungen in den Ergebnissen von Blockprogramm- und Zufallslastenversuchen auf statistisch abgesicherter

Grundlage zu klären. Die Abweichungen können trotz der wohlüberlegten Vorgehensweise im Blockprogrammversuch erheblich sein. Sie sind im Reihenfolgeeinfluß begründet.

Aus einer älteren Schrifttumsauswertung von Fischer *et al.* [590] geht hervor, daß die Lebensdauer in den Blockprogrammversuchen in der überwiegenden Zahl der Fälle höher liegt als in den entsprechenden Zufallslastenversuchen (Faktoren 0,2 - 6,0, mittlerer Faktor 1,74). Zu einem tendenzmäßig gleichartigen Ergebnis kommt die neuere Auswertung von Gaßner und Kreutz [673] nach dem „U_0-Verfahren" [725] (mittlerer Faktor 3,4 bei $\bar{N} = 10^6$ im Zufallslastenversuch). Der Faktor hängt von Werkstoff, Geometrie, Belastungsart, Kollektivform und Beanspruchungshöhe (ausgedrückt durch den Kollektivhöchstwert) ab. Die Lebensdauerlinien im Blockprogrammversuch verlaufen höher, jedoch flacher geneigt als die zugehörigen Linien im Zufallslastenversuch. Die Linien laufen Richtung Kurzzeitfestigkeit zusammen.

Für die Verkürzung der Lebensdauer im Zufallslastenversuch gegenüber dem Blockprogrammversuch (und auch für die Verkürzung der Lebensdauer mit der Verkürzung der Blocklänge) kann eine metallphysikalische Erklärung gegeben werden. Kurzrisse werden durch mikrostrukturelle Hindernisse (z. B. Korngrenzen) aufgehalten. Die mikrostrukturellen Hindernisse werden schneller überwunden, wenn sich die Spannungsamplitude oder Mittelspannung häufiger ändert. Lebensdauer ist dominant Kurzrißfortschritt, zumindest bei Metallegierungen geringer und mittlerer Festigkeit.

Datensammlung Betriebsfestigkeit

Die verfügbaren Versuchsergebnisse zur Betriebsfestigkeit von Stählen (Baustähle, Feinkornbaustähle, Einsatz- und Vergütungsstähle, hochlegierte Stähle), Gußeisen (Gußeisen mit Kugelgraphit und Temperguß), Aluminiumknetlegierungen und Aluminiumgußlegierungen sowie Titanlegierungen liegen als Datensammlung vor [720]. Es sind gekerbte und ungekerbte, geschweißte und ungeschweißte Proben und Bauteile erfaßt.

Zuverlässigkeitsanalyse für Bauteile, Sicherheitszahlen

Die Ergebnisse von Betriebsfestigkeitsversuchen werden benötigt, um Aussagen über die zu erwartende Lebensdauer und über die Betriebssicherheit von technischen Bauteilen und Konstruktionen machen zu können. Da die maßgebenden Einflußgrößen sowohl auf seiten der Beanspruchung als auch auf seiten der Beanspruchbarkeit relativ stark streuen, sind vertretbare Aussagen nur auf statistischer Basis möglich. Die einfache und übersichtliche Überlagerung von nur zwei Einflußgrößen mit Gauß-Normalverteilung wird beispielhaft dargestellt [875, 877].

Das Beispiel behandelt die Frage, welche Ausfallwahrscheinlichkeit als Funktion der Schwingspielzahl sich für in Serie gefertigte Bauteile einstellt, deren Lebensdauerlinien in der dargestellten Weise streuen und die Betriebsbeanspruchungskollektiven unterworfen werden, deren kennzeichnende Höchstwerte

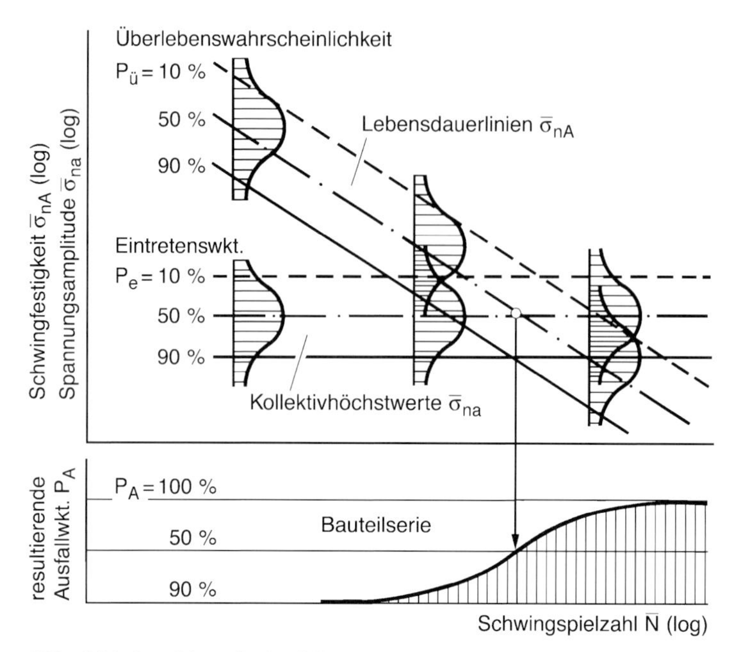

Abb. 5.36: Resultierende Ausfallwahrscheinlichkeit P_A innerhalb einer Bauteilserie, gewonnen durch Überlagerung der Streuung der Lebensdauerlinie und der Streuung der Höchstwerte der Beanspruchungskollektive; nach Haibach [877]

ebenfalls von Bauteil zu Bauteil streuen. Die resultierende Ausfallwahrscheinlichkeit der Bauteile läßt sich durch Überlagerung der Verteilungskurven bei vorgegebener Schwingspielzahl nach elementaren Formeln der Statistik als Gaußsche Summenkurve bestimmen, Abb. 5.36. Ein vertretbar kleiner Wert der resultierenden Ausfallwahrscheinlichkeit begrenzt die zulässige Schwingspielzahl. Im betrachteten Fall sind Gauß-Normalverteilungen der logarithmierten Merkmalsgrößen zugrunde gelegt, was die rechnerische Analyse erleichtert.

Ausgehend von vorstehender Betrachtung lassen sich die bei Festigkeitsnachweisen üblichen Sicherheitszahlen statistisch sauber begründen. Dabei kann von der resultierenden Ausfallwahrscheinlichkeit P_A ausgegangen werden. Die Sicherheitszahl ergibt sich dann als Verhältnis von Spannungsamplituden oder Schwingspielzahlen bei kleiner zulässiger Ausfallwahrscheinlichkeit relativ zu den Werten bei $P_A = 0{,}5$. Nachfolgend wird differenzierender auf die statistischen Verteilungen der ertragbaren und der auftretenden Spannungsamplituden zurückgegriffen, von denen ausgehend die resultierende Ausfallwahrscheinlichkeit berechnet wird. Die Angaben werden mit Abb. 5.37 grafisch veranschaulicht.

Die spannungsbezogene (zentrale) Sicherheitszahl $j_{\sigma 0}$ wird als Verhältnis der Mittelwerte der ertragbaren und eintretenden Spannungsamplituden bei vorgegebener Schwingspielzahl $\bar{N}$ definiert (Haibach [29]):

$$j_{\sigma 0} = \frac{\bar{\sigma}_{\mathrm{nA}}(P_{\mathrm{ü}} = 0{,}5)}{\bar{\sigma}_{\mathrm{na}}(P_{\mathrm{e}} = 0{,}5)} \tag{5.5}$$

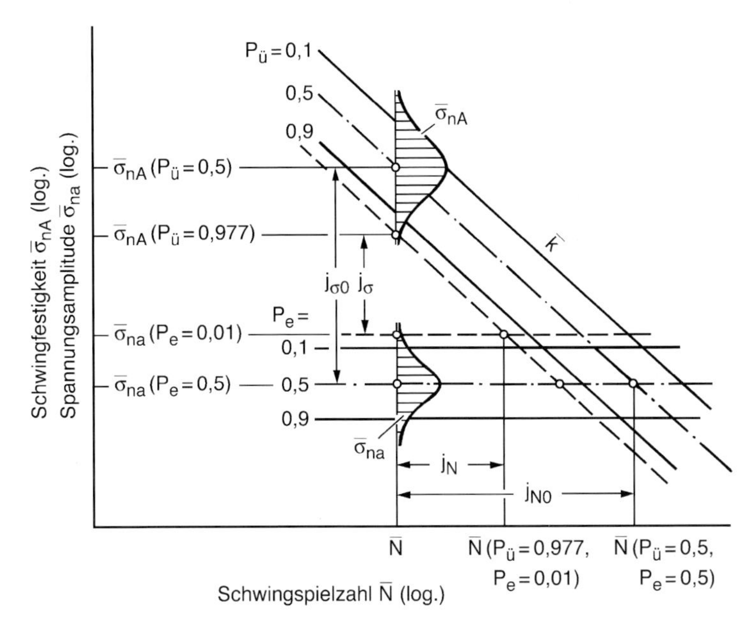

Abb. 5.37: Definition der Sicherheitszahlen $j_{\sigma 0}$, j_σ, j_{N0} und j_N ausgehend von streuenden Lebensdauerlinien und Kollektivhöchstwerten; nach Seeger [48]

Der Sicherheitszahl $j_{\sigma 0} = 1{,}0$ ist die resultierende Ausfallwahrscheinlichkeit $P_\mathrm{A} = 0{,}5$ zugeordnet (Schnittpunkt der 50%-Linien in Abb. 5.37), für $j_{\sigma 0} > 1{,}0$ ergeben sich statistisch errechenbare Werte $P_\mathrm{A} < 0{,}5$ (entsprechend dem vertikalen Mittenabstand der 50%-Linien links des erwähnten Schnittpunktes und den Kenngrößen der Streubereiche zu den beiden Linien).

Für Festigkeitsnachweise geeigneter ist die (eigentliche) Sicherheitszahl j_σ, die dem Abstand der üblicherweise mit $P_\mathrm{ü} = 0{,}977$ bestimmten ertragbaren Spannung von der beispielsweise mit $P_\mathrm{e} = 0{,}01$ eintretenden Spannung bei vorgegebener Schwingspielzahl $\bar{N}$ entspricht (Seeger [48]):

$$j_\sigma = \frac{\bar{\sigma}_{\mathrm{nA}}(P_\mathrm{ü} = 0{,}977)}{\bar{\sigma}_{\mathrm{na}}(P_\mathrm{e} = 0{,}01)} \tag{5.6}$$

Die schwingspielbezogenen Sicherheitszahlen werden analog zu (5.5) und (5.6) definiert (Seeger [48], Formelzeichen nach Abb. 5.37):

$$j_{\mathrm{N0}} = \frac{\bar{N}(P_\mathrm{ü} = 0{,}5, P_\mathrm{e} = 0{,}5)}{\bar{N}} \tag{5.7}$$

$$j_\mathrm{N} = \frac{\bar{N}(P_\mathrm{ü} = 0{,}977, P_\mathrm{e} = 0{,}01)}{\bar{N}} \tag{5.8}$$

Zwischen den zentralen Sicherheitszahlen j_{N0} und $j_{\sigma 0}$ ebenso wie zwischen den eigentlichen Sicherheitszahlen j_N und j_σ besteht ein über die Lebensdauerlinie (Neigungskennzahl $\bar{k}$) vermittelter Zusammenhang:

$$j_{\mathrm{N0}} = j_{\sigma 0}^{\bar{k}} \tag{5.9}$$

$$j_{\mathrm{N}} = j_{\sigma}^{\bar{k}} \tag{5.10}$$

Ausgehend von einem einheitlichen Streuband normierter Wöhler-Linien und Lebensdauerlinien sowie von Angaben zum Streubereich der Lastamplituden (und ggf. weiterer Einflußgrößen) ist die Zuverlässigkeitsanalyse statistisch fundiert durchführbar [875-883]. Zur Analyse werden auch Weibull-Verteilungen herangezogen [880]. Die methodischen Einzelheiten sind bei Haibach [29] und Seeger [48] dargestellt.

5.4 Schadensakkumulation und Schädigungsparameter

Lineare Hypothese der Schadensakkumulation (Miner-Regel)

Die versuchstechnische Ermittlung von Lebensdauerlinien ist relativ aufwendig, weil die Schwingspielzahlen gegenüber der Wöhler-Linie erhöht sind und weil für komplexere Beanspruchungsfolgen servohydraulische Prüfmaschinen eingesetzt werden müssen. Es besteht daher das Bedürfnis, derartige Versuche durch eine Abschätzung der Lebensdauerlinie aufgrund vorliegender Information über Lastkollektiv und Wöhler-Linie zu ersetzen. Die Abschätzung wird über Schädigungshypothesen angestrebt, von denen es eine große Zahl gibt [709-789].

Nach der Schadensakkumulationshypothese wird jedem Schwingspiel eine Teilschädigung zugeordnet, deren zur Gesamtschädigung aufsummierter Betrag durch das Erreichen einer bestimmten Schädigungssumme auf ein mögliches Versagen hinweist. Je nach Zusammenhang zwischen Schädigung und Schwingspielzahlverhältnis wird zwischen linearen und nichtlinearen Akkumulationshypothesen unterschieden. Nur die lineare Hypothese nach Palmgren [766], Langer [750], Müller-Stock [763] und Miner [762] sowie deren Abkömmlinge haben größere praktische Bedeutung erlangt, obwohl sie zu ungenauen und unsicheren (um nicht zu sagen falschen) Ergebnissen führen kann und in der originalen Form auf Fälle mit wenig veränderlicher Mittelspannung sowie Beanspruchungsamplituden oberhalb der Dauerfestigkeit beschränkt werden muß. Die Hypothese besagt, daß die Gesamtlebensdauer durch einfaches Aufaddieren der durch die Beanspruchungszyklen relativ zur Wöhler-Linie „verbrauchten" Lebensdaueranteile bestimmt werden kann, wobei Versagen bei einer Schädigungssumme eintritt, die der Wöhler-Linie entspricht. Unberücksichtigt bleiben die Reihenfolge- und Interaktionseffekte.

Die Schädigung (mit Formelzeichen D von damage) wird demnach bei Ermüdungsvorgängen ausgehend vom Schwingspielzahlverhältnis definiert. Die mit Spannungsamplitude σ_{a} aufgebrachten Schwingspiele ΔN werden auf die Bruchschwingspielzahl N_{B} bei dieser Amplitude bezogen und ergeben so die Teilschädigung

$$\Delta D = \frac{\Delta N}{N_{\mathrm{B}}} \tag{5.11}$$

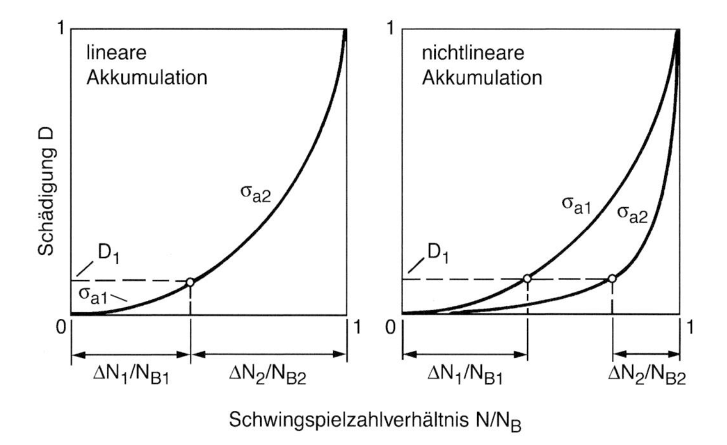

Abb. 5.38: Schädigung als Funktion der Schwingspielzahlverhältnisse mit linearer bzw. nichtlinearer Akkumulation; Spannungsamplituden σ_{a1} und σ_{a2}, aufgebrachte Schwingspielzahlen ΔN_1 und ΔN_2, Bruchschwingspielzahlen N_{B1} und N_{B2} sowie Schädigung D_1 nach Abschluß von ΔN_1; nach Lemaitre u. Chaboche [78, 79]

Die Schädigung des Einzelschwingspiels folgt mit $\Delta N = 1$ zu $\Delta D = 1/N_B$. Der Bruch tritt bei der Schädigungssumme $D = \Sigma\Delta D = 1{,}0$ ein.

Nach vorstehender Darstellung wird die Schädigung bei Ermüdung dem aufsummierten Schwingspielzahlverhältnis gleichgesetzt. In der allgemeineren Theorie wird die Gleichsetzung aufgehoben und eine beliebige Schädigungsentwicklung über dem Schwingspielzahlverhältnis zugelassen, Abb. 5.38. Die nichtlineare Schädigungsentwicklung ist der Regelfall bei technischen Werkstoffen und Bauteilen. Wenn die Schädigung unabhängig von der Beanspruchungsamplitude eine eindeutige Funktion des Schwingspielzahlverhältnisses ist, bleibt es trotz nichtlinearer Schädigungsentwicklung bei linearer Akkumulation, also im Zweistufenversuch bei der Bruchbedingung $(\Delta N_1/N_{B1} + \Delta N_2/N_{B2}) = 1{,}0$. Erst wenn die Schädigung von der Beanspruchungsamplitude abhängt, ist eine nichtlineare Akkumulation maßgebend. Zu beachten ist, daß die Schadensakkumulation nicht allein dadurch nichtlinear wird, daß die Schädigungsentwicklung nichtlinear verläuft, es muß außerdem die Beanspruchungsabhängigkeit hinzutreten. Bei linearer Schädigungsentwicklung ist dagegen eine Beanspruchungsabhängigkeit ausgeschlossen.

Das Verständnis der nichtlinearen Schädigung als („verbrauchtes“) Schwingspielzahlverhältnis wird erleichtert, wenn man sich dessen Bestimmung aus dem gemessenen Restschwingspielzahlverhältnis vergegenwärtigt.

Eine von (5.11) abweichende Definition der Schädigung wird von Henry [737] und Gatts [727] verwendet, nämlich Schädigung als Abminderung der ursprünglichen Dauerfestigkeit durch die vorausgehende Belastung bezogen auf den Ausgangswert. Dieses Schädigungsmaß wird bei herkömmlichen und modernen Hypothesen zusätzlich berücksichtigt. Im Rahmen der Schädigungs- und Bruchmechanik werden weitere Schädigungsmaße verwendet, darunter die (Kurz-)Rißhäufigkeit und (Lang-)Rißtiefe.

Metallphysikalische Erklärung der Schädigung

Metallphysikalisch kann Schädigung durch Ermüdung als Einleitung, Vergrößerung und Zusammenführung kurzer Risse sowie deren Vergrößerung zu einem Makroriß kritischer Größe interpretiert werden (Corten u. Dolan [717], Valluri [784]). Die Schädigung bis zur physikalischen Rißeinleitung ist nur durch überwiegend empirisch begründete Hypothesen erfaßbar, weil die zugrunde liegenden physikalischen Phänomene wie Versetzungsbewegung, Gleitbandbildung und Mikrorißentstehung theoretisch nicht genau verfolgt werden können. Dagegen kann bei der anschließenden Mikro- und Makrorißvergrößerung die Schädigung mit Rißgröße und Rißhäufigkeit in Verbindung gebracht werden, deren Veränderung kontinuumsmechanisch beschrieben wird, erst nach der Schädigungsmechanik, dann nach der Bruchmechanik. Da bei Metallegierungen geringer und mittlerer Festigkeit die (Mikro-)Rißeinleitungsphase vielfach vernachlässigbar klein ist, kann in diesem Fall die Schädigung allein über die Rißvergrößerung erfaßt werden. Dabei wäre es methodisch wünschenswert, zwischen Mikro- und Makrorißfortschritt zu unterscheiden.

Die Dominanz der Schädigung durch Kurzrisse an der Probenoberfläche wurde von Walla *et al.* [785] demonstriert. Ungekerbte Proben aus dem Stahl CK45N, deren Oberflächenschicht nach Vorbelastung bis zur Schädigungssumme $D = 0{,}7$ abgetragen worden war, erreichten bis Bruch die Gesamtschädigungssumme $D = 2{,}14$ (statt $D = 1{,}0$ ohne Oberflächenabtrag). Der Einfluß der Belastungsreihenfolge auf die Lebensdauer konnte daher aus den Besonderheiten der Kurzrißvergrößerung an der Oberfläche erklärt werden (Bomas *et al.* [710]). Das relativiert die Bedeutung des kontinuumsmechanischen Ansatzes der Schädigungsmechanik.

Die metallphysikalische Erklärung der Schädigung ermöglicht weitere Meßverfahren für Schädigung neben der Bestimmung der Restlebensdauer. Mögliche Meßgrößen sind die Häufigkeit und Abmessungen der Mikro- und Makrorisse, die Änderung des Elastizitätsmoduls, die Geschwindigkeit von Ultraschallwellen sowie die Veränderung der Mikrohärte.

Rechenformalismus der linearen Hypothesen

Die formale rechnerische Vorgehensweise gemäß Miner-Regel ist in Abb. 5.39 veranschaulicht, in der gestuftes Amplitudenkollektiv und Wöhler-Linie gegenübergestellt sind. Es kann sich um ungekerbte oder gekerbte Proben oder Bauteile handeln, zugeordnet sind die Amplituden von Nennspannungen oder örtliche Spannungen. Anstelle von Spannungsamplituden können auch Dehnungsamplituden [839] oder Schädigungsparameter (s. Kap. 5.5) betrachtet werden. Die Teilschädigung D_j von ΔN_j Schwingspielen der Stufe j des Beanspruchungskollektivs mit Spannungsamplitude σ_{aj} wird dem Verhältnis von ΔN_j zur Bruchschwingspielzahl N_{Bj} (oder Anrißschwingspielzahl N_{Aj}) bei der betrachteten Spannungsamplitude (laut zugehöriger Wöhler-Linie, der Bezugs-Wöhler-Linie) gleichgesetzt (dem Schwingspielzahlverhältnis):

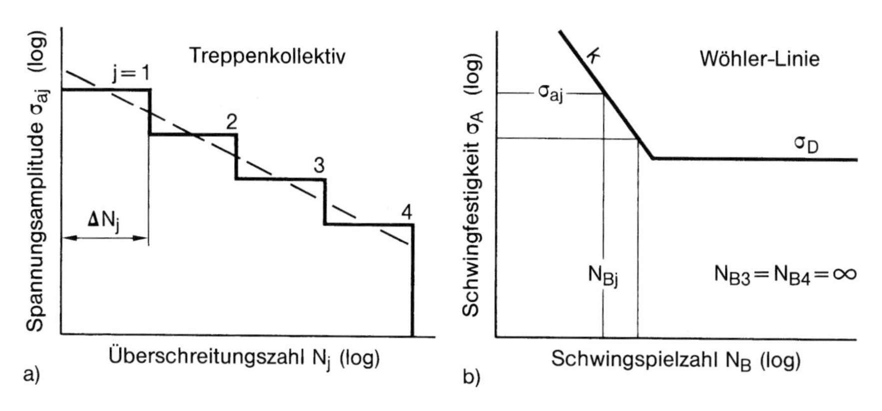

Abb. 5.39: Berechnung der Schadensakkumulation nach originaler Miner-Regel, Treppenkollektiv (a) und Wöhler-Linie (b) mit Neigungskennzahl k und Schwingspielzahl N_B bis Bruch

$$D_\mathrm{j} = \frac{\Delta N_\mathrm{j}}{N_\mathrm{Bj}} \tag{5.12}$$

Jedes Schwingspiel „verbraucht" sozusagen einen kleinen Teil der insgesamt möglichen Lebensdauer (genau $1/N_\mathrm{Bj}$). Der „Verbrauch" ist nach der Miner-Regel unabhängig vom Zeitpunkt des Auftretens des jeweiligen Schwingspiels. Die Gesamtschädigung D nach Aufbringen der Schwingspiele der unterschiedlichen Beanspruchungsstufen $j = 1, 2, \ldots, n$ ist gegeben durch:

$$D = \sum_{\mathrm{j}=1}^{\mathrm{n}} D_\mathrm{j} \tag{5.13}$$

Der Ermüdungsbruch erfolgt nach dieser Hypothese beim Erreichen von $D = 1{,}0$. Die tatsächliche Gesamtschädigung kann im Einzelfall erheblich von diesem hypothetischen Wert abweichen [777-779, 788]. So wurden Werte $D = 0{,}25$-$7{,}0$ (bei Beschränkung auf konstante oder nur wenig veränderliche Mittelspannung) ermittelt. Bei stark veränderlicher Mittelspannung können die Abweichungen noch wesentlich größer sein, $D = 0{,}1$-10. Andererseits wurde für bestimmte mehrstufige Lastfolgen, die Zufallsprozesse abbilden, eine gute Annäherung an den Wert $D = 1{,}0$ festgestellt. Durch Einführen einer abweichenden Gesamtschädigung $D \neq 1{,}0$ läßt sich in manchen Fällen eine Verbesserung der Lebensdauervorhersage erzielen. Diese „relative Miner-Regel" setzt voraus, daß sich die in Versuch und Berechnung betrachteten Beanspruchungs-Zeit-Funktionen bzw. Beanspruchungskollektive nicht oder nur wenig unterscheiden. Die Interaktionseffekte müssen gleichartig sein (Buch [711]). Die Voraussetzung der originalen Miner-Regel, daß die Mittelspannung annähernd konstant bleibt, kann dagegen entfallen.

Die Bezugs-Wöhler-Linie der ertragbaren Spannungsamplituden (Werkstoff, Oberflächenzustand, Probengeometrie und Belastungsart müssen übereinstimmen) sollte den Mittelspannungseinfluß richtig wiedergeben, d. h. sie sollte bei der Mittelspannung σ_m bzw. dem Spannungsverhältnis R aufgenommen sein, die oder das den Betriebsbeanspruchungsablauf kennzeichnet. Abschätzende Umrechnungen bei veränderlichem σ_m bzw. R sind im Gebrauch (s. Abschnitt *Mittelspannungsunabhängige schädigungsgleiche Spannungsamplituden*), jedoch ungenau und unsicher. Bei stark veränderlicher Mittelspannung und ausgeprägten Reihenfolgeeffekten ist die lineare Hypothese der Schadensakkumulation eigentlich nicht anwendbar, jedoch in Form der relativen Miner-Regel anzutreffen.

Die Bezugs-Wöhler-Linie sollte sich außerdem auf nur eine Rißeinleitungsstelle bei allen Beanspruchungsamplituden beziehen. Bei inhomogenen (z. B. oberflächenverfestigten) Proben und noch eher bei Bauteilen kann es mehrere kritische Bereiche geben, die gleichzeitig geschädigt werden, jedoch je nach Belastungsamplitude in unterschiedlicher Reihenfolge versagen. Die zugehörige zusammengesetzte Wöhler-Linie ist für die Schadensakkumulationsrechnung ungeeignet. Wenn allerdings die Versagensstelle im Betriebsfestigkeitsversuch bekannt ist, kann mit der zugehörigen lokalen Wöhler-Linie gerechnet werden.

Der Rechenformalismus kann durch Einführen der Wöhler-Linien-Gleichung (2.7) (ohne Berücksichtigung einer Dauerfestigkeit, also mit stetigem weiterem Abfall) weiterentwickelt (s. (5.14), (5.15)) und zur Ermittlung der Lebensdauerlinie herangezogen werden („elementare Miner-Regel"). Die Lebensdauerlinie ergibt sich dann parallel zur Wöhler-Linie, Abb. 5.40. Aus der Darstellung der Schädigungsbeiträge der Beanspruchungsstufen des Kollektivs ist ein Maximum bei relativ niedriger, aber häufiger Beanspruchung ersichtlich (meistschädigende Beanspruchungsstufe).

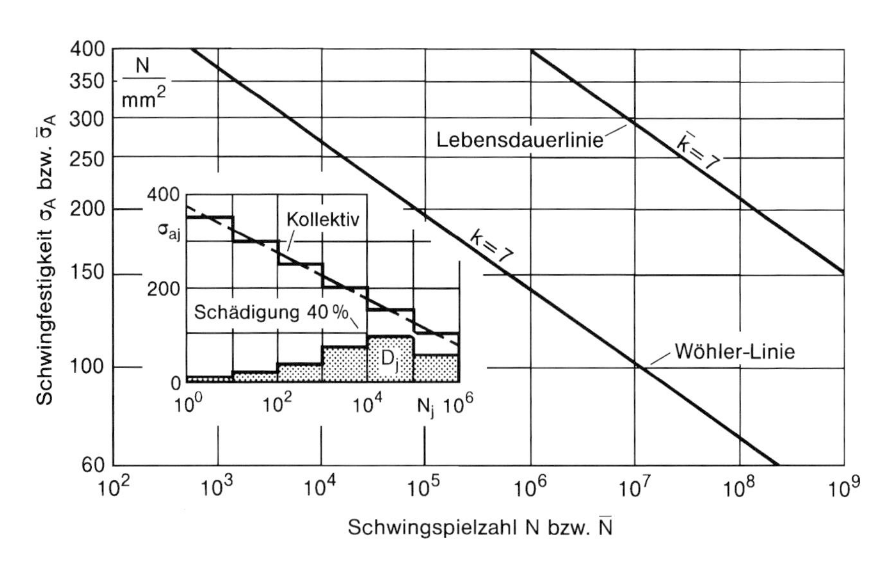

Abb. 5.40: Lebensdauerlinie, berechnet nach elementarer Miner-Regel für geradliniges Beanspruchungskollektiv ausgehend von der aus dem Zeitfestigkeitsbereich stetig verlängerten Wöhler-Linie; Schädigungsbeiträge D_j der Kollektivstufen für $\bar{\sigma}_a = 350\,\text{N/mm}^2$; nach Haibach [29]

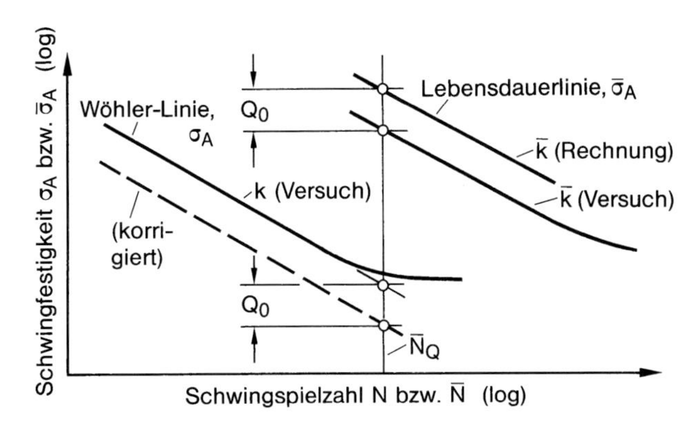

Abb. 5.41: Q_0-Verfahren der Schadensakkumulationsrechnung, Faktor Q_0 zwischen Lebensdauerlinien aus Rechnung und Versuch bei Schwingspielzahl $\bar{N}_Q$, damit Korrektur der Bezugs-Wöhler-Linie; nach Heuler *et al.* [739]

Der relativen Miner-Regel vergleichbar ist das im Rahmen einer Schrifttumsauswertung von Heuler, Vormwald und Seeger [739] verwendete Q_0-Verfahren, bei dem die ausgehend von der verlängerten Zeitfestigkeitsgeraden mit $D = 1{,}0$ berechnete Lebensdauerlinie zur Angleichung an die Versuchsergebnisse nachträglich um den Faktor Q_0 korrigiert wird, Abb. 5.41. Der Faktor Q_0 wird bei vorgegebener Schwingspielzahl $\bar{N}_Q$ ermittelt ($\bar{N}_Q \approx 10^6$-10^7). Die Autoren schlagen vor, die nachträgliche Korrektur der Lebensdauerlinie durch eine Vorabkorrektur der Wöhler-Linie zu ersetzen.

Modifizierte lineare Hypothesen der Schadensakkumulation

Nach der originalen Miner-Regel bewirken Schwingspiele mit Beanspruchungsamplituden kleiner als die Dauerfestigkeit, auch wenn sie mit höheren Beanspruchungsamplituden im Kollektiv verbunden sind, keine Schädigung. Es hat sich herausgestellt, daß dies nicht immer der Wirklichkeit entspricht. Durch höhere Beanspruchungsamplituden vorgeschädigte Teile weisen eine erniedrigte Dauerfestigkeit auf (Vorbeanspruchungs-Wöhler-Linien nach Kommers [743] und Bergmann [807]), so daß nachfolgende Beanspruchungsamplituden unterhalb der Ausgangsdauerfestigkeit, jedoch höher als die erniedrigte Dauerfestigkeit, weitere Schädigung hervorrufen. Ab welcher Schwingspielzahl abhängig von der Vorbeanspruchungsamplitude eine bestimmte Schädigung eintritt, kann eine Schadenslinie links von der Wöhler-Linie angeben, die in die Dauerfestigkeit horizontal einmündet. Sie kann auch als Rißeinleitungslinie interpretiert werden, Rißeinleitung aufgefaßt als Entstehung ausbreitungsfähiger Mikrorisse. Der Verlauf der Schadenslinie ist im übrigen unbestimmt, der Versuchsaufwand zu ihrer Ermittlung im allgemeinen nicht lohnend. Eine andere Situation ist gegeben, wenn Schädigung bruchmechanisch dem Rißfortschritt gleichgesetzt wird (s. Kap. 6.4, 6.9, 7.6).

Beanspruchungskollektive mit Höchstwert unterhalb der Ausgangsdauerfestigkeit sollten keine Schädigung hervorrufen. Allerdings können auch unterhalb der Dauerfestigkeit Mikrorisse eingeleitet werden. Die Dauerfestigkeit kennzeichnet dann die kritische Bedingung für deren Vergrößerung. Auch entgegengesetzte Effekte sind beobachtet worden. Schwingbeanspruchung knapp unterhalb der Dauerfestigkeit kann bei nachfolgendem Beanspruchungsanstieg aus dem Dauerfestigkeitsbereich heraus eine Erhöhung der Bruchfestigkeit zur Folge haben (Trainiereffekt).

Die Dauerfestigkeitsminderung durch Vorbeanspruchungsamplituden oberhalb der ursprünglichen Dauerfestigkeit wird nach Haibach [728] in der Schädigungsrechnung wie folgt zur Geltung gebracht. Zur Ermittlung der Schädigung durch Beanspruchungsamplituden unterhalb der ursprünglichen Dauerfestigkeit wird die Zeitfestigkeitsgerade mit der Neigungskennzahl k am Knickpunkt zur Dauerfestigkeit nicht horizontal, sondern mit der Neigungskennzahl $k^* = (2k - 1)$ schräg nach unten fortgesetzt („modifizierte Miner-Regel"), Abb. 5.42 (a). Dies entspricht ungefähr der Winkelhalbierenden zwischen der Horizontalen und der unveränderten Fortsetzung der Zeitfestigkeitsgeraden. Die Neigungskennzahl $k^* = (2k - 1)$ gilt für duktile Werkstoffe, bei spröden Werkstoffen (z. B. Gußeisen) wird $k^* = (2k - 2)$ empfohlen. Die nach der modifizierten Miner-Regel gewonnene Lebensdauerlinie ist nahe der Dauerfestigkeit zu größeren Schwingspielzahlen verschoben und mündet flacher in den Bereich der Dauerfestigkeitshorizontalen ein. Die modifizierte Miner-Regel wird in der Praxis vielfach mit der Schadenssumme $D \neq 1{,}0$ verbunden, also als „relative modifizierte Miner-Regel" angewendet.

Durch schwingspielweises Einbeziehen einer schädigungsbedingten Dauerfestigkeitsminderung in die rechnerische Vorgehensweise gemäß originaler Miner-Regel läßt sich erreichen, daß die Lebensdauerlinie im Bereich der ursprünglichen Dauerfestigkeit noch weiter zu größeren Schwingspielzahlen verschoben ist und asymptotisch in die Horizontale einmündet („konsequente Miner-Regel" nach Haibach [29]). Voraussetzung dafür ist, daß Kollektivkurve und Wöhler-Linie horizontal auslaufen. Beide Hypothesen, modifizierte und konsequente

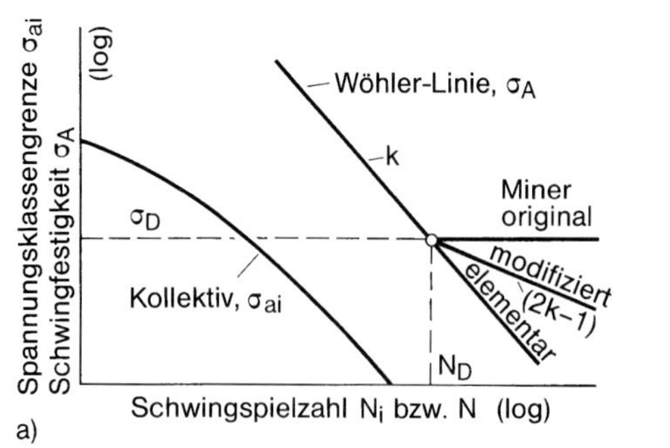

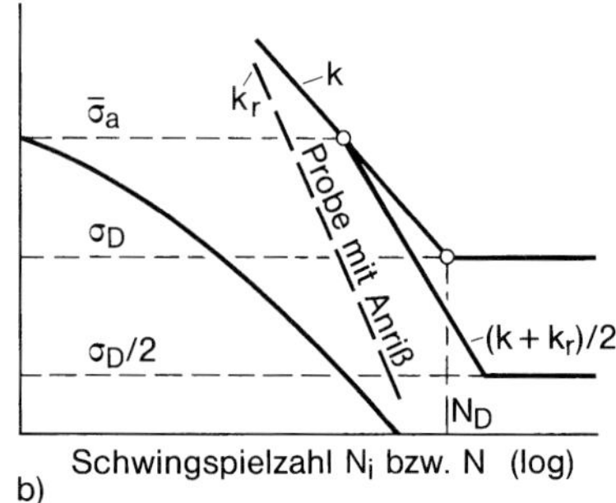

Abb. 5.42: Varianten der Miner-Regel: original und elementar nach Miner [762] sowie modifiziert nach Haibach [728] (a) und modifiziert nach Zenner u. Liu [787] (b)

Miner-Regel, haben zum Ziel, die Lebensdauer bei Kollektiven, deren Höchstwerte nicht weit oberhalb der Dauerfestigkeit liegen (bis etwa Faktor 2,0), zutreffend abzuschätzen. Bei größeren Höchstwerten ist der Unterschied zur elementaren Miner-Regel gering.

Eine andere Version der Schadensakkumulationsrechnung bis Bruch auf Basis von Nennspannungen mit Schädigung durch Amplituden auch unterhalb der ursprünglichen Dauerfestigkeit nach Zenner und Liu [787] besagt, daß die Dauerfestigkeit der Bezugs-Wöhler-Linie auf den halben Wert der Ausgangs-Wöhler-Linie festgelegt wird und die zugehörige Zeitfestigkeitsgerade vom Kollektivhöchstwert ausgehend mit größerer Steilheit abfällt, Abb. 5.42 (b). Die Halbierung der Ausgangsdauerfestigkeit entspricht der Erfahrung, daß kleinere Beanspruchungsamplituden (der Nennspannung am Bauteil) kaum noch schädigen, sofern Korrosion, erhöhte Temperatur und relativ hohe Mittelspannungen ausgeschlossen werden. Der Abknickpunkt der Zeitfestigkeitsgeraden ist so gewählt, daß auch noch im Sonderfall des Rechteckkollektivs die Lebensdauer richtig berechnet wird. Die neue Neigungskennzahl $k^* = (k + k_\mathrm{r})/2$ ergibt sich als Mittelwert der Neigungskennzahlen der Wöhler-Linien von Bauteilen ohne Riß $(k \geq 5)$ und von Proben mit Riß $(k_\mathrm{r} \approx 3)$. Die von den Autoren im Hinblick auf das Nennspannungskonzept mit Versagenskriterium Bruch sowie stochastische Lastabläufe mit merklichem Dauerfestigkeitsanteil konzipierte Hypothese erzielte im Bereich der durchgeführten Versuche mit konstanter Mittelspannung eine relativ hohe Vorhersagesicherheit (Streuspanne der Schädigungssummen im Random-Versuch mit Proben aus Stahl und Aluminiumlegierung: 0,5 - 2,0).

Das vorstehende Verfahren ähnelt der älteren Hypothese von Corten und Dolan [717]. Auch bei dieser Hypothese wird eine modifizierte Bezugs-Wöhler-Linie eingeführt, die in Höhe des Kollektivhöchstwerts auf der originalen Wöhler-Linie beginnt, jedoch steiler als diese verläuft. Die modifizierte Neigungskennzahl wird abhängig vom Verhältnis der Streckgrenze zur Dauerfestigkeit gewählt. Eine abgeminderte Dauerfestigkeit wird nicht eingeführt, was der Vorgehensweise Miner-elementar mit modifizierter Bezugs-Wöhler-Linie entspricht.

Mittelspannungsunabhängige schädigungsgleiche Spannungsamplituden

Die Bezugs-Wöhler-Linie zur Miner-Regel sollte bei der Mittelspannung σ_m oder bei dem Spannungsverhältnis R aufgenommen sein, die den Bedingungen beim Betriebsbeanspruchungskollektiv entspricht. Andernfalls ist eine schädigungsgleiche Umrechnung der Spannungsamplituden der einzelnen Kollektivstufen auf die Bedingungen der Wöhler-Linie vor Anwendung der Miner-Regel notwendig.

Nach der FKM-Richtlinie [885] haben drei Kollektivtypen in der Praxis besondere Bedeutung, Abb. 5.43. Beim Typus (a) weisen alle Kollektivstufen dieselbe Mittelspannung auf, beim Typus (b) haben alle Stufen dasselbe Spannungsverhältnis. Der Typus (c), das Schwellspannungskollektiv, ist schließlich ein Sonderfall des Typus (b) mit dem Spannungsverhältnis $R = 0$. Da die Miner-Rechnung nach FKM-Richtlinie mit der Bauteil-Wöhler-Linie für konstantes Spannungs-

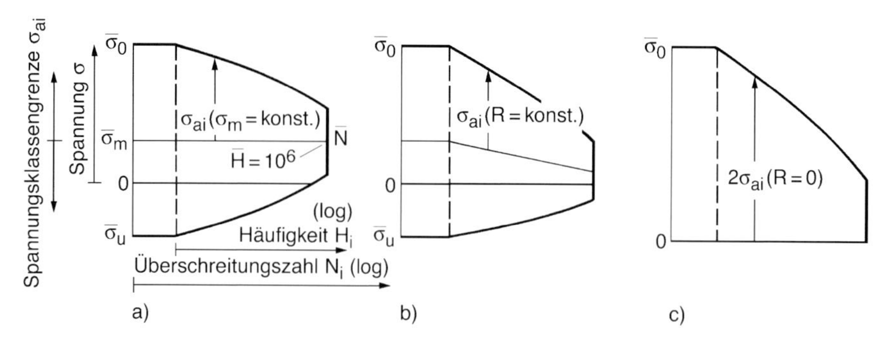

Abb. 5.43: Spannungskollektiv mit unterschiedlichem Mittelspannungsverlauf: konstante Mittelspannung σ_{m} (a), konstantes Spannungsverhältnis R (b) und Spannungsverhältnis $R = 0$ (c); Darstellung auf Basis eines binomialverteilten Normkollektivs mit Beiwert $p = 1/3$ und Umfang $\bar{H} = 10^6$, erweitert auf den geforderten Kollektivumfang $\bar{N}$; nach FKM-Richtlinie [885]

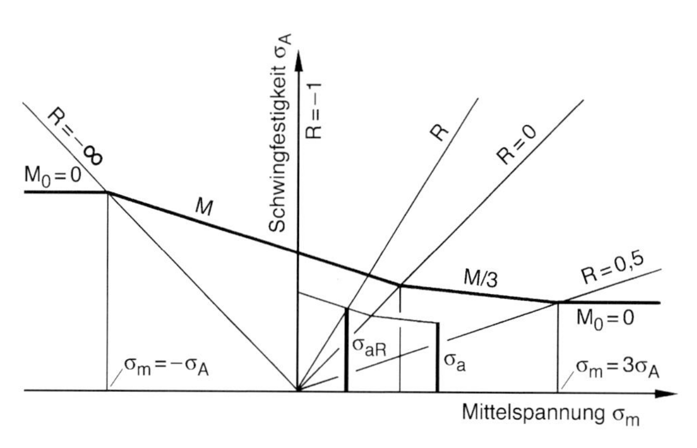

Abb. 5.44: Veranschaulichung der Umrechnung einer Spannungsamplitude σ_{a} mit Mittelspannung σ_{m} auf eine (nach elementarer Miner-Regel) schädigungsgleiche Spannungsamplitude σ_{aR} beim Spannungsverhältnis R mit bekannter Wöhler-Linie (vielfach $R = -1$) und vorgegebener Mittelspannungsempfindlichkeit M; nach FKM-Richtlinie [885]

verhältnis durchzuführen ist, sind Kollektive mit konstanten Mittelspannungen auf Kollektive mit konstantem Spannungsverhältnis umzurechnen. Als solches kann das Spannungsverhältnis beispielsweise der größten Amplituden gewählt werden.

Die Umrechnung der Spannungsamplituden σ_{a} der Kollektivstufe mit Mittelspannung σ_{m} auf eine schädigungsgleiche Spannungsamplitude σ_{aR} beim Spannungsverhältnis R erfolgt über die Mittelspannungsempfindlichkeit M nach dem in Abb. 5.44 grafisch veranschaulichten Verfahren. Die Amplitudenänderung erfolgt über Parallele zur Dauerfestigkeitslinie im Haigh-Diagramm. Nach erneutem Klassieren wird die veränderte Kollektivform gewonnen.

Die Versuchung liegt nahe, auf dieselbe Weise auch Kollektive mit veränderlicher Mittelspannung zu konvertieren. Da aber bei veränderlicher Mittelspannung Interaktionseffekte eine wichtige Rolle spielen, führt eine derartige Vorgehensweise i. a. nicht zu zuverlässigen Ergebnissen.

Einstufenersatzkollektiv

Aufgrund der linearen Hypothesen der Schadensakkumulation läßt sich zu jedem beliebigen Beanspruchungskollektiv ein Einstufenersatzkollektiv (in Rechteckform) mit identischer Gesamtschädigung herleiten. Die Umrechnung kann mit unterschiedlichen Vorgaben erfolgen: äquivalente Zahl von Schwingspielen mit der Höchstspannungsamplitude des Ausgangskollektivs, äquivalente Beanspruchungsamplitude bei identischem Kollektivumfang oder äquivalente Beanspruchungsamplitude bei der Grenzschwingspielzahl für Dauerfestigkeit (z. B. $N_{\mathrm{D}} = 2 \times 10^6$). Die letztgenannte Umrechnung zielt auf Berechnungsvorschriften, deren zulässige Spannungen im Hinblick auf die Dauerfestigkeit gewählt sind.

Der Berechnungsgang wird nachfolgend für den Fall der originalen Miner-Regel angegeben, d. h. Beanspruchungsamplituden unterhalb der Dauerfestigkeit bleiben unberücksichtigt und Beanspruchungsamplituden oberhalb der Dauerfestigkeit schädigen gemäß der Wöhler-Linie in der Darstellung nach (7):

$$N_{\mathrm{Bj}}\, \sigma_{\mathrm{aj}}^{k} = C \tag{5.14}$$

Aus (5.12), (5.13) und (5.14) folgt:

$$D = \frac{1}{C} \sum_{j=1}^{n} (\Delta N_{\mathrm{j}}\, \sigma_{\mathrm{aj}}^{k}) \tag{5.15}$$

Die Schädigung des Einstufen-Ersatzkollektivs lautet:

$$D = \frac{1}{C} N_{\mathrm{\ddot{a}q}}\, \sigma_{\mathrm{a\,\ddot{a}q}}^{k} \tag{5.16}$$

Aus (5.15) und (5.16) folgt:

$$N_{\mathrm{\ddot{a}q}}\, \sigma_{\mathrm{a\,\ddot{a}q}}^{k} = \sum_{\mathrm{j}=1}^{n} (\Delta N_{\mathrm{j}}\, \sigma_{\mathrm{aj}}^{k}) \tag{5.17}$$

Aus (5.17) ist $N_{\mathrm{\ddot{a}q}}$ oder $\sigma_{\mathrm{a\,\ddot{a}q}}$ für die genannten drei Festlegungen des Einstufenersatzkollektivs direkt bestimmbar.

Der durch seine Einfachheit bestechende Berechnungsgang ergibt jedoch keine zuverlässigen Ergebnisse. Insbesondere der Einfluß der Kollektivform auf die Lebensdauer wird unter Umständen auch tendenziell falsch wiedergegeben.

Gültigkeit der Miner-Regel

Eine Vielzahl von Forschungsarbeiten und Publikationen setzt sich mit der Treffsicherheit oder Gültigkeit der Miner-Regel in der originalen, elementaren oder auch einer modifizierten Form auseinander. Stellvertretend seien die statistisch fundierten Schrifttumauswertungen von Schütz und Zenner [779, 788] sowie die wertenden Ausführungen bei Buxbaum [15] und Haibach [29] genannt. Eine einheitliche Bewertung liegt bis heute nicht vor, weil die Prämissen und Folgerungen der einzelnen Autoren zu stark differieren. Ein besonderer Mangel der Auswertungen bzw. der ausgewerteten Versuche ist darin zu sehen, daß zwischen den Versagenskriterien Anriß und Bruch nicht unterschieden wird.

Die folgenden recht pauschalen Aussagen mögen dennoch allgemeine Zustimmung finden:

- Die nach der originalen Miner-Regel vorhergesagte Lebensdauer kann das 0,2fache bis 6fache der tatsächlichen Lebensdauer betragen; die aus der tatsächlichen Lebensdauer errechneten Schadenssummen streuen im genannten Bereich [15].
- Durch Modifikation der originalen Miner-Regel kann die Lebensdauervorhersage hinsichtlich Mittelwert und Streuung der Schadenssummen verbessert werden, jedoch nur bei Einschränkung des Anwendungsbereichs.
- Die festgestellten Streuspannen dürfen nur teilweise der Miner-Regel angelastet werden, denn sowohl die Ausgangsdaten der Berechnung (aus Wöhler-Versuchen) als auch deren Vergleichsdaten (aus Betriebsfestigkeitsversuchen) streuen nicht unerheblich und sind mit Unsicherheiten behaftet [29].
- Systematische Abweichungen von der Miner-Regel sind aus dem Einfluß des Rißschließens und der Eigenspannungen zu erklären, die im Wöhler- und Betriebsfestigkeitsversuch unterschiedlich ausgebildet sein können, sich unterschiedlich verändern und somit unterschiedlich auswirken [15, 29, 859].
- Systematische Abweichungen sind auch auf die weithin fehlende Unterscheidung zwischen den Versagenskriterien Anriß und Bruch zurückzuführen.

Nichtlineare Hypothesen der Schadensakkumulation

Die linearen Hypothesen der Schadensakkumulation beschreiben die wirklichen Schädigungsvorgänge unzureichend. So bleiben Reihenfolgeeffekte sowohl der Beanspruchungsamplituden als auch von Mittelspannungsänderungen unberücksichtigt. Beispielsweise läßt ein bei hoher Beanspruchungsamplitude vorzeitig geschädigtes und möglicherweise angerissenes Bauteil unter nachfolgenden niedrigen Beanspruchungsamplituden eine geringere Lebensdauer erwarten als dasselbe Bauteil unter umgekehrter Belastungsfolge. Ebenso bleiben Interaktionseffekte unberücksichtigt, die in unterschiedlicher Eigenspannungsänderung an Kerben sowie in unterschiedlichem Rißschließverhalten begründet sind. Jede nichtlineare beanspruchungsamplitudenabhängige Schädigungsentwicklung wird durch die linearen Hypothesen unzureichend erfaßt.

Als nichtlinear werden Hypothesen der Schadensakkumulation bezeichnet, bei denen die Schädigung bei unveränderter Bezugs-Wöhler-Linie außer vom Schwingspielzahlverhältnis von der Beanspruchungsamplitude sowie weiteren Beanspruchungsparametern abhängt. Interaktionseffekte können durch besondere Schädigungsterme berücksichtigt sein. Den nichtlinearen Hypothesen werden des weiteren Verfahren zugeordnet, die die Ausgangs-Wöhler-Linie entsprechend der Belastungsfolge modifizieren (Folge-Wöhler-Linien), was auf eine nichtlineare Schädigung hinausläuft. Es ist aber zu beachten, daß die bereits dargestellte Abminderung der Dauerfestigkeit vielfach noch im Rahmen der linearen Hypothesen vollzogen wird (Haibach [29, 728]) und daß nichtlineare Hypothesen in Teilbereichen linearisiert werden können (doppeltlineare Schädigungsfunktionen nach Manson *et al.* [753-757], ursprünglich mit Rißeinleitungs- und Rißfortschrittsphase in Verbindung gebracht, s. Schott [47]).

Die Schädigungsentwicklung ist bereits im Einstufen-Wöhler-Versuch an ungekerbten Proben nichtlinear vom Schwingspielzahlverhältnis und von der Beanspruchungsamplitude abhängig. Versuchsergebnisse für den Stahl SAE1045 bei proportional überlagerter Zug-Druck- und Torsionsbelastung ($\varepsilon/\gamma = 1$) zeigen einen ausgeprägten Einfluß der Beanspruchungsamplitude, Abb. 5.45. Die Schädigung im Kurzzeitfestigkeitsbereich ($N_B \approx 10^3$) wurde über die Kurzrißhäufigkeit an der Probenoberfläche gemessen, während im Langzeitfestigkeitsbereich ($N_B \approx 10^5$) die Oberflächenrißlänge im Hinblick auf die Rißtiefe ausgewertet wurde. Die höhere Beanspruchung erzeugt den steileren Schädigungsanstieg. Die Schädigungsentwicklung für den nichtrostenden Stahl AISI 316 im Langzeitfestigkeitsbereich und die des dehnungsverfestigten Stahls AISI 1010 im Kurzzeitfestigkeitsbereich ist in Abb. 5.46 gezeigt. In diesem Fall wurde die Schädigung über die Änderung des Elastizitätsmoduls gemessen.

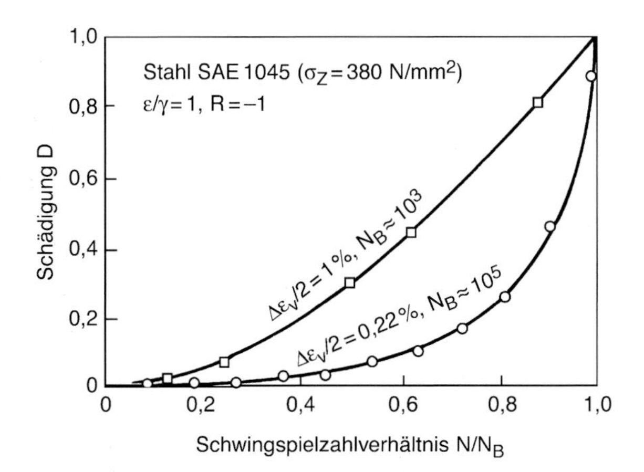

Abb. 5.45: Schädigung als Funktion des Schwingspielzahlverhältnisses bei unterschiedlichen Vergleichsdehnungsamplituden im Kurz- und Langzeitfestigkeitsbereich des Stahls SAE1045; überlagerte zyklische Zug-Druck- und Torsionsbelastung von dünnwandigen Hohlstabproben; nach Hua u. Socie [740]

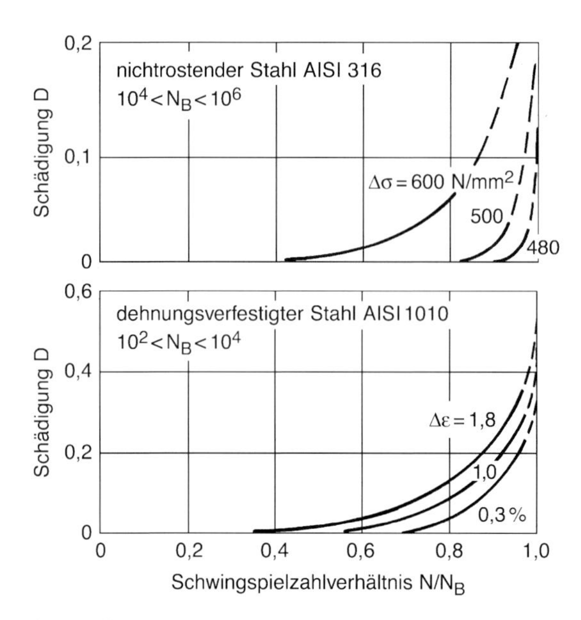

Abb. 5.46: Schädigung als Funktion des Schwingspielzahlverhältnisses bei unterschiedlicher Spannungs- bzw. Dehnungsschwingbreite im Lang- bzw. Kurzzeitfestigkeitsbereich zweier Stähle; nach Lemaitre [800]

Rechenformalismus einiger nichtlinearer Hypothesen

Nichtlineare Schädigungsverläufe über dem Schwingspielzahlverhältnis für bestimmte Beanspruchungsamplituden werden in unterschiedlicher Form angegeben. Die Vielfalt der Ansätze ist in den unterschiedlichen Modellvorstellungen und Meßgrößen zur Schädigung begründet. Außerdem ist die zunehmende Integration in kontinuumsmechanische Schädigungstheorien prägend.

Der ursprüngliche Schädigungsansatz wird i. a. in differentieller Form gewählt. Dabei wird Schädigung als stetiger Vorgang über den Schwingspielen aufgefaßt, so daß die Schädigungsrate $\mathrm{d}D/\mathrm{d}N$ betrachtet werden kann (ähnlich der Rißfortschrittsrate in der Bruchmechanik). Die Integration über die Schädigungsbeiträge der einzelnen Schwingspiele ergibt den Schädigungsverlauf beispielsweise im Einstufen-Wöhler-Versuch. Derartige Schädigungsfunktionen von unterschiedlichen Autoren werden nachfolgend aufgeführt.

Nach Richart und Newmark [768], Marco und Starkey [758] sowie Subramanyan [783] ist

$$D = \left(\frac{N}{N_\mathrm{B}}\right)^p \tag{5.18}$$

mit der Werkstoffkonstanten p, die von der Beanspruchungsamplitude abhängt.

Nach Manson und Halford [754, 755] (Ausgangsgleichung für die doppeltlineare Hypothese) ist ausgehend von einem kombinierten Rißeinleitungs- und Rißfortschrittsansatz

$$D = \left(\frac{N}{N_B}\right)^{fN_B^g} \tag{5.19}$$

mit den Werkstoffkonstanten f und g ($g \approx 0{,}4$), die von der Beanspruchungsamplitude unabhängig sind (Darstellung nach [Hua/Soc]. Die Nichtlinearität der Hypothese wird allein durch die Bruchschwingspielszahl N_B im Exponenten verursacht.

Nach Chaboche *et al.* [790-795] sowie Lemaitre *et al.* [78, 79, 799-801] ist im Rahmen einer Kontinuumstheorie der Schädigung (in Analogie zu Ansätzen von Rabotnov [459] und Kachanov [796, 797] für die Kriechschädigung)

$$D = \left(\frac{N}{N_B}\right)^{1/(1-\alpha)} \tag{5.20}$$

mit der Werkstoffkonstanten α, die vom Verhältnis Oberspannung zu Zugfestigkeit und von der Neigungskennzahl der Wöhler-Linie für $R=0$ im mittleren Bereich der Zeitfestigkeit abhängt. Für die Wöhler-Linie folgt aus der allgemeinen Theorie

$$N_B = \frac{1}{1-\alpha}\left(\frac{\sigma_o - \sigma_m}{\sigma_W - M\sigma_m}\right)^{-\beta} \tag{5.21}$$

mit der Oberspannung σ_o, der Mittelspannung σ_m, der Wechselfestigkeit σ_W, der Mittelspannungsempfindlichkeit M (linearer Mittelspannungseinfluß nach Goodman) und einer weiteren Werkstoffkonstanten β, die proportional der erwähnten Neigungskennzahl gesetzt werden kann.

Nach Fong [722] ist ausgehend von einer angenommenen Proportionalität zwischen Schädigungsrate $\mathrm{d}D/\mathrm{d}N$ und Schädigung D

$$D = \frac{\exp(hN/N_B) - 1}{\exp(h) - 1} \tag{5.22}$$

mit der Werkstoffkonstanten h, die von der Beanspruchungsamplitude abhängt.

Nach Peerlings *et al.* [804] ausgehend von Paas *et al.* [802, 803] ist

$$D = -\frac{1}{\alpha}\ln\left\{1 - [1 - \exp(-\alpha)]\frac{N}{N_B}\right\} \tag{5.23}$$

mit der Werkstoffkonstanten α, die von der Beanspruchungsamplitude abhängt.

Die Anwendung von (5.18) bis (5.20) auf den Zweistufen-Wöhler-Versuch ergibt folgende Formeln für die nichtlineare Schadensakkumulation (veranschaulicht in Abb. 5.47 mit Punkt C bei $D=1$):

$$\frac{N_2}{N_{B2}} = 1 - \left(\frac{N_1}{N_{B1}}\right)^{p_1/p_2} \tag{5.24}$$

$$\frac{N_2}{N_{B2}} = 1 - \left(\frac{N_1}{N_{B1}}\right)^{(N_{B1}/N_{B2})^{0,4}} \tag{5.25}$$

$$\frac{N_2}{N_{B2}} = 1 - \left(\frac{N_1}{N_{B1}}\right)^{(1-\alpha_2)/(1-\alpha_1)} \tag{5.26}$$

Bei Lastabläufen mit gelegentlichen Zug- oder Drucküberlastungen wird vorgeschlagen, in der aufsummierten Gesamtschädigung drei Anteile zu unterscheiden: Normallastschädigung, Überlastschädigung und Interaktionsschädigung, letztere über begrenzte Zyklenzahl wirksam (Pompetzki, M. A.; Topper, T. H.; DuQuesney, D. L.: The effect of compressive underloads and tensile overloads on fatigue damage accumulation in SAE 1045 steel. *Int. J. Fatigue* 12 (1990), 207-213).

Veranschaulichung der nichtlinearen Hypothesen

Die rechnerische Vorgehensweise bei Zweistufenversuchen und sinngemäß bei Mehrstufenversuchen ist mit Abb. 5.47 veranschaulicht. Nur die Teilschädigung des zeitlich ersten Schwingblocks folgt direkt, beispielsweise aus (5.18). Die Teilschädigungen der weiteren Schwingblöcke sind ausgehend von der jeweils erreichten Gesamtschädigung auf der jeweiligen Teilschädigungskurve zu ermitteln und aufzuschlagen. Auf diese Weise sind Reihenfolgeeffekt und Spannungsamplitudeneinfluß unter einschränkenden Bedingungen empirisch erfaßbar. Die Anpassung an die Wirklichkeit gelingt hier, wie schon bei den linearen Hypothesen, nur bei Beschränkung auf spezielle Beanspruchungs-Zeit-Funktionen, Proben- oder Bauteilgeometrien sowie auf einen bestimmten Werkstoff.

Von Schott [47, 771-776] wurde vorgeschlagen, die Teilschädigungen unter Drehung der Ausgangs-Wöhler-Linie und Absenkung der Dauerfestigkeit entsprechend der jeweils erreichten linearen Gesamtschädigung zu ermitteln (Konzept der Folge-Wöhler-Linien). Die Lebensdauer in Mehrstufen-, Blockprogramm- und Zufallslastenversuchen läßt sich demnach berechnen, wenn zwei „Ermüdungsfunktionen" bekannt sind, die eine für Schwingspiele mit erhöhter

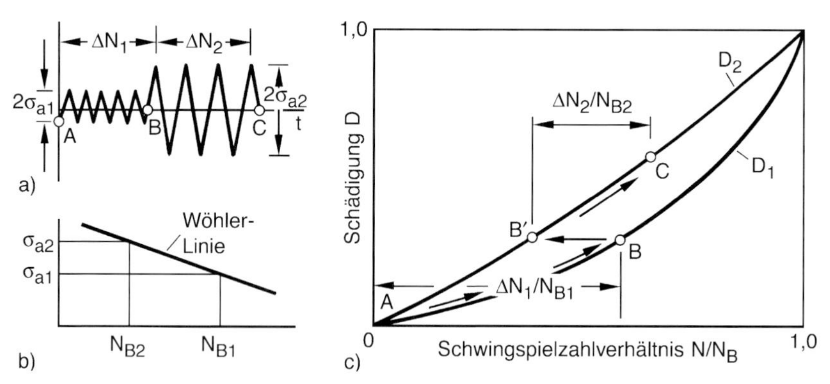

Abb. 5.47: Nichtlineare Hypothese der Schadensakkumulation: Beanspruchungsamplitudenfolge (Zweistufenversuch) (a), Wöhler-Diagramm (b) und Schadensakkumulation gemäß Pfad A-B-B'-C (c); nach Bannantine *et al.* [12]

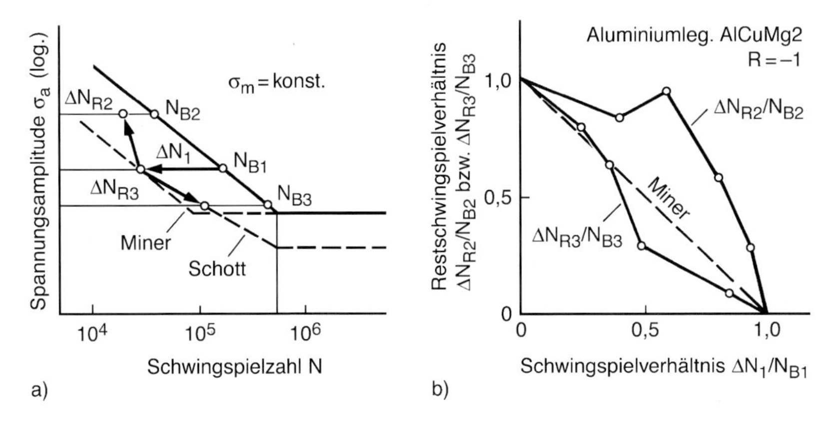

Abb. 5.48: Folge-Wöhler-Linien nach zyklischer Vorbelastung nach Schott im Vergleich zu Miner (schematisch) (a) und relative Restlebensdauer nach zyklischer Vorbelastung für eine Aluminiumlegierung (b); in Anlehnung an Schott [775]

Amplitude, die andere für solche mit erniedrigter Amplitude. Diese werden in entsprechenden Zweistufenversuchen ermittelt.

Das Verfahrensprinzip wird anhand von Abb. 5.48 erläutert. Eine zyklische Vorbelastung im Zeitfestigkeitsbereich (Spannungsamplitude σ_{a1}) mit Schwingspielzahl ΔN_1 erzeugt nach der Miner-Regel die Schädigung $\Delta N_1/N_{B1}$. Geht man im Zweistufenversuch bei konstanter Mittelspannung auf eine höhere oder tiefere Amplitude über, dann wird die Restschwingspielzahl ΔN_{R2} bzw. ΔN_{R3} ermittelt, die gleich groß, größer oder kleiner als die nach der Miner-Regel zu erwartende Zahl sein kann. In Abb. 5.48 (a) ist bei erhöhter ebenso wie mit erniedrigter Amplitude eine erhöhte Restschwingspielzahl dargestellt. Die Folge-Wöhler-Linie ist nach unten mit einer (hypothetischen) Dauerfestigkeitsminderung verbunden, während die Miner-Regel die Dauerfestigkeit der Ausgangs-Wöhler-Linie beibehält. Die nach unterschiedlich langer zyklischer Vorbelastung verfügbare Restlebensdauer geht aus Abb. 5.48 (b) mit der Schädigung $D = (1 - \Delta N_R/N_B)$ hervor. Für die Aluminiumlegierung AlCuMg2 wurde bei erhöhter Spannungsamplitude durchweg eine gegenüber Miner erhöhte Restlebensdauer ermittelt, während bei erniedrigter Spannungsamplitude teilweise die gegenteilige Wirkung auftrat.

Die Stärke des Konzepts der Folge-Wöhler-Linien ist die Berücksichtigung des Reihenfolgeeffektes bei erhöhter oder erniedrigter Beanspruchungsamplitude, soweit dieser abhängig von der Beanspruchungs- und Beanspruchungsstufenhöhe im gewählten Zweistufenversuch zum Tragen kommt. Die Voraussetzung konstanter Mittelspannung und die verfahrensnotwendige Dominanz des Zeitfestigkeitsbereichs schränken die Anwendbarkeit des Verfahrens ein. Der zusätzliche Versuchsaufwand ist nicht unerheblich, kann aber fallspezifisch reduziert werden, etwa über vereinfachende Annahmen zum Verlauf der Folge-Wöhler-Linien.

Weitere Verfahrensvorschläge, die durch zyklische Vorbelastung modifizierte Bezugs-Wöhler-Linien verwenden, darunter die Drehung der Zeitfestigkeitsgeraden, die Absenkung der Dauerfestigkeit und die Verlagerung des Knickpunktes der Wöhler-Linie, stammen von Corten und Dolan [717], Franke [723], Gatts

[727], Gnilke [24], Hashin und Rotem [736], Henry [737], Manson und Halford [754, 755], Reppermund [767], Subramanyan [783] sowie Srivatsavan und Subramanyan [782].

Wertung der linearen und herkömmlichen nichtlinearen Hypothesen

Die einfach zu handhabenden linearen Hypothesen, obwohl von der physikalischen Realität weit entfernt, sind in der praktischen Anwendung überwiegend vertreten. Die weniger anwenderfreundlichen herkömmlichen nichtlinearen Hypothesen, obwohl der physikalischen Realität anpaßbar, sind dagegen selten anzutreffen. Der Grund für diesen widersprüchlich erscheinenden Sachverhalt ist die Tatsache, daß die herkömmlichen nichtlinearen Hypothesen nur Teilaspekte des komplexen physikalischen Verhaltens „richtig" erfassen und andere Teilaspekte dennoch unberücksichtigt bleiben. Anders verhält es sich mit den moderneren nur vordergründig linearen Akkumulationshypothesen, die auf Modellen des Kurzrißfortschritts basieren und in Schädigungsparametern ihren Ausdruck finden. Des weiteren ist jede dieser Hypothesen mit zusätzlichen Werkstoffkonstanten verbunden, die in besonderen Versuchen ermittelt werden müssen. Schließlich erschwert die Vielzahl der vorgeschlagenen herkömmlichen nichtlinearen Hypothesen (über 50 bis zum Jahr 1996 nach Fatemi u. Yang [721]) die in der Praxis erforderliche Vereinheitlichung der rechnerischen und versuchstechnischen Vorgehensweisen.

Es bleibt dennoch festzuhalten, daß die herkömmlichen nichtlinearen Hypothesen unter der Voraussetzung „ähnlicher" Beanspruchungsabläufe in Versuch und Rechnung eine Verbesserung der Lebensdauerprognose bringen und dadurch aufwendige Betriebsfestigkeitsversuche ersetzen können. Die in der Praxis vielfach anzutreffende ausschließliche Verwendung der linearen Hypothesen ist daher unter diesem Gesichtspunkt nicht zwingend.

Überlagerte Ermüdungs- und Kriechschädigung

Bei Schwingbeanspruchung im Hochtemperaturbereich tritt zusätzlich zur Schädigung durch Ermüdung (Rißbildung) eine solche durch Kriechen (Hohlraumbildung) auf. Die Hypothese der linearen Schadensakkumulation erhält dann eine erweiterte Form. Ebenso wie die Teilschädigungen D_j durch Ermüdung ausgehend von Spannungsamplitude σ_aj, Schwingspielzahl ΔN_j und Bruchschwingspielzahl N_Bj (gemäß Wöhler-Linie) bestimmt und aufsummiert werden, wird bei den Teilschädigungen D_j^* durch Kriechen ausgehend von Spannung σ_j, Spannungswirkdauer Δt_j (in den Beanspruchungszyklen) und Zeitspanne bis Kriechbruch t_Bj (gemäß Kriechzeitfestigkeitslinie) verfahren (Robinson [769]):

$$D_\mathrm{j}^* = \frac{\Delta t_\mathrm{j}}{t_\mathrm{Bj}} \tag{5.27}$$

$$D^* = \sum_{j=1}^{n} D_\mathrm{j}^* \tag{5.28}$$

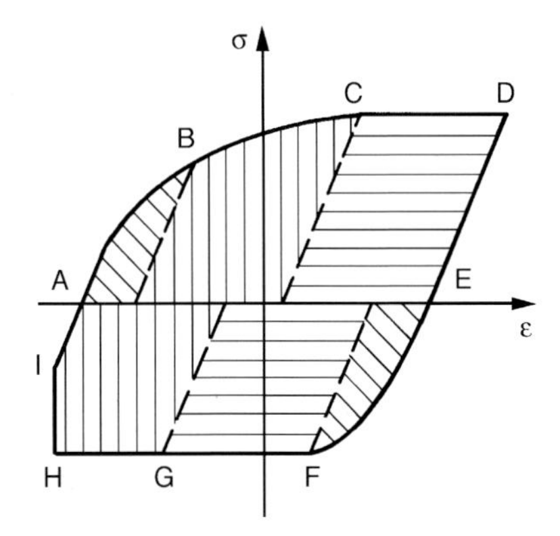

Abb. 5.49: Beanspruchungszyklus bei Hochtemperaturermüdung mit Aufteilung nach Dehnungsanteilen für die Schädigungsberechnung (strain range partitioning); nach Lemaitre u. Chaboche [78, 79]

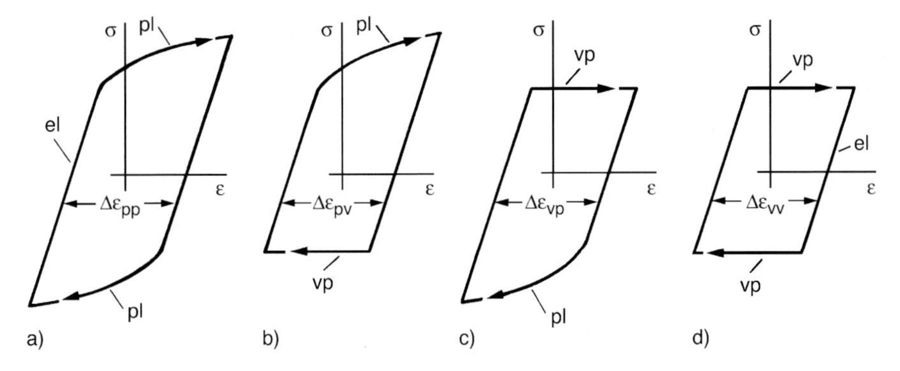

Abb. 5.50: Grundformen der Beanspruchungsteilzyklen für die Schädigungsberechnung bei Hochtemperaturermüdung; Werkstoffverhalten elastisch (el), elastisch-plastisch (pl) und elastisch-viskoplastisch (vp); Dehnungsschwingbreiten $\Delta\varepsilon_{\text{pp}}$, $\Delta\varepsilon_{\text{pv}}$, $\Delta\varepsilon_{\text{vp}}$ und $\Delta\varepsilon_{\text{vv}}$ nach strain range partitioning; nach Halford *et al.* [732]

Bei reiner Kriechbeanspruchung soll der Bruch bei $D^* = 1{,}0$ eintreten, bei überlagerter Schwing- und Kriechbeanspruchung bei $(D + D^*) = 1{,}0$. Die Vorgehensweise ist mit der von der Miner-Regel her bekannten grundsätzlichen Problematik verbunden, die durch das Hinzutreten der Kriechschädigung verstärkt wird.

Eine bewährte Verfahrensverbesserung nach Halford *et al.* [732] besteht darin, den Beanspruchungszyklus für die Schädigungsberechnung in Teilzyklen zu unterteilen und deren inelastische Dehnungsschwingbreiten auszuwerten (strain range partitioning), Abb. 5.49. Es wird zwischen vier Grundtypen von Zyklen, je nach Kombination von elastisch-plastischem und elastisch-viskoplastischem Werkstoffverhalten, unterschieden, Abb. 5.50. Den zugehörigen inelastischen Dehnungsschwingbreiten $\Delta\varepsilon_{\text{pp}}$, $\Delta\varepsilon_{\text{pv}}$, $\Delta\varepsilon_{\text{vp}}$, und $\Delta\varepsilon_{\text{vv}}$ entsprechen unterschiedliche, experimentell zu ermittelnde Dehnungs-Wöhler-Linien mit den Bruchschwingspielzahlen N_{Bpp}, N_{Bvp}, N_{Bpv} und N_{Bvv}. Die Bruchschwingspielzahl N_{B} bei der inelastischen (Gesamt-)Dehnungsschwingbreite $\Delta\varepsilon_{\mathrm{in}}$ ergibt sich bei linearer Schadensakkumulation nach Lemaitre und Chaboche [78, 79]:

$$\frac{1}{N_{\mathrm{B}}}=\frac{1}{N_{\mathrm{Bpp}}}\frac{\Delta\varepsilon_{\mathrm{pp}}}{\Delta\varepsilon_{\mathrm{in}}}+\frac{1}{N_{\mathrm{Bvp}}}\frac{\Delta\varepsilon_{\mathrm{vp}}}{\Delta\varepsilon_{\mathrm{in}}}+\frac{1}{N_{\mathrm{Bpv}}}\frac{\Delta\varepsilon_{\mathrm{pv}}}{\Delta\varepsilon_{\mathrm{in}}}+\frac{1}{N_{\mathrm{Bvv}}}\frac{\Delta\varepsilon_{\mathrm{vv}}}{\Delta\varepsilon_{\mathrm{in}}} \tag{5.29}$$

Aber auch dieses verbesserte Verfahren ist in vielen Fällen unzureichend. Ein wichtiger Fortschritt ist die Einführung von nichtlinearer Akkumulation und Interaktion zu den beiden Schädigungsarten (Ermüdung und Kriechen). Dies leistet die Kontinuumstheorie der Schädigungsmechanik. In dieser Theorie wird die Kriechschädigung bei monotoner einachsiger Beanspruchung nach Rabotnov [459] und Kachanov [796, 797] wie folgt dargestellt:

$$D=1-\left(\frac{t}{t_{\mathrm{B}}}\right)^{1/(k+1)} \tag{5.30}$$

mit der (temperaturabhängigen) Werkstoffkonstanten k.

Die (reine) Ermüdungsschädigung wird andererseits durch (5.20) bzw. (5.21) erfaßt. Bei Überlagung der beiden Schädigungsvorgänge werden die Schädigungsdifferentiale

$$\mathrm{d}D=f_{\mathrm{k}}(\sigma,D,T)\mathrm{d}t+f_{\mathrm{e}}(\sigma_{\mathrm{o}},\sigma_{\mathrm{m}},D,T)\mathrm{d}N \tag{5.31}$$

fortlaufend integriert [78, 79]. Dieser Ansatz beinhaltet ein einheitliches Schädigungsmaß D für Ermüdung und Kriechen. Metallphysikalisch liegen unterschiedliche Prozesse zugrunde (Rißbildung bzw. Hohlraumbildung). Es kann jedoch argumentiert werden, daß Hohlraumbildung durch Korngrenzenentfestigung den (Mikro-)Rißfortschritt begünstigt und umgekehrt (Mikro)Rißbildung durch die rißbedingten Spannungskonzentrationen das Hohlraumwachstum fördert. Der vorstehende Ansatz erfaßt nichtlineare Interaktion der vielfach stark unterschiedlichen Schädigungsentwicklungen durch Kriechen und Ermüdung.

Einen alternativen rechnerischen Zugang zur Schadensakkumulation bei Hochtemperaturbeanspruchung bieten Methoden, die die Schädigung ausgehend von der spezifischen plastischen Verformungsenergie der Hystereseschleifen definieren (Leis [752]).

Schadensakkumulation gemäß Schädigungsparametern

Schädigungsparameter sind physikalisch begründete Beanspruchungsgrößen, die die Schädigung durch Ermüdung ausgehend von den einzelnen Beanspruchungszyklen und deren Hystereseschleifen kennzeichnen. Je nach Vorstellung, welche Prozesse bzw. welche Teile der Hystereseschleifen die Ermüdungsschädigung bedingen, haben diese Parameter unterschiedliche Form. Die Hystereseschleifen selbst sind aus der Beanspruchungs-Zeit-Funktion über eine Rainflow-Zählung ermittelbar. Die maßgebenden Beanspruchungen können als Spannungen, Dehnungen und/oder Verformungsenergiedichten eingeführt werden. Sie können globaler oder lokaler Art sein. Schädigungsparameter umfassen den Einfluß der Beanspruchungsamplituden und der Beanspruchungsmittelwerte auf die Schädigung. Reihenfolgeeffekte sind zunächst nicht erfaßt, jedoch grundsätzlich integrierbar.

Durch Anwendung des jeweiligen Schädigungsparameters auf die Dehnungs-Wöhler-Linie (konstante Amplitude, Mittelspannung null, Versagenskriterium Anriß) kann letztere als Schädigungsparameter-Wöhler-Linie dargestellt werden. Von ihr ausgehend ergeben sich bei variabler Amplitude und Mittelspannung ungleich null die Schädigungsbeiträge der einzelnen Schwingspiele aus den Kehrwerten der den jeweiligen Schädigungsparameterwerten zugehörigen Anrißschwingspielzahlen. Die Aufsummierung der Schädigungsbeiträge ergibt die Gesamtschädigung D. Sofern die gewählte Schädigungshypothese zutrifft, ist der Anriß bei der Schädigungssumme $D = 1{,}0$ zu erwarten.

Der Schädigungsparameter P_{SWT} nach Smith, Watson und Topper [781] sieht das Produkt aus Oberspannung σ_{o} und (Gesamt)Dehnungsamplitude $\varepsilon_{\mathrm{a}} = \Delta\varepsilon/2$ als schädigend an, wobei der Elastizitätsmodul E als zusätzliche (schädigungsirrelevante) Größe eingeführt ist:

$$P_{\mathrm{SWT}} = \sqrt{\sigma_{\mathrm{o}}\varepsilon_{\mathrm{a}}E} \tag{5.32}$$

Das Produkt $\sigma_{\mathrm{o}}\varepsilon_{\mathrm{a}}$ kann als (Verformungs)Energiedichte interpretiert werden, die dem rechten oberen Teil der Hystereseschleife entspricht, Abb. 5.51.

Aus der Dehnungs-Wöhler-Linie nach (2.20) und dem Schädigungsparameter nach (5.32) folgt die für beliebige Mittelspannung und Mitteldehnung gültige Schädigungsparameter-Wöhler-Linie:

$$P_{\mathrm{SWT}} = \sqrt{\sigma_{\mathrm{Z}}'^2(2N)^{2b} + \varepsilon_{\mathrm{Z}}'\sigma_{\mathrm{Z}}'E(2N)^{b+c}} \tag{5.33}$$

Sie kann aus Versuchsergebnissen mit $\sigma_{\mathrm{m}} = 0$ und $\varepsilon_{\mathrm{m}} = 0$ gewonnen werden. Aus ihr läßt sich die von σ_{m} und ε_{m} abhängige Schar von Dehnungs-Wöhler-

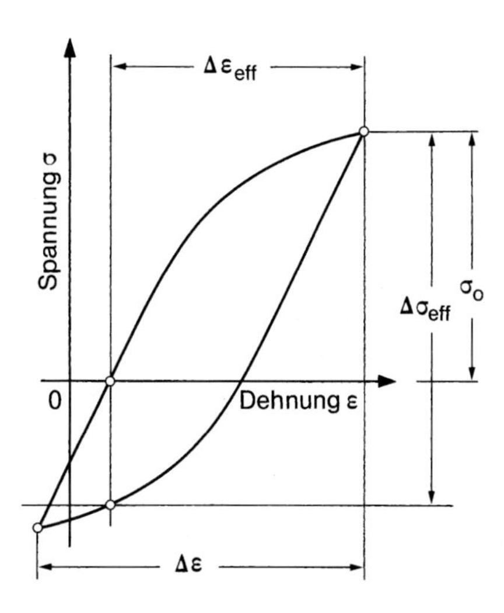

Abb. 5.51: Kennwerte der Spannungs-Dehnungs-Hystereseschleife im Hinblick auf die Schädigungsparameter P_{SWT} und P_{HL}

Linien ableiten. Wenn der Einfluß von $\sigma_{\rm m}$ und $\varepsilon_{\rm m}$ in Betracht gezogen wird, ist es wichtig, das Ausmaß der zyklischen Mittelspannungsrelaxation bzw. des zyklischen Mitteldehnungskriechens zutreffend abzuschätzen.

Nach Hanschmann [733] ist die Schädigung gemäß dem Schädigungsparameter $P_{\rm SWT}$ um eine Zusatzschädigung zu vergrößern, die die erhöhte Schädigung durch kleine Amplituden unmittelbar nach einer großen Amplitude berücksichtigt (ein Teil des Reihenfolgeeffekts).

Da der Schädigungsparameter $P_{\rm SWT}$ elastisch gerechnet nur eine Mittelspannungsempfindlichkeit $M \leq 0{,}4$ erfaßt, während bei hochfesten Werkstoffen $M = 0{,}6\text{-}0{,}8$ vorliegen kann, wird von Bergmann *et al.* [131] vorgeschlagen, die Oberspannung $\sigma_{\rm o}$ in (5.32) um einen mittelspannungsabhängigen Term zu vergrößern.

Der Schädigungsparameter $P_{\rm HL}$ nach Haibach und Lehrke [729] sieht das Produkt aus effektiver Spannungs- und Dehnungsschwingbreite, $\Delta\sigma_{\rm eff}\Delta\varepsilon_{\rm eff}$ nach Abb. 5.51, als maßgebend für die Schädigung an, wobei eine mit (5.32) direkt vergleichbare Formulierung bevorzugt wird [29] (auf Kosten der Vergleichbarkeit mit den Schädigungsparametern $Z_{\rm d}$ und $P_{\rm J}$):

$$P_{\rm HL} = \sqrt{\Delta\sigma_{\rm eff}\Delta\varepsilon_{\rm eff}E} \tag{5.34}$$

Dieser Parameterdefinition liegt die Vorstellung eines kleinen Risses im hochbeanspruchten Bereich der ungekerbten oder gekerbten Probe zugrunde. Schädigung tritt nur ein, wenn der Riß geöffnet ist. Die größte aufgetretene Spannungsamplitude legt für alle nachfolgenden kleineren Amplituden die Rißschließspannung senkrecht unter der beim Nulldurchgang des linken Hystereseastes angenommenen Rißöffnungsspannung fest, Abb. 5.51 (Bezugspunkt für $\Delta\sigma_{\rm eff}$ und $\Delta\varepsilon_{\rm eff}$). Gegenüber $P_{\rm SWT}$ ist der Schädigungsbereich der Hystereseschleife vergrößert, wobei die Reihenfolge großer und kleiner Amplituden berücksichtigt wird. Auch ist der Gesamtbereich der Mittelspannungsempfindlichkeit, $M = 0$ bis 1,0, abgedeckt. Der Schädigungsparameter $P_{\rm HL}$ wurde in ein weitergehendes Konzept der Berücksichtigung des Reihenfolgeeinflusses eingebunden (Verfahren der Amplitudentransformation [729]).

Der Schädigungsparameter $P_{\rm J}$ nach Vormwald und Seeger [1284] beschreibt das Kurzrißverhalten auf Basis des effektiven zyklischen J-Integrals $\Delta J_{\rm eff}$ unter Einschluß des Rißschließverhaltens, des Reihenfolgeeffekts, des Mehrachsigkeitseinflusses und der schädigungsbedingten Dauerfestigkeitsminderung (s. Kap. 7.8). Von Vormwald [1281] wird auch eine ausführliche Diskussion und Bewertung der herkömmlichen linearen und doppeltlinearen Schadensakkumulationshypothesen im Vergleich zu den Schädigungsparametern $P_{\rm SWT}$, $P_{\rm HL}$ und $P_{\rm J}$ gegeben.

Die vorstehend beschriebenen Schädigungsparameter $P_{\rm SWT}$, $P_{\rm HL}$ und $P_{\rm J}$ können, wie dargestellt, als Energiedichtegrößen aufgefaßt werden, die sich auf Teilbereiche der Hystereseschleifen der (Grund-)Beanspruchung beziehen. Es sind auch vereinzelt Energiedichte-Wöhler-Kurven publiziert worden. Schon die Miner-Regel läßt sich als Energiedichtehypothese (ohne die Kurzrißvorstellung) interpretieren. Das Energiedichtekonzept ist auch von Morrow [147], Halford

[731], Zuchowski [789], Leis [751, 752], Niu *et al.* [765] sowie Lagoda [747, 748] weiterverfolgt worden.

Der Schädigungsparameter P_{DQ} nach DuQuesnay, Topper, Yu und Pompetzki [718, 719] beruht auf der Vorstellung der Schädigung als Kurzriß und führt die Dehnungsschwingbreite $\Delta\varepsilon^*$ am Ort des Kurzrisses als schädigungsrelevant ein. Letztere ergibt sich aus der effektiven Dehnungsschwingbreite $\Delta\varepsilon_{eff}$, während der der Kurzriß geöffnet ist, abzüglich der werkstoffabhängigen eigentlichen Dauerfestigkeitsdehnungsschwingbreite $\Delta\varepsilon_{eD}$ (intrinsic fatigue limit strain range), das ist die Dehnungsdauerfestigkeit bei vollständig geöffnetem Riß (mit Elastizitätsmodul E):

$$P_{DQ} = E(\Delta\varepsilon_{eff} - \Delta\varepsilon_{eD}) \tag{5.35}$$

Der Parameter ist geeignet, die Dehnungs-Wöhler-Linie im Bereich mittlerer bis hoher Schwingspielzahlen bis Anriß (überwiegend elastische Grundbeanspruchung) unabhängig von der Mittelspannung einheitlich darzustellen. Der Mittelspannungseinfluß ist damit ausschließlich auf Rißschließvorgänge zurückgeführt. Ebenfalls lassen sich Lebensdauerberechnungen bei veränderlicher Dehnungsamplitude mit diesem Parameter durchführen.

Der Schädigungsparameter P_{KBM} nach Kandil, Brown und Miller [237, 238, 278], erweitert um den Mittelspannungseinfluß von Socie *et al.* [315], geht von der Hypothese aus, daß Ermüdungsrisse durch die Hauptscherdehnungsamplitude γ_{1a} unter Mitwirkung der Dehnungsamplitude $\varepsilon_{\perp a}$ senkrecht zum Riß sowie der Mittelspannung $\sigma_{\perp m}$ ebenfalls senkrecht zum Riß eingeleitet werden:

$$P_{KBM} = \gamma_{1a} + \varepsilon_{\perp a} + \frac{\sigma_{\perp m}}{E} \tag{5.36}$$

Die Größen $\varepsilon_{\perp a}$ und $\sigma_{\perp m}/E$ in (5.36) können mit experimentell zu bestimmenden Gewichtungsfaktoren versehen werden.

Aus (2.20) und (5.36) folgt über den einachsigen mittelspannungsfreien Referenzfall die Schädigungsparameter-Wöhler-Linie zu

$$P_{KBM} = 1{,}65\frac{\sigma'_Z}{E}(2N)^b + 1{,}75\varepsilon'_Z(2N)^c \tag{5.37}$$

Bei Beschränkung der Dehnungen in (5.36) auf deren plastischen Anteil (Kurzzeitfestigkeit) entfällt in (5.37) der linke Term auf der rechten Gleichungsseite.

Der Schädigungsparameter P_{KBM} ist eine Dehnungsgröße im Unterschied zu den Schädigungsparametern P_{SWT}, P_{HL} und P_J, die als Spannungsgrößen erscheinen. Auf die Hystereseschleife der Beanspruchung wird nicht Bezug genommen (vergleichbar mit P_{SWT}), aber der Mehrachsigkeitseinfluß ist erfaßt (vergleichbar mit P_J).

Kontinuumstheorie der Schädigung (Schädigungsmechanik)

Die Kontinuumstheorie der Schädigung, continuum damage mechanics, kurz „Schädigungsmechanik", faßt die Schädigung als makroskopische Feld- und Zustandsvariable in einem homogenen Kontinuum auf [78, 79, 790-805]. Der mi-

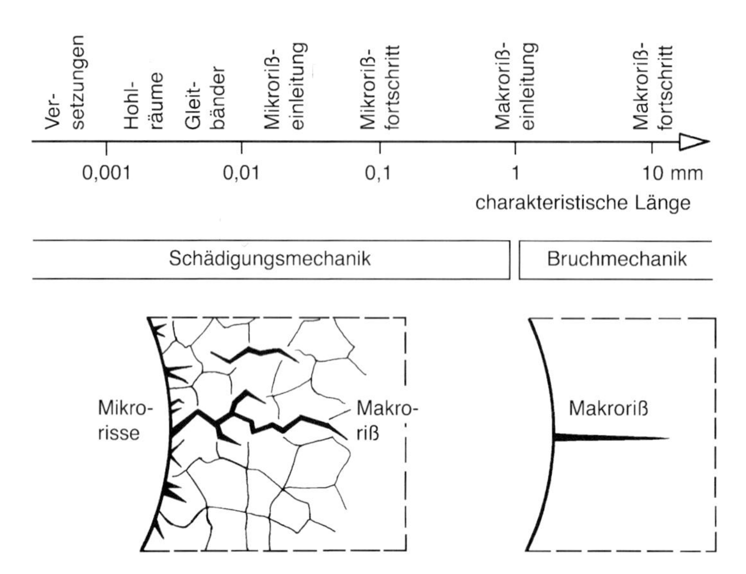

Abb. 5.52: Abgrenzung der Kontinuumstheorien von Schädigungsmechanik und Bruchmechanik; zugehörige charakteristische Längen von Fehlstellen und Rissen; nach Chaboche [792]

kroskopische Schädigungszustand wird über eine Länge von etwa 0,1-1,0 mm (oder über eine entsprechende Fläche oder über ein entsprechendes Volumen) gemittelt. Es umfaßt die Bildung von Mikrorissen oder Mikrohohlräumen. Die Abgrenzung der Schädigungsmechanik der Mikrofehlstellen zur Bruchmechanik des Makrorisses ist in Abb. 5.52 gezeigt.

Die Feld- und Zustandsvariable „Schädigung" (die Schädigungsvariable) erscheint in den Grundgleichungen, die das Verformungsverhalten des Werkstoffs beschreiben. Sie wächst ausgehend von einem Schwellenwert mit zunehmender Beanspruchung oder Beanspruchungsdauer, bis der Makroriß eingeleitet wird. Von da an konzentriert sich die Schädigung auf die unmittelbare Umgebung der Rißspitze.

Die Feld- und Zustandsvariable „Schädigung" kann auf unterschiedliche Weise definiert und gemessen werden, nämlich über die Restlebensdauer wie dargestellt, über die Dauerfestigkeitsminderung, über die in den Hystereseschleifen der Beanspruchung umgesetzte spezifische Verformungsenergie, über die effektiven Spannungen in dem durch Mikrofehlstellen geschädigten Kontinuum (Messung der Elastizitätsmoduländerung) oder über weitere schädigungsrelevante Größen (z. B. Dichteänderung, elektrische Widerstandsänderung, Schallemission, Dauerfestigkeitsänderung).

Die Schädigungsmechanik läßt sich ausgehend von der Thermodynamik irreversibler Prozesse mit inneren Zustandsvariablen einheitlich und umfassend begründen. In der einfacheren Form der Theorie werden kleine Dehnungen, isotrope Dehnungsverfestigung und isotrope Schädigung eingeführt. In der allgemeineren Theorie werden große Dehnungen, anisotrope („kinematische") Dehnungsverfestigung und anisotrope Schädigung einbezogen.

Die Schädigungsmechanik umfaßt die Teilbereiche der Kriechschädigung, der duktilen und spröden Verformungsschädigung sowie der Ermüdungsschädigung im Kurz- und Langzeitfestigkeitsbereich. Die historisch frühesten Ansätze von Kachanov [796, 797] und Rabotnov [459] beziehen sich auf die Kriechschädigung bei Hochtemperaturbeanspruchung. Der eigentliche Theorieausbau erfolgt insbesondere durch Chaboche und Lemaitre [790-793, 800].

In der Schädigungsmechanik ist die Schädigungsvariable die wichtigste Ausgangs- und Bezugsgröße, gleichbedeutend mit der Wöhler-Linie bei herkömmlichen Betrachtungen zur Ermüdungsfestigkeit oder mit der Rißgröße beim bruchmechanischen Ansatz.

Einheitliches Schädigungsmodell zu Rißeinleitung und Rißfortschritt

Ausgehend von der Kontinuumstheorie der Schädigung lassen sich Rißeinleitung und Rißfortschritt nach einem einheitlichen Modell erfassen. Voraussetzung ist die Diskretisierung des räumlichen oder ebenen Kontinuums in finite Elemente, die unter Einschluß der Zustandsvariablen „Schädigung" definiert sind (Paas *et al.* [802, 803], Peerlings *et al.* [804]). Bei der Problemlösung mit finiten Elementen ist die extreme Empfindlichkeit des Berechnungsergebnisses gegenüber der Netzfeinheit an der Rißspitze hinderlich. Die Empfindlichkeit läßt sich aus dem Singulärwerden der Schädigungsrate an der Rißspitze erklären. Das Problem ist behebbar, indem in den Grundgleichungen nichtlokale Beziehungen zwischen bestimmten Zustandsvariablen oder entsprechenden Gradienten eingeführt werden [804].

Beispielhaft werden Rißeinleitung und Rißfortschritt bei Langzeitermüdung ausgehend von einer Strukturkerbe über ein Finite-Elemente-Modell dargestellt [804]. In der Rißeinleitungsphase wächst die Schädigungsvariable unter dem

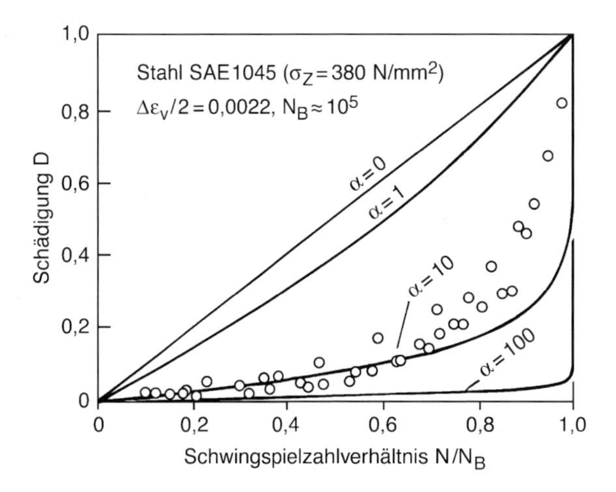

Abb. 5.53: Schädigung als Funktion des Schwingspielzahlverhältnisses im Langzeitfestigkeitsbereich; Versuchsergebnisse nach Hua u. Socie [740] und rechnerische Näherung gemäß Schädigungsmechanik nach Peerlings *et al.* [804]

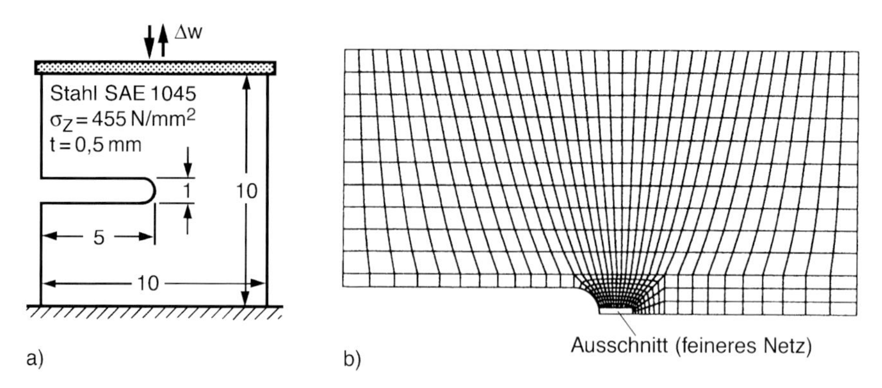

Abb. 5.54: Einseitig gekerbte Scheibe unter zyklischer Randverschiebung (a) und Finite-Elemente-Netz für die Schädigungsberechnung (b); nach Peerlings *et al.* [804]

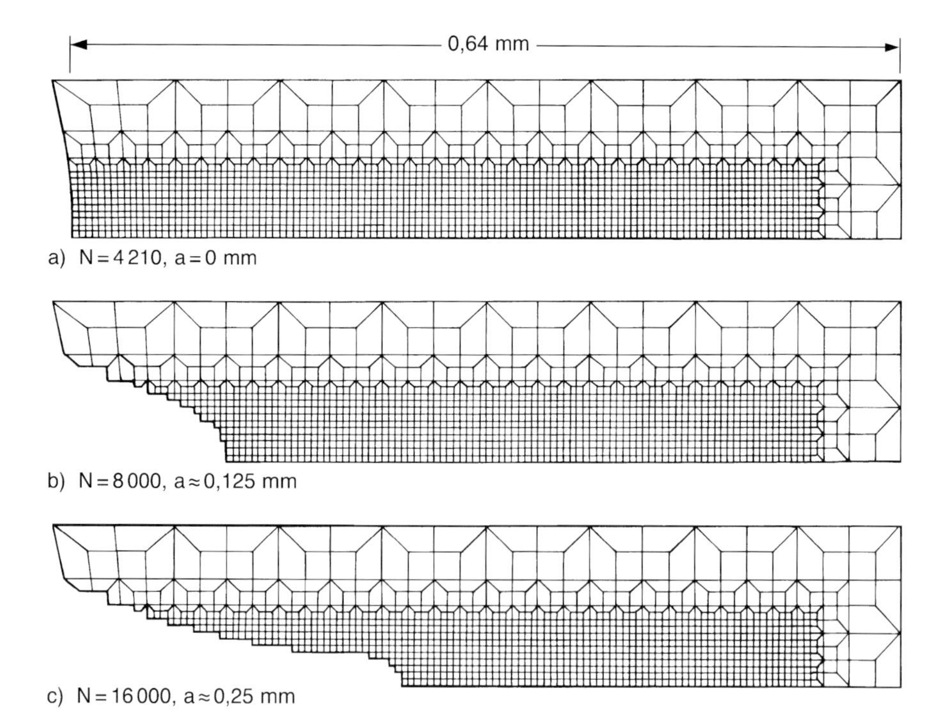

Abb. 5.55: Ergebnis der Finite-Elemente-Berechnung gemäß Schädigungsmechanik für die Kerbscheibe; Rißeinleitung und Rißfortschritt (Rißlänge *a*); nach Peerlings *et al.* [804]

Einfluß der zyklischen Beanspruchung stetig an. Bei einer bestimmten Höhe der akkumulierten Schädigung kann der Werkstoff keine Spannungen mehr übertragen, so daß ein Riß eingeleitet wird. Die weitere Schädigung lokalisiert sich an Rißspitze und Rißflanken. Der Riß vergrößert sich im Zusammenwirken von lokaler Schädigungszunahme und Spannungsumverteilung beim Rißfortschritt.

Die Schädigungsfunktion (5.23) wird mit $\alpha = 10$ entsprechend den Versuchsergebnissen von Hua und Socie [740] für den Stahl SAE1045 eingeführt, Abb. 5.53. Die dünne Scheibe mit quer angeordneter U-förmiger Kerbe (ebener Spannungszustand) wird über die Randverschiebung Δw zyklisch beansprucht, Abb. 5.54 (a). Der Werkstoff wird als elastisch mit zyklischer Schädigung eingeführt. Das Finite-Elemente-Netz der oberen Symmetriehälfte (ohne das noch feinere Netz mit der Elementlänge $h = 0{,}005$ mm im Ausschnitt) zeigt Abb. 5.54 (b). Schließlich ist das Berechnungsergebnis am feineren Netz des Ausschnittes in Abb. 5.55 (a-c) gezeigt. Die Elemente, in denen die Vollschädigung erreicht wurde, sind entfernt. Bei $N = 16.000$ ist die Rißlänge $a = 0{,}25$ mm erreicht. Sie steigt bei $N = 36.000$ auf $a \approx 0{,}5$ mm an. Es konnte gezeigt werden, daß die berechnete stationäre Rißfortschrittsrate von der Elementgröße weitgehend unabhängig ist ($h \approx 0{,}005$-$0{,}05$), wenn die gradientengestützte Schädigungsmodellierung gewählt wird.

5.5 Kerbmechanischer Ansatz

Belastung mit veränderlicher Mittellast

Die vorstehend erläuterten Hypothesen der Schadensakkumulation führen, wenn sie auf Nennspannungsamplituden ohne örtliche Beanspruchungsanalyse an der Rißeinleitungsstelle, meist eine Kerbe, angewendet werden, nur dann zu halbwegs brauchbaren Ergebnissen, wenn die Mittellast bzw. Mittelnennspannung sich nur wenig ändert und somit deren Reihenfolgeeffekt unterdrückt bleibt. Dies ist bei betriebsbeanspruchten Bauteilen eher die Ausnahme als die Regel. Zusätzlich ist in diesen Fällen der Verlauf der Kerbgrundbeanspruchung zu beachten. In letzter Konsequenz führt das zur Anwendung der Schadensakkumulationshypothese direkt auf die Kerbgrundbeanspruchungen.

Ein bekannter und intensiv erforschter Fall stark veränderlicher Mittellast tritt am Flugzeugflügel auf, dessen Unterseite im Flug veränderliche Zugspannungen aufweist (Biegung durch Auftriebskraft überlagert von Böenbeanspruchung) und im Rollen am Boden veränderliche Druckspannungen (Biegung durch Flügelgewicht überlagert von Bodenerregung). Es superponieren sich die Lastkollektive der Start-Lande-Wechsel, der Böenbeanspruchung und der Bodenerregung. Der schematische Beanspruchungsablauf ist in Abb. 5.56 gezeigt: Der Lastablauf (a) wird zunächst im zyklischen Spannungs-Dehnungs-Diagramm (b) verfolgt und dann als Gesamtspannung (c) und Eigenspannung (d) im Kerbgrund über der Zeit dargestellt. Die Dehnung in (b) ist näherungsweise der Last in (a) proportional gesetzt. Die Gesamtspannung (c) kann dann abgegriffen werden. Die Eigen-

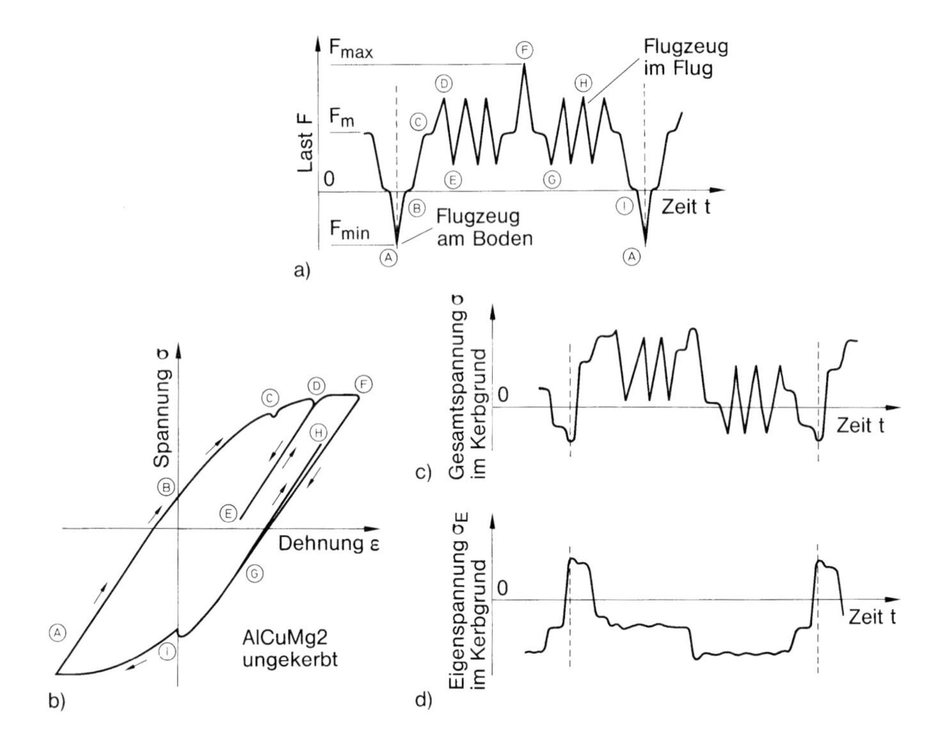

Abb. 5.56: Spannungsamplitudenfolge im Kerbgrund mit starker Mittelspannungsänderung (Flügelunterseite bei Betriebsbelastung): Lastamplitudenfolge (a), Spannungs-Dehnungs-Hystereseschleife (b), Gesamtspannungsablauf im Kerbgrund (c), Eigenspannungsablauf im Kerbgrund (d); nach Haibach *et al.* [825]

spannung (d) ergibt sich nach jeweils vollständiger Entlastung gegenläufig zur plastischen Dehnung. Die historisch früh konzipierten Diagramme sind ungenau und sollen nur das Phänomen der veränderlichen Eigenspannung im Kerbgrund tendenziell veranschaulichen.

Erweitertes Kerbgrundkonzept

In Fällen stark veränderlicher Mittellast führt nur der kerbmechanische Ansatz mit Berücksichtigung der veränderlichen Kerbmittelspannungen zu realistischeren Lebensdauerwerten von Proben und Bauteilen. In Erweiterung des kerbmechanischen Ansatzes bei konstanter Amplitude und Mittellast wird angenommen, daß sich der Werkstoff im Kerbgrund auch bei veränderlicher Amplitude und Mittellast hinsichtlich Verformung und Anriß ähnlich verhält wie eine dort gedachte (oder auch tatsächlich herausgelöste und geprüfte) axialbelastete ungekerbte Vergleichsprobe hinsichtlich Verformung und vollständigem Bruch („erweitertes Kerbgrundkonzept" bei Betriebsbelastung im Unterschied zum „engeren Kerbgrundkonzept" bei Einstufenbelastung, s. Kap. 4.13). Die zu lösende

Aufgabe besteht wieder darin, einerseits den Beanspruchungsablauf im Kerbgrund und andererseits die dem Beanspruchungsablauf entsprechende Schädigung einschließlich der Bruchgrenze für die Vergleichsprobe rechnerisch und experimentell zu ermitteln (basierend auf zyklischer Spannungs-Dehnungs-Kurve, Dehnungs-Wöhler-Linie oder Schädigungsparameter-Wöhler-Linie, Haigh-Diagramm usw.). Daraus ergibt sich eine Lebensdauerlinie für den Anriß in der gekerbten Probe oder im Bauteil, von der ausgehend die Lebensdauerlinie für den Bruch über die bruchmechanische Berechnung des Rißfortschritts abgeschätzt werden kann.

Lebensdauerberechnung

Die Berechnung der Lebensdauer bis Anriß oder Bruch folgt dem in Abb. 5.57 dargestellten Ablaufschema. Die Kerbgrundbeanspruchung kann nach einer der bekannten Näherungsformeln sowie nach numerischen Verfahren bestimmt werden (dabei ist bei scharfen Kerben mit kleinem Kerbradius bzw. bei kleinem höchstbeanspruchten Werkstoffvolumen anstelle der Formzahl α_k die kleinere Kerbwirkungszahl β_k einzuführen). Die Basis dafür bildet die zyklische Spannungs-Dehnungs-Kurve und die daraus nach dem Masing-Modell direkt ableitbaren Hystereseschleifen. Für zyklische Relaxation bzw. zyklisches Kriechen gelten Näherungsansätze, die abhängig von Amplitudenhöhe und Schwingspiel-

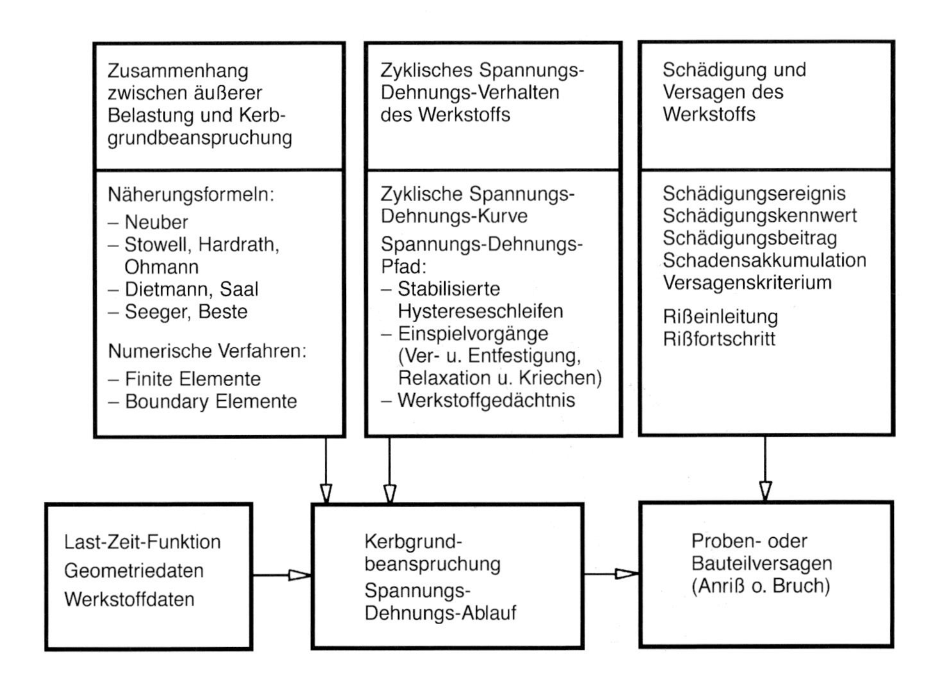

Abb. 5.57: Ablaufschema der Lebensdauerberechnung bis Anriß oder Bruch nach dem hinsichtlich Betriebsfestigkeit erweiterten Kerbgrundkonzept für gekerbte Proben und Bauteile; nach Beste [808]

zahl die zyklisch verursachte Mittelspannungs- bzw. Mitteldehnungsänderung angeben. Bei Vorgängen mit veränderlicher Lastamplitude und Mittellast spielt außerdem das „Werkstoffgedächtnis“ eine entscheidende Rolle. Es verbürgt die „richtige“ Aufeinanderfolge der Umkehrpunkte der Hystereseschleifen. Schließlich ergeben sich aus den Hystereseschleifen der Kerbgrundbeanspruchung die Teilschädigungen, die sich bis zur Bildung eines Anrisses aufsummieren. Dazu ist eine Schadensakkumulationsrechnung mit Bezug auf die Dehnungs-Wöhler-Linie unter Einschluß des Mittelspannungseinflusses oder mit Bezug auf die Schädigungsparameter-Wöhler-Linie durchzuführen. Dem Anriß folgt erst der stabile Rißfortschritt und dann der vollständige Bruch. Die letzteren Vorgänge lassen sich auf der Basis der Bruchmechanik rechnerisch darstellen (s. Kap. 6.4).

Werkstoffgedächtnis

Der Spannungs-Dehnungs-Pfad zwischen den Umkehrpunkten der Hystereseschleifen ergibt sich aus der Form der zyklischen Spannungs-Dehnungs-Kurve nach dem Masing-Modell, wobei die in Abb. 5.58 veranschaulichten drei Arten von Werkstoffgedächtnis (M1, M2, M3) zu beachten sind:

- Werkstoffgedächtnis M1: Bei Erstbelastung wird nach Schließen einer Hystereseschleife die zyklische Spannungs-Dehnungs-Kurve fortgesetzt.
- Werkstoffgedächtnis M2: Auf Schleifenästen wird nach Schließen einer Hystereseschleife der ursprüngliche Schleifenast weiterverfolgt.
- Werkstoffgedächtnis M3: Ein auf der zyklischen Spannungs-Dehnungs-Kurve begonnener Schleifenast endet, wenn der Spiegelpunkt des Startpunktes im

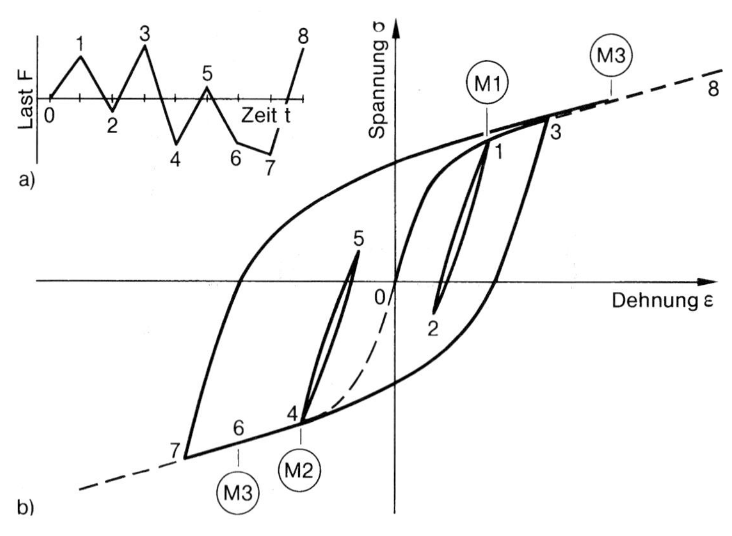

Abb. 5.58: Lastfolge an ungekerbter Probe (a) und Spannungs-Dehnungs-Pfad (b) zur Veranschaulichung dreier Arten von Werkstoffgedächtnis (memory M1, M2 und M3); nach Clormann u. Seeger [585]

gegenüberliegenden Quadranten erreicht ist; danach wird die zyklische Spannungs-Dehnungs-Kurve fortgesetzt.

Zur rechnerischen Simulation des komplexen zyklischen Verhaltens kann das von Martin *et al.* [841], Wetzel [872] sowie Jhansale und Topper [831] eingeführte rheologische Hysterese-Modell dienen, das die stückweise linearisierten Kurvenäste durch einen Verbund diskreter Feder- und Reibelemente darstellt. Wesentlich günstiger hinsichtlich Rechenzeit ist es, die geschlossenen Hystereseschleifen mittels Rainflow-Zählung zu identifizieren (s. Kap. 5.2). Dabei wird von der Tatsache Gebrauch gemacht, daß jeder Schleife im Last-Verformungs- bzw. Nennspannungs-Nenndehnungs-Diagramm eine ebensolche im Kerbspannungs-Kerbdehnungs-Diagramm entspricht. Der Zusammenhang kann durch die Neuber-Formel (4.21) oder deren Modifikationen näherungsweise beschrieben werden.

Schadensakkumulation im Kerbgrund

Die Berechnung der Schadensakkumulation nach dem Kerbgrundkonzept für gekerbte Proben oder Bauteile unter Betriebsbelastung erfolgt einerseits ausgehend von den Hystereseschleifen im Kerbgrund als Maß für die Teilschädigungen und andererseits ausgehend von der Dehnungs-Wöhler-Linie als Maß für die ertragbare Gesamtschädigung [826, 829].

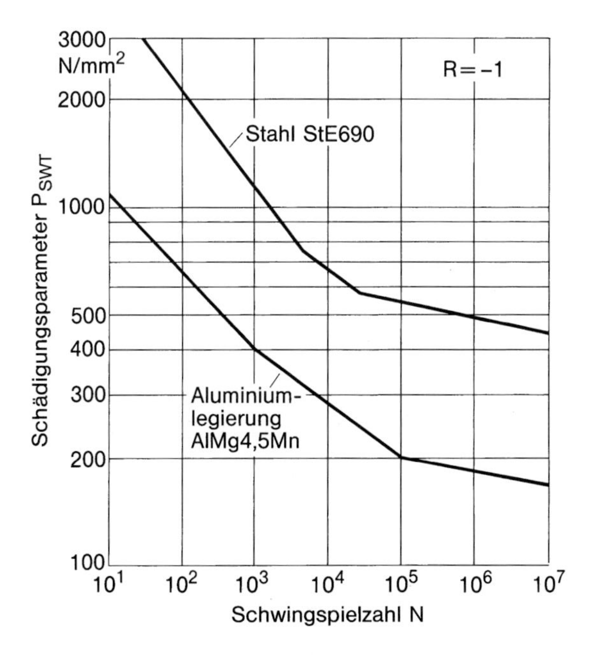

Abb. 5.59: Schädigungsparameter-Wöhler-Linien für Stahl und Aluminiumlegierung auf Basis der Dehnungs-Wöhler-Linien ($R = -1$, ohne zyklische Vorbelastung), Schwingspielzahl N bis Bruch der Begleitprobe bzw. bis Anriß des Bauteils; nach Heuler [826]

Die Teilschädigung D_j einer Schleife wird im einfachsten Fall durch direkten Bezug auf die Dehnungs-Wöhler-Linie ohne oder mit Mittelspannungseinfluß ermittelt, $D_j = 1/N_{Bj}$. Die Teilschädigungen D_j werden zur Gesamtschädigung D aufsummiert. Der Anriß ist nach der originalen Schadensakkumulationshypothese nach Miner für $D = 1{,}0$ zu erwarten. Ebenso lassen sich die modifizierten und relativen Hypothesen mit $D \neq 1{,}0$ anwenden. Physikalisch plausibler ist der Vergleich des Schädigungsparameters, beispielsweise P_{SWT} nach (5.32), mit dem entsprechenden Grenzwert gemäß Dehnungs-Wöhler-Linie. Zur Vereinfachung der Berechnung wird letztere als Schädigungsparameter-Wöhler-Linie (oder P-Wöhler-Linie) dargestellt, Abb. 5.59. Der horizontale Auslauf der Linien im Dauerfestigkeitsbereich gilt nur bei Abbildung der Schädigung im Einstufenversuch ohne erhöhte zyklische Vorbelastung. Durch einmalige oder wiederholte Vorbelastung (typisch für Mehrstufen- und Random-Belastung) wird die Zeitfestigkeitslinie mit nur wenig veränderter Steigung in den Dauerfestigkeitsbereich hinein verlängert (s. Abb. 7.68).

Mittelspannungs-, Mitteldehnungs- und Reihenfolgeeinfluß

Der Mittelspannungs- und Mitteldehnungseinfluß kommt im Schädigungsparameter der Hystereseschleifen zum Ausdruck, während die Schädigungsparameter-Wöhler-Linie im allgemeinen für $\sigma_m = 0$ und $\varepsilon_m = 0$ ermittelt wird. Der Reihenfolgeeinfluß ist damit insoweit erfaßbar, als die Mittelspannungs- und Mitteldehnungsfolge wirklichkeitsnah vorgegeben wird. Zusätzlich zum Schädigungsparameter P_{SWT} kann die zusätzliche Schädigungswirkung kleiner Schwingamplituden nach einer großen Schwingamplitude nach Hanschmann [733] berücksichtigt werden. Auf Basis des Schädigungsparameters P_J nach dem Kurzrißmodell (s. Kap. 7.6) kann die Lebensdauervorhersage weiter verbessert werden.

Eine methodisch andersartige Weiterentwicklung der Schadensakkumulationsrechnung unter Berücksichtigung von Reihenfolgeeffekten stellt das „Verfahren der Amplitudentransformation“ nach Haibach und Lehrke [729] dar. Es ist darauf angelegt, Ergebnisse herkömmlicher Schwingfestigkeitsforschung auf der Basis der Nennspannungen mit den Erkenntnissen zur verbesserten Lebensdauerberechnung auf der Basis der Kerbgrundbeanspruchungen zu verbinden. Der Grundgedanke besteht darin, die Nennspannungsamplitude für jedes ermittelte Schwingspiel derart zu verringern (oder zu erhöhen), daß günstige (oder ungünstige) Einflüsse der Mittelspannung oder auch Wechselwirkungen abgedeckt sind. Das Ausmaß der Amplitudentransformation wird aus der Hystereseschleife der örtlichen Spannung und Dehnung für die schwingbruchkritische Kerbstelle über den Schädigungsparameter berechnet.

Mehrachsigkeitseinfluß

Der Einfluß unterschiedlicher oder veränderlicher Mehrachsigkeit der Beanspruchung im Kerbgrund konnte im kerbmechanischen Ansatz bisher nur überschlägig berücksichtigt werden. Bei proportionaler mehrachsiger Beanspruchung

(Hauptspannungsrichtung konstant) wird bei duktilem Werkstoff die Vergleichsspannung nach der Hypothese der Gestaltänderungsenergie anstelle der einachsigen Spannung im Kerbgrund eingeführt und hinsichtlich der Dehnungen analog verfahren. Bei spröden Werkstoffen tritt an die Stelle der Hypothese der Gestaltänderungsenergie die Hypothese der größten Normalspannung. Das Festigkeitsverhalten im Kerbgrund unter nichtproportionaler, synchroner oder asynchroner Beanspruchung (Hauptspannungsrichtung veränderlich) wird durch besondere Festigkeitshypothesen beschrieben (s. Kap. 3.3 u. 4.12). Hinzu treten besondere Zyklenzählmethoden und Schadensberechnungen pro Zyklus.

Folgende Schwierigkeiten sind zu überwinden. Zunächst sei der Dehnungspfad nach Abb. 5.60 (a) betrachtet, der an einem Hohlrundstab unter zusammengesetzter Zug-Druck- und Torsionsbelastung mit je variablen Amplituden gemessen wird (genauere Angaben fehlen in der Originalpublikation [336]). Im vorstehenden Sonderfall eines statisch bestimmten Zusammenhanges zwischen äußerer Belastung und inneren Spannungen lassen sich auch die Zyklen der Axial- und Schubbeanspruchung im Rohr durch Messung bestimmen, Abb. 5.60 (b, c). Im allgemeineren statisch unbestimmten Fall (der Normalfall bei Bauteilkerben) ist bereits die Zuordnung der Spannungen zu den gemessenen Dehnungen problematisch. Das Problem ist grundsätzlich lösbar, indem der mehrachsige anisotrope Verfestigungsvorgang auf theoretischer Basis numerisch verfolgt wird [526]. Damit ergibt sich die Möglichkeit, eine Rainflow-Zählung (oder Bereichszählung)

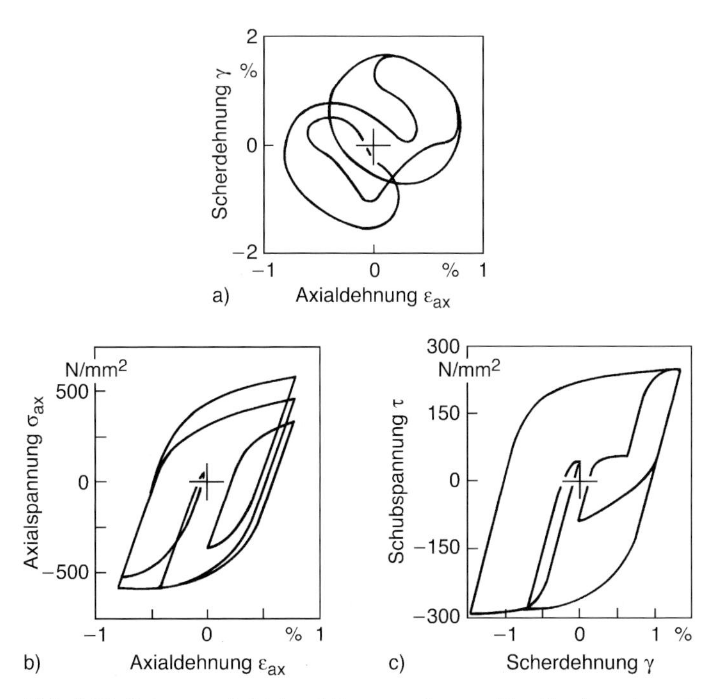

Abb. 5.60: Dehnungspfad (a) und Beanspruchungszyklen (b, c) an einem Probestab unter nichtproportional zusammengesetzter Zug-Druck- und Torsionsbelastung mit variablen Amplituden; nach Wang u. Brown [336]

für die Zyklen der Axial- und Schubbeanspruchung unabhängig voneinander durchzuführen. Es bleibt jedoch das Problem, wie die Ergebnisse der beiden Zählungen zu Schadensereignissen zu überlagern sind. Nur bei Dominanz eines der beiden Vorgänge sind Näherungslösungen vorstellbar.

Die allgemeinere Lösung des Problems gelingt im Prinzip nach dem Konzept der kritischen (Riß-)Ebene. Das neue Problem besteht dann darin, die Lage der kritischen Ebene zu bestimmen. Wenn die Art der Rißbildung bekannt ist (Modus I oder Modus III), kann Normal- oder Schubbeanspruchung als dominant rißbildend angesehen und deren Beitrag in den Vordergrund gestellt werden. Im allgemeinen kann jedoch die Art der Rißbildung nicht als bekannt vorausgesetzt werden, zumal sich bei nichtproportionaler Beanspruchung die Rißebene von Zyklus zu Zyklus ändern kann (Rißverzweigungen).

Für den Fall der koplanaren Rißvergrößerung schlagen Bannantine und Socie [231] vor, die kritische Ebene als Ebene mit maximalem Schaden unter allen möglichen Schnittebenen (senkrecht und schräg zur Oberfläche) zu bestimmen (Suchprozedur). Je nach Art der Rißbildung werden die Normal- oder Schubbeanspruchungszyklen als schädigend ausgehend von Rainflow-Zählung und Dehnungs-Wöhler-Linie (Schädigungsparameter P_{SWT}) angesehen. Die Schadenssumme wird jeweils nach der Miner-Regel gebildet.

Für den Fall allgemeiner (auch nichtkoplanarer) Rißvergrößerung schlagen Wang und Brown [334-336] vor, die Umkehrpunkte des Dehnungspfades ausgehend von der Vergleichsdehnung nach von Mises (oder Tresca) festzulegen (fragwürdig), um davon ausgehend eine Rainflow-Zählung durchzuführen. Als kritisch wird die Schnittebene maximaler Scherdehnung angesehen (gilt für duktile Werkstoffe). Die Schädigung pro Zyklus ergibt sich aus der Scherdehnung plus einem Anteil der senkrecht zur Scherebene wirkenden Normaldehnung (ausreichend im Bereich der Kurzzeitfestigkeit). Ein Mittelspannungsterm kann hinzutreten (zu empfehlen im Bereich der Zeit- und Langzeitfestigkeit). Die Gegenüberstellung mit der Dehnungs-Wöhler-Linie erfolgt auf Basis des Schädigungsparameters P_{KBM} nach (5.36). Die Mittelspannung kann vereinfachend als arithmetischer Mittelwert der Spannungen in den Umkehrpunkten eingeführt werden. Wiederum schließt sich die Bildung der Schadenssumme nach der Miner-Regel an.

Beide Lösungsansätze wurden bei nichtproportional zusammengesetzter Zug-Druck- und Torsionsbelastung von ungekerbten Hohlrundstäben unter veränderlichen Amplituden angewendet. Sie bereiten bei allgemeinerer Problemstellung (Bauteilkerben unter nichtproportionaler Beanspruchung) Schwierigkeiten, wenn neben den örtlichen Dehnungen auch die örtlichen Spannungen benötigt werden. Beide erläuterten Verfahren beinhalten erhebliche Vereinfachungen. Nach dem erstgenannten Verfahren wird vielfach eine zu hohe Lebensdauer ermittelt, nach dem zweitgenannten Verfahren dagegen im allgemeinen eine zu niedrige Lebensdauer.

Oberflächeneinfluß und statistischer Größeneinfluß

Sofern sich der Oberflächenzustand im Kerbgrund und an der Vergleichsprobe (hinsichtlich Gefüge, Rauhigkeit und Eigenspannungen) unterscheidet, ist eine

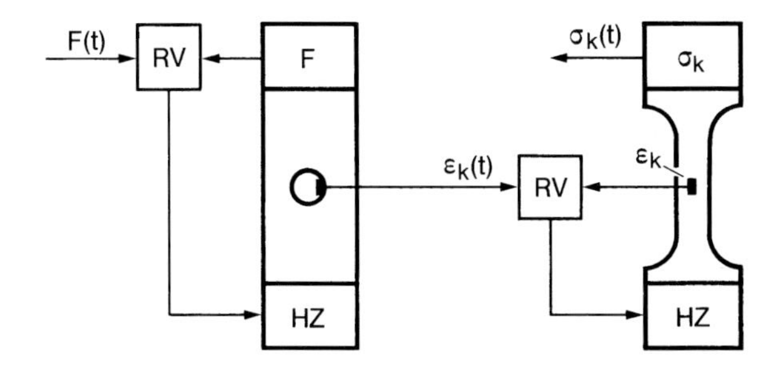

Abb. 5.61: Prinzipdarstellung des Begleitprobenversuchs nach Crews u. Hardrath [815] (RV Regelverstärker, HZ Hydraulikzylinder); Darstellung nach Haibach [29]

weitere Korrektur des kerbmechanischen Ansatzes notwendig. Das trifft insbesondere auf den Fall festigkeitssteigernder Kerbgrundbehandlungen zu.

Sofern das höchstbeanspruchte Werkstoffvolumen im Kerbgrund und in der Vergleichsprobe unterschiedlich groß ist, kommt der statistische Größeneinfluß zum Tragen, der in der Kerbwirkungszahl zunächst nicht erfaßt ist.

Begleitprobenversuch

Zum experimentellen Nachweis der Praktikabilität des erweiterten Kerbgrundkonzepts wurde der Begleitprobenversuch entwickelt, Abb. 5.61. Die einachsige Kerbgrundbeanspruchung in hinreichend dünner Scheibe, gemessen als Kerbdehnungsablauf $\varepsilon_k(t)$ unter äußerer Last $F(t)$, wird auf eine ungekerbte axialbeanspruchte Begleitprobe (companion specimen) übertragen. An der Begleitprobe ist der Kerbspannungsablauf $\sigma_k(t)$ meßbar, der im Kerbgrund nicht direkt bestimmt werden kann. Die Begleitprobe dient außerdem zur Simulation der Schädigung im Kerbgrund. Bei Gültigkeit des Kerbgrundkonzepts treten, unabhängig von der Art des Belastungsablaufs, der Anriß in der gekerbten Scheibe und der Bruch in der Begleitprobe etwa gleichzeitig auf. Vorausgesetzt wird, daß die für den Anriß im Kerbgrund und für den Bruch in der Begleitprobe maßgebenden Werkstoffvolumina etwa gleich groß sind. Bei mehrachsiger Kerbgrundbeanspruchung ist deren Vergleichsdehnung gemäß maßgebender Festigkeitshypothese vom Kerbgrund auf die Begleitprobe zu übertragen.

Neuber-Control-Versuch

Der Neuber-Control-Versuch ist eine Weiterentwicklung des Begleitprobenversuchs mit dem Ziel, den Versuchsaufwand zu reduzieren. Die Kerbbeanspruchung wird nunmehr gemäß Neuber-Formel (4.21) rechnerisch simuliert, die Begleitprobe dient nur noch der Simulation der Schädigung und (soweit erforderlich) der Bestimmung der zyklischen Spannungs-Dehnungs-Kurve, Abb. 5.62. Das auf einem Prozeßrechner laufende Programm vollzieht die folgenden Rechenschritte. Aus der Last-Zeit-Funktion $F(t)$ folgen die Nennspannungs-

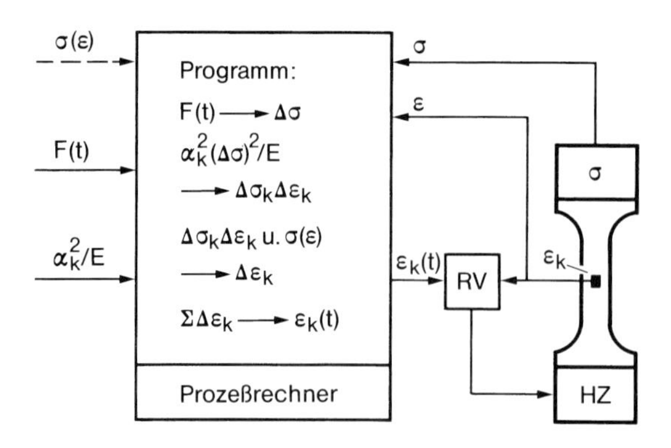

Abb. 5.62: Prinzipdarstellung des Neuber-Control-Versuchs nach Wetzel [871] (RV Regelverstärker, HZ Hydraulikzylinder); Darstellung nach Haibach [29]

schwingbreiten $\Delta\sigma$. Die Neuber-Formel (4.21), angewendet auf Schwingbreiten von Kerbspannung $\Delta\sigma_\mathrm{k}$, Kerbdehnung $\Delta\varepsilon_\mathrm{k}$ und Nennspannung $\Delta\sigma$ (mit Nenndehnung $\Delta\varepsilon = \Delta\sigma/E$), lautet:

$$\Delta\sigma_\mathrm{k}\,\Delta\varepsilon_\mathrm{k} = \frac{\alpha_\mathrm{k}^2(\Delta\sigma)^2}{E} \tag{5.38}$$

Modifikationen der Formel, die auf eine Minderung der Kerbdehnung bei milden Kerben hinauslaufen, sind ebenfalls im Gebrauch. Demnach kann aus $(\Delta\sigma)^2$ und α_k^2/E das Produkt $\Delta\sigma_\mathrm{k}\Delta\varepsilon_\mathrm{k}$ berechnet werden. Das Produkt kennzeichnet die Lage der Neuber-Hyperbel, deren Schnittpunkte mit der zyklischen Spannungs-Dehnungs-Kurve $\sigma = \sigma(\varepsilon)$ und dem zugehörigen Hysteresekurvenast die Kerbbeanspruchungen $\Delta\sigma_\mathrm{k}$ und $\Delta\varepsilon_\mathrm{k}$ festlegt (s. Abb. 4.56). Die Funktion $\sigma = \sigma(\varepsilon)$ kann an der Probe ermittelt werden oder (alternativ) dem Rechner schon vorgegeben sein. Das Aneinanderreihen der Werte $\Delta\varepsilon_\mathrm{k}$ ergibt schließlich die Kerbdehnungs-Zeit-Funktion $\varepsilon_\mathrm{k}(t)$, wobei es in erster Linie darauf ankommt, die Folge der Kerbdehnungsamplituden richtig wiederzugeben.

5.6 Konzepte zur Lebensdauervorhersage

Problemstellung

Die Ausführungen zur Betriebsfestigkeit von Proben und Bauteilen vermitteln dem Leser eine Vielzahl von Verfahren und Einzelinformationen zur Vorhersage der Lebensdauer mit jeweils äußerst beschränkter Einsatzmöglichkeit und allgemein unbefriedigender Ergebnisgenauigkeit. Damit stellt sich die Frage, welche Verfahren im konkreten Anwendungsfall zu wählen sind und welche Aussagen erwartet werden können. Im Vordergrund steht die Entscheidung zwischen Nennspannungskonzept und Kerbgrundkonzept sowie deren Kombination mit einer Schadensakkumulationsrechnung. Grundsätzlich gilt für genauere Vorhersagen der Lebensdauer, daß diese Konzepte nur Hypothesen darstellen, die experimentell verifiziert werden müssen [876].

Das Nennspannungskonzept ist auch als „globales Konzept" bekannt, womit der Unterschied zum lokalen Konzept hervorgehoben wird. Beim lokalen Konzept (auch „örtliches Konzept") basiert die Festigkeitsbeurteilung auf lokalen Beanspruchungsgrößen. Das Kerbgrundkonzept gilt als Sonderfall des lokalen Konzepts. Da allerdings Kerben besonders ermüdungsgefährdet sind, ist deren Hervorhebung in der Konzeptbezeichnung folgerichtig. Außerdem treten bei gekerbten gegenüber ungekerbten Bauteilen zusätzliche Einflußparameter auf, die sich nicht oder nur teilweise in lokaler Beanspruchung niederschlagen.

Nennspannungskonzept

Der Berechnungsablauf nach dem Nennspannungskonzept, Abb. 5.63, ist wegen des geringeren Aufwandes zu bevorzugen, setzt aber voraus, daß geeignete, möglichst statistisch abgesicherte Nennspannungs-Wöhler-Linien im jeweiligen Anwendungsfall verfügbar sind. Die Kombination mit der relativen Miner-Regel in zweckmäßig modifizierter Form ermöglicht Ergebnisse, die für Tendenz- und Relativaussagen zur Lebensdauer direkt geeignet sind. Die Verwendung der Schätzwerte im absoluten Sinn setzt Verifikationsversuche voraus. Das Nennspannungskonzept bildet die Grundlage der Bauteildimensionierung und ist als Auslegungsverfahren in den Regelwerken verankert, sofern das Bauteil einfache Gestalt hat und sich die Nennspannung definieren läßt. Es gilt insofern als fehler-

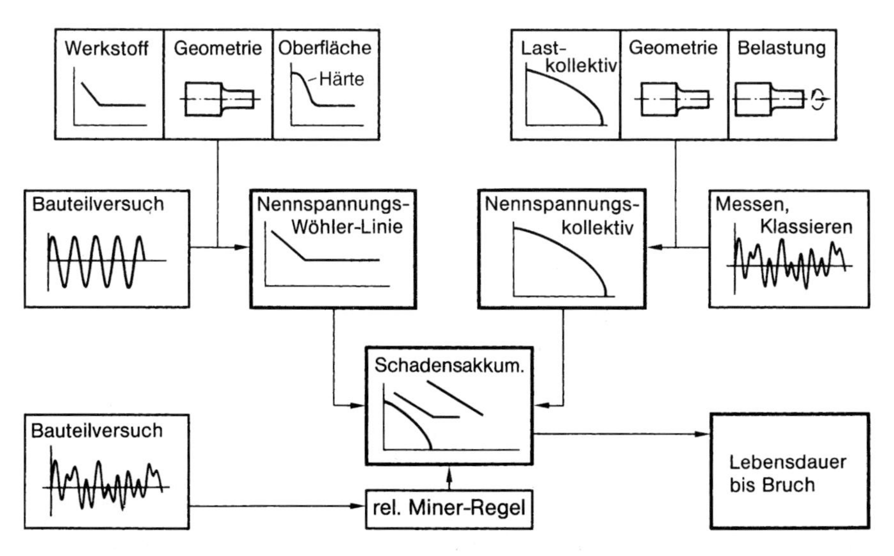

Abb. 5.63: Ablaufschema der Lebensdauerabschätzung für Bauteile nach dem Nennspannungskonzept unter Verwendung der relativen Miner-Regel; nach Kloos [834]

stabil, als sich kleine Abweichungen der wenigen einzugebenden Parameter nur geringfügig auf die Lebensdauervorhersage auswirken [876].

Kerbgrundkonzept

Der Berechnungsablauf nach dem Kerbgrundkonzept, Abb. 5.64, ermöglicht eine tiefergehende Durchdringung der Zusammenhänge zwischen den zum Bauteilversagen führenden Vorgängen. Er erfordert jedoch einen wesentlich höheren Aufwand bei der Beschaffung der Ausgangsdaten zu örtlicher Geometrie, örtlichem Werkstoffverhalten, örtlichem Oberflächenzustand und örtlicher Beanspruchung. Da die Berechnung nur bis zum Versagen durch Anriß erfolgt, ist eine Rißfortschrittsberechnung anzuschließen, um auch das Versagen durch Bruch zu erfassen (s. Kap. 6.4). Rißfortschritt wird allerdings bei lebenswichtigen Teilen nicht zugelassen. Verifikationsversuche zu den Berechnungen sind bei Absolutaussagen unabdingbar. Das Kerbgrundkonzept bildet die Grundlage der Bauteildimensionierung, wenn Nennspannungen nicht definierbar sind, und ganz allgemein die Grundlage der Bauteiloptimierung. Es gilt insofern als fehlerempfindlich, als sich kleine Abweichungen der vielen einzugebenden Parameter sehr stark auf die Lebensdauervorhersage auswirken können [876].

Die durch den Berechnungsablauf erzwungene tiefere Durchdringung der Zusammenhänge hat für die Optimierung der auf der Basis des Nennspannungskonzepts ausgelegten Bauteile große Bedeutung. Durch die örtliche Analyse wird erkannt, durch welche Maßnahmen eine Konstruktionsverbesserung mög-

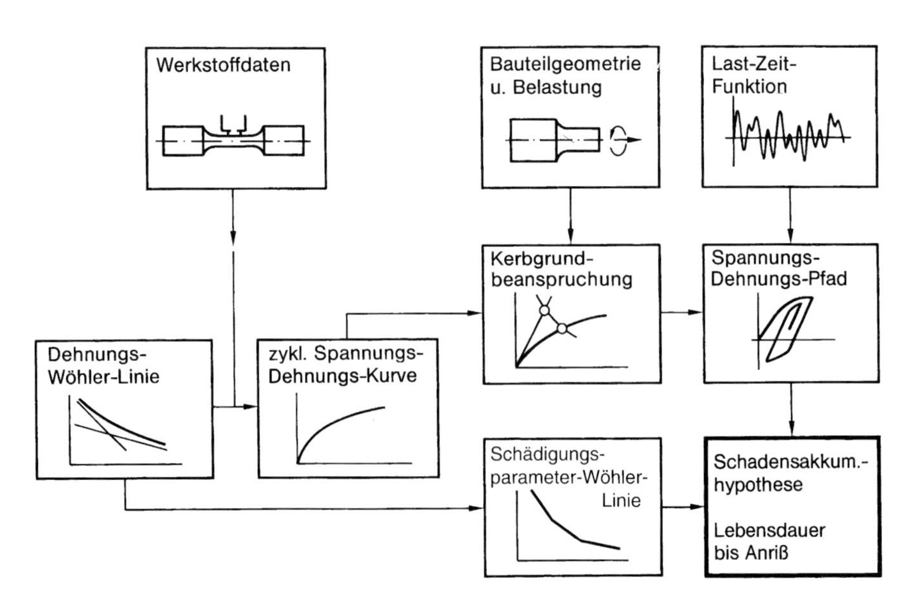

Abb. 5.64: Ablaufschema der Lebensdauerberechnung bis Anriß nach dem hinsichtlich Betriebsfestigkeit erweiterten Kerbgrundkonzept für gekerbte Proben und Bauteile; in Anlehnung an Bäumel, Köttgen, Boller u. Seeger in [834]

lich ist. Des weiteren wird die Grundlage für die Übertragung von Versuchsergebnissen an Proben auf komplexere Bauteile gelegt. Auch kann auf dieser Basis die noch unerprobte Neukonstruktion mit der bewährten Altkonstruktion verglichen werden. Besonders beim Übergang auf neuartige Geometrien, Baugrößen, Werkstoffe, Oberflächenzustände und Belastungen führt nur das Kerbgrundkonzept weiter.

Anwendung der Konzepte im Verbund

Zur Bauteilauslegung wird überwiegend das Nennspannungskonzept angewendet, das auch durch Regelwerke vorgeschrieben wird. Voraussetzung ist die Definierbarkeit der Nennspannung. Dennoch werden im allgemeinen zusätzliche Informationen über die das Versagen bestimmenden örtlichen Verhältnisse (Beanspruchung, Werkstoff- und Oberflächenzustand) eingeholt.

Das Kerbgrundkonzept wird andererseits bei Bauteilen mit nicht definierbarer Nennspannung sowie bei neuartigen Konstruktionsweisen bevorzugt, für die Nennspannungs-Wöhler-Linien oder gar Regelwerksangaben noch nicht verfügbar sind. Es wird jedoch der indirekte Anschluß an das Nennspannungskonzept dadurch hergestellt, daß nach der jeweils gewählten Variante des Kerbgrundkonzepts stichprobenweise auch bewährte Altkonstruktionen oder einzelne anerkannte Nennspannungs-Wöhler-Linien nachgerechnet werden.

Hervorzuheben ist, daß in beiden Konzepten hinsichtlich der Schadensakkumulationsrechnung sehr pauschal verfahren wird. Meist wird die relative Miner-Regel in modifizierter Form angewendet. Beim Kerbgrundkonzept bietet sich alternativ die Lebensdauervorhersage auf Basis eines Schädigungsparameters an, wobei auch hier ein empirisch begründeter Korrekturfaktor zu empfehlen ist. Bei allen Verfahren bleibt also das Problem der Festlegung der zulässigen Schadenssumme ungelöst, die in komplexer Weise von zahlreichen Einflußgrößen abhängt und nicht einheitlich gewählt werden kann. Experimentelle Verifikation ist im betrachteten Einzelfall unabdingbar. Es besteht begründete Hoffnung, die Relativierung bzw. Korrektur der berechneten Lebensdauerwerte in Zukunft durch eine auf der Kurzrißbruchmechanik beruhende zuverlässigere Schadensakkumulationsrechnung ersetzen zu können.

Potential und Grenzen der lokalen Konzepte

Die lokalen Konzepte unter Einschluß des besonders wichtigen Kerbgrundkonzepts weisen gegenüber den globalen Konzepten, insbesondere dem Nennspannungskonzept, ein erhebliches Potential auf, sind jedoch auch an Grenzen gebunden. Die Stärke der lokalen Konzepte liegt im Bereich der relativen Bewertung von Bauteilentwürfen, in der Abschätzung der Wirksamkeit von Entwurfsentscheidungen, in der Optimierung von Bauteilen, in der Rückverfolgung von Schadensfällen und im Nachweis der fallspezifischen Betriebseignung. Andererseits sind den lokalen Konzepten Grenzen gesetzt. Die lokalen Einflußparameter müssen quantifiziert sein, über die relative Bedeutsamkeit der Einflüsse müssen Kenntnisse vorliegen, eine gewisse Vereinheitlichung der Vorgehensweise steht

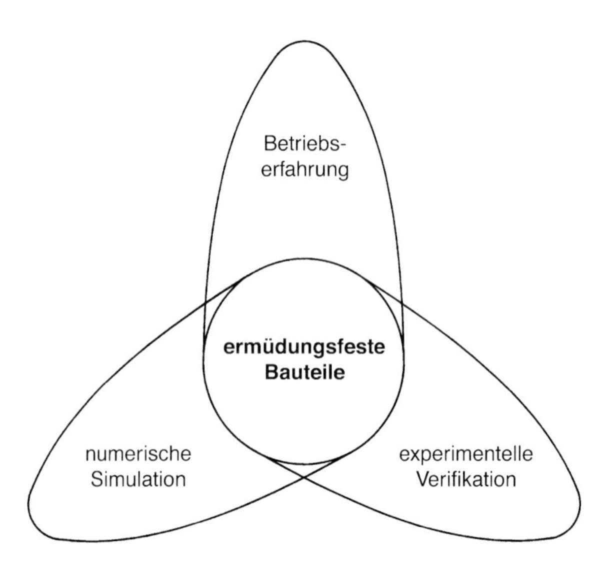

Abb. 5.65: Entwicklung ermüdungsfester Bauteile im Zusammenwirken von Betriebserfahrung, numerischer Simulation und experimenteller Verifikation

vorerst aus, ebenso fehlen Dokumentationsregeln für den Berechnungsgang, die lokalen Konzepte neigen zu einer verwirrenden Eskalation der Details, eine experimentelle Verifikation der Berechnungsergebnisse ist unabdingbar, vom Berechnungsingenieur wird ein hohes Maß an Umsicht und Fachwissen erwartet (Einzelheiten s. [64, 65]).

In Anbetracht der Potentiale und Grenzen der lokalen Konzepte können die Voraussetzungen für deren erfolgreichen Einsatz nach Abb. 5.65 grafisch veranschaulicht werden. Ermüdungsfeste Bauteile lassen sich nur im Zusammenwirken von Betriebserfahrung, numerischer Simulation und experimenteller Verifikation erfolgreich entwickeln.

5.7 Rechnerischer Festigkeitsnachweis für Maschinenbauteile

Ausgangsbasis

Der rechnerische Festigkeitsnachweis (oder Lebensdauernachweis) für Maschinenbauteile hat die in Abb. 5.66 gezeigte Struktur. Aus den Belastungs-, Werkstoff- und Konstruktionsdaten wird die Bauteilfestigkeit (oder Bauteillebensdauer) berechnet, wobei zwischen statischer Festigkeit, Schwingfestigkeit und Betriebsfestigkeit unterschieden wird. Der Festigkeitsnachweis (oder Lebensdauernachweis) besteht darin, mit der Betriebsbelastung einen bestimmten Sicherheitsabstand zur ermittelten Bauteilfestigkeit (oder Bauteillebensdauer) einzuhalten.

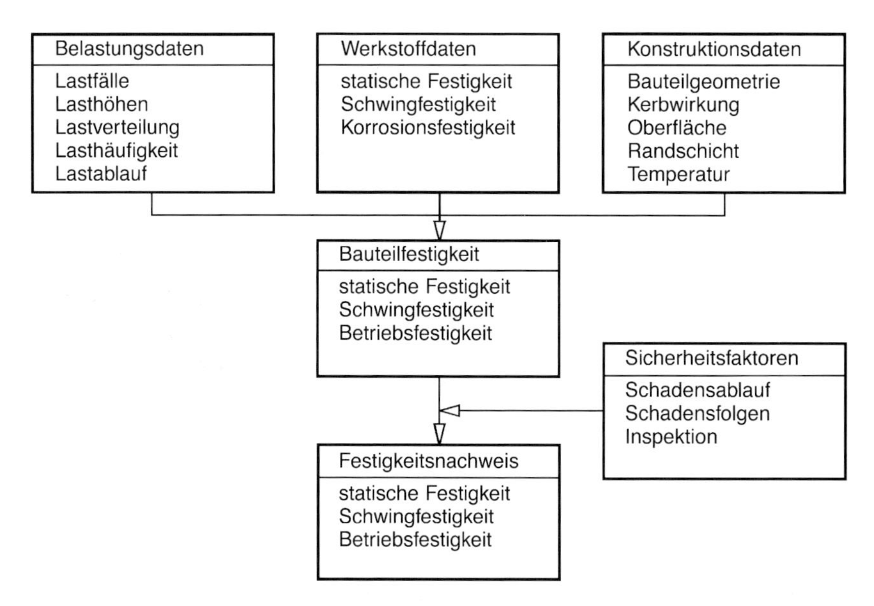

Abb. 5.66: Veranschaulichung des rechnerischen Nachweises der Ermüdungsfestigkeit bzw. der Lebensdauer von Bauteilen ausgehend von den wichtigsten Einflußgrößen

Zum rechnerischen Festigkeitsnachweis für Maschinenbauteile wurde von deutschen Fachleuten eine Richtlinie entwickelt (FKM-Richtlinie [885-887], Übersicht [884], Konferenzberichte [889, 890]). Weitere wichtige Regelungen zum rechnerischen Festigkeitsnachweis enthält das britische Regelwerk für ermüdungsfeste Stahlbauwerke (z. B. BS 7608 [892]) sowie das amerikanische Regelwerk für Druckbehälter (ASME-Code [891]). Die FKM-Richtlinie basiert auf ehemaligen TGL-Standards [893-897], früheren VDI-Richtlinien [903, 904], auf Regelungen der DIN 18800 [899] und DIN 15018 [898], des Eurocode 3 [900] und Eurocode 9 [901] sowie auf Empfehlungen des International Institute of Welding (IIW) [58]. Die FKM-Richtlinie ist so fundiert und umfassend, daß sie nachfolgend in ihrer Grundstruktur dargestellt wird, obwohl sie noch nicht ihre endgültige Form gefunden hat. Es fehlen beispielsweise das örtliche Dehnungskonzept und das Rißfortschrittskonzept zur Ermüdungsfestigkeit. Bereits in den vorangegangenen Kapiteln war wiederholt auf die FKM-Richtlinie verwiesen worden. Die Formelzeichen und Indices in der Richtlinie werden nachfolgend abweichend von den Vereinbarungen in diesem Buch beibehalten, allerdings mit Abweichungen dort, wo es aus Gründen der Verständlichkeit erforderlich zu sein scheint.

Im Rahmen einer Berechnungsrichtlinie muß auf die Grundlagendarstellung verzichtet werden. Andererseits werden einheitliche Verfahrensanweisungen mit abgesicherten Eingabedaten erwartet, wobei die Vielfalt der möglichen Einflußgrößen im konkreten Anwendungsfall zu erfassen ist. Ein stark vereinfachter Rechenformalismus bei Beschränkung auf die wichtigsten Einflußgrößen ist Voraussetzung für die Akzeptanz in der industriellen Praxis.

Anwendungsbereich

Die FKM-Richtlinie gilt für den Maschinenbau und verwandte Bereiche der Industrie. Ihre Anwendung bedarf der Vereinbarung zwischen den Vertragspartnern. Sie ermöglicht einen rechnerischen Festigkeitsnachweis (statische Festigkeit und Ermüdungsfestigkeit) für mechanisch beanspruchte Bauteile.

Die grundlegende Richtlinie [885] gilt für Bauteile aus Eisenwerkstoffen (Stahl und Eisengußwerkstoffe), die mit oder ohne spanabhebende Bearbeitung oder durch Schweißen hergestellt werden. Die ergänzende Richtlinie [887] für Aluminiumwerkstoffe (Knet- und Gußlegierungen) wird derzeit integriert. Bei den Eisenwerkstoffen wird der Temperaturbereich von –40 °C bis 500 °C erfaßt, bei den Aluminiumwerkstoffen der Temperaturbereich zwischen –25 °C und 200 °C. Korrosive Umgebung wird derzeit nicht erfaßt. Der Nachweis der statischen Festigkeit beschränkt sich auf duktiles Bruchverhalten, schließt also den Sprödbruch aus. Der Nachweis der Ermüdungsfestigkeit umfaßt Dauerfestigkeit, Zeitfestigkeit und Betriebsfestigkeit unter Ausschluß der Kurzzeitfestigkeit. Der Nachweis der Ermüdungsfestigkeit setzt den Nachweis der statischen Festigkeit voraus.

Vor Anwendung der Richtlinie ist zu entscheiden, für welche (versagenskritischen) Querschnitte oder konstruktiven Details des Bauteils der Festigkeitsnachweis zu führen ist und welche Belastungen als Beanspruchung zu berücksichtigen sind.

Berechnungsablauf

Der Berechnungsablauf beim Nachweis der statischen Bauteilfestigkeit ist in Abb. 5.67 grafisch veranschaulicht. Der entsprechende Ablauf beim Nachweis der Ermüdungsfestigkeit folgt in Abb. 5.68. Beim Nachweis sind die Spannungskennwerte der Bauteilbeanspruchung den ausgehend von Werkstoffestigkeitskennwerten und Konstruktionskennwerten bestimmten Bauteilfestigkeitswerten unter Berücksichtigung von Sicherheitsfaktoren gegenüberzustellen. In Unterelementen werden Mittelspannung und Spannungskollektiv als wesentliche Einflußgrößen auf die Dauerfestigkeit bzw. Betriebsfestigkeit erfaßt. Der Festigkeitsnachweis ist erbracht, wenn die Spannungskennwerte die Bauteilfestigkeitswerte unter Berücksichtigung der Sicherheitsfaktoren zu höchstens 100 % auslasten. Die zeitliche Folge der Bearbeitung entspricht der Anordnung der Berechnungselemente in den Abbildungen (von oben nach unten).

Die Richtlinie unterscheidet aus Gründen der Eindeutigkeit zwischen den Nachweisen auf Basis der Nennspannungen und den Nachweisen auf Basis der örtlichen Spannungen (Strukturspannungen oder Kerbspannungen). Innerhalb dieser Gruppen wird hinsichtlich der Zahlenwerte bestimmter Eingabeparameter zwischen den Werkstoffgruppen sowie zwischen Normal- und Schubbeanspruchung unterschieden.

Die statische Bauteilfestigkeit wird nach der Richtlinie ausgehend von der Zugfestigkeit des Werkstoffs bestimmt, die Ermüdungsfestigkeit dagegen ausgehend von der (Zug-Druck-)Wechselfestigkeit. Alle übrigen Einflüsse werden

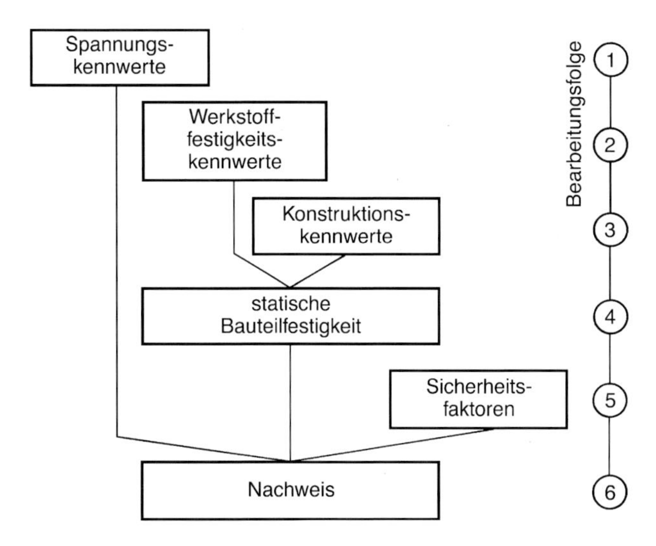

Abb. 5.67: Berechnungsablauf beim Nachweis der statischen Festigkeit von Bauteilen nach der FKM-Richtlinie [885]

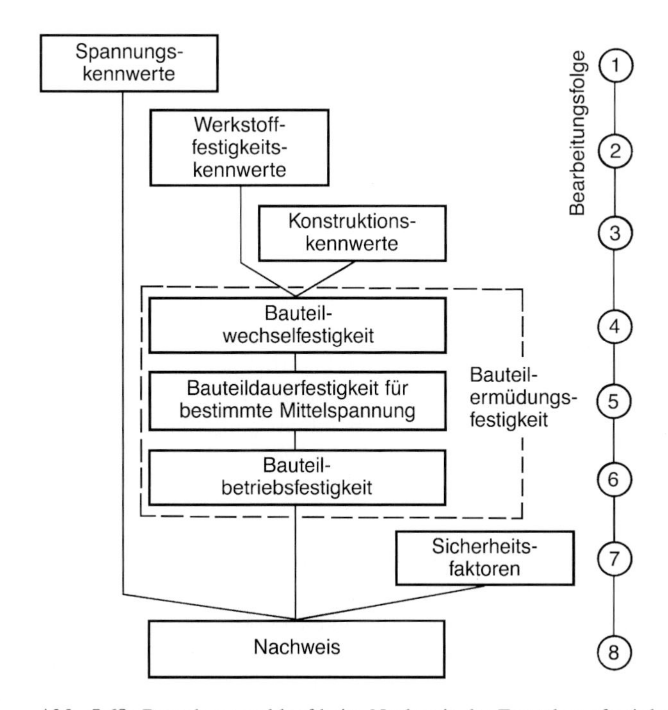

Abb. 5.68: Berechnungsablauf beim Nachweis der Ermüdungsfestigkeit von Bauteilen nach der FKM-Richtlinie [885]

durch Faktoren erfaßt, die sich (mit Ausnahme des Rauheitsfaktors) rein multiplikativ überlagern. Mit der multiplikativen Überlagerung bleibt man auf der sicheren Seite. Die Faktoren sind in der Richtlinie ausschließlich der Beanspruchbarkeitsseite zugeordnet. Die Alternative der Zuordnung zur Beanspruchungsseite („wirksame Spannungen") wäre in manchen Fällen, etwa bei der Formzahl, physikalisch richtiger, bleibt aber ohne Einfluß auf das Endergebnis.

Spannungskennwerte

Maßgebliche Spannungskennwerte sind bei statischer Beanspruchung die („extremen") Maximalspannungen des ungünstigsten Betriebszustands (inkl. Sonderlastfälle). Bei Einstufenbelastung sind Amplitude und Mittelwert der zyklischen Spannungen maßgebend. Bei Kollektivbelastung ist die Größtamplitude des Spannungskollektivs zusammen mit deren Mittelwert zu betrachten, wobei der Kollektivumfang als Kenngröße hinzutritt. Alternativ können bei Kollektivbelastung Beanspruchungsgruppen oder schädigungsäquivalente Spannungsamplituden eingeführt werden. In diesen Größen sind Kollektivform, geforderter Kollektivumfang und Kollektivgrößtwert zusammengefaßt.

Es wird zwischen den Nennspannungen S und T bzw. zwischen den örtlichen Spannungen σ und τ der Normal- und Schubbeanspruchung unterschieden. Des weiteren werden stabförmige, flächenförmige und volumenförmige Bauteile betrachtet. Stabförmige Bauteile weisen Normal- und Schubspannungen im Querschnitt auf. Flächenförmige Bauteile zeigen den vollständigen zweiachsigen Spannungszustand. Volumenförmige Bauteile weisen im Innern dreiachsige Spannungszustände auf, an der meist maßgebenden Oberfläche jedoch wiederum zweiachsige Verhältnisse. Die Spannungen werden durch Rechnung (Ingenieurformeln, Finite-Elemente-Methode, Boundary-Elemente-Methode) oder durch Messung (Dehnungsmeßstreifen) bestimmt.

Nachweis der statischen Bauteilfestigkeit

Der Nachweisformalismus wird am Beispiel der (Normal-)Nennspannung erläutert. Die Formelzeichen der FKM-Richtlinie werden weitgehend (aber nicht vollständig) beibehalten. Offensichtliche formale Mängel wurden dabei behoben.

Als (Nenn-)Spannungskennwert S_{max} wird die („extreme") Maximalspannung des ungünstigsten Betriebszustands (inkl. Sonderlastfällen) eingeführt.

Als Werkstoffkennwert im Bauteil wird die statische Werkstoffestigkeit

$$R_{\mathrm{SW}} = K_{\mathrm{d}}\, K_{\mathrm{A}}\, K_{\mathrm{T}}\, R_{\mathrm{m}} \tag{5.39}$$

verwendet, mit technologischem Größenfaktor K_{d}, Anisotropiefaktor K_{A}, Temperaturfaktor K_{T} und (Norm-)Zugfestigkeit R_{m}.

Der Konstruktionsfaktor K_{SK} bei statischer Festigkeit beschränkt sich auf die plastische Stützwirkungszahl n_{pl},

$$K_{\mathrm{SK}} = \frac{1}{n_{\mathrm{pl}}} \tag{5.40}$$

Die statische Bauteilfestigkeit folgt zu

$$R_{SK} = \frac{R_{SW}}{K_{SK}} \tag{5.41}$$

Schließlich folgt der eigentliche Nachweis der statischen Bauteilfestigkeit mit dem statischen Auslastungsgrad a_{SK} und dem Sicherheitsfaktor $j_m \approx 2{,}0$ (gegenüber R_m)

$$a_{SK} = \frac{S_{max}}{R_{SK}} j_m \leq 1,0 \qquad (j_m = 1{,}6\text{-}2{,}8) \tag{5.42}$$

Der Sicherheitsfaktor j_m hängt von der Inspektionshäufigkeit, den möglichen Schadensfolgen und der Werkstoffduktilität ab. Bei Werkstoffen mit relativ zur Zugfestigkeit niedriger Fließgrenze ($R_p/R_m \leq 0{,}75$) ist der Ausnutzungsgrad gegenüber der Fließgrenze maßgebend (j_m wird ersetzt durch $j_p R_m/R_p$ mit $j_p \approx 1{,}5$).

Bei zusammengesetztem Spannungszustand wird neben den Ausnutzungsgraden zu den Einzelspannungskomponenten der resultierende Ausnutzungsgrad gemäß gültiger Festigkeitshypothese berechnet (Gestaltänderungsenergiehypothese, Hauptnormalspannungshypothese oder gemischte Hypothese).

Nach vorstehendem Berechnungsablauf wird der Konstruktionsfaktor K_{SK} mit der Bauteilfestigkeit verbunden. Er kann auch mit der Nennspannung kombiniert werden, was zu einer (festigkeits-)wirksamen Nennspannung führt. Dies ist bei der grafischen Veranschaulichung der Berechnungsweise nach Abb. 5.69 der Fall. Die gestuften Balkenhöhen bezeichnen die Veränderung der Nennspannung bzw. Zugfestigkeit durch die einzelnen Faktoren (bzw. deren Kehrwerte).

Anstelle der (Normal-)Nennspannung S kann die Schubnennspannung T treten. Statt der Nennspannungen können (elastische) örtliche Spannungen eingeführt

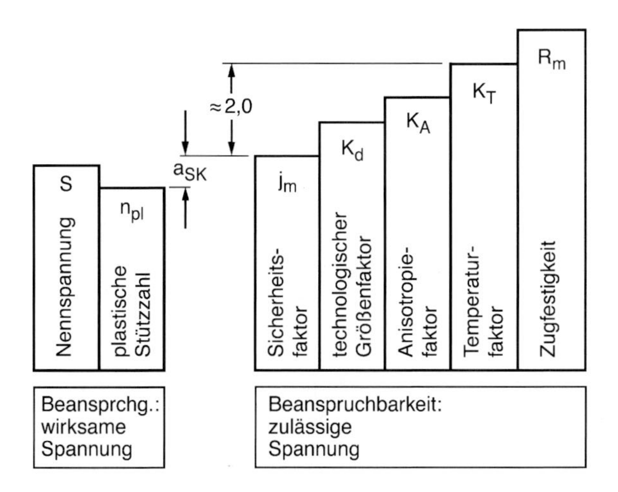

Abb. 5.69: Veranschaulichung des Nachweises der statischen Festigkeit von Bauteilen gemäß FKM-Richtlinie über Einflußfaktoren sowie wirksame und zulässige Spannungen; nach Neuendorf [888]

werden. In diesen Fällen ändern sich i. a. die Zahlenwerte der eingeführten Größen.

Zahlenwerte zum Größenfaktor K_d sind gemäß Kap. 3.4 aus [885] ableitbar, Zahlenwerte zum Temperaturfaktor K_T ausgehend von Abb. 3.44 und Abb. 3.45. Der Anisotropiefaktor K_A erfaßt die Festigkeitsminderung bei Beanspruchung quer zur Walzrichtung. Die Stützzahl n_{pl} berücksichtigt die Tragfähigkeitsreserve durch Plastifizieren des Querschnitts bei Biege- oder Torsionsbeanspruchung ungekerbter Stäbe und bei beliebiger Belastung gekerbter Stäbe (beschränkt auf duktile Werkstoffe). Bei Betrachtung der örtlichen (Kerb-)Spannungen im Festigkeitsnachweis wird die Stützzahl n_{pl} ausgehend von der Neuber-Makrostützwirkungsformel von der ertragbaren örtlichen Dehnung ($\varepsilon_{ert} = 0{,}05$, hinreichende Bruchdehnung vorausgesetzt) und von der Fließgrenze R_p abhängig gemacht. Sie muß kleiner als die vollplastische Formzahl (oder Traglastformzahl) bleiben.:

$$n_{pl} = \sqrt{\frac{E\varepsilon_{ert}}{R_p}} \qquad (n_{pl} \leq K_{pl}) \tag{5.43}$$

Nachweis der Bauteilermüdungsfestigkeit

Der Ermüdungsfestigkeitsnachweis setzt den statischen Festigkeitsnachweis als erbracht voraus. Der Nachweisformalismus wird am Beispiel der (Normal-) Nennspannung erläutert. Die Formelzeichen der FKM-Richtlinie werden wiederum weitgehend, aber nicht vollständig beibehalten.

Als Spannungskennwerte bei Einstufenbelastung werden Amplitude S_a und Mittelwert S_m der Nennspannung eingeführt. Die entsprechenden Kennwerte bei Kollektivbelastung sind die Größtamplitude $\bar{S}_a$ des Kollektivs, der Mittelwert $\bar{S}_m$ und der Kollektivumfang $\bar{N}$. Die ausgehend von diesen Kennwerten ableitbare äquivalente Spannungsamplitude ermöglicht die äußere Form des Dauerfestigkeitsnachweises auch bei Kollektivbelastung.

Als Werkstoffkennwert im Bauteil wird die Wechselfestigkeit

$$R_{WW} = K_d K_A K_T \sigma_W \qquad (\sigma_w = f_W R_m) \tag{5.44}$$

verwendet, mit technologischem Größenfaktor K_d, Anisotropiefaktor K_A, Temperaturfaktor K_T, (Zug-Druck-)Wechselfestigkeit und (Norm-)Zugfestigkeit R_m.

Der Konstruktionsfaktor K_{WK} bei Ermüdungsfestigkeit umfaßt die Kerbwirkungszahl K_f (aus Formzahl K_t und Stützzahl n_χ, den Rauheitsfaktor K_R und den Randschichtfaktor K_V:

$$K_{WK} = \left(K_f + \frac{1}{K_R} - 1 \right) \frac{1}{K_V} \qquad \left(K_f = \frac{K_t}{n_\chi} \right) \tag{5.45}$$

Durch die additive Verknüpfung von Kerbwirkungszahl und Kehrwert des Rauheitsfaktors wird eine geringere Rauheitsempfindlichkeit des gekerbten Bauteils im Vergleich mit dem ungekerbten Bauteil in Rechnung gestellt. Die zyklische Stützzahl n_χ umfaßt den kombinierten Spannungsgradienten aus Biege- bzw.

Torsionsbeanspruchung und aus Kerbwirkung. Die plastische Stützwirkung im Zeitfestigkeitsbereich bleibt explizit unberücksichtigt. Zur Kerbformzahl K_t sind in der Richtlinie zahlreiche Diagramme angegeben.

Die Ermüdungsfestigkeit im Bauteil (ertragbarer Kollektivhöchstwert inkl. Einstufenbelastung) folgt zu

$$\bar{R}_{WK} = \frac{R_{WW}}{K_{WK}} K_{AK} K_{EK} K_{BK} \tag{5.46}$$

mit Mittelspannungsfaktor K_{AK}, Eigenspannungsfaktor K_{EK} und Betriebsfestigkeitsfaktor K_{BK} (inkl. Zeitfestigkeit).

Schließlich folgt der eigentliche Nachweis der Bauteilermüdungsfestigkeit mit dem zyklischen Auslastungsgrad a_{BK} und dem Sicherheitsfaktor $j_D \approx 1{,}5$ (gegenüber σ_W):

$$a_{BK} = \frac{\bar{S}_a}{\bar{R}_{WK}} j_D \leq 1{,}0 \qquad (j_D = 1{,}2\text{-}2{,}1) \tag{5.47}$$

Der Sicherheitsfaktor j_D hängt von der Inspektionshäufigkeit, den möglichen Schadensfolgen und der Werkstoffduktilität ab.

Bei zusammengesetztem Spannungszustand wird neben den Ausnutzungsgraden zu den Einzelspannungskomponenten der resultierende Ausnutzungsgrad gemäß gültiger Festigkeitshypothese berechnet (Gestaltänderungsenergiehypothese, Normalspannungshypothese oder gemischte Hypothese).

Die vorstehende Berechnungsweise wird wiederum durch ein Balkendiagramm veranschaulicht, in dem abweichenderweise die Konstruktionsfaktoren K_{WK}, K_{AK}, K_{EK} und K_{BK} mit der Beanspruchung (statt mit der Beanspruchbarkeit) verbunden sind, Abb. 5.70. Die gestuften Balkenhöhen bezeichnen die Veränderung der Nennspannung bzw. Wechselfestigkeit durch die einzelnen Faktoren (bzw. deren Kehrwerte).

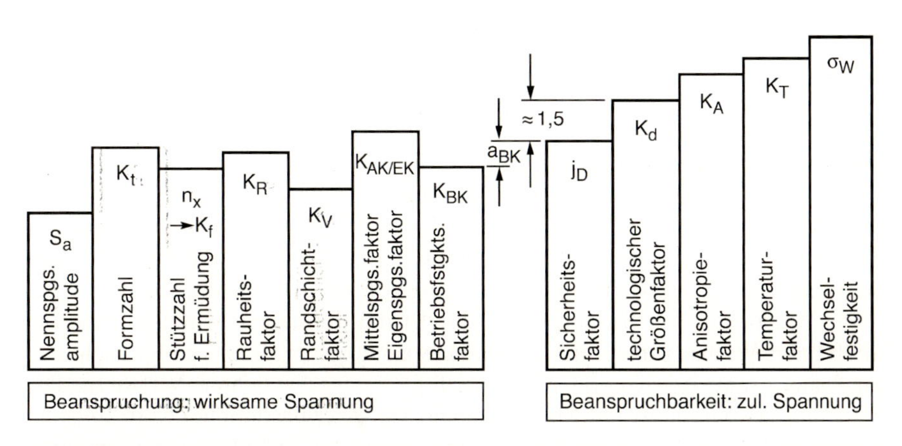

Abb. 5.70: Veranschaulichung des Nachweises der Ermüdungsfestigkeit von Bauteilen gemäß FKM-Richtlinie über Einflußfaktoren sowie wirksame und zulässige Spannungen; nach Neuendorf [888] (modifiziert)

Anstelle der (Normal-)Nennspannung S kann wiederum die Schubnennspannung T treten. Statt der Nennspannungen können (elastische) örtliche Spannungen eingeführt werden (Strukturspannungen oder Kerbspannungen). In diesen Fällen ändern sich i. a. die Zahlenwerte der eingeführten Größen. Bei Verwendung der Kerbspannung $\sigma_k = K_t S$ anstelle der Nennspannung S wird K_t aus K_{WK} herausgenommen und entfällt im Balkendiagramm als separate Größe.

Zu den Zahlenwerten von K_d, K_A und K_T wurden bereits beim Nachweis der statischen Bauteilfestigkeit Hinweise gegeben. Die Kerbwirkungszahl K_f wird aus der Formzahl K_t über die zyklische Stützzahl n_χ berechnet. Letztere wird abhängig vom bezogenen Spannungsgradienten gewählt, Abb. 4.30. Der Rauheitsfaktor entspricht den Angaben in Abb. 3.33. Zum Randschichtfaktor sind in Kap. 3.5 geeignete Zahlenwerte zu finden.

Der Mittelspannungsfaktor K_{AK} ist je nach Überlastfall (z. B. Mittelspannung konstant oder Spannungsverhältnis konstant) aus dem mit wechselnder Mittelspannungsempfindlichkeit aufgestellten einheitlichen Haigh-Diagramm zu bestimmen, Abb. 2.21. Der Mittelspannungsfaktor ergibt sich aus der Lage des Überlastpunktes (z. B. F_1 oder F_2) relativ zu σ_W als Abminderungs- oder Erhöhungsfaktor. Der Eigenspannungsfaktor ist nur bei geschweißten Bauteilen einzuführen bzw. vom Zahlenwert 1,0 verschieden. Es wird zwischen geschweißten Bauteilen mit hohen, mäßigen und geringen Eigenspannungen unterschieden.

Der Betriebsfestigkeitsfaktor K_{BK} ist bei Einstufenschwingbelastung im Zeitfestigkeitsbereich und bei Kollektivbelastung im Betriebsfestigkeitsbereich einzuführen bzw. vom Zahlenwert 1,0 verschieden. Seine Größe ist abhängig vom Spannungskollektiv (Kollektivform und Kollektivumfang) und vom Verlauf der Bauteil-Wöhler-Linie (Neigungskennzahl und Schwingspielzahl am Knickpunkt, siehe Abb. 2.9 mit Erläuterung). Über die Wöhler-Linie manifestiert sich auch der Einfluß der Spannungsart (Normal- oder Schubspannungen).

Bei Einstufenbeanspruchung im Zeitfestigkeitsbereich gilt

$$K_{BK} = \left(\frac{N_D}{N}\right)^{1/k} \qquad (N \leq N_D) \tag{5.48}$$

mit Schwingspielzahl N_D der Dauerfestigkeit im Knickpunkt der Wöhler-Linie und deren Neigungskennzahl k im Zeitfestigkeitsbereich.

Bei Kollektivbeanspruchung wird der Betriebsfestigkeitsfaktor nach der elementaren Miner-Regel (oder aufwendiger nach der konsequenten Miner-Regel) berechnet. Dabei wird die ertragbare Schadenssumme bei Bauteilen aus Stahl mit $D = 0{,}3$ (nichtgeschweißt) bzw. $D = 0{,}5$ (geschweißt) und bei Bauteilen aus Eisengußwerkstoffen mit $D = 1{,}0$ eingeführt. Als Hilfsgröße wird das „Völligkeitsmaß" des Kollektivs relativ zur jeweiligen Wöhler-Linie bestimmt.

Die Anpassung von Spannungskollektiven mit konstanter Mittelspannung an die Bauteil-Wöhler-Linie mit konstantem Spannungsverhältnis erfolgt nach dem im Dauerfestigkeitsschaubild von Abb. 5.44 veranschaulichten Verfahren. Die Spannungsamplitude σ_a mit Mittelspannung σ_m einer bestimmten Kollektivstufe wird auf die Spannungsamplitude σ_{aR} beim Spannungsverhältnis R der Referenz-Wöhler-Linie umgeformt, indem eine Parallele zur vereinheitlichten Dauerfestigkeitslinie (mit Knickpunkt bei $R = 0$) verwendet wird.

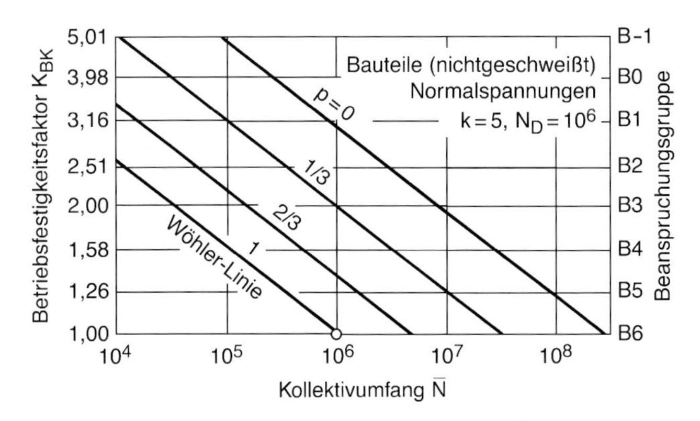

Abb. 5.71: Zusammenhang von Kollektivumfang $\bar{N}$, Kollektivbeiwert p, Beanspruchungsgruppe Bx und Betriebsfestigkeitsfaktor K_{BK} in der FKM-Richtlinie [885], gültig für nichtgeschweißte Bauteile und Normalspannungen; Beanspruchungsgruppen in Anlehnung an DIN 15018 [898]; nach Hänel [884]

Der Betriebsfestigkeitsfaktor kann auch in vereinfachter Form mittels Beanspruchungsgruppen bestimmt werden, beispielsweise nach Abb. 5.71. Eine Beanspruchungsgruppe ist eine annähernd schädigungsgleiche Kombination unterschiedlicher geforderter Kollektivumfänge $\bar{N}$ und unterschiedlicher Kollektivformen. Letztere werden in der Richtlinie als binomial- oder exponentialverteilte Normkollektive mit dem Kollektivbeiwert p gekennzeichnet. Die Beanspruchungsgruppe ist vom Anwender nach vorliegender Erfahrung festzulegen.

Anstelle des Betriebsfestigkeitsfaktors kann auch eine äquivalente Spannungsamplitude eingeführt werden. Es ist dies eine dem Spannungskollektiv schädigungsgleiche konstante Spannungsamplitude entsprechend der Schwingspielzahl bei Dauerfestigkeit, in der Kollektivform, geforderter Kollektivumfang und Kollektivhöchstwert berücksichtigt sind. Es wird so die Beibehaltung der äußeren Form des Dauerfestigkeitsnachweises ermöglicht.

6 Langrißbruchmechanik zur Ermüdungsfestigkeit

6.1 Phänomene Anrißbildung und Rißfortschritt

Phasen des Ermüdungsvorgangs

Der Ermüdungsvorgang unterteilt sich in die Phasen der Rißeinleitung, des stabilen zyklischen Rißfortschritts und des instabilen Restbruchs, Abb. 6.1. Rißeinleitung umfaßt die Versetzungsbewegung in den Gleitebenen mit darauffolgenden Werkstofftrennungen auf den Gleitbändern in Bereichen kleiner als die Korngröße. Die Gleitbänder entstehen bevorzugt an Stellen örtlicher Spannungserhöhung, d. h. an Kerben, Werkstoffimperfektionen, Einschlüssen, Hohlräumen und schon vorhandenen Anrissen. Ein fortschrittsfähiger Mikroriß (oder Kurzriß) wird spätestens dann erreicht, wenn die Rißlänge ungefähr der Korngröße entspricht. Dieser vergrößert sich stabil mit der Schwingspielzahl und durch Vereinigung mit benachbarten Mikrorissen, um zunächst den beginnenden Makroriß (oder Langriß) mit Abmessungen in der Größenordnung 1 mm zu bilden. Erfahrungsgemäß wird ein größerer Teil der Betriebslebensdauer im Kurzrißstadium und nur ein kleinerer Teil im Langrißstadium verbracht. Schließlich tritt bei hinlänglicher Rißlänge der duktile Restbruch durch statische Überlastung des Restquerschnitts auf. Bei weniger duktilem Werkstoff kann der spröde Restbruch bereits vom Kurzriß ausgehen.

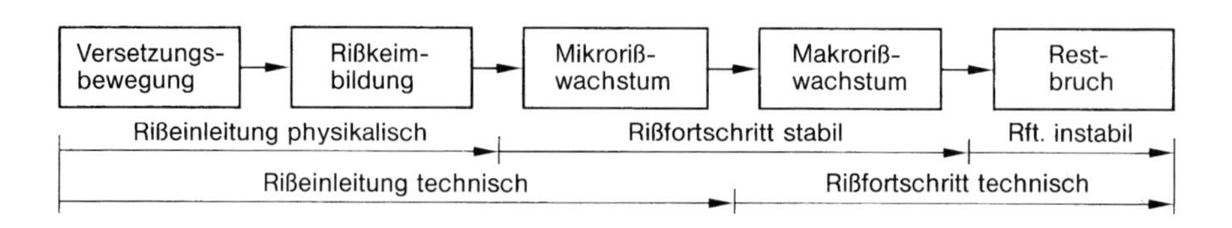

Abb. 6.1: Phasen des Ermüdungsvorgangs

Anteil der Rißeinleitungsphase

Der Anteil der Rißeinleitungsphase an der Gesamtlebensdauer ist sehr unterschiedlich. Er hängt wesentlich davon ab, ob die physikalische oder die technische Rißeinleitung gemeint ist, welche Rißlänge dem technischen Anriß zugeordnet wird und welche den Restbruch auslöst, ob die Probe ungekerbt oder gekerbt ist, ob die Kurzzeit- oder Langzeitfestigkeit untersucht wird und ob Druck- oder Zugmittelspannungen herrschen. Durch Wöhler-Versuche und Betriebsfestigkeitsversuche mit Ermittlung frühester Mikrorisse an ungekerbten Proben aus makroskopisch homogenem Werkstoff ohne Mittelspannung nach Neumann *et al.* [1374, 1376] ist nachgewiesen, daß etwa 90 % der Zeitspanne bis zu einem technischen Anriß von 1 mm Tiefe dem Fortschritt des Mikrorisses zuzuordnen sind, also nur 10 % auf die eigentliche, physikalische Anrißbildung entfallen. Ganz anders stellen sich die Verhältnisse hinsichtlich der technischen Rißeinleitung dar. Im Extremfall der ungekerbten Probe nahe der Dauerfestigkeit entfällt der größere Teil der Lebensdauer auf die technische Anrißbildung. Im gegensätzlichen Extremfall der gekerbten Probe im Bereich der Kurzzeitfestigkeit ist dagegen der Rißfortschritt dominant.

Interessenlage des Ingenieurs

Für den Ingenieur ist die Frage der Lebensdauer bis zur Bildung des technischen Oberflächenanrisses (Tiefe etwa 0,5 mm, Oberflächenlänge etwa 2 mm) durch Wöhler-Versuche und Betriebsfestigkeitsversuche weitgehend abgedeckt. Ihn interessiert in erster Linie die Frage, unter welchen Bedingungen sich der Anriß, sofern vorhanden, weiter ausbreitet, ob der fortschreitende Riß aufgefangen werden kann, wann der instabile Restbruch eintritt und wie groß demnach die Sicherheitsspanne ist. Diesen Bereich des zyklischen Langrißverhaltens erfaßt die kontinuumsmechanisch begründete technische Bruchmechanik [88, 89, 905-912]. Die Frage nach der Einleitung und dem Wachstum des Kurzrisses ist dennoch, abgesehen vom grundsätzlichen Klärungsbedarf, auch für den Ingenieur bedeutsam, da Schädigung und Schadensakkumulation in hohem Maße auf Kurzrißeinleitung und Kurzrißfortschritt zurückgeführt werden können.

Anwendungsgrenzen der technischen Bruchmechanik

Der stabile Rißfortschritt unter Schwingbeanspruchung läßt sich durch physikalisch begründete Mikrostrukturmodelle beschreiben, nach denen an der Rißspitze bei Be- und Entlastung unterschiedliche Gleitebenen betätigt werden (s. Kap. 7.4). Derartige Modelle sind für die Grundlagenforschung unabdingbar, für die ingenieurmäßige Anwendung haben sie jedoch kaum Bedeutung. Hier herrscht die kontinuumsmechanisch begründete und empirisch abgesicherte Beschreibung nach der technischen Bruchmechanik vor.

Die technische Bruchmechanik beschreibt das Verhalten von makroskopischen Rissen bei mechanischer Beanspruchung auf der Basis kontinuumsmechanischer

Konzepte. Sie beschränkt sich demnach auf die makroskopische Beschreibung von in Wirklichkeit hochgradig mikroskopischen Phänomenen. Sie sieht von Mikrostruktureffekten wie z. B. inhomogener und anisotroper Kristallitstruktur, Gleitbandbildung und Versetzungsbewegung vollständig ab. In der häufigsten Form wird überwiegend elastisches Werkstoffverhalten zugrunde gelegt (linearelastische Bruchmechanik). Nur an den Rißspitzen werden plastische Zonen zugelassen, die aber klein gegenüber der Rißlänge bleiben müssen. Bei kurzen und auch längeren Rissen in hinreichend duktilem Werkstoff mit entsprechend höherer Belastbarkeit und Belastung ist diese Bedingung nicht erfüllt. Die technische Bruchmechanik kann jedoch auch dieses Rißverhalten erfassen, wenn die Annahme überwiegend elastischen Werkstoffverhaltens fallengelassen und durch elastisch-plastische Konzepte ersetzt wird (elastisch-plastische Bruchmechanik).

Beanspruchungsarten der Rißfront

Die bei elastischem Werkstoff an der Rißfront (oder Rißspitze) auftretende Spannungssingularität läßt sich aus drei Grundbeanspruchungsarten superponieren, Abb. 6.2: Zugbeanspruchung senkrecht zur Rißebene, nachfolgend als Querzugbeanspruchung bezeichnet (Modus I), Schubbeanspruchung senkrecht zur Rißfront (Modus II) und Schubbeanspruchung längs der Rißfront (Modus III). Zugeordnet sind die Spannungsintensitätsfaktoren K_{I}, K_{II} und K_{III}. Der beherrschende Parameter der angewandten linearelastischen Bruchmechanik ist der Spannungsintensitätsfaktor K_{I}, der die Stärke der Spannungssingularität an der Rißfront bei Zugbeanspruchung senkrecht zur Rißebene kennzeichnet. Die vielfach mögliche Beschränkung auf den Rißbeanspruchungsmodus I hinsichtlich des Rißfortschritts (formal auch hinsichtlich der Rißeinleitung) ist darin begründet, daß der fortschreitende Riß eine Richtung einschlägt, die ihn im Bereich der Rißfront unter Zugbeanspruchung senkrecht zur Rißebene bringt. Außerdem ist der Rißfortschritt unter Modus II oder Modus III durch die wechselseitige Reibung der Rißoberflächen gehemmt.

Das Konzept der elastischen Spannungsintensitätsfaktoren ist bei kurzen Rissen, die man sich in eine plastische Zone eingebettet vorzustellen hat, weniger

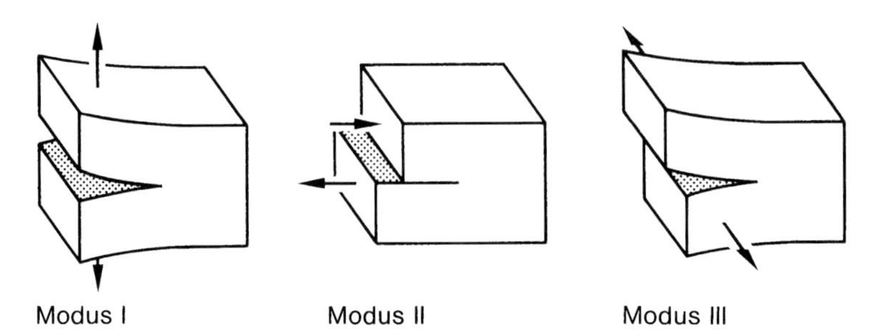

Abb. 6.2: Grundbeanspruchungsarten der Rißfront mit singulärer Spannung: Modus I (Zugbeanspruchung senkrecht zur Rißebene), Modus II (Schubbeanspruchung senkrecht zur Rißfront), Modus III (Schubbeanspruchung längs der Rißfront)

geeignet. Es liegt bei formaler Anwendung auf der unsicheren Seite. Das zyklische J-Integral der elastisch-plastischen Bruchmechanik ist in diesem Bereich zur Kennzeichnung von Beanspruchung und Beanspruchbarkeit besser geeignet, stößt aber dort auf Grenzen, wo der Mikrorißfortschritt durch Inhomogenitäten der Mikrostruktur wie harte Einschlüsse, Korngrenzen, Mikroporen oder Oberflächenrauhigkeit stärker beeinflußt wird.

Anwendungserweiterungen der technischen Bruchmechanik

Die auf dem Spannungsintensitätsfaktor als Grundparameter der Rißfrontbeanspruchung aufbauende technische Bruchmechanik läßt sich grundsätzlich erweitern. An jeder (einspringenden) scharfen Eckkerbe tritt eine Spannungssingularität auf, deren Stärke (auch) vom Eckwinkel abhängt. Die Druckverteilung unter einem Flachstempel auf elastischer Unterlage ist am Rand singulär. Am Rand von Zweistoffverbindungen treten Spannungssingularitäten selbst dann auf, wenn die Oberfläche ungekerbt ist (z. B. ungekerbter Zugstab aus zwei Werkstoffen mit Fügefläche senkrecht zur Stabachse). Zu den genannten Problemgruppen liegen elastizitätstheoretische Lösungen für die Spannungsintensität vor, es fehlen jedoch weithin die ertragbaren Werte der Spannungsintensität (oder eines davon ableitbaren Parameters) hinsichtlich der Rißeinleitung unter zyklischer Beanspruchung. Das ingenieurmäßige Anwendungspotential in diesem Bereich kann daher vorerst nicht genutzt werden.

6.2 Rißfrontbeanspruchung

Spannungen und Verschiebungen an der Rißfront

Der Riß kann als scharfe Kerbe mit gegen null gehendem Kerbradius und Kerböffnungswinkel aufgefaßt werden. Die Spannungen an der Rißfront sind bei Annahme elastischen Werkstoffs unendlich groß, also singulär, und fallen in Umgebung der Rißfront auf endliche Werte ab (Irwin [931], Williams [955]). Der Abfall erfolgt mit $\sqrt{r}$ hyperbelförmig, wobei r den radialen Abstand von der Rißfront bezeichnet. Die Höhenlage der Hyperbel wird durch den Spannungsintensitätsfaktor K_{I} bestimmt (bei Beschränkung auf die Zugbeanspruchung des Risses nach Modus I). Gleichzeitig verschieben sich die Rißflanken mit $\sqrt{r}$ parabelförmig gegeneinander. Die Höhenlage des Parabelbogens der Rißöffnung wird ebenfalls durch den Spannungsintensitätsfaktor K_{I} festgelegt. Die Formeln für die Spannung σ_{y} senkrecht zum Riß im Ligament (das ist die Schnittebene in Fortsetzung der Rißebene) und für die den Riß öffnende Verschiebung v der Rißflanken beim ebenen Spannungszustand (ESZ, typisch für den Durchriß in dünner Scheibe) bzw. ebenen Dehnungszustand (EDZ, typisch für den Durchriß in dicker Scheibe sowie für die inneren Scheitelpunkte am Oberflächen- und

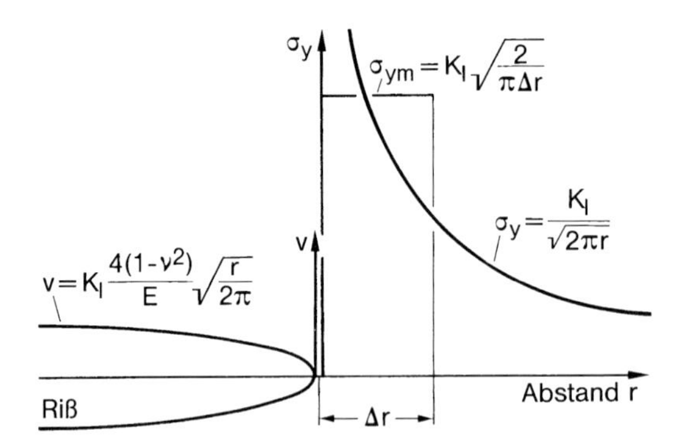

Abb. 6.3: Spannung σ_y (im Ligament) und Verschiebung v (der Rißflanken) an der Rißfront senkrecht zur Rißebene, über Δr gemittelter Wert σ_{ym} vor der Rißfront proportional zum Spannungsintensitätsfaktor K_I

Innenriß) lauten mit dem Elastizitätsmodul E und der Querkontraktionszahl ν, Abb. 6.3:

$$\sigma_y = \frac{K_I}{\sqrt{2\pi r}} \tag{6.1}$$

$$v = \frac{4K_I}{E}\sqrt{\frac{r}{2\pi}} \quad \text{(ESZ)} \tag{6.2}$$

$$v = \frac{4(1-\nu^2)K_I}{E}\sqrt{\frac{r}{2\pi}} \quad \text{(EDZ)} \tag{6.3}$$

Ähnliche Gleichungen gelten für die Spannungen und Verschiebungen an der Rißfront unter Beanspruchung nach Modus II und Modus III. Die Gleichungen lassen sich in erweiterter Form auch auf stumpfe Risse mit Kerbkrümmungsradius ρ anwenden,wobei die Kerbkontur durch $r = \rho$ beschrieben wird (Creager u. Paris [920]).

Spannungsintensitätsfaktor

Der Spannungsintensitätsfaktor K_I ist ein Maß für die Höhenlage der σ_y-Hyperbel, wie aus dem über die Strecke Δr vor der Rißfront gemittelten Wert σ_{ym} hervorgeht (in der Kerbspannungslehre nach Neuber ist Δr als Ersatzstrukturlänge ρ^* bekannt, s. Kap. 4.6):

$$\sigma_{ym} = K_I\sqrt{\frac{2}{\pi\Delta r}} \tag{6.4}$$

Der Spannungsintensitätsfaktor ergibt sich aus der elastizitätstheoretischen Lösung für das jeweilige Rißproblem unter Beschränkung auf radiale Abstände r von der Rißfront, die klein gegenüber der Rißlänge sind (Grenzübergang „Radius

r gegen null"). Alternativ kann der Grenzübergang „Krümmungsradius ρ gegen null" für die entsprechende Vergleichskerbe vollzogen werden.

Aus (6.1) bis (6.3) folgen die Grenzwertformeln:

$$K_\mathrm{I} = \lim_{r\to 0} \sigma_\mathrm{y} \sqrt{2\pi r} \tag{6.5}$$

$$K_\mathrm{I} = \frac{E}{4} \lim_{r\to 0} \upsilon \sqrt{2\pi/r} \qquad \text{(ESZ)} \tag{6.6}$$

$$K_\mathrm{I} = \frac{E}{4(1-\nu^2)} \lim_{r\to 0} \upsilon \sqrt{2\pi/r} \qquad \text{(EDZ)} \tag{6.7}$$

Aus $\alpha_\mathrm{k} = \sigma_{\mathrm{k\,max}}/\sigma_\mathrm{n} = 2\sqrt{t/\rho}$ nach (4.10) und $K_\mathrm{I} = \sigma_\mathrm{n}\sqrt{\pi a}$ nach (6.9) (zur Angleichung der Formeln ist $t = a$ und $\sigma = \sigma_\mathrm{n}$ gesetzt) folgt die Grenzwertformel (Irwin [931]):

$$K_\mathrm{I} = \frac{1}{2} \lim_{\rho\to 0} \sigma_{\mathrm{k\,max}} \sqrt{\pi\rho} \tag{6.8}$$

Ähnliche Gleichungen gelten für die Spannungsintensitätsfaktoren K_II und K_III bei Beanspruchung der Rißfront nach Modus II und Modus III, woraus sich wiederum Ausdrücke für gemischte Beanspruchung ableiten lassen (Radaj u. Zhang [946], Radaj u. Sonsino [65], *ibid.* S. 340-344). Umgekehrt lassen sich die Kerbspannungen aus den Spannungsintensitätsfaktoren bestimmen (Radaj *et al.* [945])

Der Spannungsintensitätsfaktor hat gemäß (6.5) bzw. (6.8) die Dimension $\mathrm{N/mm^{3/2}}$ oder $\mathrm{MN/m^{3/2}}$ ($1\,\mathrm{MN/m^{3/2}} = 31{,}62\,\mathrm{N/mm^{3/2}}$).

Nichtsinguläre Rißfrontbeanspruchung

An der Rißfront können auch nichtsinguläre Spannungsanteile auftreten. Dies sind die Grundbeanspruchungskomponenten, die durch den Riß nicht gestört werden. Dazu gehört die homogene Zug- oder Druckspannung in Richtung der Rißebene senkrecht zur Rißfront (T-stress nach Williams [955], numerische Lösungen bei Fett [926]) oder parallel dazu. Aber auch inhomogene Biegespannungen in Richtung der Rißebene (B-stress) sowie homogene Schubspannungen in Richtung der Rißfront (S-stress) werden durch den Riß nicht verändert (Radaj *et al.* [945]).

Die nichtsingulären Spannungsanteile an der Rißfront beeinflussen Plastizierung, Rißeinleitung und Rißfortschritt. Auch die vorstehend erwähnten Grenzwertformeln sind ggfs. zu modifizieren.

Einfache Grundfälle von Innen- und Außenrissen

Für den Innenriß mit Länge $2a$ bzw. für den beidseitigen Außenriß mit Restquerschnittsbreite $2b$ unter Zugspannung σ (am unendlich fernen Rand, im Schrifttum auch als σ_∞ oder ebenfalls als σ_n eingeführt) bzw. Nennspannung $\sigma_\mathrm{n} = F/2b$ (im Nettoquerschnitt) senkrecht zur Rißebene in der unendlich ausgedehnten Scheibe nach Abb. 6.4 ergibt sich (Hahn [908], Tada *et al.* [952]):

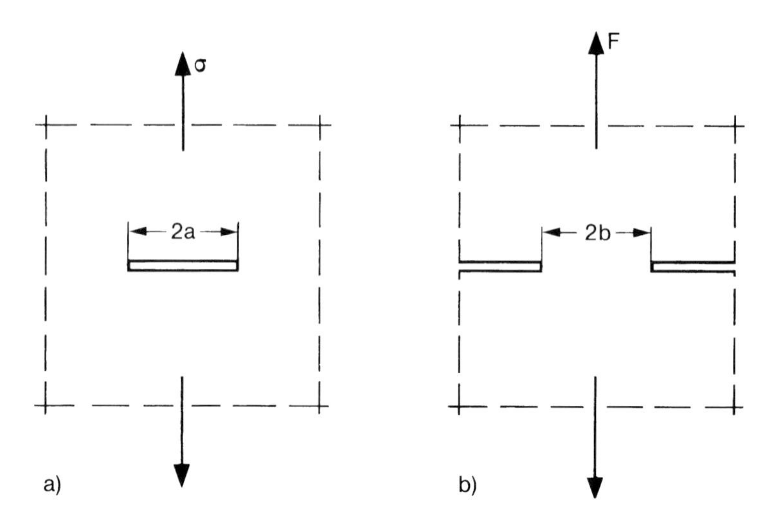

Abb. 6.4: Scheibe mit Innenriß (a) bzw. Außenrissen (b) unter Zugbeanspruchung senkrecht zur Rißebene

$$K_{\mathrm{I}} = \sigma\sqrt{\pi a} \tag{6.9}$$

$$K_{\mathrm{I}} = \frac{2}{\pi}\sigma_{\mathrm{n}}\sqrt{\pi b} \tag{6.10}$$

Für den einseitigen Außenriß am freien Rand der halbunendlich ausgedehnten Scheibe unter Zugspannung σ senkrecht zur Rißebene in Richtung des Randes ergibt sich [908, 952]:

$$K_{\mathrm{I}} = 1{,}12\,\sigma\sqrt{\pi a} \tag{6.11}$$

Für den kreisflächigen Innenriß mit Durchmesser $2a$ bzw. für den ringflächigen Außenriß mit Restquerschnittsdurchmesser $2b$ unter Zugspannung σ bzw. Nennzugspannung $\sigma_{\mathrm{n}} = P/\pi b^2$ senkrecht zur Rißebene im unendlich ausgedehnten Körper nach Abb. 6.5 ergibt sich [908, 952]:

$$K_{\mathrm{I}} = \frac{2}{\pi}\,\sigma\sqrt{\pi a} \tag{6.12}$$

$$K_{\mathrm{I}} = \frac{1}{2}\,\sigma_{\mathrm{n}}\sqrt{\pi b} \tag{6.13}$$

Für den zentrischen Längsriß im unendlich langen Scheibenstreifen mit Breite $2h$ unter Querkraft F_{q} mit Biegemoment $M_{\mathrm{b}} = F_{\mathrm{q}}c = \sigma_{\mathrm{b}}h^2/6$ nach Abb. 6.6 (F_{q} im Abstand c von der Rißfront wirkend, mit $c \gg h$, also τ aus F_{q} gegenüber σ_{b} aus M_{b} vernachlässigbar klein) ergibt sich [952]:

$$K_{\mathrm{I}} = \frac{1}{\sqrt{3\pi}}\sigma_{\mathrm{b}}\sqrt{\pi h} \tag{6.14}$$

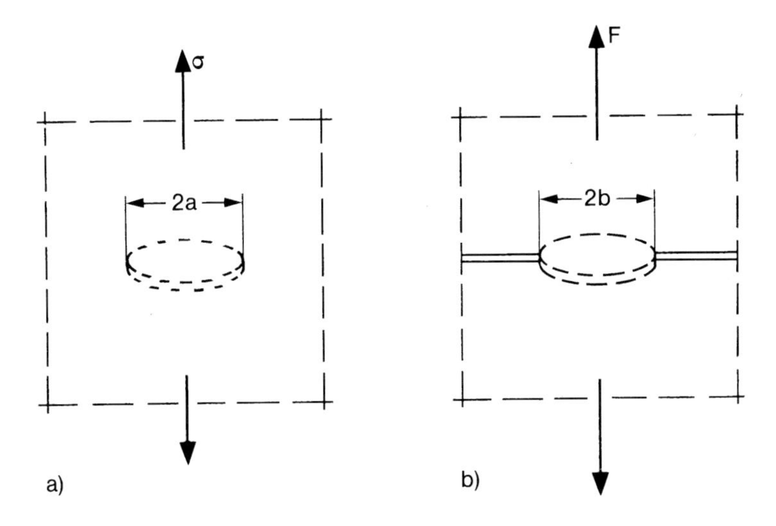

Abb. 6.5: Körper mit kreisflächigem Innenriß (a) bzw. ringflächigem Außenriß (b) unter Zugbeanspruchung senkrecht zur Rißebene

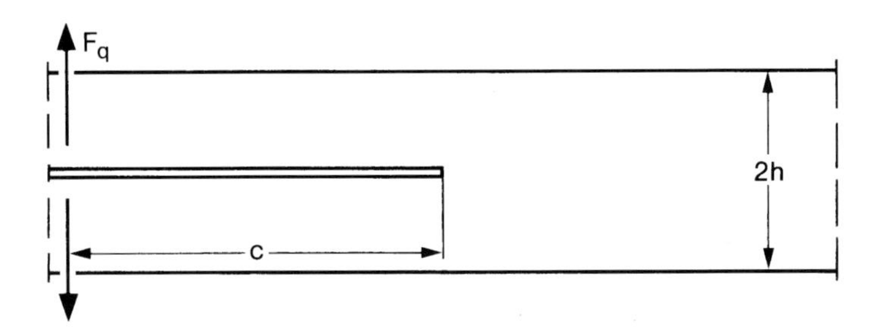

Abb. 6.6: Scheibenstreifen mit zentrischem Längsriß unter Querkraftbiegung

Der Spannungsintensitätsfaktor K_I wächst nach (6.9) bis (6.14) mit der Grundbeanspruchung (hier σ, σ_n oder σ_b) und mit der Wurzel aus der jeweils kennzeichnenden Abmessungsgröße (hier a, b oder h), von denen in den vorstehenden einfachen Grundfällen jeweils nur eine einzige auftritt. Die Zahl π wird aus historischen Gründen der jeweiligen Abmessungsgröße vorangesetzt.

Geometriefaktor

Bei Vorhandensein weiterer Abmessungsgrößen des betrachteten Rißproblems tritt zu den Ausdrücken nach Art von (6.9) bis (6.14) ein Geometriefaktor Y hinzu, der bei vorgegebenem Lastfall (im Sinne von Belastungsart, mit den Sonderfällen Zug oder Druck, Biegung und Torsion) und vorgegebener Definition der Grundbeanspruchung von den voneinander unabhängigen Abmessungsverhältnissen des jeweiligen Modells abhängt. Damit werden Risse beliebiger Form in Proben und Bauteilen beliebiger Geometrie und Belastung (im folgenden Text eingeschränkt auf Zugbeanspruchung quer zum Riß) erfaßt.

Als Grundbeanspruchung kann die Nennspannung im Brutto- oder Nettoquerschnitt (Bruttoquerschnitt identisch mit rißfreiem Querschnitt) oder die Struktur- oder Kerbspannung am Ort des Risses (berechnet für ein Modell ohne Riß) eingeführt werden. Die Spannungsintensität ergibt sich unabhängig von der jeweiligen Definition der Grundbeanspruchung, während der Geometriefaktor in erheblichem Maße davon abhängig ist. Nur wenn die Grundbeanspruchung nahe der tatsächlichen mittleren Spannung im Bereich der Rißfront vereinbart wird, hat der Geometriefaktor Y die Eigenschaft eines Korrekturgliedes (übliche Bezeichnung „Korrekturfaktor“). Extrem große Geometriefaktoren besagen, daß in ihnen Effekte der Querschnittsschwächung, der Querschnittsbiegung, der Strukturspannungs- und Kerbspannungserhöhung enthalten sind, die zweckmäßiger in der Grundbeanspruchung zu erfassen sind.

Als Beispiel für den Geometriefaktor wird der Rundstab mit kreisförmigem Innenriß bzw. ringflächigem Außenriß betrachtet, Abb. 6.7. Der Geometriefaktor Y_0, der den Einfluß der freien Oberfläche kennzeichnet, wächst mit der Rißtiefe a relativ zum Stabdurchmesser $2R$ ($Y_0 \to \infty$ für $a/R \to 1{,}0$ infolge der Querschnittsschwächung). Zu beachten ist, daß beim Innen- und Außenriß dieselben Kenngrößen, Nennspannung σ im Bruttoquerschnitt und Rißabmessung a, verwendet werden, so daß Abweichungen gegenüber der Form von (6.12) und (6.13) auftreten.

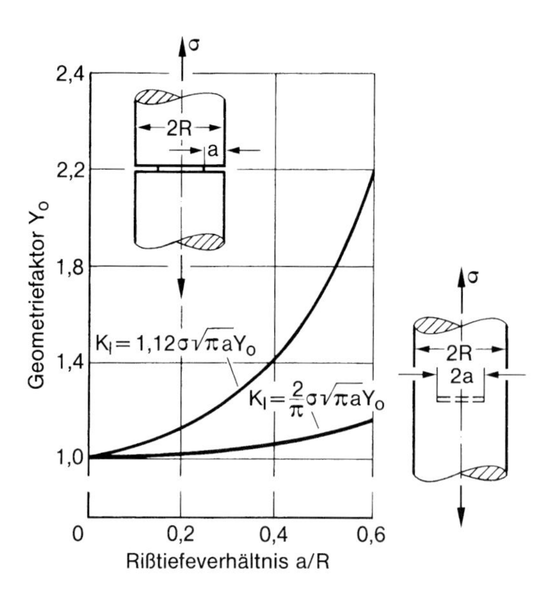

Abb. 6.7: Geometriefaktor für den Rundstab mit kreisflächigem Innenriß bzw. ringflächigem Außenriß bezogen auf die Nennspannung σ im Bruttoquerschnitt; nach Hahn [908]

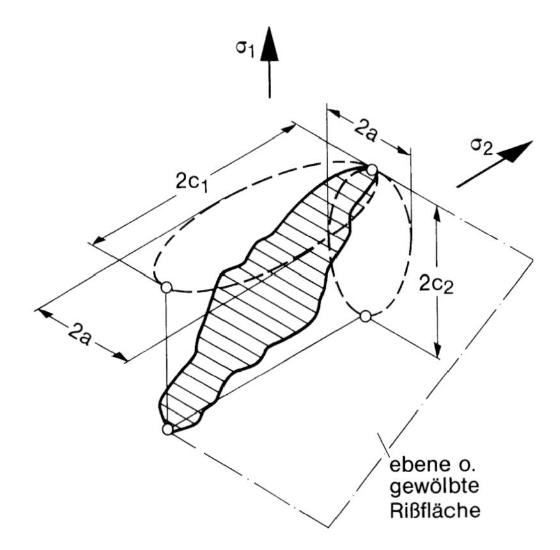

Abb. 6.8: Projektion des tatsächlichen Fehlers oder Risses in Ebenen senkrecht zu den Hauptspannungsrichtungen und Ersatz durch umbeschriebene Ellipsen; nach ASME-Code [891]

Vereinfachte Rißgeometrie

Die in der Praxis auftretenden Anrisse und rißartigen Fehlstellen werden in der bruchmechanischen Festigkeitsanalyse als Durchrisse, viertelelliptische Eckrisse, halbelliptische Oberflächenrisse und elliptische Innenrisse aufgefaßt, die quer zur Zugbeanspruchung liegen. Schräg zu den Hauptspannungen liegende Fehlstellen werden zur Vereinfachung der Analyse in die Ebenen senkrecht zu diesen Beanspruchungen projiziert, etwa nach dem ASME-Code [891], Abb. 6.8 (nur zwei Hauptspannungsrichtungen sind dargestellt). Die projizierte Fehlstellenkontur wird durch eine umbeschriebene Ellipse ersetzt, wobei eng benachbarte kleinere Fehler zu einem größeren Fehler zusammengefaßt werden. Die unbeschriebene Ellipse deckt die Erhöhung des Spannungsintesitätsfaktors und damit der Rißfortschrittsrate bei Annäherung und Vereinigung benachbarter Risse (coalesence of cracks) auf der sicheren Seite liegend ab (Bayley und Bell [915]). Die projizierte Ellipsenfläche mit der größten Zugspannungsintensität wird als maßgebend für die Festigkeit angesehen (Kritik des Ansatzes bei Radaj u. Heib [1005]).

Elliptischer Innenriß

Am elliptischen Innenriß im unendlichen elastischen Körper unter Zugbeanspruchung σ senkrecht zur Rißebene tritt die größte Spannungsintensität am Ende der kleineren Halbachse a, die kleinste Spannungsintensität am Ende der größeren Halbachse c auf (Tada *et al.* [952], Murakami [937]):

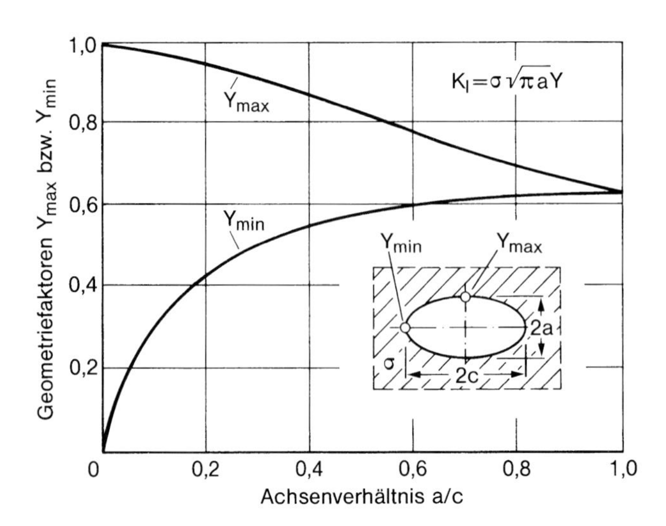

Abb. 6.9: Geometriefaktoren für den elliptischen Innenriß unter Zugbeanspruchung senkrecht zur Rißebene, Maximal- und Minimalwerte in den Scheitelpunkten; nach Radaj [943]

$$K_{\mathrm{I\,max}} = \sigma\sqrt{\pi a}\,\frac{1}{E(k)} \tag{6.15}$$

$$K_{\mathrm{I\,min}} = \sigma\sqrt{\pi a}\,\frac{1}{E(k)}\sqrt{\frac{a}{c}} \tag{6.16}$$

Die Größe $E(k)$ ist das vollständige elliptische Integral zweiter Art mit dem Argument:

$$k = \sqrt{1 - \left(\frac{a}{c}\right)^2} \tag{6.17}$$

Eine viel verwendete Näherungsformel lautet:

$$E(k) = \sqrt{1 + 1{,}47\left(\frac{a}{c}\right)^{1{,}64}} \qquad (a/c \leq 1{,}0) \tag{6.18}$$

Statt $E(k)$ wird auch der Rißformparameter $\sqrt{Q}$ gesetzt, der zusätzlich eine Plastizitätskorrektur enthält. Das Ergebnis nach (6.15) und (6.16), ausgedrückt durch die Korrekturfaktoren Y_{max} und Y_{min} zu $\sigma\sqrt{\pi a}$ ohne Plastizitätskorrektur, ist in Abb. 6.9 dargestellt. Für den kreisförmigen Innenriß ist $Y_{\mathrm{max}} = 2/\pi = 0{,}637$.

Eine freie Oberfläche in Nähe des elliptischen Innenrisses erhöht die Spannungsintensität, ausgedrückt durch den Korrekturfaktor Y_{oi} nach Abb. 6.10.

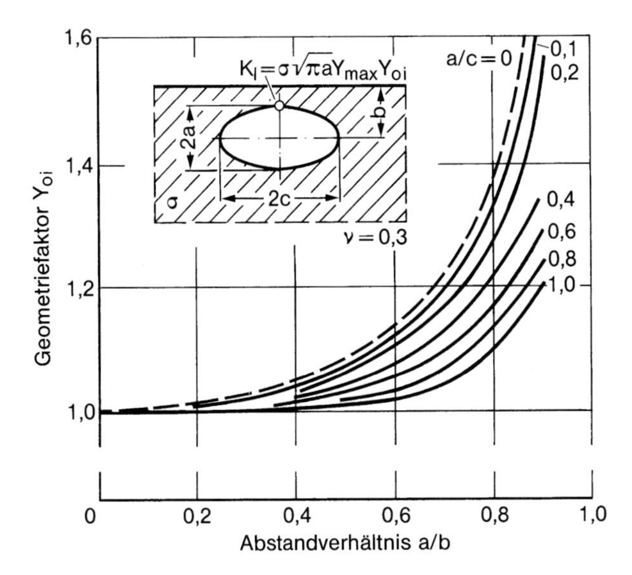

Abb. 6.10: Geometriefaktor aus Wirkung der freien Oberfläche am senkrecht zur Rißebene zugbeanspruchten elliptischen Innenriß (Y_{max} nach Abb. 6.9); nach Radaj [943]

Halbelliptischer Oberflächenriß

Der halbelliptische Oberflächenriß unter Zugbeanspruchung senkrecht zur Rißebene weist den Höchstwert der Spannungsintensität am tiefsten Punkt der Halbellipse auf. Nur bei größeren Werten a/c, etwa in Nähe des halbkreisförmigen Risses, kann sich der Höchstwert an den Oberflächenaustritt der Rißfront verlagern.

Für den Oberflächenriß im halbunendlichen elastischen Körper ist (6.15) in Verbindung mit einem Geometriefaktor Y_o (auch Oberflächenfaktor genannt) zu verwenden. Im tiefsten Punkt der Halbellipse gilt nach Shah und Kobayashi in [937, 952]:

$$Y_o = 1 + 0{,}12\left(1 - \frac{a}{2c}\right)^2 \qquad (a/c \leq 1{,}0) \tag{6.19}$$

Der Einfluß der freien Oberfläche auf die Spannungsintensität am tiefsten Punkt der Rißfront ist demnach gering, $1{,}12 \geq Y_o \geq 1{,}03$ für $0 \leq a/c \leq 1{,}0$. Die Spannungsintensität am Oberflächenaustritt der Rißfront ist für $a/c = 1{,}0$ am größten, nämlich $Y_o = 1{,}22$, also auch hier ein nur geringer Einfluß.

Andererseits ist der Einfluß der Scheibenrückfläche (kombiniert mit dem der Oberfläche) im tiefsten Punkt des Oberflächenrisses in der elastischen Scheibe mit Dicke h relativ stark, Y_{or} nach Abb. 6.11 (Näherung nach Newman u. Raju [940] in [85]). Die Genauigkeit der dargestellten empirischen Näherung auf der Basis von Finite-Elemente-Berechnungen ist fragwürdig, weil sowohl Newman und Raju selbst als auch zahlreiche andere Autoren Lösungen vorgelegt haben, die zum Teil erheblich voneinander abweichen (aufgrund der von Murakami [937], *ibid.* S. 706-708, dargestellten Kurvenvielfalt muß mit einer Unsicherheit von bis zu 20 % gerechnet werden).

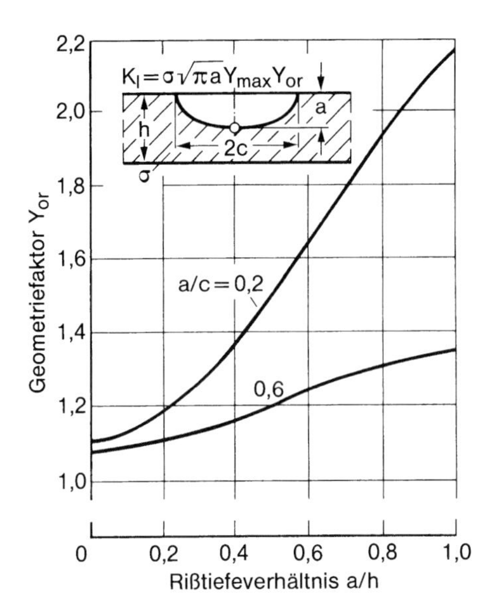

Abb. 6.11: Geometriefaktor aus Wirkung der freien Oberfläche und Rückfläche am senkrecht zur Rißebene zugbeanspruchten halbelliptischen Oberflächenriß; nach Newman u. Raju [940]

Die Spannungsintensitätsfaktoren K_{I} am halbelliptischen Oberflächenriß in der Platte (Raju u. Newman [942]) unter Biegebeanspruchung sowie in der Zylinderschale unter Innendruck werden von Sommer [912] diskutiert. Die Spannungsintensitätsfaktoren K_{I} am halbelliptischen Oberflächenriß unter Zugbeanspruchung senkrecht zur Rißebene, die über die Tiefenkoordinate nichtlinear veränderlich ist (typisch für Eigenspannungen) wurde von Fett und Munz [927] angegeben. Der Einfluß einer starren Einspannung der Plattenenden unter Zug- und Biegebelastung wurde von Wang und Lambert [953, 954] untersucht (Korrekturfaktoren).

Die Spannungsintensitätsfaktoren K_{II} und K_{III} am halbelliptischen Oberflächenriß unter Schubbeanspruchung parallel zur Rißebene in der Oberfläche wurden von He und Hutchinson [930] abhängig vom Abmessungsverhältnis der Halbellipse nach der Finite-Elemente-Methode ermittelt. Die Größtwerte von K_{II} treten in den Oberflächenscheitelpunkten auf, die Größtwerte von K_{III} dagegen im tiefliegenden Scheitelpunkt.

Halbelliptischer Außenriß am Rundstab

Der halbelliptische Außenriß am Rundstab ist im Hinblick auf Achsen und Wellen an rotierenden Maschinenteilen praktisch bedeutsam. Es interessieren die Spannungsintensitätsfaktoren bei Zug-Druck- und Biegebelastung (Modus I) sowie bei Torsionsbelastung (Modus III, zusätzlich Modus II an der Oberfläche). Die Rißfrontform wird dem Versuch entnommen, kann aber auch das Ergebnis einer Rißfortschrittsberechnung sein (s. Kap. 6.4). Die Näherung als Halbellipse mit Zentrum am Ort der Rißeinleitung an der Staboberfläche (einschließlich der Entartung zu einer Geraden) ist eine vielfach vertretbare Näherung. Für derartige Konfigurationen wurden die Spannungsintensitätsfaktoren nach der Finite-Elemente-Methode berechnet (Carpinteri [917, 918], da Fonte u. de Freitas [922], s. a. Murakami [937]).

Viertelelliptischer Eckriß

Für den viertelkreisförmigen Eckriß unter Zugbeanspruchung senkrecht zur Rißebene gilt am Oberflächenaustritt der Rißfront näherungsweise (6.15) mit $Y_0 = 1{,}26$. Im Innenbereich der Rißfront fällt dieser Wert etwas ab (Sähn u. Göldner [85], Murakami [937]).

Die publizierten Lösungen für den Spannungsintensitätsfaktor K_I am viertelelliptischen Eckriß am Rand von Befestigungslöchern ohne oder mit Bolzen werden von Lin und Smith [935] diskutiert. Die Spannungsintensitätsfaktoren K_I für den bei Rißfortschritt anschließenden teilelliptischen Durchriß (das ist ein Durchriß mit schräger Rißfront) werden von Fawaz [924] angegeben.

Außen- und Innenrisse an Stäben

Für Außen- und Innenrisse an Stäben sind die Spannungsintensitätsfaktoren nicht immer einfach zu ermitteln (etwa ausgehend von (6.9) bis (6.13)). In den Hand-

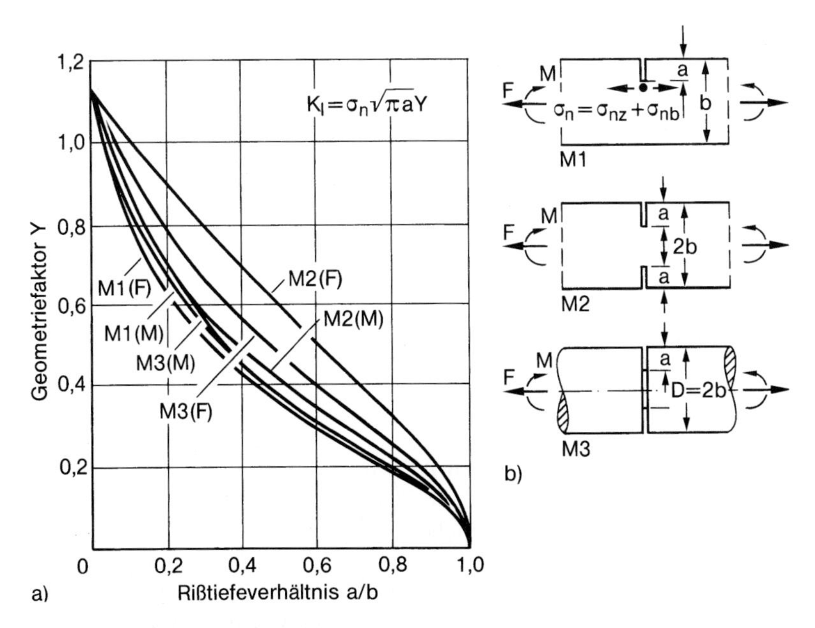

Abb. 6.12: Geometriefaktor für Außenrisse an Flach- und Rundstäben (Modelle M1 bis M3) unter Zug- bzw. Biegebelastung, (F) bzw. (M), bezogen auf die überlagerte Zug- und Biegenennspannung im Nettoquerschnitt an der Rißfront, $\sigma_\mathrm{n} = \sigma_\mathrm{nz} + \sigma_\mathrm{nb}$; nach Radaj u. Heib [944]

buchformeln sind die Nennspannungen σ_n senkrecht zur Rißebene unterschiedlich festgelegt. Die Geometriefaktoren Y unterscheiden sich daher von Fall zu Fall teilweise erheblich. Dadurch ist es kaum möglich, Abschätzungen in dazwischen liegenden Fällen durch Interpolation vorzunehmen. Abhilfe ist möglich, wenn die überlagerte Zug- und Biegenennspannung $\sigma_n = \sigma_{nz} + \sigma_{nb}$ an der Rißfront, berechnet für den Nettoquerschnitt, zugrunde gelegt wird (Radaj u. Heib [944]). Der zugehörige Geometriefaktor ist dann relativ einheitlich vom Rißtiefeverhältnis a/b abhängig (Rißtiefe a, Stabbreite bzw. Stabdurchmesser $2b$), Abb. 6.12.

6.3 Beanspruchung an Rissen im Kerbgrund

Allgemeines Verhalten

Da Risse bevorzugt an Kerben eingeleitet werden, ist die Frage nach der Spannungsintensität von Rissen im Kerbgrund von großer praktischer Bedeutung. Nachfolgend werden drei einfache Sonderfälle betrachtet (Risse am Kreis- und Ellipsenloch sowie Riß in halbelliptischer Rundkerbe), die das grundsätzliche Verhalten dennoch allgemeingültig wiedergeben. Bei kurzer Rißlänge (kurz relativ zum Kerbkrümmungsradius) nähert sich die Spannungsintensität jener eines Risses am freien geraden Rand der halbunendlichen Scheibe unter Zugbeanspruchung in Höhe des Kerbspannungshöchstwertes. Bei großer Rißlänge ist die Spannungsintensität mit jener annähernd identisch, die sich für einen Riß quer zur Zugbeanspruchung mit aufaddierter Kerbtiefe und Rißlänge ergibt.

Risse am Kreisloch

Risse quer zur Grundbeanspruchung des jeweiligen Modellkörpers werden nachfolgend als Querrisse bezeichnet. Der Spannungsintensitätsfaktor für symmetrisch angeordnete Querrisse am Kreisloch in der unendlich ausgedehnten Scheibe unter Zugbeanspruchung kann auf die Rißlänge a oder auf die Summe von Lochradius R und Rißlänge a bezogen sein:

$$K_I = \sigma\sqrt{\pi a}\, Y \tag{6.20}$$

$$K_I = \sigma\sqrt{\pi(R+a)}\, Y^* \tag{6.21}$$

Die Geometriefaktoren Y und Y^* sind in Abb. 6.13 dargestellt. Der Geometriefaktor Y beinhaltet bei kurzer Rißlänge die Kerbspannungserhöhung ($\alpha_k = 3{,}0$) und die Wirkung der freien Kerboberfläche ($Y_o = 1{,}12$), also $Y = Y_o\alpha_k = 3{,}36$ für $a \to 0$. Er fällt bei großer Rißlänge auf den Wert $Y = 1{,}0$ ab. Zum Vergleich ist das Verhalten eines Risses mit Länge $2(R+a)$ ohne Kreisloch dargestellt (ergibt $Y = \sqrt{1+R/a}$). Der Geometriefaktor Y^* andererseits steigt bei kurzer Rißlänge von Null ausgehend steil an und nähert sich bei großer Rißlänge (groß relativ zum Lochradius) nach geringem Überschwingen dem Wert 1,0. Das Über-

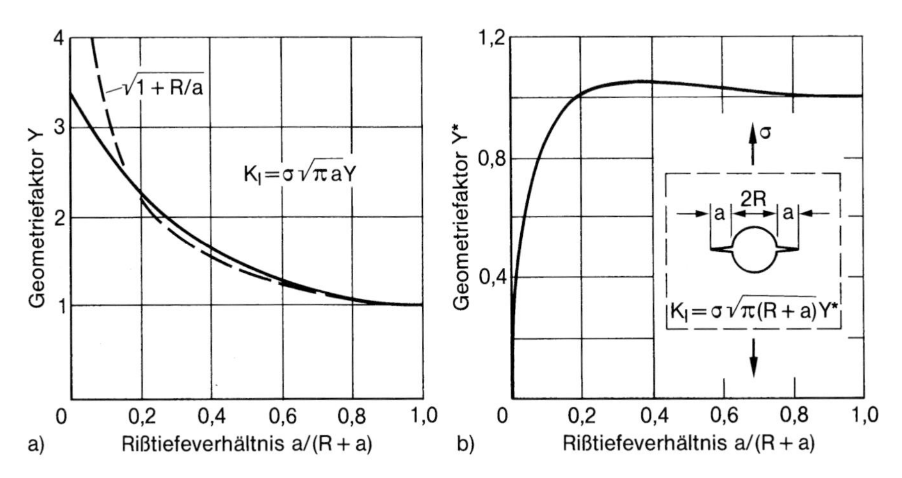

Abb. 6.13: Geometriefaktoren für Querrisse am Kreisloch in der zugbeanspruchten (unendlichen) Scheibe; nach Newman [939]

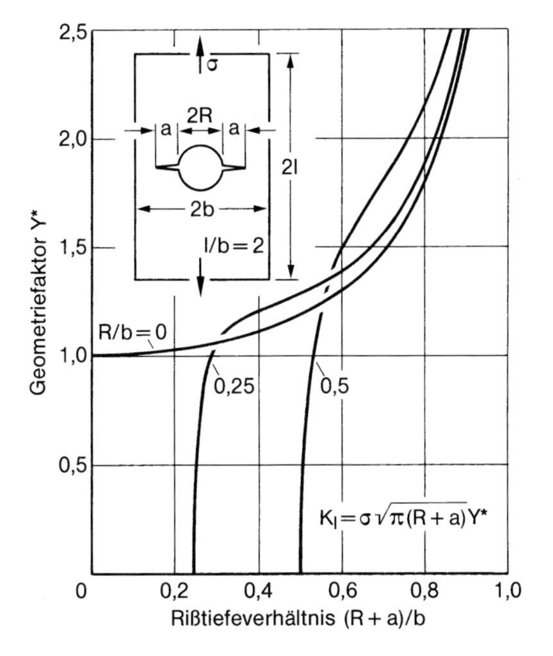

Abb. 6.14: Geometriefaktor für Querrisse am Kreisloch im zugbeanspruchten Scheibenstreifen; nach Newman [939]

schwingen erklärt sich aus der Verlagerung der Druckabstützung in Rißrichtung durch das Kreisloch. Es tritt unter zweiachsiger Zugbeanspruchung kennzeichnenderweise nicht auf.

Nunmehr werden symmetrisch angeordnete Querrisse am Kreisloch im Scheibenstreifen der Breite $2b$ betrachtet. Der Geometriefaktor Y^* zu (6.21) ist in diesem Fall von zwei Abmessungsverhältnissen abhängig. Als voneinander unabhängige Abmessungsverhältnisse der Problemstellung können die Größen R/b und $(R+a)/b$ gewählt werden. Das Ergebnis einer rechnerischen Untersuchung ist in Abb. 6.14 dargestellt. Der Wert $R/b = 0$ entspricht dem Querriß ohne Kreisloch zunächst in der Scheibe $(a/b = 0)$ und dann im Scheibenstreifen $(a/b > 0)$. Die Kurven für Risse mit Kreisloch $(R/b > 0)$ schmiegen sich bei größerer Rißlänge vorstehender Kurve an, während bei kleiner Rißlänge der von Abb. 6.13 (b) her bekannte steile Anstieg mit Überschwingen auftritt.

Risse am Ellipsenloch

Lösungen für die Spannungsintensität an den symmetrisch angeordneten Rissen am Ellipsenloch unter Zugbeanspruchung senkrecht zur Rißebene (als Grundtypus von Kerben unterschiedlicher Schärfe) wurden von Newman [939] (Verfahren der Randkollokation), Nisitani und Isida [941] (body force method), Xiao *et al.* [958] (Verfahren mit Gewichtsfunktion) und von Amstutz und Seeger [913] (Modifikation der funktionsanalytischen Lösung von Neuber für die Randkerbe mit Riß) entwickelt [467, 938].

Für relativ kurze Risse im Kerbgrund $(a/\rho \ll 1{,}0)$ kann die Lösung von Newman als Funktion von a/ρ angenähert werden. Der dem Kurzriß entsprechende Geometriefaktor Y_k wird zweckmäßigerweise mit der Kerbhöchstspannung $\sigma_{\mathrm{k\,max}} = \alpha_\mathrm{k}\sigma_\mathrm{n}$ verbunden, die in diesem Fall als Grundbeanspruchung des Risses wirkt:

$$K_\mathrm{I} = \alpha_\mathrm{k}\sigma_\mathrm{n}\sqrt{\pi a}\, Y_\mathrm{k} \tag{6.22}$$

Die Näherung nach Schijve [949] lautet:

$$Y_\mathrm{k} = 1{,}1215 - 3{,}21\frac{a}{\rho} + 5{,}16\left(\frac{a}{\rho}\right)^{1,5} - 3{,}73\left(\frac{a}{\rho}\right)^{2} + 1{,}14\left(\frac{a}{\rho}\right)^{2,5} \tag{6.23}$$

Die Näherung nach Lukáš [936] (s. (7.69)) lautet:

$$Y_\mathrm{k} = \frac{1{,}1215}{\sqrt{1 + 4{,}5\, a/\rho}} \tag{6.24}$$

Beide Näherungen beinhalten einen steilen Abfall von Y_k mit a/ρ, welcher in Abb. 6.15 der auch für längere Risse gültigen vorstehend erwähnten Modifikation der Lösung von Neuber (s. (6.29)) gegenübergestellt ist. Von Zettlemoyer und Fisher [960] wird darauf hingewiesen, daß der Abfall des Geometriefaktors $Y = \alpha_\mathrm{k} Y_\mathrm{k}$ etwas oberhalb des ursprünglichen Kerbspannungsabfalls (des Körpers ohne Riß) liegt und damit verbunden der Wert $Y = 1{,}0$ kaum unterschritten wird, Abb. 6.16.

Die unterschiedlichen Lösungen und ihre Genauigkeit sind von Amstutz und Seeger [913] eingehend untersucht worden, wobei die Abhängigkeit des Geometriefaktors Y_k allein vom Verhältnis a/ρ mit praktisch ausreichender Genauigkeit auch über ein J-Integral der rißfreien scharfen Kerbe nachgewiesen wird. Dieses Ergebnis ist allerdings auf nichtelliptische Kerben nicht ohne weiteres übertragbar.

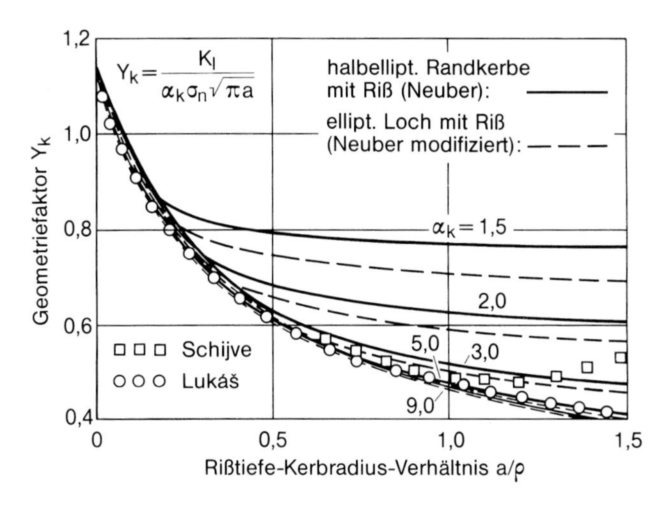

Abb. 6.15: Geometriefaktor für den Riß im Kerbgrund elliptischer Kerben (Rißtiefe a, Kerbkrümmungsradius ρ) unter Zugbeanspruchung senkrecht zur Riß- und Kerbebene; nach Amstutz u. Seeger [913]

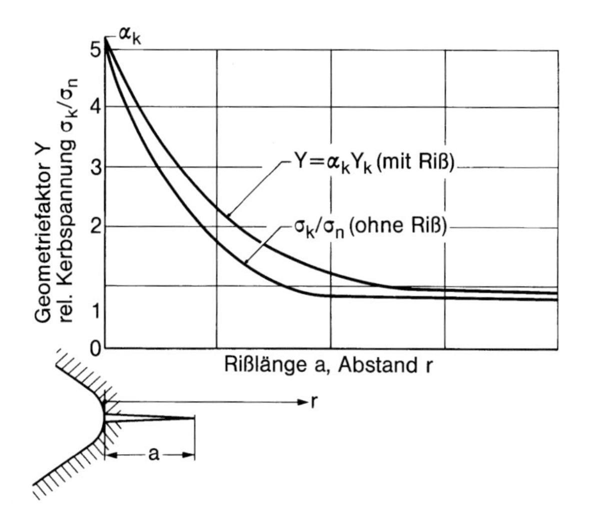

Abb. 6.16: Geometriefaktor $Y = \alpha_k Y_k$ für einen Riß im Kerbgrund verglichen mit ursprünglichem Kerbspannungsabfall σ_k/σ_n für dieselbe Kerbe ohne Riß; Finite-Element-Berechnungsergebnis für nicht näher gekennzeichnete Schweißnahtkerbe; nach Zettlemoyer u. Fisher [960]

Die Abhängigkeit der Spannungsintensität für symmetrisch angeordnete Querrisse am Ellipsenloch wurde von Smith und Miller [1358, 1360] auf der Basis der Lösungen von Newman [939] und Nisitani und Isida [941] ingenieurnah dargestellt, Abb. 6.17, und auf tiefe Kerben allgemeinerer Form tendenzmäßig übertragen.

Dieser Untersuchung liegen folgende Vereinbarungen zugrunde: Länge a des tatsächlichen Risses in der gekerbten Probe, Länge a_0 des Vergleichsrisses in der

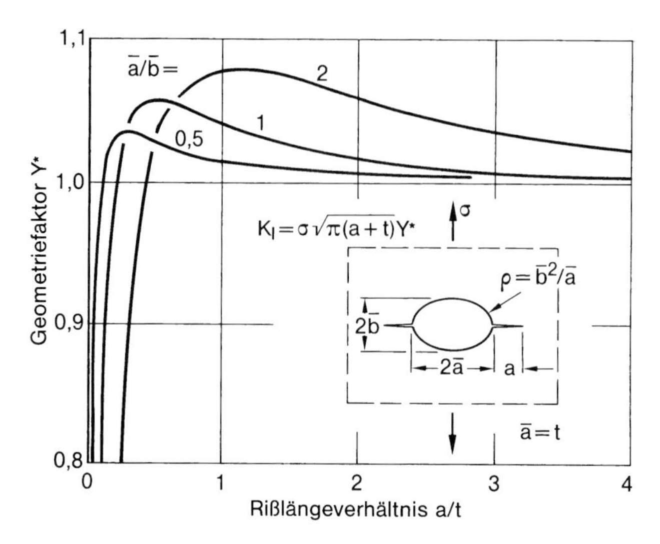

Abb. 6.17: Geometriefaktor für Querrisse am Ellipsenloch in der zugbeanspruchten (unendlichen) Scheibe; mit Kerbtiefe $t = \bar{a}$; nach Nisitani u. Isida [941]

ungekerbten Probe mit gleicher Spannungsintensität bei gleicher Grundbeanspruchung σ von gekerbter und ungekerbter Probe, rißwirksamer Teil $\Delta a = (a_0 - a)$ der Ellipsenhalbachse $\bar{a}$ (oder der Kerbtiefe t im übertragenen Sinn), Ellipsenhalbachse $\bar{a}$ quer zur Zugrichtung, Ellipsenhalbachse $\bar{b}$ in Zugrichtung, Kerbkrümmungsradius $\rho = \bar{b}^2/\bar{a}$ im Ellipsenscheitel quer zur Zugrichtung.

Der rißwirksame Kerbtiefeanteil $\Delta a/t$, berechnet auf der Grundlage der Lösungen von Newman [939] sowie Nisitani und Isida [941], ist in Abb. 6.18 über dem Rißlängeverhältnis a/t aufgetragen. Das Ergebnis ist auf Außenkerben am freien Rand nur näherungsweise übertragbar. Die Kurven zeigen einen von Null ausgehenden steilen Anstieg bei kleiner Rißlänge, die Annäherung an $\Delta a/t = 1$ bei größerer Rißlänge (Kerbtiefe voll wirksam) und ein geringes Überschwingen dazwischen. Die Erklärung für das Überschwingen wurde beim Kreisloch gebracht (Y^{*2} kann als Rißlängenkorrektur aufgefaßt werden).

Die gezeigten Kurven für das Ellipsenloch und weitere Kurven für die Außenkerbe lassen sich bei Auftragung über $a/\bar{b}$ anstelle von $a/\bar{a}$ (bzw. a/t) einem bandartigen Bereich zuordnen, der durch den gestrichelten Linienzug angenähert wird, Abb. 6.19 (konservative Näherung im Hinblick auf eine mittlere Rißfortschrittsrate, s. Kap. 7.5). Anstelle von $a/\bar{b}$ wird mit $\rho = \bar{b}^2/\bar{a}$ und $\bar{a} = t$ das Rißlängeverhältnis $a/\sqrt{t\rho}$ eingeführt (mit Kerbtiefe t). Diese Größe eignet sich zur Kennzeichnung des Kerbeinflußbereichs (Kerbeinfluß auf die Spannungsintensität) auch bei Kerbformen, die von der Ellipse abweichen. Dem gestrichelten Linienzug entsprechen folgende Beziehungen:

$$\frac{\Delta a}{t} = 7{,}69\,\frac{a}{\sqrt{t\rho}} \qquad \left(0 \leq \frac{a}{\sqrt{t\rho}} \leq 0{,}13\right) \tag{6.25}$$

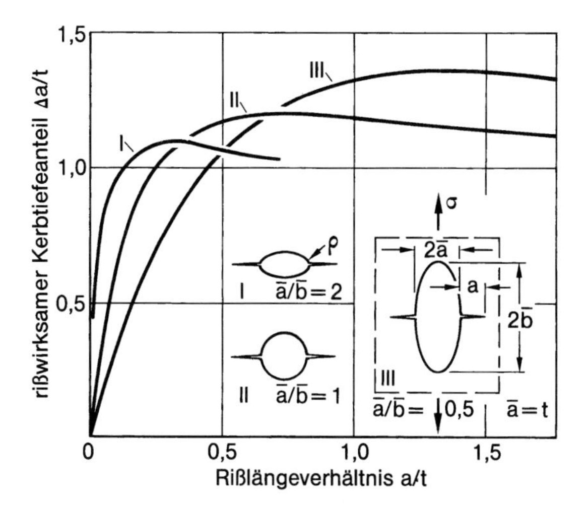

Abb. 6.18: Rißwirksamer Kerbtiefeanteil für Querrisse am Ellipsenloch in der zugbeanspruchten (unendlichen) Scheibe; mit Kerbtiefe $t = \bar{a}$; nach Smith u. Miller [1359]

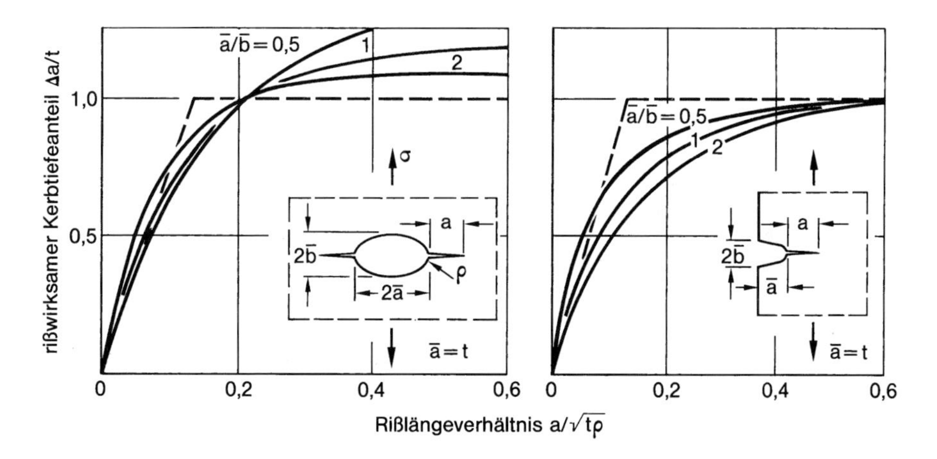

Abb. 6.19: Rißwirksamer Kerbtiefeanteil für Querrisse am Ellipsenloch sowie an ellipsenähnlichen Randkerben; verminderter Kerbeinfluß nur für $a \leq 0{,}13\sqrt{t\rho}$ (gestrichelte ansteigende Gerade); mit Kerbtiefe $t = \bar{a}$; nach Smith u. Miller [1359]

$$\frac{\Delta a}{t} = 1 \qquad \left(\frac{a}{\sqrt{t\rho}} \geq 0{,}13\right) \tag{6.26}$$

Damit ist die Zone mit vermindertem Kerbeinfluß auf $a \leq 0{,}13\sqrt{t\rho}$ festgelegt. Der Spannungsintensitätsfaktor in diesem Bereich läßt sich ausgehend von (6.25) wie folgt angeben (zwei Versionen wie bei (6.20) und (6.21)):

$$K_\mathrm{I} = \sigma\sqrt{\pi a}\sqrt{1 + 7{,}69\sqrt{\frac{t}{\rho}}} \tag{6.27}$$

$$K_\mathrm{I} = \sigma\sqrt{\pi(a+t)}\sqrt{\frac{1 + 7{,}69\sqrt{t/\rho}}{1 + t/a}} \tag{6.28}$$

Riß in halbelliptischer Randkerbe

Die halbelliptische Kerbe (Kerbtiefe t, Kerbkrümmungsradius ρ) am geradlinigen Rand der zugbeanspruchten halbunendlichen Scheibe, versehen mit einem Riß (Rißlänge a) senkrecht zur Zugbeanspruchung im Kerbgrund, wurde von Neuber [467, 938] als Kerbspannungsproblem funktionsanalytisch beschrieben. Davon leitet sich eine Näherungsformel für die Spannungsintensität bzw. deren Geometriefaktor Y ab, dessen möglicher Fehler mit weniger als 1,5 % angegeben wird:

$$Y = 1{,}1215\left\{1 + \left[(\alpha_\mathrm{k} - 1)^{-2{,}5} + \left(\sqrt{\frac{t+a}{a}} - 1\right)^{-2{,}5}\right]^{-0{,}4}\right\} \tag{6.29}$$

Im Grenzfall $a \to 0$ ist $Y = Y_\mathrm{o}\alpha_\mathrm{k} = 1{,}1215\alpha_\mathrm{k}$, im Grenzfall $a \to \infty$ ist $Y = Y_\mathrm{o} = 1{,}1215$ (typisch für den Randriß im Unterschied zum Innenriß mit $Y = 1{,}0$).

Die Lösung (6.29) für den Riß in der Randkerbe läßt sich mittels einer von Amstutz und Seeger [913] angegebenen Modifikation auf die Risse im Ellipsenloch übertragen, wobei sich eine gute Übereinstimmung mit der Lösung von Newman [939] ergibt.

Riß im Kerbgrund einer scharfen V-Kerbe

Schließlich ergibt sich für den Riß der Länge a im Kerbgrund einer scharfen V-Kerbe der Tiefe t am Rand der halbunendlich ausgedehnten Scheibe unter Zugbeanspruchung der Geometriefaktor Y^* abhängig vom Verhältnis a/t für unterschiedliche Kerböffnungswinkel, Abb. 6.20. Die Eckspannungssingularität der scharfen Kerbe ohne Riß bleibt außer Betracht. Auch hier tritt der bereits erwähnte steile Kurvenanstieg bei kleinen Werten a/t auf, dessen weiterer Verlauf vom Öffnungswinkel abhängt. Bei großen Werten a/t nähern sich die Kurven dem Geometriefaktor des Querrisses an freier Oberfläche, $Y_\mathrm{o} = 1{,}122$. Das Überschwingen der Kurven tritt nicht auf, weil sich die Druckabstützung in Rißrichtung infolge des freien Scheibenrandes nicht aufbauen kann.

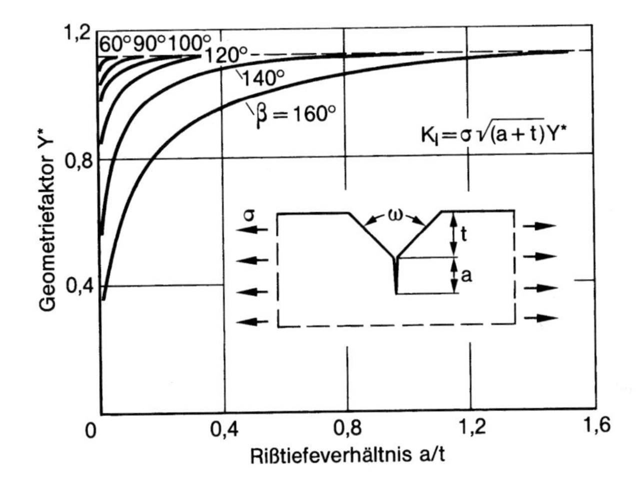

Abb. 6.20: Geometriefaktor für den Querriß im Kerbgrund einer scharfen V-Kerbe am Rand der halbunendlichen Scheibe unter Zugbeanspruchung; nach Hasebe u. Iida in [937]

Berechnungsverfahren für Spannungsintensitätsfaktoren

Lösungen für die Spannungsintensitätsfaktoren einer Vielzahl weiterer Rißkonfigurationen in Scheiben-, Platten-, Schalen- und Körpermodellen einfacher Form und Belastung liegen vor und sind in den Kompendien von Sih [950], Tada *et al.* [952], Rooke und Cartwright [948] und Murakami [937] zusammengefaßt. Die Spannungsintensitätsfaktoren zu den Anrissen, Spalten und Schlitzen an Schweißverbindungen sind bei Radaj und Sonsino [65] zu finden.

Trotz der Vielzahl der vorliegenden Lösungen für Spannungsintensitätsfaktoren in vereinfachten Modellen ist der praktische Anwendungsfall vielfach nicht hinreichend genau erfaßt. Insbesondere machen die auf längere Risse wirkenden vielfältigen Geometrie- und Belastungsparameter Schwierigkeiten. Es werden über die vorhandenen Lösungen hinaus Lösungsverfahren benötigt, die vielseitig einsetzbar sind.

Zunächst stehen dafür eine ganze Reihe einfacher Berechnungsverfahren zur Verfügung, die sich durch geringen Anwendungsaufwand auszeichnen, jedoch genaue Beachtung der Einschränkungen der verwendeten Teillösungen erfordern. Zu diesen Verfahren, die von Cartwright und Rooke [919] unter Bezug auf den Spannungsintensitätsfaktor K_I zusammenfassend erläutert werden, gehören:

- Verfahren der einfachen Überlagerung: Die Spannungsintensität der komplexen Rißkonfiguration ergibt sich durch additive Überlagerung der Spannungsintensitäten einfacher Rißkonfigurationen mit bekannter Lösung (auch die multiplikative Überlagerung ist möglich, s. Radaj [943]).
- Verfahren der alternierenden Überlagerung: Die Spannungsintensität der komplexen Rißkonfiguration ergibt sich durch additive Überlagerung der Span-

nungsintensitäten einer Folge von Rißkonfigurationen mit bekannter Lösung und alternierend eingeführten Randbedingungen.
- Verfahren der Grundbeanspruchung an der Rißspitze: Die lokale Strukturspannung an der Rißspitze, berechnet ohne Spannungssingularität, wird als Grundbeanspruchung in die Spannungsintensität einer einfachen Rißkonfiguration mit bekannter Lösung eingeführt (s. a. Radaj u. Heib [944]).
- Verfahren mit Greenscher Funktion: Die Spannungsintensität ergibt sich aus einem Integral über die Spannung senkrecht zur Rißebene im Körper ohne Riß, multipliziert mit einer geeigneten Greenschen Funktion.
- Verfahren mit Gewichtsfunktion: Die Spannungsintensität ergibt sich aus einem Integral über die Spannung senkrecht zur Rißebene im Körper ohne Riß, multipliziert mit einer geeigneten Gewichtsfunktion (Bueckner [916]).

Zu den aufwendigeren Berechnungsverfahren gehören zunächst die elastizitätstheoretischen Verfahren der Funktionsanalysis und Integraltransformation, die jedoch nur bei einfachen Rißkonfigurationen erfolgreich anwendbar sind. Durch spezielle numerische Approximationen kann diese Einschränkung gemildert werden (z. B. Verfahren der Randkollokation bei ebenem Spannungs- oder Dehnungszustand). Die ingenieurmäßige Anwendung ist jedoch auf die einfacher handhabbaren Verfahren der finiten Elemente oder der Boundary-Elemente zur Berechnung der Spannungsintensitätsfaktoren angewiesen.

Die Spannungen und Verformungen in Bauteilen lassen sich über eine Aufteilung (Diskretisierung) in finite Elemente mit hoher Genauigkeit berechnen [479-481, 484-487, 495, 497-499]. An Kerben ist wegen der starken Spannungsinhomogenität eine besonders feinmaschige Netzteilung erforderlich. Diese Anforderung erhöht sich an der Rißfront. Hier sind neben feinmaschiger Netzteilung besondere Elemente mit Spannungssingularität einzuführen, was üblicherweise bei isoparametrischen Hexaederelementen durch Verschieben der Knotenpunkte in Seitenmitte auf die Viertelseitenposition erfolgt. Die Auswertung des Spannungsintensitätsfaktors erfolgt über die Grenzwertformeln (6.5) bis (6.8) oder über die Auswertung eines besonderen, wegunabhängigen Linienintegrals um die Rißspitze (J-Integral), das sich über bestimmte Beanspruchungsgrößen auf dem Integrationsweg erstreckt. Alternativ kann die Änderung der Verformungsenergie in einem Kontrollvolumen um die Rißspitze bei virtueller Rißvergrößerung (die Energiefreisetzungsrate) ausgewertet werden. Bei der Umrechnung auf den Spannungsintensitätsfaktor ist zwischen ebenem Spannungszustand und ebenem Dehnungszustand zu unterscheiden. Beliebige Geometrie-, Belastungs- und Lagerbedingungen des Bauteils sind auf diese Weise hinsichtlich ihres Einflusses auf die Spannungsintensität erfaßbar.

Die Spannungen und Verformungen am Rand von scheibenartigen Bauteilen oder an der Oberfläche von räumlichen Körpern lassen sich auch nach dem Boundary-Elemente-Verfahren (Randelemente-Verfahren) ermitteln [482, 483]. Nur der Rand bzw. die Oberfläche muß in Elemente unterteilt werden. Das reduziert den Aufwand erheblich. Auch bei diesem Verfahren folgt die Feinheit der Netzteilung der Inhomogenität des Spannungsfeldes. An der Rißspitze werden singuläre Randelemente eingesetzt. Die Auswertung des Spannungsintensitätsfaktors erfolgt ebenso wie vielfach beim Finite-Elemente-Verfahren über die Grenzwertformeln (6.5) bis (6.8).

Beanspruchung an scharfen Eckkerben

Das Konzept der Spannungsintensitätsfaktoren zur Beschreibung der Beanspruchungssingularität an der Rißfront ist auf Eckkerben übertragbar. Auch in Eckkerben tritt eine Beanspruchungssingularität auf. Während der asymptotische Spannungsabfall von der Singularität beim Riß der Quadratwurzel aus dem Kehrwert des Radialabstandes r von der Rißfront folgt ($\sqrt{1/r}$-Singularität, Exponent 0,5), tritt bei der Eckkerbe ein vom Kerböffnungswinkel abhängiger kleinerer Exponent auf, der Spannungsabfall erfolgt schneller. Die Spannungen in unmittelbarer Nähe der Eckkerbe (ebenso wie der Rißfront) sind auch dann noch über Spannungsintensitätsfaktoren beschreibbar, wenn anstelle der scharfwinkeligen Ecke eine Ausrundung mit sehr kleinem Krümmungsradius tritt.

Die Gleichungen für das ecknahe Spannungsfeld bei Beanspruchung der Eckkerbe analog zu Modus I und Modus II (symmetrische und antimetrische Lösung) werden von Williams [956], Hasebe *et al.* [929] sowie Lazzarin und Tovo [932, 1174] angegeben. Der Verlauf der Normalspannung $\sigma_\varphi(r,0)$ bzw. Schubspannung $\tau_{\mathrm{r}\varphi}(r,0)$ in der winkelhalbierenden Querschnittsfläche ($\varphi = 0$) der Eckkerbe ergibt sich wie folgt (vgl. (6.1) beim Riß mit $\sigma_\mathrm{y} = \sigma_\varphi(r,0)$):

$$\sigma_\varphi(r,0) = \frac{1}{\sqrt{2\pi}} K_1 r^{\lambda_1 - 1} \tag{6.30}$$

$$\tau_{r\varphi}(r,0) = \frac{1}{\sqrt{2\pi}} K_2 r^{\lambda_2 - 1} \tag{6.31}$$

Es ist K_1 bzw. K_2 der Eckspannungsintensitätsfaktor bei symmetrischer bzw. antimetrischer Eckbeanspruchung. Es ist λ_1 bzw. λ_2 der vom Öffnungswinkel der Eckkerbe abhängige Eigenwert der elastizitätstheoretischen Lösung des Eckkerbproblems (für den Riß mit Öffnungswinkel null ist $\lambda_1 = \lambda_2 = 0{,}5$). Anstelle von $1/\sqrt{2\pi}$ kann auch $(2\pi)^{\lambda_1 - 1}$ bzw. $(2\pi)^{\lambda_2 - 1}$ in Verbindung mit K_1^* bzw. K_2^* gesetzt werden. In entsprechender Weise ist die Schubspannung $\tau_{\mathrm{rz}}(r,0)$ in Richtung der Rißfront bei Beanspruchung analog zu Modus III beschreibbar. Bei Ausrundung der Ecke mit dem Radius ρ erscheint ein von ρ abhängiges Zusatzglied in (6.30) bzw. (6.31) und es ist $r \geq \rho$ zu setzen.

Der Eckspannungsintensitätsfaktor K_1 bzw. K_2 ist gemäß (6.30) bzw. (6.31) wie folgt als Grenzwert definierbar (Gross u. Mendelson [928], vgl. (6.5) beim Riß):

$$K_1 = \sqrt{2\pi} \lim_{r \to 0} \sigma_\varphi(r,0) r^{(1-\lambda_1)} \tag{6.32}$$

$$K_2 = \sqrt{2\pi} \lim_{r \to 0} \tau_{r\varphi}(r,0) r^{(1-\lambda_2)} \tag{6.33}$$

Er hat die Dimension N/mm$^{(1+\lambda_1)}$ bzw. N/mm$^{(1+\lambda_2)}$. Die Zahlenwerte von K_1 bzw. K_2 sind nur dann direkt vergleichbar, wenn die Dimension übereinstimmt (z. B. beim Riß mit $\lambda_1 = \lambda_2 = 0{,}5$). Der Eckspannungsintensitätsfaktor K_3 bei Beanspruchung analog zu Modus III ist in entsprechender Weise festlegbar. Der gemischte Beanspruchungszustand der scharfen Eckkerbe erscheint als Überlagerung der Spannungen gemäß K_1, K_2 und K_3.

Die Eckspannungsintensitätsfaktoren lassen sich bei endlich breitem Kerbquerschnitt (vielfach identisch mit der Plattendicke t) wie folgt darstellen (Lazzarin *et al.* [1174]):

$$K_1 = k_1 t^{1-\lambda_1} \sigma_\mathrm{n} \tag{6.34}$$

$$K_2 = k_2 t^{1-\lambda_2} \sigma_\mathrm{n} \tag{6.35}$$

Es ist k_1 bzw. k_2 ein dimensionsloser Geometriefaktor, der von den globalen Abmessungsverhältnissen des betrachteten Eckkerbproblems abhängt (ähnlich der Kerbformzahl, jedoch ohne den Kerbradius). Mit σ_n ist die Nennspannung im Kerbquerschnitt bezeichnet, die die Höhe der (globalen) Grundbeanspruchung kennzeichnet.

Für den Querschnittsübergang in geschweißten Überlapp-, Kreuz- und T-Stößen mit Flachkehlprofil (Kerböffnungswinkel 135°) unter Zugbelastung der Grundplatte haben Lazzarin und Tovo [1174] die Eckspannungsintensitätsfaktoren K_1 und K_2 ausgehend von Finite-Elemente-Berechnungen zum Querschnittsmodell der Schweißstöße angegeben. Der Eckspannungszustand wird als Überlagerung des relativ zur Winkelhalbierenden der Ecke symmetrischen und antimetrischen Teilzustandes dargestellt. Letzterer konnte in der anschließenden Festigkeitsbewertung vernachlässigt werden. Demgegenüber wird von Lehrke [934] vorgeschlagen, die scharfe Eckkerbe durch einen fiktiven Anfangsriß an kerbfreier Oberfläche zu ersetzen, um eine realistische Rißeinleitungs- und Rißfortschrittsberechnung durchzuführen.

Der Eckspannungsintensitätsfaktor K_1 ermöglichte als lokale Beanspruchungsgrenze die Darstellung der Ergebnisse von Wöhler-Versuchen mit hoher Bruchschwingspielzahl ($10^5 \leq N \leq 5 \times 10^6$) an den betrachteten Schweißstößen unterschiedlicher Art, Form und Größe mit besonders schmalem Streuband (Lazzarin u. Tovo [1174]).

Bei Einbeziehung von Stoßgeometrien mit endlichem Kerbradius und abweichendem Kerböffnungswinkel in die Ergebnisdarstellung wird empfohlen, die mittlere elastische Formänderungsenergiedichte innerhalb einer engen Kreiskontur um den Eckpunkt als Rißeinleitungskriterium bei zyklischer Belastung zu verwenden (Lazzarin u. Zambardi [1175]). Bei niedrigeren Bruchschwingspielzahlen und damit höherer Beanspruchung ist die Erweiterung des Konzepts der Eckspannungsintensitätsfaktoren im Hinblick auf nichtlineare Vorgänge an der Rißfront notwendig. Dafür eignen sich sowohl plastische Eckspannungsintensitätsfaktoren (Lazzarin *et al.* [933]) als auch ein in besonderer Weise festgelegtes J-Integral (Lazzarin *et al.* [1173]).

6.4 Rißfortschrittsgleichungen

Übersicht

Soweit die plastische Zone an der Rißfront klein bleibt (Bereich der Zeit- und Dauerfestigkeit), kann der zyklische Rißfortschritt durch die Kenngrößen der linearelastischen Bruchmechanik beschrieben werden [976-1020]. Der Rißfortschritt wird in hohem Maße vom Spannungsintensitätsfaktor K_{I} unter Zugbeanspruchung des Risses senkrecht zur Rißebene (Modus I) bestimmt. Schubbeanspruchung senkrecht zur Rißfront (Modus II) und Schubbeanspruchung längs der Rißfront (Modus III) sind vielfach von untergeordneter Bedeutung, zumal Ermüdungsrisse die Tendenz zeigen, sich senkrecht zur ersten Hauptspannung auszurichten.

An Proben mit eingebrachtem Riß quer zur Zugbeanspruchung, CT-Probe (compact-type specimen), Dreipunktbiegeprobe (single edge cracked bend specimen) oder CCT-Probe (centre-cracked tension specimen) gemäß ASTM-Norm E 647 [1020]), wird zunächst die Vergrößerung der Rißlänge a bzw. $2a$ (Außen- bzw. Innenriß) mit der Schwingspielzahl N bei unterschiedlichen Schwingbreiten der Grundbeanspruchung, ausgedrückt durch die Schwingbreiten der Nennspannung $\Delta\sigma$, ermittelt, Abb. 6.21. Es stellt sich heraus, daß die Vergrößerung der Rißlänge mit der Schwingspielzahl, die Rißfortschrittsrate $\mathrm{d}a/\mathrm{d}N$, in Abhängigkeit der Schwingbreite der Spannungsintensität, der zyklischen Spannungsintensität ΔK, eindeutig darstellbar ist, also unabhängig davon, ob bei vorgegebenem Spannungsintensitätsfaktor die Rißlänge klein bei hoher Nennspannungsschwingbreite oder die Rißlänge groß bei niedriger Nennspannungsschwingbreite ist, Abb. 6.22. Dabei wird die zyklische Spannungsintensität ΔK mit dem Geometriefaktor Y für die jeweilige Proben- und Rißgeometrie verwendet:

$$\Delta K = \Delta\sigma\sqrt{\pi a}\, Y \tag{6.36}$$

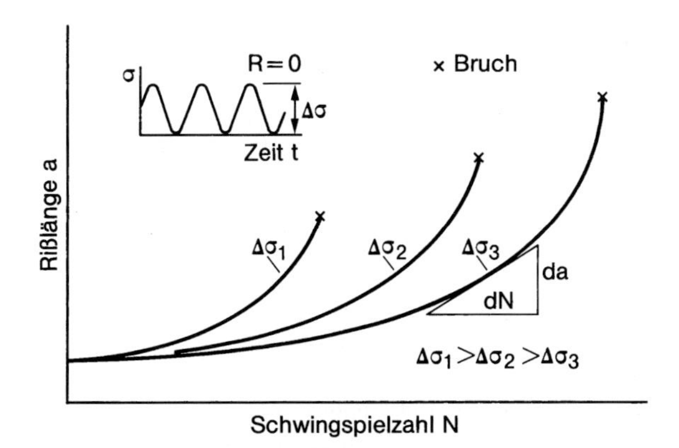

Abb. 6.21: Rißlänge als Funktion der Schwingspielzahl bei unterschiedlichen Schwingbreiten $\Delta\sigma_1 > \Delta\sigma_2 > \Delta\sigma_3$ der Zugbeanspruchung senkrecht zur Rißebene, Rißfortschrittsrate $\mathrm{d}a/\mathrm{d}N$

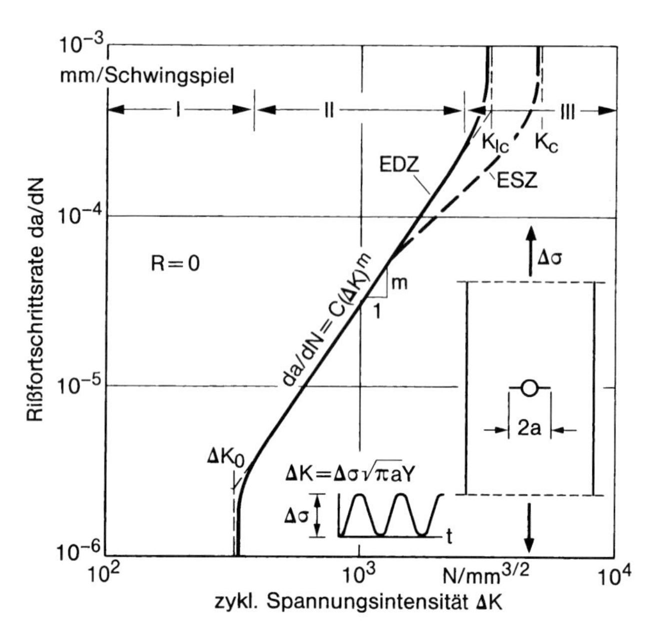

Abb. 6.22: Einheitliche Rißfortschrittsrate als Funktion der zyklischen Spannungsintensität, Bereiche I, II und III (schematische Darstellung)

Mit ΔK ist vorstehend und nachfolgend im allgemeinen der zyklische Spannungsintensitätsfaktor $\Delta K_{\rm I}$ bei Beanspruchung nach Modus I gemeint. Die angegebenen Beziehungen zum Rißfortschritt gelten aber in gleicher Form mit entsprechend geänderten Parametern auch bei Beanspruchung nach Modus II oder Modus III, sofern der Riß als hinreichend geöffnet angesehen werden kann (was vielfach nicht zutrifft). In diesen Fällen ist $\Delta K_{\rm II}$ oder $\Delta K_{\rm III}$ mit ΔK gemeint.

Die Bezeichnung Rißfortschrittsrate $\mathrm{d}a/\mathrm{d}N$ wird anstelle der üblichen Bezeichnung Rißgeschwindigkeit oder Rißfortschrittsgeschwindigkeit verwendet, um eine Verwechslung mit der zeitbezogenen Größe $\mathrm{d}a/\mathrm{d}t$ auszuschließen, die zur Kennzeichnung des Rißfortschritts durch Kriechen oder Korrosion oder auch des instabilen Rißfortschritts dient (abgesehen davon, daß in der Physik Geschwindigkeit die Ortsveränderung pro Zeiteinheit bezeichnet). Der Grenzwert $\mathrm{d}a/\mathrm{d}N$ nimmt auch insofern eine Sonderstellung ein (und erfordert die besondere Bezeichnung), als der Differentialquotient einer in Wirklichkeit nicht stetig differenzierbaren Funktion gemeint ist. Physikalisch vertretbar ist dagegen folgender Grenzwert:

$$\frac{\mathrm{d}a}{\mathrm{d}N} = \lim_{\Delta N \to 1} \left(\frac{\Delta a}{\Delta N} \right) \tag{6.37}$$

Es lassen sich drei Bereiche der zyklischen Spannungsintensität unterscheiden. Im Bereich I kleiner Werte ΔK vergrößert sich der Riß unterhalb des Schwellenwerts ΔK_0 überhaupt nicht und darüber zunächst nur sehr langsam. Im Bereich II mittlerer Werte ΔK nimmt in doppeltlogarithmischer Auftragung die Rißfortschrittsrate etwa proportional zur zyklischen Spannungsintensität zu. Im Bereich III tritt bei Erreichen des (bei zügiger Belastung) kritischen Spannungsintensitätsfaktors K_{Ic} (beim ebenen Dehnungszustand hinreichend dicker Proben) bzw. K_{c} (beim ebenen Spannungszustand dünnerer Proben) der Restbruch ein (instabiles Rißwachstum bei sprödem Werkstoff, $\mathrm{d}a/\mathrm{d}N \to \infty$). Das Abzweigen der Kurve zu K_{c} aus jener zu K_{Ic} erklärt sich so, daß bei größerer Spannungsintensität der bei entsprechender Probendicke anfänglich ebene Dehnungszustand durch Scherlippenbildung abgebaut wird. Die Scherlippen vermindern die Rißfortschrittsrate. Bei hoher Duktilität des Werkstoffs ist ein Restbruch allein durch Querschnittseinschnürung und Hohlraumbildung in Betracht zu ziehen.

Im Bereich I wird der Kurvenverlauf durch Mikrostruktur, Mittelspannung und umgebendes Medium stark beeinflußt. Im Bereich II spielen die genannten Einflußgrößen eine geringere Rolle. Im Bereich III ist der Einfluß wiederum stark, außerdem tritt der Einfluß der Probendicke hinzu.

Die Kurve der Rißfortschrittsrate kann neben den dargestellten Richtungsänderungen weitere Knicke aufweisen. Jede Richtungsänderung weist auf eine Änderung des (makroskopischen) Bruchmechanismus hin.

Nachfolgend wird zunächst einstufige Schwellbeanspruchung der Rißspitze, also $R = K_{\mathrm{u}}/K_{\mathrm{o}} = 0$ ohne Rißschließeffekt (s. Kap. 6.6), vorausgesetzt.

Schwellenwert der Spannungsintensität

Im Bereich I niedriger Spannungsintensität ist der Riß zunächst nicht fortschrittsfähig:

$$\frac{\mathrm{d}a}{\mathrm{d}N} = 0 \qquad (\Delta K \leq \Delta K_0) \tag{6.38}$$

Dabei ist ΔK_0 der Schwellenwert der zyklischen Spannungsintensität (threshold stress intensity), bei dem Rißfortschritt nachweisbar ist. Die experimentelle Bestimmung von ΔK_0 ist zeitaufwendig, denn der Nachweis erfordert bei vorgegebener Beanspruchungsamplitude etwa 10^7 Schwingspiele. Entweder wird die Amplitude stufenweise verringert, bis Rißstillstand eintritt (Empfehlung in ASTM-Norm E 647 [1020]), oder sie wird stufenweise erhöht, bis Rißfortschritt auftritt. Es werden auch besondere Probenformen verwendet, bei denen die Spannungsintensität unter konstanter Last mit der Rißlänge abnimmt (Belastung bis Rißstillstand). Der Beseitigung möglicher Eigenspannungen ist besondere Beachtung zu schenken.

Der Schwellenwert ΔK_0 ist vom Werkstoff, seiner Mikrostruktur und dem umgebenden Medium abhängig. Die Abhängigkeit von der Mittelspannung wird zunächst nicht betrachtet, da einheitlich $R = 0$ vorausgesetzt ist. Für Baustähle ist $\Delta K_0 = 180\ \mathrm{N/mm^{3/2}}$ ein bewährter, die untere Streubandgrenze kennzeichnender Wert. Andererseits wird von Hanel [1028] für den Baustahl St37 bzw. St52 der Wert $\Delta K_0 = 236$ bzw. $245\ \mathrm{N/mm^{3/2}}$ angegeben. Für eine größere Gruppe von Stählen wird von Romaniv *et al.* (Hinweis in [1348]) eine Abhängigkeit des Schwellenwertes ΔK_0 von der Dauerfestigkeit $\Delta\sigma_{\mathrm{D}}$ ermittelt (für $R = 0$, ΔK_0 in $\mathrm{N/mm^{3/2}}$, $\Delta\sigma_{\mathrm{D}}$ in $\mathrm{N/mm^2}$):

$$\Delta K_0 = \frac{3{,}48 \times 10^3}{\sqrt{\Delta\sigma_D}} \tag{6.39}$$

Unter Beachtung von (3.2) bis (3.4) schließt das die Abhängigkeit von der Zugfestigkeit ein, ausgenommen sehr hochfeste Stähle. Auch nach El Haddad *et al.* [1215] besteht eine werkstoffabhängige Korrelation zwischen ΔK_0 und $\Delta\sigma_D$ (s. (7.17) in Kap. 7.2), die jedoch nach (7.19) nicht mit der Zugfestigkeit, sondern mit der Fließgrenze in Verbindung gebracht wird. Schwellenwerte ΔK_0 für Schweißverbindungen aus Stahl und Aluminiumlegierung sind bei Radaj und Sonsino [65] zu finden. Die Werkstoffabhängigkeit des Schwellenwertes ist in Kap. 6.7 angesprochen.

Die Existenz eines Schwellenwertes wird beim Langriß ebenso wie beim Kurzriß auf das Rißschießen zurückgeführt (s. Kap. 6.6). Unterschiedliche Schwellenwerte beim Lang- und Kurzriß werden so erklärt (Elber [1026]). Beim ebenen Spannungszustand ist das plastisch bedingte Rißschließen dominant, beim ebenen Dehnungszustand dagegen treten weitere Rißschließmechanismen in Erscheinung, darunter die Bruchflächenrauhigkeit, der Bruchtrümmereinschluß und die Oxidbildung. In trockener inerter Atmosphäre ist der Schwellenwert am niedrigsten und die benachbarte Rißfortschrittsrate am höchsten. In elektrochemisch aktiver Umgebung, z. B. feuchter Luft, nimmt das Rißschließen durch Oxidbildung zu. Dies hat einen höheren Schwellenwert und eine geringere Rißfortschrittsrate zur Folge. Andererseits ist der Schwellenwert für Stahl im Vakuum höher als an der Luft. Das wird auf einen Kaltschweißeffekt an der Rißspitze zurückgeführt. Der schnellere Rißfortschritt in korrosiver Umgebung läßt sich dagegen nicht aus dem Rißschließeffekt erklären (s. Kap. 6.8).

Der Einfluß der Bruchflächenrauhigkeit auf den Schwellenwert bei relativ spröden technischen Metallegierungen und Keramiken wird von Wasén und Heier [1016] hervorgehoben. Er ist besonders ausgeprägt, wenn sich die Rißbeanspruchungen nach Modus I und II überlagern. In diesem Fall stützen sich die im Modell sägezahnartig profilierten Bruchflächen bei der Rückbelastung vorzeitig ab. Außerdem wird eine lineare Abhängigkeit des Schwellenwertes vom Elastizitätsmodul festgestellt.

Schwellenwert der Spannungsintensität bei gemischter Beanspruchung

Die Besonderheit des Rißfortschritts bei gemischter Beanspruchung (Modus I überlagert von Modus II und/oder Modus III) sowie bei reiner Beanspruchung nach Modus II oder Modus III ist es, daß sich der vorgegebene Riß im allgemeinen nur ein kleines Stück koplanar vergrößert, dann zum Stillstand kommt und erst bei deutlich höherer Beanspruchung als abknickender Riß unter Modus I fortschreitet. Nur der abknickende Riß (auch „abzweigender Riß" genannt) kann dann bis zum Versagen der Probe fortschreiten.

Als kritische Bedingung für den Schwellenwert des zyklischen Spannungsintensitätsfaktors bei gemischter Beanspruchung wird daher die Bildung des abknickenden Risses eingeführt (Pook [1003], Pook u. Greenan [1004]) und nicht das Einsetzen des koplanaren Rißfortschritts. Auf den abknickenden Riß sind die

Spannungsintensitätsfaktoren des Hauptrisses anwendbar, solange der abknickende Riß genügend klein ist und das Rißspitzenspannungsfeld des Hauptrisses nicht grundlegend gestört wird. Die Schwellenwerte des abknickenden Rißfortschritts liegen erheblich höher als die des koplanaren Rißfortschritts (Pook [1003], Baloch u. Brown [976], Bold *et al.* [978], Guo *et al.* [990], Tong *et al.* [1015], Yates u. Mohammed [1017]).

Eine von vorstehender Betrachtung abweichende Meinung vertreten Plank und Kuhn [1002] hinsichtlich nichtproportionaler gemischter Beanspruchung. Auch in diesem Fall wird zwar nur der unter Modus I abknickende Rißfortschritt als stabil bezeichnet (es gibt keine Rückkehr in den koplanaren Rißfortschritt unter Modus II), es ist aber auch der bis zum Restbruch führende Rißfortschritt unter Modus II möglich, sofern $\Delta K_{\mathrm{IIeff}} > \Delta K_{\mathrm{II0}}$ und $\Delta K_{\mathrm{II}} > \Delta K_{\mathrm{I}}^{*}(\varphi = \varphi_0)$ mit dem Schwellenwert ΔK_{II0} des Rißfortschritts unter Modus II und dem nach dem Tangentialspannungskriterium (Erdogan u. Sih [988]) unter dem Rißfortschrittswinkel φ_0 bestimmten zyklischen Modus-I-Spannungsintensitätsfaktor $\Delta K_{\mathrm{I}}^{*}$. Wenn die Rißöffnung hinreichend groß ist, ist die Rißfortschrittsrate unter Modus II erheblich größer als unter Modus I (bis zum Faktor 10).

Von Campbell und Ritchie [981] wird hervorgehoben, daß der Schwellenwert der zyklischen Spannungsintensität für koplanaren Rißfortschritt bei gemischter Beanspruchung (Modus I und II) gegenüber der reinen Modus-I-Beanspruchung erheblich angehoben wird, weil die Scherdeformation an der Rißspitze das Rißschließen beim Langriß begünstigt. Der Schwellenwert der zyklischen Energiefreisetzungsrate (s. (6.47) bis (6.49)) ist ohne Mischbeanspruchung am kleinsten.

Als Grenzbedingung des Rißfortschritts unter gemischter Beanspruchung läßt sich der Schwellenwert bei Modus-I-Beanspruchung nach unterschiedlichen Hypothesen verwenden.

Das Tangentialspannungskriterium nach Erdogan und Sih [988] besagt, daß der Riß unter gemischter Beanspruchung nach Modus I und Modus II in der Richtung fortschreitet, in der die Tangentialspannung in kleinem Abstand von der Rißspitze ihr Zugmaximum erreicht. Der Rißfortschrittswinkel φ_0 relativ zur Rißebene hängt vom Verhältnis $\Delta K_{\mathrm{I}}/\Delta K_{\mathrm{II}}$ ab und der Schwellenwert ΔK_0 folgt aus einem einheitlichen kritischen Wert der Tangentialspannung:

$$\tan\frac{\varphi_0}{2} = \frac{1}{4}\left(\frac{\Delta K_{\mathrm{I}}}{\Delta K_{\mathrm{II}}}\right) \pm \frac{1}{4}\sqrt{\left(\frac{\Delta K_{\mathrm{I}}}{\Delta K_{\mathrm{II}}}\right)^2 + 8} \tag{6.40}$$

$$\Delta K_0 = \left(\Delta K_{\mathrm{I}}\cos^2\frac{\varphi_0}{2} - \frac{3}{2}\Delta K_{\mathrm{II}}\sin\varphi_0\right)\cos\frac{\varphi_0}{2} \tag{6.41}$$

Reine Modus-I-Beanspruchung ergibt $\varphi_0 = 0°$ und $\Delta K_0 = \Delta K_{\mathrm{I}}$, während reine Modus-II-Beanspruchung mit $\varphi_0 = 70{,}5°$ und $\Delta K_0 = 1{,}15\Delta K_{\mathrm{II}}$ verbunden ist. Die Hypothese wurde von Pook [1003] als Basis einer unteren Grenzkurve der Versuchsergebnisse zum Schwellenwert bei koplanarem und bei abknickendem Rißfortschritt verwendet. Die Hypothese hat sich auch bei punkt- und nahtgeschweißten Überlappverbindungen bewährt, deren Schlitzflächen als Rißflächen eingeführt werden (Radaj [1188, 65]).

Weitere Äquivalenzkriterien lassen sich aus Hypothesen ableiten, die von der Formänderungsenergiedichteverteilung an der Rißfront ausgehen (Sih [1012], Radaj u. Zhang [1006]). Die folgende vereinfachte Form, verbunden mit unterschiedlichen Rißfortschrittswinkeln, ist bei den erwähnten Schweißverbindungen anzutreffen (Radaj u. Sonsino [65]):

$$\Delta K_0 = \sqrt{(\Delta K_{\mathrm{I}})^2 + \beta\,(\Delta K_{\mathrm{II}})^2 + \gamma\,(\Delta K_{\mathrm{III}})^2} \tag{6.42}$$

mit den Koeffizienten $\beta = 1{,}0\text{-}3{,}0$ und $\gamma = 1{,}0\text{-}2{,}27$ in unterschiedlicher Kombination je nach Anwendungsfall.

Eine aus der Abknickbedingung für den Riß bei gemischter Beanspruchung unter Modus I und Modus III abgeleitete Beziehung nach Pook [1003] lautet:

$$\Delta K_0^* = \frac{1}{2}\left[(1+2\nu)\Delta K_{\mathrm{I}} + \sqrt{(1-2\nu)^2(\Delta K_{\mathrm{I}})^2 + 4(\Delta K_{\mathrm{III}})^2}\right] \tag{6.43}$$

Auf Basis von (6.41) und (6.43) wird auch eine Näherungsformel für den unteren Grenzwert des Schwellenwertes der zyklischen Spannungsintensitätsfaktoren bei gleichzeitiger Wirkung von ΔK_{I}, ΔK_{II} und ΔK_{III} angegeben, Abb. 6.23. Mit ΔK_0^* ist der Schwellenwert hinsichtlich abknickenden Rißfortschritts bezeichnet, der ungefähr dem doppelten Schwellenwert ΔK_0 bei koplanarem Rißfortschritt unter Modus I entspricht. Die Grenzwertkurven haben Parabelform.

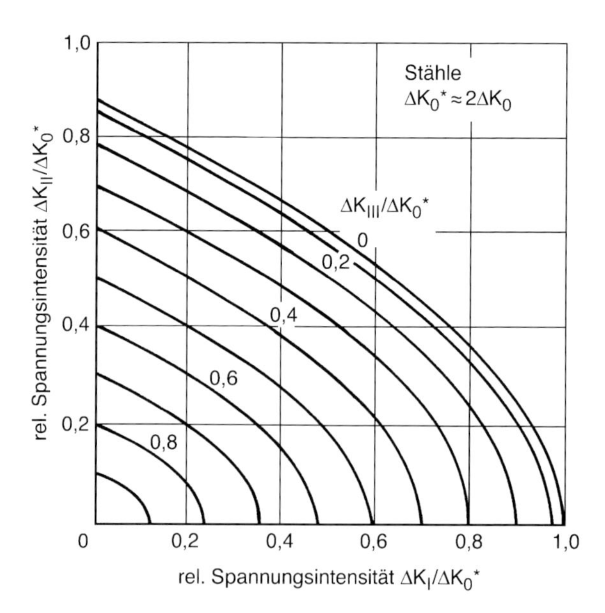

Abb. 6.23: Untere Grenzwertkurven für den Schwellenwert der zyklischen Spannungsintensitätsfaktoren hinsichtlich abknickenden Rißfortschritts unter gemischter Rißbeanspruchung nach Modus I, II und III; nach Pook [1003]

Stabiler zyklischer Rißfortschritt

Im Bereich II mittlerer Spannungsintensität kann die Rißfortschrittsrate $\mathrm{d}a/\mathrm{d}N$ proportional zu einer Potenz der Schwingbreite ΔK der Spannungsintensität gesetzt werden, wobei die Übergangsbereiche zu ΔK_0 einerseits und K_{Ic} bzw. K_{c} andererseits unberücksichtigt bleiben (nach Paris *et al.* [999-1001]):

$$\frac{\mathrm{d}a}{\mathrm{d}N} = C(\Delta K)^m \tag{6.44}$$

Die Größen C und m sind Werkstoffkonstanten, welche die Lage und Steigung der als Gerade im doppeltlogarithmischen Diagramm auftretenden Kurve bestimmen. Für Baustähle ist $m = 2{,}5\text{-}4{,}0$. Andererseits werden von Hanel [1028] für den Baustahl St37 bzw. St52 die Werte $m = 3{,}33$ bzw. 3,18 und $C = 1{,}37 \times 10^{-14}$ bzw. $3{,}39 \times 10^{-14}$ (für $\mathrm{d}a/\mathrm{d}N$ in mm je Schwingspiel und ΔK in $\mathrm{N/mm^{3/2}}$) angegeben. Hinsichtlich der Werte von C und m bei Schweißverbindungen aus Stahl und Aluminiumlegierung wird auf Radaj und Sonsino [65] verwiesen. Die Werkstoffabhängigkeit dieser Werte ist in Kap. 6.7 angesprochen. Innerhalb eines Streubands von Versuchsergebnissen ist Variationsspielraum für die Festlegung der Größen m und C gegeben, was bei Wertevergleichen zu beachten ist. Die von verschiedenen Autoren festgestellte Korrelation zwischen den Größen C und m ist physikalisch bedeutungslos (Cortie u. Garett [984]). Die Rißfortschrittsrate liegt für Aluminiumlegierungen höher als für Stahl, Abb. 6.24.

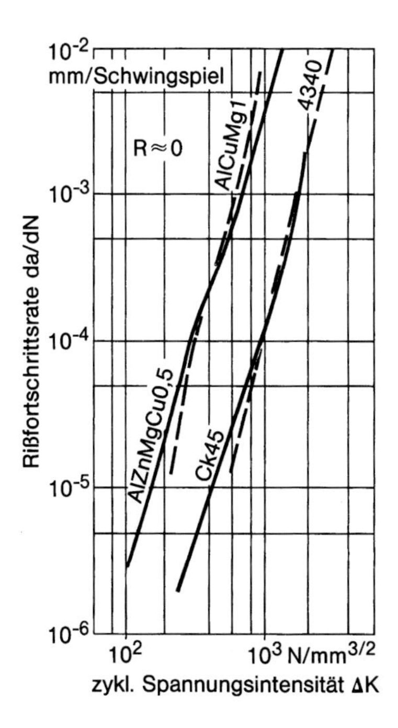

Abb. 6.24: Rißfortschrittsrate als Funktion der zyklischen Spannungsintensität für zwei Aluminiumlegierungen und zwei Stähle; nach Schwalbe [911]

Die Übergangsbereiche zu ΔK_0 einerseits und K_{Ic} bzw. K_c andererseits werden im Zusammenhang mit dem Einfluß der Mittellast dargestellt (s. Kap. 6.5).

Instabiler Restbruch

Der instabile Restbruch, der nach Erreichen einer kritischen Rißgröße im Bereich III eintritt, wird, sofern die Annahme einer relativ kleinen plastischen Zone an der Rißspitze weiterhin zutrifft (Sprödbruch), durch einen kritischen Wert des Spannungsintensitätsfaktors beschrieben, durch K_{Ic} (dickenunabhängig) beim ebenen Dehnungszustand relativ dicker Proben oder Bauteile oder durch K_c (dikkenabhängig) bei dünneren Proben oder Bauteilen mit zunehmend ebenem Spannungszustand. Die Rißzähigkeit K_{Ic} ist der eigentliche Werkstoffkennwert, während K_c mit abnehmender Probendicke erst ansteigt und dann wieder abfällt. Für gängige Baustähle ist $K_{Ic} \geq 600\text{-}3000\ \mathrm{N/mm^{3/2}}$. Die Rißzähigkeit folgt aus der kritischen (Nenn-)Spannung σ_c, die bei vorgegebener Rißlänge a den instabilen Restbruch einleitet (hinreichende Probendicke vorausgesetzt):

$$K_{Ic} = \sigma_c \sqrt{\pi a}\, Y \tag{6.45}$$

Umgekehrt folgen aus vorgegebener Rißzähigkeit die kritischen Kombinationen von (Nenn-)Spannung und Rißlänge, Abb. 6.25.

Das K_{Ic}- bzw. K_c-Bruchkriterium entspricht der Annahme, daß die über eine Werkstoffstrukturlänge Δr vor der Rißspitze gemittelte Spannung σ_{ym} senkrecht zur Rißebene in kritischer Größe σ_{ymc} die instabile Rißvergrößerung bewirkt (nach (6.4)):

$$\sigma_{ymc} = K_{Ic} \sqrt{\frac{2}{\pi \Delta r}} \tag{6.46}$$

Es folgt ebenso aus der Annahme nach A. A. Griffith (The phenomena of rupture and flow in solids. *Trans. Roy. Soc.* A 221 (1920), 163-198), daß instabiler Rißfortschritt eintritt, wenn die dabei freisetzbare elastische Formänderungsenergie

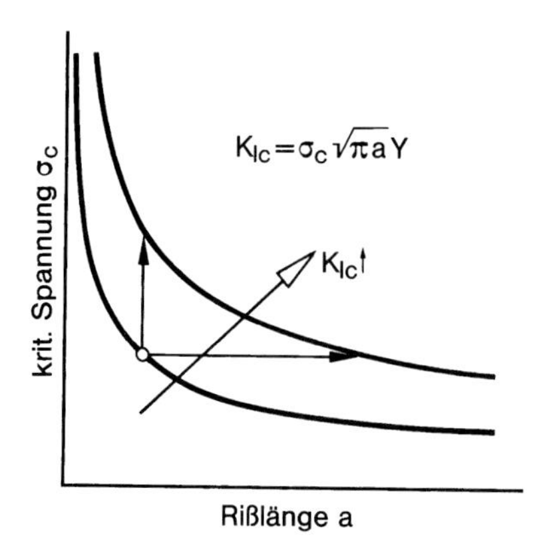

Abb. 6.25: Kritische Spannung als Funktion der Rißlänge für unterschiedliche Rißzähigkeit K_{Ic} (schematisch), Erhöhung von σ_c oder a (vertikaler oder horizontaler Pfeil) bei Erhöhung von K_{Ic}

$\delta U_{\mathrm{el}}/\delta a$ (Energiefreisetzungsrate oder Rißerweiterungskraft G_{I}) die Grenzflächenenergie der zu bildenden Rißflanken $\mathrm{d}U_{\mathrm{G}}/\mathrm{d}a$ übersteigt:

$$G_{\mathrm{I}} = \frac{\delta U_{\mathrm{el}}}{\delta a} \geq -\frac{\mathrm{d}U_{\mathrm{G}}}{\mathrm{d}a} \tag{6.47}$$

Die kritische Rißerweiterungskraft G_{Ic} bzw. G_{c} ist mit K_{Ic} beim ebenen Dehnungszustand (EDZ) bzw. K_{c} beim ebenen Spannungszustand (ESZ) verbunden:

$$G_{\mathrm{Ic}} = \frac{1-\nu^2}{E} K_{\mathrm{Ic}}^2 \qquad \text{(EDZ)} \tag{6.48}$$

$$G_{\mathrm{c}} = \frac{1}{E} K_{\mathrm{c}}^2 \qquad \text{(ESZ)} \tag{6.49}$$

Die vorstehenden Bruchkriterien sind nicht nur bei extremer Sprödigkeit, sondern ebenso bei mäßiger Duktilität (technischer Sprödbruch) gültig. Die in K_{Ic} bzw. K_{c} einzuführende Rißlänge a ist bei stärkerer Duktilität, also insbesondere bei K_{c}, um den halben Abstand des Randes der plastischen Zone von der Rißspitze ($r_{\mathrm{pl}} = \omega_{\mathrm{pl}}/2$) zu vergrößern:

$$K_{\mathrm{c}} = \sigma_{\mathrm{c}} \sqrt{\pi (a + r_{\mathrm{pl}})}\, Y \tag{6.50}$$

Die Größe r_{pl} folgt aus dem asymptotischen Anstieg der Spannung σ_{y} (senkrecht zur Rißebene wirkend) zur Spannungssingularität, indem σ_{y} der Fließgrenze σ_{F} gleichgesetzt wird (also r_{pl} ohne und ω_{pl} mit Gleichgewichtskorrektur):

$$r_{\mathrm{pl}} = \frac{1}{2\pi} \left(\frac{K_{\mathrm{c}}}{\sigma_{\mathrm{F}}} \right)^2 \qquad \text{(ESZ)} \tag{6.51}$$

Elastisch-plastisch beschriebener zyklischer Rißfortschritt

Bei größerer plastischer Zone an der Rißfront und Plastizierung des Probenquerschnitts (Bereich der Kurzzeitfestigkeit) sind die Voraussetzungen der linearelastischen Bruchmechanik nicht mehr erfüllt. Die Rißfortschrittsrate kann daher nicht mehr mit ΔK und K_{Ic} bzw. K_{c} eindeutig korreliert werden.

Im Bereich des stabilen zyklischen Rißfortschritts ist die Rißfortschrittsrate mit der Schwingbreite $\Delta\varepsilon_{\mathrm{ges}}$ der elastisch-plastischen Gesamtdehnung oder auch nur des überwiegenden plastischen Dehnungsanteils $\Delta\varepsilon_{\mathrm{pl}}$ halbwegs eindeutig korrelierbar, Abb. 6.26 (mit $\Delta\varepsilon = \Delta\varepsilon_{\mathrm{ges}} = \Delta\varepsilon_{\mathrm{pl}} + \Delta\varepsilon_{\mathrm{el}}$ bzw. $\Delta\varepsilon = \Delta\varepsilon_{\mathrm{pl}}$):

$$\frac{\mathrm{d}a}{\mathrm{d}N} = C_{\varepsilon} (\Delta\varepsilon \sqrt{a})^2 \tag{6.52}$$

Die Dehnungsschwingbreite wird über die Probenlänge gemittelt, im Sonderfall auch zwischen Außenrissen in Probenmitte gemessen. Gelegentlich wird die dehnungsbasierte zyklische Spannungsintensität ΔK_{ε} in (6.52) eingeführt:

$$\Delta K_{\varepsilon} = E \Delta\varepsilon \sqrt{a} \tag{6.53}$$

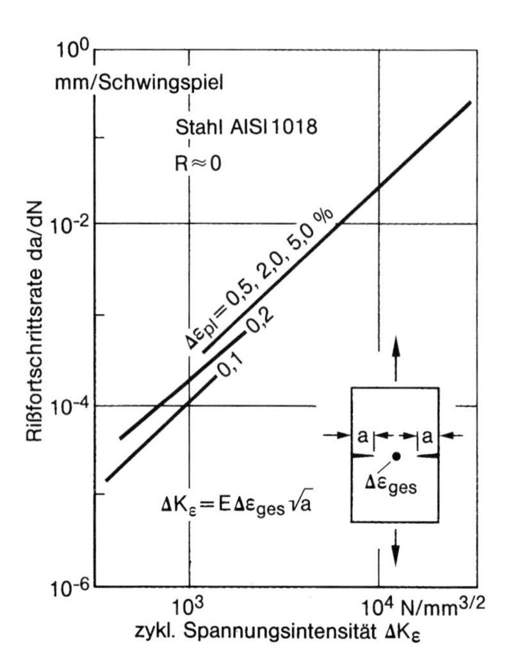

Abb. 6.26: Halbwegs einheitliche Rißfortschrittsrate im Bereich der Kurzzeitfestigkeit für einen Baustahl als Funktion der dehnungsbasierten zyklischen Spannungsintensität bei unterschiedlichen zyklischen plastischen Dehnungen; Versuchsergebnisse nach Solomon [1014] in der Darstellung von Schwalbe [911]

Einzelne Autoren verwenden (6.52) ohne $\sqrt{a}$ bzw. führen den Exponenten 4 statt 2 ein (s. Schwalbe [911]), andere setzen in (6.53) $\sqrt{\pi a}$ an die Stelle von $\sqrt{a}$ (s. (7.35)).

Nach einem weiteren Ansatz wird die zyklische Rißöffnungsverschiebung $\Delta\delta$ gemäß dem Modell von Dugdale [963] zur Beschreibung der Rißfortschrittsrate herangezogen (s. Kap. 7.4):

$$\frac{\mathrm{d}a}{\mathrm{d}N} = C_\delta(\Delta\delta)^m \tag{6.54}$$

Eine Möglichkeit, die Rißfortschrittsrate im elastisch-plastischen und vollplastischen Bereich darzustellen, bietet das nachfolgend näher erläuterte zyklische J-Integral, Abb. 6.27:

$$\frac{\mathrm{d}a}{\mathrm{d}N} = C_\mathrm{J}(\Delta J)^{m'} \tag{6.55}$$

Auch die in Abb. 6.26 dargestellten Versuchsergebnisse konnten über das zyklische J-Integral auf eine einzige Kurve gemäß (6.55) gebracht werden (Zheng u. Liu [1018]).

Der Vergleich von (6.55) mit (6.44) und (6.57) im Grenzfall linearelastischen Verhaltens zeigt $C = C_\mathrm{J}/E^{m'}$ und $m = 2m'$.

Die Eignung des zyklischen J-Integrals zur Beschreibung der Kurzzeitfestigkeit unter gemischter Beanspruchung (nach Modus I und II) wird von Wang und

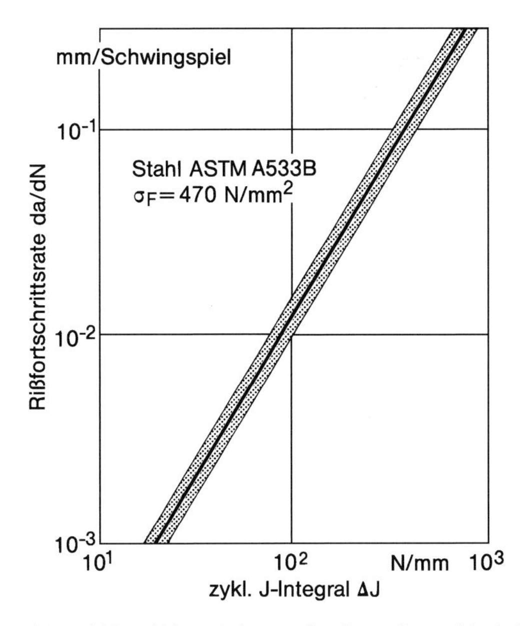

Abb. 6.27: Rißfortschrittsrate in einem Baustahl als Funktion des zyklischen J-Integrals mit Streuband der Versuchsergebnisse; dehnungsgeregelte Versuche mit anfänglich $R = 0$; nach Dowling u. Begley [986]

Pan [973] aufgrund theoretischer Untersuchungen zum koplanaren Kurzrißfortschritt unter überwiegend plastischen Bedingungen festgestellt. Der koplanare Rißfortschritt entspricht der Bedingung größter Vergleichsdehnung im Nahfeld der Rißspitze.

Bei duktilem anstelle von sprödem Restbruch sind die Kennwerte K_{Ic} bzw. K_{c} durch die kritische Rißöffnungsverschiebung δ_{c} nach Wells [974] (crack opening displacement, COD-Wert) oder durch den kritischen Wert des J-Integrals J_{c} zu ersetzen.

Zyklisches J-Integral

Das J-Integral ist ein wegunabhängiges Linienintegral um die gegebenenfalls abgestumpfte Rißspitze, gültig auch bei nichtlinearer Spannungs-Dehnungs-Kurve und verwendet insbesondere bei einsinnig elastisch-plastischer Beanspruchung (Rice [968]). Es werden die elastische Formänderungsenergiedichte sowie bestimmte Spannungs- und Verschiebungskomponenten auf beliebigem Weg um die Rißspitze integriert. Das J-Integral ist im Grenzfall linearelastischen Verhaltens mit der Rißerweiterungskraft G identisch, die wiederum mit dem Spannungsintensitätsfaktor K in Verbindung steht (Darstellung für $G = G_{\mathrm{I}}$, $K = K_{\mathrm{I}}$ und ebenen Spannungszustand):

$$J = G = \frac{K^2}{E} \qquad \text{(ESZ)} \tag{6.56}$$

Das J-Integral ist auf zyklische Beanspruchung nicht direkt übertragbar, weil die Beanspruchung hier nicht einsinnig erfolgt. Damit wird die Eigenschaft der Wegunabhängigkeit des Integrals verletzt, die wiederum Voraussetzung für das eindeutige Kennzeichnen der Beanspruchung an der Rißspitze ist. Es kann jedoch für Beanspruchungszyklen mit Masing-Verhalten (s. (2.19)) gezeigt werden, daß die Wegunabhängigkeit zumindest bei Ausschluß von Rißschließeffekten erhalten bleibt. Dazu werden im J-Integral alle ursprünglichen Größen durch deren Differenzwerte relativ zum vorausgegangenen Lastumkehrpunkt ersetzt (Lamba [967], Wüthrich [975]). Durch Näherungsansätze läßt sich schließlich das bei kurzen Rissen unter Druckbeanspruchung stärker in Erscheinung tretende verzögerte Rißschließen erfassen (s. Kap. 7.3).

Das zyklische J-Integral wird nach Wüthrich [975] als Z-Integral eingeführt, hier dargestellt für den Grenzfall linearelastischen Werkstoffverhaltens bei ebenem Spannungszustand:

$$Z = (\Delta\sqrt{J})^2 = \frac{(\Delta K)^2}{E} \qquad \text{(ESZ)} \tag{6.57}$$

Nachfolgend wird jedoch, wie allgemein üblich, anstelle von $Z = (\Delta\sqrt{J})^2$ weniger präzise ΔJ geschrieben. Beim ebenen Dehnungszustand ist in (6.56) und (6.57) anstelle von E die Größe $E/(1-\nu^2)$ einzuführen (s. (6.48)).

J-Integral und Neuber-Formel (4.21), jeweils modifiziert hinsichtlich zyklischer Beanspruchung, führen bei scharfen Kerben zu annähernd identischen Ergebnissen, sofern die plastische Zone an der abgestumpften Rißspitze oder scharfen Kerbe relativ zur Rißlänge oder Kerbtiefe klein bleibt (Lamba [967]).

Mechanische Ähnlichkeit bei zyklischem Rißfortschritt

Die Darstellung der Rißfortschrittsrate nach (6.44) und die Erweiterung dieser Darstellung um den Einfluß des Spannungsverhältnisses R nach (6.74) läßt sich vereinheitlichen (Leis *et al.* [1232]):

$$\mathrm{d}a/\mathrm{d}N = f_1(\Delta K, R) = f_2(\Delta K, K_{\max}) \tag{6.58}$$

Die Beziehungen gelten unabhängig davon, ob der kurze Riß hoch beansprucht oder der lange Riß niedrig beansprucht ist, sofern nur die Spannungsintensität an der Rißspitze übereinstimmt. Dies setzt mechanische Ähnlichkeit (Bezeichnung nach [1232]) an der Rißspitze voraus, d. h. das Spannungs- und Verschiebungsfeld an der Rißspitze muß durch $(\Delta K, R)$ bzw. $(\Delta K, K_{\max})$ eindeutig beschrieben sein. Bereits im rein elastischen Bereich ist dafür Voraussetzung, daß der Mehrachsigkeitsgrad identisch ist, also die Spannungen in Richtung der Rißfront relativ übereinstimmen. Bei Rißspitzenplastizität müssen die gegenüber der Rißlänge kleinen plastischen Zonen gleichartig sein. Das schließt wiederum gleichartiges Rißschließverhalten ein.

Die Bedingung der mechanischen Ähnlichkeit kann in vielerlei Hinsicht verletzt sein. Überhöhte Beanspruchung erzeugt globales statt lokales Fließen. Kurze Risse zeigen Besonderheiten: Die plastische Zone umhüllt den ganzen Riß, dadurch verändert sich der Rißschließeffekt, mikrostrukturelle Einflüsse treten zusätzlich verstärkt in Erscheinung. Bei Rißeinleitung an der freien Oberfläche ist die Fließgrenze mikrostrukturell verringert und anfänglich wird der gemischte Rißbeanspruchungsmodus beobachtet. Schließlich stellen Umgebungseinflüsse einschließlich veränderter Temperatur die mechanische Ähnlichkeit in Frage.

Eine Reihe weiterer möglicher Störfaktoren ist durch hinreichend detaillierte Analyse ausscheidbar. Dazu gehören die Veränderung der Spannungsintensität mit wachsender Rißlänge, das Rißverhalten in Kerbspannungsfeldern und die örtliche Veränderung von Werkstoffkennwerten.

Lokale Festigkeitskennwerte und zyklischer Rißfortschritt

Die Gleichungen zum stabilen zyklischen Rißfortschritt lassen keinen Zusammenhang mit Festigkeitskennwerten in der plastischen Zone an der Rißspitze erkennen. Besondere Ansätze stellen diesen Zusammenhang her. Sie gehen von der Beanspruchung in der plastischen Zone aus und begrenzen sie durch spezielle Bruchkriterien. Diese Ansätze lassen sich den folgenden drei Gruppen zuordnen (Schwalbe [911]):

- Der Rißfortschritt wird als Folge eines Schädigungsprozesses in der plastischen Zone angesehen, der von den zyklischen plastischen Verformungen verursacht wird (Ansätze nach Weertman sowie Rice).
- Der Rißfortschritt wird aus der Geometrie der Verformung an der Rißspitze abgeleitet, z. B. wird der Rißlängenzuwachs je Schwingspiel der Rißöffnungsverschiebung gleichgesetzt (Ansätze nach Lardner, Frost und Dixon sowie Tomkins).
- Der Rißfortschritt wird dem Abstand von der Rißspitze gleichgesetzt, bis zu dem die Bruchdehnung überschritten wird (Ansätze nach McClintock sowie Purushothaman und Tien).

Ein Vergleich errechneter und gemessener Rißfortschrittsraten an einem Stahl, einer Aluminium- und einer Titanlegierung nach Schwalbe zeigt, daß zum Teil erhebliche Abweichungen zwischen Rechnung und Messung sowie zwischen den einzelnen Ansätzen auftreten.

Integration der Rißfortschrittsgleichungen zur Restlebensdauerberechnung

Die Rißfortschrittsgleichungen werden aus der Vergrößerung der Rißlänge a mit der Schwingspielzahl N gewonnen. Dies geschieht durch Bildung des Differentialquotienten $\mathrm{d}a/\mathrm{d}N$ nach (6.37). Umgekehrt kann bei bekannter Rißfortschrittsgleichung die Schwingspielzahl zwischen Anfangsrißlänge a_0 und kritischer Rißlänge a_c (für instabilen Restbruch bei sprödem Werkstoff oder für vollplastisches Fließen im Restquerschnitt bei duktilem Werkstoff) bestimmt werden. Dies geschieht durch Integration der Rißfortschrittsgleichung. Damit wird die Restlebensdauer einer Probe oder eines Bauteils mit Anriß ermittelt.

Bei Integration der Paris-Gleichung (6.44) in der gemäß Forman hinsichtlich des Einflusses des Spannungsverhältnisses R modifizierten Form (6.77) von der Anfangsrißlänge a_0 bis zur kritischen Rißlänge $a_c = K_c^2/(\sigma_o^2 \pi Y^2)$ mit Oberspannung σ_o ergibt sich bei konstantem (d. h. rißlängenunabhängigem) Geometriefaktor Y und $m \neq 2$ die Restlebensdauer N_R:

$$N_R = \frac{2(1-R)}{(m-2)C(\Delta\sigma\sqrt{\pi}Y)^m}\left[\left(\frac{1}{\sqrt{a_0}}\right)^{m-2} - \left(\frac{\sigma_o\sqrt{\pi}Y}{K_c}\right)^{m-2}\right] \tag{6.59}$$

Im Sonderfall von $m = 2$ ist:

$$N_R = \frac{2(1-R)}{C\pi(\Delta\sigma Y)^2}\ln\frac{K_c}{\sigma_o\sqrt{\pi a_0}\,Y} \tag{6.60}$$

Wenn ein größerer Teil der Lebensdauer im Bereich III der Rißfortschrittskurve erwartet wird, ist die vollständige Forman-Gleichung (6.74) zu integrieren.

Bei elastisch-plastisch beschriebenem Rißfortschritt (nach (6.52)) lautet das Ergebnis der Integration zwischen den Rißlängen a_0 und a_c:

$$N_R = \frac{1}{C_\varepsilon(\Delta\varepsilon)^2}\ln\frac{a_c}{a_0} \tag{6.61}$$

Diese bei ungekerbten Proben gültige Beziehung hat die Form (2.25) des Manson-Coffin-Gesetzes der Kurzzeitfestigkeit.

Bei den vorstehenden Integrationen ist der Geometriefaktor Y konstant, d. h. rißlängenunabhängig eingeführt. Das ist nur im Sonderfall weit ausgedehnter Proben oder Bauteile mit verschwindendem Geometrieeinfluß eine vertretbare Näherung. Der Geometriefaktor Y ist im allgemeineren Fall von der Rißlänge a abhängig, über die integriert wird.

Die Rißfortschrittsgleichungen sind mit dieser Abhängigkeit nicht mehr geschlossen integrierbar. Es muß numerisch integriert werden. Dazu wird der Bereich der Rißlängen a_0 bis a_c in Intervalle Δa_i unterteilt. Für jedes Intervall wird ausgehend von der mittleren Rißlänge a_i und der zugehörigen Rißfortschrittsrate $(da/dN)_i$ die Teillebensdauer N_i bestimmt. Die Restlebensdauer N_R ergibt sich durch Aufsummieren der Teillebensdauerwerte N_i:

$$N_R = \sum_{i=1}^{n} N_i = \sum_{i=1}^{n} \frac{\Delta a_i}{(da/dN)_i} \tag{6.62}$$

Typische Ergebnisse der Restlebensdauerberechnung

Die Problemstellung der Praxis ist meistens noch komplexer. Hier spielen die Oberflächenrisse eine entscheidende Rolle, die durch zerstörungsfreie Fehlerprüfung entdeckt werden. Derartige Risse sind in Abb. 6.28 in der für die Berechnung vereinfachten Form (Ellipsen- und Kreisbogenkonturen) dargestellt, der Eck-, Oberflächen- und Innenriß in Platten und der Außenriß an Rundstäben.

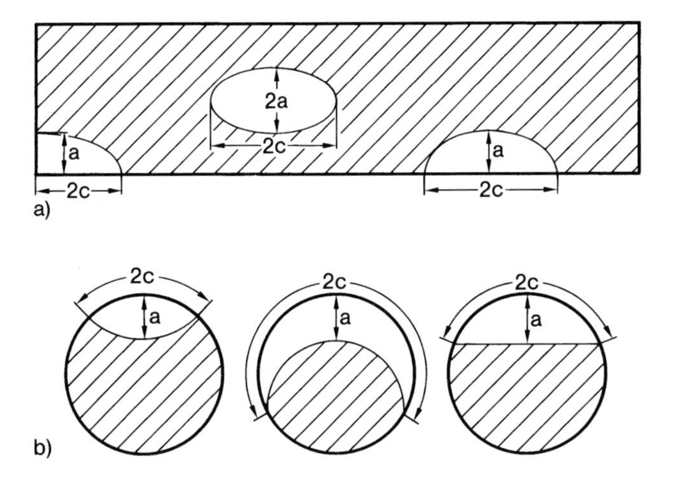

Abb. 6.28: Eck-, Rand- und Innenriß in einer Platte (a) sowie Rand- und Teilumfangsrisse in Rundstäben (b), geometrisch vereinfachte Rißkonturen; nach Munz [1181]

Ihr Geometriefaktor Y hängt von der betrachteten Punktlage auf der Rißkontur sowie von den Abmessungsverhältnissen der Rißquerschnittsfläche ab. Entlang der Rißkontur ist die Rißfortschrittsrate im allgemeinen veränderlich. Durch das Rißwachstum ändern sich Größe und Form der Rißquerschnittsfläche und damit auch der Geometriefaktor. Die Rißfortschrittsberechnung muß daher schrittweise durchgeführt werden. Sie konzentriert sich auf die Scheitelpunkte der Ellipsenbögen bzw. auf die Mitten- und Endpunkte der Kreisbögen, während die dazwischenliegende Kontur der vorgegebenen einfachen Formbedingung (Ellipse oder Kreis) unterliegt (s. Abschnitt *Rißfrontentwicklung bei Oberflächenrissen*).

Ein typisches Berechnungsergebnis (auf Basis vereinfachter Formeln), das auf die Bedeutung des Kurzrißstadiums für die Lebensdauer hinweist, zeigt Abb. 6.29. Die Lebensdauer bis Durchriß steigt erheblich mit der Verkleinerung der Anfangsrißtiefe a_0. Im oberen Bildteil (Rißquerschnitt mit $a_0 = 0{,}5$ mm) erreicht der Anriß bei $N \approx 1{,}6 \times 248\,000$ die Plattenrückseite. Von Hirt [1167] wird in diesem Zusammenhang nachgewiesen, daß neben dem dominierenden Einfluß von Anfangsrißgröße und zyklischer Spannung die Plattendicke und das Abmessungsverhältnis des Risses nur geringen Einfluß auf die Lebensdauer haben.

Im betrachteten Fall wurde ein elliptischer Anriß angenommen, der bis zum Austritt an der Plattenrückseite (Durchriß) seine Form beibehält. Die Verhältnisse in der Wirklichkeit sind komplexer. Der Anfangsriß wird von der elliptischen Näherung mehr oder weniger stark abweichen. Das Achsenverhältnis der angenäherten Ellipse kann sehr unterschiedlich sein. Außerdem verändert es sich auf dem Wege zum Durchriß. Zwischen einem Durchriß der betrachteten Art, der die Plattenrückseite berührt, und einem weiter ausgebildeten Durchriß mit Rißfront ungefähr senkrecht zur Plattenebene liegen eine größere Zahl weiterer Schwingspiele (vorausgesetzt der instabile Bruch wird ausgeschlossen). Die Verhältnisse sind im Hinblick auf das Auslegekriterium leak-before-break für den Behälterbau eingehend untersucht worden (Sommer [912]).

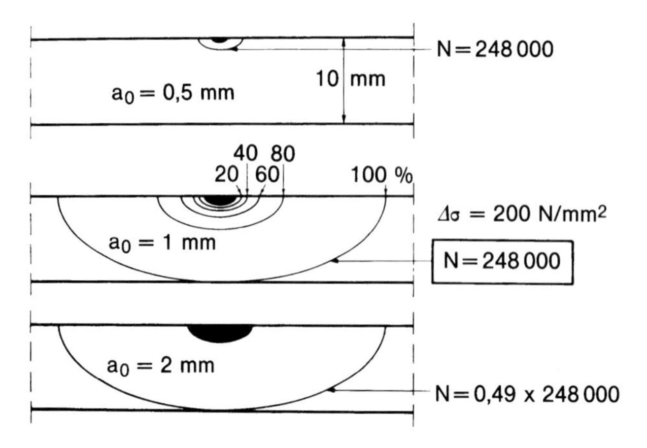

Abb. 6.29: Rißfortschritt im Plattenquerschnitt bei unterschiedlicher Anfangsrißtiefe a_0, bruchmechanische Berechnung für Baustahl; nach Hirt [1167]

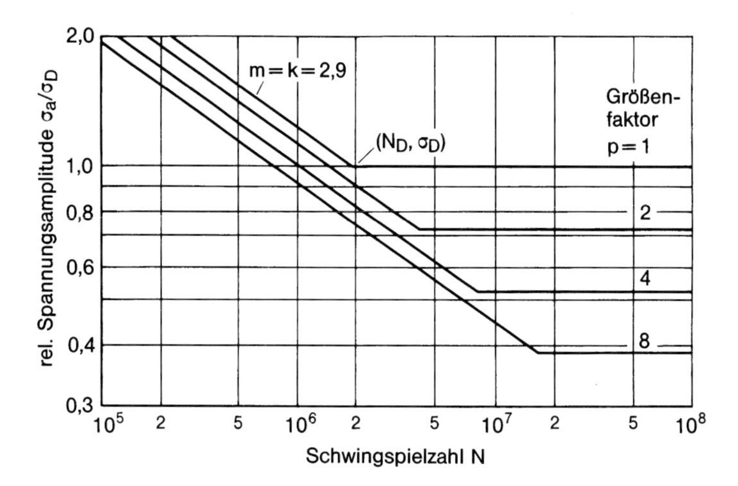

Abb. 6.30: Wöhler-Linien für unterschiedlich große Anfangsrisse (Größenfaktor p, $a_0 \ll a_c$, Y konstant) in gleich großer Probe, bruchmechanische Berechnung; nach Pook in [29]

Eine andere typische Anwendung der Restlebensdauerberechnung ist die Bestimmung der Wöhler-Linie im dauerfestigkeitsnahen Bereich (Einschränkung wegen der Voraussetzung des elastisch gesteuerten Rißfortschritts) für Proben mit fiktivem oder tatsächlichem kleinem Anriß unter Vernachlässigung der Rißeinleitungsphase. Nach (6.59) bzw. (6.60) ergibt sich als Zeitfestigkeitslinie eine Gerade im doppeltlogarithmischen Maßstab, wobei die Neigungskennzahl k mit dem Exponenten m identisch ist $(k = m)$.

Die geneigte Zeitfestigkeitslinie wird nach unten durch die horizontale Dauerfestigkeitslinie begrenzt, die sich bei vorgegebenem Schwellenwert ΔK_0 abhängig von der Anfangsrißgröße ergibt (das nach linearelastischer Bruchmechanik nicht korrekt erfaßbare Kurzrißverhalten muß ausgeschlossen werden):

$$\Delta\sigma_D = \frac{\Delta K_0}{\sqrt{\pi a}\, Y} \tag{6.63}$$

Derart berechnete Wöhler-Linien von gleichgroßen Proben mit unterschiedlich großem Anfangsriß (Größenfaktor p, $a_0 \ll a_c$, Y konstant) sind in Abb. 6.30 dargestellt. Dauerfestigkeit und Grenzschwingspielzahl ergeben sich als in hohem Maße von der Anfangsriß- bzw. Probengröße abhängig (ein geometrischer Größeneffekt der Schwingfestigkeit).

Gesamtlebensdauerberechnung und Bruchmechanikkonzept

Die Gesamtlebensdauer gekerbter Proben und Bauteile läßt sich durch Kombination einer kerbmechanischen Rißeinleitungsberechnung (s. Kap. 4.13, 5.5, 5.6) mit einer Rißfortschrittsberechnung, ausgehend von dem in der Rißeinleitungsberechnung erreichten Anriß, bestimmen ($N_B = N_A + N_R$). Die Rißfortschrittsberechnung läßt sich nach Socie *et al.* [1190, 1191] dadurch weiter vereinfachen, daß anstelle der genaueren Verfolgung des Kerbeffekts im Kurzrißstadium (s. Kap. 6.3) die Anfangsrißgröße der Kerbtiefe gleichgesetzt wird (soweit eine Kerbtiefe eindeutig definiert werden kann) und in der Grundbeanspruchung kein Kerbeffekt berücksichtigt wird. Ein Berechnungsergebnis nach diesem ingenieurmäßig vereinfachten Verfahren im Vergleich zu Versuchsergebnissen zeigt Abb. 6.31, wobei von Socie *et al.* auf Dowling [1165] verwiesen wird, bei dem jedoch nicht dasselbe, sondern ein ähnliches Diagramm zu finden ist (vgl. Abb. 7.57, unteres Diagramm).

Die Anteile von Rißeinleitung und Rißfortschritt an der Gesamtlebensdauer hängen entscheidend von der Festlegung der Anrißgröße ab, welche die (techni-

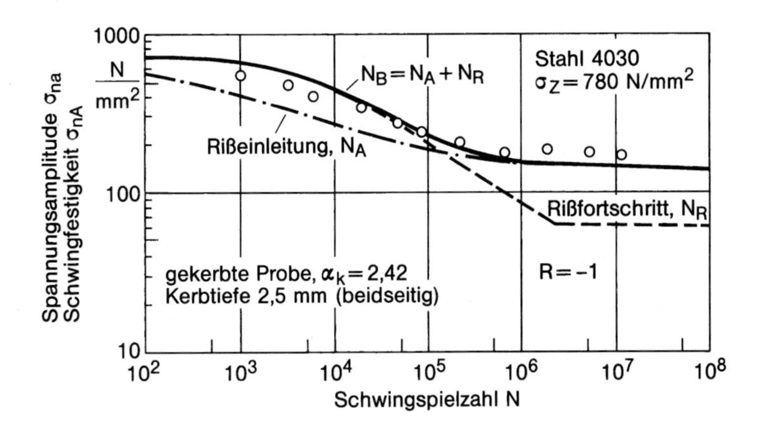

Abb. 6.31: Gesamtlebensdauer, Rißeinleitung kerbmechanisch und Rißfortschritt bruchmechanisch berechnet (Kurven), Vergleich mit Versuchsergebnissen (Kreispunkte); nach Socie *et al.* [1190, 1191]

sche) Rißeinleitung vom Rißfortschritt abgrenzt. Je kleiner die Anrißgröße gewählt wird, desto größer ist der Rißfortschrittsanteil an der Lebensdauer. Ausgehend von einem technischen Oberflächenanriß üblicher Größe (Rißtiefe 0,5 mm) ist der Rißfortschrittsanteil um so größer, je schärfer die betrachtete Kerbe ist und je höher im Zeitfestigkeitsbereich die Beanspruchung liegt. Höherfeste Werkstoffe weisen gegenüber artgleichen niedrigfesten Werkstoffen eine längere Rißeinleitungsphase auf, soweit anfängliche Rißfreiheit vorausgesetzt werden kann.

Die Abgrenzung von Rißeinleitungs- und Rißfortschrittskonzept über die experimentell einfach feststellbare technische Anrißgröße ist insbesondere hinsichtlich der Rißbildung in Kerben methodisch unbefriedigend. Methodisch überzeugender ist der Ansatz von Socie *et al.* [1191], die Übergangsrißlänge aus den rechnerischen Rißeinleitungs- und Rißfortschrittsansätzen selbst zu gewinnen. Als Übergangsrißlänge a_0 wird die Rißlänge festgelegt, bis zu der das Rißeinleitungskonzept kleinere Lebensdauerwerte liefert als das Rißfortschrittskonzept. Das gängige Rißeinleitungskonzept für Kerben (Kerbgrundkonzept) wird zuvor dahingehend modifiziert, daß die Anrißschwingspielzahl N_A nicht nur in der Kerbgrundoberfläche, sondern auch darunter ermittelt wird, woraus sich ein Lebensdauergradient dN_A/dx ergibt. Der mit dem Abstand x vom Kerbgrund abfallende Kehrwert dx/dN_A wird mit der über x ansteigenden Rißfortschrittsrate da/dN verglichen. Die Übergangsrißlänge a_0 folgt aus dem Schnittpunkt der zugehörigen beiden Kurven. Zu ihr werden ausgehend von Berechnungsergebnissen für Rißeinleitung und Rißfortschritt ausgehend von der Kreis- und Ellipsenkerbe (Lochbreite einheitlich 6,35 mm) in einer Scheibe aus der Aluminiumlegierung AA7075-T6 unter zyklischer Zugbeanspruchung folgende Angaben gemacht. Die Übergangsrißlänge wächst mit der Grundbeanspruchungshöhe ($a_0 = 0{,}01$-$0{,}04$ mm). Der Anteil der Rißeinleitung an der Gesamtlebensdauer vermindert sich mit der Kerbschärfe und Grundbeanspruchungshöhe. Gegen den methodisch interessanten Ansatz ist einzuwenden, daß die Übergangsrißlänge für die Anwendung des Langrißfortschrittsgesetzes um eine Zehnerpotenz zu klein ist.

Unter dem Bruchmechanikkonzept [1162 - 1194] wird eine Verfahrensweise zur Berechnung der Lebensdauer von Bauteilen auf der Basis des Rißfortschritts verstanden, bei der die Rißeinleitungsphase vernachlässigt oder separat erfaßt wird. Der Rißfortschritt wird im allgemeinen linearelastisch beschrieben. Der Anfangsriß kann ein kleiner fiktiver Riß sein, der mit der Oberflächenrauhigkeit oder Mikroeinschlußgröße in Verbindung gebracht wird, an der Auflösungsgrenze zerstörungsfreier Fehlerprüfverfahren liegt, vor allem aber in einzelnen Kalibrierversuchen der experimentell ermittelten Lebensdauer angepaßt wird. Der Anfangsriß kann auch real künstlich eingebracht oder durch zerstörungsfreie Prüfung ermittelt sein. Er kann schließlich als rißartiger Schlitz oder Spalt konstruktiv vorgegeben sein. Auch rißähnliche Kerben werden gelegentlich als Anfangsrisse in die Berechnung eingeführt. Das Bruchmechanikkonzept wurde wiederholt erfolgreich angewendet, im Bereich des allgemeinen Maschinenbaus (Spievak *et al.* [1192]: Spiralverzahnung), des Flugzeugbaus (Kebir *et al.* [1172], Shi u. Mahadevan [1356]: ageing aircraft) sowie der Schweißtechnik (zusammengefaßt von Radaj u. Sonsino [65]: Schweißstöße mit Schlitz). Gegen das Bruchmechanikkonzept lassen sich aber auch bei Einführung rein fiktiver Risse oder bei Anwendung der linearelastischen Bruchmechanik auf sehr kleine reale Anfangsrisse gewichtige Einwände vorbringen [1186, 1187].

Rißfrontentwicklung bei Oberflächenrissen

Zur Rißfrontentwicklung bei Oberflächenrissen liegt die ältere vertiefende Buchpublikation von Sommer [912] vor. Die Rißfrontentwicklung bei Oberflächenrissen in Platten unter zyklischer Zug-Druck- und Biegebelastung (bedeutsam hinsichtlich innendruckbeanspruchter Behälter und Rohre) wird im allgemeinen durch eine Folge von halbelliptischen Rißkonturen mit variablem Halbachsenverhältnis angenähert. Das halbelliptische Rißfortschrittsmodell hat nur zwei Freiheitsgrade: Rißfortschritt unter ebenem Dehnungszustand im Tiefenscheitelpunkt und unter ebenem Spannungszustand in den Oberflächenscheitelpunkten. In beiden Scheitelpunkten wird die Rißfortschrittsgleichung nach Paris integriert. Die Integration im Oberflächenscheitelpunkt erübrigt sich, wenn die Entwicklung des Abmessungsverhältnisses mit der Rißtiefe als Zwangsbedingung (forcing function) vorgegeben wird. Die Annahme des ebenen Spannungszustands im Oberflächenscheitelpunkt am Austritt der Rißkontur ersetzt einen tatsächlich komplexeren Oberflächeneffekt, der mit einer Veränderung der $\sqrt{1/r}$-Singularität verbunden ist. Es hat sich bewährt, die Rißfortschrittsrate an der Oberfläche um den Faktor $0{,}9^m$ (mit Exponent m aus der Paris-Gleichung) zu verringern. Derartige Rißfortschrittsanalysen wurden von Newman und Raju [940] sowie von Wu [957] durchgeführt.

Die Annahme der halbelliptischen Rißkontur wird vermieden, wenn der Rißfortschritt in allen Punkten der Rißkontur ausgehend von einem Finite-Elemente-Modell schrittweise berechnet wird, so daß sich daraus die Rißfrontentwicklung ergibt (Smith u. Cooper [951], Lin u. Smith [1080-1083]). Nach jedem Berechnungsschritt ist das rißkonturnahe Elementenetz der Rißfrontentwicklung anzupassen (remeshing). Die Netzknotenpunkte sind auf der neuen Kontur zu positionieren, die Netzlinien sind orthogonal zur neuen Kontur auszurichten und die Elementteilung auf der Konturlinie ist auf Gleichmäßigkeit zu korrigieren.

Die Berechnungen von Lin und Smith [1080-1082] zur Rißfrontentwicklung beim Oberflächenriß in einer Platte unter zyklischer Zug-Druck- und Biegebelastung hatte folgendes Ergebnis. Die Abweichungen von der Lösung von Newman und Raju [940] mit Vorgabe der halbelliptischen Kontur sind gering. Die Halbachsenverhältnisse und Lebensdauerwerte stimmen ebenfalls weitgehend überein. Lediglich bei Annäherung der Rißfront an die Plattenrückseite ergeben sich etwas größere Abweichungen.

Die vorstehend beschriebenen Berechnungsverfahren wurden auch auf die Rißfrontentwicklung bei Oberflächenrissen in Rundstäben unter zyklischer Zug-Druck- und Biegebelastung (bedeutsam hinsichtlich Achsen und Wellen rotierender Bauteile) angewendet, zunächst mit Vorgabe der halbelliptischen Kontur (Carpinteri *et al.* [1065-1067]) und später ohne diese Annahme (Lin u. Smith [1083], Couroneau u. Royer [1072]). Eine experimentell ermittelte Rißfront-

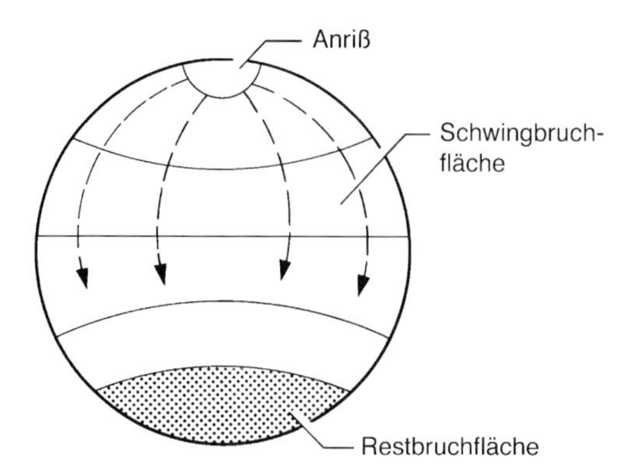

Abb. 6.32: Entwicklung der Rißfrontgeometrie bei Ermüdung; experimenteller Befund für mild gekerbten Rundstab unter Biegeschwellbeanspruchung im Langzeitfestigkeitsbereich; nach Lin u. Smith [1083]

wicklung zeigt Abb. 6.32. Die Abweichungen von der halbelliptischen Form der Rißkontur sind in diesem Fall größer.

Eine komplexere Problemstellung stellt die Frage nach dem Rißfortschritt unter gemischter Beanspruchung infolge bewegter zyklischer Lasten (z. B. Rollkontakt, Panasyuk *et al.* [1046]) dar. Die Rißebene bleibt in diesem Fall nicht eben, die Rißfortschrittstrajektorien sind räumlich gekrümmt. Bereits die Front eines als eben angenommenen Anrisses steht innerhalb eines Beanspruchungszyklus unter nichtproportional veränderlichen Spannungsintensitätsfaktoren K_{I}, K_{II} und K_{III}. Jeder Zyklus wird daher rechnerisch in eine größere Zahl von Beanspruchungsinkrementen aufgelöst, zu denen der Rißfortschritt mit Richtungsänderung nach (6.40) zu bestimmen ist. Das räumlich strukturierte Berechnungsnetz ist nach makroskopisch merklichem Rißfortschritt jeweils neu zu generieren (remeshing). Ein eindrucksvolles Berechungsbeispiel (Rißfortschritt ausgehend von einem Anriß im Kerbgrund eines spiralverzahnten Ritzels) unter Verwendung der Boundary-Elemente-Methode, des Tangentialspannungskriteriums sowie einer Näherung für die Rißöffnungsspannungsintensität wurde von Spievak *et al.* [1192] publiziert.

Einfachere Berechnungsbeispiele zum nichtebenen Rißfortschritt an Querschnittsmodellen von Schweißverbindungen mit Schlitzen sind bei Radaj und Sonsino [65] referiert.

Zyklischer Rißfortschritt und Miner-Regel

Schädigung und Schadensakkumulation können als zyklischer Rißfortschritt interpretiert werden (Corten u. Dolan [717]). Damit wird der empirisch begründeten Miner-Regel eine physikalische Basis gegeben. Nachfolgend wird dieser Zusammenhang, ausgehend von einem bereits angerissenen Teil, im Gültigkeitsbereich der linearelastischen Bruchmechanik hergestellt (zur Anrißphase s. Kap. 7.6, zum Reihenfolgeeffekt s. Kap. 6.9).

Die Miner-Regel wird auf der Basis des zyklischen Rißfortschritts für die aufeinanderfolgenden Beanspruchungsblöcke $(\Delta N_j, \Delta\sigma_j)$ und $\Delta N_{j+1}, \Delta\sigma_{j+1})$ überprüft. Die Schwingspielzahlen ΔN_j und ΔN_{j+1} ergeben sich durch Integration der Rißfortschrittsgleichung (6.44) ausgehend von der Anfangsrißlänge a_0 bis zur Rißlänge a_j am Ende des ersten Blockes und dann von der Rißlänge a_j bis zur kritischen Rißlänge a_c im Rahmen des zweiten Blockes:

$$\Delta N_j = \frac{2\left(a_0^{(1-m/2)} - a_j^{(1-m/2)}\right)}{(m-2)C(\Delta\sigma_j\sqrt{\pi}\,Y)^m} \tag{6.64}$$

$$\Delta N_{j+1} = \frac{2\left(a_j^{(1-m/2)} - a_c^{(1-m/2)}\right)}{(m-2)C(\Delta\sigma_{j+1}\sqrt{\pi}\,Y)^m} \tag{6.65}$$

Die Bruchschwingspielzahlen N_{Bj} und N_{Bj+1} des angerissenen Teils bei einstufiger Beanspruchung auf den beiden Beanspruchungshorizonten (bei gleicher Anfangsrißlänge a_0 und gleicher Endrißlänge a_c) haben folgende Form:

$$N_{Bj} = \frac{2\left(a_0^{(1-m/2)} - a_c^{(1-m/2)}\right)}{(m-2)C(\Delta\sigma_j\sqrt{\pi}\,Y)^m} \tag{6.66}$$

$$N_{Bj+1} = \frac{2\left(a_0^{(1-m/2)} - a_c^{(1-m/2)}\right)}{(m-2)C(\Delta\sigma_{j+1}\sqrt{\pi}\,Y)^m} \tag{6.67}$$

Die Teilschädigungen $D_j = \Delta N_j/N_{Bj}$ und $D_{j+1} = \Delta N_{j+1}/N_{Bj+1}$ addieren sich gemäß Miner-Regel zur Schadenssumme $D = (D_j + D_{j+1}) = 1{,}0$. Durch Einsetzen von (6.64) bis (6.67) wird die Miner-Regel bestätigt. Diese Ableitung ist auch dann gültig, wenn ein rißlängenabhängiger Geometriefaktor Y eingeführt wird.

Die (Teil-)Schadenssumme D durch einen von a_0 auf a vergrößerten Riß ergibt sich aus (6.64) und (6.66) mit $a_j = a$, $a_0 \ll a_c$ und $m \approx 3{,}0\text{-}4{,}0$ als Funktion des Verhältnisses a/a_0:

$$D = \left[1 - \left(\frac{a_0}{a}\right)^{(m/2-1)}\right] \tag{6.68}$$

Die vorstehenden Aussagen über den Zusammenhang zwischen Rißfortschritt und Miner-Regel gelten auch im Fall der Rißfortschrittsgleichung (7.55), sofern das in dieser Gleichung auftretende effektive zyklische J-Integral ΔJ_{eff} als Produkt einer rißlängenabhängigen Funktion mit einer belastungs- und werkstoffabhängigen Funktion dargestellt werden kann (s. Kap. 7.6).

6.5 Einfluß der Mittellast und der Probendicke

Spannungsverhältnis am Riß

Bisher ist die reine Schwellbeanspruchung am Riß betrachtet worden. Nunmehr sollen abweichende zyklische Beanspruchungen einbezogen werden. Dabei werden weiterhin die Gültigkeitsgrenzen der linearelastischen Bruchmechanik eingehalten.

Der Einfluß der Mittelbeanspruchung läßt sich durch das Spannungsverhältnis R von unterer zu oberer oder kleinster zu größter Spannung im Schwingspiel einheitlich darstellen. Der Schwellbeanspruchung entspricht $R = 0$, der statischen Zugbeanspruchung $R = 1$, der Wechselbeanspruchung $R = -1$. Anstelle des Spannungsverhältnisses der Grundbeanspruchung am Ort des Risses (entspricht dem Lastverhältnis an der Probe) kann das Spannungsintensitätsverhältnis eingeführt werden (mit unterer zu oberer bzw. kleinster zu größter Spannungsintensität ohne Rißschließen):

$$R = \frac{\sigma_u}{\sigma_o} = \frac{K_u}{K_o} \tag{6.69}$$

Rißfortschrittsrate abhängig vom Spannungsverhältnis

Der Einfluß des Spannungsverhältnisses R auf die Rißfortschrittsrate ist in Abb. 6.33 schematisch und in Abb. 6.34 an einem Beispiel dargestellt. Die Kurve

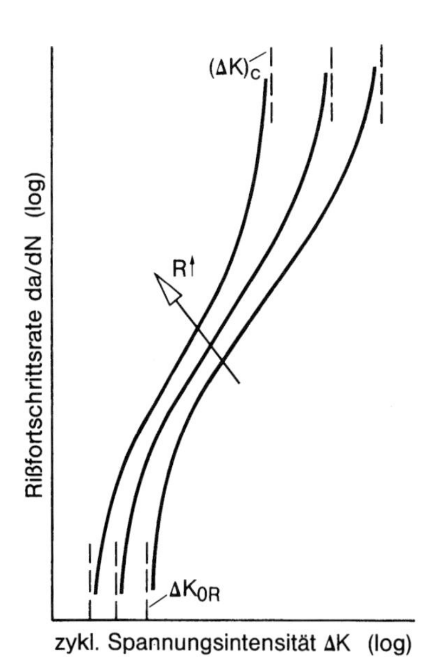

Abb. 6.33: Rißfortschrittsrate als Funktion der zyklischen Spannungsintensität für ansteigende Werte R (schematisch); nach Schwalbe [911]

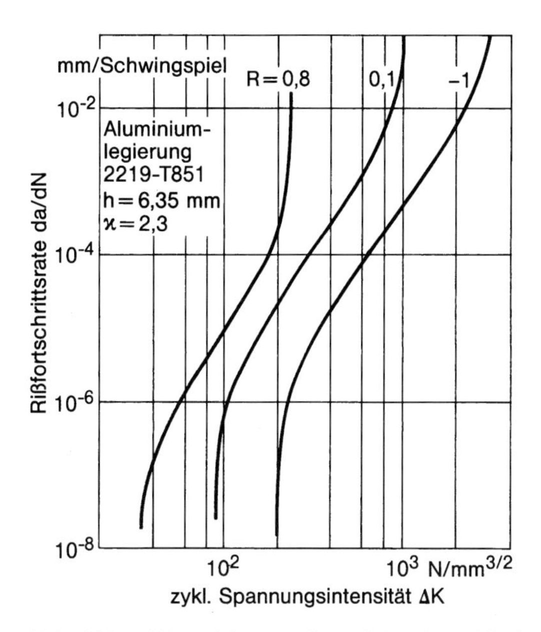

Abb. 6.34: Rißfortschrittsrate als Funktion der zyklischen Spannungsintensität für unterschiedliche Spannungsverhältnisse R, Näherungsformel basierend auf dem Dugdale-Modell und übereinstimmend mit Versuchsergebnissen (Probendicke h, Mehrachsigkeitsfaktor κ); nach Newman [1042]

verschiebt sich mit wachsendem R-Wert weiter nach links. Die Rißfortschrittsrate nimmt in dieser Richtung zu. Entsprechend verändert sich der Schwellenwert ΔK_0 in Abhängigkeit von R. Eine ältere Näherung lautet (mit m aus (6.44)):

$$\Delta K_{0R} = \Delta K_0 (1-R)^{1/m} \tag{6.70}$$

Nach Klesnil und Lukáš [992] ist

$$\Delta K_{0R} = \Delta K_0 (1-R)^{\gamma} \qquad (R \geq 0) \tag{6.71}$$

mit $\gamma = 0{,}7\text{-}1{,}0$ für Stahl.

McEvily [998] gibt folgende Beziehung an:

$$\Delta K_{0R} = \Delta K_0 \sqrt{\frac{1-R}{1+R}} \qquad (R \geq 0) \tag{6.72}$$

Schmidt und Paris [1009] führen die Abhängigkeit des Schwellenwertes vom Spannungsverhältnis auf das Rißschließen zurück, wofür wiederum vereinfachende Annahmen getroffen werden. Die unterschiedlichen Ansätze für ΔK_{0R} sind in Abb. 6.35 miteinander verglichen.

Der Kurvenverlauf nach Schmidt und Paris, Abb. 6.36 (a, b), der durch viele Versuchsergebnisse bestätigt wird, beruht auf der Annahme, daß sowohl der Schwellenwert der (nach Abzug des Rißschließens) effektiven zyklischen Spannungsintensität $K_{0\mathrm{eff}}$ (s. Abb. 6.40) als auch die Spannungsintensität K_{cl} beim

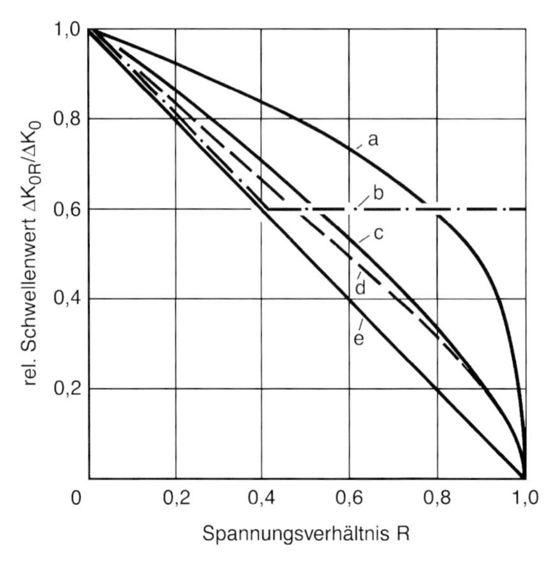

Abb. 6.35: Schwellenwert der zyklischen Spannungsintensität als Funktion des Spannungsverhältnisses nach älterem Ansatz mit $m = 3$ (a), nach Schmidt u. Paris (b), nach Klesnil u. Lukáš mit $\gamma = 0{,}7$ (c) und $\gamma = 1{,}0$ (e) sowie nach McEvily (d); Parameter m und γ gemäß Text; nach Munz [1181]

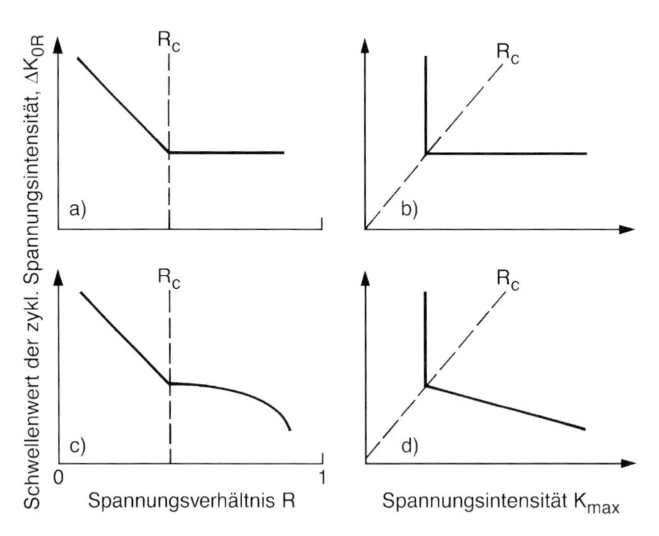

Abb. 6.36: Schwellenwert des zyklischen Spannungsintensitätsfaktors in Abhängigkeit des Spannungsverhältnisses; nach Schmidt u. Paris herkömmlich genäherter Verlauf (a), genauerer Verlauf (c) für die Titanlegierung Ti6Al4V und Transformation auf die Abhängigkeit von K_{max} (b, d); schematische Darstellung nach Boyce u. Ritchie [980]

Rißschließen vom Spannungsverhältnis R unabhängig sind. Daraus folgt ein kritisches Spannungsverhältnis R_c, bei dem $(K_u = K_{min}) = (K_{cl} \approx K_{op})$ ist. Dennoch ist dieses Verhalten nicht verallgemeinerbar. So wurde für die Titanlegierung Ti6Al4V der Kurvenverlauf nach Abb. 6.36 (c, d) ermittelt. Aus der Umrechnung auf die Abhängigkeit des Schwellenwertes von der oberen Spannungsintensität $K_o = K_{max}$ geht hervor, daß der Schwellenwert über K_o abfällt. Für dieses Verhalten dürften statische Rißvergrößerungsvorgänge maßgebend sein.

Die Beobachtung, daß der Schwellenwert ΔK_{0eff} bei $R \approx 0$ gegenüber $R > 0{,}8$ (sicher kein Rißschließen) vermindert ist (nur beim Langriß), wird von Kujawski [1225] nach der Hypothese erklärt, daß der (Lang-)Riß nicht ganz bis zur Rißspitze schließt, wodurch auch noch bei geschlossenem Riß eine zyklische Restschädigung auftritt.

Ebenso wie der Schwellenwert ΔK_0 ist die den Restbruch auslösende kritische Schwingbreite $(\Delta K)_c$ der Spannungsintensität von R abhängig (anstelle von K_c kann auch K_{Ic} treten):

$$(\Delta K)_c = (1 - R)K_c \tag{6.73}$$

Schließlich ist die Rißfortschrittsrate im mittleren Bereich II abhängig von ΔK und R in einer Formel zu erfassen. Einheitliche Werkstoffkennwerte C' und m sind verwendbar, wenn folgender Ansatz gewählt wird (Forman *et al.* [989]):

$$\frac{\mathrm{d}a}{\mathrm{d}N} = \frac{C'(\Delta K)^m}{(1 - R)K_c - \Delta K} = \frac{C'(\Delta K)^m}{(1 - R)(K_c - K_{max})} \tag{6.74}$$

Diese Gleichung beschreibt außer der Zunahme von $\mathrm{d}a/\mathrm{d}N$ mit R die Aufwärtskrümmung der Kurve bei Annäherung von K_{max} $(= K_o)$ an K_c (bzw. K_{Ic}). Sie ist auf die Abwärtskrümmung der Kurve bei Annäherung von ΔK an ΔK_{0R} erweiterbar (Erdogan u. Ratwani [987]):

$$\frac{\mathrm{d}a}{\mathrm{d}N} = \frac{C'(\Delta K - \Delta K_{0R})^m}{(1 - R)K_c - \Delta K} \tag{6.75}$$

Auch folgende Form ist anzutreffen:

$$\frac{\mathrm{d}a}{\mathrm{d}N} = \frac{C'[(\Delta K)^m - (\Delta K_{0R})^m]}{(1 - R)K_c - \Delta K} \tag{6.76}$$

Mit $\Delta K_{0R} \ll \Delta K \ll (1 - R)K_c$ kann (6.75) bzw. (6.76) in die Form von (6.44), erweitert um den Einfluß von R, gebracht werden:

$$\frac{\mathrm{d}a}{\mathrm{d}N} = \frac{C(\Delta K)^m}{1 - R} \tag{6.77}$$

Die Gleichungen (6.74) bis (6.77) stellen Näherungen dar, die sich experimentell nur mit zum Teil erheblichen Abweichungen belegen lassen. Dennoch werden sie wegen ihrer Einfachheit bevorzugt.

Bei Beanspruchung in den Druckbereich $(R < 0)$ wird vereinfachend so verfahren, daß in die für $R = 0$ angeschriebenen Rißfortschrittsgleichungen nur der

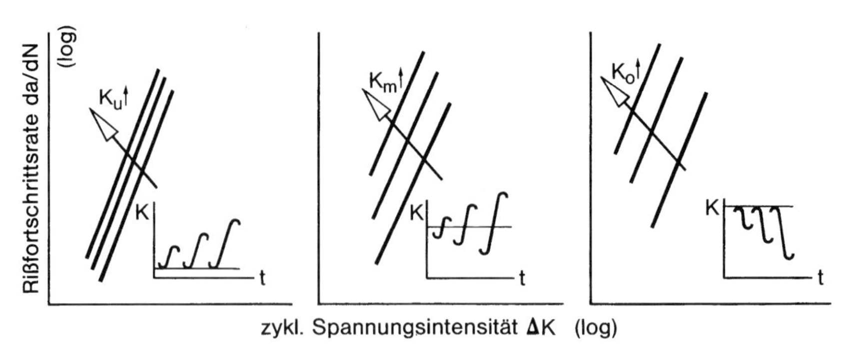

Abb. 6.37: Rißfortschrittsrate als Funktion der zyklischen Spannungsintensität für ansteigende Werte von K_u, K_m und K_o (schematisch); nach Schwalbe [911] (korrigiert)

positive Anteil von ΔK in Form von ΔK_{eff} eingeführt wird. Die Rißfortschrittsrate wird dabei nur ungenau erfaßt (s. Kap. 6.6).

Rißfortschrittsrate abhängig von K_u, K_o und K_m

Die vorstehend eingeführte Abhängigkeit der Rißfortschrittsrate von ΔK und R läßt sich über die Gleichungen (2.1) bis (2.6), umformuliert mit K statt σ, durch gleichwertige Abhängigkeiten von ΔK und K_u, ΔK und K_m sowie ΔK und K_o ersetzen, wie in Abb. 6.37 schematisch dargestellt.

Der Entwicklung des ΔK-Konzepts für den Rißfortschritt lag ursprünglich die Annahme zugrunde, daß nur die zyklischen plastischen Formänderungen an der Rißspitze den Rißfortschritt bestimmen. Aus dem dargestellten Einfluß von R, σ_m, σ_o bzw. σ_u muß jedoch gefolgert werden, daß neben den durch zyklische Schubspannungen an der Rißspitze bzw. durch ΔK gesteuerten plastischen Vorgängen (Abgleitvorgänge) Rißfortschrittsmechanismen auftreten, die von den Zugnormalspannungen an der Rißspitze bzw. von K_{max} bestimmt werden (Trennvorgänge). Ein weiterer Grund für die Abhängigkeit der Rißfortschrittsrate vom Spannungsverhältnis ist der Rißschließeffekt (s. Kap. 6.6).

Rißfortschritt abhängig von der Probendicke

Die Rißfortschrittsrate hängt über K_c (bzw. K_{Ic}) in (6.74) oder (6.75) von der Probendicke ab, Abb. 6.38. Bei hinreichender Dicke bzw. niedriger Spannungsintensität herrscht der Zustand ebener Dehnung vor und die Rißfortschrittsrate ist von der Probendicke unabhängig. Bei kleinerer Dicke bzw. höherer Spannungsintensität bilden sich Scherlippen, der ebene Dehnungszustand wird zugunsten des ebenen Spannungszustands abgebaut. Die Rißfortschrittsrate verringert sich und ist nunmehr von der Probendicke abhängig, was zum Auffächern der Kurven führt. Die Darstellung mit Kurvenknick nach Abb. 6.22 ist physikalisch zutreffender, entspricht jedoch nicht den Formeln (6.74) oder (6.75).

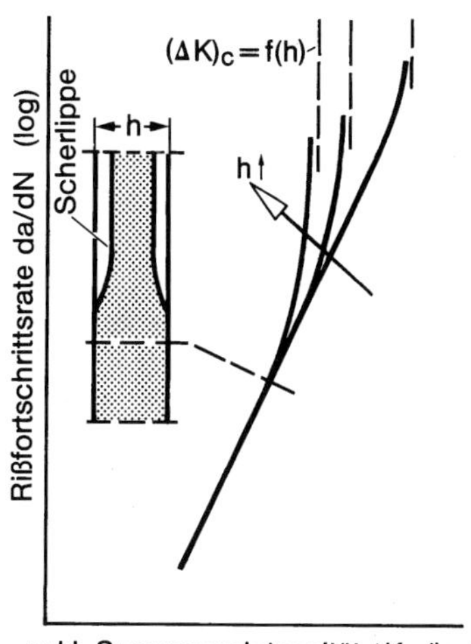

Abb. 6.38: Rißfortschrittsrate als Funktion der zyklischen Spannungsintensität bei zunehmender Probendicke und Scherlippenbildung (schematisch); nach Schwalbe [911]

Bei Annäherung an die plastische Grenzlast schmaler Restquerschnitte kehren sich die Verhältnisse insofern um, als die Grenzlast im ebenen Spannungszustand früher als im ebenen Dehnungszustand erreicht wird. Die Rißfortschrittsrate nach (6.75) ist dementsprechend vergrößert (mit Oberlast F_o und Grenzlast F_g, nach Schwalbe [911]):

$$\frac{\mathrm{d}a}{\mathrm{d}N} = \frac{C(\Delta K - \Delta K_0)^m}{(1-R)K_c - \Delta K} \frac{F_g}{F_g - F_o} \tag{6.78}$$

6.6 Einfluß des Rißschließens

Übersicht

Unter Rißschließen ist zu verstehen, daß sich die Rißflanken bei Entlastung aus dem Zugbereich oder bei Belastung in den Druckbereich wechselseitig berühren. Dieser Vorgang kann einen kleinen rißspitzennahen Bereich oder den gesamten Bereich der Rißflanken umfassen. Im Zustand des Rißschließens ist die Spannungssingularität an der Rißspitze unterdrückt. Rißfortschritt oder Schädigung wird bei geschlossenem Riß ausgeschlossen (s. a. Kujawski [1225] in Kap. 6.5).

Das Rißschließen erfolgt nicht beim Übergang von Zug- auf Druckgrundbeanspruchung, sondern bei einer Grundbeanspruchung oberhalb oder unterhalb dieses Übergangs. Es ist auch nicht gesagt, daß die Rißöffnungsbeanspruchung bei der Wiederbelastung mit der Rißschließbeanspruchung bei der vorhergegangenen

Entlastung übereinstimmt. Als maßgebend für Festigkeit und Lebensdauer wird die Schwingbreite ab der Rißöffnungsspannung abzüglich eines Schwellenwertes angesehen. Bei genauerer Kenntnis der Rißschließ- und Rißöffnungsbeanspruchung kann eine wesentliche Verbesserung der Lebensdauervorhersage bei Einstufenbelastung ebenso wie bei Mehrstufen- oder Random-Belastung erwartet werden.

Es ist der Verdienst von Elber [1025, 1026], den großen Einfluß des Rißschließens auf die Schwingfestigkeit bzw. Lebensdauer erkannt zu haben. Insbesondere der Reihenfolgeeffekt der Betriebsfestigkeit und das Schwellenwertverhalten des Rißfortschritts konnten auf dieser Basis weitgehend erklärt werden. Der Rißschließeinfluß spielt beim Kurzriß eine noch größere Rolle als bei den zunächst betrachteten Langrissen (beim Kurzriß tritt eine Festigkeitsminderung durch vorzeitiges Rißöffnen auf). In die Gleichungen für Rißfortschritt und Schwellenwerte sind demnach die Effektivwerte der Beanspruchungsschwingbreiten einzuführen. Durch Rißschließen läßt sich der Rißfortschritt gegebenenfalls ganz unterbinden.

Für das Rißschließen ist bei duktilen Werkstoffen und ebenem Spannungszustand die bei der Belastung mit Rißfortschritt erzeugte plastische Verformung der Rißflanken (eine Aufdickung) maßgebend. Bei spröden Werkstoffen oder ebenem Dehnungszustand spielen die Rauhigkeit der Bruchflächen und die Oxidation oder Korrosion der Rißflanken eine wichtige Rolle. Rißschließen kann auch über Flüssigkeitsdruck vermittelt werden. Schließlich können spannungsbedingte Umwandlungsvorgänge an der Rißspitze das Rißschließen hervorrufen.

Nachfolgend wird das plastisch bedingte Rißschließverhalten beim Langriß behandelt [1021 - 1108], hinsichtlich des Kurzrisses wird auf Kap. 7.3 verwiesen. Die Darstellung untergliedert sich nach Einstufen-, Mehrstufen- und Random-Belastung, Abb. 6.39. Die nichteinstufige Belastung mit dem durch unterschiedliches Rißschließen verursachten Reihenfolgeeffekt wird in Kap. 6.9 gebracht. Bei Einstufenbelastung bleiben die transienten Anlaufvorgänge unberücksichtigt, d. h. es wird der eingeschwungene oder stabilisierte Zustand betrachtet, der sich je nach Spannungsverhältnis R unterschiedlich einstellt. Wenn nur Langrisse untersucht werden, besteht kein Unterschied zwischen ungekerbter und gekerbter Probe. In diesem Fall ist lediglich die Kerbtiefe der Rißlänge zuzuschlagen. Der eigentliche Kerbeinfluß kommt hauptsächlich beim Kurzriß zum Tragen. Wird

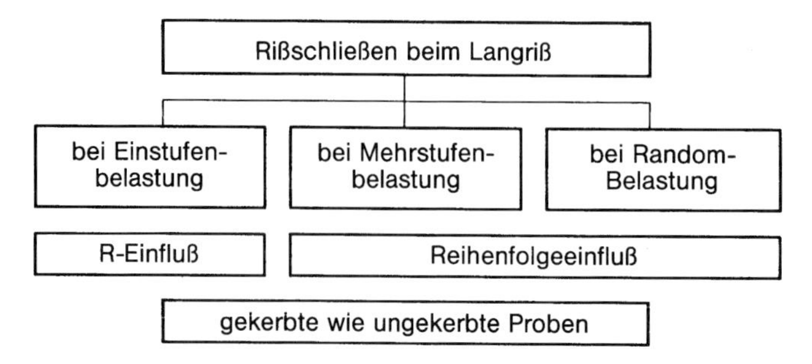

Abb. 6.39: Darstellungsgesichtspunkte zum Rißschließverhalten beim Langriß

die elastische Lösung in diesem Bereich als maßgebend angesehen, so sind dafür die Spannungsintensitätsfaktoren für Risse im Kerbgrund verfügbar (s. Kap. 6.3).

Beanspruchungskennwerte zum Rißschließen

Die Beanspruchungskennwerte zur Beschreibung des Rißschließeffekts bei Schwingbeanspruchung sowie deren wechselseitige Zuordnung werden in Abb. 6.40 dargestellt. Die im Diagramm aufgetragenen Spannungsintensitätsfaktoren sind für den Rißfortschritt maßgebend. Alternativ lassen sich die zugrunde liegenden Spannungen eintragen.

Der Riß öffnet sich bei K_{op} und schließt sich bei K_{cl} (Indizes von opening und closure), wobei $K_{\mathrm{cl}} < K_{\mathrm{op}}$. Der Rißfortschritt wird nicht von ΔK, sondern vom Effektivwert ΔK_{eff} gesteuert, wobei auch hierbei ein Schwellenwert, nämlich $\Delta K_{0\,\mathrm{eff}}$ zu überwinden ist. Die mit einem Fragezeichen versehene (weil nur unsicher bestimmbare) Schwingbreite ist schließlich für die Rißfortschrittsrate maßgebend.

Aus dem Diagramm ist auch ersichtlich, daß der Schwellenwert ΔK_0 überwiegend, aber nicht ausschließlich aus dem Rißschließeffekt zu erklären ist. Der Restanteil $\Delta K_{0\,\mathrm{eff}}$ beruht auf mikrostrukturellen Vorgängen, die vom Rißschließen unabhängig sind (z. B. Blockierung des Gleitbandes an der Korngrenze).

Die für den Rißfortschritt maßgebenden Beanspruchungsgrößen sind nachfolgend formelmäßig erfaßt. Ausgangsgröße ist die Rißöffnungsspannung σ_{op}, die nach herkömmlicher Betrachtung der Rißschließspannung σ_{cl} gleichgesetzt wird (nach Kap. 7.3 ist $\sigma_{\mathrm{op}} > \sigma_{\mathrm{cl}}$). Für die effektive Spannungsschwingbreite folgt:

$$\Delta\sigma_{\mathrm{eff}} = \sigma_{\mathrm{o}} - \sigma_{\mathrm{op}} \tag{6.79}$$

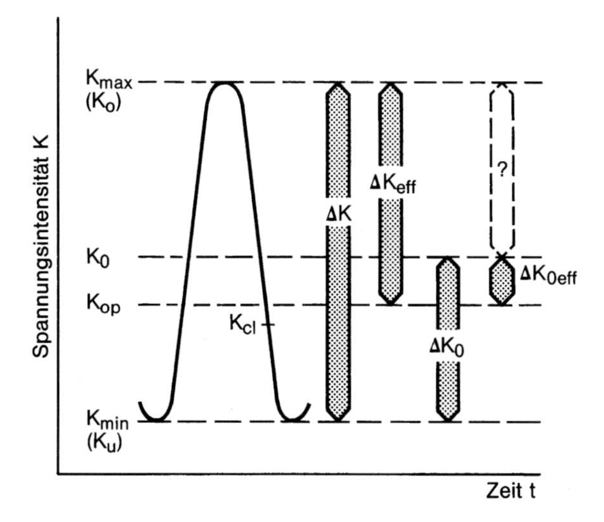

Abb. 6.40: Beanspruchungsgrößen zum Rißschließeffekt bei Schwingbeanspruchung, Schwellenwerte mit Index 0; nach Schijve [1050]

Analog gilt für die effektive Schwingbreite der Spannungsintensität:

$$\Delta K_{\text{eff}} = K_{\text{o}} - K_{\text{op}} \tag{6.80}$$

Zwischen ΔK_{eff} und $\Delta\sigma_{\text{eff}}$ besteht der Zusammenhang:

$$\Delta K_{\text{eff}} = \Delta\sigma_{\text{eff}}\sqrt{\pi a}\,Y \tag{6.81}$$

Es wird $\sigma_{\text{op}} \geq \sigma_{\text{u}}$ bzw. $K_{\text{op}} \geq K_{\text{u}}$ vorausgesetzt, andernfalls gilt $\Delta\sigma_{\text{eff}} = \Delta\sigma$ und $\Delta K_{\text{eff}} = \Delta K$.

Zur Kennzeichnung von $\Delta\sigma_{\text{eff}}$ bzw. ΔK_{eff}, also der Beanspruchungsschwingbreite bei geöffnetem Riß, wird das Rißöffnungsverhältnis U eingeführt:

$$U = \frac{\Delta\sigma_{\text{eff}}}{\Delta\sigma} = \frac{\Delta K_{\text{eff}}}{\Delta K} \tag{6.82}$$

Vollständiges Rißöffnen mit $\sigma_{\text{op}} = \sigma_{\text{u}}$ ist durch $U = 1$ gekennzeichnet, vollständiges Rißschließen mit $\sigma_{\text{op}} = \sigma_{\text{o}}$ durch $U = 0$. Aus $U = (\sigma_{\text{o}} - \sigma_{\text{op}})/(\sigma_{\text{o}} - \sigma_{\text{u}})$ folgt:

$$\Delta K_{\text{eff}} = \frac{1 - \sigma_{\text{op}}/\sigma_{\text{o}}}{1 - R}\Delta K \tag{6.83}$$

Eine größere Zahl von Näherungsansätzen für U werden von Kumar und Singh [1031] diskutiert. Bei vorgegebenem Werkstoff hängt U in erster Linie von R ab, aber auch $K_{\text{o}} = K_{\text{max}}$ bzw. ΔK treten in einzelnen Gleichungen auf.

Rißfortschritt mit Rißschließeffekt

Die effektive Spannungsintensität ΔK_{eff} wird anstelle der ursprünglichen Spannungsintensität ΔK in die Rißfortschrittsgleichung (6.44) eingeführt (Newman [1042, 1043, 1128]):

$$\frac{\mathrm{d}a}{\mathrm{d}N} = C(\Delta K_{\text{eff}})^m \qquad (\Delta K_{0\,\text{eff}} < \Delta K_{\text{eff}} < 2K_{\text{Ic}}) \tag{6.84}$$

Der Bereich nahe des Schwellenwertes wird ausgehend von (6.75) bzw. (6.76) mit $R = 0$ und $\Delta K \ll K_{\text{c}}$ wie folgt erfaßt (zwei alternative Formen):

$$\frac{\mathrm{d}a}{\mathrm{d}N} = C(\Delta K_{\text{eff}} - \Delta K_{0\,\text{eff}})^m \tag{6.85}$$

$$\frac{\mathrm{d}a}{\mathrm{d}N} = C[(\Delta K_{\text{eff}})^m - (\Delta K_{0\,\text{eff}})^m] \tag{6.86}$$

Der Bereich nahe des Restbruchs wird eingeschlossen, wenn die vollständige Rißfortschrittsgleichung (6.75) bzw. (6.76) verwendet wird, in der anstelle von ΔK bzw. ΔK_0 nunmehr ΔK_{eff} bzw. $\Delta K_{0\,\text{eff}}$ gesetzt ist. Eine demgegenüber leicht abgewandelte Form wird von Newman [1042, 1043, 1128] verwendet.

Rißöffnungsspannung nach dem modifizierten Dugdale-Modell

Um die Rißfortschrittsrate nach (6.84), (6.85) oder (6.86) zu bestimmen, muß ΔK_{eff} bzw. σ_{op} bekannt sein. Unter der Annahme, daß das Rißschließen allein durch plastische Restverformung der Rißflanken hinter der Rißspitze (also im „Kielwasser" der fortschreitenden Rißspitze) verursacht wird (zu weiteren Ursachen s. Kap. 6.5 nach (6.39)), kann der Vorgang des Rißschließens rechnerisch erfaßt werden. Zur rechnerischen Erfassung, die hinsichtlich nichteinstufiger Belastung besondere Bedeutung hat, eignet sich ein Berechnungsverfahren, das vom Ansatz nach Dugdale [963] für den Fließbereich an der Rißspitze (Streifenmodell) ausgeht und zusätzlich die Aufdickung der Rißflanken durch das plastisch verformte Material berücksichtigt. Der mathematische Vorteil des modifizierten Dugdale-Modells besteht darin, daß die plastische Zone durch Überlagerung elastischer Lösungen beschrieben wird. Newman [1042] sowie Führing und Seeger [1117, 1118, 1120], Ibrahim [1029] und Wang und Blom [1138] beschränken sich auf das Rißschließverhalten. Kanninen und Atkinson (Hinweis in [1042, 1128]) nehmen die Eigenspannungsausbildung hinzu. Elber [1115], Führing und Seeger [1119, 1120], Newman [1128] sowie Wang und Blom [1138] erweitern das Modell auf die Bestimmung der Lebensdauer bei beliebigen Belastungsfolgen (Random-Belastung eingeschlossen).

Das modifizierte Dugdale-Rißmodell nach Newman [1042], das in Abb. 6.41 bei Be- und Entlastung gezeigt wird, besteht aus drei Bereichen: einer linearela-

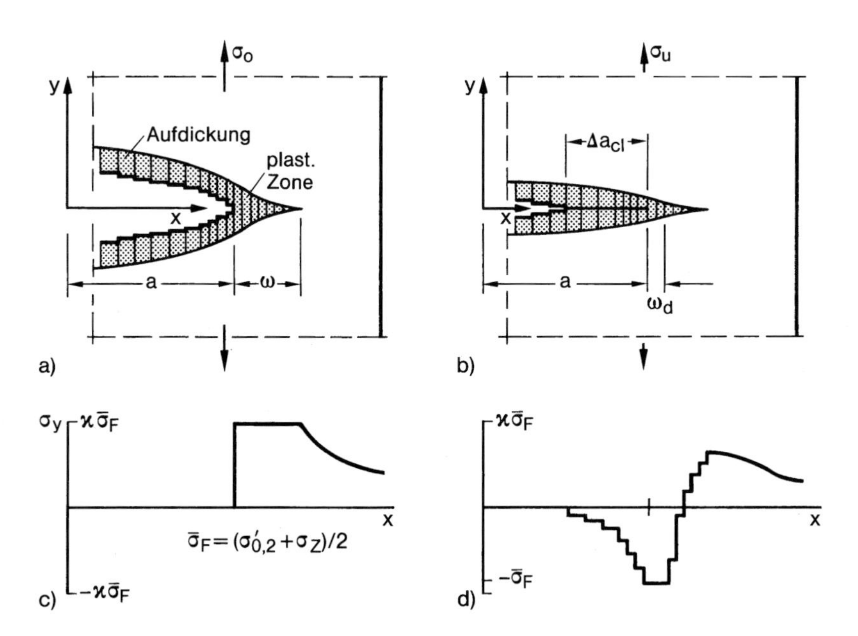

Abb. 6.41: Aufdickung der Rißflanken durch zyklische plastische Verformung beim Rißfortschritt: Belastung mit Rißöffnen (a), Entlastung mit Rißschließen (b), zugehörige Spannungen an der Rißspitze (c, d) (mit geschlossener Rißlänge Δa_{cl}, Ausdehnung ω bzw. ω_{d} der plastischen Zug- bzw. Druckzone an der Rißspitze, Ersatzfließspannung $\bar{\sigma}_{\text{F}}$ und Mehrachsigkeitsfaktor κ); schematische Darstellung nach Newman [1042, 1128]

stischen Zone mit fiktiv verlängertem Riß der Halblänge $(a + \omega)$, einer plastischen Zone der Länge ω und einer Zone mit plastischer Restverformung entlang der Rißflanken. Der tatsächliche Riß hat die Halblänge a. Die plastische Druckzone ist durch die Länge ω_d gekennzeichnet. Der erstgenannte Bereich wird als elastisches Kontinuum behandelt. Die Querverschiebung der Rißflanken kann für beliebige Lastverteilung an den Rißflanken (resultierend aus Fließspannung und Kontaktspannung) angegeben werden. Die zweitgenannten Bereiche bestehen aus idealplastischen Stabelementen mit der Ersatzfließspannung nach (6.87). Die an den Rißflanken sichtbaren Stabelemente befinden sich im plastisch verformten Zustand. Sie sind in der plastischen Zone intakt und außerhalb davon gebrochen. Die gebrochenen Elemente nehmen nur Druckkräfte auf. Dies geschieht im Falle wechselseitigen Kontaktes. Die Elemente verformen sich bei Erreichen der (Ersatz-)Druckfließgrenze erneut plastisch. Die Mehrachsigkeit des Spannungszustands in der plastischen Zone wird durch den Mehrachsigkeitsfaktor κ erfaßt, der die Ersatzfließspannung auf $\kappa\bar{\sigma}_F$ anhebt (ebener Spannungszustand mit $\kappa = 1$ vorherrschend in dünnen Scheiben bei hohem ΔK-Wert, ebener Dehnungszustand mit $\kappa = 3$ vorherrschend in Körpern und niedrigem ΔK-Wert, in Lebensdauerberechnungen bewährt $\kappa \approx 2{,}0$).

Die Ersatzfließspannung $\bar{\sigma}_F$ anstelle der zyklischen Fließspannung $\sigma'_{0,2}$ (in [1042] wird die statische Fließspannung $\sigma_{0,2}$ verwendet) soll die Verfestigung des Werkstoffs nach Fließbeginn pauschal berücksichtigen:

$$\bar{\sigma}_F = \frac{\sigma'_{0,2} + \sigma_Z}{2} \tag{6.87}$$

Nach dem Ansatz von Newman [1043] ergibt sich die Rißöffnungsspannung σ_{op} bei Einstufenbelastung in Abhängigkeit von Oberspannung, Spannungsverhältnis und Mehrachsigkeitszahl:

$$\frac{\sigma_{op}}{\sigma_o} = f\left(\frac{\sigma_o}{\bar{\sigma}_F},\ R,\ \kappa\right) \tag{6.88}$$

Die grafische Darstellung der nicht ausgeschriebenen komplexeren Beziehung (6.88) für $\kappa = 1$, Abb. 6.42, weist aus, daß die Rißöffnungsspannung bei niedrigen Werten R in erster Linie von der Oberspannung abhängt (wobei $\sigma_{op} \gg \sigma_u$), während diese Abhängigkeit bei höheren Werten R zunehmend verschwindet (wobei $\sigma_{op} \approx \sigma_u$). In der alternativen Auftragung nach Abb. 6.43 sind sowohl $\kappa = 1$ als auch $\kappa = 3$ erfaßt. Die Rißöffnungsspannung hängt bei niedrigen Werten R und ebenso bei niedrigen Werten κ außer von R von der Oberspannung ab. Bei hohen Werten R ist die Rißöffnungsspannung unabhängig von der Oberspannung, $\sigma_{op} = \sigma_u$ (s. a. Abb. 7.64).

Rißöffnungsspannung aus Finite-Elemente-Berechnung

Die alternativ zum Dugdale-Modell zur Ermittlung der Rißöffnungsspannung vielfach angewendete Finite-Element-Berechnung [479-481, 484-487, 495, 497-499] (umfassende Darstellung der Anwendungsaspekte und Einflußparame-

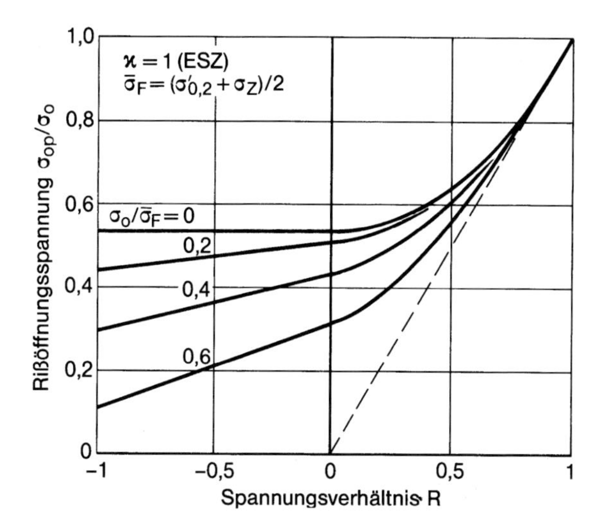

Abb. 6.42: Rißöffnungsspannung als Funktion des Spannungsverhältnisses R für unterschiedliche Oberspannungen beim ebenen Spannungszustand (ESZ), Näherung auf Basis des Dugdale-Modells; nach Newman [1042, 1043]

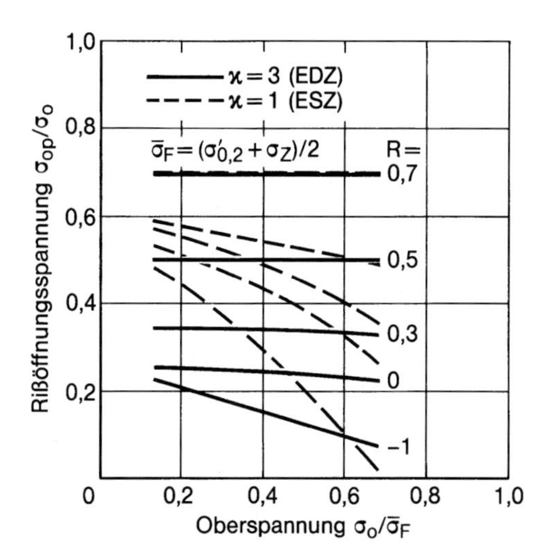

Abb. 6.43: Rißöffnungsspannung als Funktion der Oberspannung für unterschiedliche Spannungsverhältnisse R beim ebenen Dehnungszustand (EDZ: $\kappa = 3$) und beim ebenen Spannungszustand (ESZ: $\kappa = 1$), Näherung auf Basis des Dugdale-Modells; nach Newman [1042]

ter bei McClung u. Sehitoglu [1089]) ist aufwendig, erfaßt jedoch den Einzelfall genauer, besonders auch bei nichteinstufiger Belastung (s. Kap. 6.9). Während im Dugdale-Modell die Werkstoffdeformation im Bereich der Rißspitzen als einachsig und idealplastisch eingeführt wird, können im Rahmen der Finite-Elemente-Methode die Mehrachsigkeit der Beanspruchung an der Rißspitze und die Verfestigung des Werkstoffs infolge plastischer Verformung berücksichtigt werden. Derartige Finite-Elemente-Berechnungen können dazu dienen, grundsätzliche Fragen zu klären, unter anderem die Frage nach der Größe von κ im Dugdale-Modell oder Fragen nach dem Einfluß mehrachsiger Grundbeanspruchung auf die Rißöffnungsspannung.

Die hier betrachteten Finite-Elemente-Berechnungen haben zum Ziel, die das Rißschließen bestimmende plastische Aufdickung der Rißflanken an der Rißspitze und die damit verbundene Rißöffnungs- und Rißschließspannung bei (beliebig) vorgegebenem Rißlängenzuwachs pro Schwingspiel zu bestimmen. Der rechnerisch stationäre Wert dieser Spannungen ist unabhängig von der Wahl des rechnerischen Rißlängenzuwachses. Die tatsächliche Rißfortschrittsrate ergibt sich aus dem Rißfortschrittsgesetz unter Berücksichtigung des Rißschließens. Sie ist nicht das direkte Ergebnis der Finite-Elemente-Berechnung. Eine diesbezügliche Erweiterung der Berechnung ist auf Basis der Schädigungsmechanik grundsätzlich möglich (s. Kap. 5.4).

Die Finite-Elemente-Simulation des plastischen Rißschließens wurde zur Begrenzung des numerischen Aufwandes fast ausschließlich an Scheibenmodellen beim ebenen Spannungszustand durchgeführt. Die einzige dreidimensionale Simulation stammt von Chermahini *et al.* [1068-1070]. Simulationen beim ebenen Dehnungszustand ergaben Rißöffnungsspannungen nahe dem Wert null. Dieser Feststellung wird von Josefson *et al.* [1124] widersprochen. Auch die Mehrachsigkeitszahl in (6.88) steht dem entgegen.

Bei Anwendung der Finite-Elemente-Methode zur Simulation des Rißschließens sind zwei besondere Probleme der numerischen Rechnung angemessen zu lösen, die Wahl eines Netzes mit konvergenter Lösung und die Verwendung eines Verfestigungsgesetzes mit nicht zu starkem Ratchetting-Effekt.

In Nähe der Rißspitze ist eine überaus feinmaschige Netzteilung erforderlich, um das stark inhomogene Beanspruchungsfeld in diesem Bereich darzustellen (s. Abb. 5.54 u. 5.55). Die Größe der Rißspitzenelemente legt gleichzeitig die Größe des Rißlängenzuwachses bei der Berechnung fest. Nach Untersuchungen von McClung [1086] sollte die druckplastische Zone vor der Rißspitze mit mindestens drei Elementen in Rißrichtung abgebildet werden.

Das zyklische Verfestigungsverhalten des Werkstoffs bei mehrachsiger Beanspruchung kann durch das kinematische Verfestigungsgesetz nach Prager und Ziegler oder durch das entsprechende Modell nach Mròz (s. Kap. 4.4) dargestellt werden. Bedingt durch das Rißschließen liegt an der Rißspitze nichtproportionale Beanspruchung vor. Bei Verwendung des Modells nach Mròz zeigt sich in der numerischen Rechnung ein starkes Ratchetting-Verhalten wesentlich stärker als es der Wirklichkeit entspricht (Anthes *et al.* [1061, 1204]). Der rechnerisch stillstehende Riß bleibt schon nach wenigen Schwingspielen vollständig geöffnet. Das Verfestigungsgesetz nach Prager und Ziegler ergibt demgegenüber realistischere Ergebnisse.

Experimentelle Ermittlung der Rißöffnungsspannung

Die experimentellen Verfahren zum Erfassen des Rißschließens und Rißöffnens lassen sich unterschiedlichen Gruppen zuordnen: direkte Beobachtung der Rißfront, Aufnahme der Nachgiebigkeits- oder Steifigkeitsänderung bevorzugt im Rißnahfeld (Compliance-Verfahren) und schließlich Auswertung der Riefenbreite auf der Bruchfläche (indirekte Beobachtung der Rißfront).

Die direkte Beobachtung der Rißspitze an der Oberfläche in zeitlich gestaffelter Bildfolge erfolgt unter dem Mikroskop oder Elektronenmikroskop. Das Oberflächenprofil an der Rißspitze kann über Abdruckverfahren oder Interferometrie verfolgt werden. Das Rißschließverhalten im Innern der Probe kann an transparenten Modellen interferometrisch gemessen werden. Das den direkten Beobachtungsverfahren zugehörige Schrifttum ist bei Schijve [1050] zu finden.

Die Änderung der Nachgiebigkeit oder Steifigkeit im Rißnahbereich (mechanical compliance) kann mit einem aufgesetzten, die Rißflanken überbrückenden Rißaufweitungsgeber (clip gauge, COD meter) oder mit einem Dehnungsmeßstreifen in unmittelbarer Nähe der Rißflanken (gelegentlich auch auf der dem Anriß gegenüberliegenden Probenseite) gemessen werden. Nach der ASTM-Norm E 647 [1020] wird dagegen empfohlen, die Rißöffnungslast aus der globalen Steifigkeitsänderung (> 2 %) der Probe bei deren Belastung zu ermitteln. Die Genauigkeit wird durch elektrische Kompensationsverfahren gesteigert, die das lineare Verhalten des vollständig geöffneten Risses extrapolieren (s. Kap. 7.3). Nach einem anderen Verfahren wird die Rißöffnung unmittelbar vor der Rißfront über zwei Stifte erfaßt, die durch zwei feine Bohrungen im Innern der Probe an die Rißflanken herangeführt sind und senkrecht zu ihnen stehen. Dagegen ergeben die Messung des elektrischen Potentialabfalls beim Rißflankenkontakt (potential drop method), das Wirbelstromverfahren (eddy current method) und die Aufnahme der Ultraschallwellen, welche durch das Rißschließen entstehen, weniger zuverlässige Ergebnisse (physical compliance). Die so genannte elektrische, induktive oder akustische Rißöffnung ist mit der mechanischen Rißöffnung nicht ohne weiteres identisch. Das den Compliance-Verfahren zugehörige Schrifttum ist ebenfalls bei Schijve [1050] zu finden.

Die Auswertung der Riefenbreite auf der Bruchfläche unter dem Elektronenmikroskop zur Bestimmung der Rißöffnungsspannung kann mit unterschiedlichen Lastfolgen verbunden sein. Zunächst wird die Einstufenbelastung betrachtet. Es werden etwa zehn Schwingspiele mit kleinerer konstanter Lastschwingbreite eingestreut und die zugehörigen Riefenbreiten im Bruchbild ausgewertet [1047, 1054, 1361]. Die kleinere Lastschwingbreite wird nunmehr stufenweise verändert. Dabei wird entweder die Ober- oder die Unterspannung der Einstufenbelastung beibehalten. Bei konstanter Oberspannung und stufenweise verringerter Schwingbreite wird die Rißschließspannung dort angenommen, wo sich die Riefenbreite zu verkleinern beginnt. Bei konstanter Unterspannung und stufenweise vergrößerter Schwingbreite wird die Rißschließspannung dort bestimmt, wo Rißfortschritt beginnt und eine Riefenbreite erstmals auftritt. Die verbesserte und auch auf nichteinstufige Lastfolgen anwendbare Verfahrensweise verwendet eine eingestreute, bei konstanter Oberspannung linear abfallende und linear wieder ansteigende Schwingbreitenfolge in Verbindung mit dem Übergang von konstanter auf verringerte Riefenbreite (s. Abb. 7.30). Allen Verfahren mit Auswertung der Riefenbreite gemeinsam ist die berechtigte Annahme, daß sich die Rißschließ- bzw. Rißöffnungsspannung unter den eingestreuten Schwingspielen nicht verändert.

Ein Verfahren der indirekten Ermittlung der Rißöffnungsbeanspruchung besteht darin, die Rißfortschrittsrate bei so hoher Zugvorspannung zu ermitteln, daß Rißschließen erfahrungsgemäß ausgeschlossen werden kann (also bei $R \geq 0{,}8$). Die Rißfortschrittsrate $\mathrm{d}a/\mathrm{d}N$ ist in diesem Fall abhängig von $\Delta K = \Delta K_{\mathrm{eff}}$ ermittelt. Bei kleineren Werten R ergeben sich tiefer liegende $\mathrm{d}a/\mathrm{d}N$-Linien. Aus den bei gleicher Rißfortschrittsrate abgegriffenen Werten ΔK (zugehörig K_{o}-Werte) folgt die Rißöffnungsspannungsintensität gemäß $K_{\mathrm{op}} = K_{\mathrm{o}} - K_{\mathrm{eff}}$.

Ein frühes Ergebnis der experimentellen Untersuchungen war zunächst die Beobachtung, daß bei Rißstillstand der Riß vollständig geschlossen bleibt. Des weiteren wurde festgestellt, daß Rißschließen an der Oberfläche stärker als im Innern der Probe auftritt. Einige weitere quantitative Angaben sind nachfolgend zusammengefaßt.

Aus den experimentellen Ergebnissen von McClung *et al.* [1234], Dowling und Iyyer [1212, 1223], Rie *et al.* [1048] sowie Vormwald und Seeger [1281, 1284] geht hervor, daß die Rißöffnungsspannung bei $R = -1$ mit abfallender Tendenz von der Oberspannung abhängt, Abb. 6.44. In das Diagramm mit aufgenommen sind der Näherungsansatz von Newman [1043] (s. a. Schijve [1049]) sowie ein weiterer, Schijve zugeschriebener Ansatz.

Der Näherungsansatz von Schijve (angegeben für Aluminiumlegierungen) lautet:

$$\Delta\sigma_{\mathrm{eff}} = \frac{3{,}72}{(3-R)^{1{,}74}}\Delta\sigma \tag{6.89}$$

Für die Aluminiumlegierung 2024-T3 gibt Elber [1025, 1026] folgende Näherung an:

$$\Delta K_{\mathrm{eff}} = (0{,}5 + 0{,}4\,R)\Delta K \qquad (-0{,}1 \leq R \leq 0{,}7) \tag{6.90}$$

Schwalbe [911] modifiziert diesen Ansatz ausgehend von Versuchsergebnissen für die Aluminiumlegierung AlZnMgCu 0,5:

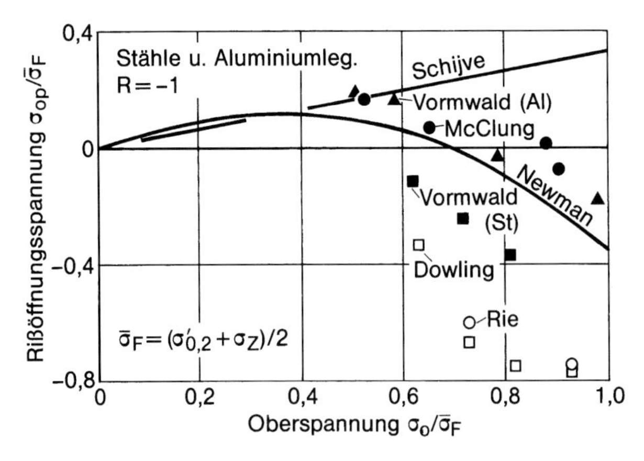

Abb. 6.44: Sättigungswert der Rißöffnungsspannung als Funktion der Oberspannung, Stähle und Aluminiumlegierungen, Versuchsergebnisse (Punkte) und zwei Näherungsformeln (Kurven); nach Vormwald *et al.* [1281, 1282, 1379]

$$\Delta K_{\text{eff}} = (0{,}6 + 0{,}5\,R)\Delta K \qquad (0 \leq R \leq 0{,}8) \tag{6.91}$$

Bei der Aluminiumlegierung 2219-T851 und der Titanlegierung Ti6Al4V wurde $\Delta K_{\text{eff}} = \Delta K$ für $R \geq 0{,}35$ ermittelt [911].

Rißfortschrittsberechnungen mit Rißschließen

Rißfortschrittsberechnungen bei einstufiger Belastung lassen sich auf der Basis von (6.84), (6.85) oder (6.86) durchführen, wenn die Rißöffnungsspannung in Form eines analytischen Ausdrucks vorgegeben wird. Derartige Ausdrücke wurden von Schijve [1049], de Koning [1111], Ibrahim [1029], Newman [1043] und DuQuesnay *et al.* [1294, 1295] angegeben. Es tritt die Abhängigkeit vom Spannungsintensitätsverhältnis hervor (s. a. Abb. 6.34). Zu Berechnungsverfahren bei nichteinstufiger Belastung wird auf Kap. 6.9 verwiesen. Die Berechnungsverfahren für gekerbte Bauteile sind in Kap. 7.5 angesprochen.

6.7 Einfluß des Werkstoffs

Rißfortschrittsrate abhängig vom Werkstoff

Bei Betrachtung unterschiedlicher metallischer Werkstoffe erweist sich das Verhältnis von zyklischer Spannungsintensität ΔK zum Elastizitätsmodul E als ausschlaggebend für die Rißfortschrittsrate. Das weist auf die Bedeutsamkeit der dehnungsbasierten Spannungsintensität anstelle der eigentlichen Spannungsintensität hin. Eine Korrelation der Rißfortschrittsrate mit anderen Werkstoffkennwerten wie Zugfestigkeit, Fließgrenze oder Rißzähigkeit (K_{Ic}) ist im allgemeinen nicht nachweisbar. Die Versuchsergebnisse zu unterschiedlichen Metallegierungen lassen sich nach Schwalbe [911] bei Auftragung über $\Delta K/E$ bzw. $\Delta K_{\text{eff}}/E$ einem schmalen Streuband zuordnen, Abb. 6.45. Die zugehörige Näherungsgleichung lautet (mit ΔK in $\text{N/mm}^{3/2}$ und E in N/mm^2):

$$\frac{\mathrm{d}a}{\mathrm{d}N} \approx 8000 \left(\frac{\Delta K}{E} \right)^{3{,}4} \qquad (R \approx 0) \tag{6.92}$$

Etwas genauere Näherungswerte werden durch folgende Gleichungen für die oberen Grenzwerte der Rißfortschrittsrate bei unterschiedlichen Legierungsgruppen ermittelt (nach Clark, angegeben in [911]):

$$\frac{\mathrm{d}a}{\mathrm{d}N} = 5{,}79 \times 10^{-11} (\Delta K)^{2{,}25} \qquad \text{(Stähle)} \tag{6.93}$$

$$\frac{\mathrm{d}a}{\mathrm{d}N} = 9{,}82 \times 10^{-12} (\Delta K)^{3} \qquad \text{(Aluminiumlegierungen)} \tag{6.94}$$

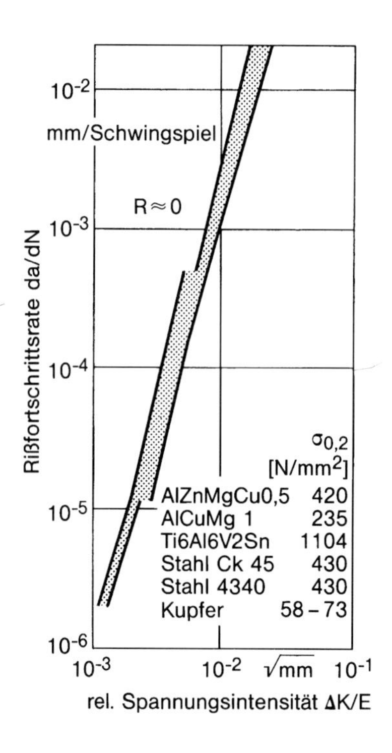

Abb. 6.45: Rißfortschrittsrate von Metallegierungen als Funktion der zyklischen Spannungsintensität bezogen auf den Elastizitätsmodul; nach Schwalbe [911]

$$\frac{\mathrm{d}a}{\mathrm{d}N} = 3{,}56 \times 10^{-15}(\Delta K)^4 \qquad \text{(Titanlegierungen)} \tag{6.95}$$

Die Gleichungen (6.92) bis (6.94) kennzeichnen die obere Streubandgrenze. Im Einzelfall können beträchtliche Abweichungen auftreten. Das Streuband von Versuchsergebnissen für Stähle (13 Arten in 16 Zuständen, Fließgrenze $\sigma_{0,2} = 250\text{-}1680\ \mathrm{N/mm^2}$) nach einer Schrifttumsauswertung von Schwalbe [911] ist in Abb. 6.46 dargestellt.

Ebenso wie die Rißfortschrittsrate ist der Schwellenwert ΔK_0 des zyklischen Spannungsintensitätsfaktors, ab dem Rißfortschritt auftritt, vom Werkstoff abhängig. Auch er ist näherungsweise mit dem Elastizitätsmodul E korreliert (ΔK_0 in $\mathrm{N/mm^{3/2}}$ und E in $\mathrm{N/mm^2}$, nach Pook, angegeben in [911]):

$$\Delta K_0 = (0{,}5\text{-}1{,}5) \times 10^{-3} E \tag{6.96}$$

Rißfortschrittsrate abhängig vom Werkstoffgefüge

Die Abhängigkeit der Rißfortschrittsrate von der Gefügeart bei Stählen haben Tanaka *et al.* [1200] in einheitlicher Form dargestellt. Die Vereinheitlichung gelingt über den Bezugspunkt $((\Delta K)^*, (\mathrm{d}a/\mathrm{d}N)^*)$ im Rißfortschrittsratediagramm, von dem ausgehend folgende (ursprünglich dimensionslose) Form der gemäß (6.86) um ΔK_0 erweiterten Rißfortschrittsgleichung nach Paris eingeführt wird:

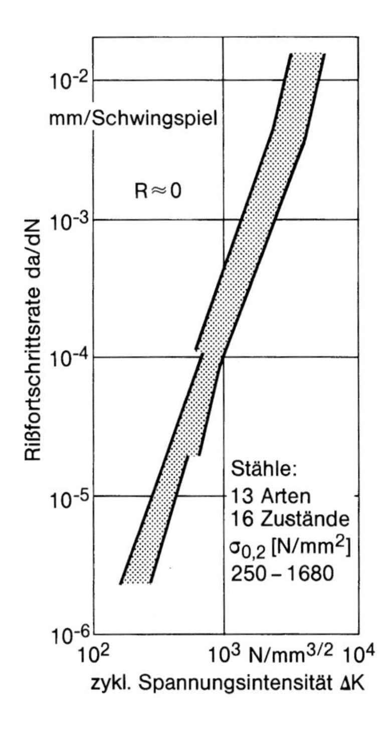

Abb. 6.46: Rißfortschrittsrate von Stählen als Funktion der zyklischen Spannungsintensität; nach Schwalbe [911]

Tabelle 6.1: Gemittelte Werkstoffkennwerte für die Rißfortschrittsgleichung (6.97), Stähle mit unterschiedlichem Gefüge; nach Tanaka *et al.* [1200] in [29]

Stahlgefüge	$(\mathrm{d}a/\mathrm{d}N)^*$ μm/Schwingspiel	$(\Delta K)^*$ $\mathrm{N/mm^{3/2}}$	m	ΔK_0 $\mathrm{N/mm^{3/2}}$
ferritisch-perlitisch	0,17	1000	3,5	262
vergütet	0,17	1000	2,7	187
gehärtet (zäh)	0,17	1000	2,8	117
gehärtet (spröde)	0,03	490	4,0	145
austenitisch	0,17	1000	3,6	161
sonstige	0,17	1000	2,5	130

$$\frac{\mathrm{d}a}{\mathrm{d}N} = \left(\frac{\mathrm{d}a}{\mathrm{d}N}\right)^* \left\{ \left[\frac{\Delta K}{(\Delta K)^*}\right]^m - \left[\frac{\Delta K_0}{(\Delta K)^*}\right]^m \right\} \tag{6.97}$$

Die gemittelten Werkstoffkennwerte in dieser Gleichung sind in Tabelle 6.1 zusammengefaßt.

Die Abhängigkeit der Rißfortschrittsrate vom Werkstoffgefüge wurde von Schwalbe [911] folgendermaßen dokumentiert:

Harte Teilchen im Werkstoff an der Rißspitze (z. B. grobe Einschlüsse in Aluminiumlegierungen, Karbide und intermetallische Phasen in austenitischen Stäh-

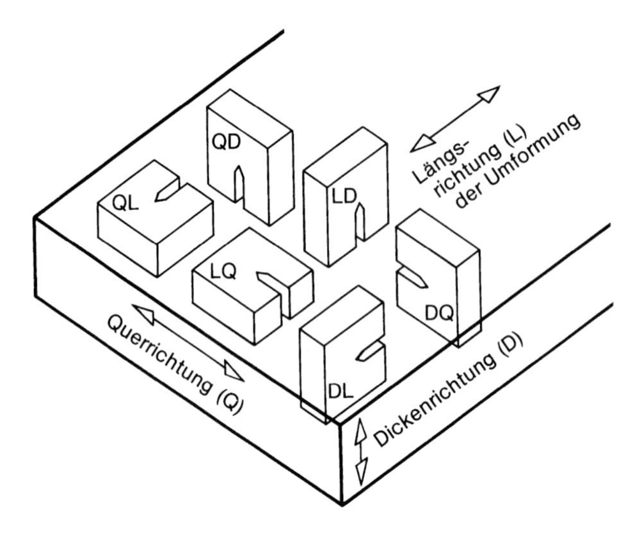

Abb. 6.47: Proben mit unterschiedlicher Orientierung der Rißebenennormalen (erster Buchstabe) und Rißfortschrittsrichtung (zweiter Buchstabe) relativ zur Umformrichtung des Ausgangswerkstoffs; nach ASTM E 399-74 [1019]

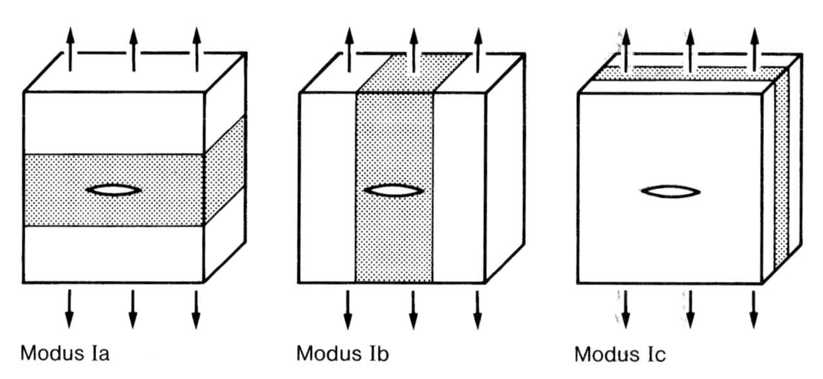

Abb. 6.48: Drei mögliche Orientierungen der Schichtung relativ zu Rißebene und Rißfront, dargestellt für die Rißfrontbeanspruchungsart Modus I; nach Radaj [1185]

len, lamellarer Zementit in ferritischen Stählen) wirken bei kleiner Spannungsintensität verzögernd, bei größerer Spannungsintensität beschleunigend auf die Rißfortschrittsrate. Bei kleiner Spannungsintensität wird die plastische Formänderung behindert, und der Riß muß die Einschlüsse umgehen. Bei großer Spannungsintensität wird die Grübchen- und Hohlraumbildung vor der Rißspitze gefördert, der Riß kann sich schneller ausbreiten.

Interkristalliner Schwingrißfortschritt wird durch Verunreinigungen im Werkstoff, durch Wasserstoff in der Umgebung und durch hohe Zugmittelspannungsintensität begünstigt. Die Rißfortschrittsrate wird dadurch besonders bei kleiner zyklischer Spannungsintensität heraufgesetzt.

Die Rißfortschrittsrate hängt schließlich von der Orientierung der Rißebene und Rißfortschrittsrichtung in der Probe relativ zur Walzrichtung, Ziehrichtung oder Schmiedeachse ab. Die genannten Umformverfahren bewirken eine Anisotropie oder Textur des Werkstoffs durch Strecken der Körner, Einschlüsse und Seigerungen in Verformungsrichtung. Nach der Norm ASTM E 399-74 [1019] ergeben sich bei Berücksichtigung des Orientierungseinflusses sechs unterschiedliche Probenlagen, Abb. 6.47. Verallgemeinerungsfähige Aussagen zum Textureinfluß sind nicht verfügbar. Erwartungsgemäß liegt die Rißfortschrittsrate höher, wenn der Elastizitätsmodul kleiner ist.

Ähnliche Verhältnisse sind in Schweißverbindungen anzutreffen. Diese weisen in der Schmelz- und Wärmeeinflußzone eine Schichtung auf. Die Schichten repräsentieren Gefügezonen mit unterschiedlicher Korngröße, Härte, Verfestigung oder Entfestigung, Duktilität und möglicherweise Alterung oder Aushärtung, verursacht durch die örtlich stark unterschiedlichen Temperaturzyklen beim Schweißen. Die Schichtung in den drei möglichen Lagen relativ zur Rißfront, Abb. 6.48, bedingt Korrekturen am Spannungsintensitätsfaktor (soweit sich die elastischen Konstanten in den Schichten unterscheiden), ein möglicherweise stark verändertes elastisch-plastisches Verhalten (strength mismatch) und demzufolge veränderte kritische Werte der Spannungsintensität bei statischer und bei zyklischer Beanspruchung.

Rißzähigkeit abhängig vom Werkstoff

Die Rißzähigkeit K_{Ic} hängt vom Werkstoff und dessen Behandlungszustand ab, näherungsweise erfaßt durch die jeweilige Fließgrenze $\sigma_{0,2}$, Abb. 6.49. Die Walz- und Schmiedestähle ebenso wie die Nickel- und Titanlegierungen weisen bei Raumtemperatur relativ hohe Rißzähigkeit auf. Für unterschiedliche Dünnblechwerkstoffe läßt sich ein einheitlicher Wertebereich angeben, wenn die auf

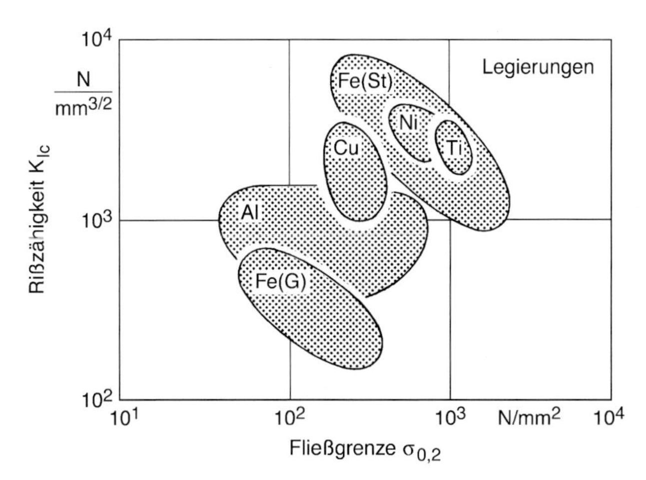

Abb. 6.49: Bereiche der Rißzähigkeit unterschiedlicher Metallegierungsgruppen bei Raumtemperatur als Funktion der Fließgrenze; mit Walz- und Schmiedestählen Fe(St) und Eisengußwerkstoffen Fe(G); nach FKM-Richtlinie [1162] (Diagrammausschnitt)

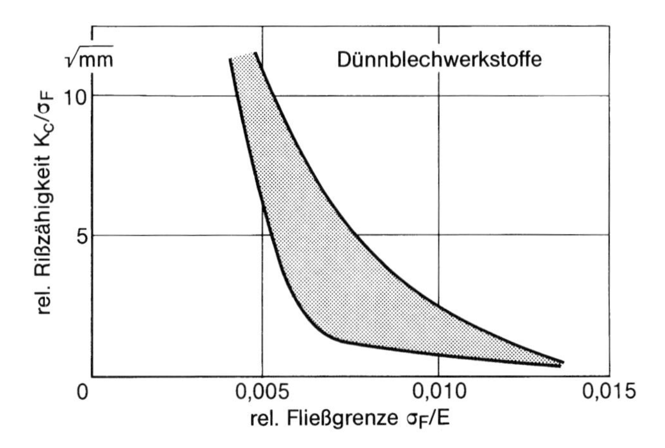

Abb. 6.50: Bereich der auf die Fließgrenze bezogenen Rißzähigkeit von Dünnblechwerkstoffen als Funktion der auf den Elastizitätsmodul bezogenen Fließgrenze; nach Sullivan u. Stoop [1199]

die Fließgrenze bezogene Rißzähigkeit K_c über der auf den Elastizitätsmodul bezogenen Fließgrenze aufgetragen wird, Abb. 6.50.

6.8 Einfluß der Korrosion, Frequenz und Temperatur

Übersicht

Der Einfluß der Umgebungsbedingungen auf die Rißfortschrittsrate drückt sich im Einfluß der Korrosion und der Temperatur aus [911, 1142-1152]. Als neutrale Referenzumgebung hinsichtlich Korrosion dient das Vakuum oder ein inertes Gas (Argon, Helium oder Stickstoff mit jeweils sehr niedrigem maximalem Wasserdampfgehalt). Zunehmend aggressiv wirken die im Versuch häufig auftretenden Umgebungen: Laborluft, destilliertes Wasser und Kochsalzlösung. Brüche mit erheblichem Korrosionsanteil treten zunehmend spröde in Erscheinung. Wasserstoffversprödung kann in diesen Fällen mitwirken.

Das umgebende Medium beeinflußt den Rißfortschritt durch Schwingrißkorrosion oder Spannungsrißkorrosion (s. a. Kap. 3.9). Da der Korrosionsangriff zeitabhängig erfolgt, beeinflussen Frequenz und Kurvenform der Schwingbeanspruchung das Geschehen. Für die Schwingrißkorrosion ist der ansteigende Teil der Beanspruchungskurve maßgebend, für die Spannungsrißkorrosion die Beanspruchung oberhalb des Schwellenwertes K_{Iscc}.

Schließlich wird das Rißfortschrittsverhalten unter Schwingbeanspruchung bei erhöhter Temperatur (ohne oder mit Korrosion) zunehmend von zeitabhängigen Vorgängen (Kriechen) mitbestimmt. Die Rißfortschrittsrate hängt von der Temperatur und von der Beanspruchungsfrequenz ab.

Schwingrißkorrosion

Unter Schwingrißkorrosion (auch Korrosionsermüdung, corrosion fatigue) wird der beschleunigte zyklische Rißfortschritt unter der elektrochemischen Wirkung des korrosiven Mediums an der Rißfront verstanden. Die über plastische Verformung gebildeten frischen Rißoberflächen sind zunächst ungeschützt dem Korrosionsangriff ausgesetzt, weil sich die Schutzschicht erst noch aufbauen muß (Repassivierung). Maßgebend für das Ausmaß des Korrosionsangriffs ist die Zeit, während der die Spannungsintensität anwächst, Abb. 6.51 (a). Im allgemeinen

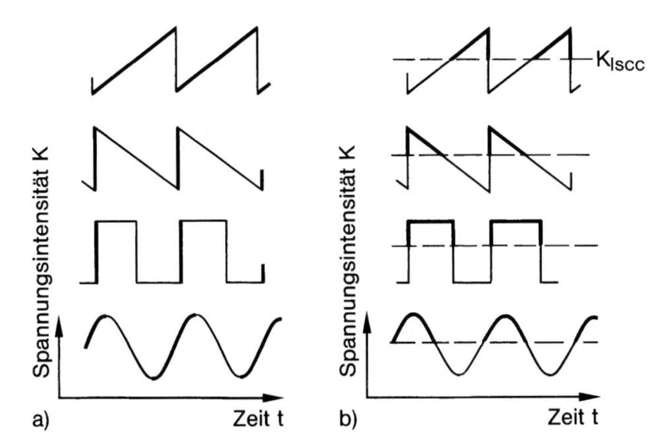

Abb. 6.51: Rißfortschrittswirksame Teile des Beanspruchungsablaufs (dick ausgezogene Kurventeile) bei Schwingrißkorrosion (a) und bei Spannungsrißkorrosion (b); nach Schwalbe [911]

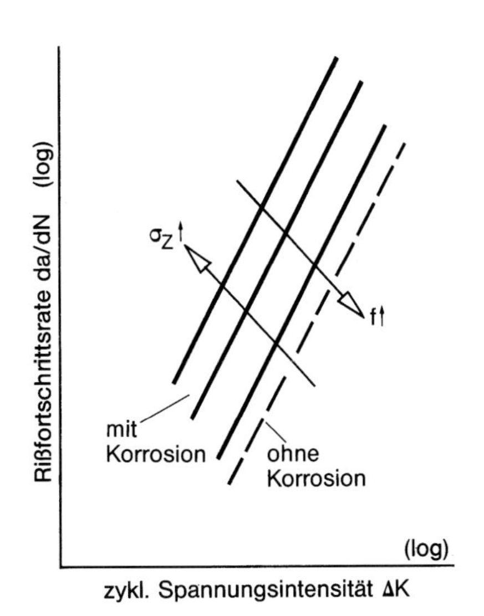

Abb. 6.52: Rißfortschrittsrate bei Schwingrißkorrosion als Funktion der zyklischen Spannungsintensität bei ansteigender Werkstoffestigkeit bzw. Beanspruchungsfrequenz (schematisch); nach Schwalbe [911]

steigt die Rißfortschrittsrate mit erniedrigter Schwingfrequenz oder höherfestem Werkstoff, Abb. 6.52. Die bei Schwingrißkorrosion gelegentlich auftretenden erhöhten Schwellenwerte ΔK_0 der zyklischen Spannungsintensität sind auf verstärktes Rißschließen, bedingt durch die Korrosionsschicht, zurückzuführen.

Spannungsrißkorrosion

Unter Spannungsrißkorrosion wird der durch Korrosion und statische Zugspannung in Gang gehaltene Rißfortschritt verstanden. Das Schutzschichtverhalten spielt hierbei eine wichtige Rolle. Voraussetzung für Spannungsrißkorrosion ist, daß die Spannungsintensität K_I den vom Werkstoff und korrodierenden Medium abhängigen Schwellenwert K_Iscc (stress corrosion cracking) übersteigt. Die Rißfortschrittsgeschwindigkeit $\mathrm{d}a/\mathrm{d}t$ (mit der Zeit t) kann in bestimmten Fällen näherungsweise dem Quadrat (oder einer höheren Potenz) der (statischen) Spannungsintensität proportional gesetzt werden, Abb. 6.53:

$$\frac{\mathrm{d}a}{\mathrm{d}t} \approx C_\text{scc} K_\text{I}^2 \qquad (K_\text{I} > K_\text{Iscc}) \tag{6.98}$$

Bei ferritischen Stählen in Kochsalzlösung wird ein Plateauwert im Kurvenverlauf der Rißfortschrittsgeschwindigkeit beobachtet (s. Abb. 6.56 (a)). Die Zeitspanne Δt_B bis zum Bruch der Probe hängt außer von der Anfangsspannungs-

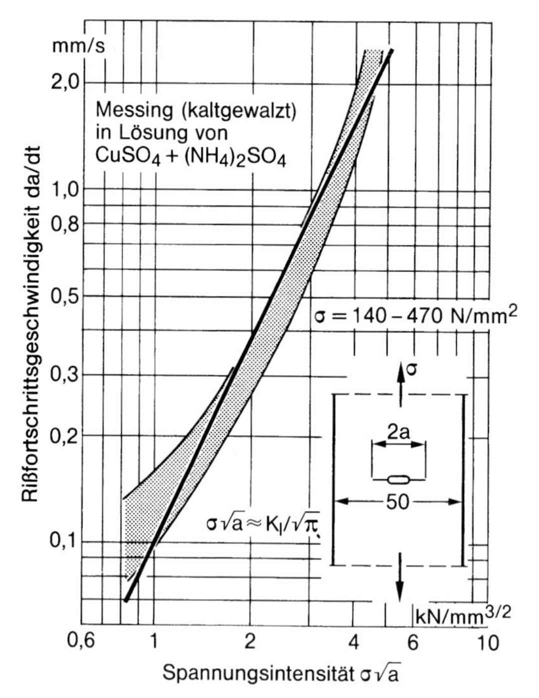

Abb. 6.53: Rißfortschrittsgeschwindigkeit für Messing bei Spannungsrißkorrosion als Funktion der (statischen) Spannungsintensität; nach McEvily u. Bond [1144]

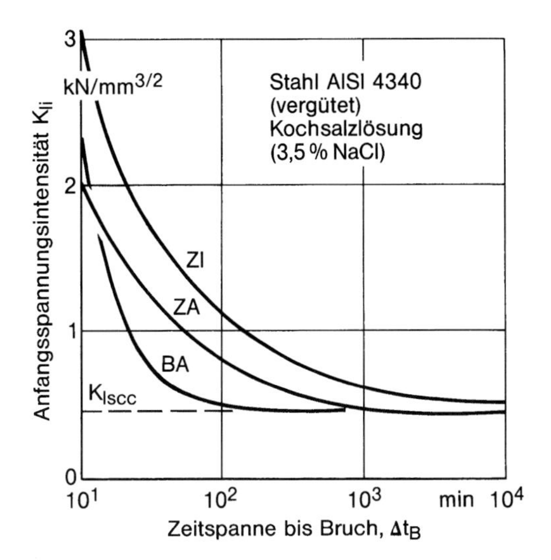

Abb. 6.54: Zeitspanne bis Bruch bei Spannungsrißkorrosion in Stahl bei unterschiedlichen Proben (ZI: Zugprobe mit Innenriß; ZA: Zugprobe mit Außenriß; BA: Biegeprobe mit Außenriß) als Funktion der Anfangsspannungsintensität (horizontal aufgetragen), Probenbelastung während des Versuchs konstant; nach Brown u. Beachem [1143] in erweiterter Darstellung von Heckel [909]

intensität K_{Ii} von der Probenform und Belastungsart ab, wie durch die Versuchsergebnisse in Abb. 6.54 (Δt_{B} horizontal über K_{Ii} aufgetragen) bestätigt wird.

Maßgebend für das Ausmaß des Korrosionsangriffs bei schwingender Beanspruchung ist die Zeitspanne, in der die Spannungsintensität den Schwellenwert K_{Iscc} übersteigt, siehe Abb. 6.51 (b). Die Rißfortschrittsgeschwindigkeit $\mathrm{d}a/\mathrm{d}t$ sollte demnach weitgehend frequenzunabhängig sein. Sie ist es jedoch nicht, weil der korrosive Angriff nicht sofort, sondern erst nach kurzer Inkubationszeit einsetzt. Aus gleichem Grund ist auch K_{Iscc} frequenzabhängig einzuführen.

Schwingrißfortschritt mit überlagerter Spannungsrißkorrosion

Schwingrißfortschritt mit überlagerter Spannungsrißkorrosion ist an folgende Voraussetzungen geknüpft (Speidel [1147]):

- die betrachtete Kombination von Werkstoff und Umgebungsmedium neigt zur Spannungsrißkorrosion,
- der Rißfortschritt je Schwingspiel mit überlagerter Spannungsrißkorrosion ist größer als jener ohne die Überlagerung,
- die Schwingbreite ΔK der Spannungsintensität überschreitet den durch $K_{\mathrm{max}} = K_{\mathrm{Iscc}}$ gegebenen kritischen Wert ΔK_{Iscc}.

Der Rißfortschritt wird durch Spannungsrißkorrosion beschleunigt (auch bei diesbezüglich unempfindlichem Werkstoff), jedoch nur in einem Teilbereich der Rißfortschrittskurve in inerter Umgebung, Abb. 6.55. Die Annäherung erfolgt um

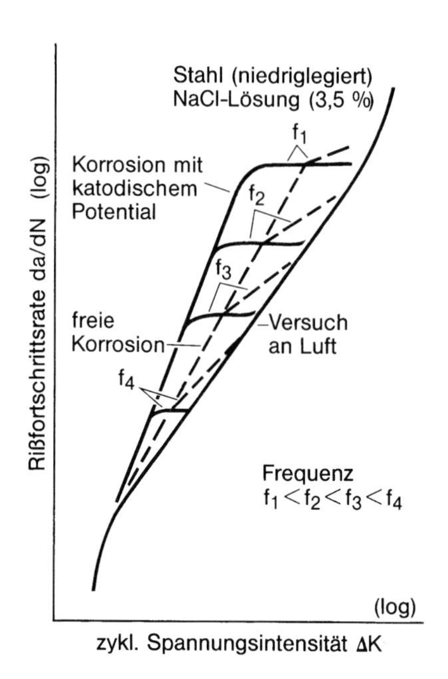

Abb. 6.55: Rißfortschritt bei Spannungsrißkorrosion, Rißfortschrittsrate bei Überlagerung von Schwingbeanspruchung und Spannungsrißkorrosion, unterschiedliche Beanspruchungsfrequenzen f_1 bis f_4, niedriglegierter Stahl in Kochsalzlösung; nach Vosikovsky [1149]

so schneller, je höher die Belastungsfrequenz ist. Die frequenzabhängigen Plateaus der Rißfortschrittskurven kennzeichnen einen Zustand, bei dem der Anteil der Spannungsrißkorrosion gegenüber dem der Ermüdung zunehmend zurückbleibt (zu erklären aus der Inkubationszeit der Spannungsrißkorrosion). Nach dem Superpositionsmodell von Wei und Landes [1150] setzt sich die Rißfortschrittsrate additiv aus dem Anteil der Ermüdung in inerter Umgebung und dem der Spannungsrißkorrosion zusammen. In Erweiterung des Modells schlagen Wei und Simmons [1152] vor, die Anteile der rein mechanischen Ermüdung, der eigentlichen Korrosionsermüdung und der Spannungsrißkorrosion zur Rißfortschrittsrate aufzusummieren. Die Korrosionsermüdung wird auf Versprödung durch atomaren Wasserstoff zurückgeführt, der bei der Reaktion wasserstoffhaltiger Gase (z. B. Wasserdampf) mit den frisch gebildeten Oberflächen des Ermüdungsrisses entsteht.

Nach dem Superpositionsmodell nach Austen und Walker [1142] werden Ermüdungs- und Korrosionsanteil konkurrierend eingeführt, d. h. der jeweils schnellere Vorgang setzt sich nach diesem Konzept durch. Das Modell bezieht sich auf eine Rißfortschrittskurve mit einem einzigen Plateauwert $(\mathrm{d}a/\mathrm{d}t)_\mathrm{p}$ für $K > K_\mathrm{p}$, Abb. 6.56 (a). Mit der konservativen Näherungsannahme

$$\left(\frac{\mathrm{d}a}{\mathrm{d}N}\right)_\mathrm{p} = \frac{1}{f}\left(\frac{\mathrm{d}a}{\mathrm{d}t}\right)_\mathrm{p} \tag{6.99}$$

ergeben sich je nach Frequenz f unterschiedliche Plateauwerte $(\mathrm{d}a/\mathrm{d}N)_\mathrm{p}$, Abb. 6.56 (b). Aus der Bedingung $K_\mathrm{max} > K_\mathrm{Iscc}$ folgt der Schwellenwert

$$\Delta K_\mathrm{Iscc} = (1 - R)\, K_\mathrm{Iscc} \tag{6.100}$$

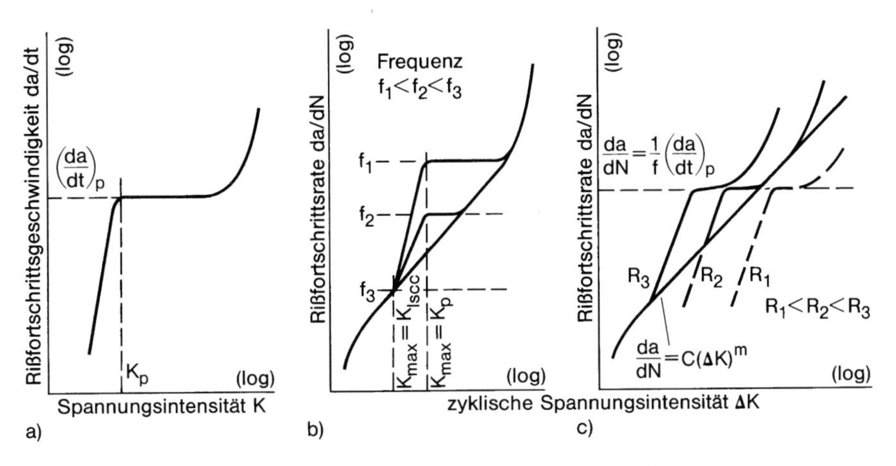

Abb. 6.56: Rißfortschritt bei Spannungsrißkorrosion (schematisch): Rißfortschrittsgeschwindigkeit bei Korrosion ohne Schwingbeanspruchung (a), Rißfortschrittsrate bei konkurrierender Überlagerung von Korrosion und Schwingbeanspruchung (b), Einfluß des Spannungsintensitätsverhältnisses R bei bestimmter Frequenz (c); nach Austen u. Walker [1142]

und daraus die vom Spannungsintensitätsverhältnis abhängige Horizontalverschiebung der Rißfortschrittskurve mit frequenzabhängigem Plateauwert, Abb. 6.56 (c).

Temperatur- und Frequenzeinfluß ohne Korrosion

Bei hinreichend niedriger Temperatur und hinreichend hoher Beanspruchungsfrequenz ändert sich die Rißfortschrittsrate im Bereich II mittlerer zyklischer Spannungsintensität relativ wenig, wenn die genannten Größen verändert werden. Meist wird eine leichte Zunahme der Rißfortschrittsrate mit zunehmender Temperatur und mit abnehmender Frequenz beobachtet [911]. Der Temperatureinfluß kann auf die Temperaturabhängigkeit des Elastizitätsmoduls und der Fließgrenze sowie auf die ebenfalls temperaturabhängigen Umgebungseinflüsse zurückgeführt werden. Er kann im Bereich des Schwellenwertes ΔK_0 und des kritischen Wertes $(\Delta K)_c$ ausgeprägter sein, Abb. 6.57. Die temperaturbedingte Abminderung von K_c bzw. K_{Ic} führt insgesamt zu einer Verkürzung der Gesamtlebensdauer. Der Frequenzeinfluß ist bei niedriger Temperatur relativ zur Frequenzänderung gering, kann jedoch praktisch bedeutsam sein, Abb. 6.58.

Bei hinreichend hohen Temperaturen und hinreichend niedrigen Frequenzen, die vom Werkstoff und von der Umgebung abhängen, nimmt die Rißfortschrittsrate stark zu, Abb. 6.59. Dies wird durch zeitabhängige Vorgänge, insbesondere durch Kriechvorgänge, verursacht, die sich den Ermüdungsvorgängen überlagern, Abb. 6.60. Für die Überlagerung der Rißfortschrittsgeschwindigkeiten gilt näherungsweise ein additives Gesetz. Bei kleiner (maximaler) Spannungsintensität ist der Kriechanteil verschwindend klein. Bei Umrechnung auf die Rißfortschrittsrate $\mathrm{d}a/\mathrm{d}N$ tritt der Kriechanteil frequenzabhängig in Erscheinung. Andererseits tritt die Rißfortschrittsgeschwindigkeit $\mathrm{d}a/\mathrm{d}t$ bei Ermüdung frequenzabhängig auf.

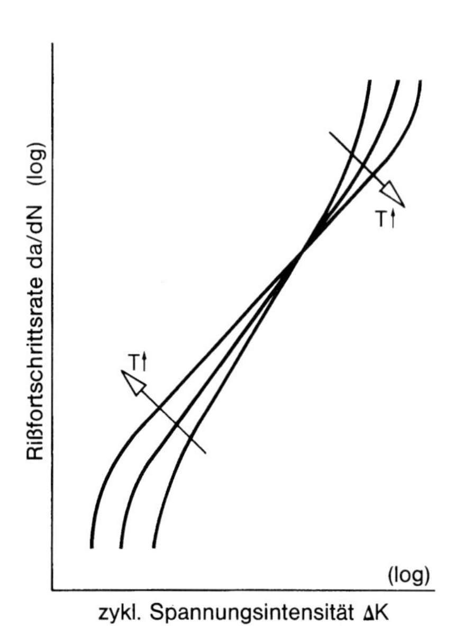

Abb. 6.57: Rißfortschrittsrate ohne zeitabhängige Vorgänge als Funktion der zyklischen Spannungsintensität bei erhöhter Temperatur, schematische Darstellung basierend auf Versuchsergebnissen im Schrifttum; nach Schwalbe [911]

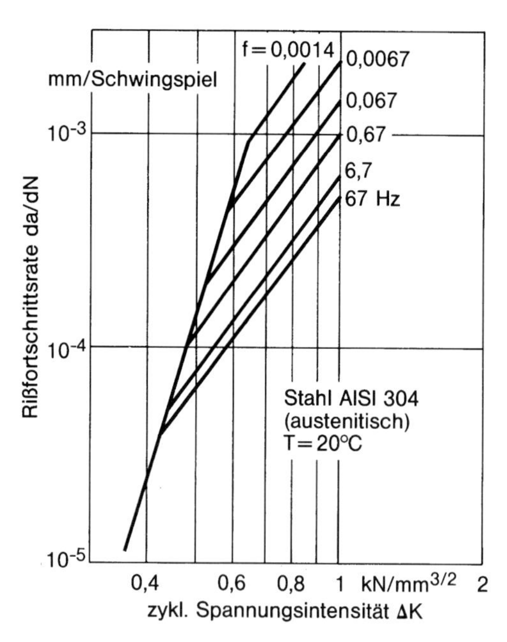

Abb. 6.58: Rißfortschrittsrate für austenitischen Stahl als Funktion der zyklischen Spannungsintensität bei unterschiedlichen Beanspruchungsfrequenzen *f*; nach James [991] in [911]

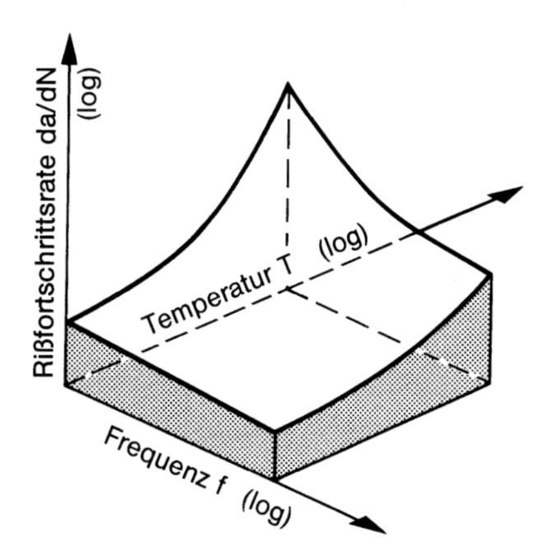

Abb. 6.59: Rißfortschrittsrate als Funktion der Temperatur und Beanspruchungsfrequenz (schematisch), Überhöhung der Rate durch Kriechen bei hoher Temperatur und niedriger Frequenz; nach Schwalbe [911]

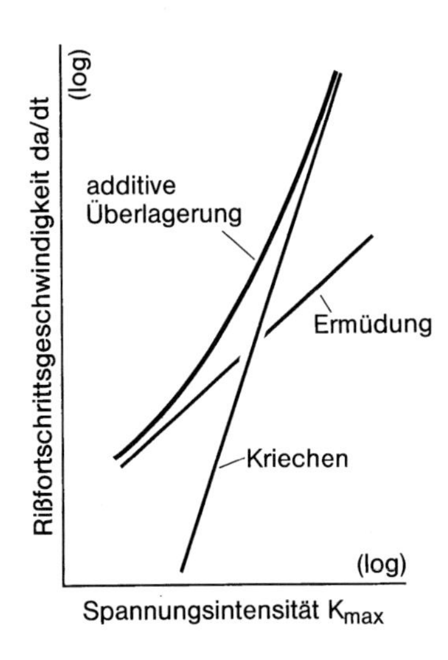

Abb. 6.60: Additive Überlagerung der Rißfortschrittsgeschwindigkeit bei Ermüdung und Kriechen (schematisch)

Auf den Rißfortschritt durch Kriechen bei erhöhter Temperatur [911, 1153-1161], ein anwendungstechnisch wichtiges Teilgebiet der allgemeinen Bruchmechanik, jedoch nur ein Randgebiet der Schwingriß-Bruchmechanik, kann hier nicht näher eingegangen werden.

6.9 Einfluß der nichteinstufigen Belastung

Reihenfolgeeffekt

Das Rißfortschrittsverhalten bei einstufiger Belastung (Lastamplitude und Lastmittelwert sind konstant) unterscheidet sich von jenem bei nichteinstufiger, deterministischer oder stochastischer Betriebsbelastung (Lastamplitude oder Lastmittelwert sind veränderlich). Der aus den Momentanwerten ΔK und R nach den bisher angegebenen Gleichungen berechenbare Rißfortschritt ist im Falle der Betriebsbelastung im allgemeinen zu groß (damit allerdings auf der sicheren Seite), gelegentlich jedoch zu klein (und damit auf der unsicheren Seite). Ursache dafür ist die Tatsache, daß der Rißfortschritt bei nichteinstufiger Belastung außer von den Momentanwerten ΔK und R auch von der Belastungsvorgeschichte abhängt, insbesondere von Anzahl, Höhe und Reihenfolge der unmittelbar vorangegangenen Lastamplituden (Reihenfolgeeffekt, Interaktionseffekt). Gegenüber einstufiger Belastung tritt beim Langriß vielfach Rißverzögerung, gelegentlich auch Rißbeschleunigung auf, Abb. 6.61. Die Verzögerung durch eine Zugspitzenlast wird durch eine darauffolgende Druckspitzenlast weitgehend abgebaut, Abb. 6.62.

Zur Klärung des Reihenfolgeeinflusses dienen systematische Untersuchungen mit typischen Reihenfolgen der Lastamplituden (kurz Lastfolgen), beispielsweise:

– Abläufe konstanter Lastamplitude und Mittellast mit einmalig oder mehrmalig eingestreuten Spitzenlasten.

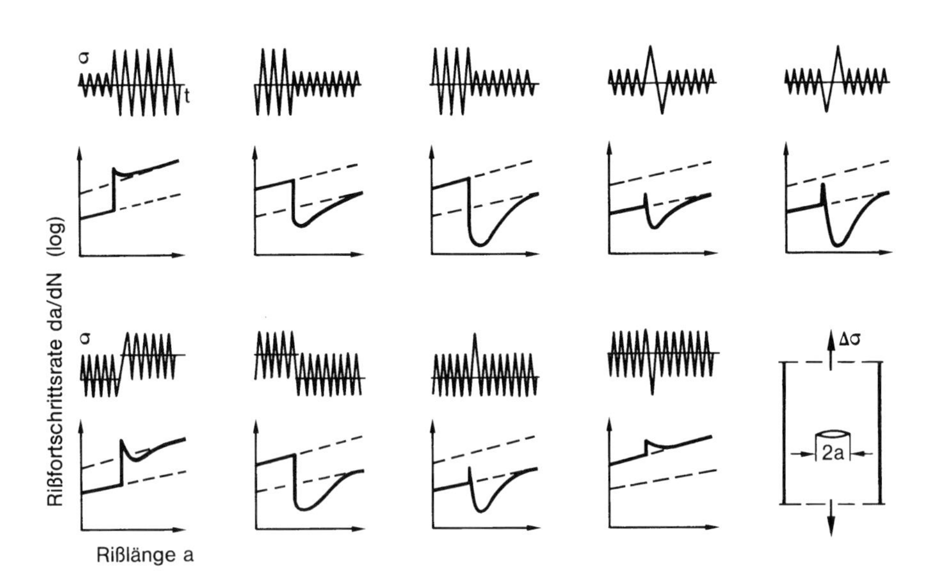

Abb. 6.61: Verzögerter bzw. beschleunigter Rißfortschritt als Folge von unterschiedlichen Lastfolgen; nach Führing [1118]

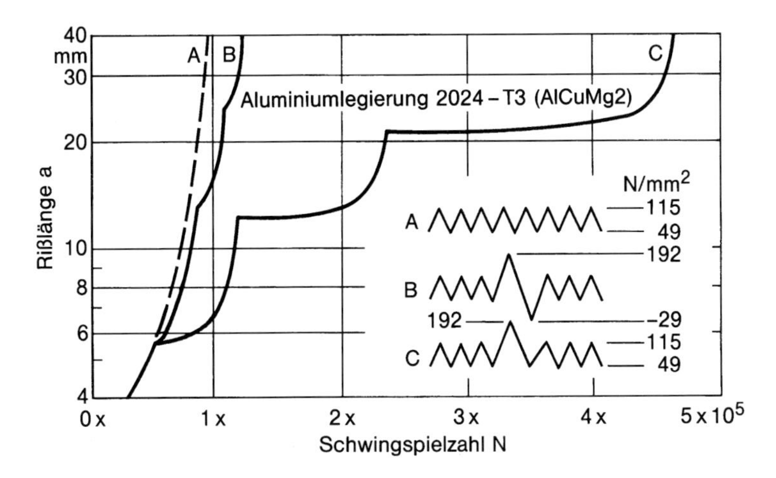

Abb. 6.62: Rißlänge als Funktion der Schwingspielzahl, Rißverzögerung durch Zugspitzenlast mit oder ohne darauffolgende Druckspitzenlast; nach Schijve [1129]

- Übergang von einem Lastablauf mit hoher Amplitude zu einem solchen mit niedriger Amplitude (oder umgekehrt) bei konstanter Mittellast oder Oberlast.
- Übergang von einem Lastablauf mit hoher Mittellast zu einem solchen mit niedriger Mittellast (oder umgekehrt) bei konstanter Lastamplitude.

Die nachfolgende Darstellung des Reihenfolgeeffekts fußt auf der systematischen Übersicht von Schwalbe [911], ergänzt durch neuere Untersuchungsergebnisse [1109-1141]. Zuerst werden die Phänomene dargestellt, die Erklärung folgt anschließend.

Einmalig eingestreute Spitzenlast

Eine einmalig eingestreute (Zug-)Spitzenlast bewirkt eine Rißverzögerung, die meist allmählich einsetzt und später wieder aufhört, wobei die ursprüngliche Rißfortschrittsrate zurückkehrt, Abb. 6.63. Der Gewinn an Lebensdauer beträgt ΔN^* Schwingspiele. Der Riß vergrößert sich währenddessen um die Übergangslänge Δa^*. Die Rißfortschrittsrate erreicht ein Minimum bei $\Delta a^*/4$.

Maßgebend für das Ausmaß der Lebensdauerverlängerung ist die Höhe der Spitzenlast relativ zu den Kennwerten der zyklischen Grundbelastung, ausgedrückt durch die Spannungsintensitätsverhältnisse R_{max} und S_{max}, Abb. 6.64. Letztere kennzeichnen zusammen mit ΔK und $R = K_{\text{u}}/K_{\text{o}}$ den Lastablauf mit Spitzenlast (nur drei der genannten vier Größen sind voneinander unabhängig):

$$R_{\text{max}} = \frac{K_{\text{u}}}{K_{\text{max}}} \tag{6.101}$$

$$S_{\text{max}} = \frac{K_{\text{max}}}{K_{\text{o}}} \tag{6.102}$$

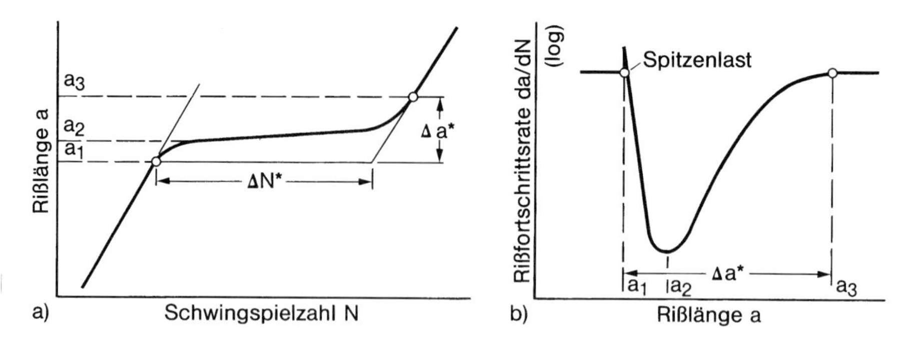

Abb. 6.63: Rißverzögerung nach Zugspitzenlast: Rißlänge als Funktion der Schwingspielzahl (a) und Rißfortschrittsrate als Funktion der Rißlänge (b), Verzögerung und Wiederbeschleunigung innerhalb der Übergangslänge Δa^*, Lebensdauergewinn ΔN^*; nach Schwalbe [911]

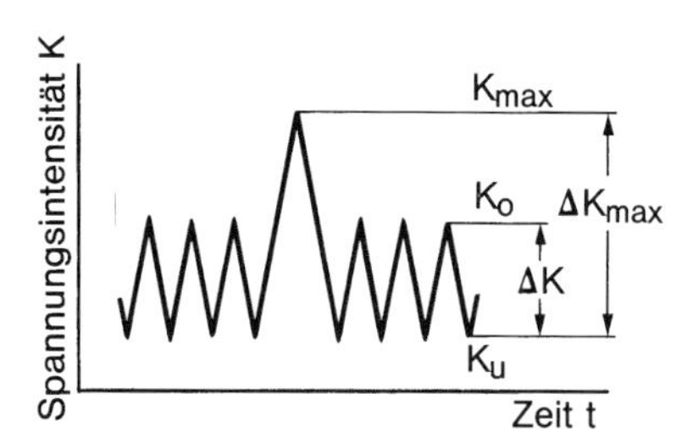

Abb. 6.64: Kennwerte der Rißfrontbeanspruchung bei einstufiger Grundbelastung mit eingestreuter Spitzenlast (ohne Rißschließeffekt); nach Schwalbe [911]

Die Lebensdauerverlängerung ist um so ausgeprägter, je größer $S_{\max}$ bei vorgegebenem $R_{\max}$ oder auch je größer $R_{\max}$ bei vorgegebenem $S_{\max}$ ist. Der Effekt tritt nur nach einer Zugspitzenlast, nicht nach einer Druckspitzenlast ein. Ausschlaggebend ist das Vorzeichen der Spitzenlast unmittelbar vor Rückkehr in die Grundbelastung, Abb. 6.65. Die Lebensdauer kann demnach durch (Zug-)Überlastung wesentlich gesteigert werden. Im günstigsten Fall wird der Riß zum Stillstand gebracht.

Die Verlängerung der Lebensdauer ist um so größer, je niedriger die Fließgrenze des Werkstoffs ist, weil die Größe der plastischen Zone an der Rißspitze für die Übergangslänge Δa^* maßgebend ist. Die Rißverzögerung tritt daher verstärkt auf, wenn die Probendicke abnimmt, also anstelle des ebenen Dehnungszustands zunehmend der ebene Spannungszustand in Erscheinung tritt.

Eine einmalig eingestreute Druckspitzenlast bewirkt Rißbeschleunigung, die im Gegensatz zur Verzögerung unverzüglich einsetzt.

Mehrmalig eingestreute Spitzenlasten

Die lebensdauerverlängernde Wirkung einer zweiten (Zug-)Spitzenlast nach Aufbringung einer ersten (Zug-)Spitzenlast hängt von deren Abstand relativ zur Rißfortschrittsstrecke ab. Die Wirkung der zweiten Spitzenlast ist am größten, wenn diese nach einer Rißfortschrittsstrecke von $\Delta a^*/4$ auftritt. Die kombinierte Wir-

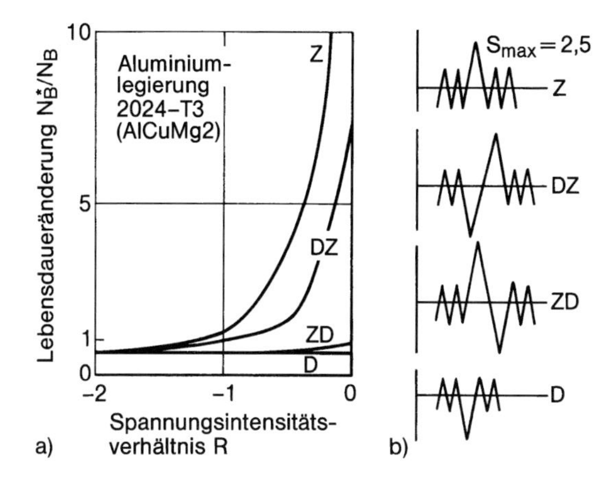

Abb. 6.65: Lebensdaueränderung als Funktion des Spannungsintensitätsverhältnisses R (a) für in unterschiedlicher Weise eingestreute Spitzenlast (b), Aluminiumlegierung, N_B^* Lebensdauer mit Spitzenlast, N_B Lebensdauer ohne Spitzenlast; nach Stephens *et al.* [1136]

kung von erster und zweiter Spitzenlast ist andererseits am größten, wenn die zweite Spitzenlast nach einer Rißfortschrittsstrecke zwischen $\Delta a^*/4$ und Δa^* aufgebracht wird. Weiter auseinanderliegende Spitzenlasten beeinflussen sich kaum noch gegenseitig.

Regelmäßig wiederholte Spitzenlasten erzielen im Abstand $\Delta a^*/4$ ihre größte rißverzögernde Wirkung. Eine der Zugspitzenlast unmittelbar folgende Druckspitzenlast verringert die Wirkung, während eine im Abstand $\Delta a^*/4$ aufgebrachte Druckspitzenlast nahezu wirkungslos bleibt.

Übergang zwischen zwei Lastblöcken

Beim Übergang von einem Lastblock mit hoher Last auf einen solchen mit niedriger Last (bzw. Spannungsintensität) tritt Rißverzögerung ebenso wie nach Einstreuen einer einmaligen (Zug-)Spitzenlast auf. Anschließend stellt sich die Rißfortschrittsrate der niedrigeren Last ein, Abb. 6.66. Die Rißfortschrittsstrecke Δa^*, auf der Rißverzögerung eintritt, entspricht der Ausdehnung der plastischen Zone bei der vorausgegangenen höheren Last (ω_{pl} proportional $K_{I\,max}^2/\sigma_F^2$). Bei $\Delta a^*/4$ tritt das Minimum der Rißfortschrittsrate auf.

Beim Übergang von einem Lastblock mit niedriger Last auf einen solchen mit hoher Last (bzw. Spannungsintensität) tritt dagegen Rißbeschleunigung ebenso wie nach Einstreuen einer einmaligen Druckspitzenlast auf. Anschließend stellt sich die Rißfortschrittsrate der höheren Last ein, Abb. 6.67. Die Rißbeschleunigung tritt im Gegensatz zur Rißverzögerung unverzüglich auf.

Die Aufeinanderfolge der Lastblöcke mit hoher und niedriger Last (oder umgekehrt) schließt drei unterschiedliche Kombinationen ein: die Veränderung der Oberlast bei konstanter Unterlast, die Veränderung der Oberlast bei konstanter Mittellast und die Veränderung der Mittellast bei konstanter Lastamplitude.

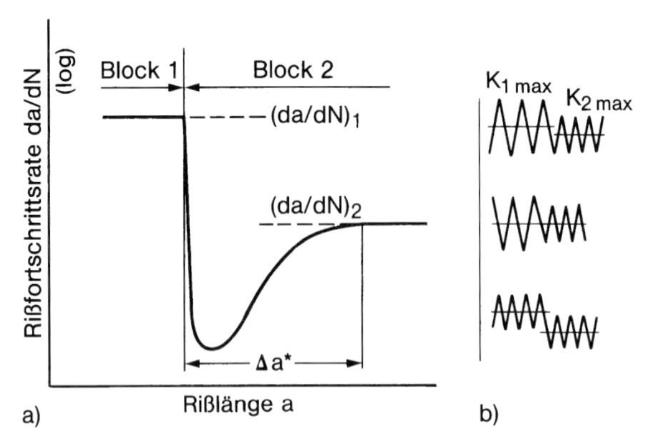

Abb. 6.66: Rißfortschrittsrate als Funktion der Rißlänge (a) beim Übergang von hoher zu niedriger Belastung (b) (drei Arten von Stufensprüngen), Übergangslänge Δa^* proportional zur Ausdehnung der plastischen Zone ω_{pl} aus $K_{1\,\mathrm{max}}$; nach Schwalbe [911]

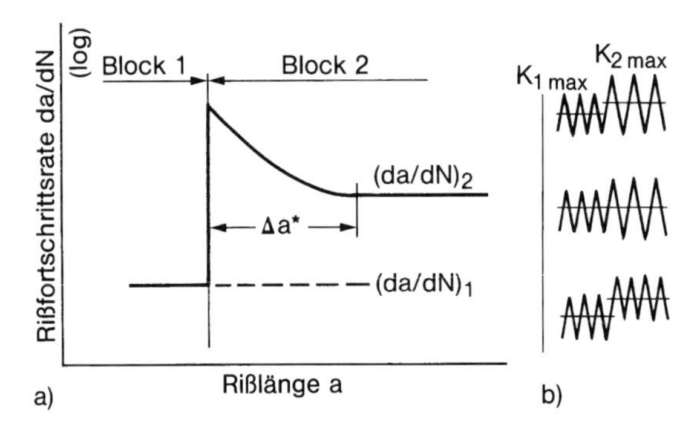

Abb. 6.67: Rißfortschrittsrate als Funktion der Rißlänge (a) beim Übergang von niedriger zu hoher Belastung (b) (drei Arten von Stufensprüngen), Übergangslänge Δa^* proportional zur Ausdehnung der plastischen Zone ω_{pl} aus $K_{2\,\mathrm{max}}$; nach Schwalbe [911]

Komplexere Lastfolgen

Werden mehrere (Zug-)Spitzenlasten zusammenhängend (also als Spitzenlastblock) in den Grundlastblock eingestreut, so tritt verstärkt Rißverzögerung auf. Diese erreicht bald einen Grenzwert, von dem an die Spitzenlasten selbst den Riß beschleunigen und dadurch den Verzögerungseffekt rückgängig machen. Auch für den Abstand von Spitzenlastblöcken gibt es einen von der Spitzenlastzahl pro Block abhängigen Optimalwert, bei dem die Rißverzögerung insgesamt größtmöglich ausfällt.

Bei komplexeren Lastfolgen sind die Verzögerungs- und Beschleunigungseffekte schwer abzuschätzen. Bei identischem Lastkollektiv ist die Lebensdauer einer Probe mit Anriß bei Random-Belastung im allgemeinen kleiner als bei entsprechender Blockprogrammbelastung. Auf die Lebensdauer bei Blockprogrammbelastung hat die Länge der Teilfolgen und das gestufte Ansteigen oder

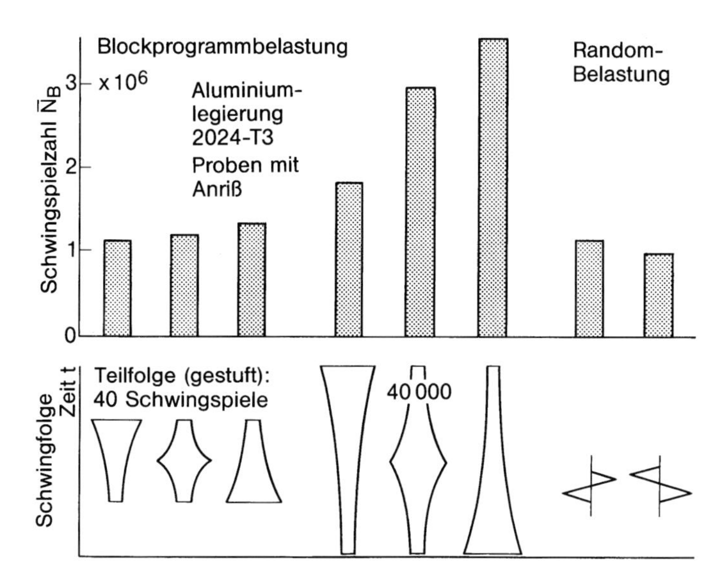

Abb. 6.68: Lebensdauer von Aluminiumproben mit Anriß ($a_0 = 12$ mm, $a_c = 50$ mm) bei Blockprogrammbelastung mit unterschiedlichem Teilfolgenumfang und Teilfolgenablauf (Böenkollektiv), vergleichsweise Random-Belastung mit Zug-Druck- und Druck-Zug-Schwingspielen; nach Schijve [1130]

Abfallen der Lastamplituden in den Teilfolgen einen Einfluß. Ein typisches Versuchsergebnis an Aluminiumproben mit Anriß, das aber nicht ohne weiteres auf andersartige Werkstoffe und Kollektive übertragbar ist, zeigt Abb. 6.68. Überraschend ist die hohe Lebensdauer bei den langen abfallenden Blöcken.

Random-Belastung

Bei idealer Random-Belastung ist ein Reihenfolgeeffekt auf die mittlere Rißfortschrittsrate nicht gegeben, weil die Regellosigkeit des Vorgangs eine definierte Reihenfolge ausschließt. Die Rißbeschleunigungen und Rißverzögerungen treten dennoch auf und heben sich im allgemeinen nicht wechselseitig auf. Es kann daher nicht ohne weiteres vom Rißfortschritt bei Einstufenbelastung auf den Rißfortschritt bei Random-Belastung geschlossen werden. Dennoch erlaubt die Random-Belastung eine der Einstufenbelastung analoge Darstellung der Versuchsergebnisse.

Bei Random-Belastung ergibt sich im Sonderfall der Gauß-Normalverteilung mit konstanter Mittellast $\bar{P}_m$ ähnlich wie bei einstufiger Belastung ein Bereich stabilen Rißfortschritts mit einheitlichem linearem Anstieg von $\mathrm{d}a/\mathrm{d}\bar{N}$ über $\Delta\bar{K}$ in doppeltlogarithmischer Auftragung, Abb. 6.69 (mit Kollektivumfang $\bar{N}$ und zyklischem Beanspruchungshöchstwert $\Delta\bar{\sigma}$ des Kollektivs sowie gemittelter Rißfortschrittsrate $\mathrm{d}a/\mathrm{d}\bar{N}$):

$$\frac{\mathrm{d}a}{\mathrm{d}\bar{N}} = \bar{C}(\Delta\bar{K})^{\bar{m}} \tag{6.103}$$

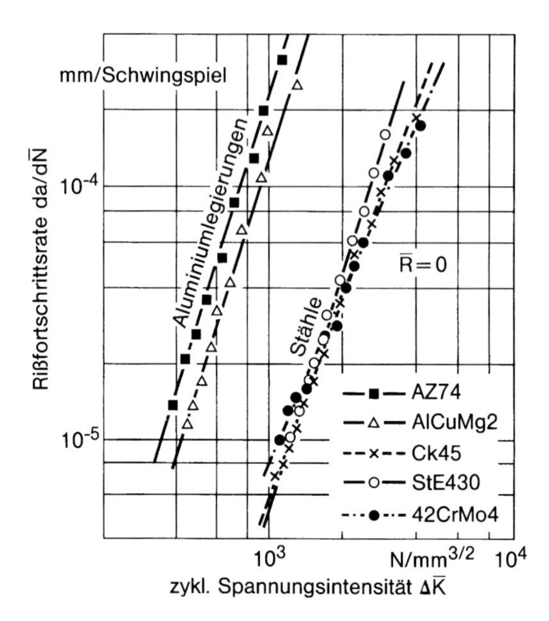

Abb. 6.69: Gemittelte Rißfortschrittsrate bei Random-Belastung (Gauß-Normalverteilung mit Kollektivumfang $\bar{N}$ und Kollektivhöchstwert $\Delta\bar{K}$); nach Buxbaum [15]

$$\Delta\bar{K} = \Delta\bar{\sigma}\sqrt{\pi a}\, Y \tag{6.104}$$

Sofern von der Gauß-Normalverteilung oder Mittelspannungskonstanz abgewichen wird, geht der lineare und einheitliche Kurvenverlauf verloren.

Die gemittelte Rißfortschrittsrate bei Random-Belastung kann auch über den quadratischen Mittelwert (root mean square) ΔK_{rms} der zyklischen Spannungsintensität mit vorstehender Einschränkung zutreffend beschrieben werden:

$$\frac{\mathrm{d}a}{\mathrm{d}N} = C'(\Delta K_{\mathrm{rms}})^{m'} \tag{6.105}$$

Die Berechnung der Rißfortschrittsrate bei Random-Belastung ausgehend von der Rißfortschrittsgleichung bei Einstufenbelastung ist über eine äquivalente Rißschließspannung möglich, die von der Wahrscheinlichkeitsdichtefunktion der Lastspitzen, vom Werkstoff und von der Probengeometrie abhängt (Dominguez *et al.* [1113]).

Einfluß erhöhter Temperatur

Erhöhte Temperatur kann sich je nach Zuordnung von Temperatur- und Lastfolge sehr unterschiedlich auf die Rißverzögerung nach einer einmalig eingestreuten Spitzenlast auswirken, wie am Beispiel einer Titanlegierung gezeigt wird, Abb. 6.70. Einerseits vergrößert sich die plastische Zone an der Rißspitze durch ein temperaturbedingtes Verringern der Fließgrenze, andererseits werden die Eigen-

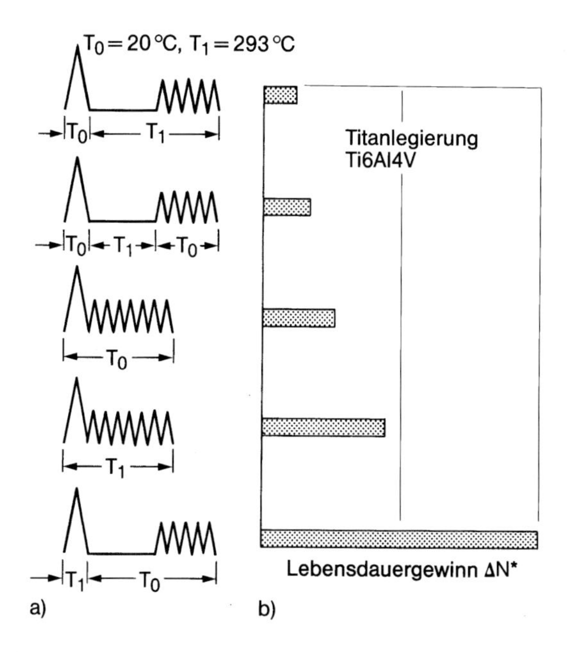

Abb. 6.70: Rißverzögerung in einer Titanlegierung durch (Zug-)Spitzenlast: unterschiedliche Zuordnung von Temperatur- und Lastfolge (a) und zugehöriger Lebensdauergewinn in Schwingspielen (b); nach Shih u. Wei [1135] in [911]

spannungen an der Rißspitze stärker abgebaut. Die geringste Rißverzögerung (kleiner als Versuch bei Raumtemperatur, mittlerer Balken) tritt auf, wenn unmittelbar nach der Spitzenlast die Temperatur erhöht und bei dieser Temperatur weiter belastet wird (bedingt durch die relativ kleine plastische Zone bei Spitzenlast und die starke Relaxation). Die stärkste Rißverzögerung stellt sich ein, wenn die Spitzenlast bei hoher Temperatur und die Grundlast bei Raumtemperatur aufgebracht werden (bedingt durch die relativ große plastische Zone und geringe Relaxation).

Mechanismen des Reihenfolgeeffekts

Die Verzögerungs- und Beschleunigungseffekte des Rißfortschritts lassen sich aus dem Einfluß der Lastfolge auf das Rißschließverhalten, auf die Eigenspannungen an der Rißspitze und auf die zyklische Verfestigung oder Entfestigung in diesem Bereich deuten [911]. Zur Erklärung des Reihenfolgeeffekts ist die Erkenntnis bedeutsam, daß sich Risse nach Zugbeanspruchung schließen können, noch bevor die Beanspruchung auf null zurückgegangen ist (Elber [1025, 1026]).

Bei einem Stufensprung der Lastamplitude in Zugrichtung bei $R = 0$ bleibt der Riß zunächst länger offen, als es der erhöhten Last im eingeschwungenen Zustand entspricht, bei einem Stufensprung in Druckrichtung tritt der entgegengesetzte Effekt auf, Abb. 6.71. Der neue Wert ΔK_{eff} stellt sich jeweils erst allmählich ein. Daraus erklärt sich eine unverzügliche Beschleunigung bzw. Verzöge-

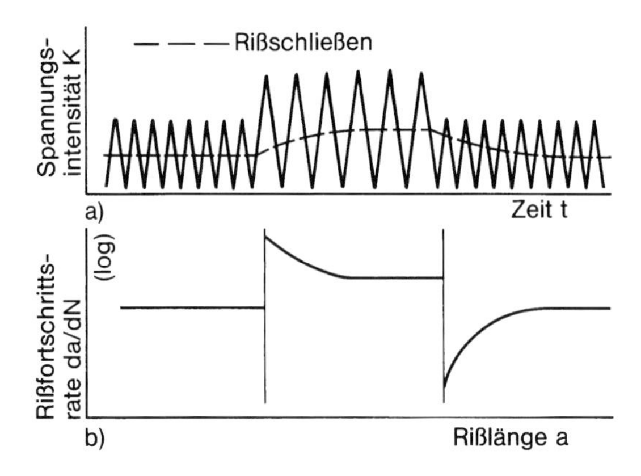

Abb. 6.71: Rißschließbeanspruchung nach Beanspruchungssprung in Zug- bzw. Druckrichtung (a) und zugehörige Rißbeschleunigung bzw. Rißverzögerung (b), Zeitachse und Rißlängenachse auf gleichliegende Sprungstellen skaliert; nach Schwalbe [911]

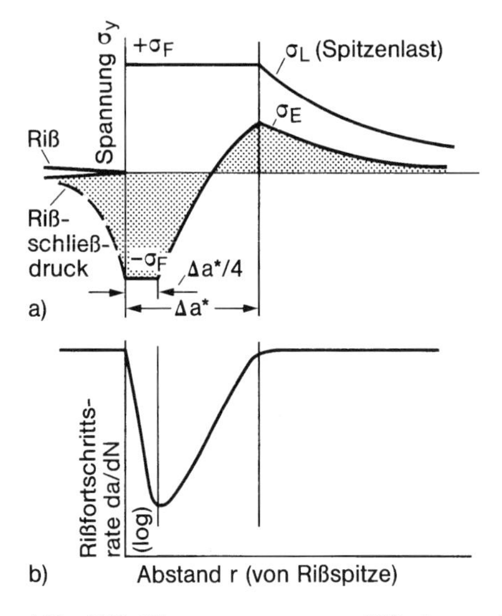

Abb. 6.72: Eigenspannung σ_E an Rißspitze nach Entlastung von Spitzenlast mit Lastspannung σ_L (a) und zugehörige Rißverzögerung (b); nach Schwalbe [911]

rung des Risses gegenüber dem stationären Wert. Die Beschleunigung bzw. Verzögerung tritt in Wirklichkeit, wie auch in Abb. 6.66 und 6.67 dargestellt, nicht sofort, sondern mit stetigem Übergang auf.

Die durch eine positive Spitzenlast σ_L an der Rißspitze hervorgerufenen Eigenspannungen σ_E (mit Rißschließeffekt) zeigt Abb. 6.72. Sie erzeugen eine allmähliche Verzögerung und Wiederbeschleunigung des in der plastischen Zone der Spitzenlast fortschreitenden Risses. Die Gesamtverzögerung nimmt zu, wenn die plastische Zone der Spitzenlast vergrößert oder die der Grundlast verkleinert wird. Ersteres geschieht durch erhöhte Temperatur oder Übergang zum ebenen Spannungszustand, letzteres durch erniedrigte Temperatur oder Übergang zum ebenen Dehnungszustand. Der veränderte Wert ΔK_{eff} stellt sich mit etwas Verzögerung ein. Das mag auch erklären, warum bei Random-Belastung keine Rißverzögerung auftritt.

Der Eigenspannungsaufbau an der Rißspitze hängt auch von der zyklischen Verfestigungsfähigkeit des Werkstoffs ab. Bei höherer Verfestigung ist über höhere Druckeigenspannungen stärkere Rißverzögerung möglich.

Berechnungsmodelle zum Reihenfolgeeffekt

Die Erkenntnisse zu den Mechanismen des Reihenfolgeeffekts ermöglichen die rechnerische Modellierung des Vorgangs. Es gibt eine ganze Reihe solcher Modelle, deren programmierte rechnerische Durchführung dadurch gekennzeichnet ist, daß der Rißfortschritt schwingspielweise bestimmt und zur Lebensdauer aufsummiert wird. Die Rißlänge a nach N Schwingspielen ergibt sich ausgehend von der Anfangsrißlänge a_0 (Parameter P_i für den Reihenfolgeeffekt):

$$a = a_0 + \sum_{i=1}^{N} \Delta a_i \qquad (\Delta a_i = f(\Delta K_i, R_i, P_i)) \tag{6.106}$$

Die Durchführung der Berechnung ist aufwendig und daher gegenüber rein experimentellen Vorgehensweisen nicht ohne weiteres gerechtfertigt, zumal auch die Genauigkeit der Rechenergebnisse vielfach unbefriedigend ist.

Modelle nach Wheeler, Willenborg sowie Eidinoff und Bell

Bei dem Berechnungsmodell nach Wheeler [1140] (s. a. [1121]) wird die Rißverzögerung durch einen Verzögerungsfaktor $C_p \leq 1{,}0$ in der Rißfortschrittsgleichung erfaßt, der von der Größe der plastischen Zonen in den vorangegangenen Schwingspielen abhängt:

$$\frac{da}{dN} = \frac{C_p C(\Delta K)^m}{(1-R)K_c - \Delta K} \tag{6.107}$$

Je nachdem, ob die (zug-)plastische Zone ω_i des betrachteten i-ten Schwingspiels in der von der vorangegangenen Spitzenlast herrührenden (zug-)plastischen Zone mit Ausdehnung ω_0 verbleibt oder darüber hinausreicht, Abb. 6.73, gilt:

$$C_p = \left(\frac{\omega_i}{a_0 + \omega_0 - a_i}\right)^p \qquad (\omega_i < (a_0 + \omega_0 - a_i)) \tag{6.108}$$

$$C_p = 1{,}0 \qquad (\omega_i \geq (a_0 + \omega_0 - a_i)) \tag{6.109}$$

Die Ausdehnung $\omega = 2r_{pl}$ der plastischen Zonen ergibt sich nach (6.51) aus der jeweiligen Oberspannungsintensität K_o proportional zu $(K_o/\sigma_F)^2$ (K_o ohne Berücksichtigung der Eigenspannungen durch die Spitzenlast), wobei der Propor-

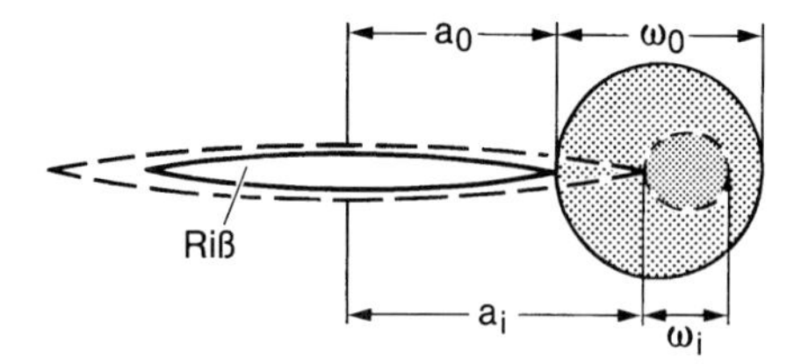

Abb. 6.73: Rißlängen a_0 und a_i sowie Ausdehnungen ω_0 und ω_i der plastischen Zonen (kreisförmig schematisiert) bei Spitzenlast (Schwingspielindex 0) und bei Grundlast (Schwingspielindex i) zur Verwendung im Wheeler- und Willenborg-Modell

tionalitätsfaktor von der Mehrachsigkeit der Beanspruchung und der Verfestigung des Werkstoffs an der Rißspitze abhängt ($\omega \leq (1/\pi)(K_o/\sigma_F)^2$). Der Exponent p wird bei Wheeler aus einem Blockprogrammversuch mit eingestreuten Zugspitzenlasten bestimmt.

Nach dem Wheeler-Modell werden Rißstillstand, allmähliche Rißverzögerung, verstärkte Rißverzögerung durch mehrfache Spitzenlasten sowie Rißbeschleunigung nicht vorhergesagt.

Bei dem Berechnungsmodell nach Willenborg *et al.* [1141] (s. a. [1116]) werden in die Rißfortschrittsgleichung effektive Werte für ΔK und R eingeführt, die schwingspielweise aus der jeweiligen Größe der plastischen Zone unter Berücksichtigung der Eigenspannungen durch die Spitzenlast bestimmt werden. Rißstillstand kann auf diese Weise vorhergesagt werden, die übrigen zum Wheeler-Modell erwähnten Mängel sind jedoch nicht beseitigt.

Das Wheeler-Modell und das Willenborg-Modell werden im Flugzeugbau angewendet. Gute Übereinstimmung mit Versuchsergebnissen wird durch Parameteranpassung erzielt, allerdings eingeschränkt auf bestimmte Lastfolgen und Werkstoffe, so daß Allgemeingültigkeit nicht gegeben ist. Insbesondere ist zu beachten, daß die Modelle nur die Rißverzögerung und nicht die Rißbeschleunigung berücksichtigen.

Das Berechnungsmodell nach Eidinoff und Bell [1114] verwendet eine besondere Rißfortschrittsgleichung, die erstmals neben Rißverzögerung auch Rißbeschleunigung einschließt. Es werden insgesamt acht Werkstoffkennwerte benötigt, die aus Rißfortschrittsversuchen bei unterschiedlichen Lastfolgen zu bestimmen sind. Das Ergebnis des aufwendigen Verfahrens ist jedoch nicht allgemeingültig.

Modelle nach Newman

Für ein allgemeingültigeres Modell ist die Erfassung des Rißschließens wesentlich. Das Rißschließen bei nichteinstufiger Belastung wurde erstmals von Newman [1094] mittels der Finite-Element-Methode kontinuumsmechanisch dargestellt. Bei zyklischem Rißfortschritt ändert sich das Öffnungsprofil der Rißflanken bedingt durch deren plastische Aufdickung, Abb. 6.74. Während des Entlastungsvorgangs treffen die aufgedickten Bereiche der Rißflanken vorzeitig auf-

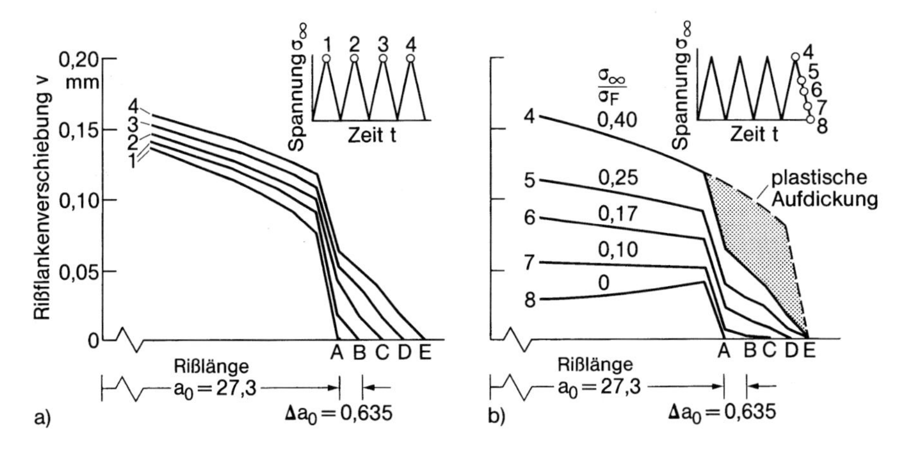

Abb. 6.74: Öffnungsprofile der Rißflanken bei zyklischem Rißfortschritt ausgehend von einem eigenspannungsfreien Anfangsriß (Rißlänge a_0): Einschwingvorgang (a) und Entlastungsvorgang aus eingeschwungenem Zustand (b), Finite-Element-Berechnungsergebnisse, Rißverlängerung Δa_0 um Knotenpunktsabstand bei Erreichen der Oberlast (Knotenpunkte A bis E); nach Newman [1094]

einander. Es baut sich eine unter Querdruck stehende Kontaktzone auf. Der Riß wird scheinbar kürzer. Bei $R = 0$ und $\Delta\sigma_\infty = 0{,}5\sigma_F$ stellt sich die Rißöffnungsspannung $\sigma_{op} = \Delta\sigma_\infty/2$ ein. Das wird experimentell bestätigt.

Eine allgemeinere rechnerische Lösung für den Reihenfolgeeffekt bei nichteinstufiger Belastung erzielte Newman [1042, 1128] auf der Basis des modifizierten Dugdale-Modells (s. Kap. 6.6), Abb. 6.75. Das Verschiebungs- und Aufdickungsprofil der Rißflanken bei größter Last ist dem bei einstufiger Belastung sehr ähnlich (s. Abb. 6.41). Kleine Unterschiede in diesen Profilen verursachen dennoch große Unterschiede in den Spannungen σ_y an der Rißspitze bei kleinster Last. Besonders die Kontaktkräfte zwischen den Rißflanken sind anders verteilt. Die Kontaktfläche ist an einer Stelle ganz unterbrochen.

Zwei einfachere Berechnungsbeispiele für den Reihenfolgeeinfluß auf die Rißöffnungsspannung sind nachfolgend dargestellt. In Abb. 6.76 (a) ist die Rißöffnungsspannung als Funktion der Rißlänge bei zwei Lastfolgen gezeigt, die sich nur durch die Zahl der Schwingspiele in der höheren Laststufe unterscheiden. Bei der Einzelspitzenlast in der Lastfolge fällt die Rißöffnungsspannung zunächst infolge des Abstumpfens der Rißspitze abrupt ab, steigt jedoch anschließend steil an und erreicht ein Maximum etwa in der Mitte der durch die Spitzenlast hervorgerufenen plastischen Zone. Die Rißfortschrittsrate hat hier ein Minimum. Die Rißöffnungsspannung fällt anschließend wieder auf den stabilisierten Wert der einstufigen Belastung ab. Bei der zweistufigen Belastung mit entsprechendem Lastsprung fehlt der abrupte Abfall der Rißöffnungsspannung und das Maximum der Rißöffnungsspannung liegt höher. Der Verzögerungseffekt ist demnach ausgeprägter. In Abbildung 6.76 (b) ist die Rißöffnungsspannung als Funktion der Rißlänge bei einstufiger Belastung mit eingestreuter Druck-Zug- und Zug-Druck-Einzelspitzenlast gezeigt. Die Druckspitzenlast vor der Zugspit-

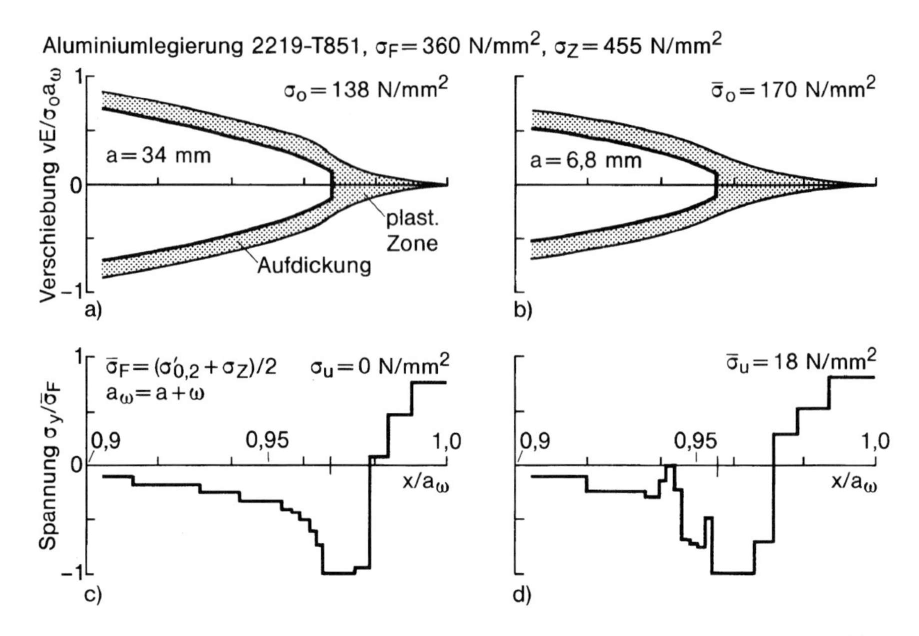

Abb. 6.75: Aufdickung der Rißflanken durch zyklische plastische Verformung beim Rißfortschritt: Belastung durch ein typisches Böenkollektiv mit Abbruch bei hoher Last (b) im Vergleich zur Einstufenbelastung (a), zugehörige Spannungen an der Rißspitze nach weitgehender bzw. vollständiger Entlastung (d, c) (mit plastisch vergrößerter Rißlänge $a_\omega = a + \omega$ und mit Ersatzfließspannung $\bar{\sigma}_F$); nach Newman [1042, 1128]

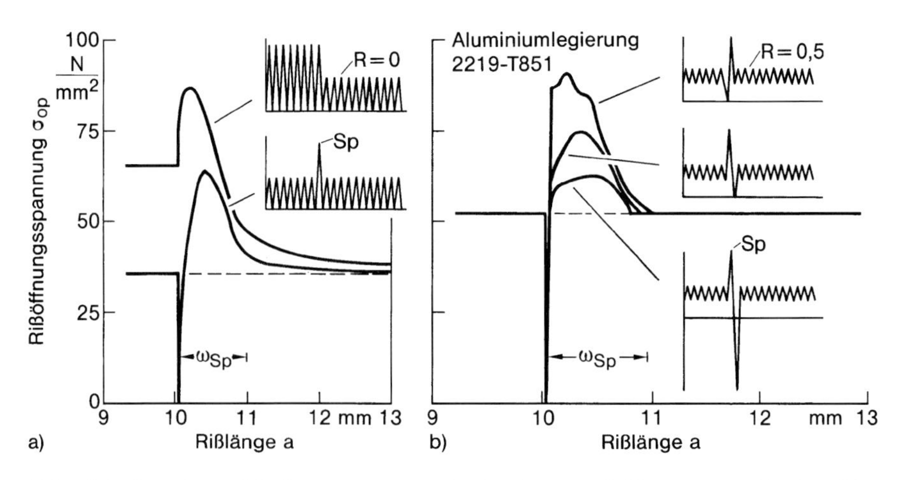

Abb. 6.76: Berechnete Rißöffnungsspannung als Funktion der Rißlänge: zweistufige Lastfolge gegenüber einstufiger Lastfolge mit eingestreuter Spitzenlast (a) und einstufige Lastfolge mit Druck-Zug-Spitzenlast gegenüber Zug-Druck-Spitzenlast ohne und mit größerer Unterlänge (b), Ausdehnung ω_{Sp} der plastischen Zone durch Zugspitzenlast; nach Newman [1128]

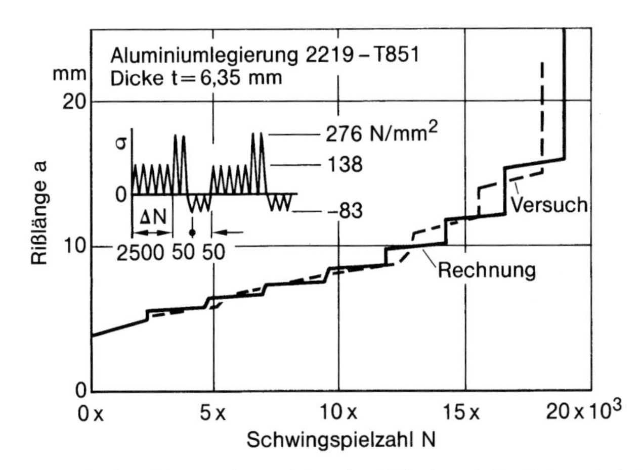

Abb. 6.77: Rißlänge als Funktion der Schwingspielzahl für wiederholte Teillastfolgen mit den Schwingspielblöcken $N = 2500 + 50 + 50$, Vergleich berechneter und gemessener Werte; nach Newman [1128]

zenlast erweist sich als wirkungslos hinsichtlich der darauffolgenden starken Erhöhung der Rißöffnungsspannung. Die Druckspitzenlast nach der Zugspitzenlast vermindert dagegen diese Erhöhung, ohne sie ganz zu unterdrücken.

Die Berechnung des Rißfortschritts bei veränderlichem ΔK_{eff} infolge veränderlicher Werte σ_{o}, σ_{u} oder σ_{op} erfolgt schwingspielweise ausgehend von Gleichung (6.84). Im k-ten Schwingspiel wird die Rißverlängerung Δa_{k} verursacht:

$$\Delta a_{\mathrm{k}} = \left(\frac{\mathrm{d}a}{\mathrm{d}N}\right)_{\mathrm{k}} \tag{6.110}$$

Der gesamte Rißfortschritt Δa ergibt sich durch Aufsummieren der Einzelwerte Δa_{k}. Einen Vergleich berechneter und experimentell ermittelter Rißlängen bei mehrfacher Wiederholung einer bestimmten geblockten Lastteilfolge zeigt Abb. 6.77 (unklar ist, warum die Kurvenstufen horizontal gegeneinander verschoben sind). Die schwingspielweise Berechnung ist aufwendig, das Verfahren daher in seiner praktischen Anwendbarkeit eingeschränkt.

Modell nach Führing

Das Berechnungsmodell nach Führing [1117, 1118] hebt das Rißschließen hervor. Es umfaßt sowohl Rißverzögerung als auch Rißbeschleunigung. Der Einfluß der Reihenfolge der Lastamplituden auf die Rißöffnungsspannung wird aufgrund einer kontinuumsmechanischen Berechnung nach dem erweiterten Modell der plastischen Verformung am Riß von Dugdale [963] (Streifenmodell) bestimmt. Dieses Modell weist bei Rißfortschritt eine plastisch verformte (aufgedickte) Oberflächenschicht an den Rißflanken aus, deren entlang der Rißflanken veränderliche Dicke von der Reihenfolge der Lastamplituden abhängt, Abb. 6.78. Die Aufdickung der Rißflanken kann zu vorzeitigem Rißschließen führen. Aus dem

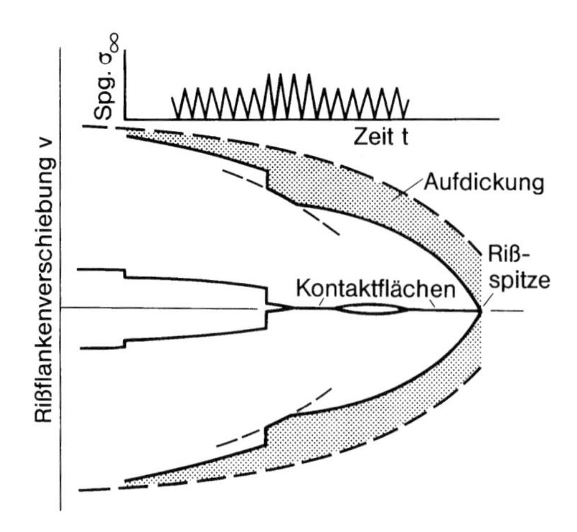

Abb. 6.78: Aufdickung der Rißflanken nach dem Dugdale-Streifenmodell für Grundlastblock mit mehreren eingestreuten Spitzenlasten, Rißschließen mit Kontaktflächen; nach Führing [1117]

erweiterten Dugdale-Modell werden die Korrekturfaktoren für die zyklische Spannungsintensität ΔK gewonnen, der Beschleunigungsfaktor X_b und der Verzögerungsfaktor X_v:

$$\Delta K_{eff} = X_b X_v \Delta K \qquad (6.111)$$

Die Spannungsintensität ΔK_{eff} wird anstelle von ΔK in die Rißfortschrittsgleichung eingesetzt, um den Rißfortschritt schwingspielweise zu bestimmen und aufzusummieren. Die Korrekturfaktoren X_b und X_v sind von der Größe und Aufeinanderfolge der plastischen Zonen bei den einzelnen Schwingspielen abhängig. Außerdem geht in X_v die Kontaktlänge der sich schließenden Rißflanken ein (ggf. mit Veränderung durch Oberflächenrauhigkeit, Oxidschicht oder Flüssigkeitsfilm).

Das Führing-Modell läßt relativ allgemeingültige Ergebnisse erwarten, ist aber rechentechnisch aufwendig und nicht praxiserprobt.

Vergleiche zwischen Rechnung und Messung

Es ist üblich, die Leistungsfähigkeit von Rißfortschrittsmodellen mit Reihenfolgeeffekt dadurch zu demonstrieren, daß die für ausgewählte Lastfolgen gerechneten und gemessenen Lebensdauerwerte verglichen werden (s. z. B. Abb. 6.77). Die Aussagefähigkeit solcher Vergleiche in Einzelfällen ist jedoch gering. Allgemeinere Anwendungserfahrungen sind meist nicht verfügbar:

- Jeder Ansatz beinhaltet eine ganze Reihe von Parametern, die beabsichtigt oder unbeabsichtigt Anpassungsspielraum bieten. Angepaßte Modelle sind jedoch in ihrer Übertragbarkeit eingeschränkt.

- In vielen Fällen halten sich Rißverzögerungs- und Rißbeschleunigungseffekte innerhalb des Reihenfolgeeffekts teilweise die Waage. Damit entfällt die Möglichkeit, die Richtigkeit des Ansatzes zu den Einzeleffekten über die Gesamtlebensdauer nachzuweisen.

Aus diesem Grund werden keine weiteren Vergleiche referiert. Es wird empfohlen, die Leistungsfähigkeit der Modelle von ihrem Gehalt an physikalischer Differenzierung her zu beurteilen. Die möglichst genaue Berücksichtigung des Rißschließens im Rahmen der Differenzierung ist unabdingbar.

Schadensakkumulationsrechnung

Schädigung und Schadensakkumulation können als Rißfortschritt interpretiert werden. Bei Einstufenbelastung ist die elementare Miner-Regel auf Rißfortschritt zurückführbar (s. Kap. 6.4). Bei nichteinstufiger Belastung kann der beim Kurzriß eingeschlagene Berechnungsgang (s. Kap. 7.6) grundsätzlich auch beim Langriß angewendet werden.

7 Kurzrißbruchmechanik zur Ermüdungsfestigkeit

7.1 Bedeutung des Kurzrißverhaltens

Praxisrelevanz des Kurzrißverhaltens

Der typische Kurzriß ist ein etwa halbkreisförmiger Oberflächenriß. Den Kurzrissen werden die Rißgrößen unter etwa 0,5 mm Rißtiefe bzw. unter etwa 1 mm Rißlänge an der Oberfläche zugeordnet. Da mit praxisüblichen zerstörungsfreien Fehlerprüfverfahren nur Fehlergrößen über 0,5 mm sicher ermittelt werden, ist das Kurzrißverhalten im Hinblick auf Sicherheitsbetrachtungen, die auf derartigen Prüfergebnissen aufbauen, weitgehend bedeutungslos. Es hat dagegen große Bedeutung (vorerst mehr wissenschaftlich als praktisch) für die Abschätzung der Lebensdauer (bis zum technischen Anriß) von Bauteilen und Proben unter komplexen Form- und Beanspruchungsbedingungen.

Das Kurzrißverhalten umfaßt im Bereich der Dauerfestigkeit einen größeren Teil der Lebensdauer als im Bereich der Kurzzeitfestigkeit, Abb. 7.1. Dargestellt sind Dehnungs-Wöhler-Linien bzw. Lebensdauerlinien für Proben oder Bauteile mit unterschiedlicher Ausgangsrißgröße, wobei die Bereiche des elastisch, elastisch-plastisch und mikrostrukturell beschreibbaren Rißfortschritts unterschieden werden. Das Phänomen des Rißstillstands bei gleichbleibender zyklischer Beanspruchung spielt im Bereich der Dauerfestigkeit insbesondere bei scharfen Kerben in duktilen Werkstoffen eine Rolle.

Offensichtlich sollten sich ingenieurmäßige Verbesserungsmaßnahmen in den genannten Fällen am Kurzrißverhalten orientieren (konstruktive, werkstoffkundliche und fertigungstechnische Maßnahmen). Eine wirklichkeitsnahe Berechnung der Lebensdauer sollte ebenfalls darauf aufbauen.

Merkmale des Kurzrißverhaltens

Neuerdings gelingt es zumindest im Labor, durch verfeinerte Meßtechnik immer kürzere Anrisse aufzuspüren und ihren zyklischen Rißfortschritt zu verfolgen. Die Größe derartiger Anrisse liegt weit unterhalb der Kristallitgröße des jeweiligen Werkstoffs. Damit ist die Voraussetzung der Homogenität verletzt, auf der

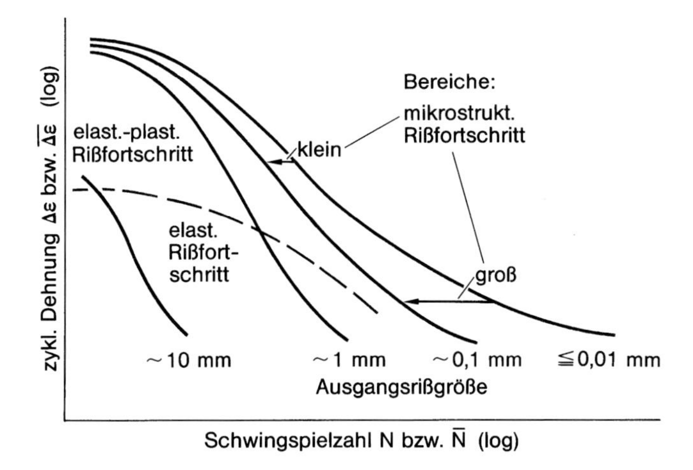

Abb. 7.1: Dehnungs-Wöhler-Linien bzw. Dehnungslebensdauerlinien für Proben oder Bauteile mit unterschiedlicher Ausgangsrißgröße, „elast. Rißfortschritt" bedeutet „elastisch beschreibbarer Rißfortschritt" usw.; schematische Darstellung in Anlehnung an Nowack *et al.* [1248]

die kontinuumsmechanisch begründete Bruchmechanik aufbaut. Die zugehörigen Kennwerte sind daher nicht ohne weiteres anwendbar. Unter Bezug auf derart kleine Anrisse ist die Aussage richtig, daß der überwiegende Teil der technischen Rißeinleitung bei Schwingbeanspruchung mit zyklischem Mikrorißwachstum gleichzusetzen ist (s. Abb. 6.1).

Die Einleitung des Kurzrisses an der Oberfläche von Gleitbändern in einzelnen Kristalliten erfolgt im Rißbeanspruchungsmodus II, d. h. unter Schubbeanspruchung in der Rißebene senkrecht zur Rißfront. Dieser Anriß kann zum Stillstand kommen oder nach einigen Kristalliten in die Ebene senkrecht zur (Haupt-)Zugbeanspruchung abknicken (Rißbeanspruchungsmodus I). Der sehr kurze Riß bleibt auch im Druckbereich des Beanspruchungszyklus ($R < 0$) geöffnet, d. h. Rißschließen tritt nicht auf. Das Rißstadium I der Kurzrißeinleitung und des frühen Kurzrißfortschritts unterscheidet sich somit grundsätzlich vom Rißstadium II des späteren Kurzrißfortschritts und vom anschließenden Langrißfortschritt, das durch intensivere Gleitbandbildung an der Rißspitze und darauf folgende Rißschließeffekte gekennzeichnet ist, Abb. 7.2. Im späteren Kurzrißstadium können zusätzlich Einzelrisse zusammenwachsen. Dies ist insgesamt mit beschleunigtem Rißfortschritt verbunden.

Der herkömmlichen elastischen und ebenso der elastisch-plastischen Bruchmechanik langer Risse liegt die Annahme zugrunde, daß die plastische Zone bei der zyklischen Beanspruchung auf relativ kleine Bereiche an der Rißspitze beschränkt und die Ausrundung der Rißspitze relativ zur Rißlänge klein bleibt. Diese Voraussetzungen sind bei kurzen Rissen in duktilen Werkstoffen nicht erfüllt. Die plastische Zone beginnt ausgehend von den Rißspitzen den gesamten Riß zu umhüllen, während sich die Rißspitze stärker ausrundet. Die kontinuumsmechanische Annahme homogenen Werkstoffs mit entsprechend stetigem Rißfortschritt kann dabei zunächst aufrecht erhalten werden. Bei noch kleinerer Riß-

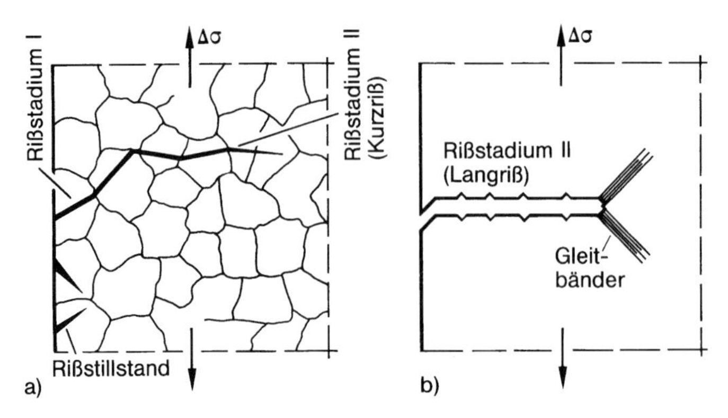

Abb. 7.2: Stadien des Rißfortschritts: Kurzrißeinleitung und Kurzrißfortschritt (a) sowie Langrißfortschritt (b)

länge treten Mikrostruktureffekte in den Vordergrund. Korngrenzen, Phasengrenzen, Gefügeeinschlüsse, Poren, Mikrolunker und Oberflächenkerben wirken teils hemmend, teils fördernd auf den Rißfortschritt.

Ähnliche Verhältnisse treten an der Spitze langer Risse auf, wenn bei hinreichend niedriger Grundbeanspruchung die plastische Zone die Korngröße oder den Hindernisabstand im Gefüge nicht übersteigt. Es ist daher gelegentlich üblich, Kurzriß- und Langrißverhalten nach vorstehendem Kriterium (und nicht nach der Rißgröße) abzugrenzen, also Langrisse mit entsprechend niedriger Spannungsintensität dem Kurzrißverhalten zuzuordnen. Das Kurzrißverhalten schließt dann jegliche Art von Rißfortschritt in der Nähe des Schwellenwerts der Spannungsintensität ein. Nach heutigem Wissensstand ist das nicht richtig. Der Schwellenwert des Kurzrisses beruht primär auf Gleitbandblockierung, der des Langrisses primär auf Rißschließen.

Das anomale Verhalten kurzer Risse ist in Abb. 7.3 dargestellt. Der Kurzriß verzögert sich mit der Rißlänge bei Annäherung an mikrostrukturelle Hindernisse wie Korngrenzen oder Einschlüsse. Der Vorgang kann sich mehrfach wiederholen (stop and go). Der Langriß beschleunigt sich dagegen mit der Rißlänge ohne merklichen Einfluß der Hindernisse. Der Verlauf der Rißfortschrittsrate über der Rißlänge ist des weiteren beim Kurzriß und Langriß von der Grundbeanspruchungshöhe relativ zur Fließgrenze bzw. relativ zur Dauerfestigkeit abhängig.

Der Begriff des anomalen Kurzrißverhaltens wird gelegentlich anders gefaßt. Es kann darunter jegliches Kurzrißverhalten verstanden werden, das sich nicht nach der linearelastischen Bruchmechanik beschreiben läßt, also bereits die Abweichung vom Schwellenwert ΔK_0 des Langrisses (s. Abb. 7.5).

Das Kurzrißverhalten in der geläufigen Darstellung der Rißfortschrittsrate über der zyklischen Spannungsintensität zeigt Abb. 7.4. Der herkömmliche Schwellenwert ΔK_0 tritt bei langen Rissen unter entsprechend niedriger zyklischer Spannung auf. Kürzere Risse bzw. höhere Spannung verkleinern den Schwellenwert oder heben ihn ganz auf. In gleichem Sinne wirken gröberes Korn, korrosive Einflüsse und erhöhte Temperatur. Kurze Risse bei besonders hoher Spannung

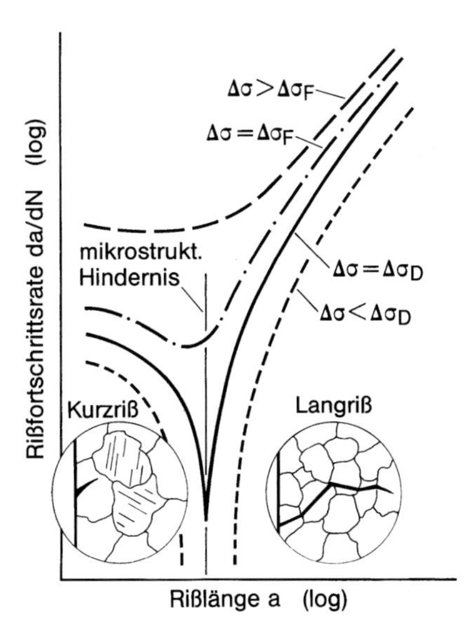

Abb. 7.3: Rißfortschrittsrate kurzer Risse und Übergang zur Rißfortschrittsrate langer Risse als Funktion der Rißlänge bei unterschiedlicher Höhe der zyklischen Spannung; schematische Darstellung nach Kujawski u. Ellyin [1227]

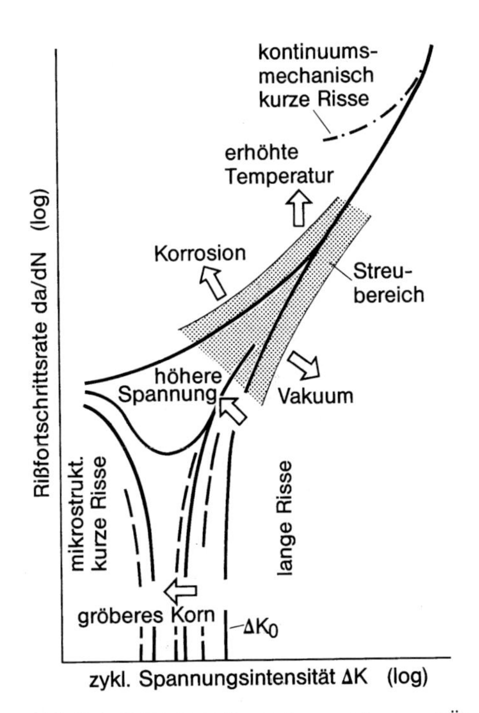

Abb. 7.4: Rißfortschrittsrate kurzer Risse und Übergang zur Rißfortschrittsrate langer Risse als Funktion der zyklischen Spannungsintensität bei unterschiedlichen weiteren Einflußgrößen; schematische Darstellung nach Nowack *et al.* [1248]

bzw. plastischer Dehnung, etwa am Grund von Kerben, liegen mit ihrer Rißfortschrittsrate deutlich über dem betrachteten Bereich der den Schwellenwerten benachbarten Rißfortschrittsraten.

Systematik der Darstellung

Die nachfolgende Darstellung befaßt sich zunächst mit dem Grenzzustand des Beginns des Rißfortschritts, ausgedrückt durch Schwellenwerte der zyklischen Spannung bzw. der zyklischen Spannungsintensität und einmündend in das Kitagawa-Diagramm [1204-1325]. Anschließend werden zyklische elastisch-plastische Werkstoffkennwerte eingeführt und Rißschließvorgänge mitberücksichtigt. Davon ausgehend lassen sich die Gleichungen für die Kurzrißfortschrittsrate angeben. Es folgen die Erweiterung auf das Kurzrißverhalten in Kerben [1326-1372] sowie die Begründung des Zusammenhanges mit der Schädigung und der Schadensakkumulation [1373-1379].

7.2 Schwellenwert zum Kurzrißfortschritt

Abhängigkeit und Erklärung des Schwellenwertes

Das Kurzrißfortschrittsverhalten nahe des Schwellenwerts der zyklischen Spannungsintensität hängt von der Rißlänge ab. Nach Frost [1216] (der frühesten Publikation zu dieser Frage) ist die zyklische Schwellenspannung multipliziert mit der dritten Wurzel aus der Rißlänge eine werkstofftypische Konstante (untersucht für Stahl, Aluminium und Kupfer). Das bedeutet, daß sich der Schwellenwert der zyklischen Spannungsintensität mit abnehmender Rißlänge verringert ($\Delta\sigma_0 \sqrt[3]{a} = \Delta\sigma_0 \sqrt{a} / \sqrt[6]{a} = \Delta K_0 / (\sqrt[6]{a} \sqrt{\pi}) =$ const). Kitagawa und Takahashi [1224] stellen dagegen fest, daß der Abfall bei hochfestem Stahl für $a \leq 0{,}13$ mm eintritt und daß sich der Schwellenwert der zyklischen Spannung bei sehr kleiner Rißlänge der Dauerfestigkeit der ungekerbten axialbelasteten Probe nähert. Später wurde erkannt, daß die Rißlänge, ab der der Abfall eintritt, von der Mikrostruktur des Werkstoffs abhängt.

Zur Erklärung des Schwellenwertverhaltens wurden verschiedene Modelle entwickelt. Zunächst schlug Smith [1265] vor, den mit abnehmender Rißlänge ansteigenden Schwellenwert $\Delta\sigma_0$ des Langrisses durch die Dauerfestigkeit $\Delta\sigma_D$ „abzuschneiden". Der sich ergebende Schnittpunkt entspricht einer fiktiven „Eigenrißlänge" (intrinsic crack length) der ungekerbten Probe. Bei kleinerer Rißlänge ist $\Delta\sigma_D$ maßgebend, bei größerer Rißlänge dagegen ΔK_0. Zu einem ähnlichen Ergebnis, allerdings mit stetigem Übergang, kommen Sähn [1257] und El Haddad *et al.* [1215]. Sähn sieht eine über die Mikrostrukturlänge an der Rißspitze gemittelte, linearelastisch berechnete Spannung als maßgebend für den Rißfortschritt an. El Haddad *et al.* führen eine fiktive Rißverlängerung ein, deren Größe aus $\Delta\sigma_D$ und ΔK_0 folgt.

Ein mikrostrukturell und kontinuumsmechanisch begründetes Modell geht auf Tanaka *et al.* [1273] zurück. Zunächst beobachteten Taira *et al.* (Hinweis in [1363]), daß bei stillstehendem Riß die Gleitbandlänge die Korngrenze nicht überschreitet. Daraufhin schlugen Usami *et al.* [1280] vor, einen Grenzwert der Größe der plastischen Zone an der Rißspitze als Schwellenbedingung zu verwenden. Tanaka *et al.* [1273] erkannten, daß das von der Rißspitze ausgehende Gleitband in Nähe des Schwellenwertes von der Korngrenze blockiert wird, und definierten den Schwellenwert korngrößenabhängig auf dieser Basis.

Die Schwellenwerte der zyklischen Spannungsintensität von Kurzriß und Langriß beruhen auf unterschiedlichen Mechanismen der Beanspruchung und der Werkstoffreaktion darauf. Bei gleicher Spannungsintensität ist die Grundbeanspruchung beim Kurzriß hoch, beim Langriß niedrig ($\Delta K = \Delta\sigma\sqrt{\pi a}$). Beim Kurzriß entsteht bei höherer Grundbeanspruchung eine den Riß umschließende plastische Zone, beim Langriß bleibt die plastische Zone auf die Rißspitzen beschränkt. Der Schwellenwert des Kurzrisses beruht primär auf Gleitbandblokkierung, der des Langrisses primär auf Rißschließen. Im Übergangsbereich sind beide Mechanismen gleichwertig wirksam.

Kitagawa-Diagramm

Der Schwellenwert der zyklischen Spannung (Spannungsschwingbreite $\Delta\sigma$ oder Spannungsamplitude σ_{a}), bei dem die Vergrößerung von Kurzrissen einsetzt, wird nach Kitagawa und Takahashi [1224] über der Rißlänge a in einem Diagramm mit anfangs horizontalem und anschließend abfallendem Kurvenverlauf dargestellt, Abb. 7.5. Unterhalb der Grenzkurve wird Stillstand etwa vorhandener oder eingeleiteter Risse beobachtet, oberhalb kommt es nach endlicher Schwingspielzahl zum Bruch. Der horizontale Kurventeil kennzeichnet die Dauerschwingfestigkeit des Werkstoffs mit (demnach) vernachlässigbar kurzen Rissen (im Diagramm mit dem Bereich der mikrostrukturell zu beschreibenden Vorgänge gleichgesetzt). Es kann die Dauerfestigkeitsschwingbreite $\Delta\sigma_{\mathrm{D}} = 2\sigma_{\mathrm{D}}$ dem zweifachen Wert der zyklischen Fließgrenze, also $2\sigma'_{\mathrm{F}}$, ungefähr gleichgesetzt werden. Der anschließende zunehmende Abfall der Kurve umfaßt den Bereich der kontinuumsmechanisch beschreibbaren kurzen Risse. Schließlich wird der gleichbleibende weitere Abfall gemäß dem Schwellenwert der Spannungsintensität ΔK_0 der langen Risse erreicht, welcher entsprechend der Begrenzung der plastischen Zone an der Rißspitze in der linearelastischen Bruchmechanik unterhalb von $2\sigma'_{\mathrm{F}}/3$ gültig ist. Oberhalb der betrachteten Grenzkurve tritt Rißfortschritt auf, der je nach Bereich mikrostrukturell, elastisch-plastisch oder elastisch beschrieben werden kann.

Das Ergebnis einer Schrifttumsauswertung (bis etwa 1980) von Versuchsergebnissen zur Rißlängenabhängigkeit des Schwellenwerts der zyklischen Spannung ist in Abb. 7.6 den Modellösungen nach Smith [1265] bzw. Tanaka *et al.* [1273] gegenübergestellt. Die Rißlängenabhängigkeit des zugehörigen Schwellenwerts der zyklischen Spannungsintensität zeigt Abb. 7.7.

Zusätzlich lassen sich im Kitagawa-Diagramm anerkannte Rißfortschrittsgleichungen berücksichtigen und weitere Abgrenzungen aufgrund unterschiedlicher Rißphänomene vornehmen, Abb. 7.8. Mikrostrukturell und kontinuumsmecha-

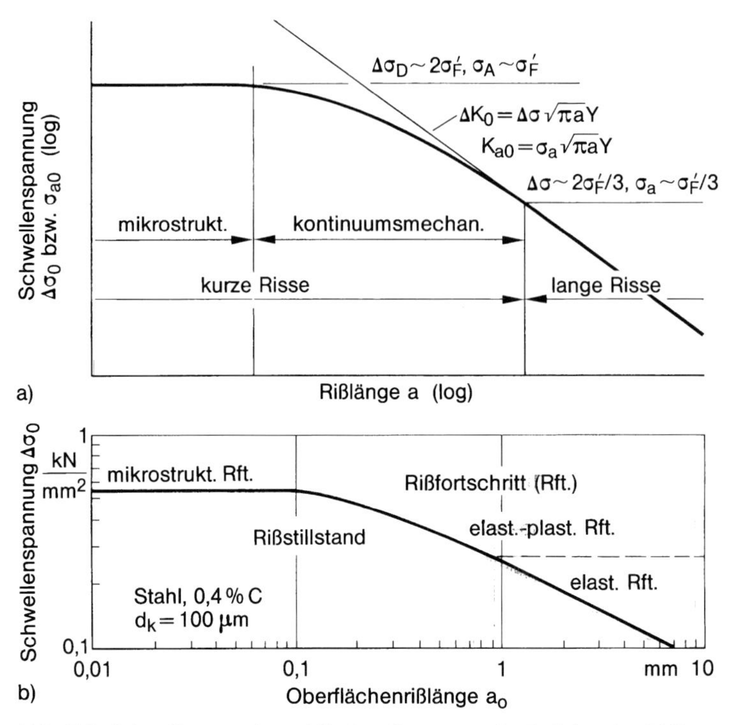

Abb. 7.5: Schwellenwert der zyklischen Spannung als Funktion der Rißlänge (Kitagawa-Diagramm [1224]): Definition kurzer und langer Risse (a) und Arten des Rißfortschritts (b), „elast. Rft." bzw. „elast.-plast. Rft." bedeuten elastisch bzw. elastisch-plastisch beschreibbaren Rißfortschritt; Stahl mit Korndurchmesser d_k; in Anlehnung an Brown [1208]

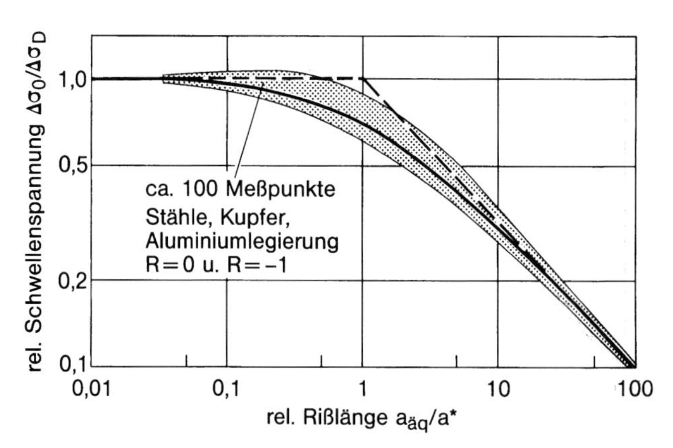

Abb. 7.6: Schwellenwert der zyklischen Spannung als Funktion der Rißlänge (Kitagawa-Diagramm): Gleitbandblockiermodell nach Tanaka (durchgehende Kurve), Ansatz nach Smith und El Haddad (gestrichelter Linienzug) sowie Streuband der Versuchsergebnisse (punktgerastertes Band), mit äquivalenter Durchrißlänge $a_{äq}$ und werkstoffabhängigem Längenparameter a^*; nach Tanaka *et al.* [1273]

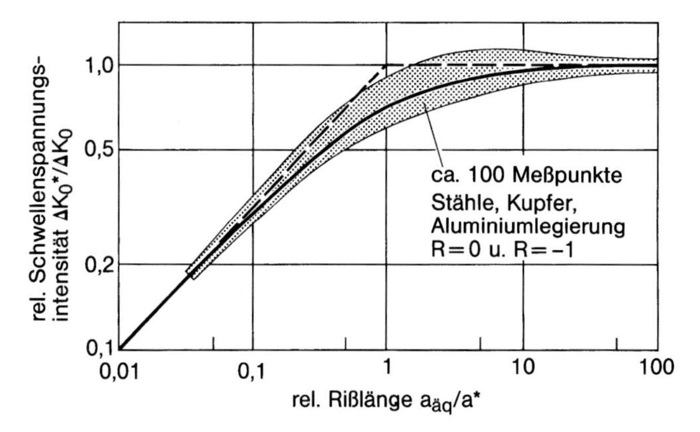

Abb. 7.7: Schwellenwert der zyklischen Spannungsintensität als Funktion der Rißlänge: Gleitbandblockiermodell nach Tanaka (durchgehende Kurve), Ansatz nach Smith und El Haddad (gestrichelter Linienzug) sowie Streuband der Versuchsergebnisse (punktgerastertes Band), mit äquivalenter Durchrißlänge $a_{äq}$ und werkstoffabhängigem Längenparameter a^*; nach Tanaka *et al.* [1273]

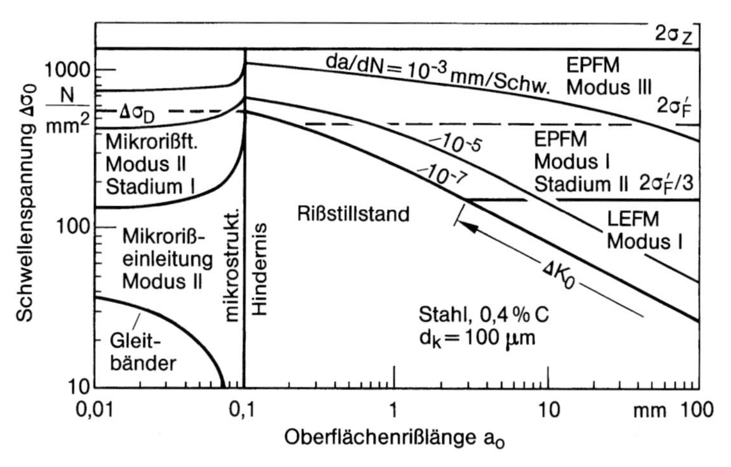

Abb. 7.8: Schwellenspannung als Funktion der Rißlänge (Kitagawa-Diagramm), Bereiche unterschiedlichen Rißfortschrittsverhaltens, zugehörig vereinfachte Rißfortschrittsgleichungen (EPFM: elasto-plastic fracture mechanics, LEFM: linear-elastic fracture mechanics); Stahl mit Korndurchmesser d_k; nach Brown [1208]

nisch kurze Risse werden durch eine Rißlänge voneinander getrennt, die dem Abstand der mikrostrukturellen Hindernisse entspricht. Als mikrostrukturelle Hindernisse wirken insbesondere Korngrenzen, Poren und Gefügeeinschlüsse. Im Rißstadium I bis zum mikrorißbegrenzenden Hindernisabstand d_h erfolgt Mikrorißfortschritt im Modus II nach (7.51) nur bei ansteigender Spannung, die aber unterhalb der Dauerschwingfestigkeit liegen kann. Im Bereich zwischen der Grenzkurve des Rißfortschritts und der Kurve der kristallographischen Gleitbandaktivierung können sich Mikrorisse bilden und vorhandene Risse bestehen, ohne daß Rißfortschritt eintritt. Im Rißstadium II oberhalb des wirksamen Hindernisabstandes ist der Bereich des Kurzrißstillstands durch (7.52) mit $\mathrm{d}a_0/\mathrm{d}N \leq 10^{-7}$ und der Bereich des Langrißstillstands durch den Schwellenwert ΔK_0 begrenzt. Der Langrißschwellenwert ΔK_0 kann ab einer Rißlänge als gültig angesehen werden, die etwa dem zehnfachen Wert des mikrorißbegrenzenden Hindernisabstandes d_h entspricht. Der Bereich elastisch-plastischen Rißfortschritts oberhalb der Grenzkurve ist, den Rißbeanspruchungsmoden I und III entsprechend, in eine obere und untere Zone geteilt. Der zweifache Wert der Zugfestigkeit σ_Z bildet die Obergrenze. Die (gestrichelte) Teilung bei der zweifachen zyklischen Fließgrenze σ'_F ist eine grobe Schätzung und nur als Anhaltswert gedacht.

Als mikrorißbegrenzender Hindernisabstand d_h wird vorstehend eine Rißlänge bezeichnet, welche die Bereiche mikrostrukturell und kontinuumsmechanisch zu beschreibenden Rißfortschritts voneinander trennt. Sie ist nicht mit ausgemessenen Einzelabständen der Hindernisse identisch, sondern umfaßt in der Regel mehrere solche Abstände. Der Ausdruck Mikroriß wird nach dieser Festlegung nicht bedeutungsgleich mit Kurzriß verwendet.

Beginn des Rißschließens

Der Übergang vom Kurzrißverhalten ohne Rißschließen zum Langrißverhalten mit Rißschließen wurde von Blom *et al.* [1206] an zwei hochfesten Aluminiumknetlegierungen experimentell verfolgt und dokumentiert, Abb. 7.9. Ein Anriß mit Oberflächenlänge $c = 80\ \mu\mathrm{m}$ wurde entlastet und anschließend mit ansteigender Amplitude wiederbelastet, bis Rißfortschritt einsetzte. Der Ablauf wurde entsprechend der Zahl der Meßpunkte mehrfach wiederholt. Das experimentelle

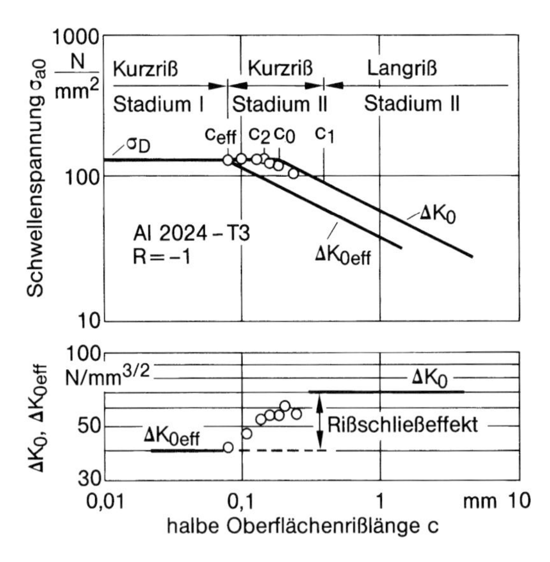

Abb. 7.9: Schwellenwerte von Spannung und Spannungsintensität, kurze Risse in Aluminiumlegierung, Rißfortschritt ohne und mit Rißschließeffekt (ΔK_0 bzw. $\Delta K_{0\,\mathrm{eff}}$), Meßpunkte kennzeichnen die Wiederaufnahme des Rißfortschritts; nach Blom *et al.* [1206]

Ergebnis ist im Kitagawa-Diagramm aufgetragen, in dem die Grenzlinien zugehöriger Werte $\Delta K_{0\,\mathrm{eff}}$ und ΔK_0 (aus Langrißversuchen) ergänzt sind. Die Schwellenwerte mit ihren Grenzwerten $\Delta K_{0\,\mathrm{eff}}$ und ΔK_0 sind außerdem direkt über der Rißlänge aufgetragen. Eine Verringerung der Dauerfestigkeit tritt ab der Rißlänge c_2 auf, die annähernd dem Übergang vom Rißstadium I zum Rißstadium II entspricht, allerdings ausdrücklich nicht mit der Korngröße korrelierbar ist. Der Langrißschwellenwert wurde bei der Rißlänge c_1 erreicht. Die Rißlängen c_{eff} und c_0 kennzeichnen die Schnittpunkte der $\Delta K_{0\,\mathrm{eff}}$- und ΔK_0-Linien mit der Dauerfestigkeitslinie. Damit ist der Beginn des Rißschließens im Rißstadium II als Kurzriß nachgewiesen.

Formale Beschreibung nach Sähn

Eine formal befriedigende Beschreibung des Kurzrißverhaltens wird von Sähn [1257, 1258] auf der Basis des Spannungsmittelungsansatzes gegeben. Als auslösend für den Rißfortschritt wird die über die Mikrostrukturlänge d^* (s. (7.6)) gemittelte linearelastisch berechnete Spannung $\Delta\bar{\sigma}$ angesehen. Rißschließeffekte bleiben unberücksichtigt.

Bei Kurzrissen der Länge $2a$ in Querlage zur Grundbeanspruchung $\Delta\sigma$ ergibt sich durch Integration und Mittelung der vollständigen Gleichungen für die Normalspannung quer zum Riß an den benachbarten Rißspitzen die gemittelte Spannung:

$$\Delta\bar{\sigma} = \Delta\sigma\sqrt{1+\frac{2a}{d^*}} = \Delta K\sqrt{\frac{2}{\pi d^*}\left(1+\frac{d^*}{2a}\right)} \tag{7.1}$$

Im Grenzfall des langen Risses ($2a \gg d^*$) ergeben sich die einfacheren Beziehungen (s.a. (6.4)):

$$\Delta\bar{\sigma} = \Delta\sigma\sqrt{\frac{2a}{d^*}} = \Delta K\sqrt{\frac{2}{\pi d^*}} \tag{7.2}$$

Mit $\Delta\bar{\sigma} = \Delta\sigma_{\mathrm{D}}$ ergibt sich die Schwellenspannung $\Delta\sigma_0$ bzw. der Schwellenwert ΔK_0^* der Spannungsintensität des Kurzrisses zu:

$$\Delta\sigma_0 = \frac{\Delta\sigma_{\mathrm{D}}}{\sqrt{1+2a/d^*}} \tag{7.3}$$

$$\Delta K_0^* = \frac{\Delta K_0}{\sqrt{1+d^*/2a}} \tag{7.4}$$

Damit ist eine in formaler Hinsicht allgemeingültige Auftragung der Grenzkurve im Kitagawa-Diagramm möglich, Abb. 7.10. Der Bereich der kontinuumsmechanisch kurzen Risse läßt sich ausgehend von (7.3) und einer bestimmten Abweichung vom Idealwert $\Delta\sigma_{\mathrm{D}}$ bzw. ΔK_0 (hier ca. 5 %) vom Bereich der Mikrorisse einerseits und der langen Risse andererseits abgrenzen. Über die Größe d^* lassen

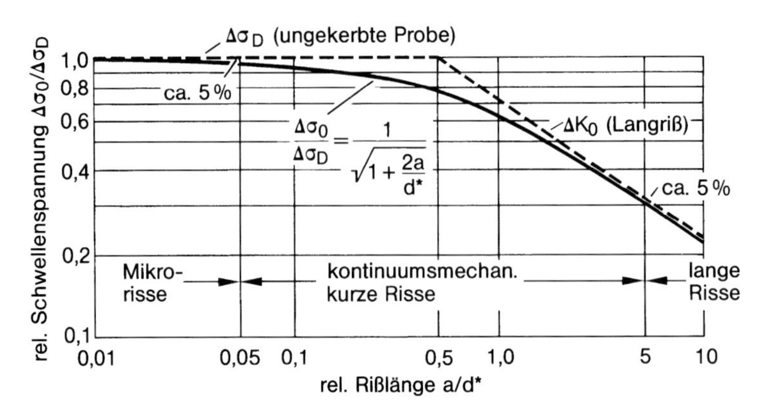

Abb. 7.10: Schwellenspannung als Funktion der Rißlänge, werkstoffunabhängige Auftragung bezogener Größen unter Verwendung der Mikrostrukturlänge d^*; nach Sähn [1257]

sich die Versuchsergebnisse mit der Grenzkurve in Einklang bringen. Aus (7.4) folgt andererseits die Abminderung des Schwellenwertes der Spannungsintensität beim Kurzriß.

Die dem Schwellenwert ΔK_0^* benachbarte Kurzrißfortschrittsrate ist nach Sähn [1257] konsequenterweise in folgender Form darstellbar:

$$\frac{\mathrm{d}a}{\mathrm{d}N} = C\left(\Delta K\sqrt{1+\frac{d^*}{2a}} - \Delta K_0\right)^m \tag{7.5}$$

Die formale Richtigkeit der vorstehenden Ansätze wird von Sähn [1257] ausgehend von den Kurzrißversuchsergebnissen nach Tokaji *et al.* [1278, 1279] nachgewiesen, Abb. 7.11. Eine analoge Auftragung wird für die feinkörnigere Version des Werkstoffes gezeigt.

Die Mikrostrukturlänge d^* wird aus den zusammengehörigen Schwellenwerten, der Schwellenintensität ΔK_0^* und der Schwellenspannung $\Delta\sigma_0$ der Probe mit Kurzriß (unter Einschluß des Grenzfalls Langriß) ermittelt:

$$d^* = \frac{2}{\pi}\left(\frac{\Delta K_0^*}{\Delta\sigma_0}\right)^2 \tag{7.6}$$

Für die ausgewerteten Versuchsergebnisse [1278, 1279, 1363] an unterschiedlichen Stählen werden die in Tabelle 7.1 zusammengestellten Werkstoffkennwerte angegeben. Andererseits ermittelte Seliger (Hinweis in [1257]) aus eigenen Versuchsergebnissen an Stählen mit $\sigma_{0,2} = 300\text{-}700\ \mathrm{N/mm^2}$ (d^* in µm, $\sigma_{0,2}$ in $\mathrm{N/mm^2}$):

$$d^* = 105 - 0{,}0424\,\sigma_{0,2} \tag{7.7}$$

Die Werte nach Tabelle 7.1 und nach (7.7) lassen sich nicht in Einklang bringen. Auch kann keine Identität mit der Ersatzstrukturlänge ρ^* nach Neuber (s. Kap. 4.7) erwartet werden, denn letztere ist nicht nach (7.6) aus der Schwellenintensi-

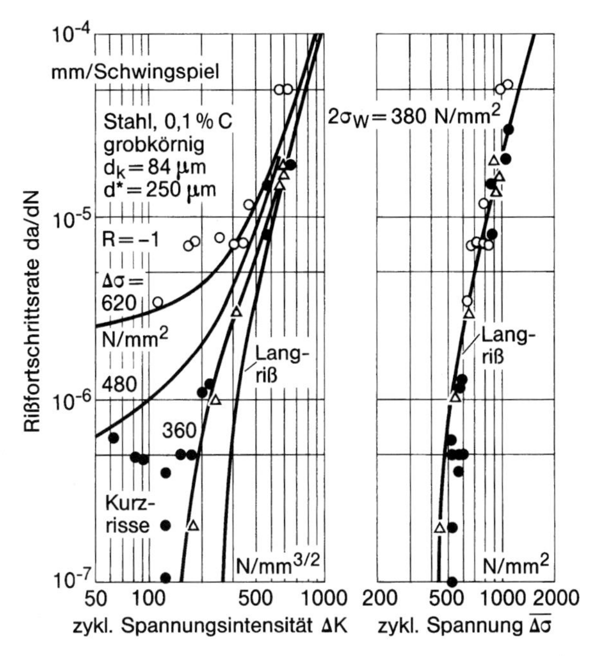

Abb. 7.11: Rißfortschrittsrate kurzer und (vergleichsweise) langer Risse als Funktion der zyklischen Spannungsintensität (Bereich kleiner Werte) bei unterschiedlich hoher zyklischer Spannung, Kurzrißergebnisse (Punkte) nach Tokaji *et al.* [1278, 1279] und Rißfortschrittsberechnung (Kurven) nach Sähn [1257], einheitliche Kurve bei Auftragung als Funktion der über die Mikrostrukturlänge d^* gemittelten zyklischen Spannung $\overline{\Delta\sigma} = \Delta\bar{\sigma}$; nach Sähn [1257]

Tabelle 7.1: Mikrostrukturlänge d^* unterschiedlicher Stähle (Fließgrenze $\sigma_{0,2}$, Korndurchmesser d_k, Wechselfestigkeit σ_W) aus Versuchsergebnissen nach Tanaka *et al.* [1273] sowie Tokaji *et al.* [1278, 1279], Auswertung nach Sähn [1257]

Werkstoff	$\sigma_{0,2}$ N/mm²	d_k µm	σ_W N/mm²	d^* µm
SM41	251			40
SM50	373			60
HS80	726			10
13Cr-Gußstahl	769			2
S10C	286	24	220	180
S10C	233	84	190	250
SCM435	847	15	500	20

tät des Rißfortschritts, sondern aus der Dauerfestigkeit unterschiedlich scharf gekerbter Proben ermittelt. Die Größe d^* nach Sähn deckt hauptsächlich plastische Verformungsvorgänge ab (unter Ausschluß des Rißschließens), während die Größe ρ^* nach Neuber (zumindest hypothetisch) elastische Mikrostützwirkung erfaßt.

Formale Beschreibung nach Fujimoto

Eine ähnliche, formal sehr befriedigende Beschreibung des Kurzrißverhaltens haben Fujimoto *et al.* [1217] auf Basis des Spannungsabstandsansatzes (s. Kap. 4.8) angegeben. Es wird eine elastische Eigenschädigungszone (inherent damage zone) eingeführt, Abb. 7.12. Im Abstand a_s von Kerbgrund oder Rißspitze (Größe der Zone) wird die elastizitätstheoretisch bestimmte Normalspannung σ_{ys} quer zu Kerbe oder Riß als maßgebend für die Rißeinleitung angesehen, gleichzusetzen der Dauerfestigkeit. Die elastizitätstheoretische Lösung folgt dem Ansatz von Neuber für die elliptische Innenkerbe bzw. dem Ansatz von Westergaard für den Innenriß. Bei komplexeren Konfigurationen wird die Finite-Elemente-Methode angewendet.

Bei der elliptischen Innenkerbe in der Zugscheibe (Nennspannung σ_n) ergibt sich für die Kerbspannung σ_{ys} eine komplexere Funktion f_k (mit Kerbtiefe a gleich der Ellipsenhalbachse, Kerbkrümmungsradius ρ und Schädigungszonengröße a_s):

$$\frac{\sigma_{ys}}{\sigma_n} = f_k(a, \rho, a_s) \tag{7.8}$$

Beim kurzen Innenriß (mit Rißlänge $2a$) in der Zugscheibe ergibt sich:

$$\frac{\sigma_{ys}}{\sigma_n} = \frac{a + a_s}{\sqrt{a_s(2a + a_s)}} \tag{7.9}$$

Für den langen Riß folgt mit $a_s \ll a$ nach Reihenentwicklung:

$$\frac{\sigma_{ys}}{\sigma_n} = \sqrt{\frac{a}{2a_s}} \tag{7.10}$$

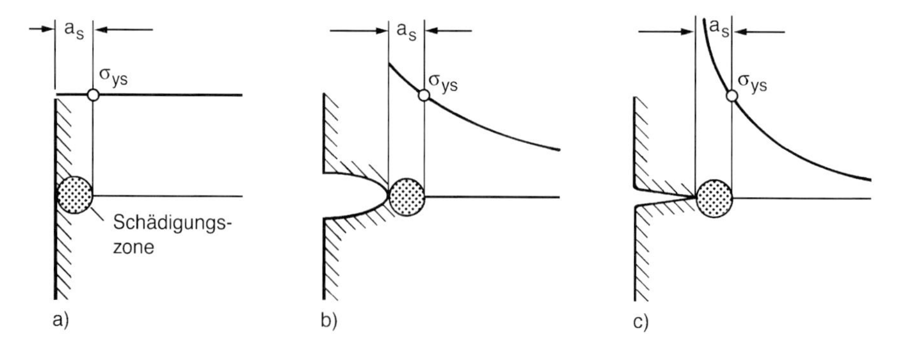

Abb. 7.12: Schädigungszone an ungekerbter (a), gekerbter (b) und rißbehafteter (c) Probenoberfläche (schematische Darstellung); Zonengröße a_s und Spannung σ_{ys} am Zonenrand (mit Vertikalkoordinate y); nach Fujimoto *et al.* [1217]

Die Schädigungszonengröße a_s wird aus dem Schwellenwert ΔK_0 der zyklischen Spannungsintensität des Langrisses und der zyklischen Dauerfestigkeit $\Delta\sigma_D$ des Werkstoffs bestimmt:

$$a_s = \frac{1}{2\pi}\left(\frac{\Delta K_0}{\Delta\sigma_D}\right)^2 \tag{7.11}$$

Gegenüber der vergleichbaren Mikrostrukturlänge d^* nach (7.6) tritt der Faktor 0,25 auf, gegenüber dem Längenparameter a^* nach (7.17) der Faktor 0,5. Für gängige Baustähle ergibt sich $a_s = 0{,}03\text{-}0{,}1\,\mathrm{mm}$ (die kleineren Werte sind den höherfesten Stählen zugehörig).

Die der anrißauslösenden zyklischen Kerbspannung $\Delta\sigma_s$ (mit $\Delta\sigma_s = 2\sigma_{ys}$) entsprechende Rißfortschrittsrate wird konsequenterweise oberhalb eines Schwellenwertes in folgender Form dargestellt (mit Werkstoffkonstanten A, C, a_s und m):

$$\frac{\mathrm{d}a}{\mathrm{d}N} = A(\Delta\sigma_s)^m \tag{7.12}$$

Mit $\Delta\sigma_s = 2\sigma_{ys}$ und σ_{ys} nach (7.9) sowie $\Delta K = \Delta\sigma_n\sqrt{\pi a}$ folgt:

$$\frac{\mathrm{d}a}{\mathrm{d}N} = cf^{\mathrm{m}}(\Delta K)^{\mathrm{m}} \tag{7.13}$$

$$C = A\left(\frac{1}{\sqrt{2\pi a_s}}\right)^m \tag{7.14}$$

$$f = \frac{\sqrt{2}(a + a_s)}{\sqrt{a(2a + a_s)}} \tag{7.15}$$

Das Ergebnis einer Berechnung der Rißfortschrittsrate nach (7.12) bis (7.15) für den höherfesten Stahl SM58Q mit $a_s = 0{,}065\,\mathrm{mm}$ in Abhängigkeit der zyklischen Spannungsintensität ΔK zeigt Abb. 7.13. Es werden die Rißlängen $a = 0{,}01$, 0,1 und 1,0 mm bei den zyklischen Nennspannungen $\Delta\sigma_n = 600$, 700 und $800\,\mathrm{N/mm^2}$ betrachtet. Die Langrißfortschrittsrate zeigt den nach der Paris-Gleichung (6.44) gewohnten linearen Verlauf oberhalb des Schwellenwertes (in doppeltlogarithmischer Auftragung). Kurzrisse vergrößern sich schneller als der Langriß. Sie vergrößern sich auch unterhalb des Schwellenwertes des Langrisses. Ab der Rißgröße $a \approx 1\,\mathrm{mm}$ ist die Fortschrittsrate kurzer und langer Risse praktisch identisch. Auch den Kurzrissen läßt sich ein von der Rißgröße abhängiger Schwellenwert der zyklischen Spannungsintensität zuordnen, der der zyklischen Dauerfestigkeit mit Riß entspricht (siehe [1217]).

Die Berechnungsergebnisse werden von Versuchsergebnissen bestätigt, allerdings nur mit den mikrostrukturbedingten Unregelmäßigkeiten im Kurvenlauf bei den Kurzrissen. Insbesondere die Schwellenwerte treffen zu. Auch die von Frost [1216] postulierte lineare Abhängigkeit der Rißfortschrittsrate von der Rißgröße a wird mit guter Näherung bestätigt (mit kritischer Nennspannungsschwingbreite $\Delta\sigma_n$ und Werkstoffkonstanten C_1 und m_1):

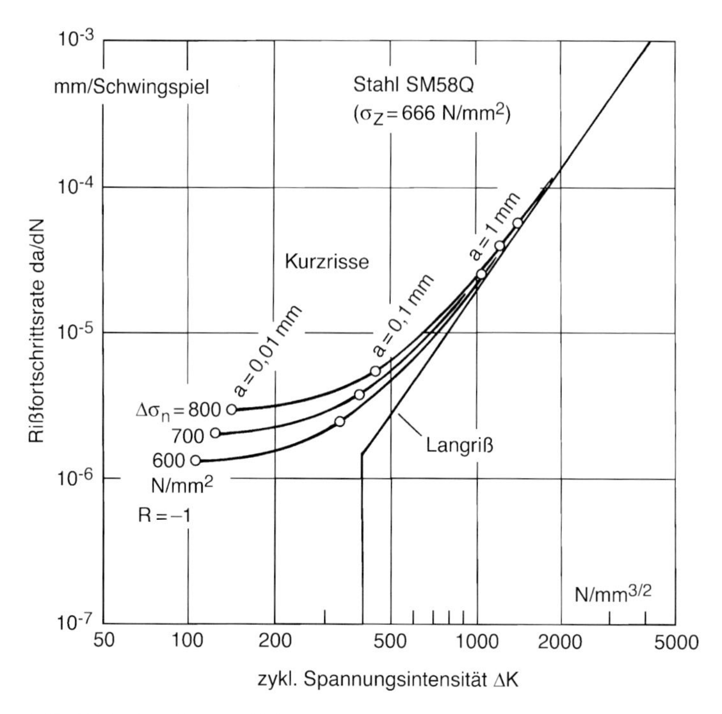

Abb. 7.13: Berechnete Rißfortschrittsrate kurzer und (vergleichsweise) langer Risse in Abhängigkeit der zyklischen Spannungsintensität (Bereich kleiner Werte) bei unterschiedlichen zyklischen (Nenn-)Spannungen $\Delta\sigma_\mathrm{n}$; nach Fujimoto *et al.* [1217]

$$\frac{\mathrm{d}a}{\mathrm{d}N} = C_1(\Delta\sigma_\mathrm{n})^{m_1}a \tag{7.16}$$

Die Grenzkurve im Kitagawa-Diagramm, relative Schwellenspannung als Funktion der relativen Kurzrißlänge, wird ebenfalls zutreffend abgebildet (vgl. Abb. 7.6).

Der vorstehend beschriebene Ansatz einer elastischen Schädigungszone kann nur die Verhältnisse in unmittelbarer Nähe der Dauerfestigkeit richtig darstellen, weil nur hier die Annahme elastischen Werkstoffverhaltens gerechtfertigt ist. Plastische Verformungen, Mehrachsigkeitseffekte und Rißschließen sind nicht berücksichtigt. Das Modell wurde erfolgreich auch auf Kurzrisse im Kerbgrund angewendet (s. Kap. 7.5).

Vereinheitlichung der theoretischen Ansätze durch Taylor

Die Abhängigkeit der Dauerfestigkeit von der Kurzrißgröße (Grenzkurve im Kitagawa-Diagramm) bzw. von der vergleichbaren Kerbgröße (etwas unterhalb von vorstehender Grenzkurve) wurde von Taylor [1365] nach unterschiedlichen theoretischen Ansätzen einheitlich dargestellt und mit Versuchsergebnissen aus der

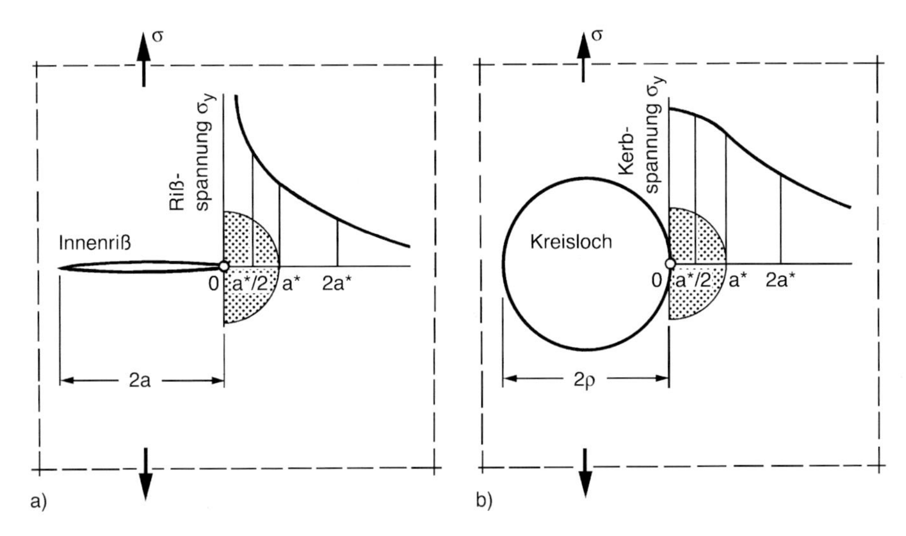

Abb. 7.14: Kreisloch (a) und Innenriß (b) unter Querzug mit Verlauf der Kerb- bzw. Rißspannung; Auswertung dieser Spannung im Punkt bei $a^*/2$, gemittelt über die Strecke bei $2a^*$ und gemittelt über die Halbkreisfläche bis a^* mit Werkstoffstrukturparameter a^* für die Dauerfestigkeit; nach Taylor [1365]

Literatur belegt (Taylor u. Wang [868]). An einer dünnen Scheibe unter Zugbelastung mit kurzem Innenriß bzw. kleinem Kreisloch wurden folgende Ansätze gegenübergestellt, Abb. 7.14:

- Ansatz der „Punktspannung" im kleinen Abstand $a^*/2$ von der Rißspitze bzw. vom Kerbgrund,
- Ansatz der Mittelspannung über die kleine Strecke $2a^*$ vor der Rißspitze bzw. vor dem Kerbgrund und
- Ansatz der Mittelspannung über die kleine Halbkreisfläche mit Radius a^* vor der Rißspitze bzw. vor dem Kerbgrund.

Außerdem wurde die Verbindung zum Ansatz von El Haddad, Smith und Topper durch den werkstofftypischen Längenparameter a^* nach (7.17) hergestellt und der Ansatz von Peterson (s. Kap. 4.8) einbezogen. Es ist zu beachten, daß die Ersatzstrukturlänge ρ^* in (4.50) bzw. die Mikrostrukturlänge d^* in (4.55) dem Wert $2a^*$ und der Abstand a^* nach (4.57) dem Wert $a^*/2$ hier entspricht. Als widersprüchlich erscheint, daß die in der Literatur angegebenen Werte von ρ^* nach Neuber und a^* nach Peterson nicht den Zusammenhang $\rho^* \approx 4a^*$ widerspiegeln. Tatsächlich ist im allgemeinen $\rho^* < a^*$. Der Ansatz von Taylor zur Verbindung von Punkt- und Mittelspannung scheint auf die Schubbelastung (nach Modus II) von Rissen und Kerben übertragbar zu sein, wenn die Auswertung in Richtung der maximalen Randtangentialspannung erfolgt.

Das Ergebnis einer überwiegend theoretischen Vergleichsuntersuchung an einer Zugscheibe aus dem Kohlenstoffstahl SAE 1045 ($\sigma_{F0,2} = 470\,\mathrm{N/mm^2}$, $\sigma_Z = 745\,\mathrm{N/mm^2}$) mit Innenriß bzw. Kreisloch ist in Abb. 7.15 dargestellt. Beim

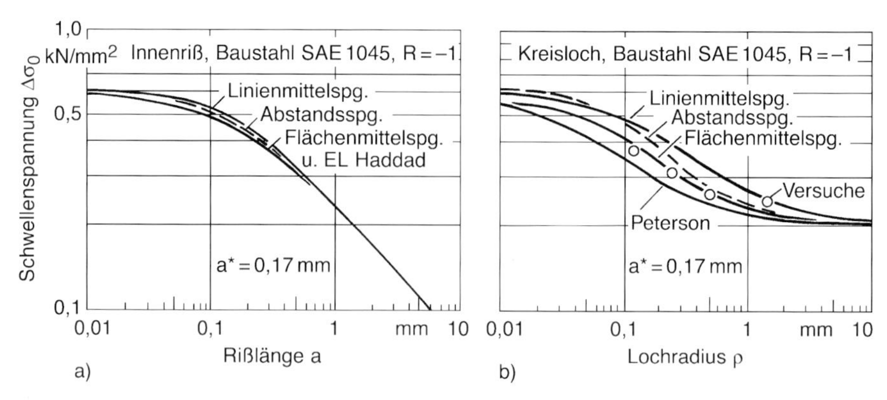

Abb. 7.15: Berechnete Dauerfestigkeit (Schwellenspannung $\Delta\sigma_0$) als Funktion der Rißlänge (a) bzw. des Lochradius (b) für den Kohlenstoffstahl SAE 1045; unterschiedliche theoretische Ansätze und Vergleich mit Versuchsergebnissen; nach Taylor [1365]

Innenriß sind die Ergebnisse nach den unterschiedlichen Ansätzen weitgehend identisch, beim Kreisloch treten geringe Abweichungen auf. Die Lösungen von El Haddad *et al.* und Peterson können als experimentell verifiziert gelten. Die Versuchspunkte zum Kreisloch stammen von DuQuesnay *et al.* [1331]. Es ist erkenntlich, daß die Dauerfestigkeit mit Kreisloch etwas geringer als die Dauerfestigkeit mit Innenriß vergleichbarer Größe sein kann. Am Lochrand eingeleitete Risse können demnach zum Stillstand kommen.

Die Feststellungen von Taylor wurden von Atzori *et al.* [1327] erweitert. Es wird die Frage beantwortet, unter welchen Bedingungen die Kerbe als Riß behandelt werden kann, was eine Voraussetzung dafür ist, daß die vorstehend erwähnten Ansätze zu identischen Dauerfestigkeitswerten führen. Die Kerbe kann wie ein Riß (oder wie eine einspringende Ecke bei von null verschiedenem Kerböffnungswinkel) behandelt werden, wenn der Längenparameter a^* wesentlich größer ist als der Kerbkrümmungsradius ρ. Der Einfluß der Abmessungen des Bauteils (ohne ρ) geht in die zugehörigen Spannungsintensitätsfaktoren ein. Andererseits ist die Kerbformzahl α_k für die Dauerfestigkeit maßgebend, wenn der Längenparameter a^* klein gegenüber dem Kerbkrümmungsradius ρ ist. Der Einfluß der Abmessungsverhältnisse (mit ρ) drückt sich in der Kerbformzahl aus. In beiden Fällen tritt ein geometrischer Größeneffekt auf.

Formale Beschreibung nach El Haddad, Smith und Topper

Einen formal ähnlichen Ansatz zur Beschreibung des Schwellenverhaltens von Kurzrissen wählen El Haddad, Smith und Topper [1215]. Das Rißschließverhalten bleibt auch hier unberücksichtigt. Sie führen einen werkstoffabhängigen Längenparameter a^* ein, der sich aus der Dauerfestigkeit $\Delta\sigma_D$ und dem Schwellenwert ΔK_0 der Spannungsintensität (langer Risse) ergibt:

$$a^* = \frac{1}{\pi}\left(\frac{\Delta K_0}{\Delta\sigma_D}\right)^2 \tag{7.17}$$

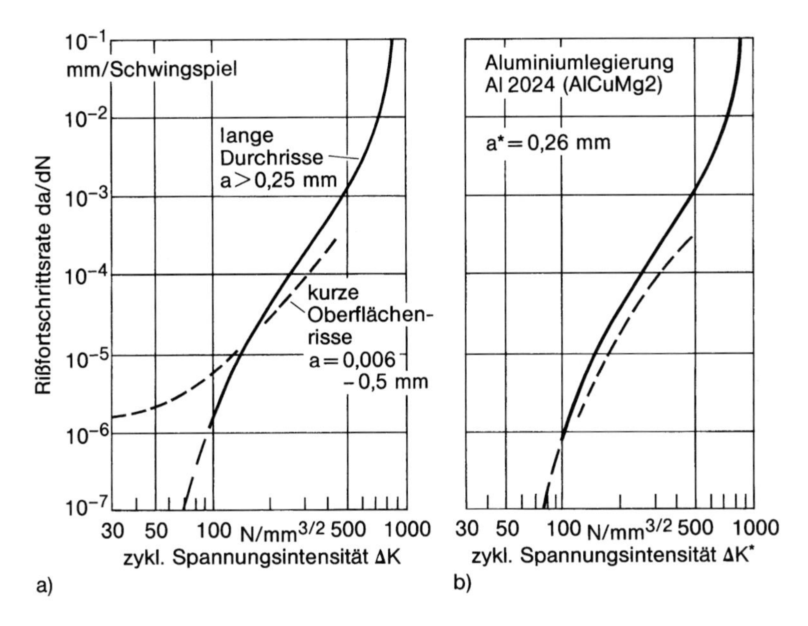

Abb. 7.16: Rißfortschrittsrate kurzer und langer Risse in einer Aluminiumlegierung als Funktion der einfachen (a) und modifizierten (b) zyklischen Spannungsintensität; nach El Haddad *et al.* [1215]

Diese Definition legt die Interpretation des Parameters a^* als werkstofftypische fiktive Eigenrißlänge (intrinsic crack length) nahe, die nicht vergrößerungsfähig ist, weil Dauerfestigkeit vorliegt. Von den Autoren wird allerdings eine solche physikalisch irrelevante Interpretation vermieden. Sie begründen ihren Ansatz allein mit der über den Parameter a^* erzielbaren Übereinstimmung der Rißfortschrittsrate für kurze und lange Risse, Abb. 7.16 mit ΔK^* nach (7.20), und vermuten einen Zusammenhang mit der an der Probenoberfläche verringerten kristallografischen Fließgrenze.

Für die Aluminiumlegierung AA 2024 wird $a^* = 0{,}26$ mm angegeben, für den Stahl SAE 1045 $a^* = 0{,}17$ mm. Die Werte werden als abhängig von der Korngröße angesehen. Eine Auswertung von Ting und Lawrence [1366] für Stähle mit $(194 \leq \sigma_{0,1} \leq 834)\ \mathrm{N/mm^2}$ ergibt $(0{,}458 \geq a^* \geq 0{,}052)$ mm (bei $R = -1$). Für Aluminiumlegierungen mit $\sigma_{0,1} = 357$ bzw. $433\ \mathrm{N/mm^2}$ wird $a^* = 0{,}129$ bzw. 0,062 mm angegeben.

Ausgehend vom Gleitbandblockiermodell des Schwellenwertes geben Tanaka *et al.* [1273] für Stähle folgende Beziehungen an, die durch Versuchsergebnisse unterschiedlicher Autoren bestätigt werden (Fließgrenze σ_F in $\mathrm{N/mm^2}$):

$$a^* = \frac{13{,}6}{(\sigma_F - 72{,}6)^2} \qquad (R = -1) \tag{7.18}$$

$$a^* = \frac{4{,}11}{(\sigma_F - 72{,}6)^2} \qquad (R = 0) \tag{7.19}$$

Die höherfesten Stähle weisen demnach die niedrigeren a^*-Werte auf. Die a^*-Werte für $R = -1$ sind bei gleicher Fließgrenze um den Faktor 3,3 größer als die Werte für $R = 0$.

Die modifizierte zyklische Spannungsintensität ΔK^* des kurzen Risses wird für die effektive Rißlänge $(a + a^*)$ berechnet, um sie mit dem Schwellenwert ΔK_0 für lange Risse vergleichbar zu machen (Geometriefaktor $Y \approx 1{,}0$):

$$\Delta K^* = \Delta\sigma\sqrt{\pi(a + a^*)} \tag{7.20}$$

Die Größe a^* kann daher als fiktive Rißverlängerung des ausbreitungsfähigen Kurzrisses aufgefaßt werden, wohl zu unterscheiden von der Plastizitätskorrektur in (6.50).

Der Schwellenwert $\Delta\sigma_0$ der Grundbeanspruchung am Kurzriß der Länge a folgt aus dem Schwellenwert ΔK_0 der Spannungsintensität am Langriß gemäß:

$$\Delta\sigma_0 = \frac{\Delta K_0}{\sqrt{\pi(a + a^*)}} \tag{7.21}$$

Mit $\Delta\sigma_0 = \Delta\sigma_D$ für $a = 0$ folgt:

$$\Delta\sigma_0 = \Delta\sigma_D\sqrt{\frac{a^*}{a + a^*}} \tag{7.22}$$

Mit $\Delta\sigma_0$ nach (7.21) oder (7.22) ist die Grenzkurve im Kitagawa-Diagramm beschrieben (s. z. B. Abb. 7.22).

Der vorstehende Ansatz läßt sich durch Einführen der (Gesamt-)Dehnung $\Delta\varepsilon$ anstelle der Spannung $\Delta\sigma$ zur Anwendung bei höherer Beanspruchung verbessern. Dazu wird anstelle der Spannungsintensität ΔK die dehnungsbasierte Spannungsintensität ΔK_ε nach (7.35) eingeführt. Anstelle der Rißlänge a wird $(a + a^*)$ gesetzt, wobei sich der Längenparameter a^* aus der Dehnung $\Delta\varepsilon_D$ bei Dauerfestigkeit ergibt:

$$a^* = \frac{1}{\pi}\left(\frac{\Delta K_0}{E\Delta\varepsilon_D}\right)^2 \tag{7.23}$$

Der Ansatz von El Haddad *et al.* kann formal dahingehend abgeändert werden, daß auch beim Kurzriß anstelle von $\Delta K^* = \Delta\sigma\sqrt{\pi(a + a^*)}$ wie beim Langriß üblich $\Delta K = \Delta\sigma\sqrt{\pi a}$ gesetzt und der Schwellenwert $\Delta K_0^* = \Delta\sigma_0\sqrt{\pi a}$ anstelle von $\Delta K_0 = \Delta\sigma_0\sqrt{\pi(a + a^*)}$ gegenübergestellt wird:

$$\Delta K_0^* = \Delta K_0\sqrt{\frac{a}{a + a^*}} = \frac{\Delta K_0}{\sqrt{1 + a^*/a}} \tag{7.24}$$

Unter Beachtung von (7.22) kann (7.24) in folgender Form geschrieben werden:

$$\Delta K_0^* = \Delta K_0\frac{\Delta\sigma_0}{\Delta\sigma_D}\sqrt{\frac{a}{a^*}} \tag{7.25}$$

Der Vergleich der Gleichungen (7.24) und (7.4) oder (7.17) und (7.6) ergibt (wie auch von Taylor [1365] festgestellt) den Zusammenhang $a^* = d^*/2$.

Tanaka *et al.* [1273] erweitern den Ansatz von El Haddad *et al.* dahingehend, daß sie in der ungekerbten Probe für die Dauerfestigkeitsbestimmung kleine Anrisse der Länge a_0 zulassen (zugehörig die Dauerfestigkeit $\Delta\sigma_D^*$ anstelle der eigentlichen Dauerfestigkeit $\Delta\sigma_D$ der rißfreien Probe). Aus ΔK_0 und $\Delta\sigma_D^*$ folgt der Parameter a^{**} analog zu (7.17), der sich nunmehr aus realem und fiktivem Anrißanteil zusammensetzt:

$$a^{**} = a_0 + a^* = \frac{1}{\pi}\left(\frac{\Delta K_0}{\Delta\sigma_D^*}\right)^2 \tag{7.26}$$

Mit $\Delta\sigma_0 = \Delta\sigma_D^*$ für $a = a_0$ in (7.21) und $a^* = a^{**}$ folgt aus (7.22):

$$\Delta\sigma_0 = \Delta\sigma_D^*\sqrt{\frac{a^{**}}{a + a^{**} - a_0}} \tag{7.27}$$

Diese Beziehung gilt nur für Kurzrisse, die größer sind als die gewählte Anrißlänge a_0.

Mit $a^* = (a^{**} - a_0)$ folgt aus (7.24):

$$\Delta K_0^* = \Delta K_0\sqrt{\frac{a}{a + a^{**} - a_0}} \tag{7.28}$$

Tanaka und Nakai [1363] führen in Gleichung (7.17) anstelle von ΔK_0 den Effektivwert $\Delta K_{0\,\mathrm{eff}}$ ein, der den Rißschließeffekt bei $R < 0$ berücksichtigt, und ermitteln so einen abgewandelten Wert a_{eff}^{**}, der in Verbindung mit ΔK_{eff}-Werten weiterverwendet wird, beispielsweise gemäß:

$$\Delta K_{0\,\mathrm{eff}}^* = \frac{\Delta K_{0\,\mathrm{eff}}}{\sqrt{1 + a_{\mathrm{eff}}^{**}/a}} \tag{7.29}$$

Eine quantitativ befriedigende mikrostrukturelle Beschreibung des Schwellenwertes und der Dauerfestigkeit von Kurzrissen gelingt nach dem Barrieremodell von Tanaka *et al.* [1273, 1363] (s. Kap. 7.4 sowie Vormwald [1281]).

Einfluß der Mittelspannung auf den Schwellenwert

Der Einfluß der Mittelspannung auf den Schwellenwert K_{a0}^* der Spannungsintensitätsamplitude kurzer Risse drückt sich in der Abhängigkeit des Schwellenwertes vom Spannungsverhältnis R aus. Die Schwellenwerte liegen bei Wechselbeanspruchung ($R = -1$) höher als bei Schwellbeanspruchung ($R = 0$), Abb. 7.17. Die beiden Kurven lassen sich ineinander überführen, wenn anstelle der Absolutwerte die Werte relativ zum Schwellenwert des langen Risses betrachtet werden. Die Schwellenwerte fallen bei Verkleinerung der Rißlänge stetig ab.

Die gezeigten Schwellenwerte der Spannungsintensitätsamplituden wurden ausgehend von Schwellenwerten der Spannungsamplitude bei vorgegebener Riß-

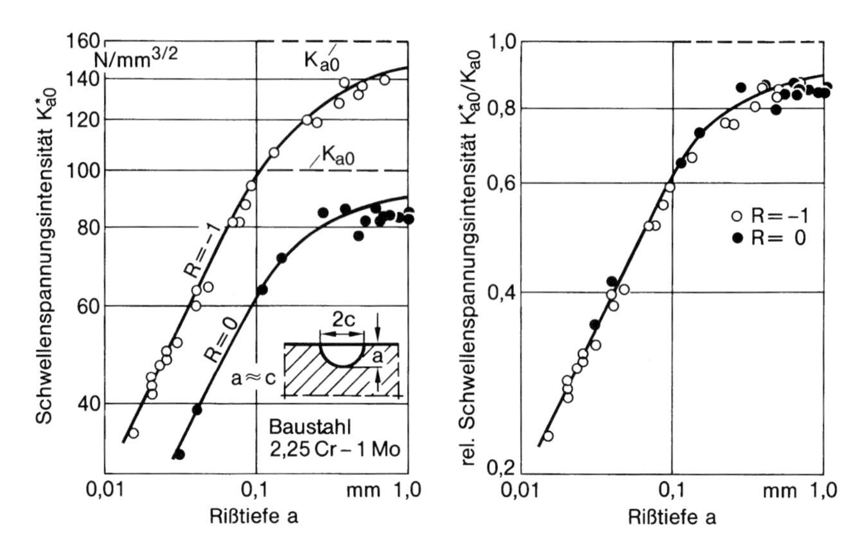

Abb. 7.17: Schwellenwert der Spannungsintensität kurzer Risse für einen Baustahl als Funktion der Rißtiefe bei $R = 0$ und $R = -1$, auseinandergezogene (a) und zusammenfallende (b) Darstellung von Meßergebnissen; nach Lukáš u. Kunz [1233]

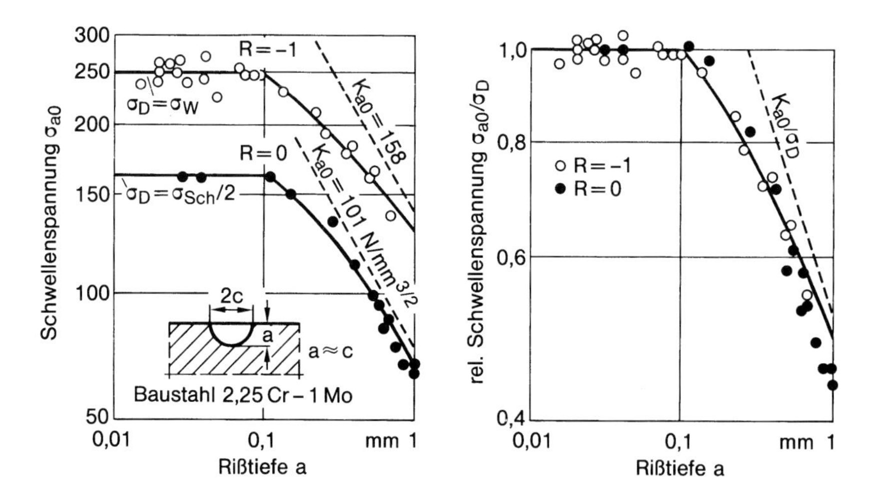

Abb. 7.18: Schwellenspannung kurzer Risse für einen Baustahl, Meßergebnisse für $R = 0$ und $R = -1$, einheitliche Kurve bei Bezug auf die Dauerfestigkeit; nach Lukáš u. Kunz [1233]

tiefe bestimmt. An der polierten Oberfläche einer mild gekerbten Probe wurden kurze Ermüdungsrisse eingeleitet. Die Rißlänge $2c$ der annähernd halbkreisförmigen Anrisse war mikroskopisch beobachtbar (kleinste Länge $2c \approx 20\ \mu$m). Nach dem Verfahren des wiederholten „load-shedding“ gelang es, die Schwellenspannung zu bestimmen. Die Spannungsamplitude und die Mittelspannung wurden ausgehend von ihren Anfangswerten etwa 5 % über der Dauerfestigkeit schrittweise abgesenkt, bis Rißstillstand eintrat. Die ermittelten Schwellenwerte der Spannungsamplitude stellen sich im Kitagawa-Diagramm über der Rißlänge bzw. Rißtiefe dar, Abb. 7.18. In diesem Diagramm lassen sich die beiden Kurven für $R = 0$ und $R = -1$ zur Deckung bringen, wenn auf die Dauerfestigkeit bezogene Größen verwendet werden.

Verhalten flächenhafter kleiner Fehlstellen

Der Schwellenwert der Spannungsintensität ist für die Kennzeichnung des Beginns des Rißfortschritts an kleinen flächenhaften (d. h. rißartigen) Fehlstellen unzureichend. Usami und Shida [1280] haben an unlegiertem Stahl gezeigt, daß ein Dauerfestigkeitskriterium ausgehend von der zyklischen plastischen Zone an der Rißspitze (gemäß Dugdale-Modell) angegeben werden kann, das die Wirkung von Rißlänge und Spannungsverhältnis zutreffend wiedergibt. Die flächenhaften Fehlstellen werden als Risse aufgefaßt. Die zugehörigen theoretischen Dauerfestigkeitswerte lassen sich als Kitagawa-Diagramm darstellen. Die an Proben mit natürlichen Fehlstellen wie Oberflächenrauhigkeit, Mikrolunker und Mikroeinschlüsse durchgeführten Dauerfestigkeitsversuche bestätigen die theoretischen Werte.

Verhalten volumenhafter kleiner Fehlstellen

Volumenhafte kleine Fehlstellen wie z. B. Grübchen, Poren, Lunker oder Mikrokerben verhalten sich hinsichtlich des Beginns des Rißfortschritts anders als flächenhafte (d. h. rißartige) kleine Fehlstellen. Es wird angenommen, daß sich volumenhafte Fehlstellen günstiger verhalten, weil sie gerundet sind und geringere Kerbwirkung aufweisen. Die Annahme trifft bei großen Fehlstellen gegenüber langen Rissen tatsächlich zu. Bei kleinen Fehlstellen gegenüber kurzen Rissen können sich die Verhältnisse jedoch umkehren.

In der praktischen Fehlstellenbewertung ist es üblich, die Projektionsfläche A^* der Fehlstellen senkrecht zur Hauptrichtung der Beanspruchung als fiktiven Riß unter der Zugspannung senkrecht zur Rißebene zu betrachten (s. Abb. 6.8) und diesen Riß ausgehend von seinem $K_{\mathrm{I\,max}}$-Wert bruchmechanisch zu bewerten. Komplexere Konturen werden dabei durch geometrisch einfache, umbeschriebene Kurven ersetzt, meist durch eine rechteckige oder elliptische Kurve. Die Wurzel aus der Projektionsfläche der Fehlstelle wird dabei vielfach als äquivalente Rißlänge eingeführt. Das Ergebnis $\Delta K_{\mathrm{Imax}} < \Delta K_0$ wird als konservativ angesehen.

Durch Schwingversuche an ungekerbten und polierten Proben mit künstlich erzeugten Fehlstellen (z. B. Grübchen durch elektrochemischen Abtrag oder Hartkörpereindrücke) wurde jedoch nachgewiesen [1370, 1371], daß die zu dauerhaftem Rißfortschritt führende kritische Fehlergröße bei vorgegebener Spannung kleiner sein kann als die kritische Rißgröße. Die Grenzkurve im Kitagawa-Diagramm ist in diesem Fall enger zu ziehen, als es den eigentlichen Rissen entspricht.

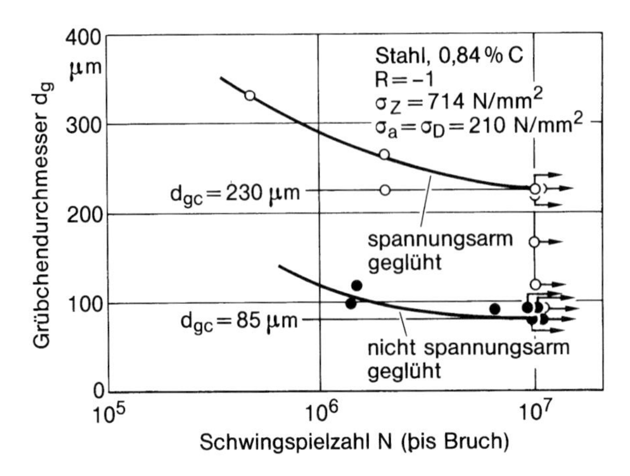

Abb. 7.19: Schwingspielzahl bis Bruch bei künstlichen Fehlstellen (Grübchen) unter zyklischer Beanspruchung in Höhe der ursprünglichen Dauerfestigkeit; nach Yamada *et al.* [1371]

Dieser Sachverhalt läßt sich sprachlich so ausdrücken, daß die Rißeinleitungsdauerfestigkeit der Fehlstelle niedriger liegen kann als die Rißfortschrittsdauerfestigkeit des Risses. Es ist zu beachten, daß sich diese Aussage nur auf kleine Fehlstellen in Relation zu kurzen Rissen bezieht.

Die Rißeinleitungsdauerfestigkeit kleiner Fehlstellen wird erwartungsgemäß von Eigenspannungen stark beeinflußt, Abb. 7.19. Der kritische Grübchendurchmesser d_{gc}, ab dem Schwingbrüche bei endlicher Lebensdauer auftreten, ist im vorliegenden Fall ohne Spannungsarmglühen wesentlich kleiner als mit Spannungsarmglühen. Er stimmt mit der kritischen Größe der stillstehenden Kurzrisse nur dann ungefähr überein, wenn Grübchen und Risse spannungsarm geglüht werden. Im Kitagawa-Diagramm der Kurzrisse ist der Hindernisabstand d_h die mit der Größe d_{gc} zu vergleichende Größe.

Schwellenwerte für Oberflächenfehlstellen

Unter Hintanstellung der beschriebenen Besonderheiten konnten Murakami und Endo [1352] den Schwellenwert der Spannungsintensität der Projektionsfläche (senkrecht zur Hauptrichtung der Beanspruchung) volumenhafter Oberflächenfehlstellen mit relativ kleinem Anriß für unterschiedliche Fehlstellengeometrien, Fehlstellengrößen und Werkstoffe (Stähle, Aluminiumlegierung, Messing) in einheitlicher Form angeben.

Experimentell untersucht hinsichtlich Rißeinleitung und Rißfortschritt bei Wechselbeanspruchung (Umlaufbiegung, $R = -1$) wurden gebohrte Sacklöcher, Vickers-Härteeindrücke, flache Kerben und kurze Risse in der Oberfläche von Rundstabproben, Abb. 7.20. Die Fehlergröße, ausgedrückt als Wurzel über die Projektionsfläche der Fehlstelle senkrecht zur Beanspruchung, lag zwischen 15 und 1000 µm. Die maximale Fehlertiefe betrug 250 µm. Durch geeignete Maß-

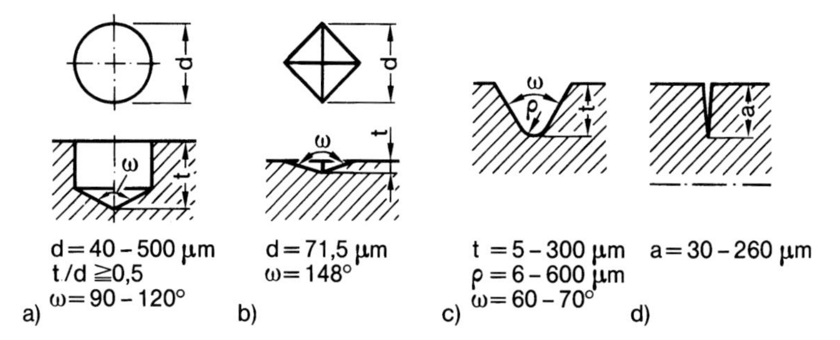

Abb. 7.20: Form und Abmessungen der Fehlstellen in der Untersuchung von Murakami u. Endo [1352]: Sackloch (a), Hartkörpereindruck (b), Umfangskerbe (c) und Umfangsriß (d)

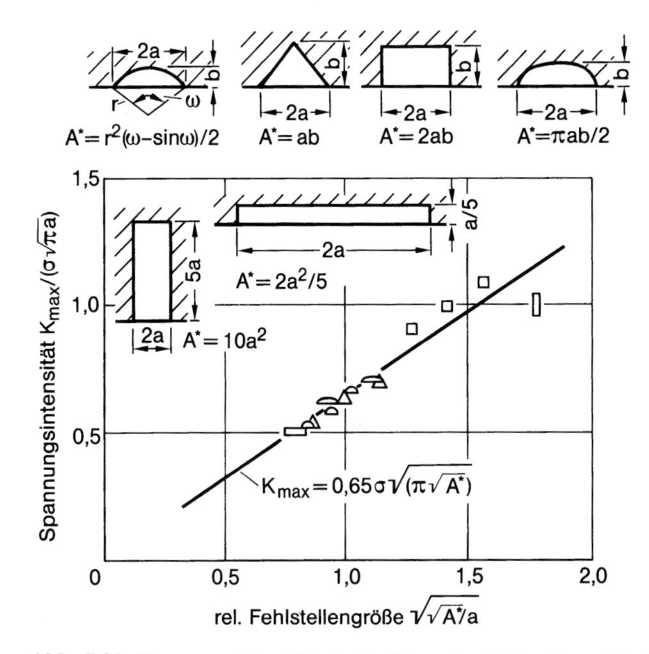

Abb. 7.21: Spannungsintensität als Funktion der Fehlstellengröße bei unterschiedlicher Fehlstellenkontur senkrecht zur Hauptrichtung der Beanspruchung; nach Murakami u. Endo [1352]

nahmen wurde sichergestellt, daß keine nennenswerte Eigenspannung oder Verformungsverfestigung vorlag.

Neben Stählen unterschiedlicher Art, Zusammensetzung und Mikrostruktur wurden Messing und eine Aluminiumlegierung erfaßt. Die Vickers-Härte H_V lag zwischen 100 und 700 Einheiten.

Der Spannungsintensitätsfaktor K_{max} läßt sich näherungsweise aus der Projektionsfläche A^* der geometrisch vereinfachten umbeschriebenen Kurve der Fehlstellenkontur bestimmen, Abb. 7.21:

$$K_{\max} = 0{,}65\,\sigma\sqrt{(\pi\sqrt{A^*})} \tag{7.30}$$

Der Schwellenwert ΔK_0^* der untersuchten kleinen Fehlstellen und Kurzrisse ließ sich durch folgende Näherung ausdrücken (mittlerer Fehler etwa $\pm 10\,\%$):

$$\Delta K_0^* = 0{,}104\,(H_V + 120)\left(\sqrt{A^*}\right)^{1/3} \tag{7.31}$$

Für die Dauerwechselfestigkeit σ_W^* mit Fehlstelle folgt aus (7.30) und (7.31):

$$\sigma_W^* = \frac{1{,}43\,(H_V + 120)}{(\sqrt{A^*})^{1/6}} \tag{7.32}$$

Dabei ist ΔK_0^* in $\mathrm{N/mm^{3/2}}$, $\sqrt{A^*}$ in μm und σ_W^* in $\mathrm{N/mm^2}$ einzuführen. Das additive Glied zu H_V drückt aus, daß in weicherem Werkstoff größere Fehlstellen ohne Rißfortschritt möglich sind.

Einfluß von Oberflächenrauhigkeit

Die Oberflächenrauhigkeit nach spanabhebender Feinbearbeitung liegt im Größenbereich der Kurzrisse (gemittelte Rauhtiefe $R_m = 0{,}2$-8 µm). Der Einfluß der Oberflächenrauhigkeit auf die Dauerfestigkeit kann daher nach der Kurzriß-Bruchmechanik treffender als nach herkömmlichem Verfahren (s. Kap. 3.7) beschrieben werden (Suhr [424]). Proben aus niedriglegiertem Stahl wurden mit polierter, geschmirgelter und (längs und quer) geschliffener Oberfläche im Wöhler-Versuch geprüft. Die durch die Bearbeitung in der Oberfläche entstandenen Eigenspannungen (und Verfestigungen) waren durch Wärmebehandlung entfernt. Vergleichsweise wurden quer zur Schwingbeanspruchung liegende Spitzkerben untersucht.

Das Ergebnis dieser Untersuchung läßt sich auf Basis der Kurzriß-Bruchmechanik darstellen, wenn die tatsächlichen Bruchausgangsstellen ausgewertet werden. Die im Lichtschnittverfahren ermittelten Oberflächenprofile und die dazu ergänzten metallographischen Schnittbilder allein erwiesen sich als unzureichend. Die Rauhtiefe bzw. Kerbtiefe an den Bruchausgangsstellen war um die Länge der etwa vorhandenen MnS-Einschlüsse (typisch 40 µm), Fremdpartikel-Einbettungen, Mikroporen und sonstigen Fehlstellen zu vergrößern. Mit der Spannungsintensität für lange Risse senkrecht zum freien Rand und dem Längenparameter a^* nach El Haddad *et al.* ($\Delta K_0 = 1{,}12\,\Delta\sigma_0\sqrt{\pi(a + a^*)}$, $a^* = 0{,}013$ mm bzw. 0,019 mm bei $R = 0{,}1$ bzw. -1) ergibt sich das Kitagawa-Diagramm nach Abb. 7.22. Das zugehörige Dauerfestigkeitsschaubild ist in Kap. 3.7 gezeigt (s. Abb. 3.35).

Aus dem Untersuchungsergebnis geht hervor, daß selbst bei Proben ohne Eigenspannungen und Verfestigung in der Oberfläche das Oberflächenprofil allein zur Beurteilung der Dauerfestigkeit nicht ausreicht. Andererseits macht die Berücksichtigung von Eigenspannungen und Verfestigung keine grundsätzliche Schwierigkeit, sofern diese Einflußgrößen hinreichend genau bekannt sind.

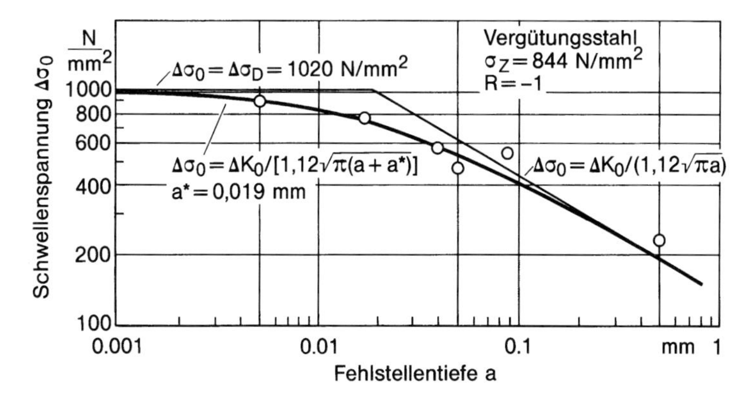

Abb. 7.22: Schwellenspannung für die Einleitung des Ermüdungsbruchs durch Oberflächenfehlstellen in ungekerbter Probe als Funktion der Fehlstellentiefe, Fehlstellen nach spanabhebender Feinbearbeitung mit darauffolgendem Spannungsarmglühen, tatsächliche Fehlstellentiefe um Einschlußlänge vergrößert; nach Suhr [424]

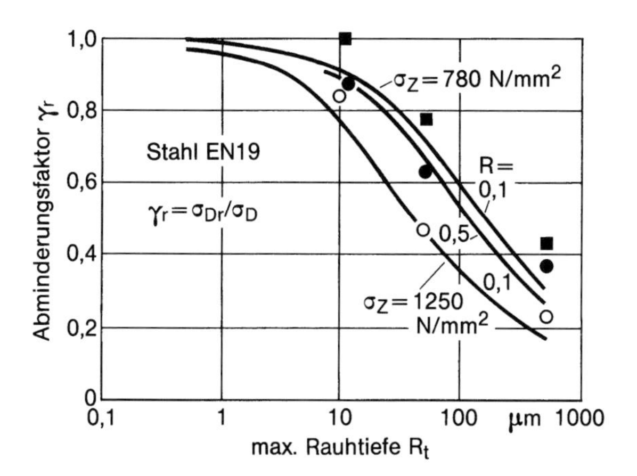

Abb. 7.23: Abminderungsfaktor der Dauerfestigkeit zweier hochfester Stähle als Funktion der maximalen Rauhtiefe; nach Greenfield *et al.* [1339]

Als Ergebnis einer anderen Untersuchung (Greenfield *et al.* [1339]) an zwei hochfesten Stählen wird der Abminderungsfaktor γ_r der Dauerfestigkeit in Abhängigkeit der maximalen Rauhtiefe R_t angegeben, Abb. 7.23. Die Darstellung entspricht einem modifizierten Kitagawa-Diagramm. Die Kurven zeigen die Rechenwerte ausgehend von ΔK_0, $\Delta\sigma_D$ und dem Längenparameter a^* nach El Haddad *et al.*, wobei die Rißlänge a der maximalen Rauhtiefe R_t gleichgesetzt wird. Experimentell ermittelte Daten sind vergleichsweise eingetragen (die großen Werte R_t sind durch Einzelspitzkerben simuliert). Der höherfeste Stahl weist erwartungsgemäß die stärkere Abminderung auf. Das Diagramm entspricht einer herkömmlichen Darstellung des Rauhigkeitseinflusses (s. Abb. 3.32).

7.3 Zyklische elastisch-plastische Beanspruchungskennwerte

Beanspruchungskennwerte ohne Berücksichtigung des Rißschließens

Um Kurzrisse zyklisch wachsen zu lassen, sind relativ hohe Beanspruchungsamplituden erforderlich. Die zur Festlegung von Schwellenwerten noch geeigneten Kennwerte der linearelastischen Bruchmechanik verlieren daher beim Kurzrißfortschritt ihre Gültigkeit und sind durch elastisch-plastisch begründete Kennwerte zu ersetzen. Das gilt für Kurzrisse in ungekerbten Proben unter Beanspruchung nahe der Fließgrenze ebenso wie für Kurzrisse in der lokal plastifizierenden Zone von Kerben. Als Kennwerte eignen sich die zyklische Rißöffnungsverschiebung $\Delta\delta$, die zyklische dehnungsbasierte Spannungsintensität ΔK_ε und das zyklische J-Integral ΔJ, die nachfolgend zunächst für die ungekerbte Probe mit Kurzriß angegeben werden.

Die zyklische Rißöffnungsverschiebung $\Delta\delta$ (auch COD-Wert genannt, abgeleitet von „crack opening displacement") läßt sich im Bereich ausgedehnter Plastizität an den Rißspitzen bzw. bei Annäherung der Grundbeanspruchung an die Fließgrenze anstelle der zyklischen Spannungsintensität ΔK verwenden, die in den vorstehend genannten Fällen ihre Gültigkeit verliert. Aus dem Dugdale-Modell [963], dem ein Durchriß im überwiegend ebenen Spannungszustand zugrunde liegt, folgt ($\Delta\sigma_\text{F} = 2\sigma_\text{F}$):

$$\Delta\delta = \frac{8}{\pi} a \frac{\Delta\sigma_\text{F}}{E} \ln\left[\sec\left(\frac{\pi}{2}\frac{\Delta\sigma}{\Delta\sigma_\text{F}}\right)\right] \qquad \text{(ESZ)} \qquad (7.33)$$

Für den halbkreisförmigen Oberflächenriß ergibt sich unter Annahme elastisch-idealplastischen Werkstoffverhaltens und des ebenen Dehnungszustands an der Rißspitze (nach Vormwald und Seeger [1281, 1284] gemäß Tada *et al.* [952]):

$$\Delta\delta = 1{,}07 \frac{8(1-\nu^2)}{\pi} a \frac{\Delta\sigma_\text{F}}{E}\left[1 - \sqrt{1 - \left(\frac{\Delta\sigma}{\sigma_\text{F}}\right)^2}\right] \qquad \text{(EDZ)} \qquad (7.34)$$

Bei verfestigendem Werkstoff wird diese Formel unter Verwendung der (zyklischen) Ersatzfließspannung $\bar{\sigma}_\text{F} = (\sigma'_{0,2} + \sigma_\text{Z})/2$ anstelle von σ_F und des Sekantenmoduls E_s anstelle des Elastizitätsmoduls E modifiziert.

Der zyklische dehnungsbasierte Spannungsintensitätsfaktor ΔK_ε ist in formaler Analogie zum zyklischen Spannungsintensitätsfaktor ΔK festgelegt. Als Grundbeanspruchung wird anstelle der Spannung $\Delta\sigma$ die (Gesamt-)Dehnung $\Delta\varepsilon$ eingeführt und quasielastisch auf eine Spannungsintensität umgerechnet (im Unterschied zur Festlegung nach (6.53) wird $\sqrt{\pi}$ mitgeführt).

Außerdem kann das Schwellenwertverhalten über den Längenparameter a^* nach El Haddad *et al.* berücksichtigt werden (anstelle von a ist in diesem Fall $(a + a^*)$ einzuführen). Beim halbkreisförmigen Oberflächenriß ist der Geometriefaktor $Y = 0{,}68$ zu ergänzen:

$$\Delta K_\varepsilon = 0{,}68\, E\Delta\varepsilon\sqrt{\pi a} \tag{7.35}$$

Das zyklische J-Integral ΔJ bei der an kurzen Rissen stärkeren plastischen Formänderung wird als Überlagerung elastischer und plastischer Formänderungsenergieanteile definiert (Darstellung nach Dowling [962, 985, 986], aber zunächst ohne Rißschließeffekt):

$$\Delta J = \Delta J_{\mathrm{el}} + \Delta J_{\mathrm{pl}} \tag{7.36}$$

Der elastische Anteil wird ausgehend von dem Zusammenhang (6.57) zwischen ΔJ und ΔK bei überwiegend elastischem Verhalten bestimmt. Hierbei kann der Längenparameter a^* mitberücksichtigt werden, indem $(a + a^*)$ anstelle von a gesetzt wird. Unter Annahme des ebenen Spannungszustands und eines Geometriefaktors $Y = 1{,}07 \times 2/\pi = 0{,}68$ beim halbkreisförmigen Oberflächenriß gilt:

$$\Delta J_{\mathrm{el}} = 0{,}68^2 \frac{(\Delta\sigma)^2 \pi a}{E} \qquad \text{(ESZ)} \tag{7.37}$$

Bei Annahme des ebenen Dehnungszustands gilt:

$$\Delta J_{\mathrm{el}} = (1 - \nu^2)\, 0{,}68^2 \frac{(\Delta\sigma)^2 \pi a}{E} \qquad \text{(EDZ)} \tag{7.38}$$

Mit der elastischen Formänderungsenergiedichte $W_{\mathrm{el}} = (\Delta\sigma)^2/2E$ gilt für den in einer Scheibe innen liegenden Durchriß:

$$\Delta J_{\mathrm{el}} = 2\pi W_{\mathrm{el}} a \tag{7.39}$$

Der plastische Anteil in (7.36) wird ausgehend von dem Verfestigungsgesetz $\Delta\sigma/2 = K'(\Delta\varepsilon_{\mathrm{pl}}/2)^{n'}$ nach (2.17) folgendermaßen angenähert (Shih u. Hutchinson [971]):

$$\Delta J_{\mathrm{pl}} = 2\pi f(n') W_{\mathrm{pl}} a \tag{7.40}$$

Die plastische Formänderungsenergiedichte W_{pl} wird nach Dowling [962, 985, 986] aus $\Delta\sigma$ und $\Delta\varepsilon_{\mathrm{pl}}$ bestimmt. Für (7.40) folgt:

$$\Delta J_{\mathrm{pl}} = 2\pi f(n') \frac{\Delta\sigma\Delta\varepsilon_{\mathrm{pl}}}{n' + 1} a \tag{7.41}$$

Mit $\Delta\varepsilon_{\mathrm{pl}} = (\Delta\varepsilon - \Delta\sigma/E)$ wird schließlich ein Ausdruck für ΔJ gewonnen:

$$\Delta J = 2\pi a \left[\frac{f(n')}{n' + 1} \Delta\sigma\Delta\varepsilon - \left(\frac{2f(n')}{n' + 1} - 1 \right) \frac{(\Delta\sigma)^2}{2E} \right] \tag{7.42}$$

Eine vereinfachte Form von (7.42) ist aus (7.48) ableitbar. Zum Vergleich mit ΔK-Werten kann ΔJ quasielastisch auf ΔK_{J} umgerechnet werden:

$$\Delta K_{\mathrm{J}} = \sqrt{E\Delta J} \tag{7.43}$$

Beanspruchungskennwerte mit Berücksichtigung des Rißschließens

Die Berücksichtigung des sowohl bei einstufigen als auch mehrstufigen und allgemeineren Beanspruchungsabläufen bedeutsamen Rißschließens kann weiterhin über die zyklischen Kennwerte $\Delta\delta$, ΔK_ε und ΔJ erfolgen, die nunmehr als Effektivwerte $\Delta\delta_{\text{eff}}$, $\Delta K_{\varepsilon\,\text{eff}}$ und ΔJ_{eff} erscheinen (ähnlich der Verwendung von ΔK_{eff} anstelle von ΔK beim Langriß). Die nachfolgenden Formeln für diese Kennwerte beziehen sich durchweg auf den halbkreisförmigen Oberflächenriß mit Rißtiefe a. Sie sind über das jeweilige Verhältnis der Geometriefaktoren (näherungsweise von den linearelastischen Gegebenheiten ableitbar) auf andere Kurzrißarten übertragbar (z. B. auf den halbelliptischen Oberflächenriß, den viertelelliptischen Eckriß und den Durchriß in einer Scheibe).

Die effektive Rißöffnungsverschiebung $\Delta\delta_{\text{eff}}$ folgt aus (7.34) mit der Differenz zwischen Oberspannung σ_{o} und Rißschließspannung $\sigma_{\text{cl}} \approx \sigma_{\text{op}}$:

$$\Delta\delta_{\text{eff}} = 1{,}07\,\frac{8(1-\nu^2)}{\pi}\,a\,\frac{\Delta\sigma_{\text{F}}}{E}\left[1-\sqrt{1-\left(\frac{\sigma_0-\sigma_{\text{cl}}}{\Delta\sigma_{\text{F}}}\right)^2}\,\right] \tag{7.44}$$

Die effektive dehnungsbasierte Spannungsintensität $\Delta K_{\varepsilon\,\text{eff}}$ folgt aus (7.35):

$$\Delta K_{\varepsilon\,\text{eff}} = 0{,}68\big[(\sigma_0-\sigma_{\text{cl}}) + E\Delta\varepsilon_{\text{pl}}\big]\sqrt{\pi a} \tag{7.45}$$

Erweiterte Formeln, die verfestigenden Werkstoff berücksichtigen, sind bei Vormwald und Seeger [1281, 1284] angegeben.

Die Näherung für das mit Rißschließen wirksame ΔJ_{eff}-Integral wurde von Heitmann *et al.* [1373, 1374, 1376] auf Basis einer numerischen Lösung von He und Hutchinson [965] angegeben. Es wird zwischen elastischem und plastischem Energiedichteanteil (W_{el} und W_{pl}) unterschieden, die nach Kumar *et al.* [966] getrennt bestimmt und additiv überlagert werden (eine Näherung):

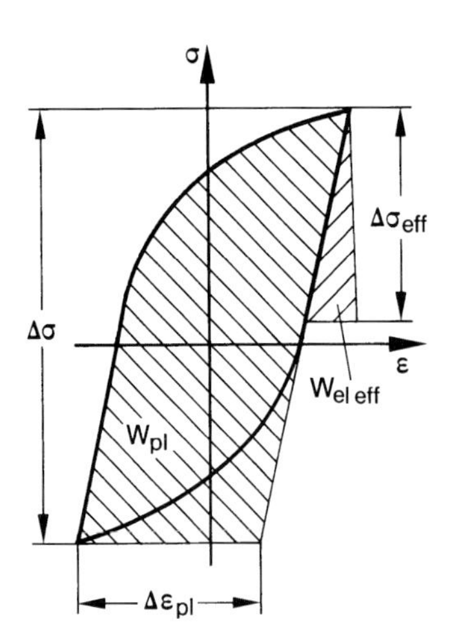

Abb. 7.24: Elastische und plastische Energiedichteanteile ($W_{\text{el eff}}$ und W_{pl}) zum ΔJ_{eff}-Integral, veranschaulicht im zyklischen Spannungs-Dehnungs-Diagramm; nach Heitmann *et al.* [1373, 1374, 1376]

$$\Delta J_{\text{eff}} = (2{,}9\, W_{\text{el eff}} + 2{,}5\, W_{\text{pl}})a \tag{7.46}$$

Das Rißschließen beeinflußt nach diesem Ansatz nur den elastischen Anteil (ergibt $W_{\text{el eff}}$), Abb. 7.24. Der Unterschied der Faktoren 2,9 und 2π in (7.46) und (7.39) rührt vom Geometriefaktor $Y = 0{,}68$ beim halbkreisförmigen Oberflächenriß gegenüber $Y = 1{,}0$ beim in einer Scheibe innen liegenden Durchriß her, $(2\pi \times (0{,}68)^2 = 2{,}90)$.

Für den Oberflächenriß geben Heitmann *et al.* [1373, 1374, 1376] folgende Näherung an (mit zyklischem Verfestigungsexponenten $n = 1/n'$ aus $\Delta\varepsilon_{\text{pl}} = C_1(\Delta\sigma)^n$ sowie Grundbeanspruchungen σ und ε am Ort des Risses):

$$\Delta J_{\text{eff}} = Z = \left[1{,}45\frac{(\Delta\sigma_{\text{eff}})^2}{E} + \frac{2{,}5n}{1+n}\Delta\sigma\Delta\varepsilon_{\text{pl}}\right]a \tag{7.47}$$

Eine ähnliche Formel wird von Dowling [962] empfohlen (n' nach (2.17)):

$$\Delta J_{\text{eff}} = \left[1{,}24\frac{(\Delta\sigma_{\text{eff}})^2}{E} + \frac{1{,}02}{\sqrt{n'}}\Delta\sigma\Delta\varepsilon_{\text{pl}}\right]a \tag{7.48}$$

Die Formel ist auf den ebenen Dehnungszustand abgestellt (Faktor 1,24 statt 1,36 bei der Querkontraktionszahl $\nu = 0{,}3$), der nach einem Vergleich der analytischen Lösung [962] mit der numerischen Lösung von Trantina *et al.* [972] als maßgebend bei halbelliptischen Oberflächenrissen angesehen wird.

Ausgehend vom Entlastungsast der zyklischen Spannungs-Dehnungs-Kurve (J-Integral hier bis zum Rißschließen wegunabhängig) bestimmen Vormwald und Seeger [1281, 1284] die Größe ΔJ_{eff} unter Verwendung der Differenz zwischen gemessener Rißschließspannung σ_{cl} bzw. Rißschließdehnung ε_{cl} und Oberspannung σ_{o} bzw. Oberdehnung ε_{o}:

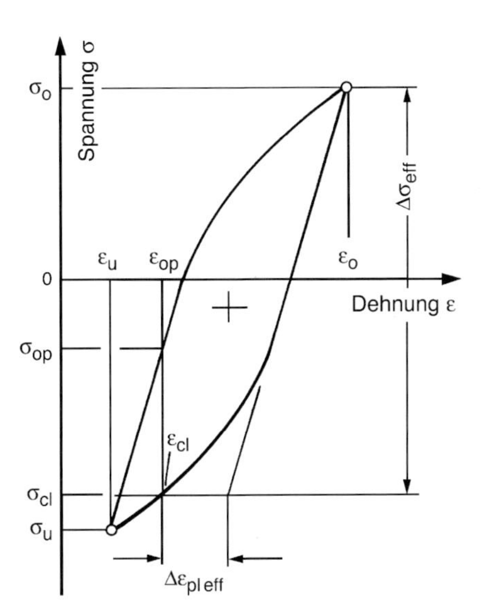

Abb. 7.25: Darstellung der effektiven zyklischen Spannung und Dehnung an der Hystereseschleife des Beanspruchungszyklus mit Rißöffnen (Index op) und Rißschließen (Index cl); nach Savaidis u. Seeger [857]

$$\Delta J_{\mathrm{eff}} = \left\{ 1{,}24 \frac{(\sigma_{\mathrm{o}} - \sigma_{\mathrm{cl}})^2}{E} + \frac{1{,}02}{\sqrt{n'}} (\sigma_{\mathrm{o}} - \sigma_{\mathrm{cl}}) \left[(\varepsilon_{\mathrm{o}} - \varepsilon_{\mathrm{cl}}) - \frac{(\sigma_{\mathrm{o}} - \sigma_{\mathrm{cl}})}{E} \right] \right\} a \quad (7.49)$$

Im Unterschied zu (7.48) wird in (7.49) neben dem elastischen Anteil auch der plastische Anteil durch das Rißschließen modifiziert. Die in (7.49) eingehenden Größen sind in Abb. 7.25 dargestellt. Dem Ausdruck in der eckigen Klammer entspricht die effektive plastische Dehnungsschwingbreite $\Delta\varepsilon_{\mathrm{pl\,eff}}$. Die Darstellung beinhaltet den empirischen Befund, daß Rißschließen und Rißöffnen bei derselben Dehnung erfolgen.

Rißschließen beim Kurzriß, allgemeine Angaben

Der Rißschließeffekt tritt beim Kurzriß (Durchriß oder Oberflächenriß) in anderer Weise als beim Langriß auf. Er bestimmt als Anlaufvorgang das Anrißverhalten im Einstufenversuch ebenso wie als Reihenfolgeeffekt das Anrißverhalten im Mehrstufen- und Random-Versuch, Abb. 7.26 (vgl. Abb. 6.39). Der Kurzrißfortschritt im Kerbgrund weicht von den Verhältnissen in der ungekerbten Probe erheblich ab (im Gegensatz zum Langrißfortschritt), so daß eine eigenständige Behandlung des Kurzrisses im Kerbgrund notwendig ist. Die Darstellung des Rißschließverhaltens beim Kurzriß folgt in formaler Hinsicht dennoch jener beim Langriß (s. Kap. 6.6).

Bei kurzen Rissen tritt das Rißöffnen relativ früh auf (also im Fall von $R = -1$ bei betragsmäßig hoher Druckspannung) und das Rißschließen dementsprechend spät. Die Schwellenwerte werden dadurch verkleinert und die Rißfortschrittsraten erhöht. Der Effekt tritt besonders ausgeprägt an Rissen auf, die im Kerbgrund beginnen. Nach der Anlaufphase mit weitgehend geöffnetem Riß (transientes Rißschließverhalten) wird erst bei größerer Rißlänge ($a = 0{,}2$-1 mm) der Sättigungswert des zyklischen Rißschließanteils erreicht (stabilisiertes Rißschließverhalten), Abb. 7.27. Der Kurvenverlauf ist von Werkstoff, Proben- und Rißgeometrie, Spannungshöhe und Spannungsverhältnis abhängig. Da die Kurven an gekerbten Proben ermittelt wurden, geben sie nicht das reine Werkstoffverhalten wieder.

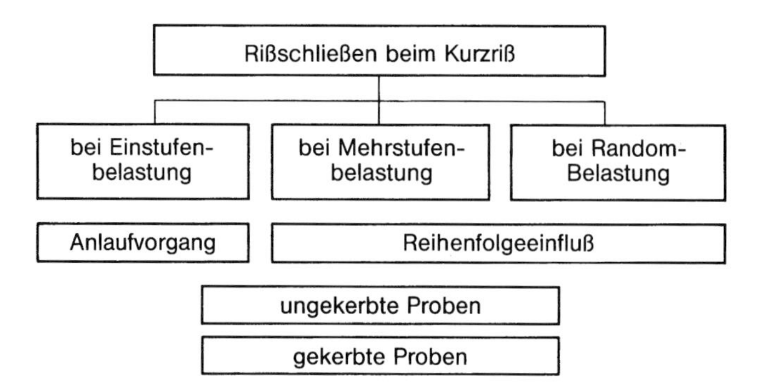

Abb. 7.26: Darstellungsgesichtspunkte zum Rißschließen beim Kurzriß

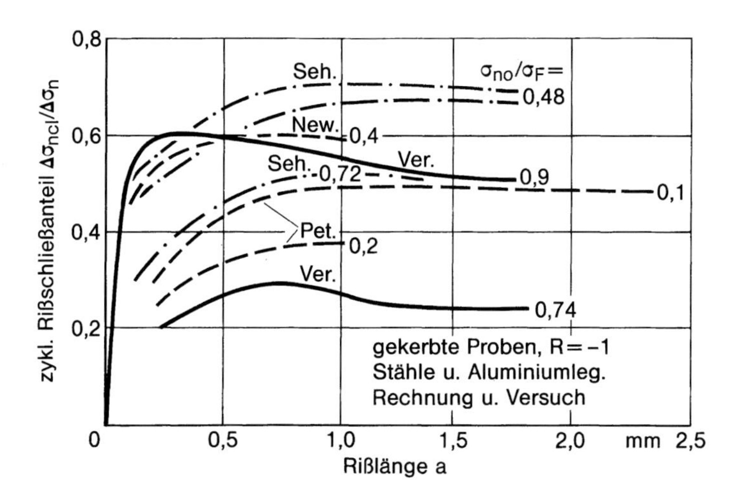

Abb. 7.27: Rißschließanteil der Nennspannungsschwingbreite ($R = -1$) als Funktion der Rißlänge beim über die Scheibendicke durchgehenden Anriß am Kerbrand; nach Sehitoglu *et al.* [1341] (obere Kurve Versuchsergebnisse, mittlere und untere Kurve Berechnungsergebnisse, Stahl 1070), Newman [1244] (Berechnungsergebnisse, Stahl G50.11), Petit *et al.* [1253] (Versuchsergebnisse, AlZnMgCu) und Verreman [1368] (Versuchsergebnisse, Stahl A36); Darstellung nach Vormwald [1369] (vereinfacht)

Der Übergang zum Sättigungswert des längeren Risses erfolgt nach Tanaka [1268-1270, 1273] abhängig von der Rißlänge a gemäß dem Rißöffnungsverhältnis U nach (6.82):

$$U = U_0\sqrt{\frac{a+a^*}{a}} \qquad (a \geq a^*) \tag{7.50}$$

Es ist U_0 der Sättigungswert des Rißöffnungsverhältnisses beim längeren Riß und a^* der Längenparameter nach El Haddad *et al.* [1215]. Selbstverständlich sind auch andersartige formale Übergangsbeschreibungen möglich. In den bisherigen Lebensdauerberechnungen auf der Basis des Kurzrisses ist das transiente Rißschließverhalten meist vernachlässigt.

Rißschließen beim Kurzriß unter Einstufenbelastung

Zur Ermittlung des Rißschließens am halbkreisförmigen Oberflächenriß dienen experimentelle Verfahren (s. Kap. 6.6). Das Verfahren mit Dehnungsmeßstreifen nach Vormwald und Seeger [1281, 1284] ist auf Kurzrisse in der Oberfläche zugeschnitten. Neben der Rißflanke eines in der Probenoberfläche erzeugten Kurzrisses wird ein Dehnungsmeßstreifen appliziert, dessen Meßsignal für die lokale Dehnung ε_l mit jenem für die globale Dehnung ε verglichen wird, Abb. 7.28. Die Spannungs-Dehnungs-Hystereseschleifen werden aufgenommen, Abb. 7.29. Es ist $\varepsilon_l < \varepsilon$, weil der Dehnungsmeßstreifen im Rißschatten liegt. Rißschließen und Rißöffnen markieren sich als schwacher Knick in der Linie der

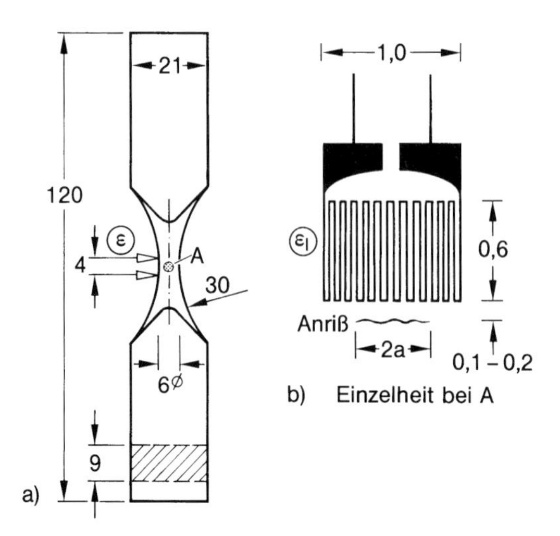

Abb. 7.28: Experimentelle Bestimmung des Kurzrißschließens: Probe (a) mit Dehnungsmeßstreifen am (Ermüdungs-)Anriß (b), Messung von globaler Dehnung ε und lokaler Dehnung ε_l; nach Vormwald u. Seeger [1284]

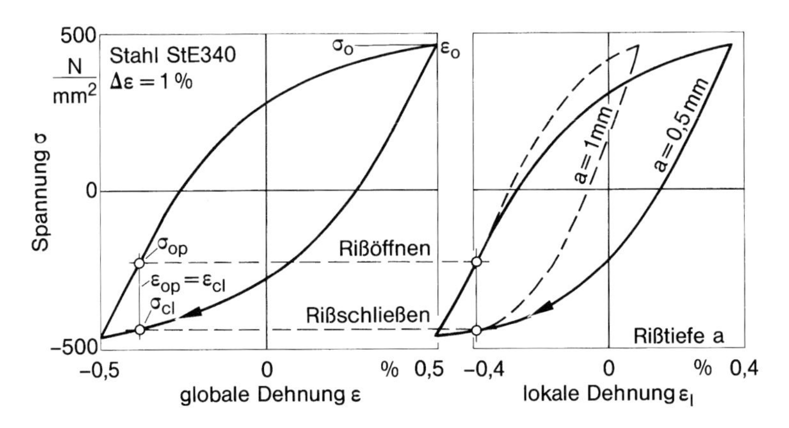

Abb. 7.29: Spannungs-Dehnungs-Hystereseschleifen zur experimentellen Bestimmung von Rißöffnen und Rißschließen beim Oberflächenkurzriß; nach Vormwald u. Seeger [1284]

lokalen Dehnungen, während die Linie der globalen Dehnungen im Rahmen der Meßgenauigkeit unverändert bleibt.

Untersuchungen zum Rißschließen und Rißöffnen bei ein- oder mehrstufiger Belastung kurzer (oder langer) Risse sind auch nach einer besonderen Markiertechnik in der Bruchfläche möglich. Nach Sunder *et al.* [1054, 1326, 1361] wird die Riefenbreite in der Bruchfläche ausgewertet, die sich bei Aufbringung einer besonderen, zum Zwecke der Messung eingestreuten Lastfolge einstellt. Die eingestreute Lastfolge weist linear ansteigende bzw. abfallende Schwingbreite bei gleichbleibender Oberlast auf, Abb. 7.30. Dort, wo die zugehörige Riefenbreite

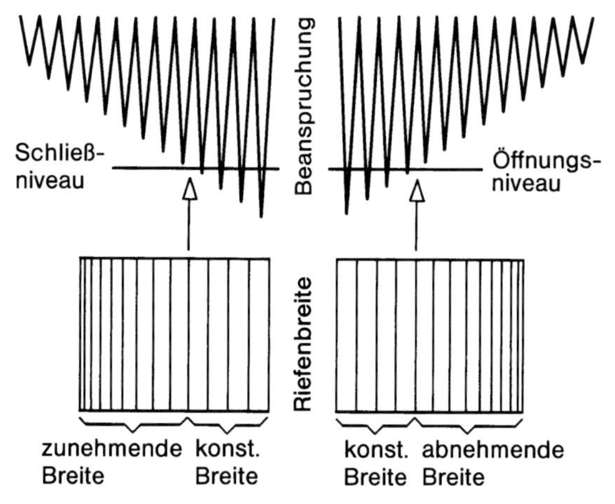

Abb. 7.30: Eingestreute Lastfolgen und zugehörige Riefenbreiten auf der Bruchfläche, Auswertung hinsichtlich Rißschließ- und Rißöffnungsniveau; nach Sunder [1361] in [1282]

auf der Bruchfläche einen konstanten Wert erreicht bzw. verläßt, ist das Rißschließ- bzw. Rißöffnungsniveau der Beanspruchung erreicht.

Aus Untersuchungen an Stählen und Aluminiumlegierungen folgt, daß Rißschließen und Rißöffnen bei der gleichen Dehnung erfolgen, $\varepsilon_{op} = \varepsilon_{cl}$ (Indizes von opening und closure). Demnach liegt die Rißöffnungsspannung deutlich höher als die Rißschließspannung, $\sigma_{op} > \sigma_{cl}$ (dies wird rechnerisch bestätigt, s. Abb. 7.64). Die Rißöffnungsspannung erhöht sich zunächst mit zunehmender Grundbeanspruchungsamplitude und fällt dann wieder ab (s. Abb. 6.44), während sich die Rißschließspannung weniger ändert. Die Rißschließspannung liegt beim Kurzriß nahe der Unterspannung im Druckbereich. Sie nimmt ebenso wie die Rißöffnungsspannung mit wachsender Rißlänge rasch zu und erreicht beim längeren Riß einen Sättigungswert, nach Vormwald und Seeger [1284] bereits bei $a \approx 0{,}2$ mm (s. a. Abb. 7.27).

Rißschließen beim Kurzriß in Kerben

Die lokale Rißöffnungsspannung am Grund von Kerben läßt sich bei kleineren Kerbradien nicht direkt meßtechnisch erfassen. Der Messung zugängig ist nur die Auswirkung auf die Nennspannung. Es wird deshalb der analytische Zusammenhang zwischen lokaler Rißöffnungsspannung σ_{op} und globaler Rißöffnungsnennspannung σ_{nop} benötigt. Gleichzeitig sind zur Durchführung von Rißfortschrittsberechnungen an gekerbten Bauteilen oder Proben die in die Berechnung eingehenden rißbruchmechanischen Kenngrößen (zyklischer Spannungsintensitätsfaktor und zyklisches J-Integral) in Nennspannungen auszudrücken, wobei das Rißschließen zu berücksichtigen ist.

Für die rechnerische Erfassung des Rißschließens von Kurzrissen im stark inhomogenen Beanspruchungsfeld von Kerben gibt es folgende Möglichkeiten. Newman [1042, 1315] und Sehitoglu [1053] schlagen eine analytische Berech-

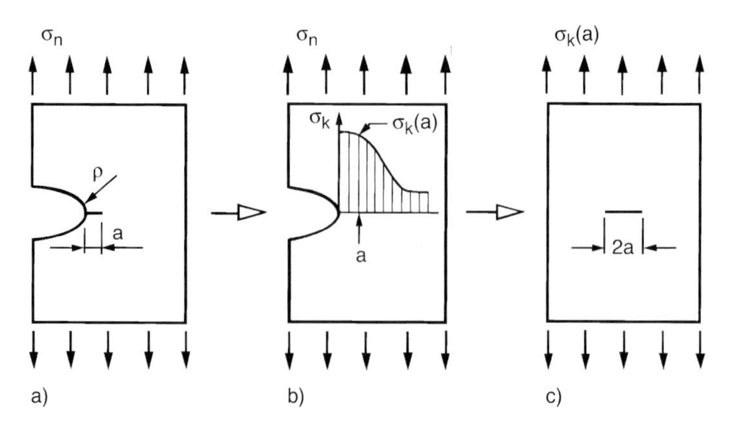

Abb. 7.31: Berechnung der Rißöffnungsspannung für den Kurzriß im Kerbgrund (a) ausgehend von der elastisch-plastischen Kerbspannungsverteilung (b) und der Rißöffnungsspannung für den Kurzriß im homogenen Spannungsfeld (c); Vorgehensweise nach McClung [1349, 1350] in der Darstellung nach Savaidis *et al.* [1354]

nung vor, die von einem modifizierten Dugdale-Modell der plastischen Zone an der Rißspitze ausgeht (s. Kap. 7.5). Weitere Näherungsansätze wurden ausgehend von Finite-Elemente-Berechnungen für den (Kurz-)Rißfortschritt im Kerbgrund gewonnen (Sun [1107], Ogura u. Ohji [1098], Lalor *et al.* [1341], McClung u. Sehitoglu [1089, 1090]). Als besonders wirkungsvoll erweist sich jedoch die nachfolgend beschriebene Kombination von inhomogener Kerbbeanspruchung mit dem Kurzrißverhalten im homogenen Beanspruchungsfeld.

Der Grundgedanke dieser analytischen Vorgehensweise, die auf McClung [1349, 1350] zurückgeht, ist mit Abb. 7.31 veranschaulicht. Das Verhalten des Kurzrisses im Kerbgrund nach Abb. 7.31 (a) wird zutreffend beschrieben, wenn die elastisch-plastisch wirkende Kerbspannung in der Kerbe ohne Riß am Ort der fiktiven Rißspitze nach Abb. 7.31 (b) als Grundbeanspruchung des Kurzrisses gleicher Größe im homogenen Spannungs- und Dehnungsfeld nach Abb. 7.31 (c) eingeführt wird, um die im letzteren Fall bekannten Näherungsgleichungen für die Rißöffnungsspannung verwenden zu können.

Von Vormwald [1284] wird dieser Grundgedanke in der Weise umgesetzt, daß Näherungen für die elastisch-plastische Kerbbeanspruchung nach Amstutz und Seeger [516, 517] sowie Seeger und Beste [540, 541] mit der Näherungsformel für die Rißöffnungsspannung nach Newman [1043] kombiniert werden. Die Vorgehensweise wird von Savaidis *et al.* [1354] in allgemeinerer Form (Verwendung unterschiedlicher Ansätze für die Rißöffnungsspannung) an Lochscheiben mit Anriß am Kerbrand (vgl. Abb. 7.32) erprobt, wobei der Feinkornstahl StE460 und die Aluminiumlegierung AA 5086 zugrunde lagen. Es stellte sich heraus, daß die Näherungsformel nach Newman mit modifizierter Fließspannung nach (6.87) verläßlichere Rißöffnungsspannungen ergibt als dieselbe Formel ohne Fließspannungsmodifikation, verläßlicher auch als der Näherungsansatz von Sun [1107]. Das experimentell verifizierte Berechnungsergebnis für Lochscheiben aus Stahl StE460 ist in Abb. 7.32 dargestellt. Der Kurzriß im Kerbgrund

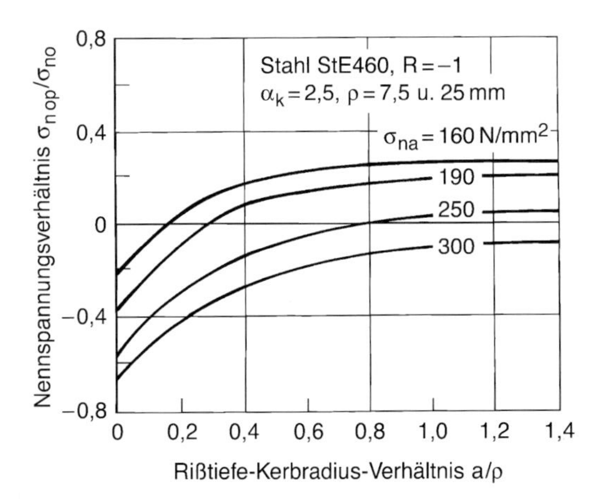

Abb. 7.32: Berechnete Rißöffnungsspannung in Abhängigkeit des Rißtiefe-Kerbradius-Verhältnisses für unterschiedliche Beanspruchungsamplituden; mit Nennspannung σ_n und Formzahl α_k; mit Kerbradius ρ in den Verifikationsversuchen; nach Savaidis *et al.* [1354]

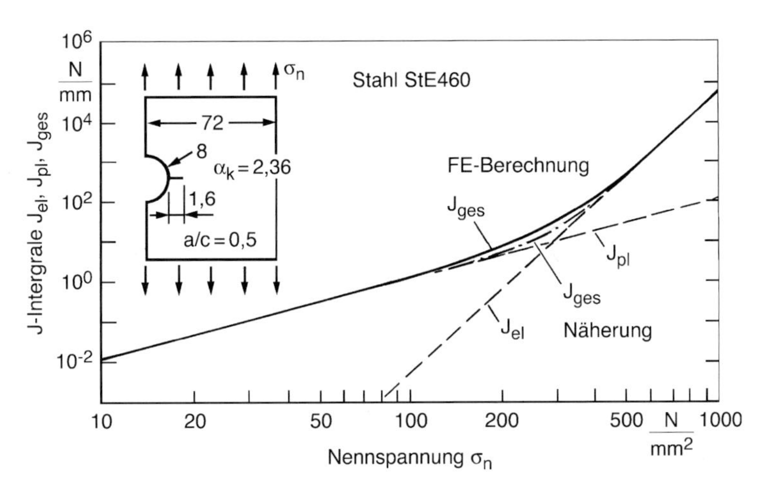

Abb. 7.33: Elastisches, plastisches und gesamtes *J*-Integral (Effektivwerte mit Rißschließen) für den halbkreisförmigen Kurzriß im Kerbgrund (halbkreisförmige Außenkerbe, Plattendicke $t = 8$ mm) in Abhängigkeit der (Brutto-)Nennspannung; Finite-Elemente-Berechnung verglichen mit Näherungsformel; nach Dankert *et al.* [1330]

bleibt auch im Druckbereich der Nennspannungsschwingbreite geöffnet, während der längere Riß überwiegend bereits im Zugbereich schließt. Eine Ausnahme bilden die Gegebenheiten bei hoher Nennspannungsamplitude.

Das nach vorstehend beschriebener Vorgehensweise zu den Rißöffnungs- und Rißschließbeanspruchungen schließlich berechenbare (effektive) *J*-Integral mit elastischem und plastischem Anteil für eine etwas geänderte Kerb- und Rißkonfiguration (halbkreisförmige Außenkerbe mit halbkreisförmigem Anriß im Kerbgrund, Zugscheibe aus Stahl StE470) ist in Abb. 7.33 mit den Ergebnissen der genaueren Finite-Elemente-Rechnung verglichen. Die Kurven für das Gesamtintegral stimmen weitgehend überein. Die Weiterverwendung dieses effektiven J-Integrals in einer Rißfortschrittsberechnung ist in Abb. 7.67 gezeigt.

Rißschließen beim Kurzriß unter Mehrstufen- und Random-Belastung

Bei nichteinstufiger und insbesondere bei regelloser Beanspruchung sind Rißöffnungs- und Rißschließspannung oder vorteilhafter die Rißöffnungsdehnung für jedes Schwingspiel vorgeschichtsabhängig neu zu ermitteln. Als ein grundlegendes Phänomen ist festzustellen, daß der Kurzriß sofort vollständig offen bleibt, wenn auf eine größere (Zug-)Dehnungsamplitude eine (wesentlich) kleinere Dehnungsamplitude folgt, selbst wenn letztere fast ganz im Druckdehnungsbereich liegt, Abb. 7.34 (bei kleinerem Unterschied der Dehnungsamplituden erfolgt der Übergang allmählich). Das gilt insbesondere für die regellose Beanspruchung, bei der auf eine größere Dehnungsamplitude eine größere Zahl kleinerer Dehnungsamplituden folgen kann. (Dies erklärt die in Blockprogrammversuchen höher als in entsprechenden Random-Versuchen ermittelte Lebensdauer.) Erst nach einer größeren Zahl weiterer Schwingspiele ($N \approx 10^3$) stellt sich bei mehrstufiger Beanspruchung die höhere Rißöffnungsdehnung gemäß Einstufenversuch ein. Der Einspielvorgang wird nach Vormwald [1281] sowie Minakawa, Nakamura und McEvily [1038, 1040, 1041, 1351] durch eine Exponentialfunktion beschrieben. Der negative Exponent dieser Funktion läßt sich z. B. aus der Dauerfestigkeitsminderung im Wöhler-Versuch mit gegenüber der Dauerfestigkeit überhöhter Vorbelastung (Prestrain-Wöhler-Linien) ermitteln. In formal ähnlicher Weise wird der Einspielvorgang auf die veränderte Rißöffnungsdehnung bei Erhöhung der (Zug-)Dehnungsamplitude dargestellt. Nur wenn alle Amplituden vollständig im Druckbereich liegen, bleibt der Riß unabhängig von der Amplitudenfolge geschlossen.

Der bedeutsamste Unterschied zwischen Kurzriß- und Langrißverhalten kommt in der Reaktion auf eingestreute Spitzenlasten zum Ausdruck. Beim Langriß unter

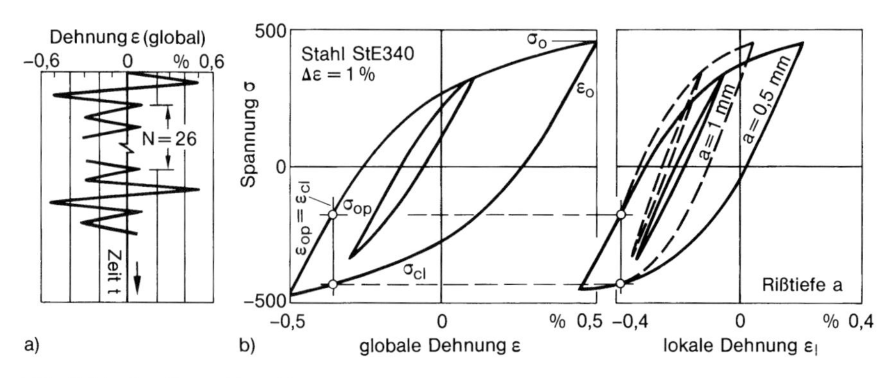

Abb. 7.34: Geöffneter Kurzriß im Druckdehnungszyklus nach Zugspitzendehnung: Dehnungsfolge (a) und Spannungs-Dehnungs-Hystereseschleifen (b); nach Vormwald u. Seeger [1284]

(notwendigerweise) niedriger Grundbeanspruchung erhöht die Spitzenlast die Rißschließspannung. Die Rißfortschrittsrate wird dadurch vermindert. Beim Kurzriß unter (zulässigerweise) hoher Grundbeanspruchung (Nennspannung im ungekerbten Stab oder Kerbspannung im gekerbten Stab) erniedrigt die Spitzenlast die Rißschließspannung. Die Rißfortschrittsrate wird dadurch erhöht.

7.4 Kurzrißfortschrittsgleichungen

Arten des Rißfortschritts und deren Beschreibung

Die Arten des zyklischen Rißfortschritts und seine Beschreibung sind aus dem erweiterten Kitagawa-Diagramm nach Brown [1208] ersichtlich (s. Abb. 7.8). Kurzrisse mit einer Größe oberhalb des mikrorißbegrenzenden Hindernisabstandes ($d_{\mathrm{h}} \approx 0,1$ mm für den untersuchten 0,4%C-Stahl) müssen eine hohe Schwellenspannung überwinden, um zyklisch fortzuschreiten. Die elastisch-plastische Bruchmechanik auf kontinuumsmechanischer Basis ist die angemessene Beschreibungsform. Bei Beschreibung nach der linearelastischen Bruchmechanik wird deren zulässiger Anwendungsbereich überschritten, so daß mit erheblichen Unzulänglichkeiten zu rechnen ist. Kurzrisse mit einer Größe unterhalb des Hindernisabstandes können eine relativ niedrige Schwellenspannung aufweisen (unterhalb der Dauerfestigkeit). Die kontinuumsmechanische Betrachtung ist wegen der Dominanz mikrostruktureller Erscheinungen (s. Kap. 6.1) eigentlich nicht zulässig, wird aber formal im Sinne einer Grenzwertnäherung angewendet. Auf die sehr fallspezifische mikrostrukturelle und versetzungstheoretische Beschreibung des Rißfortschritts kann nachfolgend nur kurz eingegangen werden.

Mikrostrukturelle Rißfortschrittsmodelle

Kern der mikrostrukturellen Rißfortschrittsmodelle ist die Auffassung, daß in der Belastungsphase eines Schwingspiels ein mit Rißlängenzunahme verbundener Zustand auftritt, der in der Entlastungsphase nicht umgekehrt wird, sondern einschließlich der Rißverlängerung erhalten bleibt. Die eine Gruppe von Modellen nimmt plastische Mehrfachgleitungen unabhängig von den kristallographischen Richtungen an, die andere Gruppe aktiviert bestimmte kristallographische Richtungen. Im ersten Fall wird der Rißfortschritt aus einer Folge von abgestumpften Rißöffnungen erklärt, während im zweiten Fall die Rißspitze während der Rißöffnung scharf bleibt und die Rißflanken sich im Rücklauf durch Gleitstufen sägezahnartig verformen, Abb. 7.35. Weitere Einzelheiten zu den Modellen können der zusammenfassenden Darstellung von Schwalbe [911] entnommen werden.

Mikrostrukturelle Kurzrißfortschrittsrate

Die mikrostrukturelle Kurzrißfortschrittsrate tritt in wechselnder Größe auf: hohe Fortschrittsrate zwischen den mikrostrukturellen Hindernissen (speziell Korn-

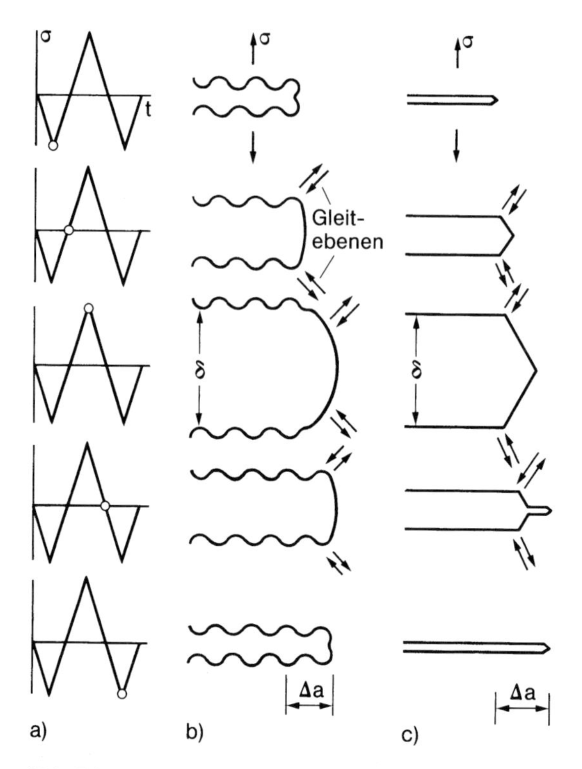

Abb. 7.35: Physikalische Modelle zum zyklischen Rißfortschritt: Beanspruchungsfolge (a), Modell mit stumpfer Rißspitze (b) und Modell mit scharfer Rißspitze (c), Rißöffnungsverschiebung δ und Rißverlängerung Δa; auf Basis von Angaben bei Schwalbe [911]

grenzen oder Einschlüsse), auf Null absinkende Fortschrittsrate an den Hindernissen (stop and go), Abb. 7.36 und Abb. 7.37. Der Rißfortschritt erfolgt unstetig. Kennzeichnend ist der wiederholte Abfall und Wiederanstieg der Rißfortschrittsrate mit zunehmender Rißlänge und gleichbleibender Beanspruchungsamplitude, der mit der Korngröße korreliert werden kann. Für Ingenieurszwecke bieten sich Näherungsformeln an, die einen einzigen Abfall beim mikrorißbegrenzenden Hindernisabstand d_{h} anzeigen.

Für kurze Oberflächenrisse (mit Rißlänge $a_{\mathrm{o}} = 2c$ an der Oberfläche) ergaben sich in Versuchen zur Kurzzeitschwingfestigkeit an axialbeanspruchten Proben aus kohlenstoffarmem Stahl folgende Rißfortschrittsraten unterhalb und oberhalb des Hindernisabstandes d_{h} ($d_{\mathrm{h}} \approx 120\,\mu\mathrm{m}$ entsprechend Ferritplättchenlänge, experimentelle Ergebnisse nach Hobson *et al.* [1218, 1219]):

$$\frac{\mathrm{d}a_{\mathrm{o}}}{\mathrm{d}N} = 1{,}54 \times 10^{5} (\Delta\varepsilon)^{3{,}51} (d_{\mathrm{h}} - a_{\mathrm{o}}) \qquad (a_{\mathrm{o}} < d_{\mathrm{h}}) \tag{7.51}$$

$$\frac{\mathrm{d}a_{\mathrm{o}}}{\mathrm{d}N} = 4{,}1 (\Delta\varepsilon)^{2{,}06} a_{\mathrm{o}} - 4{,}24 \times 10^{-3} \qquad (a_{\mathrm{o}} > d_{\mathrm{h}}) \tag{7.52}$$

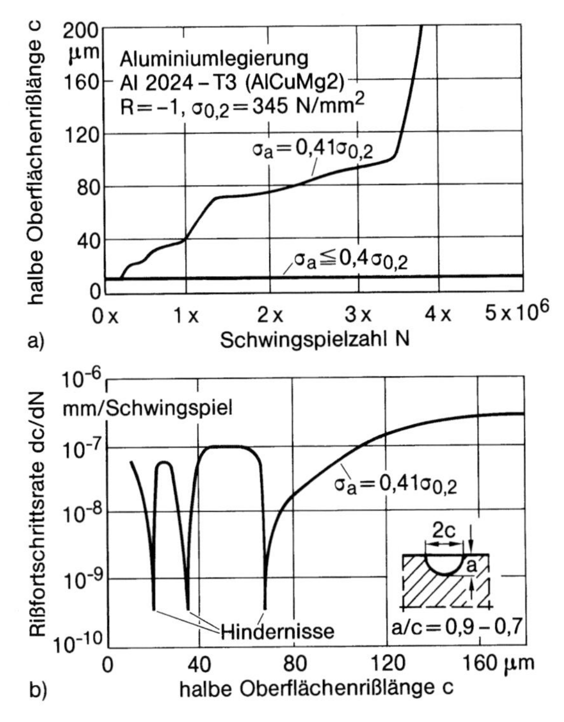

Abb. 7.36: Kurzrißfortschritt in hochfester Aluminiumlegierung als Funktion der Schwingspielzahl (a) und zugehörige Rißfortschrittsrate als Funktion der Rißlänge (b), Rißstillstand an mikrostrukturellen Hindernissen; nach Blom *et al.* [1206]

Mit $\Delta\varepsilon$ wird die Gesamtdehnungsamplitude bezeichnet. Die subtrahierte Größe in (7.52) ist in µm pro Schwingspiel angegeben.

Die Rißfortschrittsrate nach (7.51) und (7.52) ist mit $d_\mathrm{h} = 100\,\mu\mathrm{m}$ in Abb. 7.38 dargestellt. Die doppeltlogarithmische Auftragung entspricht dem Langrißverhalten, die Auftragung im linearen Maßstab eignet sich offensichtlich besser für das Kurzrißverhalten. Beide Diagramme entsprechen dem dehnungsgeregelten Wöhler-Versuch. Beim Ersatz der Dehnungsschwingbreite durch die Spannungsschwingbreite, vermittelt über die zyklische Spannungs-Dehnungs-Kurve in der Formulierung (2.16) nach Ramberg und Osgood, werden die Verhältnisse im spannungsgeregelten Versuch dargestellt. Die grafische Auftragung nach Abb. 7.39 entspricht der Verwendung der Kurven im Kitagawa-Diagramm (s. Abb. 7.8).

Für kurze Oberflächenrisse in torsionsbeanspruchten Proben aus 0,4%C-Stahl ergaben sich formal ähnliche Beziehungen unter Verwendung der plastischen Scherdehnungsschwingbreite $\Delta\gamma_\mathrm{pl}$ (Versuchsergebnisse nach Miller *et al.* [1375]):

$$\frac{\mathrm{d}a_\mathrm{o}}{\mathrm{d}N} = 6{,}0(\Delta\gamma_\mathrm{pl})^{2{,}24}(d_\mathrm{h} - a_\mathrm{o}) \qquad (a_\mathrm{o} < d_\mathrm{h}) \tag{7.53}$$

$$\frac{\mathrm{d}a_\mathrm{o}}{\mathrm{d}N} = 17{,}4(\Delta\gamma_\mathrm{pl})^{2{,}68}a_\mathrm{o} - 8{,}26 \times 10^{-4} \qquad (a_\mathrm{o} > d_\mathrm{h}) \tag{7.54}$$

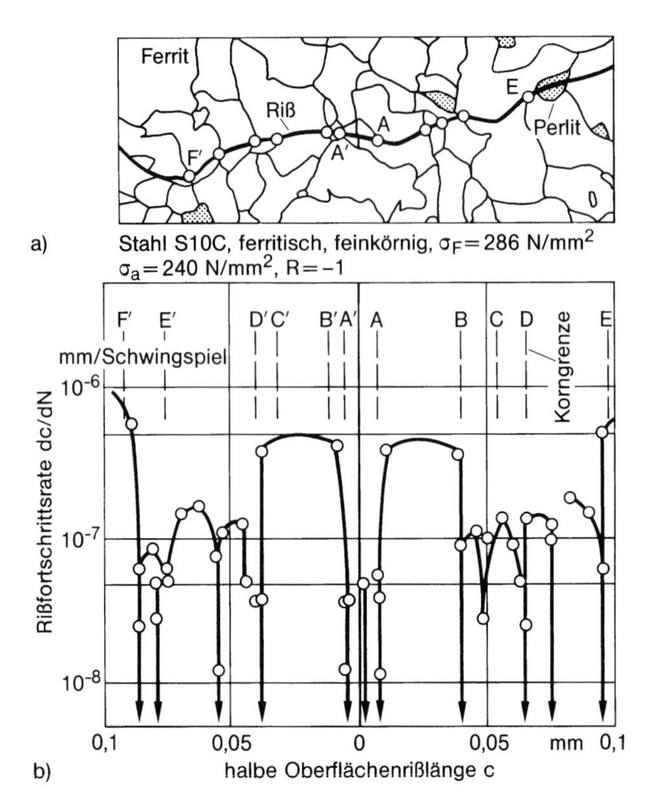

Abb. 7.37: Kurzrißfortschritt in feinkörnigem (kohlenstoffarmem) Stahl: Schliffbild mit Rißpfad (a) und zugehörige Rißfortschrittsrate als Funktion der Rißlänge (b), Pfeile verweisen auf Rißstillstand (für mehrere Schwingspiele) an Korngrenzen; nach Tokaji u. Ogawa [1277]

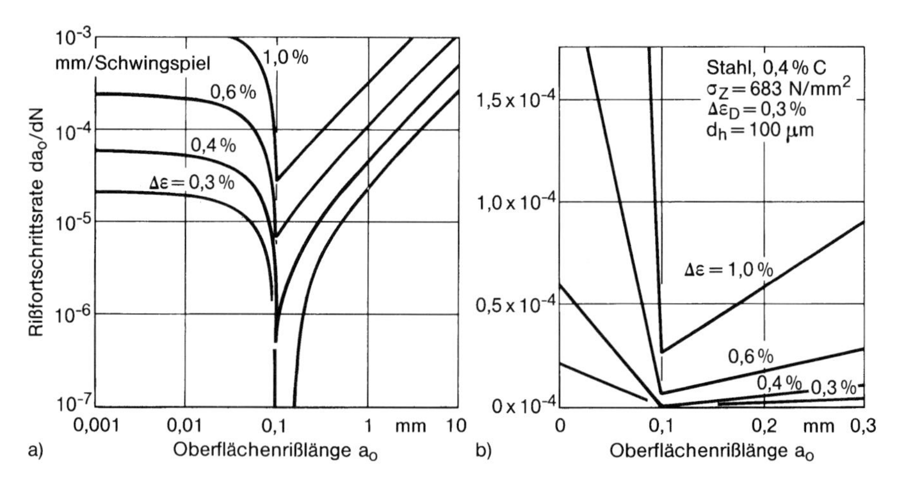

Abb. 7.38: Kurzrißfortschrittsrate als Funktion der Rißlänge bei unterschiedlichen Dehnungsschwingbreiten im dehnungsgeregelten Schwingversuch; nach Hobson [1218, 1219] und Brown [1208]

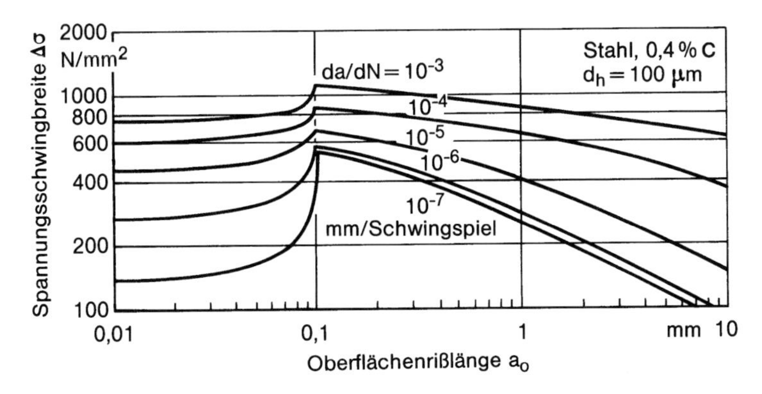

Abb. 7.39: Spannungsschwingbreite als Funktion der Rißlänge bei unterschiedlicher Rißfortschrittsrate, umgerechnet aus den Daten des dehnungsgeregelten Schwingversuchs; nach Brown [1208]

Die subtrahierte Größe in (7.54) ist wieder in µm pro Schwingspiel angegeben. Der Hindernisabstand wird mit $d_h = 330\,\mu m$ eingeführt. Das entspricht ungefähr dem Abstand der harten Perlitbänder im ansonsten ferritischen Gefüge.

In ähnlicher Weise sehen Li und Edwards [1301-1303] die maximale Scherdehnungsschwingbreite (maximal innerhalb des Dehnungstensors) als maßgebend für den Rißfortschritt im Stadium I an.

Kontinuumsmechanische Kurzrißfortschrittsrate

Auf kontinuumsmechanischer Basis (im Unterschied zur vorstehend in (7.51) bis (7.54) gewählten empirischen Basis) läßt sich die Rißfortschrittsrate beim mikrostrukturell unbeeinflußten Kurzriß abhängig von den elastisch-plastischen Beanspruchungsparametern an der Rißspitze angeben. Dabei sind die effektiven Werte einzuführen, die das (beim Kurzriß verminderte) Rißschließen berücksichtigen. Es sind dies die effektiven Schwingbreiten von Rißöffnungsverschiebung $\Delta\delta_{\text{eff}}$ nach (7.44), dehnungsbasiertem Spannungsintensitätsfaktor $\Delta K_{\varepsilon\,\text{eff}}$ nach (7.45) und effektivem zyklischem J-Integral ΔJ_{eff} nach (7.49). Der Ansatz von McEvily *et al.* [1237] auf Basis von ΔK_{eff} mit kleiner werkstoffspezifischer Rißspitzenrundung ist dagegen weniger vorteilhaft. Die beste Übereinstimmung zwischen den Versuchsergebnissen von Kurzriß und Langriß wird nach Heitmann *et al.* [1373, 1374, 1376] sowie Vormwald und Seeger [1281, 1284] über das ΔJ_{eff}-Integral (von Heitmann *et al.* Z genannt) erzielt, Abb. 7.40 und 7.41 im Vergleich und Abb. 7.42. Die Kurzrißfortschrittsrate wird daher als Funktion des ΔJ_{eff}-Integrals dargestellt (mit Schwellenwert $\Delta J_{0\,\text{eff}}$):

$$\frac{\mathrm{d}a}{\mathrm{d}N} = C_{\mathrm{J}}(\Delta J_{\text{eff}})^m \qquad (\Delta J_{\text{eff}} > \Delta J_{0\,\text{eff}}) \tag{7.55}$$

Die Werkstoffkenngrößen C_{J}, m und $\Delta J_{0\,\text{eff}}$ in (7.55) haben die in Tabelle 7.2 angegebene Größe.

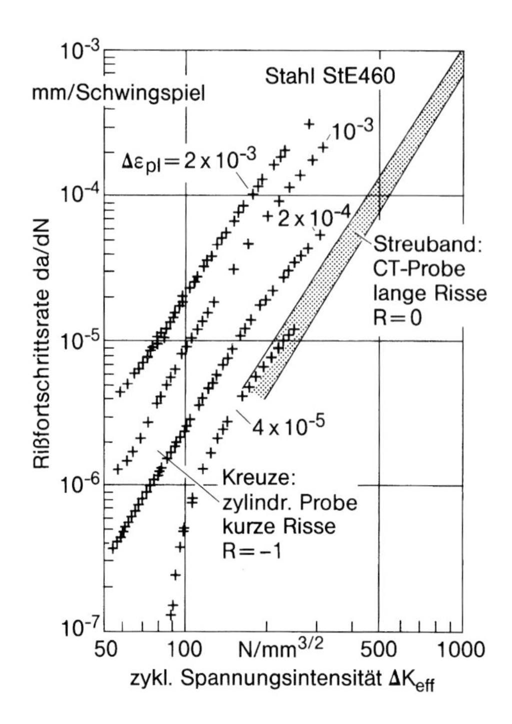

Abb. 7.40: Rißfortschrittsrate kurzer und langer Risse als Funktion des ΔK_{eff}-Wertes bei unterschiedlichen plastischen Dehnungsschwingbreiten; nach Heitmann *et al.* [1373, 1374, 1376]

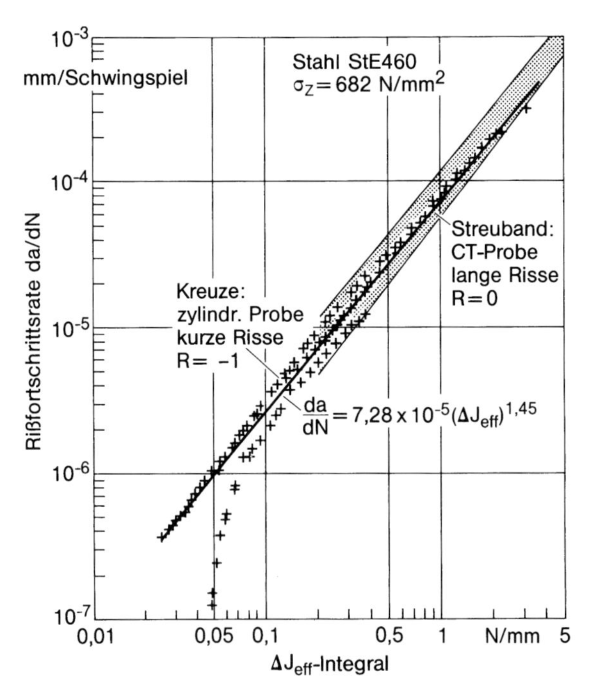

Abb. 7.41: Einheitliche Rißfortschrittsrate kurzer und langer Risse als Funktion des ΔJ_{eff}-Integrals mit Versuchsergebnissen aus Abb. 7.40; nach Heitmann *et al.* [1373, 1374, 1376]

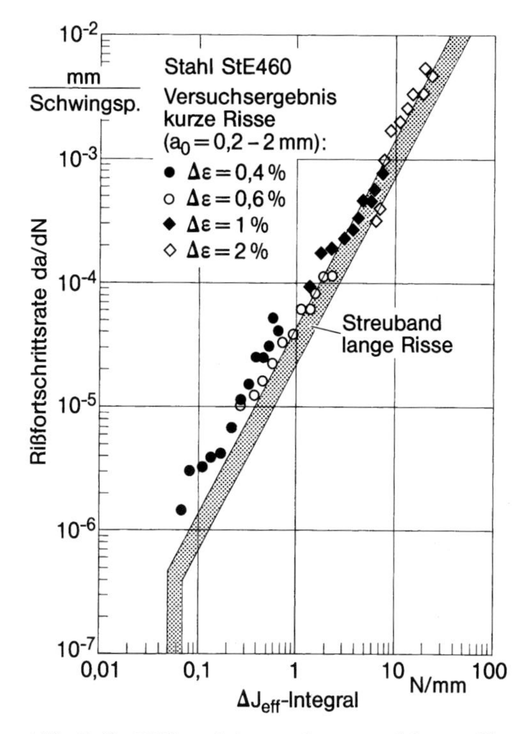

Abb. 7.42: Rißfortschrittsrate kurzer und langer Risse als Funktion des ΔJ_{eff}-Integrals; nach Vormwald u. Seeger [1284]

Tabelle 7.2: Werkstoffkennwerte zum Kurzrißfortschritt gemäß $\mathrm{d}a/\mathrm{d}N = C\Delta J_{\mathrm{eff}}^{m}$; mit C in (mm/ Schwingspiel)/(N/mm)^m, m dimensionslos, $\Delta J_{0\,\mathrm{eff}}$ in N/mm; StE460 nach Heitmann *et al.* [1373, 1374, 1376], StE460, StE690 und AlMg4,5Mn nach Vormwald [1281]

Werkstoff	C	m	$\Delta J_{0\,\mathrm{eff}}$
StE460	$7{,}3 \times 10^{-5}$	1,450	–
StE460	$3{,}9 \times 10^{-5}$	1,575	0,059
StE690	$3{,}8 \times 10^{-5}$	1,400	0,023
AlMg4,5Mn	$2{,}1 \times 10^{-4}$	1,550	0,011

Barrieremodell des Kurzrißfortschritts nach Tanaka und Vormwald

Eine kontinuumsmechanisch und mikrostrukturell fundierte, einheitliche Beschreibung des Rißfortschritts im Bereich des mikrostrukturellen Hindernisses (der Barriere) wurde von Vormwald [1281] auf der Basis von Tanaka *et al.* [1268-1270, 1273, 1363] (s. Kap. 7.2) gegeben, Abb. 7.43. Der erste Anriß wird als Bruch eines Einschlusses innerhalb eine Kristallits angenommen. An der Rißspitze treten bei Zugbeanspruchung senkrecht zur Rißebene unter 45° geneigte Gleitlinien auf, die an der Korngrenze zunächst aufgehalten werden und dann ihre Richtung ändern. Der Mikroriß vergrößert sich senkrecht zur Grundbean-

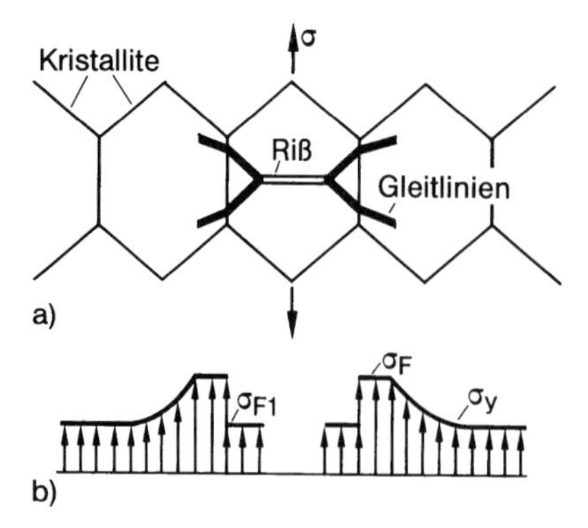

Abb. 7.43: Barrieremodell des Kurzrißfortschritts nach Tanaka [1268]: Mikroriß im Ausgangskristallit mit Gleitlinien ausgehend von der Rißspitze und gebrochen an der Korngrenze (a), Spannungsverteilung in der Rißebene bei erniedrigter Fließspannung im Ausgangskristallit (b); nach Vormwald [1281]

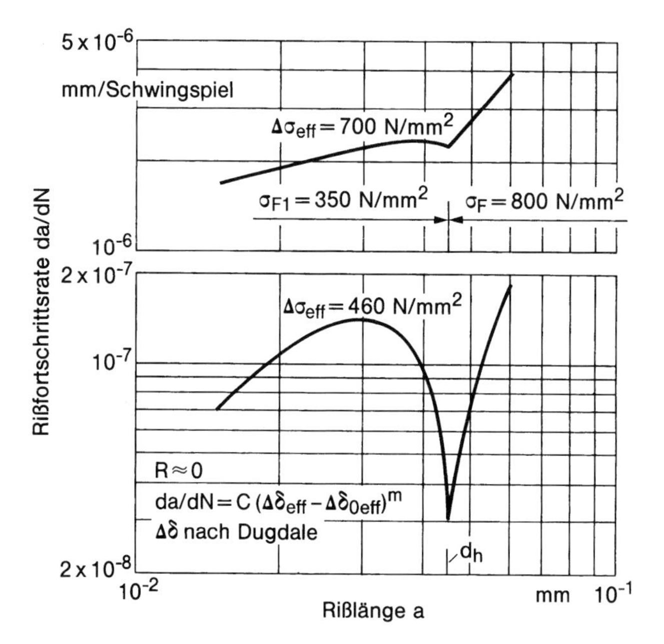

Abb. 7.44: Rißfortschrittsrate als Funktion der Rißlänge beim Überschreiten einer Korngrenze, Berechnungsergebnis auf Basis des Barrieremodells; nach Vormwald [1281]

spruchung. Die einheitliche Beschreibung des Rißfortschritts in Analogie zu (6.85) gelingt auf der Basis der zyklischen Rißöffnungsverschiebung $\Delta\delta$ nach dem Dugdale-Modell, wenn im Ausgangskristallit eine gegenüber der Umgebung verminderte Fließgrenze angenommen wird:

$$\frac{\mathrm{d}a}{\mathrm{d}N} = C_\delta(\Delta\delta_{\mathrm{eff}} - \Delta\delta_{0\,\mathrm{eff}})^m \tag{7.56}$$

Die Näherungsgleichung für $\Delta\delta$ hat je nach Lage der plastischen Zone an der Rißspitze unterschiedliche Form. Die plastische Zone liegt anfangs innerhalb des Ausgangskristallits (mit verminderter Fließgrenze), reicht später vom Ausgangskristallit in den Nachbarkristallit hinein und erfaßt schließlich mehrere Nachbarkristallite.

Eine beispielhafte Rechnung nach Vormwald [1281] zeigt die Leistungsfähigkeit des Modells, Abb. 7.44. Das Modell ist auch geeignet, die Bedingung des Schwellenwerts und Rißstillstands innerhalb des Ausgangskristallits darzustellen (plastische Zone bis Korngrenze). Die Zielsetzung des Modells, den primär durch mikrostrukturelle Barrieren bedingten Reihenfolgeeffekt bis zur Bildung des technischen Anrisses zu beschreiben, wurde erreicht. Der durch mikrostrukturelle Barrieren bedingte Reihenfolgeeffekt ist jedoch gegenüber dem durch Rißschließen bedingten Reihenfolgeeffekt in erster Näherung vernachlässigbar (im Unterschied zur Beeinflussung von Schwellenwert und Dauerfestigkeit).

Barrieremodell des Kurzrißfortschritts nach Navarro und de los Rios

Ein weiteres Barrieremodell zur Beschreibung des wiederholten Abbremsens und Beschleunigens des Rißfortschritts beim Durchlaufen der Korngrenzen wurde von Navarro und de los Rios [1312] entwickelt (Beschreibung in Anlehnung an Anthes [1204]). Es wird angenommen, daß der Mikroriß in einem Gleitband in der Mitte des Korns oder der mikrostrukturellen Phase entsteht und sich proportional zur plastischen Rißöffnungsverschiebung vergrößert. Das Gleitband wird von Korn- und Phasengrenzen blockiert. Dadurch wird auch die plastische Zone an der Rißspitze behindert, was zur Verminderung der Rißgeschwindigkeit führt. Erst bei einem kritischen Beanspruchungswert wird die Barriere überwunden. Im Nachbarkorn entsteht ein neues Gleitband, und die Plastizierung kann sich jetzt auch auf dieses Korn erstrecken. Die Rißfortschrittsrate nimmt dadurch wieder zu. Der Vorgang des Abbremsens und Beschleunigens wiederholt sich beim Durchlaufen jeder weiteren Korngrenze. Mit zunehmender Rißlänge wird jedoch der Anteil des unstetigen Rißwachstums an der Rißfortschrittsrate immer geringer. Das beschriebene Modell wurde für Stähle entwickelt, zeigt aber auch bei Aluminiumlegierungen gute Ergebnisse.

Nach vorstehendem Modell nimmt der Einfluß der Mikrostruktur mit der Rißlänge stetig ab. In der Wirklichkeit wird dagegen beobachtet, daß ab einer bestimmten Rißlänge überhaupt kein Einfluß der Mikrostruktur mehr auftritt. Dies wird in einer Modellerweiterung nach Hussain *et al.* [1298] berücksichtigt. Für die von der Mikrostruktur unabhängige Rißfortschrittsphase wird angenommen, daß die aufgebrachte Spannung grundsätzlich ausreicht, um die Korngrenzenbarriere zu überwinden (kein Schwellenwert der Spannung).

Weitere Modelle zum Kurzrißfortschritt

Die Zahl der weiteren wissenschaftlichen Publikationen zum Kurzrißfortschritt und dessen modellhafter Beschreibung ist sehr groß. Nachfolgend wird eine von

Anthes [1204] vorgelegte Zusammenstellung mit stichwortartiger Erläuterung in leicht abgeänderter Form wiedergegeben, wobei die bereits besprochenen Arbeiten ausgelassen sind:

- Miller, de los Rios, Mohamed, Brown und Tang [1292, 1293, 1308]: Gleitbandblockierungsmodell; Beschreibung von Mikrorißentstehung und Mikrorißfortschritt in den Ferritphasen eines 0,4%C-Stahls.
- Sun, de los Rios und Miller [1319]: Erfassung auch der Kornorientierung in vorstehendem Gleitbandblockiermodell.
- Matvienko, Brown und Miller [1304]: Dehnungsschwingbreitekriterium zur Erfassung gemischter Kurzrißbeanspruchung.
- Tanaka, Nakai, Yamashita, Akiniwa und Wei [1270, 1273, 1320, 1321]: Gleitbandblockiermodell; Mikrorißentstehung innerhalb eines Korns mit Gleitbändern ausgehend von den Rißspitzen, die an den Korngrenzen aufgehalten werden (s. Abb. 7.43); Beschreibung des Rißwachstums bis zum Durchschreiten der ersten Korngrenze in Abhängigkeit von der Rißspitzengleitungsverschiebung (crack tip sliding displacement) und anschließend in Abhängigkeit von der Rißspitzenöffnungsverschiebung (crack tip opening displacement); Erfassung des transienten Rißöffnungs- und Rißschließverhaltens.
- Newman [1315-1318]: Beschreibung des Rißschließens auf Basis des Dugdale-Modells in Verbindung mit einem im Hinblick auf die zyklische plastische Zone korrigierten Spannungsintensitätsfaktor (Rißlänge um 1/4 dieser Zone vergrößert); Erfassung des transienten Rißöffnungs- und Rißschließverhaltens über einen Anfangsfehler mit elliptischer Form.
- Abdel-Raouf, DuQuesnay, Topper und Plumtree [1286, 1287]: Beschreibung der Dauerfestigkeit und des Kurzrißfortschritts durch Abbildung der Oberflächendehnung und des Rißschließens.
- McEvily, Yang und Shin [1305-1307]: Kurzrißmodell mit drei Modifikationen gegenüber dem Langrißverhalten, nämlich Konstante zur Kopplung von rißfreien und rißbehafteten Konstellationen, Berücksichtigung des Verhältnisses von zyklischer plastischer Zone zur Rißlänge und Einbeziehung des transienten Rißöffnungs- und Rißschließverhaltens.
- Nakai und Ohji [1310]: Beschreibung des Rißfortschritts bei physikalisch kurzen aber mikrostrukturell langen Rissen auf der Basis des Rißschließverhaltens.
- Chan und Lankford [1291]: Beschreibung der Rißfortschrittsrate in Abhängigkeit von der akkumulierten plastischen Dehnung, die vom Abstand der Rißspitze zur nächsten Korngrenze abhängt.
- Grimshaw, Miller und Rees [1297]: Drei Rißlängenbereiche mit unterschiedlichen Rißfortschrittsgleichungen, nämlich mikrostrukturelle Zone, Übergangszone und Zone mit Gültigkeit der Kontinuumsmechanik.
- Grabowski und King [1296]: Beschreibung des Kurzrißfortschritts in einer Nickellegierung ausgehend von einem Zweiphasenmodell; Erfassung der Rißpfadabknickungen in den Körnern und an den Korngrenzen.
- Bomas, Linkewitz und Mayr [1290]: Rißfortschrittsrate dargestellt als Sägezahnfunktion; Verwendung des Schädigungsparameters P_{SWT}; basierend auf vorstehendem Modell von Grabowski und King.

- Wang und Miller [1323]: Drei Phasen des Rißfortschritts, nämlich Ausbildung von plastischer Verformung, Fortschritt erst des mikrostrukturell kurzen und dann des physikalisch kurzen Risses.
- Wang [1322]: Gleitbandblockiermodell mit Dekohäsionsmechanismus auf Basis der Scherdeformation.
- Kendall, James und Knott [1299]: Kurzrißmodell mit konservativer Lebensdauerabschätzung durch Verwendung des Schwellenwerts des Spannungsintensitätsfaktors in den totalen statt den effektiven Schwingbreiten.
- Kujawski und Ellyin [1300]: Kurzrißfortschrittsmodell mit Berücksichtigung des global feststellbaren Ermüdungsverhaltens sowie der mechanischen Eigenschaften der Oberflächenschicht; Modellierung des Rißfortschritts als lokales Versagen verursacht durch Akkumulierung plastischer Dehnungen in der Oberflächenschicht.
- Murtaza und Akid [1309]: Erweiterung des Zweiphasenmodells von Hobson und Brown (s. Abb. 7.38 u. 7.39) durch Einbeziehung von mikrostrukturellen Parametern.
- Wu [1324]: Rißfortschrittsrate in Abhängigkeit der Ausdehnung der plastischen Zone; Unterscheidung zwischen mikrostrukturell kurzen und physikalisch kurzen Rissen; transientes Rißöffnungs- und Rißschließverhalten; Erfassung einer Barriere.
- Barenblatt [1288]: Einfaches, theoretisch orientiertes, mikrostrukturelles Kurzrißmodell.
- Bataille, Magnin und Miller [1289]: Statistisches numerisches Modell für Kurzzeitermüdung auf Basis spezieller Rißfortschrittsgleichungen; Annahme zum Zusammenwachsen von Mikrorissen.
- Zhu [1325]: Normalisiertes, für unterschiedliche Werkstoffe einheitliches Kitagawa-Diagramm auf Basis des Gleitbandblockiermodells (s. a. Abb. 7.6).

7.5 Kurzriß im Kerbgrund

Problemstellung und Übersicht

Die Schwingfestigkeit wird durch Kerben stark herabgesetzt, allerdings bei duktilen Werkstoffen nicht in dem Maße, wie es der linearelastischen Spannungserhöhung entspricht. Die Kerbwirkungszahl β_k ist kleiner als die Kerbformzahl α_k. Im Dauerfestigkeitsbereich kann die Kerbwirkungszahl abhängig von Kerbformzahl, Kerbradius und einer Werkstoffkonstanten (als Maß für die mikrostrukturelle Stützwirkung) dargestellt werden. Im Zeitfestigkeitsbereich muß außerdem neben der von der Beanspruchungshöhe abhängigen plastischen Formänderung im Kerbgrund, die zur Anrißbildung führt, der anschließende Rißfortschritt berücksichtigt werden.

Der Anteil des Rißfortschritts an der Lebensdauer bei Schwingbeanspruchung ist um so größer, je ausgeprägter die Kerbwirkung ist und je mehr die Kurzzeitfestigkeit angesprochen wird. Innerhalb der Rißfortschrittslebensdauer hat wiederum das Kurzrißverhalten den größeren Anteil. Eine Überschneidung von kontinuumsmechanischer Rißeinleitungsberechnung und bruchmechanischer Rißfortschrittsberechnung tritt allerdings insofern auf, als technische Rißeinleitung einerseits und Kurzrißfortschritt andererseits weithin identische Vorgänge sind. Der technische Wert der Kurzriß-Bruchmechanik liegt gerade darin, daß technischer Anriß und Schädigung auf Rißfortschritt zurückgeführt werden. Allerdings macht die zutreffende Beschreibung des Rißfortschritts (oder auch des Rißstillstands) im inhomogenen Beanspruchungsfeld scharfer Kerben besondere Schwierigkeiten.

Die Forschung ist im angesprochenen Problemfeld noch nicht hinreichend abgeschlossen, so daß eine halbwegs einheitliche und systematisch befriedigende Darstellung unmöglich ist. Dies hat zur Folge, daß die weitere Untergliederung nach Autoren erfolgt, zwischen denen vielfach der Brückenschlag fehlt.

Schwellenwerte und Rißfortschritt im Kerbgrund nach Fujimoto

Eine formal sehr befriedigende Beschreibung des Kurzrißverhaltens im Kerbgrund bieten Fujimoto *et al.* [1217] ausgehend von der Vorstellung einer elastischen Schädigungszone (s. Kap. 7.2). Die Kerbspannung im Abstand a_s von Kerbgrund bzw. Rißspitze wird als maßgebend für die Dauerfestigkeit des Bauteils mit Kerbe oder Riß angesehen. Dieses Konzept ist auf Bauteile mit Kerbe und Anriß im Kerbgrund ohne weiteres übertragbar. In diesem Fall ist die funktionsanalytische Lösung für Kerbe oder Riß durch eine numerische Lösung nach der Finite-Elemente-Methode zu ersetzen.

Der vorstehend genannte Ansatz kann insbesondere die Erscheinung stillstehender Kurzrisse im Kerbgrund erklären. Als maßgebend für die Rißeinleitung und die ihr zuzuordnende Dauerfestigkeit wird die Kerbspannung σ_{ys} in kleinem Abstand a_s vom Kerbgrund angesehen. Diese Kerbspannung kann bei vorgegebener Belastung (bzw. Nennspannung) für die Kerbe größer als für einen Riß gleicher Tiefe bzw. Länge sein, Abb. 7.45 (sofern $a_s > a_s^*$, Schnittpunkt der beiden Spannungskurven). In diesem Fall wird der Riß im Kerbgrund eingeleitet, kommt aber zum Stillstand, solange die Spannung σ_{ys} vor der Rißspitze unterhalb der Dauerfestigkeit bleibt. Erst nach entsprechender Belastungserhöhung kann der Riß fortschreiten.

Die nach der Finite-Elemente-Methode berechnete Kerbspannung σ_{ys} für einen beidseitigen Anriß in der Kreislochkerbe ($\bar{a} = 0{,}17$-$5{,}0\,\text{mm}$) in der Zugscheibe (mit Nennspannung σ_n) zeigt Abb. 7.46. Es ist erkenntlich, daß bei kleinen Kerbradien $\rho = \bar{a}$ die Kerbspannung σ_{ys} (bei vorgegebener Nennspannung σ_n) anfänglich abfällt, während bei größeren Kerbradien ein stetiger steiler Anstieg auftritt. Vergleichsweise ist auch die Kurve nach (7.9) für den Kurzriß im homogenen Spannungsfeld (gültig für $(\bar{a} + a) \leq 1{,}0\,\text{mm}$) und die Kurve nach (7.10) für den entsprechenden Langriß (gültig für $(\bar{a} + a) \geq 1{,}0\,\text{mm}$) angegeben (bei gleicher Gesamtrißlänge unter Einschluß der Kerbtiefe).

Schließlich wird die Dauerfestigkeit σ_{nD} der gekerbten Probe (bezogen auf die Dauerfestigkeit σ_{nD0} der ungekerbten Probe, also des Werkstoffs) als Funktion der Kerbformzahl α_k bei der Kerbtiefe $\bar{a} = 1{,}0\,\text{mm}$ für unterschiedliche Werte a_s

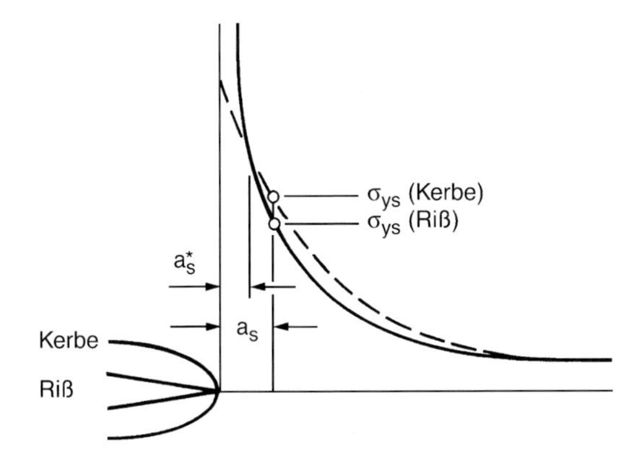

Abb. 7.45: Querspannung σ_y im Kerbgrund bzw. vor der Rißspitze bei gleicher Nennspannung, mit Tiefe a_s der Schädigungszone und dauerfestigkeitswirksamer Kerbspannung σ_{ys}; nach Fujimoto *et al.* [1217]

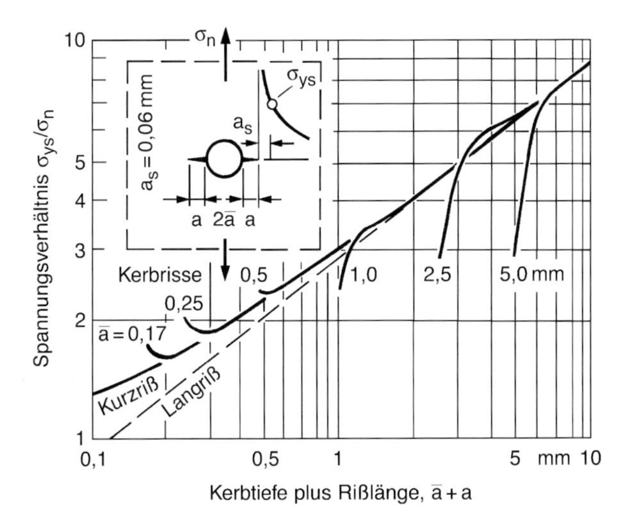

Abb. 7.46: Dauerfestigkeitswirksame Kerbspannung σ_{ys} im Abstand a_s von der Rißspitze eines beidseitigen Anrisses im Kerbgrund einer Kreislochkerbe abhängig von aufaddierter Kerbtiefe und Rißlänge bei unterschiedlichen Kreislochgrößen; numerische Berechnung nach der Finite-Elemente-Methode verglichen mit der funktionsanalytisch bestimmten Kurz- und Langrißkurve; nach Fujimoto *et al.* [1217]

(niedrig- bis höherfeste Stähle) betrachtet (Rißeinleitung) und mit der Dauerfestigkeit des entsprechenden kerbtiefelangen Risses verglichen (Rißfortschritt), Abb. 7.47. Die punktgerasterten Bereiche zwischen den Rißeinleitungs- und Rißfortschrittskurven markieren den Rißstillstand. Die Kerbformzahl $\alpha_k \approx 3{,}0$ kennzeichnet die Kreislochkerbe. Höhere Formzahlen sind den schlankeren Ellipsenlochkerben zugeordnet.

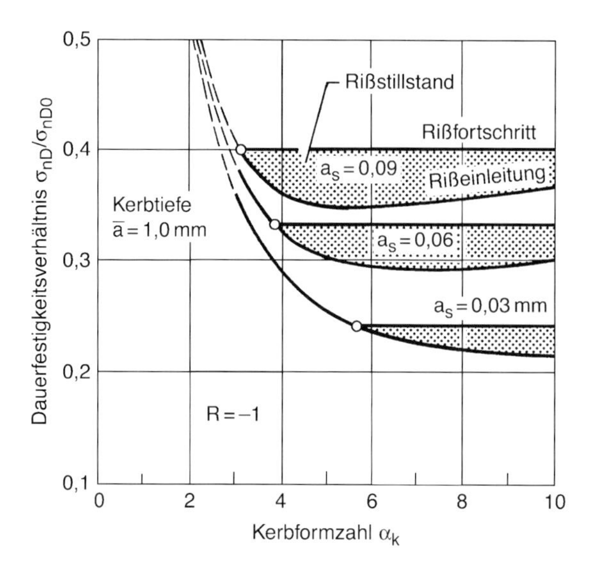

Abb. 7.47: Anrißdauerfestigkeit σ_{nD} der elliptisch innengekerbten Zugscheibe (relativ zur Werkstoffdauerfestigkeit σ_{nD0}) als Funktion der Kerbformzahl α_K bei der Kerbtiefe $\bar{a} = 1{,}0\,\text{mm}$ für unterschiedliche Werte a_s (niedrig- bis höherfeste Stähle); Vergleich mit der Rißfortschrittsfestigkeit; nach Fujimoto *et al.* [1217]

Schwellenwerte und Rißfortschritt im Kerbgrund nach Topper und El Haddad

Die Spannungsintensität mit zugehörigen Schwellenwerten für Kurzrisse in ungekerbten Proben gemäß (7.20) und (7.21) mit dem werkstofftypischen Längenparameter a^* ist auf gekerbte Proben übertragbar, wobei eine rißlängenabhängige wirksame Kerbformzahl α_k^* zusammen mit der Nennspannung σ_n (im Nettoquerschnitt) eingeführt wird (Topper u. El Haddad [1193, 1333, 1367]). In den nachfolgenden Gleichungen fehlen der Geometriefaktor Y und der Oberflächenfaktor $Y_o = 1{,}12$, die bei genaueren Untersuchungen zu berücksichtigen sind:

$$\Delta K = \alpha_k^* \Delta\sigma_n \sqrt{\pi(a + a^*)} \tag{7.57}$$

$$\Delta\sigma_{n0} = \frac{\Delta K_0}{\alpha_k^* \sqrt{\pi(a + a^*)}} \tag{7.58}$$

Es ist ΔK_0 der Schwellenwert der Spannungsintensität langer Risse und $\Delta\sigma_{n0}$ der Schwellenwert der Nennspannung in der gekerbten Probe. Mit (7.22) folgt:

$$\Delta\sigma_{n0} = \frac{\Delta\sigma_D}{\alpha_k^*} \sqrt{\frac{a^*}{a + a^*}} \tag{7.59}$$

Bei Rißeinleitung an der Oberfläche ist $\alpha_k^* = \alpha_k$ (ohne Oberflächenfaktor $Y_o = 1{,}12$). Bei langen Rissen im Kerbgrund von tiefen Kerben, die den Kerbeinflußbereich verlassen haben, ist die Kerbtiefe t der Rißlänge a zuzuschlagen, ausgedrückt durch $\alpha_k^* = \sqrt{(a+t)/a}$ (ohne Oberflächen- und Geometriekorrektur). Im Zwischenbereich stellt sich der in Kap. 6.3 näher erläuterte, erst steilere, dann flachere Abfall der Kerbwirkung ein.

Mit $\alpha_k^* = \sqrt{(a+t)/a}$ ergibt sich aus (7.59) ein unterer Grenzwert des Schwellenwertes der Nennspannung $\Delta\sigma_{n0}$ für scharfe tiefe Kerben:

$$\Delta\sigma_{n0} = \Delta\sigma_D \sqrt{\frac{aa^*}{(a+t)(a+a^*)}} \tag{7.60}$$

Dieser Schwellenwert hat ein Maximum bei $a = \sqrt{ta^*}$:

$$\Delta\sigma_{n0\,max} = \frac{\Delta\sigma_D}{1+\sqrt{t/a^*}} \tag{7.61}$$

Die Schwellenwerte nach (7.59) und (7.60) sind in Abb. 7.48 veranschaulicht. Als Ausgangsgleichung wird außerdem (7.58) erfüllt. Die durchgehenden Kurven sind von Lösungen ΔK für den Riß im Kerbgrund einer V-Kerbe mit Rundungsradius ρ abgeleitet. Die gestrichelte Kurve nach (7.60) bezeichnet den unteren Grenzwert bei Erhöhung der Kerbschärfe. Es ist der zunächst überraschende Sachverhalt sichtbar, daß am Kerbgrund von scharfen Kerben eingeleitete Kurzrisse bei gleichbleibender Beanspruchungshöhe nicht fortschrittsfähig sind (mit Punktraster umrandeter Bereich).

Zwischen milden und scharfen Kerben kann demnach in folgender Weise unterschieden werden: Bei milden Kerben ist der Kerbradius groß genug, um einen

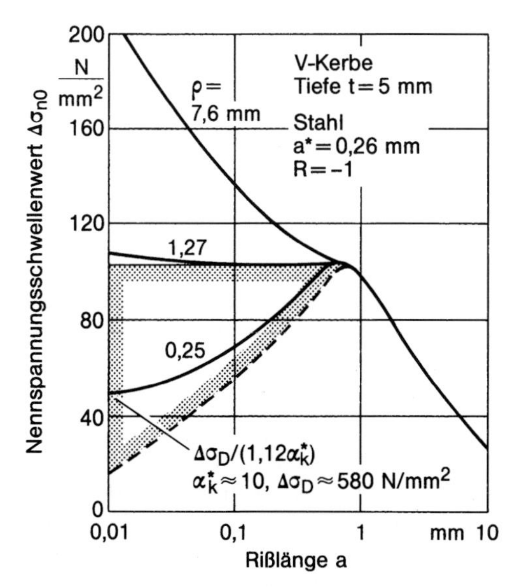

Abb. 7.48: Nennspannungsschwellenwert als Funktion der Rißlänge für Flachstab mit V-Kerbe und Anriß im Kerbgrund, unterschiedliche Kerbradien bei gleicher Kerbtiefe, kein Rißfortschritt im mit Punktraster umrandeten Bereich; nach Topper u. El Haddad [1193]

stetigen Abfall von $\Delta\sigma_{n0}$ mit wachsender Rißlänge zu erzeugen. Der eingeleitete Riß schreitet fort. Bei scharfen Kerben ist der Kerbradius so klein, daß zunächst ein Anstieg von $\Delta\sigma_{n0}$ mit wachsender Rißlänge auftritt. Der eingeleitete Riß bleibt stehen. Erst nach Überwindung von $\Delta\sigma_{n0\,max}$ durch Beanspruchungserhöhung kann weiterer Rißfortschritt auftreten. Milde und scharfe Kerben werden durch den kritischen Kerbradius $\rho_c = 4a^*$ voneinander getrennt.

Die Kerbwirkungszahl der milden Kerben ist der Kerbformzahl gleichzusetzen, $\beta_k = \alpha_k$. Die Kerbwirkungszahl der (zugbeanspruchten) scharfen Kerben folgt mit $\beta_k = \sigma_D/\sigma_{n0\,max}$ nach (7.61) und $\alpha_k = (1 + 2\sqrt{t/\rho})$ nach (4.7):

$$\beta_k = 1 + \frac{\alpha_k - 1}{2\sqrt{a^*/\rho}} \qquad (\rho < 4a^*) \tag{7.62}$$

Die beschriebene Vorgehensweise ist theoretisch und experimentell nur unzureichend abgesichert. Insbesondere die Annahme elastischer Verhältnisse im Kerbgrund scharfer Kerben ist unzureichend, denn der Kurzriß ist hier in eine plastische Kerbeinflußzone eingelagert.

Es wird daher anstelle von (7.57) eine Darstellungsweise bevorzugt, die von der elastisch-plastischen (Gesamt-)Dehnung $\Delta\varepsilon$ im Kerbgrund und der zugehörigen dehnungsbasierten Spannungsintensität $\Delta K_{\varepsilon k}$ (anstelle von ΔK_ε nach (6.53)) ausgeht [1215] (mit a^* nach (7.23)):

$$\Delta K_{\varepsilon k} = E\alpha^*_{k\varepsilon}\Delta\varepsilon\sqrt{\pi(a + a^*)} \tag{7.63}$$

Die wirksame Dehnungsformzahl $\alpha^*_{k\varepsilon}$ wird rißlängenabhängig ausgehend von der Neuber-Formel (4.21) bestimmt. Sie ist im Kurzrißbereich des Kerbgrundes wesentlich größer als die wirksame elastische Formzahl α^*_k. Dieser Sachverhalt ist in Abb. 7.49 für das Ellipsenloch mit beidseitigen Querrissen für eine bestimmte Grundbeanspruchungshöhe dargestellt. Die zwei Kurven nähern sich mit zunehmender Rißlänge und gehen ungefähr dort ineinander über, wo die Grenze der plastischen Zone für das Ellipsenloch ohne Querrisse liegt.

Die Rißfortschrittsrate von kurzen Rissen im Kerbgrund wurde ebenfalls von El Haddad *et al.* [1215] gemessen und formelmäßig dargestellt. Es wurden gegenüberliegende kurze Anrisse im Kreis- bzw. Ellipsenlochrand eines Zugstabes (zwei Stähle) mit den langen Querrissen ohne Loch bei identischem Rißspitzenabstand verglichen, Abb. 7.50. Die Rißfortschrittsrate ist durch Kerbwirkung im Kurzrißstadium vergrößert, mündet aber bei größerer Rißlänge in das Langrißverhalten ein. Der Übergang erfolgt beim Kreisloch über einen sich verzögernden Anstieg der Rißfortschrittsrate, beim Ellipsenloch über einen steilen Abfall derselben. Die unterschiedlichen Kurvenäste fallen zu einer einzigen Kurve zusammen, wenn die Rißfortschrittsrate über $\Delta K_{\varepsilon k}$ aufgetragen wird, Abb. 7.51. Das abweichende Kurzrißverhalten kann auch in einer Auftragung von $\Delta K_{\varepsilon k}$ über der Rißlänge veranschaulicht werden, Abb. 7.52.

Schließlich haben El Haddad *et al.* [1332] das ΔJ-Integral nach Kap. 7.3 anstelle von ΔK_ε verwendet, um den Kurzrißfortschritt zunächst in ungekerbten Proben zu beschreiben. In den Gleichungen (7.37) bis (7.42) wird die Rißlänge von a auf $(a + a^*)$ vergrößert. Die modifizierte Form von (7.42) ist auf gekerbte

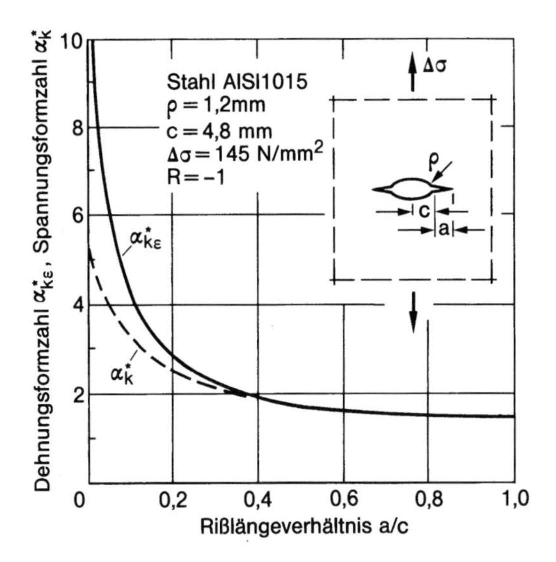

Abb. 7.49: Wirksame Dehnungsformzahl und wirksame Spannungsformzahl als Funktion des Rißlängeverhältnisses für Kurzriß im Kerbgrund (Ellipsenloch); nach El Haddad *et al.* [1333]

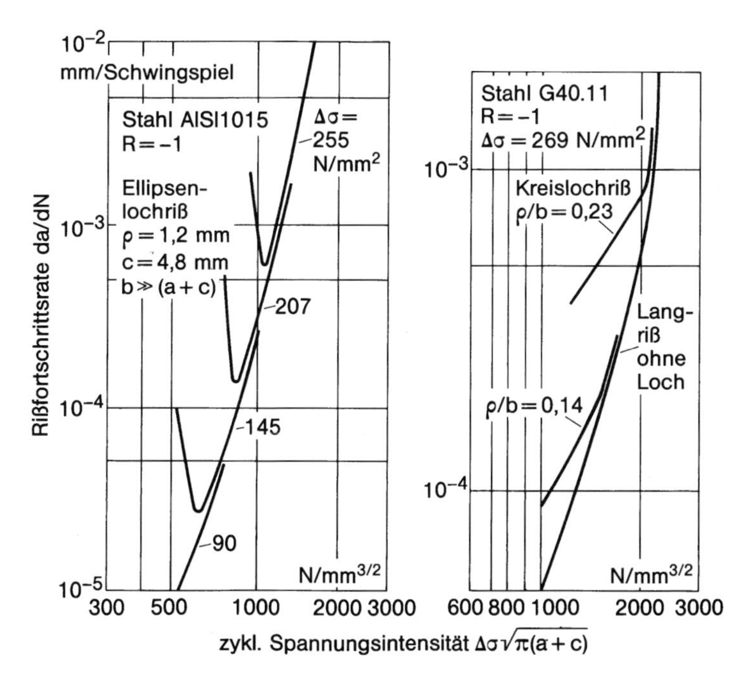

Abb. 7.50: Rißfortschrittsrate von Kurzrissen im Kerbgrund (Kreis- bzw. Ellipsenloch) und vergleichsweise von Langrissen ohne Loch als Funktion der zyklischen Spannungsintensität (Flachstabbreite $2b$); nach El Haddad *et al.* [1333]

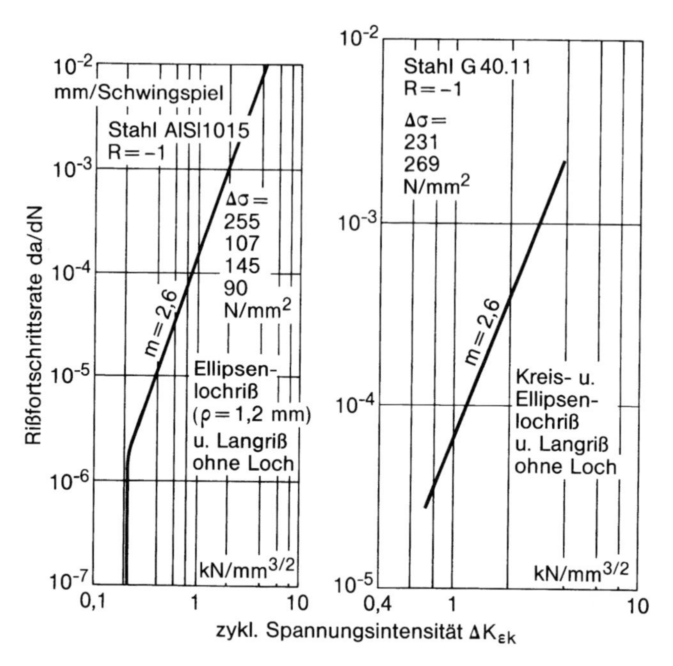

Abb. 7.51: Einheitliche Rißfortschrittsrate von Kurzrissen im Kerbgrund (Kreis- bzw. Ellipsenloch) und von Langrissen ohne Loch als Funktion der dehnungsbasierten zyklischen Spannungsintensität; nach El Haddad *et al.* [1333]

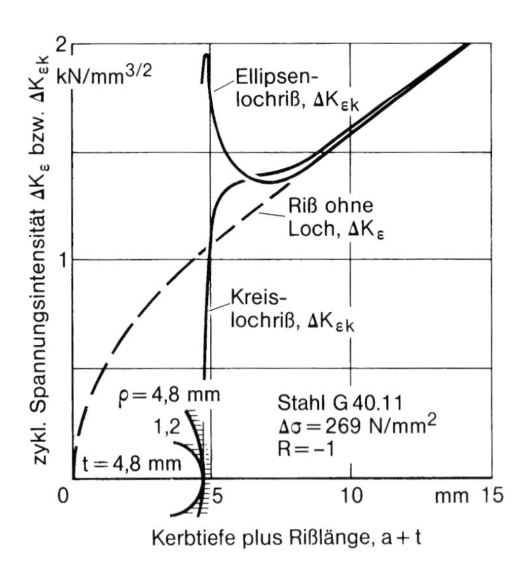

Abb. 7.52: Dehnungsbasierte zyklische Spannungsintensität $\Delta K_{\varepsilon k}$ (durchgehende Kurven) bzw. ΔK_{ε} (gestrichelte Kurve) von Rissen im Kerbgrund und von Rissen im ungekerbten Stab als Funktion der aufaddierten Riß- und Kerbtiefe; nach El Haddad *et al.* [1333]

Proben mit Anriß anwendbar, wenn $\Delta\sigma$ und $\Delta\varepsilon$ im Kerbgrund (ohne Riß) rißlängenabhängig bekannt sind. Letzteres gelingt näherungsweise ausgehend von der Neuber-Formel (4.21) bei rißlängenabhängig vorgegebener, wirksamer Kerbformzahl α_k^*. Mit $\Delta K_J = \sqrt{E\Delta J}$ nach (7.43) lassen sich die im Kerbgrund experimentell ermittelten Kurzrißfortschrittsraten einer einheitlichen Kurve für Kurz- und Langrisse zuordnen [1332].

Schwellenwerte und Rißfortschritt im Kerbgrund nach Smith und Miller

Die Feststellung, daß Rißeinleitung und Rißfortschritt im Kerbgrund durch die plastische Verformung gesteuert werden, steht im Mittelpunkt der Betrachtungen von Smith und Miller [1359, 1360], allerdings ohne daß elastisch-plastische Kennwerte zur quantitativen Beschreibung eingeführt werden. Die Einleitung und der anfängliche Fortschritt eines Anrisses im Kerbgrund werden zunächst von der plastischen Kerbdehnung bestimmt, die im Kerbeinflußbereich steil abfällt. In entsprechender Weise nimmt die Rißfortschrittsrate ab. Der Riß kann sogar zum Stillstand kommen, wenn nach Durchqueren der Kerbeinflußzone der Schwellenwert der Spannungsintensität nicht erreicht wird. Andererseits entwickelt der fortschreitende Riß eine eigene plastische Zone an der Rißspitze, deren Größe mit der Rißlänge zunimmt und für weiteren Rißfortschritt sorgt, sofern der Schwellenwert der Spannungsintensität überstiegen bleibt. Die resultierende Rißfortschrittsrate kommt durch Überlagerung von plastisch und elastisch beschriebenem Rißfortschritt zustande, Abb. 7.53. Ihr Verlauf und ihr Minimum hängen von der Beanspruchungshöhe ab.

Der Rißfortschritt im Kerbspannungsfeld infolge der Kerbgrundplastizität folgt näherungsweise der Spannungsintensität nach (6.27). Der kerbwirksame Bereich

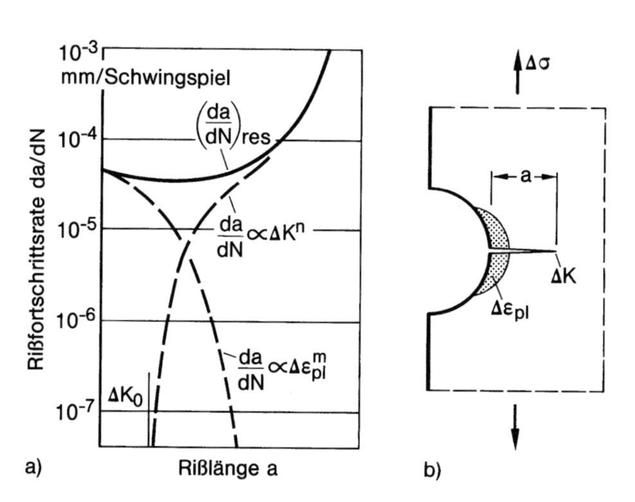

Abb. 7.53: Resultierende Rißfortschrittsrate als Funktion der Rißlänge (a) im Kerbgrund unter zyklischer Zugbeanspruchung (b), gesteuert anfangs von plastischer Kerbeinflußzone und später von plastischer Rißspitzenzone, zugehörige Rißfortschrittsraten additiv überlagert; schematische Darstellung nach Smith u. Miller [1360]

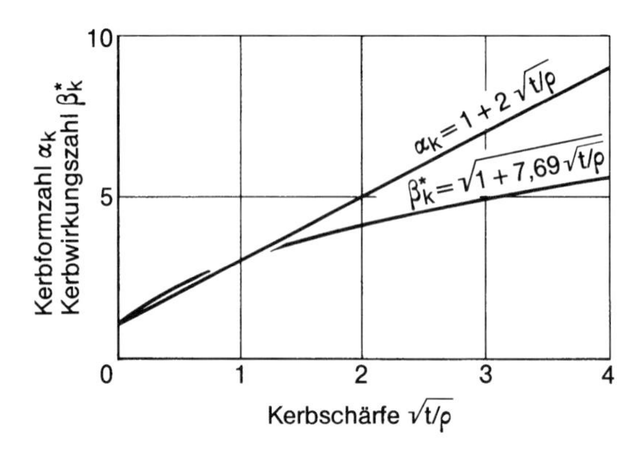

Abb. 7.54: Kerbwirkungszahl β_k^* und Kerbformzahl α_k als Funktion der Kerbschärfe; nach Smith u. Miller [1359]

ist auf $a \leq 0{,}13\sqrt{t\rho}$ begrenzt. Der zweite Wurzelausdruck in (6.27) kann als Kerbwirkungszahl β_k^* aufgefaßt werden:

$$\beta_\mathrm{k}^* = \sqrt{1 + 7{,}69\sqrt{\frac{t}{\rho}}} \tag{7.64}$$

Die Kerbwirkungszahl β_k^* kennzeichnet den Einfluß der Kerbe auf den Kurzrißfortschritt im Kerbgrund und ist nicht der herkömmlichen Kerbwirkungszahl β_k nach (4.35) gleichzusetzen, obwohl Ähnlichkeiten bestehen. Bei milden Kerben $(t/\rho \leq 1)$ sind Kerbwirkungszahl β_k^* und Kerbformzahl α_k annähernd gleich groß, bei scharfen Kerben $(t/\rho > 1)$ bleibt dagegen die Kerbwirkungszahl hinter der Kerbformzahl zunehmend zurück, Abb. 7.54. Versuchsergebnisse aus Wöhler-Versuchen belegen, daß sich die Rißeinleitung im Kerbgrund über die Kerbwirkungszahl β_k^* näherungsweise kennzeichnen läßt:

$$\Delta\sigma_\mathrm{n0} = \frac{\Delta\sigma_\mathrm{D}}{\beta_\mathrm{k}^*} \tag{7.65}$$

Bei milden Kerben werden Risse nach (7.65) eingeleitet und vergrößert, also wird im Grenzfall die Dauerfestigkeit direkt beschrieben. Bei scharfen Kerben werden Risse nach (7.65) nur eingeleitet, während der weitere Fortschritt des Kurzrisses voraussetzt, daß der Schwellenwert ΔK_0 auch außerhalb der Kerbeinflußzone überschritten wird. Mit relativ zur Kerbtiefe kleiner Kerbeinflußzone gilt daher die Rißfortschrittsbedingung:

$$1{,}12\Delta\sigma_\mathrm{n}\sqrt{\pi t} \geq \Delta K_0 \tag{7.66}$$

Für den Schwellenwert der Nennspannungsschwingbreite $\Delta\sigma_\mathrm{n0}$ folgt mit $1{,}12 \times \sqrt{\pi} \approx 2$ (in [1360] ist statt $\Delta\sigma_\mathrm{n0}$ unzutreffend σ_n0 eingeführt):

$$\Delta\sigma_\mathrm{n0} = \frac{\Delta K_0}{2\sqrt{t}} \tag{7.67}$$

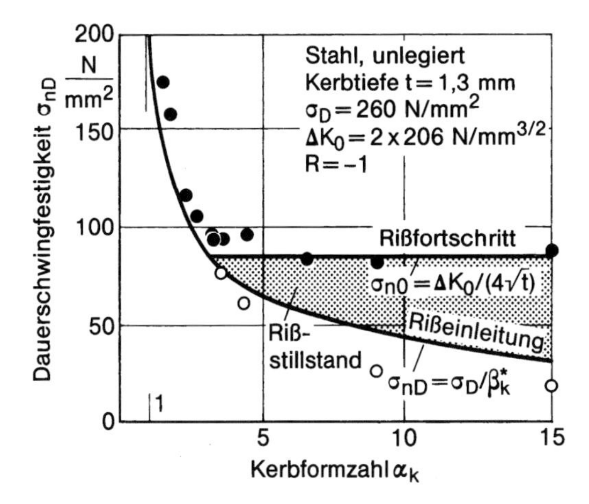

Abb. 7.55: Dauerschwingfestigkeit als Funktion der Kerbformzahl, Rißstillstand zwischen Rißeinleitungs- und Rißfortschrittskurve; nach Smith u. Miller [1360] (ΔK_0 korrigiert)

Bei vorgegebener Kerbtiefe t sind somit abhängig von der Kerbformzahl α_k (gleichbedeutend mit der Variation des Kerbradius) die Schwellenwerte der Rißeinleitung und des Rißfortschritts wie folgt darstellbar (Rißeinleitung bedeutet hier immer Langrißeinleitung einschließlich Kurzrißfortschritt in der Kerbeinflußzone). Die Rißeinleitung folgt der Beanspruchung $\Delta\sigma_{nD} = \Delta\sigma_D/\beta_k^*$, zum weiteren Rißfortschritt muß außerdem $\Delta\sigma_{n0}$ nach (7.67) überschritten werden, Abb. 7.55. Die eingetragenen Grenzkurven stimmen gut mit Versuchsergebnissen überein, sofern statt ΔK_0 für $R = 0$ in [1360] korrigierend $2 \times \Delta K_0$ für $R = -1$ eingeführt wird. Aus dem Diagramm ist ersichtlich, daß es bei scharfen Kerben einen größeren Beanspruchungsbereich gibt, in dem Risse eingeleitet werden, aber nicht fortschreiten (erstmals von Frost [1336, 1337] erkannt). Der Beginn dieses Bereiches hängt von der Kerbtiefe ab. Er kann zur Abgrenzung von milder und scharfer Kerbwirkung verwendet werden.

Aus dem Schwellenwert $\Delta\sigma_{n0}$ nach (7.67) folgt der spannungsmechanische Größeneinfluß auf die Dauerfestigkeit scharf gekerbter Proben, der neben dem technologischen und statistischen Größeneinfluß auftritt (s. Kap. 3.4 u. 4.5).

Rißeinleitung und Rißfortschritt im Kerbgrund nach Dowling

Die Unterteilung der Ermüdungsschädigung von gekerbten Proben und Bauteilen in eine überwiegend vom Kerbeinfluß bestimmte Rißeinleitungsphase (gleichbedeutend mit Kurzrißfortschritt) und eine überwiegend von aufaddierter Kerbtiefe und Rißlänge gesteuerten (Langriß-)Rißfortschrittsphase wird auch von Dowling [1165] vorgenommen. Die Grenztiefe des vom Kerbeinfluß bestimmten Kurzrißverhaltens folgt aus dem Schnittpunkt von Kurzrißspannungsintensität $K_I = 1{,}12\alpha_k\sigma\sqrt{\pi a}$ und Langrißspannungsintensität $K_I = \sigma\sqrt{\pi(t+a)}\,Y$:

$$a_c = \frac{t}{(1{,}12\alpha_k/Y)^2 - 1} \tag{7.68}$$

Für scharfe Kerben mit $t/\rho \gg 1$ ergibt sich wegen $\alpha_k \approx 2\sqrt{t/\rho}$ mit $Y \approx 1$ die Näherung $a_c \approx \rho/5$. Für den Bereich milder bis scharfer Kerben ist $\rho/20 \leq a_c \leq \rho/4$. Von Dowling [1165] wird gezeigt, daß schon bei kleiner Überlast gegenüber dem Fließbeginn im Kerbgrund die kerbwirksame Zone nach (7.68) vollständig plastifiziert und der Ansatz der linearelastischen Bruchmechanik in dieser Zone somit nicht mehr gültig ist.

Bei der Bestimmung der Lebensdauer wird folgerichtig zwischen einer überwiegend experimentell erfaßten Rißeinleitungsphase (Dehnungs-Wöhler-Linie bis Anriß) und einer nach der linearelastischen Bruchmechanik behandelbaren Rißfortschrittsphase unterschieden. Als Bereichsgrenze wird die Grenztiefe a_c nach (7.68) verwendet. Da die Grenztiefe von der Kerbschärfe abhängt, müssen Dehnungs-Wöhler-Linien für unterschiedliche Anrißtiefe a bzw. Oberflächenrißlänge $2c$ (mit $c \approx a$) zur Verfügung stehen, Abb. 7.56. Die plastische Dehnung im Kerbgrund wird nach einer Näherungsformel (z. B. nach der Neuber-Formel (4.21)) abgeschätzt. Für weiteren Rißfortschritt muß der Schwellenwert der Spannungsintensität K_0 überschritten werden. Das Ende der Rißfortschrittsphase wird mit dem Erreichen der Fließspannung im Restquerschnitt (Fließgrenzlast) gleichgesetzt.

Das Ergebnis einer derartigen Untersuchung für mild und scharf gekerbte Flachstäbe aus hochfestem Stahl zeigt Abb. 7.57. An der mild gekerbten Probe überwiegt die Rißeinleitungsphase bei relativ groß zu wählender Grenztiefe $a_c = 0{,}25$ mm. An der scharf gekerbten Probe überwiegt die Rißfortschrittsphase bei relativ klein zu wählender Grenztiefe $a_c = 0{,}0125$ mm. Bei der mild gekerbten Probe ist die Schwellenintensität ohne Belang für die Dauerfestigkeit (σ_0 aus K_0

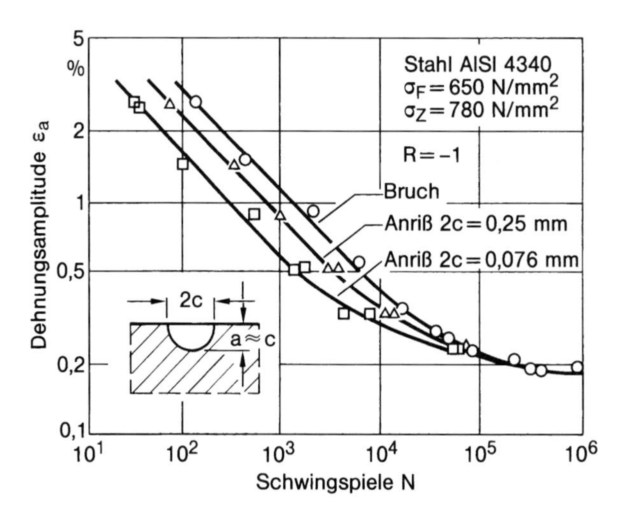

Abb. 7.56: Dehnungs-Wöhler-Linien für einen legierten Stahl, Schwingspielzahl bis Anriß bzw. Bruch, ungekerbte Probe mit Durchmesser 6,3 mm; nach Dowling [1165]

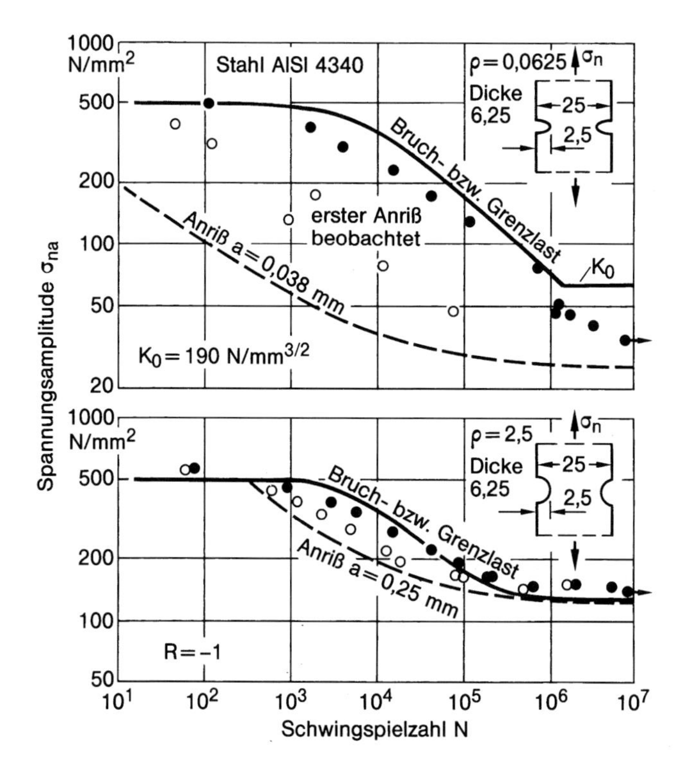

Abb. 7.57: Anriß- und Bruch-Wöhler-Linien für scharf und mild gekerbte Proben aus legiertem Stahl, Berechnungsergebnisse als Kurven, Versuchsergebnisse als Punkte, nach Dowling [1165]

mit a_c ist kleiner als σ_{nD} bis Anriß). Bei der scharf gekerbten Probe ist dagegen die Dauerfestigkeit durch die Schwellenintensität gegeben.

Nach der beschriebenen Vorgehensweise kann die Gesamtlebensdauer scharf gekerbter Proben und Bauteile ausgehend von einem sehr kleinen Anriß definierter Größe ($a_c \approx \rho/5$), dessen Rißeinleitungszeit vernachlässigt wird, allein durch Rißfortschrittsberechnung nach der linearelastischen Bruchmechanik bestimmt werden. Bei den mild gekerbten Proben überwiegt dagegen die Rißeinleitungsphase, die von Dowling nach dem Kerbdehnungskonzept erfaßt wird.

Kerben ohne Schädigung nach Lukáš

Nach den vorangegangenen Ausführungen zum Kurzrißverhalten stellt die technische Dauerfestigkeit den Grenzwert für die Fortschrittsfähigkeit kurzer Risse dar. Solche Risse sind in technischen Werkstoffen und Bauteilen teils von Anfang an vorhanden, teils werden sie infolge von Ermüdungs- und Korrosionsvorgängen während des Betriebs eingeleitet. Aus der Praxis ist bekannt, daß nicht nur Risse, sondern ebenso Kerben ohne Einfluß auf die Dauerfestigkeit bleiben, sofern sie nur hinreichend klein sind. Es ist außerdem bekannt, daß die kritische Kerbgröße mit zunehmender Festigkeit des Werkstoffs Stahl abnimmt. Die Frage nach der schädigungsfreien (maximalen) Kerbgröße wird ausgehend von einem Gedankengang und einer Untersuchung von Lukáš *et al.* [1348] auf Basis der linearelastischen Kurzrißbruchmechanik beantwortet.

Vereinfachend werden Flachproben ohne und mit Randkerbe jeweils mit Anriß der Länge a betrachtet und durch Spannungsintensitätsfaktoren gekennzeichnet. Für den Anriß am ungekerbten Außenrand ergibt sich die Spannungsintensität nach (6.11). Für den Anriß im Kerbgrund wird eine Näherung verwendet, die auf der genaueren Lösung von Newman [939] basiert:

$$K_{\mathrm{I}} = \frac{1{,}12\alpha_{\mathrm{k}}\sigma_{\mathrm{n}}\sqrt{\pi a}}{\sqrt{1 + 4{,}5\, a/\rho}} \tag{7.69}$$

Der Anriß im Kerbgrund weist gegenüber dem Anriß am ungekerbten Außenrand anfangs die durch die Kerbwirkung erhöhte Spannungsintensität auf, die bei fortschreitendem Riß rasch auf den Wert des Risses ohne Kerbe abgebaut wird. Somit sollte es bei hinreichend kleiner Kerbgröße im Zustand der Dauerfestigkeit eine Grenzrißlänge a_0^{**} geben, die auf den ungekerbten und feingekerbten Rand gleichermaßen zutrifft.

Beschränkt man sich auf den Grenzzustand gleicher Dauerfestigkeit von ungekerbter und feingekerbter Probe ($\sigma_{\mathrm{D}} = \sigma_{\mathrm{nD}}$), dann folgt für den Grenzkerbradius ρ_0 durch Gleichsetzen von (6.11) und (7.69) mit $a = a_0^{**}$:

$$(\alpha_{\mathrm{k}}^2 - 1)\rho_0 = 4{,}5 a_0^{**} \tag{7.70}$$

Die (rechnerische) Grenzrißlänge a_0^{**} folgt aus dem Schwellenwert der Spannungsintensität K_0 (für $R = -1$) und der Dauerfestigkeit σ_{D} (nahezu identisch mit (7.17)):

$$a_0^{**} = 0{,}25\left(\frac{K_0}{\sigma_{\mathrm{D}}}\right)^2 \tag{7.71}$$

Die Grenzbedingung (7.70) kann auch ausgehend von größeren Kerbabmessungen durch Grenzübergang zur kleinen, nicht mehr schädigenden Kerbe ($\sigma_{\mathrm{nD}} = \sigma_{\mathrm{D}}$) gewonnen werden. Aus der Kombination von (6.11) und (7.69) mit $K_{\mathrm{I}} = K_0$, $a = a_0^{**}$, $\sigma = \sigma_{\mathrm{D}}$ und $\sigma_{\mathrm{n}} = \sigma_{\mathrm{nD}}$ folgt zunächst:

$$\sigma_{\mathrm{nD}} = \frac{\sigma_{\mathrm{D}}}{\alpha_{\mathrm{K}}}\sqrt{\left(1 + 4{,}5\frac{a_0^{**}}{\rho}\right)} \tag{7.72}$$

Die Ergebnisse aus Wöhler-Versuchen an Proben mit variiertem Kerbradius konnten durch (7.72) angenähert werden, wobei sich $a_0^{**} = 100\,\mu\mathrm{m}$ (zugehörig $\rho_0 = 60\,\mu\mathrm{m}$) als günstigste Wahl ergab, Abb. 7.58. Links vom Minimum der Schwingfestigkeit σ_{nA} und unterhalb der Kurve werden Risse eingeleitet aber nicht vergrößert, rechts davon werden unterhalb der Kurve keine Risse eingeleitet.

Mit Näherungsannahmen zum Rißschließverhalten (kein Kurzrißschließen bei $R = -1$) und zum Zusammenhang zwischen K_0, σ_{D} und σ_{Z} ergibt sich für die

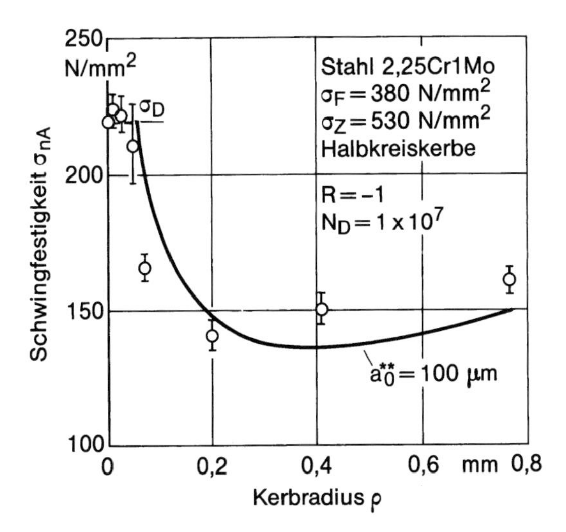

Abb. 7.58: Schwingfestigkeit von Proben mit Halbkreiskerbe (ρ = 10-800 µm, α_k = 1,83-3,04), Wöhler-Versuchsergebnisse mit Streubereichen und rechnerische Näherung mit a_0^{**} = 100 µm; nach Lukáš *et al.* [1348]

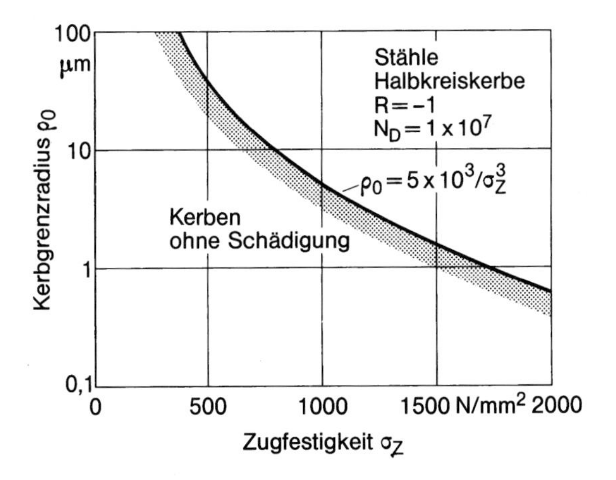

Abb. 7.59: Kerbgrenzradius bei Stählen als Funktion der Zugfestigkeit; Näherung nach Lukáš *et al.* [1348]

Schädigungsgrenze sehr kleiner Lochkerben in Stahl (Kerbgrenzradius ρ_0 in mm, σ_Z in N/mm^2):

$$\rho_0 = \frac{5 \times 10^6}{\sigma_Z^3} \tag{7.73}$$

Die Auswertung nach Abb. 7.59 zeigt einen relativ starken Abfall des Kerbgrenzradius mit zunehmender Festigkeit des betrachteten Stahls.

Aus (7.72) folgt für die Kerbwirkungszahl:

$$\beta_k = \frac{\alpha_k}{\sqrt{1 + 4{,}5\, a_0^{**}/\rho}} \tag{7.74}$$

Schwellenwerte des Rißfortschritts im Kerbgrund nach Ting und Lawrence

Die vorangegangenen Ausführungen zum Schwellenwert des Rißfortschritts im Kerbgrund zeigen in unterschiedlicher Weise auf, welchen Einfluß die Kerbtiefe t und der Kerbradius ρ haben. Ting und Lawrence [1366] haben den Zusammenhang zwischen den unterschiedlichen Darstellungsweisen geklärt.

Das Frost-Diagramm (Bezeichnung nach Frost [1216]), Abb. 7.60 (a), stellt den Zusammenhang zwischen der Dauerfestigkeit σ_{nD} gekerbter Proben und deren Kerbformzahl α_k (auf Bruttoquerschnitt bezogen) bzw. α_{kn} (auf Nettoquerschnitt bezogen) bei konstant gehaltener Kerbtiefe t her. Die ausgehend von der Dauerfestigkeit σ_D der ungekerbten Probe abfallende Kurve der Rißeinleitung wird durch die horizontale Kurve des Schwellenwertes σ_{n0} für Rißfortschritt abgeschnitten.

Das Lukáš-Diagramm (Bezeichnung nach Lukáš [1348]), Abb. 7.60 (b), stellt den Zusammenhang zwischen der Dauerfestigkeit σ_{nD} gekerbter Proben und deren Kerbtiefe t bei konstant gehaltener Kerbschärfe t/ρ (geometrisch ähnliche Kerben) her (s. a. Abb. 4.37 (b), hier $t/\rho = 1$, Spannungsabstandsansatz von Peterson). Die ausgehend von der Dauerfestigkeit σ_D der ungekerbten Probe nach horizontalem Beginn steil abfallende Kurve der Rißfortschrittsfestigkeit (Schwellenwert σ_{n0}) steigt anschließend als Rißeinleitungskurve wieder schwach an (bedingt durch die Verkleinerung des Nettoquerschnitts relativ zur Kerbtiefe). Der Bereich der nicht fortschreitenden Risse liegt also links des Kurvenminimums.

Die formale Ausarbeitung des Zusammenhangs zwischen Frost-Diagramm und Lukáš-Diagramm nach Ting und Lawrence [1366] beinhaltet folgende Komponenten:

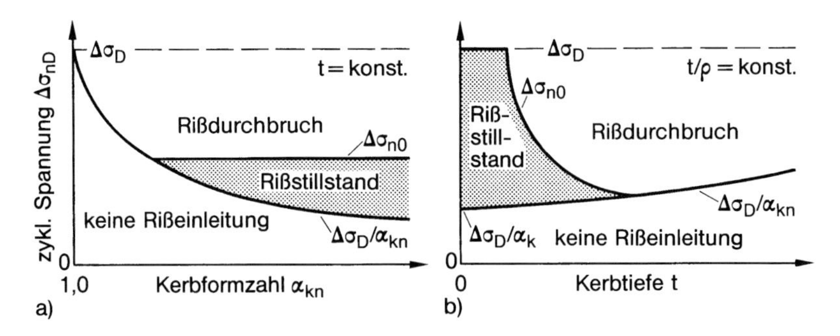

Abb. 7.60: Dauerfestigkeit gekerbter Proben als Funktion der Kerbformzahl bei konstanter Kerbtiefe (Frost-Diagramm) (a) und als Funktion der Kerbtiefe bei konstanter Kerbschärfe (Lukáš-Diagramm) (b), Bereiche unterschiedlichen Rißverhaltens; schematische Darstellung nach Ting u. Lawrence [1366] (modifiziert)

- Der Schwellenwert des Rißfortschritts wird ausgehend von der effektiven Spannungsintensität ΔK_{eff} nach (6.80) erfaßt. Letztere ist besonders im Kerbeinflußbereich in komplexer Weise von der Rißlänge abhängig.
- Im Kerbeinflußbereich wird plastisch bedingtes Rißschließen nach dem Ansatz von Sun und Sehitoglu, Gl. (7.75), berücksichtigt.
- Außerhalb des Kerbeinflußbereichs wird rauhigkeits- und korrosionsbedingtes Rißschließen nach dem Ansatz von Tanaka, Gl. (7.50), berücksichtigt.
- Der Schwellenwert der Nennspannung $\Delta\sigma_{\mathrm{n0}}$ an der gekerbten Probe ergibt sich aus dem Minimalwert von ΔK_{eff}, der außerhalb des Kerbeinflußbereichs auftritt.
- Wenn der Schwellenwert $\Delta\sigma_{\mathrm{n0}}$ kleiner als $\Delta\sigma_{\mathrm{D}}/\alpha_{\mathrm{kn}}$ ist, bildet sich kein Anriß im Kerbgrund.

Der Einfluß des Spannungsverhältnisses auf $\Delta\sigma_{\mathrm{n0}}$ kommt hauptsächlich über die R-Abhängigkeit der Parameter $\Delta\sigma_{\mathrm{D}}$ und a^* zum Tragen. Der Einfluß der Kerbgeometrie (gekennzeichnet durch α_{kn} und t) auf $\Delta\sigma_{\mathrm{n0}}$ (oder die Kerbwirkungszahl β_{kn}) wird hauptsächlich durch die effektive Kerbtiefe t_{eff} erfaßt, die sich aus der äquivalenten Rißlänge in der ungekerbten Probe (äquivalent hinsichtlich der Nennspannungshöhe beim Rißöffnen) ergibt. Ergebnisse entsprechender Berechnungen sind nachfolgend dargestellt.

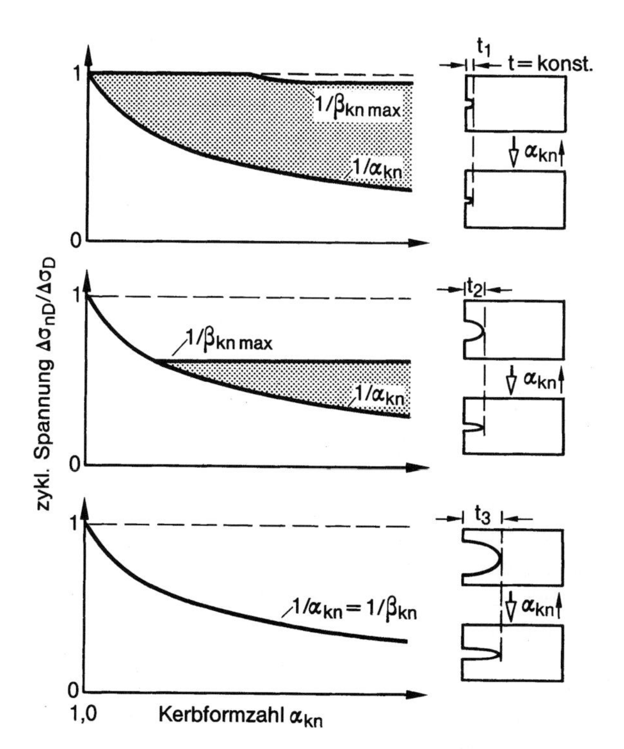

Abb. 7.61: Dauerfestigkeit gekerbter Proben als Funktion der Kerbformzahl für unterschiedliche Kerbtiefen; Berechnung nach Ting u. Lawrence [1366] (modifiziert)

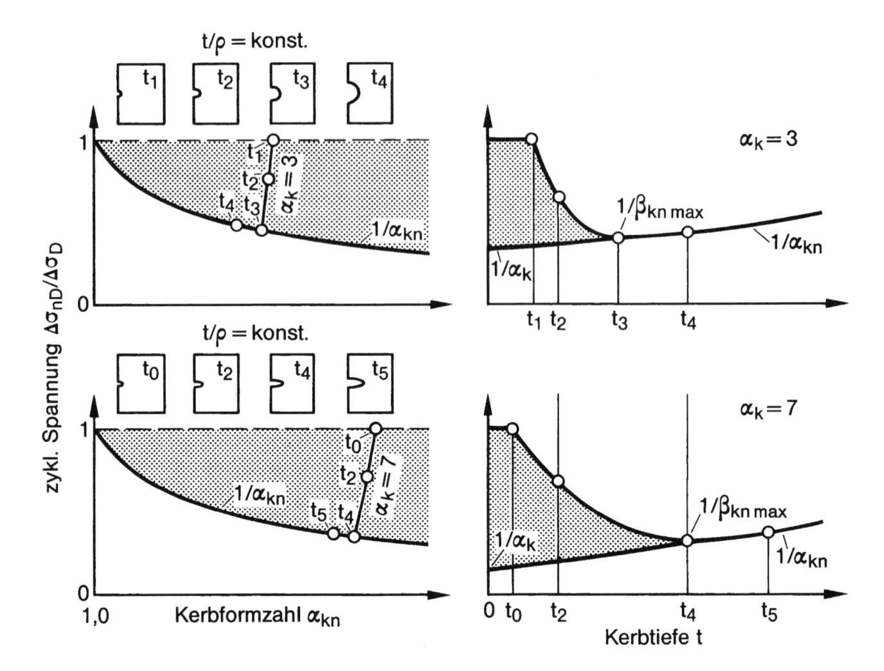

Abb. 7.62: Dauerfestigkeit gekerbter Proben als Funktion der Kerbformzahl für zwei unterschiedliche Kerbschärfen (links) und als Funktion der Kerbtiefe für zwei unterschiedliche Kerbformzahlen (rechts); Berechnung nach Ting u. Lawrence [1366] (modifiziert)

Die Änderung des Frost-Diagramms bei variierter Kerbtiefe ist in Abb. 7.61 gezeigt. Bei sehr kleiner Kerbtiefe ist der Bereich nicht fortschreitender Risse sehr groß. Die Rißfortschrittsfestigkeit ist selbst im ungünstigsten Fall scharfer Kerben nur wenig kleiner als die Dauerfestigkeit der ungekerbten Probe. Die maximale Kerbwirkungszahl ist nur wenig größer als 1,0. Bei mittlerer Kerbtiefe ist der Bereich nicht fortschreitender Risse kleiner. Die maximale Kerbwirkungszahl wird bei einer kritischen Kerbformzahl erreicht. Bei großer Kerbtiefe ist der genannte Bereich vollständig verschwunden. Die Dauerfestigkeit der gekerbten Probe nimmt gegenläufig zur Kerbformzahl bzw. Kerbschärfe ab.

Die Änderung des Frost- und Lukáš-Diagramms bei variierter Kerbtiefe und Kerbschärfe ist in Abb. 7.62 gezeigt. Im Frost-Diagramm wird mit zunehmender Kerbtiefe (bei konstanter Kerbschärfe) ein Bereich nicht fortschreitender Risse nahezu senkrecht durchlaufen und anschließend die leicht ansteigende Rißeinleitungskurve verfolgt. Im Lukáš-Diagramm wird mit zunehmender Kerbtiefe (und konstanter Kerbschärfe) zunächst bei abfallender Kurve der Bereich nicht fortschreitender (wohl aber eingeleiteter) Risse begrenzt, bevor ab der maximalen Kerbwirkungszahl $\beta_{\mathrm{k\,max}}$ ein leichter Wiederanstieg der Kurve erfolgt.

Aus dem Minimum von $\Delta\sigma_{\mathrm{nD}}$ (bei t_3 für $\alpha_{\mathrm{k}} = 3$, bei t_4 für $\alpha_{\mathrm{k}} = 7$) folgt, daß es unter der Annahme geometrischer Kerbähnlichkeit einen ungünstigsten Fall hinsichtlich der Dauerfestigkeit gibt (worst case notch), der nicht mit der größten Kerbschärfe zusammenfällt. Wenn allerdings geometrische Ähnlichkeit nicht nur hinsichtlich der Kerbe, sondern hinsichtlich der ganzen Probe eingeführt wird (mit konstanter Kerbformzahl α_k oder α_{kn}), dann tritt anstelle des leichten Anstiegs ein horizontaler Verlauf. Dies wiederum besagt, daß die Kerbwirkungszahl nach Erreichen des Größtwertes unverändert bleibt.

Rißfortschritt im Kerbgrund nach McClung

Als dominante Einflußgröße für den Rißfortschritt im Kerbgrund wird von McClung [1349] das Rißöffnungsverhalten hervorgehoben. Der beschleunigende Effekt der plastischen Kerbverformungen auf den Kurzrißfortschritt wird demgegenüber vernachlässigt. Das vereinfachte Modell basiert auf dem effektiven Spannungsintensitätsfaktor.

Rißöffnungsmessungen an Rissen, die von Kerben ausgehen, sind u. a. von Tanaka und Nakai [1363], Ogura *et al.* [1353], Shin und Smith [1357, 1358] und Sehitoglu [1052] durchgeführt worden. Der sehr kurze Riß im Kerbgrund bleibt weitgehend geöffnet, während sich der ausgehend vom Kerbgrund vergrößerte längere Riß vorzeitig schließt (s. Abb. 7.27). Der Übergang erfolgt im Bereich der plastischen Kerbeinflußzone (Ausdehnung in der Größenordnung des Kerbradius, jedoch abhängig von der Grundbeanspruchungshöhe).

Ein typisches Berechnungsergebnis zeigt Abb. 7.63 am Beispiel der Zugscheibe mit Querrissen am Kreisloch (ebener Spannungszustand, $R = -1$, σ_{y0} Spannung im Lochmittenschnitt ohne Riß, σ_o Grundbeanspruchung oder Oberspannung senkrecht zur Rißebene). Der Riß öffnet sich anfangs im Druckbereich und erreicht bei größerer Rißlänge einen Sättigungswert im Zugbereich. Anfangs- und Sättigungswert hängen von der Oberspannung (relativ zur Fließgrenze) und vom Spannungsverhältnis ab. Der Sättigungswert entspricht dem Langriß ohne Lochkerbe, Abb. 7.64 (in die Abbildung mit aufgenommen ist die Rißschließ-

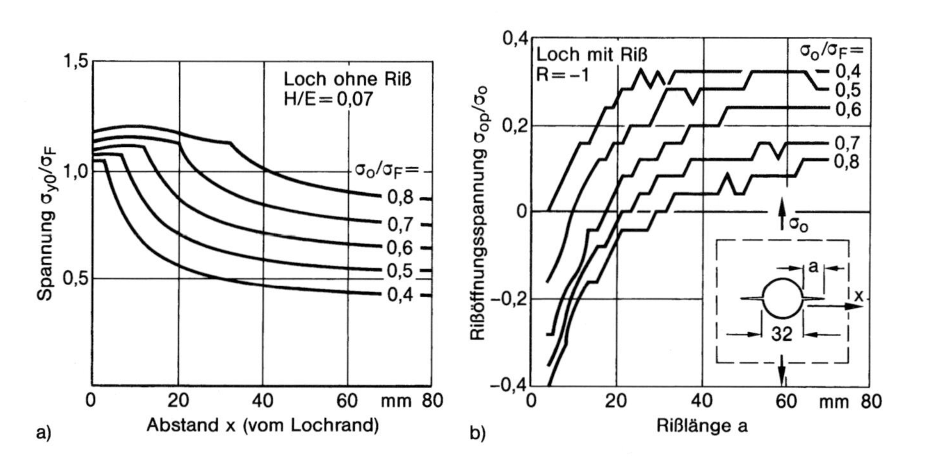

Abb. 7.63: Spannung im Kerbquerschnitt der zugbeanspruchten Kreislochscheibe ohne Riß bei unterschiedlich hoher Oberspannung (a) und Rißöffnungsspannung der Kreislochscheibe mit Riß als Funktion der Rißlänge (b); Finite-Elemente-Berechnungsergebnisse nach McClung [1349]

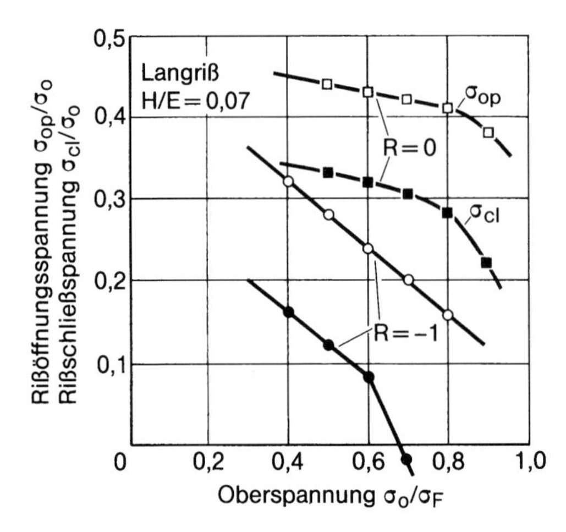

Abb. 7.64: Rißöffnungs- und Rißschließspannung (Sättigungswerte) von langen Rissen als Funktion der Oberspannung bei Wechsel- und Schwellbeanspruchung, Werkstoff mit Dehnungsverfestigung (Elastizitätsmodul E, Verfestigungsmodul H); Finite-Elemente-Berechnungsergebnisse nach McClung [1349]

spannung, die sich von der Rißöffnungsspannung aufgrund der Spannungs-Dehnungs-Hystereseschleife unterscheidet). Das ausgeprägte Übergangsverhalten bei zunehmender Rißlänge erklärt sich aus der allmählichen Aufdickung der Rißflanken an der Rißspitze durch plastische Formänderung und aus der Tatsache, daß bei Kurzrissen im Kerbgrund die Druckabstützung nur über eine kurze Länge (relativ zum Langriß) stattfinden kann. Bei Erhöhung der Kerbschärfe (durch Übergang vom Kreisloch zum Ellipsenloch) ergeben sich noch niedrigere anfängliche Rißöffnungsspannungen, die jedoch über kürzere Strecken (relativ zur Kerbtiefe) den stabilisierten Zugwert erreichen.

Die Abhängigkeit der Rißöffnungsspannung im Kerbgrund von der Rißlänge wird in allgemeinerer Form, ebenfalls basierend auf Finite-Element-Berechnungsergebnissen (ebener Spannungszustand) von Sun und Sehitoglu, publiziert von Ting und Lawrence [1366], formelmäßig angegeben (für $0{,}4 \leq \sigma_\mathrm{o}/\sigma_\mathrm{F} \leq 0{,}8$ und $3{,}0 \leq \alpha_\mathrm{k} \leq 7{,}0$):

$$\frac{\sigma_\mathrm{op}}{\sigma_\mathrm{o}} = f\left(\frac{\sigma_\mathrm{op\,0}}{\sigma_\mathrm{o}},\ \frac{\sigma_\mathrm{o}}{\sigma_\mathrm{F}},\ \frac{a}{t},\ R,\ \alpha_\mathrm{k},\ \frac{H}{E}\right) \tag{7.75}$$

Es bedeuten $\sigma_\mathrm{op\,0}$ die Rißöffnungsspannung beim langen Riß ohne Kerbwirkung, H/E das Verhältnis von Verfestigungs- zu Elastizitätsmodul und t die Kerbtiefe.

Das von McClung [1349] vorgeschlagene einfachere Ingenieursverfahren zur Berechnung des Rißfortschritts in gekerbten Teilen beinhaltet die folgenden drei Teilschritte:

- Abschätzung der elastisch-plastischen Spannungsverteilung in der Rißebene für den entsprechenden Körper ohne Riß (z. B. elastische Lösung modifiziert über die Neuber-Formel (4.21)).

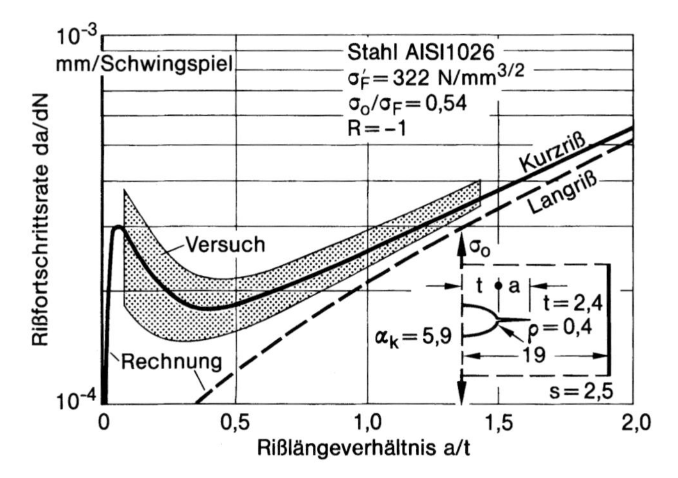

Abb. 7.65: Streuband von Versuchsergebnissen (punktgerastertes Band) zur Rißfortschrittsrate als Funktion des Rißlängeverhältnisses für Anriß im Kerbgrund von Proben aus unlegiertem Stahl, verglichen mit Berechnung nach vereinfachtem Kurzrißmodell (durchgehende Kurve) und nach Langrißmodell (gestrichelte Kurve); nach McClung [1349]

- Abschätzung der Abhängigkeit $\sigma_{\mathrm{op}}/\sigma_{\mathrm{o}}$ von $\sigma_{\mathrm{o}}/\sigma_{\mathrm{F}}$ bei vorgegebenem Spannungsverhältnis unter Gleichsetzung von örtlich erhöhter Kerbspannung und Grundbeanspruchung am Langriß, woraus sich das jeweilige Rißöffnungsverhältnis U ergibt (z. B. über eine Lösung nach dem Dugdale-Modell [963] der plastischen Zone an der Langrißspitze).
- Abschätzung des Spannungsintensitätsfaktors ΔK abhängig von der Rißlänge für den (elastischen) Körper mit Riß, woraus sich $\Delta K_{\mathrm{eff}} = U \Delta K$ ergibt (z. B. nach einer für Querrisse am Ellipsenloch gültigen Näherung).

Nach diesem Verfahren berechnete Rißfortschrittsraten im Kerbgrund wurden im Experiment überprüft, Abb. 7.65. Die vergleichsweise durchgeführte Berechnung für den entsprechenden Langriß (ohne Kerbwirkung, jedoch mit Vergrößerung der Rißlänge um die Kerbtiefe) ergab die gestrichelte Kurve, die somit auf der unsicheren Seite liegt. Bei extrem kurzen Anfangsrißlängen verläuft auch die durchgehende Kurve auf der unsicheren Seite, weil die beschleunigende Wirkung der plastischen Kerbeinflußzone nicht berücksichtigt ist.

Rißfortschritt im Kerbgrund nach Vormwald

Zur Beschreibung des Kurzrißfortschritts im Kerbgrund bis zu einem technischen Anriß definierter Größe und darüber hinaus verwendet Vormwald [1281] das ΔJ-Integral unter Einfluß des Rißschließeffekts, also das ΔJ_{eff}-Integral (s. a. [1283, 1284, 1369]). Dies setzt eine Näherung von ΔJ_{eff} für den Kurzriß in der inhomogen elastisch-plastisch beanspruchten Kerbeinflußzone voraus. Die Vorgehensweise wird dadurch erschwert, daß für halbelliptische Oberflächenrisse bzw. viertelelliptische Eckrisse keine genauen Lösungen für ΔJ verfügbar sind. Da es sich um dreidimensionale Problemstellungen handelt, sind derartige Lösungen selbst im Einzelfall (etwa über eine Finite-Elemente-Berechnung) nur schwer beibringbar. Die Vorgehensweise von Vormwald wird am Beispiel der zugbeanspruchten Scheibe endlicher Breite mit zentrischem Kreisloch erläutert [1281, 1369]:

- Der Rißfortschritt im Kerbgrund wird in eine erste, von der Kerbbeanspruchung bestimmte Phase und in eine zweite, allein von der Grundbeanspruchung (ohne Kerbwirkung) gesteuerte Phase unterteilt. Der Kerbeinfluß macht sich über eine Rißlaufstrecke von ein bis zwei Kerbradien ab Kerbgrund bemerkbar.
- Solange sich der Riß in der Kerbeinflußzone befindet, wird das ΔJ-Integral unterteilt nach elastischem und plastischem Anteil gemäß (7.36) bestimmt.
- Ausgangsgrößen sind dabei die elastisch-plastisch wirkenden Spannungen σ_{y}^{*} und Dehnungen $\varepsilon_{\mathrm{y}}^{*}$ senkrecht zur Rißebene am Ort der Rißfront vor Auftreten des Risses (Ansatz von McClung [1349, 1350], Abb. 7.31). Im Fall der betrachteten Lochscheibe werden diese Größen nach einer Näherung von Seeger, Beste und Amstutz [541] berechnet, in welche die elastische Kerbformzahl α_{k}, die Grenzlastformzahl α_{pl} (Verhältnis von elastisch-idealplastischer Grenzlast zur Last bei Fließbeginn nach Saal [537], siehe (4.26)) und ein Sekantenmodul zur Kennzeichnung der kerbfallabhängigen Verfestigung eingehen. Die zyklische Spannungs-Dehnungs-Kurve unter Einschluß des Masing- und Memory-Verhaltens bildet dabei die Basis.
- Der elastische Anteil des ΔJ-Integrals wird nach (6.56) ausgehend vom Spannungsintensitätsfaktor $K_{\mathrm{I\,max}} = \sigma_{\mathrm{y}}^{*}\sqrt{\pi a}\,Y$ des sehr kleinen, halbkreisförmigen Oberflächenrisses mit $a \ll h$ (hier mit $Y = 1{,}035 \times 2/\pi$ anstelle von $1{,}07 \times 2/\pi = 0{,}68$ in (7.37)) und dem entsprechenden Spannungsintensitätsfaktor des Durchrisses am Rand der Lochkerbe mit $a \geq h$ (hier mit $Y = 1{,}121$, Durchriß für $a \geq h$ experimentell nachweisbar) bestimmt, wobei zwischen $a = 0$ und $a = h$ ein linearer Anstieg von Y in Ermangelung einer genaueren Lösung angenommen wird (mit Scheibendicke h).
- Der plastische Anteil des ΔJ-Integrals wird in der vereinfachten Form von (7.41) gemäß (7.48) ausgehend von den Spannungen σ_{y}^{*} und den Dehnungen $\varepsilon_{\mathrm{y}}^{*}$ (genauer: deren plastischem Anteil $\varepsilon_{\mathrm{y\,pl}}^{*}$) bestimmt, wobei die Geometriefaktoren Y des elastischen Anteils unverändert übernommen werden.
- Das Rißschließen wird im elastischen und plastischen Anteil des ΔJ-Integrals gemäß der Näherung von Newman berücksichtigt (stabilisierte Rißöffnungsspannung abhängig von Oberspannung, Abb. 6.44). Dabei wird die örtliche Spannung σ_{y}^{*} in der Kerbeinflußzone der Grundbeanspruchung in der ungekerbten Scheibe mit Innendurchriß bei Newman gleichgesetzt (mangels genauerer Kenntnisse).
- Sobald der Riß die Kerbeinflußzone verlassen hat, wird für ΔJ_{eff} die relativ genaue Lösung von Kumar *et al.* [966] für das J-Integral des Innendurchrisses (sie beruht auf umfangreichen Finite-Elemente-Berechnungen) verwendet. Ausgehend vom J-Integral mit Geometriefaktor bei einmaliger elastisch-plastischer Beanspruchung wird ΔJ_{eff} gemäß (7.49) unter Berücksichtigung des

Rißschließeffekts bestimmt. Das Verlassen der Kerbeinflußzone wird dadurch angezeigt, daß der ΔJ_{eff}-Wert nach Kumar den ΔJ_{eff}-Wert nach (7.49) übersteigt.
- Der Rißfortschritt wird ausgehend von der fiktiven Anfangsrißgröße a_0 der ungekerbten Probe nach (7.55), also gemäß $\mathrm{d}a/\mathrm{d}N = C_\mathrm{J}(\Delta J_{\text{eff}})^m$, mit den Werkstoffkennwerten des Langrisses berechnet.

Die absolute Treffsicherheit der vorstehend beschriebenen Vorgehensweise für gekerbte Proben war selbst bei Einstufenbelastung zunächst unbefriedigend [1369]. Relativaussagen sind dagegen vertretbar. Vergleichsrechnungen bis zu einem technischen Anriß mit der Oberflächenrißlänge $a_0^* = 2c = 0{,}5\,\text{mm}$ in Stahl StE460 zeigen beispielsweise, daß bei vorgegebener Kerbgrunddehnung der lebensdauerverlängernde Effekt der inhomogenen Kerbbeanspruchung nur für $\rho \leq 1\,\text{mm}$ praktisch relevant ist.

Die vorstehend beschriebene Vorgehensweise wurde von Vormwald *et al.* [1378] dahingehend verbessert, daß der statistische Größeneinfluß, der Einfluß der Mehrachsigkeit der Kerbbeanspruchung und der Einfluß des Spannungsgradienten (letzterer anders als in [1281] abgeschätzt) berücksichtigt werden:

- Der statistische Größeneinfluß bezeichnet den Unterschied zwischen der Schwingfestigkeit der ungekerbten Probe mit relativ großer hochbeanspruchter Oberfläche und der gekerbten Probe mit relativ kleiner hochbeanspruchter Oberfläche.
- Der Einfluß der Mehrachsigkeit des Spannungszustands im Kerbgrund drückt sich bei $\sigma_2/\sigma_1 > 0$ einerseits in einer Verkleinerung des Schädigungsparameters $P_\mathrm{J} = \Delta J_{\text{eff}}/a$ (s. Kap. 7.6) aus, andererseits wird σ_2/σ_1 mit dem Mehrachsigkeitsfaktor κ nach Newman korreliert, der im modifizierten Dugdale-Modell bei der Erfassung des Rißschließens auftritt (s. Kap. 6.6).
- Der Einfluß des Spannungsgradienten wird durch eine einfache Näherung erfaßt. Die Formel für das J-Integral im Scheitelpunkt des halbelliptischen Oberflächenrisses wird über die Lösung von Newman und Raju [940, 942] für die Spannungsintensität desselben Risses im Biegespannungsgradienten einer Platte gewonnen, deren Dicke dem Kerbradius gleichgesetzt wird, um einen annähernd identischen Spannungsgradienten zu erzeugen.

Das Ergebnis aus einem Berechnungsbeispiel (Lebensdauer einer gekerbten Probe aus einer Aluminiumlegierung im Wöhler-Versuch) zeigt Abb. 7.66. Das einfache P_J-Konzept (ebenso wie das P_{SWT}-Konzept) ergibt gerechnete Schwingspielzahlen bis Anriß, die weit auf der sicheren Seite liegen. Die Lebensdauer erhöht sich infolge des statistischen Größeneffekts etwa um den Faktor 2 (gleichbedeutend einer Verkleinerung der Anfangsrißgröße von $a_0 = 0{,}057\,\text{mm}$ auf $a_0 = 0{,}032\,\text{mm}$ für die Berechnung ohne Größeneffekt, die kleinere Kerboberfläche erwartungsgemäß mit der kleineren maximalen Rißgröße verbunden). Eine Erhöhung in nochmals gleicher Größenordnung stellt sich durch den Mehrachsigkeitseffekt ein. Der Gradienteneffekt ist demgegenüber klein, zu erklären aus der kleinen Anrißlänge $a_0^* = 0{,}15\,\text{mm}$. Das Streuband der Versuchsergebnisse stimmt mit dem rechnerischen Endergebnis gut überein. Demgegenüber ergeben sowohl der Schädigungsparameter $P_\mathrm{J} = \Delta J_{\text{eff}}/a$ ohne Berücksichtigung der Zusatzeinflüsse als auch

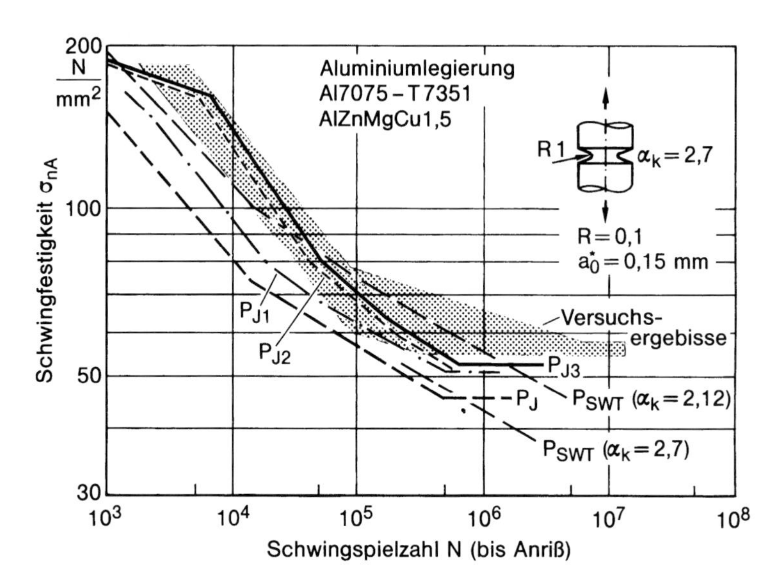

Abb. 7.66: Wöhler-Linien für gekerbte Proben aus Aluminiumlegierung: unterschiedliche Berechnungsweisen (Kurvenzüge) und Streuband der Versuchsergebnisse (punktgerastertes Band); P_J-Konzept, P_{J1}-Konzept mit statistischem Größeneinfluß, P_{J2}-Konzept zusätzlich mit Mehrachsigkeitseinfluß, P_{J3}-Konzept zusätzlich mit Einfluß des Spannungsgradienten, kerbmechanisches P_{SWT}-Konzept vergleichsweise; nach Vormwald *et al.* [1378]

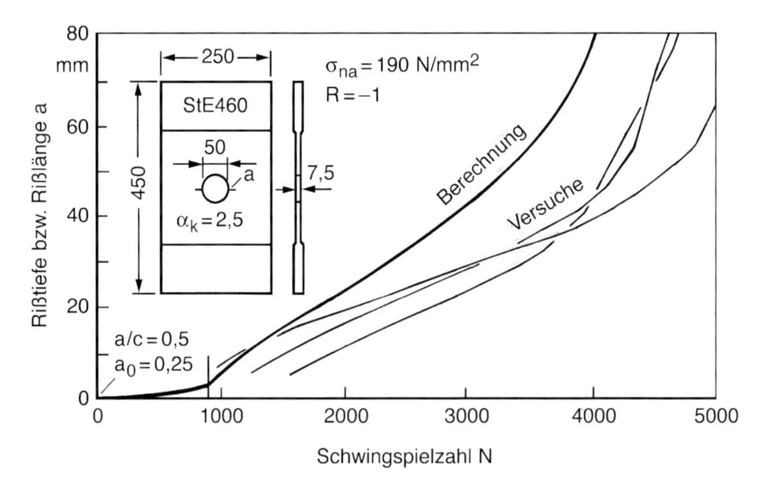

Abb. 7.67: Rißgröße im Kerbgrund als Funktion der Schwingspielzahl ausgehend von einem halbkreisförmigen Anriß (Tiefe a_0 = 0,25 mm) und fortgesetzt als Durchriß; Vergleich von Berechnungs- und Versuchsergebnissen; nach Dankert *et al.* [1330]

der kerbmechanische Schädigungsparameter P_{SWT} (für $\alpha_k = 2{,}7$) eine Wöhler-Linie, die zu weit auf der sicheren Seite liegt. Der Parameter P_{SWT} gibt außerdem das Probenverhalten im Bereich der Dauerfestigkeit nicht richtig wieder.

Eine von Dankert *et al.* [1330] entsprechend der Vorgehensweise von Vormwald für die Lochscheibe aus Stahl StE470 mit halbkreisförmigem Anriß im demgegenüber breiteren Kerbgrund berechnete Rißfortschrittskurve bei konstanter Beanspruchungsamplitude ist in Abb. 7.67 mit Meßergebnissen verglichen (vorausgehende Teilergebnisse dazu in Abb. 7.31 bis 7.33). Das Berechnungsergebnis bleibt hinreichend (und nicht zu weit) auf der sicheren Seite.

Das Verfahren wurde von Savaidis und Seeger [1262] auf proportional-mehrachsige Kerbgrundbeanspruchung erweitert und am Beispiel der proportional überlagerten zyklischen Axial- und Torsionsbelastung von dünnwandigen Hohlstabproben experimentell teilweise verifiziert (s. Abb. 7.75). Diese Erweiterung umfaßt die folgenden zusätzlichen Verfahrensschritte:

- Die mehrachsigen Spannungen und Dehnungen im elastisch-plastisch beanspruchten Kerbgrund bei proportional überlagerter Belastung der Probe (aus duktilem Werkstoff) werden ausgehend von Vergleichsgrößen nach der Gestaltänderungsenergiehypothese und dem vereinfachten Fließgesetz nach Hencky bestimmt [527-529] (s. Kap. 4.4). Die vollständigen Last-Dehnungs- und Spannungs-Dehnungs-Pfade folgen unter Einbeziehung des Masing- und Memory-Verhaltens der Hystereseschleifen der zyklischen Beanspruchung. Der Ansatz setzt voraus, daß die Risse sehr klein und die Kerbspannungen gegenüber den Rißspannungen dominant bleiben (also ungeschädigter Werkstoff und die Kerbe ohne Riß).
- Das zyklische J-Integral ist für mehrachsige Rißbeanspruchung (halbkreisförmiger Anriß, Modus I, II und III überlagert) zu bestimmen. Der elastische Anteil folgt bei Modus I aus (7.37). Bei Modus II und III sind entsprechende Gleichungen verfügbar. Der plastische Anteil wird nach einer Näherung von He [964] berechnet, in der das Produkt $\Delta\sigma_v \Delta\varepsilon_{v\,pl}$ aus den Schwingbreiten von Vergleichsspannung und plastischer Vergleichsdehnung abhängig vom Anteil der Belastungsarten (Axial- und Torsionsbelastung) und abhängig vom zyklischen Verfestigungsexponenten modifiziert wird. Der Ansatz setzt ein homogenes Beanspruchungsfeld voraus, vernachlässigt demnach Gradienteneffekte.
- Zusätzlich ist im effektiven J-Integral das Rißschließen zu berücksichtigen. Näherungsgleichungen für die Rißöffnungsspannung bei zweiachsiger Modus-I-Rißbeanspruchung unter Einschluß des Spannungsverhältnisses R wurden aus Finite-Elemente-Berechungsergebnissen von McClung [1349] abgeleitet und mangels genauerer Kenntnisse auf die Rißbeanspruchung nach Modus II und III sowie die gemischte Rißbeanspruchung übertragen (gegenüber der physikalischen Realität offenbar auf der sicheren Seite liegend).

Nach dem vorstehenden Verfahren kann neben dem Einfluß der Lastüberlagerung der Einfluß der Mittellast und der Lastreihenfolge auf die Anrißlebensdauer gekerbter Proben und Bauteile rechnerisch dargestellt werden. Die experimentelle Verifikation erfolgte allerdings nur für ungekerbte Hohlstabproben unter überlagerter dehnungsgeregelter Gauß-Randombelastung (s. Abb. 7.75).

7.6 Schadensakkumulation und Lebensdauer

Problemstellung

Es wurde bereits darauf hingewiesen (s. Kap. 6.1), daß das Kurzrißverhalten für den Ingenieur vor allem deshalb von Interesse ist, weil damit die technische Anrißphase beschrieben werden kann. Insbesondere wird Schädigung auch in der Anrißphase auf Rißfortschritt (hier Kurzrißfortschritt) zurückgeführt und damit physikalisch erklärt. Dabei wird angenommen, daß Mikrorisse (oder Mikrofehlstellen) von Anfang an vorhanden sind oder nach relativ kleiner Zahl von Schwingspielen eingeleitet werden.

Das frühe Kurzrißwachstum wird von der Mikrostruktur des Werkstoffs erheblich beeinflußt. Es macht jedoch für den konstruktiv ausgerichteten Ingenieur keinen Sinn, diesen Einflüssen im Einzelfall zu folgen. Die Beschaffung der im Mikrobereich maßgebenden Parameter, der hohe Aufwand für rechnerische und experimentelle Analysen in diesem Bereich und die eingeschränkte Übertragbarkeit der Ergebnisse stehen der praktischen Verwertbarkeit entgegen.

Andererseits interessiert den Ingenieur nur das gemittelte Verhalten jener sehr kleinen Kurzrisse, die zum technischen Anriß zusammenwachsen. Für dieses gemittelte Verhalten gibt die kontinuumsmechanische Lösung für den „Rißtreibparameter“ (z. B. ΔJ_{eff}) eine gute Näherung, wenn darin das (stabilisierte) Rißschließen berücksichtigt ist. Im Rechnungsgang zur Schadensakkumulation ist außerdem die mit dem Rißfortschritt verbundene stetige Abminderung der ursprünglichen Dauerfestigkeit zu berücksichtigen. Rißschließen und Dauerfestigkeitsminderung zusammen bestimmen den jeweiligen Reihenfolgeeffekt in der Schadensakkumulation. Schwellenwerte und Dauerfestigkeit des Kurzrisses werden über das Barrieremodell erfaßt.

Rückrechnung auf fiktive Anfangsrißgröße

Das gemittelte Verhalten der Mikrorisse ist als integraler Wert in der Dehnungs-Wöhler-Linie (Schwingspielzahl bis zum technischen Anriß) enthalten. Es liegt daher nahe, ausgehend von der (technischen) Anrißgröße a_0^* dieser Wöhler-Linie unter Integration der als gültig angesehenen Rißfortschrittsgleichung (7.55) auf eine fiktive Anfangsrißgröße a_0 zurückzurechnen. Die Anfangsrißgröße a_0 sollte zumindest bei Beschränkung auf ungekerbte Proben (die Basis der Rückrechnung) geeignet sein, als Ausgangswert für Lebensdauerberechnungen mit andersartigen (nichteinstufigen und regellosen) Beanspruchungsabläufen zu dienen.

Die Anfangsrißgröße a_0 ist als fiktiv eingeführt, weil die Rückrechnung den Einfluß der Mikrostruktur ebenso wie den der immer noch möglichen Rißeinleitungsphase vernachlässigt. Die Möglichkeit der Gleichsetzung des fiktiven Anrisses mit einem physikalischen Anriß, etwa mit einem gebrochenen Einschluß im Kristallit oder mit einer Oberflächenverletzung, ist nicht ausgeschlossen.

Die Rückrechnung auf eine fiktive Anfangsrißgröße setzt das für Kurzrisse gültige ΔJ_{eff}-Konzept zwingend voraus. Das ΔJ_{eff}-Konzept berücksichtigt die durch unterschiedliches Rißschließen verursachten Reihenfolgeeffekte. Aus Vergleichsrechnungen nach dem Tanaka-Modell für den Werkstoff mit Mikrostruktur geht hervor, daß der Einfluß der Mikrostruktur auf den Reihenfolgeeffekt relativ zum Einfluß des Rißschließens klein ist.

Die Rückrechnung auf kleine fiktive Anfangsrisse nach der Rißfortschrittsgleichung unter Verwendung von ΔK-Werten, wie sie von Maddox [1178-1180] oder Hobbacher [1168, 1169] für Schweißverbindungen vorgeschlagen wurde, muß dagegen als weniger geeignet angesehen werden, weil sie dem tatsächlichen Kurzrißfortschrittsverhalten auch nicht näherungsweise entspricht.

Die Rückrechnung von der technischen Anrißgröße a_0^* auf die fiktive oder physikalische Anfangsrißgröße a_0, ausgehend von der Anriß-Wöhler-Linie, folgt der Darstellung von Vormwald und Seeger [1284]. Es wird ΔJ_{eff} nach (7.49) oder nach einer der Beziehungen (7.46) bis (7.48) in die Rißfortschrittsgleichung (7.55) eingeführt. Außerdem wird der rißlängenunabhängige Schädigungsparameter $P_{\mathrm{J}} = \Delta J_{\mathrm{eff}}/a$ verwendet.

Die Integration von (7.55) von a_0 bis a_0^* ergibt folgenden Ausdruck, in dem N die Lebensdauer beim Schädigungsniveau P_{J} im Einstufenversuch kennzeichnet:

$$a_0 = \left[a_0^{*(1-m)} - (1-m)C_{\mathrm{J}}P_{\mathrm{J}}^m N\right]^{1/(1-m)} \tag{7.76}$$

Soweit die Schädigungsparameter-Wöhler-Linie in doppellogarithmischer Auftragung als Gerade erscheint (Zeitfestigkeitsbereich), ist a_0 nach (7.76) unabhängig vom gewählten Schädigungsniveau. Die Gerade wird (oberhalb der Dauerfestigkeit) durch folgende Gleichung dargestellt:

$$P_{\mathrm{J}}^m N = Q \qquad (P_{\mathrm{J}} \geq P_{\mathrm{JD}}) \tag{7.77}$$

Die der Schädigungsparameter-Wöhler-Linie zuzuordnenden Werkstoffkennwerte m, Q und P_{JD} ergeben sich aus dehnungsgeregelten Wöhler-Versuchen an ungekerbten Proben nach entsprechender Regressionsanalyse der Versuchsergebnisse. Im selben Auswertegang werden die Werkstoffkennwerte der Dehnungs-Wöhler-Linie (Vierparameteransatz) und der zyklischen Spannungs-Dehnungs-Linie bestimmt.

Die Rückrechnung einer Anriß-Wöhler-Linie ($a_0^* = 0{,}25\,\mathrm{mm}$) für ungekerbte polierte Proben ergab bei Stahl StE460 $a_0 = 0{,}015\,\mathrm{mm}$ und bei der Aluminiumlegierung AlMg4,5Mn $a_0 = 0{,}031\,\mathrm{mm}$. Vergleichsweise wird auf die von Heitmann *et al.* [1373, 1374, 1376] für Stahl StE460 ermittelte und als Einschlußgröße physikalisch interpretierte Anfangsrißlänge $a_0 = 0{,}030\,\mathrm{mm}$ hingewiesen.

Ausgehend von der fiktiven Anrißgröße a_0, die von Versuchsergebnissen an ungekerbten polierten und weitgehend eigenspannungsfreien Proben abgeleitet wird, läßt sich die Schwingfestigkeit bzw. Lebensdauer auch bei Rauhigkeit und mit Eigenspannungen in der Oberfläche ermitteln. Dazu wird die Anfangsrißgröße a_0 um die Rauhtiefe R_{t} vergrößert und die Eigenspannung im Ausgangspunkt der Spannungs-Dehnungszyklen berücksichtigt. Vormwald [1281] konnte im entsprechenden Einstufen- und Random-Versuch gute Übereinstimmung zwischen rechnerisch und experimentell ermittelten Wöhler-Linien bzw. Lebensdauerlinien feststellen.

Schädigungsparameter Z_d und P_J

Das ΔJ_{eff}-Integral erscheint nach (7.46) bis (7.49) als Produkt aus Rißlänge bzw. Rißtiefe a und einer Funktion, die vom Werkstoff und von der Belastungshöhe abhängt. Diese Funktion ergibt sich aus dem elastisch-plastischen Feld an der Rißspitze. Sie kann als rißlängenunabhängiger Schädigungsparameter aufgefaßt werden.

Der rißlängenunabhängige Schädigungsparameter Z_d (Index d von damage) ergibt sich nach Heitmann *et al.* [1373, 1374, 1376] ausgehend von (7.47):

$$Z_d = \frac{Z}{a} = 2{,}9 \frac{\Delta\sigma_{eff}^2}{2E} + 2{,}5 \frac{nC_1}{n+1} (\Delta\sigma)^{n+1} \tag{7.78}$$

Der entsprechende rißlängenunabhängige Schädigungsparameter P_J nach Vormwald und Seeger [1284] folgt mit ΔJ_{eff} nach (7.49):

$$P_J = \frac{\Delta J_{eff}}{a} \tag{7.79}$$

Die Einführung des Schädigungsparameters Z_d bzw. P_J erlaubt es, die Schadensakkumulationsrechnung in Anlehnung an bisher schon bekannte Verfahrensweisen, die von den Schädigungsparametern P_{SWT} oder P_{HL} nach (5.32) bzw. (5.34) ausgehen, durchzuführen. Die aus ein und derselben Dehnungs-Wöhler-Linie (Anrißtiefe $a_0^* = 0{,}25$ mm) des Stahles StE460 gewonnenen Schädigungsparameter-Wöhler-Linien sind in Abb. 7.68 gegenübergestellt. Die Zahlenwerte von P_{SWT} sind mit denen von P_{HL}, Z_d und P_J nicht direkt vergleichbar, wohl aber die Zahlenwerte der letztgenannten drei Parameter untereinander. Es ist $P_{HL} = \Delta\sigma_{eff}\Delta\varepsilon_{eff}$ abweichend von (5.34) eingeführt. Die ausgezogenen Linien stellen Regressionsgeraden zum Streuband der Versuchsergebnisse im Zeitfestigkeitsbereich dar. Sie sind in den Dauerfestigkeitsbereich gemäß jeweils gültiger Verfah-

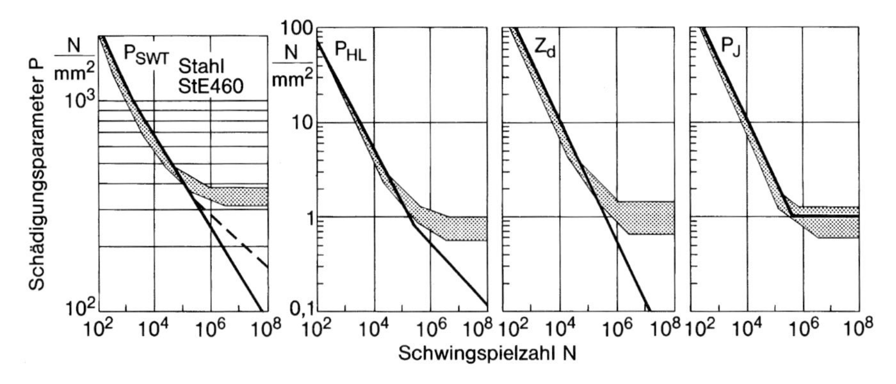

Abb. 7.68: Schädigungsparameter-Wöhler-Linien: Streubänder der Versuchsergebnisse zur Dehnungs-Wöhler-Linie (punktgerastertes Band), Regressionsgeraden im Zeitfestigkeitsbereich mit Fortsetzung in den Dauerfestigkeitsbereich entsprechend jeweiliger Verfahrensvorschrift für die Schadensakkumulationsrechnung; nach Vormwald [1281]

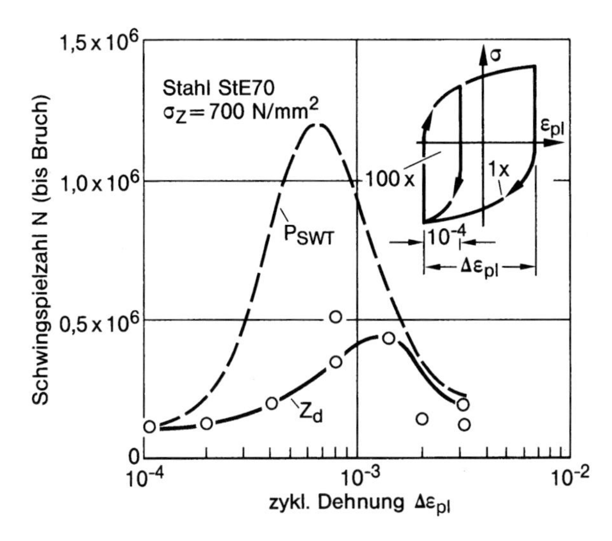

Abb. 7.69: Lebensdauer als Funktion der zyklischen plastischen Dehnung: Berechnung mit Schädigungsparametern Z_d und P_SWT (Kurven), Versuchsergebnisse (Punkte), Druckdehnungsschwingspiele (100×) mit eingestreutem Zug-Druck-Dehnungswechsel (1×); nach Heitmann *et al.* [1374]

rensvorschrift verlängert. Bei P_J ist das eine Horizontale durch die Versuchspunkte im Bereich des Schwellenwertes $\Delta J_{0\,\mathrm{eff}}$ (zugehörig a^* nach (7.83)). Im Zeitfestigkeitsbereich sind alle vier Schädigungsparameter gut geeignet. Im Dauerfestigkeitsbereich gibt nur P_J die realen Verhältnisse zutreffend wieder. Der werkstoffabhängige Dauerfestigkeitswert $P_\mathrm{J} \approx 1{,}0$ ist ein Zufall.

Der Schädigungsparameter Z_d, der die Näherung (6.89) für das Rißschließverhalten einschließt, ist zunächst an den Stählen StE47, StE70 und später an StE37 erprobt worden [1213, 1214, 1373, 1374, 1376] (dehnungsgeregelte Wöhler-Versuche bei unterschiedlicher Mittelspannung, Blockprogrammversuche mit treppenförmig ansteigenden bzw. abfallenden Teilfolgen und Random-Versuche). Die Lebensdauer konnte in den betrachteten Fällen mit unterschiedlicher Genauigkeit (Abweichung maximal Faktor 2) vorausgesagt werden. Das Ergebnis auf Basis des Schädigungsparameters Z_d war wesentlich genauer als das Ergebnis auf Basis des Schädigungsparameters P_SWT, wie unter anderem am Beispiel der zyklischen Druckdehnungsbeanspruchung mit eingestreuten Zug-Druck-Dehnungsschwingspielen gezeigt wird, Abb. 7.69.

Schadensakkumulationsrechnung nach dem P_J-Konzept

Die Integration der Rißfortschrittsgleichung (7.55) ausgehend von der fiktiven Anrißgröße a_0 führt zur Lebensdauer, ausgedrückt durch die Schwingspielzahl N_A bis zum technischen Anriß (ungekerbte Proben, $a_0^* = 0{,}25$-$1{,}0\,\mathrm{mm}$). Es wird der Schädigungsparameter P_J auch stellvertretend für die anderen Parameter Z_d, P_HL und P_SWT verwendet.

Bei Belastung mit konstanter Amplitude ergibt sich:

$$N_\mathrm{A} = \frac{a_0^{*(1-m)} - a_0^{(1-m)}}{C_\mathrm{J}(1-m)P_\mathrm{J}^m} \tag{7.80}$$

Bei Belastung mit veränderlicher Amplitude gilt bei Gültigkeit des P_J-Konzepts:

$$\frac{C_\mathrm{J}(1-m)}{a_0^{*(1-m)} - a_0^{(1-m)}} \int_0^{N_\mathrm{A}} P_\mathrm{J}^m \mathrm{d}N = 1{,}0 \tag{7.81}$$

Der Schädigungsparameter P_J ist schwingspielweise zu bestimmen, um die schwingspielbezogenen Teilschädigungen zu erhalten. Da die P_J-Werte der Einzelschwingspiele über die Rißöffnungsdehnung von der Beanspruchungsvorgeschichte abhängen (entsprechende Abkling- bzw. Anstiegsfunktionen zum Sättigungswert der Rißöffnungsdehnung sind einzuführen) und weil die Entwicklung der Rißgröße die weitere Schädigung bestimmt, wird die Gesamtlebensdauer von der Beanspruchungsreihenfolge entscheidend beeinflußt.

Schadensakkumulation bei transienter Dauerfestigkeit

Die Schadensakkumulationsrechnung bei transienter Dauerfestigkeit folgt dem P_J-Konzept in der Darstellung von Vormwald *et al.* [1379].

Die Gleichwertigkeit von Schadensakkumulation und Rißfortschritt besteht zunächst nur bei Außerachtlassung der Dauerfestigkeit. Um ein hinreichend genaues Ergebnis bei Mehrstufen- und Random-Belastung zu erzielen, sind die Dauerfestigkeit und ihre Abminderung mit zunehmender Rißlänge zu berücksichtigen. Das wirkt sich so aus, daß zunehmend Beanspruchungsamplituden unterhalb der ursprünglichen Dauerfestigkeit zur Schädigung beitragen. Der für das Ergebnis der Lebensdauerberechnung mitentscheidende Abfall der Schädigungsparameter-Dauerfestigkeit wird nachfolgend als Funktion der jeweiligen Schädigungssumme dargestellt.

Das Schwellenwertverhalten von Kurzrissen wird im vorliegenden Fall nach dem Barrierenmodell von Tanaka *et al.* [1273] in der Darstellung von Vormwald [1281] beschrieben. Rißfortschritt beginnt nach diesem Modell erst dann, wenn sich die plastische Zone an der Rißspitze über die nächstliegende Korngrenze hinaus ausbreitet. Die Abminderung des Schwellenwertes $\Delta\sigma^*_\mathrm{eff}/\sigma^*_{0\,\mathrm{eff}}$ ist eine Funktion der jeweiligen Rißgröße a, der Anfangsrißgröße a_0 und des Längenparameters a^* (nach El Haddad, Smith und Topper, siehe (7.17), allerdings aus $\Delta J_{0\,\mathrm{eff}}$ und $P_{\mathrm{J}0}$ anstelle von ΔK_0 und $\Delta\sigma_\mathrm{D}$ bestimmt, $\Delta J_{0\,\mathrm{eff}}$ und ΔK_0 aus Langrißproben, $P_{\mathrm{J}0}$ und $\Delta\sigma_\mathrm{D}$ aus ungekerbten Proben mit zurückgerechnetem Mikroriß):

$$\frac{\Delta\sigma^*_\mathrm{eff}}{\Delta\sigma_{0\,\mathrm{eff}}} = \sqrt{\frac{a^*}{a + a^* - a_0}} \tag{7.82}$$

$$a^* = \frac{\Delta J_{0\,\mathrm{eff}}}{P_{\mathrm{J}0}} \tag{7.83}$$

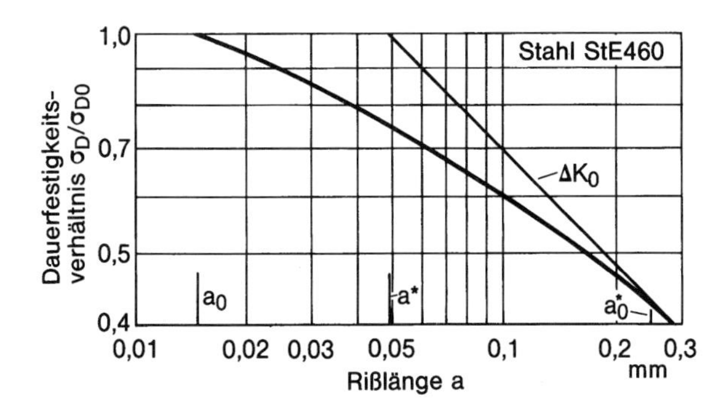

Abb. 7.70: Dauerfestigkeitsverhältnis als Funktion der Rißlänge, Konzept der transienten Dauerfestigkeit; nach Vormwald *et al.* [1379]

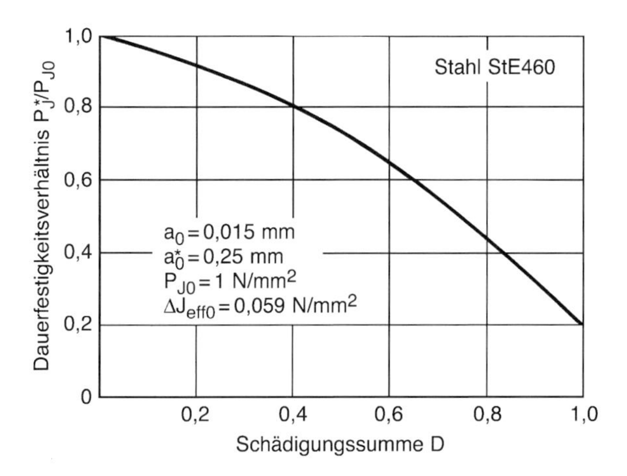

Abb. 7.71: Dauerfestigkeitsverhältnis als Funktion der Schädigungssumme; nach Vormwald *et al.* [1379]

Die Dauerfestigkeitsminderung bei $R = -1$ als Funktion der Rißlänge nach (7.82) ist in Abb. 7.70 beispielhaft für einen höherfesten Stahl dargestellt.

Die Umwandlung von (7.82) in eine von der jeweiligen Schädigungssumme D abhängige Formulierung gelingt durch schwingspielweises Integrieren der Rißfortschrittsgleichung (7.55) unter den Randbedingungen $a = a_0$ für $N = 0$ und $a = a_0^*$ für $N = N_A$, wobei sich die jeweilige Schädigungssumme folgendermaßen darstellt:

$$D = \frac{a^{(1-m)} - a_0^{(1-m)}}{a_0^{*(1-m)} - a_0^{(1-m)}} \tag{7.84}$$

Der Ausdruck für P_J nach (7.79) und (7.49) kann im Bereich der Dauerfestigkeit durch die Annahme makroskopisch elastischen Verhaltens vereinfacht werden:

$$P_{\mathrm{J}} = 1{,}24 \frac{(\sigma_{\mathrm{o}} - \sigma_{\mathrm{cl}})^2}{E} = 1{,}24 \frac{(\Delta\sigma_{\mathrm{eff}})^2}{E} \tag{7.85}$$

Die Kombination von (7.82), (7.84) und (7.85) ergibt die gesuchte Abhängigkeit der Dauerfestigkeitsminderung (ausgedrückt durch den Schädigungsparameter P_{J}^*) als Funktion der jeweiligen Schädigungssumme:

$$\frac{P_{\mathrm{J}}^*}{P_{\mathrm{J0}}} = \frac{a^*}{\left[\left(a_0^{*(1-m)} - a_0^{(1-m)}\right)D + a_0^{(1-m)}\right]^{1/1-m} + a^* - a_0} \tag{7.86}$$

Die Abhängigkeit nach (7.86) ist in Abb. 7.71 für einen höherfesten Stahl veranschaulicht. Die Dauerfestigkeit nimmt mit zunehmender Schädigungssumme auf relativ kleine Werte ab.

Schadensakkumulationsrechnung analog zur Miner-Regel

Die bei Beanspruchung durch konstante Amplituden ermittelte Schädigungsparameter-Wöhler-Linie erlaubt bei Beanspruchung durch variable Amplituden eine Schadensakkumulationsrechnung in Analolgie zur Miner-Regel (s. Kap. 5.4). Schädigungsereignisse im Rahmen des P_{J}-Konzepts (ebenso wie im Rahmen des P_{SWT}-, P_{HL}-, P_{DQ}- oder Z_{d}-Konzepts) sind die aus der Dehnungs-Zeit-Funktion sich ergebenden geschlossenen Hystereseschleifen der Beanspruchung. Diese werden nach dem Rainflow-Zählverfahren ermittelt. Für jede Schleife wird aus ihrer Lage in der Spannungs-Dehnungs-Ebene der Wert des Schädigungsparameters P_{J} berechnet. Aus der zugehörigen Schädigungsparameter-Wöhler-Linie ergibt sich die bis Anriß ertragbare Schwingspielzahl N_{A}, deren Kehrwert mit dem Schädigungsbeitrag des betrachteten Schwingspiels identisch ist. Die Schädigungssumme $D = 1{,}0$ kennzeichnet rechnerisch das Eintreten des Anrisses. Wenn bei der Rainflow-Zählung die Reihenfolge der Hystereseschleifen mitgeführt wird, ist der Reihenfolgeeffekt infolge von Rißschließen und infolge von Dauerfestigkeitsminderung in den Schädigungsbeträgen berücksichtigt, so daß die geforderte Schädigungssumme $D = 1{,}0$ besser eingehalten wird als bei der Miner-Regel, die nur bei unterdrücktem Reihenfolgeeffekt diese Schädigungssumme erwarten läßt.

Berechnungsbeispiele

Die beschriebene Schadensakkumulationsrechnung nach dem P_{J}-Konzept wurde beispielhaft für unterschiedliche dreistufige Beanspruchungsfolgen und für eine Gauß-normalverteilte Zufallsfolge der Beanspruchungsamplituden in einer Kerbe, in beiden Fällen ausgehend von der Schädigungsparameter-Wöhler-Linie, durchgeführt. Nur das Begleitprobenverhalten der Kerbe wird erfaßt, nicht das originale Kerbverhalten. Das Rechenergebnis wurde mit Versuchsergebnissen verglichen, Abb. 7.72 bis 7.74. Die auf dem P_{J}-Modell mit Rißschließeffekt

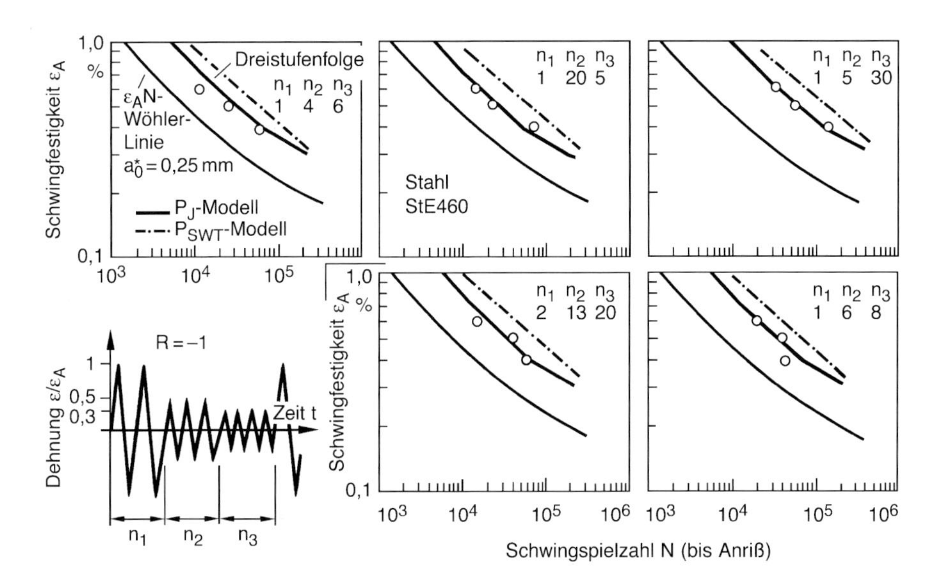

Abb. 7.72: Lebensdauerlinien von Stahl bei dreistufigen Beanspruchungsfolgen, berechnet ausgehend von der Dehnungs-Wöhler-Linie (Kurven) im Vergleich zu Versuchsergebnissen (Kreispunkte); nach Vormwald u. Seeger [1284]

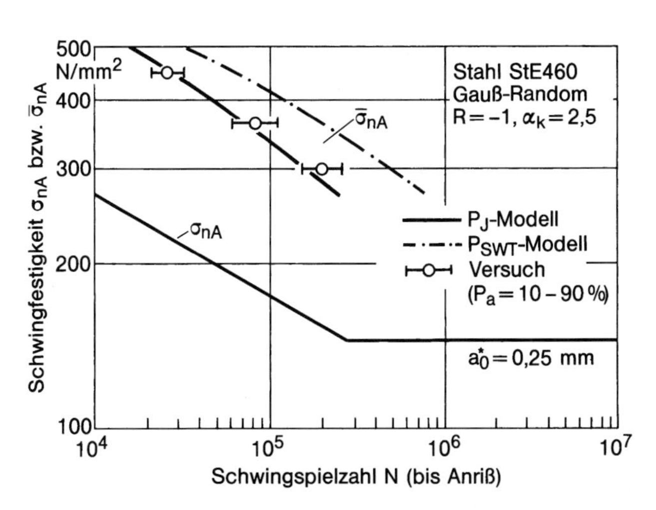

Abb. 7.73: Lebensdauerlinien (und Wöhler-Linie) von gekerbten Proben aus Stahl, Kerbbeanspruchung über Begleitprobe simuliert: Gauß-Random-Folge der Beanspruchungsamplituden (Teilfolgenumfang $N_0 = 10^4$, demnach „härter“ als in Abb. 7.74), Berechnungsergebnisse (Kurven) und Versuchsergebnisse (Punkte mit Streubreite) für die Begleitprobe; nach Vormwald u. Seeger [1284]

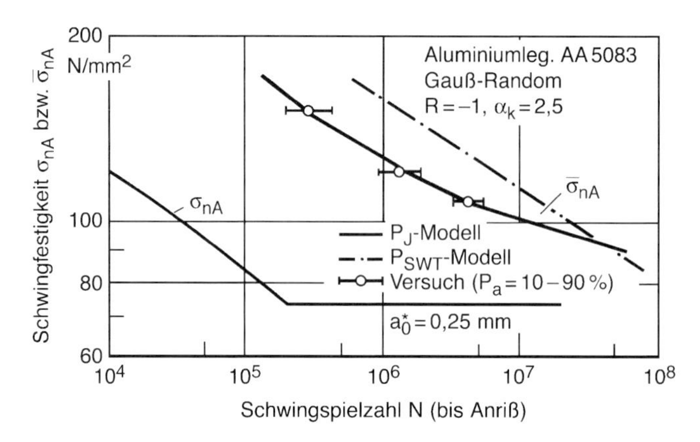

Abb. 7.74: Lebensdauerlinien (und Wöhler-Linien) von gekerbten Proben aus Aluminiumlegierung Kerbbeanspruchung über Begleitprobe simuliert: Gauß-Random-Folge der Beanspruchungsamplituden (Teilfolgenumfang $N_0 = 5 \times 10^5$, demnach „weicher" als in Abb. 7.73), Berechnungsergebnisse (Kurven) und Versuchsergebnisse (Punkte mit Streubreite) für die Begleitprobe; nach Vormwald *et al.* [1379]

und transienter Dauerfestigkeit basierende Berechnung trifft die Versuchsergebnisse recht gut, während die mit P_{SWT} durchgeführte Berechnung die Lebensdauer etwa um den Faktor 2 überschätzt. Daraus kann gefolgert werden, daß bei der Einleitung des technischen Anrisses der Reihenfolgeeffekt überwiegend vom Rißschließverhalten im Verbund mit transienter Dauerfestigkeit bestimmt wird. Das dargestellte Berechnungsverfahren nach dem P_{J}-Konzept scheint dem gerecht zu werden.

Die vorstehend beschriebene Schadensakkumulationsrechnung setzt ungekerbte Proben voraus. Bei gekerbten Proben sind weitere Einflüsse wie die Mehrachsigkeit und der Gradient der (elastisch-plastischen) Kerbbeanspruchung sowie der statistische Größeneinfluß zu berücksichtigen (s. Abb. 7.66 sowie Berechnungs- und Versuchsergebnisse zur Lebensdauer gekerbter Proben unter regelloser Belastung und standardisierter Lastfolge in [1378]). Der Einfluß der Mehrachsigkeit der Beanspruchung im Kerbgrund kann nach dem erweiterten P_{J}-Ansatz (nach [1330], s. Kap. 7.5) rechnerisch erfaßt werden. Beispielhaft sind in Abb. 7.75 Berechnungs- und Versuchsergebnisse für einen Stahl und eine Aluminiumlegierung unter proportional mehrachsiger Gauß-Random-Beanspruchung dargestellt. Wiederum wird nur das Begleitprobenverhalten betrachtet, das im vorliegenden Fall den zweiachsigen Spannungszustand simuliert. Die Übereinstimmung zwischen den Berechnungs- und Versuchsergebnissen ist zufriedenstellend (die Abweichungen bei hoher Dehnungsamplitude sind durch ein Ausbeulen der Probe verursacht).

Obwohl mit den vorstehend genannten Berechnungsbeispielen eine relativ hohe Ergebnisgenauigkeit zum P_{J}-Konzept nachgewiesen wird, reicht dieser Nachweis für eine breitere Anwendung des Verfahrens nicht aus. Die in den Beispielen gewählten besonderen Lastfolgen sind zum Teil wenig anwendungsnah. Zur Frage der Übertragbarkeit auf gekerbte Proben und Bauteile sind weitere For-

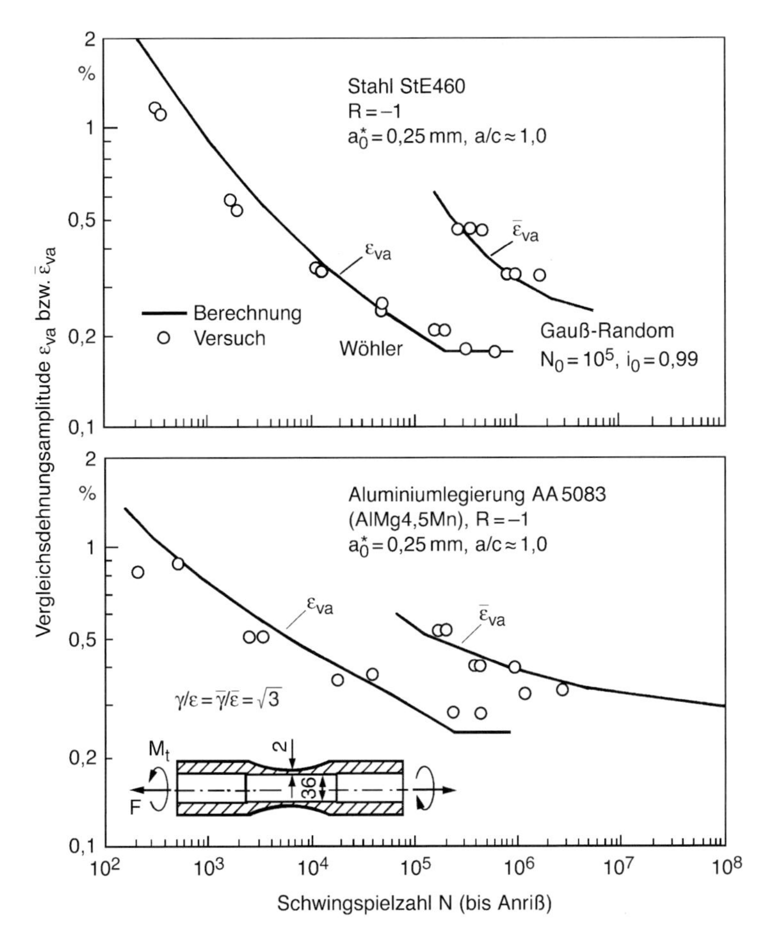

Abb. 7.75: Berechnete (Dehnungs-)Wöhler-Linien und (Dehnungs-)Lebensdauerlinien für dünnwandige Hohlstabproben aus Stahl und Aluminiumlegierung unter proportional überlagerter dehnungsgeregelter Axial- und Torsionsbelastung (Begleitprobensimulation für Kerbbeanspruchung) im Vergleich zu Versuchsergebnissen; Gauß-Random-Folge mit Teilfolgenumfang $N_0 = 10^5$ (Regelmäßigkeitsfaktor $i_0 = 0{,}99$); nach Savaidis u. Seeger [1263]

schungsanstrengungen notwendig. Es bleibt zu hoffen, daß die für eine breitere Anwendung erforderlichen positiven Vergleiche zwischen rechnerischer Vorhersage und experimentellem Ergebnis für eine größere Zahl von Werkstoffen und Belastungsarten, Lastfolgen und Lastkollektiven, Proben- und Bauteilformen erbracht werden können.

Literaturverzeichnis

Die angegebene Literatur ist umfangreicher als für die inhaltliche Differenzierung im Text erforderlich, d. h. es wird mehr zitiert als im Text zitatbezogen erläutert werden kann. Damit erhält der Leser einen relativ umfassenden Überblick, insbesondere über die neueren Publikationen zur Ermüdungsfestigkeit. Die Gliederung nach Themengruppen und die innerhalb derselben gewählte alphabetische Anordnung erleichtert die Übersicht. Die Themengruppen kennzeichnen Schwerpunkte der wissenschaftlichen Entwicklung und stimmen nicht immer mit den im Text gewählten Sachgruppen überein. Eine eindeutige Abgrenzung der Gruppen ist schwierig. Die Zuordnung einer Publikation zu einer bestimmten Themengruppe kann eine gewisse Willkür beinhalten, besonders dann, wenn das Thema der Publikation breiter angelegt ist. Die Querverweise nach der Gruppenüberschrift sollen diesen Mangel teilweise beheben. Dem Leser wird empfohlen, sich bei der Suche nach Literaturhinweisen zu einer speziellen Frage nicht auf eine einzige Themengruppe zu beschränken.

Bei der lawinenartig angewachsenen Zahl von Publikationen auf dem angesprochenen Gebiet ist Vollständigkeit des Verzeichnisses ein unerreichbares Ziel. Auch ist darauf hinzuweisen, daß vorzugsweise Arbeiten zu den Grundlagen der ermüdungsfesten Konstruktion zitiert werden, während Anwendungsaspekte wie z. B. Lebensdauerberechnung, Bauteilauslegung und Fügetechniken (darunter die Schweißtechnik) außer Betracht bleiben. Die umfangreiche Literatur zur Ermüdungsfestigkeit von Schweißverbindungen ist bei Radaj und Sonsino [65] zusammengestellt.

Schadensfälle durch Ermüdung

[1] Brinkbäumer, K.; Ludwig, U.; Mascolo, G.: Die deutsche Titanic. *Der Spiegel* 21 (1999), 24. Mai 1999

[2] Buxbaum, O.: Beispiele für das Versagen von Konstruktionen aufgrund unzureichender Bemessungsvorschriften oder Nachweisversuche. *Konstruktion* 52 (2000) 5, 39-43

[3] Flade, D.: Beanspruchungen eines Verbundrades an der Reifeninnenseite. *LBF-Bericht* 8719, Fraunhofer-Institut f. Betriebsfestigkeit, Darmstadt 1998

[4] Hobbacher, A.: Schadensuntersuchung zum Unglück des Halbtauchers „Alexander L. Kielland“ *Maschinenschaden* 56 (1983) 2, 42-48

[5] Jacoby, G.: Fractographic methods in fatigue research. *Exp. Mech.* 5 (1965), 65 ff.

[6] Lancaster, J.: *Engineering Catastrophes — Causes and Effects of Major Accidents*. Abington Publishing, Cambridge 1996

[7] Naumann, K. F.: *Das Buch der Schadensfälle*. Riderer-Verlag, Stuttgart 1980

[8] — : *Allianz-Handbuch der Schadensverhütung*. VDI-Verlag, Düsseldorf 1984

[9] — : Aircraft Accident Report 92-11, El Al Flight 1862. Nat. Aerospace Lab., Amsterdam 1992

[10] — : Aircraft Accident Report: Aloha Airlines, Flight 243, Boeing 737-200, N73711, near Maui, Hawaii, 28. April, 1988. US National Transportation Safety Board, Washington 1989

[11] — : Comet crash inquiry aids future aircraft design. *Product. Engng.* 26 (1955) 1, 197-198

Fachbücher zur Ermüdungsfestigkeit

(siehe auch [57-68, 78, 79, 92-100, 124, 406, 455])

[12] Bannantine, J. A.; Comer, J. J.; Handrock, J. L.: *Fundamentals of Metal Fatigue Analysis*. Prentice Hall, Englewood Cliffs, N.J. 1990

[13] Berg, S.: *Gestaltfestigkeit*. VDI-Verlag, Düsseldorf 1952

[14] Buch, A.: *Fatigue Strength Calculation*. Trans Tech Publications, Aedermannsdorf (Schweiz) 1988

[15] Buxbaum, O.: Betriebsfestigkeit. Verlag Stahleisen, Düsseldorf 1999 (4. Aufl.)

[16] Cazaud, R.: *La Fatigue des Métaux*. Dunod, Paris 1969

[17] Cottin, D.; Puls, E.: *Angewandte Betriebsfestigkeit*. Carl Hanser Verlag, München 1992

[18] Dahl, W. (Hrsg.): *Verhalten von Stahl bei schwingender Beanspruchung*. Verlag Stahleisen, Düsseldorf 1978

[19] Ellyin, F.: *Fatigue, Damage, Crack Growth and Life Prediction*. Chapman & Hall, London 1997

[20] Forrest, P. G.: *Fatigue of Metals*. Pergamon Press, Oxford 1974

[21] Freudenthal, A. M. (Hrsg.): *Fatigue in Aircraft Structures*. Academic Press, New York 1956

[22] Frost, N. E.; Marsh, K. J.; Pook, L. P.: *Metal Fatigue*. Clarendon Press, Oxford 1974

[23] Fuchs, H. O.; Stephens, R. J.: *Metal Fatigue in Engineering*. John Wiley, New York 1980

[24] Gnilke, W.: *Lebensdauerberechnung der Maschinenelemente*. VEB Verlag Technik, Berlin 1980

[25] Graham, J. A. (Hrsg.): *Fatigue Design Handbook*. Soc. Automot. Eng., Warrendale, Pa. 1968

[26] Grover, H. J.; Gordon, S. A.; Jackson, L. R.: *Fatigue of Metals and Structures*. Thames & Hudson, London 1956

[27] Gudehus, H.; Zenner, H.: *Leitfaden für eine Betriebsfestigkeitsrechnung*. Verlag Stahleisen, Düsseldorf 1999 (4. Aufl.)

[28] Günther, W.: *Schwingfestigkeit*. VEB Deutscher Verlag f. Grundstoffindustrie, Leipzig 1973

[29] Haibach, E.: Betriebsfestigkeit — Verfahren und Daten zur Bauteilberechnung. VDI-Verlag, Düsseldorf 1989 u. 2002 (1. u. 2. Aufl.)

[30] Haibach, E.: *Betriebsfeste Bauteile*. Springer-Verlag, Berlin 1992

[31] Hänchen, R.: *Berechnung und Gestaltung der Maschinenteile auf Dauerhaltbarkeit*. Verlag B. Schulz, Berlin 1950

[32] Harris, W. J.: *Metallic Fatigue*. Pergamon Press, Oxford 1961

[33] Hertel, H.: *Ermüdungsfestigkeit der Konstruktionen*. Springer-Verlag, Berlin 1969

[34] Heywood, R. B.: *Designing Against Fatigue*. Chapman & Hall, London 1962

[35] Kimmelmann, D. N.: *Berechnung von Maschinenteilen auf Dauer- und Zeitschwingfestigkeit*. VEB Verlag Technik, Berlin 1953

[36] Klesnil, M.; Lukáš, P.: *Fatigue of Metallic Materials*. Elsevier, Amsterdam 1992 (2. Aufl.)

[37] Kocanda, S.: *Fatigue Failure of Metals*. Noordhoff Intern. Publ., Leyden 1978

[38] Kravchenko, P. Y.: *Fatigue Resistance*. Pergamon Press, Oxford 1964

[39] Liu, J.: *Dauerfestigkeitsberechnung metallischer Bauteile*. Papierflieger, Clausthal-Zellerfeld 2001

[40] Madayag, A. F.: *Metal Fatigue*. John Wiley, New York 1969

[41] Mann, J. Y.: *Fatigue of Materials*. Melbourne University Press, Melbourne 1967

[42] Munz, D.; Schwalbe, K.-H.; Mayr, P.: *Dauerschwingverhalten metallischer Werkstoffe*. Vieweg Verlag, Braunschweig 1971

[43] Naubereit, H.; Weihert, J.: *Einführung in die Ermüdungsfestigkeit*. Carl Hanser Verlag, München 1999

[44] Pope, J. A. (Hrsg.): *Metal Fatigue*. Chapman & Hall, London 1959

[45] Roš, M.; Eichinger, A.: *Die Bruchgefahr fester Körper bei wiederholter Beanspruchung*. Ber. Nr. 173. EMPA, Zürich 1950

[46] Schott, G. (Hrsg.): *Werkstoffermüdung*. VEB Verlag f. Grundstoffindustrie, Leipzig 1979

[47] Schott, G.: *Lebensdauerberechnung mit Werkstoffermüdungsfunktionen.* VEB Deutscher Verlag f. Grundstoffindustrie, Leipzig 1990

[48] Seeger, T.: Grundlagen für Betriebsfestigkeitsnachweise. *Stahlbau-Handbuch*, Band 1, Teil B, S. 5-123. Stahlbau-Verlagsgesellschaft, Köln 1996

[49] Sines, G.; Waismann, J. L. (Hrsg.): *Metal Fatigue.* McGraw-Hill, New York 1959

[50] Smith, C. R.: *Tips on Fatigue.* Dep. of the Navy, Washington 1963

[51] Stüssi, F.: *Die Theorie der Dauerfestigkeit und die Versuche von August Wöhler.* VSB-Verlag, Zürich 1955

[52] Suresh, S.: *Fatigue of Materials.* Cambridge University Press, Cambridge 1991

[53] Tauscher, H.: *Berechnung der Dauerfestigkeit.* VEB Fachbuchverlag, Leipzig 1960

[54] Thum, A.; Buchmann, W.: *Dauerfestigkeit und Konstruktion.* VDI-Verlag, Berlin 1932

[55] Weibull, W.: *Fatigue Testing and the Analysis of Results.* Pergamon Press, Oxford 1961

[56] Zammert, W. U.: *Betriebsfestigkeitsberechnung.* Friedrich Vieweg Verlag, Braunschweig 1985

Fachbücher zur Ermüdungsfestigkeit von Schweißverbindungen

(siehe auch [29, 30])

[57] Gurney, T. R.: *Fatigue of Welded Structures.* Cambridge University Press, Cambridge 1979 (2. Aufl.)

[58] Hobbacher, A. (Hrsg.): *Fatigue Design of Welded Joints and Components.* Abington Publishing, Cambridge 1996

[59] Maddox, S. J.: *Fatigue Strength of Welded Structures.* Abington Publishing, Cambridge 1991

[60] Munse, W. H.: *Fatigue of Welded Steel Structures.* Welding Research Council, New York 1964

[61] Neumann, A.: *Probleme der Dauerfestigkeit von Schweißverbindungen.* VEB Verlag Technik, Berlin 1960

[62] Neumann, A.: *Schweißtechnisches Handbuch für Konstrukteure. Bd. 1: Grundlagen, Tragfähigkeit, Gestaltung.* DVS-Verlag, Düsseldorf 1985

[63] Radaj, D.: *Gestaltung und Berechnung von Schweißkonstruktionen — Ermüdungsfestigkeit.* DVS-Verlag, Düsseldorf 1985

[64] Radaj, D.: *Design and Analysis of Fatigue Resistant Welded Structures.* Abington Publishing, Cambridge 1990

[65] Radaj, D.; Sonsino, C. M.: *Fatigue Assessment of Welded Joints by Local Approaches.* Abington Publishing, Cambridge 1998

[66] Radaj, D.; Sonsino, C. M.: *Ermüdungsfestigkeit von Schweißverbindungen nach lokalen Konzepten.* DVS-Verlag, Düsseldorf 2000

[67] Richards, K. G.: *Fatigue Strength of Welded Structures.* The Welding Institute, Cambridge 1969

[68] Thum, A.; Erker, A.: *Gestaltfestigkeit von Schweißverbindungen.* VDI-Verlag, Berlin 1942

Fachbücher zur allgemeinen Festigkeit

(siehe auch [459, 905-912])

[69] Aurich, D.: *Bruchvorgänge in metallischen Werkstoffen.* Werkstofftechnische Verlagsgesellschaft, Karlsruhe 1978

[70] Dahl, W. (Hrsg.): *Grundlagen des Festigkeits- und Bruchverhaltens.* Verlag Stahleisen, Düsseldorf 1974

[71] Dietmann, H.: *Einführung in die Elastizitäts- und Festigkeitslehre.* Alfred Kröner Verlag, Stuttgart 1982

[72] Dowling, N. E.: *Mechanical Behaviour of Materials Engineering Methods for Deformation, Fracture and Fatigue.* Prentice Hall, Englewood Cliffs, N. J. 1993

[73] Föppl, L.; Sonntag, G.: *Tafeln und Tabellen zur Festigkeitslehre.* Verlag Oldenbourg, München 1951

[74] Hänchen, R.; Decker, K. H.: *Neue Festigkeitsberechnung für den Maschinenbau.* Carl Hanser Verlag, München 1967
[75] Hertel, H.: *Leichtbau.* Springer-Verlag, Berlin 1960
[76] Issler, L.; Ruoß, H.; Häfele, P.: *Festigkeitslehre Grundlagen.* Springer-Verlag, Berlin 1997 (2. Aufl.)
[77] Juvinall, R. C.: *Engineering Considerations of Stress, Strain and Strength.* McGraw-Hill, New York 1967
[78] Lemaitre, J.; Chaboche, J. L.: *Mécanique des Matériaux Solides.* Dunod & Bordes, Paris 1985
[79] Lemaitre, J.; Chaboche, J. L.: *Mechanics of Solid Materials.* Cambridge University Press, Cambridge 1990
[80] Lipson, C.; Juvinall, R. C.: *Handbook of Stress and Strength.* Macmillan Comp., New York 1963
[81] Radaj, D.: *Festigkeitsnachweise, Bd. 1: Grundverfahren u. Bd. 2: Sonderverfahren.* DVS-Verlag, Düsseldorf 1974
[82] Roark, R. J.; Young, W. C.: *Formulas for Stress and Strain.* McGraw-Hill, New York 1976
[83] Roš, M.; Eichinger, A.: *Die Bruchgefahr fester Körper bei ruhender Beanspruchung.* EMPA-Ber. 172. EMPA, Zürich 1949
[84] Rühl, K. H.: *Die Tragfähigkeit metallischer Baukörper.* Verlag Wilhelm Ernst, Berlin 1952
[85] Sähn, S.; Göldner, H.: *Bruch- und Beurteilungskriterien in der Festigkeitslehre.* VEB Fachbuchverlag, Leipzig 1989
[86] Sähn, S.; Göldner, H.: *Arbeitsbuch Bruch- und Beurteilungskriterien in der Festigkeitslehre.* Fachbuchverlag, Leipzig 1992
[87] Schwaigerer, S.: *Festigkeitsberechnung von Bauelementen des Dampfkessel-, Behälter- und Rohrleitungsbaues.* Springer-Verlag, Berlin 1961
[88] Tetelman, A. S.; McEvily, A. J.: *Fracture of Structural Materials.* John Wiley, New York 1967
[89] Tetelmann, A. S.; McEvily, A. J.: *Bruchverhalten technischer Werkstoffe.* Verlag Stahleisen, Düsseldorf 1971
[90] Thum, A.; Federn, K.: *Spannungszustand und Bruchausbildung.* Springer-Verlag, Berlin 1939
[91] Wellinger, K.; Dietmann, H.: *Festigkeitsberechnung.* Alfred Kröner Verlag, Stuttgart 1976

Tagungsberichte zur Ermüdungsfestigkeit

(siehe auch [239, 287, 296, 983])

[92] Branco, C. M.; Rosa, L. G.: *Advances in Fatigue, Science and Technology.* Kluwer Academic Publ., Dordrecht 1988
[93] Lieurade, H. P.: *Fatigue & Stress.* IITT-International, Gournay sur Marne 1989
[94] Lutjering, G.; Nowack, H. (Hrsg.): *Fatigue'96, Proc. of the 6th Intern. Fatigue Congress.* ELMAS Publ., Solihull, England 1996
[95] Rie, K. T. (Hrsg.): *Low Cycle Fatigue and Elasto-Plastic Behaviour of Materials.* Elsevier Applied Science, London 1992
[96] Rie, K. T.; Portella, P. D. (Hrsg.): *Low Cycle Fatigue and Elasto-Plastic Behaviour of Materials.* Elsevier, Amsterdam 1998
[97] Wu, X. R.; Wang, Z. G. (Hrsg.): *Fatigue'99. Proc. of the 7th Intern. Fatigue Congress.* ELMAS Publ., Solihull, England 1999
[98] — : *Dauerfestigkeit und Zeitfestigkeit.* VDI-Berichte 661, VDI-Verlag, Düsseldorf 1988
[99] — : *Kerben und Betriebsfestigkeit.* DVM-Bericht, Deutsch. Verb. f. Materialprüfg., Berlin 1989
[100] — : *Bauteillebensdauer — Rechnung und Versuch.* DVM-Bericht, Deutsch. Verb. f. Materialprüfg., Berlin 1993

Wöhler-Versuch und Wöhler-Linie

(siehe auch [29, 357, 391])

[101] Basquin, O. H.: The exponential law of endurance tests. *Proc. ASTM* 10 (1910), 625-630
[102] Haibach, E.: Die Schwingfestigkeit von Schweißverbindungen aus der Sicht einer örtlichen Beanspruchungsmessung. *LBF-Bericht* FB-77, Fraunhofer-Institut f. Betriebsfestigkeit, Darmstadt 1968
[103] Haibach, E.; Atzori, B.: Ein statistisches Verfahren für das erneute Auswerten von Ergebnissen aus Schwingfestigkeitsversuchen und für das Ableiten von Bemessungsunterlagen, angewandt auf Schweißverbindungen aus AlMg5. *Aluminium* 51 (1975) 4, 267-272
[104] Haibach, E.; Matschke, C.: Normierte Wöhler-Linien für ungekerbte und gekerbte Formelemente aus Baustahl. *Stahl u. Eisen* 101 (1981), 135-141
[105] Hück, M.; Thrainer, L.; Schütz, W.: Berechnung von Wöhler-Linien für Bauteile aus Stahl, Stahlguß und Grauguß, synthetische Wöhler-Linien. *VDEh-Bericht* ABF 11, 1981
[106] Spindel, J. E.; Haibach, E.: Some considerations on the statistical determination of the shape of S-N-curves. *ASTM STP* 744 (1981), 89-113
[107] Wöhler, A.: Über die Versuche zur Ermittlung der Festigkeit von Achsen, welche in den Werkstätten der Niederschlesisch-Märkischen Eisenbahn zu Frankfurt a. d. O. angestellt sind. *Z. f. Bauwesen* 13 (1863), Sp. 233-258
[108] Wöhler, A.: Resultate der in der Zentralwerkstatt der Niederschlesisch-Märkischen Eisenbahn zu Frankfurt a. d. O. angestellten Versuche über die relative Festigkeit von Eisen, Stahl und Kupfer. *Z. f. Bauwesen* 16 (1866), Sp. 67-84
[109] Wöhler, A.: Über die Festigkeitsversuche mit Eisen und Stahl. *Z. f. Bauwesen* 20 (1870), Sp. 73-106
[110] DIN 50100: Dauerschwingversuch. Begriffe, Zeichen, Durchführung, Auswertung. Beuth Verlag, Berlin 1978
[111] DDR-Standard TGL 19336: Ermüdungsfestigkeit, Planung und Auswertung von Ermüdungsfestigkeitsversuchen. Verlag f. Standardisierung, Leipzig 1983
[112] — : Synthetische Wöhlerlinien für Eisenwerkstoffe. Forschungsbericht d. Studiengesellschaft f. Stahlanwendung, Düsseldorf 1999

Frequenzeinfluß im Wöhler-Versuch

(siehe auch [991])

[113] Franz, J.; Bauer, H.: Zum Einfluß der Versuchsfrequenz auf die Schwingfestigkeit von Nietverbindungen. *Techn. Mitt.* Nr. 85. Fraunhofer-Institut f. Betriebsfestigkeit, Darmstadt 1979
[114] Gücer, D. E.; Capa, M.: Effect of loading frequency on the strain behaviour and damage accumulation in low-cycle fatigue. *AGARD Rep.* No. 572, Advisory Group for Aerospace Research and Development, Neuilly sur Seine 1970
[115] Harris, W.: Frequency. In: *Metallic Fatigue*, S. 91-135. Pergamon Press, Oxford 1961
[116] Heimbach, H.: Zum Einfluß der Belastungsfrequenz auf die Zeit- und Dauerfestigkeit von Stahl. *Materialprüfung* 12 (1970) 11, 377-380
[117] Stephenson, N.: A review of the literature on the effect of frequency on the fatigue properties of metals and alloys. *NGTE Rep.* M320. National Gas Turbine Establishment, Pyestock, Hants 1958
[118] Wielke, B.: Zur Frequenzabhängigkeit der Ermüdung von Aluminium. *Z. f. Metallkunde* 66 (1975) 9, 513-515

Mittelspannungseinfluß im Wöhler-Versuch, Dauerfestigkeitsschaubild

(siehe auch [29, 266, 290, 414, 680, 837, 996])

[119] Gerber, H.: Bestimmung der zulässigen Spannungen in Eisenkonstruktionen. *Z. d. Bayer. Architekten- u. Ingenieurvereins* 6 (1874) 6, 101-110

[120] Goodman, J.: *Mechanics Applied to Engineering*. Longmans, Green & Co, New York 1899; Neudruck der 9. Aufl. 1954
[121] Haigh, B. P.: Report on alternating stress tests of a sample of mild steel. *BASC-Rep.* No. 85, S. 163-170. British Association Stress Committee, Manchester 1915
[122] Kommerell, O.: Verfahren zur Berechnung von Fachwerkstäben und auf Biegung beanspruchter Träger bei wechselnder Belastung. *Bautechnik* 11 (1933), 114-116
[123] Moore, H. F.; Jasper, T. M.: An investigation of the fatigue of metals. *Univ. of Ill. Eng. Exp. Stn. Bull.* 142, 1924
[124] Moore, H. F.; Kommers, J. B.: *The Fatigue of Metals*. McGraw-Hill, New York 1927
[125] Narberhaus, S.; Zenner, H.: Dauerfestigkeit bei hohen Zugmittelspannungen. *Materialwiss. u. Werkstofftechnik* 31 (2000) 3, 225-232
[126] Pomp, A.; Hempel, E.: Dauerfestigkeitsschaubilder von Stählen bei verschiedenen Zugmittelspannungen unter Berücksichtigung der Prüfstabform. *Mitt. Kaiser Wilhelm Inst. f. Eisenf. Düsseldorf* 15 (1933), 247-254
[127] Smith, J. H.: Some experiments on fatigue of metals. *J. Iron and Steel Institute* 82 (1910) 2, 246-318
[128] Soderberg, C. R.: Factor of safety and working stress. *J. Appl. Mech. (ASME)* 52 (1930)
[129] Troost, A.; El-Magd, E.: Allgemeine Formulierung der Schwingfestigkeitsamplitude in Haighscher Darstellung. *Materialprüfung* 17 (1975) 2, 47-49
[130] DDR-Standard TGL 19340/01: Ermüdungsfestigkeit, Dauerfestigkeit der Maschinenbauteile, Dauerfestigkeitsdiagramm. Verlag f. Standardisierung, Leipzig 1983

Dehnungs-Wöhler-Linie

(siehe auch [29, 554, 841, 842])

[131] Bergmann, J. W.; Klee, S.; Seeger, T.: Über den Einfluß der Mitteldehnung und Mittelspannung auf das zyklische Spannungs-Dehnungs- und Bruchverhalten von StE70. *Materialprüfung* 19 (1977) 1, 10-17
[132] Burbach, J.: Zum zyklischen Verformungsverhalten einiger technischer Werkstoffe. *Techn. Mitt. Krupp, Forsch.-Ber.* 28 (1970) 2, 55-101
[133] Coffin, L. F.: A study of the effects of cyclic thermal stresses on a ductile metal. *Trans. ASME* 76 (1954) 6, 931-950
[134] Endo, T.; Morrow, J. D.: Cyclic stress-strain and fatigue behaviour of representative aircraft metals. *J. of Materials* 4 (1969) 1, 159-175
[135] Glaser, A.; Eifler, D.; Macherauch, E.: Zyklisches Kriechen und Mittelspannungsrelaxation bei Zugschwellbeanspruchung von normalisiertem und vergütetem 42CrMo4. *Materialwiss. u. Werkstofftechnik* 26 (1995) 2, 111-117
[136] Klee, S.: Das zyklische Spannungs-Dehnungs- und Bruchverhalten verschiedener Stähle. *Veröff. d. Inst. f. Stahlbau u. Werkstoffmech. d. TH Darmstadt*, Heft 22, 1973
[137] Landgraf, R. W.; Morrow, J. D.; Endo, T.: Determination of the cyclic stress-strain curve. *J. of Materials* 4 (1969) 1, 176-188
[138] Landgraf, R. W.: The resistance of metals to cyclic deformation. *ASTM STP* 467 (1970), 3-36
[139] Landgraf, R. W.: Control of fatigue resistance through microstructure — ferrous alloys. In: *Fatigue and Microstructure* (Hrsg. Meshii, M.), S. 439-466. Am. Soc. f. Metals, Materials Park, Oh. 1980
[140] Libertiny, G. Z.; Topper, T. H.; Leis, B. N.: The effect of large prestrains on fatigue. *Exp. Mech.* (1977), 64-68
[141] Manson, S. S.: Behaviour of materials under conditions of thermal stress. *Heat Transfer Symposium*, University of Michigan, Engineering Research Institute (1953), 9-75 u. *NACA TN* 2933 (1954)
[142] Manson, S. S.: Cyclic life of ductile materials. In: *Thermal Stresses in Design*, S. 139-144 (1960)
[143] Manson, S. S.: Fatigue: A complex subject — some simple approximations. *Exp. Mech.* 5 (1965) 7, 193-226

[144] Manson, S. S.: Interfaces between fatigue, creep and fracture. *Int. J. Fract. Mech.* 2 (1966) 1, 328-363
[145] Manson, S. S.: *Thermal Stress and Low Cycle Fatigue*. New York, McGraw-Hill 1966
[146] Masing, G.: Eigenspannungen und Verfestigung beim Messing. In: *Proc. 2nd Intern. Congress of Applied Mechanics*, S. 332-335, Zürich 1926
[147] Morrow, J. D.: Cyclic plastic strain energy and fatigue of metals. *ASTM STP* 378 (1965), 45-87
[148] Morrow, J. D.: Fatigue properties of metals. In: *Fatigue Design Handbook, Advances in Engineering*, Bd. 4, Abschnitt 3.2, S. 21-29. Soc. Automot. Eng., Warrendale, Pa. 1968
[149] Ramberg, W; Osgood, W. R.: Description of stress-strain curves by three parameters. *NACA Techn. Rep.* 902, NACA 1943
[150] Vormwald, M.; Seeger, T.: Nutzung der Anrißschwingspielzahl beim Incremental-Step-Test zur Abschätzung der Werkstoff-Wöhler-Linie. *Materialprüfung* 30 (1988), 368-373
[151] ASTM E 606-80: Constant-amplitude low-cycle fatigue testing. Am. Soc. Test. Mat., Philadelphia, Pa. 1980

Angewandte Statistik

(siehe auch [180, 182])

[152] Bendat, J. S.; Piersol, A. G.: *Random Data — Analysis and Measurement Procedures*. Wiley-Interscience, New York 1971
[153] Gumbel, E. J.: *Statistics of Extremes*. Columbia University Press, New York 1958
[154] Heinhold, J.; Gaede, K. W.: *Ingenieurstatistik*. Oldenbourg Verlag, München 1979
[155] Kreyszig, E.: *Statistische Methode und ihre Anwendungen*. Vandenhoeck-Ruprecht Verlag, Göttingen 1979
[156] Natrella, M. G.: *Experimental Statistics Handbook*. US Department of Commerce, National Bureau of Standards, Washington, D.C. 1966
[157] Sachs, L.: *Angewandte Statistik — Statistische Methoden und ihre Anwendungen*. Springer-Verlag, Berlin 1992
[158] Smirnow, N. W.; Dunin-Barkowski, I. W.: *Mathematische Statistik in der Technik*. VEB Deutscher Verlag d. Wissenschaften, Berlin 1973
[159] Stange, K.: *Angewandte Statistik. Teil 1: Eindimensionale Probleme*. Springer-Verlag, Berlin 1970
[160] Taylor, J. R.: *An Introduction to Error Analysis*. University Science Books. Sausalito, California 1997 (2. Aufl.)
[161] Wartmann, R.: *Einführung in die mathematische Statistik*. Springer-Verlag, Berlin 1969
[162] Weber, H.: *Einführung in die Wahrscheinlichkeitsrechnung und Statistik für Ingenieure*. Teubner Verlag, Stuttgart 1992
[163] Wilrich, P. T.; Henning, H. J.; *et al.*: *Formeln und Tabellen der angewandten mathematischen Statistik*. Springer-Verlag, Berlin 1987 (3. Aufl.)

Statistische Schwingfestigkeitsauswertung

(siehe auch [199-211, 262])

[164] Adenstedt, A.: Streuung der Schwingfestigkeit. Diss. TU Clausthal, 2001
[165] Bliss, C. J.: The calculation of the time-mortality curve. *Ann. Appl. Biol.* 24 (1937), 815-862
[166] Block, K.; Dreier, F.: Die Ermüdungsfestigkeit zuverlässig und kostengünstig ermitteln. *Materialprüfung* 40 (1998) 3, 73-77
[167] Blom, G.: On linear estimates with nearly minimum variance. *Ark Mat.* 3 (1956), 365-369
[168] Bühler, H.; Schreiber, W.: Anwendung statistischer Verfahren auf einige Fragen der Zeitschwingfestigkeit. *Archiv f. d. Eisenhüttenwesen* 27 (1956), 201-209

[169] Dengel, D.: Planung und Auswertung von Dauerschwingversuchen bei angestrebter statistischer Absicherung der Kennwerte. In: *Verhalten von Stahl bei schwingender Beanspruchung* (Hrsg.: Dahl, W.). Verlag Stahleisen, Düsseldorf 1978

[170] Dengel, D.: Empfehlungen für die statistische Abschätzung des Zeit- und Dauerfestigkeitsverhaltens von Stahl. *Materialwiss. u. Werkstofftechnik* 20 (1989), 73-81

[171] Epremian, E.; Mehl, R. F.: The statistical behaviour of fatigue properties and the influence of metallurgical factors. *ASTM STP* 137 (1953), 24-54

[172] Freudenthal, A. M.: Planning and interpretation of fatigue tests. *ASTM STP* 121 (1952), 3-22

[173] Freudenthal, A. M.; Gumbel, E. J.: On the statistical interpretation of fatigue tests. *Proc. Roy. Soc. (London)* A 216 (1953) 1126, 309-332

[174] Freudenthal, A. M.; Gumbel, E. J.: Minimum life in fatigue. *J. Am. Statistical Assoc.* 49 (1954) 267, 575-597

[175] Freudenthal, A. M.; Gumbel, E. J.: Physical and statistical aspects of fatigue. In: *Advances in Applied Mechanics* (Hrsg.: Dryden, H. L.; *et al.*), Bd. 4, S. 117-158. Academic Press, New York 1956

[176] Gumbel, E. J.: Statistische Theorie der Ermüdungserscheinungen bei Metallen. *Mitteilungsblatt f. Mathematische Statistik* 8 (1956) 2, 97-130

[177] Haibach, E.; Ostermann, H.; Köbler, H. G.: Abdecken des Risikos aus den Zufälligkeiten weniger Schwingfestigkeitsversuche. *Techn. Mitteilung* Nr. 68, Fraunhofer-Institut f. Betriebsfestigkeit, Darmstadt 1973

[178] Hempel, M.: Dauerschwingversuche und deren Auswertung mit Hilfe statistischer Verfahren. *Draht* 5 (1954) 10, 375-378

[179] Hück, M.: Auswertung von Stichproben normalverteilter quantitativer Merkmalsgrößen. *Materialwiss. u. Werkstofftechnik* 25 (1994) 1, 20-29

[180] Johnson, L. G.: *The Statistical Treatment of Fatigue Experiments*. Elsevier, New York 1964

[181] Köbler, H. G.: Über die Trennschärfe statistisch ausgewerteter Versuchsreihen. *Techn. Mitteilung* Nr. 87, Fraunhofer-Institut f. Betriebsfestigkeit, Darmstadt 1981

[182] Little, R. E.; Jebe, E. H.: *Statistical Design of Fatigue Experiments.* Elsevier Applied Science, London 1975

[183] Maennig, W. W.: Untersuchungen zur Planung und Auswertung von Dauerschwingversuchen an Stahl in den Bereichen der Zeit- und Dauerfestigkeit. *Fortschritt-Berichte VDI-Z.*, Reihe 5 (1967) 5

[184] Maennig, W. W.: Bemerkungen zur Beurteilung des Dauerschwingfestigkeitsverhaltens von Stahl und einige Untersuchungen zur Bestimmung des Dauerfestigkeitsbereiches. *Materialprüfung* 12 (1970) 4, 124-131

[185] Mogwitz, H.: Anwendung statistischer Methoden bei der Berechnung und experimentellen Bestimmung der Ermüdungsfestigkeit. Diss. TU Dresden, 1987

[186] Nishijima, S.: Statistical analysis of small sample fatigue data. In: *Statistical Research on Fatigue and Fracture* (Hrsg.: Tanaka, T.; *et al.*), Bd. 2, S. 1-19. Elsevier Applied Science, London 1987

[187] Ransom, J. T.; Mehl, R. F.: The statistical nature of fatigue properties of SAE steel forgings. *ASTM STP* 137 (1953), 3-21

[188] Rossow, E.: Eine einfache Rechenschiebernäherung an die den normal scores entsprechenden Prozentpunkte. *Qualitätskontrolle* 9 (1964) 12, 146-147

[189] Schijve, J.: Fatigue predictions and scatter. *Fatigue Fract. Engng. Mater. Struct.* 17 (1994) 4, 381-396

[190] Schmidt, P. L.: Graphical methods of statistical analysis and test for significance. *ASTM STP* 139 (1953)

[191] Schweiger, G.; Erben, W.; Heckel, K.: Anpassung der Weibull-Verteilung an Versuchsgrößen. *Materialprüfung* 26 (1984) 10, 340-343

[192] Spindel, J. E.; Haibach, E.: Some considerations in the statistical determination of the shape of S-N curves. *ASTM STP* 744 (1981), 89-113

[193] Stagg, A. M.: An investigation of the scatter in constant amplitude fatigue test results of 2024 and 7075 materials. *Techn. Rep.* TR 69075. Royal Aircraft Establishment, Farnborough 1969

[194] Weibull, W.: A statistical theory of the strength of materials. *Proc. Roy. Swed. Inst. f. Eng. Res. No. 151*. Generalstabens Litografiska Anstalts Förlag, Stockholm 1939
[195] Weibull, W.: A statistical distribution function of wide applicability. *J. Appl. Mech. (ASME)* 18 (1951) 3, 293-297
[196] Zammert, H. U.: Versuchsmethoden zur Ermittlung von Dauerschwingfestigkeitswerten. *Materialprüfung* 23 (1981) 10, 335-339
[197] ASTM E 739-80 (1980): Statistical analysis of linearized stress-life (S-N) and strain-life (ε-N) fatigue data. In: *Annual Book of ASTM Standards, Part 10*. Am. Soc. Test. Mat., Philadelphia, Pa. 1981
[198] JSME S002-81: Standard method of statistical fatigue testing. Japan Soc. of Mechanical Engineers 1981

Sonderverfahren zur statistischen Dauerfestigkeitsauswertung

(siehe auch [164-198])

[199] Bühler, H.; Schreiber, W.: Lösung einiger Aufgaben der Dauerschwingfestigkeit mit dem Treppenstufenverfahren. *Archiv f. d. Eisenhüttenwesen* 28 (1957) 3, 153-156
[200] Corten, H. T.; Dimoff, T.; Dolan, T. J.: An appraisal of the Prot method of fatigue testing. *Proc. ASTM* 54 (1954), 875-902
[201] Dengel, D.: Die arcsin-$\sqrt{P}$ Transformation — ein einfaches Verfahren zur grafischen und rechnerischen Auswertung geplanter Wöhler-Versuche. *Z. f. Werkstofftechnik* 6 (1975), 253-261
[202] Deubelbeiss, E.: Dauerfestigkeitsversuche mit einem modifizierten Treppenstufenverfahren. *Materialprüfung* 16 (1974) 8, 240-244
[203] Dixon, W. J.; Mood, A. M.: A method for obtaining and analyzing sensivity data. *J. Am. Statistical Assoc.* 43 (1948), 108-126
[204] Finney, D. J.: *Probit Analysis*. Cambridge University Press, London 1947
[205] Fisher, R. A.: On the dominance ratio. *Proc. Roy. Soc. (Edinburgh)* 42 (1921/22), 321-341
[206] Hück, M.: Ein verbessertes Verfahren für die Auswertung von Treppenstufenversuchen. In: *Neuere Erkenntnisse und Verfahren der Schwingfestigkeitsforschung*, DVM-Bericht, S. 147-176. DVM, Berlin 1981, u. *Z. f. Werkstofftechnik* 14 (1983), 406-417
[207] Locati, L.: Le prove di fatica come ausilio alla progettazione ed alla produzione. *Metallurgia Italiana* 47 (1955) 9, 301-308
[208] Maennig, W. W.: Vergleichende Untersuchung über die Eignung der Treppenstufen-Methode zur Berechnung der Dauerschwingfestigkeit. *Materialprüfung* 13 (1971) 1, 6-11
[209] Maennig, W. W.; Strogies, W.: Eine weiterentwickelte Auffassung des Wöhler-Diagramms und eine neue Berechnungsmethode zur Anwendung des Extremwertverfahrens auf experimentelle Ergebnisse zur Berechnung von Schwingfestigkeitswerten. *Materialprüfung* 14 (1972), 249-254
[210] Maennig, W. W.: Das Abgrenzungsverfahren, eine kostensparende Methode zur Ermittlung von Schwingfestigkeitswerten — Theorie, Praxis und Erfahrung. *Materialprüfung* 19 (1977) 8, 280-289
[211] Prot, E. M.: L'essai de fatigue sous charge progressive. Une nouvelle technique d'essai des matériaux. *Revue de Métallurgie* 45 (1948) 12, 481-89. Engl. Übersetzung: Fatigue testing under progressive loading, a new technique for testing materials. *Techn. Rep.* 52-148. Wright-Patterson Air Force Base Development Center, Dayton, Oh. 1952

Werkstoffeinfluß auf die Schwingfestigkeit, zyklische Werkstoffkennwerte

(siehe auch [33, 45, 70, 77, 85, 91, 105])

[212] Bäumel, A.; Seeger, T.: *Materials Data for Cyclic Loading*. Suppl.1. Elsevier Science Publ., Amsterdam 1990
[213] Boller, C.; Seeger, T.: *Materials Data for Cyclic Loading*, Part A-E. Elsevier Science Publ., Amsterdam 1987

[214] Boyer, H. E.: Atlas of Fatigue Curves. Am. Soc. f. Metals, Materials Park, Oh. 1986
[215] Buxbaum, O.; Sonsino, C. M.: Betriebsfeste Bemessung von Bauteilen aus Sinterstahl und ihre Sicherheit. *Powder Metallurgy Int.* 22 (1990) 1, 49-52, u. 2, 59-64
[216] Conle, F. A.; Landgraf, R. W.; Richards, F. D.: *Materials Data Book*. Ford Motor Comp., Dearborn, Mi. 1986
[217] Esper, F. J.; Sonsino, C. M.: *Fatigue Design for PM Components*. European Powder Metallurgy Association, Shrewsbury (England) 1994
[218] Hempel, M.: Das Dauerschwingverhalten der Werkstoffe. *VDI-Z.* 104 (1962) 27, 1362-1377
[219] Hück, M.; Bergmann, J.: Mikrolegierte Stähle, Bewertung der Schwingfestigkeit der mikrolegierten Stähle 27MnVS6 und 38MnVS5. *FKM-Bericht* 5, Frankfurt/M. 1992
[220] Sonsino, C. M.: Einfluß von Kaltverformungen bis 5 % auf das Kurzzeitschwingfestigkeitsverhalten metallischer Werkstoffe. *Bericht* FB-161, Fraunhofer-Institut f. Betriebsfestigkeit, Darmstadt 1982
[221] Sonsino, C. M.: Fatigue design and testing of ceramic intake and exhaust valves. In: *Intern. Symposium on Ceramic Materials and Components for Engines*, Paper C59, Goslar 2000
[222] Sonsino, C. M.: Schwingfestigkeit von Al_2O_3- und Si_3N_4-Keramiken. *Bericht* FB-195, Fraunhofer-Institut f. Betriebsfestigkeit, Darmstadt 1992
[223] Sonsino, C. M.; Dieterich, K.; Wenk, L.; Till, A.: Fatigue design with cast magnesium alloys. Materials Week, Oct. 2000, München (unveröffentlicht)
[224] Sonsino, C. M.; Esper, F. J.: Bemessungskriterien für schwingbeanspruchte Bauteile aus Sinterstahl. *Konstruktion* 37 (1985) 1, 1-10
[225] Sonsino, C. M.; Meyer, S.; Lindemann, G.: Einflußgrößen für die schwingfeste Bemessung von keramischen Bauteilen aus Al_2O_3 und Si_3N_4 im Temperaturbereich zwischen 20 und 1200°C. In: *Mechanische Eigenschaften keramischer Konstruktionswerkstoffe.* (Hrsg.: Grathwohl, G.), S. 161-166. DGM Informationsges. Verlag, Oberursel 1993
[226] Sonsino, C.M.; Hanselka, H.: Betriebsfeste Bemessung von Bauteilen aus Magnesium. *Konstruktion* 53 (2001) 12, 55-58
[227] DDR-Standard TGL 19340/02: Ermüdungsfestigkeit, Dauerfestigkeit der Maschinenbauteile, Werkstoff-Festigkeitskennwerte. Verlag f. Standardisierung, Leipzig 1983
[228] — : *Data Book on Fatigue Strength of Metallic Materials*, Bd. 1-3. Soc. Mat. Sci. (Japan), 1982
[229] — : *Engineering Sciences Data Sheets — Fatigue Endurance Data.* Bd. 1-8. ESDU Intern., London 1992
[230] — : *Wöhlerlinienkatalog*. Institut f. Leichtbau, Dresden 1964

Mehrachsigkeitseinfluß auf die Schwingfestigkeit

(siehe auch [364, 810, 820, 973])

[231] Bannantine, J. A.; Socie, D. F.: A variable amplitude multiaxial fatigue life prediction method. In: *Fatigue Under Biaxial and Multiaxial Loading* (Hrsg. Kussmaul, K.; McDiamid, D.; Socie, D.), S. 35-51. Mech. Engng. Publ., London 1991
[232] Batdorf, S. B.: Some approximate treatments of fracture statistics for polyaxial tension. *Int. J. Fract.* 13 (1977), 5-11
[233] Batdorf, S. B.; Crose, J. G.: Statistical theory of the fracture of brittle structures subjected to nonuniform polyaxial stresses. *J. Appl. Mech. (ASME)* 41 (1974), 459-464
[234] Batdorf, S. B.; Heinisch, H. L.: Weakest link theory reformulated for arbitrary fracture criterion. *J. Am. Ceram. Soc.* 61 (1978), 355-358
[235] Bhongbhibhat, T.: Festigkeitsverhalten von Stählen unter mehrachsiger phasenverschobener Schwingbeanspruchung mit unterschiedlichen Schwingungsformen und Frequenzen. Diss. Univ. Stuttgart, 1986
[236] Brown, M. W.: Multiaxial fatigue testing and analysis. In: *Fatigue at High Temperature* (Hrsg.: Skelton, R. P.), S. 97-133. Appl. Science Publ., Amsterdam 1983
[237] Brown, M. W.; Miller, K. J.: A theory for fatigue under multiaxial stress-strain conditions. *Proc. Instit. Mech. Eng.* 187 (1973) 65, 745-755

[238] Brown, M. W.; Miller, K. J.: Two decades of progress in the assessment of multiaxial low-cycle fatigue life. *ASTM STP* 770 (1982), 482-495

[239] Brown, M. W.; Miller, K. J. (Hrsg.): *Biaxial and Multiaxial Fatigue*. Mech. Engng. Publ., London 1989

[240] Brown, M. W.; Suker, D. K.; Wang, C. H.: An analysis of mean stress in multiaxial random fatigue. *Fatigue Fract. Engng. Mater. Struct.* 19 (1996) 2/3, 323-333

[241] Carpinteri, A.; Brighenti, R.; Macha, E.; Spagnoli, A: Expected principal stress directions for multiaxial random loading, Part II: Numerical simulation and experimental assessment through the weight function method. *Int. J. Fatigue* 21 (1999) 1, 89-96

[242] Carpinteri, A.; Brighenti, R.; Spagnoli, A.: A fracture plane approach in multiaxial high-cycle fatigue of metals. *Fatigue Fract. Engng. Mater. Struct.* 23 (2000) 4, 355-364

[243] Carpinteri, A.; Macha, E.; Brighenti, R.; Spagnoli, A.: Expected principal stress directions for multiaxial random loading, Part I: Theoretical aspects of the weight function method. *Int. J. Fatigue* 21 (1999) 1, 83-88

[244] Carpinteri, A.; Macha, E.; Brighenti, R.; Spagnoli, A: Critical fracture plane under multiaxial random loading by means of Euler angles averaging. In: *Multiaxial Fatigue and Fracture* (Hrsg.: Macha, E.; Bedkowski, W.; Lagoda, T.), S. 166-178. Elsevier Science, Oxford 1999

[245] Carpinteri, A. N.; Spagnoli, A.: Multiaxial high-cycle fatigue criterion for hard metals. *Int. J. Fatigue* 23 (2001), 135-145

[246] Chu, C. C.: A three-dimensional model of anisotropic hardening in metals and its application to the analysis of sheet metal formability. *J. Mech. Phys. Solids* 32 (1984), 197-212

[247] Chu, C. C.: The analysis of multiaxial cyclic problems with an anisotropic hardening model. *Int. J. Solids Struct.* 23 (1987) 5, 569-579

[248] Chu, C. C.; Conle, F. A.; Bonnen, J. J.: Multiaxial stress-strain modeling and fatigue life prediction of SAE axle shafts. *ASTM STP* 1191 (1993), 37-54

[249] Clormann, U. H.; Simon, G.: Zur Ermüdungsbeanspruchung bei mehrachsigen Spannungszuständen. *Stahlbau* 59 (1990) 5, 149-154

[250] Crossland, B.: Effect of large hydrostatic pressures on the torsional fatigue strength of an alloy steel. In: *Proc. Intern. Conf. on the Fatigue of Metals*, S. 138-149. Institution of Mechanical Engineers, London 1956

[251] Dang Van, K.: Macro-micro approach in high-cycle multiaxial fatigue. *ASTM STP* 1191 (1993), 120-130

[252] Dang Van, K.; Cailletand, G.; Flavenot, J. F.; Le Douaron, A.; Lieurade, H. P.: Criterion for high cycle fatigue failure under multiaxial loading. In: *Biaxial and Multiaxial Fatigue* (Hrsg.: Brown, M. W.; Miller, K. J.), S. 459-478. Mech. Engng. Publ., London 1989

[253] Dang Van, K.; Griveau, B.; Message, O.: On a new multiaxial failure criterion, theory and application. In: *Biaxial and Multiaxial Fatigue.* (Hrsg.: Brown, M. W.; Miller, K. J.), S. 479-496. Mech. Engng. Publ., London 1989

[254] Dietmann, H.: Festigkeitsberechnung bei mehrachsiger Schwingbeanspruchung. *Konstruktion* 25 (1973) 5, 181-189

[255] Dietmann, H.; Lempp, W.: Untersuchungen zum Festigkeitsverhalten von Stählen bei mehrachsiger phasenverschobener Dauerschwingbeanspruchung. *Konstruktion* 31 (1979) 5, 191-200

[256] Dittmann, K. J.: Ein Beitrag zur Festigkeitsberechnung und Lebensdauervorhersage für Bauteile aus Stahl unter mehrachsiger synchroner Beanspruchung. Diss. Techn. Univ. Berlin, 1991

[257] Ellyin, F.; Xia, Z.: A general fatigue theory and its application to out-of-phase cyclic loading. *J. Engng. Mater. Technol. (ASME)* 115 (1993), 411-416

[258] Ellyin, F.; Golos, K.; Xia, Z.: In-phase and out-of-phase multiaxial fatigue. *J. Engng. Mater. Technol. (ASME)* 113 (1991), 112-118

[259] El-Magd, E.; Mielke, S.: Dauerfestigkeit bei überlagerter zweiachsiger statischer Beanspruchung. *Konstruktion* 29 (1977), 253-257

[260] El-Magd, E.; Wahlen, V.: Energiedissipationshypothese zur Festigkeitsrechnung bei mehrachsiger Schwingbeanspruchung. *Materialwiss. u. Werkstofftechnik* 25 (1994), 218-223

[261] El-Magd, E.; Wahlen, V.: Festigkeitsrechnung bei mehrachsiger stochastischer Schwingbeanspruchung mittels der Energiedissipationshypothese. *Materialwiss. u. Werkstofftechnik* 25 (1994) 7, 284-291

[262] Evans, A. G.: A general approach for the statistical analysis of multiaxial fracture. *J. Am. Ceram. Soc.* 61 (1978), 302-308

[263] Fatemi, A.: Cyclic deformation of 1045 steel under in-phase and 90 deg out-of-phase axial-torsional loading conditions. In: *Multiaxial Fatigue Analysis and Experiments* (Hrsg.: Leese, G. E.; Socie, D. F.), S. 139-147. Soc. Automotive Eng., Warrendale, Pa. 1989

[264] Fatemi, A.; Kurath, P.: Multiaxial fatigue life predictions under the influence of mean stress. *J. Engng. Mater. Technol. (ASME)* 110 (1988), 380-388

[265] Fatemi, A.; Socie, D. F.: A critical plane approach to multiaxial fatigue damage including out-of-phase loading. *Fatigue Fract. Engng. Mater. Struct.* 11 (1988) 3, 149-165

[266] Findley, W. N.: A theory for the effect of mean stress on fatigue of metals under combined torsion and axial load or bending. *J. Engng. Ind. (ASME)* 81 (1959), 301-306

[267] Flavenot, J. F.; Skalli, N.: A comparison of multiaxial fatigue criteria incorporating residual stress effects. In: *Biaxial and Multiaxial Fatigue* (Hrsg.: Brown, M. W.; Miller, K. J.), S. 437-457. Mech. Engng. Publ., London 1989

[268] Garud, Y. S.: Multiaxial fatigue — a survey of the state of the art. *J. Testing Eval. Mater.* 9 (1981) 3, 165-178

[269] Garud, Y. S.: A new approach to the evaluation of fatigue under multiaxial loading. *J. Engng. Mater. Technol. (ASME)* 103 (1981), 118-125

[270] Grubisic, V.; Neugebauer, J.: Festigkeitsverhalten von Sphäroguß bei kombinierter statischer und dynamischer mehrachsiger Beanspruchung. *Bericht* FB-149. Fraunhofer-Institut f. Betriebsfestigkeit, Darmstadt 1979

[271] Grubisic, V.; Simbürger, A.: Fatigue under combined out-of-phase multiaxial stresses. In: *Fatigue Testing and Design*. Bd. 2, S. D27.1-D27.28. Soc. of Environmental Engineers, London 1976

[272] Grubisic, V.; Sonsino, C. M.: Rechenprogramm zur Ermittlung der Werkstoffanstrengung bei mehrachsiger Schwingbeanspruchung mit konstanten und veränderlichen Hauptspannungsrichtungen. *Techn. Mitteilung* Nr. 79, Fraunhofer-Institut f. Betriebsfestigkeit, Darmstadt 1976

[273] Häfele, P.; Dietmann, H.: Weiterentwicklung der modifizierten Oktaederschubspannungshypothese. *Konstruktion* 46 (1994), 51-58

[274] Issler, I.: Festigkeitsverhalten metallischer Werkstoffe bei mehrachsiger phasenverschobener Schwingbeanspruchung. Diss. Univ. Stuttgart, 1973

[275] Issler, I.: Festigkeitsverhalten bei mehrachsiger phasengleicher und phasenverschobener Schwingbeanspruchung. *VDI-Berichte* 268 (1976), 93-100

[276] Itoh, T.; Nakata, T.; Sakane, M.; Ohnami, M.: Nonproportional low cycle fatigue of 6061 aluminium alloy under 14 strain paths. In: *Multiaxial Fatigue and Fracture* (Hrsg.: Macha, E.; Bedkowski, W.; Lagoda, T.), S. 41-55. Elsevier Science, Oxford 1999

[277] Itoh, T.; Sakane, M.; Ohnami, M.; Socie, D. F.: Nonproportional low cycle fatigue criterion for type 304 stainless steel. *J. Engng. Mater. Technol. (ASME)* 117 (1995) 3, 285-292

[278] Kandil, F. A.; Brown, M. W.; Miller, K. J.: Biaxial low-cycle fatigue fracture of 316 stainless steel at elevated temperatures. In: *Mechanical Behaviour and Nuclear Applications of Stainless Steel at Elevated Temperatures.* Book 280, S. 203-210, The Metals Society, London 1982

[279] Kiocecioglu, D.; Stultz, J. D.; Nofl, C. F.: Fatigue reliability with notch effects for AISI 4130 and 1038 steels. *J. Engng. Ind. (ASME)* 97 (1975), 359-370

[280] Kußmaul, K. F.; McDiarmid, D. L.; Socie, D. F. (Hrsg.): *Fatigue Under Biaxial and Multiaxial Loading*. Mech. Engng. Publ., London 1991

[281] Lange, G.; Gieseke, W.: Veränderungen des Werkstoffzustandes von Aluminium-Legierungen durch mehrachsige plastische Wechselbeanspruchungen. In: *Werkstoffkunde — Beiträge zu den Grundlagen und zur interdisziplinären Anwendung*, S. 49-61. DGM Informationsges. Verlag, Oberursel 1992

[282] Liu., J.: Weakest link theory and multiaxial criteria. In: *Multiaxial Fatigue and Fracture* (Hrsg.: Macha, E.; Bedkowski, E.; Lagoda, T.), S. 56-70. Elsevier Science, Oxford 1999

[283] Liu, J.; Zenner, H.: Berechnung der Dauerschwingfestigkeit bei mehrachsiger Beanspruchung. *Materialwiss. u. Werkstofftechnik* 24 (1993), 240-249 (Teil 1), 296-303 (Teil 2) u. 339-347 (Teil 3)

[284] Liu, J.; Zenner, H.: The fatigue limit under multi-axial loading. In: *Proc. 6th Int. Conf. on Biaxial/Multiaxial Fatigue & Fracture*, Bd. 1, S. 285-295. 2001

[285] Lohr, R. D.; Ellison, E. G.: A simple theory for low cycle multiaxial fatigue. *Fatigue Engng. Mater. Struct.* 3 (1980), 1-17

[286] Macha, E.: Generalization of strain criteria of multiaxial cyclic fatigue to random loadings. *Fortschritt-Berichte VDI-Z.*, Reihe 18 (1988) 52, 102

[287] Macha, E.; Bedkowski, W.; Lagoda, T. (Hrsg.): *Multiaxial Fatigue and Fracture.* Elsevier Science, Amsterdam 1999

[288] Matake, T.: An explanation on fatigue limit under combined stress. *Bull. JSME* 20 (1977), 257-263

[289] Matake, T.; Imai, Y.: Fatigue criterion for notched or unnotched specimens under combined stress state. *Z. AIRYO* 29 (1980), 993-997

[290] McDiarmid, D. L.: The effects of mean stress and stress concentration on fatigue under combined bending and twisting. *Fatigue Fract. Engng. Mater. Struct.* 8 (1985), 1-12

[291] McDiarmid, D. L.: A general criterion for high-cycle multiaxial fatigue failure. *Fatigue Fract. Engng. Mater. Struct.* 14 (1991), 429-453

[292] McDiarmid, D. L.: A shear stress based critical-plane criterion of multiaxial fatigue failure for design and life prediction. *Fatigue Fract. Engng. Mater. Struct.* 17 (1994), 1475-1484

[293] McDowell, D. L.: A two-surface model for transient non-proportional cyclic plasticity. *J. Appl. Mech. (ASME)* 52 (1985), 298-308

[294] Mertens, H.: Zur Formulierung von Festigkeitshypothesen für mehrachsige phasenverschobene Schwingbeanspruchungen. *Z. Angew. Math.u. Mech.* 70 (1990), T327-T329

[295] Mertens, H.; Hahn, M.: Vergleichsspannungshypothese zur Schwingfestigkeit bei zweiachsiger Beanspruchung ohne und mit Phasenverschiebungen. *Konstruktion* 45 (1993), 196-202

[296] Miller, K. J.; Brown, M. W. (Hrsg.): *Multiaxial Fatigue*, ASTM STP 853. Am. Soc. Test. Mat. Philadelphia, Pa. 1985

[297] Morel, F.: A critical plane fatigue model applied to out-of-phase bending and torsion load conditions. *Fatigue Fract. Engng. Mater. Struct.* 24 (2001) 3, 153-164

[298] Morel, F.; Palin-Luc, T.; Froustey, C.: Comparative study and link between mesoscopic and energetic approaches in high-cycle multiaxial fatigue. *Int. J. Fatigue* 23 (2001) 4, 317-327

[299] Mróz, Z.: On the description of anisotropic work hardening. *J. Mech. Phys. Solids* 15 (1967), 163-175

[300] Mróz, Z.: An attempt to describe the behaviour of metals under cyclic loads using a more general work hardening model. *Acta Mechanica* 7 (1968), 199-212

[301] Nøkleby, J. O.: Fatigue under multiaxial stress conditions. *Report* MD-81001. Div. Mash. Elem., The Norwegian Institute of Technology, Trondheim 1981

[302] Papadopoulos, I. V.: A new criterion of fatigue strength for out-of-phase bending and torsion of hard metals. *Int. J. Fatigue* 16 (1994), 377-384

[303] Papadopoulos, I. V.: A high-cycle fatigue criterion applied in biaxial and triaxial out-of-phase stress conditions. *Fatigue Fract. Engng. Mater. Struct.* 18 (1995), 79-91

[304] Papadopoulos, I. V.: Critical plane approaches in high-cycle fatigue on the definition of the amplitude and mean value of the shear stress acting on the critical plane. *Fatigue Fract. Engng. Mater. Struct.* 21 (1998), 269-285

[305] Papadopoulos, I. V.; Davoli, P.; Gorla, C.; Filippini, M.; Bernasconi, A.: A comparative study of multiaxial high-cycle fatigue criteria for metals. *Int. J. Fatigue* 19 (1997) 3, 219-235

[306] Parsons, M. W.: Cyclic straining of steels under conditions of biaxial stress. Ph. D. Thesis, Univ. of Cambridge, 1971

[307] Rode, D.; Lange, G.: Beitrag zum Ermüdungsverhalten mehrachsig beanspruchter Aluminiumlegierungen. *Metall* 42 (1988) 6, 582-587

[308] Sanetra, C; Zenner, H.: Betriebsfestigkeit bei mehrachsiger Beanspruchung unter Biegung und Torsion. *Konstruktion* 43 (1991), 23-29

[309] Savaidis, G.; Seeger, T.: Deformation und Versagen von StE460 und AlMg4,5Mn bei mehrachsig-proportionalen Beanspruchungen mit konstanten und variablen Amplituden. *Materialwiss. u. Werkstofftechnik* 27 (1996), 444-452

[310] Sawert, W.: Das Verhalten der Baustähle bei wechselnder mehrachsiger Beanspruchung. *Jahrbuch d. deutschen Luftfahrtforschung 1942*, S. 1727-1737

[311] Simbürger, A.: Festigkeitsverhalten zäher Werkstoffe bei einer mehrachsigen phasenverschobenen Schwingbeanspruchung mit körperfesten und veränderlichen Hauptspannungsrichtungen. *Bericht* FB-121, Fraunhofer-Institut f. Betriebsfestigkeit, Darmstadt 1975

[312] Sines, G.: Failure of materials under combined repeated stresses with superimposed static stresses. *NACA TN* 3495 (1955)

[313] Sines, G.: Behaviour of metals under complex static and alternating stresses. In: *Metal Fatigue* (Hrsg.: Sines, G.; Waismann, J. L.), S. 145-169. McGraw-Hill, New York 1959

[314] Socie, D.: Multiaxial fatigue damage models. *J. Engng. Mater. Technol. (ASME)* 109 (1987), 293-298

[315] Socie, D. F.; Kurath, P.; Koch, J.: A multiaxial fatigue damage parameter. In: *Biaxial and Multiaxial Fatigue* (Hrsg.: Brown, M. W.; Miller, K. J.), S. 535-550. Mech. Engng. Publ. London 1989

[316] Socie, D. F.; Waill, L. A.; Dittmer, D. F.: Biaxial fatigue of Inconel 718 including mean stress effects. *ASTM STP* 853 (1985), 463-481

[317] Sonsino, C. M.: Einfluß von last- und verformungsgesteuerten mehrachsigen Beanspruchungen auf die Anrißlebensdauer. *Materialwiss. u. Werkstofftechnik* 26 (1995) 8, 425-441

[318] Sonsino, C. M.: Fatigue behaviour of welded components under complex elasto-plastic multiaxial deformations. *EUR-Report* No. 16024, Luxembourg 1997

[319] Sonsino, C. M.: Influence of load- and deformation-controlled multiaxial tests on fatigue life to crack initiation. *Int. J. Fatigue* 23 (2001), 159-167

[320] Sonsino, C. M.: Festigkeitsverhalten von Schweißverbindungen unter kombinierten phasengleichen und phasenverschobenen mehrachsigen Beanspruchungen. *Bericht* TB-200, Fraunhofer-Institut f. Betriebsfestigkeit, Darmstadt 1994

[321] Sonsino, C. M.; Grubisic, V.: Multiaxial fatigue behaviour of sintered steels under combined in- and out-of-phase bending and torsion. *Z. f. Werkstofftechnik* 18 (1987) 5, 148-157

[322] Sonsino, C. M.; Grubisic, V.: Kurzzeitschwingfestigkeit von duktilen Stählen unter mehrachsiger Beanspruchung. *Z. f. Werkstofftechnik* 15 (1984) 11, 378-386

[323] Sonsino, C. M.; Grubisic, V.: Fatigue behaviour of cyclically softening and hardening steels under multiaxial elastic-plastic deformation. *ASTM STP* 853 (1985), 586-605

[324] Sonsino, C. M.; Grubisic, V.: Mechanik von Schwingbrüchen an gegossenen und gesinterten Konstruktionswerkstoffen unter mehrachsiger Beanspruchung. *Konstruktion* 37 (1985) 7, 261-269

[325] Sonsino, C. M.; Küppers, M.: Lebensdauer von Schweißverbindungen unter mehrachsigen Belastungen mit variablen Amplituden Schadensakkumulation und Hypothese der wirksamen Vergleichsspannung. *Materialwiss. u. Werkstofftechnik* 31 (2000), 81-95

[326] Sonsino, C. M.; Pfohl, R.: Multiaxial fatigue of welded shaft-flange connections of stirrers under random non-proportional torsion and bending. *Int. J. Fatigue* 12 (1990) 5, 425-431

[327] Susmel, L.; Lazzarin, P.: A bi-parametric Wöhler curve for high cycle multiaxial fatigue assessment. *Fatigue Fract. Engng. Mater. Struct.* 25 (2001), 63-78

[328] Troost, A.; Akin, O.; Klubberg, F.: Zur Treffsicherheit neuerer Festigkeitshypothesen für die mehrachsige Schwingbeanspruchung metallischer Werkstoffe. *Materialwiss. u. Werkstofftechnik* 22 (1991) 1, 15-22

[329] Troost, A.; Akin, O.; Klubberg, F.: Versuchs- und Rechendaten zur Dauerschwingfestigkeit von metallischen Werkstoffen unter mehrachsiger Beanspruchung. *Materialwiss. u. Werkstofftechnik* 23 (1992) 1, 1-12

[330] Troost, A.; El-Magd, E.: Neue Auffassung der Normalspannungshypothese bei schwingender Beanspruchung. *Metallwiss. u. Technik* 28 (1974) 4, S. 339-345

[331] Troost, A.; El-Magd, E.: Allgemeine Formulierung der Schwingfestigkeitsamplitude in Haighscher Darstellung. *Materialprüfung* 7 (1975), 47-50

[332] Troost, A.; El-Magd, E.: Beurteilung der Schwingfestigkeit bei mehrachsiger Beanspruchung auf der Grundlage kritischer Schubspannungen. *Metallwiss. u. Technik* 30 (1976) 1, 37-41

[333] Troost, A.; El-Magd, E.: Allgemeine quadratische Versagensbedingung für metallische Werkstoffe bei mehrachsiger schwingender Beanspruchung. *Metallwiss. u. Technik* 31 (1977), 759-764

[334] Wang, C. H.; Brown, M. W.: A path-independent parameter for fatigue under proportional and non-proportional loading. *Fatigue Fract. Engng. Mater. Struct.* 16 (1993), 1285-1298

[335] Wang, C. H.; Brown, M. W.: Life prediction techniques for variable amplitude multiaxial fatigue, Part I: Theories. *J. Engng. Mater. Technol. (ASME)* 118 (1996), 367-370

[336] Wang, C. H.; Brown, M. W.: Life prediction techniques for variable amplitude multiaxial fatigue, Part II: Comparison with experimental results. *J. Engng. Mater. Technol. (ASME)* 118 (1996), 371-374

[337] Zacher, P.; Amstutz, H.; Seeger, T.: Kerbwirkungen bei zusammengesetzter Betriebsbelastung. In: *Kerben und Betriebsfestigkeit,* DVM-Bericht, S. 329-356. DVM, Berlin 1989

[338] Zenner, H.: Dauerfestigkeit und Spannungszustand. *VDI-Berichte* 661 (1988), 151-186

[339] Zenner, H.; Heidenreich, R; Richter, I.: Schubspannungsintensitätshypothese — Erweiterung und experimentelle Abstützung einer neuen Festigkeitshypothese für schwingende Beanspruchung. *Konstruktion* 32 (1980) 4, 143-152

[340] Zenner, H.; Heidenreich, R; Richter, I.: Bewertung von Festigkeitshypothesen für kombinierte statische und schwingende sowie synchron schwingende Beanspruchung. *Z. f. Werkstofftechnik* 14 (1983), 391-406

[341] Zenner, H.; Heidenreich, R; Richter, I.: Dauerschwingfestigkeit bei nichtsynchroner mehrachsiger Beanspruchung. *Z. f. Werkstofftechnik* 16 (1985), 101-112

[342] Zenner, H.; Richter, I.: Eine Festigkeitshypothese für die Dauerfestigkeit bei beliebigen Beanspruchungskombinationen. *Konstruktion* 29 (1977) 1, 11-18

[343] ASME: Boiler and pressure vessel code. Section III, Division 1, Subsection NA, Article XIV-1212 u. Subsection NB-3352.4. Am. Soc. Mech. Eng., New York 1984 (s. a. Code Case N-47-12 in Ausgaben von 1978 u. 1980)

Größeneinfluß auf die Schwingfestigkeit

(siehe auch [388, 407, 809])

[344] Böhm, J.; Heckel, K.: Die Vorhersage der Dauerschwingfestigkeit unter Berücksichtigung des statistischen Größeneinflusses. *Z. f. Werkstofftechnik* 13 (1982), 120-128

[345] Buch, A.: Auswertung und Beurteilung des Größeneinflusses bei Dauerschwingversuchen mit ungekerbten Proben und Bauteilen. *Archiv f. d. Eisenhüttenwesen* 43 (1972), 895-900

[346] Haibach, E.; Seeger, T.: Größeneinflüsse bei schwingbeanspruchten Schweißverbindungen. *Materialwiss. u. Werkstofftechnik* 29 (1998) 4, 199-205

[347] Hänel, B.; Wirthgen, G.: Die Berechnung der Dauerschwingfestigkeit nach dem Verfahren von Kogaev und Serensen. *IfL-Mitteilungen* (Inst. f. Leichtbau, Dresden) 20 (1981) 3, 65-73

[348] Harter, H. L.: A survey on the literature on the size effect on material strength. *Techn. Rep.* AFFDL-TR-77-11 (1977)

[349] Heckel, K.: Wirkung von Kerben bei schwingender Beanspruchung. In: *Verhalten von Stahl bei schwingender Beanspruchung* (Hrsg.: Dahl, W.), S. 165-179. Verlag Stahleisen, Düsseldorf 1978

[350] Heckel, K.; Köhler, J.: Experimentelle Untersuchungen des statistischen Größeneinflusses im Dauerschwingversuch an ungekerbten Stahlproben. *Z. f. Werkstofftechnik* 6 (1975) 2, 52-54

[351] Heckel, K.; Ziebart, W.: A new method for calculation of notch and size effect in fatigue. In: *Fracture 1977*, Bd. 2, ICF 4, Waterloo (Canada) 1977, S. 937-941

[352] Hempel, M.: Stand der Erkenntnisse über den Einfluß der Probengröße auf die Dauerfestigkeit. *Draht* 8 (1957) 9, 385-394

[353] Kloos, K. H.; Buch, A.; Zankov, D.: Pure geometrical size effect in fatigue tests with constant stress amplitude and in programme tests. *Z. f. Werkstofftechnik* 12 (1981) 2, 40-50

[354] Köhler, J.: Statistischer Größeneinfluß im Dauerschwingverhalten ungekerbter und gekerbter metallischer Bauteile. Diss. TU München, 1975

[355] Kreuzer, W.; Heckel, K.: Vorhersage der Schwingfestigkeit von Schweißverbindungen auf der Basis des statistischen Größeneinflusses. *Materialwiss. u. Werkstofftechnik* 30 (1999) 2, 87-94

[356] Linkewitz, T.; Bomas, H.; Mayr, P.; Jablonski, F.; Kienzler, R.; Kutschan, K.; Bacher-Höchst, M.; Mühleder, F.; Seitter, M.; Wicke, D.: Anwendung des Fehlstellenmodells auf die Wechselfestigkeit des Stahls 100Cr6 im bainitischen Zustand. In: DVM-Bericht 228, S. 237-246. DVM, Berlin 1996

[357] Liu, J.; Zenner, H.: Berechnung von Bauteilwöhlerlinien unter Berücksichtigung der statistischen und spannungsmechanischen Stützziffer. *Materialwiss. u. Werkstofftechnik* 26 (1995) 1, 1-56

[358] Magin, W.: Bewertung des geometrischen Größeneinflusses mit dem Konzept der normierten Wöhler-Linie. *Konstruktion* 33 (1981), 323-326

[359] Magin, W.: Untersuchung des geometrischen Größeneinflusses bei Umlaufbiegebeanspruchung unter besonderer Berücksichtigung technologischer Einflüsse. Diss. TH Darmstadt, 1981

[360] Markovin, D.; Moore, H. F.: The effect of size of specimens on fatigue strength of three types of steel. *Proc. ASTM* 44 (1944), 137 ff

[361] Massonet, C.: The effect of size, shape and grain size on the fatigue strength of medium carbon steel. *Proc. ASTM* 56 (1956), 954-978

[362] Mischke, C. R.: A probalistic model of size effect in the fatigue strength of rounds in bending and torsion. *J. Mech. Design (ASME)* 102 (1980) 1, 32-37

[363] Phillipp, H. A.: Einfluß von Querschnittsgröße und Querschnittsform auf die Dauerfestigkeit bei ungleichmäßig verteilten Spannungen. *Forschung im Ingenieurwesen* 13 (1942), 99-111

[364] Scholz, F.: Untersuchungen zum statistischen Größeneinfluß bei mehrachsiger Schwingbeanspruchung. *Fortschritt-Berichte VDI-Z.*, Reihe 18 (1988) 50

[365] Schütz, W.; Zenner, H.: Bauteilgrößeneinfluß. *IABG-Bericht* TF-620 Industrieanlagen-Betriebsgesellschaft, Ottobrunn 1977

[366] Schweiger, G.: Statistischer Größeneinfluß bei unregelmäßiger Schwingbeanspruchung. Diss., Hochsch. d. Bundeswehr München, 1984

[367] Sonsino, C. M.: Einfluß der Probengröße auf die bruchmechanischen Eigenschaften von Sinterstahl. *Z. f. Werkstofftechnik* 15 (1984), 109-117

[368] Späth, W.: Ermüdungsverhalten und Größeneinfluß von Bauteilen. *VDI-Z.* 122 (1989) 21, 935-938

[369] Weibull, W.: Zur Abhängigkeit der Festigkeit von der Probengröße. *Ingenieur-Archiv* (1959), 360-362

[370] Wiegand, H.: Querschnittsgröße und Dauerfestigkeit unter Berücksichtigung der Werkstoffe. *VDI-Z.* 93 (1951), 89-91

[371] Wirschin, P. H.; Haugen, E. B.: A general statistical model for random fatigue. *J. Engng. Mater. Technol. (ASME)* 34 (1974), Nr. 1, S. 34-40

[372] Zenner, H.; Donath, G.: Dauerfestigkeit von Kurbelwellen — ein neues Berechnungsverfahren unter Berücksichtigung der Baugröße. *Motortechn. Z.* 38 (1977) 2, 75-81

[373] Ziebart, W.; Heckel, K.: Ein Ansatz zur Berücksichtigung der Bauteilform und Bauteilgröße bei Lebensdauervorhersagen. *Z. f. Werkstofftechnik* 8 (1977) 4, 105-108

[374] Ziebart, W.; Heckel, K.: Ein Verfahren zur Berechnung der Dauerschwingfestigkeit in Abhängigkeit von der Form und der Größe eines Bauteils. *VDI-Z.* 120 (1978), 677-679

Oberflächenverfestigungseinfluß auf die Schwingfestigkeit

(siehe auch [422, 423, 520, 811, 832, 1189])

[375] Bahre, K.: Zum Mechanismus der Wechselfestigkeitssteigerung durch Werkstoffverfestigung und Druckeigenspannungen nach einer Oberflächenverfestigung. *Z. f. Werkstofftechnik* 9 (1978), 45-56

[376] Berstein, G.; Fuchsbauer, B.: Festwalzen und Schwingfestigkeit. *Z. f. Werkstofftechnik* 13 (1982), 103-109

[377] Bollenrath, F.: Verdrehwechselfestigkeit einiger Vergütungsstähle nach induktiver Randhärtung. *Archiv f. d. Eisenhüttenwesen* 28 (1957) 12, 801-806

[378] Braisch, P. K.: Grundlegende Betrachtungen zur Auswirkung der Randschichtverfestigung auf die Schwingfestigkeit von Bauteilen (Teil 1). *Z. f. wirtschaftl. Fertigung* 77 (1982) 9, 420-423

[379] Case, S. L.; Berry, J. M.; Grover, H. J.: Die Dauerfestigkeit großer gekerbter Stahlstäbe, die durch Gas- und Induktionserhitzung oberflächengehärtet wurden. *Trans. ASME* 44 (1952), 667-688

[380] Desvignes, M.; Gentil, B.; Castex, L.: Fatigue progressing of shot peened steel. In: *Residual Stresses in Science and Technology* (Hrsg.: Macherauch, E.; Hauk, V.), S. 441-448. DGM Informationsges. Verlag, Oberursel 1987

[381] Desvignes, M.; Gentil, B., Castex, L.: Fatigue with residual stresses due to shot peening, effects and evolution. In: *Int. Conf. on Residual Stresses ICRS2* (Hrsg. Beck, G.; Denis, S.; Simon, A.), S. 791-796. Elsevier Applied Science, London 1989

[382] Föppl, O.: Oberflächendrücken zum Zweck der Steigerung der Dauerhaltbarkeit mit Hilfe des Stahlkugelgebläses. *Mitt. Wöhler-Institut Braunschweig*, Heft 36, 1939

[383] Golze, N.: Zur Auswirkung der Oberflächennachbehandlung auf das Dauerfestigkeitsverhalten von Schmiedeteilen. *Fortschritt-Berichte VDI-Z.*, Reihe 2 (1988) 160

[384] Grüneberg, P.; Huchtemann, B.; Schüler, V.: Einfluß von Nitrierbehandlungen auf das Schwingfestigkeitsverhalten von AFP-Stählen. *Härterei Techn. Mitt.* 47 (1992) 5, 266-274

[385] Hempel, M.: Beeinflussung der Dauerschwingfestigkeit metallischer Werkstoffe durch den Oberflächenzustand. *Fachberichte f. Oberflächentechnik* 2 (1964), 11-22

[386] Herbst, P.: Zum Einfluß des Oberflächen- und Randzonenzustandes auf die Dauerfestigkeit von Schmiedeteilen aus Stahl. *Fortschritt-Berichte VDI-Z.*, Reihe 5 (1983) 75

[387] Kirimtay, C.; Dengel, D.: Zum Einfluß von Grenzschwingspielzahl, Verbindungsschicht und Nitrocarburierdauer auf die Dauerfestigkeit. *Härterei Techn. Mitt.* 42 (1987), 181-196

[388] Kloos, K. H.: Einfluß des Oberflächenzustandes und der Probengröße auf die Schwingfestigkeitseigenschaften. *VDI-Berichte* 268 (1976), 63-76

[389] Kloos, K. H.: Größeneinfluß und Dauerfestigkeitseigenschaften unter besonderer Berücksichtigung optimierter Oberflächenbehandlung. *Z. f. Werkstofftechnik* 12 (1981) 4, 134-142

[390] Kloos, K. H.; Adelmann, J.; Bieker, G.; Oppermann, Th.: Oberflächen- und Randschichteinflüsse auf die Schwingfestigkeitseigenschaften. *VDI-Berichte* 661 (1988), 215-245

[391] Kloos, K. H.; Bieker, G.: Lebensdauervorhersage nitrierter Bauteile mit Hilfe normierter Wöhler-Streubänder. *Konstruktion* 42 (1990), 213-220

[392] Kloos, K. H.; Braisch, P.: Über die Wirkung einer Randschichtverfestigung auf die Schwingfestigkeit von Proben und Bauteilen. *Härterei Techn. Mitt.* 37 (1982), S.82 ff.

[393] Kloos, K. H.; Fuchsbauer, B.; Magin, W.; Zankov, D.: Fertigungsverfahren, Oberflächeneigenschaften und Bauteilfestigkeit. *VDI-Berichte* 214 (1974), 85-95

[394] Kloos, K. H.; Kaiser, B.; Jung, U.: Einflüsse der Verfahrensparameter des Festwalzens auf die Schwingfestigkeit bauteilähnlicher Proben. *Konstruktion* 47 (1995), 97-101

[395] Kloos, K. H.; Velten, E.: Berechnung der Dauerschwingfestigkeit von plasmanitrierten bauteilähnlichen Proben unter Berücksichtigung des Härte- und Eigenspannungsverlaufs. *Konstruktion* 36 (1984) 5, 181-188

[396] Oppermann, H.: Zur Steigerung der Betriebsfestigkeit zufallsartig wechselbiegebelasteter Kerbstäbe aus Stahl durch Oberflächennachbehandlung. *Techn. Mitteilung* Nr. 105/93. Fraunhofer-Institut f. Betriebsfestigkeit, Darmstadt 1993

[397] Rie, K.-T.: Schnatbaum, F.: Arbeitsmittel Plasma. *Maschinenmarkt* 95 (1989) 46, 72-76

[398] Spies, H. J.; Kloos, K. H.; Adelmann, J.; Kaminsky, T.; Trubitz, P.: Abschätzung der Schwingfestigkeit nitrierter bauteilähnlicher Proben mit Hilfe normierter Wöhlerstreubänder. *Materialwiss. u. Werkstofftechnik* 27 (1998) 2, 60-71

[399] Sun, Y.; Bell, T.: Plasma surface engineering of low alloy steel. *Mat. Sci. Engng.* A140 (1991), 419-434

[400] Tauscher, H.; Buchholz, H.: Die Biegedauerfestigkeit induktiv oberflächengehärteter Vergütungsstähle. *Die Technik* 19 (1964) 9, 605-608

[401] Wiegand, H.: Oberflächengestaltung dauerbeanspruchter Maschinenteile. *VDI-Z.* 84 (1940), 505-510

[402] Wiegand, H.; Strigens, P.: Die Steigerung der Dauerfestigkeit durch Oberflächenverfestigung in Abhängigkeit von Werkstoff- und Vergütungszustand. *Draht* 20 (1969), 189-194 u. 302-308

[403] Wiegand, H.; Tolasch, G.: Über das Zusammenwirken einzelner Faktoren zur Steigerung der Biegewechselfestigkeit einsatzgehärteter Proben. *Härterei Techn. Mitt.* 22 (1967), 213-220

[404] Wohlfahrt, H.: Gezielte Wärmebehandlungen zur Steigerung der Wechselfestigkeit von Ck45 unter Berücksichtigung des Eigenspannungszustandes. Diss. Univ. Karlsruhe, 1970

[405] Wohlfahrt, H.; Kopp, R.; Vöhringer, O. (Hrsg.): *Shot Peening — Science, Technology, Application.* DGM-Informationsges. Verlag, Oberursel 1987

Eigenspannungseinfluß auf die Schwingfestigkeit

(siehe auch [267, 375, 381, 532, 859, 860, 870])

[406] Almen, J. O.; Black, P. H.: *Residual Stresses and Fatigue in Metals.* McGraw Hill, New York 1963

[407] Lowak, H.: Zum Einfluß von Bauteilgröße, Lastfolge und Lasthorizont auf die Schwingfestigkeitssteigerung durch mechanisch erzeugte Druckeigenspannungen. *Bericht* FB-157. Fraunhofer-Institut f. Betriebsfestigkeit, Darmstadt 1981, u. *Z. f. Werkstofftechnik* 14 (1983) 12, 421-428

[408] Macherauch, E.; Kloos, K. H.: Bewertung von Eigenspannungen. In: *Eigenspannungen und Lastspannungen* (Hrsg.: Hauk, V.; Macherauch, E.), S. 175-194. Härterei Techn. Mitt., Beiheft 1982

[409] Macherauch, E.; Wohlfahrt, H.: Eigenspannungen und Ermüdung. In: *Ermüdungsverhalten metallischer Werkstoffe* (Hrsg.: Munz, D.), S. 237-283. DGM-Informationsges. Verlag, Oberursel 1985

[410] Radaj, D.: *Wärmewirkungen des Schweißens — Temperaturfeld, Eigenspannungen, Verzug.* Springer-Verlag, Berlin 1988

[411] Radaj, D.: *Heat Effects of Welding — Temperature Field, Residual Stress, Distortion.* Springer-Verlag, Berlin 1992

[412] Radaj, D.: *Eigenspannungen und Verzug beim Schweißen — Rechen- und Meßverfahren.* DVS-Verlag, Düsseldorf 2002

[413] Wohlfahrt, H.: Einfluß von Eigenspannungen. In: *Verhalten von Stahl bei schwingender Beanspruchung* (Hrsg.: Dahl, W.), S. 141-164. Verlag Stahleisen, Düsseldorf 1978

[414] Wohlfahrt, D. H.: Einfluß von Mittelspannungen und Eigenspannungen auf die Dauerfestigkeit. *VDI-Berichte* 661 (1988), 99-127

Oberflächenrauhigkeitseinfluß auf die Schwingfestigkeit

(siehe auch [77, 809, 903, 904, 1339])

[415] Funke, P.; Heye, W.; Randak, A.; Sikora, E.: Einfluß unterschiedlicher Randentkohlungen auf die Dauerschwingfestigkeit von Federstählen. *Stahl u. Eisen* 96 (1976), 28-32
[416] Gaier, M.: Untersuchungen über den Einfluß der Oberflächenbeschaffenheit auf die Dauerschwingfestigkeit metallischer Bauteile bei Raumtemperatur. Diss. TH Stuttgart, 1955
[417] Goedecke, T.; Daum, W.; Bergmann, W.: Oberflächenrauheit kontinuierlich ermitteln — eine Bewertungsgröße für schwingend beanspruchte Metallproben. *Materialprüfung* 35 (1993) 9, 249-252
[418] Greenfield, P.; Allen, D. H.: The effect of surface finish on the high cycle fatigue strength of materials. *GECJ Res.* 5 (1987) 3, 129-140
[419] Hempel, M.: Beeinflussung der Dauerschwingfestigkeit metallischer Werkstoffe durch den Oberflächenzustand. *Fachberichte f. Oberflächentechnik* 2 (1964), 11-22
[420] Lehr, E.: Oberflächenempfindlichkeit und innere Arbeitsaufnahme der Werkstoffe bei Schwingbeanspruchung. *Z. f. Metallkunde* 20 (1928), 78-84
[421] Siebel, E.; Gaier, M.: Untersuchungen über den Einfluß der Oberflächenbeschaffenheit auf die Dauerschwingfestigkeit metallischer Bauteile. *VDI-Z.* 98 (1956), 1715-1724
[422] Sigwart, A.: Bauteilrandschicht und Schwingfestigkeit. Diss. TH Clausthal, 1994
[423] Staudinger, H.: Biegewechselfestigkeit einsatzgehärteter und nitrierter Stähle mit Schleifrissen. *VDI-Z.* 88 (1944), 681-686
[424] Suhr, R. W.: The effect of surface finish on high cycle fatigue of a low alloy steel. In: *The Behaviour of Short Fatigue Cracks* (Hrsg.: Müller, K. J.; de los Rios, E. R.), S. 69-86. Mech. Engng. Publ., London 1986
[425] Syren, B.: Der Einfluß spanender Bearbeitung auf das Biegewechselverformungsverhalten von Ck45 in verschiedenen Wärmebehandlungszuständen. Diss. Univ. Karlsruhe, 1975
[426] Tarasov, L. P.; Grover, H. J.: Effect of grinding and other finishing process on the fatigue strength of hardened steel. *ASTM Proc.* 50 (1950), 668 ff
[427] Wellinger, K.; Gimmel, P.: Einfluß der Oberflächenbeschaffenheit auf die Biegewechselfestigkeit. *Z. f. Metalloberfläche* 6 (1952), A4-A9
[428] DIN 4768, Teil 1, Beiblatt 1: Ermittlung der Rauheitsgrößen R_a, R_z, R_{max} mit elektrischen Tastschnittgeräten. Beuth-Verlag, Berlin 1978

Oberflächenbeschichtungseinfluß auf die Schwingfestigkeit

(siehe auch [77])

[429] Almen, J. O.: Fatigue loss and gain by electroplating. *Prod. Engng.* 22 (1951), 109-116
[430] Kaiser, H. R.: Über die Einflüsse einer Hartverchromung auf die Festigkeitseigenschaften von Eisenwerkstoffen. Diss. TH Darmstadt, 1964
[431] Wiegand, H.; Fürstenberg, U.: *Hartverchromung, Eigenschaften und Auswirkungen auf den Grundwerkstoff.* Maschinenbau-Verlag, Frankfurt 1968
[432] Paatsch, W.: Probleme der Wasserstoffversprödung unter besonderer Berücksichtigung galvanotechnischer Prozesse. *VDI-Berichte* 235 (1975), 97-101

Korrosionseinfluß auf die Schwingfestigkeit

(siehe auch [33, 77, 1142-1152, 1356])

[433] Althof, F. C.; Gerischer, K.: Reibkorrosion — eine Übersicht. In: *WGLR-Jahrbuch 1962*, S. 549-555
[434] Bühler, H. E.; Litzkendorf, M.; Schubert, B.; Zerweck, K.: Konstruktive und fertigungstechnische Maßnahmen zur Verhinderung von Korrosionsschäden im Apparate-, Maschinen- und Rohrleitungsbau. *Konstruktion* 34 (1982) 10, 381-386

[435] Fischer, G.: Zum Einfluß der Reibkorrosion auf das Festigkeitsverhalten von Stahl und Stahlguß unter sinusförmiger und zufallsartiger Belastung. *Bericht* FB-177, Fraunhofer-Institut f. Betriebsfestigkeit, Darmstadt 1987

[436] Gaßner, E.: Über den Einfluß der Reiboxidation auf die Lebensdauer gekerbter Proben aus einer AlCuMg2-Legierung. *Aluminium* 39 (1963) 9, 582-584

[437] Horger, O. J.: Influence of fretting corrosion on the fatigue strength of fitted members. *ASTM STP* 144 (1952), 40-53

[438] Kloos, K. H.; Diehl, H.; Nieth, F.; Thomala, W.; Düßler, W.: Werkstofftechnik. In: *Dubbel, Taschenbuch für den Maschinenbau*, 15. Aufl., S. 253-314. Springer-Verlag, Berlin 1983

[439] Lachmann, E.; Oberparleiter, W.: Einfluß korrosiver Umgebung auf die Lebensdauer zyklisch beanspruchter Bauteile. *Materialwiss. u. Werkstofftechnik* 25 (1994) 1, 11-19

[440] Littlefield, C. F.; Groshart, E. C.: Galvanic corrosion. *Machine Design* 35 (1963), 243 ff.

[441] Spähn, H.: Grundlagen und Erscheinungsformen der Schwingrißkorrosion. In: *Das Verhalten mechanisch beanspruchter Werkstoffe und Bauteile unter Korrosionseinwirkung.* VDI-Berichte 235, VDI-Verlag, Düsseldorf 1975

[442] Spähn, H.: Korrosionsgerechte Gestaltung. *VDI-Berichte* 277 (1977), 37-45

[443] Speckhardt, H.: Grundlagen und Erscheinungsformen der Spannungsrißkorrosion, Maßnahmen zu ihrer Vermeidung. In: *Das Verhalten mechanisch beanspruchter Werkstoffe und Bauteile unter Korrosionseinwirkung.* VDI-Berichte 235, VDI-Verlag, Düsseldorf 1975

[444] Speckhardt, H.: Korrosion und Dauerschwingverhalten. In: *Verhalten von Stahl bei schwingender Beanspruchung* (Hrsg. Dahl, W.), S. 277-284. Verlag Stahleisen, Düsseldorf 1978

[445] Waterhouse, R. B.: *Fretting Corrosion.* Pergamon Press, New York 1972

[446] — : *Das Verhalten mechanisch beanspruchter Werkstoffe und Bauteile unter Korrosionseinwirkung.* VDI-Berichte 235, VDI-Verlag, Düsseldorf 1975

[447] — : Corrosion. *SAE-SP-485.* Soc. Automot. Eng., Warrendale, Pa. 1984

[448] — : The study and prevention of corrosion. *SAE SP-538.* Soc. Automot. Eng., Warrendale, Pa. 1984

[449] Merkblattsammlung der Arbeitsgemeinschaft Korrosion (AGK): Korrosionsgerechte Konstruktion. DECHEMA, Frankfurt 1981

[450] DIN 50900, Teil 1: Korrosion der Metalle. Beuth-Verlag, Berlin 1975

Temperatureinfluß auf die Schwingfestigkeit

(siehe auch [77, 732, 991, 1153-1161])

[451] Coffin, L. F.: Fatigue at high temperature. *ASTM STP* 520 (1973), 5-34

[452] Glemmy, E.; Taylor, T. A.: A study of the thermal-fatigue behaviour of metals. *J. Inst. Metals (London)* 88 (1960), 449-461

[453] Hempel, M.; Luce, J.: Verhalten von Stahl bei tiefen Temperaturen unter Zug-Druck-Wechselbeanspruchung. *Mitt. Kaiser-Wilhelm-Inst. f. Eisenf.* 23 (1941), 53 ff.

[454] Jacoby, G.: Beitrag zur Verformung metallischer Werkstoffe bei kombinierter Temperatur-, Dauerstand- und Schwingbeanspruchung. *Materialprüfung* 6 (1964) 4, 113-122

[455] Kennedy, A. J.: *Processes of Creep and Fatigue in Metals.* Oliver & Boyd, Edinburgh 1962

[456] Kloos, H.; Granacher, J.; Abelt, E.: Wechselbeanspruchung bei erhöhten Temperaturen. In: *Verhalten von Stahl bei schwingender Beanspruchung* (Hrsg.: Dahl, W.) S. 285-307. Verlag Stahleisen, Düsseldorf 1978

[457] Manson, S. S.: A simple procedure for estimating high-temperature low-cycle fatigue. *Exp. Mech.* 8 (1968) 8, 349-355

[458] Matters, R. C.; Blatherwick, A. A.: High temperature rupture, fatigue and damping properties of AISI Designation 616 (Type 422 stainless) steel. *J. Basic Eng. (ASME)* 87 (1965) 6, 325-332

[459] Rabotnov, Y. N.: *Creep Problem in Structural Members.* North Holland, Amsterdam 1969

[460] Wiegand, H.; Granacher, J.; Sander, M.: Zeitstandbruchverhalten einiger warmfester Stähle unter rechteckzyklisch veränderter Spannung oder Temperatur. *Archiv f. d. Eisenhüttenwesen* 46 (1975), 533-539
[461] Wiegand, H.; Jahr, O.: Langzeiteigenschaften einiger warmfester und hochwarmfester Werkstoffe. *Z. f. Werkstofftechnik* 7 (1976), 177-181 u. 212-219

Kerbspannungslehre

(siehe auch [65, 66, 934])

[462] Hapel, K. H.; Sambandan, P.: Analysis of stress concentration around hatch corners in container ships by Muskhelishvili's method using rational mapping function. *Schiff & Hafen* 32 (1980) 6, 88-92
[463] Iida, K.; Uemura, T.: Stress concentration factor formulas widely used in Japan. IIW-Doc. XIII-1530-94.
[464] Mayr, M.; Drexler, W.: Formzahldiagramme für eine Hohlwelle mit Außenrille. *Automobiltechn. Z.* 97 (1995) 2, 108-109
[465] Mayr, M.; Kuhn, G.: Spannungskonzentration einfach- und doppeltgekerbter tordierter Wellen. *Ingenieur-Archiv* 49 (1980), 81-87
[466] Neuber, H.: Theorie der technischen Formzahl. *Forschung im Ingenieurwesen* 7 (1936) 6, 271-274
[467] Neuber, H.: *Kerbspannungslehre*. Springer-Verlag, Berlin 1937, 1958 u. 1985 (1., 2. u. 3. Aufl.)
[468] Neuber, H.: *Theory of Notch Stresses*. J. S. Edwards, Ann Arbor, Mi. 1946
[469] Nishida, M.: *Spannungskonzentration* (in Japanisch). Oriki Akuchu, Morikita (Japan) 1967
[470] Peterson, R. E.: *Stress Concentration Factors*. John Wiley, New York 1953 u. 1974 (1. u. 2. Aufl.)
[471] Pilkey, W. D.: *Peterson's Stress Concentration Factors*. Wiley Interscience, New York 1997
[472] Radaj, D.: *Kerbspannungen an Öffnungen und starren Kernen*. Habilitationsschrift, Techn. Univ. Braunschweig. Selbstverlag, Stuttgart 1971
[473] Radaj, D.; Möhrmann, W.: Kerbwirkung an Schulterstäben unter Querschub. *Konstruktion* 36 (1984) 10, 399-402
[474] Radaj, D.; Schilberth, G.: *Kerbspannungen an Ausschnitten und Einschlüssen*. DVS-Verlag, Düsseldorf 1977
[475] Savin, G. N.: *Stress Distribution Around Holes*. NASA TTF-607 (1970)
[476] Sawin, G. N.: *Spannungserhöhung am Rande von Löchern*. VEB Verlag Technik, Berlin 1956
[477] Schijve, J.: Stress gradients around notches. *Fatigue Engng. Mater. Struct.* 3 (1980) 4, 325-338
[478] Thum, A.; Petersen, C.; Svenson, O.: *Verformung, Spannung und Kerbwirkung*. VDI-Verlag, Düsseldorf 1960

Rechen- und Meßverfahren zur Kerb- und Strukturbeanspruchung

(siehe auch [921])

[479] Argyris, J.; Mlejnek, H.-P.: *Die Methode der finiten Elemente in der elementaren Strukturmechanik*. Friedrich Vieweg Verlag, Braunschweig 1986, 1987 u. 1988 (Bd. 1, 2 u. 3)
[480] Bathe, K. J.: *Finite-Element-Methoden*. Springer-Verlag, Berlin 1986
[481] Bathe, K. J.: *Finite Element Procedures*. Prentice-Hall, Englewood Cliffs, N. J. 1996
[482] Bausinger, R.; Kuhn, G.; Bauer, W.; Seeger, G.; Möhrmann, W.: *Die Boundary-Element-Methode*. Expert-Verlag, Ehningen b. Böblingen 1987
[483] Brebbia, C. A.; Telles, J. C. F.; Wrobel, L. C.: *Boundary Element Techniques*. Springer-Verlag, Berlin 1984

[484] Cook, R. D.; Malkus, D. S.; Plesha, M. E.: *Concepts and Applications of Finite Element Analysis*. J. Wiley, New York 1989 (3. Aufl.)

[485] Gallagher, R. H.: *Finite Element Analysis — Fundamentals*. Prentice Hall, Englewood Cliffs, N. J. 1975

[486] Gallagher, R. H.: *Finite-Element-Analysis*. Springer-Verlag, Berlin 1976

[487] Hughes, T. R.: *The Finite Element Method — Linear Static and Dynamic Finite Element Analysis*. Prentice Hall, Englewood Cliffs, N. J. 1987

[488] Kloth, W.: *Atlas der Spannungsfelder in technischen Bauteilen*. Verlag Stahleisen, Düsseldorf 1961

[489] Kobayashi, A. S. (Hrsg.): *Handbook on Experimental Mechanics*. Society for Experimental Mechanics. Bethel, Conn. 1999 (2. Aufl.)

[490] Love, A. E.: *A Treatise on the Mathematical Theory of Elasticity*. At the University Press, Cambridge 1927

[491] Mróz, Z.; Weichert, D.; Dorosz, S.: *Inelastic Behaviour of Structures Under Variable Loads*. Kluwer Academic Publ., Dordrecht 1995

[492] Mußchelischwili, N. I.: *Einige Grundaufgaben zur mathematischen Elastizitätstheorie*. Carl Hanser Verlag, München 1971

[493] Petersen, C.: Praktische Bestimmung von Formzahlen gekerbter Stäbe. *Forschg. Ing.-Wes.* 17 (1951), 16-20

[494] Radaj, D.: Rechnerische Ermittlung der Kerb- und Rißbeanspruchung. In: *Kerben und Betriebsfestigkeit*, DVM-Bericht, S. 41-53. DVM, Berlin 1989

[495] Rao, S. S.: *The Finite Element Method in Engineering*. Pergamon Press, Oxford 1989 (2. Aufl.)

[496] Rohrbach, C. (Hrsg.): *Handbuch für experimentelle Spannungsanalyse*. VDI-Verlag, Düsseldorf 1989

[497] Schwarz, H.: *Methode der finiten Elemente*. B.G. Teubner, Stuttgart 1980

[498] Zienkiewicz, O. C.: *Methode der finiten Elemente*. Carl Hanser Verlag, München 1975

[499] Zienkiewicz, O. C.; Tylor, R. L.: *The Finite Element Method*. McGraw Hill, New York 1991

Hertzsche Pressung als Belastungskerbe

(siehe auch [492])

[500] Föppl, L.: Der Spannungszustand und die Anstrengung der Werkstoffe bei der Berührung zweier Körper. *Forschung im Ingenieurwesen* 7 (1936), 209-221

[501] Hertz, H.: Über die Berührung fester elastischer Körper. *Journal f. reine u. angewandte Mathematik* 92 (1882), 156 ff.

[502] Love, A. E. H.: The stress produced in a semi-infinite solid by pressure on part of the boundary. *Phil. Trans. Royal Soc. (London)* A228 (1929), 377-420

[503] Smith, J. O.; Liu, C. K.: Stresses due to tangential and normal loads on an elastic solid with application to some contact stress problems. *J. Appl. Mech. (ASME)* 20 (1953), 3

[504] Westergaard, H. M.: Bearing pressures and cracks. *J. Appl. Mech. (ASME)* 66 (1939), 49-53

[505] Zhou, R. S.; Nixon, H. P.: Kontaktspannungsmodell zur Vorhersage von Rollkontaktermüdung. *Konstruktion* 46 (1994), 117-122

Optimierte Kerbform

(siehe auch [467])

[506] Baud, R. V.: Fillet profiles for constant stress. *Prod. Engng.* 5 (1934) 4, 133-134

[507] Mattheck, C.; Burkhardt, S.: A new method of structural shape optimisation based on biological growth. *Int. J. Fatigue* 12 (1990) 3, 185-190

[508] Neuber, H.: Der zugbeanspruchte Flachstab mit optimalem Querschnittsübergang. *Forschung im Ingenieurwesen* 35 (1969) 1, 29-30

[509] Neuber, H.: Zur Optimierung der Spannungskonzentration. In: *Continuum Mechanics and Related Problems of Analysis*, S. 375-380. Nauka, Moskau 1972
[510] Radaj, D.; Zhang, S.: Mehrparametrige Strukturoptimierung hinsichtlich Spannungserhöhungen. *Konstruktion* 42 (1990), 289-292
[511] Radaj, D.; Zhang, S.: Multiparameter design optimization in respect of stress concentrations. In: *Engineering Optimization in Design Processes* (Hrsg.: Eschenauer, H. A.; *et al.*), S. 181-189. Springer-Verlag, Berlin 1991
[512] Schnack, E.: Optimierung von Zuglaschen. *Konstruktion* 30 (1978) 7, 277-281
[513] Schnack, E.: An optimization procedure for stress concentrations by the finite element technique. *Int. J. Num. Meth. Engng.* 14 (1979), 115-124
[514] Waldman, W.; Heller, M.; Chen, G. X.: Optimal free-form shapes for shoulder fillets in flat plates under tension and bending. *Int. J. Fatigue* 23 (2001) 6, 509-523
[515] Yang, R. J.: Component shape optimization using BEM. *Computers & Structures* 37 (1990) 4, 561-568

Elastisch-plastische Kerbbeanspruchung

(siehe auch [808, 815, 857, 863])

[516] Amstutz, H.; Seeger, T.: Fließkurven elastisch-plastisch beanspruchter Kerbscheiben nach der FE-Methode. *Bericht* FD-1/1977, Fachgebiet Werkstoffmechanik, TH Darmstadt, 1977
[517] Amstutz, H.; Seeger, T.: Elastisch-plastische Kerbbeanspruchungen in abgesetzten rotationssymmetrischen Wellen unter Torsion. *Konstruktion* 34 (1982), 191-195
[518] Bäumel, A.; Seeger, T.: Thick surface layer model life calculations for specimens with residual stress distribution and different material zones. In: *Proc. 2nd Int. Conf. on Residual Stresses ICRS2*, S. 809-814. Elsevier Applied Science, London 1989
[519] Bollenrath, F.; Troost, A.: Wechselbeziehungen zwischen Spannungs- und Verformungsgradient. Teil III: Kerbempfindlichkeit. *Archiv f. d. Eisenhüttenwesen* 23 (1952) 5/6, 193-201
[520] Bruder, T.; Seeger, T.: Schwingfestigkeitsbeurteilung randschichtverfestigter Proben auf der Grundlage örtlich elastisch-plastischer Beanspruchungen. *Materialwiss. u. Werkstofftechnik* 26 (1995), 89-100
[521] Cornec, A.; Hao, S.; Schwalbe, K.-H.: Anwendung des Engineering Treatment Model (ETM) auf gekerbte Strukturen. *Konstruktion* 46 (1994), 59-65
[522] Dietmann, H.: Zur rechnerischen Bestimmung der Dehnungsformzahl nach der Neuberschen Formel $\alpha_\sigma \cdot \alpha_\varepsilon = \alpha_\mathrm{k}^2$. *Materialprüfung* 17 (1975) 2, 44-46
[523] Glinka, G.: Energy density approach to calculation of inelastic strain-stress near notches and cracks. *Engng. Fract. Mech.* 22 (1985), 485-508
[524] Hardrath, H. F.; Ohman, H.: A study of elastic and plastic stress concentration factors due to notches and fillets in flat plates. *NACA-TN* 2566 (1951)
[525] Hoffmann, M.: Ein Näherungsverfahren zur Ermittlung mehrachsig elastisch-plastischer Kerbbeanspruchungen. Diss. TH Darmstadt, 1986
[526] Hoffmann, M.; Amstutz, H.; Seeger, T.: Local strain approach in non-proportional loading. In: *Fatigue under biaxial and multiaxial loading* (Hrsg.: Kussmaul, K. F.; McDiarmid, D. L.; Socie, D. F.), S. 357-376. Mech. Engng. Publ., London 1991
[527] Hoffmann, M.; Seeger, T.: A generalized method for estimating multiaxial elastic-plastic notch stresses and strains. Part 1: Theory. *J. Engng. Mater. Technol. (ASME)* 107 (1985) 10, 250-254
[528] Hoffmann, M.; Seeger, T.: A generalized method for estimating multiaxial elastic-plastic notch stresses and strains. Part 2: Application and general discussion. *J. Engng. Mater. Technol. (ASME)* 107 (1985) 10, 255-260
[529] Hoffmann, M.; Seeger, T.: Mehrachsige Kerbbeanspruchungen bei proportionaler Belastung. *Konstruktion* 38 (1986) 2, 63-70
[530] Hoffmann, M.; Seeger, T.: Estimating multiaxial elastic-plastic notch stresses and strains in combined loading. In: *Biaxial and Multiaxial Fatigue* (Hrsg.: Brown, M. W.; Miller, K. J.), S. 3-23. Mech. Engng. Publ., London 1989

[531] Kühnapfel, K. F.; Troost, A.: Näherungslösungen zur rechnerischen Ermittlung von Kerbdehnungen und Kerbspannungen bei elastoplastischer Beanspruchung. *Konstruktion* 31 (1979) 5, 183-190

[532] Lawrence, F. V.; Burk, J. D.; Yung, J. Y.: Influence of residual stress on the predicted fatigue life of weldments. *ASTM STP* 776 (1982), 33-43

[533] Mowbray, D. F.; McConnelee, J. E.: Applications of finite element stress analysis and stress-strain properties in determining notch fatigue specimen deformation and life. *ASTM STP* 519 (1973), 151-169

[534] Neuber, H.: Theory of stress concentration for shear-strained prismatical bodies with arbitrary nonlinear stress-strain-law. *J. Appl. Mech. (ASME)* 28 (1961), 544-550

[535] Neuber, H.: Über die Berücksichtigung der Spannungskonzentration bei Festigkeitsberechnungen. *Konstruktion* 20 (1968) 7, 245-251

[536] Reemsnyder, H. S.: Evaluating the effect of residual stresses on notched fatigue resistance. In: *Materials, Experimentation and Design in Fatigue*, S. 273-295

[537] Saal, H.: Näherungsformeln für die Dehnungsformzahl. *Materialprüfung* 17 (1975), 395-389

[538] Savaidis, A.; Savaidis, G.: Werkstoffmechanische Beanspruchungsanalyse gekerbter Strukturen bei synchronen Belastungskombinationen. *Materialwiss. u. Werkstofftechnik* 32 (2001), 353-361

[539] Savaidis, A.; Savaidis, G.; Zhang, G.: FE fatigue analysis of notched elastic-plastic shaft under multiaxial loading consisting of constant and cyclic components. *Int. J. Fatigue* 23 (2001) 4, 303-315

[540] Seeger, T.; Beste, A.: Zur Weiterentwicklung von Näherungsformeln für die Berechnung von Kerbbeanspruchungen im elastisch-plastischen Bereich. *Fortschritt-Berichte VDI-Z.*, Reihe 18 (1977) 2, 1-56

[541] Seeger, T.; Beste, A.; Amstutz, H.: Elastic-plastic stress-strain behaviour of monotonic and cyclic loaded notched plates. In: *Proc. ICF 4*, Vol. 3, Waterloo (Canada) 1977

[542] Seeger, T.; Heuler, P.: Generalized application of Neuber's rule. *J. Testing Eval. Mater.* 8 (1980), 199-204

[543] Seeger, T.; Heuler, P.: Ermittlung und Bewertung örtlicher Beanspruchungen zur Lebensdauerabschätzung schwingbelasteter Bauteile. In: *Ermüdungsverhalten metallischer Werkstoffe*, S. 213-235. Deutsche Gesellschaft f. Metallkunde, Oberursel 1985

[544] Siebel, E.; Rühl, K.: Ermittlung der Formdehngrenzen für die Festigkeitsrechnung. *Technik* 3 (1948), 218-223

[545] Siebel, E.; Schwaigerer, S.: Das Rechnen mit Formdehngrenzen. *VDI-Z.* 90 (1948), 335-341

[546] Singh, M. N.; Buczynski, A.; Glinka, G.: Notch stress-strain analysis in multiaxial fatigue. In: *Fatigue Design of Components* (Hrsg.: Marquis, G.; Solin, J.), S. 113-124. Elsevier Science, Oxford 1997

[547] Stowell, Z. E.: Stress and strain concentration at a circular hole in an infinite plate. *NACA-TN* 2073 (1950)

[548] Theocaris, P. S.; Marketos, E.: Elastic-plastic analysis of perforated thin strips of strain hardening materials. *J. Mech. Phys. Solids* 12 (1964), 377-390

[549] Troost, A.: Fließkurven und Formdehngrenzen bei kleinen Verformungen in allgemeiner Darstellung. *Konstruktion* 9 (1957) 7, 271-278

[550] Wellinger, K.; Dietmann, H.: Bestimmung von Formdehngrenzen. *Materialprüfung* 4 (1962), 41-47

[551] Wellinger, K.; Gassmann, H.; Luithle, J.: Plastische Wechselverformung und Dehnungsformzahl. *VDI-Berichte* 129 (1968), S. 35-40

Kerbwirkungszahl, Kerbempfindlichkeit

(siehe auch [835, 945, 1173-1176, 1258, 1327, 1343, 1348, 1359, 1365, 1367])

[552] Buch, A.: Kerb- und Größeneinfluß auf die Dauerfestigkeit von Proben mit Querlöchern. *Materialprüfung* 13 (1971) 6, 187-192

[553] Dietmann, H.: Zur Berechnung von Kerbwirkungszahlen. *Konstruktion* 37 (1985), 2, 67-71

[554] Gaßner, E.; Lowak, H.: Wechselverformungsverhalten metallischer Werkstoffe und Lebensdauer bauteilähnlich gekerbter Probestäbe. *Materialprüfung* 22 (1980) 8, 327-332

[555] Heywood, R. B.: The relationship between fatigue and stress concentration. *Aircraft Engng.* 19 (1947), 81-84

[556] Kuguel, R.: A relation between theoretical stress concentration factor and fatigue notch factor deduced from the concept of highly stressed volume. *ASTM Proc.* 61 (1961), 732-744

[557] Kuhn, P.: Effect of geometric size on notch fatigue. In: *IUTAM Colloquium on Fatigue* (Hrsg.: Weibull, W.; Odqvist, F. K. G.), S. 131-140. Springer-Verlag, Berlin 1956

[558] Kuhn, P.: The prediction of notch and crack strength under static or fatigue loading. *SAE-ASME Paper* 843C, Soc. Automot. Eng., Warrendale, Pa. 1964

[559] Kuhn, P.; Figge, E.: Unified notch-strength analysis for wrought aluminium alloys. *NASA TN* D-1259 (1962)

[560] Kuhn, P.; Hardrath, H. F.: An engineering method for estimating notch-size effect in fatigue tests in steel. *NACA TN* 2805 (1952)

[561] Liu, J.; Zenner, H.: Berechnung der Dauerschwingfestigkeit unter Berücksichtigung der spannungsmechanischen und statistischen Stützziffer. *Materialwiss. u. Werkstofftechnik* 22 (1991), 187-196

[562] Panasyuk, V. V.; Ostash, O. P.; Kostyk, Y. M.: Model of fatigue crack initiation and growth. In: *Advances in Fracture Resistance of Materials,* Proc. ICF 8, Kiev, 1993

[563] Petersen, C.: Die Vorgänge im zügig und wechselnd beanspruchten Metallgefüge, Teil 3 u. 4. *Z. f. Metallkunde* 42 (1951), 161-170, u. 43 (1952), 429-433

[564] Peterson, R. E.: Relation between stress analysis and fatigue of metals. *Proc. SESA* 11 (1950) 2, 199-206

[565] Peterson, R. E.: Notch-sensivity. In: *Metal Fatigue* (Hrsg.: Sines, G.; Waismann, J. L.), S. 293-306. McGraw-Hill, New York 1959

[566] Radaj, D.; Zhang, S.: Notch effect of welded joints subjected to antiplane shear loading. *Engng. Fract. Mech.* 43 (1992) 4, 663-669

[567] Saal, H.: Einfluß von Formzahl und Spannungsverhältnis auf die Zeit- und Dauerfestigkeit und Rißfortschreitungen bei Flachstäben aus St52. *Veröff. d. Inst. f. Stahlbau u. Werkstoffmech. d. TH Darmstadt*, Heft 17, 1971

[568] Serensen, S. V.; Kogaev, V. P.; Kozlov, L. A.; Šnederovič, R. M.: *Nesučaja sposobnost' i rasčety detalej.* Mašgiz, Moskau 1954

[569] Serensen, S. V.; Kogaev, V. P.; Snederovič, R. M.: *Nesučaja sposobnost' i rasčety detalej mašinnaproč nost'.* Mašinostroenie, Moskau 1975

[570] Siebel, E.: Neue Wege der Festigkeitsrechnung. *VDI-Z.* 90 (1948) 5, 135-139

[571] Siebel, E.; Meuth, H.: Die Wirkung von Kerben bei schwingender Beanspruchung. *VDI-Z.* 91 (1949) 13, 319-323

[572] Siebel, E.; Stieler, M.: Ungleichförmige Spannungsverteilung bei schwingender Beanspruchung. *VDI-Z.* 97 (1955) 5, 121-126

[573] Sonsino, C. M.; Kaufmann, H.; Grubisic, V.: Übertragbarkeit von Werkstoffkennwerten am Beispiel eines betriebsfest auszulegenden geschmiedeten Nutzfahrzeug-Achsschenkels. *Konstruktion* 47 (1995) 7/8, 222-232

[574] Sonsino, C. M.; Werner, S.: Die Ersatzstrukturlänge nach Peterson und Neuber-Radaj und das Konzept des höchstbeanspruchten Werkstoffvolumens am Beispiel des Baustahls St52-3. *Bericht* Nr. 8137. Fraunhofer-Institut f. Betriebsfestigkeit. Darmstadt 1996

[575] Stieler, M.: Untersuchungen über die Dauerschwingfestigkeit metallischer Bauteile bei Raumtemperatur. Diss. TH Stuttgart, 1954

[576] Teubl, E.: Über das Dauerschwingfestigkeitsverhalten gekerbter und ungekerbter Proben in Abhängigkeit von Werkstoff und Gefügezustand. Diss. TH München, 1968

[577] Thum, A.; Bautz, W.: Die Gestaltfestigkeit. *Stahl u. Eisen* 55 (1935), 1025-1029

[578] Troost, A.: Hypothesen über Größen- und Formeinfluß bei Dauerschwingbeanspruchung. *Metall* 6 (1952) 21/22, 665-674

[579] Werner, S.; Sonsino, C. M.; Radaj, D.: Schwingfestigkeit von Schweißverbindungen aus der Aluminiumlegierung AlMg 4,5 Mn (AA5083) nach dem Konzept der Mikrostützwirkung. *Materialwiss. u. Werkstofftechnik* 30 (1999) 3, 125-135

Beanspruchungs-Zeit-Funktion, Klassier- und Generierverfahren

(siehe auch [656, 683, 777])

[580] Anthes, R. J.: Modified rainflow counting keeping the load sequence. *Int. J. Fatigue* 19 (1997), 529-535

[581] Bendat, J. S.: *Principles and Applications of Random Noise Theory*. John Wiley, New York 1958

[582] Burns, A.: Fatigue loading in flight: loads in the tailplane and fin of an aeroplane. *Techn. Rep.* C. P. 256, Aeronautical Research Council, London 1956

[583] Buxbaum, O.: Statistische Zählverfahren als Bindeglied zwischen Beanspruchungsmessung und Betriebsfestigkeitsversuch. *Bericht* TB-65. Fraunhofer-Institut f. Betriebsfestigkeit, Darmstadt 1966

[584] Buxbaum, O.; Zaschel, J. M.: Trennung von Beanspruchungs-Zeit-Funktionen nach ihrem Ursprung. *Konstruktion* 31 (1979) 9, 345-351

[585] Clormann, U. H.; Seeger, T.: Rainflow-HCM, ein Zählverfahren für Betriebsfestigkeitsnachweise auf werkstoffmechanischer Grundlage. *Stahlbau* 55 (1986) 3, 65-71

[586] de Jonge, J. B.: The analysis of load time histories by means of counting methods. *NLR-Rep.* MP 82039 U, *ICAF Doc.*1309. Nat. Aerospace Lab., Amsterdam 1982

[587] Dowling, M. E.: Fatigue failure predictions for complicated stress-strain-histories. *J. Materials* (1972), 71-87

[588] Dowling, S. D.; Socie, D. F.: Simple rainflow counting algorithms. *Int. J. Fatigue* (1982), 31-40

[589] Fischer, R.; Haibach, E.: Simulation von Beanspruchungs-Zeit-Funktionen in Versuchen zur Beurteilung von Werkstoffen. In: *Verhalten von Stahl bei schwingender Beanspruchung* (Hrsg.: Dahl, W.), S. 223-242. Verlag Stahleisen, Düsseldorf 1979

[590] Fischer, R.; Hück, M.; Köbler, H. G.; Schütz, W.: Eine dem stationären Gauß-Prozeß verwandte Beanspruchungs-Zeit-Funktion für Betriebsfestigkeitsversuche. *Fortschritt-Berichte VDI-Z.*, Reihe 5 (1970), 30

[591] Fischer, R.; Köbler, H. G.; Wendt, U.: Synthese zufallsartiger Lastfolgen zur Anwendung bei Betriebsfestigkeitsversuchen. *Fortschritt-Berichte VDI-Z.*, Reihe 5 (1979) 40

[592] Gaßner, E.; Svenson, O.: Einfluß von Störschwingungen auf die Ermüdungsfestigkeit. *Stahl u. Eisen* 82 (1962) 5, 276-282

[593] Haas, T.: Loading statistics as a basis of structural and mechanical design. *Engineer's Digest* (1962), 3-5

[594] Klätschke, H.; Steinhilber, H.: Trennung überlagerter Beanspruchungs-Zeit-Funktionen durch Filterung mit variabler Grenzfrequenz. *Bericht* TB-174. Fraunhofer-Institut f. Betriebsfestigkeit, Darmstadt 1985

[595] Köbler, H.-G.; Fischer, R.: Rand- und Anfangsbedingungen bei der Anwendung des Matrix-Verfahrens. In: *Kurzzeitschwingfestigkeit und elastoplastisches Werkstoffverhalten,* DVM-Bericht, S. 141-148. DVM, Berlin 1979

[596] Krüger, W.; Petersen, J.: Verfahren zur Ermittlung von Bemessungsbeanspruchungen im Automobilbau. In: *Betriebsfestigkeit: Lastannahmen, Lebensdauernachweis — Erfahrung in der Praxis*, DVM-Bericht, S. 33-47. DVM, Berlin 1988

[597] Krüger, W.; Scheutzow, M.; Beste, A.; Petersen, J.: Markov- und Rainflow-Rekonstruktionen stochastischer Beanspruchungszeitfunktionen. *Fortschritt-Berichte VDI-Z.*, Reihe 18 (1985), 22

[598] Lipp, W.; Svenson, O.: Beitrag zur vereinfachten Wiedergabe von Beanspruchungen mit veränderlichen Mittelwerten im Schwingfestigkeitsbereich. *Bericht* FB-74, Fraunhofer-Institut f. Betriebsfestigkeit, Darmstadt 1967

[599] Matsuishi, M.; Endo, T.: Fatigue of metals subjected to varying stress (in Japanisch). *Paper Japan Soc. of Mech. Engs.*, Fukuoka, Japan, März 1968

[600] Nowack, H.; Hanschmann, D.; Conle, A.: Die Rainflow-Zählmethode, ein neueres Auswerteverfahren für Betriebsbeanspruchungen. *Bericht* IB 354-76/3, Inst. f. Werkstoffforschg., DFVLR, Köln 1976

[601] Papoulis, A.: *Probability, Random Variables, and Stochastic Processes*. McGraw-Hill, New York 1965

[602] Rice, S. O.: Mathematical analysis of random noise. *Bell Systems Techn. J.* 23 (1944), 282-332, u. 25 (1945), 46-156

[603] Schijve, J.: The analysis of random load-time histories with relation to fatigue tests and life calculations. In: *Fatigue of Aircraft Structures* (Hrsg.: Barrois, W.; Ripley, E. L.), S. 115-149. Pergamon Press, Oxford 1963

[604] Sjöström, S.: On random load analysis. *Trans. Royal Inst. of Technol. (Stockholm)* 18 (1961)

[605] Sonsino, C. M.: Principles of variable amplitude fatigue design and testing. *ASTM STP* 1439 (2002), Vorabdruck

[606] van Dijk, G. M.: Statistical load data processing. In: *Advanced Approaches to Fatigue Evaluation*, S. 565-598. NASA SP 309 (1972)

[607] Westermann-Friedrich, A.; Zenner, H.: Zählverfahren zur Bildung von Kollektiven aus Zeitfunktionen, Vergleich der verschiedenen Verfahren und Beispiele. *FVA-Merkblatt* 0/14, Forschungsvereinigung Antriebstechnik, Frankfurt 1988

[608] DDR-Standard TGL 33787: Schwingfestigkeit, regellose Zeitfunktionen, statistische Auswertung. Verlag f. Standardisierung, Leipzig 1977

[609] DIN 45667: Klassierverfahren für das Erfassen regelloser Schwingungen. Beuth-Vertrieb, Berlin 1969

Lastkollektivermittlung

(siehe auch [619-646])

[610] Buxbaum, O.: Verfahren zur Ermittlung von Bemessungslasten schwingbruchgefährdeter Bauteile aus Extremwerten von Häufigkeitsverteilungen. *Bericht* FB-75, Fraunhofer-Institut f. Betriebsfestigkeit, Darmstadt 1967, u. *Konstruktion* 20 (1968) 11, 425-430

[611] Buxbaum, O.; Svenson, O.: Zur Beschreibung von Betriebsbeanspruchungen mit Hilfe statistischer Kenngrößen. *Automobiltechn. Z.* 75 (1973), 208-215

[612] Buxbaum, O.; Zaschel, J. M.: Beschreibung stochastischer Beanspruchungs-Zeit-Funktionen. In: *Verhalten von Stahl bei schwingender Beanspruchung* (Hrsg. Dahl, W.), S. 208-222. Verlag Stahleisen, Düsseldorf 1978

[613] Hanke, M.: Eine Methode zur Beschreibung der Betriebslastkollektive als Grundlage für Betriebsfestigkeitsversuche. *Automobiltechn. Z.* 72 (1970) 3, 91-97

[614] Kloth, W.; Stroppel, Th.: Kräfte, Beanspruchungen und Sicherheiten in den Landmaschinen. *VDI-Z.* 80 (1936), 85-92

[615] Kowalewski, J.: Beschreibung regelloser Vorgänge. *Fortschritt-Berichte VDI-Z.*, Reihe 5 (1969) 7, 7-28

[616] Steinhilber, H.; Schütz, D.: Moderne Meß- und Auswertemethoden für Betriebsbelastungen. In: *Betriebsfestigkeit: Lastannahmen, Lebensdauernachweis — Erfahrung in der Praxis*, DVM-Bericht, S. 5-18 im Anlageheft. DVM, Berlin 1988

[617] Zaschel, J. M.; Lütteke, H.: Zur formelmäßigen Beschreibung von Häufigkeitsverteilungen mit Hilfe von Exponentialfunktionen. *Techn. Mitteilung*. Nr. 81, Fraunhofer-Institut f. Betriebsfestigkeit, Darmstadt 1977

[618] Zenner, H.; Bukowski, L.: Konstruierte Last- und Beanspruchungskollektive unter Berücksichtigung unterschiedlicher Belastungsereignisse. *Materialprüfung* 30 (1988) 7-8, 221-224

Lastkollektive für die Auslegung

(siehe auch [610-618, 663, 664, 738])

[619] Bode, O.; Görge, W.: Beanspruchungen von Sattelkupplungen. *Deutsche Kraftfahrtforschung u. Straßenverkehrstechnik*, H. 144. VDI-Verlag, Düsseldorf 1960

[620] Bolbrinker, A. K.; Gladbeck, F. W. G.; Torke, H. J.: Untersuchungen und Analyse von Betriebsbeanspruchungen an Konverterantrieben. *Archiv f. d. Eisenhüttenwesen* 46 (1975) 9, 581-588

[621] Böttcher, S.; Wünsch, D.: Zur Bemessung von Kranhubwerken. *Fördern u. Heben* 22 (1972) 11, 627-630, u. 12, 660-680

[622] Buck, G.: Probleme bei der Berechnung von Fahrzeuggetrieben mit Lastkollektiven. *Konstruktion* 26 (1974) 3, 97 ff.

[623] Buxbaum, O.: Bemessungslasten für die Gehänge von Luftseilbahnen. *Konstruktion* 20 (1968) 12, 483-489

[624] Buxbaum, O.: Landing gear loads of civil transport airplanes. In: *Aircraft Fatigue in the Eighties*. (Hrsg.: de Jonge, J. B.; van d. Linden, H. H.), S. 0/1-0/36. Nat. Aerospace Lab., Amsterdam 1982

[625] Buxbaum, O.; Gaßner, E.: Häufigkeitsverteilungen als Bestandteil der Lastannahmen für Verkehrsflugzeuge. *Luftfahrttechnik-Raumfahrttechnik* 13 (1967) 4, 78-84

[626] Buxbaum, O.; Uhde, A.: Häufigkeitsverteilungen der Förderdruckschwankungen in Mineralöl-Fernleitungen. *Bericht* FB-93, Fraunhofer-Institut f. Betriebsfestigkeit, Darmstadt 1971

[627] Fischer, W.: Untersuchungen an Schienenlaufwerken. *DVS-Berichte* 88 (1984), 63-88

[628] Gerald, J.; Radenkovic, D.: Comparison of European data on fatigue under variable amplitude loading. In: *Steel in Marine Structures* (Hrsg. Noordhoek, C.; de Back, J.), S. 829-844. Elsevier Science Publ., Amsterdam 1987

[629] Grubisic, V.: Bemessung und Prüfung von Fahrzeug-Rädern. *Automobiltechn. Z.* 75 (1973) 1, 9-18, u. 7, 252-258

[630] Grubisic, V.: Ermittlung von Bemessungskollektiven für Nutzfahrzeug-Bauteile. *Automobiltechn. Z.* 82 (1980) 4, 229-231

[631] Haibach, E.: Measurement and interpretation of dynamic loads on bridges, a synthesis from the final reports on a joint research program. *Report* EUR 9759 EN, Commission of the European Communities, Luxemburg 1984

[632] Kloth, W.; Stroppel, Th.; Bergmann, W.: Gesetze des Fahrens und der Konstruktion für Ackerwagen, Radlasten und Wagenverwindung auf ländlicher Fahrbahn. *VDI-Z.* 94 (1952) 8, 209-215

[633] Koller, H. D.: Motor-Lastkollektive und Betriebszustands-Kollektive von LKW, Omnibus und PKW im Fahrbetrieb. *Deutsche Kraftfahrtforschung u. Straßenverkehrstechnik*, H. 225. VDI-Verlag, Düsseldorf 1972

[634] Peckham, C. G.: A summary of atmospheric turbulence recorded by NATO Aircraft. *AGARD Rep.* No. 586, Advisory Group for Aerospace Research and Development, Neuilly sur Seine 1971

[635] Penker, G.; Ungerer, W.: Kollektivkatalog für Hüttenwerksanlagen. *ABF-Bericht* Nr. 10, VDEh, Düsseldorf 1977

[636] Ratjen, H.: Optimale Auslegung von Walzwerksantrieben — Rechenverfahren und Modelle für die Auslegung mehrgerüstiger Kaltwalzstraßen. *Bericht* Nr. 954, Betriebsforschungsinstitut, Düsseldorf 1984

[637] Renius, K. T.: Last- und Fahrgeschwindigkeitskollektive als Dimensionierungsgrundlage für die Fahrgetriebe von Ackerschleppern. *Fortschritt-Berichte VDI-Z.*, Reihe 1 (1976) 49

[638] Ritter, W.; Lipp, W.: Betriebsfeste Bemessung geschweißter Fahrwerkskomponenten von Nutzfahrzeugen. *DVS-Berichte* 88 (1984), S. 58-63

[639] Schweer, W.: Beanspruchungskollektive als Bemesssungsgrundlage für Hüttenwerkslaufkrane. *Stahl u. Eisen* 84 (1964) 3, 138-153

[640] Shinkai, A.; Wan, S.: The statistical characteristics of wave data in the North Pacific and long-term predictions (in Japanisch). *Trans. of the West-Japan Soc. of Naval Architects* 90 (1995), 115-120

[641] Svenson, O.: Untersuchung über die dynamischen Kräfte zwischen Rad und Fahrbahn und ihre Auswirkung auf die Beanspruchungen der Straße. *Deutsche Kraftfahrtforschung u. Straßenverkehrstechnik*, H. 130. VDI-Verlag, Düsseldorf 1959

[642] Svenson, O.: Beanspruchung und Lastkollektiv am Fahrwerk von Kraftfahrzeugen. *Automobiltechn. Z.* 65 (1963) 11, 334-337

[643] Svenson, O.: Beanspruchungskollektiv, Betriebsfestigkeit, Leichtbau. *Leichtbau d. Verkehrsfahrzeuge* 14 (1970) 5, 178-184

[644] Taylor, J.: *Manual on Aircraft Loads*. Pergamon Press, Oxford 1965

[645] Tilly, G. P.; Nunn, D. E.: Variable amplitude fatigue in relation to high way bridges. *Proc. Inst. Mech. Engrs.* 194 (1980) 27, 260-267

[646] Tomita, Y.; Kawabe, H.; Fukuoka, T.: Statistical characteristics of long-term wave-induced load to fatigue strength analysis for ships. *Practical Design of Ships and Mobile Units* 2 (1992), 2.792-2.805

[647] — : Berechnungsgrundsätze für Triebwerke in Hebezeugen. Fachbericht, Normenausschuß Maschinenbau, Fachbereich Fördertechnik, Beuth-Verlag, Berlin 1982

[648] — : Helicopter design mission load spectra. *AGARD Conf. Proc.* No. 206, Advisory Group for Aerospace Research and Development, Neuilly sur Seine 1976

[649] — : *Luftfahrttechnisches Handbuch Strukturberechnung*. Fa. MBB, Ottobrunn bei München, 1983

[650] DIN 4132: Kranbahnen, Stahltragwerke, Grundsätze für Berechnung, bauliche Durchbildung und Ausführung. Beuth-Verlag, Berlin 1981

[651] DIN 15018: Krane, Grundsätze für Stahltragwerke, Berechnung. Beuth-Verlag, Berlin 1984

[652] DS 804 (Vorausgabe): Vorschrift für Eisenbahnbrücken und sonstige Ingenieurbauwerke. Deutsche Bundesbahn, München 1980

[653] Vorschriften für Klassifikation und Bau von stählernen Seeschiffen, Bd. I. Germanischer Lloyd, Hamburg 1982

Frequenz- und Leistungsspektrum

(siehe auch [29, 640])

[654] Bendat, J. S.; Piersol, A. G.: *Engineering Applications of Correlation and Spectral Analysis*. Wiley-Interscience, New York 1980

[655] Braun, H.: Untersuchungen über Fahrbahnunebenheiten. *Deutsche Kraftfahrtforschung u. Straßenverkehrstechnik*, H. 186. VDI-Verlag, Düsseldorf 1966

[656] Buxbaum, O.: Beschreibung einer im Fahrbetrieb gemessenen Beanspruchungs-Zeit-Funktion mit Hilfe der spektralen Leistungsdichte. *Bericht* TB-102, Fraunhofer-Institut f. Betriebsfestigkeit, Darmstadt 1972

[657] Crandall, S. H.; Mark, W. D.: *Random Vibrations in Mechanical Systems*. Academic Press, New York 1963

[658] Haibach, E.; Wendt, U.: Berechnung des Unregelmäßigkeitsfaktors N_0/N_1 für einen stationären Gauß-Prozeß mit zweigipfligem Spektrum der Leistungsdichte. *Bericht* TB-137, Fraunhofer-Institut f. Betriebsfestigkeit, Darmstadt 1977

[659] Hesselmann, N.: *Digitale Signalverarbeitung, rechnergestützte Erfassung, Analyse und Weiterverarbeitung analoger Signale*. Vogel-Verlag, Würzburg 1983

[660] Mitschke, M.: *Dynamik der Kraftfahrzeuge, Bd. 2: Schwingungen*. Springer-Verlag, Berlin 1984

[661] Randall, R. B.: *Frequency Analysis*. Fa. Brüel & Kjaer, Naerum 1977

[662] Schlitt, H.: *Systemtheorie für regellose Vorgänge*. Springer-Verlag, Berlin 1960

[663] Vogel, W.: Die Verteilung der Wellenlängen und Wellenhöhen verschiedener Straßenoberflächen. *Automobiltechn. Z.* 67 (1965) 1, 7-11

[664] Wendeborn, J. O.: Die Unebenheiten landwirtschaftlicher Fahrbahnen als Schwingungserreger landwirtschaftlicher Fahrzeuge. *Grundlagen d. Landtechnik* 15 (1965) 2, 33-34

Blockprogrammversuch

(siehe auch [15, 29, 688, 689, 691, 695])

[665] Freudenthal, A. M.: A random fatigue testing machine. *ASTM Proc.* 53 (1953) 896-910

[666] Gaßner, E.: Festigkeitsversuche mit wiederholter Beanspruchung im Flugzeugbau. *Luftwissen* 6 (1939) 2, 61-64

[667] Gaßner, E.: Auswirkung betriebsähnlicher Belastungsfolgen auf die Festigkeit von Flugzeugbauteilen. Diss. TH Darmstadt, 1941, u. *Jahrbuch d. Deutschen Luftfahrtforschung* Bd. I (1941), 972-983

[668] Gaßner, E.: Betriebsfestigkeit, eine Bemessungsgrundlage für Konstruktionsteile mit statistisch wechselnden Betriebsbeanspruchungen. *Konstruktion* 6 (1954) 3, 97-104

[669] Gaßner, E.: Zur Aussagefähigkeit von Ein- und Mehrstufenschwingversuchen. *Materialprüfung* 2 (1960) 4, 121-128

[670] Gaßner, E.: Zur experimentellen Lebensdauerermittlung von Konstruktionselementen mit zufallsartigen Beanspruchungen. *Materialprüfung* 15 (1973) 6, 197-205

[671] Gaßner, E.; Griese, F. W.; Haibach, E.: Ertragbare Spannungen und Lebensdauer einer Schweißverbindung aus St37 bei verschiedenen Formen des Beanspruchungskollektivs. *Archiv f. d. Eisenhüttenwesen* 35 (1964) 3, 255-267

[672] Gaßner, E.; Jacoby, G.: Betriebsfestigkeitsversuche zur Ermittlung zulässiger Entwurfsspannungen für die Flügelunterseite eines Transportflugzeuges. *Luftfahrttechnik-Raumfahrttechnik* 9 (1964) 1, 6-19

[673] Gaßner, E.; Kreutz, P.: Bedeutung des Programmbelastungsversuchs als einfachste Form der Simulation zufallsartiger Beanspruchungen. *Fortschritt-Berichte VDI-Z.*, Reihe 5 (1984) 80

[674] Haas, T.: Simulated service life testing. *Engineer* (1958), 14. u. 21. Nov.

[675] Haibach, E.; Lipp, W.: Verwendung eines Einheitskollektivs bei Betriebsfestigkeitsversuchen. *Techn. Mitteilung* Nr. 15, Fraunhofer-Institut f. Betriebsfestigkeit, Darmstadt 1965

[676] Lipp, W.: Zuverlässige Lebensdauerangaben durch bessere Durchmischung der Lasten im 8-Stufen-Programmversuch. *Techn. Mitteilung* Nr. 46, Fraunhofer-Institut f. Betriebsfestigkeit, Darmstadt 1969

[677] Matting, A.; Jacoby, G.: Betriebsfestigkeitsprüfung mit programmgesteuerten hydraulischen Schwingprüfmaschinen. *Materialprüfung* 4 (1962) 4, 117-152

[678] Ostermann, H.: Die Lebensdauerabschätzung bei Sonderkollektiven nach Betriebsfestigkeitsversuchen mit Einheitskollektiven. *Bericht* TB-80, S. 41-52. Fraunhofer-Institut f. Betriebsfestigkeit. Darmstadt 1968

[679] Ostermann, H.: Verlauf der Lebensdauerlinie eines Vergütungsstahls nach achtstufigen Programmversuchen im Bereich oberhalb von 10^7 Lastspielen. *Materialprüfung* 13 (1971) 11, 389-391

[680] Schütz, W.: Über eine Beziehung zwischen der Lebensdauer bei konstanter und veränderlicher Beanspruchungsamplitude und ihre Anwendbarkeit auf die Bemessung von Flugzeugbauteilen. Diss. TH München, 1965, u. *Z. f. Flugwissenschaften* 15 (1967) 11, 407-419

[681] Teichmann, A.: Grundsätzliches zum Betriebsfestigkeitsversuch. *Jahrbuch d. Deutschen Luftfahrtforschung*, Bd. I (1941), 472-483

[682] Teichmann, A.: Belastungskollektiv und Festigkeitsnachweis. *Konstruktion* 1 (1949) 4, 103-112

Zufallslastenversuch

(siehe auch [15, 29, 371, 396, 745])

[683] Fischer, R. M.; Hück, M.; Köbler, H. G.; Schütz, W.: Eine dem stationären Gauß-Prozeß verwandte Beanspruchungs-Zeit-Funktion für Betriebsfestigkeitsversuche. *Fortschritt-Berichte VDI-Z.*, Reihe 5, (1977), 30

[684] Gaßner, E.: Über die Zulässigkeit von Vereinfachungen in der Simulation zufallsartiger Betriebsbeanspruchungen. *Materialprüfung* 17 (1975) 6, 175-178

[685] Gaßner, E.; Köbler, H.-G.: Ermittlung von Betriebsfestigkeitskennwerten für Konstruktionswerkstoffe unter typisierter Zufallsbelastung. *Bericht* TB-127, Fraunhofer-Institut f. Betriebsfestigkeit, Darmstadt 1978

[686] Gaßner, E.; Lipp, W.: Long life random fatigue behaviour of notched specimens in service duplication tests and in random tests. *ASTM STP* 671 (1979), 222-239

[687] Gaßner, E.; Lowak, H.: Bedeutung der Unregelmäßigkeiten Gaußscher Zufallsfolgen für die Betriebsfestigkeit. *Z. f. Werkstofftechnik* 9 (1978) 7, 246-256

[688] Jacoby, G.: Beitrag zum Vergleich der Aussagefähigkeit von Programm- und Random-Versuchen. *Z. f. Flugwissenschaften* 18 (1970) 7, 253-258

[689] Jacoby, G.: Comparison of fatigue lives under conventional programm loading and digital random loading. *ASTM STP* 462 (1970), 184-202

[690] Jacoby, G.: Möglichkeiten der praxisgerechten Betriebslastensimulation. *Materialprüfung* 17 (1975) 6, 171-173

[691] Lipp, W.: Zur Lebensdauerabschätzung mit dem Blockprogramm- und Zufallslastenversuch. *Techn. Mitteilung* Nr. 86, Fraunhofer-Institut f. Betriebsfestigkeit, Darmstadt 1980

[692] Lowak, H.; Gaßner, E.: Einfluß des Unregelmäßigkeitsfaktors auf die Lebensdauer. *Bericht* TB-110, S. 51-60. Fraunhofer-Institut f. Betriebsfestigkeit, Darmstadt 1973

[693] Sonsino, C. M.: Limitations in the use of rms-values and equivalent stresses in variable amplitude loading. *Int. J. Fatigue* 11 (1989) 3, 142-152

[694] Swanson, S. R.: Random load fatigue testing, a state of the art survey. *Materials Research and Standards* 8 (1968) 4, 11-44

[695] Swanson, S. R.: Evaluating component fatigue performance under programmed random and programmed constant amplitude loading. *SAE Paper* 690050, Soc. Automot. Eng., Warrendale, Pa. 1969

Nachfahrversuch, Einzelfolgenversuch, standardisierte Einzelfolgen

(siehe auch [15, 29])

[696] Gaßner, E.: Betriebsfestigkeit gekerbter Stahl- und Aluminiumstäbe unter betriebsähnlichen und betriebsgleichen Belastungsfolgen. *Materialprüfung* 11 (1969) 11, 373-378

[697] Gaßner, E.; Lipp, W.: Long life random fatigue behaviour of notched specimens in service, in service duplication tests and in program tests. *ASTM STP* 671 (1979), 222-239

[698] Gaßner, E.; Lipp, W.; Dietz, V.: Schwingfestigkeitsverhalten von Bauteilen im Betrieb und im Betriebslasten-Nachfahrversuch. *Techn. Mitteilung* Nr. 76. Fraunhofer-Institut f. Betriebsfestigkeit, Darmstadt 1976

[699] Heuler, P.; Schütz, W.: Standardized load-time histories — status and trends. In: *Low Cycle Fatigue and Elasto-Plastic Behaviour of Materials* (Hrsg.: Rie, K. T.; Portella, P. D.), S. 729-734. Elsevier Science, Oxford 1998

[700] Lowak, H.; de Jonge, J. B.; Franz, J.; Schütz, D.: MINITWIST, a shortened version of TWIST. *Bericht* TB-146, Fraunhofer-Institut f. Betriebsfestigkeit, Darmstadt 1979

[701] Lowak, H.; Schütz, D.; Hück, M.; Schütz, W.: Standardisiertes Einzelflugprogramm für Kampfflugzeuge — FALSTAFF. *IABG-Bericht* TF-568. Industrieanlagen-Betriebsgesellschaft, Ottobrunn 1976

[702] Köbler, H.-G.; Hück, M.: Vorschlag einer Standard-Random-Lastfolge für Aufgaben der Schwingfestigkeitsforschung. *VDI-Berichte* 268 (1976), 151-156

[703] Schütz, D.; Klätschke, H.; Steinhilber, H.; Heuler, P.; Schütz, W.: Standardized load sequences for car wheel suspension components (car loading standard). *Bericht* FB-191, Fraunhofer-Institut f. Betriebsfestigkeit, Darmstadt 1990

[704] Schütz, D.; Lowak, H.: Zur Verwendung von Bemessungsunterlagen aus Versuchen mit betriebsähnlichen Lastfolgen zur Lebensdauerabschätzung. *Bericht* FB-109, Fraunhofer-Institut f. Betriebsfestigkeit, Darmstadt 1976

[705] Schütz, D.; Lowak, H.; de Jonge, J. B.; Schijve, J.: Standardisierter Einzelflug-Belastungsablauf für Schwingfestigkeitsversuche an Tragflächenbauteilen von Transportflugzeugen. *Bericht FB-106*, Fraunhofer-Institut f. Betriebsfestigkeit, Darmstadt 1973

[706] Schütz, D.; Lowak, H.; Gaßner, E.: Einzelflugversuche an Kerbstäben mit dem Kollektiv der Tragflächenoberdecke. *Bericht* FB-104, Fraunhofer-Institut f. Betriebsfestigkeit, Darmstadt 1972

[707] Wanhill, R. J.: Schijve, J.; Jacobs, F. A.; Schra, L.: Environmental fatigue under gust spectrum loading for sheet and forging aircraft materials. In: *Fatigue Testing and Design.* (Hrsg.: Soc. of Environmental Eng.), Bd. 1, S. 8.1-8.33. 1976

[708] — : Standardized fatigue loading sequences of helicopter rotors (Helix and Felix). *Bericht* FB-167, Fraunhofer-Institut f. Betriebsfestigkeit, Darmstadt 1985

Schadensakkumulation, Schädigungsparameter, Reihenfolgeeinfluß, Lebensdauerlinie

(siehe auch [231, 314, 315, 334-336, 790-805, 823, 825, 1169, 1373-1379])

[709] Bergmann, J. W.; Heuler, P.: Übertragbarkeit — ein zentrales Problem der Lebensdauervorhersage schwingbelasteter Bauteile. *Materialwiss. u. Werkstofftech.* 25 (1994), 3-10

[710] Bomas, H.; Linkewitz, T.; Mayr, P.: Einfluß kurzer Risse auf die Lebensdauer — Ermüdung schwingbeanspruchter Metalle mittlerer Festigkeit. *Materialprüfung* 36 (1994) 11/12, 497-504

[711] Buch, A.: Improvement in the accuracy of fatigue life prediction for some typical loading programs by the use of the relative method. *Key Engng. Materials* 16 (1987), 1-48

[712] Buch, A.: The relative method for fatigue life prediction. *Materialprüfung* 40 (1998) 3, 78-86

[713] Buch, A.; Lowak, H.; Schütz, D.: Vergleich der Ergebnisse von Schwingfestigkeitsversuchen mit unterschiedlichen Lastfolgen mit Hilfe der Relativ-Miner-Regel. *Bericht* TB-164, Fraunhofer-Institut f. Betriebsfestigkeit, Darmstadt 1982

[714] Buch, A.; Vormwald, M.; Seeger, T.: Anwendungen von Korrekturfaktoren für die Verbesserung der rechnerischen Lebensdauervorhersage. *Bericht* FF-16/1985, Fachgebiet Werkstoffmechanik, TH Darmstadt, 1985

[715] Buxbaum, O.; Klätschke, H.; Oppermann, H.: Effect of loading sequence on the fatigue life of notched specimens made from steel and aluminium alloys. *Appl. Mech. Rev.* 44 (1991) 1, 27-35

[716] Conle, F. A.: An examination of variable amplitude histories in fatigue. Phil. D. Thesis, Univ. Waterloo (Canada), 1979

[717] Corten, H. T.; Dolan, T. J.: Cumulative fatigue damage. In: *Proc. Int. Conf. on Fatigue of Metals*, S. 235-246. Inst. of Mech. Eng., London 1956

[718] DuQuesnay, D. L.; Pompetzki, M. A.; Topper, T. H.: Fatigue life predicitions for variable amplitude strain histories. *SAE Techn. Paper Series* No. 930 400. Soc. Automotive Eng., Warendale, Pa 1993

[719] DuQuesnay, D. L.; Topper, T. H.; Yu, M. T.; Pompetzki, M. A.: The effective stress range as a mean stress parameter. *Int. J. Fatigue* 14 (1992) 1, 45-50

[720] Eulitz, K. G.; Kotte, K. L.: Datensammlung Betriebsfestigkeit Stahl- und Eisenwerkstoffe, Aluminium- und Titanwerkstoffe, Bd. 1 u. 2. VDMA-Verlag, Frankfurt/M. 1999

[721] Fatemi, A.; Yang, L.: Cumulative fatigue damage and life prediction theories: a survey of the state of the art for homogeneous materials. *Int. J. Fatigue* 20 (1998) 1, 9-34

[722] Fong, J. T.: What is fatigue damage? *ASTM STP* 775 (1982), 243-266

[723] Franke, L.: Voraussage der Betriebsfestigkeit von Werkstoffen und Bauteilen unter besonderer Berücksichtigung der Schwinganteile unterhalb der Dauerfestigkeit. *Bauingenieur* 60 (1985), 495-499

[724] Freudenthal, A. M.; Heller, R. A.: On stress interaction in fatigue and a cumulative damage rule. *J. Aerospace Sciences* 26 (1959) 7, 431-442

[725] Gaßner, E.: U-Verfahren zur treffsicheren Vorhersage von Betriebsfestigkeitskennwerten nach Wöhler-Versuchen. *Materialprüfung* 22 (1980), 155-159

[726] Gatts, R. R.: Application of a cumulative damage concept of fatigue. *J. Basic Engng. (ASME)* 83 (1961), 529-540

[727] Gatts, R. R.: Cumulative fatigue damage with random loading. *J. Basic Engng. (ASME)* 84 (1962), 403-409

[728] Haibach, E.: Modifizierte lineare Schadensakkumulationshypothese zur Berücksichtigung des Dauerfestigkeitsabfalls mit fortschreitender Schädigung. *Techn. Mitteilung* Nr. 50, Fraunhofer-Institut f. Betriebsfestigkeit, Darmstadt 1970

[729] Haibach, E.; Lehrke, H. P.: Das Verfahren der Amplitudentransformation zur Lebensdauerberechnung bei Schwingbeanspruchung. *Archiv f. d. Eisenhüttenwesen* 47 (1976) 10, 623-628

[730] Haibach, E.; Matschke, C.: Betriebsfestigkeit von Kerbstäben aus Stahl Ck45 und Stahl 42CrMo4. *Bericht* FB-155, Fraunhofer-Institut f. Betriebsfestigkeit, Darmstadt 1980

[731] Halford, G. R.: The energy required for fatigue. *J. of Materials* 1 (1966) 1, 3-18

[732] Halford, G. R.; Hirschberg, M. H.; Manson, S. S.: Temperature effects on the strain range partitioning approach for creep-fatigue analysis. *ASTM STP* 520 (1973), 658-667

[733] Hanschmann, D.: Ein Beitrag zur rechnergestützten Lebensdauervorhersage schwingbeanspruchter Kraftfahrzeugbauteile aus Aluminiumwerkstoffen. *DFVLR-Forschungsbericht* FB-81-10 (1981)

[734] Harre, W.: Schadensakkumulationshypothesen und ihre Überprüfung an AlZnMg1F36. *Aluminium* 50 (1974) 12, 790-796

[735] Hashin, Z.; Laird, C.: Cumulative damage under two-level cycling some theoretical predictions and test data. *Fatigue Engng. Mater. Struct.* 3 (1980), 345-350

[736] Hashin, Z.; Rotem, A.: A cumulative damage theory of fatigue failure. *Mat. Science and Engng.* 34 (1978) 2, 147-160

[737] Henry, D. L.: A theory of fatigue damage accumulation in steel. *Trans. ASME* 77 (1955), 912-918

[738] Heuler, P.; Seeger, T.: Verkürzung von Last-Zeit-Folgen für den Betriebsfestigkeitsnachweis auf der Grundlage örtlicher Beanspruchungen. *Materialprüfung* 27 (1985) 6, 156-162

[739] Heuler, P.; Vormwald, M.; Seeger, T.: Relative Miner-Regel und U_0-Verfahren, eine bewertende Gegenüberstellung. *Bericht* FF-18/1984, Fachgebiet Werkstoffmechanik d. TH Darmstadt, 1984, u. *Materialprüfung* 28 (1986) 3

[740] Hua, C. T.; Socie, D. F.: Fatigue damage in 1045 steel under constant amplitude biaxial loading. *Fatigue Engng. Mater. Struct.* 7 (1984) 3, 165-179

[741] Ihara, C.; Tanaka, T.: A stochastic damage accumulation model for crack initiation in high-cycle fatigue. *Fatigue Fract. Engng. Mater. Struct.* 23 (2000) 5, 375-380

[742] Impellizeri, L. F.: Cumulative damage analysis in structural fatigue. *ASTM STP* 462 (1970), 40-68

[743] Kommers, J. B.: The effect of overstressing and understressing in fatigue. *Proc. ASTM* 43 (1943), 749-764

[744] Kotte, K. L.; Wang, Q.; Eulitz, K. G.: Relative Lebensdauerabschätzung mit dem örtlichen Konzept. *Konstruktion* 51 (1999) 1/2, 21-24

[745] Kowalewski, J.: Über die Beziehung zwischen der Lebensdauer von Bauteilen bei unregelmäßig schwankenden und bei geordneten Belastungsfolgen. Diss. TH Aachen, 1962

[746] Kujawski, D.; Ellyin, F.: A cumulative damage theory of fatigue crack initiation and propagation. *Int. J. Fatigue* 6 (1984) 2, 83-88

[747] Lagoda, T.: Energy models for fatigue life estimation under uniaxial random loading. Part I: The model elaboration. *Int. J. Fatigue* 23 (2001) 6, 467-480

[748] Lagoda, T.: Energy models for fatigue life estimation under uniaxial random loading. Part II: Verification of the model. *Int. J. Fatigue* 23 (2001) 6, 481-489

[749] Landgraf, R. W.: Cumulative fatigue damage under complex strain histories. *ASTM STP* 519 (1973), 213-228

[750] Langer, B. F.: Fatigue failure from stress cycles of varying amplitude. *J. Appl. Mech. (ASME)* 4 (1937), A160-A162

[751] Leis, B. N.: A nonlinear history-dependent damage model for low cycle fatigue. *ASTM STP* 942 (1988), 143-159

[752] Leis, B. N.: An energy-based fatigue and creep damage parameter. *J. Press. Vessel Technol. (ASME)* 99 (1997) 4, 524-533

[753] Manson, S. S.; Freche, J. C.; Ensign, C. R.: Application of a double linear damage rule to cumulative damage. *ASTM STP* 415 (1967), 384-412

[754] Manson, D. S.; Halford, G. R.: Practical implementation of the double-linear damage rule and damage curve approach for treating cumulative fatigue damage. *Int. J. Fracture* 17 (1971) 2, 169-192

[755] Manson, S. S.; Halford, G. R.: Re-examination of cumulative fatigue damage analysis an engineering perspective. *Engng. Fract. Mech.* 25 (1986) 5/6, 539-571

[756] Manson, S. S.; Nachtigall, A. J.; Ensign, C. R.; Freche, J. C.: Further investigation of a relaxion for cumulative fatigue damage in bending. *J. Engng. f. Industry (ASME)* 87 (1965), 25-35

[757] Manson, S. S.; Nachtigall, A. J.; Freche, J. C.: A proposed new relation for cumulative fatigue damage in bending. *Proc. ASTM* 61 (1961), 679-703

[758] Marco, S. M.; Starkey, W. L.: A concept of fatigue damage. *Trans. ASME* 76 (1954) 4, 627-632

[759] Marsh, K. J.: Direct-stress cumulative fatigue damage tests on mild steel and aluminium alloy specimens. *NEL Rep.* Nr. 204. Nat. Engng. Lab., Glasgow 1965

[760] Miller, K. J.; Ibrahim, M. F.: Damage accumulation during initiation and short crack growth regimes. *Fatigue Engng. Mater. Struct.* 4 (1981), 263-277

[761] Miller, K. J.; Zachariah, K. P.: Cumulative damage laws for fatigue crack initiation and stage I propagation. *J. Strain Anal.* 12 (1977) 4, 262-270

[762] Miner, M. A.: Cumulative damage in fatigue. *J. Appl. Mech. (ASME)* 12 (1945) 3, A159-A164

[763] Müller-Stock, H.: Der Einfluß dauernd und unterbrochen wirkender schwingender Überbeanspruchung auf die Entwicklung des Dauerbruchs. *Mitt. d. Kohle- u. Eisenforschung* 2 (1938), 83-107

[764] Nihei, M.; Heuler, P.; Boller, C.; Seeger, T.: Evaluation of mean stress effect on fatigue life by use of damage parameters. *Int. J. Fatigue* 8 (1986) 3, 119-126

[765] Niu, X.; Li, G.; Lee, H.: Hardening law and fatigue damage of a cyclic hardening metal. *Engng. Fract. Mech.* 26 (1987) 2, 163-170

[766] Palmgren, A.: Die Lebensdauer von Kugellagern. *VDI-Z.* 68 (1924) 14, 339-341

[767] Reppermund, K.: Probalistischer Betriebsfestigkeitsnachweis unter Berücksichtigung eines progressiven Dauerfestigkeitsabfalls mit zunehmender Schädigung. *Stahlbau* 55 (1986) 4, 104-112

[768] Richart, F. E.; Newmark, N. M.: An hypothesis for the determination of cumulative damage in fatigue. *Proc. ASTM* 48 (1948), 767-800

[769] Robinson, C. L.: Effect of temperature variation on the long-time rupture strength of steels. *Trans. ASME* 74 (1952) 5, 777-781

[770] Schijve, J.: The accumulation of fatigue damage in aircraft materials and structures. *AGARDograph* No. 157. Advisory Group for Aerospace Research and Development, Neuilly sur Seine 1972

[771] Schott, G.: Verfahren zur Berechnung der Lebensdauer bei Mehrstufen- bzw. Kollektivbelastung. *Maschinenbautechnik* 25 (1976) 11, 512-515

[772] Schott, G.: Einflüsse von Reihenfolge und Teilfolgenumfang der Beanspruchungen auf die mit Ermüdungsfunktionen berechnete Lebensdauer. *Materialwiss. u. Werkstofftechnik* 20 (1989), 187-195

[773] Schott, G.: Lebensdauerberechnung mit experimentell ermittelten oder mit hypothetischen Ermüdungsfunktionen. *Konstruktion* 42 (1990), 325-330

[774] Schott, G.: Lebensdauerabschätzung nach dem Vorschlag von Zenner und Liu sowie dem Folge-Wöhlerkurvenkonzept. *Konstruktion* 47 (1995), 37-41

[775] Schott, G.: Folge-Wöhler-Kurven. *Materialprüfung* 41 (1999) 9/10, 355-360 (Teil 1) u. 404-407 (Teil 2)

[776] Schott, G.: Konzepte zur Berechnung der Ermüdungslebensdauer. *Konstruktion* 53 (2001) 7/8, 63-67

[777] Schütz, W.: Lebensdauerberechnung bei Beanspruchungen mit beliebigen Last-Zeit-Funktionen. *VDI-Berichte* 268 (1976), 113-138

[778] Schütz, W.: The prediction of fatigue life in the crack initiation and propagation stage — a state of the art survey. *Engng. Fract. Mech.* 11 (1979), 405-421

[779] Schütz, W.; Zenner, H.: Schadensakkumulationshypothese zur Lebensdauervorhersage bei schwingender Beanspruchung — ein kritischer Überblick. *Z. f. Werkstofftechnik* 4 (1973) 1, 25-33 (Teil 1) u. 2, 97-102 (Teil 2)
[780] Smith, C. R.: Fatigue service life prediction based on tests at constant stress levels. *Proc. SESA* 16 (1958) 1, 9-16
[781] Smith, K. N.; Watson, P.; Topper, T. H.: A stress-strain function for the fatigue of metals. *J. of Materials* 5 (1970) 4, 767-778
[782] Srivatsavan, R.; Subramanyan, S.: A cumulative damage rule based on successive reduction in fatigue limit. *J. Engng. Mater. Technol. (ASME)* 100 (1978) 4
[783] Subramanyan, S.: Cumulative damage rule based on the knee point of the S-N curve. *J. Engng. Mater. and Technol. (ASME)* 98 (1976), 316-321
[784] Valluri, S. R.: A unified engineering theory of high stress level fatigue. *Aerospace Eng.* 20 (1961), 18-19, 68-69, 71-75 u. 77-89
[785] Walla, J.; Bomas, H.; Mayr, P.: Schädigung von CK 45 durch eine Schwingbeanspruchung mit veränderlichen Amplituden. *Härterei Techn. Mitt.* 45 (1990), 30-37
[786] Wetzel, R. M.: A method of fatigue damage analysis. *Techn. Rep.* No. SR71-107, Ford Motor Comp., Metallurgy Dep., Dearborn, Mi. 1974
[787] Zenner, H.; Liu, J.: Vorschlag zur Verbesserung der Lebensdauerabschätzung nach dem Nennspannungskonzept. *Konstruktion* 44 (1992), 9-17
[788] Zenner, H.; Schütz, W.: Betriebsfestigkeit von Schweißverbindungen — Lebensdauerabschätzung mit Schadensakkumulationshypothesen. *Schweißen u. Schneiden* 26 (1974) 2, 41-45
[789] Zuchowski, R.: Specific strain work as both failure criterion and material damage measure. *Res. Mechanica* 27 (1989) 4, 309-322

Schädigungsmechanik

(siehe auch [78, 79])

[790] Chaboche, J. L.: Une Loi Différentielle d'Endommagement de Fatigue avec Cumulation non Linéaire. *Revue Française de Mécanique* 50/51 (1974). Englische Übersetzung in *Annales de l'IBTP*, HS 39 (1977)
[791] Chaboche, J. L.: Continuous damage mechanics — a tool to describe phenomena before crack initiation. *Nucl. Engng. Design* 64 (1981) 233-247
[792] Chaboche, J. L.: Continuum damage mechanics: Part I — General concepts. *J. Appl. Mech. (ASME)* 55 (1988) 3, 59-64
[793] Chaboche, J. L.: Continuum damage mechanics: Part II — Damage growth, crack initiation, and crack growth. *J. Appl. Mech. (ASME)* 55 (1988) 3, 65-72
[794] Chaboche, J. L.; Gallerneau, F.: An overview of the damage approach of durability modelling at elevated temperature. *Fatigue Fract. Engng. Mater. Struct.* 24 (2001), 405-418
[795] Chaboche, J. L.: Lesne, P. M.: A non-linear continuous fatigue damage model. *Fatigue Fract. Engng. Mater. Struct.* 11 (1988) 1, 1-17
[796] Kachanov, L. M.: Zeitlicher Ablauf des Bruchprozesses unter Kriechbedingungen. *Izv. Akad. Nauk, SSR, Otd. Tekh. Nauk.* 8 (1958), 26-31
[797] Kachanov, L. M.: *Introduction to Continuum Damage Mechanics.* Martius Nijhoff, Dordrecht 1986
[798] Krajcinovic, D.: Continuum damage mechanics. *Appl. Mech. Rev.* 37 (1984), 1-6
[799] Lemaitre, J.: Local approach to fracture. *Engng. Fract. Mech.* 25 (1986), 523-537
[800] Lemaitre, J.: *A Course on Damage Mechanics.* Springer Verlag, Berlin 1992 u. 1996 (1. u. 2. Aufl.)
[801] Lemaitre, J.; Plumtree, A.: Application of damage concepts to predict creep-fatigue failures. *Trans. ASME* 101 (1979), 284-288
[802] Paas, M. H.; Oomens, C. W.; Schreurs, P. J.; Janssen, J. D.: The mechanical behaviour of continuous media with stochastic damage. *Engng. Fract. Mech.* 36 (1990), 255-266
[803] Paas, M. H.; Schreurs, P. J.; Brekelmans, W. A.: A continuum approach to brittle and fatigue damage — theory and numerical procedures. *Int. J. Solids Struct.* 30 (1993) 4, 579-599

[804] Peerlings, R. H.; Brekelmans, W. A.; de Borst, R.; Geers, M. G.: Gradient-enhanced damage modelling of high-cycle fatigue. *Int. J. Nunmer. Meth. Engng.* 49 (2000), 1547-1569

[805] Plumtree, A.; Shen, G.: Constitutive equations for cyclic damage evolution. In: *Low Cycle Fatigue and Elasto-Plastic Behaviour of Materials* (Hrsg.: Rie, K. T.), S. 399-404. Elsevier Applied Science, London 1992

Kerbgrundkonzept, örtliches Konzept

(siehe auch [337, 373, 374, 398, 532, 543, 573, 733, 738, 744, 1164, 1165])

[806] Bentachfine, S.; Pluvinage, G.; Gilgert, J.; Azari, Z.; Bouami, D.: Notch effect in low cycle fatigue. *Int. J. Fatigue* 21 (1999) 5, 421-430

[807] Bergmann, J. W.: Zur Betriebsfestigkeitsbemessung gekerbter Bauteile auf der Grundlage der örtlichen Beanspruchungen. *Veröff. d. Inst. f. Stahlbau u. Werkstoffmech. d. TH Darmstadt*, Heft 37, 1983

[808] Beste, A.: Elastisch-plastisches Spannungs-Dehnungs- und Anrißverhalten in statisch und zyklisch belasteten Kerbscheiben — ein Vergleich zwischen experimentellen Ergebnissen und Näherungsrechnungen. *Veröff. d. Inst. f. Stahlbau u. Werkstoffmech. d. TH Darmstadt*, Heft 34, 1981

[809] Boller, C.: Der Einfluß von Probengröße und Oberflächenrauhigkeit auf Lebensdauerabschätzungen bei Betrachtung der örtlichen Beanspruchungen. *Veröff. d. Inst. f. Stahlbau u. Werkstoffmech. d. TH Darmstadt*, Heft 49, 1991

[810] Bonnen, J. J. F.; Conle, F. A.; Chu, C.-C.: Biaxial torsion-bending fatigue of SAE axle shafts. *SAE Paper* 910164. Soc. Automot. Eng., Warrendale, Pa., 1991

[811] Bruder, T.; Schön, M.: Durability analysis of carburized components using a local appraoch based on elastic stresses. *Materialwiss. u. Werkstofftechnik* 32 (2001), 377-387

[812] Buxbaum, O.; *et al.*: Vergleich der Lebensdauervorhersage nach dem Kerbgrundkonzept und dem Nennspannungskonzept. *Bericht* FB-169, Fraunhofer-Institut f. Betriebsfestigkeit, Darmstadt 1983

[813] Clormann, U. H.: Örtliche Beanspruchungen von Schweißverbindungen als Grundlage des Schwingfestigkeitsnachweises. *Veröff. d. Inst. f. Stahlbau u. Werkstoffmech. d. TH Darmstadt*, Heft 45, 1986

[814] Conle, A.; Nowack, H.; Hanschmann, D.: The effect of engineering approximations on fatigue life evaluation for variable amplitude loading. In: *Proc. 8th ICAF Symposium*, Lausanne 1975

[815] Crews, H. H.; Hardrath, H. F.: A study of cyclic plastic stresses at a notch root. *Exp. Mech.* 6 (1966), 313-320

[816] Dowling, N. E.: Fatigue failure predictions for complicated stress-strain histories. *J. of Materials* 7 (1972) 1, 71-87

[817] Dowling, N. E.: Fatigue at notches and the local strain and fracture mechanics approaches. *Scient. Paper* 78-ID3-PALFA-P1. Westinghouse R & D Center, Pittsburgh, Pa. 1978

[818] Dowling, N. E.; Brose, W. R.; Wilson, W. K.: Notched member fatigue life predictions by the local strain approach. In: *Fatigue under Complex Loading* (Hrsg.: Wetzel, R. M.), Advances in Engng., Bd. 6, S. 55 ff. Soc. Automot. Eng., Warrendale, Pa. 1977

[819] Gaßner, E.; Haibach, E.: Die Schwingfestigkeit von Schweißverbindungen aus der Sicht einer örtlichen Beanspruchungsmessung. In: *Tragfähigkeitsermittlung bei Schweißverbindungen*, Bd. I, S. 47-73. DVS-Verlag, Düsseldorf 1968

[820] Gonyea, D. C.: Method for low-cycle fatigue design including biaxial stress and notch effects. *ASTM STP* 520 (1973), 678-687

[821] Greuling, S.; Bergmann, J. W.; Thumser, R.: Ein Konzept zur Dauerfestigkeitssteigerung autofrettierter Bauteile unter Innendruck. *Materialwiss. u. Werkstofftechnik* 32 (2001), 342-352

[822] Grubisic, V.; Sonsino, C. M.: Influence of local strain distribution on low-cycle fatigue behaviour of thick-walled structures. *ASTM STP* 770 (1982), 612-629

[823] Haibach, E.: The influence of cyclic material properties on fatigue life prediction by amplitude transformation. *Int. J. Fatigue* 1 (1979) 1, 7-16

[824] Haibach, E.; Köbler, H. G.: Beurteilung der Schwingfestigkeit von Schweißverbindungen aus AlZnMg1 auf dem Weg einer örtlichen Dehnungsmessung. *Aluminium* 47 (1971) 12, 725-730

[825] Haibach, E.; Schütz, D.; Svenson, O.: Zur Frage des Festigkeitsverhaltens regellos im Zugschwellbereich beanspruchter gekerbter Leichtmetallstäbe bei periodisch eingestreuten Druckbelastungen. *Bericht* FB-78, Fraunhofer-Institut f. Betriebsfestigkeit, Darmstadt 1968

[826] Heuler, P.: Anrißlebensdauervorhersage bei zufallsartiger Belastung auf der Grundlage der örtlichen Beanspruchungen. *Veröff. d. Inst. f. Stahlbau u. Werkstoffmech. d. TH Darmstadt*, Heft 40, 1983

[827] Heuler, P.; Bergmann, J. W.; Schütz, W.: Möglichkeiten und Grenzen einer probestaborientierten Betriebsfestigkeitsbeurteilung von Fahrzeugbauteilen. *Automobiltechn. Z.* 90 (1988) 9, 477-498

[828] Heuler, P.; Schütz, W.: Lebensdauervorhersage für schwingbelastete Bauteile — Grundprobleme und Ansätze. *Aluminium* 67 (1991), 371-376, 459-462 u. 582-585

[829] Heuler, P.; Seeger, T.: Rechnerische und experimentelle Lebensdauervorhersage am Beispiel eines geschweißten Bauteils. *Konstruktion* 35 (1983) 1, 21-26

[830] Hoffmann, M.; Seeger, T.: Local approach in multiaxial fatigue — feasibilities and current limitations. In: *Low-Cycle Fatigue and Elasto-Plastic Behaviour of Materials*, S. 493-498. Elsevier Applied Science, London 1987

[831] Jhansale, H. R.; Topper, T. H.: Engineering analysis of the inelastic stress response of a structural metal under variable cyclic strains. *ASTM STP* 519 (1973), 246-270

[832] Jung, U.; Schaal, R.; Berger, C.; Reinig, H. W.; Traiser, H.: Berechnung der Schwingfestigkeit festgewalzter Kurbelwellen. *Materialwiss. u. Werkstofftechnik* 29 (1998) 10, 569-572

[833] Kaufmann, H.; Sonsino, C. M.: Übertragbarkeit von an ungekerbten und gekerbten bauteilähnlichen Proben ermittelten Schwingfestigkeitskennwerten am Beispiel von geschmiedeten LKW-Pleueln und LKW-Achsschenkeln. *Bericht* TB-200. Fraunhofer-Institut f. Betriebsfestigkeit, Darmstadt 1994

[834] Kloos, K. H.: Kerbwirkung und Schwingfestigkeitseigenschaften. In: *Kerben und Betriebsfestigkeit*, DVM-Bericht, S. 7-40. DVM, Berlin 1989

[835] Köttgen, V. B.; Olivier, R.; Seeger, T.: The influence of plate thickness on fatigue strength of welded joints, a comparison of experiments with prediction by fatigue notch factors. In: *Steel in Marine Structures* (Hrsg.: Noordhoek, C.; de Back, J.), S. 303-313. Elsevier Science Publ., Amsterdam 1987

[836] Landgraf, R. W.; Richards, F. D.; La Pointe, N. R.: Fatigue life predictions for notched member under complex histories. In: *Fatigue Under Complex Loading* (Hrsg.: Wetzel, R. M.), *Advances in Engng.*, Bd. 6. Soc. Automot. Eng., Warrendale, Pa. 1977

[837] Lang, O.: Dimensionierung komplizierter Bauteile aus Stahl im Bereich der Zeit- und Dauerfestigkeit. *Z. f. Werkstofftechnik* 10 (1979), 24-29

[838] Lawrence, F. V.; Ho, N. J.; Mazumdar, P. K.: Predicting the fatigue resistance of welds. *Ann. Rev. Mater. Sci.* 11 (1981), 401-425

[839] Lawrence, F. V.; Mattos, R. J.; Higashida, Y.; Burk, J. D.: Estimating the fatigue crack initiation life of welds. *ASTM STP* 648 (1978), S. 134-158

[840] Lawrence, F. V.; Mazumdar, P. K.: Application of strain-controlled fatigue concepts to the prediction of weldment fatigue life. In: *Kurzzeitschwingfestigkeit und elastoplastisches Werkstoffverhalten,* DVM-Bericht, S. 468-478. DVM, Berlin 1979

[841] Martin, J. F.; Topper, T. H.; Sinclair, G. M.: Computer based simulation of cyclic stress-strain behaviour with application to fatigue. *Materials Research and Standards MTRSA* 11 (1971) 2, 23-28

[842] Mattos, R. J.; Lawrence, F. V.: Estimation of the fatigue crack initiation life in welds using low cycle fatigue concepts. *SAE SP* 424, Soc. Automot. Eng., Warrendale, Pa. 1977

[843] Mertens, H.: Kerbgrund- und Nennspannungskonzepte zur Dauerfestigkeitsberechnung, Weiterentwicklung des Konzepts der Richtlinie VDI 2226. *VDI-Berichte* 661 (1988), 1-66

[844] Morrow, J. D.; Socie, D. F.: The evolution of fatigue crack initiation life prediction methods. In: *Materials, Experimentation and Design in Fatigue* (Hrsg.: Sherratt, F.; Sturgeon, J. B.), S. 3 ff. Westbury House, Warwick, England 1981

[845] Neuber, H.: Theoretical determination of fatigue strength at stress concentrations. *Report* AFML-TR-68-20, AirForce Materials Laboratory, Wright-Patterson Air Force Base, Dayton, Oh. 1968

[846] Nowack, H.; Hanschmann, D.: Die Kerbsimulation als ein Beispiel moderner Schwingfestigkeitsprüfungen mittels Prozeßrechner. In: *Anwendung von Prozeßrechnern bei Betriebsfestigkeitsuntersuchungen*, DVM-Bericht, S. 91-99. DVM, Berlin 1977

[847] Nowack, H.; Hanschmann, D.; Trautmann, K. H.: Application of the computerized fatigue life prediction technique on the cumulative damage analysis of a typical structural component. In: *Proc. 9th ICAF Symposium*, Nr. 3.1, S. 1-42. Darmstadt 1977

[848] Ogeman, R.: Coining of holes in aluminium plates Finite element simulations and experiments. *AIAA J. of Aircraft* 29 (1992) 5, 947-952

[849] Olivier, R.; Köttgen, V. B.; Seeger, T.: Schweißverbindungen I u. II, Schwingfestigkeitsnachweise. *FKM-Forschungshefte* Nr. 143 (1989) u. 180 (1994). Forschungskuratorium Maschinenbau, Frankfurt 1989 u. 1994

[850] Radaj, D.: Kerbwirkung von Schweißstößen hinsichtlich Ermüdung. *Konstruktion* 36 (1984) 8, 285-292

[851] Radaj, D.: Kerbspannungsnachweis für die dauerschwingfeste geschweißte Konstruktion. *Konstruktion* 37 (1985) 2, 53-59

[852] Radaj, D.: Schwingfestigkeit von Biegeträgern mit Quersteife nach dem Kerbgrundkonzept. *Stahlbau* 54 (1985) 8, 243-249

[853] Radaj, D.: Berechnung der Dauerfestigkeit von Schweißverbindungen ausgehend von den Kerbspannungen. *VDI-Berichte* 661 (1988), 67-98

[854] Radaj, D.; Gerlach, H. D.; Gorsitzke, B.: Experimentell-rechnerischer Kerbspannungsnachweis für eine geschweißte Kesselkonstruktion. *Konstruktion* 40 (1988), 447-452

[855] Rochlitz, H.: Die Betriebsdauervorhersagen — Kenngrößen der örtlichen Beanspruchungsmatrix als Prognosebasis. *Materialprüfung* 34 (1992) 9, 285-289

[856] Savaidis, G.: Analysis of fatigue behaviour of a vehicle axle steering arm based on local stresses and strains. *Materialwiss. u. Werkstofftechnik* 32 (2001), 363-368

[857] Savaidis, G.; Seeger. T.: Werkstoffmechanische Beanspruchungs- und Lebensdaueranalyse zweistufig schwingbeanspruchter Biegeproben aus 42CrMo4. *Materialwiss. u. Werkstofftechnik* 25 (1994), 141-151

[858] Schön, M.; Seeger, T.: Dauerfestigkeitsberechnung und Bemessung autofrettierter innendruckbeanspruchter Bauteile. *Materialwiss. u. Werkstofftechnik* 26 (1995) 7, 347-402

[859] Schütz, D.: Durch veränderliche Betriebslasten in Kerben erzeugte Eigenspannungen und ihre Bedeutung für die Anwendbarkeit der linearen Schadensakkumulationshypothese. *Bericht* FB-100, Fraunhofer-Institut f. Betriebsfestigkeit, Darmstadt 1972

[860] Schütz, D.; Gaßner, E.: Durch veränderliche Betriebslasten in Kerben erzeugte Eigenspannungen und ihre Bedeutung für die Anwendbarkeit der linearen Schadensakkumulationshypothese. *Z. f. Werkstofftechnik* 6 (1975) 6, 194-205

[861] Schütz, D.; Gerharz, J. J.: Critical remarks on the validity of fatigue life evaluation methods based on local stress-strain behaviour. *ASTM STP* 637 (1977), 209-223

[862] Seeger, T.; Führing, H.: Neuere Methoden der Lebensdauervorhersage von Bauteilen auf der Grundlage örtlicher Beanspruchungsabläufe. *Freiburger Forschungshefte* B 221 (1981)

[863] Seeger, T.; Heuler, P.: Generalized application of Neuber's rule. *Testing and Evaluation* 8 (1980) 4, 199-204

[864] Seeger, T.; Zacher, P.: Lebensdauervorhersage zwischen Traglast und Dauerfestigkeit am Beispiel ausgeklinkter Träger. *Bauingenieur* 69 (1994), 13-23

[865] Socie, D. F.: Fatigue life prediction using local stress strain concepts. *Exp. Mech.* 17 (1977) 2, 50-56

[866] Sonsino, C. M.: Zur Bewertung des Schwingfestigkeitsverhaltens von Bauteilen mit Hilfe örtlicher Beanspruchungen. *Konstruktion* 45 (1993), 25-33

[867] Stadnick, S. J.; Morrow, J. D.: Techniques for smooth specimen simulation of the fatigue behaviour of notched members. *ASTM STP* 515 (1972), 229-252

[868] Taylor, D.; Wang, G.: The validation of some methods of notch fatigue analysis. *Fatigue Fract. Engng. Mater. Struct.* 23 (2000) 3, 387-395

[869] Topper, T. H.; Wetzel, R. M.; Morrow, J. D.: Neuber's rule applied to fatigue of notched specimens. *J. of Materials* 1 (1969), 200-209

[870] Vormwald, M.; Seeger, T.: Crack initiation life estimations for notched specimens with residual stresses based on local strains. In: *Residual Stresses in Science and Technology* (Hrsg.: Macherauch, E.; Hauk, V.), S. 743-750. DGM Informationsges. Verlag, Oberursel 1987

[871] Wetzel, R. M.: Smooth specimen simulation of fatigue behaviour of notches. *J. of Materials* 3 (1968) 3, 646-657

[872] Wetzel, R. M.: A method of fatigue damage analysis. Ph. D. Thesis, Univ. Waterloo (Canada), 1971

[873] Zacher, P.; Amstutz, H.; Seeger, T.: Kerbwirkungen bei zusammengesetzter Betriebsbelastung. In: *Kerben und Betriebsfestigkeit,* DVM-Bericht, S. 329-356. DVM, Berlin 1989

[874] Zacher, P.; Seeger, T.: FILIPP, PC-Programm zur Lebensdauervorhersage nach dem örtlichen Konzept. *Bericht* FF-1/1992, Fachgebiet Werkstoffmechanik, TH Darmstadt, 1992

Zuverlässigkeitsanalyse hinsichtlich Schwingfestigkeit

(siehe auch [29, 30, 48])

[875] Erker, A.: Sicherheit und Bruchwahrscheinlichkeit. *MAN-Forschungsheft* 8 (1958), 49-62

[876] Graf, R.; Zenner, H.: Lebensdauervorhersage — Vorhersagefehler aufgrund ungenauer Kenntnis der erforderlichen Kenngrößen. *Materialprüfung* 36 (1994) 3, 71-76

[877] Haibach, E.: Beurteilung der Zuverlässigkeit schwingbeanspruchter Bauteile. *Luftfahrttechnik-Raumfahrttechnik* 13 (1967) 8, 188-193

[878] Haibach, E.; Olivier, R.: Streuanalyse der Ergebnisse aus systematischen Schwingfestigkeitsuntersuchungen mit Schweißverbindungen aus Feinkornbaustahl. *Materialprüfung* 17 (1975) 11, 399-401

[879] Haibach, E.; Olivier, R.; Rinaldi, F.: Statistical design and analysis of an interlaboratory program on the fatigue properties of welded joints in structural steel. *ASTM STP* 744 (1981), 24-54

[880] Heckel, K.; Crä, C.: Die Bedeutung der Streuung für die Übertragbarkeit von Betriebsfestigkeitswerten. In: *Kerben und Betriebsfestigkeit*, DVM-Bericht, S. 305-328. DVM, Berlin 1989

[881] Hoffmann, J.; Homayun, M.; Roth, J.: Streuverhalten von Anriß-Wöhler-Linien. *Materialprüfung* 35 (1993) 3, 46-51

[882] Lipp, W.: Statistische Analyse der Lebensdauerstreuung eines in großen Stückzahlen hergestellten Schmiedeteils. *Techn. Mitteilung* Nr. 56, Fraunhofer-Institut f. Betriebsfestigkeit, Darmstadt 1970

[883] Ostermann, H.; Rückert, H.; Engels, A.: Dauerfestigkeit und Betriebsfestigkeit von schwarzem Temperguß und ihr Zusammenhang mit metallurgischen Einflüssen. *Gießereiforschung* 31 (1979) 1, 25-36

Rechnerischer Festigkeitsnachweis für Maschinenbauteile

(siehe auch [58, 347])

[884] Hänel, B.: Richtlinie „Rechnerischer Festigkeitsnachweis für Maschinenbauteile“. *Konstruktion* 47 (1995), 143-150

[885] Hänel, B.; Haibach, E.; Seeger, T.; Wirthgen, G.; Zenner, H. (Hrsg.): *Rechnerischer Festigkeitsnachweis für Maschinenbauteile.* VDMA-Verlag, Frankfurt/M. 1998 (3. Ausgabe)

[886] Hänel, B.; Zenner, H.; Seeger, T.: Festigkeitsnachweis — Rechnerischer Festigkeitsnachweis für Maschinenbauteile (Kommentare). *FKM-Forschungsheft* 183-1. Forschungskuratorium Maschinenbau, Frankfurt/M. 1994

[887] Hänel, B.; Zenner, H.; Seeger, T.: *Festigkeitsnachweis Aluminium — Richtlinie: Rechnerischer Festigkeitsnachweis für Bauteile aus Aluminiumwerkstoff.* VDMA-Verlag, Frankfurt/M. 1999 (1. Ausgabe)
[888] Neuendorf, K.: Gedanken und Beispiele zum Einsatz der FKM-Richtlinie in der Ingenieur-Ausbildung. In: *Festigkeitsberechnung metallischer Bauteile*, VDI-Berichte Nr. 1442, S. 123-134. VDI-Verlag, Düsseldrof 1998
[889] — : *Festigkeitsberechnung metallischer Bauteile. Empfehlungen für Konstrukteure und Entwicklungsingenieure.* VDI-Berichte Nr. 1227. VDI-Verlag, Düsseldorf 1995
[890] — : *Festigkeitsberechnung metallischer Bauteile. Empfehlungen für Entwicklungsingenieure und Konstrukteure.* VDI-Berichte Nr. 1442. VDI-Verlag, Düsseldorf 1998
[891] ASME Boiler and Pressure Vessel Code. ASME, New York 1984
[892] BS 7608: Fatigue Design and Assessment of Steel Structures — Code of Practice. British Standards Institution, London 1993
[893] DDR-Standard TGL 19340/03: Ermüdungsfestigkeit, Dauerfestigkeit der Maschinenbauteile, Berechnung, Verlag f. Standardisierung, Leipzig 1983
[894] DDR-Standard TGL 19341: Festigkeitsnachweis für Bauteile aus Eisengußwerkstoffen. Verlag f. Standardisierung, Leipzig 1988
[895] DDR-Standard TGL 19333: Schwingfestigkeit, Zeitfestigkeit von Achsen und Wellen. Verlag f. Standardisierung, Leipzig 1979
[896] DDR-Standard TGL 19350: Ermüdungsfestigkeit, Betriebsfestigkeit der Maschinenbauteile. Verlag f. Standardisierung, Leipzig 1986
[897] DDR-Standard TGL 19352 (Entwurf): Aufstellung und Überlagerung von Beanspruchungskollektiven. Verlag f. Standardisierung, Leipzig 1988
[898] DIN 15 018: Krane, Grundsätze für Stahltragwerke, Berechnung. Beuth-Verlag, Berlin 1984
[899] DIN 18800, Teil 1: Stahlbauten, Bemessung und Konstruktion. Beuth-Verlag, Berlin 1990
[900] Eurocode 3: Design of Steel Structures — Part I: General Rules and Rules for Buildings. Commission of the European Community, Brüssel u. Luxemburg 1992
[901] Eurocode 9: Design of Aluminium Structures — Part 1-1: General Rules and Rules for Buildings. Commission of the European Community, Brüssel u. Luxemburg 1997
[902] Eurocode 9 (Entwurf): Design of Aluminium Alloy Structures — Part 2: Structures Susceptable to Fatigue. Commission of the European Community, Brüssel u. Luxemburg 1999
[903] VDI-Richtlinie Nr. 2226: Empfehlung für die Festigkeitsberechnung metallischer Bauteile. Beuth-Verlag, Berlin 1965
[904] VDI-Richtlinie Nr. 2227: Festigkeit bei wiederholter Beanspruchung, Zeit- und Dauerfestigkeit metallischer Werkstoffe, insbesondere von Stählen (Entwurf). Beuth-Verlag, Berlin 1979

Fachbücher zur Bruchmechanik

(siehe auch [921, 937, 948, 950, 952, 1162])

[905] Broek, D.: *Elementary Engineering Fracture Mechanics.* Martius Nijhoff Publ., Den Haag 1982 (3. Aufl.)
[906] Gross, D.: *Bruchmechanik 1, Grundlagen — Lineare Bruchmechanik.* Springer-Verlag, Berlin 1991
[907] Gross, D.: *Bruchmechanik.* Springer-Verlag, Berlin 1996
[908] Hahn, H. G.: *Bruchmechanik.* B. G. Teubner, Stuttgart 1976
[909] Heckel, K.: *Einführung in die technische Anwendung der Bruchmechanik.* Carl Hanser Verlag, München 1983 (2. Aufl.)
[910] Rossmanith, H. P. (Hrsg.): *Grundlagen der Bruchmechanik.* Springer-Verlag, Wien 1982
[911] Schwalbe, K. H.: *Bruchmechanik metallischer Werkstoffe.* Carl Hanser Verlag, München 1980
[912] Sommer, E.: *Bruchmechanische Bewertung von Oberflächenrissen.* Springer Verlag, Berlin 1984

Spannungsintensitätsfaktoren

(siehe auch [908])

[913] Amstutz, H.; Seeger, T.: Convenient formulation of stress intensity factors of short cracks originating from notches. Inst. Stahlbau u. Werkstoffmechanik, TH Darmstadt, etwa 1990, unveröffentlichtes Manuskript

[914] Atzori, B.; Lazzarin, P.; Tovo, R.: Stress field parameters to predict the fatigue strength of welded joints. *J. Strain Anal.* 34 (1999), 437-453

[915] Bayley, C. J.; Bell, R.: Parametric investigation into the coalescence of coplanar fatigue cracks. *Int. J. Fatigue* 21 (1999), 355-360

[916] Bueckner, H. F.: Ein neues Verfahren zur Berechnung von Spannungsintensitätsfaktoren. *Z. Angew. Math. Mech.* 50 (1970), 529-546

[917] Carpinteri, A.: Elliptical-arc surface cracks in round bars. *Fatigue Fract. Engng. Mater. Struct.* 15 (1992), 1141-1153

[918] Carpinteri, A.: Stress intensity factors for straight-fronted edge cracks in round bars. *Engng. Fract. Mech.* 42 (1992), 1035-1040

[919] Cartwright, D. J.; Rooke, D. P.: Approximate stress intensity factors compounded from known solutions. *Engng. Fract. Mech.* 6 (1974), 563-571

[920] Creager, M.; Paris, P. C.: Elastic field equations for blunt cracks with reference to stress corrosion cracking. *Int. J. Fract. Mech.* 3 (1967), 247-252

[921] Cruse, T. A.: *Boundary Element Analysis in Computational Fracture Mechanics.* Kluwer Academic Publishers, Dordrecht 1988

[922] da Fonte, M.; de Freitas, M.: Stress intensity factors for semi-elliptical surface cracks in round bars under bending and torsion. *Int. J. Fatigue* 21 (1999) 5, 457-463

[923] da Fonte, M.; Gomes, E.; de Freitas, M.: Stress intensity factors for semi-elliptical surface cracks in round bars subjected to mode I (bending) and mode III (torsion) loading. In: *Multiaxial Fatigue and Fracture* (Hrsg.: Macha, E.; Bedkowski, W.; Lagoda, T.), S. 249-260. Elsevier Science, Oxford 1999

[924] Fawaz, S. A.: Stress intensity-factor solutions for part-elliptical through cracks. *Engng. Fract. Mech.* 63 (1999), 209-236

[925] Fett, T.: Estimation of stress intensity factors for semi-elliptical surface cracks. *Engng. Fract. Mech.* 66 (2000), 349-356

[926] Fett, T.: Stress intensity factors and T-stress for internally cracked circular disks under various boundary conditions. *Engng. Fract. Mech.* 68 (2001), 1119-1136

[927] Fett, T.; Munz, D.: Local stress intensity factors for small semi-elliptical cracks under exponentially distributed stresses. *Engng. Fract. Mech.* 64 (1999), 105-116

[928] Gross, R.; Mendelson, A.: Plane elastostatic analysis of V-notched plates. *Int. J. Fract. Mech.* 8 (1972), 267-327

[929] Hasebe, N.; Nakamura, T.; Iida, J.: Notch mechanics for plane and thin plate bending problems. *Engng. Fract. Mech.* 17 (1990), 87-99

[930] He, M. Y.; Hutchinson, J. W.: Surface crack subject to mixed mode loading. *Engng. Fract. Mech.* 65 (2000), 1-14

[931] Irwin, G. R.: Fracture. In: *Handbuch der Physik* (Hrsg.: Flügge, S.), Bd. 6, S. 551-590. Springer-Verlag, Berlin 1958

[932] Lazzarin, P.; Tovo, R.: A unified approach to the evaluation of linear elastic stress fields in the neighbourhood of cracks and notches. *Int. J. Fract.* 78 (1996), 3-19

[933] Lazzarin, P.; Zambardi, R.; Livieri, P.: Plastic notch stress intensity factors for large V-shaped notches under mixed load conditions. *Int. J. Fract.* 107 (2001), 361-377

[934] Lehrke, H. P.: Berechnung der Formzahlen für Schweißverbindungen. *Konstruktion* 51 (1999) 1/2, 47-52

[935] Lin, X. B., Smith, R. A.: Stress intensity factors for corner cracks emanating from fastener holes under tension. *Engng. Fract. Mech.* 62 (1999), 535-553

[936] Lukáš, P.: Stress intensity factor for small notch-emanated cracks. *Engng. Fract. Mech.* 26 (1987), 471-473

[937] Murakami, Y. (Hrsg.): *Stress Intensity Factors Handbook.* Pergamon Press, Oxford 1987

[938] Neuber, H.: Die halbelliptische Kerbe mit Riß als Beispiel zur Korrelation von Mikro- und Makrospannungskonzentrationen. *Ingenieur-Archiv* 46 (1977), 389-399

[939] Newman, J. C.: An improved method of collocation for the stress analysis of cracked plates with various shaped boundaries. *NASA TN* D-6376 (1971)

[940] Newman, J. C.; Raju, I. S.: An empirical stress intensity factor equation for the surface crack. *Engng. Fract. Mech.* 15 (1981) 1/2, 185-192

[941] Nisitani, H.; Isida, M.: Simple procedure for calculating K_I of a notch with a crack of arbitrary size and its application to non-propagating fatigue crack. In: *Proc. Joint JSME-SESA Conf. on Experim. Mech.,* Teil I, S. 150-155 (1982)

[942] Raju, I. S.; Newman, J. C.: Stress intensity factors for a wide range of semi-elliptical surface cracks in infinite thickness plates. *Engng. Fract. Mech.* 11 (1979), 817-829

[943] Radaj, D.: Geometriekorrektur zur Spannungsintensität an elliptischen Rissen. *Schweißen u. Schneiden* 29 (1977) 10, 398-402

[944] Radaj, D.; Heib, M.: Spannungsintensitätsdiagramme für die Praxis. *Konstruktion* 30 (1978) 7, 268-270

[945] Radaj, D.; Lehrke, H. P.; Greuling, S.: Theoretical fatigue-effective notch stresses at spot welds. *Fatigue Fract. Engng. Mater. Struct.* 24 (2001), 293-308

[946] Radaj, D.; Zhang, S.: On the relations between notch stress and crack stress intensity in plane shear and mixed mode loading. *Engng. Fract. Mech.* 44 (1993) 5, 691-704

[947] Rooke, D. P.; Baratta, F. I.; Cartwright, D. J.: Simple methods of determining stress intensity factors. *Engng. Fract. Mech.* 14 (1981), 397-426

[948] Rooke, D. P.; Cartwright, D. J.: *Compendium of Stress Intensity Factors.* Her Majesty's Stationary Office, London 1976

[949] Schijve, J.: The stress intensity factor of small cracks at notches. *Fatigue Fract. Engng. Mater. Struct.* 5 (1982), 1, 77-90

[950] Sih, G. C.: *Handbook of Stress Intensity Factors.* Lehigh Univ., Bethlehem, Pa., 1973

[951] Smith, R. A.; Cooper, J. F.: A finite element model for the shape development of irregular planar cracks. *Int. J. Press. Vessel Piping* 36 (1989), 315-326

[952] Tada, H. P.; Paris, C.; Irwin, G. R.: *The Stress Analysis of Cracks Handbook.* ASME Press, New York 1999 (3. Aufl.)

[953] Wang, X.; Lambert, S. B.: Semi-elliptical surface cracks in finite-thickness plates with built-in ends. Part I: Stress intensity factor solutions. *Engng. Fract. Mech.* 68 (2001), 1723-1741

[954] Wang, X.; Lambert, S. B.: Semi-elliptical surface cracks in finite-thickness plates with built-in ends. Part II: Weight function solutions. *Engng. Fract. Mech.* 68 (2001), 1743-1754

[955] Williams, M. L.: On the stress distribution at the base of a stationary crack. *J. Appl. Mech. (ASME)* 24 (1957), 109-114

[956] Williams, M. L.: Stress singularities resulting from various boundary conditions in angular corners of plates in tension. *J. Appl. Mech. (ASME)* 19 (1952), 526-528

[957] Wu, S. X.: Shape change of surface during fatigue growth. *Engng. Fract. Mech.* 22 (1985), 897-913

[958] Xiao, S. T.; Brown, M. W.; Miller, K. J.: Stress intensity factors for cracks in notched finite plates subjected to biaxial loading. *Fatigue Fract. Engng. Mater. Struct.* 8 (1985) 4, 349-372

[959] Yang, B.; Ravi-Chandar, K.: Evaluation of elastic T-stress by the stress difference method. *Engng. Fract. Mech.* 64 (1999), 589-605

[960] Zettlemoyer, N., Fisher, J. W.: Stress gradient correction factor for stress intensity at welded stiffeners and cover-plates. *Weldg. J.* 56 (1977) 12, 393s-398s

Elastisch-plastische Rißbeanspruchung und zyklisches *J*-Integral

(siehe auch [523, 1012])

[961] Dowling, N. E.: Geometry effects and the *J*-integral approach to elastic-plastic fatigue crack growth. *ASTM STP* 601 (1976), 19-32

[962] Dowling, N. E.: *J*-integral estimates for cracks in infinite bodies. *Engng. Fract. Mech.* 26 (1987) 3, 333-348
[963] Dugdale, D. S.: Yielding of steel sheets containing slits. *J. Mech. Phys. Solids* 8 (1960), 100-104
[964] He, M. Y.: Perturbation solutions on *J*-integral for nonlinear crack problems. *J. Appl. Mech. (ASME)* 54 (1987), 240-242
[965] He, M. Y.; Hutchinson, J. W.: The penny-shaped crack and the plane strain in an infinite body of power-law material. *J. Appl. Mech. (ASME)* 48 (1981) 12, 830-840
[966] Kumar, V.; German, M. D.; Shih, C. F.: An engineering approach for elastic-plastic fracture analysis. *Res. Proj.* 1237-1 (NP 1931). Electric Power Res. Inst., Palo Alto, Ca. 1981
[967] Lamba, H. S.: The *J*-Integral applied to cyclic loading. *Engng. Fract. Mech.* 7 (1975), 693-703
[968] Rice, J. R.: A path-independent integral and the approximate analysis of strain concentration by notches and cracks. *J. Appl. Mech. (ASME)* 35 (1968) 6, 379-386
[969] Rice, J. R.; Rosengren, G. F.: Plane strain deformation near a crack tip in a power law hardening material. *J. Mech. Phys. Solids* 16 (1968), 1-12
[970] Shih, C. F.: *J*-Integral estimates for strain hardening materials in antiplane shear using fully plastic solutions. *ASTM STP* 590 (1976), 3-26
[971] Shih, C. F.; Hutchinson, J. W.: Fully plastic solutions and large scale yielding estimating for plane stress crack problems. *Report* DEAP-S-14, Div. Engng. and Appl. Phys., Havard Univ., Cambridge, Ma., 1975
[972] Trantina, G. G.; de Lorenzi, H. G.; Wilkening, W. W.: Three-dimensional elastic-plastic finite element analysis of small surface cracks. *Engng. Fract. Mech.* 18 (1983), 925-938
[973] Wang, Y.; Pan, J.: A plastic fracture mechanics model for characterization of multiaxial low-cycle fatigue. *Int. J. Fatigue* 20 (1998) 10, 775-784
[974] Wells, A. A.: The application of fracture mechanics to yielding materials. *Proc. Roy. Soc.* (London) A 285 (1965), 34-45
[975] Wüthrich, C.: The extension the *J*-integral concept to fatigue. *Int. J. Fract.* 20 (1981), R35-R37

Langrißfortschritt (allgemein)

(siehe auch [957])

[976] Baloch, R. A.; Brown, M. W.: The effect of pre-cracking history on branch crack threshold under mixed mode I/II loading. In: *Fatigue under Biaxial and Multiaxial Loading* (Hrsg.: Kussmaul, K.; McDiarmid, D.; Socie, D.), S. 179-197. Mech. Engng. Publ., London 1991
[977] Boettner, R. C.; Laird, C.; McEvily, A. J.: Crack nucleation and growth in high strain low cycle fatigue. *Trans. Metall. Soc. (AIME)* 233 (1965), 379-387
[978] Bold, P. E.; Brown, M. W.; Allen, R. J.: A review of fatigue crack growth in steels under mixed mode I and II loading. *Fatigue Fract. Engng. Mater. Struct.* 15 (1992), 965-977
[979] Bowles, C. Q.: The role of environment, frequency and wave shape during fatigue crack growth in aluminium alloys. *Report* LR-270, Delft University of Technology, 1978
[980] Boyce, B. L.; Ritchie, R. O.: Effect of load ratio and maximum stress intensity on the fatigue threshold in Ti-6Al-4V. *Engng. Fract. Mech.* 68 (2001), 129-147
[981] Campbell, J. P; Ritchie, R. O.: Mixed-mode high-cycle fatigue crack growth thresholds in Ti-6Al-4V. Part I: A comparison of large- and short-crack behavior. *Engng. Fract. Mech.* 67 (2000), 209-227
[982] Campbell, J. P.; Ritchie, R. O.: Mixed-mode high-cycle fatigue crack growth thresholds in Ti-6Al-4V. Part II: Quantification of crack-tip shielding. *Engng. Fract. Mech.* 67 (2000), 229-249
[983] Chang, J. B.; Hudson, C. M. (Hrsg.): *Methods and Models for Predicting Fatigue Crack Growth under Random Loading*. ASTM STP 748, Am. Soc. Test. Mat., Philadelphia, Pa. 1981
[984] Cortie, M. B.; Garett, G. G.: On the correlation between the *C* and *m* in the Paris equation for fatigue crack propagation. *Engng. Fract. Mech.* 30 (1988) 1, 49-58

[985] Dowling, N. E.: Crack growth during low-cycle fatigue. *ASTM STP* 637 (1977), 97-121
[986] Dowling, N. E.; Begley, J. A.: Fatigue crack growth during gross plasticity and the *J*-integral. *ASTM STP* 590 (1976), 82-103
[987] Erdogan, F.; Ratwani, M.: Fatigue and fracture of cylinderical shells containing a circumferential crack. *Int. J. Fract. Mech.* 6 (1970), 379 ff.
[988] Erdogan, F.; Sih, G. C.: On the crack extension in plates under plane loading and transverse shear. *J. Basic Engng. (ASME)* 85 (1963), 519-527
[989] Forman, R. G.; Kearney, V. E.; Engle, R. M.: Numerical analysis of crack propagation in cyclic loaded structures. *J. Basic Engng. (ASME)* 89 (1967), 459 ff.
[990] Guo, Y. H.; Srivatsan, T. S.; Padovan, J.: Influence of mixed-mode loading on fatigue crack propagation. *Engng. Fract. Mech.* 47 (1994) 6, 843-866
[991] James, L. A.: The effect of frequency upon the fatigue-crack growth of type 304 stainless steel at 1000°F. *ASTM STP* 513 (1972), 218-229
[992] Klesnil, M.; Lukáš, P.: Influence of strength and stress history on growth and stabilization of fatigue cracks. *Engng. Fract. Mech.* 4 (1972), 77-92
[993] Knott, J. F.: Models of fatigue crack growth. In: *Fatigue Crack Growth* (Hrsg.: Smith, R. A.), S. 31-51. Pergamon Press, Oxford 1984
[994] Larsson, L. H. (Hrsg.): *Subcritical Crack Growth due to Fatigue, Stress Corrosion and Creep*. Elsevier Applied Science, London 1984
[995] Lindley, T. C.; Nix, K. J.: Metallurgical aspects of fatigue crack growth. In: *Fatigue Crack Growth* (Hrsg.: Smith, R. A.), S. 53-74. Pergamon Press, Oxford 1984
[996] Maddox, S. J.: The effect of mean stress on fatigue crack propagation — a literature review. *Int. J. Fract.* 11 (1975) 3, 389-408
[997] Matvienko, G.; Brown, W.; Miller, K. J.: Modelling threshold conditions for cracks under tension/torsion loading. In: *Multiaxial Fatigue and Fracture* (Hrsg.: Macha, E.; Bedkowski, W.; Lagoda, T.), S. 3-12. Elsevier Science, Oxford 1999
[998] McEvily, A. J.: Current aspects of fatigue. *Metal Science* 11 (1977) 8, 274-283
[999] Paris, P. C.: The growth of cracks due to variations in load. Ph. D. Thesis, Lehigh Univ., Bethlehem 1960
[1000] Paris. P. C.; Erdogan, F.: A critical analysis of crack propagation law. *J. Basic Engng. (ASME)* 85 (1963), 528-539
[1001] Paris, P. C.; Gomez, M. P.; Anderson, W. E.: A rational analytic theory of fatigue. *The Trend in Engng.* 13 (1961), 9-14
[1002] Plank, R.; Kuhn, G.: Fatigue crack propagation under non-proportional mixed mode loading. *Engng. Fract. Mech.* 62 (1999), 203-229
[1003] Pook, L. P.: The significance of mode I branch cracks for mixed mode fatigue crack growth threshold behaviour. In: *Biaxial and Multiaxial Fatigue* (Hrsg.: Brown, M. W.; Miller, K. J.), S. 247-263. Mech. Engng. Publ., London 1989
[1004] Pook, L. P.; Greenan, A. F.: Fatigue crack growth threshold in mild steel under combined loading. *ASTM STP* 677 (1979), 23-25
[1005] Radaj, D.; Heib, M.: Numerische Untersuchungen zum Rißbruchkriterium bei überlagerter Zug-, Druck- und Schubbeanspruchung. *Schweißen u. Schneiden* 29 (1977) 4, 135-139
[1006] Radaj, D.; Zhang, S.: Simplified process zone fracture criteria at crack tips. In: *Structural Integrity* (Hrsg.: Schwalbe, K.-H.; Berger, C.), Proc. EDF10, Bd. I, S. 363-368. Engng. Materials Advisory Services, Warley (UK) 1994
[1007] Rossmanith, H. P.; Miller, K. J. (Hrsg.): *Mixed-mode Fatigue and Fracture*. Mech. Engng. Publ., London 1992
[1008] Schijve, J.: Effects of test frequency on fatigue crack propagation under flight-simulation loading. In: *Symposium on Random Load Fatigue.* AGARD Conference Proceedings No. 118, S. 4.1-4.17. Advisory Group for Aerospace Research and Development, Neuilly sur Seine, 1972
[1009] Schmidt, R. A.; Paris, P. C.: Threshold for fatigue crack propagation and the effetcs of load ratio and frequency. *ASTM STP* 536 (1973), 79-94
[1010] Schwalbe, K.-H.: Rißausbreitung bei monotoner und schwingender Beanspruchung in den Aluminiumlegierungen AlZnMgCu0,5 und AlCuMg1. *Fortschritt-Berichte VDI-Z.*, Reihe 5 (1975) 20

[1011] Shanley, F. R.: A theory of fatigue based on unbonding during reversed slip. *Report* P-350. The Rand Corp., Santa Monica 1952
[1012] Sih, G. C.: A three-dimensional strain energy density factor theory of crack propagation. In: *Three-Dimensional Crack Problems*, S. 15-80. Noordhoff, Leyden 1975
[1013] Smith, R. A. (Hrsg.): *Fatigue Crack Growth — 30 Years of Progress*. Pergamon Press, Oxford 1986
[1014] Solomon, H. D.: Low cycle fatigue crack propagation in 1018 steel. *J. of Materials* 7 (1972) 3, 299-306
[1015] Tong, J.; Yates, J. R.; Brown, M. W.: Some aspects of fatigue thresholds under mode III and mixed mode III and I loadings. *Int. J. Fatigue* 18 (1996) 5, 279-285
[1016] Wasén, J.; Heier, E.: Fatigue crack growth thresholds — the influence of Young's modulus and fracture surface roughness. *Int. J. Fatigue* 20 (1998) 10, 737-742
[1017] Yates, J. R.; Mohammed, R. A.: The determination of fatigue crack propagation rates under mode (I + III) loading. *Int. J. Fatigue* 18 (1996) 3, 197-203
[1018] Zheng, M.; Liu, H. W.: Fatigue crack growth under general-yielding cyclic loading. *J. Engng. Mat. Technol. (ASME)* 108 (1986), 201-205
[1019] ASTM E 399-74: Standard test method for plane-strain fracture toughness of metallic materials. Am. Soc. Test. Mat., Philadelphia, Pa. 1974
[1020] ASTM E 647-88: Standard test method for measurements of fatigue crack growth rates. Am. Soc. Test. Mat., Philadelphia, Pa. 1978

Langrißfortschritt mit Rißschließen (ohne Finite-Elemente-Modelle)

(siehe auch [911, 1117, 1118, 1124, 1133, 1138, 1212])

[1021] Beevers, C. J.; Carlson, R. L.: A consideration of the significant factors controlling fatigue thresholds. In: *Fatigue Crack Growth* (Hrsg.: Smith, R. A.), S. 89-101. Pergamon Press, Oxford 1984
[1022] Berger, C.; Wiemann, W.: Zyklisches Rißwachstum unter Zug-Druck-Beanspruchung. In: *Lebensdauervorhersage bei Rißfortschritt*, DVM-Bericht, S. 183-193. DVM, Berlin 1982
[1023] Christensen, R. H.: Fatigue crack growth affected by metal fragments wedged between opening-closing crack surfaces. *Applied Materials Research* (1963) 10, 207-210
[1024] Davidson, D. L.: Plasticity induced fatigue crack closure. *ASTM STP* 982 (1988), 44-61
[1025] Elber, W.: Fatigue crack closure under cyclic tension. *Engng. Fract. Mech.* 2 (1970), 37-45
[1026] Elber, W.: The significance of fatigue crack closure. *ASTM STP* 486 (1971), 230-242
[1027] Führing, H.; Seeger, T.: Dugdale crack closure analysis of fatigue cracks under constant amplitude loading. *Engng. Fract. Mech.* 11 (1979), 99-122
[1028] Hanel, J. J.: Rißfortschreitung in ein- und mehrstufig schwingbelasteten Scheiben mit besonderer Berücksichtigung des partiellen Rißschließens. *Veröff. d. Inst. f. Stahlbau u. Werkstoffmech. d. TH Darmstadt*, Heft 27, 1975
[1029] Ibrahim, F. K.: The effect of stress ratio, compressive peak stress and maximum stress level on fatigue behaviour of 2024-T3 aluminium alloy. *Fatigue Fract. Engng. Mater. Struct.* 12 (1989), 9-18
[1030] Ibrahim, F. K.; Thompson, J. C.; Topper, T. H.: A study of the effect of mechanical variables on fatigue crack closure and propagation. *Int. J. Fatigue* 8 (1986), 135-142
[1031] Kumar, R.; Singh, K.: Influence of stress ratio on fatigue crack growth in mild steel. *Engng. Fract. Mech.* 50 (1995) 3, 377-384
[1032] Lawson, L.; Chen, E. Y.; Meshii, M.: Near threshold fatigue — a review. *Int. J. Fatigue* 21 (1999), S. 15-34
[1033] Liaw, P. K.: Overview of crack closure at near threshold fatigue crack growth levels. *ASTM STP* 982 (1988), 62-92
[1034] Liaw, P. K.: Long fatigue cracks — microstructural effects and crack closure. *MRS Bull.* 14 (1989), 25-35
[1035] Macha, D. E.; Corby, D. M.; Jones, J. W.: On the variation of fatigue crack opening load with measurement location. *Proc. Soc. Exp. Stress Anal.* 36 (1979), 307-313

[1036] Marci, G.; Packmann, P. F.: Zusammenhang zwischen der Bruchflächenschließung und der Ausbreitungsgeschwindigkeit eines Daueranrisses. *Matrialprüfung* 18 (1976) 11, 416-421

[1037] McClung, R. C.: Closure and growth of mode I cracks in biaxial fatigue. *Fatigue Fract. Engng. Mater. Struct.* 12 (1989), 447-460

[1038] McEvily, A. J.: On crack closure in fatigue crack growth. *ASTM STP* 982 (1988), 35-43

[1039] McEvily, A. J.; Ritchie, R. O.: Crack closure and the fatigue crack propagation threshold as a function of load ratio. *Fatigue Fract. Engng. Mater. Struct.* 21 (1998), 847-855

[1040] Minakawa, K.; McEvily, A. J.: On crack closure in the near-threshold region. *Scripta Metallurgica* 6 (1981), 633-636

[1041] Minakawa, K.; Nakamura, H.; McEvily, A. J.: On the development of crack closure with crack advance in a ferritic steel. *Scripta Metallurgica* 18 (1984), 1371-1374

[1042] Newman, J. C.: A crack-closure model for predicting fatigue crack growth under random loading. *ASTM STP* 748 (1981), 53-84

[1043] Newman, J. C.: A crack opening stress equation for fatigue crack growth. *Int. J. Fract.* 24 (1984), R131-R135

[1044] Newman, J. C.; Elber, W. (Hrsg.): *Mechanics of Fatigue Crack Closure.* ASTM STP 982, Am. Soc. Test. Mat., Philadelphia, Pa. 1988

[1045] Nisitani, H.; Takao, K.: Influence of mean stress on crack closure phenomenon and fatigue crack propagation. *Bull. JSME* 20 (1977), 264-270

[1046] Panasyuk, V. V.; Datsyshun, O. P.; Marchenko, H. P.: The crack propagation theory under rolling contact. *Engng. Fract. Mech.* 52 (1995) 1, 179-191

[1047] Putra, I. S.; Schijve, J.: Crack opening stress measurements of surface cracks in 7075-T6 aluminium alloy plate specimen through electron factography. *Fatigue Fract. Engng. Mater. Struct.* 15 (1992) 4, 323-338

[1048] Rie, K. T.; Schubert, R.: Note on the crack closure phenomenon in low-cycle fatigue. In: *Proc. 2nd Conf. on Low Cycle Fatigue and Elastoplastic Behaviour Materials*, S. 575-580. Elsevier Appl. Science, New York 1987

[1049] Schijve, J.: Some formulae for the opening stress level. *Engng. Fract. Mech.* 14 (1981), 461-465

[1050] Schijve, J.: Fatigue crack closure — observations and technical significance. *ASTM STP* 982 (1988), 319-341

[1051] Seeger, T.: Ein Beitrag zur Berechnung von statisch und zyklisch belasteten Rißscheiben nach dem Dugdale-Barenblatt-Modell. *Veröff. d. Inst. f. Stahlbau u. Werkstoffmech. d. TH Darmstadt*, Heft 21, 1973

[1052] Sehitoglu, H.: Crack opening and closure in fatigue. *Engng. Fract. Mech.* 21 (1985), 329-339

[1053] Sehitoglu, H.: Characterization of crack closure. *ASTM STP* 868 (1985), S. 361-380

[1054] Sunder, R.; Dash, P. K.: Measurement of fatigue crack closure through electron microscopy. *Int. J. Fatigue* 4 (1982) 2, 97-105

[1055] Suresh, S.; Ritchie, R. O.: A geometric model for fatigue crack closure by fracture surface roughness. *Metallurg. Trans.* 13A (1982), 1627-1631

[1056] Topper, T. H.; Yu, M. T.: The effect of overloads on threshold and crack closure. *Int. J. Fatigue* 7 (1985) 3, 159-164

[1057] Yu, M. T.; Topper, T. H.: The effects of material strength, stress ratio and compressive overloads on the threshold behaviour of a SAE 1045 steel. *J. Engng. Mater. Technol. (ASME)* 107 (1985), 19-25

[1058] Yu, M. T.; Topper, T. H.; Au, P.: The effects of stress ratio, compressive load and underload on the threshold behaviour of a 2024-T351 aluminium alloy. In: *Fatigue'84* (Univ. of Birmingham, UK), Bd. 1, S. 179-186 (1984)

[1059] Yu, M. T.; Topper, T. H.; DuQuesnay, D. L.; Levin, M. S.: The effect of compressive peak stress on fatigue behaviour. *Int. J. Fatigue* 8 (1986) 1, 9-15

[1060] Yu, M. T.; Topper, T. H.; DuQuesnay, D. L.; Pompetzki, M. A.: The fatigue crack growth threshold and crack opening of a mild steel. *J. Testing Eval. Mater.* 14 (1985) 3, 145-151

Rißfortschritt mit Rißschließen (nur Finite-Elemente-Modelle)

(siehe auch [804])

[1061] Anthes, R. J.; Rodriguez-Ocaña, J. W.; Seeger, T.: Crack opening stresses under constant and variable amplitude loading determined by finite element analyses. In: *Fatigue '96*, (Hrsg.: Lütjering, G.; Nowack, H.), Bd. 2, S. 1075-1080. Elsevier Science, Oxford 1996

[1062] Biner, S. B.; Buck, O.; Spitzig, W. A.: Plasticity induced fatigue crack closure in single and dual phase materials. *Engng. Fract. Mech.* 47 (1994) 1, 1-12

[1063] Blom, A. F.; Holm, D. K.: An experimental and numerical study of crack closure. *Engng. Fract. Mech.* 22 (1985) 6, 997-1011

[1064] Carpinteri, A.: Shape change of surface cracks in round bars under cyclic axial loading. *Int. J. Fatigue* 15 (1993), 21-26

[1065] Carpinteri, A.; Brighenti, R.: Fatigue propagation of surface flaws in round bars — a three parameter theoretical model. *Fatigue Fract. Engng. Mat. Struct.* 19 (1996), 1471-1480

[1066] Carpinteri, A.; Brighenti, R.: Part-through cracks in round bars under cyclic combined axial and bending loading. *Int. J. Fatigue* 18 (1996) 1, 33-39

[1067] Carpinteri, A.; Majorana, C.: Fatigue growth of edge flaws in cylindrical bars. *Strength of Materials* 27 (1995), 14-22

[1068] Chermahini, R. G.; Blom, A. F.: Variation of crack-opening stresses in three-dimensions — finite thickness plate. *Theor. Appl. Fract. Mech.* 15 (1991), 267-276

[1069] Chermahini, R. G.; Palmberg, B.; Blom, A. F.: Fatigue crack growth and closure behaviour of semicircular and semielliptical surface flaws. *Int. J. Fatigue* 15 (1993) 4, 259-263

[1070] Chermahini, R. G.; Shivakumar, K. N.; Newman, J. C.: Three dimensional finite elemente simulation of fatigue crack growth and closure. *ASTM STP* 982 (1988), 398-413

[1071] Choi, H. C.; Song, J. H.: Finite element analysis of closure behaviour of fatigue cracks in residual stress fields. *Fatigue Fract. Engng. Mater. Struct.* 18 (1995) 1, 105-117

[1072] Couroneau, N.; Royer, J.: Simplified model for the fatigue growth analysis of surface cracks in round bars under mode I. *Int. J. Fatigue* 20 (1998) 10, 711-718

[1073] Fleck, N. A.: Finite element analysis of plasticity-induced crack closure under plain strain conditions. *Engng. Fract. Mech.* 25 (1986) 4, 441-449

[1074] Fleck, N. A.; Newman, J. C.: Analysis of crack closure under plane strain conditions. *ASTM STP* 982 (1988), 319-341

[1075] Gustavsson, A. I., Melander, A.: Fatigue limit model for hardened steels. *Fatigue Fract. Engng. Mater. Struct.* 15 (1992) 9, 881-894

[1076] Jeng, M. C.; Doong, J. L.; Liu, W. C.: Finite element analysis of crack growth life prediction under complex load history. *Engng. Fract. Mech.* 46 (1993) 4, 607-616

[1077] Kim, K. S.; Van Stone, R. H.; Laflen, J. H.; Orange, T. W.: Simulation of crack growth and crack closure under large cyclic plasticity. *ASTM STP* 1074 (1990), 421-447

[1078] Kobyashi, H.; Nakamura, H.: Investigation of fatigue crack closure. In: *Current Research on Fatigue Cracks*, MRS 1, S. 229-247. Society of Materials Science, Japan, 1985

[1079] Lalor, P. L.; Sehitoglu, H.: Fatigue crack closure outside a small scale yielding regime. *ASTM STP* 982 (1987), 342-360

[1080] Lin, X. B.; Smith, R. A.: Finite element modelling of fatigue crack growth of surface-cracked plates. Part I: The numerical technique. *Engng. Fract. Mech.* 63 (1999), 503-522

[1081] Lin, X. B.; Smith, R. A.: Finite element modelling of fatigue crack growth of surface-cracked plates. Part II: Crack shape change. *Engng. Fract. Mech.* 63 (1999), 523-540

[1082] Lin, X. B.; Smith, R. A.: Finite element modelling of fatigue crack growth of surface-cracked plates. Part III: Stress intensity factor and fatigue crack growth life. *Engng. Fract. Mech.* 63 (1999), 541-556

[1083] Lin, X. B.; Smith, R. A.: Shape evolution of surface cracks in fatigued round bars with a semicircular circumferential notch. *Int. J. Fatigue* 21 (1999), 965-973

[1084] Liu, H. W.; Yang, C. Y.; Kuo, A. S.: Cyclic crack growth analyses and modeling of crack tip deformation. In: *Fracture Mechanics* (Hrsg.: Perrone, N.; *et al.*), S. 629-647. University Press of Virginia, 1978

[1085] McClung, R. C.: Closure and growth of mode I cracks in biaxial fatigue. *Fatigue Fract. Engng. Mater. Struct.* 12 (1989) 5, 447-460

[1086] McClung, R. C.: Finite element modeling of crack closure during simulated fatigue threshold testing. *Int. J. Fatigue* 52 (1991), 145-157

[1087] McClung, R. C.: Finite element modelling of fatigue crack growth. In: *Theoretical Concepts and Numerical Analysis of Fatigue* (Hrsg.: Blom, A. F.; Beevers, C. J.), S. 153-171. 1993

[1088] McClung, R. C.: Finite element analysis of specimen geometry effects on fatigue crack closure. *Fatigue Fract. Engng. Mater. Struct.* 17 (1994) 8, 861-872

[1089] McClung, R. C.; Sehitoglu, H.: On the finite element analysis of fatigue crack closure. Parts I and II. *Engng. Fract. Mech.* 33 (1989), 237-272

[1090] McClung, R. C.; Sehitoglu, H.: Closure and growth of fatigue cracks at notches. *J. Engng. Mat. Technol. (ASME)* 114 (1992), 1-7

[1091] McClung, R. C.; Thacker, B. H.; Roy, S.: Finite element visualization of fatigue crack closure in plane stress and plane strain. *Int. J. Fracture* 50 (1991), 27-49

[1092] Nakagaki, M.; Atluri, S. N.: Elastic-plastic analysis of fatigue crack closure in modes I and II. *AIAA J.* 18 (1980), 1110-1117

[1093] Nakagaki, M.; Atluri, S. N.: Fatigue crack closure and delay effects under mode I spectrum loading — an efficient elastic-plastic analysis procedure. *Engng. Fract. Mech.* 47 (1994), 1-12

[1094] Newman, J. C.: A finite-element analysis of fatigue crack closure. *ASTM STP* 590 (1976), 281-301

[1095] Newman, J. C.: Finite-element analysis of crack growth under monotonic and cyclic loading. *ASTM STP* 637 (1977), 56-80

[1096] Newman, J. C.; Armen, H.: Elastic-plastic analysis of a propagating crack under cyclic loading. *AIAA J.* 13 (1975) 8, 1017-1023

[1097] Nicholas, T.; Palazotto, A. N.; Bednarz, E.: An analytical investigation of plasticity induced crack closure involving short cracks. *ASTM STP* 982 (1988), 361-379

[1098] Ogura, K.; Ohji, K.: FEM analysis of crack closure and delay effect in fatigue crack growth under variable amplitude loading. *Engng. Fract. Mech.* 9 (1977), 471-480

[1099] Ogura, K.; Ohji, K.; Honda, K.: Influence of mechanical factors on the fatigue crack closure. In: *Fracture 1977* (Hrsg.: D. M. Taplin), Bd. 2, S. 1035-1047. Waterloo, Canada 1977

[1100] Ogura, K.; Ohji, K.; Ohkubo, Y.: Fatigue crack growth under biaxial loading. *Int. J. Fatigue* 10 (1974), 609-610

[1101] Ohji, K.; Ogura, K.; Ohkubo, Y.: On the closure of fatigue cracks under cyclic tensile loading. *Int. J. Fatigue* 10 (1974), 123-124

[1102] Ohji, K.; Ogura, K.; Ohkubo, Y.: Cyclic analysis of a propagating crack and its correlation with fatigue crack growth. *Engng. Fract. Mech.* 7 (1975), 457-464

[1103] Oliva, V.; Kune, I.: FEM Analysis of cyclic deformation around the fatigue crack tip after a single overload. *ASTM STP* 1211 (1993) 2, 72-90

[1104] Sehitoglu, H.; Sun, W.: Modeling of plane strain fatigue crack closure. *J. Engng. Mater. Technol. (ASME)* 113 (1991), 31-40

[1105] Sehitoglu, H.; Sun, W.: Mechanisms of crack closure in plane strain and in plane stress. In: *Fatigue under Biaxial and Multiaxial Loading* (Hrsg.: Kussmaul, K. F.; McDiarmid, D. L.; Socie, D. F.), S. 1-21. Mech Engng. Publ., London 1991

[1106] Socie, D. F.: Prediction of fatigue crack growth in notched members under variable amplitude loading histories. *Engng. Fract. Mech.* 9 (1977), 849-865

[1107] Sun, W.: Finite element simulations of fatigue crack growth and closure. *Report* No. 159, Univ. of Illinois, Urbana-Campaign 1991

[1108] Tsukuda, H.; Ogiyama, H.; Shiraishi, T.: Fatigue crack growth and closure at high stress ratios. *Fatigue Fract. Engng. Mater. Struct.* 18 (1995) 4, 503-514

Rißfortschritt mit Reihenfolgeeffekt

(siehe auch [911, 1028])

[1109] Alzos, W. X.; Skat, A. C.; Hillberry, B. M.: Effect of single overload/underload cycles on fatigue crack propagation. *ASTM STP* 595 (1976), 41-60

[1110] Bernard, P. J.; Lindley, T. C.; Richards, C. E.: Mechanisms of overload retardation during fatigue crack propagation. *ASTM STP* 595 (1976), 78-100

[1111] de Koning, A. U.: A simple crack closure model for prediction of fatigue crack growth rates under variable amplitude loading. *ASTM STP* 743 (1981), 63-85

[1112] Dill, H. D.; Saff, C. R.: Fatigue crack growth under spectrum loads. *ASTM STP* 595 (1976), 306-319

[1113] Dominguez, J.; Zapatero, J; Moreno, B.: A statistical model for fatigue crack growth under random loads including retardation effects. *Engng. Fract. Mech.* 62 (1999), 351-369

[1114] Eidinoff, H. L.; Bell, P. D.: Application of the crack closure concept to aircraft fatigue crack propagation analysis. In: *Proc. 9th ICAF Symp. on Aeronaut. Fatigue*, S. 5.2/1-5.2/58. Darmstadt 1977

[1115] Elber, W.: Fatigue crack growth under spectrum loading. *ASTM STP* 595 (1976), 236-247

[1116] Engle, R. E.; Rudd, J. L.: Specimen crack growth analysis using the Willenborg model. *J. Aircraft* 13 (1976), 462-466

[1117] Führing, H.: Berechnung von elastisch-plastischen Beanspruchungsabläufen in Dugdale-Rißscheiben mit Rißuferkontakt auf der Grundlage nichtlinearer Schwingbruchmechanik. *Veröff. d. Inst. f. Stahlbau u. Werkstoffmech. d. TH Darmstadt*, Heft 30, 1977

[1118] Führing, H.: Modell zur nichtlinearen Rißfortschrittsvorhersage unter Berücksichtigung von Lastreihenfolgeeinflüssen (LOSEQ). *Bericht* FB-162, Fraunhofer-Institut f. Betriebsfestigkeit, Darmstadt 1982

[1119] Führing, H.; Seeger, T.: Structural memory of cracked components under irregular loading. *ASTM STP* 677 (1979), 99-122

[1120] Führing, H.; Seeger, T.: Fatigue crack growth under variable amplitude loading. In: *Subcritical Crack Growth Due to Fatigue, Stress Corrosion and Creep* (Hrsg.: Larson; L. H.), S. 109-133. Elsevier Appl. Sci. Publ., London 1984

[1121] Gray, T. D.; Gallagher, J. P.: Predicting fatigue crack retardation following a single overload using a modified Wheeler model. *ASTM STP* 590 (1975), 331-344

[1122] Jacoby, G. H.; Nowack, H.; van Lipzig, H. T.: Experimental results and a hypothesis for fatigue crack propagation under variable amplitude loading. *ASTM STP* 595 (1976), 172-186

[1123] Jones, R. E.: Fatigue crack growth retardation after single-cycle peak overload in Ti6Al4V titanium alloy. *Engng. Fract. Mech.* 5 (1973), 585 ff.

[1124] Josefson, B. L.; Svensson, T.; Ringsberg, J. W.; Gustafsson, T.; de Maré, J.: Fatigue life and crack closure in specimens subjected to variable amplitude loads under plane strain conditions. *Engng. Fract. Mech.* 66 (2000), 587-600

[1125] Lankford, J.; Davidson, D. L.: Fatigue crack tip plasticity associated with overloads and subsequent cycling. *J. Engng. Mater. Technol. (ASME)* 98 (1976), 17 ff.

[1126] Matsuoka, S.; Tanaka, K.; Kawahara, M.: The retardation phenomenon of fatigue crack growth in HT80 steel. *Engng. Fract. Mech.* 8 (1976), 507 ff.

[1127] Matthews, W. .; Baratta, F. I.; Driscoll, G. W.: Experimental observation of a stress intensity history effect on fatigue crack growth rate. *Int. J. Fract. Mech.* 7 (1971), 224 ff.

[1128] Newman, J. C.: Prediction of fatigue crack growth under variable amplitude and spectrum loading using a closure model. *ASTM STP* 761 (1982), 255-277

[1129] Schijve, J.: Betriebsfestigkeitsprobleme bei Flugzeugkonstruktionen. *Bericht* TU-85. Fraunhofer-Institut f. Betriebsfestigkeit, Darmstadt 1970

[1130] Schijve, J.: Effect of load sequence on crack propagation under random and program loading. *Engng. Fract. Mech.* 5 (1973), 269-280

[1131] Schijve, J.: Fatigue damage accumulation and incompatible crack front orientation. *Engng. Fract. Mech.* 6 (1974), 254-252

[1132] Schijve, J.: Observations on the prediction of fatigue crack growth propagation under variable amplitude loading. *ASTM STP* 595 (1976), 3-26

[1133] Schijve, J.: The effect of pre-strain on fatigue-crack growth and crack closure. *Engng. Fract. Mech.* 8 (1976), 575-581

[1134] Schütz, W.: Lebensdauerberechnung bei Beanspruchung mit beliebigen Last-Zeit-Funktionen. *VDI-Berichte* 268 (1976), 113-138

[1135] Shih, T. T.; Wei, R. R.: Influence of chemical and thermal environments on delay in a Ti6Al4V alloy. *ASTM STP* 595 (1976), 113-124

[1136] Stephens, R. I.; Chen, D. K.; Hom, B. W.: Fatigue crack growth with negative stress ratio following single overloads in 2024-T3 and 7075-T6 aluminium alloys. *ASTM STP* 595 (1976), 27-40

[1137] Trebules, V. W.; Roberts, R.; Hertzberg, R. W.: Effect of multiple overloads on fatigue crack propagation in 2024-T3 aluminium alloy. *ASTM STP* 536 (1973), 115-146

[1138] Wang, G. S.; Blom, A. F.: A strip model for fatigue crack growth predictions under general load conditions. *Engng. Fract. Mech.* 40 (1991), 507-533

[1139] Weisgerber, D.; Keerl, P.: Beurteilung und Bewertung der bekanntesten Rißfortschrittsberechnungsmodelle anhand von experimentell ermittelten Rißfortschrittskurven. *MBB-Bericht* UFE 1236. MBB, Ottobrunn 1975

[1140] Wheeler, O. E.: Spectrum loading and crack growth. *J. Basic Engng. (ASME)* 94 (1972), 181-186

[1141] Willenborg, J.; Engle, R. M.; Wood, H. A.: A crack growth retardation model using an effective stress concept. *Technical Memorandum* 71-1-FBR, Wright-Patterson Air Force Base, Dayton, Oh. 1971

Korrosionsrißfortschritt

(siehe auch [52, 911, 1135, 1356])

[1142] Austen, I. M.; Walker, E. F.: Quantitative understanding of the effects of mechanical and environmental variables on corrosion fatigue crack growth behaviour. In: *The Influence of Environment on Fatigue*. Mech. Engng. Publ., London 1977

[1143] Brown, B. F.; Beachem, C. D.: A study of the stress factor in corrosion cracking by use of the pre-cracked cantilever beam specimen. *Corros. Sci.* 5 (1965) 11, 754-750

[1144] McEvily, A. J.; Bond, A. P.: On the initiation and growth of stress corrosion cracks in tarnished brass. *J. Electrochem. Soc.* 112 (1965) 2, 131-137

[1145] Pelloux, R. M.; Stoltz, R. E.; Moskovitz, J. A.: Corrosion fatigue. *Mat. Sci. Engng.* 25 (1976), 193 ff.

[1146] Shi, P.; Mahadevan, S.: Damage tolerance approach for probalistic pitting corrosion fatigue life prediction. *Engng. Fract. Mech.* 68 (2001), 1493-1507

[1147] Speidel, M. O.: Interkristalline Korrosionsermüdung in Stahl. In: *Bruchuntersuchungen und Schadenklärung*. Allianz Versicherung, München 1976

[1148] Stoltz, R. E.; Pelloux, R. M.: Mechanisms of corrosion fatigue crack propagation in AlZnMg-alloys. *Metallurg. Trans.* 3A (1972), 2433 ff.

[1149] Vosikovsky, O.: Fatigue-crack growth in an X-65 line-pipe steel at low cyclic frequencies in aqueous environments. *Closed Loop* 6 (1976) 4, 3-12

[1150] Wei, R. P.; Landes, J. D.: Correlation between sustained load and fatigue crack growth in high strength steels. *Mat. Res. Stand.* 9 (1969), 25-27

[1151] Wei, R. P.; McEvily, A. J.: Fracture mechanics and corrosion fatigue. In: *Proc. Conf. Corrosion Fatigue*, S. 381-395. NACE, Stores, Conn. 1971

[1152] Wei, R. P.; Simmons, G. W.: Recent progress in understanding environment assisted fatigue crack growth. *Int. J. Fract.* 17 (1981) 2, 235-247

Kriechrißfortschritt

(siehe auch [911])

[1153] Floreen, S.; Kane, R. H.: A critical strain model for the creep fracture of nickel-base superalloys. *Met. Trans.* 7 (1976), 1157 ff.

[1154] Harrison, C. B.; Sander, G. N.: High-temperature crack growth in low-cycle fatigue. *Engng. Fract. Mech.* 3 (1971), S. 403 ff.

[1155] Kawasaki, T.; Horiguchi, M.: Creep crack propagation in austenitic stainless steel at elevated temperatures. *Engng. Fract. Mech.* 9 (1977), 879 ff.

[1156] Koterazawa, R.; Iwata, Y.: Fracture mechanics and fractography of creep and fatigue crack propagation at elevated temperature. *J. Engng. Mater. Technol. (ASME)* (1976), 296 ff.

[1157] Landes, J. D., Begley, J. A.: Fracture mechanics approach to creep crack growth. *ASTM STP* 590 (1976), 128-148

[1158] Nickolson, R. D.; Formby, L. L.: The validity of various fracture mechanics methods at creep temperatures. *Int. J. Fract.* 11 (1975), 595-604

[1159] Nikbin, K. M.; Webster, G. A.; Turner, C. E.: Relevance of nonlinear fracture mechanics to creep cracking. *ASTM STP* 601 (1976), 47-62

[1160] Speidel, M. O.: Fatigue crack growth at high temperatures. In: *High Temperature Materials in Gas Turbines* (Hrsg.: Sahm, P. R.; Speidel, M.O.). Elsevier Publ., Amsterdam 1974

[1161] Taira, S.; Ohtani, R.; Kitamara, T.: Application of *J*-Integrals to high-temperature crack propagation. *Trans. ASME* 101 (1979), 154-161

Bruchmechanikkonzept

(siehe auch [817, 914])

[1162] Berger, C.; Blauel, G.; Hodulak, L.; Wurm, B. (Hrsg.): *Bruchmechanischer Festigkeitsnachweis für Maschinenbauteile.* FKM-Richtlinie (Entwurf). Forschungskuratorium Maschinenbau, Frankfurt/M. 2000

[1163] Brüning, J.; Dankert, M.; Greuling, S.; Richter, C.: Lebensdauerberechnung gekerbter Bauteile auf Basis der elastisch-plastischen Schwingbruchmechanik. *Materialwiss. u. Werkstofftechik* 32 (2001), 337-341

[1164] Dowling, N. E.: Fatigue at notches and the local strain and fracture mechanics approaches. *ASTM STP* 677 (1979), 247-273

[1165] Dowling, N. E.: Notched member fatigue life predictions combining crack initiation and propagation. *Fatigue Fract. Engng. Mater. Struct.* 2 (1979), 129-138

[1166] Haibach, E.: Fragen der Schwingfestigkeit von Schweißverbindungen in herkömmlicher und in bruchmechanischer Betrachtungsweise. *Schweißen u. Schneiden* 29 (1977) 4, 140-142

[1167] Hirt, M. A.: Anwendung der Bruchmechanik auf die Ermittlung des Ermüdungsverhaltens geschweißter Konstruktionen. *Bauingenieur* 57 (1982), 95-101

[1168] Hobbacher, A.: Betriebsfestigkeit der Schweißverbindungen auf bruchmechanischer Grundlage. *Archiv f. d. Eisenhüttenwesen* 48 (1977) 2, 109-114

[1169] Hobbacher, A.: Cumulative fatigue by fracture mechanics. *J. Appl. Mech. (ASME)* (1977) 12, 769-771

[1170] Jaccard, R.: Zum Bruchverhalten von Aluminiumbauteilen. *Stahlbau* 67 (1998), Sonderheft Aluminium, S. 54-65

[1171] Josefson, L.; Karlsson, S.; Ogeman, R.: Influence of residual stresses on fatigue crack growth at stress-coined holes. *Engng. Fract. Mech.* 47 (1994) 1, 13-27

[1172] Kebir, H.; Roelandt, J. M.; Gaudin, J.: Monte-Carlo simulations of life expectancy using the dual boundary element method. *Engng. Fract. Mech.* 68 (2001), 1371-1384

[1173] Lazzarin, P.; Livieri, P.; Zambardi, R.: A *J*-integral-based approach to predict the fatigue strength of components weakened by sharp V-shaped notches. *Int. J. Comp. Appl. Technol.* 15 (2002) 4/5, 202-210

[1174] Lazzarin, P.; Tovo, R.: A notch intensity factor approach to the stress analysis of welds. *Fatigue Fract. Engng. Mater. Struct.* 21 (1998), 1089-1103

[1175] Lazzarin, P.; Zambardi, R.: A finite-volume-energy based approach to predict the static and fatigue behavior of components with sharp V-shaped notches. *Int. J. Fract.* 112 (2001), 275-298

[1176] Lehrke, H. P.; Brandt, U.; Sonsino, C. M.: Bruchmechanische Beschreibung der Wöhlerlinien geometrisch ähnlicher Schweißproben aus Aluminium. *Schweißen u. Schneiden* 50 (1998) 8, 492-497

[1177] Lieurade, H. P.: Application of fracture mechanics to the fatigue of welded structures. *Weldg. in the World* 21 (1983) 11/12, 272-294

[1178] Maddox, S. J.: Calculating the fatigue strength of a welded joint using fracture mechanics. *Metal Constr. Brit. Weldg. J.* 17 (1970) 8, 327-331

[1179] Maddox, S. J.: Assessing the significance of flaws in welds subject to fatigue. *Weldg. J.* (1974) 9, 401s-409s

[1180] Maddox, S. J.; Webber, D.: Fatigue crack propagation in AlZnMg-alloy fillet welded joints. *ASTM STP* 648 (1978), 159-184

[1181] Munz, D.: Bruchmechanikkonzepte für Zeitfestigkeitsberechnungen. *VDI-Berichte* 661 (1988), 187-213

[1182] Oberparleiter, W.; Foth, G.; Schütz, W.: Bruchmechanische Vorhersage der Lebensdauer rißbehafteter Bauteile des Maschinenbaus am Beispiel einer PKW-Schwungradscheibe. *IABG-Bericht* TF-2240. Industrieanlagen-Betriebsgesellschaft, Ottobrunn 1987

[1183] Oberparleiter, W.; Foth, G.; Schütz, W.: Experimentelle Untersuchungen und Berechnungen zur Abschätzung der Bruchsicherheit von Zugankern. *IABG-Bericht* TF-2241, Industrieanlagen-Betriebsgesellschaft, Ottobrunn 1987

[1184] Pook, L. P.: Fracture mechanics analysis of the fatigue behaviour of spot welds. *Int. J. Fract.* 11 (1975) 2, 173-176

[1185] Radaj, D.: Besonderheiten der bruchmechanischen Analyse von Schweißkonstruktionen. *Schweißen u. Schneiden* 27 (1975) 6, 211-214

[1186] Radaj, D.: Zur rißbruchmechanischen Kerbfallzuordnung bei Schweißverbindungen. *Stahlbau* 55 (1986) 8, 247-251

[1187] Radaj, D.: Kritische Anmerkungen zur Rißbruchmechanik bei ermüdungsbeanspruchten Schweißverbindungen. *Materialprüfung* 29 (1987) 9, 268-273

[1188] Radaj, D.: Nachweis der Ermüdungsfestigkeit von Punktschweißverbindungen auf Basis örtlicher Beanspruchungsgrößen. *Stahlbau* 59 (1990) 7, 201-208

[1189] Richter, C.; Seeger, T.: Lebensdauerberechnung festgewalzter Kerbproben unter Axialbelastung auf der Basis eines Rißfortschrittkonzepts. *Materialwiss. u. Werkstofftechnik* 31 (2000) 5, 353-359

[1190] Socie, D. F.; Dowling, N. E.; Kurath, P.: Fatigue life estimation of notched members. *ASTM STP* 833 (1984), 284-299

[1191] Socie, D. F.; Morrow, J.; Chen, W.-C.: A procedure for estimating the total fatigue life of notched and cracked members. *Engng. Fract. Mech.* 11 (1979), 851-859

[1192] Spievak, L. E.; Wawrzynek, P. A.; Ingraffea, A. R.; Lewicki, D. G.: Simulating fatigue crack growth in spiral bevel gears. *Engng. Fract. Mech.* 68 (2001), 53-76

[1193] Topper, T. H.; El Haddad, M. H.: Fatigue strength prediction of notches based on fracture mechanics. In: *Fatigue Thresholds* (Hrsg.: Bäcklund, J.; *et al.*), Bd. 2, S. 777-798. Engng. Materials Advisory Services, Warley (UK) 1982

[1194] Wang, P. C.; Corten, H. T.; Lawrence, F. V.: A fatigue life prediction method for tensile-shear spot welds. *SAE Paper* 850370, Soc. Automot. Eng., Warrendale, Pa. 1985

Werkstoffkennwerte zum Rißfortschritt

(siehe auch [911, 1162])

[1195] Bäcklund, J.; Blom, A. F.; Beevers, C. J. (Hrsg.): *Fatigue Thresholds*. Engng. Materials Advisory Services, Warley (UK) 1982

[1196] Döker, H.; Bachmann, V.; Castro, D. E.; Marci, G.: Schwellwert für Ermüdungsrißausbreitung: Bestimmungsmethoden, Kennwerte, Einflußgrößen. *Z. f. Werkstofftechnik* 18 (1987), 323-329
[1197] Frost, N. E.; Pook, L. P.; Denton, K.: A fracture mechanics analysis of fatigue crack growth data for various metals. *Engng. Fract. Mech.* 3 (1971), 109-126
[1198] Iost, A.: Temperature dependence of stage II fatigue crack growth rate. *Engng. Fract. Mech.* 45 (1993) 6, 741-750
[1199] Sullivan, A. M.; Stoop, J.: Some fracture mechanics relationships for thin sheet materials. *NRL Rep.* 7650 (1973)
[1200] Tanaka, K.; Masuda, C.; Nishijima, S.: Analysis of fatigue crack growth data for various steels with special reference to fracture mechanics and metallurgical structures. In: *Materials, Experimentation and Design in Fatigue.* Westbury House, IPC, Guiltford 1981
[1201] Taylor, D.: *A Compendium of Fatigue Thresholds and Growth Rates.* Engng. Materials Advisory Services, Warley (UK) 1985
[1202] Taylor, D.; Li, J.: *Sourcebook on Fatigue Crack Propagation — Tresholds and Crack Closure.* Engineering Materials Advisory Services, Warley (UK) 1993
[1203] — : *Engineering Sciences Data Sheets: Fatigue Fracture Mechanics Data.* Vol. 1-4. ESDU Intern., London 1992

Kurzrißfortschritt (allgemein)

(siehe auch [710, 1367])

[1204] Anthes, R. J.: Ein neuartiges Kurzrißfortschrittsmodell zur Anrißlebensdauervorhersage bei wiederholter Beanspruchung. *Veröff. Inst. f. Stahlbau u. Werkstoffmech. d. TH Darmstadt*, Heft 57, 1997
[1205] Bannantine, J. A.; Socie, D. F.: Observations of cracking behaviour in tension and torsion low cycle fatigue. *ASTM STP* 942 (1985), 899-921
[1206] Blom, A. F.; Hedlund, A.; Zhao, W.; Fathulla, A.; Weiss, B.; Stickler, R.: Short fatigue crack growth behaviour in Al2024 and A7475. In: *The Behaviour of Short Fatigue Cracks* (Hrsg.: Miller, K. J.; de los Rios, E. R.), S. 37-66. Mech. Engng. Publ., London 1986
[1207] Bolingbroke, R. K.; King, J. E.: A comparison of long and short fatigue crack growth in a high strength aluminium alloy. In: *The Behaviour of Short Fatigue Cracks* (Hrsg.: Miller, K. J.; de los Rios, E. R.), S. 101-114. Mech. Engng. Publ., London 1986
[1208] Brown, M. W.: Interfaces between short, long, and non-propagating cracks. In: *The Behaviour of Short Fatigue Cracks* (Hrsg.: Miller, K. J.; de los Rios, E. R.), S. 423-439. Mech. Engng. Publ., London 1986
[1209] Carlson, R. L.; Saxena, A.: On the analysis of short fatigue cracks. *Int. J. Fracture* 33 (1987), R37-R39
[1210] de los Rios, E. R.; Tang. Z.; Miller, K. J.: Short crack fatigue behaviour in a medium carbon steel. *Fatigue Engng. Mater. Struct.* 7 (1984), 97-108
[1211] Donald, K.; Paris, P. C.: An evaluation of $\Delta K_{\text{eff.}}$ estimation procedure on 6061-T6 and 2024-T3 aluminium alloys. *Int. J. Fatigue* 21 (1999), 47-57
[1212] Dowling, N. E.; Iyyer, N. S.: Fatigue crack growth and closure at high cyclic strains. In: *Proc. 2nd Conf. on Low Cycle Fatigue and Elasto-Plastic Behaviour of Materials*, S. 569-574. Elsevier Appl. Science, New York 1987
[1213] Ebi, G.: Ausbreitung von Mikrorissen in duktilen Stählen. Diss. TH Aachen, 1987
[1214] Ebi, G.; Riedel, H.; Neumann, R.: Fatigue life prediction based on microcrack growth. In: *Proc. ECF 6*, S. 1587-1598. Amsterdam 1986
[1215] El Haddad, M. H.; Smith, K. H.; Topper, T. H.: Fatigue crack propagation of short cracks. *J. Engng. Mater. Technol. (ASME)* 101 (1979) 1, 42-46
[1216] Frost, N. E.: A relation between the critical alternating propagating stress and crack length for mild steel. *Proc. Instit. Mech. Eng.* 173 (1959) 35, 811-827
[1217] Fujimoto, Y.; Hamada, K.; Shintahu, E.; Pirker, G.: Inherent damage zone model for strength evaluation of small fatigue cracks. *Engng. Fract. Mech.* 68 (2001), 455-473

[1218] Hobson, P. D.: The formulation of a crack growth equation for short cracks. *Fatigue Engng. Mater. Struct.* 5 (1982), 323-327

[1219] Hobson, P. D.; Brown, M. W.; de los Rios, E. R.: Two phases of short crack growth in a medium carbon steel. In: *The Behaviour of Short Fatigue Cracks* (Hrsg.: Miller, K. J.; de los Rios, E. R.), S. 441-459. Mech. Engng. Publ., London 1986

[1220] Hoffmeyer, J.; Döring, R.; Vormwald, M.: Kurzrißwachstum bei mehrachsig nichtproportionaler Beanspruchung. *Materialwiss. u. Werkstofftechnik* 32 (2001), 329-336

[1221] Horstmann, M.; Gregory, J. K.; Schwalbe, K.-H.: The ac potential drop method, measuring the growth of small surface cracks during fatigue. *Materialprüfung* 35 (1993) 7-8, 212-217

[1222] Hoshide, T.; Yamada, T.; Fujimura, S.; Hagashi, T.: Short crack growth and life prediction in low-cycle fatigue of smooth specimens. *Engng. Fract. Mech.* 21 (1985) 1, 85-101

[1223] Iyyer, N. S.; Dowling, N. E.: Opening and closing of cracks at high cyclic strains. In: *Small Fatigue Cracks*, S. 213-223. The Metallurgical Society (AIME), Warrendale, Pa. 1986

[1224] Kitagawa, H.; Takahashi, S.: Applicability of fracture mechanics to very small cracks. In: *Proc. 2nd. Int. Conf. Mech. Beh. Mat.*, S. 627-631, Boston, Ma. 1976

[1225] Kujawski, D.: Enhanced model of partial crack closure for correlation of *R*-ratio effects in aluminium alloys. *Int. J. Fatigue* 23 (2001), 95-105

[1226] Kujawski, D.: Correlation of long- and physically short-cracks growth in aluminium alloys. *Engng. Fract. Mech.* 68 (2001), 1357-1369

[1227] Kujawski, D.; Ellyin, F.: A microstructurally motivated model for short crack growth rate. In: *Short Fatigue Cracks* (Hrsg.: Miller, K. J.; de los Rios, E. R.), S. 391-405. Mech. Engng. Publ., London 1992

[1228] Lalor, P. L.; Sehitoglu, H.: Fatigue crack closure outside a small scale yielding regime. *ASTM STP* 982 (1988), 342-360

[1229] Lankford, J.: The growth of small fatigue cracks in 7075-T6 aluminium. *Fatigue Engng. Mater. Struct.* 5 (1982), 233-248

[1230] Lankford, J.: The influence of microstructure on the growth of small fatigue cracks. *Fatigue Fract. Engng. Mater. Struct.* 8 (1985) 2, 161-175

[1231] Lee, S. Y.; Song, J. H.: Crack closure and growth behavior of physically short fatigue cracks under random loading. *Engng. Fract. Mech.* 66 (2000), 321-346

[1232] Leis, N. B.; Hopper, A. T.; Ahmad, J.: Critical review of the fatigue growth of short cracks. *Engng. Fract. Mech.* 23 (1986) 5, 883-898

[1233] Lukáš, P.; Kunz, L.: Effect of mean stress on short crack threshold. In: *Short Fatigue Cracks* (Hrsg.: Miller, K. J.; de los Rios, E. R.), S. 265-275. Mech. Engng. Publ., London 1992

[1234] McClung, R. C.; Sehitoglu, H.: Closure behaviour of small cracks under high strain fatigue histories. *ASTM STP* 982 (1988), 279-299

[1235] McClung, R. C.; Sehitoglu, H.: Characterization of fatigue crack growth in intermediate and large scale yielding. *J. Engng. Mat. Technol. (ASME)* 113 (1991), 15-22

[1236] McEvily, A. J.: On the growth of small/short fatigue cracks. *JSME Int. J.* 32 (1989), 181-191

[1237] McEvily, A. J.; Eifler, D.; Macherauch, E.: An analysis of the growth of short fatigue cracks. *Engng. Fract. Mech.* 40 (1991) 3, 571-584

[1238] Miller, K. J.: The short crack problem. *Fatigue Engng. Mater. Struct.* 5 (1982) 3, 223-232

[1239] Miller, K. J.: The propagation behaviour of short fatigue cracks. In: *Subcritical Crack Growth Due to Fatigue, Stress Corrosion and Creep* (Hrsg.: Larsson, L. H.), S. 151-166. Elsevier Applied Science, London 1984

[1240] Miller, K. J.: The behaviour of short fatigue cracks and their initiation — Part I: A review of two recent books. *Fatigue Fract. Engng. Mater. Struct.* 10 (1987), Nr. 1, S. 75-91

[1241] Miller, K. J.: The behaviour of short fatigue cracks and their initiation — Part II: A general summary. *Fatigue Fract. Engng. Mater. Struct.* 10 (1987) 2. 93-113

[1242] Miller, K. J.; de los Rios, E. R. (Hrsg.): *The Behaviour of Short Fatigue Cracks*. Mech. Engng. Publ., London 1986

[1243] Miller, K. J.; de los Rios, E. R. (Hrsg.): *Short Fatigue Cracks*. Mech. Engng. Publ., London 1992

[1244] Newman, J. C.: A nonlinear fracture mechanics approach to the growth of small cracks. In: *Behaviour of Short Cracks in Airframe Components*, AGARD Conf. Proc. No. 328, S. 6.1-6.26. Advisory Group for Aerospace Research and Development, Neuilly sur Seine 1983

[1245] Nicholas, T.; Palazotto, A. N.; Bednarz, E.: An analytical investigation of plasticity induced closure involving short cracks. *ASTM STP* 982 (1988), 361-379

[1246] Nisitani, H.; Goto, M.; Kawagoishi, N.: A small-crack growth law and its related phenomena. *Engng. Fract. Mech.* 41 (1992) 4, 499-513

[1247] Nowack, H. Foth, J.; Heuler, P.; Seeger, T.: Darstellung und Bewertung von Modellen für die Ausbreitung kurzer Risse bei Schwingbeanspruchung. *Z. f. Werkstofftechnik* 15 (1984), 24-34

[1248] Nowack, H.; *et al.*: Significance of the short crack problem as a function of fatigue life range. In: *Proc. Int. Conf. on Fatigue of Engng. Mater. and Struct.*, S. 511-524. Mech. Engng. Publ., London 1986

[1249] Okazaki, M.; Endoh, T.; Koizumi, T.: Surface small crack growth behaviour of type 304 stainless steel in low-cycle fatigue at elevated temperature. *J. Engng. Mater. Technol. (ASME)* 110 (1988), 9-15

[1250] Pang, C. M.; Song, J. H.: Crack growth and closure behavior of short fatigue cracks. *Engng. Fract. Mech.* 47 (1994) 3, 327-343

[1251] Pearson, S.: Initiation of fatigue cracks in commercial aluminium alloys and the subsequent propagation of very short cracks. *Engng. Fract. Mech.* 7 (1975), 235-247

[1252] Pearson, S.: Fatigue crack propagation in metals. *Engng. Fract. Mech.* 7 (1984), 251 ff.

[1253] Petit, J.; Zeghloul, A.: On the effect of environment on short crack growth behaviour and threshold. In: *The Behaviour of Short Fatigue Cracks* (Hrsg.: Miller, K. J.; de los Rios, E. R.), S. 163-178. Mech. Engng. Publ., London 1986

[1254] Ravichandran, K. S.; Ritchie, R. O.; Murakami, Y. (Hrsg.): *Small Fatigue Cracks — Mechanics, Mechanisms and Applications*. Elsevier Science, Amsterdam 1999

[1255] Ritchie, R. O.; Yu, W.; Blom, A. F.; Holm, D. K.: An analysis of crack tip shielding in aluminium alloy 2124, a comparison of large, small, through-thickness and surface fatigue cracks. *Fatigue Fract. Engng. Mater. Struct.* 10 (1987) 5, 343-362

[1256] Rosenberger, A. H.; Ghonem, H.: Effect of cycle mean strain on small crack growth in alloy 718 at elevated temperatures. *Fatigue Fract. Engng. Mater. Struct.* 15 (1992) 11, 1125-1139

[1257] Sähn, S.: Festigkeitsverhalten von Bauteilen mit kleinen Rissen und Kerben bei zyklischer Belastung. *Konstruktion* 43 (1991), 9-16

[1258] Sähn, S.; Pyttel, T.: Berechnung der Kerbwirkungszahlen und Kurzißverhalten bei zyklischer Belastung. In: *Bericht MPA-Seminar*, Materialprüfungsanstalt Stuttgart, 1991

[1259] Sähn, S.; *et al.*: Beanspruchungsparameter für Risse und Kerben bei statischer und zyklischer Belastung. *Techn. Mechanik* 8 (1987) 4, 5-17

[1260] Savaidis, G.: Berechnung der Bauteilanrißlebensdauer bei mehrachsigen proportionalen Beanspruchungen. *Veröff. Inst. f. Stahlbau u. Werkstoffmech. d. TH Darmstadt*, Heft 54, 1995

[1261] Savaidis, G.; Seeger, T.: An experimental study on the opening and closure behaviour of fatigue surface, corner and through-thickness cracks and notches. *Fatigue Fract. Engng. Mater. Struct.* 17 (1994) 11, 1343-1356

[1262] Savaidis, G.; Seeger, T.: A short crack growth prediction model for multiaxial proportional elasto-plastic loading. In: *Fatigue 96, Proc. 6th Int. Fatigue Congress* (Hrsg.: Lütjering, G.; Nowack, H.), Bd. 2, S. 1001-1006. Berlin 1996

[1263] Savaidis, G.; Seeger, T.: Consideration of multiaxiality in fatigue life prediction using the closure concept. *Fatigue Fract. Engng. Mater. Struct.* 20 (1997) 7, 985-1004

[1264] Skelton, R. P.: Growth of short cracks during high strain fatigue and thermal cycling. *ASTM STP* 770 (1982), 337-381

[1265] Smith, R. A.: On the short crack limitations of fracture mechanics. *Int. J. Fract.* 13 (1977), 717-720

[1266] Socie, D. F.; Hua, C. T.; Worthem, D. W.: Mixed mode small crack growth. *Fatigue Fract. Engng. Mater. Struct.* 10 (1987) 1, 1-16

[1267] Suresh, S.; Ritchie, R. O.: Propagation of short fatigue cracks. *Int. Metals Rev.* 29 (1984), 445-476

[1268] Tanaka, K.: Mechanisms and mechanics of short fatigue crack propagation. *JSME* 30 (1987) 259, 1-13

[1269] Tanaka, K.: Mechanics and micromechanics of fatigue crack propagation. *ASTM STP* 1020 (1989), 151-183

[1270] Tanaka, K.; Akinawa, Y.; Nakai, Y.; Wei, R. P.: Modelling of small fatigue crack growth interacting with grain boundary. *Engng. Fract. Mech.* 24 (1986) 6, 803-819

[1271] Tanaka, K.; Hoshide, T.; Maekawa, O.: Surface crack propagation in plane bending fatigue of smooth specimens of low carbon steels. *Engng. Fract. Mech.* 16 (1982) 2, 207-220

[1272] Tanaka, K.; Kinefuchi, M.; Yokomaku, T.: Modelling of statistical characteristics of the propagation of small fatigue cracks. In: *Short Fatigue Cracks* (Hrsg.: Miller, K. J.; de los Rios, E. R.), S. 351-368. Mech. Engng. Publ., London 1992

[1273] Tanaka, K.; Nakai, Y.; Yamashita, M.: Fatigue growth threshold of small cracks. *Int. J. Fract.* 17 (1981) 5, 519-533

[1274] Taylor, D.: The effect of crack length on fatigue threshold. *Fatigue Engng. Mater. Struct.* 7 (1984), 267-277

[1275] Taylor, D.: Fatigue of short cracks — the limitations of fracture mechanics. In: *Behaviour of Short Fatigue Cracks* (Hrsg.: Miller, K. J.; de los Rios, E. R.), S. 479-490. Mech. Engng. Publ., London 1986

[1276] Taylor, D.; Knott, J. F.: Fatigue crack propagation behaviour of short cracks: the effect of microstructure. *Fatigue Engng. Mater. Struct.* 4 (1981), 147-155

[1277] Tokaji, K.; Ogawa, T.: The growth behaviour of microstructurally small fatigue cracks in metals. In: *Short Fatigue Cracks* (Hrsg.: Miller, K. J.; de los Rios, E. R.), S. 85-99. Mech. Engng. Publ., London 1992

[1278] Tokaji, K.; Ogawa, T.; Harada, Y.: The growth of small cracks in a low carbon steel, the effect of microstructure and limitations of linear elastic fracture mechanics. *Fatigue Engng. Mater. Struct.* 9 (1986) 3, 205-217

[1279] Tokaji, K., Ogawa, T.; Harada, Y.; Ando, Z.: Limitations of linear elastic fracture mechanics in respect of small fatigue cracks and microstructure. *Fatigue Fract. Engng. Mater. Struct.* 9 (1986) 1, 1-14

[1280] Usami, S.; Shida, S.: Elastic-plastic analysis of the fatigue limit for a material with small flaws. *Fatigue Engng. Mater. Struct.* 1 (1979), 471-481

[1281] Vormwald, M.: Anrißlebensdauervorhersage auf der Basis der Schwingbruchmechanik für kurze Risse. *Veröff. Inst. f. Stahlbau u. Werkstoffmech. d. TH Darmstadt*, Heft 47, 1989

[1282] Vormwald, M.; Heuler, P.: Examination of short-crack measurement and modelling under cyclic inelastic conditions. *Fatigue Fract. Engng. Mater. Struct.* 16 (1993) 7, 693-706

[1283] Vormwald, M.; Seeger, T.: Abschätzung der Lebensdauer bis zum technischen Anriß bei Belastung mit veränderlichen Amplituden mit Hilfe der Schwingbruchmechanik für kurze Risse. In: *Bruchmechanische Kennwerte für die Bauteilbewertung*. DVM-Bericht, S. 189-199. DVM, Berlin 1989

[1284] Vormwald, M.; Seeger, T.: The consequences of short crack closure on fatigue crack growth under variable amplitude loading. *Fatigue Fract. Engng. Mater. Struct.* 14 (1991) 2/3, 205-225

[1285] Wanhill, R. J. H.; Schra, L.: Short cracks and durability analysis of the Fokker 100 wing/ fuselage structure. In: *Short Fatigue Cracks* (Hrsg.: Miller, K. J.; de los Rios, E. R.), S. 3-27. Mech. Engng. Publ., London 1992

Weitere Kurzrißfortschrittsmodelle

(nach Anthes [1204], siehe auch [1363])

[1286] Abdel-Raouf, H.; DuQuesnay, D. L.; Topper, T. H.; Plumtree, A.: Notch-size effects in fatigue based on surface strain redistribution and crack closure. *Int. J. Fatigue* 14 (1992) 1, 57-62

[1287] Abdel-Raouf, H.; Topper, T. H.; Plumtree, A.: A model for the fatigue limit and short crack behaviour related to surface strain redistribution. *Fatigue Fract. Engng. Mater. Struct.* 15 (1992) 9, 895-909

[1288] Barenblatt, G. I.: On a model of small fatigue cracks. *Engng. Fract. Mech.* 28 (1987) 5/6, 623-626

[1289] Bataille, A.; Magnin, T.; Miller, K. J.: Numerical simulation of surface fatigue micro-cracking processes. In: *Short Fatigue Cracks* (Hrsg.: Miller, K. J., de los Rios, E. R.), S. 407-419. Mech. Engng. Publ., London 1992

[1290] Bomas, H.; Linkewitz, T.; Mayr, P.: Einfluß kurzer Risse auf die Lebensdauer. *Material-prüfung*, 36 (1994) 11/12, 497-504

[1291] Chan, K. S.; Lankford, J.: A crack-tip strain model for the growth of small fatigue cracks. *Scripta Met.* 17 (1983), 529-532

[1292] de los Rios, E. R.; Mohamed, H. J.; Miller, K. J.: A micro-mechanics analysis for short fatigue crack growth. *Fatigue Fract. Engng. Mater. Struct.* 8 (1985) 1, 49-63

[1293] de los Rios, E. R.; Tang, Z.; Miller, K. J.: Short crack fatigue behaviour in a medium carbon steel. *Fatigue Engng. Mater. Struct.* 7 (1984) 2, 97-108

[1294] DuQuesnay, D. L.; Abdel-Raouf, H.; Topper, T. H.: A unified model for small and long fatigue crack behaviour. In: *FATIGUE 93 — Proc: 5th Int. Conf. on Fatigue and Fatigue Thresholds* (Hrsg.: Bailon, J.-P.; Dickson, J. I.), S. 239-244. Montreal, Canada 1993

[1295] DuQuesnay, D. L.; Abdel-Raouf, H.; Topper, T. H.; Plumtree, A.: A modified fracture mechanics approach to metal fatigue. *Fatigue Fract. Engng. Mater. Struct.* 15 (1992) 10, 979-993

[1296] Grabowski, L.; King, J. E.: Modelling short crack growth behaviour in nickel-base superalloys. *Fatigue Fract. Engng. Mater. Struct.* 15 (1992) 6, 595-606

[1297] Grimshaw, C. S.; Miller, K. J.; Rees, J. M.: Short fatigue crack growth under variable amplitude-loading: a theoretical approach. In: *Short Fatigue Cracks* (Hrsg.: Miller, K. J.; de los Rios, E. R.), S. 449-465. Mech. Engng. Publ., London 1992

[1298] Hussain, K.; de los Rios, E. R.; Navarro, A.: A two-stage micromechanics model for short fatigue cracks. *Engng. Fract. Mech.* 44 (1993) 3, 425-436

[1299] Kendall, J. M.; James, M. N.; Knott, J. F.: The behaviour of physically short fatigue cracks in steels. In: *The Behaviour of Short Fatigue Cracks* (Hrsg.: Miller, K. J.; de los Rios, E. R.), S. 241-258. Mech. Engng. Publ., London 1986

[1300] Kujawski, D.; Ellyin, F.: Fatigue growth of physically small inclined cracks. *Fatigue Fract. Engng. Mater. Struct.* 16 (1992) 7, 743-752

[1301] Li, X. D.: Micromechanical model of stage I to stage II crack growth transition for aluminium alloys. *Theoret. Appl. Fract. Mech.* 24 (1996), 217-231

[1302] Li, X. D.; Edwards, L.: Analysis of short crack growth from microscopic fatigue properties. *Theoret. Appl. Fract. Mech.* 23 (1995), 187-198

[1303] Li, X. D.; Edwards, L.: Theoretical modelling of fatigue threshold for aluminium alloys. *Engng. Fract. Mech.* 54 (1996) 1, 35-48

[1304] Matvienko, G.; Brown, M. W.; Miller, K. J.: Modelling threshold conditions for cracks under tension/torsion loading. In: *Multiaxial Fatigue and Fracture* (Hrsg.: Macha, E.; Bedkowski, W.; Lagoda, T.), S. 3-12. Elsevier Science, Oxford 1999

[1305] McEvily, A. J.; Shin, Y. S.: A method for the analysis of the growth of short fatigue cracks. *J. Engng. Mater. Technol. (ASME)* 117 (1995), 408-411

[1306] McEvily, A. J.; Yang, Z.: The growth of short fatigue cracks under compressive and/or tensile cyclic loading. *Metallurg. Trans.* 22A (1991) 5, 1079-1082

[1307] McEvily, A. J.; Yang, Z.: An analysis of the rate of growth of short fatigue cracks. In: *Short Fatigue Cracks* (Hrsg.: Miller, K. J.; de los Rios, E. R.), S. 439-448. Mech. Engng. Publ., London 1992

[1308] Miller, K. J.; Mohamed, H. J.; Brown, M. W.; de los Rios, E. R.: Barriers to short fatigue crack propagation at low stress amplitudes in a banded ferrite-pearlite structure. In: *Small Fatigue Cracks* (Hrsg.: Ritchie, R. O.; Lankford, J.), S. 639-656. The Metallurgical Society, London 1986

[1309] Murtaza, G.; Akid, R.: Modelling short fatigue crack growth in a heat-treated low-alloy steel. *Int. J. Fatigue* 17 (1995) 3, 297-214

[1310] Nakai, Y.; Ohji, K.: Predictions of growth rate and closure of short fatigue cracks. In: *Short Fatigue Cracks* (Hrsg.: Miller, K. J.; de los Rios, E. R.), S. 169-189. Mech. Engng. Publ., London 1992

[1311] Navarro, A.; de los Rios, E. R.: Short and long fatigue crack growth — a unified model. *Phil. Mag.* 57 (1988), 15-36

[1312] Navarro, A.; de los Rios, E. R.: An alternative model of the blocking of dislocations at grain boundaries. *Phil. Mag.* 57 (1988), 37-42

[1313] Navarro, A.; de los Rios, E. R.: Compact solution for multizone BCS crack model with bounded or unbounded end conditions. *Phil. Mag.* 57 (1988), 43-50

[1314] Navarro, A.; de los Rios, E. R.: A microstructurally-short fatigue crack equation. *Fatigue Fract. Engng. Mater. Struct.* 11 (1988) 5, 383-396

[1315] Newman, J. C.: A Crack-closure model for predicting fatigue crack growth under aircraft spectrum loading. *ASTM STP* 748 (1981), 53-84

[1316] Newman, J. C.: Modelling small fatigue crack behaviour. In: *Fatigue'93 — Proc. 5th Int. Conf. on Fatigue and Fatigue Thresholds* (Hrsg.: Bailon, J. P.; Dickson, J. I.), S. 33-44. Montreal, Canada, 1993

[1317] Newman, J. C.: A review of modelling small-crack behavior and fatigue life predictions for aluminium alloys. *Fatigue Fract. Engng. Mater. Struct.* 17 (1994), 429-439

[1318] Newman, J. C.: Fatigue-life prediction methodology using a crack-closure model. *J. Engng. Mater. Technol. (ASME)* 117 (1995), 433-439

[1319] Sun, Z.; de los Rios, E. R.; Miller, K. J: Modelling small fatigue cracks interacting with grain boundaries. *Fatigue Fract. Engng. Mater. Struct.* 14 (1991) 2/3, 277-291

[1320] Tanaka, K.: Mechanics of small fatigue cracks. In: *Fatigue'93 — Proc. 5th Int. Conf. on Fatigue and Fatigue Thresholds* (Hrsg.: Bailon, J.-P.; Dickson, J. I.), S. 355-364. Montreal, Canada 1993

[1321] Tanaka, K.; Nakai, Y.; Wei, R. P.: Modelling of small fatigue crack growth interacting with grain boundary. *Engng. Fract. Mech.* 24 (1986) 6, 803-819

[1322] Wang, C. H.: Effect of stress ratio on short fatigue crack growth. *J. Engng. Mater. Technol. (ASME)* 118 (1996), 362-366

[1323] Wang, C. H.; Miller, K. J.: Short fatigue crack growth under mean stress, uniaxial loading. *Fatigue Fract. Engng. Mater. Struct.* 16 (1993) 2, 181-198

[1324] Wu, X. J.: Propagation behavior of short fatigue cracks in Q2N steel. *Fatigue Fract. Engng. Mater. Struct.* 18 (1995) 4, 443-454

[1325] Zhu, C.: A model for small fatigue crack growth. *Fatigue Fract. Engng. Mater. Struct.* 17 (1994) 1, 69-75

Kurzrißfortschritt in Kerben

(siehe auch [1193, 1258, 1286, 1367])

[1326] Anandan, K.; Sunder, R.: Closure of part-through fatigue cracks at the notch root. *Int. J. Fatigue* 9 (1987) 3, 217-222

[1327] Atzori, B.; Lazzarin, P.; Filippi, S.: Cracks and notches — analogies and differences of the relevant stress distributions and practical consequences in fatigue limit predictions. *Int. J. Fatigue* 23 (2001) 4, 355-362

[1328] Broek, D.: The propagation of fatigue cracks emanating from holes. *NLR-Report* TR-72134C. Nat. Aerospace Lab., Amsterdam 1972

[1329] Christman, T.; Suresh, S.: Crack initiation under far-field cyclic compression and the study of short fatigue cracks. *Engng. Fract. Mech.* 23 (1986) 6, 953-964

[1330] Dankert, M.; Savaidis, G.; Seeger, T.: Ermüdungsrißwachstum in Kerben. *Materialwiss. u. Werkstofftechnik* 27 (1996) 1, 1-52

[1331] DuQuesney, D. L.; Topper, T. H.; Yu, M. T.: The effect of notch radius on the fatigue notch factor and the propagation of short cracks. In: *The Behaviour of Short Fatigue Cracks* (Hrsg.: Miller, K. J.; de los Rios, E. R.), S. 323-335. Mech. Engng. Publ., London 1986

[1332] El Haddad, M. H.; Dowling, N. E.; Topper, T. H.; Smith, K. N.: *J*-Integral applications for short fatigue cracks at notches. *Int. J. Fracture* 16 (1980), 15-30

[1333] El Haddad, M. H.; Smith, K. N.; Topper, T. H.: A strain based intensity factor solution for short fatigue cracks initiating from notches. *ASTM STP* 677 (1979), 274-289

[1334] El Haddad, M. H.; Topper, T. H.; Smith, K. N.: Prediction of non-propagating cracks. *Engng. Fract. Mech.* 11 (1979), 573-584

[1335] El Haddad, M. H.; Topper, T. H.; Topper, T. N.: Fatigue life predictions of smooth and notched specimens based on fracture mechanics. *J. Engng. Mater. Technol. (ASME)* 103 (1981), 91-96

[1336] Frost, N. E.: Non-propagating cracks in Vee-notched specimens subject to fatigue loading. *Aeronaut. Quart.* 8 (1957), 1-20

[1337] Frost, N. E.: Notch effects and the critical alternating stress required to propagate a crack in an aluminium alloy subject to fatigue loading. *J. Mech. Engng. Sci.* 2 (1960) 2, 109-119

[1338] Glinka, G.: Calculation of inelastic notch-tip strain-stress histories under cyclic loading. *Engng. Fract. Mech.* 22 (1985), 839-854

[1339] Greenfield, P.; Allen, D. H.; Byrne, P.; Taylor, D.: Surface roughness effects on fatigue — a fracture mechanics approach. In: *Fatigue'90*, S. 391-197. 1990

[1340] Hammouda, M. M.; Smith, R. A.; Miller, K. J.: Elastic-plastic fracture mechanics for initiation and propagation of notch fatigue cracks. *Fatigue Engng. Mater. Struct.* 2 (1979), 139-154

[1341] Lalor, P.; Sehitoglu, H.; McClung, R. C.: Mechanics aspects of small crack growth from notches — the role of crack closure. In: *The Behaviour of Short Fatigue Cracks* (Hrsg.: Miller, K. J.; de los Rios, E. R.), S. 369-386. Mech. Engng. Publ., London 1986

[1342] Lam, S.; Topper, T. H.; Conle, F. A.: Derivation of crack growth rate data from effective-strain fatigue life data for fracture mechanics fatigue life predictions. *Int. J. Fatigue* 20 (1998) 10, 703-710

[1343] Lazzarin, P.; Tovo, R.; Meneghetti, G.: Fatigue crack initiation and propagation phases near notches in metals with low notch sensivity. *Int. J. Fatigue* 19 (1997) 8/9, 647-665

[1344] Leis, B. N.: Microcrack initiation and growth in a pearlitic steel, experiments and analysis. *ASTM STP* 833 (1984), 449-480

[1345] Leis, B. N.: Displacement controlled fatigue crack growth in inelastic notch fields — implications for short cracks. *Engng. Fract. Mech.* 22 (1985), 279-293

[1346] Leis, B. N.; Forte, T. B.: Fatigue growth of initially physically short crack in notched aluminium and steel plates. *ASTM STP* 743 (1981), 100-124

[1347] Leis, B. N; Galliher, R. D.: Growth of physically short corner cracks at circular notches. *ASTM STP* 770 (1982), 399-421

[1348] Lukáš, P.; Kunz, L.; Weiss, B.; Stickler, R.: Non-damaging notches in fatigue. *Fatigue Fract. Engng. Mater. Struct.* 9 (1986) 3, 195-204

[1349] McClung, R. C.: A simple model for fatigue crack growth near stress concentrations. *J. Pressure Vessel Technol. (ASME)* 113 (1991), 542-548

[1350] McClung, R. C.: Fatigue crack closure and crack growth outside the small scale yielding regime. *Report* No. 139, Univ. of Illinois, Urbana-Champaign 1987

[1351] McEvily, A. J.; Minakawa, K.: On crack closure and the notch size effect in fatigue. *Engng. Fract. Mech.* 28 (1987) 5/6, 519-527

[1352] Murakami, Y.; Endo, M.: Effects of hardness and crack geometries on ΔK_{th} of small cracks emanating from small defects. In: *The Behaviour of Short Fatigue Cracks.* (Hrsg.: Miller, K. J.; de los Rios, E. R.), S. 275-293. Mech. Engng. Publ., London 1986

[1353] Ogura, K.; Miyoshi, Y.; Nishikawa, I.: Fatigue crack growth and closure of small cracks at the notch root. In: *Current Research on Fatigue Cracks*, MRS1, S. 57-78. Soc. of Materials Science (Japan), 1985

[1354] Savaidis, G.; Dankert, M.; Seeger, T.: An analytical procedure for predicting opening loads of cracks at notches. *Fatigue Fract. Engng. Mater. Struct.* 18 (1995) 4, 425-442

[1355] Sehitoglu, H.: Fatigue life prediction of notched members based on local strain and elastic-plastic fracture mechanics concepts. *Engng. Fract. Mech.* 18 (1983), 609-621

[1356] Shi, P.; Mahadevan, S.: Damage tolerance approach for probalistic pitting corrosion fatigue life prediction. *Engng. Fract. Mech.* 68 (2001), 1493-1507

[1357] Shin, C. S.; Smith, R. A.: Fatigue crack growth from sharp notches. *Int. J. Fatigue* 7 (1985), 87-93

[1358] Shin, C. S.; Smith, R. A.: Fatigue crack growth at stress concentrations — the role of notch plasticity and crack closure. *Engng. Fract. Mech.* 29 (1988), S. 301-315

[1359] Smith, R. A.; Miller, K. J.: Fatigue cracks at notches. *Int. J. Mech. Sci.* 19 (1977), 11-22

[1360] Smith, R. A.; Miller, K. J.: Prediction of fatigue regimes in notched components. *Int. J. Mech. Sci.* 20 (1978), 201-206

[1361] Sunder, R.: Notch root crack closure under cyclic inelasticity. *Fatigue Fract. Engng. Mater. Struct.* 16 (1993), Nr. 7, S. 677-692

[1362] Tanaka, K.; Akiniwa, Y.: Notch geometry effect on propagation threshold of short fatigue cracks in notched components. In: *Fatigue '87* (Hrsg.: Ritchie, R. O.; Starke, E. A.), Bd. 2, S. 739-748. 1987

[1363] Tanaka, K.; Nakai, Y.: Propagation and non-propagation of short fatigue cracks at a sharp notch. *Fatigue Engng. Mater. Struct.* 6 (1983), 315-327

[1364] Tao, Y.; He, J.; Hu, N.: Effect of notch stress field and crack closure on short fatigue crack growth. *Fatigue Fract. Engng. Mater. Struct.* 13 (1990), 423-430

[1365] Taylor, D.: Geometrical effects in fatigue — a unifying theoretical model. *Int. J. Fatigue* 21 (1999) 5, 413-420

[1366] Ting, J. C.; Lawrence, F. V.: A crack closure model for predicting the threshold stresses of notches. *Fatigue Fract. Engng. Mater. Struct.* 16 (1993) 1, 93-114

[1367] Topper, T. H.; El Haddad, M. H.: Fracture mechanics analysis for short fatigue cracks. *Canadian Metallurgical Quarterly* 18 (1979), 207-213

[1368] Verreman, Y.; Bailon, J. P.; Masounave, J.: Fatigue short crack propagation and plasticity induced crack closure at the toe of a fillet welded joint. In: *The Behaviour of Short Fatigue Cracks* (Hrsg.: Miller, K. J.; de los Rios, E. R.), S. 387-404. Mech. Engng. Publ., London 1986

[1369] Vormwald, M.; Seeger, T.: Vorhersage der Ausbreitung von Rissen in zyklisch elastisch-plastisch beanspruchten Kerbbereichen. *Bericht* FD-4/1989. Fachgebiet Werkstoffmechanik, TH Darmstadt, 1989

[1370] Weiss, B.; Stickler, R.; Blom, A. F.: A model for the description of the influence of small three-dimensional defects on the high-cycle fatigue limit. In: *Short Fatigue Cracks* (Hrsg.: Miller, K. J.; de los Rios, E. R.), S. 423-438. Mech. Engng. Publ., London 1992

[1371] Yamada, K.; Kim, M. G.; Kunio, T.: Tolerant microflaw sizes and non-propagating crack behaviour. In: *The Behaviour of Short Fatigue Cracks* (Hrsg.: Miller, K. J.; de los Rios, E. R.), S. 261-274. Mech. Engng. Publ., London 1986

[1372] Yates, J. R.; Brown, M. W.: Prediction of the length on non-propagating fatigue cracks. *Fatigue Fract. Engng. Mater. Struct.* 10 (1987), 187-201

Kurzrißfortschritt als Modell der Schadensakkumulation

(siehe auch [1283, 1284])

[1373] Heitmann, H.; Vehoff, H.; Neumann, P.: Random load fatigue of steels service life prediction based on the behaviour of microcracks. In: *Proc. Int. Conf. on Application of Fracture Mechanics to Materials and Structures.*, Freiburg 1983

[1374] Heitmann, H. H.; Vehoff, H.; Neumann, P.: Life prediction for random load fatigue based on the growth behaviour of microcracks. In: *Advances in Fracture Research* (Hrsg.: Valluri, S. R.; *et al.*), Bd. 5, S. 3599-3606. Pergamon Press, Oxford 1985

[1375] Miller, K. J.; Mohamed, H. J.; de los Rios, E. R.: Fatigue damage accumulation above and below the fatigue limit. In: *Behaviour of Short Fatigue Cracks* (Hrsg.: Miller, K. J.; de los Rios, E. R.), S. 491-511. Mech. Engng. Publ., London 1986

[1376] Neumann, P.; Heitmann, H. H.; Vehoff, H.: Schadensakkumulation bei statistischer Belastung. In: *Ermüdungsverhalten metallischer Werkstoffe* (Hrsg.: Munz, D.), S. 167-184. DGM Informationsges. Verlag, Oberursel 1985

[1377] Paris, P. C.; Tada, H.; Donald, J. K.: Service load fatigue damage — a historical perspective. *Int. J. Fatigue* 21 (1999), S. 35-46

[1378] Vormwald, M.; Heuler, P.; Krae, C.: Spectrum fatigue life assessment of notched specimens using a fracture mechanics based approach. *ASTM STP* 1231 (1994), 219-231

[1379] Vormwald, M.; Heuler, P.; Seeger, T.: A fracture mechanics based model for cumulative damage assessment as part of fatigue life prediction. *ASTM STP* 1122 (1992), 28-43

Sachverzeichnis

Das Sachverzeichnis soll den Leser in die Lage versetzen, die Ausführungen zu wichtigen Stichworten und Fachthemen aus dem Bereich der Ermüdungsfestigkeit auch ohne Kenntnis der Sachordnung des Buches schnell aufzufinden und Querverbindungen herzustellen. Daneben sind im Sachverzeichnis typische Bezeichnungen, Verfahren und Ansätze aufgenommen, die bei der gewählten Strukturierung des Buches nur unzureichend hervorgehoben werden konnten. Das betrifft auch die Information zu anwendungstechnisch wichtigen Werkstoffgruppen.

G

H

I

J

K

L

M

N

O

T

U

V

Druck: Mercedes-Druck, Berlin
Verarbeitung: Stein+Lehmann, Berlin